웃음이
닮았다

SHE HAS HER MOTHER'S LAUGH:
The Powers, Perversions, and Potential of Heredity
by Carl Zimmer

사이언스 클래식 39

웃음이 닮았다

과학적이고 정치적인 유전학 연대기

칼 짐머

이민아 옮김

She Has Her Mother's Laugh

사이언스 SCIENCE BOOKS 북스

과거와 미래 사이 이 지점을

나와 함께하는 그레이스에게

유전에 대한 모든 이야기가 경이롭다.

— 찰스 다윈

프롤로그

내가 살면서 경험한 무시무시한 일은 대개 익숙하지 않은 장소에서 일어났다. 수마트라 섬 밀림 여행을 생각할 때면 동생 벤(Ben)이 뎅기열에 걸린 것을 알고 기겁했던 기억이 떠올라 여전히 약간 공황 상태가 되곤 한다. 부줌부라(부룬디의 대도시. ㅡ옮긴이)에서 보낸 하룻밤만 떠올리면 여전히 숨이 막히는데, 그때는 친구와 함께 있다가 강도를 만났다. 선캄브리아 시대의 생명체를 찾아 이끼 미끈거리는 뉴펀들랜드 변두리로 나를 이끌던 어느 화석에 미친 고고학자가 떠오를 때면 손가락이 오그라든다. 하지만 뭐니 뭐니 해도 가장 무서웠던 일은 산부인과 진료실에서 아내 그레이스와 함께 느긋하게 앉아 있던 나를 엄습한, 세계가 갑자기 낯설게 느껴졌던 경험이다.

그레이스(Grace)가 첫아이를 가졌을 때 일이다. 산부인과 담당의가 우리와 약속을 잡으면서 유전 상담사를 만나 보라고 했다. 우리는 굳이 그럴 필요가 있을지 의구심이 들었다. 우리의 미래, 그러니까 앞으로 어떤 일이 일어날지를 미리 고민할 필요가 있을까 싶었다. 그레이스가 뱃속 생명체의 심장 박동을 느끼고, 그것이 건강한 박동인데 그 이상을 알 필요가 있겠느냐는 생각이었다. 우리는 그 아기가 딸인지 아들인지조차 알려고 하지 않았다. 그저 리엄(Liam)이냐 헨리(Henry)냐, 샬럿(Charlotte)이냐 캐서린(Catherine)이냐를 놓고 논쟁했을 뿐이다.

담당의가 그래도 상담을 받아 보라고 해서 어느 날 오후에 맨해튼 남부에 있는 진료실로 찾아갔다. 우리는 10년쯤 윗연배로 보이는 중년 여성과 마주 앉았다. 쾌활하면서도 차분한 그 상담사는 우리 아기의 건강과 관련해 심장 박동 소리로 알아낼 수 있는 것 이상의 이야기를 들려주었다. 우리는 예의를 벗어나지 않는 수준에서 건성으로 들으며 이 상담이 되도록 빨리 끝나기만을 바랐다.

30대에 가족을 꾸리면서 맞닥뜨릴 수 있는 위험 요소, 즉 아이에게 다운 증후군이 나타날 확률이 높아진다는 사실에 대해 우리는 이미 충분히 이야기를 나눈 터였다. 우리 아이가 어떤 문제를 겪더라도 감수하고 극복하자고 다짐했고, 나는 그런 헌신적인 마음가짐이 스스로 대견했다. 하지만 지금 와서 보니 그때와는 생각이 다르다. 그때만 해도 나는 다운 증후군이 있는 아이를 키우는 것이 어떤 일인지 전혀 알지 못했다. 몇 해 뒤, 실제로 그런 삶을 살아가는 여러 부모를 만났다. 그들을 통해서 그것이 어떤 삶인지를 알게 됐다. 몇 번이고 해야 하는 심장 수술, 아이에게 다른 사람을 만났을 때 어떻게 행동해야 하는지를 가르치기 위한 고투, 우리가 죽으면 아이는 어떻게 살아갈지 걱정하는 마음을.

하지만 유전 상담사와 만난 그날도 나는 여전히 쾌활했고 여전히 자신감 넘쳤다. 상담사는 우리가 오고 싶어서 온 것이 아님을 눈치 챘지만 요령껏 대화를 이끌어 갔다. 출산을 앞둔 부모가 생각해야 할 문제는 다운 증후군 하나만이 아니라고 그는 말했다. 우리 두 사람에게 또 다른 질환의 인자가 될 어떤 유전 변이가 있을 수도 있다고. 그러면서 종이 한 장을 꺼내 가계도를 그려서 유전자가 유전되는 경로를 설명해 주었다.

“그걸 다 설명해 주실 필요는 없습니다.” 내가 자신 있게 말했다. 내가 바로 그런 내용을 책으로 써서 먹고사는 사람인데 고등학교 수준의 생물 수업이 필요하겠는가.

"그러면, 선생님의 가족에 대해 몇 가지 여쭤 보겠습니다." 상담사가 말했다.

그때가 2001년이다. 그러기 2~3개월 전, 유전학자 2명이 백악관에서 빌 클린턴(Bill Clinton) 대통령이 역사적 선언을 하는 자리에 함께했다. "우리는 인간 유전체(human genome) 전체 서열의 초안이 완성되었음을 축하하기 위해 이 자리에 모였습니다." 클린턴이 말했다. "두말할 여지 없이 이것이 지금까지 인류가 만들어 낸 가장 중요하고 가장 경이로운 지도입니다."[1]

클린턴은 "인간 유전체 전체"라며 환호를 보냈지만, 이것은 한 사람의 유전체를 가지고 만든 것이 아니라 여러 사람의 유전 물질을 뒤섞어서 조합한 짜깁기에 오류투성이 초안이었다.[2] 자그마치 30억 달러가 들어간. 어쨌든 어림으로 만들어 낸 지도일망정 초안을 완성한 일 자체는 과학사에 획을 긋는 사건이었다. 불완전하나마 없는 것보다는 나으니까. 과학자들은 우리가 공통 조상으로부터 어떻게 진화했는지를 분자 수준에서 이해하기 위해 인간 유전체와 다른 종의 유전체를 비교하는 작업에 착수했다. 그 덕분에 인간의 단백질을 암호화하는 유전자 2만여 개를 하나하나 분석해서 인간이 만들어지는 데 유전자가 어떤 역할을 하는지, 각종 질환에 유전자가 어떤 역할을 하는지 알아낼 수 있었다.

2001년에 그레이스와 나는 우리 아이의 유전체를 직접 확인하고 우리의 DNA가 어떻게 새 생명과 결합하는지 세밀하게 들여다볼 날이 오리라고는 생각도 하지 못했다. 차라리 우리가 핵 잠수함을 구입하는 상상이 더 현실적이었으리라. 그런데 유전 상담사가 우리 앞에서 일종의 구두 유전체 분석을 수행하는 게 아닌가. 그는 우리 가족에 대해 질문했고, 우리의 염색체 안에 아이에게 위험한 질환을 유발할 지도 모를 어떤 돌연변이가 잠복하고 있을지 우리가 들려준 이야기에서 단서를 찾았다.

그레이스 쪽 이야기는 간결했다. 머리끝에서 발끝까지 아일랜드 혈통으로, 조상 한쪽은 골웨이(Galway, 아일랜드 코노트 주 골웨이 카운티의 주도. — 옮긴이) 출신, 다른 쪽은 케리(Kerry, 아일랜드 남서부의 주. — 옮긴이)와 데리(Derry, 북아일랜드 런던데리 주의 주도 런던데리의 약칭. — 옮긴이) 출신이며 20세기 초 미국으로 이주했다. 내가 아는 한 우리 쪽은 복잡했다. 아버지는 유태인이고, 아버지 집안은 1800년대 말에 동유럽에서 건너왔다. 짐머(Zimmer)가 독일 성이므로 독일 쪽 조상도 일부 있으리라고 추측할 수 있다. 어머니 집안 사람들은 대다수가 잉글랜드 쪽이고 독일 혈통이 일부 있으며 아일랜드 쪽도 일부 있을 가능성이 있다. 대대로 전해 오는 집안 이야기가 하나 있기는 하다. 자신이 아일랜드 사람이라고 주장하던 한 조상이 실은 웨일스 혈통인데, 웨일스 사람임을 인정하고 싶어 하는 사람이 아무도 없었기 때문이라는 요상한 내력이다. 참, 내 어머니 집안의 누군가가 그 메이플라워 호에 탔던 것은 확실하다는 이야기도 덧붙였다. 대서양 한복판에서 그 조상이 배에서 떨어졌다가 사람들이 건져 올려 목숨을 구했다고 들었다.

집안 이야기를 하면서 내가 품고 살던 자부심은 가물가물 흐려졌다. 나의 조상이라는 사람들에 대해 대체 내가 아는 것이 무엇인가? 그 사람들 이름조차 모르는 내가 그 사람들에게서 물려받은 것이 무엇인지 어떻게 알 수 있겠는가?

상담사는 유태인 혈통의 경우, HEXA라는 유전자의 돌연변이 사본 2개를 물려받을 때 유발되는 신경 퇴행성 질환인 테이-삭스병(Tay-Sachs disease)이 생길 가능성이 있다고 설명했다.[3] 다만 어머니가 유태인이 아니라는 사실이 이 돌연변이 발생 확률을 낮추며, 설령 나한테 그 돌연변이가 있다고 해도 그레이스가 아일랜드 혈통이므로 십중팔구 걱정할 일은 없을 것이라고 했다. 상담사가 유전자에 대해 이야기하면 할수록 남의 이야기처럼 들렸다. 내 DNA 안에서 돌연변이가 경고등처럼 깜빡거리는 듯했다. 그 깜빡이는 불빛 중에 HEXA 유전자가 있는 것일까? 어쩌면 과학자들이 아직 이름을 붙이지 못했으나 우리 아이에게 재앙이 될 다른 돌연변이 유전자가 있지는 않을까? 내 후대에 전달하는 것이 어떤 것인지 전혀 알지 못한 채 나는 우리의 생물학적 과거를 미래로 이어줄 유전자 전달 파이프가 되겠다고 기꺼이 나선 셈이다.

상담사는 계속해서 단서를 찾았다. 암으로 사망한 친척이 있는가? 어떤 암이었는가? 연령은 어떠했는가? 뇌졸중을 앓은 사람이 있는가? 나는 일종의 의학적 가계도를 구성해 보려고 했으나 내가 기억하는 내용 전부가 얻어들은 이야기뿐이었다. 아버지의 아버지인 윌리엄 짐머(William Zimmer)는 40대에 심장 마비로 죽었다. (아니, 심장 마비 맞나?) 언젠가 한 사촌이 윌리엄 할아버지의 과로와 좌절에 대한 소문을 이야기해 주지 않았던가? 그 사촌의 아내와 나의 조모는 암으로 사망한 것으로 알고 있는데, 자궁암이었나? 아니면 림프종이었나? 조모는 내가 태어나기 한참 전에 돌아가셨고, 어린 나에게 집안의 종양학적 특이 사항을 구구절절 알려 주고 싶어 한 어른은 없었다.

어떻게 자신의 유전자에 대해 아무것도 모르는 나 같은 사람에게 2세를 얻는 일이 허용되는지 도무지 알 수가 없었다. 그렇게 공황 상태에 빠져 있던 중 내가 만난 적 없는 한 삼촌 이야기가 떠올랐다. 내가 10대가 될 때까지 존재도 몰랐던 삼촌이었다. 어느 날 어머니가 자신의 남동생 해리(Harry)에 대해 이야기해 주었다. 아침마다 유아용 침대에 가서 아기 해리에게 인사했는데 어느 날 아침 침대가 비어 있었다고.

당황스럽고 화나는 이야기였다. 1950년대에는 의사들이 해리 같은 자녀는 수용 시설에 보내 놓고 부모는 부모의 삶을 살아가도록 지시했다는 것을 한참 뒤에 알게 되었다. 그것이 그 아이들을 보이지 않는 존재로 만들어야 할 정도로 난처하고 수치스러운 일이었는지 나로서는 도무지 이해할 수 없었다. 상담사에게 해리 삼촌에 대해 묘사하려고 해 봤지만 차라리 유령을 묘사하는 편이 쉬울 판이었다. 말을 늘어놓으면 늘어놓을수록 우리 아이가 위험한 상황이라는 확신이 커졌다. 해리 삼촌이 우리 조상에게서 물려받은 것이 유유히 나에게 전달되었을 것이고, 그것이 나에게서 우리 아이에게 전달될 것이 분명했다. 그리고 그것이 우리 아이에게 모종의 피해를 야기할지도 몰랐다.

상담사는 내가 말하는 동안 전혀 염려하는 눈치가 아니었고, 나는 그런 태도에 화가 치밀었다. 그는 해리 삼촌의 상태에 대해서 내가 아는 바가 있는지, 취약 X(fragile X, 결함 부위가 있는 X 염색체. — 옮긴이)였는지, 손발 생김새는 어떠했는지 등을 물었다.

나는 아무것도 대답할 수 없었다. 애초에 만난 적도 없거니와 삼촌에 대해 더 알고 싶어 한 적도 없었다. 해리 삼촌이 나를 낯선 사람 보듯 쳐다보지 않을까 두려워해 왔던 것 같다. 우리가 DNA 일부를 공유하겠지만 거기에 실제로 문제가 될 무언가가 있을까?

"자, 취약 X는 X 염색체를 통해 유전됩니다. 그러니 그 문제는 걱정하시지 않아도 됩니다." 상담사가 차분하게 말했다.

그 차분함이 나에게는 순전히 무능함에서 나오는 태도로만 느껴졌다. "어떻게 그렇게 확신하십니까?" 내가 물었다.

"알게 되실 겁니다." 상담사는 단언했다.

"어떻게 알게 된다는 겁니까?" 다시 따져 물었다.

상담사는 독재자와 회견하는 외교관처럼 변함없는 미소로 응대했다. "심각한 지체 장애를 보일 테니까요."

상담사는 내가 확실히 이해할 수 있도록 다시 줄을 그으며 설명했다. 여자에게는 X 염색체 2개, 남자에게는 X 염색체 1개와 Y 염색체 1개가 있다. X 염색체 1개에 취약 X 돌연변이가 있는 여자는 나머지 X 염색체가 그 결함을 보완하므로 건강하다. 남자에게는 이 보완 장치가 없다. 나에게 그 돌연변이가 있는지 여부는 아이가 태어나면 밝혀질 것이다. 이런 이야기였다.

나는 설명이 끝날 때까지 끼어들지 않고 집중해서 들었다.

몇 달 뒤, 그레이스가 아기를 낳았다. 여자 아이였다. 우리는 샬럿이라는 이름을 붙여 주었다. 샬럿을 아기 바구니에 담아 병원에서 데리고 나오는데, 우리에게 이 생명이 맡겨졌다는 사실이 실감 나지 않았다. 샬럿에게서는 어떠한 유전 질환의 징후도 나타나지 않았다. 샬럿의 발을 찍은 점토판에서 유전의 흔적을 찾아보았고, 샬럿의 얼굴 사진과 그레이스의 아기 시절 사진을 나란히 놓고 요모조모 살펴보았다. 가끔은 유전 형질이 귀에 들리는 듯했다. 샬럿에게서 아기 엄마의 웃음소리가 들려온 것이다. 적어도 내 귀에는 그랬다.

이 글을 쓰는 지금, 샬럿은 15세이다. 그리고 13세 된 동생 베로니카(Veronica)가 있다. 두 딸이 자라는 모습을 지켜보면서 나는 유전에 대해 더 많이 생각하게 되었다. 두 아이의 다른 피부 색조, 다른 홍채 색조, 샬럿의 암흑 물질 강박과 베로니카의 노래 재능에 대해서. ("그건 나한테서 받은 게 아니야." "글쎄, 그걸 **나한테** 받은 게 아닌 건 분명해.")

이런 생각이 유전을 더 궁리하게 만들었다. 유전이란 말을 모르는 사람은 없다. **감수 분열**이나 **대립 형질** 정도가 되면 어느 정도 설명이 필요하겠지만, 유전에 대해서는 누구라도 익히 안다고 생각한다. 우리 삶에서 가장 중요한 일련의 문제를 우리는 유전을 통해 이해하곤 한다. 하지만 유전은 우리에게 각기 다른 많은 요소를 의미하며, 때로는 이 요소들이 상충하기도 한다. 유전은 우리가 조상을 좋아하는 이유이다. 우리에게는 재능이 유전되기도 하고 저주가 유전되기도 한다. 유전은 우리의 생물학적 과거를 통해 우리를 정의하며, 이것을 미래 세대로 이어 감으로써 우리에게 불멸의 가능성을 열어 준다.

나는 유전의 역사를 파고들기 시작했고 그 끝에서 하나의 지하 궁전을 만났다. 인류는 수천 년 동안 과거가 어떻게 현재를 낳았는지, 자식이 얼마나 부모를 닮았는지(혹은 모종의 연유로 닮지 않았는지)를 이야기해 왔다. 하지만 1700년대 이전에는 **유전**(heredity)이라는 말이 오늘날 우리가 사용하는 것과 같은 의미로 사용되지 않았다. 과학적 탐구 대상으로서 유전은 근대의 개념이며 1800년대에 이르러서야 구체성을 띠기 시작했다. 유전이라는 개념을 과학적 물음으로 바꾸는 데 이바지한 사람이 찰스 로버트 다윈(Charles Robert Darwin, 1809~1882년)인데, 그는 답을 찾기 위해 최선을 다했으나 보기 좋게 실패했다. 1900년대 초에 이르러 마침내 유전학의 탄생이 한 가지 답을 제시하는 듯했다. 사람들은 유전에 대한 기존의 개념과 가치를 유전자라는 언어로 해석해 냈다. 유전자 연구 기술이 빠르게 발전하고 비용이 저렴해지면서 사람들이 DNA 검사를 어렵지 않게 받아들였고, 잃어버린 부모나 먼 조상 찾기에서부터 인종 확인 등을 사유로 유전자 검사를 신청하기 시작했다. 유전자는 우리의 조상이 우리에게 선사한 축복이자 저주가 되었다.

하지만 유전자가 유전과 관련해 우리가 정말로 알고 싶어 하는 것을 알려 주지 못하는 경우도 허다하다. 우리가 물려받은 유전자는 우리의 많은 조상 가운데 일부에게서 유전된 것이 뭉쳐진, 많은 DNA 파편의 혼합물이다. 그 가운데 문제의 원인이 될 파편이 있을 수도 있지만 대부분의 DNA는 외모와 키, 성향 등 한 사람의 겉모습에 아주 미묘한 방식으로 영향을 미친다.

우리는 조상에게서 물려받은 유전자에 기대하는 바가 크면서도 마땅히 인정해야 할 곳에서는 유전의 역할을 인정하지 않는 경향이 있다.

가령 우리는 유전을 부모가 자녀에게 전달하는 유전자만으로 정의한다. 하지만 유전은 우리 안에서도 계속해서 진행된다. 하나의 세포가 우리 몸 전체를 구성하는 수조 개 세포의 가계도를 만들어 낸다. 또 유전자가 조상(ancestor라는 영어 단어는 과거에는 왕국이나 지위의 의미로 사용했다.)에게서 물려받은 것이라고 말하려면, 우리 몸속에서 우글거리는 미생물에서 생활을 편리하게 만드는 데 이용하는 과학 기술에 이르기까지 우리의 존재에 중대하게 기여하는 다른 요소들의 유전도 고려해야 한다. 우리는 유전이라는 어휘를 우리의 필요나 두려움이 반영된 정의가 아닌 **유전**의 본래 특성에 더 가까이 다가가 더 광범위하게 재정의해야 한다.

9월의 화창한 어느 날, 나는 잠에서 깨어 이제 2개월 된 샬럿을 아기 침대에서 들어 올렸다. 그레이스는 잠에 빠져 있어서 내가 샬럿을 거실로 안고 나가 달랬다. 내가 성마른 샬럿을 달래는 유일한 방법은 팔에 안고 흔들어 주는 것이었다. 아침 시간을 때우기 위해 텔레비전을 켰다. 국내 소식과 연예인 관련 잡다한 이야깃거리, 상쾌한 일기 예보가 나오고, 세계 무역 센터의 한 사무실에서 발생한 작은 화재 소식이 자막으로 지나갔다.

생후 2개월 된 아기를 키우는 아빠가 되다 보니 주변에서 끝없이 들려오는 언어에 민감해졌다. 언어는 텔레비전에서, 친구들의 입에서 흘러나왔고, 신문에도 촘촘히 박혀 있고 광고판에서도 튀어나왔다. 이렇게 쏟아지는 말들은 샬럿이 지금은 비록 이해하지 못하지만, 발달하는 뇌에서 언어 능력의 바탕이 될 것이다. 샬럿은 우리에게 영어를 물려받을 것이다. 물려받은 세포 속의 유전자와 더불어.

샬럿은 하나의 세계도 물려받을 것이다. 그 세계는 샬럿이 살아가면서 주어질 기회와 부닥칠 한계를 결정하게 될, 인간이 만들어 낸 환경이다. 그날 아침이 오기 전까지 세계는 나에게 익숙한 곳이었다. 뇌 수술의 성취를 뽐내고 토성 탐사선을 쏘아 올리던 세계. 그러나 그날 오전의 화재는 점점 확산되었고 텔레비전 방송 진행자는 항공기 충돌 기사를 언급했다. 내가 샬럿을 흔들어 재우는 사이에 텔레비전 화면이 광고에서 요리 비결로 휙휙 바뀌더니 두 번째 항공기가 두 번째 빌딩과 충돌했다. 버섯이 재앙으로 돌변한 날이었다.

샬럿의 잠투정이 편안한 잠으로 바뀌었다. 샬럿은 나를 올려다보고 나는 샬럿을 내려다보았다. 이 아이가 나에게서 어떤 DNA를 물려받았을지 묻고 걱정하는 데 내가 얼마나 사로잡혀 있었던가. 샬럿을 두 팔로 꼭 껴안으며 나는 생각에 잠겼다. 이제 이 아이가 어떤 세계를 물려받게 될까.

차례

1부

빰을 톡 건드렸을 때

1장

그 하찮고 작은 물질

검은 갑옷으로 무장한 황제가 다리를 절며 중앙 홀로 들어섰다.[1] 1555년 10월 25일, 브뤼셀의 궁전에 고위 대신들이 신성 로마 제국 황제 카를 5세(Karl V, 1500~1558년)의 말을 듣기 위해 모여 있었다. 당시 카를 5세는 유럽 거의 전역을 넘어 신대륙에 이르기까지 광대한 영토를 다스렸다. 바로 몇 해 전만 해도 그는 전투마에 올라타 갑옷 차림으로 창을 휘두르는 티치아노 베첼리오(Tiziano Vecellio, 1490?~1576년)의 초상화 속 그 카를 5세였다. 하지만 55세가 된 지금의 카를 5세는 초점이 사라진 눈빛으로 지팡이와 오라녜 공작 빌럼 1세(Willem I, 1533~1584년)에게 의지해 중앙 홀 정면 단상을 향해 걷는 무력한 모습이다. 28세의 아들 펠리페(Felipe)가 뒤를 따랐다. 그 둘이 부자지간이라는 데에는 의문의 여지가 없었다. 둘 다 아래턱이 심하게 돌출해 입이 다물어지지 않는 주걱턱이었다. 이 부자의 주걱턱이 얼마나 인상적이었던지 해부학자들은 이 같은 외모의 특성에 이 왕조의 이름을 붙여 '합스부르크 턱(Habsburg jaw)'이라고 불렀다.

아버지와 아들이 함께 층계를 몇 걸음 밟아 단상에 오른 뒤 회중을 향해 섰다. 부자는 카를 5세의 퇴위에 증인으로서 서명하게 하려고 이들을 이 자리에 소집했다고 선언하는 플란데런 공의회(Raad van Vlaanderen) 의장을 지켜보았다.[2] 카를 5세에게 바치던 충성은 이제 적법한 승계자 펠리페 2세(Felipe II, 1527~1598년)에게로 이전되어야 했다.

카를 5세가 왕좌에서 일어나 안경을 썼다. 그리고 지난 40년간의 통치를 돌아보는 글을 읽었다. 40년 동안 그의 권세는 세계로 확장되었다. 그는 에스파냐를 넘어 신성 로마 제국과 네덜란드, 이탈리아 영토의 대부분을 다스렸다. 아메리카 대륙에서는 아스테카 제국과 잉카 제국을 멸망시키고 제국의 판도를 멕시코에서 페루로 넓혀 나갔으며, 에스파냐로 방대한 양의 금은을 실어 나르기 위한 함선의 대열이 대서양 동부 연안을 따라 이어졌다.

하지만 1540년대를 기점으로 카를 5세도 쇠락하기 시작했다. 통풍과 치질이 생겼고, 승승장구하던 전장에서도 승전이 줄고 지지부진한 교착 상태가 자주 나타났다. 카를 5세는 갈수록 의기소침해졌고 왕왕 낙담해서 두문불출했다. 그런 그에게 가장 큰 위안은 아들이었다. 카를은 펠리페가 겨우 10대일 때 에스파냐 국정을 맡겼고, 펠리페는 카를의 승계자 자격을 너끈히 증명해 냈다.

1555년, 카를 5세는 아들에게 기꺼이 국왕 직위를 물려주고자 했다. 연설을 마친 그는 펠리페를 돌아보았다. "지금 내가 그러듯이, 너 또한 늙고 병들었을 때 왕위를 흔쾌히 넘길 수 있도록 전능하신 신께서 너를 아들로 축복하시기를 바라노라."[3]

카를 5세가 온갖 시계를 수집해 둔 한 수도원으로 물러나고 아들의 대관식을 치르는 등 형식적인 절차를 모두 마치는 데 두어 해가 소요되었다. 하지만 그 기간 내내 모든 과정이 순조로웠고 새 왕을 섬기는 데 반기를 든 이는 없었다. 하기야 왕자가 부왕의 직위를 상속하는 것보다 더 자연스러운 일이 어디 있겠는가? 아들 아닌 자가 제국의 통치권을 잡는 것이야말로 유전의 법칙에 거스르는 일이었다.

유전, 상속 혹은 세습을 뜻하는 영어 'heredity(에스파냐 어로는 'herencia', 프랑스 어로는 'hérédité', 이탈리아 어로는 'eredità')'는 라틴 어 'hereditas'에서 유래했다. 로마 인들의 '헤레디타스'는 오늘날 일반적으로 통용되는 유전, 그러니까 생물학적으로 어버이의 유전자가 자손에게 전달되는 것을 의미하지 않았다.[4] 로마 인들에게 이 말은 상속자 신분을 뜻하는 법률 용어였다. 로마의 법학자 가이우스(Gaius, 기원후 110~179?년)는 "우리가 어떤 사람의 상속자가 되면 그 사람의 재산이 우리에게 넘어온다."[5]라고 쓴 바 있다.

복잡할 것 없어 보이는 이야기지만, 로마 사람들은 이 상속권을 놓고 격렬하게 싸웠다. 로마 법정에서 다룬 전체 소송의 3분의 2가 상속권 다툼이었다. 부유한 사람이 유언 없이 사망한 경우, 그 자녀가 재산 상속 영순위였다. 단 결혼해서 다른 가족이 된 딸은 예외였다. 다음 순위는 아버지의 형제와 자녀, 그보다 촌수가 먼 친척이 그 다음이었다.

가족의 형태는 문화권에 따라 다양하게 나타났다. 모계 사회였던 이로쿼이(Iroquois) 족의 경우, 자식 하나에 어머니가 여러 명이 될 수 있었다. 남아메리카에는 자식 하나에 아버지가 여럿인 사회가 많았는데, 임신한 여성과 성관계를 맺은 모든 남자를 그 태아의 아버지로 간주한 것이다. 부계만을 친족으로 인정하는 사회가 있는가 하면 모계만을 친족으로 인정하는 사회도 있었다. 브라질 아피나예(Apinayé) 족의 경우, 두 관습이 공존한다. 여자는 어머니 쪽 계보를, 남자는 아버지 쪽 계보를 따른다.[6] 친척의 명칭을 보면 그 사회가 친족을 어떤 상속 단위로 구성했는지 알 수 있다. 예를 들어 하와이 사람들은 자매와 어머니 쪽 사촌을 같은 호칭으로 부른다.

중세 유럽 국가들은 로마의 상속 관습 일부를 이어받았지만 수백 년이 흐르자 새로운 규정이 생겨났다. 아들 형제가 아버지의 땅을 나누어 상속받는 국가가 있는가 하면 장남에게만 상속 권한을 부여하는 국가도 있었다.[7] 중세 초기에는 딸도 상속자가 되는 경우가 있었지만, 수백 년이 흐르면서 대다수 국가에서 딸은 상속에서 배제되었다.

유럽이 점차 부유해지자 재산을 보호하기 위한 새로운 상속 법규가 제정되었다. 세력이 가장 강한 가문이 작위와 왕권을 거머쥐었고, 이것은 아들에게, 아들이 없는 경우에는 딸에게, 혹은 형제의 손자에게 세습되었다. 죽은 군주의 친족들이 상속권을 놓고 싸우는 경우도 왕왕 발생했다. 하지만 기억이 희미한 조상의 경우에는 그 적법성을 따지기가 어려워졌다.

귀족 가문들은 이러한 망각을 막기 위해 가계를 문서로 기록해 두었다. 중세 베네치아 대평의회는 금책(金冊, Golden Book)을 제작해 공화국 내 유서 깊은 가문에서 그 아들들이 18세 생일을 맞으면 이 책에 이름을 올리게 했다.[8] 금책에 이름이 기록된 사람만 대평의회 의원이 될 수 있었다. 가계가 끊이지 않고 이어지는 것이 중요해지면서 유력 가문들은 시각적으로 위세를 과시하기 위해 초상화가를 고용하고는 했다. 초창기에는 수직선으로 계보를 표현하다가 뒤로 가면서 가계를 상징하는 나무가 그려진 작품이 나오기 시작했다. 나무의 뿌리에는 가문의 시조가 자리 잡고, 가지에는 후손들이 앉는 식이었다. 프랑스에서는 가지가 뻗어나간 형상을 기려 이런 형식의 가계도를 '페 드 그뤼(pé de grue, 두루미 발)'라고 불렀고, 이것이 영어에서 가계나 혈통을 의미하는 단어인 '페디그리(pedigree)'가 되었다.

1400년대에 이르면 가계도를 한눈에 식별할 수 있게 되는데, 잉글랜드 왕 헨리 6세(Henly VI, 1421~1471년)를 기리는 1432년의 야외 의전이 이를 잘 보여 준다.[9] 헨리 6세는 당시 겨우 10세에 프랑스에서 대관식을 마치고 귀국하는 길이었다. 런던 시민이 대거 나와서 잉글랜드 왕의 세력 확장을 경축했다. 그의 행진을 따르는 거대한 행렬이 장관을 이루었다. 헨리 6세는 누각과 성막을 지났고, 런던 시민들은 은총과 행운과 지혜를 상징하는 분장을 하는가 하면 심지어 천사로 분장을 하고 나오기도 했다. 런던 시 전체에 걸쳐 이루어진 이 행렬에서 가운데 자리를 차지한 장식물은 벽옥으로 제작한 성채였는데, 여기에 나무 두 그루가 전시됐다.[10]

이 두 나무 중에 한 그루는 잉글랜드와 프랑스의 초창기 왕까지 거슬러 올라가는 헨리의 가계도, 다른 한 그루는 다윗 왕을 비롯해 그 전대까지 거슬러 올라가는 예수 그리스도의 가계도였다. 이 나무는 사실과 허구, 과시와 은폐가 뒤섞인 일종의 혼종이었다. 헨리의 왕권을 뒷받침해 주는 조상들만 선택적으로 보여 준 것이다. 형제자매, 사촌, 서자, 아내는 이 가계도에서 빠져 있었다. 하지만 무엇보다 중요한 누락 항목은 헨리의 정적 요크(York) 가문이다. 하지만 헨리의 가계도에서 지워졌다고 역사에서 지워진 것은 아니었다. 헨리 6세는 49세 때 암살되었으며, 그 뒤로 요크 가문이 잉글랜드를 통치했다.

카를 5세는 1555년에 퇴위하면서 자신을 위한 의전을 열었다. 아버지와 아들이 무대 위에 나란히 서고 귀족들은 황제와 왕자 앞에 앉아 침묵으로써 왕권의 승계를 승인했다. 어쩌면 그들은 카를 5세의 연설을 경청하면서 앞에 선 아버지와 아들을 번갈아 바라보았을 것이며, 시선이 부자의 턱에 고정되었더라도 카를의 턱이 아버지에게서 **상속**된 것이라는 말은 하지 않았을 것이다. 눈으로는 식별할 수 있었지만, 당시에는 이것을 왕위나 상속과 연관 지어 설명하는 개념이 없었다.

16세기 유럽 인들은 카를과 펠리페가 왜 그렇게 닮았는지 설명할 때 주로 고대 그리스와 로마의 가르침에 의존했다.[11] 그리스 의사 히포크라테스(Hippocrates, 기원전 460?~377?년)는 남자와 여자 모두 정액을 생산하며 이 둘이 섞일 때 새 생명이 생겨난다고, 이것이 바로 자녀에게 부모의 형질이 뒤섞여서 나타나는 이유라고 주장했다. 아리스토텔레스(Aristoteles,

기원전 384~322년)는 여기에 동의하지 않고 남자만 생명의 씨, 즉 정자를 생산한다고 믿었고 이 씨가 여자의 몸속에서 생리혈을 먹고 자라 태아가 된다고 주장했다. 아리스토텔레스와 그 추종자들은 여자도 자녀의 형질에 영향을 미치는 것은 맞지만 도토리가 자라서 떡갈나무가 될 때 토양이 하는 역할 정도에 지나지 않는다고 믿었다. 고대 그리스의 비극작가 아이스킬로스(Aeschylos, 기원전 525/524?~456/455년)는 이렇게 말했다. "자식이 자기 아이라고 말하는 어머니는 참 부모가 아니다. 어머니는 참 부모인 남자가 심은 어린 씨의 성장을 돌보는 유모일 뿐이다."[12]

이 고대인들은 부모마다 자녀에게 각기 다른 형질을 물려주는 이유가 무엇인지, 그러니까 왜 어떤 사람은 키가 크고 어떤 사람은 키가 작은지, 어떤 사람은 피부색이 짙은데 어떤 사람은 옅은지를 설명하지 못했다. 당시에는 경험을 통해 새로운 형질이 생긴다고 여겼다. 다시 말해 살아가면서 획득한 형질이 후대에 유전될 수 있다는 것이 널리 퍼진 생각이었다. 고대 로마에는 아헤노바르부스(Ahenobarbus)라는 명문가가 있었다. 이 이름은 '붉은 수염'이라는 뜻인데, 로마 시민 대다수의 검은색 머리칼과 대비되는 형질인 밝은색 수염을 가리킨다. 아헤노바르부스 가문 사람들도 처음에는 검은 머리였다고 전한다. 그러나 어느 날 루키우스 도미티우스(Lucius Domitius)라는 한 부족민이 여행을 떠났다가 로마로 돌아오는 길에 반신반인(半神半人) 형제인 카스토르(Castor)와 폴리데우케스(Polydeuces)를 만났다. 이 그리스·로마 신화의 쌍둥이 형제는 도미티우스에게 자신들이 큰 전투에서 승리했다는 소식을 로마에 전해 달라고 말하고는 도미티우스의 빰을 톡 건드렸다. 이 신성한 손길에 도미티우스의 수염이 청동색으로 바뀌었고, 그 뒤로 도미티우스의 남자 후손들은 하나같이 수염이 붉은색이 되었다고 한다.

히포크라테스는 '긴 두상(Longheads)'이라는 이름으로 알려진 한 부족을 획득 형질의 또 다른 사례로 제시했다.[13] 이 부족은 긴 두상을 고귀함의 표지로 여겨 신생아의 두개골을 압박하고 붕대로 감아 두는 관습이 있었다. "억지로 힘을 가해서라도 그런 형질을 만들어 주기 위해 생겨난 관습이었다." 히포크라테스는 그렇게 설명했다. 이 부족의 아기들은 마침내 두상이 길게 늘어난 채로 태어나기에 이르렀다.

남자들이 손가락이 절단된 뒤로 손가락 없는 자녀를 얻었다는 이야기처럼, 고대 그리스에서는 유사한 사례가 발견되곤 한다. 히포크라테스는, "씨는 모든 신체 부위에서 만들어지므로 건강한 부위에서는 건강한 씨가, 병든 부위에서는 병든 씨가 만들어진다."라고 말했다. 한 사람이 살아가는 동안 어떤 신체 부위에 변화를 겪으면 그 사람에게서 생산되는 씨도 따라서 변화한다는 이야기이다.

고대 그리스 인들은 장소도 씨에 영향을 미친다고 믿었으며, 심지어 국민성에도 어느 정도 영향을 미친다고 보았다. "일반적으로 추운 나라 사람들, 그중에서도 유럽 사람들은 기상(spirit)이 넘치지만 기술과 지능은 떨어진다."라고 아리스토텔레스는 단언했다.[14] 따라서 그 나라 사람들은 스스로를 통치하거나 다른 나라 사람들을 통치하는 데 적합하지 않고, 아시아 인들은 기술과 지능은 있지만 기상이 딸려서 전제 군주의 지배하에서 살아간다고 보았다. 아리스토텔레스는 "그리스 인들은 지리적으로 중간 지대에 위치해 양 대륙 사람들의 특성을 겸비했다."라고 썼다.

아리스토텔레스를 비롯한 고대 저자들의 이론은 아랍 학자들에 의해 보존되었고, 중세에 유럽 학자들이 이것을 연구했다. 1200년대에 독일 철학자 알베르투스 마그누스(Albertus Magnus, 1200?~1280년)는 기질과 출생지의 습도가 피부색을 결정한다고 주장했으며,[15] 인도 사람들이 수학에 특히 능한 것은 인도가 행성의 영향을 유난히 강하게 받기 때문이라고 믿었다.

그러나 이어지는 300년 동안 유럽 인들은 두 세대를 이어 주는 매체를 새로이 규명했는데, 부모 세대와 자식 세대를 이어 주는 것은 피(blood)라고 생각했다. 오늘날까지도 서구에서는 혈연 관계를 말할 때 **피**라는 어휘를 사용하는데, 일맥상통하는 면이 있다고 하겠다. 그런가 하면 다른 요소로 친족을 정의하는 사회도 있다. 한 가지 반례만 보자면, 말레이시아의 랑카위 섬 사람들은 같은 것을 먹으면 혈연 관계라고 믿었다.[16] 가령 유아 때는 형제자매가 같은 젖을 먹고, 더 자라면 같은 땅에서 나온 같은 쌀을 먹는다고 생각했다. 랑카위 섬 사람들은 이러한 믿음이 강한 나머지 다른 가족 출신 아이들이 한 여자의 젖을 먹고 컸을 경우, 그들 간의 결혼을 근친혼으로 간주했다.

유럽에서는 다른 혈연 개념을 지닌 탓에 가계가 다른 형태로 발전했다. 간단히 말해 외부 세계와의 친족 관계가 봉쇄되었다. 아이는 부모의 혈관 속에 흐르는 피를 받아 태어나며 그 안에 담긴 모든 것을 물려받는다. 펠리페 2세에게 부친의 왕위를 계승할 자격이 주어진 것은 그가 왕족의 혈통, 다시 말해 할아버지에서 아버지로 이어진 왕가의 피를 물려받았기 때문이다. 이 혈연 개념에서 가계는 곧 혈통을 의미하며, 혈통은 하층 계급의 피가 섞여 오염되지 않은 고귀한 집안의 증거 역할을 했다. 합스부르크 가는 특히나 왕족 혈통 수호를 중시해 오로지 친척 사이에서만 혼인 관계를 맺었다. 예를 들어 카를 5세는 포르투갈 왕녀 이자벨(Isabel de Portugal, 1503~1539년)과 결혼했는데, 두 사람 다 에스파냐 왕 페르난도 2세(Fernando II, 1452~1516년)와 왕비 이사벨 1세(Isabel I, 1451~1504년)의 손자였다.

머지않아 유럽 인들은 동물도 혈통에 따라 분류하기 시작했다. 조류 중에서는 매가 가장 고귀한 혈통이었으며, 따라서 매 사냥을 왕이 즐기기에 적합한 스포츠로 간주했다.[17] 덜 고귀한 종의 새와 짝짓기한 매의 새끼는 잡종으로 여겼다. 귀족은 개와 말의 혈통도 까다롭게 따지기 시작했으며 거금을 들여 순혈종을 들이고는 했다. 이들이 볼 때 동물도 사람과 다를 바 없기에 고귀한 피를 물려받았다는 것은 용맹함과 강인함 같은 고귀한 형질을 물려받았다는 뜻이었다.

사람이 되었건 짐승이 되었건, 어떤 경험도 이들의 핏속에 흐르는 덕목을 감출 수는 없었다. 『옥타비아누스(*Octvianus*)』라는 중세의 통속 소설을 보면 같은 이름의 로마 황제가 남모르게 피렌체라는 이름을 가진 아들을 낳았는데, 이 아들은 한 푸주한의 손에 자란다. 하층민의 가족이 되어서도 피렌체의 고귀한 혈통은 감추어지지 않는다. 양아버지가 황소 2마리를 팔아 오라고 시장에 보냈더니 그는 소 2마리를 새매 1마리와 교환해 온다.

1400년대 들어서 유럽 인들은 같은 혈통의 동물을 같은 무리로 분류하는 새로운 어휘를 사용하기 시작하는데, 바로 **종족(race)**이다.[18] 1430년경에 사용된 한 에스파냐의 육종 안내서는 '좋은 품종'의 말을 고르는 비결로 종마는 "건강하고 아름답고 털이 부드러워야 하며, 암말은 덩치가 크고 몸매가 좋고 털이 부드러워야" 한다고 소개한다.[19] 1438년에는 알폰소 마르티네스 데 톨레도(Alfonso Martínez de Toledo, 1398?~1470?년)라는 사제가 좋은 혈통 남자와 나쁜 혈통 남자의 차이는 쉽게 구분할 수 있다고 단언한다. 남자가 어떤 환경에서 성장했느냐는 문제가 안 된다고 그 사제는 말한다. 그는 노동자의 아들과 기사의 아들을 각각의 부모와 격리한 뒤에 외딴 산자락에서 키운다고 가정해 보자고 하면서, 노동자의 아들은 필시 농장에서 일하기를 좋아할 것이고 기사의 아들은 말타기와 칼싸움만 좋아할 것이라고 장담했다.

그는 또 이런 말도 했다. "좋은 종족 출신의 훌륭한 남자는 반드시 자신의 태생으로 돌아가게 마련이다. 반면 나쁜 종족, 즉 나쁜 혈통 출신의 미천한 남자는 천생 자기가 물려받은 악행으로 돌아가게 마련이다."[20]

1400년대 말에 에스파냐에 살던 유태인들은 자신들을 별개의 종족으로 규정했다. 유럽 전역에 흩어져 살던 유태인들은 유태인을 향한 온갖 범죄에 시달려 왔다. 15세기 에스파냐에서는 이런 학대를 피하기 위해 유태인 수천 명이 기독교로 개종해 이른바 '콘베르소(converso, 개종자)'가 되었다. 자칭 '구기독교도(Old Christians)'는 유태인이 맹세 하나로 자기네들의 죄 많은 태생에서 벗어날 수 있다는 생각을 받아들이지 않고 계속해서 적대 행위를 이어 갔다. 이 유태인들은 심지어 그 자식들까지 같은 취급을 받았다. 유태인의 사악함은 종자에 새겨져 있으므로 다음 세대로 피를 따라 유전된다고 여겼기 때문이다.[21] 1435년에 에스파냐 역사가 구티에레 디아스 데 가메스(Gutierre Díaz de Gámez, 1379?~1450?년)는 "알렉산드로스 대왕 시대부터 현재에 이르기까지, 유태인이나 그 자손이 연루되지 않은 반역죄는 존재하지 않았다."라고 단언했다.[22]

그 뒤로 에스파냐 작가들은 개종하지 않은 유태인이든 콘베르소든 같은 유태 '종족'으로 칭하기 시작했다.[23] 기독교도 남자들은 유태 인종 여자와 자식을 낳지 말라는 주의를 받았고, 마찬가지로 훌륭한 품종의 종마도 낮은 품종의 암말과 짝짓기를 할 수 없었다. 1449년에 에스파냐 도시 톨레도는 이 같은 적대적 정서를 법규화해 유태인의 피가 조금이라도 섞인 사람은 공직을 맡거나 참된 기독교도와 결혼할 자격이 박탈된다는 법령을 포고했다.

이 금지령이 에스파냐 전역으로 확산되면서 그 범위도 확대됐다. 이제 혈통이 유태인인 사람들은 대학 학위를 받을 수도 없었고 재산을 상속할 수도 없었으며 일부 지역에는 진입조차 할 수 없었다. 유태인을 별개의 종족으로 규정하려면 주류 에스파냐 인 스스로도 별개의 종족으로 규정해야 했다. 그리하여 귀족 가문들은 자신들이 서고트 족의 후예라고 주장했으며, '림피에사 데 상그레(limpieza de sangre)'라 이름 붙인 순혈 논리를 창안했다. 그들은 혈관에 흐르는 '상그레 아술(sangre azul, 파란 피라는 뜻으로 무어 인과 피가 섞이지 않은 순수한 피, 귀족 혈통을 의미한다. — 옮긴이)'[24] 이 그대로 비치는 구기독교인의 창백한 피부색을 칭송했다. 이 표현은 몇백 년 동안 통용되었으며 대서양을 건너가서는 뉴잉글랜드 상류층을 일컫는 칭호가 되었다.

에스파냐 유력 가문 간의 혼인과 고위급 정부 관직에는 순혈성을 증명하는 공인이 요구되었다. 에스파냐의 종교 재판소는 친척이나 이웃의 증인을 수집하는 동시에 순혈성을 확인하는 조사도 자체적으로 수행했다. 종교 재판소는 유태인 조상과 관련된 소문이면 무엇이든 조사했다. 가령 포목상이나 대금업자로 일한 조상이 있다는 정보는 의심을 사기에 충분했으며, 유태인 조상이 단 1명만 밝혀져도 파멸할 수 있었다.[25] '리나후도(linajudo, 순혈통)'라고 불린 부유한 가문은 특별한 종족 조사 인력을 고용해 '피의 순혈성'을 입증하는 근거를 수집, 편찬하기도 했다. 하지만 사실은 거의 모든 귀족 가문에 유태인 조상이 있었다. 순혈 가문들은 계보에서 유태인 조상을 삭제함으로써 승승장구했다.

*
**

종족이라는 개념이 등장할 무렵, 유럽은 세계의 다른 영역을 식민지로 만들기 시작하면서 곳곳에서 이 딱지를 붙일 집단을 찾아냈다.

"괴물은 발견하지 못했다."[26] 크리스토퍼 콜럼버스(Christopher Columbus, 1451~1506년)는 1493년 카리브 해에서 보낸 편지에 그렇게 썼다. 그가 만난 것은 외눈박이 거인족이나 여전사 부족이 아니라 사람이었고, 그는 그들을 '인디오(indio, 인도인)'라고 불렀다. 처음에는 그들을 어떻게 받아들여야 할지 알 수 없었다. 아리스토텔레스의 피부색 법칙을 비웃기라도 하는 듯, 강렬한 태양 아래 살고 있는데도 그들은 아프리카 사람들처럼 검은 피부가 아니었다. 옷도 거의 입지 않고 철기나 무기도 거의 없는 이들에게 통나무배를 제작하고 항해하는 기술력이 있다는 점이 콜럼버스에게는 인상적이었다. "갤리선은 노를 젓는 그들과 경쟁이 되지 않았다. 이동 속도가 놀랍도록 빨랐기 때문이다. 묘하게 영리한 그들은 바다를 이용하는 방법을 찾아낼 수 있었다."라고 콜럼버스는 썼다.

아메리카 대륙에서 만난 원주민들에게서 경탄할 만한 여러 특징을 발견했을지라도 콜럼버스는 무력을 동원해 그들을 노예로 삼기를 망설이지 않았다. 그 가운데 일부는 농장이나 광산으로 보내 노동을 시키고 수백 명을 에스파냐 노예 시장으로 보냈지만, 대서양을 횡단하는 도중에 대다수가 사망했다. 에스파냐의 정복자들과 정착민들은 콜럼버스의 활약상을 전례로 삼았다. 일부 신학자들은 정복자들이 아메리카 원주민을 인간적으로 대우해야 한다고 호소했지만, 원래가 그런 종족이라며 노예 무역의 정당성을 찾는 부류도 있었다. 그들은 아메리카 원주민들은 이성적 능력이 없어 유럽 인 주인을 섬기도록 신이 설계한, 타고난 노예라고 주장했다.[27]

"그들에게는 내일이란 없으며 그저 일주일 먹고 마실 것만 있으면 만족한다." 에스파냐 법관 후안 데 마티엔소(Juan de Matienzo, 1520~1579년)는 썼다.[28] 그런가 하면 "자연은 원주민들에게 사람을 섬기는 데 적합한 신체를 주었다. 반면에 에스파냐 인들의 신체는 우아하게 균형 잡혀 있으며 독창적이고 사려 깊은 사고가 가능해 정치 활동과 시민의 삶을 영유할 수 있다."라고 쓴 학자도 있었다.[29]

하지만 아메리카 원주민들은 신종 질병과 중노동에 극심하게 시달린 끝에 인구가 급격히 감소했다. 그러자 카를 5세가 노예 무역을 금지했지만, 남은 인구는 대농장에서 고되게 일하는 극빈 소작농이 되고 말았다. 이제 새로 수입된 노동력이 이들의 자리를 대신하는데, 바로 아프리카 노예였다.[30]

여러 세기에 걸친 맹렬한 노예 무역으로 사하라 이남 아프리카 인구가 유럽과 근동 및 동남아시아 일대로 이주했다. 노예상들은 노예로 잡혀 온 이들에게서 인간성을 박탈함으로써 이 관행을 정당화했다. 1377년 튀니지의 학자 이븐 할둔(Ibn Khaldūn, 1332~1406년)은 (노예로 잡혀갔던 또 다른 집단인 슬라브 족과 마찬가지로) 아프리카 인은 "멍청한 짐승과 비슷한 속성"을 지니고 있다고 주장했다.[31] 그러나 할둔 역시 유전에 관한 한 히포크라테스의 견해에 동의해, 북쪽 추운 기후대의 유럽으로 이주한 아프리카 흑인들의 "후손들은 점차 피부색이 옅어졌다고" 주장했다.

이슬람교도가 아프리카 인들을 8세기에 처음으로 에스파냐에 노예로 데리고 들어갔는데, 포르투갈 노예상들이 아프리카 인들을 사로잡아 다시 유럽으로 데려가면서 노예 인구는 갈수록 늘어났다. 하지만 노예민과 자유민 간의 사회적 장벽은 느슨하게 유지되었다. 아프리카 노예의 후손 가운데 일부는 자유를 얻어 유럽 인들 사이에서 여생을 보냈으며, 일부는 신대륙으로 가는 콜럼버스의 정벌대에 참여하기도 했다.

노예상들이 화물을 곧장 브라질, 페루, 멕시코로 실어 보내기 시작하자 유럽 사람들은 노예제를 더 오래 지속시킬 근거를 개발했다.[32] 노예제란 아프리카 인들이 성서 속 조상들에게서 물려받은 저주라고 주장하는 인물이 있는가 하면, 신학자들은 오랫동안 아프리카 인들이 노아의 아들인 함의 후손이라고 주장했다.[33] 함이 아버지의 벗은 몸을 보았다는 이유로 노아가 함의 아들인 가나안이 결코 자유를 누리지 못하리라고 저주했다는 것이다. 그때 가나안에게 노아가 했던 말은 이러했다. "그의 형제의 종들의 종이 되기를 원하노라."(「창세기」 9장 25절, 『성경 전서 개역 한글판』의 번역을 따랐다. — 옮긴이)

1400년대에 유럽 학자들은 함 이야기를 되살려 이를 한 종족의 기원으로 삼았으며 그 저주의 정수를 검은 피부로 규정했다. 1448년, 포르투갈 학자 고메스 이아네스 드 아수라라(Gomes Eanes de Azurara, 1414?~1474?년)는 함의 원죄 탓에 "그의 종족이 전 세계 다른 모든 종족에게 복종해야 한다."라면서 이렇게 단언했다. "이들의 검은 피부는 이 종족으로부터 물려받은 것이다."[34]

*
**

유럽에서 합스부르크 가만큼 유전자를 오염시키지 않으려 애쓴 가문도 없다. 이 가문 사람들은 순혈을 유지했다. 이 점은 가문 계보 연구를 통해 입증되었다. 합스부르크 가는 순혈성을 유지하기 위해, 그리고 세계 최고의 제국을 온전하게 지키기 위해 가문의 성원들끼리만 혼인하게 했다. 사촌이 사촌과 결혼하고 삼촌이 조카와 혼인하는 식이었다. 그러면서 시간이 갈수록 에스파냐의 합스부르크 가 사람들은 유전 문제를 겪었다. '합스부르크 턱'이 그중에서도 가장 두드러지는 질환이었다. 과학자들은 펠리페 2세를 비롯해 합스부르크 왕들의 초상화를 연구했는데, 합스부르크 가문 사람들이 실은 아래턱이 과대하다기보다는 위턱이 충분히 발달하지 못한 것으로 보인다는 것이 현재의 진단이다.[35] 펠리페 2세는 천식, 발작, 우울한 기질 등 합스부르크 가 사람들에게서 흔히 나타난 여타 질환도 함께 겪었다.

펠리페 2세는 가문의 권세를 지키기 위해 사촌인 마리아 마누엘라(Maria Manuela, 1527~1545년)와 결혼했다. 하지만 두 사람은 유전적으로는 사촌보다 훨씬 더 가까운 관계였다. 펠리페의 부모인 카를과 이사벨라도 사촌 간이었고, 마리아 마누엘라의 부모는 카를과 이사벨라 부부와 형제 관계로, 마리아 마누엘라의 아버지가 이사벨라의 오빠, 어머니가 카를의 여동생이었다. 이 같은 근친적 결합이 불러일으킨 결과물이 1545년에 태어난 병약한 아들 돈 카를로스(Don Carlos de Austria, 1545~1568년)이다.[36] 그는 신체 오른쪽 부위가 왼쪽보다 덜 발달해 걸을 때 다리를 절었으며, 선천적으로 보통 곱사등과 새가슴이라고 부르는 일종의 흉골 기형이었다.

돈 카를로스가 10세 때 아버지가 왕이 되었는데, 그는 막무가내로 울어댔고 걸핏하면 식음을 거부했다. 이런 문제가 있음에도 국왕 펠리페는 돈 카를로스가 12세 때 자신의 포괄적 후계자로 지명했고, 돈 카를로스는 펠리페가 아버지 카를에게서 물려받은 왕국을 통째로 상속받았다.

하지만 돈 카를로스가 19세가 되었을 즈음, 아버지를 비롯한 모든 이가 무언가 단단히 잘못되었다는 사실을 명백히 알아챘다. 에스파냐 궁정을 찾은 한 방문객은 이렇게 기록했다. "그는 아직도 7세 아이처럼 군다." 펠리페도 같은 생각이었다. "더디 크는 아이들이 있기는 하지만 내 아들은 누구보다도 지체가 심하다."

돈 카를로스는 20대 초반 무렵에 폭력 성향을 보이기 시작했다. 자기를 불쾌하게 만든 시종을 창밖으로 내던지는 일까지 있었다. 금화 수십만 두카트를 흥청망청 썼으며, 한 귀족을 살해하려고까지 했다. 펠리페는 아들의 "타고난 별난 기질"이 결코 바뀌지 않을 것이라고 생각해서 그에게 국가의 통치를 맡겨서는 안 되겠다고 결심했다. 펠리페는 쇠사슬 갑옷을 입고서 무장한 조신 무리를 이끌고 아들 방으로 쳐들어갔다. 그들은 돈 카를로스의 방 창문 빗장을 걸고 방 안에 있는 무기와 보화, 문서를 모조리 꺼낸 뒤, 이 방을 감옥으로 만들었다. 돈 카를로스는 이로부터 몇 주 뒤인 1568년 7월 24일에 23세로 이 방에서 죽었다.

펠리페 2세는 재혼했다. 이번에는 조카인 오스트리아의 아나(Ana de Austria, 1549~1580년) 공주였다. (공주는 돈 카를로스 왕자와 약혼한 사이였다. — 옮긴이) 1578년에 둘 사이에서 아들 펠리페 3세(Felipe III, 1578~1621년)가 태어나 20년 뒤 아버지를 승계해 에스파냐의 국왕이 되었다. 펠리페 3세는 사촌과 혼인했고, 1621년에 그의 아들 펠리페 4세(Felipe IV, 1605~1665년)에게 왕위를 물려주었다. 지상에서 가장 강대한 국가였던 에스파냐 제국은 펠리페 4세 통치기에 쇠락의 길로 들어섰다. 에스파냐의 군대는 쇠약해졌고, 포르투갈은 펠리페 4세의 통치에서 벗어났다. 신대륙에서 속속 도착한 금과 은은 에스파냐가 아닌 다른 유럽 국가 은행가들의 손에 들어갔고, 에스파냐 민중은 전염병과 기근으로 신음했다.

펠리페 4세는 이 혼돈을 피해 거대한 궁전에 틀어박혔다. 페테르 파울 루벤스(Peter Paul Rubens, 1577~1640년)의 걸작품을 벽에 걸어놓고 자신을 칭송하는 시인들의 노래에 귀를 기울였다. 사람들은 그를 '행성 왕(Planet King)'이라고 불렀다. 그의 화려한 허식은 그칠 줄 모르고 계속되었으나, 후계자 아들을 낳지 못하면 합스부르크 가가 그동안 이 행성에서 누린 왕좌를 잃을지 모른다는 것이 한 가지 걱정거리였다.

이 왕조는 '합스부르크 턱'을 비롯한 여러 질환을 겪은 동시에 갈수록 유산(流産)과 영아 사망 빈도도 증가했다. 당대 지구 상에서 그 누구보다 애지중지 양육되는 환경이었는데도 그들의 유아 사망률은 에스파냐 소작농의 가계보다도 높았다.[37] 펠리페 4세의 첫 아내인 엘리자베트 드 프랑스(Élisabeth de France, 1602~1644년) 왕녀는 줄줄이 유산했을 뿐만 아니라 생전에 아기들의 죽음을 겪어야 했다. 이 왕녀는 1644년에 세상을 떠났다. 이 부부의 아들 발타사르 카를로스(Baltasar Carlos, 1629~1646년)는

17세까지는 그럭저럭 살아남았으나 1646년에 천연두로 사망했다. 이제 합스부르크 왕가는 위기에 처한다. 펠리페 4세가 죽은 뒤 왕위를 물려줄 후계자를 얻지 못한 것이다.

발타사르가 죽은 뒤 펠리페 4세는 아들의 약혼자이자 자신의 조카인 마리아나(Mariana)와 혼인했다. 마리아나는 1651년에 딸 마르가리타 테레사(Margarita Teresa)를 낳았는데, 이 딸은 22세까지 살았다. 마리아나는 그 뒤로도 둘 이상의 자녀를 낳았지만 모두 어려서 죽었다. 1661년 이 부부의 아들 펠리페 프로스페로(Felipe Prospero)가 4세 때 죽자, 펠리페 4세는 자기가 여배우들에게 탐닉한 탓에 자식들이 이른 나이에 죽는 것이라며 자책했다.

*
* *

지금 17세기를 돌아보면 펠리페 4세가 이 모든 것이 자기 집안의 유전병 탓임을 인식하지 못한 이유를 이해하기 어려워 보일 수 있다. 하지만 합스부르크 왕조 당시에는 누구라도 유전을 이런 관점으로 바라보지 못했다. 그 가운데에서도 드문 예외가 작가 미셸 드 몽테뉴(Michel de Montaigne, 1533~1592년)였는데, 그는 1580년에 「자녀와 아버지의 닮음에 대하여(*Of the Resemblance of Children to Their Fathers*)」라는 에세이를 발표한 바 있다.

몽테뉴는 1571년에 관직에서 은퇴하고 고향의 성탑 안에서 허영과 행복, 거짓말쟁이와 우정에 대한 단상을 저술했다. 그는 이 고적한 생활을 안락하게 받아들였지만, 신장 결석이 일으키는 통증이 수시로 사색을 훼방했다. 어느 날 몽테뉴는 이 몸속의 돌덩어리를 수필의 소재로 삼았다.

"이 돌은 아마도 아버지에게서 물려받았을 것"이라고 몽테뉴는 짐작했다. "슬프게도 아버지 역시 방광에 생긴 커다란 돌멩이 때문에 고통 속에서 돌아가셨다." 하지만 몽테뉴는 어떻게 왕위나 농장이 아닌 병을 상속할 수 있는지 이해할 수 없었다. 몽테뉴가 출생했을 때 아버지는 아주 건강한 상태였고 그 뒤로도 25년간 완벽하게 건강을 유지했으나 60대 후반에 처음 신장 결석이 생겼고, 말년 일곱 해를 이 병으로 고생했다.

"아버지는 병하고는 그토록 거리가 멀었던 분인데, 나에게도 남겨 준 그 하찮고 작은 물질이 어떻게 그렇게 깊은 영향을 미칠 수 있었을까? 이 속성은 그동안 어디에 둥지를 틀고 있었을까?"[38] 몽테뉴는 이렇게 자문한다.

당시에는 단순하게 이렇게 생각하는 것만 해도 대단한 통찰이었다. 몽테뉴 시대 사람들은 사람의 형질이 세대에서 세대를 거쳐 후손에게 전달될 수 있다고는 생각하지 못했다. 사람은 생산하는 주체가 아니라 생산되는 개체였으며, 생명은 빵이 부풀어 오르듯 혹은 포도주가 발효되듯 안정적으로 전개되는 무엇이었다.[39] 몽테뉴의 의사들은 체질이 부모 안에 잠복해 있다가 자식에게 복제되어 나타난다고는 생각하지 못했다. 체질이 무슨 숨은 글자도 아니고 어떻게 사라졌다가 다시 발견될 수 있는가 말이다. 의사들도 더러는 특정 가족에게 특정 질환이 흔히 나타나곤 한다는 점을 발견했다. 그러나 어째서 그렇게 되는지까지 고찰하는 의사는 없었다. 그저 성서에 기대어 "아버지의 죄악을 자식에게 갚아 삼사대까지 이르게 하리라."(「민수기」 14장 18절. — 옮긴이) 하는 여호와의 말씀을 인용했을 따름이다.

의사들이 부친의 신장 결석에 대해 뭐라고 말하든 몽테뉴는 십중팔구 귀담아듣지 않았을 것이다. 몽테뉴도 부친과 조부가 그랬듯 의사들을 혐오했으니 말이다. 그는 "내가 그자들의 기술에 품는 반감은 유전된 것"이라는 말을 남기기도 했다.

몽테뉴는 그런 성향이 질병이나 신체 특성처럼 선대로부터 물려받는 것은 아닌지 의문을 품었다. 그러나 그 모든 것이 어떻게 정자라는 씨를 통해 한 세대에서 다음 세대로 전달되는지는 상상조차 할 수 없었다. "이 의문에 흡족한 답을 주는 의사가 있다면, 그자가 믿으라는 어떤 기적도 곧이곧대로 다 믿으련다. 단 의사들이 흔히 그러듯이 내 앞에다 이 문제 자체보다 더 난해하고 더 공상 같은 이론을 내밀지 않는다는 조건 하에."

몽테뉴는 신장 결석이 생긴 뒤로 10여 년을 더 살았지만 유전에 대해 흡족하게 설명해 주는 의사는 단 한 사람도 만나지 못했던 듯하다. 펠리페 2세 말년에 루이스 메르카도(Luis Mercado, 1525?~1611년)[40]라는 나이 지긋한 에스파냐 의사가 왕실 주치의로 임명되었는데, 이 의사가 몽테뉴의 높은 기준에 부합하는 인물이었을지도 모르겠다. 그는 유전되는 질환이 있음을 인지하고 그 이유를 탐문한, 유럽의 드문 의사였다.

메르카도는 왕실 주치의로 임명되기 전 수십 년 동안 바야돌리드 대학교에서 의학을 가르쳤다. 한 동료 교수는 그를 두고 이렇게 평했다. "수수하게 입고, 아껴 먹고, 성품은 겸손하고, 태도는 간명하다."[41] 메르카도가 대학에서 한 강의의 내용은 아리스토텔레스의 학설에서 깊이 영향받은 것이었다. 그러나 그 자신의 관찰과 연구 없이 고대 학자들의 가르침에만 경도되지는 않았으며, 열병과 전염병을 다룬 새로운 이론을 꾸준히 책으로 발표하다가 1605년 80세에 이르러 대작 『유전성 질환에 관하여(*De morbis hereditariis*)』를 출간했다. 이 주제를 다룬 책으로는 최초였다.

메르카도는 질환이 왜 유전되는지를 탐구했다. 신이 내리는 형벌일 가능성은 배제한 대신, 유전병을 이해하려면 새 생명이 어떻게 생겨나는지를 이해해야 한다고 보았다. 그는 손, 심장, 눈과 같은 신체 부위는 제각각 형상이 만들어지고 각기의 고유한 기능이 있으며 저마다 다른 배합의 체액이 있다고 주장했다. 또 각 신체 부위의 액질이 혈류 속에서 혼합되며 어떤 신비로운 힘이 이를 정액으로 빚어 낸다고 주장했다. 메르카도는 아리스토텔레스와 달리 남자와 여자 모두가 정액을 생산하며 그 정액이 성관계로 결합된다고 믿었다. 정액을 빚어 낸 그 신비로운 힘이 결합한 남녀의 정액에도 작용하고, 여기서 공급된 새로운 체액에서 부모와 같은 신체 부위를 갖게 될 새 생명이 만들어지는 것이라고.

메르카도는 이 발생과 결합, 발달의 생명 주기가 외부 세계로부터 안전하게 방어된다고 믿었다. 마구잡이로 밀어닥치는 우연의 파도조차 인간의 생명이 될 저 숨은 씨앗에 손을 미쳐 그 유전 형질을 뒤바꿔 놓지는 못한다고 본 것이다. 그는 환경의 위력에 대한 통념, 즉 어머니의 상상력이 아기를 바꿀 수 있다거나 묘기를 익힌 개는 그 능력을 자기 새끼에게 전달할 수 있다는 생각도 일축했다. 유전병은 씨에 새겨진 봉인과 같은 것이어서 다음 세대가 태어날 때마다 같은 봉인이 나타나며 유전적 질환도 함께 발현된다고 보았다.[42] 메르카도는 "자신과 닮았고 또 같은 결함으로 일그러진 새 생명의 탄생"이라고 표현했다.

메르카도는 왕실과 평민 환자들을 치료하면서 다양한 종류의 유전병을 접했다. 선천적 청각 장애처럼 즉각적으로 나타나는 경우가 있는가 하면, 몽테뉴와 그 부친의 신장 결석처럼 서서히 나타나는 경우도 있었다. 메르카도는 많은 경우에 부모의 질환은 자녀에게만 영향을 미치는 경향이 있다고 믿었다. 자녀의 기질이 그 영향을 누그러뜨릴 수도 있고, 부모의 씨가 건강하다면 자녀에게 병이 나타나지 않고 넘어가는 수도 있다. 하지만 그 결함은 자녀에게 여전히 잠복해 있다가 이들이 낳은 자녀에게서 발현될 수 있다. 이 자녀가 부모 중 한쪽으로부터 저항력 있는 유전자를 물려받지 못할 경우, 잠복해 있던 질환이 튀어나올 수 있다.

어떤 유전병은 치료 가능하지만 그 과정이 더딜뿐더러 완치는 불가능하다고 메르카도는 주장했다. 앞서 언급한 저서에서 그는 이렇게 말했다. "격리된 환경에서 농아에게 목소리를 내게 하고 또렷한 발음으로 말하는 법을 가르쳐서 오랜 훈련을 시킨 끝에 많은 유전병 환자가 드디어 말하고 듣는 능력을 얻었다."[43]

하지만 대부분의 경우에는 의사가 할 수 있는 일이 거의 없다. 유전이라는 봉인은 의사의 손이 닿지 못하도록 꽁꽁 잠겨 있기 때문이다. 메르카도는 같은 질환을 지닌 사람들이 결합하면 그들이 낳은 자녀에게서도 같은 유전병이 발발할 가능성이 매우 높으니 결혼하지 말라고 강조했다. 누구나 배우자를 구할 때는 자신과는 되도록 특성이 다른 사람을 찾아야 한다는 것이 그의 권고였다.

메르카도의 연구는 몽테뉴가 유전에 품었던 의문에서 한참을 더 나아갔으나 세상은 아직 그의 생각을 파고들 준비가 되지 않았다. 과학 혁명이 이루어지기까지 몇십 년을 더 기다려야 하는 상황이었고, 유전 자체가 과학적 문제로 받아들여지기까지는 두 세기 이상이 남아 있었다. 아마 메르카도 자신조차 그랬던 듯한데, 아무도 그의 왕실 환자들이 그들 가문의 유전적 재앙의 한가운데에 놓여 있음을 인지하지 못했다. 그러나 왕가의 혈통을 보존하기 위한 그들의 혼인 전통은 가문 내에 병을 유발하는 돌연변이 수를 늘렸다. 이것은 자녀를 얻을 확률을 떨어뜨렸고, 이것을 이기고 얻은 자녀도 병의 숙주가 될 돌연변이를 물려받을 위험이 높았다.

⁂

1660년이면 펠리페 4세가 후계자로 삼을 아들을 얻기 위해 노력한 세월이 40년째가 된다. 세월이 이렇게 흐르는 동안 그는 자녀 열둘을 얻었다. 열은 어려 죽었고, 살아남은 둘은 딸이었다. 펠리페가 늙자 합스부르크 왕가가 존폐 위기에 처하지만 이듬해에 마침내 에스파냐는 왕이 될 아들의 탄생을 경축할 수 있었다.

왕실의 공식 관보는 새로 태어난 왕자 카를로스에 대해 "이목구비가 더할 나위 없이 아름다우며, 큰 두상에 피부색은 짙고, 살집이 약간 과하다 싶을 정도로 포동포동한 남아"라고 기록했다.[44] 에스파냐의 왕실 점성술사는 카를로스가 탄생할 때 하늘에는 "행복하고 풍요로운 삶과 치세를 약속하는" 상서로운 별들의 조합이 이루어졌다고 전했다. 카를로스가 겨우 3세 때 아버지가 사망했다. 눈앞의 벽을 응시하던 펠리페 4세는 자신이 끝내 가문의 영속에 기여할 후계자 아들을 남겼다는 사실에 위안을 느끼며 죽음을 맞이할 수 있었다.

카를로스 2세(Carlos II, 1661~1700년)는 합스부르크 왕가에서 가장 약한 왕이었다. 한 프랑스 외교 사절은 본국에 보내는 편지에서 왕을 이렇게 묘사했다. "낯빛은 창백하고 입은 헤벌어지고 극도로 허약해 보인다."[45] 그는 카를로스 2세가 걸어 다닐 일이 없도록 유모가 줄곧 업고 다녔으며, "그의 장수를 예견하는 의사는 아무도" 없다고 보고했다.

메르카도의 『유전성 질환에 관하여』가 세상에 나오고 60년 뒤에 태어난 카를로스 2세는 건강이 나쁘고 심적으로도 허약했으나 살아서 성년기를 맞았다. 그는 나라 안팎에서 기근과 전쟁이 그치지 않는데도 투우에 매달려 소일했으며, 마음 쓰는 국사라고는 오로지 자신이 후계자를 남길 수 있을지 여부뿐이었다. 그리고 그 일마저 실패했다.

왕비가 임신하지 못한 채 세월이 흘렀고 카를로스는 갈수록 쇠약해졌다. 한 영국 대사는 카를로스에 대한 보고서에서 이렇게 썼다. "그는 식탐이 게걸스러운데 먹을 수 있는 것은 통째로 집어삼켰다. 턱이 어찌나 돌출했는지 윗니, 아랫니가 서로 다물리지 않기 때문이다. 닭의 내장인 모래주머니가 모이를 통째로 넘기는 것처럼 엄청나게 큰 위장이 이 장애를 보완했으나, 소화 능력이 없는 탓에 집어삼킨 음식물을 통째로 배설해 내보낸다."[46]

에스파냐 종교 재판소는 카를로스가 후계자를 생산하지 못하는 원인을 마녀들에게 돌렸으나 그런 재판이 왕에게는 아무런 도움도 되지 못했고, 그의 수명이 길지 못하리라는 것이 갈수록 확실해졌다. 하지만 카를로스는 몇 달 동안 화급히 후계자로 지명할 인물을 물색해 1700년 10월에 마침내 프랑스 국왕의 손자 앙주 공작(Duke of Anjou, 혹은 필리프 당주(Philippe d'Anjou), 1683~1746년)을 낙점했다. 카를로스는 자신의 사후에 제국이 무너지지 않을까 우려해, 그 후계자의 통치 행위에는 "나의 조상들이 그토록 영광스럽게 건설한 왕국의 분할이나 축소가 조금도 허용되지 않는다."라고 못박았다.[47]

그러나 그의 왕국은 오래지 않아 무너지기 시작했다. 프랑스와 에스파냐가 동맹을 형성하리라고 예측한 잉글랜드가 유럽의 여러 강국과 동맹을 맺었다. 그리하여 유럽과 신대륙 각지에서 소규모 전투가 발발하기 시작했다. 이 국지전들은 급기야 에스파냐 왕위 계승 전쟁으로 확대되었다. 이 전쟁으로 정치적 판세가 급변하면서 잉글랜드가 우위를 잡았고 에스파냐는 기울기 시작했다.

그런데도 카를로스는 자신의 제국이 온전하게 지속되리라는 꿈을 버리지 않았으며, 나아가 앙주 공작이 오스트리아 합스부르크 가의 자기 사촌과 결혼하기를 바란다는 소망을 유언에 추가했다. 얼마 지나지 않아 카를로스는 듣지도 말하지도 못할 정도로 병세가 위중해져서 1700년 11월 1일에 사망했다. 향년 35세였다. 그는 조상에게서 물려받은 보이지 않는 각종 문제 탓에 제국을 물려줄 자식을 남기지 못했다. 의사들은 그의 시신을 검사해 간에서 돌 3개를 발견했고, 신장에 물이 가득 고여 있었으며, 심장은 작은 견과류 한 알 크기였다고 기록했다.

2장

시간 여행

1904년, 몸집 건장하고 희끗희끗한 턱수염을 자랑하는 55세의 한 네덜란드 사람이 뉴욕행 배에 몸을 실었다. 휘호 마리 더 프리스(Hugo Marie de Vries, 1848~1935년)는 암스테르담의 대학 교수였지만 강의실에 죽치고 앉아 있는 유형은 아니어서 네덜란드의 지방 시골의 초원으로 특이한 야생화를 찾아다니는 데 시간을 쏟았다. 한 영국인 동료 교수는 더 프리스가 입은 옷에서 악취가 풍긴다면서 셔츠를 일주일에 한 번 갈아입는 사람이라고 불평하기도 했다.[1]

배가 뉴욕에 도착하자 더 프리스는 캘리포니아행 미국 대륙 횡단 열차를 탔다. 이 여행의 공식적인 목적은 스탠퍼드 대학교와 캘리포니아 대학교 버클리 캠퍼스(UC 버클리)의 과학자 방문이었다. 더 프리스는 약속된 강연을 수행하고 만찬에도 참여했지만 기회가 나자마자 북부로 빠져나갔다.

더 프리스는 샌프란시스코에서 약 80킬로미터 떨어진 작은 농업 도시 샌타로자에 도착했다. 그는 동료 교수 4명과 동행해, 키 작은 말뚝으로 울타리 친 1만 6000여 제곱미터 면적의 녹음이 우거진 사유지로 들어갔다. 대지 한가운데에는 넝쿨로 덮인 소박한 가옥이 있었고 그 옆으로는 초가지붕 얹은 온실과 헛간이 있었다. 도로에서 현관까지 이어지는 인도에는 회양목이 심겨 있었다. 인도변에 흰 바탕에 파란 글씨로 인

터뷰는 사전 약속이 없는 한 5분으로 제한한다는 내용의 안내문이 적혀 있었다.[2]

다행히도 더 프리스는 인터뷰 약속이 잡혀 있었다. 구부정하고 작달막한 자기 또래 사내가 투박한 갈색 양복 차림으로 손님 무리를 맞으러 나왔다. 그는 루서 버뱅크(Luther Burbank, 1849~1926년)였다.[3]

한복판에 서 있는 가옥은 버뱅크가 누이와 어머니와 함께 사는 집이었다. 더 프리스와의 만남을 몇 달간 고대한 버뱅크는 1박 2일의 그 만남을 위해 집을 비워 두었다. 그는 방문한 과학자들에게 정원을 보여 주고는 소노마 산기슭의 7만여 제곱미터 규모 농장으로 데려갔다. 이 두 곳의 땅과 그 토양에서 자라는 식물이 버뱅크를 부유하고 유명하게 만들어 주었다.

"버뱅크가 일구어 낸 결실은 실로 경탄을 자아내며, 전 세계로부터 찬사를 받고 있다." 더 프리스는 버뱅크 방문기에서 이렇게 평했다.[4]

결코 과장이 아니었다. 우편 집배원은 해마다 버뱅크에게 편지 3만 통을 배달했다.[5] 그를 만나기 위해 헨리 포드(Henry Ford, 1863~1947년)와 토머스 에디슨(Thomas Edison, 1847~1931년)이 샌타로자로 찾아왔고, 신문에는 "원예의 마법사"[6] 버뱅크를 상찬하는 기사가 주기적으로 실렸다. 24세 때 개량한 '버뱅크감자'는 이미 미국 거의 전역에서 표준 품종이 되었으며, 버뱅크의 손길 아래 태어난 샤스타데이지는 순식간에 중산층 화단의 주류 품종이 되었다. 버뱅크는 자신의 정원에서 흰블랙베리, 하인즈흑호두, 가시 없는 선인장을 위시해 수천 종의 식물을 만들어 냈다.

"자연에 대한 방대한 지식으로 식물의 생명을 다뤄 내는 그 능력은 타고난 고도의 천재에게만 가능한 영역"이라고 더 프리스는 샌타로자 여행 전날 밤 스탠퍼드의 과학자들 앞에서 공공연히 선언했다.[7] 버뱅크를 만나기 전, 더 프리스는 언론 매체에 소개된 버뱅크 관련 기사 가운데 어느 정도가 사실인지 알고 싶어 했다. 지역 일간지《샌프란시스코 콜(*The San Francisco Call*)》은 버뱅크 꽃들의 "번성하는 엄청난 규모를 보다 보면 냉철한 과학 작업이라기보다는 마법의 결과물이 아닐까 하는 생각이 들 정도"라고 썼다.[8] 버뱅크의 작물 일람표는 때로 동화를 읽는 것 같기도 했다. 한 호에는 버뱅크가 씨 없는 자두를 선보인다는 소개 글이 실렸다. 더 프리스는 그런 것이 만들어질 수 있다는 소리를 믿을 수가 없었다. 샌타로자에 도착한 더 프리스는 실물을 보여 달라고 청했다. 버뱅크는 더 프리스 일행을 이끌고 푸른 열매가 늘어지게 매달린 한 나무 앞에 이르렀다. 그러고는 손님에게 자두를 한 알씩 주었다. 자두를 한 입 한 입 깨물어 먹는데 씹히는 것은 보드랍고 달콤한 과육뿐이었다. "자두에 씨가 없다는 사실을 실제로 확인하기는 했으나 우리는 이 경험이 그저 신기하고 놀라울 따름이었다."[9]

더 프리스는 신기한 것에 머물 사람이 아니었다. 뼛속까지 과학자인 그는 캘리포니아를 찾아가기에 앞서 지난 20년 동안 유전을 하나의 학문으로 자리 잡게 만든 실험을 수행했다. 버뱅크를 방문하기 얼마 전 그 연구에 고유 명사가 붙었으니, 다름 아닌 유전학(genetics)이었다.

그러나 1904년에 갓 태어난 유전학은 견고한 반석까지는 놓지 못하고 주춧돌을 세운 정도에 지나지 않아 유전에 대한 기본적인 물음조차 답하지 못하는 상태였다. 더 프리스는 자신이나 동시대 유전학자들이나 수천 년 동안 인류가 캐어 온 유전의 수수께끼를 이제 막 접한 신출내기들일 뿐이라는 사실을 잘 알았다. 그는 동식물 육종가들의 지식을 존중했지만, 고래로 전해 내려오던 많은 지식이 기록되지 않은 채 망각 속으로 사라졌다는 사실도 인지했다. 1700년대와 1800년대를 거치는 동안 육종으로 부(富)를 일군 사람들이 나왔고, 각국 정부는 유전의 기적이 자국의 경제를 구원해 주기를 희망했다. 20세기 초에는 단연코 루서 버뱅크가 최고의 육종가였다. 그는 스스로 "선천적으로 주어진 기질적 생명력과 후천적으로 습득된 행동 방식의 총합인 유전"[10]이라고 정의한 이 현상을 이해하기 위해 수십 년을 바쳤다. 더 프리스가 샌타로자를 찾은 것은 버뱅크가 유전에 대해 알아낸 지식을 배움으로써 신생아 단계의 유전학을 다음 단계로 이행하고자 한 노력이었다.

⁂

질그릇 조각, 고대의 씨앗, 가축 뼈. 인류가 약 1만 1000년 전부터 육종에 공을 들였음을 보여 주는 표지들이다. 원래 야생에서 살던 식물과 동물이 사람의 지배를 받게 되면서 사람의 이익을 위해 키워졌다. 농업 혁명으로 우리 종은 개체수가 폭발적으로 증가했지만, 한편으로는 우리가 키운 것의 유전 형질에 심각하게 의존하게 되었다. 새 밭에 보리를 뿌리는 사람이나 새로 태어나는 새끼 염소를 받아내는 사람은 그 동식물이 항상 전 세대와 같은 것이기를 바랐다. 옥수수의 낟알이 어쩌다가 잡초처럼 질겨진다거나 젖소가 젖을 만들어 낼 능력 없이 태어난다면 그것은 곧 굶주림을 의미했기 때문이다. 유전 형질을 제어하는 능력을 갖추는 것도 농부에게는 성공으로 가는 길이었다. 살코기가 더 실한 돼지를 안정적으로 키울 수 있다면 더 큰 부를 쌓을 수 있었다. 농부가 시장과 유통망에 당도가 더 높은 오렌지나 더 질긴 소가죽 같은 특출난 작물을 공급할 수 있다면 그런 물품을 찾는 손님을 더 많이 끌 수 있었다.

인류 초기 농부들이 자신들이 키우던 가축의 번식에 대해 얼마나 이해했는지 지금 우리가 알기는 어렵다. 그때 사람들의 생각이 담긴 기록은 거의 없지만 그 노력의 결과까지 무시하고 넘어갈 수는 없다. 에스파냐 합스부르크 왕가의 부도 알고 보면 어느 정도는 동물 번식이라는 신비로운 기술의 영역에서 이루어진 일이었다. 에스파냐의 초원에서 풀을 뜯던 최초의 양 떼는 거친 모피를 지닌 범상한 동물이었을 뿐이다. 무어인이 이 땅에 들어올 때 북아프리카에서 양을 데려왔는데, 에스파냐 사람들이 이를 토종 양과 교배했다. 이 새로운 교배종이 메리노(Merino) 품종이다.[11] 에스파냐의 양치기들은 몇백 년에 걸쳐 수백만 마리의 메리노 양을 교배해 해마다 전국으로 퍼뜨렸다. 메리노 양들은 매년 여름 피레네 산맥에서 풀을 뜯은 다음, 남부의 저지대에서 겨울을 나기 위해 좁은 길을 따라 수백 킬로미터를 이동했다. 메리노 품종은 수많은 세대에 걸친 짝짓기를 통해 마침내 매우 무성하고 매끄럽고 보드라운 털을 얻었다.

메리노 모직은 값진 상품이 되었다. 양치기들은 철맞이 여행을 하는 동안, 중간중간 양털을 깎아 장터로 찾아오는 유럽 전역의 상인들에게 팔았다. 잉글랜드의 왕 헨리 8세(Henry VIII, 1491~1547년)는 왕실 의복으로 메리노 모직으로 지은 의복이 아니면 왕실에 절대로 받지 않겠다고 말하기도 했다. 메리노 모직이 얼마나 귀해졌는지, 에스파냐는 메리노 양을 단 1마리라도 국외로 밀매하는 행위는 사형에 처할 중죄로 삼았다.

17세기에는 메리노 모직의 뛰어난 품질이 합스부르크 가문 왕들의 병환만큼이나 불가사의한 문제였다. 당시에는 이 둘에게 공통점이 있음을 추측한 이가 없었다. 혹자는 메리노 양이 살아가는 환경이 양질의 양털을 만들어 내리라 추측했다. 포도 밭의 토양이 어떤 알 수 없는 작용으로 포도주 맛을 결정하는 것과 마찬가지로 산지의 냉기와 대지의 열기가 종자에 영향을 미치지 않을까 짐작했다.

유럽 전역에서 양털의 수요가 크게 늘었다. 소고기와 소가죽은 물론 달걀의 수요도 함께 높아졌다. 밀, 보리, 옥수수의 수요도 덩달아 상승했다. 더 큰 수익을 내는 방향으로 종의 유전 형질을 유도할 수 있는 사람이면 누구나 부자가 되었다. 성공적인 가축 육종가는 유명 인사가 되기도 했다. 1700년대에 뚱뚱한 영국인 로버트 베이크웰(Robert Bakewell, 1725~1795년)[12]보다 유명한 육종가는 없었다. 한 공작 부인은 그를 "양을 발명한 베이크웰 씨"라고 소개했다.[13]

베이크웰은 1725년에 아버지가 소작농으로 일하던 대지 1800여 제곱미터의 디슐리 농장에서 태어났다.[14] 아버지는 그에게 잉글랜드, 아일랜드, 네덜란드 등지의 농장을 여행하면서 신기술을 배우게 했다. 그런 아버지를 도와 농장을 개선하고 토지 전체로 물이 골고루 공급될 수 있도록 미로 같은 수로와 도랑을 파서 작물의 생산성을 3배나 올렸다. 베이크웰은 30세 무렵에 디슐리 농장을 인수했고 10년 뒤에는 애슈비 말 전람회(Ashby Horse Show)에서 처음으로 상을 받아 베이크웰 육종술의 탄생을 예고했다.

하지만 베이크웰에게 유명세를 안겨 준 것은 양이다. 그는 지역민들이 키우는 올드 레스터(Old Leicester)라는 평범한 토종 양을 사육했다. 이 품종은 무게는 많이 나가지만 마르고 살집이 없었다. 털은 거칠고 살코기는 질기고 맛이라고는 거의 없어서 저녁 식사에 환영받는 식재료가 되지 못했다. 하지만 베이크웰은 올드 레스터 양에게서 앞으로 출현할 신품종 레스터 양을 보았다. 이 종에 내재한 번식력을 적절한 기법으로 제어할 수만 있다면 상대적으로 먹이는 적게 먹이면서도 맛좋고 큼직한 고깃덩어리로 찬장을 휘청거리게 할 품종을 만들어 낼 수 있을 것이라고. 베이크웰은 그의 시대가 필요로 하는 기계, 즉 양모와 양고기를 생산하는 기계를 창안한 엔지니어였다.

하지만 여느 엔지니어와 달리 베이크웰은 자신이 다루려 하는 자연의 작용을 이해하지는 못했다. 그저 무리 가운데 자신이 생각하는 결과물의 근사치에 해당하는 암양을 추측으로 골라내는 것이 전부였다. 베이크웰은 양의 겉모습에서 확인되는 형질이 체내의 형질과도 연관이 있다고 믿었으며 그 형질이 후손에게 전달될 수 있다고 믿었다.

"베이크웰은 뼈가 작을수록 이 동물의 본모습에 가까우며, 그러니까 그럴수록 더 빠르게 살을 찌울 것이고, 그럴수록 체중에서 값진 고기의 비중이 높아지리라고 생각하는 것은 결코 어려운 일이 아니라고 주장한다."[15] 디슐리 농장의 한 방문객이 기록한 내용이다.

베이크웰은 잉글랜드를 두루 여행하면서 숫양을 조사해 자신의 암양과 번식시킬 몇 마리를 골라 집으로 데려왔다. 암수를 교배시키니 곧바로 나온 결과물은 고른 품종의 뉴 레스터(New Leicester)가 되지 못했다. 새끼들은 생김새며 덩치가 제각각인 잡탕이었다. 그러나 베이크웰은 신념을 버리지 않고 더욱 꼼꼼하고 엄격한 기준으로 암컷과 수컷을 골라 서로 짝짓기를 시켜 보고 다른 농장에서 사 온 양으로 교배를 시도하기도 했다. 이렇게 조사하고 선별하는 작업을 이어 간 몇 해 동안 베이크웰의 농장은 원형적인 실험실이 되었다. 그는 양 떼를 집 안과 마구간에서 청결하게 키우며 비밀리에 유전 형질을 실험했다. 그는 키우던 양 모두를 도살하기 전까지 키와 무게를 매주 측정해 모든 수치를 석판에 분필로 적어 놓았다가 장부에 옮겨 적었는데, 슬프게도 이 기록은 유실되었다.[16]

시간이 흐르면서 이 양들은 베이크웰의 마음속에서 뛰노는 동물과 부합하기 시작했다. 그는 잉글랜드에서 숫양을 사기 위해 하던 여행을 중단하고, 동종 교배라는 방법을 사용해 사촌과 사촌을 교배시키고 한 배에서 나온 암수끼리 교배시키고 아버지와 딸을 교배시켰다. 다른 농부들은 동종 교배는 반드시 재앙을 낳는다고 믿었기에 베이크웰이 제정신이 아니라고 생각했다. 다른 사람들에게는 그럴지도 모르겠지만, 베이크웰에게는 아니었다. 그는 자신이 육종하는 양에게 양으로서 바람직한 모든 형질을 확실하게 정착시키되 이 신품종을 망칠 여하한 기형도 나타나지 않게 할 수 있었다.

15년이 지나 올드 레스터 양이 마침내 뉴 레스터 양이 되었다. 사람들은 떡 벌어진 술통 모양 몸뚱이에 짧고 반듯한 등, 작은 머리와 뼈가 가는 짧은 다리를 지닌 베이크웰의 신품종이 보기에 아주 좋다고 생각했다.[17] 뉴 레스터 양고기는 귀족들이 요란스럽게 상찬하는 고급스러운 맛은 못 되었을지도 모르겠다. 한 비평가는 "뉴캐슬 광부들이나 먹어 넘김직한 맛"[18]이라고까지 혹평했다. 그러나 베이크웰은 쾌락주의를 추구하는 속물들에게는 신경 쓰지 않고 말했다. "내 고객들이 살진 양을 원하니 그것을 준 것이다."[19]

이 말에는 과장이 약간 섞여 있다. 뉴 레스터 양 겨우 몇백 마리로는 배고픈 영국인 수백만 명에게 공급할 식량이 되지 못했으니까. 하지만 그는 자신의 양을 다른 사육자들에게 팔아서 그 사람들에게 다시 뉴 레스터 양을 키우게 했다. 그들은 큰 값을 치렀을 뿐만 아니라 이제껏 들어본 적 없는 일을 기꺼이 하려 들었다. 바로 베이크웰의 양을 대여한 것이다. 베이크웰은 그 양들을 말에 밧줄로 연결한 두 바퀴짜리 용수철 짐수레에 실어 약속한 날짜에 보냈다. 그는 대여한 양들로 새끼를 친 양 가운데 가장 우수한 양을 취한다는 조건을 내세워 자신이 키우는 양 떼의 질을 한층 더 개선했다.

디슐리 농장도 명소가 되어 "이 육종의 왕자"[20] 베이크웰이 구사하는 놀라운 기술과 그 결과물을 보고 배우기 위해 멀리는 러시아에서까지 사람들이 찾아오고는 했다. 베이크웰은 이런 방문을 반겼으며, 집에 양의 뼈대며 염장한 관절 따위를 진열함으로써 자택을 자신이 양을 변신시킨 과정을 보여 주는 일종의 유전 박물관으로 만들었다. 이 집은 혁혁한 홍보 효과를 냈다. 베이크웰의 농장을 찾은 이들은 편지를 쓰고 그의 실험에 관한 책을 쓰기도 했다. 한 프랑스 귀족은 베이크웰이 "흡사 수학이나 여타 과학 연구자들이 하듯 심혈을 기울여 양을 관찰하고 어떻게 그들을 우수한 품종으로 개량할지를 연구해 왔다."라고 기록했다.[21]

베이크웰은 양을 측정한 수치를 남기지 않았다. 자신이 거둔 성공을 설명해 줄 유전 법칙도 발표하지 않았다. 그가 살았던 때는 유전의 역사에서 전환점이 될 시기, 유전이 연구의 대상이며 통제가 가능한 무엇이라는 사실을 인식했으나 여전히 농사짓던 조상의 직관에 의존하던 시기였다. 베이크웰의 작업을 돌아볼 때 거기에서 빠진 것이 무엇인지 주목하지 않을 수 없다. 오늘날 유전 연구에서는 필수인 데이터와 통계 말이다. 하지만 베이크웰이 그의 시대에 남긴 영향은 어마어마했다. 그는 유전이 얼마나 광범위하게 이용될 수 있는지, 유전을 어떤 방식으로 조작할 수 있는지를 세상에 보여 주었다. 그의 농장을 방문했던 이가 말했듯이, "베이크웰은 그의 신조에 담긴 진리를 믿지 못하는 이들을 설득했다."[22]

*
**

세계 각지에서 사람들이 베이크웰을 찬양했는데, 독일 작센의 선제후 프리드리히 아우구스트 1세(Friedrich August I, 1750~1827년)도 그중 하나였다.[23] 프리드리히는 1765년에 에스파냐 국왕으로부터 특별한 선물로 메리노 양 210마리를 받았다. 프리드리히는 이 양들로 작센에서 양 산업을 크게 일으키고 싶었으나 에스파냐 땅을 떠나서도 과연 잘 자랄 수 있을지 우려가 되어 베이크웰에게 조언을 청했다.

베이크웰은 장소가 어디가 되었든 적절하게 키우기만 한다면 양의 핏속에 흐르는 형질은 여러 세대 동안 이어질 것이라고 프리드리히를 안심시켰다. 프리드리히는 베이크웰이 옳았음을 알게 되었고, 독일은 우수한 품질의 메리노 양털을 영국 공장의 수요에 응하고도 남을 정도로 풍성하게 생산했을 뿐만 아니라 자국의 섬유 산업까지 번창했다.

1814년에는 육종가들이 조직을 하나 세웠는데, "육종 기술을 기반으로 하는 양모 산업의 대량 생산과 상업화를 급속하고도 철저하게 이루어 냄으로써 경제적 성장을 도모한다는 목표하에 그 명칭을 (숨 한번 깊이 들이쉬시라.) '양 번식의 친구들과 전문가들 및 지원자들의 협회'라고 지었다."[24] 이 명칭을 처음부터 끝까지 부르느라 산소를 다 소진하고 싶지 않은 이들은 짧게 '양 번식 협회'라고 불렀다.

양 번식 협회는 모라비아(현재는 체코 공화국의 일부)의 브르노 시에 근거지를 두고 정기적으로 총회를 개최했고 멀리는 헝가리와 슐레지엔에까지 회원을 두었다. 브르노 시에는 '브르노 과수 원예학 협회'도 있었는데, 유사한 방식으로 농작물 재배를 개선하고자 하는 작물 육종가들의 모임이었다. 농작물 육종계에도 본보기로 삼을 베이크웰급 인물이 있었으니, 토머스 앤드루 나이트(Thomas Andrew Knight, 1759~1838년)라는 잉글랜드 신사였다.[25]

1700년대 말 나이트는 베이크웰의 양 교배 원리를 자신의 잉글랜드 사유지에서 사육하는 양 떼에 적용해서 만족스러운 결과를 얻었다. 그는 나아가 식물에도 같은 원리를 적용했다. 꽃가루를 손으로 직접 수정하는 것이 그의 계획이었다. 식물의 정자에 해당하는 꽃가루를 식물의 난자에 해당하는 밑씨(배주) 속으로 들어가게 만든다는 구상이었다. 나이트는 혼종을 만들기 위해 다양한 방법을 실험했는데, 베이크웰의 동종 교배법에 이르러 유전 형질이 안정적으로 정착되는 결실을 거둘 수 있었다.

나이트의 첫 실험 대상은 사과나무였다. 하지만 성장이 너무 더뎌 이 방법이 효과가 있는지 없는지 확인하기가 어려웠다. 1790년 무렵 나이트는 결과를 더 빨리 얻을 수 있는 다른 종을 물색했다.

"완두만큼 …… 나의 목적에 계산이 잘 들어맞는 답을 내준 종은 없었다."[26] 나이트는 훗날 이렇게 기술했다.

기쁘게도 나이트가 교배한 혼종에서 꽃이 피고 독자적인 종으로 열매를 맺을 씨앗이 싹을 틔우더니 빠른 속도로 그의 정원을 무성하게 차지했다. 그는 그 모종의 특질이 후대에서 어떤 양상으로 재현되는지도 알고 싶었다. 예를 들어 강낭콩과 회색 얼룩이 있는 변종 강낭콩을 교배한 혼종에서는 회색 얼룩 강낭콩이 열리는 식이었다.

"이 방법으로 새 변종을 얼마든지 얻을 수 있을 것이다."[27] 이렇게 선언한 나이트는 교배를 과학적으로 수행한다면 잉글랜드는 영원히 배를 주리는 일이 없을 것이라고 확신했다. "개량종 밀이나 콩 한 종만 있어도 10년 뒤에는 이 섬나라 전체에 공급하고도 남을 종자를 생산하게 될 것이다."[28]

잉글랜드에서는 나이트의 희망을 실현할 사람이 나오지 않았다. 하지만 브르노의 식물 육종가들이 양 육종가들과 협력해 생물의 신비를 벗겨 내기 위한 시도를 거듭하고 있었다. 1816년에 양 번식 협회에서 유전의 본질을 다루는 공개 토론회를 개최했다. 일부 참가자는 환경이 후손의 형질에 영향을 미친다고 주장했다. 페슈테티치 임레(Festetics Imre, 1764~1847년)라는 헝가리 백작은 정반대 견해를 밝혔는데, 다년간 번식을 시도한 결과 건강한 개체가 후손에게 자신의 형질을 유전하더라고 주장했다. 그는 나이트가 콩을 재배할 때 보았던 바와 아주 흡사한 패턴을 관찰했다. 조부모의 특질이 그 자식 세대에서는 사라졌다가 그다음 세대에서 다시 나타나는 양상 말이다.

나아가 페슈테티치는 선천적 기형이 그 혈통에서는 사라진 듯이 보이다가 몇 세대가 지나서 건강한 양에게서 도로 나타날 수도 있다고 주장하면서 기형 개체들을 번식에 이용하면 안 된다고 경고했다. 동종 교배로 양 떼 전체의 형질이 개선될 수는 있으나 그러려면 육종가들이 우선 교배할 개체를 신중하게 선별해야 한다고 주장했다. 1819년에 발표한 성명에서 페슈테티치는 이러한 패턴을 과학적인 방법으로 알아내야 한다고 주장하면서 이것을 "자연의 유전 법칙"이라고 명명했다.[29]

몇 해 뒤 모라비아에서 페슈테티치의 조언을 따르는 육종가들이 등장했다. 그들은 독일 대학에서 나온 최신 연구 결과를 지침 삼아 번식 실험을 설계했다. 당시 연구가 가장 활발하던 중심축 가운데 분주한 연구의 중심은 치릴 프런즈 너프(Cyrill Franz Napp, 1792~1867년)가 대수도원장으로 있는 아우구스티누스 수도회 소속 수도원이었다. 너프는 이곳의 수사들과 함께 수도원의 막대한 빚을 갚기 위해 육종 사업을 시작했는데,[30] 양과 농작물로 크나큰 성공을 거두었다.[31] 하지만 너프는 번식은 "시간이 오래 걸리고 골치 아픈데 결과는 제멋대로인 일"이라고 불평했다.[32] 이 골치 아픈 일은 육종 방법을 바꿔야만 해결될 문제였다.[33] 1836년 양 번식 협회 총회에서 너프는 "우리가 다뤄야 하는 문제는 이론이나 번식 방법이 아니라 무엇이 유전되느냐, 그리고 어떻게 유전되느냐 하는 것이어야 했다."라고 발표했다.[34]

너프의 과학적 사고 방식에 힘입어 수사들은 과학적 질문을 마음껏 던질 수 있었다. 그들은 어떻게 기상을 예측할 수 있는지 연구하고 다량의 광물을 수집하고 큰 규모의 과학 도서관을 세웠다. 너프는 또 경작지 가운데 일부를 희귀종 식물 재배만을 위한 구역으로 할애했다. 프란티셰크 마토우시 클라첼(František Matouš Klácel, 1808~1882년)이라는 수사처럼 다른 정원에서 독자적으로 실험을 수행하다가 지나치게 급진적인 자연관 때문에 결국 미국으로 도피해야 했던 인물도 있었다. 너프는 젊은이들이 아우구스티누스 수도회에 들어오면 과학계의 최신 경향에 몰입하게 했다. 그 젊은이들 중에 너프가 특별히 주목한 이가 가난한 농부의 아들 그레고르 요한 멘델(Gregor Johann Mendel, 1822~1884년)이었다.

멘델은 수도원에 처음 들어왔을 때에는 지역의 한 학교에서 언어, 수학, 과학을 가르쳤다. 멘델이 교사로서 출중한 자질을 지녔음을 알아본 너프는 전문적인 교육을 받으라고 그를 빈 대학교에 보냈다. 멘델은 대학에서 물리학 강의를 들으며 실험을 꼼꼼하게 설계하는 법을 배웠고, 식물학 강의를 들으면서는 교배종과 관련해 두 종을 교배해 새로운 종을 만들어 낼 수 있는지 여부를 두고 오랜 논쟁이 있었음을 알게 되었다. 멘델은 1853년에 수도원으로 돌아와 교사로 복귀했지만 대학 수업의 영향으로 과학 연구를 시작했다. 그는 수도원의 기상국을 운영하면서 기상 예보를 가로대식 신호기나 전보 방식으로 전달할 수 있는지를 조사했고,[35] 꿀벌을 치고 태양 흑점 주기를 연구하고 체스 퍼즐을 고안했다. 또 식물을 길러 너프가 진행하던 식물 접붙이기 실험을 계속했다. 과실수를 타가 수분(cross-pollination, 같은 종 식물에서 서로 다른 그루나, 다른 꽃의 암술과 수술이 수분되는 현상. 유전적 다양성을 키우기 위한 자연의 작용이다. — 옮긴이)하고 상을 받은 푸크시아를 길렀으며 다양한 콩과 식물을 재배했다.

1854년에 너프는 교배의 수수께끼를 풀고자 하는 멘델에게 대규모 실험을 허락했다. 육종가들을 괴롭히던 무작위성에 남모르는 질서가 숨어 있을지도 몰랐다. 멘델은 나이트의 선례를 따르기로 하고 정원에 완두콩을 심었다.

멘델은 이 실험을 위해 조상 세대부터 후손 세대까지 일련의 형질이 확고하게 나타나는 완두콩 22종을 선정해 심었다. 날아다니는 벌들에 의해 무작위적으로 수분될 수 없는 조건을 만들기 위해 온실 재배를 선택했다. 멘델은 한 줄 한 줄 꽃가루를 옮겨 가며 끈기 있게 혼종를 시도했다. 이 실험은 1만 그루 이상이 쓰인 거대한 규모였는데, 물리학 수업에서 표본 수가 클수록 통계적으로 유의미한 패턴이 나타날 확률이 높다는 사실을 배운 덕분이었다.

첫 실험에서 멘델은 노랑 종과 초록 종을 교배했다. 콩깍지를 까자 나이트가 60년 전에 얻었던 결과와 유사한 결과가 나타났다. 콩깍지 속 모든 콩이 노란색이었다. 멘델은 이 혼종들 사이에 꽃가루를 다시 옮겨 주어 2세대 혼종을 얻었다. 이번에는 일부만 노란색이 나왔고, 일부에서는 앞 세대에서 사라졌던 초록색이 다시 나타났다.

콩알 수를 세어 보니 비율이 대략 노란색 셋에 초록색 하나 꼴이었다. 그는 노란 콩이 열린 2세대 혼종 중에서 일부를 골라 원래 노란색인 종과 교배했다. 그 가운데 일부에서 다시 초록 콩이 나왔다. 멘델은 주름진 종과 매끈한 종을 교배했을 때도, 키 큰 종과 작은 종을 교배했을 때도 비슷한 결과를 얻었다.

1865년에 브르노에서 열린 자연사 학회에서 멘델은 이 실험의 결과를 발표했다. 콩 교배에서 자주 나타나는 이 3 대 1 비율을 설명하기 위해 그는 모든 식물에는 1쌍의 "대립 요소(antagonistic elements)"[36]가 있다는 가설을 제시했다. 한 식물이 꽃가루나 밑씨를 생산할 때는 꽃가루나 밑씨에 이 대립 요소 1쌍 중 하나만 받는다. 꽃가루가 밑씨를 수정하면 다음 세대의 식물에게 1쌍의 대립 요소가 온전하게 유전되며, 각각의 요소가 식물 고유의 형질을 만들어 낸다. 그래서 어떤 식물이 초록 콩을 만들어 낼 때 어떤 식물은 노랑 콩을 만들어 낸다. 하지만 멘델은 모든 요소가 균질하지는 않다면서, 따라서 노랑 콩과 초록 콩을 교배한 혼종에서 노란색이 나온다면 그것은 노랑 요소가 초록 요소보다 더 우세하기 때문이라고 주장한다.

이 요소가 부모 세대에서 자식 세대로 유전되는 방식을 볼 때 이 가설은 3 대 1 비율의 유효한 설명이 될 수 있었다. 멘델이 노랑 혼종 둘을 수정시키니 새로 나온 각 자식에게 각 개체의 두 대립 요소 중 하나가 작용한 것으로 나타났다. 각 자식이 물려받은 요소가 어느 쪽인지는 우연의 문제였다. 이리하여 노랑/노랑, 노랑/초록, 초록/노랑, 초록/초록의 총 네 조합이 탄생했다. 이 수치를 놓고 멘델은 이 식물들의 4분의 1이 양쪽 부모에게서 노랑 요소를 물려받는다는 셈을 냈다. 절반은 노랑 하나와 초록 하나를 물려받는 셈인데, 겉보기에는 노랑으로 나타난다. 한편 나머지 4분의 3은 초록 둘을 물려받는다.

멘델의 발표에 청중은 그다지 열중하지 않았으며 아무도 그의 실험을 반복할 만큼 깊은 인상을 받지 않았다. 지금 보면 그 결과의 중요성을 인식하지 않기가 어려운 노릇이지만, 당시에는 많은 과학자가 수행하던 수많은 혼종 연구 가운데 하나였을 뿐이다. 멘델의 스승인 스위스 식물학자 카를 빌헬름 폰 네겔리(Carl Wilhelm von Nägeli, 1817~1891년)가 같은 패턴이 다른 종에게서도 나타나는지 보면 좋겠다고 격려하면서 조팝나물을 제안했다.

이것은 결과적으로 좋지 못한 제안이 되었는데, 조팝나물 특유의 생태 탓이었다. 멘델이 조팝나물을 교배시켰을 때는 3 대 1 비율이 나타나지 않았고, 교배한 결과물이 교배 원종의 형태로 돌아가는 바람에 후손을 더는 변형시킬 수 없었다. 그렇다고 멘델이 이 실험으로 대립 요소에 대한 의견을 포기한 것은 아니다. 그 대신 조팝나물의 경우에는 꽃가루와 밑씨로 성장하는 과정에서 대립 요소가 분리되지 않는다는 새로운 가설을 추가했다.

"여기에서 우리는 분명 개별 현상만을 다루고 있습니다만, 이것은 더 높은 차원, 더 근본적인 차원의 발현, 즉 법칙을 말하는 겁니다."[37] 멘델이 네겔리에게 보내는 편지에 쓴 말이다.

그 법칙은 결국 멘델의 이름을 달게 된다. 그러나 멘델이 그 실험 결과를 발표한 이후 몇 해 동안에는 이것을 인용한 연구자가 많지 않았다. 어느 날 친구와 조팝나물 밭에 간 멘델은 자신의 가설이 결국 옳았음이 증명될 것이라고 예언했다. "나의 시대가 올 것이네."

1868년에 너프가 사망하자 제자인 멘델이 그의 지위를 승계했는데, 이 신임 수도원장은 정부와의 세금 전쟁에 몰두한 나머지 얼마 지나지 않아 실험용 식물원을 방치하고 말았다.[38] 멘델은 그로부터 16년 뒤인 1884년에 사망했는데, 장례식에는 소농을 비롯한 빈자들이 운집했으나 그의 죽음을 추모하기 위해 찾아온 과학자는 없었다.

*
* *

미국 육종가들은 다른 경로를 걸었다. 미국 이주민들 중에서는 그들만의 베이크웰이 나오지 않았다. 갓 태어난 공화국에서는 가축 육종을 연구하는 과학자들이 어떻게 하면 기름진 살코기를 유전시킬 것인가 하는 논쟁을 벌이지 않았으며, 식물 육종가들은 종을 넘나드는 교배를 실험할 식물원을 세울 생각을 하지 않았다. 그러는 대신 미국은 농부들이 큰돈을 벌게 해 줄 품종을 놓고 서로 다투는, 자본 경쟁의 시합장이 되었다.

그 품종 대부분은 유럽에서 수입되었다. 1800년대 초에는 메리노 양 수천 마리가 에스파냐에서 버몬트로 밀수되었다. 메리노 품종에 관한 소문이 돌자 뉴잉글랜드의 목양업자들은 원래 키우던 양 떼를 버리고 수입 품종을 구했다. 1837년에 이르면서 버몬트 한 곳에서만 메리노 양이 100만 마리에 달했다.[39]

미국의 메리노 붐은 대체로 실패했다. 메리노 투기꾼들은 방적 기계 덕분에 모직에 대한 수요가 무한정 높아지리라 확신했고, 양 1마리 가격이 1,000달러 이상으로 치솟았다.[40] 메리노 거품이 꺼지자 미국인들은 곧바로 외래종 닭인 블랙 폴란드(Black Poland), 화이트 도킹(White Dorking), 옐로 상하이(Yellow Sanghae)에서 출로를 찾았으나 닭 열풍도 사그라들었다.[41]

미국의 농가들은 신품종 가축에서 멈추지 않고 작물에서도 다양한 신품종 시장을 추구했다. 하지만 나이트나 멘델처럼 교배를 시도하지는 않았고 어쩌다가 괜찮은 종을 발견하는 식이었다. 어떤 농부는 지역 시장에서 더 많은 고객을 확보하기 위해 자신이 발견한 것을 고스란히 비밀로 간직했고, 더 많은 주문으로 부자가 되고자 자신의 발견을 새로운 종자 카탈로그 회사로 보내는 농부도 있었다. 아이오와 주에 살던 제시 하이어트(Jesse Hiatt)라는 퀘이커교도 농부는 과수원 고랑 사이에서 작은 사과나무가 자라는 모습을 보고 잘라 냈는데 이듬해에 보니 다시 자라고 있었다.[42] 다시 잘라 냈지만 또다시 자라난 모습을 본 그는 사과나무를 보며 이렇게 말했다고 한다. "그렇게 꼭 자라야겠다면 그냥 자라려무나." 10년이 지나 마침내 과실이 열렸다. 줄무늬 지고 빨강에 노랑이 섞이고 아삭한 식감에 맛이 달콤한 탐스러운 사과였다. 하이어트는 스타크 브로(Stark Bro) 사에서 여는 대회에 참가하기 위해 그 사과의 일부를 미주리로 보냈다. 이 사과가 우승을 차지했고, 스타크 브로는 이 품종에 '딜리셔스(Delicious)'라는 이름을 붙였다. 딜리셔스는 가장 성공한 품종의 하나로 자리 잡아 오늘날까지도 그 지위를 지키고 있다.

버뱅크는 1849년에 이 육종의 땅에서 태어났다. 어머니에 대한 첫 기억은 매사추세츠의 농장 목초지에 자신을 앉혀 놓고 딸기를 따던 모습이었다고 전한다.[43] 몇 해 뒤 버뱅크도 자기 소유 농장에서 "땔감 모으고 잡초 뽑고 닭 모이 주고 젖소 방목시키는 등"의 일을 하게 되었다고 훗날 기록했다.[44] 하지만 버뱅크에게는 여가가 허용돼 수차를 제작하고 통나무로 카누를 만들 수 있었다. 그는 집안 과수원의 사과나무를 관찰해 볼드윈(Baldwin) 품종과 그리닝(Greening) 품종을 구분할 줄 알게 되었고, 갈색 나무껍질을 벗고 솟아오르는 싹, 하얀빛과 분홍빛이 섞인 꽃잎이 열리는 모습을 관찰했다. 10대가 된 버뱅크는 자기만의 밭을 가꾸면서 캘리포니아로 이주한 형에게 편지를 보내 색다른 서부산 품종의 씨앗을 보내 달라고 했다.

집안에서는 버뱅크가 의사가 되기를 바랐지만 학업에서 그는 라틴어나 그리스 어에 좀처럼 재능을 보이지 못했다. 그것보다는 아마추어 식물학자인 사촌에게 받은 자연사 관련 도서에 더 흥미를 보였다. 사촌은 그와 함께 시골을 돌아다니면서 그 지역의 지형을 알려 주고 그곳의 바위에서 자라는 식물까지 두루 가르쳐 주었다. 버뱅크는 이 시기에 "자연을, 이 흥미진진한 생명의 무리를 지배하는 법칙이 무엇인지를 간접적인 방식이 아니라 내가 직접 알아내고 싶다."라는 강렬한 욕구가 자라났다고 훗날 말했다.[45]

버뱅크가 19세가 된 1868년, 자연과 의술에 대해 품었던 꿈이 순식간에 끝나고 말았다. 아버지가 급작스럽게 사망하는 바람에 농장을 팔고 떠날 수밖에 없었던 것이다. 버뱅크는 소작으로 어머니와 누이들을 부양해야 했다. 그는 이렇게 회고했다. "자연이 나를 땅으로 불러들였고, 얼마 안 되는 아버지의 토지가 내 몫으로 돌아왔을 때 더는 그 부름을 거부할 수 없었다."[46]

그는 땅에 씨 뿌리는 일에만 매달리는 것으로는 부족하고 종자 자체의 개량이 필요하다고 판단했다. 시장에 작물을 내다 팔아 보고 더 좋은 품종으로 더 큰 돈을 버는 농부가 있다는 것을 알게 되었다. 고객들은 더 큰 열매, 맛이 더 좋은 채소를 선호했다. 생장이 빠른 품종을 키우는 농부들은 남보다 앞서 작물 판매를 시작할 수 있었다. 버뱅크의 마음

속에 원대한 야망이 자라났다. 생명의 법칙을 이용해 완전히 새로운 품종을 창조하리라는 야망이.

1860년대에 미국에는 유전이라는 개념이 널리 퍼져 있지 않았다. 버뱅크가 학교에서 배운 교과서에는 이 어휘가 나오지도 않았다.[47] 교과서는 우리의 모습이 조상과 닮은 이유를 통설 수준으로 어설프게 섞어 놓은 데 지나지 않았다. 버뱅크가 읽은 생리학 교과서는 여자가 "유전에 의해서건 후천적으로 획득했건 간에 허리가 가늘고 잘록하다면, 이 형질은 후손에게도 영향을 미칠 수 있다. 따라서 '아버지의 죄악을 자식에게 갚아 삼사대까지 이르게 하리라.' 하는 성서 구절이 진실함을 말해 준다."라고 설명했다.[48]

어느 날 버뱅크는 랭카스터 시내 도서관에서 동물과 식물의 품종을 다룬 2권짜리 신간을 발견했다. 실험에 도움을 얻고 싶은 절박한 심정으로 이 책을 파고들기 시작해 얼마 지나지 않아서 전권을 독파했다. 책을 다 읽고 나자 유전의 자물쇠를 열어젖힐 열쇠를 손에 넣은 기분이었다. 머잖아 이 세상에 존재하지 않는 신품종을 창조할 준비를 마친 것이다. "근사하기 짝이 없는 이 저작을 읽으면서 내가 얼마나 기쁨에 전율했는지 어지간한 사람들은 알지 못할 것이다."[49] 버뱅크는 그렇게 말했다.

그 책 『가축화에 따른 식물과 동물의 변종(*The Variation of Animals and Plants Under Domestication*)』의 저자는 영국의 생물학자 다윈이다. 이 책에서 다윈은 유전을 긴급히 답을 구해야 할 과학적 문제로 조명한다. 하지만 다윈이 내놓은 답은 크게 잘못된 것으로 드러난다.

***

『가축화에 따른 식물과 동물의 변종』은 훨씬 널리 알려진 다윈의 전작 『종의 기원(*On the Origin of Species*)』의 후속편 격이었다. 『종의 기원』에서 다윈은 진화의 개념을 개괄했다. 다윈은 모든 종과 품종의 개체들이 각기 구분되는 차이점이 있다는 데 주목했다. 그 가운데 일부 차이가 각 개체의 생존과 번식에 유리하게 작용할 수 있을 터였다. 그 유리한 변이를 다음 세대가 물려받고 그다음 세대에게 물려줄 것이다. 다윈은 이 과정에 자연 선택(natural selection)이라는 이름을 붙였다. 여러 세대에 걸친 자연 선택을 통해 다른 종이 여럿 만들어질 수 있다. 더 긴 시간이 흐르면 완전하게 다른 형태의 생명체가 만들어질 수도 있다.

『종의 기원』은 수많은 독자에게 생명이 수십억 년의 세월에 걸쳐 새로운 종으로 진화해 왔으며 지금 이 순간에도 진화는 계속되고 있다는 사실을 일깨우면서 인류 역사상 가장 영향력 있는 저서 가운데 하나로 자리 잡았다. 하지만 다윈은 자신이 진화에서 가장 중요한 요소의 일부를 얼버무리고 넘어갔음을 인지했다. 이 저서에서 다윈은 자연 선택의 논리적 추론은 충분히 증명했지만 그러한 변이가 생기는 원인이나 법칙은 설명할 수 없었다. 개체들이 저마다 다른 점이 있는 것은 맞다. 하지만 어째서 그런가? 후손이 부모를 닮는 것은 맞다. 하지만 어째서 그런가? 이러한 의문에 답하기 위해서는 정말로 유전이란 무엇인지 먼저 답해야 했다.

"유전을 지배하는 법칙은 아직도 상당 부분이 밝혀지지 않았다."[50] 이것이 다윈이 내린 결론이다.

다윈은 그로부터 30년 전인 28세 때 공책에 단상과 의문 따위를 적기 시작했다.[51] 이 기록에서 종의 다양성에 대한 그의 생각이 서서히 변천하는 과정을 볼 수 있다. 그는 유전의 중요성과 난해함을 일찌감치 인지했다. 다윈은 다음과 같은 의문을 품었다. 두 종의 혼종이 이루어지는 경우, 때로는 그 후손이 양쪽을 골고루 닮지 않고 한쪽에 더 치우쳐서 닮는데, 어째서 그런가? 그 후손이 양쪽을 다 닮지 않는 경우도 있는데, 그것은 어째서 그런가?

다윈은 답을 찾기 위해 유전에 관해서 찾을 수 있는 모든 자료를 찾아 읽었다. 당시 생물학자들의 이론과 주장에 만족할 수 없었던 다윈은 육종가들에게서 답을 구하고자 했다.[52] 그는 베이크웰이 제창한 더 나은 양과 소 생산을 위한 법칙을 읽었고, 1839년에는 「동물 육종에 관하여 궁금한 문제들(Questions About the Breeding of Animals)」이라는 소책자를 인쇄해 잉글랜드 내 유수의 육종가들에게 발송했다.[53] 이 소책자에서 다윈은 서로 다른 두 종이나 두 품종을 교배시킬 때 어떤 일이 일어나는지, 다시 말해 잡종이 만들어지는지, 그렇다면 그 후손은 불임이 되는지를 물었다. 그리고 개체들의 형질이 얼마나 안정적으로 다음 세대로 전달되는지, 후손에게 부모의 행동이 유전되는지, 몸에서 자주 사용하지 않는 기관은 점점 퇴화해 소실되는지를 물었다.

육종가들에게서 얻은 정보로는 여전히 답이 구해지지 않자 다윈은 직접 육종에 나섰다. 온실 가득 식물을 키우던 다윈은 난초 교배의 달인이 되었다. 집토끼를 사들여서 산토끼들과 체적을 비교하기도 했다. 마당 끝자락에는 비둘기 집을 지어 희귀 품종의 비둘기들을 키우면서 비둘기 육종가 모임에 참석했다. 나아가 매년 버밍엄에서 열리는 가금류 박람회에도 참여했는데, 이 박람회는 '가금류 올림픽'으로 불렸다. 다윈은 비둘기들의 미미한 차이를 찾아내고 이것을 이용해 어마어마하게 다른 새 품종을 개발하는 육종가들의 능력에 입을 다물지 못했다. 1855년에는 친구 찰스 라이엘(Charles Lyell, 1797~1875년)에게 비둘기가 "내가 보기에 인류에게 내놓을 수 있는 최고의 진미"[54]라고 말하기도 했다.

다윈은 인간에게서도 유전의 단서를 찾고자 했지만, 인간에 대한 연구는 주로 광기의 기전을 밝히는 작업이었다. 광기의 원인을 규명하는 것이 의사들에게는 아주 오랜 숙제였다. 일부는 알코올에서 원인을 찾았고, 슬픔이나 죄악을 원인으로 보는 의사가 있는가 하면 자위 행위를 원인으로 지목한 의사도 있었다. 18세기 프랑스에서는 유전병의 존재 여부를 두고 격렬한 논쟁이 벌어졌다. 프랑스의 정신과 의사들(당시에는 정신 감정 의사(alienist)라고 칭했다.[55])이 유전병이 존재한다는 것을 증명하기 위한 데이터를 수집하기 시작했는데, 하나는 정신 병원에 입원하는 환자들이 작성하는 양식화된 서류였고, 다른 하나는 전국 인구 조사였다. 이 작업을 통해 그들은 광기에 명백한 가족력이 있다는 결과를 얻었다. 1838년에 프랑스 정신과 의사 장에티엔 도미니크 에스키롤(Jean-Étienne Dominique Esquirol, 1772~1840년)은 "모든 질환 중에서도 정신병이 가장 두드러지는 유전병"이라고 말했다.[56]

프랑스 정신과 의사들은 광기가 어떻게 유전병이 될 수 있는지, 통풍이나 연주창 같은 다른 유전병과 어떤 공통점이 있는지를 연구했다. 그들은 가장 기본이 되는 의문에서 시작했다. 질환이나 일반적 형질과 같은 개인의 형질이 앞 세대에서 다음 세대로 전달되는 기제를 탐구한 것이다. 그 과정에서 미묘하지만 심오한 언어적 전환을 경험했다. 초반에 조상에게서 유전된 질환을 기술할 때에는 형용사 '유전하는(héréditaire)'만을 사용했다. 하지만 1800년대 초에 이르면서 명사 '유전(hérédité)'을 사용하기 시작한다. 유전이 그 자체로 하나의 실체가 된 셈이다.

다윈은 광기를 연구하다가 1850년에 프랑스 정신과 의사 프로스페르 뤼카(Prosper Lucas, 1808~1885년)가 발표한 두 권짜리 학술서 『자연 유전에 관한 논고(*Treatise on Natural Inheritance*)』를 독파했다.[57] 책장마다 네 귀퉁이를 빼곡히 채워 메모하면서 뤼카의 사례를 영어로 기술했고, "유전"이라는 단어를 쓰고 또 썼다.

다윈이 유전 문제에 끌린 것은 순전히 지적 호기심의 발로만은 아니었다. 사촌 에마와 결혼한 그는 자신의 자식들에게 어떤 운명이 닥칠지 걱정이 컸다. 사촌 간 혼인에서 나온 자녀에게 정신 이상이 발생하는 경향이 높다는 정신과 의사들의 보고서도 찾아 읽었다. 자신의 건강이 나빠지면서 불안은 커져만 갔다. 20대에는 전 세계를 두루 여행할 정도로 건강했으나 여행을 마치고 돌아온 뒤로는 온갖 질환이 나타났기 때문이다.[58] 심한 구토와 종기, 습진으로 고통을 겪었고, 손가락이 마비되고 걸핏하면 심장이 뛰었다. 1857년에는 이렇게 한탄했다. "한심하고 비참하게 병들었다."[59] 자녀 10명 가운데 3명이 어려서 죽었고, 남은 7명도 병약해서 자주 앓았다.

"그런데 그 기쁨을 가장 크게 방해하는 것은 이 아이들이 튼튼하지 못하다는 사실이네. 몇 녀석은 내 진저리 나는 체질을 물려받은 모양이고."[60] 1858년에 친구에게 쓴 편지에서 그렇게 하소연했다.

⁂

다윈은 『종의 기원』에서 유전 연구에 지면을 아주 조금밖에 할애하지 않았다. 유전이라는 중대한 주제는 책 한 권으로 따로 쓰기 위해서 떼어 놓았다.[61] 모든 사고를 유전에 초점을 맞추면서 보니 그동안 비둘기와 광기에 관해 수집해 온 근거 자료로는 충분하지 않다는 판단이 나왔다. 그뿐만 아니라 동물과 식물의 그 모든 기묘한 번식 방법을 설명할 수 있는 물리적 자연 선택의 과정을 밝혀내야 했다.[62]

그즈음 멘델이 콩과 식물과 국화과 식물을 키우고 있었지만, 당시 대다수 과학자들과 마찬가지로 다윈은 멘델이 누구인지 알지도 못했다. 모든 생명체가 세포로 이루어져 있다는 다윈의 가설은 생명에 대해 심오한 발견을 성취한 다른 생물학자들에게서 영감을 받은 결과물이었다.

다윈에게 유전과 관련해 핵심적인 의문은, 부모의 세포 내 어떤 물질이 태아를 부모와 닮게 만드느냐였다. 다윈은 근육을 강하게 만드는 모든 것은 근육 세포에, 뇌를 똑똑하거나 모자라게 만드는 모든 것은 뇌세포에 저장되어 있다고 믿었다.

다윈은 온몸의 세포가 "원자 같은 미세한 알갱이"[63]를 퍼뜨린다고 생각했다. 그는 이 가상의 물질을 '제뮬(gemmule)'이라고 불렀다. 세포에서 떨어져 나온 제뮬이 온몸으로 퍼지면서 생식 기관 속에 서서히 축적된다고 보았다. 부모 양쪽의 제뮬이 수정란 안에서 결합해 부모 양쪽의 세포들이 결합된다는 것이다.[64]

다윈은 이 가상의 과정에 귀에 착 붙는 이름을 붙여 주고 싶었다. **세포**(cell)와 **기원**(genesis)을 결합한 무언가로. 그래서 당시 케임브리지 대학교에 다니던 아들 조지에게 고전학 교수한테 이름을 하나 추천받아 달라고 했다. 조지는 '아토모-게네시스(atomo-genesis, 원자 기원설)', '키타로게네시스(cyttarogenesis, 세포 기원설)' 같은 이국적인 이름을 받아 왔다. 다윈이 결정한 이름은 '판게네시스(pangenesis, 범생설)'였다.

다윈은 판게네시스로 대다수 당시 생물학자와 구별된다. 그 시대 생물학자들은 유전이 여러 형질이 섞인 결과물, 가령 파랑 물감과 노랑 물감을 섞으면 초록색이 나오는 것과 비슷한 무엇으로 보았다. 즉 뚜렷이 구분되는 다른 입자들의 결과물로, 이 입자들은 절대로 서로 융합되지 않아서 저마다의 특질을 잃는 법이 없다고 보았다. 다윈은 판게네시스, 범생설이 "하나의 잠정적 가설이나 추측에 지나지 않음"을 기꺼이 인정했다.[65] 그럼에도 이 가설로써 다윈은 유전에 대해 많은 사항을 설명할 수 있었으며, 스스로 이렇게 평했다. "이 가설이 엄청나게 복잡다단한 현상을 규명하고자 하는 나의 사고에 강력한 빛줄기가 되어 주었다."[66]

다윈은 자녀가 부모 중 어느 한쪽을 더 많이 닮는 경우를 범생설로 설명했다. 제뮬 중에는 더 강한 것이 있고 좀 더 약한 것이 있다. 아기를 태어나게 만든 제뮬은 부모로부터, 그 부모의 부모로부터, 또 그 부모의 부모로부터 물려받으며 오랜 시간에 걸쳐 축적된 입자들의 혼합물이다. 어떤 제뮬이 수천 년 동안 다른 강한 제뮬에 가려져 있었다고 해도 단 한 번의 도약으로 그 오래전 형질을 되살릴 수도 있다. 살아가는 과정에서 세포에 변이가 일어날 수 있듯이 제뮬 또한 다른 제뮬을 변이시킬 수 있다. 그러므로 살면서 획득된 형질이 미래 세대에 전해질 수 있다.

여기서 마지막 주장은 2,000년 이상 거슬러 올라가는 히포크라테스 저작의 전통을 따른 것뿐이다. 19세기 초 프랑스 생물학자 장바티스트 라마르크(Jean-Baptiste Lamarck, 1744~1829년)는 진화론을 제시했던 다윈보다 한발 앞서서 최초로 진화의 개념을 제시하며 획득 형질 유전이 중대한 역할을 한다고 주장했다. 기린은 높은 가지에 매달린 잎을 따먹기 위해 목을 뻗을 때 목 부위에 생기 유체(vital fluid)가 흐르게 되고, 이 목 뻗는 동작을 여러 세대에 걸쳐서 하다 보니, 오늘날 우리가 아는 기린의 모습이 되었다는 주장이다.

다윈은 제뮬이 라마르크의 생기 유체와 같은 작용을 한다고 보았다. 그는 개량종 젖소와 방목종의 젖소를 비교해 개량종 젖소의 허파와 간이 더 작아진 사실을 알아냈다.[67] 그는 이것을 범생설의 결과로 여겼다. 농부들은 이 종에게 더 좋은 사료를 먹이고 일은 덜 시켰다. 그 결과 이 젖소들은 허파나 간을 덜 쓰게 되었고, 그 결과로 내장 기관들에서 다른 제뮬을 만들어 낸 것이다.

다윈은 소를 비롯해 가축 동물 종들이 범생설을 인상적으로 보여 준다고 생각했다. 인류는 단 몇천 년이라는 시간 안에 동물과 식물의 유전 형질을 끊임없이 개선하면서 그레이하운드와 코기, 세인트버나드, 경주마와 역마, 사과, 밀, 옥수수를 만들어 냈다. 베이크웰 같은 육종가들은 개체를 선별해 번식시키며 자신들도 알지 못하는 사이에 미래 세대에 더 강한 제뮬을 물려줄 개체를 선택한 셈이다. 그들이 서로 다른 품종끼리 교배함으로써 서로 다른 제뮬을 결합시켜 새로운 조합을 만들어 낸 것이다. 육종가들의 교배 방식은 모든 종의 진화를 가능하게 한 유전 법칙을 따랐다. 나아가 우리 인간도 이런 방식으로 진화해 왔다.

"따라서 인류는 거대한 규모로 한 가지 실험을 시도해 온 것이라고 말할 수 있다."라고 다윈은 썼다. "이것은 자연이 그 유구한 세월을 끊임없이 이행해 온 실험이기도 하다."[68]

⁂

버뱅크는 젊은 시절 매사추세츠에서 『가축화에 따른 식물과 동물의 변종』을 읽으며 안도하는 한편 경이감에 사로잡혔다. 농부로서는 풋내기에 불과하지만 자신이 훨씬 거대한 무언가의 일원이 된 기분이었다. 모든 생명체를 존재하게 만든 바로 그 생명의 법칙, 곧 모든 종의 변이와 자연 선택, 그리고 형질이 자기 손으로 빚어 모양을 만들어 낼 수 있는 흙 덩어리처럼 느껴졌다. 다윈은 변이가 혼종에서 발생한다고 주장했다. 여러 다른 종의 개체들이 교배되면서 여러 다른 제뮬이 결합하고 이것이 새로운 조합을 만들어 낸다는 생각이었다. 버뱅크는 다시 교배할 품종을 선별하는 과정을 통해 마침내 미래 세대에게 특정 형질을 안정적으로 물려줄 새로운 품종을 생산할 수 있었다.

"나는 온갖 실험에 매달려 엉터리와 진리 사이에서 좌충우돌했지만, 저 대가는 유전의 인과 관계를 도출해 알기 쉽게 논리 정연하게 설명했다."[69]

1871년에 버뱅크는 다윈의 인과 관계를 실전에서 검증할 농지 약 7만 제곱미터를 구입했다. 그는 먼저 콩으로 타가 수분을 시도했다. 이런 식으로 키운 양배추 종자와 사탕수수는 지역 농작물 품평회에서 상을 받았다.[70] 이어서 약관 스물셋의 나이에 장차 그에게 농작물계에서 불후의 명성을 안겨 줄 이상한 감자를 발견한다.

버뱅크는 어느 날 얼리 로즈(Early Rose) 품종 감자 밭을 고르다가 토마토 모양의 조그마한 뭉치가 줄기에 매달린 것을 보았다. 그는 이 씨앗 뭉치(seed ball)가 희귀하고 근사한 것임을 알아차렸다. 일반적으로 감자는 덩이줄기를 잘라 그 일부를 심으면 거기서 새 감자가 자라나는 방식으로 번식한다. 수분으로도 번식할 수 있는데, 꽃이 피면 암꽃술에 있는 밑씨와 수꽃술에 있는 꽃가루가 결합해 씨앗이 된다. 이 씨앗들이 한데 달라붙어 공처럼 생긴 뭉치가 된다.

감자는 수천 년에 걸쳐 사람들 손에 재배되면서 씨앗 뭉치를 만들어내는 능력을 거의 상실했다. 농부들은 감자밭에서 어쩌다 이것을 보더라도 대개는 무시하고 넘어갔다. 하지만 다윈의 주장을 염두에 두고 있던 버뱅크에게는 그 씨앗 뭉치를 찾아낸 일이 귀중한 보석을 발견한 것처럼 흥분되었다. 버뱅크는 회고했다. "그 소중한 씨앗 뭉치 속에는 이 품종의 유전 모두가 저장되어 있었다."[71]

버뱅크가 발견한 씨앗 뭉치는 아직 어려서 번식에 쓸 만한 상태가 아니었다. 그는 나중에 이것을 다시 찾을 수 있도록 셔츠에서 옷감을 한 가닥 찢어 내 줄기에 매어 두었다. 하지만 나중에 확인해 보니 씨앗 뭉치가 땅에 떨어져 눈에 보이지 않았다. 3일을 꼬박 뒤져서 마침내 찾아냈다. 그 뭉치를 벌려 보니 안에 감자 씨 23알이 들어 있었다. 버뱅크는 이 씨앗을 겨우내 정성스레 보관해 두었다가 1872년 봄에 밭에다 심었다.

이 단 1개의 씨앗 뭉치를 이용해 버뱅크는 온갖 색깔에 갖가지 모양, 다양한 크기의 감자를 풍성하게 수확했다. 덩이줄기도 맛을 보았는데,

그중에서 두 줄기가 특히 맛이 좋았다. 이 줄기들은 뽀얀 색에 크기도 크고 질감이 보드라운 데다 이듬해 겨울까지 온전하게 저장되었다. 버뱅크는 이 감자들을 1874년 루넌버그(Lunenburg) 품평회에 출품했다. 사람들은 그 작물에 입을 다물지 못했다. 그다음 해에는 이 품종을 종자 상인 제임스 그레고리(James Gregory)에게 150달러에 팔았다.

그레고리는 너그럽게도 이 감자에 '버뱅크 모종(Burbank Seedling)'이라는 이름을 붙여 주었고, 순식간에 미국 전역에서 가장 유명한 품종이 되었다. 미국에서 제일가는 감자 생산지인 아이다호 주는 이 품종의 후예인 러셋 버뱅크(Russet Burbank, 적갈색 버뱅크 감자)가 뒤덮다시피 했다. 미국 최대의 감자 구매처인 맥도널드가 감자 튀김용으로 인정하는 유일한 품종이기도 하다.

감자 실험으로 성공을 거둔 버뱅크는 다윈의 학설이 자신을 부자로 만들어 주리라 확신하고 농장 재고를 팔아 대출금을 갚은 뒤, 매사추세츠의 돌투성이 땅을 떠나 캘리포니아로 향했다. 버뱅크는 훗날 이때를 돌아보며 자신의 행동이 얼마나 경솔했는지 놀라워하면서 이런 충동적인 경향을 조상 탓으로 돌렸다. "한마디로 나는 내가 물려받은 모든 형질의 총체였다."[72]

버뱅크는 자신의 검약한 생활 습관을 두고 "조상에게서 돈에 민감한 기질을 물려받은 탓"이라고 말하고는 했는데,[73] 서부행 열차를 타며 침대칸에다 돈을 쓰지 않기로 한 것도 마찬가지로 이 기질에서 기인했을 것이다. 그는 기차를 타고 가는 아흐레 동안 일반 좌석에 앉아 쪼그린 채로 자다 깨다 했고, 차창 밖의 대초원을 내다보며 어머니가 싸 주신 샌드위치로 끼니를 때웠다. 그는 형이 정착해서 사는 샌타로자로 갔다.

버뱅크는 캘리포니아에서 자라는 식물의 세계에 압도되었다. 배는 얼마나 큰지 한 번에 하나를 다 먹을 수가 없었다. 그런 풍요로움 속에서도 버뱅크에게는 생계가 급선무였다. 여름에는 밀을 타작하고 겨울이면 건설 현장 일거리를 찾아다녔고, 가끔은 묘목장에서 일했다. 1876년에는 고열을 앓아 며칠간 작은 오두막에서 몸져누워 젖소 키우는 이웃이 가져다준 우유로 연명했다. 그는 이 시기를 "실로 암담한 시절"로 기억했다.[74]

이듬해에는 형편이 좀 나아졌다. 캘리포니아로 올 때 자신의 감자 모종 20포기를 가져왔는데, 형이 밭 한 뙈기를 내주어 거기에 심었다. 버뱅크는 지역 신문에 "이 이미 유명해진 감자"[75] 광고를 실어 구매자를 구했다. 어머니와 누이가 샌타로자로 이주했을 때 땅을 1만 6000여 제곱미터 구입했다. 그는 이 땅에서 농사를 시작했고, 여가가 생기면 산에 올라 식물학자들이 아직 이름을 붙이지 않은 야생 식물을 찾아다니고는 했다. 종자 회사들은 버뱅크가 개발한 흥미로운 신품종에 대한 종자 판매권을 사들이기 시작했다.

캘리포니아에서 6년을 보낸 1881년, 버뱅크에게 마침내 전환점이 찾아왔다. 워런 더턴(Warren Dutton)이라는 페털루마의 은행가가 자두 사업을 시작하고 싶다면서 그해 가을에 심을 자두나무 2,000그루에 거금을 투자하겠다는 제안을 해 왔다. 버뱅크는 황당한 제안이라고 생각하면서도 방안을 찾아냈다. 우선 아몬드 씨앗을 사서 봄에 빌린 땅에 심었다. 아몬드는 금세 싹을 틔워 묘목으로 자라났다. 버뱅크는 고용한 일꾼들과 함께 아몬드 묘목 밑동에 자두 싹 2,000송이를 접붙였다. 자두 싹은 튼튼하게 자리를 잡아 성장했다. 가지가 충분히 자라자 버뱅크는 아몬드 가지를 잘라 내고 기일에 맞추어 자두나무를 배달했다. 더턴은 만나는 사람마다 붙잡고 버뱅크가 마법사라고 자랑을 쏟아 냈다. 버뱅크를 그렇게 묘사한 사람은 더턴이 처음이었다. 하지만 그 명성은 오래가지 못했다.

더턴의 찬양 덕분에 버뱅크의 사업은 폭발적으로 성장했다. 하지만 캘리포니아에서 잘나가는 다른 묘목업자들과 달리 버뱅크는 남은 이익을 거의 다 실험에 도로 투입했다. 다윈의 가르침을 따르며 다양한 품종을 혼종해 새로운 형질 조합을 만들어 냈다. 점차 친숙해진 캘리포니아의 토착 식물 종들을 혼종에 이용했다. 그리고 이국적인 식물을 교배에 이용하기 위해 해외 공급자들과의 관계도 다져 나갔다. 일본에서 자두가 들어왔고 아르메니아에서는 블랙베리가 들어왔다. 버뱅크는 이 이국 작물들을 혼종해 그 후손들에게서 새로운 품종을 발견하고는 했다.

"내가 즐겨 하는 소리지만, 필시 무언가 '이들의 형질을 뒤흔드는' 일이 일어나 평상시에 잠들어 있던 변이성을 자극했을 것"이라고 버뱅크는 설명했다.[76] 그는 실험을 진행하면서 자신이 불러일으키는 그 힘을 자신이 통제하고 있지 않은 것 같다고 느꼈다. "어떤 생명체의 유전 형질을 과도하게 뒤흔드는 것은 개미탑을 뒤흔드는 것과 같아서 유용하거나 유익하기보다는 심란하고 경악스러운 결과물을 만날 가능성이 더 높다."[77]

버뱅크는 혼종으로 수천의 후손 중에 단 몇 개의 개체를 골라 다음 세대를 번식시켰다. 적합한 결과물이 나오기까지 이 교배 과정을 몇 해씩 되풀이하기도 했다. 한 백합 품종을 몇 년 동안 교배한 끝에 자신의 기준에 부합하는 표본을 딱 하나 건졌는데, 웬 토끼가 나타나 먹어 치운 적도 있었다.

이처럼 숱한 좌절을 겪으면서도 1880년대 중반에 이르자 품종을 묘목상에게 충분히 판매할 수 있었다. 새로운 품종의 나무와 과실을 만들어 내는 그의 신묘한 능력은 많은 사람을 그의 농장으로 불러들였다. 그들은 한꺼번에 여러 다른 종을 빠른 속도로 접목시켜 많은 자손을 낳은 "모수(母樹, mother tree)"를 신기하게 바라보았다.

1884년 무렵 버뱅크는 견과 나무와 과일 나무 50만 그루를 판매하기 위한 광고를 냈다. 추운 북부에서 자랄 수 있는 오렌지나무며 지지 않는 꽃나무 등 버뱅크가 만들어 낸 놀라운 작물들에 관해 입소문이 나기 시작하더니 신문과 잡지에 그를 다룬 기사가 실렸다. 언론은 그를 식물의 연금술사라는 이미지로 빚어냈다. "버뱅크는 자신의 원예 실험실에서 자연이 수천수만 년 세월이 걸려서도 해내지 못한 일을 해냈다."라고 한 신문은 대서특필했다.[78] 그의 연구가 배고픈 사람들을 먹여 살리고 국가를 부강하게 해 줄 것이라고 전망한 매체도 있었다. "캘리포니아에는 문자 그대로 자두로 세워진 도시 배커빌이 생겨났다."[79] 버뱅크가 개발한 거대한 자두 품종에 대해서 한 기자가 한 말이다.

버뱅크의 변변찮은 배경은 오히려 유명세에 도움이 되었다. 대학 졸업장 없이도 위대한 발명가가 될 수 있었던 에디슨의 계보를 이으며 미국의 아이콘이 되었다. 미국 과학계도 버뱅크를 찬양했다. 그들은 그의 마법이 진짜임을 전문 지식으로 이해할 수 있었기 때문이다. (물론 직접 맛으로도 체험했다.)

"유전, 자연 선택, 식물 종의 혼종와 개량에 대한 우리의 지식을 응용하는 분야에서 버뱅크는 단연 독보적 존재이다."[80] 스탠퍼드 대학교 총장 데이비드 스타 조던(David Starr Jordan, 1851~1931년, 미국의 어류학자, 유전학자, 평화 운동가, 교육자. — 옮긴이)은 이렇게 말했다.

***

버뱅크의 유전학 독학은 다윈을 읽는 것에서 마무리되었던 듯하다. 『가축화에 따른 식물과 동물의 변종』을 달달 읽은 그는 직관에 의지해 다윈의 이론을 실행에 옮겼지만, 샌타로자에 파묻혀 버뱅크 제국을 건설하는 동안 1800년대 말에 다윈의 범생설 이론이 무너졌다는 사실은 미처 알지 못했다.

『가축화에 따른 식물과 동물의 변종』에 대한 초반의 평가는 오래가지 못했다. 심리학자 윌리엄 제임스(William James, 1842~1910년, 미국 심리학의 아버지라고 불리는 철학자 · 심리학자. — 옮긴이)는 범생설을 공허한 억측으로 일축했다. "현재의 과학 수준에서는 이 가설을 실험으로 검증하는 것이 불가능해 보인다."[81] 제임스가 보기에 이 책의 유일한 가치는 유전이 여전히 얼마나 과장된 이야기에 불과한지를 증명해 준 것이었다.

제임스는 이렇게 썼다. "얼핏 보면 이 책의 저자가 한데 모아 놓은 방대한 사실들을 분류하는 유일한 '법칙'은 예측 불허성인 듯하다. 유전의 예측 불허성에 전달의 예측 불허성, 말하자면 모든 것의 예측 불허성 말이다."

하지만 다윈 편에 선 과학자도 없지는 않았는데, 그중에서도 다윈의 외사촌 동생 프랜시스 골턴(Francis Galton, 1822~1911년)만큼 열정적인 사람은 없었다.

다윈보다 13세 어린 골턴은 외사촌 형이 살아간 길을 그대로 따랐다. 케임브리지 대학교를 학사로 졸업하고 아프리카 남부를 탐험한 뒤 지리학자가 되어 귀국했다. 그가 쓴 여행서는 베스트셀러가 되었고, 취미 삼아 여러 분야의 과학에 발을 들였다가 다양한 업적을 남겼는데, 최초의 일기 예보와 최초의 기상도 도안이 그의 손안에서 이루어졌다. 1859년에는 생물학으로 주의를 돌렸는데, 이번에도 외사촌 형의 영향 때문이었다. 골턴은 훗날 『종의 기원』을 읽은 일이 "나의 정신적 성장에 획기적 사건이 되었다."라고 썼다.[82]

다윈과 마찬가지로 골턴은 진화의 이해는 유전의 이해에 달렸음을 깨달았다. 반세기 뒤 골턴은 자서전에서 1850년대까지도 유전이 여전히 풀리지 않은 수수께끼로 남아 있었음을 독자들에게 알리느라 진땀 흘리며 이렇게 썼다. "유전이라는 단어 자체가 기발하고 특이한 발상으로 받아들여졌다는 사실이 요즘 독자들에게는 믿기 어려운 소리로 들릴 것이다. 한 교양 있는 친구에게 프랑스 놈들이 주장한 걸 받아들이는 거냐고 놀림을 받기도 했다."[83]

1860년대 초, 다윈과 골턴 두 사람 다 유전을 연구했지만 방향은 완전히 달랐다. 다윈이 눈에 보이지 않는 제뮬을 구상했다면, 골턴은 잉글랜드 상류층이 가장 높이 평가하는 형질에서 유전의 근거를 찾고자 했다. 그는 수학자, 철학자, 애국자 등 뛰어난 인물들의 전기를 살펴보다가 이들 다수에게 뛰어난 아들이 있었다는 사실에 주목했다. 1865년에 맥밀런 출판사에 보낸 편지에서 그는 이렇게 썼다. "사람의 재능이 현저한 정도로 유전을 통해 후대에 전달된다고 생각합니다."[84]

나아가 그는 재능이 유전되는 것이 맞는다면 비둘기 깃털이나 장미꽃 향처럼 번식을 통해 갖출 수 있는 자질이 될 것이라고 썼다. 잉글랜드의 장래가 더 재능 있는 후손을 만들어 낼 국가 차원의 번식 프로그램에 달려 있다고 믿은 그는 이것이 재능 있는 젊은 사람들에게 훨씬 더 재능 있는 자녀를 갖게 해 주는 환희에 찬 의례가 되리라고 상상했다. 그 결과물은 빅토리아 시대의 과학과 기술이 가져다줄 막강한 힘과 능력을 능숙하게 다룰 종의 탄생이 되리라고.

"오늘날의 남녀와 우리가 만들어 낼 수 있기를 바라 마지않는 후손을 비교하자면, 어느 동부 마을의 떠돌이 개와 품위 있는 우량종 개를 놓고 보는 듯할 것이다."[85] 골턴은 이렇게 전망했다.

골턴 그동안의 연구를 모아 『유전된 천재(*Hereditary Genius*)』(1869년)라는 책으로 발표했다. 이 책에서 그는 뛰어난 인물에게서 태어난 아들의 경우, 100명 가운데 8명이 부친과 마찬가지로 뛰어난 능력을 보인다고 확신에 차서 주장했는데, 이것은 무작위로 선정한 대조군에서 3,000명에

1명 꼴로 나타난 결과보다 훨씬 높은 비율이었다. 골턴은 이것이 재능이 유전된다는 증거라고 주장했다. 이 데이터에 의문의 여지가 있음은 차치하더라도 이 책에는 중대한 허점이 있었다. 유전이 어떻게 발생하는지 전혀 설명하지 못한 것이다.

다윈은 『가축화에 따른 식물과 동물의 변종』으로 외사촌 동생을 다시금 흥분시켰다. 골턴은 범생설이 "번식과 관련된 무수한 현상을 한 가지의 법칙으로 설명해 주는 유일한 이론"이라고 확신했다.[86]

골턴은 제뮬이 존재한다는 것을 증명함으로써 범생설을 입증하고자 했다. 제뮬이 "체내를 자유로이 돌아다닌다."라는 다윈의 주장에 근거해 골턴은 한 동물의 피를 다른 동물의 몸에 주입한다면 제뮬도 함께 주입될 것이라고 생각했다.

그는 외사촌 형에게 편지를 썼다. "형이 좀 도와주실 수 있을까요? 약간 특이한 생각이 떠올랐는데, 그걸 실험해 보고 싶어요."

그는 다윈에게 집토끼를 몇 마리 살 수 있게 축산가와 연결해 달라고 했다. 그러고는 몇 달에 걸쳐 은회색 토끼에게 다른 털색 토끼에게서 뽑은 피를 주입하면서 주입된 제뮬로 새끼 토끼의 털색이 바뀌기를 기다렸다.

"토끼 소식 중에 좋은 소식이 있어요! 새끼 1마리가 앞발이 하얗게 태어났어요."[87] 1870년 5월 12일, 다윈에게 보낸 편지에서 골턴은 그렇게 썼다.

하지만 더 많은 새끼가 태어나면서 골턴의 흥분은 시들었다. 토끼에게 피를 주입해서 털색을 바꿀 수 있다는 단서를 얻을 수 없었기 때문이다. 이 실험은 "몹시 실망스럽게 끝났다."[88] 에마 다윈(Emma Darwin, 1808~1896년)이 딸에게 편지했고, 1871년 3월에 골턴은 왕립 협회에 나가 실험이 실패했다고 보고했다.

"수차례 거듭한 이번의 대규모 실험으로 피할 수 없는 결론에 다다랐습니다. 범생설 이론은 순수하고 단순하며, 제가 해석한 바에 따르자면, 틀렸습니다."[89]

골턴은 자신이 다윈과 한편이 되어 함께 유전을 연구하고 있다고 믿었다. 그러나 골턴이 범생설을 포기하자마자 다윈은 외사촌 동생을 공개적으로 비난했다. 다윈은《네이처(*Nature*)》에 보낸 편지에서 골턴의 토끼 실험에서 발을 빼며 단언했다. "나는 그 토끼 피에 대해서는 단 한마디도 한 적이 없다."[90]

이어서 범생설은 식물과 단세포 원생 동물을 대상으로 하는 이론이며 이들에게는 혈액도 혈관도 없다는 점을 지적하며 맞섰다. "범생설이 결정타를 맞은 것으로는 보이지 않는다."

1871년 당시 다윈의 가설은 이론적으로는 옳았다. 그러나 몇 해 뒤 또 다른 과학자에 의해 범생설은 최후의 일격을 맞는다.

⁂

그 과학자는 독일의 동물학자 프리드리히 레오폴트 아우구스트 바이스만(Friedrich Leopold August Weismann, 1834~1914년)이었다.[91] 다윈이나 골턴과 달리 바이스만의 과학 연구는 이국으로 떠나는 모험으로 시작되지 않았다. 그는 과학자로서 전성기를 갈라파고스 제도로 항해를 떠나거나 나미브 사막을 횡단하기보다는 실험실에서 현미경을 들여다보며 나비와 물벼룩의 생태를 면밀하게 관찰하면서 보냈다.

같은 세대의 다른 생물학자들처럼 바이스만도 유기체를 세포 단위로 관찰하고 기록할 수 있는 강력한 현미경과 기발한 화학 염료 같은 신기술의 혜택을 누렸다. 그는 난자가 태아로 발달하는 과정, 난세포나 정세포가 난자나 정자로 변하는 과정, 그리고 정자와 난자가 결합해 태아를 만드는 과정을 현미경으로 관찰했다.

바이스만의 연구진은 세포의 지도를 고안했을 뿐만 아니라 그 내부를 면밀하게 들여다볼 수 있었다. 동물과 식물의 세포에서 주머니 같은 게 들어 있는 것을 보았는데, 이것은 후에 세포핵으로 밝혀진다. 세포가 분열할 때마다 세포핵도 1쌍으로 분열한다. 하지만 정자와 난자가 수정될 때는 각각의 세포핵이 융합해 하나가 되는 것처럼 보였다.

바이스만이나 그 시대 다른 과학자들은 이 세포핵 안에 무엇이 있는지 확실하게 알아낼 수 없었다. 그 안에 실 모양 구조물이 있어서 세포가 분열할 때마다 복제되는 것으로 보였다. 그러나 수정란 발생 단계에서 이 실 구조물의 절반이 사라진다는 것을 시사하는 연구 결과도 있었다.

바이스만은 자신이 관찰한 내용과 다른 학자들의 연구 결과를 결합해 강력한 생명 모형을 만들었다. 그는 세포를 생식 세포(germ cell, 정자와 난자)와 체세포(somatic cell, 생식 세포를 제외한 모든 세포), 두 유형으로 분류했다. 태아에게 생식 세포가 생성되면 그 안에는 새 생명을 탄생시킬 신비한 물질이 담기는데, 이 물질을 바이스만은 생식질(germ-plasm)이라고 불렀다.

"이 물질이 앞 세대의 유전 형질을 다음 세대에게 전달한다."라고 바이스만은 말했다.[92] 생식 세포에는 일종의 불멸성이 있는데, 그 생식질이 수백만 년에 걸쳐 생존할 수 있기 때문이다. 반면에 체세포는 몸과 더불어 죽는 운명이다.

바이스만의 이른바 생식질 가설이 옳다면, 다윈의 범생설 이론은 틀려야 한다. 다윈은 생식 세포를 전신에 퍼진 제뮬이 쏟아져 들어갈 수 있는 주둥이 넓은 주전자 같은 것으로 상상했다. 바이스만은 생식 세포를 꽁꽁 감싸 체세포에서 어떤 영향도 받을 수 없도록 차단하는 일종의 장벽을 상상했다.

이것은 히포크라테스, 라마르크, 다윈 모두가 사실로 받아들였던 가설인 획득 형질의 유전이 불가능하다는 뜻도 된다. 동물의 체세포가 살아온 경험을 통해 변이될 수는 있겠지만, 그 변이가 생식 세포에 영향을 미칠 방법은 없다. "획득 형질이 유전된다는 가설을 불신하기 시작한 이래로 내 확신을 뒤흔들 만한 사례는 단 한 건도 만나지 못했다." 바이스만은 말했다.[93]

바이스만이 획득 형질 유전 가설을 반박한 1800년대 말에는 이 가설이 여전히 보편적으로 받아들여지고 있었다. 1887년에 에밀 오토 차하리아스(Emil Otto Zacharias, 1846~1916년)라는 사람이 독일 생물학자 연례 모임에 꼬리 없는 고양이 여러 마리를 데려왔다. 차하리아스 박사는 이 고양이들의 어미가 마차에 치여 꼬리를 잃었다고 주장했다. 기니피그의 척수 수술을 했다가 발작을 하게 만든 연구자들도 있었는데, 그 기니피그의 새끼들도 마찬가지로 발작을 일으켰다. 멘델의 스승 네겔리는 북극 지방에 서식하는 포유 동물들이 추운 날씨에 대한 반응으로 털가죽이 두꺼워졌고, 그런 뒤 이 특질이 후대로 유전되었으며, 백조를 비롯한 물새는 발가락을 뻗어 물장구치던 조상들의 습성 덕분에 물갈퀴를 가지고 태어났다고 주장했다.

바이스만에게는 획득 형질 가설을 설명하는 이 사례들이 유전의 근거로 보이지 않았다. 그가 보기에는 순전히 우연의 산물이었다. 그 기니피그들은 발작이 유전된 것이 아니라 감염성 질환에 걸린 것일 수 있다. 고양이가 꼬리를 잃고 꼬리 없는 새끼를 낳았다면 과학자가 해야 할 일은 그 아비를 찾아 그에게도 꼬리가 없는지를 확인하는 것이다. 사향소에게 두꺼운 털가죽이 있는 이유를 설명하기 위해 획득 형질을 내세울 필요는 없었다. 이유야 어찌 되었건, 자연 선택이 추위에 덜 얼어 죽게

해 주는 털가죽 두툼한 개체들을 편애한 데 불과한 것이다.

1887년 바이스만은 획득 형질 주창자들이 하지 못한 일을 자신이 하기로 결심하고 실험에 착수했다. 먼저 돌연변이가 다음 세대로 유전될 수 있다는 가설을 실험하기로 했다. 그는 흰쥐의 꼬리를 잘라 낸 뒤 짝짓기를 시켰다. 그 암컷 생쥐가 낳은 새끼 중에는 꼬리가 짧아진 것이 1마리도 없었다. 바이스만은 이 새끼들과 또 이들이 낳은 새끼, 또 그 새끼들까지 5세대에 걸쳐 같은 실험을 반복했다. 이렇게 해서 총 901마리의 새끼를 얻었다. 모두가 정상 길이의 꼬리로 태어났다.

바이스만 스스로도 인정했듯이, 이 실험만으로는 획득 형질 가설을 무너뜨리지 못했을지 몰라도 이 가설을 반박하는 논거에 무게를 더할 수는 있었다. 라마르크의 추종자들이 내세운 증거는 근거가 훨씬 빈약했다.

바이스만은 이렇게 말했다. "그런 '증거'는 전부 무너졌다."[94]

***

바이스만은 유전에 대한 사고의 틀을 바꾸어 놓았다. 유전에 대해 많은 내용이 밝혀지지 않았던 시기임을 감안하면 더욱더 인상적이다. 바이스만이 생식질 가설을 제시한 뒤로 다른 연구자들이 세포핵 안에서 분열을 일으키는 실을 더 면밀하게 들여다보았다. 이 실에는 염색체라는 이름을 붙였다.

연구자들은 하나의 체세포에 염색체가 1쌍이 있음을 밝혀냈다. (가령 우리 인간에게는 23쌍의 염색체가 있다.) 세포는 복제될 때 자신의 염색체도 모두 새 복사본을 만든다. (이 세포를 모세포라고 한다.) 그리고 이것을 딸세포 2개에게 공평하게 물려준다. 하지만 배를 형성하는 생식 세포에는 염색체가 묶음 1개만 있다. 난자와 정자가 수정되면 새로운 염색체 1쌍이 생성된다.

다음 세대 과학자들은 염색체 유전이 새 생명의 형태를 어떤 방식으로 결정하는지 물었다. 더 프리스가 그 가운데 한 사람이었다.

더 프리스는 식물학자로 시작했고, 처음에는 유전에 별로 관심이 없었다. 그는 식물의 줄기가 뻗어 나가고 덩굴손을 감아 가면서 성장하는 과정을 연구했다. 다윈이 그의 연구에 주목하면서 식물을 다룬 자신의 책 하나에 젊은 더 프리스의 연구를 상세히 서술했다. 다윈은 경의의 뜻으로 책 한 부를 그에게 증정한 뒤, 1878년에 더 프리스가 잉글랜드를 방문했을 때 자신의 집으로 초대했다.

"우리는 짧은 시간 동안 그분의 전원 주택(아주 크고 아름다웠어요.)과 주위 환경(이 또한 아주 아름다웠죠.), 정치, 내 여행 등등 온갖 이야기를 나누었습니다."[95] 더 프리스는 그날 밤 할머니에게 들떠서 편지를 썼다. "다윈 선생님이 저를 방으로 안내하셨고 거기서 우리는 과학에 관한 대화를 나눴어요. 첫 주제는 덩굴손이었어요. 먼저 서신을 통해 주고받은 대화의 연장선이었죠."

다윈은 더 프리스에게 정원을 구경시켜 주다가 복숭아를 하나 건넸다. 더 프리스는 "그분이 그토록 친절하고 자애롭게도 제가 감히 바랄 수도 없던 선물을 주는 것이 아니겠어요."라며 할머니에게 북받치는 감정을 토로했다.

더 프리스는 네덜란드로 돌아온 뒤에도 다윈과 서신으로 식물에 관한 생각을 교환했다. 하지만 1881년에 다윈에게 쓴 편지에서 그는 갑자기 주제를 바꾸었다. 이제는 유전에 사로잡혀 있었다.

"저는 선생님의 범생설 가설에 관심이 있어서 이것을 지지해 줄 일련의 사실을 수집해 왔습니다." 더 프리스는 다윈에게 그렇게 썼다.

더 프리스는 '변종', 즉 이상하게 자라거나 특이한 빛깔을 띠는 희귀 식물을 찾아 시골을 돌아다녔다. 그는 기이한 식물 표본집을 만들고 싶었다고 친구에게 말했다. 그런 식물 종을 길러서 다윈의 범생설 가설이 옳았음을 증명하고 싶었다고.

바이스만이 생식질 개념을 발표했을 때 더 프리스는 그 가설의 중요성을 바로 알아보았다. 비록 그가 식물학자로서는 편협하게 느껴졌지만. 식물은 동물과 마찬가지로 핵이 들어 있는 세포로 이루어져 있으며 핵 안에는 염색체가 들어 있다. 식물에서 세포 분열이 일어날 때에도 마찬가지로 염색체 1쌍이 새로 형성된다. 하지만 식물의 생식 세포는 생장 초기에 형성되는 것이 아니다. 사과나무는 몇 해가 지나고 나서야 꽃가루나 씨를 만들 수 있는 생식 세포가 생긴다. 버드나무는 줄기나 가지를 꺾어 흙에 심으면 뿌리와 가지, 잎을 다 갖춘 완전한 새 버드나무로 자라날 수 있다. 더 프리스는 이러한 잠재적 생식 능력은 분명 이 식물 종의 세포 속에 퍼져 있을 것이라고 생각했다. 범생설이 아무리 약점이 있다고고 해도 유전의 원리를 제대로 이해하려면 이 가설을 토대로 삼아야 한다고 그는 믿었다.

1882년에 다윈이 사망함으로써 그 원리를 이해하는 길은 스승의 안내 없이 더 프리스 홀로 찾아야 했다. 그는 자신이 만든 변종들을 가지고 실험을 시작했다. 다른 일반 식물 종과 혼종를 하면 때로는 후대에 그 특이한 형질이 나타났다. 더 프리스는 자신만의 가설을 세웠는데, 모든 세포에는 한 세대의 형질을 다음 세대로 유전하는 역할을 맡는, 보이지 않는 입자가 들어 있다는 주장이었다. 일련의 상황에서는 체세포에 들어 있는 그 입자가 새로운 종의 발달을 유도했다. 더 프리스는 다윈을 기리는 뜻에서 그 입자에 판게네스(pangenes)라는 이름을 붙였다.

1889년 더 프리스는 지난 10년간의 연구를 간추려서 『세포 간 범생설(*Intracellular Pangenesis*)』이라는 저서를 출간했다. 과학자들은 이 책에 거의 주목하지 못했다. 더 프리스에게 조언한 몇 안 되는 학자 가운데 한 사람은 그에게 다시는 범생설을 언급하지 말라고 말했다.

더 프리스는 포기하지 않았다. 1890년대에 그는 자신의 변종과 보통 꽃을 교배했는데, 일정한 비율로 번식이 이루어져 후손이 생긴다는 점에 주목했다. 그는 꽃 식물 종들이 각각 다른 수의 판게네스를 지니고 있으며 그 수가 후손의 형질을 결정한다고 생각했다.

그 비율의 수치를 알아내기란 어려운 일이었으나 판게네스는 사실임을, 그리고 그 변화가 진화를 불러온다는 것을 확신하기에 이르렀다. 판게네스는 더 프리스가 돌연변이라고 명명한 과정에서 어느 순간 갑자기 변이하며, 돌연변이를 물려받은 꽃은 어느 순간 갑자기 새로운 종이 된다. 더 프리스의 돌연변이 이론은 다윈을 배척하는 가설이었다. 다윈이 주장하는 종의 진화는 미세한 단계를 거쳐 서서히 일어나는 것이었다.

1900년 초의 어느 날, 더 프리스에게 그의 혼종 식물에 대한 강박을 잘 아는 친구에게서 편지가 한 통 날아왔다. 그의 친구는 더 프리스가 35년 전에 "멘델인가 뭔가 하는 사람"이 쓴 논문에 관심이 있을지도 모르겠다고 생각했다.[96] 더 프리스는 그 논문을 훑어보면서 생전 처음 들어 보는 아우구스티누스 수도회 수사라는 사람이 자신과 같은 패턴을 발견했다는 사실에 입을 다물지 못했다. 뿐만 아니라 그는 그런 패턴이 나타나는 이유를 눈에 보이지 않는 유전적 요인으로 설명하는 가설까지 제시하고 있었다.

비할 데 없을 우연의 일치로 다른 두 과학자, 윌리엄 베이트슨(William Bateson, 1861~1926년)과 카를 코렌스(Carl Correns, 1864~1933년)도 거의 같은 시기에 멘델의 논문을 맞닥뜨렸다. 두 사람 다 큰 건을 잡았다고 느꼈다. 그리고 멘델의 실험이 얼마나 중요한 실험인지도 알아보았다. 1900년 이

전의 과학자들은 그 실험의 의미를 알 만한 사고 틀을 갖추지 못했다. 다윈과 골턴에 이르러서야 유전이 하나의 과학적 문제로 확립됐으며, 바이스만을 비롯한 과학자들이 세포를 통해 유전 형질이 어떻게 후대로 전달되는지를 관찰했다.

더 프리스, 베이트슨, 코렌스는 모두 멘델에 관련된 최신 소식을 공유하기 시작했고, 베이트슨이 이끄는 연구진이 동물이 식물과 같은 패턴을 보인다는 것을 증명함으로써 이 프로젝트의 선두 주자로 떠올랐다. 사람에게 나타나는 일부 유전병도 이 패턴에 부합했다. 아치볼드 개로드(Archibald Garrod, 1857~1936년)라는 영국 의사가 소변이 검게 변하는 알캅톤뇨증(alkaptonuria, 티로신 분해 효소가 없어서 알캅톤을 소변으로 배출시키는 신진대사 유전 질환.—옮긴이)이라는 질환이 가족력으로 유전된다는 사실에 주목했다.[97] (이 질환명은 개로드가 명명했다.) 부모 양쪽이 다 건강해 보이는 가족 중에도 자녀의 4분의 1에게서 이 질환이 나타나는 경우가 있었는데, 그 비율이 멘델의 예측과 일치했다. 그렇다면 그 부모가 보인자(保因者, carrier), 다시 말해 각각 1개의 열성 인자를 지닌 사람이라는 뜻이 된다.

"유전이라는 문제 전체가 완전한 혁명을 거쳤다." 베이트슨은 선언했다.[98] 멘델의 발견이 마침내 진정한 과학으로 성숙할 수 있게 된 것이다. 베이트슨은 이 과학을 유전학(genetics)이라고 명명했다.

⁂

하지만 유전학은 태어나자마자 다툼에 휘말렸다. 일부 과학자는 멘델이 분명히 실수했을 것이라고 생각했고, 일부는 깔끔하게 떨어지는 멘델의 잡종 비율을 얻어 내고자 했으나 실패했다. 그런가 하면 물리적 입자가 유전되어 한 유기체가 지닌 모든 형질을 만들어 낸다는 것은 있을 수 없는 일이라는 비판도 나왔다.

더 프리스는 독자적인 길을 갔다. 그는 멘델의 결과가 참이라는 것은 인정했으나 그것이 진화적 변화를 가져올 만큼 중대한 영향을 미칠 수 있을까 하는 것에는 의문을 품었다. 유전은 중대한 새로운 돌연변이의 출현을 통해서만 이루어질 수 있었다. 유전은 서서히 일어나지 않고 비약한다고, 더 프리스는 믿었다.

더 프리스는 1903년에 휘갈겨 쓴 두 권짜리 책, 『돌연변이 이야기(*The Mutation Theory*)』에 이 생각을 풀어냈다. 새로운 돌연변이라는 단번의 비약으로 새 종이 만들어질 수 있다는 가설에 세상이 떠들썩했다. 젊어서는 피해 다니기만 하는 듯했던 명성이 마침내 더 프리스를 찾아왔다. 돌연변이 가설 강연을 위해 미국에 갔을 때에는 신문 1면에 그의 얼굴이 실렸다. 이렇게 강연 여행을 다니던 1904년에 처음 버뱅크를 방문했다.

이 무렵 버뱅크는 자신을 더는 단순한 식물 육종가로 여기지 않았다. 과학자들이 명성을 얻는 현상을 보면서 자신을 유전의 천재라고 믿게 됐다. 자신을 찾아오는 과학자들에게 버뱅크는 웅장한 가설을 대접하고는 했다. "어쩌면 다윈만큼 독창적일지는 모르겠지만"이라는 겸손한 말로 시작해, 우주는 버뱅크 자신이 이름 붙인 "질서 있는 번개(organized lightning)"로 이루어져 있다고 선언했다.[99] 버뱅크의 장광설을 경청하던 과학자들은 예의 바르게 고개를 끄덕이며 자신들에게 평가할 자격이 있을 리 없으나 그 전설적인 정원에 접근할 기회를 주십사 청했다.

더 프리스는 자신의 돌연변이 가설을 뒷받침할 근거를 찾기 위해 버뱅크의 정원을 찾았다. 더 프리스가 키우는 달맞이꽃은 이따금 돌연변이를 만들어 내기는 했지만 돌연변이를 아주 확실하게 보여 주는 다른 종을 더 찾아야 했다. 가설은 웅대한데 그것이 의지하는 근거가 미미하기 짝이 없어서 흡사 코끼리가 자전거 타려고 기를 쓰는 형국이었기 때문이다. 어쩌면 버뱅크의 신품종들이 알고 보면 새로운 돌연변이의 보고(寶庫)가 되지 않을까 하고 생각했다.

버뱅크의 씨 없는 자두를 맛보면서 더 프리스는 주인장에게 꼬치꼬치 캐물었다. 버뱅크는 자신의 비법이 바깥에 알려지는 것을 무척 경계해 온 터였다. 일꾼들이 상품 종자를 몰래 빼돌리는 일이 없도록 가끔은 주머니를 검사했다. 말뚝 울타리 너머로 행인과 노닥거리는 일꾼이 있으면 바로 해고하는 경우도 있었다. 하지만 더 프리스에게는 아주 적극적으로 나왔다. 그는 씨가 작은 것들을 골라 보여 주면서 자두를 어떻게 교배했는지 설명했다. 젖소의 새로운 사료로 쓰일 가시 없는 선인장 교배 작업에 착수한 이야기도 들려주었다. 가시 없는 부분이 각기 다른 여러 선인장 품종을 골라 접붙였고, 그렇게 몇 세대가 지나니 볼에다 비벼도 될 만큼 부드러워졌다는 이야기였다.

버뱅크의 열정에 깊은 인상을 받고 샌타로자를 떠난 더 프리스는 훗날 이렇게 기록했다. "그 모든 노고의 목표는 인류의 복지에 이바지할 식물을 만드는 것, 그 하나뿐이었다."[100] 하지만 과학적 임무에서는 실망스러운 여행으로 끝났다. 더 프리스는 그 방문을 통해 식물이 어떻게 새로운 형질을 획득하는가 하는 문제를 규명할 수 있기를 바랐다. "버뱅크의 경험은 이 물음에 아무런 실마리도 제시하지 못했다." 이것이 그가 내린 결론이다.

더 프리스가 버뱅크와 함께한 시간은 두 사람 모두에게 생애 최고의 전성기였다. 샌타로자로 여행 갔을 때 더 프리스는 근대 유전학의 창시자이자 당시 뜨거운 쟁점이었던 돌연변이에 대한 새로운 가설의 주창자로서 다윈의 패권을 뒤엎을 듯이 보이는 인물로 유명세를 얻고 있었다. 버뱅크는 자연의 비밀을 터득한 초인이자 예리한 사업가로서 유명인이 되어 있었다. 두 사람 모두에게 이만한 호시절은 다시 찾아오지 않았다.

그 뒤로도 더 프리스는 자신의 돌연변이 가설을 증명하기 위해 분투했다. 하지만 더 프리스가 주장하는 극적인 돌연변이를 보여 준 유일한 유기체는 달맞이꽃뿐이었다. 결국 더 프리스가 품종이 개량되는 과정에 속아 넘어간 데 지나지 않았다. 완전히 새로운 돌연변이라고 여겼는데 알고 보니 원래 있던 유전적 변형의 조합이었던 것이다.

더 프리스는 이러한 사실을 인정하기를 거부하고 네덜란드 지방의 룬테런(Lunteren)이라는 마을에 은둔한 채 지냈다.[101] 그 뒤로 16년 동안 이 마을 사람들은 이따금 턱수염 기른 키 큰 사내가 달맞이꽃 정원 사이를 거니는 모습을 볼 수 있었다.

1904년 12월 더 프리스가 방문하고 몇 달 뒤, 버뱅크는 카네기 재단으로부터 편지를 한 통 받았다. 앤드루 카네기(Andrew Carnegie, 1835~1919년)는 두 해 전에 중요한 과학 연구에 자금을 지원하기 위해 이 재단을 세웠다. 카네기는 자신이 천재라고 불렀던 버뱅크에게 자금의 일부가 가야 한다고 믿었다. 편지는 버뱅크가 곧 "식물의 진화를 위한 앞으로의 실험과 연구를 위한" 1만 달러를 수령할 것이라는 소식을 알리고 있었다.[102] 재단은 이듬해에 다시 1만 달러를 보낼 것이고 그다음 해에도 다시 보낼 터인데, 뚜렷한 목적은 정해진 바 없다고 했다.

대중 매체는 카네기의 현찰이란 곧 과학계의 공식적인 승인임을 강조하는 버뱅크 소개 기사를 쏟아 냈다. 1906년에 조지 해리슨 셜(George Harrison Shull, 1874~1954년)이라는 식물학자가 버뱅크의 연구를 과학 보고서로 작성하는 작업을 지원하기 위해 합류했다.

셜은 버뱅크가 자연의 장인(artist of nature)라고 생각했다. 하지만 과학자로서는 이름값에 미치지 못한다고 보았다. 셜이 버뱅크에게 실험 기록을 달라고 하면 이 노(老)원예가는 고작 연필로 메모를 끼적인 종이 몇 장을 건넸다. 어느 종이에는 이런 메모가 적혀 있었다. "이것은 진하고 달고 맛있고 훌륭한 배다. 바틀릿 품종만큼 맛있고, 어쩌면 그보다도 훨씬 낫다." 그는 배 하나를 절반으로 잘라 종이 위에 눌러 찍어서 배즙 얼룩을 남겼다.

셜은 하는 수 없이 유용한 정보를 뽑아 내기 위해 버뱅크와의 대화를 시도했다. 버뱅크는 셜에게 자신이 역사상 가장 위대한 식물 관련 권위자임을 알렸다. 멘델의 실험 결과를 이미 혼자 힘으로 발견했을 뿐만 아니라 획득 형질이 한 세대에서 다음 세대로 전달될 수 있다고 주장한 것도 자신임을 강조했다. 그러면서 버뱅크는 "환경이 유전자의 설계자"라고 말했다.[103]

셜이 연구에 대해 더 구체적으로 자세하게 말해 달라고 밀어붙이자 버뱅크는 짜증이 나서 셜을 피해 다니기 시작했다. 하지만 버뱅크가 셜에게 불쾌했던 것은 끝없이 이어지는 질문보다는 자신이 일구어 놓은 업적을 이 젊은 놈이 날려 버리겠다고 작정한 것 같은 태도였다.[104] 실제로 셜은 카네기 재단에 버뱅크의 품종 어느 것으로도 멘델의 법칙을 검증하기가 불가능해 보인다고 보고했다. 1910년에 카네기 재단은 버뱅크에게 마지막 수표를 지급했다. 이 재단이 6만 달러를 지원해서 얻은 것이라고는 셜이 작성한 장군풀 관련 보고서 하나뿐이었다.

카네기 기금이 바닥날 즈음 사업가들이 떼 지어 버뱅크에게 몰려들었다. 그들은 다리가 휘청거릴 정도로 부자로 만들어 주겠다며 온갖 거래를 제안했다. 이 장사치들 일부가 그의 평생 작업을 집대성한, 화려하고 값비싼 백과 사전 출간 사업에 착수했으나 1916년에 파산으로 마감했다. 일부 사업가는 모종과 묘목을 묘목장이나 종묘사가 아닌 소비자에게 직접 판매하는 '루서 버뱅크 사(Ruther Burbank Company)'를 설립했다. 이들은 사업을 잘못 관리하는 통에 공급과 수요를 맞추지 못했다. 그들은 절망적인 상황으로 치닫자 버뱅크의 가시 없는 선인장 대신 일반 선인장을 보내기 시작했다. 노동자들이 그냥 쇠솔로 선인장 가시를 제거해서 우송해 버린 것이다. 루서 버뱅크 사도 도산했다.

버뱅크는 이런 거듭된 실패에도 용케 부(富)의 상당 부분을 유지할 수 있었다. 그러나 땅에 떨어진 명예는 영영 회복하지 못했다. 1920년대에 이르자 버뱅크는 더 이상 과학자들에게 존경받지 못하는, 신용 잃은 장사꾼으로 전락한다. 말년은 젊은 둘째 부인 엘리자베스와 남은 조수 몇 명과 함께 샌타로자 농장에서 소일하며 보냈다. 그는 1926년에 77세를 일기로 사망했다. 인근 공원에서 열린 장례식에 수천 명이 찾아와 애도했고, 시신은 집으로 운구해 매장했다. 묘에는 향백나무 한 그루 말고는 아무것도 세우지 않았다. 그는 생전에 이렇게 말했다. "나의 힘이 나무의 힘이 된다고 생각하고 싶다." 엘리자베스는 남은 식물을 스타크 브로에 일괄 매각했다. 바로 30년 전 하이어트가 딜리셔스 품종을 매각했던 것처럼. 버뱅크의 원예 도구는 헨리 포드에게 넘어갔다.

버뱅크는 사후에 더 프리스보다 오랜 기간 명성을 누렸다. 그의 얼굴은 수십 년 동안 대중 문화 속에 등장하는데, 1948년에는 맥주 제조사 앤하이저부시(Anheuser-Busch)가 그의 초상을 광고에 사용했다. 버드와이저 맥주 전면 광고에 버뱅크가 자택 정원에서 장미를 한 송이 들고 있고 우편 집배원이 향을 맡는 장면이다. 버드와이저와 버뱅크가 만들어 낸 모든 품종이 "좋은 맛을 향한 위대한 공헌"이라는 선언이 이 광고가 내세운 모토였다.[105]

그림 속 버뱅크는 성성한 백발에 단정하게 세운 셔츠 목깃을 검은 타이로 둘러맨 차림으로 온화한 할아버지 같은 미소를 띠고 있다. 이 이미지는 유전학사 초창기의 모습이다. 육종가들이 자신의 직관에 따라 새로운 과일과 꽃을 만들어 내면서 스스로도 이해하지 못하는 어떤 힘의 지배자가 되던 시절 말이다. 버드와이저 광고가 나오던 1940년대에 이르면 유전이란 아주 다른 것을 의미하게 된다. 이제 유전은 정밀한 분자 과학 영역, 그리고 압제와 종족 학살을 옹호하는 논리적 근거가 되는, 괴물 같은 영역으로 갈라졌다. 1940년대에 이르면 버드와이저 맥주에 들어간 보리와 효모조차 옛 버뱅크의 마법이 아닌 과학적 번식의 결과물이 된다.

버뱅크의 사후에 오늘날에도 참신하게 느껴지는 또 하나의 다른 그림이 창조되었다. 1930년대에 화가 프리다 칼로(Frida Kahlo, 1907~1954년)가 버뱅크의 정원을 방문했다.[106] 칼로는 몇 달 전 화가인 남편 디에고 리베라(Diego Rivera, 1886~1957년)와 함께 멕시코에서 샌프란시스코로 이주한 참이었다. 리베라는 미국 예술가 후원자들에게서 벽화 작업을 의뢰받았는데, 1호가 캘리포니아의 영혼을 담아 달라는 주문이었다. 칼로와 리베라는 캘리포니아 영웅의 집을 찾아 샌프란시스코에서 멀지 않은 샌타로자로 갔다. 버뱅크의 아내 엘리자베스가 칼로 부부에게 정원과 농장을 안내하면서 버뱅크가 묻힌 자리에 선 백향나무를 보여 주었고 남편 이야기를 들려주면서 사진 몇 장을 건넸다.

칼로의 버뱅크는 황량한 황갈색 캘리포니아 풍경을 배경으로 서 있다. 저편 하늘에는 고적운이 떠가고 버뱅크 뒤로 나무 1쌍이 자라고 있다. 작은 키의 한 그루에는 특대형 열매가 열려 있다. 다른 나무에는 알록달록한 공이 다발로 자라고 있는데, 버뱅크의 모수를 본뜬 것으로 보인다. 버뱅크는 그의 다른 많은 사진에서처럼 짙은 색 양복을 입고 손에 식물을 들고 평온한 표정을 짓고 있다. 이 그림에서 버뱅크가 들고 있는 것은 천남성과 덩굴성 식물인 필로덴드론(philodendron)인데, 칼로는 그 넓적한 잎을 버뱅크의 가슴을 가릴 정도로 크게 그렸다. 칼로의 상상 속에서 강렬한 이미지로 변신한 버뱅크의 무릎 아래 다리는 나무 그루터기 속으로 사라진다. 칼로는 땅을 수직으로 잘라 나무 밑동을 보여 주는

데, 뿌리가 시신의 머리, 심장, 위, 다리를 뚫고 자라난 모습이다.

버뱅크에게는 자녀가 없어서 그의 유전자를 후세대로 전달할 수 없었다. 그의 명성도 점차 사라져 갔다. 하지만 그가 개량한 많은 품종이 계속해서 자라 자손 대신 스스로 씨를 만들어 내고 생장을 거듭하고 있다. 버뱅크 감자처럼 그의 이름을 딴 식물이 있으며, 그의 정성과 기술은 잊힌 지 오래지만 이름 없이 자라는 종도 많다. 버뱅크는 이곳 땅에 불멸의 씨앗을 뿌렸으며, 그의 업적과 품종 들이 자기 복제를 통해 그 존재를 이어 가고 있다.

버뱅크가 죽기 몇 달 전 한 기자가 그를 찾아와 종교관에 대해 질문했다. 버뱅크가 손꼽히는 미국의 유명 인사였기에 각종 매체 기자들이 재즈에서 범죄에 이르기까지 온갖 것에 대해 그의 견해를 묻고는 했다. 이 인터뷰 도중에 버뱅크는 예수 그리스도가 "훌륭한 심리학자"였으며, 덤으로 이단아였다고 말했다. "예수가 그 시절의 이단아였다면 나는 오늘날의 이단아요."

버뱅크의 집으로 우편물이 쇄도했다. 곳곳에서 기도회가 조직되어 버뱅크가 참된 빛을 볼 수 있게 해 달라고 간절하게 기도했다. 버뱅크는 이 공격에 대한 답으로 1926년 1월의 마지막 일요일에 샌프란시스코의 제1회중교회에서 연설(사실상 설교) 일정을 잡았다. 2,500명이 넘는 군중이 신도석을 가득 채웠다.

76세의 버뱅크는 자신은 무신론자가 아니라고 말했다. 그는 자신은 이미 하나의 종교를 믿고 있으며, 이것이 언젠가는 인류의 종교가 되기를 희망한다고, 그 종교가 섬기는 신은 "우리에게 한 단계 한 단계, 점진적으로 증명할 수 있는 진리를 계시하는 우리의 구원자, 과학"이라고 청중에게 말했다. 천국에서 영생을 얻느냐 아니면 지옥에서 영원히 고통받느냐 하는 가설적 영원성에 대해 궁리하느라 시간을 낭비해야 할 이

유를 모르겠다고, 세대를 따라 이어지는 삶의 연속성, 곧 유전만으로도 충분히 광대하다면서 이렇게 말했다. "식물, 동물, 사람, 곧 만물이 이미 시간을 초월해 여행하는 불멸의 존재입니다."[107]

3장

이 집단은 그들에서 끝나야 한다

바인랜드(Vineland)의 출발점은 이상적인 도시를 만들자는 구상이었다.

1861년 찰스 클라인 랜디스(Charles Kline Landis, 1833~1900년)라는 사업가가 필라델피아에서 소나무만 자라는 뉴저지의 황무지 파인배런스를 찾았다. 그는 토지 약 80제곱킬로미터를 매입한 뒤 부지 도면을 펼쳤다. 그는 이곳에 바인랜드라는 이름을 붙였다. 농민들이 비옥한 땅을 사들여 농사를 짓기 시작했고, 그 뒤를 이어 남북 전쟁에서 퇴역한 군인들이 새로 들어선 유리 제조 공장으로 일하러 모여들었다. 바인랜드라는 구상은 21세기까지 살아남아 널찍널찍한 도시 중심가며 웅장한 청사들의 설계 속에 반영돼 있다. 하지만 신도시는 랜디스의 구상을 넘어 성장했다. 공장은 사라지고 외진 농장 지대가 교외로 편입되고 뉴잉글랜드 사람들이 아닌 멕시코와 인도의 이민자들을 불러들이는 도시가 되었다.

청명하고 싸늘한 2월 어느 날, 나는 뉴저지의 동부 끝자락을 따라 이어지는 사우스 메인 로드를 타고 바인랜드로 갔다. 나무 한 그루 없이 주유소, 슈퍼마켓, 휴대 전화 가게, 주류 판매점만 늘어선 길을 지나 랜디스 애비뉴 교차로에서 와와 편의점 주차장에 차를 세우고 안으로 들어가 땅콩을 한 봉지 샀다. 자동차 정비공, 가정 간호사 들이 샌드위치와 커피, 복권 따위를 주문하고 있었다. 밖으로 나와 하늘을 보니 찌뿌둥하고 잔뜩 성난 겨울 날씨였다. 구름이 비를 흩뿌려 사우스 메인 로드를 메운 차량들을 괴롭히고 있었다. 사우스 저지 전 지역 주민에게 알리는 토네이도 주의보 재난 문자로 전화기가 울어 댔다. 나는 모직 모자를 바짝 당겨 쓰고 점심으로 땅콩을 먹으며 걸었다.

편의점 차도 앞 풀밭은 교차로를 중심으로 굽이지면서 쐐기꼴로 갈라진다. 그 쐐기꼴의 정중앙 지점에 거대한 둥근 돌이 서 있고, 그 돌을 둘러싼 나무 조각들과 덤불에서 조명이 나오고 있었다. 가서 살펴보았다. 돌에는 이름이 하나 새겨져 있었다. 스티븐 올린 개리슨. 설명도 날짜도 없었다. 승용차와 트럭을 몰고 지나가는 사람들은 이 묘석에 눈길도 보내지 않았다. 이 사람이 왜 와와 편의점 정면에 묻혔는지는 고사하고 개리슨이 누구인지 아는 사람이라도 있었을까 모르겠다.

소란스러운 상가에서 벗어나자 동쪽 건너편에 콘크리트 샛길이 가로지르는 너른 공터가 눈에 들어왔다. 샛길로 들어가 몸통이 나란히 왼쪽으로 기운 앙상한 나무의 대열 아래를 걸었다. 몇 그루는 가지가 꺾여 나갔고 몇 그루는 죽어 있었다. 하지만 오래전에 누군가가 합리적 계획하에 간격을 넓게 두고 심었다는 것을 여전히 알아차릴 수 있었다. 일렬로 늘어선 나무를 따라가다가 공터를 가로질러 멀리 서리 내린 땅으로 기울어진 1쌍의 네모진 작은 정자에 시선이 미쳤고, 그 너머로는 낡은 건축물들이 산만하게 서 있는 모습이 보였다. 19세기 말 양식의 한 건축물에는 한쪽 모서리에 둥근 지붕이 얹혀 있었다. 그 주위로는 망가져 가는 낡은 가옥 몇 채와 별채가 옹기종기 모여 있었다.

그날 오전 나는 인근의 향토사학회를 찾아 사진을 통해 한 세기 전 이 일대의 모습을 살펴본 터였다. 그 모습을 현장에 나와서 보노라니 1897년 10월의 어느 날 아침이 눈에 보이는 듯했다. 와와 편의점은 없었다. 아니, 가게 같은 곳 자체가 없었다. 사람들은 걸어서 혹은 자전거나 말을 타고 지나다녔다. 사우스 메인 로드와 랜디스 애비뉴는 호박 밭,

아스파라거스 밭, 사과 과수원의 농지 50만여 제곱미터를 사이에 두고 있었다. 그 끝에 문이 있고 머리 위 높이로 명패가 붙어 있었다. 바인랜드 훈련 학교(VINELAND TRAINING SCHOOL).

생각을 돌이켜 본다. 내가 여기에 온 이유는, 바인랜드가 유전의 역사에서 중요한 위치를 차지하기 때문이다. 이 학교 담장 안에서 멘델의 연구가 사람에게 적용되었고, 비참한 결과를 낳았다. 여기에서 일어난 일이 앞으로 여러 세대에 걸쳐 유전학에 영향을 미치게 된다.

1897년, 이 정문에서 학교 운동장으로 이르는 길 양쪽으로 새로 심은 나무들이 나란히 서 있었다. 정자는 갓 칠을 마쳐 단정했다. 학교 안은 어린이 200명으로 복작거렸다. 바인랜드 훈련 학교의 설립자이자 교장 스티븐 올린 개리슨(Stephen Olin Garrison, 1853~1900년)이 살아 있었을 1897년, 나는 학교 본관 책상에서 사무를 보는 그의 모습을 그려 보았다. 멀리서 이 학교 시계탑에서 울리는 감미로운 종소리가 들려왔다.

1897년 10월 어느 날 아침, 에마 울버턴(Emma Wolverton)이라는 8세 어린이가 학교 정문 앞에 도착했다.[1] 보통 키에 예쁘장하고 동그란 얼굴형, 코는 넓은 편이었고 머리카락은 검고 숱이 많았다. 에마가 그날 아침 어떤 기분이었을지는 알 수 없다. 에마에게는 평생 자신의 삶에 대해 공개적으로 이야기할 기회가 없었다. 에마와 이야기해 본 사람은 많았지만 그 말에 귀 기울인 사람은 거의 없었다. 그들 대다수에게 에마는 세대에서 세대로 유전되는 온갖 질환을 알려 주는 하나의 교훈이었을 뿐이다.

에마가 어떻게 해서 그 변두리 바인랜드로 가게 됐는지는 알려진 바가 거의 없다. 에마의 어머니 멀린다(Malinda)는 뉴저지 주 북부에서 자랐다. 17세에 어느 집 하인으로 일하기 시작했지만 얼마 안 가서 에마를 임신하면서 주인집에서 쫓겨났다. 파산한 알코올 의존증 환자였다는 에마의 아버지가 멀린다를 버리자 멀린다는 한 빈민 구호소에 들어가 1889년에 에마를 출산했다.

한 인정 많은 가족이 멀린다와 갓난아기를 빈민 구호소에서 집으로 데려왔고 멀린다는 한동안 그 집에서 일했다. 멀린다가 다시 임신하자 후견인 가족은 아기 아버지와 결혼하라고 설득했다. 멀린다와 남편은 둘째를 낳은 뒤 가족 전체가 인근 농가에서 집을 세내어 이사했다. 멀린다가 셋째를 임신하자 남편이 자기 아이가 아니라면서 멀린다와 아이들을 버렸다.

멀린다가 세낸 농가 주택은 한 독신 남성의 소유였다. 남편이 떠난 지 얼마 안 되어 멀린다는 이 독신 농부와 같이 살기 시작했고, 독신 농부는 자신이 이 임신한 아기의 아버지임을 인정했다. 에마의 후견인 가족이 다시 나서서 상황을 정리했다. 그들은 에마의 어머니와 양부의 이혼 수속을 처리하고 독신 농부와 재혼하라고 조언했다. 농부는 멀린다가 자기 친자식 이외의 자녀를 떼어 내면 그렇게 하겠다고 했다. 에마가 바인랜드 훈련 학교 정문 앞에 도착한 것이 바로 그로부터 얼마 지나지 않은 시점이다.

1888년 개리슨이 처음 학교를 열 때 명칭은 '뉴저지 심신 미약 아동 교육과 돌봄 시설(New Jersey Home for the Education and Care of Feeble-Minded Children)'이었다. 그는 앞으로 수십 년 동안 학교 홍보물에 찍히게 될 교훈을 정했다. "퇴행적인 어린이, 정신 박약 어린이가 성인이 되었을 때 알아야 하고 할 줄 알아야 하는 것을 가르치는 진정한 교육과 훈련의 장." 개리슨은 정신 박약으로 간주되는 어린이들이 버려지던, 과거 세대의 창고 같은 정신 병원보다는 더 인간적인 공간을 제공하고자 하는 의지에서 학교 안내서에 이렇게 선언했다. "우리의 목표는 잠들어 있는 능력을 깨우고 야망을 일으키고 희망을 불어넣고 자립력을 키우는 것이다."

에마에게 입학 허가가 나기 위해서는 뭔가 그럴듯한 사연이 필요했다. 일반 학교에서 다른 아이들과 잘 어울리지 못했다든지 하는 식으로 정신 박약에 대한 우려가 느껴질 만한 것으로. 1800년대 말에는 **정신 박약**의 정의가 애매하고 대중없었다. 사람들은 뇌전증을 일으키는 자녀를 바인랜드 훈련 학교로 데려왔고, 소인증과 지적 장애가 혼합된 크레틴병을 앓는 아이들, 훗날 다운 증후군으로 불리게 되는 질환을 겪는 아이들도 이 학교에 보내졌다. 에마는 뚜렷한 증상은 없었으나 사회 생활에 부적합하다고 판단된 학생들 반에 들어갔다.

처음 학교에 온 에마에게 교직원이 입학 허가 여부를 판단하기 위해 검사하고 이렇게 기록했다. "머리 크기나 형태에는 특별한 이상이 보이지 않는다."[2] 에마는 그들이 내리는 명령을 이해했고 바늘을 사용할 줄 알았고 땔감을 운반하고 주전자에 물을 채울 수 있었다. 글자 몇 개는 알았지만 읽기나 계산은 할 수 없었다. 하지만 교직원의 기록에 따르면 에마는 "고집이 세고 파괴적이었고, 구타와 욕설에도 아무런 내색을 하지 않는" 아이였다.

그것이면 충분했다. 에마가 가족에게 성가신 존재가 되었으므로 바인랜드로 보내졌다는 사실은 파일에 기록되지 않았다. 검사를 실시한 교직원이 내린 결론은 정신 박약이었다. 그들은 에마를 받아들였다.

에마는 별채 한 곳에 배치되어 몇몇 다른 아이들과 함께 생활했다. 에마의 학교 일과는 수업, 과제, 놀이로 구성되었는데 읽기와 산수 과목 이외에도 들판과 숲으로 나가서 자연에 대해서도 배웠다. 교감 에드워드 존스턴(Edward R. Johnstone)은 바인랜드를 이렇게 소개했다. "우리 학교는 학생들에게 자연과 우리가 어떤 관계를 맺고 있는지, 우리가 먹고 입는 것이 식물과 동물에게 얼마나 의존하는지를 가르친다."[3] 에마와 학생들은 노래를 부르는 음악 수업으로 많은 시간을 보냈다. 존스턴은 "올바른 훈련을 받으면 이 노예들의 노래가 문명의 노래가 될 것"[4]이라고 믿었다.

"행복이 우선 나머지는 덤"이라는 표어가 학교 벽에 걸려 있었다. 학생들은 필라델피아의 부유층 여성들이 모인 여성 참관 위원회가 지원해 준 비용으로 당나귀가 끄는 수레를 타고 농장 주변을 관람했다. 위원회는 학교에 회전 목마를 지어 주고 동물원을 만들어 곰, 늑대, 꿩 등의 동물을 채워 주었다. 학교는 매년 겨울이면 바인랜드 주민을 초청해 크리스마스 연극을 공연했으며 여름에는 와일드우드 해변행 열차 2량을 세내어 바다 소풍을 떠났다. 학교 앨범에는 여학생과 교사를 가득 태운 무개 마차 뒷자리 건초더미 위에 앉은 에마의 입학 초기 사진이 있다. 에마는 카메라를 돌아보며 웃고 있고, 사진에는 "소풍 가는 길"이라는 제목이 붙어 있다.[5]

신체 장애가 없는 학생인 에마의 일과에는 반드시 손으로 하는 일을 배우는 시간이 들어갔다. 에마에게는 학교 마당 한쪽 구석에 과일과 채소를 키우는 작은 땅이 할당되었다. 에마 같은 여학생들은 바느질, 재봉, 목공을 배웠고 남학생들은 구두와 양탄자 만드는 기술을 배웠다. 학교 관계자들은 이 노동이 장차 생계 수단을 갖기 위한 준비 과정이라고 주장했다. 하지만 당시의 많은 정신 병원이나 교도소가 그랬듯이, 학생들의 노동은 학교의 소득원이기도 했다. 기록부에는 1897년 5월부터 1898년 5월까지 1년 동안 학생들이 새 정장 30벌, 작업복 92벌, 앞치마 234장, 신발 107켤레, 드레스 입은 인형 40체를 만들고, 빨래 27만 5130점을 세탁한 것으로 적혀 있다. 그리고 순무 1,030다발, 머스크멜론 158바구니, 우유 약 7만 9000리터 등 학교 농장의 수확물로는 총 8,160달러 81센트를 벌어들였다. 학교 관계자들은 정신 박약 어린이들이 이 정도의 숙련 노동을 해낼 수 있다는 것 자체가 모순이라는 사실에 전혀 개의치 않은 듯하다. 존스턴은 그 어린이들의 노동으로 돈을 번다는 사실에 죄의식을 느끼기는커녕 이런 식으로 둘러댔다. "우리는 하느님이 내리신 일을 하고 있다."[6]

그것이 신성한 사명이라는 근거로, 이 학교는 자신들이 얼마나 많은 인생을 구제했는지 보라고 역설했다. 또한 정신 박약자들이 사회에 저질렀을 범죄를 자신들이 막았다는 점도 강조했다. 여성 참관 위원회 의장 이저벨 크레이븐(Isabel Craven)은 이렇게 주장했다. "정신적으로 신체적으로 결함 있는 집단, 일탈 집단에 대한 근대의 과학 연구는 우리 사회의 범죄자와 알코올 의존증 환자의 다수가 실제로 어느 정도 정신 박약인 사람들에게서 태어난다는 것을 보여 준다."[7]

크레이븐은 정신 박약은 그저 태어날 때만 발생하는 문제가 아니라 부모에게서 자녀에게로 유전되는 질환이라고 믿었다. 이것은 나쁜 행동은 유전된다는 19세기 말 미국인들의 통념이기도 하다. 그들에게 정신 박약이란 질병인 동시에 죄지은 자들이 그 자식에게 물려주는 죄의 대가였다. 1899년에 크레이븐은 학교 백서에 관련 사례로 1700년 말 독일의 한 알코올 의존증 환자 여성의 이야기를 소개했다. 그 독일 여성에게서 834명의 후손이 나왔는데, 그 가운데 7명이 살인자가 되었고 76명이 그 밖의 범죄를 저질렀으며 142명이 직업적 걸인, 64명이 자선 기관의 도움을 받는 처지가 되었고, 크레이븐의 표현을 옮기자면 181명의 여성이 "낯부끄러운 인생"[8]을 살았다.

바인랜드 훈련 학교는 정신 박약 아동으로부터 자녀를 낳을 기회를 막아 주어 이들이 사회에 퍼뜨릴 위험을 제거함으로써 미래 세대를 보호했다면서 크레이븐은 이렇게 역설한다. "우리가 이 무능한 이들을 보호하지 않고 방치했다면 발생했을 범죄와 비용이 다가올 세대에게 어떤 여파를 남기겠는가."

에마는 새 환경에 정착했다. 교사들은 에마의 발달 상태를 지속적으로 기록했다. 에마는 산타클로스에게 보낸 편지에 리본, 장갑, 인형, 스타

킹을 갖고 싶다고 적었다. 철자법과 숫자 세는 법을 배웠지만 산수는 어려워했다. 침대 정리하는 법도 배웠다. 이따금 나쁜 행실을 보였다는 메모도 있고, 진전을 보였다는 메모도 있다. 에마는 크리스마스 연극에서 배역을 맡아 참여했고, 코넷을 배워 학내 악대에서 미국 국가 같은 곡을 연주했다. 또 재봉틀로 셔츠웨이스트 드레스 만드는 법을 배웠으며, 그 다음에는 그것을 넣을 상자 만드는 법을 배웠고, 거기에 판자 뚜껑 제작법과 목골재 짜 맞추는 장부 이음 기술(홈을 파고 촉을 깎아 두 목재를 연결하는 방법. — 옮긴이)까지 배웠다.

10대가 된 에마는 학교의 지도에 따라 무급으로 노동력을 제공했다. "에마는 완벽에 가까운 일꾼이다."[9] 한 관계자가 에마의 기록에 남긴 평가이다. 에마는 학교 식당에서 시중을 들고 목공반 도우미로 일했다. 얼마나 유능했던지 존스턴 교감은 에마에게 가정부 일을 시켰고 나중에는 갓난 자기 아들 돌보는 일을 맡겼다. 에마는 한동안 학교 유치원 보조로 일했는데, 이때 학교를 방문한 사람이 에마를 교사로 착각한 일도 있었다. 외부인이 에마에 대해 지극히 정상으로 보인다는 말을 한 것은 이때만이 아니었다.

에마가 17세 때 바인랜드에 새로운 직원이 왔다. 헨리 허버트 고다드(Henry Herbert Goddard, 1866~1957년)라는, 단신에 대머리 남자였다. 고다드는 한 작업장 위에 새로 마련된 사무실을 이상한 장치며 기계로 채웠다. 그는 어린이들에게 막대기를 주고 판자에 뚫린 구멍을 최대한 빨리 찔러 보라는 등의 과제를 냈다.

어느 날 차례가 돌아온 에마가 고다드의 사무실로 갔다.

"내 한쪽 주머니에 5센트가 있고 다른 주머니에 5센트가 있어. 내가 가진 게 전부 몇 센트일까?" 고다드가 에마에게 물었다.[10]

"10센트요." 에마가 대답했다.

고다드 박사는 숫자 문제를 16개 더 물었다. 에마는 전부 답했는데 12개를 맞히고 5개를 틀렸다.

2년 뒤 고다드는 에마를 다시 불러서 문제를 다시 냈다. '필라델피아'와 '돈'과 '강'을 한 문장 안에 사용해 보라. 20부터 거꾸로 세어 보라.

고다드의 조수는 에마가 대답할 때마다 칭찬으로 격려했다. 하지만 상당수 문제를 틀렸다. 고다드는 에마의 시험표를 본 뒤 한마디로 요약했다. 사실상 에마의 존재 전체를 요약한 그 말은 고다드가 당시에 고안한 최신 어휘, **저능아**(moron)였다.

고다드는 에마가 알지 못하게 조심스럽게 에마의 가족을 조사했다. 고다드의 조수는 이야깃거리를 얻기 위해 울버턴 가족의 친구들을 찾아다녔다. 고다드는 무엇을 알게 될지 확신했다. 에마의 가족도 저능아일 것이라고.

***

헨리 고다드가 바인랜드 훈련 학교로 온 것은 유년기학 같은 학문을 만들고 싶어서였다. 고다드 자신도 비참한 유년기를 보냈다. 고다드의 아버지는 아들이 태어난 1869년 무렵 메인 주에서 황소 뿔에 받혔다. 이 부상으로 고다드의 가족은 농장을 잃었고 그 아버지는 몇 년 근근이 막노동으로 가족을 먹여 살리다가 1878년에 사망했다. 퀘이커교 전도사를 자처하고 나선 어머니는 이따금 몇 달씩 사라져서는 캐나다와 미국 중서부 일대를 돌며 퀘이커 친우회에서 설교를 하고는 했다. 고다드는 12세에 장학금을 받고 프로비던스에 있는 퀘이커교 기숙 학교에 들어갔다. 고다드는 노년에 이 시절을 회상하며 말했다. "나를 아는 사람도, 내가 죽든 말든 신경 쓰는 사람도 없었다."[11]

고다드는 "퀘이커 감옥"[12]이라고 부르던 이 학교를 마친 뒤 해버퍼드 대학교에 진학했다. 그는 이 학교가 "필라델피아의 부잣집 자식들을 악영향으로부터 지키는 방편"일 뿐이라고 여겨 전혀 좋아하지 않았고, 아예 학교라는 제도 자체를 증오하기에 이르렀다. 교사들은 학생이 죄라도 짓지 않을까 노심초사하느라 날 새는 줄 모르고 학생들은 라틴 어니 그리스 어니 하는 것을 기계적으로 암기하는, 무의미한 훈련소일 뿐이라고. 고다드는 학업 결과 따위는 하등 상관 없는 일이며, 어차피 부잣집 학생들은 성공한 인생을 살 것이고 자기처럼 가난한 집 학생들은 고생길로 갈 것이 뻔하다고 믿었다. "나의 성년기는 하루하루가 유년기 교육의 부족함만 뼈저리게 느끼는 나날이었다."[13]

학교를 그토록 저주했던 고다드였으나 종착지는 학교에서 벗어나지 못했다. 서던 캘리포니아 대학교에서 한동안 미식 축구 코치로 일하다가 오하이오 주와 메인 주의 여러 고등 학교에서 학생들을 가르쳤다. 하지만 30세에 그랜빌 스탠리 홀(Granville Stanley Hall, 1844~1924년)이라는 심리학자의 강연을 듣고 교육에 대한 생각이 백팔십도 바뀐다. 홀은 청중에게 학교가 아동의 마음을 과학적으로 자유롭게 만들어 줄 수 있다고 말했다. 마치 날개 없는 학배기가 변신해 잠자리가 되듯이 아동의 정신은 정해진 과정에 따라 발달한다는 것을 연구를 통해 확신하게 되었다면서, 교사들과 심리학자들이 힘을 합해 미신적인 관습이나 전통이 아닌 과학에 토대를 둔 새로운 형태의 교육을 이루어 낼 수 있다고 주장했다.

고다드는 곧바로 교사직을 그만두고 매사추세츠 클라크 대학교로 가서 홀 밑에서 공부를 시작했다. 박사 학위를 받은 고다드는 1899년 펜실베이니아 웨스트체스터로 옮겨 주립 사범 학교에서 심리학을 가르쳤다. 이곳에서 그는 심리학자들이 교수법을 바꾸는 데 필요한 통계를 수집하기 시작했다. 펜실베이니아 주 전역의 교사들이 학생의 시력을 검사할 때 고다드의 시력 검사표를 사용했는데, 이 검사표는 고다드가 학생들 가운데 오로지 책과 칠판이 잘 보이지 않아서 학습 부진을 겪는 비중이 얼마나 되는지 알아내기 위해 고안한 장치였다. 고다드는 학생들의 학년별 도덕성 발달 정도를 측정하기 위한 설문지를 보냈다. 퀘이커 친우회 설교 활동으로 여행을 다녔던 어머니처럼, 고다드도 전국 각지의 교사 모임과 단체를 찾아다니면서 교사들에게 아동 연구의 중요성을 설파했다. 그는 청중을 향해 "우리의 믿음과 희망이 달린 아동의 본성"을 탐구하는 여정에 함께해 달라고 호소했다.[14]

1900년에 한 회의에서 고다드는 존스턴을 만나 바인랜드 훈련 학교 방문을 요청받았다. 고다드는 깊은 인상을 받았다. 바인랜드의 교사들은 생각 없이 똑같은 수업만 반복하는 사람들이 아니었다. 그들은 실험을 하고 학생의 개선에 도움이 되었던 수업이 있다면 그것을 바탕으로 수업 방식을 수정했다. 존스턴은 고다드에게 방문한 동안 학생들과 직접 대화를 나눠 보라고 권했다. "나는 감히 그 이상을 해 보겠다는 용기가 나지 않았다." 고다드는 훗날 이렇게 고백했다.[15] 하지만 아이들과의 만남은 예상보다 잘 진행됐는데, 버려진 아이로 산다는 것이 어떤 기분인지 고다드가 누구보다도 잘 알았기 때문인지도 모른다. 존스턴은 고다드를 진심으로 축하해 주었다. "마치 정신 박약인과 대화하는 것이 익숙한 분처럼 이야기하시더군요."

고다드는 방문을 마치고 돌아오면서 바인랜드가 아주 특별한 곳임을 확신했다. 그는 그곳이 "행복하고 만족스럽지만 정신적으로 결함 있는 어린이들이 모인 대가족"이라고 말했다.[16] 향후 몇 년 동안 고다드는 존스턴과 자주 연락하면서 어떻게 과학적으로 새로운 교수법을 창안해야 할지 의견을 공유했다. 1906년에 존스턴은 고다드에게 바인랜드의 첫 번째 연구소장이 되어 달라고 청했다.

고다드에게는 흔치 않은 과학적 기회였다. 바인랜드가 일반 어린이에게서는 찾을 수 없는 인간 정신의 단서를 밝혀 줄 수 있으리라고 보았다. 해부학자들이 사람에게도 적용할 수 있는 중요한 교훈을 찾아내기 위해 편충이나 성게 같은 단순한 동물을 연구하는 것처럼, 어쩌면 심리학자들은 덜 복잡한 정신을 연구해서 같은 효과를 얻을 수 있을지도 몰랐다. "뉴저지 바인랜드 훈련 학교는 위대한 인간 실험실이다."[17] 고다드는 이렇게 선언했다.

하지만 존스턴이 고다드를 임명할 때 실수로 심리학자를 데려와야 하는 그늘진 동기를 말하고 말았다. 정신 박약자들이 계속해서 더 많은 아이를 낳고 있고 그 아이들에게 결함이 유전되어 사회에 재앙이 닥쳐오고 있다고.

"퇴화가 증가하고, 신경병이 증가하고, 결함이 증가하고 있습니다." 존스턴은 그렇게 경고했다. 바인랜드를 더 많이 세운다고 이 추세가 중단되지는 않을 터였다. "방은 만드는 족족 다 채워질 것이고 대기자 명단은 갈수록 더 길어질 겁니다."

존스턴은 또 이렇게 경고했다. "이 증가세를 중단시키지 않으면 안 됩니다. 그러자면 그것이 어디에서 생기는지, 왜 생기는지, 그 흐름을 막으려면 무엇을 해야 하는지 알아내야 한다는 뜻입니다."[18]

*
**

고다드는 존스턴의 암담한 시각에 동의하지 않았다. 적어도 처음에는 그랬다. 그는 자신의 바인랜드 연구가 언젠가 정신 박약자의 정신 상태를 향상할 치료법을 가져다줄 수 있기를 희망했다. "우리가 이들의 뇌를 훈련시켜 다른 세포들이 그 모자란 세포의 활동을 대신할 어떤 방법을 찾아낼 수 있다면 어떨까!"[19] 1907년에 고다드는 생각에 잠겼다. "어쩌면 우리가 꿈도 꾸지 못했던 수준의 엄청난 지능을 찾아내는 건 아닐까?"

잠재된 지능을 풀어내기 위해서는 우선 지능을 측정할 과학적 방법을 찾아야 했다. 그는 의사들이 혈압이나 체온, 체중을 측정하듯이 지능에 숫자를 부여하고 싶어 했다. 고다드 시절에는 의사들이 정기 검진을 통해 어린이를 치우(癡愚, imbecile), 백치(白痴, idiot)로 진단했지만, 대부분은 직관에 따른 진단이었다. 고다드는 지능의 생물학적 토대까지 관통할 테스트를 고안하고자 했다. 그는 신경계의 반응 속도가 결정적 요소일 것이라는 추측에서 바인랜드 학생들을 전기 스위치 앞에 앉혀 놓고 최대한 빠르게 손가락으로 스위치를 두드리라는 과제를 냈다. 이 방법은 통하지 않았다. 일부 학생은 뭘 하라는 소리인지 알아듣지도 못했다. 고다드는 악력계를 있는 힘껏 쥐기, 바늘에 실 꿰기, 직선 그리기 등등 여러 테스트를 시도했다. 하지만 테스트 점수를 분석해 보면 도대체 아귀가 맞지 않았다. 한 가지 테스트를 잘 해낸 학생이 다른 테스트에서는 빈약한 점수를 받고는 했으니 말이다.

"연구는 보잘것없었다. 2년이 지나도록 거의 아무것도 얻지 못해 무언가 알아낼 수 있을까 싶어서 외국으로 떠났다."[20] 고다드는 이 시기에 대해 이렇게 말했다.

유럽으로 간 고다드는 대학교, 하급 학교, 실험실 등을 방문해 연구 상황을 살펴보았다. 벨기에에 갔을 때 어떤 의사가 무심히 질문이 가득 적힌 종이 한 장을 주었다. 그것은 고안자의 이름을 딴 새로운 검사법, 시몽-비네 검사(Simon-Binet test)였다.[21] 프랑스 심리학자 알프레드 비네(Alfred Binet, 1857~1911년)와 그의 조수 테오도르 시몽(Théodore Simon, 1873~1961년)은 학교에서 수업할 때 추가적인 도움이 필요한 학생을 파악하기 위한 방법을 강구하라는 프랑스 정부의 의뢰를 받아서 이 테스트를 설계했다.

비네는 "'이해력이 좋다.', '현실 감각이 있다.', '주도적이다.', '상황에 적응하는 능력이 있다'와 같은 평가 말고 지능을 측정할 방법이 필요하다고 인식했다."[22] 하지만 어떻게 해야 이 능력을 마치 온도계로 온도를 재는 것처럼 측정할 수 있을까? 비네는 지능을 직접 측정하는 방법 대신 각각의 어린이가 다른 어린이들과 비교해서 어떤 수준인지를 측정하는 방법을 찾았다.

보통 어린이들은 검사를 거듭할수록 과제 수행 능력이 향상되었다. 비네가 볼 때 지능 높은 어린이들은 향상이 빠른 반면에 정신 박약 어린이들은 뒤로 처지는 것 같았다. 비네와 시몽은 연령별로, 또 검사별로 평균 점수를 결정했고, 검사한 어린이가 받은 점수에 따라 정신 연령을 부여했다. 가령 정신 박약의 10세 아동은 정신 연령 5세가 되는 식이었다.

고다드는 심리학자가 속도계라든가 자동 기록기 같은 정교한 기계 장치 없이 사람의 정신을 측정한다는 사실에 충격을 받았다. 게다가 어린이가 질문 몇 개에 답하는 게 그 측정에 필요한 전부라니. 유럽의 다른 연구자들이 고다드에게 시몽-비네 검사는 가짜라고 경고했지만, 결국 고다드는 논문에 이 검사와 관련된 내용을 수록했다. 바인랜드에 돌아와 검사 결과를 들은 고다드는 한번 직접 해 보기로 결정한다. 어차피 밑져야 본전이라고.

고다드는 바인랜드 학생 몇 명에게 검사를 실시한 뒤 점수를 살펴보았다. 시몽-비네 검사 결과는 바인랜드 교사들의 판단과 놀라울 정도로 일치했다. 백치라는 판단을 받았던 학생들이 일관되게 최하위 점수를 받았다. 치우는 다소 높은 점수를 받았고 느리기는 해도 판정이 어려운 학생들(에마 울버턴 같은 학생들)은 그것보다 더 높은 점수를 받아 정신 연령이 생활 연령(chronological age)보다 겨우 몇 년 처지는 정도였다.

고다드는 이것이야말로 자신이 찾던 측정 수단이라고 결론 내렸다. 백치는 정신 연령 3세 이하, 치우는 3세와 7세 사이였다. 하지만 에마처럼 백치나 치우로 분류하기에는 정신 능력이 높은 사람들이 있었다. 고다드는 이들, 즉 정신 연령 8세에서 12세에 해당하는 범주에 적합한 명칭을 찾기 위해 따분하기만 했던 고전어 교재를 다시 꺼내 들었다. 그렇게 해서 고안한 어휘가 '바보'를 뜻하는 그리스 어 모로스(μωρός)에서 따온 조어, '저능아(moron)'였다. 그는 이 세 범주를 각각 다시 상·중·하 등급으로 세분했다.

고다드는 바인랜드 학생들에 대한 검사를 완료하자 다른 학교로 눈을 돌렸다. 그는 허가를 받아 구역 내 인근 학교로 조수 5명을 파견해, 보통 학생 2,000명에게 검사를 실시했다. 그중 78퍼센트의 정신 연령이 생활 연령과의 차이가 1년 이내인 것으로 나왔다. 4퍼센트가 1년 이상 앞서 있었고 15퍼센트가 2년에서 3년 처져 있었다. 가장 뒤처진 3퍼센트는 생활 연령보다 3년 처지는 것으로 나왔다.

"이 숫자들은 비네 검사의 정확성을 실질적으로 보여 주는 수리적 증거다."[23] 고다드는 이렇게 공언했다. 누가 검사를 실시하든 무관하게 안정적으로 나오는 점수를 보며 고다드는 이것으로 하나의 생물학적 형질, 말하자면 우리 뇌 안의 신비한 지능의 샘을 정확하게 측정할 수 있다고 확신했다. 이러한 확신이 지능 자체에 대한 고다드의 생각이 바뀌는 계기가 되었는지도 모르겠다. 고다드는 지능이란 가변적인 무엇, 뇌세포를 강화함으로써 향상될 수 있는 무엇이 아니라 주로 유전에 의해 결정되는 요소라고 믿기에 이르렀다.

"낮은 지능은 치료되지 않는다." 이것이 고다드가 내린 결론이었다. "최소한 80퍼센트는 부모나 조부모의 뇌 기능 장애에 의해 유발되며, 이는 충분히 막을 수 있었던 일이다."[24]

이 같은 시각은 19세기의 유전 개념에 위배되는 것으로, 이것은 범죄자나 알코올 의존증 환자로 살아가는 사람들은 그 죄악으로 미래 세대를 오염시킬 수 있다는 당시의 통념과도 일맥상통한다. 바인랜드 학생들의 퇴화된 지능의 근원이 궁금해진 고다드는 가족 관계에서 단서를 찾을 수 있을까 해 입학 원서를 훑어보았다. 거기서 얻을 수 있는 정보는 제한적이었다. 그는 더 많은 정보를 얻기 위해 입학 원서에다 학생이 입학한 뒤 부모와 의사 들이 기재할 '공란'을 만들었다.[25] 공란의 문항은 친척 중에 정신 이상이나 알코올 의존증이나 정신 박약인 사람이 있느냐였다.

입학 후에 공란이 채워져서 돌아왔을 때, 고다드는 이 결함을 겪는 친척이 너무나 많다는 사실에 놀랐다. 검사의 범위를 확대하기 위해 고다드는 "유전에 관한 통계 수집" 활동에 필요한 숙련된 조수진을 고용하고 싶어 했다.[26]

비용은 어떻게 마련해야 할지, 고다드는 알 수 없었다. 이런 불확실성이 풀리지 않던 1909년 3월 어느 날, 간절한 기도에 내려온 답처럼 편지 한 통이 학교로 날아왔다. 미국 내 유수의 과학자로 꼽히는 찰스 대븐포트(Charles Davenport, 1866~1944년)라는 유전학자가 바인랜드에 정신 박약의 유전성 관련 통계를 확보한 사람이 있는지 알고 싶어 한다는 내용이었다.[27]

*
**

대븐포트는 바인랜드에 편지를 보내기 몇 해 전에 유명해진 과학자였다.[28] 그는 1892년에 하버드 대학교에서 동물학 박사 학위를 받은 뒤, 가

리비를 비롯한 해양 동물을 주제로 단조롭고 장래가 불투명한 연구 생활을 이어 갔다. 그러다 롱아일랜드의 한 마을인 콜드 스프링 하버로 옮겨 와 생물 교사를 위한 여름 학교를 운영했다.

하지만 대븐포트는 해변에서 한가롭게 노니는 것으로 만족할 인물이 아니었다. 그는 동물들의 크기와 형태를 정확하게 비교할 수 있는 새로운 통계 방법론을 찾는 작업에 착수했고, 이 방법론이 완성될 때 "생물학은 투기적 학문에서 정밀한 학문으로 발전할 것"이라고 전망했다.[29] 그는 부모와 자녀의 비교 연구 통계를 수집해 유전을 이해하고자 했으나 잘 풀리지 않았다. 1900년에 멘델이 우성 형질과 열성 형질 개념의 유전 법칙을 세상에 내놓자 대븐포트는 머리에 번개를 맞은 것 같았다.

대븐포트는 카네기 재단을 설득해 콜드 스프링 하버를 활기 없는 여름 학교에서 본격적인 유전학 연구소로 변신시켰다. 1904년에 실험 진화 연구소(Station for Experimental Evolution)가 문을 열었다. 더 프리스가 열차를 타고 콜드 스프링 하버를 찾아왔다. 더 프리스는 개소식 축사를 하면서 특히 소장이 된 대븐포트를 찬양했다. "대븐포트 소장 휘하의 실험 진화 연구소는 동물과 식물의 개량을 위한 새로운 방법을 밝혀냄으로써 뜻밖의 사실들이 기다리고 있을 이 분야를 활짝 열어젖힐 것입니다."[30]

대븐포트는 소장에 취임한 지 몇 해 만에 저 예견을 구현했다. 그는 과학자들을 불러 모아 파리, 생쥐, 토끼, 오리를 통해 유전 연구를 시작했다. 훗날 루서 버뱅크의 연구를 지원하는 식물학자 조지 해리슨 셜은 콜드 스프링 하버의 밭에서 옥수수와 달맞이꽃을 재배했다. 대븐포트는 닭과 카나리아를 연구해 카나리아 수컷의 머리 볏이 멘델의 우성 형질이라는 결론을 내렸다.[31]

하지만 대븐포트는 카나리아로 만족할 수 없었다. 그는 인간의 유전에 얽힌 비밀을 풀어내고 싶었다. 인간의 유전을 연구하기 위해 실험용 가족을 키울 수는 없었기에 혈통 연구를 하나의 학문으로 정립하고자 했다. 사람들은 수백 년 동안 저마다 가계를 기록하고 보존해 왔다. 그 계보가 유전의 단서가 되는 경우도 있는데, 가령 '합스부르크 턱'은 이 왕가의 초상화에서 대를 이어 나타났다. 19세기 정신 병원들의 기록은 정신 이상이 유전되는 경향이 있음을 시사했다. 대븐포트는 가계가 충분히 상세하다면 수 세대에 걸쳐 멘델의 형질을 보여 줄 수 있으리라고 생각했다.

대븐포트는 동물학자인 아내 거트루드 대븐포트(Gertrude Davenport, 1866~1946년)와 함께 우선 간단한 연구로, 사람의 눈동자와 머리카락 색을 조사했다. 그런 다음, 연구의 범위를 확대하면서 현장 조사원들을 훈련시켜 뉴잉글랜드 전역에서 헌팅턴병 같은 유전병이 있는 가족을 찾게 했다. 그는 혹시 미국의 정신 병원이나 기타 수용 시설, 그러니까 청각 장애인이나 시각 장애인을 위한 시설이나 교도소 등에 자신이 찾고 있는 정보가 이미 다 있지 않을까 하는 생각으로 바인랜드 훈련 학교에 편지를 써 보았는데, 고다드가 이미 진척시킨 연구를 설명하는 답신을 보고는 놀라서 입이 다물어지지 않았다.

"여기 채워진 칸들을 보면서 제가 얼마나 흥분했는지 모르실 겁니다." 대븐포트가 고다드에게 말했다. "선생께서 정신 박약 어린이들의 계보를 연구하는 방대한 작업을 계획하고 있으리라는 생각에 제가 얼마나 흥분했는지도요."[32]

대븐포트는 고다드가 프로젝트에 착수하는 것을 직접 돕기 위해 바인랜드로 갔다. 그는 고다드에게 현장 조사원 활용 방법, 수집한 자료 분석하는 방법을 알려 주었다. 고다드에게 무엇보다 중요한 것은 대븐포트의 유전학 쪽집게 강의였다.

1909년 무렵에는 많은 식물학자가 멘델의 연구 결과를 인정하게 되었다. 하지만 멘델이 제시한 형질의 패턴이 어디에서 오는지, 무엇이 만들어 내는지 확실하게 말할 수 있는 사람은 아무도 없었다. 덴마크의 식물 생태학자 빌헬름 요한센(Wilhelm Johannsen, 1857~1927년)이 멘델의 인자에 처음으로 '유전자(gene)'라는 이름을 붙였다. 그런데 요한센은 이렇게 지적했다. "'유전자'의 특성과 관련해서는 아직 어떠한 가설을 제시할 만큼 의미 있는 연구가 이루어진 바 없다."[33]

대븐포트의 지도하에 고다드는 순식간에 멘델의 법칙을 받아들였다. 정신 박약이 자녀가 양쪽 부모에게서 같은 유전자를 물려받을 때 발생하는 열성 형질인지는 여전히 알 수 없었다. 고다드는 그 증거를 찾기 위해 한 필라델피아의 자선가를 설득해 유전 연구 자금을 받아 냈다. 그는 이 연구를 위해 "상대방에게 호감을 주는 태도와 확신을 줄 수 있는 말솜씨"와 아울러 "정신 박약의 문제점을 이해할 정도의 높은 지능"을 선발 요건으로 해 전원 여성으로 현장 연구진을 꾸렸다.[34] 고다드의 연구는 이들 중에서도 소르본 대학교와 런던 대학교에서 수학하고 여러 사립 학교의 교장을 역임한 최정예 현장 연구자, 엘리자베스 카이트(Elizabeth Kite, 1864~1954년)에게 크게 의존하게 된다.

카이트와 나머지 현장 조사원들은 바인랜드 학생들을 만나러 떠났다. 고다드는 단 몇 달 만에 "멘델의 법칙과 완전히 일치하는 것으로 보이는" 패턴을 발견했다고 주장했다.[35]

고다드는 학교의 연례 보고서에 연구 결과를 쓸 때 바인랜드에서 일어날 굉장한 일들을 이야기했다. "멘델의 법칙이 사람에게도 적용된다는 것을 입증하기만 한다면, 가장 어려운 몇 가지 문제에 대한 강력한 해결책이 우리 손에 들어오게 될 것이다. …… 뉴저지의 훈련 학교에 역사적이며 세계적인 명성을 가져다줄 위대한 과학적 공헌이 우리 눈앞에 놓여 있다."[36]

⁂

바인랜드에서 뉴저지 주 전역으로, 인접한 주로 영역을 넓혀 간 고다드의 현장 연구는 학생 327명의 가족 정보를 수집했다. 몇몇 가족의 지능은 정상이었다. 그 경우 바인랜드 재학생의 정신 박약은 원인 미상으로 처리되었다. 하지만 많은 가족 구성원에게 알코올 의존증 환자와 범죄자는 말할 것도 없고, 정신 박약이 있는 것으로 조사되었다.

바인랜드로 돌아온 고다드는 정신 박약이 멘델의 쭈글쭈글한 콩처럼 유전된다는 사실을 더 확실하게 증명하는 것으로 보이는 증거를 따로 모았다. 부모 양쪽 모두가 정신 박약인 학생의 기록을 보면 다른 가족 구성원에게도 정신 박약이 있는 것으로 드러났다. 고다드는 가계도를 구성하면서 학생의 약 3분의 2가 유전으로 정신 박약이 되었을 것으로 추산하면서 이렇게 말했다. "눈동자 색, 머리카락 색, 머리 모양이 유전되는 것과 마찬가지로 정신 박약도 유전된다."[37]

생각이 여기에 이르자 고다드는 역겨움에 몸서리가 쳐졌다. 마치 실 한 가닥을 잡아당기자 미국 사회의 숨은 환부가 드러나는 것 같은 기분이었다. 현장 조사원들이 수집해 온 정보 가운데 에마 울버턴의 가족사만큼 소름 끼치는 이야기는 없었다.

고다드가 처음 에마를 검사할 때에는 그저 이 학교가 돌보는 여러 저능아 가운데 1명으로만 보였다. 에마는 성품은 상냥했지만 유폐된 바인랜드 경내를 벗어났다가는 큰일 날 사람이었다. "에마는 사악하고 부도덕한 범죄를 저지르며 살아가겠지만 정신 상태 때문에 아무런 책임도 지지 않을 것이다."[38] 고다드는 에마에 대해서 이렇게 예견했다.

에마에 대한 고다드의 호기심은 카이트가 울버턴의 가족사를 면밀하게 조사하면서 더욱 왕성해졌다. 카이트는 먼저 에마의 어머니 멀린다의 생을 추적했다. 이 무렵 멀린다는 여덟 자녀를 낳았고 한 농장에서 일하며 비누를 팔아서 생계를 유지했다. 카이트는 멀린다가 가족에게, 심지어 자기 자신에게도 무관심해 보인다고 고다드에게 보고했다. "멀린다의 인생관은 짐승의 철학이다."[39] 고다드는 나중에 이렇게 판정했다.

카이트는 에마의 가계를 더 깊이 파고들어 뉴저지의 농장, 산속 오두막, 빈민가를 두루 돌면서 이모와 삼촌, 사촌 들까지 조사해 헐벗고 지내는 아이들, 난방이 들어오지 않는 공동 주택, 매춘이며 근친 상간을 일삼는 어머니 등 더 충격적인 이야기를 듣고 돌아왔다.

카이트는 때로는 학교의 공식 문서를 내밀고 집 안으로 들어갔지만, 때로는 임무를 숨기고 폭풍이 올 것 같은데 잠시 들어가 피할 수 있을지 공손하게 묻거나 독립 전쟁에 대해 조사하는 역사학자인 척하기도 했다. 카이트는 노인들에게 오래전 세상을 떠난 친척들에 대한 희미한 기억을 물었다. 그들은 말 도둑, 변호사의 유혹에 넘어간 젊은 여자, 선거일에 투표장에 가서 누구든 돈 주는 사람을 찍어 주던 늙은 주정뱅이 '올드 호러(Old Horror)' 등에 관해 많은 이야기를 들려주었다.

카이트는 울버턴 일가 사람들 총 480명이 존 울버턴(John Wolverton)이라는 아버지 1명에게로 거슬러 올라간다는 사실을 알아냈으며, 그 후손 가운데 143명에게 정신 박약의 결정적 증거가 있다고 주장했다. 하지만 존의 후손 가운데에는 의사, 변호사, 사업가, 그 밖의 번듯한 직업에 종사한 시민도 있었다. 그들의 지능은 에마 친척들과는 완전히 딴판으로 보였다. 울버턴 일가의 상류층 구성원들과 하류층 구성원들은 서로의 존재를 아는 것 같지 않았다.

카이트는 당황스러웠지만 한 나이 지긋한 응답자의 이야기로 안개가 걸혔다. 존은 평판 좋은 식민지 개척자 집안에서 태어났다. 독립 전쟁이 일어나자 민병대에 들어갔는데, 어느 날 민병대가 한 술집에서 하룻밤 묵어갈 때 술에 취해 그곳에서 일하는 정신 박약 여성과 잤다. 존은 곧장 고상한 환경으로 복귀했고, 나무랄 데 없는 퀘이커교 집안 여성과 결혼해서 행복한 가정을 이루어 살았으며, 훌륭한 후손이 이 집안에서 많이 배출되었다.

존은 그날 밤 그 술집 여자가 임신해 정신 박약 아들을 낳았다는 사실은 꿈에도 모른 채 살아갔다. 그 여자는 행방을 알 수 없는 아빠의 이름을 따서 아들을 존 울버턴이라고 불렀다. 성장한 존 2세가 살아간 인생은 완전히 아버지와 딴판이었다. 그는 '올드 호러'라는 별명을 얻을 정도로 악인이었다. 하지만 존 2세도 가족을 꾸리면서 울버턴 집안은 장차 130년에 걸쳐 사회적으로 존경받는 계보와 정신 박약 및 범죄로 얼룩진 계보, 두 갈래로 뻗어 나갔다.

"천하의 멘델이라도 이보다 완벽한 실험을 기획하고 수행할 수는 없었을 것"[40]이라면서 고다드는 바인랜드로 흘러 들어온 데이터를 이렇게 평가했다. "인간의 유전을 다루는 학문의 진보에 기여할 수 있는, 다시없이 소중한 자산이었다."[41]

⁂

고다드는 미국이 유전적 위기로 미끄러져 들어가고 있다고 확신했다. "문명이 진보하기 위해서는 최상급 사람들이 지구를 채워야 한다." 이렇게 믿은 고다드에게 미국에서 최상급 사람이란 "이보다 더 나은 혈통을 찾을 수 없는"[42] 뉴잉글랜드 사람들이었다. 위대한 뉴잉글랜드 가문들이 자손이 없어서 하나둘 사라져 가고 있었다. 반면에 정신 박약자들은 평균보다 2배가 넘는 속도로 증가하고 있다는 것이 그의 추정이었다.

고다드가 최초로 인간의 유전을 통제해야 한다는 생각을 한 사람은 아니었다. 400년 전에 루이스 메르카도가 유전병이 있는 사람들에게 자식을 낳지 말라고 권고한 바 있다. 1800년대 초에 법정 감정 의사들은 정신 이상자들이 가족을 꾸리지 못하게 해야 한다고 주장했다. 골턴은 이런 우려를 훨씬 더 극단으로 끌고 가 정부가 시민을 소나 옥수수처럼 교배해야 한다고 주장했다. 골턴의 말을 옮기자면, 사람들에게 자신의 생각을 이해시키려면 "품종을 개선하는 과학을 표현하는 짧은 단어"[43]가 필요하다고 생각했다. 그 생각 끝에 1883년에 내놓은 용어가 **우생학(eugenics)**이다. 골턴에게 우생학은 세대가 거듭될수록 향상만이 거듭될 중매혼에 대한 행복한 상상으로 가득하다. "천재들의 세계가 창조되지 않겠는가!"

골턴의 열정에 이끌린 잉글랜드의 저명한 생물학자 몇 사람이 '우생학 교육 협회(Eugenics Education Society)'를 창립했다. 하지만 이 단체는 영국 사회에서 큰 영향력을 얻지 못했다. 20세기 초 우생학은 미국에서 뿌리 내리기 시작해 음울한 꽃을 피웠다. 미국 우생학자들은 나쁜 형질을 지닌 사람들이 자녀를 갖지 못하게 하고자 했다. 일부는 정신 박약자들의 성생활 금지를 법제화해야 한다고 주장하기도 했고, 그들에게 불임 수술을 시행해야 한다는 주장도 있었다. 1900년에 윌리엄 던컨 매킴(William Duncan McKim, 1861~1915년)이라는 우생학자는 심지어 "고통 없는 완만한 죽음"을 주장하면서 "약한 자들과 악한 자들"을 죽이는 가스실 건설을 상상했다.[44] 매킴은 "유전이 열등하고 열악한 성질의 근본 원인"이므로 그들에게 교육과 경험을 통한 교화를 시도하는 것은 소용없는 일이라고 주장했다.

대븐포트는 망설임 없이 우생학을 받아들이면서, 멘델의 재발견은 우생학의 입지를 강화할 뿐이라고 주장했다. 유전자가 생식 세포 계열을 통해 전달된다면, 나쁜 유전자가 다음 세대를 오염시키는 일을 막는 것 말고는 달리 방법이 없었다. 우생학은 유전 형질에 대한 지식을 토대로 이루어져야 한다는 믿음에서 대븐포트는 1910년에 콜드 스프링 하버 실험 진화 연구소 옆에 '우생학 기록 사무국(Eugenics Record Office)'을 건립했다. 그는 우생학이 궁극적으로 "유전을 통해 인류를 구원할 것"이라고 전망했다.[45]

대븐포트의 지도를 받은 고다드도 빠르게 우생학자가 되었다. 고다드는 1909년에 대븐포트의 편에 합류해 우생학 관련 중요한 위원회에서 활동했고, 2년 뒤에 「정신 박약의 제거(The Elimination of Feeble-Mindedness)」[46]라는 제목의 선언문을 발표했다. 고다드는 임신 기간에 병을 앓는다든지 하는 환경적 요인이 정신 박약을 유발할 수 있지만, "이 원인들을 다 합쳐도 한 가지 원인에 비하면 작은데 그것이 바로 유전"이라고 썼다.[47]

고다드는 정신 박약을 없애려면 그 환자를 죽여야 한다는 매킴 같은 사람의 주장은 받아들이지 않았다. 하지만 그들에게 자녀를 낳지 않게 할 방법을 찾고 싶어 했다. 그리고 고다드가 가리키는 '그들'은 주로 여성이었다.

그는 점잖은 남자를 유혹하는 방탕한 정신 박약 여성이라는 매력적인 허깨비를 지어냈다. 그는 이 나라의 소년원에는 "사회의 관습에 순응하지 않고" "남자에 미친"[48] 정신 박약 소녀들이 득시글거린다면서, 최악의 경우, "백인보다 유색인 남자들과 어울리는 것을 더 좋아한다고" 경고했다. 고다드는 이 정신 박약 여성들이 "많은 경우에 상당히 매력적"이라면서 그들에게 "행복하고 어느 정도 쓸모 있는 인생을 살게 해 줄, 지능이 정상이고 인간적인 사람들의 보살핌과 지도"를 받게 해야 한다면서 이렇게 강조했다. "다만 그들을 보살피고 이끄는 사람들은 이 여자들에게 한 가지 중요한 것을 강력히 요구해야 하는데, 그것은 바로 이 무리의 존재가 그들에서 끝나야 한다는 것, 그들이 다시는 자기 같은 아이의 어머니가 되는 일이 없도록 해야 한다는 것"이었다.

시설에 수용하는 것만이 이 여성들이 어머니가 되는 것을 막는 유일한 방법은 아니었다. 고다드는 바람직하지 않게 태어난 여성을 불임으로 만들자는 운동에 합류했다. 1900년대 초반에 인디애나 주의 교도소 의사인 해리 샤프(Harry Sharp, 1870~1940년)가 재소자들에게 결함 있는 '생식질'이 후대에 전달되는 것을 막는 정관 수술을 시행했고, 1907년에는 인디애나 주 의회가 불임 수술을 주의 정책으로 입법화했다.[49] 뉴저지 주에서는 고다드가 비슷한 입법을 위한 로비 활동을 벌여 1911년에 주지사 우드로 윌슨(Woodrow Wilson, 1856~1924년)이 법안에 서명했다. 최초의 불임 수술이 예정된 여성이 뉴저지 주 대법원에 소송을 걸어, 1913년에 잔인하고 비정상적인 학대라는 사유로 이 법안은 위헌 판결을 받았다. 패소한 고다드는 오히려 불임 수술 합법화 활동을 한층 더 강화했다. 이것을 위해 '정신 박약 유전 위원회'라든가 '미국 인구 내 불량 생식질 차단을 위한 최고의 실용적 수단 연구 및 보고 위원회' 같은 섬뜩한 명칭의 위원회 여러 곳에 관여하면서 이렇게 말했다. "미국 모든 주의 법령집에 정제된 표현의 불임법이 수록되어야 한다는 데 의문의 여지가 없다."[50]

***

고다드는 정부 인사들을 만나 설득하고 보고서를 발표하는 활동만으로는 성에 차지 않았다. 그는 대중적인 여론을 형성하고 싶었다. 수백,

수천 가족으로부터 자료를 산더미같이 수집해 봤자 온 나라가 정신 박약의 위협을 국가 차원의 문제로 인식할 리 만무했다. 한 가족의 사례를 통해 정신 박약의 파괴성을 말해 줄 우화가 필요했다. 고다드가 누구를 선택할지는 뻔했다. 에마 울버턴과 그 조상들.

고다드는 첫 저서가 될 책을 쓰기 시작했다. 그는 에마의 학교 기록을 종합해 22세까지의 짧은 전기를 구성했다. 에마의 신원을 드러내지 않기 위해 데버러 칼리카크(Deborah Kallikak)라는 이름을 썼는데, 그리스 어 '칼로스(κἄλός, 선한)'와 '카코스(κἄκός, 악한)'를 조합한, 또 다른 고다드표 조어였다.[51] 그러면서도 에마의 사진을 책에 수록하는 데에는 양심의 거리낌이 전혀 없었던 듯하다. 재봉틀 앞에 앉아 자세를 취한 에마의 모습도 있고 숱 많은 검은 머리에 커다란 나비 리본을 단정하게 꽂고 무릎 위에 책을 펼쳐 든 모습도 있다. 눈여겨보지 않는다면 이 젊은 여성에게 무슨 문제가 있다는 생각을 전혀 하지 못하고 지나칠 것이다. 하지만 얼마 안 가서 다시 생각하게 될 것이다. 지능 검사 결과가 이 여성의 정신 연령이 9세임을 말해 주기 때문이다.

"이런 유형의 개인을 어떻게 설명할 것인가?" 고다드는 묻는다. "그 답은 한 단어, '유전', 곧 나쁜 품종이라는 뜻이다."

고다드는 카이트가 조사한 울버턴 일가의 이야기를 통해 이 주장을 펼쳐 나간다. 이야기는 존 울버턴에서 시작한다. 고다드가 붙인 이름은 마틴 칼리카크(Martin Kallikak)이다. 주정뱅이, 말 도둑 이야기를 섞어 넣은 고다드의 책에는 카이트가 찍은 에마의 친척들 사진, 그러니까 할머니들과 지저분한 아이들이 지붕 밑이나 다 기울어 가는 현관에 앉아 잔뜩 찌푸린 얼굴로 카메라를 바라보는 사진이 삽입되었다. 고다드는 책에 울버턴 가계도도 수록했다. 네모와 동그라미 관계도가 주렁주렁 붙어 있는데, 일부 검은색으로 칠한 부분은 정신 박약을 가리킨다. 에마의 결함까지 6세대를 타고 내려왔음을 말해 주는 이 가계도는 유전의 위력을 생생하게 보여 준다.

칼리카크 가 이야기는 최소한 더 나은 해법이 나오기 전까지라도 정신 박약자들을 한 구역에 모아 격리해야 한다는 의견의 강력한 논거라고 고다드는 결론지었다. 불임 수술이 그 해법이 될 수도 있으나 고다드는 정신 박약 가족의 구성원이라고 해서 전부 이 수술을 받게 해서는 안 된다고 경고했다. 고다드는 가계도가 정신 박약이 하나의 유전자로 전달되는 멘델의 법칙의 형질임을 보여 준다고 보았다. 이 판단이 맞는다면, 저능아 1명이 정신 박약 자녀와 정상 지능 자녀 모두를 낳는 일이 가능하다는 뜻이었다. 그런데 그 가족 전체에게 불임 수술을 시킨다는 것은 호미면 될 일에 가래를 휘두르는 격이었다.

고다드는 이 나라를 정신 박약으로부터 구하지 **못할** 한 가지가 순진한 희망이라고 생각했다. "아무리 많은 교육과 좋은 환경이라도 정신 박약자를 정상인으로 만들 수는 없다. 이것은 붉은 털 품종을 검은 털 품종으로 바꾸자는 생각이나 다를 바 없다."[52]

***

1912년에 고다드의 『칼리카크 가족(*The Kallikak Family*)』이 출간되었다. 이 책은 정신 박약이 죄지은 자에게 내린 벌이라는 오랜 통념을 멘델 학설에 입각해 세련되게 다듬은 현대적 저술이었다. 워싱턴 D. C.의 일간지 《이브닝 스타(*Evening Star*)》는 『칼리카크 가족』의 일부를 대문짝만 하게 발췌해 게재하면서 등골이 오싹한 발문을 달았다. "단 한 사람이 지은 죄가 그 자손들에게 대를 물려, 생이 다할 때까지 끝나지 않을, 이루 말로 다 할 수 없는 비참과 고통이라는 죗값으로 영속한다는 사실을 이

보다 더 가혹하게 보여 준 문헌이 존재할 성싶지 않다."[53]

이 책이 베스트셀러가 되면서 거의 알려진 바 없는 오지 시설에 소속된 일개 심리학자였던 고다드는 미국에서 가장 유명한 과학자 반열에 올랐다. 이때 얻은 명성 덕분에 고다드가 수입한 지능 검사도 세간의 주목을 받았다. 뉴욕 시가 지능 검사를 제도화해 각급 학교의 전교생을 대상으로 실시하자 미국 내 다른 지역들도 여기에 동조하기 시작했다. 미국 공중 위생국(The United States Public Health)에서도 연락이 왔다. 그들은 학생들을 지도하기 위해서가 아니라 미국으로 물밀 듯이 들어오는 이민자들을 검사하기 위해 그의 도움이 필요했다.

1890년과 1910년 사이에 1200만 명이 넘는 유럽 이민자가 엘리스 섬(허드슨 강 하구의 섬으로 이민자 입국 심사가 이루어지던 곳이었다. — 옮긴이)에 들어왔다. 의사들은 건강 상태가 양호한 사람에게만 입국을 허용하기 위해 날마다 이민자를 수천 명씩 검사했다. 1907년에 의회는 "백치, 정신 박약자, 정신적으로나 신체적으로 결함이 있는 사람 등 생계 능력에 문제가 있을 만한 사람"을 배제하는 법안도 통과시켰다.[54] 이 법은 엘리스 섬의 의사들이 이민자의 신체 상태는 물론 정신 상태까지 검사해야 한다는 것을 의미했다. 의회가 검사 지침을 제시하지 않았기에 공중 위생국이 고다드에게 그 검사를 적용해 이민자들 중에서 정신 박약자를 찾아낼 수 있는지 문의했다.

"사실 우리는 그 작업을 해낼 준비가 전혀 되어 있지 않았다." 고다드는 훗날 고백했다.[55] 그는 미국 어린이들에게 맞추어 설계한 검사가 영어를 못하거나 미국 문화에 대해 아는 바가 전혀 없는 성인에게는 무용지물이 될지도 모른다는 사실을 알았다. 그럼에도 기회를 놓치고 싶지 않은 마음에 요청을 수락하고 이민자를 위한 검사를 새로 고안했다.

고다드는 1912년부터 현장 조사원들과 함께 엘리스 섬에서 업무를 개시했다. 배가 항구에 도착해 이민자들이 섬의 검사소 본관으로 들어오면 현장 조사원들이 검사를 실시해 정신 박약일 것으로 보이는 사람들을 지목한다. 지목된 이민자들을 무리에서 뽑아 옆방으로 보냈다. 거기서 다른 조사원과 통역이 구멍에 나무토막 끼워 넣기, 올해가 몇 년도인지 말하기 등 일련의 과제를 냈다.

고다드는 참모가 꼼꼼하게 기록한 검사 결과를 바인랜드로 들고 돌아가 분석했다. 분석 결과가 나오자 고다드는 경악을 금치 못했다. 이민자 중 정신 박약 판정이 높은 비율로 나왔기 때문이다. 고다드는 그 결과를 민족 집단별로 분류했다. 이탈리아 인은 79퍼센트, 유태인은 83퍼센트, 러시아 인은 87퍼센트가 정신 박약이었다.

고다드가 이 수치를 발표하자 이민을 반대하는 사람들이 이것을 기회로 삼았다. 그들은 유럽 동부와 서부에서 몰려오는 이민자들의 파도가 이 나라에 짐이 된다고 주장해 왔다. 그 무렵에는 그 편협한 사고를 우생학의 언어로 해석했다. 1910년에 '이민 제한 동맹(Immigration Restriction League)'의 지도자 프레스콧 홀(Prescott Hall, 1868~1921년)이 다음의 말로 그 연관성을 확고히 했다. "범죄자와 정신 박약자를 격리해야 하며 따라서 그들의 번식을 막아야 한다는 주장은 우리의 영토로 들어와 급속한 증식으로 우리 국민의 평균을 떨어뜨릴 저들의 배척에도 적용된다."[56] 고다드가 그들에게 구체적인 숫자를 넘겨 준 셈이었다. 그리고 그들은 이민 할당 인원의 삭감을 정당화하는 데 그의 검사 결과를 근거로 삼았다.

고다드는 자신의 분석 결과가 미심쩍었다. "그것만으로는 타당하다고 보기 어렵다."[57] 이민자들이 나쁜 점수를 받은 데에는 온갖 이유가 있을 터였다. 러시아에서 온 농민이라면 셈하는 법을 배운 적이 없을 수도 있고 농장에서 일하는 그에게 달력은 아무런 쓸모가 없었을지도 모른다. 고다드는 정신 박약 점수를 좀 더 후하게 해서 분석 결과를 다시 살펴보았다. 그랬더니 수치가 절반으로 떨어졌다.

잘 생각해 보니 고다드에게는 이민자의 40퍼센트가 저능이라는 결과가 괜찮아 보였다. "모든 면에서 우리가 각 집단에서 가장 모자란 자들을 받아들이고 있다는 것을 인정할 수밖에 없다."[58] 하지만 그는 어떤 민족이 선천적으로 지능이 더 낮다고 주장하지는 않았다. 다만 일부 이민자의 정신 박약은 유전되었을 것이라고, 즉 "저능이 저능을 낳은 것"이라고 생각했지만 다수 이민자의 낮은 점수는 가난 탓일 수도 있다고 생각했다.[59] "후자가 맞는다면, 그 후손들에 대해서는 크게 걱정할 필요가 없어 보인다."[60]

고다드 조사팀은 과도한 업무에 시달렸다. 이민자 연구 외에도 카이트와 다른 조사원들이 인터뷰한 수백 가족의 데이터를 계속해서 분석해야 했고 바인랜드의 심리학자들에게 정신 검사도 훈련시켜야 했다. 하지만 미국이 제1차 세계 대전에 참전하면서 직원 다수가 징집되는 바람에 연구소의 모든 작업이 거의 전면 중단되었다. 고다드는 자기 나름의 방식으로 이 전쟁에 기여해야겠다는 생각에 잘 모르고 저능인을 수만 명 징집했다가는 패전할 위험이 있다고 육군에 충고했다.

육군은 고다드를 비롯한 여러 지능 전문가에게 징집병에게 실시할 검사지 고안을 요청했다. 1917년에 고다드는 바인랜드에서 젊은 남성들을 모집해서 개발한 검사를 테스트했다. 그러자 육군이 심리학자 400명을 고용해 병사 170만 명을 대상으로 새로 검사를 실시했는데, 이것은 이전에 시도된 어떤 검사보다 수천 배 큰 규모의 지능 연구였다.

"육군 병사 170만 명에게 검사를 실시해서 얻어 낸 결과는 아마도 인류가 인류 자신에 대해 획득한 가장 중요한 정보가 될 것이다."[61] 고다드는 이 검사를 이렇게 평가했다. 병사들의 검사 결과도 고다드가 6년 전

뉴저지의 초등학교 학생들에게 실시했던 검사와 같은 분포도를 보였다. 다수의 점수는 전체 평균에 수렴하는데, 몇몇 병사의 점수가 나머지보다 크게 높거나 크게 낮게 나왔다. 고다드는 육군 검사 결과가 지능의 생물학적 특성에 대해 자신이 그동안 했던 말을 증명하는 결과로 보았다.

그렇다 쳐도 병사들의 평균 점수는 경악할 정도로 낮았다. 고다드의 기준으로 보자면 백인 병사의 47퍼센트, 흑인 병사의 89퍼센트를 저능아 범주에 넣어야 마땅했다. 백인 병사의 평균은 정신 연령 13세로, 정신 박약 커트라인을 겨우 웃도는 수준이었다. 다시 말해서 미국인 다수가 정신 박약이거나 그것에 준하는 저지능이라는 뜻이었다.

이 결과가 뉴스로 공개되자 자기 나라를 바라보는 미국인들의 마음속에 자기 혐오가 스며들었다. "이 나라 유권자 다수의 정신 능력이 어린애 수준이다." 캔자스 주의 저명한 일간지 편집자 윌리엄 앨런 화이트(William Allen White, 1868~1944년)의 말이다.

화이트는 그들을 "저능 무리(moron majority)"[62]라고 칭하며 이것이 최근에 일어난 현상임이 분명하다고 믿었다. "새로운 생물학적 환경이 우리 앞에 놓여 있다." 그는 이렇게 경고했다. 유럽 남부와 동부에서 새로 들어온 이민자들에게는 혁명을 위해 싸웠던 식민지 개척자들의 정신 능력이 없으며, 그 후손들에게 그들의 정신 박약이 유전되고 있다고 주장했다. "피부색 짙은 이웃들이 우리보다 빠르게 번식하고 있다." 그리고 이렇게 결론 내렸다. "모자란 두뇌의 원형질이 계속해서 모자란 두뇌를 생산하고 있다."

고다드는 육군 병사 검사 결과가 새로운 형태의 정부를 요구한다고 보았다. 병사의 약 4퍼센트만이 A를 받았는데, 이것은 "매우 높은 지능"을 지녔다는 뜻이다. 이 나라는 이 상위 4퍼센트가 나머지 96퍼센트를 통치할 수 있어야 했다. 미국이 민주주의 국가라는 사실이 이 계획을 달성하기 어렵게 만들 수도 있겠으나, 고다드는 지능이 가장 높은 사람들이 나머지 미국인들을 어떻게 편안하고 행복하게 만들 수 있는지 이해한다면 대중에게 선출될 것이라고 믿었다. "그렇게 되면 완벽한 정부가 탄생할 것이다."[63] 고다드는 1919년에 프린스턴 대학교 강연에서 이렇게 주장했다.

이 주장을 달리 표현한다면 미국 전체가 하나의 거대한 바인랜드 훈련 학교로 변신해야 한다는 뜻이었다. 물론 고다드와 교직원들이 훈련 학교 어린이들에게 선출되어 학생들의 관리와 돌봄을 맡았던 것은 아니다. "하지만 선택권만 주어졌다면 그렇게 했을 것이다. 왜냐하면 교직원 집단이 존재하는 목적 중 하나가 자신들을 행복하게 만들기 위해서라는 사실을 학생들이 잘 알기 때문이다." 고다드의 말이다.

⁂

바인랜드 외부에는 에마 울버턴이 데버러 칼리카크라는 사실을 아는 사람이 거의 없었다. 그러나 훈련 학교의 작은 세계 안팎에서는 에마 자신을 비롯해 이 사실을 모르는 사람이 없었다. 하지만 지역의 유명 인사가 되었다고 해서 시설 생활의 냉혹한 무관심으로부터 보호받을 수 있는 것은 아니었다. 『칼리카크 가족』이 출간되고 2년이 지나자 존스턴이 에마를 교감실로 불러 이제 학교를 떠나라고 말했다.

바인랜드 훈련 학교의 부유층 자녀들은 부모가 일시불로 7,500달러를 내면 학교에 평생 남을 수 있었다. 뉴저지 주에서 비용을 지불해 주는 가난한 학생들은 성인이 되면 학교를 떠나야 했다. 성인이 되어도 자립해서 생활할 수 있다고 추정되는 학생은 소수에 불과했다. 나머지는 다른 지역으로 가야 했다. 이제 25세가 된 에마는 17년 전에 들어왔던 정문을 걸어 나왔다. 개리슨은 1900년에 사망해 그때는 바인랜드 정문 앞 한구석에 그의 묘비가 서 있었다. 에마는 그 앞에 멈추어 서서 이 학교에서 보낸 시간에 감사했다. "훈련 학교, 정든 나의 집."[64] 에마는 속삭였다.

여행은 길지 않아서 에마는 랜디스 애비뉴 길 건너편에 있는 '뉴저지 주립 정신 박약 여성 시설(New Jersey State Institution for Feeble- Minded Women)'에 들어갔다. "정신 박약자가 번식하지" 않게 하는 것이 이 기관에 주어진 사명이었다.

훈련 학교 길 건너편에 있던 이 기관의 직원들도 에마가 데버러 칼리카크 장본인이라는 사실을 알았다. 에마는 괴물 같은 가족으로 유명해진 인물이었으나 직원들은 실제 에마가 잘 훈련받은 유능한 재원이라고 생각했다. 헬렌 리브스(Helen Reeves)라는 사회 복지사의 말에 따르면 에마는 "품위와 예의"를 지키며 업무에 임했다.[65] 에마는 부원장을 비롯해 기관 직원들의 자녀들을 돌보았다. 아이들은 에마를 잘 따랐고, 그 후로 평생에 걸쳐 서신을 주고받는 관계가 되었다. 에마는 기관 부설 병원에서도 일했고, 1920년대 초에 스페인 독감이 유행하던 시기에는 임시 간호사로도 일했다. 하루는 어떤 환자가 에마의 손가락을 세게 무는 바람에 절단해야 했다. 에마는 이 부상을 자랑스러워하며 사람들에게 과시했다.

에마는 새로 정착한 집에서도 연극에 참여해 재능을 발휘한다. 한번은 시설 연극 공연에서 포카혼타스 역을 맡았는데, 존 스미스 장군 역의 마네킹에게 몸을 던지는 장면이 있었다.

"좀 더 생기 있게 해 봐요." 리허설 도중에 시설 감독자가 외쳤다.[66]

"진짜 사람이라면 그러겠죠." 에마가 대꾸했다.

에마는 진짜 남자를 몇 사람 만나기도 했다. 스페인 독감이 유행하던 시기에 간호사로 일할 때 환자들과 가까이 지낼 수 있는 곳으로 방을 하나 구해 이사했는데, 감시가 덜한 환경이었다. 에마는 목공 기술을 살려 창문 모기장을 수선해 한밤중에 사람들 눈에 띄지 않게 드나들면서 한 수리공과 만나 어울렸다. 그러다가 결국 들켰고, 에마의 애인은 "관대한 치안 판사의 배려로 해고되었다고" 리브스는 회고했다.[67]

에마는 최소한 다른 남자 둘을 사귀었지만, 매번 시설 당국이 개입해서 헤어져야 했다. 그 관계의 전말을 다룬 기록은 얼마 남아 있지 않다. 1925년에 시설은 에마를 외부에 가사 도우미로 내보냈지만 이 일은 1년을 채 넘기지 못하고 중단되었다. 30여 년이 지난 뒤, 에마는 엘리자베스 앨런(Elizabeth Allen)이라는 심리 상담 인턴을 만났다. 앨런은 훗날 에마의 시설 생활 시절에 대해 이렇게 썼다. "에마는 '외부' 일자리에서 방출될 때마다 임신한 몸으로 돌아왔다."[68] 에마가 임신한 것이 사실이었더라도 자녀나 낙태나 불임 수술에 관한 기록은 남아 있지 않다.

"죽을죄를 지은 건 아니잖아요. 그냥 자연스러운 일이라고요."[69] 에마는 나중에 이렇게 호소했다.

***

에마 울버턴이 바인랜드 훈련 학교에서 쫓겨난 지 불과 4년 뒤 고다드도 쫓겨났다. 존스턴은 1918년에 고다드의 연구소 문을 닫았다. 하지만 남아 있는 자료에서는 상황이 그렇게 안 좋게 끝난 계기가 무엇이었는지 찾을 수가 없다. 자금을 제공했던 사람 중 하나에게 보낸 편지에서 고다드는 이 결정이 "치명적 실수"라고 비난했다.[70]

학부모들이 자신의 자녀들이 고다드의 심리학 실험용 기니피그로 사용된다는 사실에 염증을 느꼈는지도 모른다. 무슨 사유였든 간에 고다드는 하루아침에 바인랜드 학교를 떠나 오하이오 주로 갔다. 그를 유명하게 만든 우생학과 지능 관련 작업도 막을 내렸다. 그는 오하이오 주에서 유명세를 뒤로하고 청소년 비행 예방과 재능 있는 어린이의 성공적인 성장을 돕기 위한 육아법 연구에 전념했다.

칼리카크 가족은 대중의 상상력 속에 강렬하게 각인되어 이제 고다드에게 의존하지 않고도 하나의 현상으로 지속되었다. 《유전 학회 저널(*Journal of Heredity*)》의 편집장 폴 포프노(Paul Popenoe, 1888~1979년, 강제 불임화 운동에 큰 영향을 미친 우생학자. — 옮긴이)는 칼리카크 가족 이야기를 사례로 들어 정신 박약자 불임 수술을 여러 주로 확산하는 운동을 펼치면서 이렇게 선언했다. "그런 아이들은 태어나서는 안 된다. 그들은 스스로에게도 짐이고 가족에게도 국가에도 짐이요, 문명 사회를 위협한다."[71] 1927년에 불임 수술이 예정되었던 버지니아 주의 젊은 여성 캐리 벅(Carrie Buck, 1906~1983년) 사건에 대한 연방 대법원의 심리가 있었다.[72] 우생학자들은 벅의 자녀들이 어떤 처지가 될지 보여 주는 예증이 칼리카크 가족이라고 주장했다. 대법원은 주 정부의 청원을 승인했고 벅은 불임 수술을 받았다. 이 판결을 기점으로 강제 불임 수술이 급증했다.

1920년대에는 고다드가 미국 육군의 의뢰로 진행했던 연구 결과도 계속해서 과학적 인종주의를 부추겼다. 우생학자들은 육군 지능 검사에서 흑인 병사와 백인 병사의 편차를 근거로 인종 간에 유전적으로 지능 차이가 존재하므로 인종 간 결혼을 허용해서는 안 된다고 주장했다. 우생학자 매디슨 그랜트(Madison Grant, 1865~1937년)는 인종 간 결혼이 "사회적으로 또 인종적으로 가장 악질적인 범죄"라고 말했다.[73]

하지만 1920년대 미국의 인종주의는 인종을 흑인과 백인만이 아니라 훨씬 더 세밀하게 분류했다. 우생학자들은 북유럽 인들이 유럽 나머지 지역 사람들보다 우월하다고 주장했다. 그들은 여기에서도 고다드의 엘리스 섬 연구는 물론 미국 육군 지능 검사 결과까지 근거로 제시했다.

그들은 낮은 점수를 받은 이탈리아 계, 러시아 계, 유태계 이민자들이 미국으로 최근에 이민 온 가족 출신이라는 사실은 무시했다.

해리 해밀턴 러플린(Harry Hamilton Laughlin, 1880~1934년)은 우생학 기록 사무국에서 대븐포트 밑에서 일했는데, 의회 청문회에서 이민자들이 미국이 보유한 유전자군(gene pool, 한 집단 또는 개체 내 고유 유전자의 총량. — 옮긴이)의 오염을 위협한다고 증언했다. "우리가 퇴화된 '혈통'을 받아들이겠다는 생각이 아닌 한, 이민자들의 지능을 검사하고 그들의 가계를 조사하는 작업이 필요하다는 겁니다."[74] 1924년 의회는 국적법(National Origins Act)을 제정해 선호하지 않는 인종의 이민을 제한했다.

칼리카크 가족의 유명세는 미국 내에 머물지 않고 멀리 퍼져 나갔다. 1914년에 고다드의 책이 독일에서 출간되어 호평을 받았다. 독일 의사들과 생물학자들은 여러 해 동안 정부에 최고의 부모 배양 프로그램과 더불어 부적합자 불임 수술을 요구했다.[75] 1924년에 아돌프 히틀러(Adolf Hitler, 1889~1945년)는 구속 수감 중일 때 유전에 관한 책을 읽다가 칼리카크 가족에 대해 알게 되었다. 얼마 뒤 그는 자서전 『나의 투쟁(*Mein Kampf*)』을 쓰면서 미국 우생학자들의 언어를 흉내 내어 결함 있는 사람의 불임화는 "인류에 이바지하는 가장 인도적인 행위"라고 선언했다.

히틀러가 집권해 인류 개량 캠페인을 전개하자 소름 끼치게 많은 과학자와 의사가 열광적으로 합류했다. 유전학자 오트마어 폰 페르쉬어(Otmar von Verschuer, 1986~1969년)는 "게르만 민족 제국의 수장은 유전 생물학과 우생학을 국가 정책의 으뜸 원칙으로 내세운 최초의 정치인"이라고 말했다.[76] 1933년에 『칼리카크 가족』 독일어판 번역자 카를 빌커(Karl Wilker)는 서문에서 고다드의 연구가 나치에 어느 정도로 기여했는지 분명하게 밝혔다.

"헨리 허버트 고다드가 당시에 아주 조심스럽게 접근할 수밖에 없었던 문제가 …… 병들거나 잘못된 후손의 번식을 방지하는 법으로 결실을 맺었다. 유전적 요인이 얼마나 중요한 문제인지 칼리카크 가족만큼 명확하게 보여 주는 예증은 없을 것이다."[77] 빌커는 그렇게 썼다.

나치는 칼리카크 가족을 하나의 교보재로 이용했다. 1935년에 나치 정부는 「유전(Das Erbe)」이라는 교육 영화를 개봉했다. 영화는 연로한 두 남성 과학자가 열심인 젊은 여성 조수에게 유전 법칙을 설명하는 장면으로 시작한다. 그들은 꽃과 새, 경주마와 사냥개를 한 장면에 담은 몽타주를 배경으로 동물과 식물의 품종 개량 방법을 설명한다. 신품종 육종의 성공 여부는 다음 세대를 만들어 낼 적합한 개체를 선별하는 데 달렸다. 사람도 마찬가지이다. 잘못 계획된 가족이 어떤 결과를 야기하는지, "미국 우생학자 헨리 고다드가 연구한" 칼리카크 가계보다 잘 보여 주는 예는 없다고 한 과학자가 말한다.

화면이 검게 변하면서 상단에 제목이 나타난다. "칼리카크 장군의 후손들." 장군에게 동그라미 표시가 되어 있고 여기에서 가지가 뻗어 내려간다. 한 건강한 혈통의 여성으로부터 493명의 "우수한 후손"이 이어지고 유전병이 있는 여성으로부터 434명의 "열등한 후손"이 이어진다.

"유전병 있는 조상이 단 1명만 있어도 충분히 많은 수의 불우한 후손을 남길 수 있다." 한 과학자가 말한다. "이것은 구우일모(九牛一毛)일 뿐"이라고. 그들이 겪을 고통을 가엾이 여긴다면 그들이 번식하는 것을 막아야 한다고 주장한다. "무슨 수를 써서라도."

화면 전체 크기로 확대된 칼리카크 가계도가 히틀러의 인용문으로 바뀐다. "신체가 건강하지 못하고 정신이 고귀하지 못한 사람은 자신의 고통을 자식의 몸에 물려주어서는 안 된다."[78]

영화 「유전」이 개봉된 해에 나치는 근절되어야 할 갖가지 장애를 설명하는 '유전병 치료 전시회'를 개최했다. 한 의사가 전시 내용에 회의적인 한 관람객과 대화를 한다. 우생학의 중요성을 이해시키기 위해 의사는 칼리카크 가족에 대해 이야기하면서 이렇게 강조한다. "이 검사를 고안하고 지휘한 사람은 미국의 교수 고다드입니다. 심지어 그 일에 관한 책까지 나와 있습니다."

이제 전시회의 취지를 이해하게 된 관람객이 의사에게 여기에 전시된 "절름발이와 백치(cripples and idiots)"가 전부 같은 원인에서 나오는 것인지 묻는다.

"그렇습니다." 의사가 대답한다. "답은 딱 하납니다. 유전이죠."[79]

히틀러는 이 운동을 밀어붙이기 위해 "인종 위생(racial hygiene)"에 관련된 일련의 법률을 제정했다.[80] 유전 건강을 다루는 법원을 두고 의사들이 유전 질환을 가진 사람들이 자녀를 낳는 것이 부적합하다고 판정하면 강제 불임술 집행을 승인했다. 강제 불임술 집행 승인을 받은 다수가 정신 박약자였다. 정신과 의사들은 유전 건강 법원용 지능 검사를 고안했다. 한 검사에는 서류 가방, 책, 병, 기타 물건을 주고 서류 가방 뚜껑이 잘 닫히도록 물건을 넣으라는 문제가 제출되었다.[81] 그 서류 가방에 그들의 인생이 달린 셈이었다.

인종 위생법이 시행된 지 1년 만에 유전 건강 법원은 강제 불임술을 6만 4000건 이상 승인했고, 1944년에 이르면 정신 질환자, 청각 장애인, 집시, 유태인을 포함해 최소한 40만 명에게 강제 불임술이 집행되었다.

1939년에 히틀러는 정신 박약 절멸 운동을 확장하기 위해 신체 기형이 있는 어린이, 백치 판정을 받은 어린이를 죽이는 장애인 안락사 프로그램을 시행했다.[82] 부모들에게는 자녀가 수술을 받다가 죽었다거나 진정제 과다 투여 사고로 죽었다고 통보했다. 곧이어 비행을 저지른 10대, 혹은 다만 유태인이라는 이유로 많은 어린이가 목숨을 잃었다. 히틀러는 정신 박약이나 그 밖의 장애로 시설에 수용된 성인을 죽이는 프로그램을 추가했다. 안락사 집행 전 어린이들에게는 "사계절 이름을 댈 수 있는가?" 따위의 바인랜드에서나 들어 볼 법한 질문을 던졌다.[83]

'T4 작전(Aktion T4. 프로그램 본부가 있던 베를린의 티어가르텐(Großer Tiergarten) 4번지에서 유래한 명칭. — 옮긴이)'이라고 불린 이 프로그램을 통해 총 20만 명이 희생된 것으로 추정된다. 안락사 대상이 급증한 나머지 나치는 학살을 위한 기술을 발명해야 했다. 가스실도 이때 발명된 신기술이다. 매킴의 우생학적 꿈이 현실이 된 셈이다.

⁂

칼리카크 가족 이야기의 진실을 꿰뚫어본 사람이 몇 명 있었다. 언론인이자 정치 평론가인 월터 리프먼(Walter Lippmann, 1889~1974년)이 1922년에 《뉴 리퍼블릭(*The New Republic*)》의 지면을 통해 공격을 가했다.[84] 그는 비네의 지능 검사는 원래 특수 교육이 필요한 어린이를 알아내기 위한 방법으로서 가치 있는 연구라고 보았다. 그러나 고다드 같은 사람들 손에 들어가면서 소름 끼치게 왜곡되었다는 것이다. "미국인의 평균 정신 연령이 겨우 14세 정도라는 진술은 부정확한 것이 아니다. 틀린 진술이 아니다. 허튼소리이다." 그는 이렇게 썼다.

리프먼은 지능을 신장이나 체중처럼 간단히 측정할 수 있는 것으로 취급하는 것은 허튼소리에 불과하다고 주장하면서 심리학자들은 지능이 무엇인지 아직 정의하지도 못했다고 주장했다. 당시까지 지능은 지능 검사로 측정하는 어떤 것 이상은 아니었다. 하지만 고안자들이 기대치에 부응하는 결과에 맞추기 위해 기준점을 끊임없이 재조정하는 바람에 검사는 계속 변동되었다. 그래 놓고 그 결과를 가지고 저지능이 완전히 해로운 유전 형질이라고 결론 내린 것이다. "이것은 명백하게 연구를 통해 얻은 결론이 아니다. 그렇게 믿고 싶은 의지로 이식된 결론일 뿐이다."

그 결론에 도달하기 위해 지능 검사 옹호론자들은 점수에 영향을 미칠 수 있는 모든 조건과 경험, 특히 뇌가 발달하는 시기인 영유아기의 경험을 무시해야 했다. 그뿐만 아니라 칼리카크 가족 사례와 같은 이야기를 건강한 문제 의식 없이 무작정 수용해야 했다.

리프먼은 경고했다. "칼리카크 일가 이야기에는 의심스러운 구석이 있다."

설령 그 이야기가 사실이라 하더라도 고다드가 주장하는 것만큼 설득력 있는 실험이라고 보기는 어려웠다. 유전이 정말로 강력한지 보려면 마틴 칼리카크가 건강(하지만 가난)한 여자와의 관계에서 자식을 얻었어야 하며, 마찬가지로 정식으로 결혼한 여성은 좋은 집안 출신의 정신 박약자였어야 한다. 리프먼은 이렇게 말했다. "이 두 조건이 다 성립했을 때에야 비로소 그 낮은 지능이 사회적 유전의 결과가 아닌 생물학적 유전의 결과라고 확신을 가지고 말할 수 있을 것이다."

몇몇 과학자도 칼리카크 가족에 대해 의문을 제기했다.[85] 1925년 보스턴의 신경학자 에이브러햄 마이어슨(Abraham Myerson, 1881~1948년)은 마틴 칼리카크가 어떤 정신 박약 여자와 불장난을 벌인 뒤 "참한 여자와 혼인함으로써 자신의 생식질을 정통한 방법으로 사용해 훌륭한 자녀를 얻고, 이어서 부도덕한 자, 매독 환자, 알코올 의존증 환자, 광인, 범죄자 하나 없이 줄줄이 훌륭한 인물만 있는 훌륭한 가문을 일구었다."라고 쳐 보자며 그 얼마나 허무맹랑한 이야기이냐며 조롱했다.[86]

마이어슨은 고다드가 카이트가 수집해 온 이야기를 토대로 칼리카크 일가의 전 세대를 진단할 수 있다고 생각했다는 것 자체가 어처구니없는 일이라고 생각했다. 마이어슨은 이렇게 비아냥거렸다. "나의 고조부에 대해 백방으로 수소문해 봐도 확실한 정보 한 조각 얻을 길이 없었다. 그런데 얼마나 대단찮은 생을 살았는지 이름마저 '무명'으로 남은 한 여자한테는 정신 박약이라는 딱지를 떡하니 붙여 놨더라."[87]

칼리카크 가족 이야기에 반론을 제기한 가장 중요한 인물을 꼽는다면, 썩은 바나나를 채워 넣은 우유병만 가득한 실험실에 죽치다시피 하던 생물학자 토머스 헌트 모건(Thomas Hunt Morgan, 1866~1945년)이었을 것이다. 모건은 심리학을 잘 알지는 못했지만 『칼리카크 가족』에 대한 그의 공박은 다른 누구의 그것보다 심오했다. 그는 고다드가 제시한 이야기의 기반이 얼마나 허약한지 누구보다 예리하게 간파했다.

모건이 뉴욕 시 컬럼비아 대학교 실험실 가득 쟁여 놓은 썩은 바나나는 파리의 한 종인 노랑초파리(*Drosophila melanogaster*)의 먹이였다.[88] 그는 1907년에 더 프리스의 가설에 부합하는 새로운 종을 만들어 내는 돌연변이를 찾아내기를 바라며 노랑초파리 연구를 시작했다. 모건이 알아낸 것은, 하나의 돌연변이만으로는 새로운 종으로 진화하지 않는다는 점이었다. 하지만 하나의 돌연변이가 새로운 형질을 생성할 수는 있었다. 어느 날 모건과 동료들은 한 수컷 초파리의 눈이 정상적인 붉은색이 아니라 흰색인 점에 주목했다. 그 흰 눈 수컷과 붉은 눈 암컷 1마리를 함께 두었더니 짝짓기를 했다. 그 암컷이 건강한 알을 낳아 붉은 눈 초파리로 성장했다. 모건의 연구진이 그 초파리들끼리 교배시켰는데, 다음 세대에서 일부 수컷 가운데 흰 눈 개체가 나왔다. 오로지 수컷만 흰 눈을 물려받지만 그것을 자기네 2세 수컷에게는 물려주지 못한다는 사실은 당혹스러운 결과였다. 그 원인을 찾는 과정에서 모건의 연구진은 유전자의 특성에서 한 가지 중대한 사실을 발견했다.

모든 동물과 마찬가지로 모건의 초파리는 세포에 염색체가 있다. 염색체는 대개 모양과 크기가 같은 1쌍으로 존재하는데, 예외가 하나 있다. 바로 다른 두 염색체가 1쌍을 이룬 XY 염색체이다. 초파리의 세포를 연구하던 과학자들은 수컷은 X 염색체가 하나, Y 염색체가 하나 있는 반면에 암컷은 X 염색체를 2개 갖고 있다는 것을 발견했다. 이 발견으로 XY 염색체에 개체의 암수 결정에 관여하는 유전 형질을 발현시키는 인자(유전자로 알려지게 되는 인자)가 있을 가능성이 떠올랐다. 모건의 수컷 초파리에게서 흰 눈이 나올 수 있다는 사실은 X 염색체 또는 Y 염색체에 있는 어떤 유전자가 눈동자 색 결정에 관여한다는 뜻일 수도 있었다.

모건의 연구진은 수많은 초파리 실험 끝에 이것이 사실임을 알아냈다. 흰 눈은 X 염색체의 한 유전자에 일어난 퇴행적 돌연변이를 통해 생성되었다. 흰 눈 돌연변이 사본이 하나 있는 암컷은 여전히 붉은 눈을 갖는데, 다른 X 염색체가 정상이기 때문이다. 그러나 수컷에게는 X 염색체가 하나뿐이기 때문에 이 돌연변이를 보완할 수 없어서 흰 눈을 갖게 된다. 더 이어진 실험을 통해 모건의 연구소는 성염색체에 몸을 노란색으로 만들거나 날개에 주름을 만드는 등 다른 형질에도 관여하는 돌연변이 인자가 있을 수 있다는 점을 밝혀냈다. 계속되는 실험으로 염색체에는 유전자가 들어 있다는 사실, 그리고 하나의 염색체 안에 많은 유전자가 들어 있다는 사실이 분명해졌다.

모건의 연구진은 더 많은 유전자의 위치를 찾아내면서 유전이 이전에 과학자들이 생각했던 것보다 훨씬 더 복잡하다는 사실을 깨달았다. 멘델의 연구가 처음 재발견되었을 때, 많은 유전학자들은 유전 형질마다 각각 하나씩 관장하는 유전자가 있다고 가정했다. 모건의 연구진은 하나의 형질에 많은 유전자가 영향을 미칠 수 있다는 사실을 알아냈다.[89] 예를 들어 그들은 초파리 눈 색깔에 변화를 일으키는 유전자를 25개 찾아냈다.

1915년에 모건이 연구 결과 일부를 발표했을 때 《유전 학회 저널》은 이렇게 평가했다. "이 가설을 이해하는 것은 극도로 중요하다."[90] 초파리의 유전자가 그렇게 복잡한 방식으로 작동한다면 사람의 경우는 훨씬 더 복잡한 방식이어야 할 것이다. "이 가설을 받아들인다면 가령 매부리코는 생식질 상태에서 매부리코 결정자로 인한 것이라는 생각은 버려야 한다. 현대적 관점에서 코의 '매부리성'은 아주 많은 요인이 상호 작용한 결과가 될 것이다."

모건은 처음 연구를 시작할 당시에는 대븐포트나 다른 미국 우생학자들과 관계가 좋았다. 하지만 그들이 매부리코 유전 이론을 필사적으로 고수하면서 심지어 그 이론에 반하는 근거가 부지기수여도 도외시한다는 사실을 알고는 경악을 금치 못했다. 1925년의 저서에서 모건은 인간 본성에 대한 그들의 모든 접근법이 어디가 어떻게 잘못되었는지 낱낱이 짚어서 설명했다.

모건은 개별 유전자들이 인간의 행동에 어느 정도 영향을 미치는 것은 맞는 말이라고 인정했다. 대븐포트를 비롯한 우생학자들은 예를 들어 하나의 강력한 돌연변이가 헌팅턴병을 유발한다는 것을 보여 주는 부정할 수 없는 근거를 수집했다. 하지만 모건은 '정신 박약'처럼 형태 없는 어떤 것이 하나의 단순한 유전적 원인으로 설명된다는 고다드의 주장은 받아들이지 않았다. "이 질환의 원인이 단 하나의 멘델식 인자라고 감히 주장하는 것은 과도하다."[91]

모건은 정신 박약의 유전적 영향을 연구하려면 우선 과연 지능이란 무엇인지 과학적으로 정의부터 해야 한다고 보았다. "실제로 이 주제에 대한 우리의 생각은 애매하기 짝이 없다."[92] 그는 또 환경이 인간의 정신에 영향을 미친다는 사실을 더 많은 과학자들이 인정할 필요가 있다고 보았다. 모건은 초파리를 연구하면서 환경의 위력을 고려해야 한다는 사실을 깨달았다. 그는 여름에 태어난 초파리는 정상적으로 발달했지만 겨울에 태어난 초파리는 다리가 몇 개 더 나오는 경향이 있다는 사실을 발견했다.[93] 초파리가 알을 까는 시점에 실험실 온도에 변화를 주는 것만으로도 같은 결과를 얻을 수 있었다. 따라서 환경을 고려하지 않고 돌연변이를 논하는 것은 공허한 태도였다.

모건이 칼리카크 가족의 계보를 살펴보니 정신 박약이 유전의 결과라는 부정할 수 없는 근거가 보이지 않았다. 그것보다는 그들 가족이 여러 세대를 거치는 동안 가난한 환경에서 고생을 견뎌야 했다는 사실이 눈에 들어왔다. 모건은 이렇게 썼다. "이 개인들의 집단이 어떤 평균적 가족이라도 허우적거리게 할 만큼 비참한 사회적 조건 속에서 살아왔음이 누가 봐도 명백하다. 그 영향이 유전보다 더 폭넓게 전달되었을 수 있다."[94]

이 주장이 맞는다면 인류의 운명을 개선하겠다고 우생학에 기대는 것은 명백한 언어도단이라고 주장하면서 모건은 이렇게 결론지었다. "인간의 유전을 공부하는 학생들에게는 결함을 야기한 사회적 원인을 조명해 보라고 권하는 것이 온당하다."[95]

***

1930년 무렵, 많은 유전학자가 모건의 모범을 따라, 나쁜 과학이자 나쁜 정책이라는 이유로, 우생학과의 연을 끊었다. 인간의 유전 연구와 사회 정책 연구의 중심이었던 우생학 기록 사무국도 평판을 잃었다. 러플린은 의회 청문회에서 북유럽 인의 지적 우월성을 증명하는 자료라면서 각종 통계를 제출했으나 전부 오류 투성이로 밝혀졌다. 우생학 기록 사무국 운영 기금으로 거액을 지원했던 카네기 재단은 현장 연구자들이 수집한 자료들이 감상적이고 주관적이어서 과학 연구에 걸맞지 않다고 판단했다. 자료를 정리한 체계조차 "쓸모없는 방식"이었다.[96] 사무국은 1939년에 "머리끝부터 발끝까지 아무런 가치도 없는 시도"였다는 평가를 받으며 문을 닫았다.[97]

미국 우생학자들은 자신들이 제시했던 정책이 나치 정부를 통해 공격적으로 실행되는 모습을 보고 기쁜 나머지 그들의 환심을 사려고 했고, 그 결과 지지자를 더 많이 잃었다. 러플린은 명예 학위를 받으러 독일로 건너가기까지 했다. 홀로코스트의 전모가 드러나자 러플린이나 대븐포트 같은 우생학 관련 인사들은 우생학과 인종 학살을 별개의 것으로 취급할 수 없게 되었다.

『칼리카크 가족』은 1939년에 결국 절판되었다. 그 무렵 칼리카크 가족 이야기는 심리학 교재에 실려 많은 대학생을 공포에 몰아넣었다. 나이트 던랩(Knight Dunlap, 1875~1949년)이라는 심리학자는 가족에게서 정신 질환을 물려받은 것 같다는 두려움에 자살하려는 한 학생을 설득하느라 여간 고생이 아니었다고 호소했다. 다행히도 단호한 이 말 한마디로 그 학생의 불안을 달랠 수 있었다고 한다. "정신 이상이 될 확률은 학생보다 내가 더 높아요."[98] 1940년에 던랩은 과학지《사이언티픽 먼슬리(*Scientific Monthly*)》에 『칼리카크 가족』을 맹공하는 논문을 발표했다. "실상을 모를 정도로 바보가 아닐 심리학자들의 저서에서마저, 칼리카크 일가가 책장 곳곳에 숨어 있다가 고지식한 학생들을 덮치고 있다."

1944년에 암람 샤인펠드(Amram Scheinfeld, 1897~1979년)라는 의사가 출간 30주년을 맞은 『칼리카크 가족』을 모질게 회고했다.[99] 샤인펠드는 《유전 학회 저널》에 돌연변이 유전자 단 1개가 칼리카크 가족의 한쪽 계보를 타고 내려가면서 정신 박약과 그 밖의 부수 질환을 야기했다는 주장을 맹렬하게 비난하는 글을 발표했다. 그는 고다드가 유전된 행동이라고 생각한 것이 뼈가 갈리는 빈곤 속에서 성장한 결과일 가능성을 무시했다고 비난했다. 샤인펠드는 칼리카크 가족 연구가 그렇게 유명해진 유일한 이유는 그것이 "상위에 있는 자들에게, 바닥에 속하는 계층을 위해 자신들이 무언가를 해야 한다는 의무감에서 해방시킨 동시에, 우쭐대며 본래의 지위를 지킬 수 있게 해 주었기 때문"이라고 말했다. 그는 그 책이 유전학만이 아니라 인류 사회 전체에까지 미친 끔찍한 여파를 비판하면서 유전적으로 우월한 집단과 열등한 집단이 따로 있다는 『칼리카크 가족』의 핵심 주장이 "현재 벌어지는 세계 대전을 촉발하는 데 이바지했다고" 주장했다.

고다드는 이러한 심리학자들의 공격에 분노했다. 가령 던랩은 "칼리카크 환상은 심리학계의 웃음거리"가 되었다고 단언했고, 차세대 심리학자들은 고다드나 고다드의 주장을 우스갯소리 취급했다. 고다드는 바인랜드에서 쫓겨난 뒤 우생학 운동에서도 떨어져 나왔다. 그는 정신 박약자가 자녀를 낳지 못하게 하는 방법을 강구하기보다는 질병 유무와 상관 없이 모든 아동을 돕기 위한 방법을 찾는 데 여생을 바쳤다. 고다드는 이런 말을 남기기도 했다. "내 경우에는 적진으로 넘어갔다고 봐야겠다."[100]

사실 고다드는 적에게 조금 더 가까이 다가갔을 뿐이다. 1931년, 그는 연구소 창립 25주년 기념식에 참석하기 위해 다시 바인랜드를 찾았다. 그의 기념 연설은 모건의 유전학 수업이 그에게 스며들지 못했음을 분명하게 보여 주었다. 고다드는 정신 박약이 하나 이상의 유전자에서 기인할 수 있다는 점은 인정했다. 하지만 주요한 원인은 여전히 유전이라고 믿었다. 정신 박약 여성 1명을 불임화했을 때 더 많은 정신 박약 아기가 태어나는 것을 막을 수 있다고. 고다드가 바인랜드로 돌아왔을 때 대공황이 최악으로 치닫고 있었는데, 그는 그것이 미국인의 지능 저하 탓이라고 주장했다. 신생 극빈층 대다수는 돈을 충분히 저축해 두어야 한다는 것조차 미리 생각하지 못하는 사람들이라고. "세계의 절반이 나머지 절반을 돌봐야 하는 실정이다."[101]

고다드는 또 자신을 비판하는 사람이 갈수록 늘어나는 와중에 바인랜드에서 수집했던 통계를 옹호했다. "바인랜드 수치의 어디가 잘못됐다고 증명한 사람이 단 1명도 없었다." 1931년의 기념 연설에서 그는 이렇게 선언했다. 하지만 속으로는 뭔가 잘못되었음을 어렴풋이 감지했다.

『칼리카크 가족』에 비판이 쏟아지자 고다드는 카이트에게 현장 조사에 대해 묻는 편지를 보냈다. 카이트는 그 술집 여자의 이름을 알아보려고 애쓴 적이 없음을 털어놓았다. 그 점은 자신의 잘못이지만 그 칼리카크라는 정신 박약 집안의 요란한 시조를 찾느라 어리벙벙할 정도로 정신이 없었다는 게 그의 변명이었다. "제 능력으로 하루에 감당할 수 있는 건 거기까지였습니다!"[102] 카이트가 고다드에게 말했다.

1942년에 고다드는 칼리카크 가족 연구 작업에 대한 항변을 발표하면서 자신은 이름을 알고 있었지만 사생활 보호를 위해서 숨긴 것이라는 거짓말로 카이트의 과오를 덮어 주었다. 그는 그 현장 연구가 문제가 있었다면 시대를 앞서갔다는 것뿐이었다고 항변했지만, 한 가지 한계는 시인했다. "다만 이 선구적 연구에 세련되게 다듬어야 할 부분이 상당히 많았다는 점은 인정한다."[103]

이것이 명예를 회복하고자 하는 고다드의 마지막 시도였다. 얼마 뒤 그는 오하이오 주립 대학교에서 은퇴하고 학부모를 위한 안내서인 『원자 시대 우리의 아이들(*Our Children in the Atomic Age*)』을 출간했다. (원자 시대란 최초의 원자 폭탄 투하 이후의 시대를 의미한다.—옮긴이) 말년에 자서전 집필을 시도했지만 제목밖에 완성하지 못했는데, "운 좋게도(As Luck Would Have It)"라는 반우생학적 제목이었다. 1957년에 고다드는 90세를 일기로 사망했다. AP 통신의 부고 기사는 고다드를 '저능아'라는 신조어 고안자이자 칼리카크 가족을 알린 사람으로 기록했다. "고다드는 '칼리카크 가족은 자연이 수행한 유전 실험이었다.'라고 결론지었다. 그의 추론에 의혹을 제기한 심리학자들도 있었다."[104]

고다드가 사망한 뒤에도 칼리카크 가족은 살아남았다. 미국 심리학회 회장을 역임한 컬럼비아 대학교의 심리학 교수 헨리 에드워드 개럿(Henry Edward Garrett, 1894~1973년)은 이 가족의 역사를 수십 년 동안 우려먹는다. 1955년에는 교재 『일반 심리학(*General Psychology*)』을 출간하면서 칼리카크 가족 계보를 전면 삽화로 수록했다. 계보의 정중앙에 마틴 칼리카크가 양팔을 허리에 얹고 '로도스의 거상'처럼 우뚝 서 있는데, 좌반신은 그늘졌다. 그리고 그 왼쪽 옆구리 아래로 사악한 표정의 얼굴들이 죽 이어진다.

"그는 정신 박약 여자와 놀아났다."[105] 개럿이 삽화 옆에 달아 놓은 설명이다. "그 여자는 '올드 호러'라고 불리는 아들을 낳았고 그 아들은 자녀 10명을 얻었다. 올드 호러의 열 자녀에서 온갖 저급한 인간 유형의 자손 수백 명이 나왔다." 그들의 머리카락은 악마의 뿔처럼 위로 바짝 솟아 있다. 마틴의 우반신은 환하게 처리돼 있고, 옆구리 쪽으로 점잖은 모자를 착용한 차분한 표정의 남녀가 병렬해 있다. 여기에는 이런 설명이 달려 있다. "그는 훌륭한 퀘이커교도 여성과 결혼했다. 그 아내는 반듯하고 훌륭한 일곱 자녀를 낳았다. 이 훌륭한 일곱 자녀로부터 고결한 인간 유형의 자손 수백 명이 나왔다." 이 교과서는 개정을 여러 번 거쳤지만 학생들은 1960년대에도 칼리카크 가족을 만나야 했다. 개럿은 사망하던 해에 헌법이 보장하는 투표권을 비난하면서 불평했다. "어떻게 정신 박약자의 표와 지적인 사람의 표가 같은 한 표일 수 있느냐."[106]

***

1980년대에 데버러 칼리카크의 실명을 찾아내려는 호기심 많은 사람들이 있었다.[107] 계보학자 데이비드 맥도널드(David Macdonald)와 낸시 맥애덤스(Nancy McAdams) 2인조가 고다드의 기술을 추적해 에마 울버턴 일가 사람들의 정체를 규명해 냈다.[108] 이 과정에서 고다드의 책, 근대 우생학 초창기의 증언록이자 인류사 최악의 범죄 가운데 하나로 꼽히는 사건에 영감이 되었던 그 책은 그대로 사라졌다.

카이트가 1910년에 인터뷰한 한 여성 노인의 말은 오해였던 것으로 밝혀졌다. 존 울버턴이라는 군인에게 존 울버턴이라는 이름의 사생아 아들이 있다는 인상을 받았는데, 알고 보니 이 두 존 울버턴은 육촌 간이었다. 다시 말해 고다드가 말한 "자연이 수행한 유전 실험"은 애초부터 없었던 일이라는 이야기이다.

울버턴 가계에서 열등한 가지에 속한 일가는 정신 박약 괴물 무리가 아니었던 것으로 밝혀졌다. 존 울버턴, 그러니까 고다드가 마틴 '올드 호러' 칼리카크라고 불렀던 인물은 사과주를 퍼마시고는 만취해서 문간을 기어 나오는 불결한 술꾼이 아니었다. 공문서에는 존 울버턴이 지주였으며 자녀와 손자 들에게 재산을 물려준 것으로 기록돼 있다.[109] 1850년도 인구 조사에 따르면, 그는 딸과 딸의 자녀와 함께 살았고, 모두가 글을 읽을 줄 알았다. 1861년 사망 직전 그의 재산 평가액은 당시로서는 준수한 액수인 100달러였다. 올드 호러의 후손들도 고다드의 기괴한 묘사와 맞지 않았는데, 은행 경리부장, 정치인, 통 제조업자, 남북 전쟁 참전 군인, 교사, 미국 공군 조종사 등의 직업에 종사한 것으로 나타났다.

에마는 1800년대 말 미국 농민의 대규모 도시 이주 시기에 뿔뿔이 흩어진 울버턴 집안에서 불우하게 태어났다. 외조부모는 트렌턴 외곽으로 이주했고, 노동자인 외조부가 생계를 꾸렸다. 그들은 모두 해서 11명의 자녀를 낳았는데 그 가운데 6명이 어려서 죽었다. 남은 다섯 남매는 어렵게 살았고 때로는 견디기 힘든 수준이었다. 에마의 외조부는 폭력적인 아버지였던 것으로 보이며, 남은 자식을 전부 다른 가족에게 입양시켰다. 에마의 이모 메리는 12세가 되던 1882년에 부모를 찾아갔다가 아버지에게 성폭행당했다. 메리는 아기를 낳았고, 아기는 얼마 못 가서 죽었다. 에마의 외조부는 몇 달 뒤 근친 성폭행 혐의로 기소되었지만, 감옥에서 형을 살았다는 기록은 남아 있지 않다.

에마의 이모, 외삼촌 들은 교육받지 못한 가난하고 폭력적인 가정에서 성장했으나 살아남았다. 메리 이모는 양부모에게 돌아가 유년기를 보내고 나중에 결혼했다. 고다드가 정신 박약에 말 도둑이라고 기술했던 에마의 외삼촌 조지는 농장 일꾼으로 살았고 구세군 회원이었다. 다른 외삼촌 존은 트렌턴에서 제분소와 고무 공장 노동자로 일했다.

에마의 어머니 멀린다도 나중에 안정적인 가정을 꾸렸다. 두 번째 남편 루이스 댄버리(Lewis Danbury)와 1897년에 결혼해 남편이 사망한 1932년까지 35년을 함께 살았다. 루이스는 나중에 멀린다 곁에 묻혔다. 고다드가 정신 박약으로 일축하고 넘어간 에마의 사촌들은 전혀 그런 인물들이 아니었다. 프레드 울버턴은 제1차 세계 대전 참전 군인이었으며 자동차 정비공으로 일했다. 에마의 한 조카는 직업 군인이 되었고, 다른 한 조카는 골프 업계에 종사했다.

하지만 진짜 사연이 밝혀졌을 때 에마는 이미 시설의 땅속에 묻힌 지 오래였다. 에마는 그곳에서 53년을 살았다. 말년에는 시설 체육관에서 입소자들의 연극을 연출하고 의상을 재봉하고 무대를 만들었다. 여가에는 책이나 잡지를 읽었고 친구들에게 편지를 쓰며 보냈다. 가끔은 시설 직원들과 외출을 나가기도 했다. 미국 자연사 박물관(American Museum of National History)에서 공룡들 사이를 거닐었고 센트럴 파크 다람쥐들에게 빵 조각을 나눠주기도 했다.

고다드가 사망한 해인 1957년에 에마는 인턴 앨런을 만났다. 앨런은 훗날 이렇게 회고했다. "에마는 키가 크고 말을 아끼는 분이었다. 평범한 이모님 같은 인상이랄까."[110]

에마는 68세 때 연극 연출을 그만두었지만 일은 멈추지 않았다. 시설 직원들 제복 다리미질 같은 일을 했다. 시설의 한 공간을 작은 아파트로 개조해 혼자 생활했다. 앨런은 데버러가 자신이라는 에마의 말에 충격을 금치 못했다. 1950년대에는 칼리카크 가족 이야기를 모르는 심리학자가 없었는데, 고다드가 위험한 백치로 묘사했던 그 인물이 에마라는 소리를 곧이곧대로 믿기 어려웠기 때문이다.

앨런은 에마와의 만남을 이렇게 회고했다. "에마와 나눈 대화는 유익하고 흥미로웠다. 얼마나 배려심 깊고 품위 있는 사람인지, 결코 지능이 떨어지는 사람이라는 생각은 들지 않았다. 에마가 판단력이 충분히 성숙하지 못하다는 평가가 있는데, 사실 시설에서 자란 사람이라면 이해할 만한 일이라고 본다."

에마는 노년에 관절염이 생겨서 바느질과 목공은 계속할 수 없었다. 편지는 구술로 대신했다. 80대가 되어 휠체어에 매인 몸이 되어서도 에마는 공연했던 연극에 나온 노래를 부르고는 했다.

> 나는야 집시, 나는야 집시
> 아, 나는야 집시
> 산과 숲이 나의 집
> 발 닿는 대로 돌아다니고파
> 나는 집시니까.[111]

에마는 발 닿는 대로 떠나 본 적이 없었다. 수십 년을 쉬지 않고 한 힘든 노동으로 유능한 사람임이 얼마든지 입증되었는데도 자신은 감옥이나 다름없는 그곳에서 살 만한 사람이라고 믿었다. "어쨌거나 내가 어울리는 곳이 여기니까요."[112] 에마는 리브스에게 그렇게 말했다. "이 정신박약이라는 부분은 좀 못마땅하지만, 나는 어쨌거나 주변에서 볼 수 있는 저 가엾은 사람들처럼 백치는 아니잖아요." 에마는 노년에 시설을 떠나서 살게 해 주겠다는 제안을 받았지만 거절하고 그대로 남아서 살다가 1978년에 89세를 일기로 세상을 떠났고, 시설 운동장에 묻혔다.

에마는 바인랜드 훈련 학교를 떠난 뒤로 다시는 고다드를 만나지 못했다. 하지만 키우던 고양이 1마리에게 헨리라는 이름을 붙여 주었다고 리브스에게 말했다. "소중하고 멋진 친구죠. 나를 유명 인사로 만들어 준 책을 쓴."[113]

"에마는 그 연구를 수행한 사람들에게 가족 대하듯 헌신적이었다." 앨런의 말이다.[114] 고다드가 1946년에 에마에게 크리스마스 카드를 보냈을 때, 카드를 받고 에마가 얼마나 기뻐했는지 모른다고 리브스가 답장을 보냈다.

"제일 기분 좋은 게 뭔지 알아요?" 에마가 리브스에게 물었다. "그 양반이 내가 그걸 이해할 뇌가 있다고 생각했다는 것 아닙니까. 물론 당연한 일이지만."[115]

4장

잘했어, 아가

바인랜드 훈련 학교에 딸을 입학시키기 9년 전이었다. 펄 사이든스트리커 벅(Pearl Sydenstricker Buck, 1892~1973년)은 얕은 잠에서 깨어나 침대 옆 협탁 위 자두 꽃송이를 보았다.[1] 고개를 돌려 보니 간호사가 품에 분홍 강보에 싸인 아기를 안고 있었다. 펄은 아기의 눈을 들여다보았다.

"어딘가 지혜로워 보이는 눈빛 아니에요?"[2] 간호사에게 물었다.

1920년 3월의 온화한 날이었다. 28세의 펄 벅은 중국 북부에서 교사로 일하는 미국인이었다. 선교사인 부모가 펄이 아기 때 중국으로 건너와 그곳에서 성장했다. 미국 대학에서 4년을 공부한 뒤, 편찮은 부모를 돌보기 위해 중국으로 돌아왔다가 본국을 떠나와 중국에서 일하는 존 로싱 벅(John Lossing Buck, 1890~1975년)이라는 농업 전문가를 만나 1917년에 결혼했다. 신혼 3년 동안 두 사람은 외떨어진 소도시 난쉬저우(南徐州)에서 살았다. 창밖으로 평평한 농토가 아스라이 펼쳐지고, 푸른 밀밭 너머로 신기루 같은 산과 호수가 눈을 홀리는 곳. 펄과 로싱은 딸의 이름을 캐럴라인(Caroline)으로 지었다.

금방 소문이 퍼진 대로, 캐럴은 금발에 파란 눈의 아기였다. 몇 가지가 신경 쓰였지만 펄은 크게 개의치 않았다. 캐럴은 습진이 생겨서 자꾸 긁었고 피부에서는 곰팡내 비슷한 냄새가 났다. 하지만 펄 벅이 더 걱정한 일은 따로 있었다. 캐럴이 태어나고 몇 주 뒤, 주치의에게서 자궁에 혹이 있다는 말을 들었다. 혹 절제술을 받기 위해 미국으로 먼 여행을 떠나야 했다. 혹은 양성으로 밝혀졌지만 의사들은 펄에게 앞으로 아기를 갖지 못할 것이라고 말했다.

펄 벅 부부는 난쉬저우에서 난징 시로 이사했다. 로싱이 대학에서 농업 강의 자리를 얻었기 때문이다. 펄이 영어를 가르치는 동안 캐럴은 마당과 집 근처 대숲에서 놀았다. 캐럴이 자라면서 걱정이 생겼다. 또래 아기들은 걸음마를 시작하는데 캐럴은 아직 기어 다녔다. 또래들이 말을 시작했을 때 캐럴은 옹알이를 했다. 습진은 갈수록 심해졌고 펄은 긁지 못하게 하려고 캐럴의 손을 붕대로 감고는 했다.

하지만 펄 벅은 걱정은 혼자 안고 갔다. 창피하기도 했고 자신의 가족이 마음 써 줄 사람들이 아니라는 것을 익히 알았기 때문이다. 아버지는 관심사라고는 자신이 구원한 영혼의 수 집계뿐인 완고한 근본주의자였다. 만성 흡수 불량증이라는 심각한 질환으로 고생하던 어머니는 죽음을 기다리던 시기에 기독교를 저버렸다. 결혼한 뒤에야 알았지만 남편 로싱은 속 빈 강정이었다. 펄은 로싱을 두고 "뭐 하나 아는 것도 없고 이해하는 것도 없는 사람"이었다고 말하고는 했다.[3]

캐럴은 마침내 걸음마를 뗐으나 말은 여전히 배우지 못했다. 나이에 비해 덩치만 컸지 잠시도 가만있지 못하고 원하는 것이 있으면 재잘거리고 끙끙대서 손이 많이 가는 아이였다. 집에 손님이 오면 사람 좋아하는 개처럼 코를 킁킁거리며 냄새를 맡고 위에 올라타고는 했다. 다른 아이들 같으면 웃음이나 울음을 터뜨릴 일에 캐럴은 멍한 눈빛으로 응시할 뿐이었다. 펄의 친구들은 아무 문제도 아니라고, 아이마다 말 시작하는 나이는 다른 법이라고 괜한 걱정 하지 말라고 했다. 여러 해가 지나고서 친구들은 진심을 말하기가 두려웠다고 털어놓았다. 뭔가 잘못되었다고 느꼈었다고.

그해 여름, 펄 벅은 캐럴을 데리고 해변에 나가서 놀고 당나귀를 타고 근처 마을을 돌았다. 말도 몇 마디 가르쳤다. 그해 어느 날, 지역 소아과 의사의 어린이 건강 관련 강연을 들으러 갔다. 의사가 한시도 가만있지 못하는 것을 비롯해 정신 장애의 징후로 볼 만한 몇 가지 신호를 설명했는데, 펄에게는 전부 다 캐럴에 관한 이야기로 들렸다. 이튿날 그 소아과 의사가 다른 의사들과 함께 펄을 찾아왔다. 그들은 캐럴을 진찰하면서 뭔가 잘못된 것이 있기는 한데 정확히 무엇이 문제인지는 짚어 낼 수 없었다. 확실한 진단을 받으려면 미국으로 데려가는 수밖에 없었다.

로싱이 코넬에서 석사 과정을 밟게 되어 벅 부부는 이미 귀국을 한 차례 한 터였다. 두 사람은 뉴욕 주 이타카에 방 2개짜리 작은 아파트를 얻어서 생활했는데 펄이 이따금 캐럴을 데리고 정신과 의사, 소아과 의사, 호르몬 전문의 같은 의사들을 만나러 다녔다. 모두가 뭔가 문제가 있다고 했지만 아무도 정확한 진단을 내리지 못했다. 펄은 매번 결실 없이 검사를 마쳤어도 캐럴이 나아지리라는 막연한 희망을 버리지 않았다.

펄 벅의 마지막 여행은 미네소타 주의 메이오 클리닉이었다. 이곳의 젊은 의사가 차분하게 소식을 전했다. 캐럴의 정신 발달이 멈추었다고.

"가망이 없나요?" 펄이 물었다.

"저라면 시도를 포기하지 않을 것 같습니다." 의사가 말했다.

펄과 캐럴은 진료실을 나와 사람 없는 복도로 내려왔다. 콧수염이 짧고 알 작은 안경을 쓴 의사가 진료실에서 나오더니 방금 그 의사가 캐럴을 치료할 수 있다고 말했느냐고 독일어 억양이 뚜렷한 영어로 물었다.

펄은 가능성을 완전히 배제하지는 않더라고 말했다.

"치료 안 될 겁니다. 무슨 뜻인지 알아들으셨습니까?" 이 두 번째 의사가 말했다. "따님이 행복해질 수 있는 곳을 찾아 그곳에서 지내게 하시고 부인은 부인 인생을 사십시오." 펄은 휘청거리며 메이오를 나섰다.

캐럴은 낯선 사람들과의 용무가 끝나서 마냥 기쁜 듯 폴짝거리며 앞서서 갔다. 엄마가 울고 있다는 것을 알아차리고 나서는 웃음을 터뜨렸다.

펄은 중국으로 돌아오기 전까지 남은 시간을 최대한 활용하려고 애를 썼다. 영어 전공으로 석사 학위를 받았고 중국에 관한 글을 몇 꼭지 썼다. 1920년대 대다수 미국인에게 중국이라는 나라는 진기한 거인 같은 존재였기에 편집장들은 그렇게 폭넓은 지식을 지닌 사람의 글이라면 얼마든지 환영하는 분위기였다. 펄은 자기가 글 쓰는 것을 좋아할 뿐만 아니라 꽤 잘 쓴다는 사실을 깨달았다. 중국으로 돌아가기 전 펄은 남편과 뉴욕의 한 고아원을 찾아가 생후 3개월의 여아를 입양하고 재니스(Janice)라는 이름을 지어 주었다.

중국으로 돌아온 펄 벅은 캐럴 일로 슬픔에서 헤어나오지 못했다. 음악조차 들을 수 없을 정도였다. 손님이 찾아오면 강한 척 응대했지만 그들이 돌아가는 순간 다시 슬픔에 휩싸이고는 했다. 펄은 신문사에 기고할 글 외에도 주위 중국인들의 삶을 상상하며 소설을 쓰기 시작했다. 캐럴은 엄마가 일에 몰두하자 소유욕이 극심해져 먹던 죽을 내던지기도 하고 화분용 영양토를 퍼다가 타자기에 퍼부어 글쇠를 고장 내기도 했다.

벅 부부가 귀국해서 머무는 동안 중국은 더욱 위험한 곳이 되어 있었다. 국민당이 정적들과 국토 장악전을 벌이기 시작한 것이다. 2년 만인 1927년에 마침내 난징에도 전운이 닥쳐 왔다. 많은 외국인이 총 맞아 죽고 강간당하는 와중에 펄은 가족과 함께 알고 지내던 중국 여자 집에서 숨어 지냈다. 펄은 근처 군인들이 알아차리지 못하도록 캐럴과 재니스를 조용히 시키면서 군인들이 딸들을 데려가려 한다면 자기 손으로 먼저 죽이리라 다짐했다.

미국과 영국 전함이 난징에 들어와 발포를 개시하자 공세는 진정되었다. 벅 가족은 이 기회를 놓치지 않고 상하이로 피신했지만, 상하이도 오래 머물 만한 곳은 되지 못했다. 내전은 벅 가족을 중국에서 완전히 몰아냈다. 그들은 일본으로 들어가 오지의 숲속 오두막에서 물고기와 과일, 쌀로 몇 달을 버텼다.

중국이 다소 안정을 찾자 벅 가족은 다시 돌아왔다. 펄은 친구들의 아이들은 무럭무럭 자라는데 이제 8세가 된 캐럴이 여전히 젖먹이처럼 군다는 사실을 아프게 직면해야 했다. 글을 가르치려고도 해 봤지만 캐럴이 배울 수 있는 것은 몇 마디 정도였다. 어느 날, 수업을 하다가 캐럴이 쥔 연필을 빼다가 캐럴의 손바닥이 땀으로 흠뻑 젖은 것을 보고 깜짝 놀랐다. 딸아이는 그렇게 노력하고 있었던 것이다. 펄은 자신이 캐럴을 그렇게 비참하게 만들고 있었다는 사실이 부끄러워져 앞으로는 두 번 다시 캐럴을 억지로 다른 아이들처럼 되게 하려고 애쓰지 않기로 결심한다. 어머니로서 캐럴의 행복에만 집중하리라고.

"캐럴을 어딘가 다른 곳으로 보내야 한다는 것을 깨달았다. 그 생각을 하니 가슴이 두 갈래로 찢어졌다."[4] 훗날 펄의 회고이다.

딸과 떨어져야 하는 두려움 말고도 펄은 냉혹한 재정 상태가 기다리고 있다는 사실을 직시해야 했다. 로싱은 캐럴을 정부 시설에 보내야 한다고 생각했다. 펄은 끔찍했지만 남편과 자신에게는 딸을 사립 학교에 보낼 돈이 없다는 것을 알았다. 그 비용은 자신이 직접 해결해야 한다는 것을 알았다. "이미 충분히 알아본 터여서 내 아이가 지내기를 바라는 곳은 내가 가진 돈으로는 감당할 수 없다는 것을 알았다."[5]

학생들 가르쳐서 얻는 수입은 미미했고, 미국 잡지에 기고해서 받는 돈은 더 적었다. 소설을 쓰면 수입이 더 낫지 않을까 하는 생각이 들었다. 그 무렵 첫 소설을 탈고해 제목을 "높새바람, 하늬바람(East Wind: West Wind)"이라고 지었다. 두 번째 소설에 대한 구상도 있었고, 그 작품은 더 많이 팔리지 않을까 하는 생각도 들었다. 펄은 집안일을 하거나 캐럴을 보살피다가 단 10분만 짬이 나도 타자기 앞에 앉아 왕룽(王龍)이라는 중국 농부의 모험 이야기를 써 내려갔다.

1929년에 벅 가족은 다시 미국으로 돌아갔다. 로싱이 중국 농업 연구비 협상을 하는 동안 펄은 캐럴이 생활할 곳을 물색했다. 펄이 방문한 많은 곳이 오싹할 만한 수준이었다. 한 시설에서는 아이들이 삼베 옷을 입고 있었고 사람들이 아이들을 개처럼 다뤘다. 최종적으로 정한 곳은 뉴저지 남부, 아이들이 행복해 보이는 어느 농장이었다.

"아이들이 오두막 뒷마당에서 뛰어다니고 흙장난하는 모습이 마치 자기 집에서 노는 아이들 같았다." 펄은 농장의 첫인상을 이렇게 적었다.[6] "담장, 아이들 필기구, 책상 머리말에서 계속 같은 글귀가 반복적으로 눈에 들어왔다. '행복이 우선, 나머지는 덤'."

1929년 9월, 펄 벅은 바인랜드 훈련 학교에 딸을 등록했다. 에마 울버턴은 15년 전에 학교를 떠났고, 고다드가 떠난 지도 10년이 지났을 때였다. 우생학 열풍도 사그라든 뒤였다. 1920년대 바인랜드의 심리학자들은 오늘날 지적 장애로 정의하는 정신 박약의 다양한 범주에 관한 중요한 연구를 수행했다. 그들은 아동의 사회적 능력 발달 정도를 측정하는 테스트를 고안했는데, 오늘날 '사회 성숙도 검사(Vineland Social Maturity Scale)'로 불리는 검사법이다.

펄은 캐럴이 바인랜드 학교에 적응하는 한 달 동안 친구들 집에 묵었다. 펄과 캐럴과 난생처음 떨어져서 지낸 이 경험이 펄에게는 고통스러웠다. 한밤중이면 도와 달라고 엄마를 찾는 딸의 목소리가 들려와 부랴부랴 아래층으로 달려 내려가고는 했다. "캐럴이 어른이 되고 나는 죽고 없을 미래를 생각하는 것만이 기차역으로 달려가는 나를 붙잡을 수 있었다."[7] 펄은 그렇게 말했다.

펄 벅은 뉴욕으로 가서 리처드 월시(Richard Walsh)라는 출판인을 만나 『높새바람, 하늬바람』의 원고를 보여 주었다. 월시는 이 원고와 현재 작업 중이라는 새 소설 원고를 샀다. 1930년에 펄과 로싱 부부가 중국으로 돌아갔을 때, 펄은 고통을 잊기 위해 다른 일은 아무것도 하지 않고 오로지 왕룽 이야기에만 몰두했다. 원고를 받은 월시는 제목을 "대지(The Good Earth)"로 지었다.

중국의 빈농을 주인공으로 삼은 흙내 나는 펄 벅의 이야기는 미국 독자들에게 익숙지 않은 장르였다. 중국 소설을 접해 본 독자가 있었다 해도 대부분은 중국 상류층을 다룬 고전 문학이었다. 『대지』는 미국이 대공황을 겪던 시기에 출간되어 아시아 판 『분노의 포도(*The Grapes of Wrath*)』로 받아들여졌다. 1932년에 이 작품은 퓰리처 상을 받았고, 상업적으로도 대성공을 거두었다. 출간 18개월 만에 10만 달러를 벌었고, 이 책은 평생에 걸쳐 총 수십만 달러의 소득을 안겨 주었다.

캐럴의 숙식비라도 해결하고 싶어서 시작한 일이었는데 명성까지 얻었다. 가파른 성공에 펄은 미국으로 돌아가 로싱과 '네바다 이혼(Nevada divorce, 미국 네바다 주에서 6주를 지낸 뒤 신청하면 법적으로 이혼이 성립된다. — 옮긴이)'으로 관계를 끝내고 월시와 결혼한 뒤 펜실베이니아 주에서 농장을 구입하고 아이를 더 입양했다. 할리우드에서 『대지』를 영화로 제작해 대성공을 거두었고, 전국에서 강연 요청이 쇄도했다.

펄은 새로 얻은 명성을 정치적 신념을 옹호하는 데 명민하게 활용했다. 펄은 중국에서 성장하면서 백인이라는 이유 하나로 자신을 모욕하거나 경멸하는 중국인이 있다는 사실을 예민하게 인지했다. 미국으로 돌아온 펄은 사람들이 이 나라의 흑인과 백인에게 생물학적으로 뭔가 유의미한 차이가 있다고 하는 소리에 사람이란 "잡종견과 전혀 다를 바 없는 존재"라고 일갈했다.[8] 캐럴을 보살필 비용을 마련하고자 하는 바람에서 출간한 『대지』가 세상에 나온 지 겨우 7년 만인 1938년 펄은 노벨

문학상을 받았다. 소식을 전해 들은 펄은 중국어로 대답했다. "워부샹신(我不想信)." 즉 "믿을 수가 없군요."라고.

펄 벅이 이야기하면 할수록 세상은 더 많은 이야기를 요구했다. 하지만 그는 캐럴의 비밀을 드러내고 싶어 하지 않았다. "부끄러운 일은 아니지만, 소중하게 지켜야 할 나만의 것이라고 생각해. 슬픔처럼 말야."[9] 펄은 친구에게 편지로 이런 마음을 전했다. 기자들이 가족에 대해 질문하면 딸이 둘 있는데 한 아이는 학교 기숙사에서 지낸다고 말하고는 했다. 난징에서부터 알던 친구가 오하이오의 한 신문사와 인터뷰하면서 캐럴 문제로 고생한 이야기를 꺼냈는데, 펄이 손을 써서 해당 이야기를 삭제하게 했다. 이것은 캐럴만이 아니라 자신을 지키려는 노력이기도 했다. 그는 이런 말을 한 적이 있다. "캐럴이 그냥 평범한 아이였다면 나는 기꺼이 아무것도 쓰지 않고 살았을 것이다."[10]

『대지』로 얻은 수입으로 펄은 바인랜드 학교에 4만 달러를 낼 수 있었는데, 이것은 캐럴의 평생 돌봄을 보장할 수 있는 액수였다. 펄은 나중에 캐럴이 다른 소녀 15명과 생활할 2층짜리 별채 건축비도 지원했다. 별채는 프로방스풍 침대와 축음기 한 대, 음반 컬렉션까지 갖추게 된다. (캐럴은 찬송가를 좋아했고 재즈를 싫어했다.) 펄은 미국으로 돌아온 뒤에 캐럴을 최대한 자주 찾아갔고(매주 갈 때도 있었다.) 가끔은 캐럴을 펜실베이니아의 농장으로 데려와 며칠 동안 함께 지내기도 했다. 펄은 그렇게 캐럴의 성장기를 가까이서 지켜볼 수 있었다. 캐럴은 혼자 목욕하고 옷을 입기 시작했으며 심지어 신발 끈도 혼자 묶을 수 있었다. 포크와 숟가락을 써서 먹는 법과 바느질을 익혔고, 원하는 것을 표현할 낱말도 익혔다. 롤러스케이트를 탔고, 세발자전거로 학교 운동장 도는 것을 좋아했다. 수십 년이 흐른 뒤에도 이 운동장에서는 느릿느릿 페달을 굴리는 흰머리 여성의 모습이 보이고는 했다.

1940년, 펄은 캐럴의 운명과 일종의 화약을 맺을 수 있었다. "혈육, 내가 낳은 아이라는 느낌이 완전히 사라졌다." 어느 날 일기에 적힌 구절이다. "캐럴에게는 변함없이 다정하다. 오랜 세월 찢어지는 아픔을 겪다가 이제는 '체념'이라고 하는 것이 자리 잡은 듯하다. 이는 사실이지만 그 상태를 굳이 휘저으려거나 내 안으로 들어오게 하지는 않으련다."[11]

펄 벅은 계속해서 산업적인 속도로 글을 썼다. 하지만 문학적 명성은 저물어 갔다. 20세기 중반에 미국 문학을 주도한 남자들이 펄의 글을 그저 그런 여성 소설로 취급했다. 미국에 대해 쓰고자 했지만 독자들은 그를 중국 연대기 작가로만 여겼다. 한편으로는 정치적 활동 탓에 적이 늘어났다. 제2차 세계 대전이 정점에 치닫던 시점에 펄은 국내에서는 백인 우월주의를 용인하고 국외에서는 제국주의를 조장하는 미국이 어떻게 파시즘과 맞서겠다는 소리를 하냐고 정부를 비판했다. 전쟁이 끝난 뒤 미국 연방 수사국(FBI)은 펄이 당원은 아닐지 몰라도 정신적으로는 공산주의자라고 판단했다.

펄은 자신을 향한 적대감을 알아챘지만 자신의 신념을 추구하는 운동을 멈추지 않았다. 심지어 새로운 운동을 시작했다. 다섯 아이를 입양하고 고아원과 위탁 가정 제도를 비판했다. 한 절박한 엄마가 펄이 알기 전에 농장에 아이를 두고 갔다. 펄은 미국인과 아시아 인의 혼혈이면서 양쪽 가정에서 다 거부당한 어린이들에게 가정을 찾아 주는 사설 입양 중개소를 설립했다. 또 바인랜드에서 진행하는 연구의 기금을 모으고, 1940년대에는 바인랜드 학교를 위한 기금 모집 책임을 맡았다.

같이 활동하던 기금 모집자 한 사람이 캐럴에 관한 이야기를 알려 세상이 학교에 관심을 갖도록 하자는 의견을 내놓았다. 펄은 처음에는 질색했지만 결국에는 그 주장에 설득되어 캐럴에 관해 쓰기 시작했다. 펄의 글은 다음 문장으로 시작한다. "이 이야기를 쓰기로 마음먹기까지 오랜 시간이 걸렸다."[12]

펄은 캐럴의 유년기, 자신이 겪었던 고통과 수치심, 체념에 대해 현실적으로 이야기했다. 딸이 차라리 죽는 게 낫겠다고 생각한 적도 있었음을 고백했고, 딸의 잘못이 아닌데 원망하던 마음을 다잡게 된 과정, 딸 아이에게는 자연이 허락하는 데까지 정신의 발달을 위해 노력할 권리가 있음을 깨달은 과정을 술회했다.

"만인이 평등하며 모두에게 동등한 인권이 있음을 너무나 명확하게 이해할 수 있도록 가르쳐 준 것이 나의 딸이다."[13] 펄은 말한다. "비록 정신이 온전하지 못하다 해도, 비록 말을 하지 못하고 누구와도 소통할 수 없다 해도, 인간으로서 본질은 변함없으며 그는 인류 가족의 일원이다."[14]

펄 벅의 에세이는 1950년 5월에 잡지 《레이디스 홈 저널(*Ladies' Home Journal*)》(1883년 2월에 창간된 여성지. — 옮긴이)에 게재되었고, 후에 『자라지 않는 아이(*The Child Who Never Grew*)』라는 작은 책으로 출간되었다. 인세 전액은 바인랜드 학교로 갔다. 1950년대는 아직 지적 장애의 정의도 명확하지 않았고 남에게 알리기 부끄러운 일로 치부되던 시절이었기에 펄의 솔직한 이야기는 충격 그 자체였고, 노벨 문학상을 수상한 베스트셀러 작가의 이야기였기에 더욱더 그러했다. 『자라지 않는 아이』는 여러 언어로 번역되었고, 캐럴 같은 자녀를 키우는 부모들에게서 편지가 무수히 날아왔다. 펄은 받은 편지마다 일일이 다 답장했다.

책 말미에서 펄은 캐럴 같은 사람을 위해 더 많은 배려와 보살핌이 필요함을 역설하고 지적 장애를 이해하기 위한 연구가 더 많이 이루어져야 한다고 촉구했다. 그 모범 사례로 바인랜드 학교의 연구 프로젝트를 특기하고 고다드의 지능 검사와 사회 성숙도 검사를 강조했다.

바인랜드 훈련 학교가 처음 전 세계의 이목을 집중시켰던 연구, 즉 고다드의 유전 연구를 언급하지 않은 점은 의미심장하다. 아닌 게 아니라 펄 벅은 캐럴의 이야기가 유전적 결함과 조금이라도 연결될 만한 가능성을 없애기 위해 무던히도 애썼다. 펄은 자신의 집안이나 로싱의 집안에 지적 발달 지체의 흔적은 전혀 나오지 않았음을 분명히 밝혔다. 다시 말해 다른 유명한 바인랜드 학생 이야기인 『칼리카크 가족』과는 관련이 없다는 뜻이었다. "'집안 내력'이라는 케케묵은 낙인이 너무나 많은 경우에 부당하게 사용되고 있다." 펄은 이렇게 콕 짚어 말했다.

하지만 펄은 모르는 집안 내력이 있었다. 그것은 어떤 타락이나 대물림되는 원죄가 아니라, 유전병이었다. 사실 『자라지 않는 아이』를 출판하기 10년 전에 한 의사가 바인랜드에 와서 캐럴의 질환을 정확하게 진단했지만 아무도 펄에게 말해 주지 않았다. 펄이 직접 알아내기까지 또 다시 10년이 걸린다.

***

펄 벅이 캐럴을 낳은 지 8년 뒤, 오슬로에서 보룽뉘 에겔란(Borgny Egeland)이라는 여자가 딸을 낳았다.[15] 아기 리브(Liv)가 막 태어났을 때에는 건강한 듯했지만 보룽뉘는 리브의 머리카락과 피부, 소변에서 나는 냄새가 의아했다. 마치 마구간에서 나는 냄새 같았기 때문이다. 그런 의아함은 리브가 3세가 되도록 말을 단 한마디도 하지 못하자 걱정거리가 되었다. 하지만 주치의는 어떠한 문제도 발견하지 못했다고 좀 더 지켜보자고 했다.

펄 벅과 달리 보룽뉘는 아이를 또 낳을 수 있었다. 1930년에 아들 다그(Dag)를 낳았는데, 리브와 마찬가지로 곰팡내가 났다. 그리고 다그도 말하는 법을 익히지 못했다. 보룽뉘는 이 기이한 우연의 일치를 해명해 줄 의사를 찾아다녔다. 리브는 6세에 할 수 있는 말이 단어 몇 개뿐이었고 걷기조차 어려워했다. 이제 4세가 된 다그는 한마디도 하지 못했을뿐더러 먹기, 마시기, 걷기를 혼자서 할 수 없었다.

보릉뉘가 찾아간 의사들은 어째서 두 아이에게 같은 증상이 나타나는지 그 원인을 찾아내지 못했고, 따라서 치료법도 제시할 수 없었다. 그들과 달리 보릉뉘는 포기할 마음이 없었다. 더는 찾아갈 의사가 없자 한 여자를 고용해 약초 우린 물에 목욕시키는 요법을 시도했다. 무당에게도 찾아가 보았다. 그러다가 언니에게서 오슬로 대학 병원에 신진 대사 전문가가 있다는 이야기를 들었다. 보릉뉘는 언니에게 아스비에른 푈링(Asbjøn Føling)이라는 의사에게 아이들에게서 나는 냄새와 지능 발달이 상관 관계가 있는지 물어봐 달라고 부탁했다.

푈링은 그런 사례는 들어 본 적이 없었다. 그는 도움을 줄 수 있을 것 같지는 않았지만 그동안 그토록 애쓴 보릉뉘를 실망시키고 싶지 않아서 직접 아이들을 살펴보겠다고 했다. 검사로 새로 밝혀진 바는 없었다. 하지만 푈링은 화학 테스트로 냄새의 원인을 찾아보자고 보릉뉘에게 리브의 소변을 가져오라고 했다. 푈링은 내과 병동 꼭대기 층 방에 임시로 실험실을 만들어 실험을 수행했다. 그는 리브의 소변에 염화철 몇 방울을 떨구었다. 소변이 자주색으로 변하면 리브에게 당뇨병이 있다는 뜻이었다. 하지만 소변은 초록색으로 변했다. 푈링은 그런 현상을 본 적이 없었다. 그러는 경우가 있다는 말조차 들어 본 적 없었다. 당황해서 보릉뉘에게 다그의 소변을 가져오라고 했다. 다그의 소변으로 같은 테스트를 했더니 이번에도 소변이 초록색으로 찰랑거렸다.

푈링은 의학 문헌을 다 뒤졌지만 그런 반응이 관찰되었다는 보고는 없었다. 혹시 아이들이 아스피린이나 다른 어떤 약을 먹어서 소변 색이 변한 것은 아닐까 추측했다. 그는 보릉뉘에게 아이들에게 어떤 약도 먹이지 말고 일주일을 보낸 뒤 테스트해 보자고 했다. 다시 소변을 테스트했을 때도 여전히 초록색으로 변했다.

2개월에 걸쳐 보릉뉘 아이들의 소변 22리터로 실험한 끝에 푈링은 마침내 원인을 찾아냈다. 아이들의 소변 속에 어떤 화합물이 다량 들어 있었는데, 건강한 사람에게서는 나오지 않는 물질이었다. 바로 탄소와 산소와 수소 원자가 결합된 덩어리, 페닐피루브산(phenylpyruvic acid)이었다.

푈링은 인체의 신진 대사에 관한 폭넓은 지식을 토대로 이 이상한 화학 작용의 원인에 대한 가설을 세웠다. 단백질은 아미노산이라는 유기 화합물로 이루어진다. 아미노산 하나를 페닐알라닌(phenylalanine)이라고 하는데, 음식물에서 섭취해야 하는 물질이다. 사람 몸에서 사용되지 않는 페닐알라닌은 간에서 효소에 의해 분해된다. 푈링은 보릉뉘의 아이들에게서 이 분해가 일어나지 않는 것이 그 원인이라고 보았다. 어떤 식으로든 혈중에서 페닐알라닌의 농도가 상승해 이 아이들에게 문제를 일으켰으며, 그 일부가 유사한 분자인 페닐피루브산으로 변환되어 소변을 통해 씻겨 나간 것이라고.

이 가설을 실험하기 위해 푈링은 유사한 증상을 보이는 다른 어린이들을 검사했다. 환자 총 10명의 소변에서 초록색 변화가 나타났는데, 그 가운데 형제자매가 3쌍 있었다. 푈링은 이 우연을 보고 유전성 장애일 가능성을 가정했다.

하지만 푈링이 볼 때 보릉뉘와 나머지 부모의 자녀 모두 건강에는 아무 문제가 없음이 분명했다. 또 일부 부모의 다른 자녀들도 건강했다. 푈링은 이 장애는 틀림없이 어떤 열성 형질로 인해 야기되었을 것이라고 보았다. 양쪽 부모 각각이 보인자여서 아직 특정되지 않은 한 유전자의 결손 복사본을 갖고 있는데, 자녀 중 일부가 불운하게도 부모 양쪽에게서 결손 복사본을 하나씩 물려받았을 것이라는 추론이었다.

푈링은 두 부모를 추적 관찰해 이 가설을 뒷받침하는 근거를 찾아냈다. 두 사람 다 재혼해 자녀를 총 12명 낳았는데, 재혼으로 얻은 모든 자녀가 건강했고 아무도 소변에서 초록색 변화가 나타나지 않았다. 푈링은 그 열성 인자가 노르웨이에서는 아주 희귀한 것 같다고 생각했다. 다시 말해 보인자 2명이 결혼할 확률이 0에 가깝다는 뜻이다. 재혼으로 얻은 자녀는 많아야 열성 인자 하나를 물려받을 테고, 그렇게 되면 이 질환이 나타날 수 없다는 뜻이 된다.

푈링은 자신이 발견한 내용을 가지고 신속하게 논문을 쓰고 이 질환을 임베킬리타스 페닐피루비카(imbecilitas phenylpyruvica)라고 명명했다. 개로드가 소변이 검게 변하는 알캅톤뇨증이 유전 질환이라는 사실을 밝혀낸 이래 그렇게 명확한 병례를 발견한 사람은 없었다. 하지만 푈링이 1934년에 발표한 논문에 주목한 과학자는 거의 없었다. 그는 이 질환이 사람에게 정확하게 어떤 문제를 일으키는지 설명하지 못했고, 페닐알라닌 결함이 뇌에 어떤 영향을 미치는지도 설명하지 못했다.

지적 장애를 연구한 과학자 소수만이 그 발견의 중요성을 인정했다. 임베킬리타스 페닐피루비카가 희귀병이기는 해도 그것은 고다드가 찾고 있던 것, 구체적으로 말해 정신 박약의 유전적 소인을 말해 주는 사례였다. 푈링의 연구는 더욱 의미 있게도, 정확한 진단을 내릴 수 있는 간명한 검사법의 고안으로 이어졌다.

영국 의사 라이어널 샤플스 펜로즈(Lionel Sharples Penrose, 1898~1972년)는 푈링의 검사법을 초창기에 도입한 사람이다.[16] 당시 30대 중반밖에 안 되었던 펜로즈는 의학에 발을 들인 시기는 다소 늦었으나 승승장구해 영국에서 이미 지적 장애 분야의 최고 권위자 반열에 올라 있었다. 그는 케임브리지에서 수리 논리학 전공으로 출발해 수학적 사고의 심리학을 연구하기 위해 오스트리아 빈으로 갔다. 연구가 막다른 골목에 부닥쳤을 때, 그는 이 장애를 통해 인간의 정신에 대해서 무엇을 알아낼 수 있는지 궁금해 27세에 의학을 공부하려고 다시 케임브리지로 돌아왔다. 4년 뒤 의학 박사 학위를 받자마자 '정신 박약'의 본산인 콜체스터의 왕립 이스턴 카운티 연구소(Royal Eastern Counties Institution) 의학 조사관이 되었다.

펜로즈는 의학 공부를 시작하던 무렵에는 우생학을 "오만하고 부조리한" 학문이라며 열렬히 비판했다.[17] 1930년대 초는 우생학이 의학계나 일반 대중 사이에서 여전히 강력하게 지지를 받던 시기인데, 펜로즈는 이 상황을 『칼리카크 가족』 같은 끔찍한 이야기가 빚어 낸 현상으로 보았다.[18] 그런 이야기가 얼마나 솔깃하게 들렸을지는 모르지만, 우생학은 지능과 같은 특질을 엉망으로 만들어 놓았다. 그들은 사람을 악착같이 건강한 범주와 정신 박약 범주, 두 범주로 분류하려고 들었고, 정신 박약 범주에 드는 사람들은 "엄청나게 위험한 부류"로 치부했다.

펜로즈가 생각하는 지능은 그것보다 훨씬 복합적인 특질이었다. 그는 지능을 신장, 즉 키에 비유하고는 했다. 어떤 인구 집단이든 다수는 평균 키에 가깝지만 평균보다 더 큰 사람이 있고 더 작은 사람이 있다. 그렇지만 우리는 평균보다 키가 작은 사람이라고 해서 무슨 '신장 질환'에 걸린 사람이라고 여기지는 않는다. 마찬가지로, 사람에 따라서 각기 다른 범주의 정신 능력이 발달한다고 생각한 것이다.

키는 선대로부터 물려받은 유전자와 성장 환경의 산물이라는 것이 펜로즈의 견해였다. 그는 지능도 마찬가지라고 보았다. 유전자 변이로 왜소증이 발생할 수 있듯이, 다른 소인이 지능 발달에 심각한 장애를 유발할 수 있다는 것이다. 그러나 유전을 곧바로 결정적 소인으로 규정하는 것은 근거 없는 비약이었다.

"지적 장애가 어느 정도는 전과자 부모가 '상습적으로' 빈민가에 거주하는 환경적 문제일 수 있다는 사실이 간과되는 듯하다." 펜로즈는 이렇게 보았다.[19] 그는 "오로지 유전만을 문제 삼으며 그들을 절멸시키는 것 말고는 달리 방법이 없다."라고 주장하는 우생학의 숙명론을 비난했다.

우생학 주창자들의 그릇된 사고는 강제 불임술 같은 그릇된 해법으로 나아갈 수밖에 없었다. 펜로즈는 어떤 나라에서 정신 박약 시민을 1명도 남김 없이 강제 불임술을 시켰다고 해도 다음 세대에는 환경적 요인 탓에 또다시 정신 박약자가 다수 나올 것이라고 경고했다. "지적 장애를 예방하기 위해 먼저 취해야 할 조치는 문제가 되는 환경의 영향을 어떻게 조절할 수 있는지를 고려하는 것"이라고 펜로즈는 선언했다.[20] 그는 어머니가 걸린 매독이나 임신 중에 실시하는 엑스선 검사로 지적 장애가 유발되는 경우가 많다고 생각했다.

콜체스터에서 펜로즈는 지적 장애가 있는 사람들을 위한 더 인간적이고 효과적인 치료법을 찾을 수 있기를 희망하며 연구를 시작했다. 그는 이 장애의 범주를 분류하고 소인을 찾아내는 작업에 착수했다. 7년에 걸쳐 총 1,280명을 검사하고 그들의 가족도 자세히 조사했다. 수학 전문 지식을 살려 지적 장애와 유전과 환경 소인 간의 연관 관계를 설명해 줄 데이터를 찾아낼 정교한 통계 방법론도 개발했다.

펜로즈는 푈링의 발견 소식을 듣자마자 자신이 직접 시도해 보았다. 그 결과가 얼마나 간단히 나왔는지, 어떻게 그동안 이미 발견한 사람이 없었는지 당혹스러울 정도였다. 펜로즈는 콜체스터의 환자 500명에게 소변을 제출하게 해서 푈링의 검사를 시행했다. 전체 표본 가운데 499개는 색 변화가 없었지만, 단 하나의 표본이 초록색으로 변했다.[21]

그 선녹색 소변은 걷지도 못하고 말도 하지 못하는 19세 남성의 것이었다. 그는 쇠약해진 팔다리를 몸에 바짝 붙이고 웅크려 앉은 상태로 몸을 앞뒤로 흔들면서 하루를 지냈다. 검사를 시행한 뒤, 펜로즈는 이 남자의 가족을 찾아갔다. 부모는 근면히 일하는 건강한 사람들이었지만,

아버지는 사람들이 아들에게 독약을 먹이고 있다고 굳게 믿고 있었다. 나머지 자녀는 5세 막내를 제외하면 모두 정상적이었다. 막내는 큰형처럼 말도 하지 못하고 걷지도 못했다. 이 형제의 소변을 검사했더니 막내를 제외하고 모두 정상이었다.

이 가족을 포함해 여러 사례를 연구한 펜로즈는 단 하나의 유전 인자가 이 장애를 유발한다는 의견을 냈고, 열성 인자 복사본을 2개 가진 사람은 드물지만 하나만 가진 사람은 많을 것이라고 주장했다. 연구 결과를 발표하면서 그는 이 질환에 처음 푈링이 붙인 명칭인 임베킬리타스 페닐피루비카를 사용하지 않기로 했다. 그는 동료 주다 허시 콰스텔(Juda Hirsch Quastel, 1899~1987년)이 만든 새 명칭 페닐케톤뇨증(phenylketonuria)을 자랑스럽게 여겼다. "원래의 부담스러운 명칭보다 더 나았다."[22] 그 후로 이 병은 페닐케톤뇨증으로 정착됐고, 보통 약자 PKU로 쓰인다. 펜로즈는 "불쾌한 축약형"이라고 싫어했지만 말이다.[23]

몇 해 뒤, 미국에서 조지 저비스(George Jervis)라는 연구자가 펜로즈의 가설을 입증하고 이 질환의 화학적 기제를 밝혀냈다. 정상인의 경우에는 페닐알라닌 수산화 효소라는 효소가 체내의 과잉 페닐알라닌을 분해한다. PKU가 있는 사람은 이 효소가 작용하지 않는다. 페닐알라닌이 체내에 축적되어 혈중 농도가 위험 수치에 도달하면 전신으로 퍼지면서 문제를 일으키는 것이다.

PKU가 사람 몸에서 일으키는 작용이 밝혀지면서 펜로즈는 이것이 유전 질환이라고 해도 피할 수 없는 것은 아닐 수도 있다는 생각이 들었다. 그는 저페닐알라닌 식이 요법으로 혈중 농도를 조절해 증상을 예방할 수 있으리라고 추론했다.

하지만 페닐알라닌이 워낙에 일반 식품에 풍부한 까닭에 환자를 위한 식단을 구성하기가 쉽지 않았다. 그는 한 환자의 식단을 과일과 설탕과 올리브유만으로 제한하고 비타민제를 보충하도록 했다. 그 환자의 페닐알라닌 수치는 두어 주 동안 낮아졌다가 도로 높아졌다. 그는 도움을 구하기 위해 1929년에 비타민 발견으로 노벨상을 받은 케임브리지의 생화학자 프레더릭 가울랜드 홉킨스(Frederick Gowland Hopkins, 1861~1947년)에게 연락했다. 펜로즈가 PKU에 대해 설명하자 홉킨스는 이 장애를 위한 식단에 들어가는 비용이 주당 수천 파운드에 달할 것이라고 말했다.

펜로즈는 식단 구성은 포기했지만 PKU 환자 연구는 이어 갔다. 그는 새로운 시설을 방문할 때마다 곰팡내가 나지는 않은지 공기 냄새를 맡았다. PKU가 있을 것으로 추측되는 환자를 발견할 때마다 금발과 푸른 눈 등 이 장애의 신호가 되는 특성이 있는지 확인했다. 그런 다음 간단한 소변 검사를 주문했다.

1939년에 펜로즈는 미국 전역을 여행하던 도중에 바인랜드 훈련 학교를 방문했다가 19세의 캐럴라인 벅을 만났다. "이 환자가 저명한 작가의 딸인데 미국 내 모든 우수한 의사를 만나 보았어도 장애의 원인을 찾아내지 못했다는 이야기를 들어서 알고 있었다." 펜로즈는 이 만남에 대해 나중에 이렇게 이야기했다.[24]

펜로즈는 펄 벅의 후원으로 건축된 별채에서 캐럴을 만났다. "모든 것이 훌륭하게 갖추어져 있는 곳"이었다. 하지만 공기의 냄새를 맡아 보니 그 익숙한 곰팡내가 났다. 캐럴이 파란 눈에 금발임을 확인하고서 반사 신경을 검사해 보았다. "나는 진단에 상당한 확신이 들어 초대자들에게 내 견해를 밝혔다."

펜로즈는 초대자들이 무슨 말인지 알아듣지 못하자 당황했다. 푈링이 PKU에 관한 최초의 기술을 발표한 지 5년이나 지난 터였다. 하지만 바인랜드 같은 선구적인 기관에서조차 그 장애를 유발했을 가능성이 있는 소인이 무엇인지 아는 사람이 아무도 없었다. "'그럴 리가 없습니다.' 이것이 그들의 반응이었다. '우리나라 최고의 의료진들이 놓친 것을 여기 온 지 몇 분 만에 알아낸다는 게 말이 됩니까?'" 펜로즈는 당시 상황을 이렇게 기록했다.

그다음 날 아침 펜로즈는 캐럴의 소변을 검사했다. "근사한 초록빛"이었다. 하지만 그 학교의 누구도 캐럴의 어머니에게 펜로즈의 진단을 전하지 않았다.

*
**

평생을 평화주의자로 살아온 펜로즈는 제2차 세계 대전이 벌어지는 동안 캐나다에서 머물렀다. 1945년에는 유니버시티 칼리지 런던의 차기 우생학 골턴 교수(Galton Professor of Eugenics)로 초빙되어 귀국했다. 그는 이 직함에 담긴 아이러니를 간과하지 않았다.

우생학이라는 용어를 만든 과학자 프랜시스 골턴은 가족에게 유산의 일부를 우생학 연구 실험실에 기부해 담임 교수를 고용해서 인류 개량에 이바지할 수 있는 유전 관련 자료를 수집하도록 했다. 실험실은 골턴이 사망한 1911년 이후 30년 동안 분주하게 돌아가다가 독일군의 폭격으로 파괴되었다. 펜로즈는 재건에 동의했지만 초기 목적대로 가지 않고 우생학을 배제할 방도를 모색했다. 심지어 인류 유전학 골턴 교수(Galton Professor of Human Genetics)로 직함까지 변경했다. (이 변경은 법적 소송을 거쳐서 1963년에야 결정되었다.)

펜로즈는 신임 골턴 교수로서 취임 공개 강의를 해야 했다. 그는 이 강의를 상황이 달라졌다는 것을 세계에 알릴 기회로 삼아 PKU 병례사를 다루었다. 강의 제목은 "페닐케톤뇨증: 우생학의 한 문제"였다.[25]

펜로즈가 강의 초안을 준비하던 1945년은 아우슈비츠, 다하우, 베르

겐벨젠 강제 수용소가 해방된 지 1년도 안 된 시점으로, 홀로코스트의 기억이 끔찍하도록 선명하게 살아 있었다. 나치는 우생학에 의지해 '인종 위생'의 참상을 정당화했다. 전후에 펜로즈는 우생학이 나치를 패전으로부터 되살려 내지 않을까 우려했다. 잉글랜드를 비롯한 몇몇 국가의 주요 우생학자들은 여전히 기존의 활동을 밀어붙이고 있었다. 미국에서는 우생학을 토대로 정당화된 불임법이 교과서에 남아 있었고, 사람들은 여전히 자녀 낳을 기회를 박탈당하고 있었다.

펜로즈는 이 강의에서 끈질기게 버티는 우생학자들을 향한 분노를 표출하면서 인간의 번식을 통제해 종을 개량하겠다는 그들의 주장, 즉 "감정적 편견을 기반으로 삼은 파멸적인 생각"이 얼마나 터무니없는 이야기인지 설명했다. 그는 또 우생학이 추진하는 정책을 폐기해야 할 근거로 PKU 병례사를 제시했다.

1946년에는 과학자들의 PKU 사례 연구가 약 500건에 이르렀고 그들의 가족사 연구는 이 질환이 유전성임을 명확하게 보여 주었다. 다시 말해 자녀가 양쪽 부모에게서 한 유전자의 동일한 복사본을 물려받아야 한다는 뜻이었다. 과학자들은 여전히 유전자가 뭔지 몰랐지만, 우생학자에게 그런 것은 상관없을 것이라고 펜로즈는 추측했다. PKU를 소멸시키기 위해서는 사람들이 그 유전자를 미래 세대에 전달하는 것을 막기만 하면 된다는 것이 우생학자들의 생각이라고.

펜로즈의 생각은 달랐다. "하지만 이 생각은 틀렸다. 우리는 PKU를 해충 다루듯이 그저 해로운 유전자를 근절하면 되는 것으로 여겨서는 안 된다."

PKU는 열성 유전병으로, 부모에게서 해당 유전 인자를 각각 하나씩 물려받은 자녀에게서만 발생하는 질환이라는 뜻이다. 펜로즈와 다른 과학자들이 아는 한, 결함 유전자 사본이 하나인 사람들은 건강하다. 얼마나 건강한지 이 사람들이 PKU가 있는 자녀를 낳기 전까지는 보인자 여부를 알기가 불가능하다. 펜로즈는 자신이 확인한 사례 수를 토대로 영국 전체 인구의 1퍼센트가 PKU 보인자일 것으로 추산했다. (그 후의 조사로 실제 수치가 그 2배에 달하는 것으로 나타났다.)

"이 유전자를 근절시키려면 인구 집단에서 정상 인구의 1퍼센트를 불임으로 만들어야 하는데, 그것도 보인자를 확인했을 때에나 가능한 일이다." 펜로즈는 이렇게 단언했다. "광인이 아니고서야 인구 중에 한 줌도 안 되는 무해한 정신 박약자가 나타나는 것을 막자고 그런 방법을 쓰자고 주장할 사람은 없을 것이다."

펜로즈가 PKU 환자를 치료할 때면 가족과 친척 들이 자신들도 보인자일 가능성은 얼마나 될지 초조하게 묻고는 했다. 자녀를 낳으면 안 되느냐고. 펜로즈가 그 확률을 계산해 보니 PKU가 있는 사람의 형제자매가 보인자일 확률은 3분의 2였다. 또 장래의 배우자가 보인자일 확률은 100분의 1로 추산했다. 그러면 두 보인자의 자녀에게 PKU가 유전될 확률은 4분의 1이 된다. 이 모든 확률을 합산해서 펜로즈가 내린 결론은, PKU가 있는 사람의 일가친척이 PKU가 있는 자녀를 낳을 확률은 겨우 600분의 1이었다.

"내 생각에 이 확률은 그들에게 성적 결합을 단념시키기에 충분한 근거가 되지 못한다." 펜로즈의 견해였다.

펜로즈는 슬그머니 PKU가 아리아 민족이 유태인이나 흑인보다 우월하다는 나치의 환상을 무너뜨렸다는 점도 지적했다. 미국에서는 저비스가 PKU가 있는 유태인이나 흑인을 찾지 못했다. 오히려 이 질환자가 많은 지역은 독일과 네덜란드였다. 펜로즈는 이렇게 비꼬았다. "페닐케톤뇨증을 아리아 종족으로 국한하기 위한 강제 불임술 프로그램을 최근 무너진 독일 정부가 반가워하지는 않을 것 같다."

강의를 끝맺으면서 펜로즈는 다른 많은 질환도 PKU 사례와 비슷한 경우로 밝혀질 것이라고 내다보았다. "많은 희귀 열성 유전병이 남자에게서 확인되었으며, 의심할 여지 없이 훨씬 더 많은 남자가 발견되기를 기다리고 있을 것이다. 대략 3명 가운데 2명이 한 가지 심각한 열성 결함의 보인자일 확률도 불가능하지는 않다."

다시 말해 인류는 몇 가지 결함만 제거하면 모두가 유전적으로 균일해질 수 있는 집단이 아니다. 펜로즈는 우리를 유전적 다양성이 흘러넘치며, 유전적으로 영영 완벽할 수 없는 종으로 보았다. 어떤 불완전함을 제거하려 한다면 곧 인류를 통째로 제거해야 할 것이라고.

*
**

우생학을 맹공한 펜로즈는 새로운 유전 질환을 밝혀내기 위해 최초로 대규모 의료 유전학 프로그램을 개설했다. 1950년대 초에 유전학자들은 펜로즈의 지도하에 환자들을 검사해 혈액 샘플을 테스트하고 가계도를 그리면서 유전자의 계보를 거꾸로 추적했지만 유전자가 무엇인지는 여전히 알지 못하는 상태였다. 하지만 블룸즈버리 거리에서 킹스칼리지 런던까지 훑어보았다면 그 수수께끼를 밝히기 위해 엑스선 사진을 촬영하던 한 여성을 볼 수 있었을 것이다.

1920년대에 모건의 연구진이 동료 과학자들에게 유전자는 실체가 있는 물질이며 위치는 염색체임을 증명했다. 염색체는 단백질과 디옥시리보핵산(deoxyribonucleic acid), 줄여서 DNA라는 미지의 분자가 함유된 혼합 화학 물질이었다. 1950년대에 이르면 과학자들이 세균과 바이러스로 정교한 실험을 수행해 단백질이 아니라 DNA가 유전자의 본체임을 밝혀낸다. 예를 들어 바이러스가 세균에 침입할 때에는 DNA만 침투하고, 단백질은 세포 안으로 들어가지 않는다.

1950년에 로절린드 프랭클린(Rosalind Franklin, 1920~1958년)이라는 30세의 과학자가 DNA의 형태를 연구하기 위해 킹스 칼리지 런던에 들어왔다.[26] 프랭클린은 레이먼드 고슬링(Raymond Gosling, 1926~2015년)이라는 대학원생과 함께 DNA 결정을 만들어 그 위에 엑스선을 쏘는 실험을 수행했다. 엑스선이 결정 표면에 반사되어 사진 필름에 포착되면 선과 점, 곡선이 선명하게 나타났다. DNA의 이미지를 포착하려는 과학자들은 있었지만, 프랭클린만큼 훌륭한 결과물을 얻은 사람은 없었다. 프랭클린은 촬영된 이미지들을 보면서 DNA가 소용돌이 형태, 즉 나선형 분자일 것으로 짐작했다. 하지만 프랭클린은 데이터를 수집하는 중노동을 완료하기 전까지는 공상에 빠질 여력이 없는 철두철미하게 빈틈없는 과학자였다.

다른 두 과학자 프랜시스 헨리 콤프턴 크릭(Francis Henry Compton Crick, 1916~2004년)과 제임스 듀이 왓슨(James Dewey Watson, 1928년~)은 기다리고 싶지 않았다. 그들은 케임브리지에서 금속 막대와 죔쇠를 들고 그럴듯한 DNA 배열을 찾고 있었다. 왓슨은 프랭클린의 강연을 듣던 도중에 급히 적은 메모를 토대로 크릭과 함께 하나의 모형을 고안했다. 프랭클린은 킹스 칼리지의 동료들과 함께 케임브리지를 방문해 그 모형을 살펴보고는 크릭과 왓슨에게 화학 구조가 완전히 틀렸다고 단도직입적으로 말했다.

프랭클린은 계속해서 엑스선 사진 작업을 수행했는데 갈수록 킹스 칼리지의 환경이 불편해졌다. 연구소 부소장 모리스 휴 프레더릭 윌킨스(Maurice Hugh Frederick Wilkins, 1916~2004년)는 프랭클린을 자기가 시키는 대로 해야 하는 아랫사람으로 여겼는데, 프랭클린으로서는 어림없는 일이었다. 윌킨스는 자존심이 상해 크릭에게 가서 "우리 실험실의 부루퉁

한 여자"에 대해 투덜거렸다. 결국 조치가 이루어져서 윌킨스와 프랭클린이 DNA 연구를 따로 진행하기에 이르렀다. 하지만 윌킨스가 여전히 상사였고, 이것은 프랭클린이 촬영한 엑스선 사본을 윌킨스가 마음껏 가져갈 수 있음을 의미했다. 1953년 1월, 윌킨스가 왓슨에게 아주 인상적인 이미지 하나를 보여 주었다. 왓슨은 그 이미지로 DNA의 구조가 어떻게 생겼는지 바로 알아볼 수 있었다. 그는 크릭과 함께 프랭클린이 의료 연구 위원회(Medical Research Council)에 제출하기 위해 쓴 발표 전 논문까지 입수했다. 이 논문은 왓슨과 크릭이 해법을 찾는 데 지침으로 쓰였다. 하지만 두 사람 모두 프랭클린이 힘들게 얻은 사진을 써도 되는지 허락을 구할 생각조차 하지 않았다. 케임브리지와 킹스 칼리지의 연구진은 1953년 4월 25일에《네이처》에 일련의 논문을 발표할 계획을 논의했다. 크릭과 왓슨은 한 편의 논문으로 DNA 모형을 발표해 세간의 주목을 받았다. 프랭클린과 고슬링은 다른 논문으로 엑스선 데이터를 발표했지만, 독자들에게는 일종의 "나도 있다."는 것을 보여 주려는 시도로밖에 받아들여지지 않은 듯하다.

프랭클린은 5년 뒤 암으로 사망했고, 크릭과 왓슨과 윌킨스가 1962년에 노벨상 공동 수상자가 되었다. 1968년에 펴낸『이중 나선(*The Double Helix*)』에서 왓슨은 프랭클린을 자신이 얻어 낸 이미지의 값어치도 알아볼 줄 모르는, 호전적인 성격에 옷차림 형편없는 여자로 잔인하게 조롱했다. 이 누락이 더욱 쓰라리게 안타까운 것은, 그 나머지 과학자들이 특별히 멋진 것을 함께 발견했기 때문이다. 그것은 유전을 가능하게 하는 분자 구조였다.

그들은 DNA가 뉴클레오티드 사슬 두 가닥이 꼬여 이중 나선을 이루는 구조임을 알아냈다. 두 가닥의 사슬 사이에는 이 둘을 이어 주는 염기(鹽基, base)라는 화합물이 있다. 그 후로 30년에 걸쳐 과학자들은

DNA가 유전 정보를 전달하는 데 이 구조가 어떤 역할을 하는지 알아내기 위한 연구에 매달렸다. 이 각각의 유전자는 수천 개의 염기로 구성된 DNA의 연속체이다. DNA에 있는 각각의 염기는 각기 다른 네 종류가 있는데, 아데닌(adenine, A), 사이토신(cytosine, C), 구아닌(guanine, G), 티민(thymine, T)이다. 세포는 일련의 화학 반응을 일으켜 한 유전자의 염기 서열을 단백질로 합성한다. 세포는 먼저 그 유전자의 복사본을 하나 만드는데, 이때 나선 한 줄이 길게 꼬인 염기 조합인 리보핵산(ribonucleic acid), 줄여서 RNA가 만들어진다. RNA 분자는 리보솜(ribosome)이라고 부르는 분자 공장에 부착되고, 리보솜에서 RNA의 염기 배열을 읽어 그것과 짝을 이루는 단백질이 합성된다.

DNA의 발견으로 유전이 하나의 간단한 레시피로 압축되는 듯했다. 즉 한 DNA 분자가 1쌍이 되는 것으로 요약되었다. 세포 하나의 분자 구조가 두 가닥의 DNA 분자를 떼어 낸 다음에 각각의 DNA 분자에 대응하는 새로운 염기를 배열한다. 각각의 염기는 각기 다른 염기와 조합되는데, A는 T와, C는 G와 짝을 이룬다. 세포는 이렇게 원래 DNA의 완벽한 복사본 2개를 만들어 낸다. 이것은 원자 단위에서 이루어지는 과정이다.

하지만 세포가 때로는 실수를 한다. 이런 실수가 새로 생성된 DNA 분자 중 하나에 변화를 가져온다. 가령 염기 하나가 A에서 C로 바뀌는 식이다. 100개의 염기가 실수로 두 번 복제될 수도 있다. 1,000개의 염기가 통째로 잘려 나가는 경우도 있다. 이것이 더 프리스와 모건이 수십 년을 바쳐서 알아내고자 했던 돌연변이의 실체였다. 돌연변이는 새로운 유전 형질을 만들어 낼 수 있다. (이것은 나중에 대립 형질(allele)로 불린다.) 대립 형질이 기존 형질과 동일하게 작동하는 경우도 있지만, PKU 같은 경우에는 아예 작동하지 못한다.

후대 과학자들은 이 발견을 이용해 PKU의 분자 메커니즘을 밝혀낸다.[27] 저비스가 발견한 페닐알라닌 수산화 효소는 PAH 유전자에 의해 암호화된다. 우리의 간에서 세포는 PAH 유전자를 효소로 변환해 페닐알라닌을 분해한다. 하지만 펄과 로싱 벅 부부 같은 보인자의 경우에는 PAH 유전자의 한 사본에 돌연변이가 있어서 세포가 이 효소를 생성하는 것을 방해한다.

펄과 로싱이 자신들의 DNA에 문제가 있을 것이라고 생각하지 못했던 이유는 그들의 PAH 유전자의 나머지 사본에 돌연변이가 없었기 때문이다. 따라서 그들의 몸에서는 페닐알라닌 수산화 효소가 충분히 생성되어 신진 대사가 무난하게 이루어질 수 있었다. 하지만 캐럴은 부모 양쪽 모두에게서 결함 있는 PAH 유전자 사본을 하나씩 물려받아 해당 효소가 생성되지 못해 장애로 고통을 겪은 것이다.

푈링과 펜로즈가 PKU의 원인이 열성 인자임을 주장한 지 50년 만에 과학자들은 그 인자를 육안으로 볼 수 있게 되었다. 하지만 그 무렵 이미 PKU가 있는 사람들의 조건은 크게 개선되었다. PKU를 갖고 태어난 아기도 적절한 요법으로 보살피면 캐럴과 같은 미래에 직면할 필요가 없어졌다.

⁂

치료법을 찾기 위한 여정은 1949년, 메리 존스(Mary Jones)라는 영국 여성이 생후 17개월의 딸 실라(Sheila)를 버밍엄 병원에 데려가면서 시작되었다. 아기 실라는 일어서기는커녕 목도 가누지 못했다. 주위 사물에도 아무런 관심을 보이지 않았다. 버밍엄 병원의 호르스트 비켈(Horst Bickel, 1918~2000년)이라는 의사가 실라를 검진한 뒤 메리에게 실라가 PKU임을 알렸다. "내가 실라의 소변에서 페닐알라닌 혈중 농도가 매우 높음을 선명하게 보여 주는 크로마토그램 검사지를 내밀면서 이것으로 진단이 확증되었다고 알려 주었을 때, 실라의 어머니는 눈도 깜짝하지 않았다."[28] 비켈은 그때를 이렇게 회상했다.

메리는 실라의 병이 밝혀졌으니 이제 무엇을 해야 하는지 알고 싶어 했을 뿐이다. 할 수 있는 일이 없다고 비켈이 대답했다.

메리는 그의 대답을 받아들이지 않았다. 이튿날 아침에 다시 와서 도와 달라고 청했다. 비켈이 거절했지만, 메리는 매일 아침 같은 요구를 가지고 다시 돌아왔다.

"메리는 몹시 화를 내면서 PKU의 치료법이 없다는 사실을 받아들이려 하지 않았습니다." 비켈은 말했다. "치료법을 왜 찾지 않았느냐고요?"

당시 비켈에게는 찾을 수 있다고 믿을 근거가 없었다. 펜로즈가 PKU 환자를 위한 식단 조제를 시도한 적은 있었지만 치료 효과가 있는 결과를 내지는 못했다. 펜로즈는 페닐알라닌을 전환시키지 못하는 것이 지적 장애의 원인은 아니라고 확신하기에 이르렀다. 그 대신에 두 증상 모두 원인 불명이라고 생각했다. 식단으로 PKU의 지적 장애를 치료하는 것은 안경으로 노인의 주름을 사라지게 하는 것이나 진배없는 발상이라고.

하지만 메리의 비타협적인 집요함에 비켈은 동료들과 PKU 식단에 대해 의논해 보기로 했다. 그는 런던에 루이스 울프(Louis Wolf)라는 생화학자가 PKU가 있는 사람들에게 페닐알라닌의 과잉 축적 없이 단백질을 공급할 수 있는 육수 조제를 시도했다는 이야기를 들었다. 울프가 환자들에게 자신이 제조한 육수를 공급하겠다고 하자 그레이트 오먼드 스트리트 병원(Great Ormond Street Hospital)의 윗사람들은 불치병 환자들에게 정신 나간 치료를 하는 것은 당신이 할 일에 포함되지 않는다며 그의 제안을 일축했다. 울프는 그 조제법을 비켈에게 건넸다. 비켈은 조제 육수가 부패하지 않도록 냉온이 유지되는 몹시 추운 실험실에서 울프의 지침에 따라 작업했다.

마침내 실라에게 줄 분량이 준비되었다. 그는 메리에게 실라에게 그 육수 이외의 다른 것은 일절 먹이면 안 된다고 주의를 주었다. 기쁘게도 실라의 혈중 페닐알라닌 농도가 감소했고, 15년 전 펜로즈의 실험에서처럼 반등하지 않았다. 이 식단으로 심지어 실라의 지적 능력도 개선될 조짐이 나타났다. 몇 개월 만에 몸을 일으켜 앉기 시작했고, 그러다가 일어서더니 부축받지 않고도 걷기 시작했다. 소변의 곰팡내도 사라졌다. 하지만 비켈이 병원 동료들에게 이 이야기를 하자 모두가 비웃었다. 실라가 개선된 것은 순전히 각별하게 보살핌을 받은 덕분이라고 반박했다. 비켈은 그들을 이해시킬 방법은 하나뿐이라고 보았다. 실라의 식이 요법을 중단하는 것이었다.

비켈은 메리에게 알리지 않고 조제법에 몰래 페닐알라닌을 추가했다. 식단을 바꾼 지 하루 만에 실라의 상태가 악화되기 시작했다. 얼마 지나지 않아 사람을 보고 웃거나 눈을 마주치는 행동이 사라졌고 걷지도 않게 되었다. 비켈과 동료들은 메리에게 식단을 몰래 변경했음을 알리고 다시 저페닐알라닌 식단으로 돌아갔다. 그 변화만으로도 비켈에게는 충분한 증거였으나, 회의적인 동료들에게는 충분치 않으리라고 여겼다. 그는 메리의 허락을 얻어 실라를 입원시킨 뒤, 다시 페닐알라닌을 공급하고 이번에는 실라의 악화 과정을 동영상으로 기록했다.[29]

동영상의 첫 장면에서 실라는 비켈의 무(無)페닐알라닌 식단에 따라 치료를 받는다. 건강해 보이고 주변 상황을 뚜렷이 인지하는 모습이다. 유아용 식사 의자에 앉아 있고 배경에는 붓꽃 문양의 커튼이 드리워져 있다. 실험실 가운 소매의 팔이 영상 안으로 들어오더니 위로 뻗는데, 열쇠 꾸러미가 매달려 있다. 실라는 열쇠를 올려다본다. 주의 깊게 관찰하더니 손을 위로 뻗는다. 열쇠를 톡 건드리더니 앞뒤로 흔들리는 모습을 지켜본다. 그러다가 열쇠 하나를 손에 쥔다. 이번에는 다른 실험복 소매의 팔이 영상 안으로 들어와 딸랑이를 흔든다. 실라는 열쇠냐 딸랑이냐 하는 어려운 선택을 차분히 풀었다. 열쇠를 집어 복도 바닥에 내던진 것이다.

그다음 장면은 실라가 사흘 동안 일반 식단으로 돌아간 시기이다. 실라는 완전히 다른 아이가 되어 있었다. 봉두난발로 바닥에 앉아 허공만 멍하니 응시하고 있었다. 누군가 열쇠를 보여 주니 몇 초간 쳐다보다가 침을 흘리면서 천천히 손을 뻗었지만 손에 쥐지 못했다.

그다음 장면은 이틀 뒤로 넘어간다. 이제 실라는 열쇠를 잡을 생각조차 하지 않는다. 그저 눈으로 보더니 울어 버린다. 다시 암전. "저페닐알라닌 식단 재개 4주 뒤"라는 카드가 뜬다. 다음 장면에서 실라는 걷고 있고, 의자를 밀면서 단호하고도 끈질기게 방 끝으로 간다. 그러고는 강렬한 눈빛으로 위를 올려다보는데, 슬픔도 기쁨도 아니다. 어쩌면 자신이 어떤 시련을 겪어 왔는지를 생각하는지도 모르겠다. 비켈은 이 동영상으로 그레이트 오먼드 스트리트 병원 동료 의사들의 생각을 바꿔 놓을 수 있었다. 울프와 비켈, 그의 동료들은 어린이 환자들을 위한 저페닐알라닌 식단을 공식적으로 허가했다. 모든 환자가 눈에 띄게 개선되었다. 하지만 식단은 결코 만병 통치약이 아니었다. 지능 검사 점수가 향상되기는 했어도 여전히 평균을 크게 밑돌았는데, 이미 뇌 손상이 돌이킬 수 없이 심하게 진행된 뒤였기 때문이다. 연구자들은 환자들이 매일 식단을 유지하지 않으면 이 효과가 사라질 수 있다는 것도 알았다. 실라는 계속 호전되어 크레용으로 휘갈겨 쓰고 벽돌로 탑 쌓는 법을 배웠다. 하지만 정신 질환을 겪는 홀어머니였던 실라의 어머니 메리는 까다로운 식단을 유지하지 못했다. 메리는 결국 시설에 수용되었고 실라도 기관에 들어갔다. 비켈과 울프가 개발한 식단을 지킬 수 없었던 실라는 여생을 그 기관에서 지내며 혼자 힘으로 식사하고 옷을 입을 줄 알게 되었지만 말은 끝까지 배우지 못했다.

비켈과 울프의 획기적인 해법에 고무된 과학자들과 제약 회사들은 한층 개선된 조제법을 개발했다. 과학자들은 이 식단을 적용한 어린이들이 어떤 변화를 보였는지 연구하면서 페닐알라닌을 일찍 제한할수록 장기적으로 더 좋다는 사실을 발견했다. 하지만 1950년대까지는 PKU를 찾는 데 여전히 푈링 검사법을 사용했기에 아동의 소변에 페닐피루브산 수치가 상대적으로 많이 축적된 뒤에만 장애를 진단할 수 있다는 문제가 남아 있었다. 하지만 이 식이 요법이 더 큰 효과를 보려면 조기에 시행할 수 있는 검사법이 필요했다.

당시 과학자들은 PKU가 열성 유전자로 인해 유발된다는 사실을 알았고, 그 유전자가 염색체에서 특정 DNA 염기 서열임이 분명하다는 것도 알았다. 하지만 그 염기 서열이 어디에 있는지는 아무도 알지 못했다. 설령 그 위치를 알았다고 해도 그 염기 서열을 분석할 수 없었을 것이다. 왜냐하면 분석에 필요한 기술이 수십 년째 나오지 않았기 때문이다. 그 대신 연구자들은 페닐알라닌의 농도가 낮은 상태에서도 PKU를 찾아낼 수 있는 새로운 검사법을 고안하고자 했다.

1957년 캘리포니아의 소아과 의사 윌러드 센터월(Willard Centerwall, 1924~2005년)이 기저귀에 염화 철을 발라서 PKU를 진단할 수 있다는 사실을 알아냈다. 그의 검사법으로 의사들은 생후 몇 주 안 된 신생아를 대상으로 PKU 여부를 진단할 수 있었다. 얼마 뒤, 미국의 의학 연구자 로버트 거스리(Robert Guthrie, 1916~1995년)가 소변 대신 혈액을 이용하는 검사법을 고안했다. 거스리의 검사법은 신속하고 안정적이고 저렴했다. 게다가 신생아에게 바늘 한 번 찔러서 나온 미소한 양의 혈액으로도 진단할 수 있었다.

《새터데이 이브닝 포스트》, 《타임》, 《뉴욕 타임스》가 이러한 발전을 기리는 기사를 내보냈다. 1960년 이전까지는 PKU가 있는 사람의 25퍼센트만이 30세까지 살았고, 다수는 시설에 수용되어 살다가 전염병으로 더 이른 나이에 사망했다.[30] 하지만 이제는 의사들이 진단하고 치료할 수 있게 되었다. 미국에 PKU 환자는 몇백 명밖에 안 되었지만, 언론은 거스리를 비롯한 연구자들의 업적을 전례 없는 유전병에 대한 승리라고 찬양했다.

한편 어느 정도는 펄 벅의 책 『자라지 않는 아이』의 영향으로 많은 지적 장애 어린이의 부모들이 수치심을 벗어던지고 뭉치고 있었다. 지적 장애의 원인은 다양하지만 부모들은 PKU에 초점을 맞추어 더 많은 연구와 보호를 촉구했다. 1961년에 전국 지적 장애 아동 주간을 기념해 존 피츠제럴드 케네디(John Fitzgerald Kennedy, 1917~1963년) 대통령이 PKU 자매 캐미 맥그래스(Kammy McGrath)와 실라 맥그래스(Sheila McGrath)를 백악관으로 초청했다.

자매 모두 PKU가 있었지만 이 질환이 두 사람의 삶에 미친 영향은 근본적으로 달랐다. 언니 실라는 1세 때 PKU 진단을 받았다. 이때 이미 뇌 손상이 막대하게 진행된 상태여서 7세이던 당시 시설에서 생활하고 있었다. 맥그래스 부부가 2년 뒤 캐미를 낳았을 때에는 의사가 생후 3주에 센터월 기저귀 검사법으로 PKU 진단을 내렸다. 맥그래스 부부는 즉각 특수하게 조제된 분말 단백질 보충제와 저단백 식단으로 식이 요법을 시작했다. 캐미는 실라가 겪었던 심각한 단백질 중독 없이 5세이던 당시 집에서 건강하게 지내고 있었다.

맥그래스 가족이 백악관 캐비닛 룸(Cabinet Room, 내각 회의실. ─ 옮긴이)에 들어오자 케네디가 직접 맞이했다. 그는 캐미를 흔들목마에 태우고 아이가 노는 모습을 지켜보았다.

"잘했어요."[31] 케네디가 말했다. "지금까지 백악관에 왔던 어린이 가운데 가장 품행이 바른 아이들이군요. 현재 여기서 사는 아이들까지 포함해서 말입니다."

맥그래스 가족의 방문은 백악관 공식 사진으로 남아 있다. 캐미와 부모가 대통령 옆에 나란히 서서 실라를 바라보는 모습이다.[32] 실라는 흔들목마에 앉아서 다른 데를 보고 있다. 이듬해 5월, 거스리 검사법을 다룬《라이프》의 포토 에세이에 실라와 캐미의 모습이 실렸다.[33] 머리를 양 갈래로 땋은 캐미가 탁자 위에 산처럼 쌓인 단백질 분말 앞에서 웃고 있고, 짧은 단발의 실라는 짙은 색 드레스를 입고 탁자 뒤쪽 흔들의자에 앉아 있다.

이 이미지는 말 한마디 없이 분명한 메시지를 전달했다. 현대 의학의 힘으로 캐미는 실라의 운명을 피할 수 있었다고. "말이 필요치 않다. 페닐케톤뇨증은 얼마든지 억제될 수 있다. 조기에 진단만 받을 수 있다면, 아이는 정상적인 삶을 살아갈 수 있다."[34]《뉴욕 타임스》는 그렇게 단언했다.

1961년 12월, 케네디 정부는 모든 신생아를 대상으로 PKU 검사를 의무화하는 방안을 강구했다. 1963년에 매사추세츠 주가 PKU 유무 검사를 의무화하는 법안을 통과시켰고, 곧이어 다른 주들도 뒤를 이었다. 10년 안으로 미국 아동의 90퍼센트가 검사를 받게 되었고, 거스리와 다른 연구자들은 다른 국가에서 실행할 PKU 검사 프로그램에 착수했다. 그 뒤로 신생아 검사에는 다른 유전병들도 포함되어 되도록 이른 시기에 대처할 수 있게 되었다. 1970년대에 이르면 태어난 직후부터 PKU 치료를 받은 1세대 아동이 성인이 된다. 그들은 학교를 졸업하고 직업을 갖고 보통의 삶을 살 수 있었다. 2001년 트레이시 벡(Tracy Beck)이라는 대학원생이 PKU 환자로서 최초로 박사 학위를 받았다.[35] 벡은 천문학자가 되어 제임스 웹 우주 망원경(James Webb Space Telescope, 기존의 허블 우주 망원경이 관측하지 못했던 원거리 천체 관측 임무가 부여된 가시 광선 및 적외선 관측 우주 망원경으로, 2021년 12월 25일에 발사되었다. — 옮긴이) 개발에 참여했다. 벅처럼 PAH 유전자 돌연변이가 유전된 사람들은 수천 년 동안 하늘을 올려다보면서도 눈에 보이는 빛을 가리키는 말조차 배우지 못했을 것이다. 이제 벡은 인류의 시야를 광활한 우주 저 끝으로 확장하는 데 이바지하고 있다.

***

1957년에 바인랜드 훈련 학교는 전교생을 대상으로 PKU 검사를 실시하기로 결정했다. 검사 결과 양성이 나온 소수의 학생 가운데 한 사람이 캐럴라인 벅이었다.

어떻게 보면 새로울 것 없는 결과였다. 펜로즈가 20년 전 푈링의 조잡한 검사법으로 같은 진단을 내렸으니까. 하지만 학교 측이 이번에는 펄 벅에게 알렸다. 캐럴의 병으로 인생이 뒤바뀌고도 병명조차 몰랐던 펄에게 드디어 그것을 부를 정식 명칭이 생긴 것이다. 거의 40년이 지나서.

펄에게는 생소한 이름이었다. 그는 이 병을 꼼꼼히 알아보았고, 1958년에 노르웨이를 여행할 때 푈링을 직접 만나 보았다. 펄은 이 70세의 의사에게서 배울 수 있는 모든 것을 배웠다. 그러고 나서 얼마 뒤 전남편 로싱에게 편지를 써서 둘 다 몰랐던, 보이지 않는 어떤 것으로 서로가 묶여 있음을 설명했다. 두 사람이 이혼한 뒤로 로싱은 재혼해서 건강한 두 자녀를 얻었다. 그는 편지에서 그 두 자녀에게 그의 위험한 유산이 유전되었을 수도 있음을 알렸다.

"캐럴의 경우에는 아무래도 상관없어요. 어차피 너무 늦었으니까. 하지만 내가 걱정하는 건 당신의 아이들이에요. 그 유전자를 이어받았으니까요. 두 자녀가 결혼하기 전에 반드시 혈액 검사를 받게 해요. 그리고 그 아이들이 결혼할 상대의 혈액 검사까지도요."[36]

1960년에 센터월이 펄 벅의 펜실베이니아 집을 찾아왔다. 펄은 그를 믿고 캐럴이 최근에 PKU 진단을 받았다고 이야기했다. 센터월은 주머니에서 페닐아세테이트(phenylacetate) 결정이 든 작은 약병을 꺼내 냄새를 맡아 보라고 했다.

"펄 벅은 곧바로 캐럴을 떠올렸다. 아기 때 캐럴에게서 그와 똑같은 이상한 냄새가 났다고 했다."[37] 센터월은 훗날 그렇게 회상했다.

펄 벅은 센터월의 방문에 대해서도, 40년 전 난징을 떠올리게 한 냄새에 대해서도, 딸이 놀던 모습을 지켜보던 대나무 정원에 대해서도 글로 쓰지 않았다. 펄이 그 냄새가 실제로 하나의 징후였음을 갑자기 알게 되었을 때 어떤 기분이었을지 우리는 알 길이 없다. 자신의 유전자형이 어떤 것인지 생각했을지도 모른다. 어머니나 아버지에게서 물려받은 희귀 유전자 변이를 로싱도 그의 조상에게서 물려받았으며 그것이 두 사람의 아이 캐럴에게서 하나로 결합했음을. PKU 자녀들이 적어도 어떤 처방을 받을 수 있는 시점에 그 진단명을 알게 되었을 때, 캐럴에게 손수 만들어 주었던 모든 음식이 의도하지 않은 독이었음을 깨달았을 때, 펄이 어떤 심정이었을지 우리는 알 길이 없다.

그나마 알려진 모든 것은 다른 딸 재니스를 통해서이다. 어머니는 "자기 가족의 유전자가 이 장애에 한몫했을 수도 있다는 사실을 받아들이기 힘들어했다." 1992년에 재니스는 어머니에 대해 이렇게 회고했다.[38]

1960년대에 이르면 1세대 PKU 어린이가 건강한 뇌를 유지하며 어른으로 성장하는데, 캐럴과 펄 벅의 삶은 지난 수십 년과 다를 바 없이 흘러갔다. 펄은 매년 12월에 바인랜드 훈련 학교에 캐럴을 위해 장만한 선물 꾸러미와 편지를 보냈다. 이제 40대가 된 캐럴은 크레용, 색칠책, 구슬, 설탕 입힌 과일, 인형 이불, 음악 장난감을 받았다.[39] 이 선물 목록은 세월이 흘러도 변함없이 지켜졌다.

1972년에 펄은 캐럴을 만나러 갔다. 폐암 진단을 받아 항암 치료로도 여생이 겨우 몇 개월밖에 남지 않은 시점이었다. 캐럴은 어머니보다 20년을 더 살았다. 캐럴도 폐암 진단을 받았고, 72세가 된 1992년에 사망했다. 캐럴은 바인랜드 훈련 학교 마당, 에마 울버턴의 무덤 건너편에 매장되었다. 캐럴도 캐럴의 어머니도 흡연을 하지 않았기에 두 사람 모두 폐암 발병률을 높이는 다른 유전자 변이가 있었을 가능성이 제기된다.

*
* *

PKU는 희귀병임에도 이것보다 훨씬 더 일반적인 장애보다 많이 언급되어 왔다. 여기에는 강력한 도덕적 판단이 개입되지만, 그 판단은 이야기를 누가 하느냐에 따라 달라진다.

PKU 이야기가 누군가에게는 유전학의 승리를 보여 주는 사례이다. 멘델의 초기 제자들은 완두콩 실험이 콩 심은 데 콩 나는 이유를 설명해 준다는 것을 믿지 못하는 이들에게 조롱당했다. 멘델의 연구는 유전자 발견의 첫걸음이 되었으며, 현재 과학자들은 유전자가 건강에 정확하게 어떤 영향을 미치는지 발견해 가고 있다. 유전학은 PKU가 어떻게 생겨났는지를 설명해 주었을 뿐만 아니라 의사들이 이것을 억제할 수 있게 해 주었다.

1980년대 중반, 미래 세대 연구자들에게 유전 질환을 유발하는 돌연변이를 더 빠르게 찾아내게 해 줄 거대한 프로젝트가 구체적으로 드러났다. 그들은 한 유전자의 DNA를 검사하기보다는 인간의 염색체 46개

전체, 곧 인간 유전체 전체의 모든 DNA의 서열을 알아내고 싶어 했다. "한 사람의 유전자 지도와 DNA 서열을 알아낼 때, 의학은 근본적으로 변화할 것이다."[40] 노벨상 수상 생물학자 월터 길버트(Walter Gilbert, 1932년~)가 한 말이다.

그 변화가 어떤 것이 될지 설명하기 위해 국립 인간 유전체 연구소(National Human Genome Research Institute)의 당시 소장 프랜시스 셀러스 콜린스(Francis Sellers Collins, 1950년~)는 PKU 이야기를 가져왔다. 과학자들은 유전된 결함을 찾아내고 그런 다음 적절한 치료 방법을 고안했다. "아동의 식단에서 단지 페닐알라닌이 함유된 음식만 제거하면 그 아동은 건강하고 정상적으로 살아갈 수 있다." 콜린스는 말했다.[41] 전체 인간 유전체 분석으로 과학자들이 다른 수천 가지 질환의 원인이 되는 돌연변이의 위치를 정확하게 짚어 낼 수 있으며, 치료법까지도 찾아낼 가능성이 열린다는 이야기였다. 콜린스는 이렇게 말했다. "PKU는 의학이 어떤 식으로 근본적으로 변화할지를 보여 주는 사례이다."[42]

하지만 PKU는 그런 유전자 중심 연구의 심각한 결함을 보여 줄 뿐이라고 본 과학자들도 있었다.[43] 유전학이 생기기 시작한 초반부터 연구자들은 유전자가 어떤 형질 또는 질환을 '위해' 존재한다는 생각부터가 오류임을 인식했다. 유전자가 그렇게 많은 권능을 지닌 것은 아니며, 유전자는 어떤 환경 안에 존재하는 것이고, 그 효과도 환경에 따라 달라질 것이라는 생각이다. 예를 들어 모건은 초파리에게 돌연변이가 발생해 더 많은 다리가 솟아나는 것을 관찰했다. (단 오로지 낮은 온도에서만 가능했다.)

PKU 억제 식단이 나오자, 연구자들은 이것을 유전자의 적응성을 더 확실히 입증해 주는 근거로 삼았다. 1972년에 영국 생물학자 스티븐 피터 러셀 로즈(Steven Peter Russell Rose, 1938년~)는 PKU가 "높은 지능 지수"

유전자 같은 소리가 얼마나 무의미한지 증명해 주었다고 말했다. 적절한 조치를 취하지 않은 어린이는 PAH 유전자 변이만으로도 지능 지수가 낮아질 수 있다. 하지만 그 어린이에게 적절한 식단만 공급한다면 지능 지수는 정상 범위가 될 것이다. 로즈는 이렇게 말했다. "이렇듯 환경이 개인의 유전적 결함을 '이겨 냈다.' '높은 지능 지수 유전자'를 거론하거나, 이 태도가 말해 주는 유전 프로그램을 환경에서 분리하려는 시도는 부정직한 동시에 사실을 호도하는 행위이다."[44]

PKU에서 어떤 도덕적 판단을 내리든, 그들의 이야기에는 한 가지 공통점이 있다. 과학이 이 병을 완전히 이겼다는 사실이다. 1995년에 언론인 로버트 라이트(Robert Wright, 1957년~)는 우리의 지능이 조상에게서 물려받은 유전자에 의해 확정된다는 생각을 비판하기 위해 PKU 사례를 사용했다. 어떠한 치료도 하지 않고 방치한다면 PKU 돌연변이가 어린이들에게 무시무시한 지적 장애를 유발할 것이라고 라이트는 썼다. 그러고는 바로 덧붙였다. "다행히도 모든 신생아에게 페닐알라닌 아미노산이 낮은 식단을 공급하면 이 병은 사라진다."[45]

라이트도 로즈도 콜린스도 PKU가 없었고, 이 질환을 겪는 자녀를 돌볼 일도 없었다는 사실이 놀랍지는 않다. 의학이 아무리 정교하게 고안한 식단과 보충제를 제공한다고 해도 PKU는 결코 사라지는 질병이 아니다. 1950년대를 기점으로 PKU 아동들은 심각한 뇌 손상을 피할 수 있었지만, 오로지 그 냄새 고약한 육수 식이 요법을 지겹도록 고수해야만 가능한 일이었다. PKU 육수의 맛이 점차 개선되기는 했지만 저페닐알라닌 식이 요법을 지키며 성장하는 어린이들은 친구들이 피자며 아이스크림을 맛있게 먹어치우는 모습을 하염없이 지켜봐야만 했고 그러면서 또래 사회로부터 소외감을 느끼고는 했다.[46]

PKU 아동 1세대가 성장해 어른이 되었을 때 의학계는 일반 식단 전환을 허용했다. 그러자 얼마 지나지 않아 페닐알라닌이 다시 체내에 축적되면서 다시금 증상이 나타났다. 현재 PKU인들에게는 저페닐알라닌 식이 요법을 평생 지키도록 한다. 페닐알라닌을 조금이라도 섭취하지 않도록 조심하면서 영양의 균형을 맞추기 위해서는 보통 이상의 노력이 필요하다. 이렇듯 현재 PKU인들은 유전과 그것이 전개되는 세계 사이에서 긴장을 늦추지 않고 절충과 극복의 삶을 살아가고 있다.

2부

잡힐 듯 잡히지 않는 DNA

5장

어느 날 저녁의 몽상

1901년 베이트슨은 왕립 협회에 "유전에 관해 밝혀진 사실들"을 다룬 긴급 보고서를 보냈다. 베이트슨은 멘델의 연구가 재발견되고 새로이 평가받으면서 그 사실들이 날카롭게 부각되고 있다고 설명했다. 베이트슨을 비롯한 몇몇 과학자들은 멘델이 관찰했던 유전 패턴을 확증하는 작업을 진행하고 있었다. 베이트슨은 그 패턴들이 굉장히 신뢰할 만하고 몹시 심오해서 과학이 성취할 수 있는 가장 고귀한 명칭을 받을 자격이 충분하다고 주장했다. 이름하여 "멘델의 법칙"이었다.[1]

과학 법칙은 우주에서 일어나는 현상을 예측하는데, 대개는 짧고 간단한 방정식으로 표현된다. 아이작 뉴턴(Isaac Newton, 1642~1727년)이 발견한 운동 법칙은 그의 이름으로 불린다. 로버트 보일(Robert Boyle, 1627~1691년)은 기체의 부피로 압력을 예측하는 보일의 법칙으로 기억된다. 멘델의 연구도 마찬가지로 부모가 자녀에게 2개의 유전자 복사본 중 하나를 물려줄 확률이 반반이라는 명쾌한 비율 수식으로 유전을 설명했다. 멘델의 법칙에 따르면 우성 형질과 열성 형질은 3 대 1의 비율을 보인다. 그 형질이 완두콩의 주름진 껍질이건 인간의 PKU이건 관계 없다. 3 대 1이라는 수식은 변함이 없다.

멘델의 발견이 과학사에서 매우 중요한 업적임은 틀림없는 사실이다. 하지만 그가 관찰한 패턴을 '법칙'이라고 할 수는 없었다. 뉴턴의 운동 법칙은 머나먼 우주의 은하에서나 여기 지구에서나 동일하게 적용된다. 우주가 갓 태어난 137억 년(가장 최근인 2013년에 공식 발표된 우주 나이는 138억 년(137.98±0.37억 년)이다. ― 옮긴이) 전에도 그랬고 오늘도 그렇다. 멘델의 법칙은 그 경계가 훨씬 좁아서 생명이 존재하는 곳, 곧 우리가 아는 한 지구에만 적용된다. 단세포 미생물의 형태로 생명체가 처음 등장했던 약 40억 년 전에도 멘델의 법칙은 아직 존재할 수 없었다.[2] 미생물은 완두콩이나 사람과 같지 않았으며, 따라서 우성 형질이나 열성 형질이 없었다.

멘델의 법칙은 식물, 균류, 인간 같은 동물을 탄생시킬 새로운 생명 계통이 나타날 때까지 20억 년 넘게 더 기다려야 했다. 다시 말해서 멘델의 법칙은 보일의 법칙보다는 우리의 비장이나 망막에 더 가깝다고 봐야 할 것이다. 생명체가 진화했을 때 나타났다는 점에서 말이다. 지구는 자연 선택과 요행의 결합으로 온갖 다양한 생명체가 발생하는, 진정한 유전의 고향이다.

*
**

생명은 단순한 화합물이 화학 반응을 통해 복잡한 유기물이 되면서 발생했을 것이다. 아미노산과 염기, 그 밖의 분자 성분들은 지구 발생 초기부터 있었다. 짧은 연쇄 화합물들이 한데 응축되었을 텐데, 아마도 해저에서 얇은 지방막에 걸리거나 세포 같은 거품 속에 갇히는 형태였을 것이다. 이 비좁은 공간에서 화학 반응에 가속도가 붙으면서 그것을 무생물과 생물을 가르는 경계선 너머로 밀어냈을 것이다.

최초의 생명체는 오늘날의 생명체와는 크게 달랐을 것이다. 오늘날에는 동물, 식물, 세균(전부가 세포 생물이다.)이 유전 정보를 DNA에 부호화한다. 하지만 DNA는 유전 분자의 으뜸 후보가 되기 어려웠을 것이다.

무력하면서도 요구하는 것은 많은 물질이기 때문이다.

세포가 DNA에 저장된 정보를 읽으려면 단백질과 RNA 분자를 동시에 사용해야 한다. 세포가 분열될 때에는 또 다른 분자가 대규모로 동원돼야 DNA의 두 번째 사본을 만들 수 있다. 지구에 등장한 최초의 생명체는 훨씬 더 단순하게 시작되었을 것이다.

한 가지 가능성은, 생명이 DNA나 단백질 없이 시작됐으며 오로지 RNA 분자에만 의존해서 시작했으리라는 가설이다. 원시 세포에서는 여러 유형의 짧은 RNA 분자들이 서로를 복제하는 역할을 수행했다고 보는 것이다.

RNA 분자 실험으로 이것이 어떤 과정으로 이루어졌을지 그려 볼 수 있다. 하나의 RNA 분자가 여러 개의 염기를 포착한 뒤 두 번째 RNA 분자를 주형(鑄型) 삼아 이들을 결합한다. 그 두 번째 RNA 분자가 세 번째 RNA를 가지고 같은 일을 수행한다. 이 과정의 마지막 RNA 유전자가 다시 첫 번째 RNA 유전자를 도와주면 이 순환 고리가 완결되고 스스로 되먹임까지 하게 된다. 이 원시 RNA 분자의 유전은 두 가지 형태로 이루어졌을 것으로 보이는데, 조상에게서 유전 정보와 새로운 분자를 만들기 용이한 꽈배기 모양을 물려받은 것이다.

이 초기의 유전은 말끔하게 이루어지지 않았을 것이다. 새 RNA 분자가 원래 주형에서 약간 달라지는 경우도 있었을 텐데, 이것이 치명적 오류가 되어 더는 복제를 할 수 없는 분자도 나왔을 것이다. 하지만 어쩌다가 오류가 오히려 이들의 화학 작용을 개선하는 결과를 낳기도 했을 테고, 복제를 더 빠르게 해내는 세포들이 굼뜬 경쟁자들을 제치고 앞서 나갔을 것이다.

RNA에 바탕을 둔 생명체가 서식하던 바다나 조수 웅덩이는 자유로이 떠다니는 아미노산이 풍부한 환경이었을 것이다. RNA 분자가 더 복잡한 형태로 진화하면서 일부는 그 느슨한 아미노산을 연결해 펩타이드(peptide)라는 짧은 아미노산 사슬을 만들기 시작했을 것이다. 펩타이드는 세포 안에서 본래 하던 일(생체 조절과 재생 기능. — 옮긴이)을 할 수 있었을 것이다. 그리고 시간이 흐르면서 펩타이드는 덩치가 더 큰 복합 단백질이 되었을 것이다.

RNA에 바탕을 둔 생명체 가운데 일부가 진화해 DNA를 만들어 냈을 가능성도 있다. 두 가닥의 DNA 분자가 한 가닥짜리 RNA보다 더 안정적이고 손상도 덜 된다는 것이 밝혀졌을 것이다. DNA에 바탕을 둔 초창기 유기체는 자신의 유전자를 복제할 때 오류가 더 적었다. 이 같은 정확도가 더 복잡한 형태의 생명체로 진화할 길을 열어 주었을 것이다. 생명을 중단시킬 돌연변이가 나타날 가능성을 줄였기 때문이다.

DNA를 바탕에 둔 생명체는 확고하게 자리를 잡더니 지구를 장악하기에 이르렀다. 30억 5000만 년 전 무렵, 이 단세포 미생물은 진화의 양대 지류인 세균(bacteria)과 고세균(archaea)으로 나뉜다. 현미경으로 보면 이 둘을 분간하기가 불가능하지만 생화학적 특성에서 몇 가지 중요한 차이가 있다. 가령 세포벽을 구성할 때, 세균과 고세균은 각기 다른 분자를 사용하며 유전자를 읽을 때에도 다른 분자를 사용한다.

하지만 두 미생물 계통 다 놀라울 정도로 다재다능해서 물과 에너지를 얻을 수 있는 지구 상 거의 모든 곳에서 적응하며 생존한다. 미생물은 해면에서 햇빛을 받고 자랄 수 있도록 진화했고, 해저에서는 유황과 철을 먹고살며, 땅속 깊은 곳에서는 방사능 에너지를 이용한다. 과학자들은 지구에 서식하는 미생물을 약 1조 종으로 추산하며, 개체수는 약 1자(秭) 마리(10^{24}마리)에 달하는 것으로 본다.[3]

하지만 어느 하나 멘델의 법칙이 적용되지 않는다.

일반적인 미생물, 가령 우리의 장 속에서 사는 대장균(*Escherichia coli*)은 염색체를 단 하나 가지고 있는데 긴 원형 DNA이다. 그 원에는 수천 개 유전자가 배열돼 있다. 대장균이 우리가 먹는 아침 식사에서 글루코스(glucose)나 다른 당분을 섭취하면 복제 준비가 완료될 때까지 자란다. 준비가 되면 이 DNA 원에서 염색체가 두 가닥으로 우아하게 풀려나오기 시작한다. 이 두 가닥이 각각 동일한 염색체 2개를 깔끔하게 복제해 내면 세포가 이것을 2개로 잘라 두 염색체를 반대 방향으로 당기고 그 중간에 벽을 세운다. 새 미생물은 하나하나가 조상의 염색체 하나와 세포 분자의 거의 절반을 물려받은 완벽에 가까운 조상의 복사본이다.

우리 인간은 살면서 부모에 대해 알아 갈 기회가 있다. 미생물에게는 그런 기회가 오지 않는다. 조상들이 그대로 사라지기 때문이다. 아니, 달리 표현하면 분열되어 딸세포 속으로 들어간다고 해야겠다. 멘델의 법칙은 양쪽 부모의 유전 형질이 어떻게 결합해 새로운 생명체를 만들어 내는지 설명한다. 미생물에게 이런 것은 무의미한 일이다.

미생물의 유전은 인간의 유전과 또 다른 중요한 면에서 차이가 난다. 미생물은 여러 경로로 유전자를 물려받을 수 있다. 우리처럼 바로 전 세대에서 직접 유전자 복사본을 물려받는 경우도 있다. 이런 과정을 수직적 유전(vertical inheritance)이라고 한다. 하지만 친척이 아닌 미생물과 유전자를 교환하는 방식으로 물려받기도 하는데, 이것을 수평적 유전(horizontal inheritance)이라고 한다.[4]

수평적 유전을 통해 과학자들은 유전자가 무엇으로 이루어져 있는지 알아냈다. 1920년대에 연구자들은 치명적인 세균 균주를 죽여서 무해한 균주와 섞으면 무해한 균주가 치명적으로 바뀐다는 사실을 발견했다. 게다가 그 변화한 세균이 세포 분열을 일으켜 증식할 때 후손에게 그 치명적 성질이 유전된다. 이후에 오즈월드 시어도어 에이버리(Oswald Theodore Avery, 1877~1955년)라는 미생물학자가 동료 연구자들과 어떤 것이 그 신비한 "변형의 동인"인지 알아내기 위해 세균 내 여러 유형의 분자를 분리했는데, 수많은 실험을 거쳐 DNA를 우세한 후보로 추려 냈다.

에이버리가 연구한 세균은 떠다니는 DNA를 포착해 그 일부를 자신의 염색체와 결합시켜서 변형되는 것으로 밝혀졌다. 그들은 숙주를 병들게 할 수 있는 유전자를 획득했다. 하지만 그 후의 연구에서는 수평적 유전이 다른 경로를 통해 이루어지기도 한다는 사실이 드러났다. 예를 들면 미생물은 주된 염색체 이외에도 자율 증식하는 작은 DNA 고리를 전달하는데, 이것을 플라스미드(plasmid)라고 한다. 미생물은 다른 미생물에다 플라스미드를 꽂아서 그것을 채워 넣을 수 있는 빨대를 만드는 경우도 있다. 그렇게 빨아들인 플라스미드는 새 숙주의 몸속을 떠돌아다니기도 하고 염색체에 달라붙을 수도 있다.

이상하게 보일지 몰라도, 수평적 유전은 우리 주변에서 늘 일어나는 현상이다. 2004년에 덴마크의 한 연구진이 엔테로코쿠스 파이키움(*Enterococcus faecium*)이라는 세균 종이 사람 몸속에서 수평적 유전을 통해 DNA를 전달하는 과정을 보여 주었다.[5] 이 세균 종은 지난 수천 년 동안 인간의 장과 피부에 정착해 생존하는 균주로 진화했다. 또 다른 동물에게 기생하는 것을 선호하는 종도 있다. 엔테로코쿠스 파이키움 균주는 대부분이 무해하지만 일부는 혈액과 방광에 치명적 감염을 일으킬 수 있다.

엔테로코쿠스 파이키움 감염에 대한 일반적 치료는 약간의 항생제였다. 그것으로 완전히 치료되던 때도 있었으나, 2000년대 초반에 들어와 엔테로코쿠스 파이키움은 의학적 악몽으로 진화했다. 의학계에서는 이 세균이 항생제에 저항하게 하는 유전자를 지닌 사례를 점점 더 많이 발견하는 중이다. 내성이 생긴 균주가 환자의 몸에 정착하면 이 세균 종은 제약 없이 증식하며 내성 유전자를 후손들에게 수직적으로 전달한다.

2004년, 기백 넘치는 남자 6명이 우유를 두 잔 마시는 데 동의했다. 1번 컵에는 10억 마리의 엔테로코쿠스 파이키움이 들어 있었는데, 이것은 사람의 몸에서 분리해 낸 균주로, 반코마이신(vancomycin)이라는 항생제로 쉽게 죽는 종이었다. 3시간 뒤 6명의 피험자는 또 다른 10억 마리의 엔테로코쿠스 파이키움이 담긴 2번 컵 우유를 마셨다. 이번에는 닭에서 분리해 낸 것으로, 반코마이신에 내성이 있는 유전자를 지닌 종이었다.

이 실험은 덴마크의 국립 항생제 및 감염 컨트롤 센터(National Center for Antimicrobials and Infection Control)에서 주관한 실험의 일부였다. 그다음 달 덴마크 과학자들은 이 피험자 6명에게서 분변 샘플을 받아 엔테로코쿠스 파이키움의 두 균주를 검사했다. 닭 균주는 순식간에 감소해 며칠 뒤에 사라졌다. 사람 균주는 새집에 빠르게 적응해 더 오래갔다.

하지만 과학자들은 여섯 피험자 중 3명의 균주에서 변화를 발견했다. 이 세균은 세대를 거듭할 때마다 실험을 시작할 때에는 없던 새로운 유전자를 다음 세대로 전달했다. 그들이 후손에게 물려준 것은 닭 균주의 반코마이신 내성 유전자였다.

미생물의 수평적 유전은 가장 강적인 바이러스라도 예외가 없다. 바이러스(유전자가 있는 단백질 껍질)의 유전은 세포 생물의 유전과 확연한 차이를 보인다. 바이러스의 증식은 자신의 유전자 복제와 분열을 통하지 않고 숙주의 세포를 침입하는 방식으로 이루어진다. 세균을 공격하는 바이러스(세균 분해 바이러스 또는 박테리오파지(bacteriophage))는 숙주의 세포벽에 붙어 그 안에 자신의 DNA를 주입하는데, 흡사 주사기에서 발사되는 스파게티 같은 형태라고 보면 된다. 세균은 여러 가지 방법으로 이 DNA를 인식해서 파괴한다. 하지만 모든 방법이 성공하는 것은 아니다. 여기에서 충분히 오래 살아남는 바이러스 유전자가 그 세포의 사령관이 된다. 이 세포가 단백질을 합성할 때 바이러스 유전자 일부가 사용되는데, 이때 원본 바이러스 유전자가 새 바이러스 유전자에 복제되어 들어간다.

바이러스에게 유전이란 추상 개념에 가깝다. 그들은 조상과 물리적 결속 관계가 없다. 새 바이러스의 모든 원자가 숙주의 세포에서 오기 때문이다. 바이러스에게 유전이란 하나의 바이러스와 후손을 결합시키는, 눈에 보이지 않는 정보의 실 가닥이다.

바이러스 유전자들이 한 꾸러미로 뭉쳐서 새로운 바이러스가 될 때 무언가 빗나가는 경우가 있다. 미생물 숙주의 유전자 하나가 휩쓸려 바이러스의 막을 뚫고 들어가는 식이다. 미생물 숙주의 몸을 떠난 신생 바이러스가 본래 자신의 유전자와 숙주의 유전자를 함께 보유하고 있으므로 나중에 새로운 숙주에게 주입될 수 있다. 간혹 미생물의 유전자가 새 숙주의 염색체와 결합한다. 이런 경우 바이러스는 우발적 유전자 수송 역이 되어 미생물의 유전자를 다른 유기체에게 전달하는 역할을 한다. 심지어 서로 다른 종들 사이에서 유전자 전달자가 되기도 한다.

⁂

과학자들이 미생물을 더 세밀하게 관찰하자 더 이상한 유전 방법이 발견되었다. 2000년대 초에 세균이 바이러스에 저항해 싸우는 방식을 연구하던 과학자들 덕분에 특히 기이한 미생물 유전 유형 하나가 드러났다.

많은 미생물 종이 신종 바이러스에 노출되는 경우, 신속하고 정확하게 공격을 전개하는 방법을 학습할 수 있는 것으로 밝혀졌다. 인간 같은 척추 동물에게도 같은 능력이 있다. 독감이나 감기 바이러스의 공격을 받으면 우리 몸의 면역계는 항체를 형성해 다시 공격이 시작되면 그 바이러스를 바로 죽일 수 있다. 세균은 세포 수십억 개로 이루어진 면역계를 이용할 수 없다. 미생물은 스스로를 방어해야 하는 단세포이기 때문이다. 하지만 그들은 이 과업을 전부 홀로 해내는데, 이때 그들은 CHISPR-Cas(크리스퍼-카스)라는 분자 시스템을 이용한다.[6]

바이러스가 세균을 감염시킬 때 보이는 전형적인 행동은 표면에 달라붙은 뒤 한 줄의 DNA를 주입하는 것이다. 많은 미생물이 이 침입자 DNA의 말단을 잘라 자신의 DNA 한 부분에 삽입하는데, 이곳이 CRISPR 구간이다. (CRISPR는 'clustered regularly interspaced short palindromic repeats,' 즉 '주기적 간격으로 분포하는 짧은 회문 구조의 반복 서열'의 머리글자이다.)

미생물이 바이러스의 이 첫 공격에서 살아남으면 다음 공격 때 저항할 장비를 갖춘 셈이다. 첫 공격 때 포착한 바이러스의 DNA 조각과 짝이 맞는 짧은 RNA 분자 구조를 생성해 차후의 감염에 대비하는 것이다. 이 장비는 가위 역할을 하는 효소인 카스라는 단백질과 표적을 추적하는 RNA 분자가 결합한 방어 시스템이다.

같은 바이러스 종이 다시 이 미생물 안에 DNA를 삽입하려고 하면 이 CRISPR-Cas 시스템이 침입하는 유전자에 빗장을 건다. 이때 카스 효소가 그 바이러스 DNA를 떼어 내어 잘게 절단한다. 이렇게 조각 나서 독성을 완전히 잃은 바이러스는 이 미생물을 장악하지 못한다.

미생물은 잇달아 바이러스와 싸워 나가면서 이들의 샘플을 비축할 수 있다. 그리고 세포 분열을 할 때 축적된 정보를 후손에게 전달한다. 미생물이 염색체를 복제할 때에는 DNA를 복제하면서 CRISPR 구간도 함께 복제한다. 동물의 경우에는 아우구스트 바이스만의 생식선 장벽이 생식 세포 변이를 막아 줄 수 있다. 그러나 세균에는 그런 장벽이 존재하지 않는다. 단세포 생물에서는 체세포와 생식 세포가 하나로 묶여 있다고 볼 수 있다.

CRISPR가 라마르크의 용불용설에 들어맞는 사례라고 주장한 과학자도 있었다.[7] 물론 바이러스와 싸우는 세균은 라마르크가 상상했던 나뭇잎 뜯는 기린과는 거리가 멀고, 따라서 이런 주장은 시답잖은 말장난에 불과할지도 모른다. 하지만 논란의 여지 없이 분명한 것은 CRISPR 덕분에 과학자들이 멘델의 법칙 말고도 또 다른 유전 경로가 있다는 사실을 알아낼 수 있었다는 점이다.

***

약 18억 년 전, 지구에서 새로운 형태의 생명체가 진화했다. 이 생명체는 세포 규모가 세균이나 고세균보다 훨씬 컸다. DNA는 세포핵 주머니로 싸여 아주 특별하게 보호되었다. 미토콘드리아 안에서 풍부한 양의 연료도 생성했다. 이 새로운 유형의 생명체가 취하는 많은 형태 가운데 우리 인간도 있다.

이 미생물 괴물은 바로 진핵 생물이다.[8] 그들의 후손에게서 땅과 바다의 단세포 사냥감을 포획하고 다니는 미생물 세계의 포식자인 원생 동물이 탄생한다. 진핵 생물은 지구의 모든 다세포 생물로도 진화하는데, 균류와 식물, 우리와 같은 동물도 여기에 포함된다. 진핵 생물에게는 세포핵과 큰 덩치 외에도 세균류에게는 없는 형질이 다수 있었다. 그중에서도 가장 중요한 형질은 후손에게 유전자를 전달하는 방식이다. 다시 말해 진핵 생물이 후손에게 유전자를 전달하는 독특한 방식 덕분에 멘델의 법칙이 성립할 수 있었다.

세균과 고세균은 염색체가 하나이지만 진핵 생물에게는 1쌍이 있으며 종에 따라 염색체 쌍의 개수도 다르다. 우리 인간의 염색체는 23쌍이지만, 완두콩은 겨우 7쌍이다. 효모는 16쌍이다. 나비 가운데 일부 종은 134쌍이 있다.

체세포는 분열될 때 모든 염색체를 복제해 각 염색체마다 1쌍이 더 생긴다. 세포핵이 분열해 염색체를 양쪽으로 당긴 뒤, 가운데에서 둘로 갈라지는 것이다. 새로 생성된 세포마다 각 23쌍의 염색체가 있다. 이런 분열(체세포 분열)은 세포 하나가 동일한 세포 2개가 된다는 점에서 기본적으로 세균의 분열과 유사하다.

우리 몸은 체세포 분열을 이용해 성장하고 재생한다. 하지만 생식 세포를 만들기 위해서는 염색체가 1쌍이 아니라 1개인 정자나 난자를 만들어야 한다. 정자나 난자를 만드는 가장 간단한 방법은 한 체세포에 있는 염색체 쌍을 분리해 각각의 생식 세포에 할당하는 것이다. 하지만 우리 몸은 그렇게 하는 대신 감수 분열(減數分裂, meiosis)이라는 우스꽝스러울 정도로 별스러운 과정을 거친다.[9]

남성의 감수 분열은 고환 안에 똬리 튼 관의 미로에서 이루어진다. 이 관의 벽에는 정자의 전구 세포(前驅細胞, precursor cell)가 붙어 있는데, 각각의 전구 세포에는 염색체의 복사본 2개가 있다. 하나는 어머니에게서 받은 염색체이고 다른 하나는 아버지에게서 받은 것이다. 이 세포가 분열할 때 모든 DNA를 복제하며, 따라서 염색체의 복사본은 4개가 된다. 이 염색체들은 분리되지 않고 한데 뭉쳐 있다. 각 염색체의 어머니 쪽 복사본과 아버지 쪽 복사본은 나란히 배열돼 있다. 단백질이 이 복사본들으로 내려와 정확히 동일한 위치를 베어서 염색체를 가른다.

세포가 이 자해로 인한 부상을 치유하는 동안 놀라운 교환이 일어난다. 양쪽 염색체의 정확히 같은 위치에 있는 DNA 한 조각이 서로 자리를 바꾼다. 이 분자 수술은 서둘러 이루어지지 않는다. 한 세포가 감수 분열을 완료하기까지 걸리는 기간은 3주이다. 감수 분열이 끝나면 염색체들은 분리된다. 그런 다음 두 번 분열되어 새로운 정자 세포 4개가 만들어진다. 정자 세포 4개는 저마다 23개 염색체의 복사본 하나를 물려받는다. 하지만 정자 세포 각각의 DNA는 다른 조합으로 이루어져 있다.

이 차이의 한 가지 원인은 염색체 쌍들이 분리되는 과정에서 나온다. 어떤 정자에는 아버지에게서 온 염색체 1의 복사본과 어머니에게서 온 염색체 2의 복사본이 조합된 염색체가 들어 있을 수 있다. 또 다른 정자 세포는 이것과 다른 조합의 염색체를 가질 수 있다. 감수 분열을 거치면서 정자 세포의 염색체에서 어머니와 아버지 양쪽의 DNA가 뒤섞이는 것이다.

감수 분열의 이런 생물학적 원리는 여성의 몸에서도 동일하게 작동하지만, 시기는 아주 다르다.[10] 첫 단계는 여성이 아직 어머니의 자궁 속 태아일 때 일어난다. 여성 태아 안에 있는 일군의 세포는 난소가 자리 잡을 곳으로 함께 움직이면서 난자 전구 세포로서 새로운 정체성을 얻는다. 태아가 7개월이 되면 이 전구 세포가 감수 분열을 시작해 염색체가 2배가 되고 그 가운데 일부가 쌍을 이루어 DNA 일부가 위치를 교환한다. 하지만 그런 다음에는 감수 분열이 그대로 동결된다. 여아가 사춘기에 도달해 배란을 시작할 때까지 그 자리에 그대로 멈추어 있는 것이다.

난자 전구 세포는 배란기마다 감수 분열을 재개해 그 주기가 완성된다. 정자와 마찬가지로 여성의 감수 분열에서도 새로운 세포 4개가 생성되며 각각의 세포는 염색체가 단 23개이다. 그리고 그 가운데 하나만 난자로 성숙한다. 나머지 3개 세포는 퇴화하는데, 이것들이 극체(極體, polar body)이다.[11]

감수 분열이 어떻게 멘델이 정원에서 관찰했던 그 패턴을 만들어 내는지 지금은 밝혀져 있다. 멘델이 키 큰 완두콩과 키 작은 완두콩을 교배했을 때에는 전부 다 키 큰 교배종을 키워 냈다.[12] 하지만 멘델이 교배를 시키면 다음 세대 작물의 4분의 1이 다시 작은 키로 태어났다. 오늘날의 과학자들은 그 차이를 만들어 내는 것이 어떤 유전자인지 안다. LE로 알려진 이 유전자는 완두콩의 성장을 유발하는 단백질을 만든다. 멘델의 키 작은 완두콩에는 LE 유전자의 돌연변이 복사본 2개가 있었다. 이 작물의 LE 유전자가 제대로 작동하지 않아 성장이 멈추었던 것이다. 반면에 교배종에서는 LE 복사본 1개만이 기능해서 정상적으로 성장할 수 있었다.

교배종 완두콩이 성장하면 일부 세포가 감수 분열을 거쳐 꽃가루와 밑씨를 생산한다. 세포들은 염색체를 복제하고 한 염색체의 일부 유전자를 상대 염색체의 유전자와 섞은 뒤, 네 가지 조합으로 분리된다. 꽃가루가 정상 LE 유전자 복사본을 보유한 염색체를 획득하느냐, 아니면 돌연변이를 보유한 염색체를 획득하느냐는 운에 달렸다. 그 결과 각각의 완두콩 작물이 생산한 생식 세포 절반에 각각의 복사본이 들어 있었다.

생물학자 로런스 허스트(Laurence Hurst, 1965년~)는 감수 분열이 "이른 저녁 몽상에서 깨어나는 술꾼처럼 한 걸음 뒤로 갔다가 두 걸음 앞으로 가는 방식으로" 이루어진다고 쓴 바 있다.[13] 하지만 이 기이한 갈지자 행보가 가장 우아한 유전 패턴을 빚어내는 요인이다.

⁂

과학자들이 처음으로 염색체를 발견한 것은 1800년대 중반이었지만 감수 분열은 그로부터 수십 년이 지난 뒤에야 밝혀졌다. 1900년대 초 벨기에에서 프란스 알폰스 얀선스(Frans Alfons Janssens, 1856~1924년)라는 가톨릭 사제가 현미경으로 염색체를 관찰하려고 도롱뇽의 수정란을 염료로 착색했다.[14] 착색된 부분은 감수 분열의 각 단계를 영화의 정지 화면처럼 보여 주었다. 얀선스에게는 염색체가 서로 친밀한 관계를 맺고 나서 분리되는 듯이 보였다.

얀선스는 1909년에 이 발견을 짧은 보고서로 발표했으나 유전에 관한 새로운 가르침을 얻고자 하지는 않았다. 하지만 무언가 중요한 것이 나오리라는 직감이 들었다. "우리가 주제넘는 일을 한 것일까?" 얀선스는 물었다. "시간이 말해 주리라."[15]

그리 긴 시간이 걸리지는 않았다. 얀선스가 벨기에에서 도롱뇽의 세포를 관찰하던 시기에 모건은 뉴욕에서 흰 눈 초파리를 번식시켰다. 모건의 연구진은 초파리가 빨간 눈이냐 흰 눈이냐를 결정하는 유전 인자가 염색체에 있다는 사실을 발견했다. (오늘날 우리는 눈 색깔을 결정하는 유전자는 염색체의 DNA 염기 서열 중 하나라고 말한다.) 모건의 연구진은 또 다른 인자도 발견했는데, 초파리의 짧은 날개를 만들어 내는 것으로 같은 염색체에 있었다.

그 유전자가 X 염색체에 있었기 때문에 모건과 동료들은 초파리 번식 실험으로 이 인자를 연구할 수 있었다. 그들은 수컷은 X 염색체 하나와 Y 염색체 하나가 있지만 암컷은 X 염색체가 2개라는 사실을 이용했다. 이 연구진은 짝짓기를 통해 눈이 희면서 날개가 짧은 암컷 초파리를 만들어 냈다. 그들 가운데 1마리가 초파리의 흰 눈 유전 인자를 보유하고 있었고, 다른 1마리는 짧은 날개 유전 인자를 보유하고 있었다. 연구진은 이 암컷들을 붉은 눈 수컷과 교배시켰다.

이 암컷 초파리들의 아들들은 하나의 X 염색체를 물려받았는데, 전부가 어미 쪽에서 온 것이었다. 따라서 아들 일부는 붉은 눈이고 나머지 일부는 짧은 날개라는 결과에 놀라운 점은 없었다. 하지만 모건 연구진은 또 다른 변이를 발견했다. 아들 몇 마리에게서 붉은 눈**과** 긴 날개가 나온 것이다. 어미의 X 염색체들 사이에 유전 인자 교환이 일어나면서 새로운 형질의 조합이 생성된 것이다.

그 후 연구에서 모건의 연구진은 같은 염색체에 두 유전 인자가 있다가 떨어져 나간다는 것을 알아냈다. 그들은 짧은 날개와 노란 몸통 유전 인자를 보유한 X 염색체가 있는 초파리들을 배양했다. 어미에게서 이 염색체를 물려받은 아들들에게서는 두 형질이 다 나타났다. 하지만 모건의 연구진이 그 초파리들을 번식시켰을 때는 일부 아들에게 노란 몸통과 정상 크기 날개가 나타났고, 정상 몸통에 짧은 날개가 나타난 아들들도 있었다.

모건은 처음에는 이 결과를 어떻게 설명해야 할지 알 수 없었다. 하지만 행운이 따랐는지, 우연히 이 보고서를 접한 모건은 얀선스가 자신의 실험에 답이 될 물리적 해법을 부지불식간에 찾아냈음을 간파했다. 모건 연구진은 두 결과를 신속하게 결합해 새로운 가설을 제시했다. 이 가설은 각각의 염색체에 일련의 유전 인자들이 줄에 꿴 구슬처럼 한 줄로 배열되어 있으며, 암컷 초파리가 알을 낳을 때 X 염색체들이 서로 교차하면서 분절들이 교환된다는 주장이었다.

유전 형질들의 결합과 분리는 아주 드물게 발생했으나 모건의 연구진은 거기에 놀라운 규칙성이 있음을 주목했다. 후손에게서 특정 형질이 다른 형질과 분리될 확률이 1퍼센트라면, 거기에서 세 번째 형질이 분리될 확률은 2퍼센트가 될 것이다. 모건의 제자 앨프리드 헨리 스터티번트(Alfred Henry Sturtevant, 1891~1970년)가 유전 패턴이 이렇게 혼란스러운 이유는 염색체에서 유전자가 차지하는 위치와 관계가 있음을 깨달았다.

염색체가 감수 분열 과정에서 조각조각 부서질 때에는 서로 가까이에 있는 유전자들끼리 뭉치는 경향이 있으며, 멀리 떨어진 유전자들이 더 흩어지는 경향이 나타난다. 누군가가 영어 사전을 마구잡이로 찢어서 한 뭉텅이 주었다고 해 보자. 손 안에 있는 뭉텅이에 'meiosis'가 들어 있다면, 그 뭉텅이에는 'chromosome'보다는 'mitosis'가 있을 확률이 높다. 스터티번트의 이 통찰이 유전자들의 상대적 위치를 표시한 유전자 지도의 길을 열었다. 이로써 유전자에 지형(geography)이 생겨났다.

⁂

모건의 연구진이 초파리에게서 발견한 유전 원리는 다른 종에게서도 거듭 입증되었다. 감수 분열도 예외는 아니었다. 우리 인간도 다른 동물과 마찬가지로 감수 분열의 산물임이 밝혀졌다. 조수에 휩쓸리는 저 끈적한 갈조도, 숲을 이루어 바람에 바스락거리는 대나무도, 흙을 뚫고 나오는 말뚝버섯도 감수 분열을 거친다. 어째서 감수 분열이 나타났는지 수많은 가설이 제시되었지만, 최근 들어 많은 곳에서 입증되는 하나의 가설은, 감수 분열이 진화에 도움을 준다는 주장이다.[16]

모건의 노랑초파리의 몸속에서 감수 분열이 무슨 일을 할지 생각해 보자. 여느 초파리와 다름 없이 그 노랑초파리에게도 많은 형질, 가령 짧은 날개, 강한 면역 반응, 많은 난자 생산 능력 등이 있다. 그중에서도 이 세 형질, 즉 나쁜 형질 하나와 좋은 형질 둘을 발현하는 유전자가 전부 같은 염색체에 자리 잡고 있다고 해 보자. 감수 분열이 일어나지 않는다면, 이 초파리는 후손에게 이 세 대립 형질을 한 묶음으로 물려줄 것이다. 모두가 한 염색체 안에 들어 있기 때문이다. 게다가 후대에 그 염색체에서 유해한 신종 돌연변이가 하나라도 나타난다면 고스란히 후대에 유전될 것이다. 세대를 거듭하면서 그 초파리의 후손들은 각종 유해한 돌연변이에 깔려 가라앉고 말 것이다.

그런 초파리에게 감수 분열이 일어난다면 모든 게 달라진다. 그 후손들은 각 염색체에 존재하는 특정 대립 형질 조합을 물려받아야 할 운명에 더는 시달리지 않는다. 감수 분열을 통해 대립 형질들이 섞여 새로운 조합이 만들어지기 때문이다. 그 초파리의 후손 일부는 약한 날개와 허약한 면역계를 물려받을 수도 있다. 하지만 다른 후손들은 감수 분열을 통해 힘센 날개와 강한 면역계를 물려받을 것이다. 이 강한 초파리들은 번식에 성공할 것이고, 그 후손들도 생존에 성공해 미래 세대로 나아갈 것이다. 그 초파리 개체군은 우월한 유전자 변이 조합을 갖출 것이며, 해로운 돌연변이는 점차 사라져 잊힐 것이다.

하버드의 생물학자 마이클 데사이(Michael M. Desai)는 이 아이디어를 실험하기 위해 효모들 사이에 경쟁을 붙였다. 그는 유연한 번식 능력을 가졌다는 이유로 단세포 균류를 이 실험에 선택했다. 효모의 번식은 무성 생식으로 자체 증식하거나, 유성 생식으로 번식하는 두 가지 방식으로 이루어진다. 무성 생식 때에는 효모 모세포의 세포벽에 작은 돌기가 생긴다. 세포에서 염색체가 복제되고 돌기를 이 복사본으로 채우고 난 뒤에 돌기가 분리되어 하나의 세포가 된다.

하지만 때로는 유성 생식을 한다.[17] 데사이가 연구한 균 종은 a형과 α형이라는 두 교배형에 존재한다. 각 교배형은 상대 교배형 효모를 유인하는 화학 물질을 분비한다. a형과 α형 세포는 서로에게 접근해 하나로 결합한다. 이 결합된 세포는 이제 염색체가 두 벌이 되어 증식을 통해 새로운 세포가 만들어질 수 있다. 하지만 양식이 떨어지면 a형과 α형 염색체 사이에서 감수 분열이 일어난다.

효모 세포는 염색체를 결합해 DNA를 섞는데, 그런 다음 염색체가 두 벌로 분리되며 각각의 염색체는 하나의 홀씨에 저장된다. 단단한 막으로 보호된 포자는 떠다니면서 자신의 혼합된 유전자를 더 나은 생장이 가능한 곳으로 데려간다.

데사이는 이 실험에서 90세대마다 일부의 효모에게 유성 생식을 허용했다. 나머지 효모는 무성 생식만 하게 했다. 무성 생식 효모와 유성 생식 효모에게 관 안에서 먹이를 놓고 경쟁시키기도 했다. 때로는 새로운 돌연변이를 지닌 효모 세포가 나머지 개체군보다 더 많은 후손을 얻는 성공을 거두었다. 데사이 연구진은 각 효모군이 1,000세대 동안 진화 경쟁을 어떻게 치러 나가는지를 추적해 기록했다.

유성 생식을 할 수 있었던 효모와 그럴 수 없었던 효모의 차이는 확연했다.[18] 무성 생식 효모에서 유리한 돌연변이가 발생해 그렇지 않은 무성 생식 효모보다 빠르게 번식하는 경우도 이따금 있었지만, 그 좋은 돌연변이를 갖고도 후대에 물려준 것은 나쁜 돌연변이였다. 데사이가 유성 생식을 허용한 효모는 감수 분열을 통해 좋은 돌연변이와 나쁜 돌연변이를 분리할 수 있었다. 그리고 좋은 돌연변이가 발생했을 때에는 감수 분열을 통해 이들을 결합한 새로운 조합을 만들어 낼 수 있어서 한층 더 우수한 효모가 탄생할 수 있었다. 실험이 끝났을 때에는 유성 생식 효모가 무성 생식 효모보다 훨씬 더 빠르게 성장할 수 있도록 진화했다.

***

이 오래된 결합과 뒤섞임이 유전에 대해 사람들이 가장 흔히 묻는 일부 물음에 대한 답이다. 둘째 딸 베로니카가 태어났을 때 아내 그레이스와 나는 베로니카가 자라면서 언니 샬럿과 얼마나 닮을지 궁금했다. 어쨌든 둘은 같은 부모에게서 나왔고, 이것은 곧 둘이 같은 두 유전체의 DNA를 물려받았다는 뜻이니까. 둘은 같은 집에서 같은 음식을 먹으며 성장했다. 하지만 샬럿과 베로니카는 복사본과는 거리가 멀었다. 샬럿은 투명할 정도로 창백한 피부에 주근깨가 있고 푸르스름한 눈동자에 붉은 기가 도는 금발이다. 베로니카는 피부색이 조금 짙고 눈동자는 적

갈색이다. 샬럿은 평균 키로 168센티미터가 되었다. 베로니카는 항상 평균보다 커서 보통 제 나이보다 두 살 정도 많아 보였다. 어릴 때 샬럿은 낯선 사람을 만나면 나서지 않고 뒤에서 지켜보는 편이었다. 반면에 베로니카는 어디선가 튀어나와 자기 이름을 외치고는 했다. 샬럿은 12세 때 은하와 우주의 암흑 물질에 매료되었다. 베로니카는 우주가 무엇으로 어떻게 만들어졌는지는 관심이 없었고 노래를 부르거나 제인 오스틴의 작품 읽는 것을 좋아했다.

두 딸의 차이에는 성장 과정의 차이가 어느 정도 작용했겠지만, 감수 분열의 역할도 있다. 그레이스와 나는 우리가 각자의 부모에게서 물려받은 DNA를 두 딸에게 각기 다른 조합으로 물려주었다. 두 아이가 지닌 고유의 대립 형질 조합(이것을 유전자형(genotype)이라고 한다. — 옮긴이)이 각각의 성장에 고유한 영향을 미치는 것이다.

하지만 감수 분열은 우리의 직관이 통하지 않는 이상한 방식으로 작동하기도 한다. 부모는 양쪽 염색체의 한 복사본을 각각의 자녀에게 물려주며, 따라서 부모 양쪽의 염색체는 50 대 50의 확률로 유전된다. 형제자매는 50퍼센트의 유전자를 공유한다고 통계가 말해 준다. 반면에 일란성 쌍둥이는 100퍼센트 일치하는데(일란성 쌍둥이라도 자궁에서 평균 5.2퍼센트의 유전적 변이가 일어나 약 15퍼센트의 유전적 차이를 보인다는 연구 결과가 2021년 《네이처 제네틱스(*Nature Genetics*)》를 통해 발표된 바 있다. — 옮긴이), 사촌은 한쪽 조부모만 동일하므로 유전적으로 평균 12.5퍼센트 일치한다.

이 모두가 사실이지만, 평균이 그렇다는 이야기이다. 주사위 2개를 던지면 양쪽의 합은 7에 가까울 것이라고 하면 맞는 이야기이다. 그렇다고 해서 양쪽 다 1이 나올 가능성이 없는 것은 아니다. 감수 분열로 양쪽 염색체의 DNA가 섞이고 난 뒤에는 여자의 난자에 어머니 쪽 DNA보다 아버지 쪽 DNA가 더 많아질 수도 있고, 그 반대도 마찬가지이다.

형제자매 2명이 외할아버지의 DNA보다 외할머니의 DNA가 더 많은 난자에서 태어날 수도 있다. 그 반대의 경우도 마찬가지이다. 이렇듯 감수 분열은 형제자매 사이에도 유전적으로 더 가깝거나 좀 덜 가까운 차이를 만들어 낼 수 있다.

DNA 염기 서열을 읽을 수 있게 되자 과학자들은 실제 사람들의 유전적 근연도를 측정할 수 있게 되었다. 오스트레일리아의 퀸즐랜드 의학 연구소(Queensland Institute of Medical Research)의 유전학자 페터르 피스허르(Peter Visscher)가 이끄는 연구진이 형제자매 4,401명을 연구해 각 자원자에게서 수백 개의 유전자 표지자(genetic marker)를 찾아냈다.[19] 형제자매 사이에서는 하나의 염색체에 동일한 유전자 표지자가 한데 나열된 구간(부모 중 한쪽에게서 물려받은 부분)이 적지 않게 발견되었다. 그들은 평균적으로 형제와 부모의 DNA 가운데 절반가량이 이렇게 동일한 구간으로 이루어져 있다는 사실을 알아냈다. 하지만 딱 떨어지는 50퍼센트에서 벗어난 형제자매도 많았다. 근연도가 높은 경우, 형제자매의 DNA 61.7퍼센트가 일치했다. 낮은 경우에는 37.4퍼센트만 일치했다. 다시 말해서 유전 근연도의 범위에서 볼 때, 일란성 쌍둥이 같은 형제자매가 있는가 하면 사촌에 가까운 형제자매가 있는 셈이다.

***

멘델의 이른바 유전 '법칙'이 최초의 진핵 생물에게서 작동하기 시작한 뒤로 후손에게 이어졌으며, 생물 종 대다수에게 오늘날까지도 이어지고 있다. 거의 20억 년이 지난 오늘날, 땅거미는 감수 분열을 통해 염색체를 결합하고 유전자를 뒤섞는다. 벌새, 장미, 알광대버섯도 그렇게 한다. 이렇듯 감수 분열이 영속해 온 것은 그만큼 유리한 생식 방법이기 때문이지만, 그럼에도 조건만 갖추어지면 쇠하여 사라질 수도 있다.

예를 들면 식물 수천 종에게서는 감수 분열이 자취를 감추었다.[20] 이 식물 종들의 밑씨는 전구 세포에서 DNA 결합과 염색체 쌍의 분열을 통해 발달하는 것이 아니라, 지극히 평범한 세포 분열을 통해 생산된다. 모세포가 자신의 염색체 쌍과 정확히 일치하는 염색체 쌍을 지닌 딸세포를 만드는 방식으로 그렇게 한다.

이 식물들은 감수 분열을 포기하는 방식으로 진화했지만, 과거 유성 생식 종이던 시기의 일부 자취를 여전히 고수한다. 이들은 꽃가루가 꽃에 정착해 적합한 분자 신호를 전달할 때에만 밑씨가 발달한다. 하지만 꽃가루에게 필요한 것은 이 분자 신호뿐이며, 수꽃의 DNA는 아무런 쓰임새가 없다.

이 별난 식물 종의 하나가 멘델이 완두콩의 후손 연구에서 선택했던 조팝나물이다.[21] 완두콩은 우성 형질과 열성 형질의 비율을 3 대 1로 나타내면서 안정적인 감수 분열을 이행했다. 하지만 그 비율을 찾아내기 위해, 진화하는 과정에서 그 유전 방식으로부터 멀어진 종인 조팝나물을 고른 것은 멘델에게 불운이었다. 멘델은 조팝나물 꽃에 꽃가루를 발라 본래의 DNA와 동일한 복사본을 지닌 씨앗을 맺게 했는데, 그 가운데 어느 것도 그 씨앗의 DNA를 받아들이지 않은 것이다. 유전학이 발전해 한 세대의 유전자가 다음 세대로 전달되는 경로를 추적할 수 있게 되고 나서야 멘델이 무척 운이 나빴음이 밝혀졌다.

식물과 진핵 생물은 감수 분열이 진화에 가져다주는 이익이 치러야 할 비용보다 우세하지 않을 때 감수 분열을 버린다. 유기체의 번식은 상대 성의 DNA를 받아들여 자신의 것과 결합해 유전자들 간의 연결을 분리하는 과정을 거치는 것보다 단순히 자신의 DNA를 복제할 때 더 성공적으로 이루어질 수도 있는 것이다.

하지만 멘델의 법칙에서 벗어나는 방법은 이것만이 아니다. 때로는 진화적 우세를 확보하기 위해 특정 유전자가 개체의 유전 형질을 편향적으로 차지하는 경우도 있다.

이러한 분자 침입꾼의 정체가 드러난 것은 1920년대에 자손 중에서 딸의 비중이 과도하게 높은 초파리를 발견한 것이 계기였다. 러시아의 생물학자 세르게이 게르셴손(Sergey Gershenson, 1906~1998년)이 숲으로 들어가 한 종의 초파리(*Drosophila obscura*)를 잡아 모스크바의 실험 생물학 연구소(Institute of Experimental Biology)에서 발효 건포도, 감자, 물로 키우는 방법을 연구했다.[22] 그 초파리 가운데 암컷 일부가 알을 낳아 수천 마리가 부화했다. 게르셴손은 유전 형질을 연구하기 위한 새 계통을 번식시키고자 자손 중 일부를 선택했다.

그렇게 해서 만들어진 새 혈통 가운데 두 부류에서 이상한 점이 눈에 띄었다. 초파리가 부화한 알은 대개 암수 비율이 균형을 이루는데, 이 두 혈통의 자손은 수컷보다 암컷의 비중이 과도하게 높은 경향을 띠었고 수컷이 전혀 없는 경우도 있었다. 게르셴손은 그 성비가 "우연한 결과라고 하기가 불가능할 정도로 극단적"으로 느껴졌다고 말했다.[23]

그는 진짜 원인을 찾기 위해 일련의 번식 실험을 수행했다. 이 딸 편애는 그저 하나의 암호화된 형질로 유전된 것일 수도 있었다. 게르셴손은 마침내 그것이 X 염색체에 있는 하나의 유전자로 결정된다는 사실을 알아냈다. 하지만 그 유전자가 어떻게 성비를 딸에게 치우치게 만드는지는 이해할 수 없었다. 게르셴손은 그 비결이 무엇이 되었건 간에 멘델의 법칙의 빈틈 사이로 미끄러져 나간 것만은 분명하다는 것을 깨달았다.

초파리의 암수 성비는 일반적으로 50퍼센트로 유지된다. 하나의 정자가 X 염색체나 Y 염색체를 획득할 비율이 50퍼센트이기 때문이다. 따라서 X 염색체의 보통 유전자가 수컷 자손에게 갈 확률도 절반이다. 하지만 게르셴손의 초파리는 계산법이 다르다. 어떤 수컷 초파리가 게르셴손이 발견한 이상한 돌연변이 유전자를 보유하고 있다면, 그의 자손은 대다수, 심지어 전부가 X 염색체를 물려받을 것이다. 그의 Y 염색체를 물려받을 자손은 있다고 해도 극소수가 될 것이다. 그리고 그다음 자손들에게도 그 딸 편애 유전자를 물려줄 것이다. 그렇다면 딸 편애 돌연변이가 유전될 확률은 전체적으로 50퍼센트를 훌쩍 웃돌게 된다. 그 결과, 이 돌연변이가 개체군 전체의 보편적 유전 형질이 될 것이다.

게르셴손은 이렇게 결론지었다. "이것이 종의 증식에 더 유리하기 때문이다."

***

게르셴손의 발견이 처음에는 유전 법칙의 별난 예외로 보였을 수도 있다. 하지만 머지않아 과학자들은 유전자가 멘델의 주사위를 자기 종에게 우세하게 조종하는 또 다른 사례들을 발견했다.[24] 이 법칙 위반을 유전자 드라이브(gene drive)라고 부르게 된다. 유전자 드라이브는 하나의 유전자를 대물림되는 감염병처럼 퍼뜨려 개체군 전체로 확산시킬 수 있을 만큼 강력하다. 오늘날 유전자 드라이브 목록에는 초파리만이 아니라 식물, 균류, 포유류가 올라 있는데, 어쩌면 인간도 여기에 참가할 것으로 보인다.

한 가지 독소를 암호화함으로써 스스로를 퍼뜨리는 유전자 드라이브도 있다. 이것을 보유한 정자 세포가 그 독소를 만들어 내고 그것이 다시 다른 정자들에게 퍼져 나가는 식이다. 그러면 나머지 정자는 이 유전자 드라이브 요소가 없는 한 죽을 수밖에 없다. 유전자 드라이브 독소에 해독제도 함유되어 있기 때문이다. 그런가 하면 가만있다가 수컷 배아가 발달하기 시작할 때 활동을 시작해 죽이는 경우도 있다.

유전자 드라이브는 암컷에게서도 멘델의 법칙을 깨뜨릴 수 있다. 난자의 전구 세포는 발달하면서 세포 4개로 분열한다. 그중 하나가 난자가 되고 나머지 셋은 극체가 된다. 다시 말해 번식의 종점 3개가 생기는 것이다. 정상적인 유전자 복사본이라면 극체가 아닌 난자에 들어갈 확률이 50 대 50이다. 그런데 일부 유전자가 이 확률을 조작하도록 진화했다. 그들은 난자에 정착할 확률이 더 높다. 이렇게 해서 미래에 딸들에게 전달된다.

수많은 진핵 생물의 사례에서 유전자 드라이브의 위력을 보여 주는 근거가 나왔다면, 우리도 그 대상일 수 있다고 생각하는 것이 당연하다. 하지만 인간이 멘델의 법칙을 빠져나갔다는 근거는 아직 명확하지 않다.[25] 우리 종의 유전자 드라이브를 연구하기 어렵다는 점에는 새삼스러울 것이 없다. 과학자들은 초파리와 균류를 번식시키고 그 과정을 매 단계마다 면밀히 조사해 유전자 드라이브가 작동하는 현장을 포착할 수 있다. 하지만 인간의 경우에는 대조군도 없는 과거에서 작은 단서라도 찾아내기 위해 최선을 다하는 수밖에 없다.

인간에게 유전자 드라이브가 작동한다는 가장 명백한 신호는 게르셴손 발견의 인간판이라고 할 만한 것, 즉 딸부자 가족일 것이다. 하지만 그런 가족이 유전자 드라이브의 결과라고 해도 그 표본이 상대적으로 적어서 확증하기가 어렵다. 그레이스와 내가 현재 딸만 둘이라고 해서 앞으로 열 자녀를 낳더라도 아들은 없으리라는 뜻은 아니다.

이것을 찾는 한 가지 방법은 개별 가족사는 두고 수천 가족을 하나의 범주로 묶어서 분석하는 것이다. 가족 하나하나는 작은 규모라고 해도 이들을 하나의 큰 집단으로 묶으면 우연과 드라이브의 작용을 과학적으로 분리할 수 있을 것이다. 그러한 통계법 중에 유전자 표지자가 있다.[26] 부모에게서 자녀에게 전달된 유전자 표지자 일부는 멘델의 법칙을 토대로 예상할 수 있는 것보다 더 많이 발견될 수도 있다.

충분히 타당한 발상이지만 과학자들은 우리 종의 유전자 드라이브가 어떠한지 명확한 그림을 찾아내는 데 어려움을 겪고 있다. 최근 연구에서 가능성 높은 유전자가 몇 가지 나타났지만 다른 그룹에서 그 연구를 되풀이했을 때에는 어떠한 효과도 발견하지 못했다.[27] 더 정확하고 상세한 DNA 서열을 그려 낼 수 있을 때 우리 종을 휘저어 놓은 유전자 드라이브를 보여 주는 더 확실한 신호를 찾을 수 있을 것이다.

우리의 조상들이 유전자 드라이브의 맹폭을 받았으나 결국에는 극복했을 가능성도 있다. 유전자 드라이브는 근시안적이다. 빠르게 하나의 개체군을 휩쓸 수는 있으나 그 과정에서 종 자체의 생존에 중대한 위기를 불러올 수 있다. 어떤 유전자가 Y 염색체 정자를 죽여 버리면 그 개체군 안에서 수컷이 위험할 정도로 희귀해질 것이다. 그러면 암컷은 갈수록 수컷을 만날 기회가 적어져 후손을 남기지 못하고 죽을 것이고, 결국 개체군이 쪼그라들어 사멸할 것이다. 일부의 경우, 유전자 드라이브가 한 개체군을 10여 세대 만에 멸종시켰을 수도 있다.[28]

이론적으로는 유전자 드라이브로 인한 멸종이 발생할 수 있지만 실제 자연에서 이러한 과정이 전개되는 모습을 관찰한 이는 없다. 많은 유전자 드라이브가 종을 완전히 잊히게 만들지 못하는 것은 유기체들이 스스로를 방어하도록 진화하기 때문이다. 동물과 식물은 특별히 유전자 드라이브를 방해하는 기능을 갖춘 RNA 분자를 진화시켜 그들이 새 단백질을 생성하지 못하게 막을 것이다. 그런 다음에는 돌연변이가 유전자 드라이브를 무력화해 더는 자체 방어 체계가 필요하지 않을 것이다. 이 방어용 유전자도 변화를 겪을 수 있다. 하지만 수백만 년이 흐른 뒤에도 방어의 흔적이 여전히 확인된다.

실로 우리 종의 유전체 안에는 이 충돌과 대립의 유물이 널린 것으로 밝혀졌다. 유전자 드라이브가 오늘날에는 우리를 침입하지 못한다고 해도 우리의 역사에서는 중대한 역할을 수행했다. 오늘날의 우리는 태곳적부터 이어져 온 투쟁의 유전적 흔적을 물려받는다. 멘델이 발견한 것은 법칙이라기보다 하나의 전투 현장이었다.

6장

잠자는 가지들

감수 분열에 대해서 깊이 생각하는 어린이가 많을 것 같지는 않다. 하지만 모든 어린이에게는 자신의 존재가 그저 부모가 낳아 줘서 만들어진 것만은 아니라는 사실을 깨닫는 시점이 찾아온다. 어린이들은 어머니와 아버지 너머의 유전적 계보를 거슬러 올라간다. 부모에게는 부모의 부모가 있었고, 그 부모도 그랬고, 그렇게 가족이라는 나무의 가지가 기억의 지평선 너머로 뻗어 간다는 사실을 깨닫는다. 그 모든 조상이 자신이 오늘날 살아 있는 이유의 일부임을. 만약 현조모가 현조부의 청혼을 거절하기로 마음먹었다면 어떻게 되었을까. 어찌어찌해서 불가능해 보이는 유전의 흐름을 타고 그 모든 것이 당혹스러운 한 아이에게 수렴된 것이다.

내가 처음 당혹했던 순간이 기억난다. 부모님에게 조상에 대해 묻다가 답이 너무나 금세 바닥나 버려서 의아했다. 아버지는 1944년에 뉴어크에서 태어났는데, 당신의 부모님 이야기를 들려주었다. 윌리엄 짐머(William Zimmer)는 의사였고 이블린 레이더(Evelyn Rader)는 사서였다. 두 분 모두 개혁주의 유태교도이자 열렬한 사회주의자로, 내 아버지가 어릴 때 집 안에서 폴 리로이 버스틸 로브슨(Paul Leroy Bustill Robeson, 1898~1976년)의 음반을 틀어 놓고는 했다. 오랜 세월이 흐른 뒤, 나는 부모님 댁 창고 선반에 처박혀 있는 로브슨의 78회전 음반을 발견했다. 그 낡은 감초색 음반은 나와 친할아버지를 이어 주는 몇 안 되는 접점이다. 친할아버지는 아버지가 3세 때 돌아가셨고, 친할머니는 아버지가 대학 가기 직전의 여름에 돌아가셨다. 나는 할아버지, 할머니가 아들과 유월절이면 벌이던 정치 논쟁을 보지 못했다. 아들은 대학에서 공화당 지지자가 되었고 나중에는 하원 의원이 되었다. 내가 아버지에게 조부모 윗세대의 조상에 대해서도 이야기해 달라고 하자 우리 집안의 계보에 대해 아버지가 아는 모든 내용이 속사포로 튀어나왔지만, 아버지의 기억에 남은 것은 아버지 쪽 집안이 독일인지 우크라이나인지 그 중간쯤 되는 어느 곳에서 유래했다는 희미한 기원뿐이었다.

어머니는 독일계 아일랜드 인으로 천주교도인 어머니 마릴루 폴(Marilou Pohl)과 잉글랜드의 신교도인 아버지 해리슨 르그랜드 굿스피드 주니어(Harrison LeGrande Goodspeed, Jr.) 사이에서 태어난 비(非)유태인이다. 어머니의 부모님은 두 분이 나고 자란 미시간 주 그랜드 래피즈에서 열린 한 테니스 경기에서 10대 때 처음 만났다. 1940년대에는 으레 그랬듯이 그 첫 만남 이후 모든 일이 속전속결이었다. 아는 이들 모두가 피터라고 부른 외조부는 천주교로 개종하고 마릴루와 결혼한 뒤 나치와 싸우기 위해 독일로 향했고, 한 해 뒤 귀국하니 딸이 태어나 있었다. 그 딸이 나의 어머니이다. 두 분은 세 자녀를 더 얻었고, 아이들을 작은 규모의 사업체와 산뜻한 볼링장, 취기에 즐기는 브리지 게임, 끝없이 이어지는 내기 골프의 세계에서 키웠다. 1965년에 아버지는 어머니에게 청혼하려고 미시간에 있던 어머니의 부모님 집으로 갈 때 처음으로 비행기를 탔다. 아버지에게는 그곳이 외계 행성 같았을 것이고, 굿스피드 집안사람들에게는 뉴저지에서 온 21세의 유태인 청년이 외계인처럼 느껴졌을 것이다.

다행히 외조부모와는 수십 년을 함께할 수 있었지만, 두 분 말고 외가 쪽 계보도 희미하기는 매한가지였다. 외조모의 부모님은 50대에 세상을 떠난 까닭에 슬픔과 단명에 관한 어렴풋한 기억밖에 남기지 못했다. 반면에 외조부 해리슨 굿스피드의 아버지는 장수해서 내 어릴 적 생일에 보라색 장난감 자동차를 선물로 주었지만 그 뒤로는 다시 우리 삶에 등장하지 않아 내게 수수께끼 같은 존재로 남았다. 외증조모 도로시 랭킨(Dorothy Rankin)은 한 번도 만나지 못했다. 외증조모에 대해 내가 아는 거라고는 사진 두 장이 전부이다. 하나는 플래퍼 드레스에 목걸이를 걸치고 자세를 취한 사진인데, 사진 뒷면에는 파리가 얼마나 멋진 곳인지를 미시간의 누군가에게 설명하는 짧은 글이 적혀 있다. 다른 사진은 앞마당 그늘에서 외증조부와 함께 나의 외조부를 재우는 모습이다. 외증조할머니는 그 사진을 찍은 날로부터 몇 달 뒤에 사망했다.

30대에 우리 조상을 조사하기 시작한 어머니가 뉴잉글랜드의 오래된 공동 묘지로 우리를 데려간 덕분에 나는 그들의 무덤을 만져 볼 수 있었다. 어머니가 가족사에 관심을 보이자 외증조부가 어머니에게 가족에 관련된 책을 물려주었는데, 1907년에 출간된 책이었다. 어느 날 우리 집 거실 선반에 낡은 가죽 장정의 책 한 권이 등장했다. 『굿스피드 가문사: 1380년부터 1906년까지 한 집안의 계보와 서사를 18년간에 걸친 조사를 통해 수집한 지도, 판화, 도표 등 가족 관련 자료와 풍부한 삽화로 보다』라는 책이었다.

1380년이라고? 그 무렵 나는 『반지의 제왕(*Lord of the Rings*)』을 탐독하고 있었다. 우리 집안의 계보가 중세까지 거슬러 올라간다니, 곤도르의 시민권을 획득한 기분이었다. 어머니가 굿스피드(Goodspeed)라는 이름이 행운을 기원하는 옛 영어 '갓스피드(Godspeed)'에서 유래했다고 설명해 주었을 때에는 오크 종족과 싸우기 위해 길을 떠나는 기사들이 서로에게 무사 귀환을 빌어 주는 장면이 눈에 그려졌다.

『굿스피드 가문사』를 들여다보니 나의 중세 조상은 나의 희망에 부응하는 사람들은 아니었다. 역사 기록에 굿스피드 집안사람이 처음 등장한 때는 1380년으로, 존 갓스페드(John Godsped)라는 사람이 '불법 침입'으로 고소당한 사건이었다. 1385년에는 또 다른 굿스피드가 채무를 갚지 못했다는 기록이 있다. 1396년에는 로버트 갓스페드(Robert Godsped)가 존 아치보드(John Archebaud)라는 남자를 살해했지만 "수난절을 맞이해" 사면되었다.

『굿스피드 가문사』의 저자는 웨스턴 아서 굿스피드(Weston Arthur Goospeed)라는 먼 친척인데, 우리 집안의 범죄 이력을 가볍게 여기고 코웃음 쳤다.[1] "이 모든 범죄가, 존 아치보드를 사망에 이르게 한 건을 제외하면 사소할 뿐 아니라 오늘날 같으면 민사 소송이 아닌 한 법정까지 갈 일도 아니었다." 웨스턴이 대수롭지 않게 한마디 보태고는 으쓱하는 모습이 눈에 보이는 듯하다. "아니, 존 아치보드쯤 세상에 없다고 아쉬워할 사람이 **누가** 있다고?"

웨스턴은 집안의 역사를 조사하는 18년 동안 귀족 신분의 단서를 찾아내기 위해 무던히도 애를 썼지만 아무것도 찾아내지 못했다면서 이렇게 말했다. "영국의 작위 기록을 샅샅이 뒤졌지만 굿스피드라는 이름을 발견하지 못했다. 이것을 심각한 사회적 타격으로 받아들일 우리 위대한 가문 사람들에게 이 책의 저자로서 이 애석함을 전하며 연민과 동정을 표하는 바이다."

하지만 그 점이 정말로 중요한지 웨스턴은 묻는다. 어차피 미국의 가문들이 과시하는 모든 문장(紋章)이 가짜인걸? "허위도 있고 부정하게 취득한 것도 있고, 어떤 것은 심지어 어처구니없는 자격을 내세우기도 한다." 굿스피드 가문 사람들은 이 변변찮은 태생에, 미국으로 건너온 최초의 굿스피드, 나의 11대조인 로저 굿스피드(Roger Goodspeed)가 일개 요먼(yeoman, 귀족과 농노의 중간에 위치한 자영농 계급으로 봉건 사회 해체기에 출현했다. — 옮긴이)이었다는 사실에 자부심을 가져야 한다고. 웨스턴은 이렇게 선언한다. "이 민주주의 국가 미국은 돈으로 사들인 저 자격 미달의 문장 따위보다 잉글랜드 요먼의 진정성 있는 품격과 우수한 자질을 훨씬 더 중요하게 여길 것이다."

로저는 1615년에 잉글랜드 윙그레이브에서 태어나 1620년대 초에 배를 타고 매사추세츠로 건너왔다. 로저가 청교도 박해를 피해서 이주했다는 근거는 없다. 웨스턴은 이렇게 기록했다. "그저 다른 수천 명의 영국인과 다름없이 더 나은 삶을 원했고, 당시에는 미국이 최고의 기회의 땅으로 보였을 뿐이다." 로저는 1639년에 케이프코드의 마을 반스터블에 정착한 최초의 농민 무리 중 하나로 처음 문서 기록에 이름이 등장한다. 10년 뒤, 그는 헤링 강에서 멀지 않은 지점에 농가를 새로 지어 올렸는데, 이 강은 나중에 굿스피드 강으로 불린다. 그는 이곳에서 살다가 1685년에 사망했다. 로저가 역사 기록에 남긴 것은 아주 미약한 잔물결 정도로, 염소 절도로 이웃을 고소한 사건과 R라는 한 글자 서명으로 남긴 유서뿐이었다.

로저는 세 딸과 네 아들을 얻었다. 그들은 로저의 DNA와 성을 물려받았고, 나중에는 마구와 식기, 물레도 물려받았다. 그들은 22명의 손녀, 손자를 낳았으며, 그 후손들은 각지의 식민지 정착촌으로, 미국 전역으로 퍼져 나갔다. 로저가 매사추세츠에 도착한 지 약 250년 뒤, 웨스턴이 그 후손에 관련된 자료를 수집하기 시작해 친척들에게 편지를 보내고 공문서를 추적해 총 2,429명 굿스피드의 삶에 관한 구체적인 정보를 취합했다.

『굿스피드 가문사』는 561쪽의 역사책이 되었다. 하지만 웨스턴은 이 책을 최종판이 아니라, 일종의 장기전을 시작하는 사격 개시 신호로 여겼다. 웨스턴은 미국 굿스피드 가문의 계보를 남성 항목으로만 구성하면서, 개정판에서는 여성 계보도 추가하겠다고 약속했다. 그는 이 책이 궁극적으로 굿스피드 가문의 연례 대회 같은 것을 조직하는 행위까지 나아가기를 바라기도 했다. "이 책의 의도라면, 굿스피드 가문의 첫 번째 모임이 열림으로써 하나의 조직이 만들어져, 바라건대 앞으로도 영구적으로 연례 모임을 개최하고 미래에도 이 기록의 출간을 이어 가며 가문에 이익이 되고 만인이 수긍할 수 있는 활동을 도모하고자 하는 것이다."

굿스피드 가문 모임은 실현되지 않았고, 웨스턴도 가계를 더는 확장하지 못했다. 단편적으로 남아 있는 웨스턴 관련 정보를 보면 그의 여생이 실망으로 점철되었음을 시사한다. 그는 형제가 운영하는 작은 출판사에서 일했지만 1800년대 말에 출판사가 문을 닫았다. 1900년도 인구 조사 기록에는 웨스턴이 미혼이었으며 48세까지 실직 상태였다고 씌어 있다. 7년 뒤에 그는 『굿스피드 가문사』를 출간했고, 1910년 인구 조사 기록에 따르면 시카고의 한 독신 여성이 운영하는 하숙집으로 이사했다. 웨스턴은 굿스피드의 성을 물려줄 자손은 말할 것도 없고 가계도에 한 줄 더 보태지 못하고 1926년에 74세를 일기로 세상을 떠났다.

나는 지금도 본가를 방문할 때면 가끔 선반에서 『굿스피드 가문사』를 꺼내 보고는 한다. 끝없이 이어지는 유서며 법정 기록, 자녀들에 관한 요약 서술을 읽노라면 이 책의 탄생을 밀어붙인 혈통의 힘이란 무얼까, 거의 다 서로의 존재도 알지 못했던 사람들인 그 2,429명의 목록을 웨스턴이 작성하느라 자신에게 주어진 긴 세월을 바치게 한 그 힘은 무엇이었을까 묻게 된다.

웨스턴은 책 서두에 한 가지 단서를 남겼다. 그는 이 책을 "아름답게 균형 잡힌 가계도의 빠른 성장을 기원하며, 과수원을 해칠 일체의 폭풍은 비껴가고 귀한 열매를 오염시킬 무지와 부도덕이라는 해충은 근절되고 싹과 가지 모두 옥토에 심겨 잠들어 있는 모든 가지가 깨어나 눈부신 잎과 꽃을 피우고 사랑과 자유와 법의 햇살 받으며 풍요로운 수확 일굴 황금 후손들"에게 바쳤다.

다시 말해 웨스턴은 자신을 자연주의자로 여겼다. 그는 미국 전체로 끊김 없이 확장해 가는 하나의 유기체, 즉 미국 모든 굿스피드의 아담인 로저에게서 나뭇가지처럼 뻗어 나가는 유전자의 가계도를 그린 것이다.

하지만 웨스턴은 굿스피드 나무의 가지를 하나로 묶어 주는 것이 있다고 하면 그것이 무엇인지, 그 나무를 그렇게 공들여 자세하게 기록할 가치를 부여하는 것이 무엇인지는 잘 보여 주지 못했다. 굿스피드 가문에는 왕자에게 물려줄 왕관도 없었고 세계를 재편한다거나 할 기회도 없었다. 우리는 대대로 어마어마한 재산을 상속한 록펠러 가문이 아니다. 솔직히 로저가 탔던 배가 대서양 한복판에서 가라앉았다고 해도 미국 역사는 달라지지 않았을 것이다.

내가 아는 한, 웨스턴은 굿스피드 집안사람들을 하나로 묶어 주는 것, 새 세대가 태어날 때마다 물려받는 것은 우수성이라고 믿었다. 굿스피드 집안의 많은 남자가 남북 전쟁에 참여했다. 비록 장군이나 대령 같은 계급장을 달지는 못했지만 용맹한 북군이었다. 다음은 웨스턴의 말이다. "그들이 세운 위업과 공훈의 기록은 굿스피드라는 성을 가진 모든 이에게 자부심과 영광의 유산으로 길이 남을 것이다." 물론 1860년대 미국에서 아들을 전쟁에 내보내지 않은 집안을 찾기는 어려울 것이다. 군복무를 하지 않은 나는 남북 전쟁에서 나의 조상들이 남긴 유산을 내가 감히 나누어 가질 수 있을지 모르겠다.

굿스피드 대다수는 전쟁에서 싸우지 않았지만 웨스턴은 그들에게서도 나름의 우수성을 찾아냈다. 프랜시스 굿스피드(Francis Goodspeed)는

"어릴 때부터 열린 마음을 지녔으며 책을 사랑한 사람"이었다고 웨스턴은 썼다. 존 굿스피드(John F. Goodspeed)는 "가구업에 종사했으며, '굿스피드 슈피리어 광택제'를 만들었다." 시모어 굿스피드(Seymour Goodspeed)는 "능력을 쌓아 대가족을 이루어 올바르고 유익한 삶을 살면서 명예에 흠결을 남기지 않는 이력을 쌓아 그를 아는 모든 이에게 존경을 받았다." 토머스 굿스피드(Thomas Goodspeed)는 "지방 선거와 전국 선거에 한 번도 빠짐 없이 투표했다." 한 가문으로서 굿스피드에 대한 웨스턴의 짤막한 평가이다. "모두가 훌륭한 시민이었다."

얼마 전 나는 구글이 『굿스피드 가문사』를 온라인에 올렸음을 알게 되었다. 나는 우리 가문에서 불명예와 관련된 어휘가 나올지 궁금했다. **살인**, **뇌물**, **사생아**, **알코올**을 검색해 보았지만 성과는 없었다. 기껏 나온 것이 굿스피드 가문의 선천적 우수성에 희미한 그늘을 드리울 정도의 사항뿐이었다. 1841년에 출생한 릴런드 굿스피드(Riland Goodspeed)는 캘리포니아의 한 목장 관리자가 되었다. 물론 "광활하고 아름다운 목장"이었다. 그는 목장 주인의 딸과 사랑에 빠졌다. 물론 "재능 있고 더할 수 없이 매혹적인 여인"이었다. 이 지점에서 사촌 웨스턴은 어리둥절해진다. 릴런드와 이 여인은 "낭만적인 상황에서 수차례 도주 행각을 펼친 뒤" 혼인했다. 나머지 결혼 생활에 대해서 웨스턴이 남긴 기록은 다음의 짧은 요약뿐이다. "몇 년이 흐른 뒤, 그들은 이혼했다. 아마도 변덕에서 비롯된 결정이었을 것이다."

굿스피드 집안의 결점 없는 이야기와 고다드가 바로 5년 뒤에 출판한 『칼리카크 가족』의 이야기를 비교해 보자. 두 이야기 다 미국인이 유전에 대해 품은 전형적인 생각을 보여 준다. 고다드는 범죄와 정신 박약을 초래하는 순수 혈통을 상상했고, 웨스턴은 준수한 번영을 누리는 개신교도 혈통을 보여 주고자 했다. 고다드가 울버턴의 후손들에게 해를 미친 일련의 형질을 그려 냈다면, 웨스턴은 굿스피드 가문이 도덕적 형질을 물려받았다고 믿은 듯하다. 이 도덕성은 어쩌면 민주주의를 실천하고 가구 광택제를 개발하며 분주하게 살면서 획득된 형질일 것이다.

혈통에 대한 미국인들의 강박은 또 하나의 대양 횡단 기억 상실증 사례라고 볼 수 있다.[2] 17세기에 잉글랜드에서 나고 성장한 로저에게는 선조를 기념하는 전통적인 유럽의 관습이 깊이 스며 있었다.[3] 성경의 계보도는 예수 그리스도를 구약에서 기술한 조상들과 혈통으로 연결했다. 왕과 귀족 들은 자신들을 신화 속 역사에서부터 이어진 유전적 고리로 연결함으로써 자신들의 권세를 정당화했다. '정복왕 윌리엄'의 혈통을 타고 올라가면 고대 트로이의 전사로 이어지는 식이다.

르네상스 시기에 이르면 부유한 상인들도 자산을 지키고 축적한 재산을 자신의 혈통에게 계승할 수 있도록 자녀의 배우자를 결정하기 위해 계보학자를 고용했다. 로저 같은 요먼은 런던의 계보 전문가를 고용할 여력이 없었다. 서명 대신 'R' 자를 쓴 것을 보면 계보학자가 보고서를 써 줬다고 해도 읽을 줄 몰랐을 것 같지만. 그럼에도 로저는 마음속에 가족사를 간직하고 잉글랜드에서 아메리카로 이주했을 것이며, 자녀들에게 그 이야기를 들려주고 손자, 손녀에게도 그랬을 것이다.

로저의 이야기는 전부 그의 출생지 윙그레이브에서 몇 킬로미터 반경 안에서 일어났을 것이다. 초창기 세대들이 고향에서 멀리 이주하는 일은 드물었으니까. 1630년대에 로저처럼 고향에서 약 5,000킬로미터 거리를 여행하는 것은 아주 극단적인 이탈이었다. 로저와 그의 이야기가 만들어진 원천 사이에 대서양이라는 간극이 생긴 셈이다. 굿스피드 가계가 식민지 정착지 일대로 뻗어 나가면서 로저가 간직했던 이야기는 차츰 희미해졌다. 사촌들은 잊혔고, 신화가 그 자리를 대신한다.

1700년대에 이르면 미국에서는 유럽 혈통으로 계보를 이어 가려는 가문이 생겨나기 시작했다. 1771년에 토머스 제퍼슨(Thomas Jefferson, 1743~1826년)은 런던으로 항해하려는 지인에게 제퍼슨 가문의 문장을 찾아볼 수 있을지 편지로 물었다. "우리 가문의 문장이 있다는 말은 들었는데, 근거가 있는 말인지는 모르겠군요."[4] 제퍼슨은 이렇게 불평했다. 또 다른 '건국의 아버지' 벤저민 프랭클린(Benjamin Franklin, 1706~1790년)은 1758년에 프랭클린 가문이 몇백 년 동안 살았던 잉글랜드 엑턴이라는 마을을 방문했다. 혈통을 찾으려는 생각에 프랭클린은 교구 등록부를 추적하고 이끼 덮인 조상들의 묘비를 조사하고 교구 목사의 아내와 프랭클린 가에 대해 대화를 나누었다. 교구 목사가 나중에 1563년으로 시작되는 가계도를 손으로 직접 그려 보내 주었다.

"나는 막내 아들의 막내 아들의 막내 아들의 막내 아들의 막내 아들이야. 5세대 연속 막내라니, 우리 집안에 재산이라고 할 만한 것이 있었다고 해도 나한테는 어림없는 노릇이었겠지."[5] 프랭클린이 한 사촌에게 보낸 편지의 일부이다. 하지만 프랭클린은 이 조사를 통해 자신이 조상의 기질을 물려받았다는 확신을 얻었다. "그 점이야말로 내가 영원히 감사하고 싶은 이중 축복이지."

프랭클린과 제퍼슨은 권력 세습을 거부하는 새로운 국가를 건설하는 데 이바지했다. "왕이 권한을 세습하는 전통이 어리석다는 강력한 증거는, 자연이 그 오류를 입증한다는 것이다."[6] 토머스 페인(Thomas Paine, 1737~1809년)이 『상식(*Common Sense*)』에서 선언한 바이다. 페인은 왕이 국가를 통치하는 데 적합하지 않은 인물로 판명된 경우가 적지 않았다면서 마치 자연이 사자 대신 당나귀를 만들어 낸 형국이었다고 지적했다.

하지만 미국 독립 전쟁으로도 세습의 매혹은 깨지지 않았다. 초창기 아메리카 식민지에 정착한 사람들은 유럽 혈통을 과시하면서 신생 공화국에서 높은 신분을 고수하고자 했다.[7] 그들은 은 식기, 영구차, 묘비에 가문의 문장을 새겨 넣었다. 새로 부자가 된 부르주아 집안들은 계보학을 이용해 원하는 신분을 돈으로 얻기도 했다. 시간과 돈을 들여 직접 계보를 조사하거나 미국에서 새로운 직업인이 된 계보학자를 고용해 귀족 혈통과의 연관성을 찾고 문장을 입수하는 경우도 있었는데, 설령 그 문장이 가짜로 밝혀진다고 해도 개의치 않았다.

그만한 형편이 안 되는 집안들도 계보를 신경 쓰기는 매한가지여서 자수로 계보를 만들거나 가족 성경에 이름을 기록해 놓았다. 고귀한 혈통 태생임을 증명할 수 없을 때에는 덕망 있는 집안만 되어도 어느 정도는 자부심을 품을 수 있었다. 1800년대에 엘렉타 피델리아 존스(Electa Fidelia Jones)라는 한 매사추세츠 주 여성이 뿌리를 추적한 끝에 자신에게는 청교도의 핏줄이 "줄자석(magnetic wire)"처럼 관통한다고 찬미했는데, 2세기가 지나서 그것이 의미하는 바를 알아주는 사람을 만나게 된다.[8] 조사 과정에서 같은 11대조의 후손 몇 사람을 찾은 피델리아는 그 친척들이야말로 조상에게서 물려받은 그 어떤 재산보다도 좋은 유산이라고 감격했다.

하지만 발견이 크게 달갑지 않은 친척도 있었다. 피델리아는 한 여자 친척 부부를 찾아냈는데, 1750년대에 결혼한 "두 사람은 백치나 다름없어서 그들이 혼인할 때에는 부부라는 관계를 유지할 자격이 안 되는 사람들은 결혼을 금지시키는 법이 있어야 한다는 말이 나올 정도였다." 피델리아는 이 부적격 부부의 자녀 중 몇 명에 대해 이렇게 불평했다. "지적 수준이 어찌나 낮은지 이름과 나이를 묻는 것 이상으로는 알고 지내고 싶지 않았다."

피델리아는 가계도에서 저런 부적격 가지들은 드러내지 않았다. 그는 그 명예롭지 못한 친척의 존재는 괘념치 않고 청교도 조상을 방문하는 공상을 즐겼다. "나는 상상의 나래를 펼쳐 그 정겨운 난롯가로 돌아가곤 한다."

미국인들은 창피한 친척은 계보에서 삭제했지만, 한편으로 유명인들과는 어떻게든 연을 만들고 싶어 했다. 버지니아 주의 초창기 상원 의원이었던 존 랜돌프(John Randolph, 1773~1833년)는 자신이 포카혼타스의 직계 후손임을 자랑했다.[9] 그는 사망하기 얼마 전인 1833년에 한 방문객에게 자신의 가계도가 멀리는 정복왕 윌리엄까지 거슬러 올라간다면서 자세한 이야기를 들려주었다. 조상의 계보가 왕으로 이어진다는 것이 곧 잉글랜드의 왕위를 이어받을 수 있다는 뜻은 아니었다. 그럼에도 랜돌프는 이 희미해진 영광을 약간은 즐길 수 있었다.

랜돌프의 강박은 오늘날에도 사라지지 않았다. 매년 4월에는 미국 샤를마뉴 대제 후손회(Order of the Crown of Charlemagne in the United States of America) 회원 몇십 명이 워싱턴 D. C.의 한 클럽에서 연례 만찬과 기념식을 치른다. 이 만찬에 초대받으려면 자신이 이 8세기 신성 로마 제국 통치자의 직계 후손임을 증명해야 한다. 샤를마뉴 대제의 후손들이 용이하게 접근할 수 있도록 "관문 조상(Gateway Ancestors)" 명단에 있는 누군가와 관계만 있으면 신분이 인정되는 장치도 제공하는데, 그 명단에는 필라델피아의 제임스 클레이풀(James Claypoole, 1721~1784년, 미국 초상화가. — 옮긴이), 버지니아의 애거사 웜리(Agatha Wormeley, 1623~1683년, 미국 식민지 초창기 정착민으로, 영국 대헌장 서명자 드 퀸시 남작의 후손. — 옮긴이) 등의 인물이 수록되어 있다. 웹사이트 charlemagne.org는 이 단체의 목적이 "기사도 전통의 보존과 함양"이라고 선언한다.[10]

1800년대 중반에 이르면 집안의 유명인, 귀족, 덕망 있는 인물을 찾는 일이 크게 유행하면서 미국 계보학을 하나의 산업으로 꽃피웠다. 많은 협회가 조직되고 그들의 조사와 연구 결과를 공식적으로 발표하는 간행물이 출간되었다. 랠프 월도 에머슨(Ralph Waldo Emerson, 1803~1882년)

은 이 새로운 산업이 단연코 비미국적이라고 생각했다. 미래를 향해 나아가야 할 나라가 과거에 매달리는 꼴이라는 이야기였다.

에머슨은 1855년에 일기에 이렇게 적었다. "계보학자와 대화를 하다 보면 내가 웬 송장을 돌보고 있나 하는 기분이 든다."[11]

***

1630년대에 매사추세츠 만에 도착한 선박들은 잉글랜드의 이주민들을 싣고 있었다. 나의 조상 로저 굿스피드도 그중 1명이었다. 하지만 1638년에 서인도 제도에서 들어온 디자이어(Desire) 호는 다른 대륙의 탑승객 무리를 태우고 왔다. 매사추세츠 주지사 존 윈스럽(John Winthrop, 1587?~1649년)은 이 배의 선적 품목 기재란에 "목화와 담배, 흑인 등"이라고 적었다.[12]

디자이어 호는 아프리카 노예를 뉴잉글랜드로 수송한 최초의 선박으로 기록되었다. 로저와 달리 디자이어 호에 실려 온 사람들은 자녀들에게 재화는커녕 성조차 물려줄 수 없었다. 미국 노예들은 새로 집이 된 곳에서나마 집안의 대를 잇기 위한 노력으로 자식들에게 조상 이야기를 들려주었지만 많은 부분이 소실되었다. 노예제 폐지 운동가 프레더릭 더글러스(Frederick Douglass, 1818~1895년)는 1818년에 태어나 7세가 될 때까지 외조부와 함께 살았지만 조상 이야기는 거의 듣지 못했다. 가족, 혼인, 출생, 사망 등의 사항이 문서로 기록되지 않은 상황에서 가계를 이어 가기 위한 정보를 얻기는 불가능했다.

"노예들 사이에서는 계보학이 발전할 수 없었다." 더글러스의 기록이다.

자유를 얻은 노예들은 가계도를 그리기 시작했다. 9세 때 가족과 함께 노예주에게서 탈출한 헨리 하일랜드 가닛(Henry Highland Garnet,

1815~1882년)은 성장해 걸출한 노예제 폐지 운동가 목사가 되었고 라이베리아의 대사로 봉직했다. 가넷의 조상은 몇 세대에 걸쳐 노예 신분이었으나, "증조부가 아프리카에서 한 부족장의 아들이었는데 본국에서 어릴 때 납치된 뒤 메릴랜드 연안 노예상에게 팔려 온 신세"라고 말한 바 있다.[13]

가넷은 19세기에 대학 교육을 받은 전문가, 곧 목사, 의사, 공직자 들로 이루어진 미국 흑인 엘리트 사회에 속했는데, 이들은 백인 엘리트들 못지않게 계보학에 열렬한 관심을 보였다.[14] 그들은 흑인의 우수함을 칭송하는 데 계보학을 활용했다. 시인 랭스턴 휴스(Langston Hughes, 1902~1967년)는 22세이던 1924년에 워싱턴 D. C.로 이사했을 때 이 강박을 처음 접했다. 그는 이곳에서 "'더 지적이고 더 상류 사회에 속하는 친척'인 사촌들과 함께" 살았다고 썼다. 사촌들의 소개로 "최고의 유색 인종 사회"에 진입한 휴스는 사람들이 자신을 남부 유수의 백인 가문의 "흑인 쪽" 태생임을 자랑스럽게 이야기하는 모습을 보면서 재미있어하는 동시에 분개했다.[15] 그 말은 "물론 그들이 **서출**이라는 뜻"임을 휴스는 알아차렸다.

휴스는 점차 그 상류 사회에 넌더리를 느끼고 "보통 흑인들, 사실상 계보 따위 없는 사람들이 만나고 어울리는" 7번가에서 시간을 많이 보내기 시작했다.

하지만 7번가 사람들이 계보가 없다고 해서 계보를 원하지 않는다는 뜻은 아니었다. 20세기 중반에 흑인 민권 운동이 힘을 얻으면서 미국 흑인 중에도 계보학을 통해서 조상 되찾기를 시도하는 이들이 나오기 시작했다. 그들이 혈통을 회복하기 위해서는 백인들보다 훨씬 더 멀고 험한 길을 가야 했다. 노예들은 자신의 유언을 남기지 못했을뿐더러 황소, 백랍제 기물 따위와 나란히 노예주의 재산 목록으로 기재되었다. 일부 미국 흑인의 가계가 여성 노예를 강간한 백인 농장주와 연결되는 경우도 있었는데, 대개는 자신이 아버지임을 인정하지 않았다. 미국 흑인들은 가계를 상실했을 뿐만 아니라 성까지도 잃어야 했다. 1679년에 뉴욕의 존 레깃(John Leggett)이라는 뱃사람은 아들에게 "이름이 '사내아이(You-Boy)'라는 …… 흑인 아들"을 남겼다.[16]

작가 알렉스 헤일리(Alex Haley, 1921~1992년)가 1920년대에 테네시에서 성장할 무렵에 고령의 여성 친척들이 노예 조상들에 대해 이야기하는 것을 귀 기울여 들었다.[17] 할머니들이 현관에다 담배를 뱉으면서 해 준 이야기는 헤일리의 8대조까지 거슬러 올라가고는 했는데, 헤일리의 할머니는 그 조상을 단순히 '아프리카 인'이라고 칭했다.

그 아프리카 인은 노예상에게 붙잡혀 아메리카 식민지로 수송되었다가 버지니아의 한 농장주에게 팔려 토비(Toby)라는 새 이름을 얻었다. 하지만 그는 계속해서 킨테이(Kin-tay)라는 이름을 고집했다. 친척들이 헤일리에게 아프리카 말을 몇 마디씩 읊고는 했다. 킨테이가 가족들에게 가르쳐 준 말이었지만, 무슨 뜻인지는 잊어버렸다고 했다.

헤일리는 친척에게서 들은 조상 이야기를 친구들(흑인도 있고 백인도 있었다.)에게 다시 들려주고는 했다. 백인 친구들 집에서 헤일리가 채찍질과 구타의 역사를 이야기하자 그 친구들은 다시는 나타나지 않았다. 대학을 졸업하고 해안 경찰로 일하는 내내 그 이야기들을 잊지 않고 있던 헤일리는 1960년대 초에 기자가 되었다. 1964년에 출장으로 런던에 갔고 거기서 영국 박물관을 방문했다가 로제타석을 보았다. 그는 무슨 뜻인지 헤아릴 수 없었던 아프리카 말을 떠올렸다. 이듬해에 워싱턴 D. C.에서 살게 된 헤일리는 미국 국립 문서 기록 관리청을 방문해 노스캐롤라이나의 해방 노예 조상들의 명단을 찾았는데, 친척 어른들이 들려준 이야기와 일치했다. 헤일리는 계보학을 이용해 그 '아프리카 인'을 찾기로 마음먹고 그 경험을 다룬 책을 썼다.

"미국에서 그런 책이 나온 적은 없었던 것 같습니다." 헤일리가 편집자에게 한 말이다. "어떤 흑인 가족의 역사를, 그 뿌리까지 찾아가는 책 말입니다."[18]

헤일리는 조사 작업을 통해 자신의 조상이 아프리카 감비아에서 왔다는 결론을 얻었다. 그는 감비아로 직접 날아가 조사하다가 '그리오(griot)'라고 불리는 구전 역사가를 만났다. 그리오는 헤일리를 훑어보더니 킨테(Kinte) 부족 사람을 닮았다고 말했다. 헤일리는 그 이름이 아무래도 킨테이로 들리는 것 같았다. 그리오는 헤일리에게 그 부족 출신인 쿤타 킨테(Kunta Kinte)라는 이름의 남자 이야기를 해 주었다. 그 사람의 일생이 헤일리가 그 '아프리카 인'에 대해서 들었던 이야기와 일치하는 것 같았다.

헤일리는 자신이 드디어 조상을 찾았다고 선언했다. '미국 사촌'이 돌아왔다는 소식이 킨테 마을을 휩쓸었다. 헤일리가 그들을 만나러 왔을 때 어린이들은 환호했다. "미이스터 킨테(Meester Kinte)!"

1976년 헤일리는 자기 조상 이야기를 담은 책 『뿌리: 한 미국 가문의 계보(*Roots: The Saga of an American Family*)』를 출간했다. 이야기는 쿤타 킨테가 아프리카에서 살았던 시절에서 시작해 노예가 되어 아메리카 식민지로 들어가 알렉스 헤일리 자신으로 이어지는 일가를 이룬 과정을 서술한다. 『뿌리』는 미국 흑인들이 경험해 보지 못한 무엇이었다. 헤일리는 현재 미국에서 살아가는 흑인들을 노예 조상들과 이어 주는 감춰진 끈을 찾아, 자신들의 뿌리인 대륙에서 현재 살아가는 사람들을 보여 주었다. 그뿐만 아니라 그 이야기는 매혹적이었다. 흑인 독자만이 아니라 백인들에게도 그랬다. 『뿌리』는 양장본 출간 18개월 만에 150만 부가 팔려 나갔고 텔레비전 미니 시리즈로 제작되어 약 1억 3000만 회의 시청 기록을 세웠다.

『뿌리』가 우리에게 강렬한 감정을 일으킨다는 것은 부정할 수 없지만 역사가 윌리 리 로즈(Willie Lee Rose, 1927~2018년)는 이 책을 읽으면서 뭔가 문제가 있다고 느꼈다.[19] 아니, 사실은 자잘한 많은 것이 잘못된 것 같았다. 헤일리는 쿤타 킨테가 1760년대에 버지니아 주 북부에서 면화를 땄다고 썼지만, 면화는 그렇게 머나먼 북부에서 재배된 적이 없었다. 쿤타 킨테는 농장에서 철조망을 세웠다고 씌어 있지만, 철조망이 일반적으로 사용되기 시작한 것은 1세기 뒤의 일이었다.

"이러한 시기 착오 자체는 지엽적인 사항일 뿐이므로 의미를 부여할 일은 아니다." 로즈는 1976년에 《뉴욕 리뷰 오브 북스(*New York Review of Books*)》에 그렇게 썼다. 그는 이러한 착오들이 책 전체를 관통하는 더 심오한 결함의 징후일 수 있다고 우려하며 이렇게 경고했다. "착오가 수적으로 너무 많아서 신뢰가 중요한 핵심적인 사안의 진정성을 갉아먹는다."

헤일리는 처음에는 비판을 회피했지만 이 책에 대한 의문은 거기에서 멈추지 않았다. 그는 자신이 조사에 할애한 몇 년의 시간을 설명하면서 『뿌리』를 변호하고자 했다. 그런가 하면 『뿌리』는 '팩션(faction)'이라는 말로 의심을 피해 가기도 했다.[20]

그러나 공격은 거세어지기만 했다. 소설가 두 사람이 자신들의 작품 가운데 많은 문단을 베껴 갔다는 혐의로 헤일리를 고소했다. 한 건은 65만 달러를 지불하고 합의로 마무리되었다.[21] 표절보다 더한 것은 이 책의 정수라고 할 수 있는 혈통 관계가 검증되지 않는다는 사실이었다. 어느 아프리카 구전 역사 전문가가 헤일리가 만났다는 그리오를 추적한 결과, 그 사람이 18세기에 살았던 킨테 소년의 생애와 관련한 그런 세부 내용을 알았을 리 없다고 결론 내렸다.[22] 그 그리오는 헤일리가 듣고 싶어

하는 이야기를 말해 주었을 뿐이라는 이야기였다. 계보학 전문가들은 이 책의 오류, 표절, 망상 목록을 제시하면서 쿤타 킨테가 토비였다는 근거가 없다고, 즉 토비가 헤일리의 조상이라고 볼 근거가 없다고 결론 내렸다.[23]

하지만 이 이야기의 강렬한 힘은 많은 옹호자를 낳았다. 그들은 사실을 검증하는 사람들이 이 책이 독자들에게 어떤 의미가 있는지, 이 책이 그들과 과거의 관계를 어떻게 변화시켰는지를 무시한다고 주장했다. "불현듯 미국 백인들이 많은 교과서가 좋은 말로 얼버무리려고 했던 시기의 참상에 귀를 기울이기 시작했다." 흑인 언론인 클래런스 페이지(Clarence Page, 1947년~)의 말이다.[24] "불현듯 미국 흑인들이 윗세대에 매몰찬 질문을 던지기 시작했다. 윗세대 어른들이 너무나 말하기를 꺼렸으며 그들의 자식 세대인 우리가 너무나 듣기를 꺼렸던 과거에 대해서 말이다."

영화 평론가 유지니아 콜리어(Eugenia Collier, 1928년~)에게는 그 성과가 무엇이 되었건 상관없었다. 그가 느끼는 것은 배신감이었다. "나는 헤일리가 우리의 과거를 팔아먹었다고 믿는다." 콜리어가 1979년에 한 말이다.[25] 그는 헤일리가 미국 흑인들의 삶에서 가장 뼈아픈 부재를 이용해 부를 축적했다고 비판했다. "나라도 아프리카 조상이 누군지 알 수만 있다면 가진 것을 다 내줄 것이다."

『뿌리』는 계보학에 또 한 차례 붐을 일으켰는데, 흑인 독자들만이 아니라 백인들 사이에서도 마찬가지였다. 이 신세대 계보학자들도 하나같이 예전의 계보학자들이 이용했던 것과 똑같은 도서관 고문서에 똑같은 교구 기록, 똑같은 인구 조사 기록을 뒤적거릴 수밖에 없었다. 대신 20세기 말이 되면서 인터넷이라는 강력한 검색 도구가 생겼다. 정부와 교회의 기록들이 모두 인터넷에 올라가면서 계보학자들은 온라인 토론장이

나 관련 신생 기업을 통해 서로의 조사 결과를 공유했다. 한 통계에 따르면 현재 인터넷에서 가장 인기 있는 검색 주제어 2위가 계보(genealogy)이다.[26] 계보를 능가하는 주제어는 포르노 하나뿐이었다.

인터넷 시대가 오기 전까지 우리 집안의 가계도는 흡사 병충해로 절반이 죽어 있는 느릅나무 꼴이었다. 어머니가 굿스피드 집안과 다른 선조의 계보를 청교도 식민지 정착민 공동체와 잉글랜드까지 추적해 냈지만 아버지 쪽 계보에 대해서는 알아낸 바가 거의 없었다. 하지만 인터넷이 아버지 집안 정보의 보고 역할을 했다. 아버지의 친척들이 올려 둔 자료에 따르면, 나의 증조부 제이콥 짐머(Jacob Zimmer)는 1892년에 우크라이나에서 뉴어크로 이주했다. 증조부의 형제 몇 사람도 미국으로 함께 왔지만 나머지는 우크라이나에 남았다. 어머니에게서 같은 계통의 대립 형질을 물려받은 나의 동생 벤이 미국 홀로코스트 기념관 웹사이트에서 그 마을 사진 몇 장을 찾았다. 시신이 무더기로 쌓여 있는 사진들이었는데, 총살 집행 직후 아니면 전쟁이 끝난 뒤에 발굴된 현장이었다.[27] 증조부의 가족들은 포로 수용소로 끌려갈 필요가 없었다. 나치가 그들을 찾아가 학살을 자행했으니까.

계보가 효력을 발휘한 것은 사실이지만, 그것만으로는 친자 관계를 보장할 수 없었다. 출생 증명서는 부모가 자식에게 유전자를 물려주었음을 증명한다. 하지만 아기가 뒤바뀌거나 도둑맞는 일이 실제로 일어날 수 있으며, 아버지가 친부임을 부정할 때에는 기록에서 삭제되기도 한다. 공문서 기록이 소실될 수도 있고 어설픈 실수로 훼손되는 일도 있다. 인터넷에서는 잘못된 정보가 퍼져 나가면서 전 세계의 데이터베이스를 하나하나 오염시키고는 한다. 생물학적 관계를 틀림없이 보장해 주는 유일한 증거는 우리가 세포 안에 물려받은 것뿐이다.

⁂

판사들은 계보를 확실한 증거로 삼을 수 있느냐 하는 문제로 몇백 년에 걸쳐 씨름해 왔다. 로마 제국의 법정은 친자 논란이 생길 때면 '아버지는 결혼 서약이 가리키는 사람(pater est quem nuptiae demonstrant)'이라는 원칙을 고수했다.[28] 결혼한 여자의 자녀는 반드시 그 남편의 자녀가 되며, 설령 남편이 사망한 지 1년 뒤에 태어난 아이라도 남편의 자녀로 인정해야 했다. 그 후로도 몇 세기 동안 법정에서는 이 원칙이 지켜졌는데, 자연이 허용하는 범위를 넘어서는 경우도 나오고는 했다. 1304년에 잉글랜드에서 한 남편이 3년 만에 집으로 돌아왔더니 아기가 태어나 있었던 것이다. 그는 자신이 아버지가 아니라며 소송을 제기했다. 하지만 판사는 "남편과 아내 사이에 무슨 일이 있었는지는 남이 알 수 없는 법"이라고 판단해 소송을 기각했다.[29]

하지만 판사들은 또 하나의 판결 지침을 수용했다. "대머리수리 근거(bald eagle evidence)"[30]라고 불리는 이 지침은, 어떤 생명체가 대머리수리처럼 생겼다면 십중팔구 대머리수리의 자식이라는 뜻이다. 1769년에 영국의 한 판사는 "닮았다는 사실을 곧 그 아이가 아버지의 아들이라는 근거"로 여겨 왔다고 말했다. "왜냐하면 이목구비, 체격, 태도, 몸짓에서 분명히 닮았다고 느껴지는 사람들이 있기 때문이다."

20세기에도 법정에서는 자녀가 아버지와 닮았는지를 판단했다. 하지만 유전학과 분자 생물학이 생겨난 뒤로 일부 과학자가 친척 관계의 범주를 수립해 가족을 하나로 묶어 주는 유전의 가장 기본 구성 물질을 확인하면 되지 않을까 궁리하기 시작했다.

이 과학 분야를 처음 법정에 도입하게 만든 인물은 배우 찰리 채플린(Charlie Chaplin, 1889~1977년)이다.[31] 1942년, 채플린은 브루클린 출신의 젊은 배우 유망주 조앤 배리(Joan Barry, 1920~2007년)와 사귀기 시작했다. 채플린은 배리를 언젠가는 내다 버릴 장난감처럼 함부로 대했다. 하지만 실제로 그렇게 되었을 때 배리는 순순히 물러나지 않고 채플린의 저택 창문을 깨고 침입해 총을 들이대고 자신을 다시 받아 달라고 요구했다. 채플린은 이미 다른 여성과 사귀고 있었는데, 이번에는 우나 오닐(Oona O'Neill, 1925~1991년)이라는 10대 소녀였다. 이에 배리는 한 할리우드 가십 칼럼니스트에게 채플린이 먼저 유혹해 놓고 자기가 임신하자 버렸다고 제보했다. 1943년 6월, 배리의 어머니는 아직 엄마 뱃속에 있는 손녀를 위해 매월 2,500달러의 양육비와 분만 비용 1만 달러 지급을 요구하며 채플린을 고소했다.

채플린은 곧이어 민사만이 아니라 형사 소송까지 당하게 된다. 당시 FBI 국장 존 에드거 후버(John Edgar Hoover, 1895~1972년)는 늘 채플린을 수상한 인물로 의심해 왔다. 그의 반파시즘 사상이 후버에게는 공산주의와 다를 바 없었다. 드디어 그 배우에게서 오점을 찾아낼 기회가 온 것이다. 1944년 2월, 채플린은 배리가 아직 미성년자였을 때 부도덕한 목적으로 주 경계선을 이동하게 만들어 맨 법(Mann Act, 성인 및 미성년 여성을 부도덕한 목적으로 주 경계선을 넘게 하는 행위를 금지하는 연방법. — 옮긴이)을 위반한 혐의로 기소되었다. 또 로스앤젤레스 경찰 당국과 공모해 배리를 탈선 혐의로 수감시켰다는 혐의도 있었다.

구경꾼들과 기자들이 이 형사 재판을 보기 위해 로스앤젤레스 법원으로 몰려들었다. 이 법정은 채플린과 배리의 관계와 관련된 모든 일을 온갖 사소한 부분까지 꼬치꼬치 들춰냈다. 채플린은 배리와 잠자리를 같이했다는 사실은 인정했지만, 다른 남자들도 같은 시기에 배리와 잤다고 증언했다. 배심원은 모든 혐의에 무죄 평결을 내렸고, 법원 안팎에서는 박수갈채가 터졌다.

다음으로 채플린의 친부 여부를 가리는 민사 소송이 기다리고 있었다. 두 재판 사이에 배리는 딸 캐럴 앤(Carol Ann)을 출산했다. 채플린의 변호사들은 법정에서 캐럴 앤이 형사 재판 때 증언했던 배리의 연인의 딸일 가능성을 제기했다. 그러고는 캐럴이 채플린의 유전자를 물려받지 않았으므로 채플린의 딸일 수 없다는 증거를 제출했다.

채플린의 변호사들이 캐럴 앤의 유전자를 직접 읽을 수는 없었다. 1940년대의 과학은 여전히 유전자가 무엇으로 만들어졌는지조차 알아내지 못한 단계였다. 기껏해야 유전자가 혈통에 어떤 영향을 미쳤는지를 추적하는 정도만 할 수 있었을 뿐이다. PKU처럼 그 영향이 유전병의 형태로 나타나는 경우도 있었다. 하지만 거의 모든 사람에게서 추적할 수 있는 하나의 유전 형질이 있었다. 바로 혈액형이다.[32]

혈액형이 처음 발견된 것은 1900년인데, 그로부터 8년 뒤 폴란드 혈청학자 루드비크 히르슈펠트(Ludwik Hirszfeld, 1884~1954년)가 혈액형이 멘델의 법칙을 따른다는 것을 증명했다.[33] ABO라는 유전자가 하나의 단백질을 암호화해 적혈구 세포 표면에 달라붙는다. 가장 보편적인 변이형은 A형, B형, O형이다. A형과 B형 모두 O형보다 우세하다. 다시 말해서 어머니에게서 A형을 물려받고 아버지에게서 O형을 물려받은 사람이라면 A형이 된다. 부모 양쪽으로부터 2개의 O형을 물려받은 경우에만 O형이 된다. A형과 B형을 물려받은 경우에는 AB형이 된다.

히르슈펠트는 이 유전 규칙 때문에 한 가족 안에는 특정한 혈액형 조합만이 가능하다는 것을 알아냈다. 가령 한 아이의 혈액형이 A형이라면 그 부모 중 한 사람이 반드시 A형이어야 한다. O형 어머니와 B형 아버지가 A형 아들을 낳는 것은 불가능한 일이다. 1919년에 《랜싯(*Lancet*)》에 발표한 논문에서 히르슈펠트와 그의 아내 한카 히르슈펠트(Hanka Hirszfeld, 1884~1964년)는 이 발견으로 "한 아이의 진짜 아버지를 찾는 일"이 가능

해질 것으로 예측했다.[34]

1926년 독일의 한 법정에서 최초로 혈액형을 이용해 친부 분쟁을 해결한 사례가 등장했다. 이 판례는 점점 더 세간의 주목을 받았지만 그 정확성을 두고는 여전히 회의적으로 보는 눈이 많았다. 채플린의 민사 재판이 몇 달 앞으로 다가왔을 때, 변호사들은 배리의 변호사들과 협의해 배리가 2만 5000달러를 받는 대신 그 자신과 아기의 혈액형 검사를 받는 데 합의했다. 혈액형의 유전 법칙에 따라 채플린이 친부일 가능성이 배제된다면 배리는 고소를 취하해야 했다.

검사 결과는 채플린이 바라던 그대로였다. 배리는 A형이었고 캐럴 앤은 B형이었다. 회피할 수 없는 결론이었다. 누가 되었건, 캐럴 앤의 아버지는 혈액형이 B형이어야 한다는. 채플린은 O형이었기에 캐럴 앤은 채플린에게서 아무것도 물려받지 않았다.

그러나 배리는 고소 취하를 거부하고 앞의 변호사들이 합의했던 사항을 따르지 않겠다는 결정과 함께 새 변호사를 고용했다. 채플린의 변호사들은 혈액형 검사 결과를 판사에게 제출해 이 소의 각하 판결을 받고자 했다. 하지만 캘리포니아 주에서 혈액형 검사는 생소한 개념이어서 그 신뢰성에 대한 판결 지침이 아직 정립되어 있지 않았다. 판사는 소를 인용했고, 1945년 1일에 채플린은 다시 법정에 섰다.

재판이 진행되는 동안 생후 15개월의 캐럴 앤은 어머니의 무릎에 앉아 있었다. 배리는 딸이 채플린과 닮았는지 아닌지 '대머리수리 근거'를 찾을 수 있도록 딸의 얼굴을 배심원 쪽으로 돌리고 있었다. "잠자거나 하품하거나 꾸륵꾸륵 소리를 내면서 조용히 있던 아기에게서는 변호사의 어깨에 기대어 흐느끼는 어머니, 원고 조앤 배리나 사사건건 아니라고 고함치는 피고 채플린의 기질이 전혀 보이지 않았다."[35] 캐럴 앤에 대해서《라이프》기자가 쓴 기사이다.

채플린의 변호사들은 '대머리수리 근거'에 혈액형으로 대응했다. 그들은 의사를 증언석으로 불러내 혈액형 검사 결과에 대해 "차트와 다이어그램, 상세한 해석"으로 설명했다고 AP 통신은 보도했다.[36] 그들은 다른 두 의사가 수행한 검사 결과를 수록한 보고서를 소개했는데, 그 의사 중 1명은 배리의 변호사들이 지명했고 1명은 중립적인 의사였다. 의사들은 이렇게 진술했다. "널리 인정되는 유전 법칙에 따르면, 이 사람, 찰리 채플린은 이 아기의 아버지가 될 수 없다."[37]

변호사들은 준비해 온 모든 근거, 즉 혈액형 검사, 캐럴 앤을 임신했을 무렵 배리와 관계를 맺었던 다른 남자들 이야기, 캐럴 앤의 얼굴에서 확인되는 '대머리수리 근거' 등을 제출한 뒤 배심원의 평결을 기다렸다. 배리의 변호사는 배심원들에게 채플린의 계보에 캐럴 앤이 속한다는 점을 강조하면서 이렇게 말을 맺었다. "이 아기에게 합당한 성을 주실 때, 밤에 단잠을 주무실 것입니다."[38]

배심원들에게 멘델의 법칙은 엿가락처럼 늘어나는 것처럼 보였던 듯하다. 배심원들의 최종 결정은 의견 불일치로, 7명은 채플린이 아버지가 아니라고 확신했고 5명은 아버지라고 확신했다. 배리의 변호사들은 2차 소송을 제기했다. 이번에는 채플린이 캐럴 앤의 아버지가 맞다는 평결을 받아 내면서 승소했다.

이 결정은 큰 파장을 일으켰다. 《보스턴 헤럴드(*Boston Herald*)》는 이렇게 썼다. "판결이 뒤집히지 않는 한 캘리포니아 주는 사실상 흑은 백이며, 2 더하기 2는 5요, 위는 아래임을 선언한 셈이다."[39] 그럼에도 채플린에게는 배리에게 캐럴 앤 양육비로 매주 75달러를 지급하라는 명령이 결정되었다. 도합 8만 2000달러였지만, 이 소송으로 채플린이 치러야 할 대가는 이 금액보다 훨씬 컸다. 할리우드에서 아무도 더는 이 탕아와 일하고 싶어 하지 않았다. 채플린은 할리우드를 완전히 떠나야 했다.

법원의 판결은 궁극적으로 배리에게도 큰 도움이 되지 않았다. 배리는 정신 건강이 악화되더니 1953년에 길에서 배회하는 모습이 포착되었는데, 아기 반지와 아기 샌들 한 켤레를 들고 계속 같은 말만 반복했다고 한다. "이건 마법이야."[40] 배리는 치료를 위해 정신 병원에 수용되었다. 퇴원한 뒤에는 자취를 감추었다. 캐럴 앤은 어머니는 사라지고 아버지가 누구인지 끝내 알 수 없는 아이로 배리의 친척들 손에 자랐다.

⁂

캘리포니아 주 의회는 채플린 재판의 판결에 크게 당황해 신속하게 주 법정에 혈액형 검사를 결정적 증거로 채택하도록 권고했다. 그 뒤로 혈액형 검사가 많은 친부 분쟁을 해결했지만, 여기에도 한 가지 중대한 한계가 있었다. 이 검사는 아닌 사람을 배제하는 기능만 있을 뿐, 친부 여부를 확실하게 결정하지는 못했다. 캐럴 앤의 혈액형 검사로 채플린이 친부가 아니라고 할 수 있었던 것은, 친부라면 B형 혈액형이어야 했기 때문이다. 그렇다면 B형 남자 수백만 명이 친부가 될 수 있다는 이야기였다. 혈액형 검사의 문제는, 이것이 단백질 하나의 여러 유형 비교를 토대로 한다는 점이었다. 이것으로는 부모와 자식 관계를 결정적으로 입증할 유전적 근거를 제시할 수 없었다.

그런 근거는 분명 존재한다. 우리의 세포 안에 있는 DNA 염기 배열이 그것이다. 그러나 20세기 말이 되어서야 우리의 유전 물질 성분들을 읽어 내는 기술이 발명되었다.[41] 심지어 아주 짧은 조각만 가지고도 가족들을 재결합시킬 수 있는 정보를 추출할 수 있다. 이것은 심지어 사망 후 수십 년이 지나서도 가능하다.

1917년에 러시아 제국의 황제 니콜라이 2세(Nikolay II, 1868~1918년) 황제와 알렉산드라 표도로브나(Alexandra Fyodorovna, 1872~1918년) 황후의 자녀 5명이 우랄 소비에트 군대에 체포되었다.[42] 그들은 예카테린부르크의 한 가옥에서 몇 달 동안 유폐되었다가 하인들과 함께 처형되었다. 혁명이 종결되고 몇 해 뒤, 처형 현장 일대를 수색했으나 유골을 찾아내지 못했다. 그러자 그들의 자녀 중 1명이나 2명이 처형을 피해 (구)소련에서 빠져나갔다는 소문이 퍼졌다. 그 뒤로 자신이 왕자나 공주라고 주장하고 나선 사람이 200명이 넘었다.

예카테린부르크의 지질학자 알렉산드르 아브도닌(Alexander Avdonin, 1932년~)이 1970년대에 이 사건에 강박적으로 매달렸다. 그는 당시에 벌어졌던 일의 단서를 찾고자 온갖 기록을 뒤졌다. 여러 해 조사한 끝에 그는 친구 몇 사람과 함께 니콜라이 2세 일가가 유폐되었던 집에서 멀지 않은 지점에서 얕은 구덩이를 찾아냈다. 두개골 몇 개에는 총탄 구멍이 나 있었고 일부 유골에는 총검에 찔린 자국이 있었다.

아브도닌은 이 공동 묘지에 대한 정보를 숨기고 있다가 1991년에 (구)소련이 붕괴한 뒤에야 세상에 알렸다. 러시아 정부는 유골의 과학적 조사에 착수했다. 조사관들은 유골의 치아에서 금과 은을 발견했다. 그 유골들이 귀족 계급의 것임을 말해 주는 단서였다.

조사의 일환으로 러시아 정부는 영국의 법의학자 피터 길(Peter Gill, 1952년~)에게 도움을 청했다. 길은 유골에서 DNA 절편을 추출해 낼 수 있었다. 이 절편에는 단순 반복 염기 서열(short tandem repeat, 이하 STR)이라는 반복적인 염기 서열이 들어 있었다. 이런 유형의 유전 물질은 유전에 관해 많은 정보를 알려 주는데, 특히 돌연변이 경향을 자주 보이기 때문에 그렇다. 세포가 우발적으로 이 반복 서열을 중복 복제하는 경우가 있는가 하면 이것을 누락하는 경우도 있다. (이런 돌연변이 부위는 단백질 합성에 관여하지 않기 때문에 위험하지 않다.) 여러 세대를 거치면서 가족 특유의 STR

조합이 생길 수 있는데, 두 사람이 같은 STR 조합을 갖고 있다면 십중팔구 가까운 친척 관계일 것이다. 길은 예카테린부르크에서 발견된 유골 가운데 어린이들의 STR가 두 성인 중 1명의 STR와 일치한다는 사실을 알아냈다. 한마디로 그들은 일가족이었다.

하지만 누구네 가족인가? 로마노프 일가의 세포 조직이 보존된 것이 아니었으므로 정확히 일치하는 서열을 찾아내기 위해 필요한 DNA를 추출할 방도가 없었다. 현존하는 친척이 있다면 대리로라도 검사를 받아 볼 텐데 말이다.

길은 일치되는 유전자를 찾기 위해 우리의 염색체 깊숙이 자리한 특별한 유전자 조합을 이용했다. 그 조합은 우리 세포의 연료를 생성하는 주머니인 미토콘드리아 안에 숨어 있다. 미토콘드리아에는 미토콘드리아만의 유전자 37개가 있는데, 이들은 임무를 수행하는 데 필수 요소인 단백질을 암호화한다. 미토콘드리아는 또한 감수 분열 없이 DNA의 새 복사본을 만들어 낸다.

유전학자들은 미토콘드리아 DNA가 자신을 후대에 유전하는 방식에 주목했다. 난자와 정자 둘 다 미토콘드리아가 있다. 하지만 정자가 난자를 수정하면 난자가 효소를 생성해 자신의 미토콘드리아 DNA를 분해한다.[43] 그리고 어머니의 미토콘드리아가, 아니, 어머니의 미토콘드리아만이 자녀의 미토콘드리아 DNA가 된다.

이러한 특성 때문에 미토콘드리아 DNA는 모계 조상을 추적해 갈 수 있는 기록이 된다. 감수 분열이 일어나면 염색체의 세대가 뒤섞인다. 그러나 우리가 물려받는 것은 어머니의 미토콘드리아 DNA가 완벽하게 보존된 복사본이다. 어머니는 할머니의 미토콘드리아 DNA를 물려받았고, 할머니는 또 증조할머니의 미토콘드리아 DNA를 물려받았고, 그런 식으로 거슬러 올라가므로 제아무리 집요한 아이가 묻고 늘어지더라도 답을 얻어 낼 수 있다. 미토콘드리아가 DNA를 복제할 때마다 돌연변이가 발생할 가능성은 아주 작지만 존재한다. 그 새로운 돌연변이는 어머니의 계보를 타고 다음 세대로 전달될 것이다. 한 여성의 여성 후손이 두 번째 돌연변이를 받는다면 그 미토콘드리아 DNA는 앞으로 뚜렷한 돌연변이와 함께 전달될 것이다. 조상이 같은 친척들은 같은 미토콘드리아 기록을 공유할 수 있다.

합스부르크 가가 그랬듯이 이 러시아 황제의 가문도 유럽 다른 왕가들과 혼인으로 긴밀히 맺어져 있었다. 니콜라이 2세의 부인인 알렉산드라 황후는 잉글랜드의 앨리스 대공비의 딸이었고 앨리스 대공비는 빅토리아 여왕의 딸이었다. 따라서 알렉산드라 황후는 빅토리아 여왕의 미토콘드리아 DNA를 물려받았고 이것을 다시 로마노프 집안의 왕자와 공주에게 물려주었다.

이 왕가의 가계를 살펴보다가 길은 빅토리아(Victoria, 1819~1901년) 여왕의 미토콘드리아 DNA를 물려받은 사람이 또 있다는 사실을 발견했다. 엘리자베스 2세(Elizabeth II, 1926~2022년)의 남편인 에든버러 공작 필립(Prince Philip, The Duke of Edinburgh, 1921~2021년) 대공이었다.[44] (필립 대공은 모계로 이어진 빅토리아 여왕의 고손자이다.) 길은 필립 대공에게 연락해 이 검사를 위한 DNA를 제공받기로 했다.

검사 결과, 필립 대공의 미토콘드리아 DNA는 예카테린부르크의 성인 1명과 자녀 전원의 유해에서 추출한 유전 물질과 일치했다. 이 결과는 그 성인이 알렉산드라임을 말해 준다. 구덩이에 있던 다른 성인의 유해에서 나온 미토콘드리아 DNA는 다른 서열을 갖고 있었는데, 길은 이 서열이 니콜라이 2세의 한 친척의 유전 물질과 일치한다는 사실을 밝혀냈다.

1994년에 길의 연구진이 이 결과를 발표하자 관심 있게 지켜보던 많은 이들이 로마노프 가의 미스터리는 아주 깔끔하게 매듭지어졌다고 느꼈다. 1998년에 유해는 상트페테르부르크에 있는 페테르파블롭스키 대성당에 안치되었지만, 매장 이후에도 일부 사람들은 유해의 정체에 의문을 품었다.[45] 그들은 다른 사람의 DNA가 이 유해를 검사하는 데 사용된 장비를 오염시켰을 가능성을 제기했다. 아브도닌이 진짜로 로마노프의 다섯 남매 가운데 셋의 유해를 발견했다면 나머지 둘은 어떻게 되었는가? 회의론자들은 그 얕은 구덩이에 있던 것이 친척들의 유골일 수도 있다고 주장했다. 당시에 학살된 러시아 귀족의 규모를 생각해 보면 일견 타당한 면이 있었다.

고고학자들이 계속해서 아브도닌이 발견한 얕은 구덩이 일대를 조사했고, 2007년에 원래 무덤에서 70미터 떨어진 거리에서 유골이 더 발견되었다. 러시아와 미국의 인류학자들이 이 두 번째 무덤에서 나온 뼛조각과 치아 44점을 검사해 이들이 최소한 두 사람에게서 나왔다는 결론을 내렸다. 유골의 형태를 볼 때 일부는 10대 후반 소녀의 것이며 다른 하나는 12~15세 소년의 것으로 보였다. 치아 충전재로 쓰인 은은 이들이 귀족이었음을 시사했다.

길은 다시 이 유골을 검사했는데, 이번에는 미군 DNA 식별 연구소(US Armed Forces DNA Identification Laboratory)의 인력과 협업했다.[46] 그들은 아브도닌이 처음 발견했던 유골에서 새로 DNA를 추출했다. 이 원래의 다섯 유골에서 나온 DNA로 이들이 부모와 자식 관계임이 다시 한번 증명되었다. 새로 발굴된 유골도 같은 가족이었다. 로마노프 일가족 7명 전원이 마침내 재결합했다. 유전학적 가계도를 통해.

***

좀 더 큰 DNA 조각을 분석하는 방법이 생기면서 과학자들은 사람들을 한 혈통으로 이어 주는 더욱더 다양한 서열 조합을 찾아낼 수 있었다. 이 기술로 가까운 사촌을 넘어서서 수천 년 전 같은 조상에게서 나온 사람들까지 확인할 수 있게 되었다.

기독교 성경에 따르면 약 3,300년 전 아론이 최초의 유대교 제사장이 된 이래로 이 직분은 아버지에게서 아들에게로 세습되었다. 오늘날에도 코언(Cohen)과 칸(Kahn) 같은 성을 지닌 많은 이들이 그 제사장들의 직계 후손이라고 자처하는데, 이들을 코하님(Cohanim, 코언의 복수형.—옮긴이)이라고 부른다. 1990년대에 애리조나 대학교의 유전학자 마이클 해머(Michael Hammer)가 아버지에게서 아들에게로 전달되는 Y 염색체를 조사해 제사장 혈통의 근거를 추적하는 '코하님 프로젝트'에 착수했다. X 염색체와 Y 염색체는 다른 염색체처럼 결합하지 않으므로 Y 염색체는 세대가 바뀌어도 거의 동일한 조합을 유지하며, 그래서 남성판 미토콘드리아 DNA의 역할을 수행한다고 볼 수 있다.

해머의 연구진은 코하님 조상 이야기를 검증하기 위해 유태인 남성 188명의 볼 안쪽 점막을 면봉으로 채취해 검사했는데, 그중 68명은 부모에게서 제사장 혈통이라는 말을 들은 사람들이었다.[47] 연구진은 그들의 세포에서 DNA를 추출해 Y 염색체에서 돌연변이가 많은 부위를 검사했다. 그들은 부모에게서 제사장 혈통이라는 말을 들은 그룹의 Y 염색체에서 다른 유태인 남자들보다 하나의 돌연변이가 유독 많이 나타난다는 사실을 발견했다. 해머 연구진은 코하님의 Y 염색체가 1명의 공통 조상에게서 전해져 내려왔다고 결론 내렸다.

해머 연구진은 이후에 유태인과 비유태인 모두 포함해서 더 많은 남자들의 Y 염색체를 검사했다.[48] 많은 유태인 남성이 촌수가 가까운 한 남자 조상의 후손임이 다시금 확인되었다. 하지만 다른 남성들은 다른 돌연변이를 가지고 있어서 이들은 다른 남자 조상의 후손임을 시사했다. 2009년에 해머 연구진은 이 연구 결과를 발표하면서 제사장 혈통의 기원이 성경의 기록과 같다고 주장했다. 하지만 코하님 혈통이 드러나면서 상이한 Y 염색체를 지닌 다른 유태인 남성 역시 어쨌거나 성직자가 되었다.

초창기의 DNA 판독은 워낙 고가의 사업이라 길이나 해머 같은 전문가들만의 영역이었고 과학 연구 목적으로만 수행되었다. 하지만 비용이 빠르게 떨어지면서 해머를 비롯한 여러 사람이 경제적 목적으로 유전자 분석 기업을 설립해 고객의 주문을 받아서 유전자 가계도를 제공할 수 있게 되었다. 주문자가 튜브에 침을 뱉어 해당 회사에 우송하면 여기에서 DNA를 추출해 축적된 사람의 유전자 변이 데이터와 비교하는, 간단한 과정이다. 이 기업들의 초반 작업은 고객의 미토콘드리아 DNA와 Y 염색체의 몇 개 부위를 검사해 지구에서 그 고객의 돌연변이 조합이 가장 보편적으로 나타나는 지역이 어디인지 보고하는 방식이었다. 그러다가 점차 검사 범위를 확대해 염색체 전체에서 유전자 표지자를 조사했다. 종합하면, 이렇게 해서 인류 전체 유전체의 1,000분의 1 미만의 유전자 표지자를 수집했다. 하지만 그 표지자는 개인마다 다르기에 조상에 대한 단서가 될 수 있고, 나아가 일가친척을 이어 줄 수도 있다. 사후에 재회한 로마노프 일가가 그런 사례였다.

친척을 찾거나 유명한 조상과 관계가 있는지 알고 싶어서 이 검사를 받는 사람들이 있는가 하면, 대양 너머 자신의 뿌리가 되는 곳을 찾고자 하는 사람들도 있다. 유럽 인들은 바이킹 족 조상 찾기에 나섰고, 미국의 흑인들은 노예제가 남긴 공백을 극복할 수 있었다. 2016년에 개작판 「뿌리」가 미국의 히스토리(History) 채널에서 방영되었다. 원작 드라마에서 쿤타 킨테 역을 맡았던 레바 버턴(LeVar Burton, 1957년~)이 이 개작판

드라마에서는 총괄 프로듀서를 맡았다. 개작판 「뿌리」를 홍보하기 위해 버턴은 개작판에서 킨테를 맡은 배우 맬러카이 커비(Malachi Kirby, 1989년~)와 함께 유전자 정보 분석 기업 '23andMe'에서 DNA 검사를 받았다.

"나는 평생 내 안에서 무엇인가 빠져 있다고 느끼면서 살아왔다."[49] 버턴은 한 영상에서 이렇게 말했다. 아이패드로 검사 결과를 살펴보는 버턴은 감개무량한 모습이었다. "현재의 내가 그냥 여기에서 시작된 것이 아니었습니다. 그 증거를 손에 쥔다는 것 자체가 강렬한 경험입니다."

주변에서 직접 검사를 받은 친구들이나 내가 쓴 유전학 관련 글을 읽은 사람들에게서 들은 이야기도 거의 같았다. 한 독자는 여러 해 동안 역사 기록을 뒤져 자메이카와 가나에서 조상을 찾아낸 이야기를 들려주었다. 그 독자는 유전자 검사로 자신이 특히 아칸(Akan) 족과 구안(Guan) 족의 후손임이 증명되었다고 했다. 그는 이렇게 말했다. "우리 가족 중에서 나만 장신이고 형제자매와 부모님은 단신인데, 내 안에 아칸 족 조상과 구안 족 조상이 섞여 있다는 것을 보여 주는 DNA 분석 결과와 부족 설화를 받고 나서야 우리 가족의 크고 작은 외모 차이가 이해가 되었습니다."

나는 내 DNA 안에서 무엇을 찾을 수 있을지 궁금했다. 내가 『굿스피드 가문사』가 기록된 분자를 간직하고 있을까? 아니면, 친가 짐머 혈통 쪽으로 더 놀라운 이야기가 숨어 있을까? 그 조상들에게서 내가 어떤 유전자 변이 조합을 물려받았을지, 그것이 내 운명에 어떤 영향을 미쳤을지 알고 싶었다. 그레이스와 함께 유전 상담사를 만나 우리의 가문사를 헤집은 일이 떠올랐다. 그때는 최초의 인간 유전체 프로젝트가 여전히 진행 중이던 시기였다. 그것도 30억 달러라는 비용이 투입되어서. 그로부터 15년 뒤, 나의 친구들은 조상 찾기 검사를 생일 선물로 주고 있다. 내가 유전 상담사를 마지막으로 방문한 지 15년이 지난 현재,

BRCA1 유전자는 의학계에서 명성을 얻고 있다. 어떤 돌연변이는 여성의 유방암과 자궁암 확률을 급격히 높이는데, 특히 아슈케나즈 유태인(Ashkenazi people, 독일과 동유럽, 러시아 지역에서 공동체를 이루었던 유태인. — 옮긴이) 여성들에게서 흔히 나타났다. 우리 집안에서는 적어도 아버지 쪽으로 한 여성이 유방암이 있었다. BRCA1 돌연변이가 있던 내 친구 1명은 48세에 유방암으로 죽음을 앞두고 있었다. 나의 두 딸이 나에게서 그 운명을 물려받았을까? 그것을 알아낸다면 어떻게 말해야 할까?

이러한 의문이 머릿속에서 맴돌 때 이메일 한 통이 왔다. 로버트 그린(Robert Green)이라는 유전학자가 보낸 학회 초대장이었다. "귀하께서 오실 수만 있다면, 좀처럼 얻기 힘든 매우 엄선된 배움의 기회가 되리라 확신합니다."

의학 분야에서 유전체의 미래를 논하는 학회라고 했다. 그린을 비롯한 과학자들이 현재 연구에서 유전체를 어떻게 이용하고 있는지, 미래에는 어떤 쓰임이 있을지 발표할 것이다. 참석자는 원한다면 비용을 지불하고 자신의 유전체 염기 서열 분석을 의뢰할 수 있다. 일루미나(Illumina)라는 유전자 분석 회사가 2700달러에 분석을 진행하는데, 한 사람의 DNA 내 32억 쌍의 염기 서열 전체를 밝혀내면 임상 유전학 전문의들이 그 안에서 폐암처럼 잘 알려진 질환이나 가족성 섬유성 골이형성증(토실토실한 안면형 때문에 지품 천사의 이름을 따서 체루비즘(cherubism)이라는 병명이 붙었지만 이름에 속으면 안 될 일이다. 이것은 사람을 천사처럼 보이게 만드는 병이 아니라 악골에 종양을 유발하는 병이다.)처럼 생소한 질환 등 1,200종의 질환과 연관된 돌연변이 유전자가 있는지 살펴보는 것이다.

나는 신청했다. 내가 어떤 의학 보고서에 참여할 수 있다는 생각 때문이 아니었다. 가공되지 않은 데이터를 손에 넣을 수 있고 전문가들의 도움을 받아 직접 분석할 수 있다는 점에 끌렸다. 그린의 초대를 받기 전에는 친척들이 들려준 이야기를 통해 나의 DNA가 어디에서 왔을지 짐작하는 것이 전부였지만, 이제 유전자 계보를 암호 하나하나까지 직접 읽을 수 있게 되었다.

7장

피검자 Z

그린은 내 옆에 바짝 붙어 있었다. 그의 시선이 내 얼굴을 좌우로, 상하로 샅샅이 훑었다.

"제가 지금 이러는 건, 기저 유전 질환을 시사하는 얼굴 특징이 있는지 찾아보는 겁니다." 그린이 속삭였다. 흡사 말을 1마리 사려고 살펴보는 사람의 눈빛이었다. "눈 모양이며 귀 위치가 낮은지 아닌지, 귀 모양의 복잡한 정도 같은 걸 보는 거죠."

유전체를 얻어 내는 과정은 생각했던 것보다 훨씬 복잡했다. 단순히 튜브에 침을 뱉어 23andMe 같은 회사로 우송하는 것이 아니었다. 2007년에 23andMe가 DNA 분석 보고서를 개인 고객에게 직접 제공하는 서비스를 시작했다. 이 서비스는 999달러에 한 개인의 유전체 내 50만 쌍의 염기 서열 안에서 변이 유전자를 찾아 조상에 대한 단서를 분석하며, 나아가 그 변이가 당뇨병에서 알츠하이머병까지 아우르는 광범위한 질환에 어떤 영향을 미칠 수 있는지를 다룬 보고서까지 제공한다. 기존의 유전병 검사법과 비교할 수 없는 지대한 발전을 이룬 서비스였지만 미국 식품 의약국(FDA)의 승인을 받아야 했고 이 서비스를 이용하고자 하는 사람은 의사를 거쳐야만 했다. 하지만 23andMe는 고객들에게 직접 서비스를 제공하고 있었다. 2013년에 FDA가 23andMe에 검증되지 않은 검사, 즉 고객에게 직접적인 영향을 미칠 수 있는 검사 서비스 제공을 중단하라고 통보했다. 그러자 23andMe는 조상에 대한 단서 분석만 제공하고 나머지는 중단했다.

일루미나 같은 기업들은 이 지침에 주의를 기울였다. 유전체 분석 정보를 얻고자 한다면 의사를 통해서 의료 검사로서 의뢰를 해야 한다. 나에게 유전체 염기 서열 분석을 제공하겠다고 초청한 그린도 마찬가지로 이 검사에 서명하는 데 동의했다. 하지만 그러기 위해서는 먼저 기존의 유전자 검사, 즉 1950년대에 펜로즈가 시행했을 모든 검사 과정을 처음부터 끝까지 거쳐야 했다.

"미래의 의사들이 본다면 이렇게까지 조심할 필요가 있느냐고 할지도 모르지요. 하지만 현재로서는 유전체 염기 서열 분석 자체에 아무 기준도 없어서 이렇게라도 하기로 한 겁니다." 그린은 그렇게 말했다.

나는 검사를 받기 위해 열차를 타고 보스턴에 가서 하버드 대학교 부속 병원인 브리검 여성 병원(Brigham and Woment's Hospital)을 찾아갔다. 먼저 실라 서티(Sheila Sutti)라는 유전 상담사를 만났다. 서티는 "가족사"라는 제목의 양식을 꺼내 놓고 나의 친척에 대한 질문을 시작했다. 내 답변에 따라서 동그라미 칸과 네모 칸을 채우고 사망자 칸은 긴 빗금을 그었다. 알레르기와 수술 여부도 확인했다. 내가 잘 몰라서 어깨를 으쓱한 많은 문항에는 물음표를 표시했다. 그러고 나서 내가 지닌 여러 증후군과 불확실성의 관계망을 그렸다. 나는 그 양식을 보며 여하한 유전병의 신호도 찾아낼 수 없었다.

서티의 작업이 끝날 무렵에 그린이 들어왔다. 의과생 하나가 말없이 그림자처럼 붙어 있었다. 그린이 테 없이 좁다란 안경 너머로 내 얼굴을 바라보았다. 그는 유전자가 우리 몸에서 하는 역할이 아주 다양하다는 사실을 활용했다. 신경계를 해치는 유전병이 얼굴에 단서를 남기는 경우도 있다면서, 유전 전문의는 육안으로도 확인할 수 있다고 했다. 그다음으로는 나에게 앞뒤로 걸어 보고 이쪽 벽에서 저쪽 벽까지 걸어 보라고 했다. 흰색 가운을 입은 그가 팔짱을 낀 채 내 발을 내려다보면서 걸음걸이를 평가했다.

그는 이 구식 검사로는 어떤 특정 질환에 대한 검사가 필요하다는 징후가 전혀 보이지 않았다고 총평한 뒤, 유전체 검사 신청서에 서명했다. 그러자 서티가 다른 병동으로 나를 데려갔고 거기에서 채혈사가 팔에 주삿바늘을 꽂았다. 내 피가 자줏빛 윤활유처럼 팔에서 3개의 튜브로 미끄러져 들어가는 것을 구경했다.

채혈 튜브들은 국토를 가로질러 서부의 샌디에이고로 운송되어 그곳에서 일루미나의 전문가들 손에서 백혈구 세포 분해를 거쳐 DNA가 추출되었다. 그들은 추출된 DNA 분자를 초음파로 박살 낸 뒤, 그 각각 단편의 복사본을 만들고, 그 단편에 화학 물질을 첨가해 염기 서열을 밝혀낼 수 있었다.

다음 단계는 그 단편들을 직소 퍼즐의 조각처럼 맞추어야 한다. 퍼즐 상자 뚜껑의 그림을 길잡이 삼아 퍼즐을 맞추어 나가는 것처럼, 일루미나 전문가들은 하나의 인간 유전체를 참조해 내 DNA의 각 단편이 어느 위치에 속하는지 밝혀냈다. 위치를 찾아내지 못한 난해한 단편도 일부 있었지만, 일루미나 팀은 내 유전체의 90퍼센트 이상을 재현할 수 있었다.

인간 유전체는 개인에 따른 구분 없이 거의 동일하다. 하지만 한 유전체의 30억 염기 서열 쌍 전체 안에서는 DNA 한 부분의 작은 변이가 수백만 가지 차이를 만들어 낸다. 변이 대다수는 무해하다. 하지만 일부는 PKU 같은 질환을 유발할 수 있으며, 암이나 우울증처럼 더 흔한 질환을 유발하기도 한다. 일루미나의 임상 유전학 전문의들이 내 DNA에서 확인된 변이들 가운데 특히나 우려스러운 것이 없는지 살폈다. 내가 브리검 여성 병원을 방문한 지 몇 주 만에 서티가 분석 결과를 들고 전화했다.

"대면하지 않고 전화로 결과를 알려 드리는 이유는, 임상적으로 중대한 문제로 보이는 사항이 전혀 발견되지 않았기 때문입니다. 아주 양호한 보고서가 나왔습니다, 칼." 서티가 말했다.

서티는 나의 유전체에서는 병을 유발한다고 밝혀진 이형 접합 열성 돌연변이도, 위험성 높은 동형 접합 우성 돌연변이도 나오지 않았다고 알려 주었다. 몇 가지 유용한 정보를 얻기는 했다. 이 분석으로 일부 약의 효능에 영향을 미치는 몇 가지 변이가 발견되었는데, 가령 이제는 내가 간염에 걸린다면 인터페론(interferon)과 리바비린(ribavirin) 병용 치료를 받으면 안 된다는 것을 안다.

모든 사람이 그렇듯이, 나도 보인자이다. 정확히 말하면 나에게 있는 것은 단일 열성 돌연변이 유전자이다. 나의 아이들이 나와 그레이스 둘 다에게서 동일한 돌연변이를 물려받았다면 유전병이 생길 수 있다. 2000년대 초, 그레이스와 내가 부모가 되었을 당시에는 DNA 염기 서열 분석 기술이 너무나 미숙한 단계여서 내가 보유한 변이의 전체 목록을 구할 수 없었다. 우리가 바랄 수 있는 최선은 우리 딸들에게 PKU 같은 질환에 대한 검사를 몇 가지 받게 하는 정도였다.

분석 결과, 나는 생전 처음 듣는 두 유전병의 보인자였는데, 하나는 만노스 결합형 렉틴 단백질 결핍증(mannose-binding lectin protein deficienc)이고, 다른 하나는 가족성 지중해열(familial Mediterranean fever)이었다. 이 특정 유전병을 이해하기 위해서는 약간 조사를 해야 했다. 만노스 결합형 렉틴 단백질 결핍은 면역계를 약화시켜 아기들에게 설사와 뇌막염 같은 병을 일으킨다. 가족성 지중해열은 MEFV라는 유전자의 돌연변이가 유발하는데, 복막염, 폐렴, 관절염 같은 재발성 염증을 일으켜 극심한 고통을 일으키는 질환이다.

부모님 중 어느 쪽에게서 이 돌연변이를 물려받았는지는 알 수 없지만 MEFV 유전자 돌연변이는 아버지 쪽에서 온 것 같다. 이 유전병은 아르메니아, 아랍, 튀르키예, 그리고 에스파냐와 포르투갈 지역 유태인들에게 매우 흔하게 나타난다. 그레이스의 뿌리인 아일랜드 인 등 다른 민족 집단에서는 훨씬 희귀하며, 따라서 그레이스에게 변이된 MEFV 유전자가 있을 가능성은 희박하다. 최악의 경우, 우리 두 딸이 나 같은 보인자가 될 것이다.

이것으로 끝이었다. 100년이 넘게 유전학이 발전해 온 덕분에 내 유전체를 일별이나마 할 수 있었다. 이것은 최근까지만 해도 불가능했던 일이다. 하지만 서티와는 더 논할 것이 없었다. 그 전화를 받고 일주일 뒤, 나는 열차로 보스턴에 가서 "나의 유전체 이해하기(Understand Your Genome)" 학회에 참석했다. 점심 시간에 일루미나 직원의 안내로 보안 조치가 된 웹페이지에 접속해서 우아하게 정리된 내 결과를 살펴보았다. 두 줄의 컬러 글자로 배열된 내 유전체와 참조 유전체를 대조해 볼 수 있었다. 내 DNA와 참조 DNA가 상이한 부분은 서로 색이 달라서 환하게 두드러졌다. 질환과 관련한 유전자 변이 부분에는 연관 신체 형질도 함께 표시되어 있었다. 나에게는 별다른 의미가 없었지만. "귀하가 백인이라면 남성형 탈모가 발생할 가능성이 큽니다." 일루미나 웹페이지의 설명이었다. 나를 백인이라고 볼 수는 있겠지만 나는 머리숱이 많다. "귀하의 근섬유는 근력을 키우기에 적합합니다." 이것은 거짓말이다.

이번에 참여한 유전체 분석은 설렘으로 시작해 김빠짐으로 끝난 경험이었다. 체루비즘이 있다는 사실을 알고 설렐 사람은 없을 테니까. 하지만 자신의 유전체를 알아 가는 과정이 따분할 리는 없다. 좀 더 깊이 파고든다면, 아니, 더 깊이 파고들어 줄 과학자에게 도움을 받을 수 있다면, 유전에 대해 훨씬 많이 알아낼 수 있을 것이다.

몇 주에 걸친 언쟁과 사무적인 절차를 거친 끝에 나는 일루미나에서 원본 데이터를 받아 낼 수 있었다. 그것은 1월 어느 날 오후, 흰색 마분지 상자에 담겨 문 앞에 찾아왔다. 상자 안에는 초록색 비닐 포장재 뭉치가 들어 있었고, 그 안에 신장 모양의 검은색 주머니가 들어 있었으며, 그 안에서 날씬한 무광 하드드라이브가 나왔다. 여기에 70기가바이트의 데이터가 저장돼 있는데, 이것은 고화질 영화 400편이 넘는 분량이다.

나는 이 데이터를 해석해 보기 위해 나의 유전체와 함께 길을 나섰다. 주간 고속 도로 제95호선을 타고 예일 대학교 캠퍼스로 들어가 사이언스힐을 올라 마크 벤더 거스타인(Mark Bender Gerstein, 1966년~)의 연구실에 도착했다. 연구실은 갈릴레오 온도계, 클라인병 커피잔 같은 과학적 골동품이 빼곡했고, 사람 피부에 흐르는 미세 전류로 작동하는 조명이 깜박이고 있었다. 거스타인은 대화할 때에도 유전체에서 클라우드 컴퓨팅으로, 오픈 액세스 과학 출판으로 얼마나 숨 가쁘게 넘나드는지 방금 내가 한 질문이 무엇이었는지 잊지 않기 위해 수시로 수첩을 들여다봐야 했다.

유전체 주인에게 그 유전체에 대해 말해 준다는 생각에 거스타인의 호기심은 끝이 없었다. 그는 지금까지 유전체 수천 종을 분석해 왔지만(그는 '1000 유전체 프로젝트(1000 Genome Project)'라는 연구 컨소시엄 출범에 관여했다.) 그 유전체를 소유한 사람을 직접 대면한 일은 거의 없었다. 내 유전체를 복사하라고 하드드라이브를 건네자 거스타인은 자기 일처럼 흥분된다고 했다.

"저는 용기가 나지 않더라고요. 제가 좀 소심합니다." 거스타인이 웃으며 말했다. "제가 걱정을 사서 하는 사람이에요. 뭔가 새로운 연구 결과가 나오기만 하면 제 유전체에도 그게 들어 있는지 찾고 있을 겁니다."

*
**

거스타인 연구진이 작업하는 동안 나는 뉴욕 유전체 센터(New York Genome Center)를 방문했다. 이 연구소에서는 각종 유전 관련 데이터를 수집하고 공유하기 위한 웹사이트 DNA닷랜드(DNA.Land)를 구축하고 있었다. 과학 연구에 기여하고 싶은 사람 누구라도 자신의 유전 데이터를 업로드할 수 있는데, 그러면 이 사이트는 업로드된 사람들의 DNA를 분석해서 혈통과 관련한 단서를 제공한다.

내 동생 벤은 앤세스터리닷컴(Ancestry.com)이라는 회사에서 DNA 염기 서열 분석을 받았다. 물론 전체 유전체는 아니고 68만 2549개 유전자 표지자에 대한 분석이었다. 벤에게 그 데이터를 DNA닷랜드에 올려 내 유전자와 대조해 보자고 했다.

감수 분열 덕분에 벤과 나의 유전자는 동일하지 않다. 우리의 유전체는 부모님 염색체의 각기 다른 부분으로 구성되었다. 그렇게 차이가 있음에도 기다란 DNA 조각이 일치하는 부분도 많다. DNA닷랜드는 112개의 동일한 조각을 찾아냈는데, 각 조각이 1억 개가 넘는 염기 서열로 이루어져 있었다.[1] 우리는 쌍둥이하고는 거리가 멀었지만 이 지구에서 유전자 측면에서 내 동생만큼 나와 유사한 사람은 아무도 없다.

나와 내 사촌들의 유전자를 비교한다면 동일한 부분이 더 적을 것이다. 우리는 한쪽 조부모는 같지만, 다른 쪽 조부모의 DNA도 일부 물려받았기 때문이다. 일치하는 조각들의 크기도 더 작을 것이다. 우리 사이에는 두 세대가 있고, 조부모의 염색체가 감수 분열을 거치면서 더 작은 조각으로 분해되었기 때문이다.

DNA닷랜드는 자원자 4만 6675명 중에 사촌일 수 있음을 시사하는 동일한 기다란 DNA 조각을 지닌 사람 46명을 더 찾아냈다. 그들은 나와 혈연 관계가 전혀 아닐 가능성도 있지만, 우리의 동일한 DNA는 몇 세기 전에 살았던 조상들이 남긴 불굴의 유산일 수 있었다. 친척일 가능성이 있는 사람들의 성을 살펴보았지만 내가 아는 성은 전혀 없었다. 벤이 의욕적으로 깊이 파고들다가 그 가운데 한 사람, 10촌일 가능성이 있는 엘리아스 고테스만(Elias Gottesman)이라는 사람의 충격적인 사연을 접했다.[2]

엘리아스는 어릴 때 가족과 함께 아우슈비츠에 보내졌는데, 수용소 의사 요제프 멩겔레(Josef Mengele, 1911~1979년)가 엘리아스와 그의 쌍둥이 형제 예노(Jeno)에게 치명적인 실험을 수행했다. 멩겔레는 쌍둥이들에게 특히 흥미를 보였는데, 그들을 통해 질병의 유전적 뿌리를 찾을 수 있으리라고 믿었기 때문이다. 심지어 그는 때로 생체 해부도 마다하지 않았다. 제2차 세계 대전이 끝날 무렵, 고테스만은 가족 모두를 잃었고 성마저 잃었다. 이스라엘에서 살게 된 고테스만은 몇십 년이 지나 비로소 다시 성과 가족을 찾기 시작했다. 미국에 사는 사촌들과 일치되는 유전자를 찾음으로써 성을 되찾았고, 사촌들이 그에게 잃어버린 부모님의 사진을 보내 주었다.

고테스만과 내가 한 조상에게서 물려받은 DNA는 우리가 가까운 친척일 수 있음을 의미했다. 하지만 나는 고테스만이나 DNA닷랜드가 보내 준, 가능한 혈연 명단의 그 누구에게도 연락하지 않았다. 유전적 연관성이 있다고 해서 가족이 되는 것은 아니다. 내 유전체를 10촌인 사람들과 비교해 본다면 오히려 그들 중 몇 명과는 DNA가 전혀 일치하지 않는 결과가 나올 것이다. 있을 수 없는 일로 들릴지 모르겠지만, 이것은 순전히 DNA를 혈연 관계와 동일시하는 현대 서구 문화의 오류에서 비롯된 일이다. 실제 유전은 그런 식으로 작동하지 않는다.

촌수가 멀수록 공통 조상을 찾으려면 여러 세대를 거슬러 올라가야 한다. 이것은 그 세대를 거치는 동안 공통 조상의 DNA가 점점 작은 조각으로 분열되어 공통 조상이 아닌 조상들의 DNA와 섞였음을 의미한다. 난자나 정자가 어떤 DNA 조각의 사본을 만나느냐는 전적으로 우연에 달렸다. 따라서 시간이 지나면서 한 조상의 유전자가 완전히 사라질 수도 있다. 2014년에 UC 데이비스의 유전학자 그레이엄 쿠프(Graham Coop, 1979년~)가 8촌 친척 100쌍을 모아 놓으면 그중에서 동일한 DNA를 단 한 조각도 공유하지 않은 쌍이 하나는 있을 것이라고 단언했다.[3] 10촌 친척 100쌍을 모을 경우, 25쌍은 유전적으로 무관한 사람들이 된다는 이야기였다.

우리 조상에게도 같은 원리가 적용된다. 내 유전체와 외가와 친가 조부모의 유전체를 비교한다면, 4명 모두에게서 동일한 DNA 덩어리가 상당 분량 발견될 텐데, 내 유전체와 각각 약 25퍼센트가 일치할 것이다. 한 세대 과거로 돌아가 보면 8명의 고조부모가 있고, 그들로부터 더 많은 DNA 덩어리를 물려받았다. 하지만 덩어리의 크기는 세대를 거듭할수록 작아진다. 한 세대 올라갈 때마다 조상의 수는 2배 증가한다. 나의 경우, 과거 10세대의 모든 조상은 1,024명이고 그 가운데 로저 굿스피드가 있다. 하지만 쿠프의 셈법에 따르면 내가 전체 조상 세대에게서 물려받은 DNA 덩어리는 도합 628개가 된다.[4] 한 사람의 유전체 크기에는 한계가 있으므로 10세대 전 조상에서 시작해 세대가 거듭되는 동안 그들의 DNA 중 많은 부분이 나에게 전달되지 못하고 여정을 마감한 것이다. 로저 굿스피드 세대 이후 어떤 조상이라도 나에게 자신의 DNA를 전달하지 못했을 확률은 46퍼센트에 달한다. 나는 어린 시절 로저 굿스피드가 굿스피드 유전자를 모든 후손에게 나눠 주었다고 믿고 우리 집안의 아담이라고 상상하고는 했다. 그러나 그의 DNA가 한 조각이라도 내게 있는지 여부는 복불복의 문제였던 것이다. 설령 물려받았다고 해도 쿠프의 계산에 따르면 내 DNA의 0.3퍼센트만 로저 굿스피드에게서 발견되리라는 결론이 나온다.

더 과거로 거슬러 올라가노라면 더 큰 역설이 나타난다. 우리는 가계도라고 하면 그저 우리의 부모는 네 조부모의 후손이고, 그 조부모는 또 여덟 고조부모의 후손이고, 이런 식으로 죽 이어지면서 가지가 뻗어 나가는 나무 정도로 생각한다. 하지만 그렇게 거슬러 올라가다가는 더는 그러기가 불가능한 벽에 부닥칠 것이다. 가령 샤를마뉴 대제(Charlemagne, 740/742/747?~814년) 시대까지 거슬러 올라간다고 치자. 그러려면 가지를 1조 가닥은 그려야 한다. 다시 말해 그 세대 때부터 현재까지의 조상만 따져도 샤를마뉴 시대에 살았던 모든 사람 수보다도 큰 수가 나온다. 이 역설에 빠지지 않는 유일한 길은 일부의 가지를 합치는 것이다. 다시 말해 우리의 조상들은 가깝게든 멀게든 전부가 친척 관계로 얽힐 수밖에 없다.

수학자들에게는 이 유전의 기하학이 오랜 관심사였다. 1999년에 예일 대학교의 수학자 조지프 창(Joseph Chang)이 처음으로 수학적 가계도 모형을 고안했다.[5] 그는 이 모형에서 놀라운 속성 하나를 발견했다. 한 인구 집단의 역사를 거슬러 올라가다 보면 오늘날 후손을 **1명이라도** 남긴 개인은 모두가 오늘날 **모든** 사람의 조상이 되는 시점이 나온다는 것이다.

이 속성이 얼마나 기이한지 이해가 안 된다면, 샤를마뉴를 다시 생각해 보자. 샤를마뉴에게 오늘날 후손이 있다는 것은 확인된 사실이다. '미국 샤를마뉴 대제 후손회'가 당당하게 편찬한 계보 덕분이다. 하지만 창의 모형에 따르면, 그 사실인즉슨 오늘날 살아 있는 모든 유럽 인이 샤를마뉴의 후손이라는 뜻이다. 대제 후손회가 그들만의 배타적 클럽이 아닌 셈이다.

창이 모형을 개발하던 1999년에는 유전학자들이 이것을 실제와 대조해 볼 수 없었다. 인간 유전체에 대해 알려진 바가 많지 않아 짐작조차 할 수 없었기 때문이다. 2013년에 이르러 필요한 기술이 확보되었다. 쿠프와 동료인 서던 캘리포니아 대학교 통계학 교수 피터 랠프(Peter Ralph)가 현존 유럽 인들이 수백 년 혹은 수천 년 전 이 대륙에 살았던 사람들과 어떻게 친척 관계가 되는지 계산하는 프로젝트에 착수했다.[6] 그들은 유럽 전역에서 수집된 2,257명의 유전자 변이 데이터베이스를 들여다보았다. 거기에서 동일한 DNA 조각을 공유하는 여러 다른 사람의 유전체를 찾아낼 수 있었는데, 이것은 1명의 공통 조상에서 내려온 것이었다.

랠프와 쿠프는 2,257명 중에 최소한 2명이 190만 개 유전자 덩어리를 공유한다는 것을 알아냈다. 일부 유전자 덩어리는 길었는데, 이것은 상대적으로 최근의 공통 조상에게서 물려받았다는 뜻이다. 짧은 덩어리는 더 오래전 공통 조상에게서 온 것이다. 랠프와 쿠프는 이 덩어리들을 분석해 창의 모형이 타당했음을 확인한 동시에 그 모형을 더 발전시켰다. 예를 들면 튀르키예 인과 잉글랜드 인 중에 1,000년 전 이후에 살았던 공통 조상에게서 물려받았음이 분명한, 상당히 큰 DNA 덩어리 다수를 공유하는 사람이 있음을 발견했다. 단 1명의 조상이 그 모든 큰 덩어리 DNA를 전부 다 제공하는 것은 통계적으로 불가능한 일이었다. 그것보다는 많은 조상에게서 현존 유럽 인들에게 전달되었음이 분명하다. 아닌 게 아니라 쿠프와 랠프가 튀르키예 인과 잉글랜드 인들이 큰 DNA 덩어리를 다수 공유한다는 사실을 설명할 유일한 방법은 창의 모형뿐이었다. 1,000년 전에 살았고 오늘날에 후손을 1명이라도 남긴 모든 사람이 오늘날 생존하는 모든 유럽 인의 조상이다.

창의 연구진은 거기에서 더 과거로 올라가면 조상의 범위는 더 커진다는 것을 발견했다. 오늘날 후손을 1명이라도 남겼고 5,000년 전에 생존했던 모든 사람이 오늘날 살아 있는 **모든** 사람의 조상이 된다.[7] 샤를마뉴 대제 후손회가 크다면, 이집트 파라오 후손회는 회원 70억 명을 거느린 클럽이 될 것이다.

***

나는 뉴욕 유전체 센터 과학자들에게 내 유전체를 사촌 이상의 범위까지 살펴보고 조상 이야기를 들려 달라고 청했다. 그들은 가장 단순한 DNA 조각, 그러니까 어머니에게서 물려받은 미토콘드리아 DNA와 아버지에게서 물려받은 Y 염색체 해석으로 시작했다. 2015년 무렵, 유전학자들은 수십만 명의 염기 서열을 분석해 이 두 유형의 DNA에 대한 방대한 데이터베이스를 구축했다. 그 방대한 염기 서열을 분류학자들이 곤충을 분류하듯이 전체를 강으로 나누고, 강은 목으로 나누는 식으로 정리했다. 전 세계의 많은 남성군에게는 공통된 Y 염색체 변이가 있는데, 이 변이를 하플로그룹(haplogroup)이라고 한다. 나는 '하플로그룹 E'에 속한다고 했다. 이 그룹은 아프리카 남성이 주를 차지하지만 유럽과 서남아시아의 일부 남성도 여기에 속한다. 이 하플로그룹 안에서도 나는 E1에 속하고, 그 안에서도 E1b에 속한다. 최하위 그룹으로 내려오면서 나의 하플로그룹은 E1b1b1c1이다.[8]

이 하플로그룹에는 유태인 남성이 일부 포함된다. 이 점은 분명 나의 아버지 쪽 친척들의 경험과 일치하지만, 이 그룹을 더 살펴보자 딱 떨어지는 듯하던 정의가 흔들리기 시작했다. E1b1b1c1 변이가 있는 유태인 남성은 몇 퍼센트밖에 안 된다. 유태인이 아닌 많은 남성에게도 이 변이가 있는데, 포르투갈에서 아프리카 소말리아 반도, 아르메니아에 이르기까지 광범위한 지역을 아우른다. 나폴레옹이 사망했을 때 부하 한 사람이 유골함에서 수염 몇 가닥을 챙겨 왔다. 2011년에 프랑스 과학자들이 거기에서 Y 염색체 일부를 추출했는데, 나폴레옹(Napoléon, 1769~1821년)도 E1b1b1c1 하플로그룹에 속하는 것으로 밝혀졌다. E1b1b1c1 변이 보유 남성 비율이 가장 높은 곳은 이스라엘이 아니라 요르단의 수도 암만이었다. 그 다음으로는 에티오피아 고원 지대에 거주하는 민족인 암하라(Amhara) 족의 남성들에게서 높게 나타났다.

요르단에 E1b1b1c1 보유 남성 비율이 높은 것으로 볼 때 이 변이가 서남아시아 지역 어딘가에서 처음 발생했음을 시사하며, 그 시기는 약 1만 년 전, 즉 유태인이 존재하기 한참 전일 것으로 보인다. 수천 년 뒤, 아랍인과 유태인을 비롯해 서남아시아의 민족 집단이 아프리카와 유럽으로 이주하면서 하플로그룹도 함께 확산되었다. 내가 E1b1b1c1을 가지고 있다는 사실만으로는 조상을 추적할 방도가 없었다. (나폴레옹이 나의 8대조는 아니었으리라는 것은 상당히 확신하지만.) 내가 알 수 있는 것은, 약 1만 년 전에 서남아시아 한 평범한 농부의 Y 염색체에 다른 하플로그룹과 뚜렷이 구분되는 어떤 해롭지 않은 돌연변이가 생겼고 그것이 모르는 사이에 그의 아들에게 전달되었다는 점뿐이다. 하지만 나의 남자 조상 중에 그 농부가 어떤 특별한 위치를 차지하는 것도 아니다. 그저 어쩌다가 그 농부의 Y 염색체가 나에게 내려왔을 뿐이다.

어머니 쪽으로는, 나는 H1ag1 변이가 있는 미토콘드리아 하플로그룹이다. 이 변이는 서유럽의 여러 지역에서 발견되며, 이 지역에서 상당 기간 존속해 왔다. 잉글랜드 힝스턴에 유전체 해독 센터를 건립할 당시, 공사 현장에서 한 노동자가 2,300년 된 유골을 발견했다. 그 유골에서 DNA 몇 조각이 나왔는데, 이 힝스턴 유골에 나와 똑같은 H1ag1이 있었다. 하지만 이 원조 H1ag1 여사가 힝스턴에 살았던 사람인지는 알 수 없다. 심지어 잉글랜드에 살았는지조차 알 수 없다.

H1ag1 하플로타입(haplotype) 보유자는 오늘날 북유럽 전역에서 발견된다. 내가 그들과 외가 쪽으로 친척이라는 것은 알지만 우리의 공통 조상이 어디에 거주했는지는 알 수 없다. 과학자들이 지금까지 밝혀진 모든 미토콘드리아 DNA를 토대로 하나의 가계도를 구성했는데, 거기에 H1ag1 가지가 유럽에서 많이 발견되는 다른 하플로타입 가지들과 나란히 뻗어 나와 있다. 유럽의 가지들은 아시아와 신대륙에서 많이 발견되는 가지들에서 갈라져 나왔다. 과학자들은 모든 가지의 돌연변이를 추적해 오늘날의 모든 하플로그룹을 탄생시킨 미토콘드리아 DNA를 지녔던 여성의 나이를 추산했다. 그 여성은 약 15만 7000년 전 아프리카에서 살았다.[9]

현생 인류가 아프리카에 살았던 한 여성에게서 미토콘드리아를 물려받았다는 최초의 단서는 UC 버클리의 유전학 교수 앨런 찰스 윌슨(Allan Charles Wilson, 1934~1991년)의 연구에 힘입어 1987년에 발견되었다. 언론사들은 이 미지의 여성에게 재빨리 '미토콘드리아 이브(Mitochondrial Eve)'라는 별명을 붙여 주었다. 이 별명은 접착제처럼 붙어서 떨어질 줄 몰랐다.《뉴스위크(*Newsweek*)》는 이 연구를 커버 스토리로 다루면서 표지에 가무잡잡한 피부색의 아담과 이브 이미지를 실었다.

모든 현존 인류의 Y 염색체 시조는 아직도 추적되지 못했다. 가장 최근의 연구는 우리 종의 여명기인 19만 년 전에 아프리카에서 살았을 것으로 추정했다.[10] 그 남성에게도 금세 'Y 염색체 아담(Y-chromosome Adam)'이라는 별명이 붙었으며, 현재 당당히 위키피디아의 항목으로 올라 있다. 미토콘드리아 이브와 Y 염색체 아담을 플라이스토세 에덴 동산에 뚝 떨어진 모든 인류의 부모로 상상하기는 어렵지 않은 일이다. 그 이브가 아담이 죽은 지 3만 년이 지나서야 에덴 동산에 출현했다는 것은 과학적 사실인데도 선악과 유혹의 은유는 여전히 허물어지지 않고 있다.

*
**

거스타인은 2주가 걸려서 내 유전체 분석 작업을 마쳤다. 그는 제자들과 함께 자신들이 개발한 소프트웨어로 짧은 DNA 조각을 분석하고 유전자 지도를 작성하고 싶다고 했다. 그들은 일루미나에서 받아 온 데이터의 유전자 조각의 위치를 대부분 찾아내 나에게 어떤 변이 유전자가 있는지 알아낼 수 있다고 했다. 두 번째로 방문했을 때 거스타인이 나를 연구실로 데려가지 않기에 놀랐다. 그 대신 우리가 간 곳은 복도 끝에 있는 회의실이었다.

거스타인의 대학원생과 박사 후 과정생 8명이 회의 테이블 양쪽으로 마주 앉아 노트북과 무선 키보드를 준비해 두고 나를 기다리고 있었다. 그러더니 나를 상석에 앉게 하고 내 정면 벽에 걸린 대형 모니터로 슬라이드를 보여 주었다.

첫 슬라이드 제목이 떴다. "피검자 Z 씨 개요."

별것도 아닌 내 프로젝트로 연락했던 그 많은 과학자들이 이상하게 친절하더라 싶었다. 그들에게 나는 일개 피검자 Z 씨였다. 해부학 학생들에게 내 안을 들여다봐 달라고 나를 분해할 메스 밑으로 덥석 뛰어든 개구리 꼴이었다.

거스타인 팀은 2시간에 걸쳐서 나의 유전체를 하나하나 짚어 가며 깨진 유전자, 중복된 유전자, 나의 단백질 메커니즘에 영향을 미친 변이 유전자를 보여 주었다. 하지만 무엇보다 인상적인 것은 나의 유전체를 다른 두 사람, 그러니까 몇 해 전에 DNA 염기 서열 해독과 그 결과의 공개적 활용에 동의한 익명 개인의 유전체와 대조해 발견한 사실이었다. 한 사람은 나이지리아 인, 다른 한 사람은 중국인이었다.

거스타인 연구진은 나의 유전체에서 참조 유전체와 다른 염기를 총 355만 9137쌍 찾아냈다. 이 변이를 단일 염기 변이(single-nucleotide polymorphism, DNA가 복제될 때 DNA 서열에서 단순한 실수로 특정 염기 쌍 부위에서 염기 하나가 다른 것으로 대치되는 변이. — 옮긴이), 약자로 SNP라고 한다. 단일 염기 변이에는 나를 가족성 지중해열 같은 유전병 보인자로 만드는 변이, 피부색처럼 병과 상관 없는 형질에 영향을 미치는 변이, 생물학적으로 나에게 아무런 영향도 미치지 않는 변이가 있다.

나이지리아 자원자와 중국 자원자는 보유한 단일 염기 변이의 개수가 비슷했다. 하지만 이 변이만 보아서는 우리 세 사람에게 뚜렷이 구분되는 바가 없었다. 거스타인 실험실의 박사후 과정 연구생 수샨트 쿠마르(Sushant Kumar)가 핵심을 완벽하게 보여 주는 벤 다이어그램(Venn diagram)을 그려 주었다. 우리 셋의 공통 단일 염기 변이는 모두 합해서 140만 개였다. 중국 자원자하고만 일치하는 변이가 53만 개, 나이지리아 자원자하고만 일치하는 변이가 44만 개였다. 종합하자면, 내가 보유한 변이의 83퍼센트가 이 두 사람 중 적어도 1명의 유전체에 존재했다.

우리 세 사람은 각각 다른 세 지역 사람인 아프리카 인, 아시아 인, 유럽 인의 후손이었다. 세 인종이라고 말할 사람이 있을지도 모르겠다. 하지만 우리 세 사람은 차이점보다는 공통점이 훨씬 더 많았다.

⁂

인종은 달이나 수소와 달라서 자연계의 속성이 아니라 인간계의 사회적 경험에서 나온 개념이다. 작가들은 중세까지 **인종(race)**이라는 어휘를 후대에 통하게 된 의미, 즉 생물학적 유전에 의해 엄격하게 한 집단으로 정의된 인종의 의미로 사용한 적이 없다. 고대의 작가들이 전 세계 다양한 지역 사람들의 차이를 인식한 것은 분명하다. 하지만 그 차이를 분류학에 따라 설명하지 않았다.

인종이라는 어휘에 처음으로 현대적 의미가 부여된 시기는 에스파냐 합스부르크 가의 통치기였던 것으로 보인다. 에스파냐는 켈트 기독교도, 로마 인, 유태인, 아프리카 민족들 등 다양한 조상들의 후예가 모여 사는 나라였다. 유태인 박해가 시작되었을 때 에스파냐 사람들은 스스로를 하나의 특정한 집단, 곧 구기독교인(cristiano viejo, 15~16세기 에스파냐에서 예전부터 기독교 가문이었던 사람을 가리키는 데 쓰인 표현으로, 기독교로 개종한 유태인이나 무슬림은 신기독교인(cristiano nuevo)이라고 불렀다. — 옮긴이)에 속한다고 생각하기 시작했다. 에스파냐 귀족 가문 출신들은 자신들이 구기독교인임을 입증하기 위해 집안에 유태인 조상이 없었다는 것, 다시 말해 자신에게 유태인의 피가 한 방울도 섞이지 않았음을 증명해야 했다. 하지만 귀족 가문들이 태고 이래로 자신들이 순수한 혈통이었음을 증명하기란 어지간히 어려운 일이 아닐 수 없었다.[11]

에스파냐가 신대륙에 제국을 건설하면서 새로운 집단 구분이 필요해졌다. 에스파냐 정복자와 이들에게 정복된 원주민, 아프리카 수입 노예가 이제 같은 나라에 살게 된 것이다. 식민지 정부는 에스파냐 인을 상위로 하고 아프리카 인은 중간, 원주민은 하위에 놓는 계급제를 법으로 정했다.

하지만 신대륙 사람들은 그런 위계에 아랑곳하지 않았다. 결혼이나 강간을 통해 서로 다른 인종 사이에서 아이들이 태어났다. 식민 정부는 새로운 명칭의 새 분류법을 고안해야 했다. 멕시코에서는 총독이 다음과 같은 세분법을 만들었다.[12]

1. 에스파냐 남성과 원주민 여성 혼혈 메스티소(mestizo)
2. 메스티소 남성과 에스파냐 여성 혼혈 카스티소(castizo)

3. 카스티소 여성과 에스파냐 남성 혼혈 에스파냐 인
4. 에스파냐 여성과 흑인 남성 혼혈 물라토(mulato)
5. 에스파냐 남성과 물라토 여성 혼혈 모리스코(morisco)
6. 모리스코 여성과 에스파냐 남성 혼혈 알비노(albino)
7. 에스파냐 남성과 알비노 여성 혼혈 토르노 아트라스(torno atrás)
8. 원주민 남성과 토르노 아트라스 여성 혼혈 로보(lobo)
9. 로보 남성과 원주민 여성 혼혈 삼바이고(zambaigo)
10. 삼바이고 남성과 원주민 여성 혼혈 캄부호(cambujo)
11. 캄부호 남성과 물라토 여성 혼혈 알바라사도(albarazado)
12. 알바라사도 남성과 물라토 여성 혼혈 바르키노(barcino)
13. 바르키노 남성과 물라토 여성 혼혈 코요테(coyote)
14. 코요테 여성과 원주민 남성 혼혈 차미소(chamiso)
15. 차미소 여성과 메스티소 남성 혼혈 코요테 메스티소(coyote mestizo)
16. 코요테 메스티소와 물라토 여성 혼혈 아이 테 에스타스(ahí te estás)

북쪽으로는 1600년대에 잉글랜드가 아프리카 인들을 자국 식민지 농장으로 데려갔다. 아프리카 인들은 처음에는 유럽 인 하인들과 같은 법을 적용받으며 나란히 일했지만,[13] 몇십 년이 지나는 동안 아프리카 출신자들에 대한 대우가 가혹해졌다. 1700년대 초, 자유 흑인들은 투표권과 무기 소지권을 빼앗겼고, 노예로 남은 사람들은 법에 따라 종신 노예로 인정되고 자녀들에게도 노예 신분이 상속되었다.

영국 식민지에서는 함의 저주(Ham's curse, 아버지 노아가 술에 취해 알몸으로 자는 모습을 본 둘째 아들 함이 형제들에게 알렸다가 노한 노아가 함의아들인 가나안과 그 후손들을 저주한 사건으로, 이스라엘 인들이 가나안 사람들의 지배를 정당화하기 위해 지어낸 이야기였다고 하나 해석은 현재까지도 분분하다. — 옮긴이)가 이런 법을 도덕적으로 정당화하는 근거로 널리 유행했다. 성직자들이 설교 시간에 노아의 예언에 대해 이야기했고, 미국 남부에서는 신이 어떻게 함이 지은 죄에 대한 벌로 그 자손들을 검게 만들었는지를 설명하는 인쇄물이 유포되었다. 아프리카 인들이 노예 신분을 물려받으면서 검은 피부색까지 물려받은 것이라고.[14] 1700년대를 거치면서 함의 저주는 노골적으로 생물학적 성격을 띠었다. 노예제 옹호론자들은 백인종과 흑인종의 본질적 차이를 목록으로 작성하기 시작했다.[15]

"여기에서 태어나 3대, 4대까지 된 흑인들은 아프리카에서 바로 온 흑인들과 피부색이 전적으로 다르다." 1774년에 자메이카의 대농장 주인 에드워드 롱(Edward Long)이 한 말이다. 롱은 노예들의 몸은 체모가 아니라 "짐승 같은 털"로 덮여 있다고 주장했다.[16] 롱이 노예들의 지성을 거론하니 유럽 인들과의 차이가 더 크게 벌어져 보였다. "그들은 계획성도 도덕 체계도 없는 자들"이라고 단언하면서 "모든 작가가 그들을 인류 중에 가장 사악한 종자"로 그린다고 주장했다.

1700년대 말의 노예주들은 이러한 신념에 과학적 포장을 입히기까지 했다. 자연학자들은 동물과 식물의 종을 나누듯이 호모 사피엔스(*Homo sapiens*)도 변종으로 나눌 수 있다고 주장했다. 카를 폰 린네(Carl von Linné, 1707~1778년)는 다음과 같이 네 인종으로 정의했다.[17] 아메리카누스(*Americanus*, "불그스름한, 성마른, …… 자신을 가는 붉은 선으로 칠하는, 관습으로 다스리는"), 아시아티쿠스(*Asiaticus*, "누르스름한, 침울한, …… 오만한, 탐욕스러운, 생각대로 통치하는"), 아프리카누스(*Africanus*, "검은 …… 여자는 수치심이 없는, …… 나태한, …… 변덕스럽게 통치하는"), 에우로페아우스(*Europeaus*, "하얗다, …… 창의적이다 …… 법으로 통치하는").

린네의 주장이 나오고 몇십 년 뒤, 독일 인류학자 요한 프리드리히 블루멘바흐(Johann Friedrich Blumenbach, 1752~1840년)가 4인종 대신 코카서스

인(Caucasian race), 몽골 인(Mongolian race), 에티오피아 인(Ethiopian race), 아메리카 인(American race), 말레이 인(Malay race)이라는 5인종 분류법을 제안했다.[18] 코카서스라는 명칭은 블루멘바흐가 캅카스(Kavkas) 산맥 지역에 살았던 한 여성의 두개골을 연구한 뒤에 붙였다. 그는 나중에 자신이 살면서 본 것 중에서 가장 아름다운 두개골이었다고 말했다. 그는 그 여성이 유럽에서 사는 사람들과 같은 인종이리라고 믿었다. 코카서스 인종이 그렇게 아름다운 것은 신이 가장 먼저 창조한 사람이기 때문이라고 그는 주장했다. 그들은 인류 본원의 영광을 지키고 있으며, 다른 사람들이 타락해 네 인종이 만들어진 것이라고.

블루멘바흐의 인종 분류법은 19세기에 유행했지만 그의 주장에 스며 있던 함의는 차츰 희미해졌다. 블루멘바흐는 인종들은 지리적으로 명확히 분리되지 않는다고, 예를 들면 각 인종은 인접한 지역의 인종들과 무분별하게 섞였다고 주장했다. 그 후의 인류학자들은 타고난 신체상의 차이를 정확히 짚어 내고자 했다. 인류의 기원이 하나라는 생각마저 거부하는 인류학자도 있었다. 그들은 모든 인종이 따로따로 창조되었으며 신이 정한 위계 내 지위는 영구 불멸한다고 주장했다. 그 위계가 어떻게 정해졌는지 묻는 이도 없었다. 심지어 1852년 미국의 한 교과서에는 이런 설명문이 나온다. "백인종은 모든 인종 가운데서 가장 고귀하고 가장 완벽한 인간형이다."

이 인종적 위계 질서는 현실이 아무리 혼란스럽더라도 온전히, 그리고 법적으로도 명쾌하게 유지되어야 했다. 인종들 사이에 세워 놓은 온갖 가공의 장벽은 결국 섹스에 의해 무너질 수밖에 없었다. 미국 식민지 정착 초기에는 흑인과 고용 계약을 맺은 백인 하인들이 결혼해서 자녀를 얻고는 했다. 17세기 말 식민지 정부가 이 관행을 중단시키기 위한 법을 제정했다. 버지니아 주 하원은 흑인과 백인 부모 사이에 태어난 자녀에게 "가증스러운 혼종이자 골칫거리 사생아"라는 딱지를 붙였다.[19] 다른 인종 간 자녀도 흑인으로 취급되었고 따라서 노예가 되었다. 그 아이들을 설명하는 저 말은 과학적으로는 터무니없었으나 법적으로는 의미가 있었다. 식민지 정부들은 백인 부모에게서 흑인 자녀에게로 이어지는 유전의 흐름을 멋대로 단절시킬 수 있다는 듯이 굴었다.

하지만 아무리 법을 만들어도 인종 간 자녀는 계속해서 태어났다. 흑인 노예 사이에서만이 아니라 자유 흑인과의 관계에서도. 일부는 계속해서 흑인 사회에서 살아갔는데, 그럼으로써 그들이 낳은 자녀들 또한 흑인 조상에게서 더 많은 것을 물려받게 된다. 그런가 하면 너무 많은 유럽 인 조상과 얽힌 나머지 백인으로 "통하기"를 선택한 사람들도 있었다. 에스파냐 총독들이 이미 그랬듯이 미국 남부의 통치자들도 인적 자산을 정의할 어휘를 만들었다. 하지만 그 말을 면밀하게 들여다보면 볼수록 불투명했다. 입법자들은 의문을 품었다. 아프리카 인의 피가 그렇게 강력하고 그렇게 해롭다면 백인에게 한 방울만 섞이더라도 훨씬 더 큰 비중을 차지해야 맞지 않겠는가? 1848년에 사우스캐롤라이나 주의 한 판사가 그 의문에 답을 내려다가 실패했다. "흑백 혼혈 등급이 없어졌는데 아프리카 인의 피가 조금이라도 섞인 당사자가 백인 등급을 받는다면 어떻게 되는가? 이것이 배심원들이 답을 구해야 할 문제이다."[20] 그의 판결문은 이렇게 맺는다.

더글러스는 동포 미국인들에게 자국의 인종 분류법이 얼마나 현실과 심하게 동떨어져 있는지 보여 주기를 좋아했다. 그는 자서전에서 이렇게 썼다. "나의 아버지는 백인, 아니, 거의 백인이었다. 사람들은 내 아버지를 보고 내 주인이라고 수군거리고는 했다."[21]

더글러스의 어머니 해리엇 베일리(Harriet Bailey)는 메릴랜드 주의 농장 노예였다.[22] 더글러스의 전기 작가들은 노예주 아론 앤서니(Aaron

Anthony)가 그의 어머니만이 아니라 다른 여성 노예 다수를 강간한 뒤 그 자녀들을 노예 노동에 이용했을 것이라고 본다. 더글러스가 앤서니의 DNA를 물려받았을지는 몰라도 거기에 응당 따라와야 할 법적 지위는 물려받지 못했다. 그렇기는커녕 소를 몰고 꼴 먹이고 아버지의 정원에 들어가지 못하게 지키는 노예로 성장했다. 앤서니는 더글러스가 8세 때 볼티모어에 사는 사위에게 돈을 받고 빌려 주었다. 더글러스는 1838년까지 물건 분류하는 일을 하다가 가짜 서류를 이용해 몰래 북부로 가는 열차를 타고 빠져나왔다.

더글러스는 신문사를 차리고 몇 년 동안 전국을 돌아다니면서 노예제 폐지에 대해 강연했다. 1848년에 그는 버펄로에서 열리는 대회에 참석하기 위해 이리 호를 횡단하는 증기선을 탔는데, 승객들이 그를 알아보고 연설해 달라고 청했다. 그는 곧바로 자리에서 일어나 노예제를 비판하는 내용으로 즉석 연설을 시작했다. "나는 연설하면서 노예주는 도둑이요, 강도라고 유죄를 선고했다."라고 그는 자신의 신문사에 알렸다.

실제로 노예주 한 사람이 그날 밤 그 배에 타고 있었다. 더글러스는 그 남자가 "지독히 업신여기는 표정으로 비웃으며" 자리에서 일어나더니 한마디 하더라고 회상했다. "백인은 격에 맞지 않게 이 문제를 한낱 **깜둥이**하고 논할 수 없다."

더글러스는 단호히 대응했다. 우선 "내 혈통을 낮잡아 보는 말투"로 응해야겠다고 생각하고는 그 노예주에게 이렇게 말했다. "나를 한낱 **깜둥이**로 여기다니 단단히 오해하셨다."

더글러스는 또 이렇게 말했다. "나는 절반만 흑인이다. 나의 **친애하는 아버지**가 댁과 같은 백인이신데, 흑인 혈통이 격에 맞지 않아 대꾸하지 못하겠다면 어디 유럽 혈통한테 해 보시지 그래?"

그 노예주는 그럴 수 없었다. 다만 놀라서 자리를 떠났다. 더글러스는 이렇게 회고했다. 여기 북부 백인이라면 누구라도 "내 입에서 나온 말에서 느껴지는 감정과 무례함에 너그러운 정도가 아니라 박수를 보냈을 것이다."

* * *

20년 뒤, 미국의 노예들은 해방되었다. 남부의 모든 주가 계속해서 여기에 맞설 방도를 강구했고, 그러기 위해서는 다른 인종을 확실하게 확인할 방법이 필요했다. 흑인의 피 한 방울만으로도 백인에게서 배제할 수 있게 되었는데, 1924년에 버지니아 주가 인종 간 결혼을 금지하는 인종 순결법(Racial Integrity Act)을 제정함으로써 이것을 공고화했다.[23] 이 법은 에스파냐가 300년 전에 했던 대로 백인은 "다른 인종의 피가 혼합되었음이 증명된 적 없거나 확인된 바 없는, 순혈 백인"이라고 정의했다.

이 "한 방울 법칙"에는 한 가지 문제가 있었다. 버지니아 주의 법은 백인을 흑인의 피가 없을 뿐만 아니라 원주민의 피도 없는 상태로 정의했다. 랜돌프 시대 이래로 버지니아의 많은 유명 백인이 자신이 포카혼타스의 직계 후손임을 과시해 왔는데, 인종 순결법이 그들을 더는 백인일 수 없게 만들 판이었다. 그래서는 안 될 노릇이었고, 이에 버지니아 주 입법부는 이른바 포카혼타스 예외 조항을 추가했다. 개정법은 16분의 1까지 아메리카 원주민인 버지니아 사람은 여전히 백인으로 간주된다고 규정했다. 반면에 16분의 1이 흑인인 버지니아 사람은 여전히 흑인이었다.

인종 순결법이 이제는 사라진 인종 차별적 과거의 기형적 산물이라고 여기고 넘어가면 속이 편할지는 모르겠다. 그러나 이 법안이 통과된 1924년은 유전학이 출현한 지 벌써 거의 사반세기가 된 시점이었고, 일부 유명한 유전학자들이 이 법안에 지지를 표명했다. 많은 우생학자가 열등한 백인들의 번식을 중단시키고 싶어 했을 뿐만 아니라 백인종의 유전자를 순수하게 보존하고 싶어 했다.

프랜시스 골턴이 우생학이라는 말을 만들어 낸 이래로 그 근간을 이룬 것은 인종주의였다. 골턴은 재능의 유전을 연구할 때 여러 다른 인종의 재능을 비교했다. 과학적 측정 수단이 없었던 골턴은 직관에 의지했다. 아프리카 남부 여행 경험을 회고하는 글에서 그는 자기 자신이나 동료 백인 탐험가들이 그 여행에서 만났던 아프리카 인들보다 훨씬 재능이 풍부하다고 결론 내리면서 이렇게 썼다. "흑인들이 자기 일에 너무 어린애 같고 멍청하고 얼간이 같은 실수를 저지르는 모습을 볼 때면 그들이 나와 같은 종이라는 사실이 부끄러웠다."[24]

아프리카 인들의 유치함은 곱슬머리나 검은 피부와 마찬가지로 유전된다고 골턴은 믿었다. 북유럽 사람들의 훌륭한 재능도 이것과 마찬가지로 유전된다고 믿었다. 골턴은 우생학을 홍보하면서 신중한 번식이야말로 북유럽 사람들을 한층 더 재능 있는 인종으로 만들어 줄 것이며, 그 혜택은 모든 열등한 인종에게 돌아갈 것이라고 장담했다. 그는 북유럽 사람들이 우생학을 활용해 열등한 유전 형질이라도 향상시킨다면 전 세계 각지 식민지 제국의 열등한 인종들을 개선시킬 수 있을 것이라고 생각했다.

골턴은 인종에 대해서, 거의 모든 시간을 런던 클럽에서 과학계 인사들을 만나는 데 보내는 영국 신사 특유의 감정 섞이지 않은 추상적 표현으로 써 내려갔다. 미국의 백인 과학자 일부에게는 인종이 훨씬 긴박하고 직접적인 문제로 다가왔다.[25] 남북 전쟁이 끝난 뒤 '짐 크로 법(Jim Crow Laws, 미국에서 인종 분리를 합법화한 법률들. — 옮긴이)' 시대가 되자 수백만 흑인이 남부를 떠나 뉴욕과 시카고로 향하는 열차에 몸을 실었다. 이런 도시들은 동시에 이민자들도 받아들이고 있었다. 이제 북유럽 사람들만이 아니라 이탈리아 인, 폴란드 인, 러시아 인, 유태인에 중국인과 남아메리카 사람들까지 엄청나게 많은 인구가 몰려들었다. 일부 백인 과학자들은 다양한 인종이 갑자기 뒤섞이는 이 상황에 대응하기 위해 낡은 인종주의를 새로운 과학적 토대 위에 세우고자 했다.

하비 어니스트 조던(Harvey Ernest Jordan, 1875~1963년)이라는 과학자는 이 변화된 시대상에 느낄 법한 불안감을 경험했다.[26] 1800년대 말 펜실베이니아 농촌 지역에서 성장한 그는 어린 시절을 이렇게 회고했다. "헛간에서 뛰놀면서 유전의 중요성에 깊은 인상을 받았다." 그는 농부가 되지 않고 대학에 진학해 코넬 대학교, 컬럼비아 대학교, 프린스턴 대학교에서 연구하면서 해부학 전문가가 되었다. 1907년 여름, 그는 뉴욕의 콜드 스프링 하버에서 대븐포트를 만나 우생학이라는 새로운 과학을 배웠다. 그는 콜드 스프링 하버에서 바로 버지니아 대학교로 가서 해부학 교수가 되었고, 그곳의 의과 대학 현대화에 기여했다. 이 모든 과정을 거치는 내내 조던의 생각 속에서 무엇보다 중요하게 자리 잡은 문제는 유전이었다.

조던은 버지니아 주에서 "남부의 우리 유색인 인구가 처한 골치 아픈 인종적 환경"을 알게 되어 경악했다. 하지만 그는 이 환경이 사회적 합의를 통해 등장했다는 사실은 간과하고 생물학적 원인을 탓했다. 따라서 해법은 우생학, 말하자면 누가 자녀를 가져야 하는지를 통제하는 정부 운영 프로그램이 되어야 한다고 생각했다. 조던은 특히 흑백 혼혈인이 완전한 흑인 혈통과의 사이에서 자녀를 낳아 그들 사이에 백인 유전자를 퍼뜨리는 것이 중요하다고 생각했다. 그는 이것이 빵 반죽에 들어가는 이스트처럼 "유색 인종을 발효시켜 그들의 타고난 도덕성을 더 높은 수준으로 끌어올릴 것"이라고 생각했다.[27]

조던은 그런 프로그램이 개설되기 전에 각각의 인종이 지닌 유전적 기반을 알아낼 필요가 있겠다고 생각했고, 그러기 위해서 자신의 우생학 스승이 정한 지침에 따라 과제를 수행해야 한다고 결심했다. "제가 이 과업에 봉사할 방법이 있을지 생각해 왔습니다. 어쩌면 가까운 곳에서 통계를 수집하는 일 같은 것 말입니다."[28] 조던은 1910년에 대븐포트에게 보내는 편지에서 이렇게 썼다.

대븐포트는 고다드에게 정신 박약의 유전을 연구하라는 숙제를 내주었던 것처럼 조던에게 인종의 유전을 조사하는 방법을 가르쳤다. 조던은 겉으로 가장 두드러지는 인종의 특성, 즉 피부색 연구로 시작하기로 결정한다.

조던은 흑백 혼혈 네 가족을 찾았다. 피부색을 측정하기 위해 조던은 색팽이를 가져갔다. 밀턴 브래들리(Milton Bradley) 사에서 만든 어린이 장난감 색팽이는 인류학자들 사이에서 피부색 측정 도구로 널리 사용되었다.[29] 팽이 상단의 원이 노랑, 검정, 빨강, 하양으로 구획되어 있는데, 빨리 회전시키면 색이 섞여서 단색으로 보이고 색깔 칸의 크기를 조정하면 섞인 색이 달라진다. 색을 측정하는 방법은 이런 식이다. 혼혈 피검자에게 팔을 뻗게 하고 그 옆에서 팽이를 돌린다. 상단 색깔 구획 칸 크기를 계속 조정하면서 피검자와 같은 피부색을 찾는다. 일치하는 색이 나오면 그 색에 사용된 칸의 크기를 기록한다.

조던은 색깔별 치수 기록과 피검자들의 가족 계보를 대븐포트에게 보냈다. 이 통계는 흑백 혼혈 자녀들의 피부색이 그저 부모의 피부색을 합친 색이 아님을 시사했다. 같은 혼혈 가족 안에서도 자녀들의 피부색은 옅은 색에서 짙은 색까지 다양하게 나왔다. 대븐포트는 피부색이 유전되는 방식을 볼 때 피부색 유전 형질이 아직 밝혀지지 않은 유전자에 의해 멘델의 법칙에 따라 다음 세대로 전달된다는 것을 발견했다.

대븐포트는 이 통계를 발표하고 싶었지만 결과가 일관되게 나타날지 확신이 서지 않았다. 만약 그 자녀들이 사생아라면 조던이 그린 가계도는 쓸모없어질 터였다. 대븐포트가 이러한 우려를 이야기하자 조던은 걱정할 것 없다고 장담했다. "그 자녀들이 사생아일 가능성에는 일말의 의심도 할 필요가 없습니다. 한 사람은 목사, 한 사람은 유색 인종 학교 교장, 한 사람은 성공한 상인, 한 사람은 이발사입니다. 도덕성과 지능 면에서 모두가 멍청하고 무책임한 보통 흑인들과 급이 다르게 우수한 사람들로 보입니다."[30] 조던은 대븐포트에게 보내는 편지에 이렇게 썼다.

대븐포트는 아내 거트루드와 함께 조던의 데이터 및 다른 가계 연구 논문을 통합한 결과를 《아메리칸 내추럴리스트(*American Naturalist*)》에 발표했다. 대븐포트 부부가 피부색을 기술한 어조가 얼마나 객관적이고 초연했는지, 이 논문이 다루는 대상이 사람인지 완두콩인지 분간이 안 될 정도였다. "흑백 혼혈인의 피부색은 과학계의 현행 유전 연구 방향을 반대하는 사람들이 흔히 생각하는 전형적인 '혼합색'이 아니다."[31] 그들은 이렇게 단언했다.

하지만 대븐포트와 조던이 사적으로 나눈 대화에서는 더 큰 규모의 인종 유전 연구의 야망을 솔직하게 드러냈다. 피부색은 시작에 불과했다. 조던은 흑인이 백인보다 결핵에 더 취약하다고 주장했다. 1913년에 발표한 논문에서 그는 체력, 일과 처리 능력, "음악적 자질" 등 흑인에게 유전되는 "단일 형질(unit character)" 일람표를 만들었는데, 지능은 이 목록에 없었다.[32] 왜냐하면 "흑인은 어느 정도 수준 이상으로는 지능이 발달하지 못하기 때문이다."

대븐포트는 흑인과 백인의 지적 능력이 근본적으로 차이가 있다는 조던의 확신에 공감했다. 1917년 「인종 혼합의 효과(The Effects of Race Intermingling)」라는 에세이에서 그는 혼혈 인종 자녀들은 어려움을 겪을 것이라는 견해를 밝혔다.[33] 그 이유는 부모의 생물학적 특성들이 그들

안에서 조화를 이루지 못하기 때문이라면서 이렇게 썼다. "흑백 혼혈인이 포부를 품고 노력도 하지만 지적 능력이 따라가지 못해 그 자신은 팔자를 탓하고 타인에게는 민폐가 되고 마는 경우를 종종 본다."

버지니아의 입법자들이 인종 순결법 초안을 만들 때, 대븐포트와 조던은 두 팔 걷어붙이고 지원에 나섰다. 대븐포트는 법안 설계자에게 조언을 전하고 조던은 버지니아 주의 앵글로색슨 클럽(Anglo-Saxon Club, 이름만으로도 어떤 조직인지 충분히 설명된다.)을 찾아가 법안을 통과시키기 위한 설득 작업을 벌였다. 인종 순결법은 1967년에 혼혈 인종 부부 밀드레드 들로레스 러빙(Mildred Delores Loving, 1939~2008년)과 리처드 페리 러빙(Richard Perry Loving, 1933~1975년) 부부가 이 법을 위반한 혐의로 기소될 때까지 유지되었다. 대법원이 이 부부에게 우호적인 판결을 내리면서 이 법은 폐지되었다. 러빙 부부가 승소할 무렵, 많은 과학자가 이미 인종, 정확히 말해 조던을 비롯한 20세기 초 미국 생물학자들이 사용하던 의미의 인종이란 존재하지 않는다는 결론에 도달했다.

***

대븐포트와 조던이 색팽이를 돌리고 인종 가계도를 그리는 동안, 다른 과학자들은 인류에 대해 다른 그림을 그리고 있었다. 그들은 우리 종의 다양성이 너무나 복잡하고 역사적 사건들과 복잡하게 얽혀 있어 단순화된 인종 이미지로 환원해서는 안 된다고 보았다. 사회학자이자 인권 운동가 윌리엄 에드워드 버가트 듀 보이스(William Edward Burghardt Du Bois, 1868~1963년)는 1897년부터 애틀랜타 주에 거주하는 흑인을 상대로 방대한 연구 프로젝트를 이끌었다. 그의 연구진은 애틀랜타 흑인의 체중, 신장, 두개골 크기, 영아 사망률, 활력 징후(vital sign)의 각 항목을 측정했다. 듀 보이스는 이 조사 결과와 전 세계에서 이루어지는 인류학 연구 조사를 결합해 1906년에 저서 『미국 흑인의 건강과 체격(*The Health and Physique of the Negro American*)』에 실었다.

듀 보이스는 미국 흑인을 일률적인 인간형으로 접근하지 않았다. 그에게 미국 흑인은 하나의 인구 집단이며, 그 집단 안의 개개인은 모든 면에서 엄청난 다양성을 보이는 존재들이었다. 말하자면 흑인 인구 집단 역시 다른 인구 집단들과 긴밀하게 연결되어 있다고 보았다. "인간 종은 서로 어울려 변화한다. 그렇기에 흑인과 다른 인종을 피부색으로 분리한다는 생각은 불가능할 뿐만 아니라 모든 신체적 특성 면에서 흑인종 자체를 엄밀하게 하나의 인종으로 구분할 수 없다."[34] 듀 보이스의 말이다.

듀 보이스는 인류학자들이 그래 왔듯이 인간의 외형적 특성을 연구했다. 하지만 1900년대 초 과학계는 우리 종의 체내적 다양성을 관찰하기 시작했다. 폴란드의 혈청학자 히르슈펠트는 혈액형의 유전이 멘델의 법칙에 따라 이루어진다는 것을 증명했다.[35] 히르슈펠트는 제1차 세계대전으로 연구를 중단해야 했으나, 한편으로는 이 전쟁은 다양한 인구 집단의 혈액형을 연구할 절호의 기회가 되었다.

1917년에 히르슈펠트는 아내 한카(Hanka)와 마케도니아의 도시 테살로니키에서 의사로 활동하면서 이 도시로 대피한 연합군 병사 수천 명을 치료했다. 독일 보초선에 둘러싸인 테살로니키는 "전 우주에서 가장 붐비는 다국적 장소"가 되었다고 누군가는 당시 상황을 묘사했다.[36]

히르슈펠트 부부는 처음으로 전 세계인의 혈액형을 얻을 수 있는 기회로 여겼다. 그전까지는 독일인의 혈액형밖에 연구할 수 없었고 세계 각지 다양한 사람들의 혈액형을 비교할 수 있다는 생각은 하지도 못했다. 테살로니키에서 세네갈, 마다가스카르에서 러시아에 이르기까지 다양한 국가 출신 병사들과 함께 생활하면서 그들은 군인과 피란민에게 소량의 혈액을 제공해 줄 수 있는지 묻기 시작했다. 그렇게 해서 16개 민족 집단을 대표하는 총 8,400명의 혈액 표본을 수집할 수 있었다.[37] 평시에 혈액을 수집하려고 했다면 10년은 걸렸을 분량이었다.

그들이 이 검사로 발견한 혈액형 패턴은 기존의 어떤 인종 구분법에도 부합하지 않았다. 심지어 가장 단순한 것에도. 네 가지 혈액형, 곧 A형, B형, AB형, O형이 그들이 검사한 모든 국가에서 나타났다. 잉글랜드는 43.4퍼센트가 A형이었고, 7.2퍼센트가 B형이었다. 인도에서 가장 흔한 혈액형은 41.2퍼센트를 차지한 B형이었다. 인도에서 A형은 19퍼센트밖에 되지 않았다.

히르슈펠트 부부는 국가별로 A형과 B형이 나타나는 빈도에 따라 하나의 "생화학적 인종 지수"를 산출했다. 이 지수는 유럽 북서부 인구에서 가장 높게 나타났고 남부와 동부로 가면서 차츰 낮아졌다. 히르슈펠트는 다음으로 이 "국가 유형"을 세 지역으로 나누어 유럽형, 중간형, 아시아-아프리카형으로 분류했다. 그들은 이 유형 분류가 인습적 사고에 따르는 과학자들에게는 혼란스러울 것이라는 사실을 알았다. 예를 들면 아시아 인과 아프리카 인을 어떻게 한 그룹으로 묶을 수 있는가? 그들은 경고했다. "우리가 제시한 생화학적 지수는 인종이라는 어휘가 사용되는 일반적인 맥락과 전혀 맞지 않는다."[38]

듀 보이스가 애틀랜타의 흑인들에게서 보았던 복잡성, 히르슈펠트 부부가 교전국 병사들의 혈액에서 보았던 복잡성을 이해하려면 유전에 대한 관점을 확대할 필요가 있었다. 유전적 다양성은 한 인구 집단에서 다른 인구 집단으로 자유로이 넘나들며 개방적으로 전파된다는 것을 받아들여야 한다는 뜻이었다. 하지만 1900년대 초에는 포위된 도시 안에 한데 모인 수천 명의 피검자가 없었기에 우리 종의 유전 지리학 지도를 만들기가 불가능했다. 유전학 초창기에 종의 유전에 대해 가르쳐 준 것은 우리 종이 아닌, 가령 북아메리카 서부에 서식하던 갈색 작은 초파리 같은 종이었다.

***

이 초파리는 드로소필라 프세우도옵스쿠라(*Drosophila pseudo-obscura*)라는 학명을 가지고 있는데, (구)소련에서 망명한 테오도시우스 도브잔스키(Theodosius Dobzhansky, 1900~1975년)가 연구했다.[39] 나비를 잡으며 어린 시절을 보낸 도브잔스키는 18세에 논문을 쓸 정도의 딱정벌레 전문가로 성장했다. 유년기에 곤충을 잡으면서 그는 자연의 풍요로운 복잡성을 깊이 이해했다. 그는 곤충 표본의 다채로운 색과 무늬를 보면서 하나의 종 안에도 얼마나 광범위한 다양성이 존재하는지 알 수 있었다. 그는 곤충 2마리의 차이점을 바로 찾아낼 수 있었고, 개체군들의 차이도 간파할 수 있었다. 생물학자들은 이렇게 차이가 관찰되는 개체군을 아종(subspecies)이라고 불렀고, 때로는 품종(race)이라고 불렀다.

도브잔스키는 젊은 과학자 시절에 모건의 초파리 연구에 대해 알게 되었는데, 그에게는 개안(開眼)의 경험이었다. 도브잔스키 자신이 눈으로 보았던 날개, 평균곤(平均棍, halter. 한 쌍의 곤봉 모양 기관 — 옮긴이), 반점 같은 곤충의 외형적 특성을 모건은 유전자의 작용과 연결해 설명했기 때문이다. 1927년에 도브잔스키는 장학 기금을 지원받아 뉴욕에서 1년 동안 모건의 연구진에서 활동할 수 있었다. (구)소련 정부는 도브잔스키가 연구원 기간이 끝나면 귀국하리라고 판단해 미국행을 허가했다. 도브잔스키는 이것을 (구)소련의 폭정에서 벗어날 기회로 여겼고 미국에서 맛본 자유 민주주의를 기쁘게 받아들여 평생 다시는 (구)소련 땅을 밟지 않았다.

1928년에 모건이 오렌지 향 가득한 서부 캘리포니아 주 패서디나의 캘리포니아 공과 대학교로 옮길 때 도브잔스키도 따라갔다. 도브잔스키는 서부의 새 터전에 정착한 뒤, 한 야생종의 유전적 다양성 연구를 어떤 방식으로 접근할지 계획을 세웠다. 모건이 총애하는 노랑초파리 드로소필라 멜라노가스테르(*Drosophila melanogaster*)는 연구할 수 없었다. 그 대신에 도브잔스키는 드로소필라 프세우도옵스쿠라를 선택했다. 사람의 야영지를 따라다니며 쓰레기를 찾아 먹는 노랑초파리와 달리 과테말라에서 캐나다 서부 빅토리아 주까지 광범위한 지역에서 서식하는 진정한 야생종이었다. 도브잔스키는 포드의 견인 트럭 모델 A를 1대 구입해 산간 지대 오지로 들어가 고립된 서식지의 초파리를 잡았다. 그러고 나서 패서디나로 돌아와 이 초파리들을 번식시키고 그들의 염색체를 현미경으로 관찰했다.

초파리를 1마리 1마리 대조하다 보면 염색체 배열이 뒤집힌 부위가 발견되고는 했다. 역위(逆位, inversion)라고 불리는 이 현상이 거칠게나마 유전자 표지자 역할을 했다. 도브잔스키는 북아메리카의 여러 지역에서 같은 역위를 지닌 초파리를 다수 발견했다. 혈액형과 마찬가지로 역위는 초파리 개체군들의 명확한 지리적 분리선이 되지 못했다. 기껏해야 어떤 지역에 좀 더 많이 서식하고 어떤 지역에는 조금 더 적은 정도의 차이뿐이었다.

도브잔스키는 초파리를 연구하면서 인간 사회에 대해서도 생각했다. 1930년대 나치의 출현에 그는 극심한 염증을 느꼈다. 그는 나치가 유태인을 박해하기 위해 가져다 쓰는 인종에 대한 생물학적 정의가 잔인할 뿐더러 반과학적이라고 생각했다. 한편으로는 새로이 조국으로 삼은 나라를 마음 깊이 사랑했지만 직접 겪어 보니 많은 윗세대 미국 유전학자를 포함해 이곳에도 인종주의가 만연하다는 사실을 인식했다.

도브잔스키는 1936년에 콜드 스프링 하버를 방문했을 때 미국인들의 인종 강박을 몸소 경험했다. 그곳에서 만난 에드워드 머리 이스트(Edward Murray East, 1879~1938년)는 몇 해 전에 흑인종에게는 불쾌한 형질이 있기 때문에 "그들과 백인종은 가느다란 선이 아니라 드넓은 영토선으로 영구 분리하는 것"이 정당하다고 몇 해 전에 단언한 유전학자였다.[40] 이스트는 도브잔스키를 만났을 때 뛰어난 과학자인 그가 유전적으로 열등한 러시아 인일 리가 없다면서 틀림없이 러시아에 거주하는 소수의 북유럽 인종일 것이라고 확신에 차서 말했다.

1930년대에 들어서자 도브잔스키는 인종 개념이나 백인종이 우월하다는 통념이 "생물학적으로 아무 근거가 없는 생각"이라고 공개적으로 발언하기 시작했다.[41] 베스트셀러가 된 저서들에서 그는 모든 동물 종 개체군은 유전적 다양성의 혼합물이라고 설명했다. 한 개체군과 다른 개체군의 차이를 통계적으로 설명할 수 있지만, 이것은 한 개체군 안의 모든 개체가 똑같거나 비슷하다는 주장과는 거리가 멀다. 그렇기는커녕 개체군이 하나인 종이라도 그 개체들은 유전적으로 엄청난 차이를 보일 수 있다. 도브잔스키는 "순혈종이라는 발상 자체가 이치에 닿지 않는 추상 관념"이라고, "이것은 자신의 무지를 은폐하는 구실"일 뿐이라고 썼다.[42]

도브잔스키는 초파리에게 해당하는 법칙은 사람에게도 마찬가지로 적용되어야 한다면서 "유전 법칙은 지금까지 발견된 모든 생물학적 질서 가운데 가장 보편타당한 원리"라고 주장했다.[43] 도브잔스키는 사람에게도 다양한 개인차가 존재하며, 그 다양성이 지리적으로 광범위한 지역에 퍼진 경우도 있음을 지적했다.[44] 하지만 인종을 아주 엄격하게 정의한다면 인종 간에 명확한 차이가 있을 것이라고 생각하겠지만, 그런 차이는 존재하지 않는다고도 주장했다. 오스트레일리아 원주민과 벨기에 인의 피부색을 비교하면 두 사람이 다른 인종으로 보이겠지만, 다른 유전 형질, 예컨대 B형 혈액형의 압도적 비율 등을 비교해 보면 그들은 다른 점이 없다.

도브잔스키는 인종이라는 개념을 완전히 없애야 한다고 생각하지는 않았다. 다만 사람들이 그 차이라는 것이 얼마나 대단치 않고 애매한지 이해하기를 바랐다. 그는 인종이란 "어떤 유전자가 좀 더 많은지 혹은 적은지로 구분되는 인구 집단"에 지나지 않는다고 정의했다.

제2차 세계 대전이 끝난 뒤, 많은 유전학자와 인류학자가 도브잔스키의 운동에 합류했다. 이러한 노력은 과학적 인종주의는 근거 없는 것이라는 유엔의 공식 발표문으로 정점에 도달했다. 하지만 도브잔스키의 새 동지들은 멈추지 않고 공세에 박차를 가했다.[45] 그들은 과학자들이 **인종**이라는 용어 자체를 쓰지 말아야 한다고, 위험한 전제투성이인 이 개념은 폐기해야 마땅하다고 주장했다. 인류학자 애슐리 몬터규(Ashley Montagu, 1905~1999년)는 인종을 **민족(ethnic group)**이라는 용어로 대체하자고 제안했다. 하지만 도브잔스키에게 가장 강력한 도전은 자신의 제자에게서 왔다.

1951년 리처드 찰스 르원틴(Richard Charles Lewontin, 1929~2021년)이라는 뉴욕의 젊은이가 초파리를 연구하기 위해 도브잔스키의 컬럼비아 실험실에 들어왔다. 대학원생 제자들에게 도브잔스키는, 하고자 하는 실험이면 밀어붙이고 자신이 이미 내린 결론에 도달하게 만드는, 강철 의지의 불도저형 교수였다. 하지만 르원틴은 곧바로 반격했다. 과학에서 해결하고자 하는 문제가 무엇인지 목표가 뚜렷이 서 있던 그에게 무엇보다 중요한 것은 도브잔스키가 아끼는 초파리, 드로소필라 프세도옵스쿠라의 유전적 다양성을 측정할 새로운 방법을 찾는 것이었다.

도브잔스키의 연구에서 초파리의 유전적 다양성을 측정하는 수단은 초보적 수준밖에 안 되었다. 도브잔스키는 초파리의 세포에서 염기 서열이 뒤집힌 긴 DNA 조각처럼 염색체에 큰 변화가 있는 부분을 찾아 관찰했다. 르원틴은 시카고 대학교의 존 리 허비(John Lee Hubby, 1932~1996년)와 함께 유전적 다양성을 찾아낼 새로운 방법, 곧 도브잔스키의 현미경으로는 보이지 않는 차이를 찾아낼 방법을 개발했다.[46]

르원틴과 허비는 초파리의 애벌레를 분쇄해 단백질을 추출한 뒤에 그 단백질을 전류가 연결된 젤라틴 조각에 넣었다. 전기장이 젤라틴 조각 속 단백질을 끌어당기는데, 가벼운 단백질이 무거운 단백질보다 많이 끌려왔다. 모든 초파리가 같은 무게의 단백질을 생성하는 경우도 있었고, 어떤 초파리는 좀 더 가벼운 단백질을 생성하는데 다른 초파리는 좀 더 무거운 단백질을 생성하는 경우도 있었다. 그런가 하면 초파리 1마리가 가벼운 단백질과 무거운 단백질 모두 다 만드는 경우도 있었다.

단백질의 무게가 다른 것은 암호화된 유전자가 달라서 나온 결과였다. 르원틴과 허비는 애리조나 주, 캘리포니아 주, 컬럼비아 주에 서식하는 드로소필라 프세우도옵스쿠라 6개 개체군의 단백질 무게를 비교했다. 그들은 단백질 18종을 분석해 단일 개체군 내에서 30퍼센트가 다른 형태로 존재한다는 결과를 얻었다. 다시 말해서 이 초파리 개체군이 유전적으로 전혀 일률적이지 않다는 이야기였다. 초파리 개체들에게서도 놀라운 다양성이 나타났는데, 평균적으로 초파리 1마리의 단백질 12퍼센트가 두 형태로 존재했다.

르원틴은 같은 접근법을 사람에게도 적용했다. 1900년대 초에 과학자들은 사람마다 다양하게 존재하는 단백질을 한 가지밖에 알아내지 못했는데, 그것이 바로 ABO 혈액형을 결정하는 혈액형 단백질이었다. 하지만 1960년대에 조혈 세포 표면에서 여러 다른 종류의 단백질을 발견했다. 예를 들면 Rh라는 단백질을 가진 사람이 있고 그렇지 않은 사람이 있다. 환자에게 혈액을 주입하는 의사는 헌혈자와 수혈자의 Rh 인자가 동일한지 반드시 확인해야 한다. 르원틴이 잉글랜드에서 수행된 Rh 단백질 연구 리뷰를 하게 됐는데, 이 지역 사람들의 유전적 다양성은 놀라울 정도로 컸다. 단백질 총량의 3분의 1이 사람마다 다른 형태로 존재했다.

이 결과에 자신감을 얻은 르원틴은 연구의 규모를 인종 문제로 확대할 수 있었다. 그는 인종 집단 분류법이 인간의 실제 유전적 다양성과 얼마나 일치하는지 확인하기 위한 새 연구에 착수했다. 그는 인종이 생물학적으로 의미 있는 개념이라면 각 인종에게 다른 인종들과 확연히 구분되는 유전자 변이 조합이 나타나야 한다고 주장했다.

그는 치페와(Chippewa, 오지브와(Ojibwa)라는 이름으로도 널리 알려진 아메리카 인디언의 한 부족. — 옮긴이) 족에서 줄루 족까지, 네덜란드 인에서 이스터 섬 주민까지 방대한 인구 집단의 단백질 17종을 측정했다. 이 인구 집단을 인종으로 분류했을 때, 인종 간의 유전자 차이는 인간의 유전적 다양성 총량의 6.3퍼센트밖에 안 되었다. 반면에 줄루 족, 네덜란드 인 등 인구 집단으로 분류하자 집단 **사이의** 유전적 다양성은 자그마치 85.4퍼센트에 달했다.

1972년 르원틴은 이 연구 결과를 획기적인 논문 「인간 유전자의 다양성(The Apportionment of Human Diversity)」으로 발표했다. 그는 인종 분류법이 서구 사회에 자리 잡은 것은 착시 덕분이라고 결론지었다. 사람들은 "(코, 입술, 눈 모양, 피부색, 머리카락의 형태와 양처럼) 우리의 감각 기관이 보기에 가장 섬하게 조율된" 신체 특징을 토대로 인종을 정의한다.[47] 하지만 이러한 신체 특징에 영향을 미치는 유전자는 소량에 지나지 않는다. 인간의 모든 유전자가 같은 패턴일 것이라는 가정은 잘못된 생각이다.

르원틴은 이 연구 결과와 인종 분류법으로 그동안 정당화된 온갖 피해를 고려할 때 사회에서 인종이라는 개념을 배제해야 한다고 촉구했다. "인종 분류법은 아무런 사회적 가치가 없을 뿐만 아니라 사회와 인간관계에 명백하게 유해하다. 그런 인종 분류법이 유전학에서도 분류학에서도 사실상 아무 의미가 없다고 간주되고 있으므로 그것이 존속해야 할 정당성도 더는 찾을 수 없다."

충분치 않은 데이터를 감안하자면 무척이나 과감한 발언이었다. 하지만 젊은 과학자들이 한층 발전된 도구를 들고 르원틴이 제기한 문제에 도전했다. 그들은 단백질 대신 DNA를 분석했고, 더 많은 인구 집단의 더 많은 인원을 조사했다. 예를 들어 2015년에는 뉴멕시코 대학교의 키스 헌리(Keith Hunley)와 제프리 롱(Jeffrey Long), 테네시 대학교의 그라시엘라 카바나(Graciela Cabana) 세 과학자가 전 세계 52개 인구 집단에서 1,037명의 DNA를 검사했다. 그들은 모든 피검자에서 똑같이 DNA 645조각의 염기 서열을 해독했다.[48] 그들은 한 사람 한 사람의 조각을 일일이 대조해 차이점을 찾아내고 유전적 다양성을 계산했다.

이전에 이루어진 다른 연구와 마찬가지로, 헌리와 동료들은 인간의 유전적 다양성은 이른바 인종들 사이에서보다는 인구 집단들 사이에서 발견된다고 결론 내렸다. 그뿐만 아니라 방대한 연구 규모 덕분에 유전적 다양성을 훨씬 정밀하게 측정할 수 있었다. 예를 들면 아프리카 대륙에서 살아가는 인구 집단에 소속된 사람들이 다른 대륙의 인구 집단들보다 더 큰 유전적 다양성을 보이는 경향이 있었다. 유전적 다양성이 가장 낮은 인구 집단은 브라질 아마존 지역에 사는 수루이(Suruí) 족이었다. 하지만 총인구 수가 1,120명밖에 안 되는 수루이 족에게도 우리 종 유전적 다양성 전체의 59퍼센트가 존재하는 것으로 나타났다. 다시 말해서 인류의 유전적 다양성의 거의 3분의 2가 살아 있다는 이야기였다.

"요컨대 우리는 서구 중심의 인종 분류법이 분류학적으로 아무 의미가 없다는 르원틴의 결론에 동의한다." 헌리 연구진은 말했다.

쿠마르가 나에게 그려 준 벤 다이어그램, 그러니까 나와 한 나이지리아 인과 한 중국인에게 흩뿌려져 있는 모든 단일 염기 변이를 보여 주는 그림이 인종이라는 개념이 인간의 유전적 다양성을 얼마나 잘못 설명하는지를 나에게 보여 주는 상징으로 느껴졌다. 누군가 묻는다면 나는 백인이라고 답하겠지만, 그럼에도 나의 단일 염기 변이 350만 개 중에서 83퍼센트는 아프리카 인 1명 아니면 동아시아 인 1명과 공통된다. 이 공통의 변이 중 일부는 수십만 년 전에 살았던 공통 조상에게서 물려받았을 것이다. 일부는 새로운 돌연변이를 거쳐서 나중에 나타났을 것이고. 그러고는 여러 사람의 유전자가 섞이고 재조합되는 경로를 거쳐 이 인구 집단에서 저 인구 집단으로 전파되었을 것이다. 나와 저 익명의 머나먼 친척 두 사람, 우리 세 사람 모두가 같은 가계의 축복을 받아 태어난 사람들이다.

⁂

인종이 생물학적으로 의미 있는 개념이 아닐 수는 있지만 그럼에도 존재하는 것은 분명한 사실이다. 인간을 분류하는 사회적 범주로서 전통적인 효력은 여전히 살아 있다. 그리고 그 범주는 인간의 삶에 지대한 영향을 행사한다. 인종 범주는 특정 집단의 사람들을 노예로 만들고 그 자손은 날 때부터 노예임을 선언하는 데 법적 정당성을 부여했다. 인종은 누군가를 경제 파탄의 희생양으로 삼고 수백만 명을 거리낌 없이 학살하는 데 기여했다. 누군가를 자기가 가진 땅도 이용하지 못할 만큼 무능하다고 판단되는 인종으로 분류해 놓고는 이것을 그들을 밀어내도 되는 근거로 정당화했다. 또한 인종이라는 범주는 노예의 역사에는 무지

한 채 그들의 노동을 바탕으로 쌓은 재산과 경제적 이익만 누리는 사치를 허용했다. 인종주의적 관습과 법 제도가 폐기된 뒤에도 인종 개념의 위력은 여러 세대 동안 온존했다.

인종은 사회적으로 공유되는 경험인 까닭에 피를 나눈 관계가 아닌 사람들을 서로 이어 주기도 한다. 미국의 흑인들은 식민지로 향하는 노예선에 화물로 실렸을 때 비로소 집단 정체성을 획득했다. 노예상들은 아프리카 대륙의 해안선을 따라 돌아다니면서 세네갈, 나이지리아, 앙골라, 심지어 마다가스카르에 이르기까지, 수천 년 동안 저마다 따로 살아온 사람들을 골라서 포획했다.[49] 1689년에 한 잉글랜드 해적선을 타고 남아메리카를 여행한 외과의 리처드 심슨(Richard Simson)은 노예 매매로 이익을 내려면 낯선 사람들을 한데 모아 놓는 것이 관건이었다고 기록했다.

"깜둥이들을 잠자코 있게 만드는 방법"은 "서로 다른 말을 사용하는 여러 지역에서 골라 뽑아서 단합된 행동을 할 수 없게 만드는 것"이라고 심슨은 썼다.[50]

인종을 생물학적 개념으로 철석같이 믿고 의지하던 의사들은 질병을 연구하면서 낯부끄러운 실수를 왕왕 저질렀다.[51] 1904년에 뉴욕의 의사 W. H. 토머스(W. H. Thomas)는 "유태인만큼 당뇨병에 잘 걸리는 인종도 없다."라고 단언했다.[52] 1900년대 초까지만 해도 유태인은 하나의 인종으로 간주되었으며, 유태인만 걸리는 병 목록까지 있었다. 미국 의회는 이민 정책을 안내하기 위한 책자인 『인종 및 민족 사전(*Dictionary of Races or Peoples*)』이라는 책을 편찬했다. 이 책은 유태인 인종임을 말해 주는 명백한 단서를 이렇게 소개한다. "다소 약한 얼굴 특징들도 있지만, 특히 '유태인 코(Jewish nose)'는 이 인종에 속하는 사람 백이면 거의 백에게서 발견된다."[53] 이러한 인종 분류 관습에서 의사들은 각 인종 특유의 질병을

규정하고자 했다. 유태인은 당뇨병에 걸린다는 것이 의사들의 일치된 견해였다.[54]

이러한 개념은 오스트리아 빈의 의사 요제프 제겐(Joseph Seegen, 1822~1904년)이 자신이 보는 환자의 4분의 1이 당뇨병 환자라는 사실을 깨달은 1870년에 등장했다. 또 다른 의사들은 유태인이 당뇨병으로 사망하는 확률이 다른 집단보다 훨씬 높다고 결론 내렸다. 독일 의사들은 당뇨병을 유뎅크랑카이트(Judenkrankheit)라고 부르기 시작했다. '유태인병'이라는 뜻이다.

1889년과 1910년 사이에 뉴욕에서 당뇨병 유병율이 3배 증가했다. 미국 공중 보건국 소속 의사 J. G. 윌슨(J. G. Wilson)에게 그 원인은 명약관화했다. 유태인 이민자 유입. 윌슨은 유태인들에게는 "유전적 결함"이 있다면서, 그것이 그들을 취약하게 만든다고 말했다.[55] 1900년대 초, 임상 의학 분야에서 가장 중요한 의사였던 윌리엄 오슬러(William Osler, 1849~1919년)는 유태인이 당뇨병에 취약한 것은 그들의 "신경증적 기질"과 "인종적 비만 체질" 탓이라고 보았다.[56]

그러더니 20세기 중반에 당뇨병은 유태인 인종의 병이라는 보편적인 인식 자체가 그냥 사라졌다. 역사가들도 그 이유를 확실히 알지 못한다. 유태인병이라는 통계적 근거가 있는지 의문을 제기한 과학자가 있었던 것은 맞다. 하지만 이것을 명확하게 밝히는 논문 한 편 발표된 적이 없다. 유태인은 선천적으로 병투성이 인종이라는 나치의 선동을 접한 미국 의사들이 스스로 자신들의 잘못된 생각을 슬그머니 폐기했는지도 모르겠다.

유태인 당뇨병 같은 통념이 잘못된 인식이라고 해도 스스로를 흑인, 히스패닉, 아일랜드 인, 유태인 같은 이름으로 부르는 일부 사람들에게 특정 질환 유병률이 상대적으로 높게 나타난다는 사실 자체가 사라지지는 않는다. 예를 들면 테이-삭스병은 다른 인구 집단보다 아슈케나즈 유태인에게서 높은 유병률을 보인다. 아프리카계 미국인은 유럽계 미국인보다 겸상 적혈구성 빈혈의 유병율이 높다. 남아메리카계 미국인은 비(非)히스패닉 백인보다 천식으로 병원에 갈 확률이 60퍼센트 높다.[57] 연구자들은 환자의 인종과 약물에 대한 반응이 밀접한 연관성을 보인다는 사실도 발견했다. 중국인은 항응고제인 와파린(warfarin)에 백인보다 더 민감하게 반응하는 경향을 보인다.[58] 따라서 그들은 이 약물의 복용량을 낮추어야 한다.

이런 유병 특성이 조상에게서 물려받은 유전자의 결과인 경우도 있다. 하지만 그렇지 않은 경우도 있다.

1960년대 말, 아칸소 대학교 의과 대학에 진학한 리처드 스탠리 쿠퍼(Richard Stanley Cooper, 1945년~)는 흑인 환자들 중에 고혈압 환자가 매우 많다는 사실에 충격을 받았다.[59] 40대나 50대에 뇌졸중으로 쓰러져 입원하는 환자도 적잖이 만났다. 이 문제를 조사하다가 미국 의사들이 몇십 년 전에 이미 미국 흑인들의 고혈압증 유병률이 높다는 사실에 주목했음을 알게 되었다. 심장병 전문의들은 이것이 흑인과 백인의 유전적 차이의 결과라고 결론 내렸다. 1900년대 초 미국의 걸출한 심장병 전문의 폴 더들리 화이트(Paul Dudley White, 1886~1973년)는 이것을 "인종 소인(racial predisposition)"이라고 칭하며 서아프리카 출신 미국 흑인의 친척들에게도 고혈압 발병률이 높을 것이라고 예측했다.

쿠퍼도 심장병 전문의가 되어 일련의 심장 질환 역학 연구를 수행했다. 1990년대에 마침내 화이트의 인종 소인 가설을 검증할 기회가 왔다. 다른 국가 의사들과 협력하면서 쿠퍼는 1만 1000명의 혈압을 측정했다. 화이트의 가설은 틀렸던 것으로 확인되었다. 쿠퍼의 조사 결과, 나이지리아와 카메룬의 농부들이 미국 흑인보다 혈압이 크게 낮은 것으로 나타났다. 심지어 미국 백인보다도 혈압이 낮았다. 쿠퍼에게 무엇보다도 놀라웠던 것은 핀란드, 독일, 에스파냐 사람들이 미국 흑인보다도 혈압이 높게 나타났다는 점이다.

쿠퍼의 발견이 유전자 변이가 고혈압 위험을 높인다는 사실을 사라지게 하지는 않는다. 실제로 쿠퍼가 참여한 여러 연구를 통해 미국 흑인과 나이지리아 인에게서 발견되는 일련의 유전자 변이가 고혈압 위험을 높일 수 있음이 밝혀졌다.[60] 하지만 이 유전자를 물려받는 것만으로는 아프리카계 미국인과 유럽계 미국인의 차이가 설명되지 않는다. 이 차이를 이해하기 위해서는 미국 내 흑인과 백인의 실상(범죄율 높은 동네가 일으키는 일상 스트레스, 좋은 의료 보건 서비스를 받기 어려운 환경 등)을 조사해야 한다. 환경 조건도 DNA에 각인되지 않을 뿐 유전되는 강력한 요소이다. 이러한 환경적 요소를 해명하는 어려운 작업을 수행하려는 과학자들에게 시대에 뒤진 생물학적 인종 개념은 도움이 되지 않는다. 유전학자 노아 오브리 로젠버그(Noah Aubrey Rosenberg)와 마이클 에지(Michael D. Edge)의 말을 빌리자면 그 인종 개념은 "본극의 핵심을 흐트러뜨리는 하나의 촌극"이 되고 말았다.[61]

로젠버그와 에지의 말이 눈앞에 버젓이 보이는 증거를 외면하는 소리로 들릴지도 모른다. 나는 어떤 나이지리아 사람과 같은 단일 염기 변이를 수백만 개 공유하지만, 그 누구도 내가 수 세기 전으로 거슬러 올라가 라고스(나이지리아 남서부의 주. — 옮긴이)에 시조를 둔 사람이 아니냐고 생각하지는 않을 것이다. 내가 전에 베이징에 갔을 때에는 내게 다가와 중국어로 길을 물은 사람이 아무도 없었다. 사람들에게 신체적 차이가 있는 것은 사실이고, 그 가운데 일부는 지리적으로 너른 지역에 분포하기도 한다. 그러나 고루한 인종 개념을 고수한다면 그 차이, 다시 말해 눈에 보이는 차이와 보이지 않는 차이 모두를 이해하는 데 하등 도움이 되지 않을 것이다.

중요한 것은 조상이다.[62] 약 30만 년 전 아프리카에서 작은 사람족(hominini) 무리가 호모 사피엔스로 진화해 아프리카 대륙 전역으로 퍼져 나가다가 전 세계로 퍼졌다. 이 이동이 이루어지는 과정에서 만들어진 유전체가 후손들에게 전달되었다. 그리고 오늘날에는 우리의 유전체를 들여다보면 그 역사의 일부를 구성할 수 있는 기술을 갖게 되었으며, 심지어 정확히 말해 사람이 아니었던 조상의 역사까지도 거슬러 올라갈 수 있다.

8장

잡종

타이타 스러시(Taita thrush)는 검정 깃털에 주홍빛 부리의 개똥지빠귀과 새[1]로, 케냐 남부 타이타 지역 산지 운무림에서만 볼 수 있다. 조류 중에는 장거리를 이동하는 종도 있지만 타이타 스러시는 텃새이다. 이들은 서식지 주위의 좁은 테두리 안에서만 이동하는데, 수림 바닥층에서 통통 뛰며 열매나 곤충을 찾는 것이 하는 일의 전부이다. 이런 습성 탓에 이 새는 현대의 환경 변화에 극도로 취약하다. 타이타 산지는 대다수 숲이 농지 개발과 소나무 농장으로 사라지고 정상에 나무 몇 그루 있는 작은 숲만 고립적으로 남았다. 20세기 말에 이르자 타이타 스러시는 서식지를 대부분을 잃고 개체군 3개만 살아남았다. 각 무리의 개체수는 단 몇백 마리뿐이다.

조류가 고립되면 멸종 위기에 특히나 쉽게 노출된다. 산림이 파괴되기 전에는 이웃 서식지의 새들과 짝짓기를 하면서 유전자가 널리 퍼질 수 있었다. 이제 타이타 스러시의 유전자는 산꼭대기의 고립된 나무숲에 갇혀 버렸다. 열성 대립 형질 1쌍만 물려받을 확률이 높아지면서 세대가 바뀔 때마다 수명을 단축하거나 불임으로 만드는 등의 유전성 질환이 생길 위험성이 높아졌다.

이 종을 멸종 위기에서 구하기 위해 보존 생물학자들이 타이타로 들어가 서식지 세 곳에서 타이타 스러시 155마리를 생포했다. 그들은 타이타 스러시의 혈액을 채취한 뒤 짧은 DNA 조각을 추출했다. 그리고 그들에게 유전적 다양성이 얼마나 남아 있는지 측정하기 위해 이 유전 물질을 분석했다.

1998년 옥스퍼드 대학교의 유전학자 조너선 칼 프리처드(Jonathan Karl Pritchard, 1971년~)가 보존 생물학자 연구진에게 그 유전자 배열을 볼 수 있는지 문의했다. 프리처드는 유전자 유사도만을 기준으로 배열을 세 그룹으로 분류했다. 그런 뒤, 연구진에게 타이타 스러시들이 어디에 사는지 물었는데, 프리처드가 만든 유전자 배열 세 그룹이 각각의 서식 지점과 정확히 일치했다.

타이타 스러시 분류 작업을 할 때 프리처드는 지도 교수인 피터 제임스 도넬리(Peter James Donnelly, 1959년~), 동료 박사 후 과정 연구원 매슈 스티븐스(Matthew Stephens, 1970년~)와 함께 개발한 컴퓨터 프로그램을 이용했다. 그들은 이 프로그램의 이름을 'STRUCTURE'라고 지었다.[2]

타이타 스러시 155마리의 DNA를 분류하는 것만 해도 만만찮은 작업이었다. DNA 내 많은 부분의 유전자가 똑같았다. 겨우 몇 마리만 공유하는 많은 변이가 한 곳 이상의 서식지에서 발견되었다. 하지만 프리처드와 동료들은 개체군마다 더 많이 나타나는 조합이 따로 있다는 것을 발견했다. 아마도 이 점이 그들이 원조임을 말해 주는 단서일 것이다. 모든 유전적 소음에는 신호가 하나씩 숨어 있었다.

세 군데 숲이 고립될 때 타이타 스러시 개체들의 유전자군도 단절되었다. 각각의 유전자군에는 어떤 변이는 더 많이 나타나고 어떤 변이는 드물게 나타났다. 새들이 숲을 오가며 이동하지 못하게 되면서 개체군 내의 유전자 변이가 그 후손들에게 전달되었다. 고립 이후 많은 세대가 지난 뒤에도 이 패턴은 유지되었다. 각 서식지의 개체들은 같은 유전자 변이를 공유하는 경향이 있으며, 이들에게 희귀 변이가 나타나는 경우는 드물었다.

프리처드는 STRUCTURE를 이용해 이 패턴에 따라서 타이타 스러시 개체들을 그룹으로 나누었는데, 세 그룹으로 분류했을 때 가장 좋은 결과를 얻었다. 세 그룹으로 분류된 개체들이 두 그룹이나 네 그룹 혹은 다섯 그룹으로 분류했을 때보다 명확한 유전적 연관 관계를 보여 주었다. STRUCTURE는 이 분류에 매우 효과적인 프로그램이었다. 프리처드가 타이타 스러시 1마리를 골라 그 DNA를 살펴보고 어느 숲에 서식하는지 알아맞혀 보면 거의 매번 맞아떨어졌다.

이 성공이 더욱 인상적인 것은 타이타 스러시의 유전자 유사성을 보여 주었다는 점이다. 이 종의 고립이 시작된 것은 불과 1세기 전이었다. 다시 말해 아종으로 분류되지도 않았다. 모든 숲 서식지의 개체들이 모두 같은 모습이었고 같은 먹이를 먹었으며 암컷과 수컷이 일부일처제를 고수했다. 프리처드는 이 개체들의 서식지를 찾아내는 데 미세한 유전적 차이를 활용했으나, 이 종들에게는 이 차이가 거의 무의미했다.

프리처드가 STRUCTURE를 개발한 것은 타이타 스러시의 서식지를 알아내기 위해서만이 아니었다. 그는 어떤 종이든 개체들을 자동으로 의미 있는 그룹으로 분류할 수 있는 프로그램을 개발하고 싶어 했다. 특히 그가 분류하고 싶은 대상은 호모 사피엔스였다. 1990년대에 사람의 유전자 지도를 정확하게 그리는 것이 유전자 연관 질환을 찾아내는 데 무엇보다 중요하다는 것이 기정사실화되었기 때문이다.

과학자들은 특정 질환을 지닌 사람들에게 이례적으로 많은 변이를 찾는 방법으로 유전자를 알아내기 시작했다. 하지만 조상이 누구인지를 고려하지 않았을 때에는 잘못된 결과가 나올 수 있었다. 이 위험성을 '젓가락 효과(chopstic effect)'라고 하는데,[3] 1994년에 유전학자 에릭 스티븐 랜더(Erick Steven Lander, 1957년~)와 니컬러스 쇼크(Nicholas Schork)가 설정한 이야기에서 붙은 이름이다.

랜더와 쇼크는 샌프란시스코의 한 연구진이 이 도시에서 어떤 사람은 젓가락을 사용하고 어떤 사람은 사용하지 않는지 그 유전적 원인을 찾아내기로 했다고 가정해 보자고 제안했다. 그 연구진이 무작위로 선택한 사람들에게서 혈액 샘플을 추출한 뒤 DNA를 검사한다. 자, 보시라. 연구진은 젓가락 미사용자보다 사용자들에게서 훨씬 더 많이 나타나는 어떤 면역계 유전자의 대립 형질을 찾아낸다. 그러므로 그 대립 형질을 물려받은 사람들이 젓가락을 훨씬 더 많이 사용할 것이라고 그 연구진은 결론을 내린다.

틀렸다. 그 대립 형질이 젓가락 사용자들에게 더 많이 나타나는 이유는 완전히 다른 것이다. 그저 그 대립 형질이 유럽계 미국인보다 아시아계 미국인에게 훨씬 더 보편적이기 때문이다. 그런데 아시아계 미국인들이 유럽계 미국인들보다 젓가락을 더 보편적으로 사용한다. 다시 말해서 그 면역계는 젓가락하고는 아무 관계가 없다.

1980년대에 젓가락 효과의 실제 사례가 나타났는데, 미국 남서부의 피마(Pima)라는 원주민 부족의 경우가 그것이다. 이 부족은 무시무시한 제2형 당뇨병 발병률로 고통 받고 있었다. 이 공동체의 성인 절반 정도가 이 병을 앓았다. 당뇨병이 피마 족을 처음 강타한 것은 1900년대, 농지와 정교한 농법을 잃은 뒤의 일이었다. 그들은 하루아침에 탄수화물 함량이 높은 정부 보급 식량에 의존한 채 살아가야 했다. 그런 식단이라면 누구라도 높은 당뇨병 발병 위험에 노출되겠지만 피마 족 원주민들이 특히나 취약한 것으로 밝혀졌다. 유전학자들은 그들이 지닌 유전자 변이로 인해 그 병의 발병률이 더 높을 수 있다고 보았다.

미국 국립 당뇨병·소화기·신장 질환 연구소(National Institute of Diabetes and Digestive and Kidney Diseases) 소속 연구원 윌리엄 놀러(William C. Knowler,

1946년~)는 피마 원주민 DNA에 대한 초창기 연구를 이끈 과학자 중 하나이다.[4] 놀러의 연구는 애리조나 주 피마 족 원주민 보호 구역 주민 4,920명을 대상으로 이루어졌다. 그는 피마 족 원주민 100명 중 6명에서 Gm이라는 유전자에서 변이가 나타난다는 사실을 발견했는데, Gm은 어떤 유형의 항체를 암호화하는 유전자이다. Gm 변이가 피마 족 주민들을 당뇨병으로부터 막아 주는 듯했다. 이 변이 보유자 가운데 당뇨병이 생긴 사람은 8퍼센트뿐이었다. Gm 변이가 없는 부족민 중에서는 29퍼센트가 당뇨병이 생겼다.

놀러가 여기에서 연구를 종료했어도 성공이었을 것이다. 하지만 그는 자신이 연구한 피마 족의 역사가 그리 단순하지 않음을 잘 알았다. 아메리카 원주민들이 서반구로 들어간 것은 약 1만 5000년 전이다. 피마 족이 사우스웨스트에 정착한 시기는 2,000년 전으로 추정되며 유럽 조상의 후예들과 접촉한 것은 500년 전으로 보이는데, 처음에는 에스파냐 정복자들을 만났고 그다음으로 멕시코 농민들을 만났다. 1900년대 중반, 피마 족 원주민은 멕시코 이민 노동자들과 함께 애리조나 주의 목화 농장에서 일했다. 일부 피마 족 주민은 외부인들과 가정을 꾸리기 시작했다. 그 결과, 놀러가 연구한 피마 족 주민 일부에게는 유럽 인 조상이 어느 정도 섞여 있었다.[5]

놀러는 조상을 고려해 피마 족 피검인을 유럽 인 조상이 섞여 있는 그룹과 전혀 없는 그룹, 이렇게 두 그룹으로 분류했다. 각 그룹의 Gm 변이를 살펴보니 항당뇨 작용의 단서가 사라져 있었다. 100퍼센트 피마 족 조상 그룹은 Gm 변이가 있었지만 당뇨 발병 위험이 감소하지 않았다. 유럽 인 조상이 있는 부족민들과 비교해 보아도 다르지 않았다.

놀러가 애초에 Gm 변이에 속은 것이었다. 이것이 유럽 인 조상이 섞여 있는 피마 족 주민에게 훨씬 더 많았다. 다시 말해 Gm 변이는 직접적인 항당뇨 인자라기보다는 하나의 유전자 표지였다. 놀러는 유럽 인의 일부 유전자가 단순 탄수화물 비중이 높은 식단이 야기하는 당뇨병의 발병 확률을 낮춰 주었을 수 있다고 결론 내렸다. 하지만 지금까지의 데이터로는 그것이 어느 유전자인지 알 수 없었다. 지금 알 수 있는 것은 Gm 변이가 어떤 적극적인 역할을 하는 것이 아니라 그저 그 자리에 끼어 있다는 정도였다.

⁂

놀러는 피마 족 주민에게 조상에 대해 질문함으로써 젓가락 효과를 극복할 수 있었다. 그들의 유럽 인 조상이 살았던 시기가 상대적으로 최근이어서 안정적인 계보를 추적할 수 있었던 것이다. 놀러가 연구한 집단이 상대적으로 작은 규모에 고립된 공동체인 점도 행운이었다. 규모가 더 크고 많은 조상이 섞여서 가족에 대한 기억이 명확하지 않은 인구 집단을 연구하는 과학자들은 놀러와 같은 유리한 조건을 누릴 수 없었다.

프리처드의 연구진은 스탠퍼드 대학교의 로젠버그와 협업해 STRUCTURE를 이용하면 젓가락 효과를 무력화할 수 있다는 사실을 알아냈다. 가계도에 정보가 전혀 없는 사람들에 대해서도 마찬가지였다. 유전학자들은 DNA만 갖고도 그 사람이 어느 집단에 속하는지 알아낼 수 있었다. STRUCTURE를 연구에 도입하려면 사람은 타이타 스러시가 아니라는 사실을 숙지해야 했다.[6] 사람은 아프리카 고원 오지의 작은 나무 숲이 아닌 지구 전역에 흩어져 살고 있다. 그뿐만 아니라 고립되어 살아가기는커녕 수천 년에 걸쳐 이동하면서 뒤섞인 DNA를 후손들에게 물려주었다.

프리처드 연구진은 STRUCTURE 프로그램에 사람의 유전적 다양성을 감식해 각 개인의 DNA를 하나 또는 여러 조상 그룹으로 규정하는 기능을 추가했다. 그런 뒤, 조상 그룹의 수를 변경했을 때 유전자 변이가 얼마나 잘 설명되는지를 살펴보았다.

2002년 프리처드의 연구진은 STRUCTURE를 사람에게 적용해 보았다. 그들은 세계 각지 1,056명의 유전자 변이를 살펴보았다.[7] 사람의 유전적 다양성에 대한 다른 연구와 마찬가지로 개인들 간의 유전적 다양성은 방대했다. 큰 규모 인구 집단의 유전적 차이는 3퍼센트에서 5퍼센트밖에 되지 않았다. 하지만 STRUCTURE를 활용해 그 유전적 변이 일부를 토대로 사람들을 여러 유전적 클러스터(그룹)로 분류할 수 있었다. 피검자들의 조상을, 다섯 그룹을 망라해 추적해 보니 대다수가 현재 살고 있는 대륙으로 수렴되었다. 아프리카에 사는 사람들 대다수의 조상이 하나의 그룹으로 형성되었고, 유라시아에 사는 사람들의 조상은 두 번째 그룹으로, 동아시아 사람들의 조상은 세 번째 그룹, 태평양 제도 사람들은 네 번째 그룹, 아메리카 대륙 사람들은 다섯 번째 그룹으로, 이렇게 다섯 그룹이 만들어졌다.

프리처드의 연구진은 이 결과를 인종이 생물학적 개념이라는 근거로 잘못 받아들이는 사람들이 있다는 사실에 분통이 터졌다. 하지만 이 유전적 클러스터와 이전의 유전학자들이 만든 인종 범주에 닮은 점이 존재한다는 사실에 무슨 심오한 의미가 있는 것은 아니다. 이것은 다른 종의 DNA를 비교해 보니 아리스토텔레스의 동물 분류법이 옳았음이 입증되었다는 소리나 진배없는 착각이다. 아리스토텔레스는 혈액 유무, 털 유무 등으로 종을 범주화했다. 털 있는 동물, 즉 포유류의 유전자는 그들이 실제로 한 그룹에 속한다는 것을 보여 주었다. 그러나 아리스토텔레스는 진화적으로 밀접한 연관 관계가 없는 종들도 한 범주에 묶었다.[8] 과학자들이 2,000년 동안 이루어 낸 진보를 던져 버리고 아리스토텔레스의 선례를 따르기로 한다면, 생물학에는 대재앙일 것이다. 인종도 마찬가지이다.

STRUCTURE가 인종이 존재함을 증명했다고 주장하려면 프리처드의 연구진이 실제로 이 프로그램을 이용해 인간 유전적 변이를 연구했다는 사실도 무시해야 한다. 다섯 조상 그룹을 토대로 만든 유전적 클러스터들은 뚜렷이 구분되지 않았다. 연구자들은 세계 지도에서 두 클러스터가 만나는 지점에서 일부 DNA가 두 클러스터를 한 그룹으로 이어 주고, 또 다른 DNA는 또 다른 그룹과 이어 준다는 점을 발견했다. 더욱이 STRUCTURE를 이용해 조상 그룹 수를 달리했을 때에는 어떤 유형의 클러스터가 나타나는지도 볼 수 있었다. 프리처드의 연구진은 다섯 조상 그룹으로 테스트한 뒤 여섯 그룹으로 프로그램을 돌렸다. 결과는 거의 동일했지만 하나의 예외가 두드러졌다. 한 인구 집단이 유라시아 클러스터에서 떨어져 나와 독자적인 클러스터가 된 것이다.

그 인구 집단은 파키스탄 힌두쿠시 산맥에서 사는 칼라시(Kalash) 족으로, 그들의 수는 수천 명에 이른다. 프리처드의 연구에서 칼라시 족이 하나의 클러스터로 출현했다는 사실이 칼라시 족의 역사에 관한 중요한 무언가를 말해 줄 수 있다. 아마도 파키스탄의 다른 부족들과 동떨어져 장기간 고립되면서 소량의 유전적 변이가 축적되어 다른 큰 규모의 클러스터들과 구분되는 별개의 클러스터가 되었을 것이다. 하지만 그것이 곧 칼라시 족 사람들이 하나의 생물학적 인종이라는 뜻은 아니다.

프리처드의 연구진은 또한 STRUCTURE 프로그램으로 클러스터 안의 클러스터를 찾아낼 수 있었다. 이 연구를 위해 연구진은 아메리카 대륙에서 애리조나 주의 피마 족과 브라질의 수루이 족을 비롯해 다섯 인구 집단을 골랐다. 그들은 5개 조상 그룹을 토대로 이 인구 집단의 모형을 개발해 DNA만으로 어느 부족 사람인지 알아낼 수 있었다.

2002년에 논문이 나온 이래로 과학자들은 STRUCTURE를 조상 찾기에 적합하도록 더 강력한 통계 분석 도구로 발전시켜 왔다. 또 세계 더 많은 지역에서 더 많은 DNA 데이터를 축적해 더 정확한 인류의 유전자 지도를 만들어 왔다. 오래 걸리지 않아, 조상 찾기 서비스를 제공하는 기업들이 고객의 DNA를 분석해 대략적인 혈통 분석을 내놓을 수 있었다. 가령 영화 배우 레바 버턴이 자기 조상 4분의 3이 사하라 이남 아프리카 태생임을 알아낸 것도 이 서비스를 통해서였다.

프리처드의 학생 가운데 조 피크렐(Joe Pickrell)이 뉴욕 유전체 센터(New York Genome Center, NYGC)에 들어갔다. 그는 이곳의 동료 연구자들과 자체적으로 STRUCTURE를 업데이트해 DNA 대조로 조상을 추정하는 기능을 추가했다. 피크렐은 나의 DNA를 STRUCTURE의 연산 파이프라인으로 돌려 순식간에 내 조상이 완전히 유럽 인이라는 결과치를 얻었다. 그렇다고 그것이 놀라운 결과는 아니었다. 그러자 그의 연구진은 그 조상이 유럽 내에서도 좀 더 구체적으로 어느 인구 집단에 속했는지 찾아내기 위해 나의 DNA 조각 분석 작업에 돌입했다. 예를 들면 내 조상이 유럽 북서부쪽 사람임을 가리키는 변이를 찾아내고 싶으면 아이슬란드, 스코틀랜드, 스코틀랜드의 오크니 제도, 노르웨이 사람들의 DNA를 살펴보는 식이었다.

연구진이 살펴본 인구 집단 가운데 뚜렷한 지리적 위치가 없는 그룹이 하나 있었는데, 아슈케나즈 유태인이었다. 아슈케나즈 유태인은 오랜 세월 유럽 동부의 여러 지역에서 문화적으로 폐쇄된 집단으로 살아왔기 때문에 유전적 변이도 대부분이 집단 안에 국한되어 있었다. 그럼으로써 인근 기독교 국가들과 명확히 구분되는 집단이 되었다.

몇 주 뒤, 피크렐 연구진이 내 조상의 분포를 보여 주는 원그래프를 보내 주었다.

43퍼센트 아슈케나즈 유태인

25퍼센트 유럽 북서부

23퍼센트 유럽 남중부(다시 말해 이탈리아)

6퍼센트 유럽 남서부(에스파냐, 포르투갈, 프랑스 남서부)

2.2퍼센트 북부 슬라브 족(우크라이나에서 에스토니아까지 아우르는 지역)

1.3퍼센트 너무 불분명해서 지도에 표시하기 어려운 인구

그래프에 표시된 수치를 생각하면서 나는 뒤숭숭했다. 어려서부터 내가 조상에 대해 혼자 상상하던 모든 이야기를 떠올리니 이만저만 실망스러운 것이 아니었다.

특히나 이름에 대한 실망감이 컸다. 어떤 사람 이름이 칼 짐머라면, 으레 독일계라고 생각할 것이다. 나는 분명히 그랬다. 학교에서 친구들은 나를 보면 "Guten Tag, Herr Zimmer!" 하고 인사하고는 했다. 혈통을 중시하는 친척들이 우리 짐머 집안의 시조를 추적해 올라가니 고조부 볼프 짐머(Wolf Zimmer)가 나왔는데, 알고 보니 그는 독일 근처에도 살지 않았다. 고조부가 살았던 곳은 갈리치아(Galicia)였다. 그곳은 현재 우크라이나 땅이다.

짐머 집안의 계보를 더 멀리까지 추적한다고 해도 그 흔적은 십중팔구 몇 세대 넘어가지 못하고 자취를 감출 것이다. 1700년대 말 전까지 동유럽 지역의 유태인 다수가 성을 사용하지 않았다. (아버지 이름에 접사를 붙이는 형태의 성이어서 세대가 바뀌면 성도 바뀌었다. — 옮긴이) 오스트리아헝가리 제국(당시 갈리치아가 속했던 국가) 정부가 유태인에게서 세금을 쉽게 걷기 위해 그들에게 성을 쓰라고 명했다. 당시 이디시 어는 공식어로 인정되지 않았기 때문에 유태인들은 오스트리아 정부가 승인할 언어로 된 성을 선택했다. 나의 조상이 짐머가 된 것은 그때였을 것으로 보인다. 말하자

면 우리 집안의 성이 편의상 지은 이름이었다는 뜻이다.

어머니의 성 굿스피드는 잉글랜드라는 나라를 내 혈통의 절반으로서 중요하게 생각하게 해 준 이름이다. 셰익스피어나 셜록 홈스 이야기를 읽으면 나의 기원에 대해 배우는 기분이 들고는 했다. 가계도에 따르면 굿스피드는 확실히 잉글랜드가 기원인 성씨이다. 하지만 나에게 굿스피드는 많은 가지 중 하나였을 뿐이다. 피크렐의 연구진이 그 나머지 가지들의 기원을 추적하니 유럽의 많은 지역에 걸쳐 있었는데, 멀리는 에스파냐와 이탈리아까지 갔다. 이 지역은 어머니가 조사했을 때에는 나오지 않았던 곳이다.

이 결과를 받은 뒤, 나는 피크렐의 연구진을 방문해 질문을 퍼부었다. 내 아버지가 유태인이라면 내가 어떻게 43퍼센트 아슈케나즈인지? 이 말은 아버지가 86퍼센트 유태인이었다는 뜻인지? 피크렐은, 분석은 정확하지만 오히려 더 답답해질 수도 있다는 점을 인정했다. 그는 그 결과가 내 유전자의 궁극적 기원을 딱 짚어서 보여 주지는 못한다면서 이렇게 말했다. "그 수치는 실체의 근사치로 받아들이셔야 합니다."

그 수치들은 피크렐이 현재 주어진 유전체와 기술 수준에서 내놓을 수 있는 최상의 답안이었다. 10년 뒤에 피크렐을 다시 찾아간다면 답이 달라질 수도 있다. 그는 그때쯤이면 유전학자들이 대조할 수 있는 인간 유전체가 수백만 개에 이를 것으로 예측했다. 그러면 적어도 한 인구 집단 내에서 상당히 많은 변이에 의존하기보다는 단 몇 세대 전 개인들에게 나타나 직계 후손에게만 전달된 희귀 변이를 이용할 것이라고 내다보았다.

"앞으로는 순전히 표본에 맞는 변이를 가졌느냐 아니냐 하는 문제가 될 것입니다. 내가 그 유전자 변이를 가졌느냐 아니냐를 본다는 뜻입니다. 그 변이를 가진 모든 사람이 200년 전 동일 공통 조상의 직계 후손이 되는 겁니다. 그게 된다면 삶이 훨씬 쉬워지겠지요." 피크렐의 설명이다.

피크렐은 자신의 방법으로는 과거 몇 세기밖에 추적하지 못한다는 점도 지적했다. 당시에 살았던 사람들의 집단이 몇 세기 전에 반드시 살았던 것은 아니다. 아슈케나즈 유태인은 특정 시기, 특정 장소에 살았던 특정 인구 집단을 일컫는 이름이다. 기원후 1000년 이전에는 아슈케나즈 유태인이 존재하지 않았다. 그들의 조상들은 다른 이름으로 살았기 때문이다.

내 조상을 더 깊이 파고들기 위해서는 다른 유전자 삽이 필요했다.

⁂

내 유전체 안에서 아슈케나즈 유태인과 연결된 DNA를 찾아내기 위해 뉴욕 유전체 센터의 디나 자일린스키(Dina Zielinsky)와 너새니얼 피어슨(Nathaniel Pearson)은 다른 컴퓨터 프로그램인 RFMix를 사용했다.[9] 2013년에 스탠퍼드 대학교의 과학자들이 개발한 RFMix는 다른 사람들의 유전체 안에서 짝이 맞는 DNA 조각을 찾는 프로그램이다. 많은 세대의 감수 분열을 거쳐 잘게 분쇄된 그 조각들이 고대의 친척을 찾아줄 수 있다. RFMix는 세계 다른 지역 사람들의 다른 DNA 조각과도 짝을 맞출 수 있다.

"일종의 누비 이불입니다. 한 조상에게서 나온 조각이 다른 조상에게서 나온 조각과 붙어서 만들어진 거죠. 우리가 알아내려는 것은 그 조각들이 어디에서 왔느냐입니다." 피어슨은 이렇게 설명했다.

피어슨과 자일린스키는 내 DNA를 테스트하면서 유태인의 기원에 대해 역사가들이 제기해 온 두 가설을 검증했다. 한 가설은 아슈케나즈 유태인이 오늘날의 러시아 남부 카스피 해 북서부 연안에 있던 하자르 왕국 사람들의 후손이라고 주장한다. 그들은 1,000년 전 유태교로 개종한 뒤 유럽 북부와 서부로 이주했다.

역사가 다수는 아슈케나즈 조상들이 유태교로 개종하고 동쪽으로 이주하던 당시에 이미 유태인들이 이탈리아와 프랑스에서 살고 있었다고 주장하며 이 하자르 가설을 일축했다. 이 역사가들은 아슈케나즈 유태인의 기원은 이스라엘과 레반트(Levant, 팔레스타인, 시리아, 요르단, 레바논, 튀르키예 일부를 아우르는 서아시아 지역. ─ 옮긴이) 일대라고 주장한다. 그 사람들이 로마 제국 시대에 이탈리아로 대거 이주했고 거기에서 유럽 남부의 다른 지역으로 확산되었다고 보는 것이다. 그 후에 유럽 전역에서 유태인 박해가 심해졌을 때 일부가 집단적으로 피란처를 구해 폴란드로 이주했다고 본다.[10]

지엘렌스키와 피어슨은 내 유전체를 나와 먼 친척 관계일 수 있는 사람들의 유전체와 비교함으로써 이 가설들을 시험했다. 그들은 유럽 남부와 서부에서 조상을 찾는 프랑스 사람들과 이탈리아 사람들의 유전체를 사용했다. 또 유럽 동부를 대표하는 러시아 유전체 하나도 포함했다. 하자르 왕국이 사라진 지 오래되었으므로, 자일린스키와 피어슨은 이 지역의 민족 집단인 아디게(Adygei) 인의 유전체를 사용했다. 근동 지역의 조상을 찾기 위해 팔레스타인 인과 드루즈(Druze) 인의 유전체도 추가했다. 연구자들은 내 DNA에서 100만 개 염기 배열로 이루어진 긴 조각을 검사한 뒤, 다른 사람들의 DNA에서 같은 조각과 비교했다. 그들은 RFMix를 이용해 다른 사람들의 유전체를 하나하나 검사해서 가장 근접하게 일치하는 조각을 찾아냈다. 이 과정이 끝나자 색깔로 암호화된 내 염색체 지도가 생성되었다.

내 염색체 대부분이 유럽 남서부나 근동 사람들의 유전체와 일치했다. 몇 개 조각에서는 러시아 조상이 1명 나왔고, 아주 약간 아디게 인과도 닮은 배열이 나왔다. 내 유전체는 유태인 하자르 가설을 뒷받침하는 근거가 되지 못했다.

자일린스키와 피어슨이 수행한 것은 내 DNA 하나를 다룬 작은 연구였다. 이것은 정말이지, 과학적 보시(布施) 행위였다. 피어슨은 그 결과를 내 조상에 대한 최종 판결로 받아들이면 안 된다고 주의를 주었다. "아직 갈 길이 멉니다."

길이 멀다지만 피어슨과 자일린스키의 연구 결과는 2016년에 예루살렘에 있는 히브리 대학교의 샤이 카르미(Shai Karmi)와 동료들이 수행한 훨씬 더 큰 규모의 연구로 순탄하게 진로를 잡았다.[11] 이 연구진은 아슈케나즈 유태인 2,540명, 유럽 인 543명, 근동 지역 사람 293명의 DNA 단일 염기 변이 25만 2358개를 검사했다. 이 연구진은 자일린스키와 피어슨만큼 오래전 유전체까지 다루지는 못했다. 그러나 더 많은 지역의 더 많은 사람을 비교했다.

RMMix와 다른 소프트웨어 프로그램을 이용해 아슈케나즈 유태인의 조상 절반가량이 근동 지역 기원, 나머지 절반이 유럽 기원이라고 결론지었다. 연구자들은 두 차례 섞임이 발생했다는 단서를 찾아냈다. 첫 번째는 유럽 남부에서 발생했다. 그중에서도 이탈리아일 가능성이 가장 커 보인다. 두 번째는 상대적으로 최근으로, 아슈케나즈 유태인과 북유럽 인 또는 동유럽 인과의 섞임이다.

카르미의 연구에 여러 불확실성이 존재하는 것은 사실이지만, 한편으로는 아슈케나즈 유태인이 장기간에 걸쳐 이동하면서 수많은 인구 집단과 섞이면서 형성되었다는 역사적 근거를 제시했다. 나의 부모님도 이 오랜 전통의 일부이다.

*
**

내 아버지의 조상들은 1,000년 전 근동에서 유럽으로 이주한 것으로 보이지만 어머니의 조상들은 그것보다 훨씬 오래전에 이미 그곳에서 살고 있었을 것이다. 유전학적 가계도로는 그 역사 속으로 깊이 들어갈 수도 없고, 나의 유럽 인 조상들이 살았던 석기 시대 마을을 찾아갈 수도 없다. 하지만 내 안에 흐르는 유럽 인의 피가 매우 뿌리 깊다는 것만큼은 확신할 수 있게 되었다. 다시 말해 인구 조사에서 사용하는 공적 언어로 표현하자면, 나는 백인이다.

백인(white)은 하나의 문화 집단을 가리키는 명칭으로는 유효하나 생물학적 의미에서는 **흑인**이나 **히스패닉**만큼이나 모호한 명칭이다.[12] 사람들은 백인 하면 수만 년 전부터 변함없이 같은 전통과 형질을 공유하며 한 대륙에서 모여 살아온 하얀 피부의 유럽 인과 그 후손으로 생각하는 경향이 있다. 2만 년 전 유럽에서 털코뿔소를 사냥하며 살았던 사람들은 오늘날 인스타그램에 사진을 올리는 유럽 인들과는 분명히 사는 방식이 달랐을 것이다. 그런데도 우리는 여전히 그들을 백인으로 생각한다. 유럽 인들, 그러니까 오늘날 이 대륙에서 사는 사람들과 수만 년 전에 살았던 사람들 모두의 DNA 검사 결과는 이런 생각이 얼마나 잘못되었는지를 보여 주었다.

1980년대 초, 스반테 페보(Svante Pääbo, 1955년~)라는 스웨덴 웁살라 대학교의 대학원생이 고대 유골에서 DNA를 추출해 보면 어떨까 생각했다. 1985년에 그는 2,400세가 된 이집트 어린이의 미라에서 수천 개의 염기를 분리해 냈다.[13] 나아가 더 오래된 화석에서 DNA를 추출해 냄으로써 고유전학(paleogenetics)이라는 새로운 분야를 개척했다. 페보는 나중에 막스 플랑크 연구소(Max Planck Institute)의 진화 인류학 분과 소장이 되었고, 다수의 과학자와 대학원생으로 이루어진 연구진을 구성해 유전자 수집 프로젝트를 이끌고 있다. 옥스퍼드와 하버드, 코펜하겐 등 많은 대학에서도 고유전학 연구소가 설립되었다.

그들의 연구는 한동안 도 아니면 모였다. 때로는 화석에서 DNA가 한 조각도 나오지 않았다. 화석이 생성되는 환경이 가혹했기 때문이다. 그런가 하면 DNA가 너무 많이 나오는 화석도 있었지만, 그것은 사람의 DNA가 아니라 사후에 유골에 침투한 세균과 진균의 DNA였다. 여하튼 사람의 DNA를 발견하기는 했는데, 기술자나 현장 다른 사람들의 땀방울이나 피부의 각질 따위가 실험실 장비에 잘못 섞여 들어간 경우가 많았다.

페보와 동료 연구자들은 고유전학의 발전을 위해 여러 해 동안 노력했다. 그들은 화석의 DNA를 오염시키는 고대 물질을 구분하는 방법을 찾아냈다. 화석에서 DNA 특정 조각 하나만 추출하는 것이 아니라 전부를 추출해 염기 서열을 해독하고 그것을 배열해 전체 유전체로 조합하는 방법까지 찾아냈다.[14] 심지어 DNA를 추출하기에 좋은 뼈를 골라내는 기술도 향상되었다. 처음에는 박물관 큐레이터가 버려도 된다고 한 뼈는 아무것이나 가져다가 절단했다. 하지만 2010년대에 더블린 대학교의 고고학자 론 핀하시(Ron Pinhasi)가 어떤 유골이 DNA 추출에 가장 적합한지 알아냈다.[15] 무슨 이유에서인지 내이를 둘러싼 단단한 뼈에 DNA가 풍부한 경우가 많았는데, 같은 유골의 다른 부위에서는 아무것도 나오지 않을 때에도 이 뼈에서는 DNA가 나왔다.

2015년 고유전학자들, 특히 하버드 대학교 데이비드 라이크(David Reich, 1974년~)의 연구진이 한 번에 10여 개에서 때로는 100여 개의 고대 유럽 유전체 배열을 발표하기 시작했다. 그 결과물에서 일종의 유전자 횡단면도가 만들어졌다.[16] 과학자들은 지금으로부터 4만 년 이상 전에 유럽 인에게 일어난 DNA 변화를 추적해 에스파냐에서 러시아까지 아우르는 유전자 지도를 작성할 수 있었다. 또 이 횡단면도는 전체 유전체로 만들어졌기 때문에 과학자들은 각 유골이 말해 주는 수천 명의 조상을 알아낼 수 있었다.

유럽에서 가장 오래된 현생 인류 화석은 4만 5000년 전 것으로, 뼈 구조는 오늘날 유럽 인들과 거의 같아 보인다. 하지만 그들의 DNA에서는 오늘날의 유럽 인들이 그들의 유전자를 물려받았다는 단서가 나오지 않았다. 유전학적으로 말하자면, 그들은 완전히 다른 대륙에서 온 듯했다. 무슨 일이 일어났는지는 알 수 없다. 다만 그들의 특정 유전자 변이의 조합이 약 3만 7000년 전에 사라진 것은 분명하다.

벨기에에서 발견된 3만 5000년 전 고고학 유적에서 고인류학자들이 또 다른 유골의 DNA를 추출해 냈다. 이 유골은 오리냐크 문화(Aurignacian) 시대에 살았던 것으로 밝혀졌다. 오리냐크 문화는 마지막 빙하기에 빙하에 매장되지 않고 유럽 전역에 존재했는데, 돌과 뼈로 도구를 만들고 동굴에 털코뿔소 벽화를 그리고 사자 머리 조각상을 만들었다. 이 벨기에 유골의 DNA는 가장 오래전 유럽 인들과 구분되는 유전자 표지를 지니고 있었다.

2만 7000년 전 무렵, 오리냐크 문화는 고고학 기록에서 사라지고 그 대신 그라베트 문화(Gravettian)가 들어섰다. 그라베트 인들은 창을 사용해 매머드를 사냥했고 그물로 덫을 쳐서 덩치 작은 짐승을 잡았다. 라이크의 연구진은 그라베트 유골에서 DNA를 추출해 그들 역시 유전적으로 볼 때 앞선 시기에 살았던 오리냐크 인들의 직계가 아님을 밝혀냈다. 유럽에서는 이 시기 수천 년에 해당하는 기간에는 유일하게 그라베트 인의 유전자 계보만 발견되었다.

그러더니 놀랍게도 오리냐크 인의 DNA가 복귀한다. 1만 9000년 된 에스파냐의 유골에서 그라베트 인과 오리냐크 인의 DNA가 혼합된 DNA가 나온 것이다. 그 막대한 시간 동안 오리냐크 인들이 과연 어디로 사라졌는지, 어쩌다가 에스파냐에 들어갔는지, 그렇게 서로 다른 두 문화에 속한 두 사람이 어떻게 자식을 낳았는지, 아무것도 밝혀지지 않았다. 우리가 아는 것은 그 후로 수천 년 동안 유럽의 모든 사람이 이 두 문화권의 DNA가 혼합된 유전체를 갖게 되었다는 사실뿐이다.

약 1만 4000년 전, 이 긴 안정 상태가 깨졌다. 이 시기의 유골에서 유전체에 제3의 성분이 섞여 나왔다. 이 가외 DNA에서는 오늘날 근동 지역 사람들의 유전자 표지 일부가 나타난다. 고고학자들은 당시 근동 지역 사람들이 수렵 채집인이었음을 알아냈다. 빙하기의 빙하가 북쪽으로 퇴각하자 근동 지역 사람들이 유럽으로 이주하면서 그라베트-오리냐크 인들과 섞이기 시작했을 가능성이 있다. 그러더니 유럽은 다시금 새로운 유전적 안정 상태에 돌입해 다음 5,000년 동안 같은 조합의 조상들에게서 DNA를 물려받았다.

다음 변화는 약 9,000년 전에 찾아오는데, 이 사람들이 중요한 보따리를 들고 온다. 그들은 수렵 채집인이 아니라 밀과 보리 같은 작물, 양과 염소 따위의 가축을 키우는 농경인이었다. 이들은 그것보다 2,000년 앞서서 근동 지역에서 식물을 재배하고 동물을 가축화한 인류 최초 농경 사회의 후손이었다.[17] 그들은 유럽의 수렵 채집인들과 문화만 달랐을 뿐 아니라 조상의 계보도 전적으로 달랐다. 그들의 공통 조상은 그들로부터 5만 년 전에 갈라졌던 것으로 보인다.

이 농경 무리는 근동에서 튀르키예로 들어갔다가 서쪽으로 향해 유럽 남부 변두리로 이주했다.[18] 농경민들이 땅을 개간하고 곡물을 심고 가축에게 꼴을 먹이면서 확장해 오자 수렵 채집민들은 덜 비옥한 지역으로 물러났지만 개중에는 새로운 이주자들과 어울려 자식을 낳는 사람들이 있었을 테고, 그러면서 이들의 DNA가 섞였을 것이다. 고립된 수렵 채집인 무리는 몇백 년 사이에 사라졌고, 이제 근동과 유럽 수렵 채집인의 혼합 유전자를 지닌 농경 무리가 유럽 대륙 전체에 걸쳐서 정착했다.

4,500년 전 유럽에 또 한 번의 큰 변화가 찾아왔다. 이 시기의 유골 DNA에서, 러시아 스텝 지역에서 사라진 한 집단에 속한 사람들이 보편적으로 보유했던 유전자 변이가 다량으로 나타났다. 얌나야(Yamnaya)라고 불리는 이 문화권 사람들은 초원에서 엄청난 규모의 양 떼를 키웠고 나중에는 말을 가축화하고 수레를 발명했다. 이들은 성공적인 유목형 생활 방식으로 부유해져서 사람이 죽으면 거대한 무덤을 세워 보석과 무기류, 심지어 전차를 통째로 무덤에 넣어 장식할 수 있었다.

4,500년 전에 유럽에서 살았던 청동기인들의 DNA는 얌나야 인들, 또 이들과 근연 관계인 인구 집단이 러시아 스텝 지역에서 유럽으로 이주했음을 보여 준다. 그들은 먼저 폴란드와 독일에 정착해 성벽 도시를 건설하고 그들 고유의 문화를 꽃피웠다. 몇 세기 안에 이 스텝 지역 유목민 집단의 유전자 표지가 영국 해협을 건너 영국으로 들어갔다. 이주 초기에 스텝 유목민의 유전자는 주변 농경민이나 수렵 채집민들과 다르게 유지되었다. 하지만 청동기 말에 이르면, 이전의 현상과 다를 바 없이, 스텝 유목민과 나머지 유럽 인 사이의 유전적 장벽이 무너졌다. 4,500년 전 이후의 유골에서는 스텝 유목민, 근동 농경민, 근동 수렵 채집민, 그라베트 인, 오리냐크 인 등 여러 집단의 조상이 뒤섞여서 나타난다. 이 대규모 합병 이후로 유럽은 많은 문화가 공존하는 대륙으로 지속되었다. 하지만 나를 비롯한 유럽 인의 후손들은 현재 이곳 사람들의 유전자 정보에서 조상을 찾고 있다.

고대 DNA는 백인의 뿌리가 인류가 유럽을 정복하던 초창기로 거슬러 올라가는 어떤 순수하고도 고원한 유전적 유대를 공유하는 사람들이 아님을 보여 주었다. 유럽에 처음 들어간 호모 사피엔스는 현재의 유럽 인들과 직접적인 관련성이 전혀 없다. 현존 유럽 인의 조상을 찾으려면 수천 년의 간격을 두고 밀어닥친 일련의 파도를 타고 그 대륙에 들어간 사람들을 살펴보아야 한다. 이 집단들은 스칸디나비아의 원주민인 사미(Sami) 인(스칸디나비아 북부에서 러시아 서부에 이르는 넓은 지역에서 생활하던 유목 부족으로, 현재는 소수만 남아서 노르웨이 정부가 지정한 보호 지역에서 살고 있다. — 옮긴이)과 인도네시아 인만큼이나 닮지 않은 사람들이었다. 하지만 유럽 대륙에서 만나 유전자가 섞였다. 오늘날 유럽 인들은 유전자 측면에서 말하자면 상당히 균일적이다. 하지만 그 균일성은 생물학적 혼종 과정을 거쳐서 이루어진 것이다.

⁂

고대인의 DNA는 백인의 순수성 개념만 무너뜨린 것이 아니다. **백인**이라는 이름 자체를 무너뜨렸다.

처음부터 서구의 인종 구분에서 피부색이 결정적인 역할을 했다.[19] 아프리카 인들의 검은 피부색은 외적으로 드러난 내적 저주의 표징일 따름이었다. 유럽 백인종, 아프리카 흑인종에 이어 중국인은 황인종이 되었고, 아메리카 원주민은 홍인종으로 규정되었다. 자기 인종보다 피부색이 너무 하얗거나 너무 검은 사람들은 조상이 누군지 의심을 받았다.

하지만 피부색은 시대를 초월한, 인류의 특질이 아니다. 피부색은 더러는 자연 선택을 통해, 또 더러는 사람들의 이주를 통해 장소와 시기에 따라 변해 왔다. 피부색 형질은 전 세계를 두루 여행하면서 많은 인구 집단에 영향을 미쳤다. 우리가 "하얗다."라고 말하는 옅은 피부색의 범위는 이 역사의 산물일 뿐이다.

사람의 피부색은 멜라닌 세포라는 피부 속 색소 생성 세포에 의해 만들어진다. 멜라닌 세포는 멜라닌 소체라는 색소 자루로 채워져 있다. 색소의 한 유형은 노란색이 감도는 붉은색이고 다른 하나는 거무스름한 갈색이다. 이 두 색소의 양과 조화에 따라 한 사람의 피부색이 정해진다. 여기에, 예를 들면 각 멜라닌 소체에 색소가 증가한다거나 멜라닌 소체 수가 증가하는 등의 변화가 생기면 피부색이 달라질 수 있다. 그런 까닭에 몇 개 유전자에 돌연변이가 일어나는 경우에 비슷한 피부색이 될 수 있다.

오늘날 사람의 피부색은 주근깨 많은 창백한 하얀색에서 칠흑같은 검은색까지 다채롭다. 피부색의 지리학은 복잡다단하다. 검은 피부색이 아프리카 인에게만 해당한다고 할 수도 없다. 오스트레일리아와 뉴기니 원주민이나 인도 남부 일부 지역 사람들의 피부색도 그 못지않게 검다. 아프리카 사람들이 하나같이 같은 피부색인 것도 아니다. 동아프리카의 딩카(Dinka) 족은 지구 상에서 피부색이 가장 짙은 쪽에 속하며, 아프리카 남부의 수렵 채집 민족인 산(!San) 족은 황갈색이다.

사람족의 피부는 화석으로 남아 있지 않기 때문에 400만 년 전 우리 조상들의 피부색이 어땠는지는 알 수 없다. 하지만 현존하는 우리와 가장 가까운 친척 영장류인 고릴라와 침팬지가 지표가 될 수 있다면, 그들의 피부색은 옅은 편이었을 것이다. 아마도 200만 년 전쯤일 텐데, 우리의 조상들은 아프리카 사바나의 기후에 적응해 살기 시작하면서 몸털을 상당 부분 상실했다. 몸털이 감소해 피부가 햇빛에 직접 노출되면서 피부색이 변하기 시작했을 것이다. 햇빛의 자외선이 피부 세포를 공격하기가 쉬워졌기 때문이다. 자외선으로 인한 피부 손상은 피부암을 유발할 수 있으며, 엽산이라는 피부의 필수 분자를 파괴할 수 있다. 피부 색소가 증가하는 돌연변이는 우리의 먼 조상들을 이러한 피부 손상으로부터 보호해 주었을 것이다.

2017년에 펜실베이니아 대학교의 유전학자 새러 앤 티시코프(Sarah

Ann Tishkoff, 1965년~)가 이 인류 초기의 피부색 진화에 대한 단서를 찾는 연구를 이끌었다.[20] 티시코프의 연구진은 에티오피아, 탄자니아, 보츠와나 국민 1,570명의 피부 분광 반사율을 측정했다. 그런 뒤 검사 자원자들의 DNA에서 연한 피부색이나 짙은 피부색 사람들에게 많이 나타나는 유전자 변이를 조사했다. 그 결과 피부색과 밀접하게 연관된 변이 80개를 찾아냈다.

티시코프의 연구진은 전 세계 DNA 데이터베이스를 조사해 이 변이가 전 세계 일부 인구 집단에도 존재한다는 것을 발견했다. 그들은 이 변이와 관련된 DNA를 비교해 공통 조상에게서 이 변이가 언제 발생했는지 추산했다. 놀랍게도 80개 변이의 나이가 전부 다 수십만 년이었다. 다시 말해 우리 종 전체보다 나이가 많았다.

이 결과만 가지고는 최초의 호모 사피엔스가 어떤 피부색이었는지 알 수 없다. 저 고대의 변이 일부는 피부색을 짙게 만들고 일부는 옅게 만든다. 이 변이들이 초기 인류에게 공존해 중간색으로 만들었을 가능성도 있다. 아니면 아프리카에서 살았던 초기 인류 중에 아주 짙은 피부색도 있었고 옅은 피부색도 있었을지도 모른다.

아프리카 내로 국한하자면, 이 유전자 변이는 지역의 환경 조건에 밀접한 자연 선택을 겪었다. 옷을 거의 입지 않는, 적도와 가까운 지역에 거주하는 딩카 족은 몹시 검은 피부색으로 진화했다. 햇빛이 덜 강한 아프리카 남부의 산 족에게는 검은 피부색이 오히려 불리했을 것이다. 과도한 자외선도 해롭지만 지나치게 적은 자외선도 병을 유발할 수 있다. 햇빛이 우리의 피부를 때릴 때, 자외선이 세포의 비타민 D 합성에 필요한 에너지를 공급한다. 산 족에게는 검은 피부가 이 에너지 생성을 방해하기 때문에 황갈색으로 진화했을 수도 있다.

5,000년 전과 8,000년 전 사이에 아프리카에서 소규모 무리 하나가

다른 지역으로 확장하기 시작했다. 티시코프의 연구진은 인도 남부, 오스트레일리아, 뉴기니의 검은 피부 사람들 모두가 아프리카에서 찾아낸 그 검은 피부색 유전자 변이를 갖고 있음을 발견했다. 아프리카에서 아시아 남단과 태평양으로 이주한 사람들에게 검은 피부색 유전자 변이가 있었을 수 있다. 저 고대의 옅은 피부색 유전자 변이 일부는 아시아와 유럽의 옅은 피부색 인구 집단에서 발견되었다. 아시아 인들과 유럽 인들은 아프리카 인에게 물려받은 유전자 변이와 더불어 피부색을 더 변화시키는 새로운 돌연변이도 획득했다. SLC24A5라는 유전자에 일어나는 한 돌연변이는 멜라닌 세포가 만드는 색소를 급감시킨다. 모든 현존 유럽 인과 아시아 인구 집단 상당수에게 이 변이가 있다.

초기 인류에게서 고대 DNA를 발견함으로써 과학자들은 이후 새롭게 추가된 변이가 어떻게 일어났는지 좀 더 자세히 이해할 수 있었다. 2014년에 연구자들이 7000년 전 에스파냐에서 살았던 한 수렵 채집인을 연구했다.[21] 이 수렵 채집인에게는 파란 눈 돌연변이는 있으나 현존 유럽 인의 옅은 피부색을 만드는 것으로 밝혀진 SLC24A5 유전자 변이는 없었다. 그리하여 연구자들은 이 7,000년 전에 산 에스파냐 사냥꾼이 검은 피부에 파란 눈이었을 것으로 추정했다.

물론 단 한 사람에게서 얻어 낸 결과일 뿐이다. 하지만 유럽 다른 많은 지역의 유골에서 나온 DNA를 검사해 보니 이 패턴이 적용되는 범위는 더 넓었다. 에스파냐, 프랑스, 독일, 크로아티아 등 유럽 서부의 수렵 채집인들에게는 오늘날 유럽 인에게서 발견되는 옅은 피부색 돌연변이가 나오지 않았다. 유럽 동북단인 스웨덴과 발트 삼국 같은 곳에서는 거의 8,000년 전의 다른 수렵 채집 집단 유골에서 옅은 피부색 돌연변이가 발견되었다. 반면에 튀르키예에서 유럽 남부로 이주한 농경민들에게는 옅은 피부색 유전자 변이가 딱 1개 발견되었는데, 이것은 그들이 올리브색 피부였음을 의미할 수 있다. 다양한 인구 집단이 유럽 인들과 섞이면서 균일한 피부색으로 변하기 시작한 것은 겨우 약 4,000년 전의 일이다.

이렇게 오래 지체된 이유가 무엇인지는 알 수 없다.[22] 피부색 변화에 영향을 미치는 인자가 자외선 하나뿐이라면 처음으로 유럽에 들어갔던 사람들은 옅은 피부색으로 신속하게 진화한 뒤에 그 상태를 계속 유지했다는 이야기가 된다. 그럼에도 4만 년 이상이 지난 뒤 유럽 인들이 창백한 피부색으로 자신들이 하나가 되었다고 인식하기 시작했다는 것은 변함없는 사실이다.

*
**

유럽에서 고대 DNA의 유전 패턴, 즉 수천 년 동안 안정 상태를 유지하다가 다른 사람들이 섞이면서 갑자기 크게 교란되는 양상이 밝혀지자 세계 다른 지역에서도 발견이 잇따랐다.[23] 예를 들어 오늘날의 인도인은 거의 모두가 상당히 다른 두 조상 집단으로부터 유래한 혼합된 DNA를 물려받았다. 한 집단은 유럽과 중앙아시아, 근동 지역 사람들과 가까운 친척 관계였다. 또 다른 집단은, 불가사의한 면이 있는데, 안다만 제도라는 인도양의 작은 군도 주민들과 가까운 친척 관계였다. 이 두 집단이 함께 지난 4,000년 동안 (현재의) 인도 인구를 만들어 냈다고 보면 된다.

오늘날의 아프리카는 12억이 넘는 인구가 살아가는 터전이며 우리 종과, 우리와는 조금 먼 사람족 조상들의 화석 기록이 가장 많이 발견되는 지역이기도 하다. 하지만 그것이 곧 현존 아프리카 인들이 인류의 고대 유물이라는 뜻은 아니다. 오늘날 많은 아프리카 인의 유전자 정보는 같은 장소에서 겨우 몇천 년 전에 살았던 사람들과도 완전히 다르다. 아프리카 대륙에서 인간의 역사가 세계 다른 지역보다 훨씬 더 긴 것은 사실이지만, 아프리카 인은 그들이 겪어 온 격동적인 이동과 혼합의 산물이다.

이 격동의 근거는 고대 DNA에서 확인된다. 아프리카에서 발굴된 유골에서 고대 DNA를 추출할 수 있었다는 사실이 과학자 당사자들에게는 대단히 놀라운 일이었다.[24] 하지만 말라위, 케냐, 에티오피아 같은 국가의 산지는 유전 물질이 보존되기에 적합할 정도로 건조했다. 2017년에 라이크의 연구진은 8,000년 전 아프리카의 16개 지역에서 살았던 고대인의 DNA 연구 결과를 발표했다.

라이크의 연구진은 현재의 사하라 이남 지역 아프리카 인들이 인류 역사 초창기부터 계보가 분화되기 시작했다는 것을 발견했다. 처음 가지가 갈라지기 시작한 것은 우리 종이 탄생한 지 얼마 지나지 않은 20만 년 전부터 30만 년 전까지의 어느 시점이었다. 수백 세대를 거치면서 아프리카 남부와 동부, 서부의 수렵 채집인 무리가 서로 확연히 구분되는 유전자 특성을 띠게 되었다. 이렇듯 차이는 존재했지만 무리들끼리 서로 완전히 단절되지는 않아서 일부 유전자는 소규모 무리들 사이에 맺어진 관계를 통해 수천 킬로미터 거리를 이동하기도 했다.

라이크의 연구진이 연구한 고대 DNA는 동부의 수렵 채집 인구 집단이 어느 시점에 서쪽으로도 또 동쪽으로도 확장했음을 시사한다. 서쪽으로는 서부 아프리카 인들이 그들의 DNA의 상당 분량을 물려받았다. 동쪽으로 이 인구 집단은 아프리카를 완전히 벗어났고, 그 후손들은 유럽과 아시아, 그 밖의 지역에 정착했다.

하지만 유전자의 흐름은 다시 아프리카로 돌아갔다. 라이크의 연구진은 탄자니아 소를 키우는 유목민 부족 출신의 3,000년 된 소녀를 연구했는데, 조상의 3분의 1이 아프리카가 아닌 근동의 초창기 농경민이었다. 그보다 조금 더 지난 시기의 아프리카 화석에서는 근동인들의

DNA가 남아프리카까지 들어간 것으로 나타났는데, 현존 남아프리카 사람들 중 다수에게서 이 DNA가 발견된다. 유럽 인들의 피부를 옅은 색으로 만드는 SLC24A5 유전자 변이를 가져온 것이 이 이주민 무리였던 것으로 추측된다. 이 변이를 물려받은 아프리카 인들 역시 피부색이 옅어졌다.

이 이주민들이 다른 것, 곧 곡물과 가축도 가져왔을 수 있다. 아프리카 대륙 다른 지역의 아프리카 인들도 얌과 바나나 같은 토종 식물을 재배했다. 약 4,000년 전, 농경과 목축을 하던 무리인 반투(Bantu) 족이 오늘날의 카메룬과 나이지리아 국경선 지역에서 다른 지역으로 확장하기 시작했다.

다음 2,000년 동안 그들은 동쪽과 남쪽으로 확장하면서 철기와 그들 고유의 언어를 전파했다. 라이크 연구진이 말라위 등지의 화석에서 추출한 고대 DNA는 반투 족이 그 지역의 수렵 채집 인구 집단들을 완전히 대체했음을 보여 준다. 그들은 동아리프카에서 몇 세대에 걸쳐 그들만의 무리로 존재하다가 그 지역 수렵 채집 집단과 섞이기 시작했다. 동아프리카에서 반투 족 조상 없이 3,000년 전에 살았던 사람들과 유전적으로 강하게 연결된 인구 집단은 소규모 몇 개 부족뿐이다. 아프리카 남부에서도 한때 이 일대에 널리 분포했던 유전자를 지금까지도 보유하고 있는 사람들은 몇몇 소규모 수렵 채집민 부족뿐이다.

아프리카 동부 해안에서 약간 떨어진 마다가스카르 사람들이 물려받은 유전자는 훨씬 더 복잡한 조합이다. 이들의 유전적 조상 절반은 동아프리카에서 왔으며, 나머지 절반은 동남아시아에서 왔다. 인도양을 항해하던 작은 무리가 이곳까지 떠밀려 왔을 것으로 보인다. 2016년의 한 연구를 통해 마다가스카르 사람들의 아시아 조상이 보르네오의 한 마을 사람들임을 추적해 낼 수 있었다.[25]

과학자들이 현존하는 사람의 DNA 염기 서열을 더 많이 해독하고 더 많은 고대 유골을 발견하면 더 많은 이동과 혼합의 근거가 발견될 것이다. 과거로 더 멀리 돌아갈수록 역사의 윤곽을 그리기가 힘들어지지만 과학자들은 이미 더 극단적인 혼종, 즉 우리의 유전자군에 네안데르탈 인과 다른 멸종한 사람 종의 DNA를 들여온 고대 결합의 자취를 발견했다. 나는 나의 유전자 계보를 알아내고 싶어서 인간의 유전 연구가 너무나도 미심쩍게 시작되었던 그곳, 콜드 스프링 하버로 내 유전체를 가져갔다.

***

늦겨울의 어느 화창한 날, 롱아일랜드 해협 남부 끝머리 벙타운 거리(Bungtown Road)를 따라 차를 몰고 가다가 높은 언덕을 올라 연구소에 도착했다. 차를 세우고 지도로 길을 찾아 종탑을 지났다. 종탑은 DNA 이중 나선 모양의 층계로 되어 있고 사방 벽 상단에는 염기의 네 글자 **a**, **c**, **g**, **t**가 새겨져 있었다.

널따란 계단을 터벅터벅 내려가니 연구동 구역이 나왔다. 그중 한 건물의 연구실에서 젊은 과학자 애덤 시펠(Adam C. Siepel, 1972년~)을 만났다. 그는 나를 반갑게 맞은 뒤 벽에 고정된 거대한 모니터 아래 테이블에 앉혔다. 시펠은 이마가 넓었고 머리카락은 삭발에 가깝게 짧았다. 그의 책꽂이에는 축소판 바위 정원이 있었고 가운데로 작은 시내가 흘러 끊임없이 거품을 만들어 내고 있었다. 창가에는 어린 아들과 딸의 사진이 있었다. 그 사진 옆에는 눈썹뼈가 두드러지게 돌출한 특이한 두개골이 있었는데, 네안데르탈 인의 머리 석고상이었다.

조상과 후손이라…….

1세기 전 콜드 스프링 하버에서 일했던 과학자들이라면 시펠이 네안데르탈 인에게 부여한 이 지위를 가히 어여삐 여기지는 않았을 것이다. 대븐포트와 그의 우생학자 동료들에게 네안데르탈 인은 어떤 다른 인종보다도 열등한, 인류의 진보에 희생된 야만종에 지나지 않았다.

대븐포트는 콜드 스프링 하버에서 뉴욕 시까지 약 65킬로미터를 달려 미국 자연사 박물관에서 열리는 골턴 협회(Galton Society) 모임에 참석하고는 했다. 대븐포트는 자연사 박물관 관장 헨리 페어필드 오즈번(Henry Fairfield Osborn, 1857~1935년)과 함께 이 협회의 설립을 이끌었다.[26] 이 협회는 미국 사회를 구하기 위해 우생학이 실효를 발휘하도록 애쓰는 과학자와 부유한 사업가로 이루어진 조직이었다. 골턴 협회 회원들끼리 모일 때면 흑인, 유럽의 좋지 않은 국가에서 온 이민자, 정신 박약자 들에 대해 불평을 늘어놓고는 했다.

대븐포트는 이 협회 초대장을 "토박이 미국인"에게만 보낸다고 밝힌 바 있다.[27] 여기에서 토박이란 체로키 원주민을 가리키는 말이 아니다.

오즈번은 포유류의 진화 연구로 과학에 기여하는 고생물학자가 되고자 했다. 하지만 1900년대 초에 우생학을 무엇보다 중요한 사명으로 삼은 뒤 이렇게 선언했다. "유전과 인종적 소인이 환경과 교육보다 더 강하고 더 지속성 있는 인자이다."[28] 오즈번은 대븐포트나 골턴 협회의 다른 회원들만큼 대중에게 우생학을 효과적으로 설명할 능력은 없었다. 하지만 그는 우생학의 진화적 배경 이야기를 제공할 수 있었다. 오즈번은 베스트셀러가 된 책들을 통해 우생학이 만들어 낼 인류의 미래상을 홍보했다. 개관 첫 전시회를 인류의 진화를 주제로 기획하는 등 자연사 박물관을 우생학 홍보 목적으로 이용하기도 했다.

1900년대 초의 화석 기록을 살펴본 오즈번은 새로운 형태의 포유류가 진화된 배양소가 중앙아시아라고 주장했다. 이곳에서 진화한 뒤 일련의 변화를 거쳐 다른 대륙으로 퍼져 나갔다는 이야기였다. 오즈번은 유인원과 인간이 다르지 않다고 믿었다. 이들의 새로운 형태도 이 아시아 배양소에서 탄생했다고 보았다. 매번 이전보다 진화한 종이 출현하면서 이주의 물결이 시작되었으며 그 길에서 마주친 종을 전멸시키는 경우도 적지 않았다고 주장했다.

오즈번은 최초로 이주의 물결이 시작된 곳 중 하나가 아시아이며, 그 주인공이 네안데르탈 인이라고 주장했다. 1856년에 독일의 한 채석장 노동자들이 최초로 네안데르탈 인 화석 조각을 발견했다. 이 화석은 그들이 눈썹뼈가 굵고 작은 키에 딱 바라진 몸집이었음을 시사했다. 1900년대 초 유럽 전역에서 더 많은 네안데르탈 인 화석이 발견되었다. 오즈번은 그들의 뼈를 보면서 육중하고 움직임 둔한 유인원을 머릿속에 그렸다. "거대한 머리가 짤막하고 두툼한 몸통 위에 붙어 있고 팔다리는 아주 짧은 땅딸막하고 건장한 몸집에 어깨는 넓고 구부정한."[29] 오즈번은 네안데르탈 인의 손이 거대하기만 하고 엉성했을 것이라며 그들에게는 "엄지와 나머지 손가락을 정교하게 다루는 현생 인류 특유의 능력이 없었을 것"이라고 주장했다.

오즈번은 유럽 여행을 할 때면 동굴 유적지를 찾아가 네안데르탈 인의 유골을 직접 살펴보았다. 그는 네안데르탈 인들이 말이나 들소 같은 덩치 큰 짐승을 사냥할 수 있었을 것이라고 보았다. 하지만 그들이 사용했던 석기는 그 후에 사용된 인류의 도구에 비하면 원시적이었고, 예술의 흔적도 전혀 발견되지 않았다. 이것은 네안데르탈 인의 지능이 인간보다 낮았다는 오즈번의 확신을 한층 더 굳히는 증거, 말하자면 증거의 결여였다.

그들의 거대한 두개골은 썩 탐탁한 유물이 아니었다. 네안데르탈 인이 멸종한 유인원이었다면 현생 인류만큼 큰 뇌를 가졌을 리가 없지 않은가. 오즈번은 이들의 뇌 크기는 무시하고 대신 두개골 형태에 집중함으로써 이 곤란한 의문을 피해 갔다. 그는 네안데르탈 인의 뇌에는 "더 최근 인류의 우수한 뇌 조직", 특히나 "매우 고등한 기능을 담당하는 부위"인 전두엽 피질이 없다고 단언했다.[30]

오즈번은 박물관에 '인류 진화 전시실'을 만들 때 네안데르탈 인의 벽화와 흉상을 놓았다. 그것들을 제작하는 사람들에게 피부색은 검게, 몸은 털투성이에 흉포한 인상으로 묘사해 달라고 주문하면서 그는 이렇게 말했다. "네안데르탈 인은 인류 진화 과정의 곁가지로, 유럽 서부에서 완전히 멸종했다."[31]

하지만 네안데르탈 인은 그저 잠잠히 사라지지 않았다. 그들은 아시아에서 진화했으며, 네안데르탈 인과는 어떤 면으로도 조상과 후손으로 연결되는 지점이 없는 크로마뇽 인들에게 전멸당했다는 것이 오즈번의 생각이었다.

오즈번은 크로마뇽 인이 훨씬 우월했다고, "생각하고 추론하고 상상할 능력이 되는 뇌가 있으며, 예술적 감각을 타고난" 인류였다고 믿었다. 실제로 그런 우월함 덕분에 크로마뇽 인이 유럽의 지배권을 거머쥘 수 있었다는 것이다. 오즈번은 "그들이 우월한 지능과 체격으로 네안데르탈 인과의 경쟁에서 대단히 유리한 고지를 점할 수 있는 무기로 무장한 것"이라고 말했다.[32] 이 우월함을 볼 때 크로마뇽 인은 "십중팔구 백인종에 속했을 것이다."[33]

오즈번은 백인종을 몽골 인종과 니그로 인종과 더불어 "완전히 구분되는 세 인종"으로 규정했으며, 이들은 "동물학에서 종으로 분류되거나 아니면 적어도 속으로 분류될 것"이라고 보았다.[34]

오즈번은 이 세 인종이 발생한 순서에 대해서는 한 번도 명확히 언급한 적이 없지만 니그로 인종이 맨 처음 발생했을 것이라고 확신했다. 그 증거로 고다드의 지능 검사에서 그들이 보여 준 성적을 지적하며 이렇게 말했다. "성인 흑인의 평균 지능은 호모 사피엔스 종 11세 어린이의 지능과 비슷하다."[35] 한술 더 떠서, 니그로 인종이 식량을 더 쉽게 구하기 위해 지능이 진화에 유리한 조건이 아닐 열대 지역으로 확장해 들어간 것이라고 주장하면서 이렇게 말했다. "이 열대의 환경 조건이 니그로 인종에서 뻗어 나온 많은 가지를 발달 정지 상태로 만들었다."[36]

오즈번에게 백인의 역사는 크로마뇽 인에서 끝나지 않았다. 1만 2000년 전 캅카스 산맥 지대에서 노르딕 인종(Nordic race)이 발생해 유럽으로 밀고 들어갔다. 그들이 가장 강한, 오즈번이 즐겨 쓴 표현을 빌리자면, '인종질(race plasm)'을 갖추었고, 그리하여 콜럼버스에서 레오나르도 다 빈치(Leonardo da Vinci, 1452~1519년), 미겔 데 세르반테스(Miguel de Cervantes, 1547~1616년)에 이르는 역사상 가장 위대한 인물들을 탄생시켰다. (이들이 노르딕 인이 아니라 이탈리아 인, 에스파냐 인이라는 사실은 접어 두자.) 오즈번은 노르딕 인종의 정력적인 기상을 보존하기 위해서라면 이들이 열등한 인종과 결혼함으로써 본연의 인종질을 오염시키지 않도록 우생학이 노력을 기울여야 한다고 믿었다.

오즈번은 1935년에 뉴욕 주 북부의 자택 서재에서 심장 마비로 사망했다. 《뉴욕 타임스》에 따르면 쓰러질 당시 "코끼리의 진화를 다룬 125만 단어 분량의 논문 작업에 매달리고 있었다."[37] 오즈번이 사망하자 부고 기사와 각계각층의 회고담이 온갖 지면을 채웠는데, 대부분이 고생물학에서 이룬 업적과 자연사 박물관을 이끈 지도력을 강조하는 내용이었다. 오즈번이 나치 독일을 향해 품었던 애정이며 죽기 한 해 전에 독일을 친히 방문해 명예 학위를 받았던 사실은 신중하게 회피했다. 그즈음 우생학은 과거에 누리던 영광을 잃어 가고 있었다.

오즈번이 애지중지하던 아시아 인류 기원설은 결국 오류로 판명된다.

1960년대에 이르자 많은 곳에서 인류의 기원이 아프리카였다는 증거가 나왔다.[38] 오즈번이 진화의 종점으로 여겼던 그 열대 말이다. 지금까지 발견된 가장 오래된 화석 인류인 사헬란트로푸스 차덴시스(*Sahelanthropus tchadensis*)는 오늘날의 차드에서 약 700만 년 전에 살았다. 그다음 500만 년 동안 우리의 고대 친척인 사람족은 아프리카 동부와 남부에서 작은 뇌를 지닌 직립 보행 유인원으로 살았다. 약 200만 년 전부터 사람족이 진화의 물살을 타고 아프리카에서 유럽과 아시아 지역으로 그 범위를 확장하기 시작했다. 하지만 사람족 진화의 중심지는 여전히 아프리카였다.

60만 년 전 무렵 사람족 가운데 우리 종의 가계도에 속한 무리에게서 우리의 신장과 뇌 크기가 나타나기 시작했다. 앞선 시기 사람족의 기술을 넘어서는 정교한 도구를 만들던 그들은 인간이라고 불러도 손색없을 정도로 진화가 이루어져 더는 사람족이 아니었다. 일부 초기 인간은 아프리카에 남아서 우리 종, 호모 사피엔스로 진화했다. 아프리카 너머로 영역을 확장해 간 무리는 점차 다른 대륙의 생존 조건에 적응했다. 그 방랑 인구 집단이 네안데르탈 인이다.

오즈번이 죽은 뒤로 네안데르탈 인 연구에 관심이 쏠렸다.[39] 유럽만이 아니라 멀리는 근동에서 시베리아에 이르기까지 광범위한 지역에서 네안데르탈 인의 유골이 발견되었다. 그들은 30만 년이 넘는 기간 동안 산지, 초원, 밀림 가리지 않고 오스트레일리아 면적에 달하는 드넓은 영역을 누볐다. 그들은 식량을 다방면으로 구할 줄 알았다. 덩치 큰 짐승 사냥은 물론이고 해안가에 거주한 이들은 물고기를 잡고 돌고래를 죽이고 조개를 채집했다. 자작나무 수지(樹脂)를 가열해서 접착제로 만들어 목재 창 자루에 돌날을 고정하는 데 사용했다. 그들은 산화철 가루로 몸을 붉게 칠하고 독수리 발톱으로 만든 장신구를 착용했다. 동굴 깊숙한 곳에 석순으로 기둥을 세워 커다란 원을 만들었는데, 그곳은 지하 의례를 펼치던 장소였던 듯하다.

이러한 적응 능력은 높이 평가할 만하다. 그렇지만 네안데르탈 인은 사라졌다. 가장 최근의 네안데르탈 인 유적지는 4,000년 전의 것이다. 이들이 사라지는 데에는 우리 종이 한몫했을 것이다. 아프리카의 현생 인류 일부가 유럽과 아시아로 확장하던 시기에 네안데르탈 인의 영토로도 들어갔는데, 이 지역에서 두 종의 활동 시기가 수천 년 겹친다.

1995년, 독일 본의 라인 주립 박물관(Rheinisches Landesmuseum) 소속 기술자 한 사람이 대형 사고를 쳤다.[40] 살균된 전기톱에 스위치를 넣고는 네안데르탈 인의 팔 화석에 갖다 댄 것이다. 이 화석은 보통의 화석이 아니었다. 바로 1856년에 채석장 노동자들이 동굴을 치우다가 발굴한 것으로, 최초로 발견된 멸종 인류의 유해였다. 그런데 139년이 지난 그 시점에 웬 기술자가 윙윙거리는 톱날 아래 뼛가루를 날리며 이 최초의 팔 화석에서 알파벳 C자 모양으로 한 덩어리 썩둑 잘라 낸 것이다.

박물관은 이제 고유전학 전문가가 와서 이 화석에서 DNA를 찾아볼 때가 되었다고 판단하고 그 전문가로 페보를 선정했다. 네안데르탈 인의 뼈를 받은 페보는 대학원생 마티아스 크링스(Matthias Krings)에게 작업을 맡겼다. 크링스는 그 화석에서 짧은 미토콘드리아 DNA 조각을 추출하는 데 성공했다. 어느 날 이 유전 물질을 염기 서열 해독기에 넣고 결과를 기다렸다. 크링스는 자신을 포함해 살아 있는 동물의 DNA가 표본을 오염시키지 않았기만을 빌었다.

크링스가 추출한 DNA 조각은 염기가 379개밖에 안 되었다. 그는 이 미토콘드리아 DNA 조각을 현재 살아 있는 사람 2,000명 이상의 같은 부위 조각과 대조했다. 화석 DNA 대부분이 사람의 조각과 정확하게 일치했다. 하지만 여기저기서 살아 있는 사람에게서는 나오지 않는 돌연변이가 발견되었다. 크링스가 분석한 모든 피검자의 염기 서열과 평균

28개 염기가 달랐다.

크링스는 밤 깊은 시각에 실험실 전화를 들고 페보에게 긴급하게 결과를 알렸다.

"사람이 아닙니다." 크링스가 말했다.

사람과 가깝지만 사람이 아닌 멸종한 종의 화석에서 DNA를 발견한 것은 이번이 최초였다. 이 발견으로 페보는 이제껏 존재한 적 없는 과학적 여정을 떠나게 된다. 페보의 연구진은 여러 박물관에 소장한 네안데르탈 인의 화석에 구멍을 뚫을 수 있게 해 달라고 설득했다. 고인류학자들에게는 화석에서 새로 찾아낸 물질이 있다면 보내 달라고 요청했다. 페보의 연구진은 미토콘드리아 DNA만이 아니라 염색체 안의 DNA까지 수집해 네안데르탈 인의 거주 지역 전체를 망라하는 유전적 초상화를 구성했다. 이 연구를 통해 네안데르탈 인들끼리는 서로 차이가 있으나, 현재 살아 있는 사람들보다는 유전적 다양성이 훨씬 적다는 것이 밝혀졌다. 그들은 유전적 다양성이 거의 없는 작은 집단으로 살았던, 사람과는 별개의 계보임이 명확해졌다.

새로운 유형의 DNA 서열 해독 기술이 나오자 페보의 연구진이 재빨리 활용했다. 그들은 연구하던 각 화석에서 더 많은 DNA를 추출했고 더 정확하게 재구성할 수 있었다. 2010년에는 네안데르탈 인 전체 유전체 약 60퍼센트의 초안을 제시했다. 이것이 인류의 진화에 어떤 영향을 미쳤는지 이해하기 위해 그들은 라이크의 연구진에 도움을 요청했다. 라이크의 연구진은 네안데르탈 DNA, 침팬지 DNA, 세계 여러 지역 사람의 DNA를 염기별로 하나하나 대조했다.

여기서 과학자들은 네안데르탈 인이 현생 인류에게 공통으로 나타나는 많은 유전자 변이를 공유하며, 침팬지에게는 이 변이가 없다는 사실을 알아냈다. 이 공통 변이는 우리의 사람속 조상들이 다른 현생 유인원 조상들에게서 갈라져 나올 때(그러나 현생 인류와 네안데르탈 인이 갈라지기 전에) 발생했음이 분명했다. 페보의 연구진은 네안데르탈 인에게서만 나타난 변이와 현생 인류 계보에게서만 나타난 변이도 분류했다.

하지만 일부 변이는 여전히 어떤 분류 목록에도 들어가지 않았다. 이 변이들은 그들이 연구한 유럽 인과 아시아 인 일부의 DNA에 점재했다. 하지만 현존 아프리카 인에게서는 전혀 발견되지 않았다.

이러한 패턴에 대한 가장 유력한 설명을 오즈번이 들었다면 기절초풍했을 것이다. 네안데르탈 인들 그리고 아프리카를 떠나 구대륙의 여러 지역(오즈번이 그토록 소중히 여겼던 순혈 노르딕 인종도 포함된다.)에 두루 정착했던 현생 인류 사이에 분명히 혼종이 있었다는 것이다. 페보의 연구진은 비아프리카 현존 인구의 유전자 조상 1퍼센트에서 4퍼센트가 네안데르탈 인일 것으로 추산했다. 그렇다면 오늘날 지구에 존재하는 네안데르탈 DNA가 네안데르탈 인이 살았던 시기보다 더 많다는 이야기가 된다.

*
**

2010년 페보의 연구진이 네안데르탈 인과의 혼종이 존재했음을 보여주는 최초의 증거를 발표하자 유전자 가계도 산업 열풍이 일어났다. 기업들이 이처럼 선풍적인 연구 결과를 놓칠 리가 없었다. 23andMe가 발빠르게 테스트를 출시하면서 고객들에게 자신의 유전체의 몇 퍼센트가 네안데르탈 인인지 알 수 있다고 홍보했다. 내가 사람들에게 네안데르탈 인 연구 결과에 대해 말하자 많은 이가 자기도 그 비율을 알고 싶다고 했다. 이 테스트에 응한 사람들은 네안데르탈 DNA가 많을수록 만족한 듯했다. 23andMe 웹사이트의 고객평을 살펴보니 네안데르탈 자부심이 보편적인 반응이었다.

"나의 2.8퍼센트 네안데르탈 DNA가 아주 자랑스럽습니다."[41] 2011년에 게일(Gayle)이라는 이름의 사용자가 남긴 평이다. "네안데르탈 인은 현생 인류보다 뇌가 더 크고 아픈 사람과 노인을 돌보고 죽은 사람을 매장하고 조가비를 칠해서 장신구로 착용하고 악기를 만들고 우리에게 잡종 강세(hybrid vigor, heterosis, 잡종인 자손이 순종인 부모보다 생육, 생존력, 번식력 등의 형질이 양친보다 더 우수하게 나타나는 현상. — 옮긴이)를 선사했죠."

게일의 사용평에 리 앤(Lee Ann)이라는 사람이 네안데르탈 DNA가 가족들의 외형적 특성을 설명해 줄 수 있을지 궁금해했다. "저는 아직 테스트를 받지 않았지만, 호기심이 생겨서 받아 봐야겠다 싶어요." 그러면서 이렇게 썼다. "우리 가족 계보에서 저는 '정복왕' 윌리엄의 27대손인 걸로 나와요. 잉글랜드를 앵글로색슨의 나라로 만든 그 색슨이요. 우리 집안은 지난 200년 동안 모든 세대가 장신에 골격 좋은 사람이 한두 명은 꼭 나왔는데, 집안사람 대부분은 평균 신장에 평균 체중입니다. 제 남동생은 155센티미터에 75킬로그램이고 저는 182센티미터에 골격이 굵고 체중도 상당히 나갑니다. 제가 남동생보다 털이 많아요. 걔는 턱수염을 못 기르는데 저는 다리에 난 털만 갖고도 거뜬히 남자 턱수염이 돼요."

고대 DNA 전문가들은 이 네안데르탈 인 광풍에 심경이 복잡했다. 자신들의 연구 분야에 쏟아지는 열광적인 관심은 기뻤지만, 점점 꽈배기처럼 꼬여 가는 분위기가 못마땅했다. 예를 들어 23andMe가 내놓은 테스트의 토대는 네안데르탈인 유전체의 2010년판 저본(底本)이었을 뿐이다. 페보의 연구진은 몇 년이 지나서 시베리아에서 발굴된 네안데르탈 인의 발가락뼈에 DNA가 가득하다는 것을 알아냈다. (DNA가 넘쳐 전체 유전체를 고도로 정밀하게 재구성할 수 있었다.) 2014년에 페보의 연구진은 이 고품질 네안데르탈인 유전체를 1,000명이 넘는 사람들의 유전체와 대조했다. 그러자 마치 현미경을 고사양 렌즈로 교체한 것과 같은 효과가 나타났다.

그 결과 아프리카 인이 보유한 네안데르탈인 DNA은 0.08~0.34퍼센트로 밝혀졌는데, 근동에서 아프리카로 이주한 네안데르탈 인의 DNA였을 것으로 보인다. 비아프리카 인의 네안데르탈 인 조상은 겨우 1퍼센트에서 1.4퍼센트를 약간 웃도는 정도였다. 이것은 처음 추산했던 1퍼센트에서 4퍼센트보다 훨씬 줄어든 결과였다. 또 한 집단 내에서는 개인 간 차이가 훨씬 줄어들었다. 중앙유럽 인은 평균 1.17퍼센트의 네안데르탈 DNA를 보유했고, 오차 범위는 단 0.08퍼센트였다. 네안데르탈 인 연구자들은 이 분석 결과를 발표하면서 23andMe 테스트를 비판했다. 연구자들은 이 테스트로 나온 결과 대부분이 데이터를 오염시키는 "통계적 소음"일 뿐이라고 말했다.[42]

실제로 다른 사람들보다 네안데르탈 인 DNA가 2배 더 많은 사람이 있을 수는 있다. 하지만 그것으로 그들이 더 네안데르탈 인다워지는 것은 아니다. "네안데르탈 인다움"이 우리의 유전자 수프 위에 뿌리는 향신료는 아니니까. 네안데르탈 인 DNA를 보유한 사람의 염색체에는 감수분열을 통해 해체된 유전자 수천 조각이 흩어져 있다. 이 조각 대다수는 십중팔구 아무런 기능을 하지 않는다. 단백질을 암호화하는 유전자는 사람의 유전체 전체에서 1퍼센트밖에 안 된다. 중요한 RNA 분자를 암호화하는 유전자가 몇 퍼센트 추가될 수는 있다. 유전자의 발현 과정에서 매우 중요한 수백만 개 작은 유전자의 스위치 역할을 하는 DNA도 일부 추가될 수 있겠다. 전사 인자(transcription factor)라는 단백질과 결합되었을 때 이 스위치가 유전자의 기능을 켜거나 끄거나 하기 때문이다. 하지만 사람의 DNA 대다수는 아무 기능이 없는 것으로 보인다. 자리만 채우고 있다는 말이다. 네안데르탈 인의 이 이른바 '쓰레기 DNA(junk DNA, 단백질 합성에 관여하지 않거나 생물학적 기능이 없다고 해 쓰레기 DNA로 불렸지만, 최근에는 전사 조절이나 유전체 돌연변이에 영향을 미치는 것으로 밝혀져 비부호화 DNA(non-coding DNA)라고 부른다. ─ 옮긴이)'를 한 조각 갖고 있다고 해서 달라질 것은 아무것도 없다.

우리가 네안데르탈 인 조상에게서 유전자를 작동하게 하거나 작동을 멈추게 하는 DNA 조각, 혹은 유전자가 들어 있는 DNA를 물려받았다면 그 DNA는 중요한 역할을 할 것이다. 하지만 유전체 안에서 살아남은 네안데르탈 인 DNA 부분은 사람마다 다르다. 그러므로 우리 안의 네안데르탈 인 유전자가 우리에게 어떤 영향을 미치느냐는 그 개인이 어떤 유전자를 물려받았느냐에 따라 달라진다.

나는 내 안의 네안데르탈 인 DNA가 나에게 어떤 영향을 미쳤을지 알아보고자 이제 콜드 스프링 하버에서 고대 유전체를 연구한 지 몇 해째 되어가는 애덤 시펠에게 연락했다. 시펠은 내 요청에 흥미로워하면서 자기는 23andMe의 네안데르탈 인 테스트에 열광한 사람은 아니었다고 인정했다.

"숫자 하나 주는 것뿐이잖아요. 당신의 **어떤 점**이 네안데르탈 인인지는 말해 주지 않죠." 시펠이 말했다.

시펠은 일정을 잡은 뒤 다른 두 동료 멀리사 제인 휴비스(Melissa Jane Hubisz)와 일란 그로나우(Ilan Gronau)와 함께 분석에 착수했다. 이 작업에는 그들이 몇 해 전에 설계한 통계 분석법을 썼다. 이 방법으로 우리가 물려받은 DNA에 섞인 여러 다른 유형의 DNA를 추적할 수 있었는데, 다른 분석법으로는 지나칠 수 있는 항목이었다.

그들은 먼저 내 유전체를 100만 개 염기 단위로 잘라 수천 개 조각으로 만들었다. 그다음으로, 분해한 조각을 유럽 인, 아시아 인, 유럽 인 후손의 염색체 내 동일 부위와 일일이 대조했다. 또 내 DNA 조각을 네안데르탈 인과 사람과 가장 가까운 현생 친척 종인 침팬지의 DNA 조각과 대조했다. 그러고는 각각의 유사성과 차이를 잘 설명해 주는 계통수(evolutionary tree, 여러 종 간에 혹은 여러 개체군 간에 나타나는 유전적 특징의 유사성과 차이를 바탕으로 친연 관계를 나타내는 도표. — 옮긴이)가 무엇인지 찾기 위해 많은 계통수를 검토했다. 시펠 분석팀은 여러 가계도의 가지가 조합된 계통수를 그렸고, 거기서 각 DNA가 어느 가지에서 갈라져 나왔을지 여러 가지 시나리오를 넣어서 살펴보았다. "인과 관계가 성립되는 모형이 하나 구축되었습니다. 이것이 모든 것을 설명해 준다고 봅니다." 시펠이 내게 한 말이다.

컴퓨터로 모든 데이터를 돌려 모든 가능성을 탐색해 최종적으로 답을 만들어 내는 데 며칠이 걸렸다. 시펠의 연구실에서 결과 설명회가 열렸는데, 휴비스가 동석했고 그로나우는 이스라엘에서 화상 통화로 연결해 모니터 상단에서 우리를 내려다보았다.

"칼이 확실히 우리를 새로운 영역으로 던져 놓았어요. 일단 시작하니까 좀처럼 벗어날 수가 없지 뭡니까." 시펠이 말했다.

그들이 펼친 나의 가계도는 50만 년 전까지 거슬러 올라갔다. 내 유전체는 다른 현존 유럽 인들과 가까운 조상을 공유했다. 유럽 이외에는 아시아 인이 나와 가장 가까운 친척이었는데, 이것은 영역을 확장하기 위해 아프리카를 떠났던 사람들이 만들어 낸 결과였다. 시펠의 분석진은 내 유전체를 아프리카 남부의 수렵 채집 무리와 대조한 결과, 우리의 조상이 10만 년 전에 살았던 인구 집단으로 수렴된다고 추정했다. 내 가계도의 네안데르탈 인은 훨씬 먼 가지에 속해 있었다. 수십만 년 앞서서 갈라져 나온 것이다. 하지만 시펠의 분석진이 분석한 DNA 중에는 얌전히 이 가지를 따라 여행하지 않고 네안데르탈 인에서 곧장 사람으로 건너뛴 것도 일부 있었다. 시펠, 그로나우, 휴비스가 분석한 아프리카를 떠난 모든 사람이 제각각 다른 네안데르탈 DNA를 만났다.

내 가계도를 보여 주기 위해 휴비스가 모니터에서 브라우저를 열었다. 기다란 검정 막대가 네안데르탈 인 DNA가 있는 한 염색체 사본 위치를 표시했다. 몇몇 부위의 네안데르탈 인 DNA는 어머니와 아버지 양쪽에게서 온 것이었다. 부모님 양쪽에게서 전달된 가장 큰 부위에는 18만 9871개의 염기가 배열돼 있었다. 휴비스가 염기 수가 1만 개 이상인 조각을 합산하니 1,000조각이 넘었다.

이 1,000조각 일부에는 기능이 특정된 유전자나 DNA 염기 배열이 없었다. 하지만 일부에서는 희망이 보였다. "흥미로운 부위를 목록으로 만들었습니다." 시펠이 이렇게 말하며 종이를 한 장 꺼냈다. "제가 알지 못하는 부분도 많습니다만, 이것들은 제가 깃발 표시를 해 두었죠."

예를 들어 한 조각에는 DSCF5라는 유전자가 들어 있었는데, 관상 동맥 질환과 연관된 유전자였다. "제가 찾은 다른 몇 개도 클릭해 볼까요." 그러면서 시펠은 다른 유전자의 이름을 읊었다. "CEP350, GPATCH1, PLOD2."

"이름 한번 입에 착착 붙네." 시펠이 중얼거렸다.

시펠은 내 네안데르탈 인 유전자의 이름은 알아냈지만 그것이 어느 네안데르탈 인한테서 왔는지는 알아내지 못했다. 그 네안데르탈 인이 남자인지 여자인지, 언제 살았는지, 어디에서 살았는지도 알아낼 수 없었다. 시펠의 분석진의 연구는 여전히 네안데르탈 혼종의 전체적인 윤곽을 그려 보는 단계였다. 그들이 알아낼 수 있는 것은 네안데르탈 인과 현생 인류 사이에, 아마도 20만 년이 넘는 기간 동안, 혼종 횟수가 많았다는 사실뿐이었다.

혼종이 있었으리라는 최초의 단서가 밝혀진 것은 2017년이다.[43] 유럽 네안데르탈 인의 DNA를 연구하는 과학자들은 그들의 미토콘드리아가 27만 년 이상 전에 살았던 여성 인류에게서 왔다고 측정했다. 그들은 초기 호모 사피엔스가 아프리카 북부에서 유럽 남부로 이주해 그곳의 네안데르탈 인들과 교합했을 가능성이 있다고 보았다. 실제로 이 만남이 있었다면, 그 초기 인류는 사라진 것이 맞다. 미토콘드리아만 후대 네안데르탈 인들에게 남기고.

시펠과 동료 연구자들은 10만 년 이상 전의 네안데르탈 인에게서 더 많은 사람 DNA를 찾아냈다. 화석 기록에서 이 만남이 일어난 장소에 대한 단서가 나왔는데, 근동 지역이었다. 이스라엘 지중해 연안에 있는 카르멜(Karmel) 산이었다. 이 산의 동굴 속에서 과학자들이 네안데르탈 인과 현생 인류, 양쪽의 화석을 발견했다. 네안데르탈 인은 이 지역에서 적어도 20만 년 전에 살았다. 현생 인류는 카르멜 산에 약 10만 년 전에 잠깐 등장했고, 그다음으로 네안데르탈 인이 돌아와 5만 년 동안 살다가 현생 인류에게 자리를 내주고 영영 떠난다. 카르멜 산의 10만 년 전 인류는 아프리카에서 잠깐 떠났던 무리일 가능성이 있다. 그들이 사라지기 전에 네안데르탈 인들에게 DNA를 남겼는지도 모른다.

현생 인류의 DNA에는 더 최근, 그러니까 아프리카를 떠나 성공적으로 확장한 5만 년 전과 8만 년 전 사이의 만남이 기록돼 있다. 2016년 워싱턴 대학교 조슈아 에이키(Joshua Akey)의 연구진이 여러 인구 집단에서 각기 다른 패턴의 네안데르탈 인 DNA를 발견했다.[44] 이것은 혼종이 적어도 세 차례, 각각 별개의 사건으로 발생했음을 시사한다.

첫 혼종은 현생 인류가 근동으로 돌아온 지 얼마 지나지 않아서 발생했다. 이것은 비아프리카 인들이 오늘날의 주요 계보로 분리되기 전의 일이고, 따라서 이 첫 만남에서 전달된 DNA는 모든 비아프리카 인구 집단에서도 발견된다. 오스트레일리아와 뉴기니에 사는 사람들의 조상은 나머지 비아프리카 인에서 갈라져 나와 동쪽으로 아시아의 해안을 따라 이동했다. 두 번째 혼종은 이 분지(分枝) 이후에 발생했고, 이 만남에서 유전된 DNA는 오늘날 유럽 인과 동아시아 인에게서는 발견되지 만 뉴기니 인이나 오스트레일리아 인에게서는 나오지 않는다. 마지막으로, 유럽 인이 동아시아 인의 조상으로부터 갈라져 나온 이후에 네안데르탈 인과 동아시아 인의 조상들의 세 번째 혼종이 있었다.

물론 에이키의 연구에도 한계는 있다. 이것으로는 현생 인류에게 DNA를 남기지 않은 다른 혼종에 대해서 알 도리가 없다. 그들의 결합이 어떤 방식으로 이루어졌는지 상세한 내용도 알 수가 없다. 네안데르탈 인 남성과 현생 인류 여성이 성관계를 가졌는가? 아니면 그 반대인가? 사람들이 기꺼이 새 사회의 일원이 되어 함께 자식을 키웠는가? 아니면 노예였는가? 지금으로서는 각각의 의문에 여러 답안을 가정하며 여러 가능성을 그려 보는 수밖에 없다.

우리의 네안데르탈 인 유산을 유전 법칙으로 설명해 보자. 네안데르탈 인과 현생 인류의 자녀는 이 혼종 부모의 DNA를 절반씩 물려받았다. 이 혼종으로 나온 자녀 가운데 적어도 일부는 틀림없이 현생 인류 집단에 기쁘게 받아들여졌을 것이다. 현생 인류 집단은 틀림없이 그들을 보살피고 예뻐하며 키웠을 것이다. 또 그 자녀들에게도 커서 자녀를 낳고 살 기회가 주어졌을 것이다. 우리의 DNA가 그 증거이다.

그 혼종 자녀들이 현생 인류와 짝짓기를 했다면 그 자녀들의 DNA 중 4분의 1은 네안데르탈 인 조부 또는 조모에게서 물려받았을 것이다. 그 네안데르탈 인 DNA는 잘게 잘린 뒤 현생 인류 조부 또는 조모의 DNA와 섞였을 것이다. 그 후 세대를 거듭하면서 그 네안데르탈 인 DNA는 감수 분열을 거치면서 점점 더 작은 조각으로 나뉘었을 것이다.

고대 인류 화석 중에는 네안데르탈 인 DNA의 비중이 6퍼센트에서 9퍼센트까지 되는 경우도 있다. 시간이 흐르면서 그 비중은 평균적으로 감소했다. 그렇게 감소하는 이유로 한 가지 그럴듯한 가설이, 네안데르탈 인 DNA 대부분이 사람의 건강에 해롭다는 주장이다. 네안데르탈 인 유전자가 자녀를 더 적게 낳게 했을 수도 있다. 구체적으로, 출산 연령까지 생존할 확률이 낮아졌을 수도 있고 수정 능력이 저하되었을 수도 있다. 번식 기능에 영향을 미치는 네안데르탈 인 유전자가 오늘날 사람에게서 특히 드물게 나타나는 것은 결코 우연이 아닐 것이다.[45] 미래 세대 사람에게 유전되는 네안데르탈 인 DNA 가운데 일부는 계속해서 사라질 수도 있다.

하지만 어떤 네안데르탈 인 DNA는 수만 년 동안 살아남은 것으로 보이는데, 이것은 그것이 우리의 조상들에게 이로웠기 때문일 것이다. 예를 들면 내 유전체에 있는 네안데르탈 인 DNA에는 항염증 기능이 있다. 이것은 나만의 경우가 아니다. 현존 인류에게서 네안데르탈 인의 유전자 종류 중에 유독 면역 유전자가 더 많이 발견되는 것은 사실이다.[46]

이 유전자들은 현생 인류의 유전자군에 한번 들어오고 나서 더 널리 전파된 듯하다. 면역계 유전자는 우리의 유전체에서 진화 속도가 가장 빠른 부분으로 꼽히는데, 우리 몸에 침입하려는 기생충의 빠른 진화 속도에 대응하기 위해 필요한 조건이다. 말라리아가 빈발하는 지역에 사는 사람들은 겨우 몇천 년 만에 기생충 방어 기제가 작동하도록 진화했다. 초기 아프리카 인들이 다른 대륙으로 진출했을 때에는 많은 질병에 처음으로 맞닥뜨렸을 것이다. 반면에 네안데르탈 인은 이미 수십만 년에 걸쳐 이 의학적 난관에 적응해 온 상태였다. 그렇다면 네안데르탈 인에게서 면역계 유전자를 빌려 오는 것이 이 낯선 환경에서 생존 확률을 높이는 묘수였을 수 있다.

내 유전자에 대해 배우면서 가장 놀랐던 일은 콜드 스프링 하버 방문이 끝날 무렵에 찾아왔다. 분석 결과에 대한 설명이 끝나 갈 무렵이었는데, 그로나우가 뭔가 쓱 말했는데 하도 무심한 말투여서 나도 놓칠 뻔했다.

"칼의 유전체에 데니소바 인 유전자 유입이 있네요." 그로나우가 말했다. 나는 자세를 고쳐 앉았다. "뭐라고요?"

"소량이에요. 제가 검사한 다른 유전체들보다는 많지만요." 그로나우가 말했다.

2009년에 한 러시아 연구자가 페보에게 정체를 알 수 없는 새끼손가락 뼛조각을 하나 보냈다. 데니소바라는 시베리아의 동굴 발굴 작업 때 나온 것이었다. 이 조각에서 무슨 흥미로운 것이 나오리라고 기대할 만한 이유는 없었다. 하지만 페보의 제자 요한네스 크라우제(Johannes Krause, 1980년~)가 이 조각 안에 DNA가 빽빽하다는 사실을 발견했다. 그 DNA의 대부분이 사후 한참이 지나서 침투한 세균의 것이었지만, 사람의 DNA와 비슷해 보이는 것도 많았다. 크라우제는 그것이 네안데르탈 인 아니면 현생 인류의 DNA일 거라고 생각했다. 하지만 세밀하게 들여다보니 그 어느 쪽도 아니었다. 멸종한 다른 사람종이었다. 페보의 연구진은 발견된 동굴을 기리는 의미에서 이 정체불명의 사람들에게 데니소바 인(Denisovan)이라는 이름을 붙였다.[47]

페보의 연구진은 몇 년에 걸쳐 다른 화석에서도 데니소바 인 DNA가 나오는지 테스트하다가 같은 시베리아 동굴에서 어금니 몇 점을 발굴했다.[48] 하지만 데니소바 인의 인체 구조를 사람과 대조하고 싶어도 그럴 수가 없었다. DNA만 가지고 멸종한 사람의 친척 종에 대해 알아내야 하는 기이한 상황이었다.

그 DNA로 데니소바 인의 가장 가까운 친척은 현생 인류가 아니라 네안데르탈 인이었음이 밝혀졌다.[49] 그들은 47만 년 전 공통 조상으로부터 갈라져 나왔다. 2017년에 페보의 연구진이 데니소바 인 네 개체의 돌연변이를 분석한 결과, 데니소바 동굴에서 가장 오래전에 살았던 개체는 10만 년이 더 지난 것으로 추산했다. 이곳에서 데니소바 인이 가장 최근에 살았던 시기는 약 5만 년 전이었다.

데니소바 인도 네안데르탈 인과 마찬가지로 현생 인류에게 유전자 표지를 남겼다. 데니소바 인 DNA를 가장 많이 보유한 인구는 오스트레일리아와 뉴기니, 그리고 그 인근의 태평양 섬 지역 주민들이다. 이들에게서 전체 DNA의 5퍼센트를 차지한 사람도 일부 나왔다. 동아시아와 아메리카 원주민의 유전체에서도 소량의 데니소바 인 DNA가 나왔다. 오늘날 데니소바 동굴 부근에 사는 사람들에게는 데니소바 인 DNA가 나오지 않았다는 것이 역설이라면 역설이겠다.

지금까지 밝혀진 모든 단서는 한 방향을 가리킨다. 즉 데니소바 인은 동부 네안데르탈 인으로 간주해야 한다. 네안데르탈 인과 데니소바 인의 공통 조상이 유라시아 전역으로 퍼져 나가던 시기에 두 집단으로 갈라졌다. 네안데르탈 인은 서쪽으로 진출해 유럽으로 들어갔고, 데니소바 인은 반대 방향으로 이동했다. 그러다가 동남아시아까지 들어갔다가 나중에 태평양으로 가는 길에 현생 인류와 마주쳤다.

데니소바 인 DNA는 거의 대부분이 네안데르탈 인 DNA와 마찬가지로 현생 인류에게 잘 맞지 않았다. 하지만 몇 개는 나름대로 유익한 역할을 했을 수 있다. 유익한 데니소바 인 유전자로 가장 유력한 후보가 EPAS1이다.[50] 이 유전자는 적혈구 세포 생성 수량과 산소 운반 방식을 제어한다. 티베트 인들에게 EPAS1의 변이 유전자가 있는데, 산소가 희박한 고도에서 티베트 인들의 생명을 지켜 주는 역할을 하는 것이 이 유전자이다. 2014년에 UC 버클리의 에밀리아 우에르타산체스(Emilia Huerta-Sanchez)와 라스무스 닐센(Rasmus Nielsen, 1970년~)이 티베트형 EPAS1 유전자가 데니소바 인에게서 왔다는 것을 밝혀냈다.[51] 데니소바 인들이 고도의 거주 환경에 적응한 결과인지는 알 수 없다. EPAS1 변이 유전자에 어떤 다른 유익한 면이 있었는데 어쩌다가 티베트 인의 조상들이 하늘 가까이 이동하다 보니 유익한 것으로 입증되었다는 가설도 성립될 수 있다.

내 유전체에서 데니소바 인 DNA를 발견했다는 그로나우의 말은 도무지 이치에 닿지 않았다. 내가 이탈리아 인일지도 모른다는 유전학자들의 말만으로도 충분히 혼란스러웠다. 그런데 데니소바 인 DNA라니? 나에게 뉴기니 고산 지대에 숨겨진 조상이라도 있다는 말인가?

"그래요." 휴비스가 나를 노트북 너머로 보면서 무성의하게 말했다. "저도 나왔어요."

시펠이 씩 웃는 얼굴로 나를 돌아보았다. "고지대에 가시면 어떤가요?"

시펠은 과학자들이 수만 년이라는 시간을 우리의 유전적 과거로 보려고 하면 오류의 위험성이 높아진다는 것을 짚어 주었다. 내 DNA 일부가 시펠의 컴퓨터에서 데니소바 인 것으로 보이는 것은 같은 염기 배열을 네안데르탈 인의 화석에서 아직 발견하지 못했기 때문이다. 설령 나에게 데니소바 DNA 몇 개가 있다고 해도 그것이 곧 나의 현생 인류 조상이 데니소바 인과 직접 접촉했다는 뜻은 아닐 수도 있다. 데이소바 인과 네안데르탈 인이 짝짓기했을 가능성도 있다. 그러다가 나중에 네안데르탈 인 후손이 그 데니소바 DNA를 나의 조상에게 전달했을 수 있다.

"그럼에도 데니소바 인 DNA가 있을 가능성을 완전히 배제해서는 안 됩니다." 시펠이 말했다.

12시쯤 내 유전체 보고회가 끝나니 배가 고팠다. 그로나우는 이스라엘에서 영상 통화를 종료했고, 휴비스와 시펠과 나는 자리에서 일어나 기지개를 켰다. "뭔가 뇌리에 콱 박히는 한 방의 표현이 있으면 좋겠는데 말이죠." 휴비스가 말했다. "데이터만 잔뜩 찾으면 뭐 하겠어요."

"그게 말이죠." 시펠이 낙천적인 표정으로 말했다. "알고 보니 칼이 혼종이더라고요."

9장

완벽한 9척 장신

조엘 허시혼(Joel Hirschhorn)은 1990년대 말에 보스턴 어린이 병원 소아 내분비 전문의가 되었다. 호르몬 전문가였던 그는 어린이 당뇨 환자를 많이 만났다. 하지만 그만큼 키 작은 어린이도 많이 만났다. "부모들이 아이를 데리고 옵니다. 그분들이 걱정하는 건 자녀가 빨리 자라지 않는 거죠. 그러니까 또래 친구들만큼 빠르지 않다는 거예요." 내가 그의 진료실을 찾았을 때 허시혼이 말했다.

심한 단신이 심각한 의료적 문제의 징후가 되는 경우가 있다. 가령 성장 호르몬이 분비되지 않는 문제가 그런 경우이다. 하지만 대부분의 경우, 허시혼은 키 작은 자녀의 부모를 진정시키는 데 시간을 쏟았다. "아무 문제도 없어 보인다는 말로 진료 시간이 끝나곤 하죠. 많은 경우, 그들은 부모 중 한쪽이 단신이라는 이야기를 합니다. 그래서 키가 어떻게 유전되는지 설명하는 거죠." 그가 말했다.

허시혼은 부모에게 있는 유전자에 대해서, 그리고 어떻게 그중 일부가 자녀에게 유전되는지를 설명하고는 했다. "부모 중 어느 한쪽이 키가 많이 크지 않게 만드는 유전자를 가지고 있으면 그 일부가 자녀에게 전달되고, 그래서 그 자녀도 십중팔구는 키가 작은 편이 되죠." 그는 이렇게 설명했다. 그에게 그 유전자에 대해 질문하는 부모도 있다. 그러면 그는 유전자와 관계가 있는 것은 분명하지만 어느 유전자인지는 알 수 없다고 대답한다. 그 유전자에 대해서는 아무도 알지 못한다고. "한 스무 번은 생각했을 겁니다." 허시혼이 말했다. "어떤 녀석들이 그 유전자인지 분명히 알아낼 수 있을 텐데."

허시혼은 의사로 일하면서 이 문제에 대한 연구를 병행했다. 그는 인근 화이트헤드 연구소(Whitehead Institute)에서 당뇨병 같은 질환을 유발하는 유전자 변이의 위치를 정확하게 나타내는 새로운 기술 개발에 참여했다. 당뇨병 같은 질환에 비하면 키는 쉬운 연구 주제 같아 보였다. 예를 들면 당뇨병은 오랜 기간에 걸쳐서 서서히 진행되며, 그 사람이 무엇을 섭식하느냐에 따라 진행 양상이 달라지는 질환이다. 당뇨병 위험인자는 사람에 따라 다를 수 있고 또 어떤 유전자 조합이 작용하는지에 따라서도 달라질 수 있다. 반면에 키는 단순하다. 일단 측정하기가 쉬울 뿐만 아니라 아무나 측정할 수 있다. 허시혼의 생각에, 그저 키 큰 사람과 키 작은 사람의 유전자를 대조해 키를 크게 만들거나 작게 만드는 변이가 있는지 찾아보면 될 것 같았다.

2004년에 허시혼은 화이트헤드를 떠나 옆 건물에 있는 브로드 연구소(Broad Institute)에서 키 연구를 이어 갔다. 2017년에 내가 브로드를 방문했을 때 그는 여전히 키를 연구하고 있었다. 막 새 연구실을 받은 터라 휑했다. 전화기 한 대와 랩톱 한 대가 있었고, 화이트보드에 누군가가 써놓은 글자가 보였다. **Flour(밀가루)**와 **Flower(꽃)**. 허시혼의 키는 성인 남성의 평균 신장에 가까워 보였다.

허시혼은 17년 동안 키를 연구하면서 진전을 보았다고 말했다. 지금은 부모들과의 대화 내용이 조금 달라졌다고. "'그게 뭔지 모릅니다.' 하던 것이 지금은 '조금은 압니다.'가 되었죠."

하지만 부모가 자녀의 DNA 염기 서열을 들고 와서 키가 몇이 될지 묻는다면 여전히 답을 줄 수 없다. "언젠가는 거기에 도달할 수 있다는 게 터무니없는 희망은 아닙니다. 적어도 내가 은퇴하기 전에는요." 허시혼은 그렇게 덧붙였다.

이 책을 쓰는 동안 내 두 딸도 키가 많이 자라서 이제 친척들을 내려다보기 시작하는 단계에 들어섰다. 큰딸, 작은딸 순서로. 집안사람들이 모일 때면 키 재기 순서가 온다. 두 아이가 차렷 자세로 등을 대고 서면 우리 어른들이 실눈을 뜨고 머리카락이 뜨지 않게 손으로 누르면서 두 아이의 정수리 높이를 가늠한다. 급성장기 내내 샬럿과 베로니카의 키 재기는 집안 어른들에게 재미난 오락이었다. 두 아이는 어른들이야 그러건 말건 자기네가 얼마나 컸는지는 괘념치 않는 듯했다. 연주 발표회 날이 임박했을 때나 「길모어 걸스」 다음 시즌 방영을 기다리며 애태우던 모습과는 확실히 달랐다. 키에 집착하던 집안 어른들에게 예의상 웃어 드리던 내 어릴 적 모습이 보이는 듯했다.

내 동생 벤과 내가 무럭무럭 자라던 시절이 떠오른다. 부모님이 주방 문틀에 그려 놓은 금은 우리 가족의 연대를 보여 주는 시곗바늘 같았다. 간격이 껑충 벌어진 두 금은 벤과 내가 어머니보다 커지는 순간, 다음으로 아버지보다 커지는 순간의 기록이었다. 내가 183센티미터가 되고 벤이 186센티미터가 되었을 때 단신의 친척들은 경이로워했다. 친척들은 우리 키를 보며 고개를 갸우뚱했고, 익숙지 않은 높이를 실감하며 묻고는 했다. "이 큰 키는 어디서 왔을까?" 그들은 희미한 기억 속에서 장신 증조부를 더듬거나 종고모가 들려준 한 키 큰 친척 이야기를 떠올리기도 하면서 우리에게 장신을 물려주었을 그 **누군가**를 찾아 가계도를 훑었다. 친척들이 이야기하는 장신은 흡사 어떤 조상이 1세기쯤 전에 안전 금고에 숨겨 두었다가 벤과 내가 찾아내 비로소 다시 세상 빛을 보게 된 다이아몬드라도 되는 것 같았다.

유전이 다이아몬드처럼 단순하게 작용하는 경우도 있다. 2개의 PAH

유전자 변이 복사본이 PKU를 일으키는 것처럼. 하지만 대개의 경우 유전의 영향은 훨씬 해독하기가 어렵다. 유전의 복잡성은 구름 속에 덮여 있다가 몸속으로는 유전자에, 몸 밖으로는 신체에 영향을 미친다. 세상에 키만큼 단순한 것이 또 있는지 상상하기는 어렵다. 철물점에서 파는 자로 재면 그만인 숫자일 뿐이다. 그럼에도 키의 유전적 속성은 양자 물리학만큼이나 사람을 당혹하게 만드는 난제이다. 빛은 입자인 동시에 파동일 수 있다. 키는 유전에 의해 만들어지며 환경의 지배를 받는다. 키는 초기 유전학자들이 풀어 보겠다고 도전했던 문제 가운데 하나이지만 아직도 답이 나오지 않았다.

*
**

인류가 기록한 모든 역사에는 거인과 난쟁이 이야기가 빠지지 않는다. 기독교 성경에 대홍수 전에 살았던 거인족 이야기가 나오는데, 바산의 왕 옥(Og)이 길이가 9완척(腕尺, cubit. 고대에 쓰이던 길이 단위로 가운뎃손가락 끝에서 팔꿈치까지의 길이를 가리키는데, 지역에 따라 약 44센티미터에서 53센티미터에 해당하며 9완척은 약 4미터이다. — 옮긴이)인 철제 침대에서 잤다고 한다.[1] 근동 지역의 다른 민담에도 옥 왕과 그의 키 이야기가 나온다. 한 민담에서는 옥 왕이 방주를 따라 걸어서 대홍수에서 벗어났다고 하는데, 바다가 그의 무릎 높이에서 찰랑거렸다고 전한다. 또 다른 민담으로는 옥 왕의 뼈 하나로 강을 건너는 다리로 삼았다는 이야기가 있다.

고대 그리스 인과 로마 인은 공룡 뼈를 발굴하면 사람 같은 거인의 유골이라고 여겨 사원에 매장하고는 했다. 그들은 또 저잣거리에서 거구의 사람을 보면 경외감에 사로잡혔고, 사람들 사이에서 소문이 돌면서 그 키가 점점 과장되었다. 가이우스 플리니우스 세쿤두스(Gaius Plinius

Secundus, 23~79년, 대(大)플리니우스로 불리는 로마 시대의 박물학자이자 정치인. — 옮긴이)는 아우구스투스(Augustus, 기원전 63~기원후 14년) 황제 통치기에 로마 제국에 살았던 신장 3미터의 두 남자 이야기를 기록한 바 있다. 대단한 장신에 관한 기록은 르네상스 시대까지 맥을 이어 갔다. 17세기에 스위스 의사 펠릭스 플라터(Felix Plater, 1536~1614년)는 룩셈부르크에서 "완벽한 9척 장신"을 만난 일이 있다고 주장했다.[2]

1700년대에는 장신이 인기 있는 돈벌이였다. 1782년에는 찰스 번(Charles Byrne, 1761~1783년)이라는 아일랜드 인이 243센티미터의 키로 런던 사교계를 휘어잡았다.[3] 그는 정상 크기의 아기로 태어났지만 또래 남아들보다 빠른 속도로 키가 자랐다. 마을 사람들은 그의 부모가 건초 더미 꼭대기에서 잉태해서 그렇게 키가 큰 아이가 태어났다고 말했다. 번은 10대에 아일랜드 전국에서 열리는 박람회를 순회하다가 잉글랜드로 건너가 큰돈을 벌었다.

"진정코 경이로운 이 인물이 골리앗 이래 인류가 목도한 가장 이례적인 작품임에는 이론의 여지가 없다."[4] 런던의 한 신문에 실린 광고문이다. 이 "아일랜드 거인"은 프록코트, 소맷단에 주름 장식이 달린 셔츠, 무릎까지 오는 반바지, 실크 스타킹 차림으로 멋들어진 아파트에서 일주일에 엿새, 매일 두 차례 유료 손님을 받았다. 번은 700파운드 이상을 벌어들였고, 향년 22세에 사망했다. 사인은 과음이었다고 한다. 한 신문은 이렇게 보도했다. "세상 떠난 그 가엾은 거인을 내놓으라고 찾아온 외과의 떼거리가 마치 거대한 고래를 둘러싼 그린란드 작살꾼 무리처럼 그의 집을 에워쌌다."

키의 범주 다른 한쪽 극단으로 왜소인이 꼽힐 텐데, 이들 또한 경외의 대상이 되는 경우도 있었으나 그것보다는 참혹한 학대의 대상인 경우가 더 많았다.[5] 고대 이집트에서 난쟁이는 신전 무희로서 파라오를 섬기거나 보석 세공인, 직물 장인, 성직자 같은 직업에 종사했다. 서아프리카에서는 일부 부족장이 난쟁이를 시종으로 임명해 자신의 접신 여부를 감지하는 역할을 맡겼다. 로마 인들에게는 난쟁이에 얽힌 잔인한 풍습이 있었는데, 난쟁이를 검투사의 대결에 투입해 싸우다가 죽는 장면을 관람하거나 남녀 난쟁이를 동물 키우듯이 데리고 살았다. 알몸에 목걸이만 착용하고 주인의 집을 그냥 돌아다니는 것이 그들의 흔한 일과였다. 1500년대의 이탈리아 귀족 여성 이사벨라 데스테(Isabella d'Este, 1474~1539년)는 거대한 궁정 안에 축소판 대리석 인술라(insula, 고대 로마의 다세대 주택. — 옮긴이)를 지어 난쟁이 한 무리를 거주시켰다. 그들은 공중제비 묘기를 보이거나 성직자 행세를 하거나 혹은 술에 취해 바닥에 오줌을 갈기는 행동으로 데스테에게 즐거움을 제공했다.

시간이 흐르면서 난쟁이가 유럽 상류 사회에서 좀 더 품위 있는 대우를 받는 경우도 생겼지만, 그럼에도 그들은 여전히 사람들의 호기심을 충족시키는 존재였다. 잉글랜드와 러시아 같은 국가에서는 왕궁에서 왕실 화가, 유모, 외교 사절로서 일했다. 18세기에는 난쟁이와 거인 사이에서 관중을 차지하기 위한 경쟁이 벌어졌다. 1719년에 키가 60센티미터가 겨우 넘는 로버트 스키너(Robert Skinner)와 마찬가지로 단신인 여성 주디스(Judith)가 박람회 순회 중에 만나 사랑에 빠져 결혼하고 박람회 공연에서 은퇴했다. 그들이 낳은 자녀 14명은 모두 정상 키로 성장했다. 여하튼 스키너 부부는 자신들의 신장 형질을 후손의 유전자에 새겨 넣는 데 실패했다.

스키너 부부는 처음 만난 지 23년 만인 1742년에 돈이 떨어지자 런던으로 돌아와 다시 돈을 벌었다. 이번에는 스키너 부부 두 사람만이 아니라 장신의 자녀까지 함께 전시물로 나섰다. 런던 사교계에는 이 가족의 부조화가 놀라운 볼거리여서 적당한 돈을 모았고, 2년 만에 완전히 은퇴할 수 있었다. 은퇴 후 그들은 개 2마리가 끌고 자주색과 노란색 하인 제복을 차려입은 12세 소년이 모는 주문 제작 마차로 세인트 제임스 공원 일대를 산책하며 소일했다.

스키너 부부는 가족 안에서도 눈에 띄는 사람들이었다. 하지만 옛날부터 인구 전체가 작은 사람인 소인종에 대한 이야기도 적지 않았다.[6] 일부 설화는 자그마한 말을 타고 학과 전투를 벌이던 인도(아프리카였을지도 모른다)에 살던 소인종 이야기를 전한다. 유럽 북부 지역의 숲에는 난쟁이와 요정이 가득하다는 전설이 있는가 하면, 스코틀랜드 서쪽 헤브리디스 제도의 한 섬은 '피그미 섬'으로 불렸고, 한 예배당 밑에서 소인 뼈 수백 점이 발굴되었다는 이야기도 떠돌았다.

1699년에 영국 해부학자 에드워드 타이슨(Edward Tyson, 1651~1708년)이 이런 풍문의 진상을 파헤치겠다고 나섰다. 첫 침팬지 해부를 마친 타이슨은 이렇게 단언했다. "고대의 피그미들은 인간 종족이 아니라 일종의 유인원이었다." 1800년대 중반이 되어서야 유럽 탐험가들이 아프리카에서 처음으로 바카(Baka) 족이나 음부티(Mbuti) 족 같은 인구 집단을 만났는데, 그들은 일반적으로 키가 150센티미터가 넘지 않았다. 풍문으로 떠돌던 옛날이야기들 속에 빛나는 진실이 새겨져 있었던 것이다.

다른 지역으로 나간 유럽 탐험가들은 장신족 보고서를 본국으로 보냈다. 연대기 작가 안토니오 피가페타(Antonio Pigafetta, 1491~1534년)의 말을 옮기자면, 1520년에 남아메리카 남단을 일주한 페르디난드 마젤란(Ferdinand Magellan, 1480?~1521년)은, "해안에서 헐벗다시피 한 몸으로 춤추고 뛰고 노래하는 거인을 보았는데 그러면서도 자기 머리에 모래를 뿌려대더라."라는 목격담을 전했다. 마젤란은 그 거인의 부족 사람들 키가 3미터였다고 주장했다. (이들은 파타고네스(Patagones)라고 불리게 된다.) 1세기 후 영국의 해적이자 탐험가 프랜시스 드레이크(Francis Drake, 1504?~1596년)가

파타고네스 부족을 찾아갔다가 마젤란이 주장한 수치는 거짓이었다고 반박하고, 파타고네스 사람들의 키는 겨우 2미터라고 보고했다.

세계 거인들의 키는 시간이 흐르면서 점차 훨씬 현실적인 수치로 축소되었다. 그럼에도 어떤 나라 사람들은 다른 나라 사람들보다 키가 크다는 사실은 마찬가지로 유효하다. 1826년에 영국 민족학자 제임스 콜스 프리처드(James Cowles Prichard, 1786~1848년)는 아일랜드가 평균적으로 장신이 특별히 많은 나라는 아니지만, 찰스 번 같은 거인이 유별나게 많이 나왔다는 점을 지적하며 이렇게 말했다. "이런 사람들이 유독 많이 태어나는 현상을 보노라면, 아일랜드에 분명 무언가가 있다는 결론을 피하기 어렵다."[7]

프리처드는 그 특이한 점이 아일랜드의 사람들이 아닌 아일랜드의 지형과 관계가 있다고 믿었다. 이것은 역사가 있는 발상인데, 최소한 히포크라테스까지는 거슬러 올라가야 한다. "습지가 많고 환기가 잘 안 되는 지대에 사는 사람들, 냉풍보다는 온풍의 비중이 큰 지대에 사는 사람들, 온수를 사용하는 사람들, 이런 사람들은 키가 크기 어렵다."[8] 히포크라테스는 또 "고지대 거주자, 땅이 평평하고 바람이 많이 불고 물이 잘 나오는 지대에 사는 사람들"이 키가 크다고 말했다.

자신이 만난 환자들은 전부 그리스에서 살았고 그들이 저마다 키가 다르다는 사실을 히포크라테스는 잘 알고 있었다. 그는 이런 차이가 기후 변화에서 온다고 믿었다. 변화 많은 기후가 정액의 밀도를 흐트러뜨리고 자녀의 발달 상태를 바꿔 놓을 수 있다면서 이렇게 주장했다. "이런 작용이 여름과 겨울에 똑같이 일어날 수 없고, 마찬가지로 우기와 건기에 똑같을 수 없다."

고대 그리스 인들은 키를 두리뭉실한 숫자로만 생각했던 듯하다. 다음은 아리스토텔레스의 말이다. "어찌 되었든 사람의 경우에는 대략 5년이면 평생 자랄 키의 절반까지는 자라는 듯하다."[9] 르네상스 시대에도 학자들은 정확한 수치까지는 필요 없다고 여겼다. 1559년에 이탈리아 의사 요안네스 야코비우스 파비우스(Johannes Jacovius Pavius)는 이렇게 주장했다. "영아와 유아의 성장은 상당히 빨라서 보통 2~3세면 2완척 또는 3완척까지 자란다."[10] 3완척이라면 137센티미터는 된다. 영, 유아들의 성장을 눈여겨보지 않았거나, 아니면 거인들 틈에서 산 사람이나 할 수 있는 소리이다.

계몽주의가 키 측정에 새로운 열풍을 불러일으켰다. 1708년 대영 제국이 징병법을 제정하고, 육군 징집병은 신장이 적어도 168센티미터가 돼야 한다는 조건을 제시했다. 1724년에 와시(Wasse)라는 목사는 왕립 협회에 키 측정이 군에서 생각하는 것보다 어려울 수 있다는 충고를 담은 편지를 보내왔다. 와시 목사는 의자에 앉아 손가락 끝이 닿을락 말락 하는 높이에 못을 박은 뒤 밖으로 나가 30분 동안 정원 롤러를 밀었다. 다시 의자로 돌아와 높이를 쟀더니 손과 못 사이가 1.27센티미터 벌어져 있었다. 힘든 운동을 하는 동안 키가 줄어든 것이다. 와시 목사는 "앉아서 일하는 사람들과 일용직 노동자들 다수"의 키도 측정했다고 왕립 학회에 보고했다. 그는 사람 키가 하루 중에도 늘었다 줄었다 한다는 것을 발견했는데, 그중에 그 차이가 2.5센티미터나 되는 사람도 있었다.

"이 사실을 한 장교에게 언급해 이 문제로 사병들이 군에서 방출되는 사태를 방지할 수 있었습니다."[11] 와시 목사는 이렇게 보고했다.

군대가 키를 중시함으로써 사기가 진작된 점도 있었다.[12] 장신이 미덕과 고귀함의 표지가 된 것이다. 상류층 태생 어린이들이 하층 태생보다 장신으로 성장한다는 사실은 우연이 아닌 듯했다. 잉글랜드의 빈부 격차는 충격적이었다.[13] 18세기 말 샌드허스트의 육군 사관 학교에 들어간 부유층의 16세 소년들은 자선 단체인 해양 협회(Marine Society)에 들어간 같은 연령의 빈민층 소년들보다 거의 23센티미터 더 컸다.

같은 시기, 계몽주의 계열의 자연 철학자들이 아동의 성장을 이전 세대는 신경 쓰지 않던 정밀한 수치로 추적하기 시작했다. 첫 데이터를 발표한 사람은 프랑스 귀족 필리프 게노 드 몽베야르(Philippe Guéneau de Monbeillard, 1720~1785년)였다. 1759년에 몽베야르는 신생아 아들을 탁자 위에 눕혀 놓고 머리끝에서 발끝까지 길이를 쟀다. 몇 번 건너뛴 것을 제외하면 6개월간 꾸준히 성장을 측정했고, 아들이 두 발로 서기 시작하면서부터 측정 방식을 가로에서 세로로 변경했다. 이 기록에서 몽베야르는 증가하는 숫자 이상의 것을 발견했다. 이 기록은 가속도가 붙는 급성장기를 거쳐 점점 줄다가 0에서 멈추는 성장 속도를 보여 주었다.

몽베야르의 기록이 발표되자 많은 사람이 초등 학교와 병원에서 아동의 키를 측정한 비슷한 기록을 작성하기 시작했다. 이런 기록에서 만들어진 곡선이 쌓이면서 사람들은 광범위한 패턴을 보기 시작했다. 어린이들이 저마다 키는 달라도 성장 속도는 비슷한 경향이 나타났다. 소수가 이 법칙에서 벗어났다. 만성형 어린이에게는 막판 몰아치기가 있었고, 병약한 어린이는 성장 속도가 급격하게 하락해 평생 단신으로 남았다.

1800년대 초 프랑스의 의사 루이르네 빌레르메(Louis-René Villermé, 1782~1863년)는 한 집단 구성원의 신장이 그 집단의 건강 상태에 대해 말해 주는 바가 있다고 생각했다. 나폴레옹 전쟁(1803~1815년) 때 수술 보조 간호사로 복무한 빌레르메는 식량 부족이 군인과 민간인 모두에게 고통을 안긴다는 것을 몸소 느꼈다. 그중에서도 타격을 가장 크게 받는 유년기 아동은 영구적 발육 부진을 면치 못했다. 그는 군대를 떠나 의사로 일하면서 평화시에는 빈곤층이 어떻게 황폐해지는지 직접 눈으로 확인했다. 프랑스 전역을 돌면서 방직 노동자, 미성년 노동자, 수감자의 상태를 연구한 빌레르메는 사회 개혁의 필요성을 확신했고, 이것은 "양심과 인간적 도의에서 비롯된 절박한 요청"이라고 주장했다.[14] 그의 노력에 힘입어 1841년에 프랑스는 8~12세 아동의 하루 8시간 이상 노동을 금지하고 야간 노동을 일절 금지하는 법안을 통과시켰다. 12세까지 학교 교육 의무화도 이때 실행되었다.

빌레르메가 성공할 수 있었던 것은 자신의 주장을 데이터로 증명한 덕분이었다. 그가 명확한 수치로 제시한 빈곤층 사람들의 사망률은 부유층의 사망률에 비해 섬뜩할 정도로 높은 현실을 보여 주었다. 그는 또 사람들의 키를 기록해 빈곤이 성장을 얼마나 방해하는지 실증적으로 보여 주었다. 그가 제시한 자료에 따르면 빈민 지역 징집병들이 부촌 징집병들보다 작았다. 또 파리에서 그가 수집한 기록에 따르면 자가 소유자들이 모여 사는 부유한 동네 사람들이 집세를 내면서 살아야 하는 가난한 동네 사람들보다 키가 컸다.

"다른 조건들이 동등할 경우, 사람의 키는 나라가 부강할수록, 쾌적함이 더욱 보편적이고 의식주의 질이 더 높고, 영, 유아기에 노동과 피로, 궁핍을 덜 겪을수록 더 크게 더 빨리 자란다." 이것이 빌레르메가 도달한 결론이었다.

1800년대 초는 이런 주장이 큰 물의를 일으킬 수 있는 시대였다. 빌레르메의 동료 의사 다수가 여전히 키는 경제가 아니라 공기와 물로 결정된다는 히포크라테스의 주장을 신봉했다. 이런 상황을 타개하기 위해 빌레르메는 동지를 모았다. 이때 방향을 바꾸어 지원군이 되어 준 가장 중요한 인물이 떠돌이 천문학자 아돌프 케틀레(Adolphe Quetelet, 1796~1874년)이다.

1823년에 27세의 케틀레는 천체 망원경을 조사하려고 벨기에에서 파리로 건너왔다. 벨기에 최초의 천문대를 설립하는 임무를 맡은 케틀레는 프랑스 인들이 이 일을 어떻게 하는지 직접 보고 싶었다. 그는 파리에서 지내면서 당대 가장 위대한 수학자들, 천문 궤도 방정식을 개발하며 무질서 속에 숨은 질서를 찾아내려는 사람들을 만났다. 케틀레는 빌레르메와 만나 사회에 대해 빌레르메가 품은 이상을 알게 되어 기뻤지만, 그의 야망은 완전히 다른 방향을 향했다. 케틀레에게는 천문대 건설 임무를 완수하는 즉시 우주에 관한 뉴턴 급 발견을 해내겠다는 포부가 있었다. 그는 책 한 귀퉁이에 좌우명을 끼적이기도 했다. "*Mundum numeri regunt.*", 즉 "숫자가 세계를 지배한다."라고.[15]

하지만 망원경 대장정이 끝나 귀국을 준비하고 있을 때 벨기에에서 혁명이 일어났다. 완성되지 않은 천문대를 폭도가 점거했고, 케틀레는 결국 천문학은 자신에게 명예를 가져다줄 길이 아니었음을 깨달았다.

그 대신 그는 빌레르메의 모범을 따르기로 마음을 정했다. 그는 자신의 인생과 조국을 뒤엎어 놓은 저 혼돈 속에서 어떤 질서를 발견할 수 있기를 희망하며 사람에게로 관심을 돌렸다.[16] 그렇게 시작한 작업은 사회 물리학(Social physics)이라는 분야를 구축하는 것으로 이어졌다. 빌레르메가 그랬듯이 케틀레도 키 통계를 연구하기로 했다. 방대한 분량의 어린이 키 측정치를 수집한 그는 성장 속도를 예측할 수 있는 방정식을 구했다. 계산 결과를 살펴보는데 놀랍게도 익숙한 패턴이 보였다. 어린이 대다수는 평균 키 근처에 모여 있었고, 장신과 단신 어린이는 드물었다. 결과치를 그래프로 표시해 보니 곡선의 언덕이 나왔고, 곡선의 중앙 꼭짓점 부분을 차지한 것이 평균값이었다.

그것은 전에도 본 적 있는 언덕이었다. 천체를 공부할 때 보았던 종형 곡선(bell curve)이었다. 행성의 운동 속도를 계산할 때 천문학자들은 행성이 두 줄을 나란히 그어 놓은 유리 표면을 따라 움직이면서 한 선에서 다른 선까지 가는 데 걸리는 시간을 잰다. 두 천문학자가 같은 행성을 관찰하면 속도가 둘로 나오는 경우가 많다. 한 천문학자가 회중 시계를 조금 늦게 본다거나 다른 사람이 조금 더 빨리 본다거나 할 수 있기 때문이다. 많은 천문학자가 관찰한 수치를 하나의 그래프에 표시하면 여기에서도 종형 곡선이 나타난다.

케틀레는 파리 출장 때 천문학의 종형 곡선이 옳음을 증명하는 놀라운 근거를 도출해 낸 수학자들을 만났다. 대다수 천문학자가 측정을 잘못했더라도 모든 관찰의 평균치는 참값에 근접하게 된다고 했다. 케틀레는 종형 곡선의 꼭짓점이라는 지위가 어떤 힘을 품었는지 깨달았다. 키 측정에서 만들어진 종형 곡선에서도 그 힘이 보였다. 그리하여 케틀레는 평균 키가 인류의 이상치라는 결론을 내렸다. 평균보다 작거나 큰 키는 결함이었다. 케틀레는 1835년에 '평균인'의 모든 능력과 자질을 고루 갖춘 사람이 있다면, 그 사람이야말로 "위대하고 아름답고 훌륭한 모든 것의 표상"이 될 것이라고 말했다.[17]

⁂

케틀레의 연구에 대한 이야기가 유럽 전역으로 퍼져 나갔다. 케틀레가 키에 적용한 이론은 오차 법칙(law of error)으로 불리는데, 범죄 기록이 되었든 기후 패턴이 되었든 다양한 분야에 적용되어 그 통계가 의미하는 바가 무엇인지 밝혀 주었다. 프랜시스 골턴은 오차 법칙이 모든 과학에 혁명적 진보를 가져왔다고 보았다. "걷잡을 수 없는 이 혼돈의 한복판에서 평온하게, 더할 수 없이 삼가며, 군림하는" 이 법칙을 그는 이렇게 치하한다. "폭도의 규모가 거대할수록, 무정부 상태가 극심할수록 이 법칙은 참이 된다. 광기의 시대에 지고의 법칙이다."[18]

골턴은 영국인의 키 측정 작업에 착수했다. 그는 이 과제를 수행하기 위해 상하로 올리고 내릴 수 있는 널빤지, 도르래, 평형추로 구성된 맞춤형 장치를 고안했다. 공장에서 이 장치를 제작한 뒤 학생들에게 어떻게 사용해야 하는지 설명서를 첨부해 잉글랜드 각지의 교사에게 발송했다. 교사들이 보내온 측정 기록으로 그래프를 작성했더니 골턴도 케틀레와 거의 같은 종형 곡선을 얻었다.

골턴이 볼 때 이 두 종형 곡선이 키는 유전되는 것임을 입증하는 근거로 보였다. 자신이 얻어 낸 종형 곡선에서 한 세대가 지났는데 또다시 종형 곡선이 나왔다는 사실을 설명해 주는 요인은 오로지 유전뿐이라고 판단했다. 하지만 골턴은 유전이 어떻게 세대마다 같은 종형 곡선을 만들어 내는지는 설명하지 못했다. 그는 여기에 한 가지 중대한 역설이 있음을 알았지만, 어떻게 풀어야 할지 여전히 알 수 없었다. "큰 부모한테서 반드시 큰 아이가 나오는 것은 아니고, 작은 부모의 경우에도 매한가지"라면서 이 점도 지적했다. "큰 키와 작은 키의 격차와 모든 면에서 관찰된 비율은 세대별로 거의 차이가 나지 않는다."[19]

이 역설을 풀기 위해 골턴은 새로운 유전 연구의 방법을 창시했다.[20] 멘델이 대립되는 몇 가지 형질을 선택해 그것이 한 세대에서 다음 세대로 전달되는 형질인지를 따로따로 추적했다면, 골턴은 한 극단에서 다른 극단까지 두루 분포하는 하나의 형질을 연구하는 방법을 택했다. 유전학자로서 골턴이 세운 가장 중요한 업적이라면 이 역설에 대한 연구일 것이다. 그에게 치욕을 안긴 우생학 운동이 오랫동안 그의 이력을 따라다녔으나 키 연구는 오늘날 유전 연구에서 토대를 이루는 한 축으로 남아 있다.

골턴이 새 연구를 시작하는 데에는 키 종형 곡선이 하나 이상 필요했다. 한 세대와 그다음 세대 후손의 키를 비교할 방도를 찾아야 했다. "모든 데이터를 내 손으로 직접 수집해야 했다. 내가 아는 한, 내가 아주 기본적으로 제시한 조건이라도 충족시키는 통계는 전무했다."[21] 훗날 그는 이렇게 회고했다.

골턴이 새 프로젝트에 대해 다윈과 다른 과학자들에게 설명하자 모두가 시작은 단순해야 한다고 강조했다. 그러니 사람 키를 연구할 것이 아니라 콩을 키워 지름을 측정하는 것이 좋겠다고 했다. 꼭 동물을 연구해야겠다면 나방의 날개 편 길이가 낫겠다고. 골턴은 스위트피로 해 보기로 하고 다윈의 정원을 통째로 이 실험 작물 재배에 썼다. 첫 측정 결과는 희망적이었다. 하지만 결국에는 매번 스위트피가 다 자랄 때까지 기다리고 앉아 있느니 사람 키 통계를 수집하는 것이 더 빠르겠다고 결론 내렸다. 그러고는 이렇게 덧붙였다. "사람이 스위트피나 나방보다 훨씬 흥미로운 존재라는 점은 말할 것도 없고."

골턴은 신문에 가족 기록을 찾는다고 광고를 싣고 최고의 참가자에게 상금까지 걸었다. 친구들에게도 형제들의 키 측정치를 요청하는 엽서를 보냈다. 더 많은 데이터를 수집하기 위해 이 연구를 일종의 축제 볼거리로 만들기도 했다. 1884년에는 런던 국제 건강 박람회에 공개 실험실을 설치한 뒤 전단을 인쇄해 사람들에게 돌리면서 이 실험실은 "여러 방면으로 정확한 측정을 원하는 모든 이를 위한 곳이라고, 구제 가능한 성장 장애의 조짐을 적시에 알아내고 싶은 사람도 되고, 아니면 그저 자기 힘이 얼마나 되는지 알아보고 싶은 사람도 된다."라고 설명했다.[22] 1년 동안 골턴의 조수가 박람회에서 측정한 인원은 9,337명이다. 1888년에는 빅토리아 앤드 앨버트 박물관 과학 전시실에 비슷한 실험실을 설치해 수천 명을 더 검사했다. 골턴은 키도 측정하고, 청력에서 악력에 이르기까지 여러 가지 형질도 검사했다.

골턴에게는 '계산 기계(computer, 수치를 손으로 빠르고 정확하게 계산할 수 있는 여성 조수)'가 있어서 수천 명의 키 측정치 계산과 좌표 정리를 도맡아 해냈다. 좌표의 세로줄은 부모의 평균 키(어머니의 키 측정치까지 반영해서 조정한 수치)를 나타냈다. 가로줄은 자녀의 키를 나타냈다. 계산 기계는 좌표 위 네모 칸마다 숫자를 하나씩 기입했는데, 가족 수와 각 가족의 키를 합산한 수치였다.

골턴은 좌표를 들여다보며 이것이 의미하는 바가 무엇일지 궁리하고는 했다. 좌표에서 몇몇 지점은 빈칸이었다. 어떤 네모 칸에는 한 가족만 들어가 있는데 어떤 칸에는 10여 가족이 몰려 있었다. 어느 날 열차를 기다리면서 좌표를 응시하고 있는데, 마침내 찾아왔다. 그 숫자들은 럭비공 모양으로 운집해 있었다. 다시 말해 숫자들이 좌표의 왼쪽 하단에서 오른쪽 상단으로 그어지는 가상 직선 주위에 분포해 있었다. 부모의 키가 클수록 자녀의 키도 큰 경향이 있었다. 키가 아주 작은 부모의 자녀가 부모보다 더 크게 자란 경우가 있는가 하면 그 반대도 마찬가지여서 자녀들은 평균점에 근접했다.

골턴도 멘델처럼 중요한 유전 법칙을 발견한 것이다. 하지만 그것이 무엇을 의미하는지 더는 알 수 없었다. 골턴은 각 자녀가 각각의 부모에게서 절반 이하의 유전 형질을 물려받는다는 주장으로 이 결과를 설명해 보았다. 그 나머지 유전 형질은 더 앞 세대 조상들에게서 물려받으며, 그 나머지 분량의 유전 형질이 자녀를 극단에서 조상 평균치로 만드는 것이라고. 골턴의 "조상 유전 가설"은 나중에 틀렸음이 증명되었지만, 그의 유전 패턴 발견은 위대한 업적으로 남았다.

1890년대에 골턴의 젊은 동료 칼 피어슨(Karl Pearson, 1857~1936년)이 이 연구의 중요성을 인식하고 수리적 방법으로 이것을 증명했다.[23] 피어슨은 자녀가 부모와 얼마나 닮았는지 숫자로 보여 줄 수 있는 공식을 만들었다. 형제 간의 비교도 같은 공식을 사용할 수 있었다. 피어슨은 이 방정식을 실제 어린이에게 적용해 보기 위해 교사 집단에게 학생들의 (머리 둘레와 팔 길이 등의 특질도 함께) 키를 측정해 달라고 요청했다. 그는 이 특질들이 상관 관계가 있음을 알아챌 수 있었다. 다시 말해 형제들 사이에 유사한 특질이 나타나는 경향이 있는데, 이것은 추정컨대 유전의 결과일 터였다.

피어슨이 이 새로운 수리적 방법을 개발하던 즈음 멘델의 재발견이 이루어지고 있었는데, 멘델주의 유전학자들이 연합해 골턴과 피어슨의 통계학적 방법론을 비판했다. 그들에게는 멘델이 했던 방식대로 열성 형질과 우성 형질을 추적해 유전의 생리학적 인과 관계를 밝히는 일이 더 중요했다. 피어슨도 동맹을 구축했다. 그의 동맹(생물 통계학자(biometrician)라고 불렸다.)은 멘델주의자들이 어쩌다 멘델의 단순한 법칙과 맞아떨어진 별난 특질에 사로잡혀 허송세월한다고 비난했다. 키 같은 특질은 '이것이냐 아니면 저것이냐?'가 아니다. 멘델의 완두콩이라면 매끈하거나 쭈글거리거나 둘 중 하나였겠지만, 사람은 큰 키 아니면 작은 키, 둘 중 하나가 아니지 않은가. 피어슨은 이렇게 곡선형으로 분포되는 형질에 대해서는 실증적 설명이 필요하다고 주장했다.

1918년에 영국 통계학자 로널드 에일머 피셔(Ronald Aylmer Fisher, 1890~1962년)가 멘델주의자들과 생물 통계학자들을 중재하면서 평화가 찾아왔다. 피셔는 두 유전학이 동전의 양면임을 증명했다.[24] 한 형질의 변이는 유전자 하나의 영향일 수도 있고, 몇 가지 혹은 많은 요소의 영향으로 발생할 수도 있다. 멘델이 연구한 주름진 완두콩과 매끄러운 완두콩은 한 유전자의 변이로 인한 결과임이 밝혀졌다. 하지만 작은 키에서 큰 키까지 곡선을 따라 두루 분포하는 키 같은 형질은 많은 유전자 변이의 결과일 것이다. 사람의 키 유전은 다양한 변이의 조합으로 일어날 수 있으며, 대부분의 사람은 그 모든 변이의 조합으로 평균에 근접한다. 반면에 아주 큰 키나 아주 작은 키가 되는 사람은 소수이다. 그 결과는 케틀레의 종형 곡선일 것이다.

피셔는 또한 우아한 수리적 방법으로 키와 같은 형질을 지배하는 것이 유전자 하나가 아니라 유전자와 더불어 양육 환경이 함께 기여할 수 있음을 증명했다. 그는 형질 하나의 전반적인 변화는 유전자 변이와 환경적 변이, 두 조건이 결합된 결과일 수 있다고 주장했다. 유전적 요인에 더 강한 영향을 받는 형질이 있는가 하면 환경적 요인에 더 강하게 영향을 받는 형질이 있을 수 있다는 이야기이다. 유전자 변이에 의해 형질이 결정되는 정도를 유전력(heritability)이라고 한다. 유전자 변이가 어떤 형질의 변화에 아무 영향을 미치지 않는다면, 이때 유전력은 제로이다. 환경이 아무런 영향을 미치지 않는다면, 유전력은 100퍼센트가 된다.

유전력은 현대 생물학에서 가장 까다로운 개념 중 하나이다. 이 개념은 전체 집단의 변이 비율을 설명한다. 어떤 인구 집단의 한 형질 유전도가 50퍼센트일 경우, 이것은 그 집단의 개개인에게 유전자와 환경이 절반씩 영향을 미친다는 뜻이 아니다. 한 형질의 유전력이 0일 경우, 유전자가 그 형질과 아무런 관계도 없다는 뜻이 아니다. 눈 개수의 유전력은 0이다. 사실상 모든 아기가 눈 1쌍을 갖고 태어나니 말이다. 우리가 길을 걸을 때 마주친 행인 중에 어떤 사람은 눈이 5개, 어떤 사람은 8개, 어떤 사람은 30개인 경우는 없다. 누군가가 눈이 하나뿐이라면 십중팔구는 사고나 감염으로 한쪽 눈을 잃은 경우일 것이다. 그럼에도 모든 사람에게는 눈 2개의 발달을 유도하는 유전자 프로그램이 유전된다.

까다롭기는 해도 유전력은 유전을 이해하는 데 매우 효과적인 개념으로 사용되었다. 아니, 이 유전력에 우리의 평안이 달려 있다. 어떻게 보면 유전력이 세계를 먹여 살리고 있다고 할 수 있다.[25]

농민이 주어진 면적 안에서 수확을 얼마나 할 수 있느냐는 재배하는 작물의 형질에 크게 좌우된다. 작물의 키가 크게 자라지 못하면 수확량은 감소할 것이다. 키가 클수록 좋겠지만, 그것도 어느 정도까지만이다.

키를 키우는 데 자원이 집중되다 보면 우리가 먹으려는 씨앗이나 열매가 자라는 데 필요한 양분이 남아 있지 않을 것이다. 또 높은 키 때문에 중도에 꺾이거나 쓰러질 위험성도 높아져 농부에게 수확할 것을 남겨주지 못할 수도 있다.

어떤 작물의 키가 완전히 유전성(heritable)이라면 이것은 작물들의 키 차이가 전적으로 이 작물이 조상에게서 물려받은 유전자에 달렸다는 뜻이다. 즉 키 작은 작물은 늘 키 작은 작물만 생산하고 큰 작물은 큰 작물만 생산할 것이다. 반면에 작물의 유전력이 0퍼센트라면, 유전자는 개체들의 형질에 어떠한 영향도 미치지 못한다. 모든 차이는 환경에서 기인한 것이다. 동일한 강우량, 동일한 더위와 추위 주기, 동일한 병충해의 조건 속에서 농사를 지었다면 그 밭의 작물은 모두가 거의 동일한 키로 자랄 것이다.

과학자들이 어떤 작물 안에서 어떤 형질의 유전력을 측정하고자 한다면 환경 조건을 엄격하게 제어하면서 재배해 어떤 결과가 나오는지 관찰하면 된다. 온실 재배가 유전적으로 동일한 종자를 철저하게 환경을 관리하면서 키울 수 있는 한 가지 방법이다. 과학자들은 같은 흙을 담은 화분에 같은 비료를 뿌리고 매일 밀리미터 단위로 성장을 측정한다. 이런 연구를 통해 어떤 종은 키가 유전력이 매우 강한 형질인 반면 유전력이 약한 종도 있다는 사실이 밝혀졌다. 이런 정보는 농축산물 육종가들의 품종 개량에 유용하게 사용된다. 밀과 쌀의 '반왜성(semi-dwarf)' 품종이 대표적인데, 이 품종은 강한 바람에도 잘 버티기 때문에 키 큰 품종보다 높은 수확률을 보장한다.

하지만 사람의 유전력을 연구하는 과학자들은 아기를 실험실에서 키울 수가 없다.[26] 부모가 영, 유아에게 먹이는 으깬 콩을 마이크로리터 단위로 측정할 수는 없는 노릇 아닌가. 과학자들은 실험 자원자를 모집한다. 그렇다고 해도 수집할 수 있는 것은 피험자의 삶에 대한 단편적인 정보밖에 안 된다. 이런 까닭에 사람의 유전력 추정치에는 많은 오류가 수반될 수밖에 없다. 자녀가 부모 키만큼 자란다고 해서 반드시 유전이 원인인 것은 아니다. 오히려 이 자녀들이 부모가 자랐던, 성장에 유리한 환경에서 성장기를 보낸 덕분일 수도 있다.

골턴은 키와 다른 형질의 유전을 연구하기 시작하면서 바로 알았다. 이 연구는 딱 부러지는 결론이 나오기 어려우리라고. 하지만 그에게 하나의 아이디어가 떠올랐는데, 직관에서 나온 생각이었지만 적절한 해법을 제시했다고 할 수 있다. 바로 자연이 사람에게 수행한 유전 실험을 이용하면 되지 않느냐는 생각이었다. 쌍둥이가 있지 않느냐고.

골턴은 쌍둥이가 유전자를 어떻게 공유하는지는 알지 못했지만, 쌍둥이의 유전자는 분명 강한 공통점이 있을 것이라는 통찰이 있었다. 그는 쌍둥이들이 인생에서 겪는 신기한 우연의 일치에 대한 이야기를 좋아했다. 쌍둥이 두 사람이 1명은 파리에 있었고 다른 1명은 빈에 있었는데 똑같은 눈병에 걸린 사연이 있었고, 또 다른 쌍둥이는 같은 쪽 손의 같은 손가락이 똑같이 굽어 있었다. 또 서로에게 같은 깜짝 선물을 준비한 쌍둥이 이야기도 있다. 그들은 똑같은 샴페인 잔 세트를 골랐다.

골턴은 쌍둥이로 살다 보니 그런 일이 일어날 수도 있다는 것은 알았지만 유전이 무엇보다 중요한 요소라고 보았다. 쌍둥이의 공통 유전자가 그들의 삶을 같은 길로 가게 만든다고. 골턴은 타고난 특질이 사람의 삶에 가장 중요한 영향을 미친다는 것을 쌍둥이가 증명한다고 믿었다. 냇물에 던져진 작대기가 물살을 타고 흘러가듯이 사람의 삶은 유전자가 이끄는 대로 흘러간다고 생각했다.

"개개인은 다양한 차이를 보이지만 각 개인 안에서 지속되는 요소가 바로 본성이다. 본성은 냇물을 따라 흘러가면서도 필연적으로 자신의 뜻을 내세우게 되어 있다."[27] 골턴은 이렇게 말했다.

머잖아 많은 과학자가 쌍둥이에게서 유전의 단서를 찾으려는 연구를 시작한다. 하지만 쌍둥이 연구의 강점을 가장 잘 활용한 과학자는 1920년대의 독일 피부과 의사 헤르만 베르너 지멘스(Hermann Werner Siemens, 1891~1969년)이다.[28] 이 무렵 과학자들은 이란성 쌍둥이와 일란성 쌍둥이가 유전적으로 다르다는 것을 인식하기 시작했다. 이란성 쌍둥이는 2개의 난자에서 발달해 각각 다른 정자에 의해 수정된다. 일란성 쌍둥이는 난자 하나와 정자 하나로 수정되었다가 두 태아로 갈라져 태어난다. 이란성 쌍둥이는 따라서 유전적으로 일반적인 형제자매와 다를 바 없어서, 같은 유전자를 공유하는 비율이 평균 50퍼센트이다. 반면에 일란성 쌍둥이는 사실상 '클론(clone)'이다.

지멘스는 이 두 종류의 쌍둥이가 유전력을 연구할 기회임을 알아보았다. 쌍둥이는 자궁에서부터 줄곧 같은 환경에서 성장한다. 하지만 일란성 쌍둥이는 유전 형질이 거의 같으므로 유전력이 높은 형질도 상당히 일치할 것이라고 보았다. 지멘스는 어떤 형질이 일란성 쌍둥이와 이란성 쌍둥이에게서 어느 정도 일치해 나타나는지 비교함으로써 그 형질의 유전력을 추산할 수 있었다.

피부과 의사인 지멘스가 가장 관심을 기울인 분야는 피부병이었다. 사람들이 피부병에 걸리는 것이 순전히 운이 나빠서인가, 아니면 나쁜 유전자 때문인가? 그는 쌍둥이들의 점 개수를 세다가 일란성 쌍둥이들의 점 배열이 동일하지 않다는 사실을 발견했다. 그는 이 차이가 점의 발생에 환경의 영향이 있음을 말해 준다고 생각했다.

일란성 쌍둥이의 점 배열은 동일하지 않지만 분명 상관 관계가 있었다. 일란성 쌍둥이 1명에게 점이 많으면 그 형제도 점이 많은 경향이 있는 식이었다. 일란성 쌍둥이 중 하나에게 점이 몇 개 없으면 나머지도 많지 않을 것이라고 보면 틀리지 않았다. 이란성 쌍둥이의 점도 상관 관계를 보였다. 하지만 일란성의 절반 정도였다. 지멘스는 점의 생성에 유전자 변이가 중요한 역할을 하지만 환경도 영향을 미친다고 결론 내렸다.

지멘스의 놀라운 연구에서 영감을 얻은 많은 과학자가 유전력 연구에 그의 방법을 사용했다. 영국 과학자 퍼시 스톡스(Percy Stocks, 1889~1974년)는 런던의 교사들에게 자료를 요청해 쌍둥이 초등 학생의 키를 조사했다. 이란성 쌍둥이는 키가 상당히 비슷한 편이었다. 하지만 일란성 쌍둥이는 더 비슷했다. 그는 이 차이로 키의 유전력을 수치화할 수 있었다. 조사 규모가 커지면서 추산치는 점점 정확해졌다. 2003년 핀란드 연구자 카리 실벤토이넨(Karri Silventoinen, 1972년~)은 쌍둥이 3만 111쌍의 키를 조사했다.[29] 그는 키는 남성이 70퍼센트에서 94퍼센트, 여성이 68퍼센트에서 93퍼센트로 유전력이 매우 높은 형질이라고 결론 내렸다.

이처럼 방대한 규모의 연구도 환경이 영향을 미치는 정도는 이란성 쌍둥이나 일란성 쌍둥이나 크게 다르지 않다는 하나의 큰 가정에 기대었다. 어떤 형질이 이란성 쌍둥이보다 일란성 쌍둥이한테서 더 비슷하게 나타난다면, 이것을 설명해 줄 수 있는 것은 유전자의 영향뿐이다. 하지만 과학자들은 틀림없이 그렇다고 할 수 없었다. 쌍둥이들은 어떤 사육장이 아닌 실제라는 야생 공간에서 성장하기 때문이다. 일각에서 부모가 일란성 쌍둥이와 이란성 쌍둥이를 대하는 방식이 다를 수 있지 않은가 하는 문제가 제기되었다. 이란성 쌍둥이는 생김새가 다르니 부모가 여느 형제처럼 키울 수 있다는 주장이었다.

과학자들은 DNA를 직접 검사하는 것이 불가능하던 시대에 쌍둥이 연구를 사람 DNA 연구 방법으로 발전시켰다. 사람의 유전체에서 유전자 표지를 읽어 내는 일이 가능해지면서 새로운 유전력 측정 방법이 나타났다. 페터르 피스허르의 연구진은 형제자매들의 유전적 유사도는 공유하는 유전자 변이가 적은 경우 30퍼센트에서, 많은 경우 64퍼센트까지 큰 차이를 보인다는 것을 알아냈다. 따라서 어떤 형질이 유전력이 높다면, 공유하는 DNA가 많을수록 형제자매는 더 닮을 것이라고 피스허르는 주장했다.

2007년에 피스허르의 연구진은 일반 형제자매 1만 1214쌍의 키를 측정했다.[30] 이 프로젝트에서 "쌍둥이 같은" 형제자매(DNA가 절반 이상이 같은 경우)가 서로 더 비슷한 키로 나타났다. 유전적 유사도가 더 낮은 형제자매는 키가 그렇게 비슷하지 않았다. 이 상관 관계를 이용해 키의 유전력을 계산한 결과 86퍼센트의 추산치를 얻어 냈다.

이것은 대단히 높은 유전력이다. 니코틴 의존도의 유전력은 60퍼센트이다. 여성의 완경 연령은 47퍼센트이다. 왼손잡이는 26퍼센트밖에 안 된다. 유전력의 세계에서 키 혼자 훌쩍 솟아 있다.

⁂

하지만 키처럼 유전력이 강한 형질도 환경의 영향을 크게 받을 수 있다. 빌레르메는 평균 키가 몇 년 사이에도 바뀌는 것을 관찰했다. 나폴레옹 전쟁 기간에 젊은 프랑스 병사들의 평균 키는 감소했다. 빌레르메는 이러한 현상은 전쟁으로 야기된 식량 부족 탓이라고 보았다. 전쟁이 끝난 뒤 육군의 평균 키는 약간 회복되었다. "미약하나마 비참상이 감소한" 덕분이라고 빌레르메는 말했다.[31]

빌레르메의 통찰은 주목받지 못하다가 150년이 지나 노벨 경제학상 수상자 로버트 윌리엄 포겔(Robert William Fogel, 1926~2013년)이 이끄는 작은 경제학자 그룹이 여러 국가의 수십 년치 평균 키를 수집, 추적하면서 비로소 빛을 보았다. 포겔의 연구진은 평균 키가 한 사회의 복지 상태를 반영하는 경제 지표가 될 수 있음을 증명했다. 18세기 말 잉글랜드의 부유층과 빈곤층 청소년의 키 차이가 극심했다는 사실을 발견한 것도 이 연구진이다.

그들의 연구는 프레더릭 더글러스를 비롯해 남북 전쟁 이전 남부에서 살던 전직 노예들의 성장기 경험담에 대한 통계학적 증명이었다. 더글러스는 깔끄러운 아마포 셔츠 단벌로 지냈던 6세 시절을 이야기했다. 끼니때는 오트밀 죽을 받았는데, 노예 어린이들에게 허락된 존엄은 돼지 먹이는 구정물 정도였다고 회고했다.

이러한 학대에는 냉혹한 경제적 근거가 깔려 있었다. 노예 어린이는 너무 어려서 농장에서 돈을 벌어들이지 못하니 노예주가 그들에게 투자하지 않는 쪽을 선택한 것이다. 포겔의 제자들이 대농장 기록을 분석하니 미국 노예 아동의 키가 자유민 아동보다 훨씬 작은 것으로 나왔다. 하지만 이 기록은 노예들이 청소년기에 이례적인 급성장을 겪은 사실도 보여 주었다. 이 급성장은 노예들이 수익을 창출할 수 있는 연령대가 되자 노예주들이 음식을 넉넉하게 공급한 결과로 보인다.

1970년대에 소규모로 일련의 연구를 수행한 포겔과 동료 경제학자들은 연구의 범위를 확장해 체계적인 조사 방법으로 역사 시대 전체의 평균 키를 분석했다. 그들은 징집병 관련 군사 기록과 교도소의 옛 기록은 물론이고 입수할 수 있는 사료란 사료는 가리지 않았으며, 국가별로 가능한 기록을 모두 수집했다. 문자로 기록되지 않은 시대는 고고학 유적에서 나온 뼈로 측정했다.

가장 오래된 키 기록은 유럽에서 나왔는데, 3만 년 전 그라베트 문화 시대로 거슬러 올라간다. 그라베트 인 남자의 평균 키는 183센티미터였다.[32] 유럽에서 약 8,000년 전 농경이 시작되면서 사람의 평균 키가 크게 줄었는데, 남자는 약 20센티미터가 줄었다. 이러한 하락은 단백질 함량이 크게 저하된 곡물 위주의 식단으로 바뀐 결과로 보인다. 그 후로 7,000년 동안 유럽 인의 키는 1세기에 5센티미터 이내의 증감을 보이면서 뚜렷한 변화를 겪지 않았다. 18세기 유럽 남성의 평균 키는 겨우 168센티미터였다.

하지만 그 키에만 묶여 있지는 않았다. 잉글랜드 인들이 아메리카 식민지로 이주하면서 남자들의 평균 키가 빠르게 177센티미터로 상승하면서 세계 최장신 남성 집단이 되었다.[33] 18세기 말에 이르면 미국 16세 견습공의 평균 키가 런던의 16세 빈민층 청소년보다 거의 13센티미터가 컸다.

미국인과 유럽 인의 평균 키는 19세기 전반기에 떨어졌다가 (골턴이 키와 유전의 관계를 고민하던 시점인) 1870년을 기점으로 다시 상승하기 시작했다.[34] 20세기를 지나면서 미국인의 평균 키는 7.6센티미터 남짓 증가해 1990년대에 정점을 찍었다. 유럽 인의 급성장은 한층 더 극적이다. 유럽 인은 10년마다 약 1.3센티미터씩 커졌고 이 추세는 21세기까지 이어지고 있다. 이 성장이 시작된 곳은 북유럽과 중유럽이었지만, 남유럽도 1990년대 중반부터 따라잡기 시작했다. 라트비아 여성은 155.4센티미터에서 173.7센티미터로 비약해 현재 세계 최장신 여성 인구 집단이 되었다.[35] 1860년에 173.7센티미터였던 네덜란드 남성은 183센티미터를 넘어서면서 지구 최고의 장신이 되었다.

2016년 다국적 연구자들이 모여서 더 많은 국가로 조사 범위를 넓혔다.[36] 20세기를 거치면서 유럽 이외의 일부 국가가 인상적인 변화를 경험했다. 한국 여성이 가장 가파른 성장을 보여 주었는데, 100년 만에 무려 20센티미터 남짓 커졌다. 남성 집단 중에서는 이란 인이 가장 두드러져 1900년대 초보다 16.5센티미터가 더 커졌다. 거의 커지지 않은 집단도 있었는데, 파키스탄 남성은 겨우 1.27센티미터 커졌다. 니제르와 르완다 등 아프리카의 몇몇 국가는 20세기 전반부에 급성장했다가 1960년 이후에 5센티미터 내외로 떨어졌다.

전체적으로 인류는 훨씬 커졌다. 오늘날 과테말라 여성의 평균 키가 125센티미터인데, 아무리 과거였다고 해도 이것보다 더 작았을까 싶을 것이다. 하지만 1900년대 초 이후 이들은 자그마치 10센티미터가 더 자랐다.

***

300만 년 전 동아프리카 우리 조상의 평균 키는 겨우 91센티미터였다. 150만 년 전 호모 에렉투스는 173센티미터가 되었다.[37] 사바나를 살아서 통과하려면 긴 다리가 유리한 까닭에 자연 선택이 더 큰 키를 선호한 것이 아닌가 싶다. 우리 조상은 계속해서 더 큰 키로 진화해 70만 년 전에 이르러 현생 인류의 키가 되었다.

하지만 자연 선택이 반대 방향으로 작용해 더 단신이 된 지역도 있다. 아프리카 피그미 족, 정확하게는 바카 족과 음부티 족 같은 아프리카의 민족 집단에게서는 새로운 성장 패턴이 나타났다. 이들은 유년기에 빠르게 자라다가 일찍 성장이 멈춘다. 일부 연구는 바카 족과 음부티 족의 아동 사망률이 높았기 때문에 이런 패턴으로 진화했음을 시사한다. 아동이 더 빨리 성 성숙기에 도달하면 자녀를 더 많이 얻을 수 있다.

1800년대 말에 시작된 급성장은 너무 빠르게 진행되었으니 진화의 산물일 수 없다. 자연 선택의 작용이라면 더 큰 키 유전자를 가진 사람들이 작은 키 사람들보다 자녀를 더 많이 얻었을 것이고, 그 차이가 극명하게 두드러졌을 것이다. 흐로닝언 대학교의 헤르트 스튈프(Gert Stulp)와 레스브리지 대학교의 루이스 배럿(Louise Barrett)은 네덜란드 인의 평균 키

급성장이 자연 선택의 결과가 되려면 매 세대의 단신 인구 3분의 1이 자녀를 1명도 낳지 못했어야 한다고 추산했다.[38]

네덜란드에서는 그런 일이 일어나지 않았고, 그렇다면 하나의 설명이 남는다. 환경이 키를 잡아 늘인 것이다.

키가 얼마나 크느냐는 어린이의 건강 상태와 식생활에 달렸다. 성장하는 어린이에게는 생명을 유지하면서 새로운 세포를 형성하는 두 가지 활동에 들어가는 에너지가 필요하다.[39] 건강한 식단, 특히 단백질이 풍부한 식단이 두 조건을 모두 충족시킬 수 있다. 식단이 여기에 미치지 못하면 인체는 생존을 위해 성장을 희생한다. 질병도 아동의 성장을 방해한다.[40] 감염과 싸우기 위해서는 면역계에 추가 자원이 투입돼야 하기 때문이다. 설사병이 특히나 가혹한데, 아동이 음식으로 섭취한 영양분을 앗아가기 때문이다. 유아기의 건강 상태는 한 사람의 운명에 중대한 영향을 미칠 수 있다. 그 결과, 3세 때 키가 성인이 되었을 때의 키와 긴밀한 상관 관계를 보인다.[41]

19세기 이전 유럽에서는 부유하고 세도가 사람들이 최상의 음식과 건강을 누리면서 잠재 성장 예측치에 근접하게 자랐다. 빈곤층 사람들은 발육 부진 상태로 끝났다. 아메리카 식민지로 떠난 유럽 인들은 이 성장의 덫에서 빠져나올 수 있었다. 그들은 식량을 직접 재배할 수는 있으면서 인구 밀도가 적당히 낮은 곳을 찾아갔다. 인구가 많은 도시들을 덮쳤던 폭동을 다시 겪지 않고 싶어서였다.

1800년대에 산업 혁명이 미국으로 건너왔을 때, 이 키 성장에 유리한 환경은 사라지고 미국인의 키는 작아졌다.[42] 유럽 인들도 마찬가지로 줄어들었다. 공장에 취직한 사람들은 조상들보다 돈을 많이 벌기는 했으나 일자리를 구하려면 밀집된 도시로 들어가야 했다. 도시 외곽에는 생산성 높은 농장들이 있었지만 주민들에게 우유와 고기를 저렴한 가격에 공급할 수 있는 기술이 아직 존재하지 않았다.[43] 그 결과 미국 중간층과 하층의 1인당 육류 소비량은 3분의 1 수준으로 떨어졌다. 미국인의 칼로리 섭취는 2~4퍼센트 감소했고 단백질 섭취량은 8~10퍼센트 줄었다. 설상가상으로 산업 혁명이 일어났을 때에는 아직 미생물 병인론(germ theory of disease)이 나오기 수십 년 전이었다. 미국과 유럽의 혼잡한 도시 지역에서는 전염병이 창궐했고 의사들은 어떻게 막아야 할지 갈피를 잡지 못했다.

19세기 말 상황은 많이 개선되었고 사람들의 키에도 이런 상황이 영향을 미쳤다. 깨끗한 물과 하수 시설이 공급되어 어린이들도 건강하게 자랄 수 있었다. 철도망 신설로 고단백 식품이 합리적인 가격으로 도시에 공급되었다. 동시에 가족 수가 줄면서 부모들이 더 적은 수의 자녀를 더 세심하게 보살필 수 있었다.[44] 이제 산업 혁명의 단계가 키에 유리한 수준으로 올라선 것이다. 그러자 미국인의 평균 키가 커지기 시작했다. 유럽 인들은 19세기 초에는 작아졌다가 산업 혁명으로 더 작아졌다. 하지만 1800년대 말에 이 균형이 깨지고 미국인보다 더 빠르게 커졌다.

다른 많은 국가에서도 같은 상황이 전개되었다. 한국 전쟁 이후 남한은 가파르게 성장해 세계 경제 11위 국가가 되었고, 1977년에 전 국민 의료 보장 제도를 수립했다. 반면에 북한은 경제가 침체되어 국민이 굶주리는데도 국가 재정을 핵무기와 군사로 돌리고 있다. 현재 남한 사람의 평균 키가 북한 사람보다 2.54센티미터 이상 크다.

선진국 사람들이 어디까지 더 클지는 아무도 모른다. 하지만 개발 도상국에는 아직도 성장할 가능성이 넉넉히 남아 있다. 2016년 하버드의 연구진이 조사한 바에 따르면, 개발 도상국 전체 2세 유아의 36퍼센트가 발육 부진을 겪는 것으로 추산된다.[45] 위생과 의료 수준, 영양 상태가 개선되면 이러한 문제는 상당 부분이 사라질 것이고 평균 키는 크게 상승할 것이다.

하지만 공든 탑도 쉽사리 무너질 수 있다. 1900년대 말 세계가 경제적 변화를 겪으면서 아프리카의 많은 국가에서 자급 자족이 어려워졌고, 그 결과 어린이들이 발육 부진 상태가 되면서 평균 키가 감소했다. 세계에서 가장 큰 경제 규모를 이룬 미국이지만 자국의 신장 침체기를 방어하지 못하고 있다. 키 전문가들은 미국 내 경제 불평등도 부분적으로 원인으로 작용한다고 주장한다.[46] 의료 보험 비용이 너무 비싸서 수백만 명이 보험 없이 살면서 제대로 된 의료 서비스를 받지 못하니 말이다. 많은 미국 여성이 임신 기간에 산전 관리를 받지 못하는데, 네덜란드에서는 출산을 앞둔 여성에게 간호사로부터 도움을 받을 수 있는 무료 통화권을 비롯해 다양한 지원이 이루어진다. 미국인들은 설탕 범벅 식생활에다가 앉아서만 지내는 등 전반적인 생활 습관마저 악화되고 있다. 미국인들은 키가 아니라 허리 둘레를 키우고 있다.

⁂

에콰도르의 작은 도시에서 성장한 하이메 게바라아기레(Jaime Guevara-Aguirre)는 어린 시절 동네에서 가끔 키가 초등 학교 1학년 학생 정도인 어른을 봤다.[47] 다른 면에서는 전부 다른 사람과 같았다. 지능도 수명도. 게바라아기레는 이들이 피그메이토(pigmeito)라고 불린다고 배웠다.

게바라아기레는 에콰도르의 수도인 키토에 있는 의과 대학에 진학했고, 내분비학 전문의가 되어 호르몬 조절이 어떻게 사람의 성장에 영향을 미치는지를 연구했다. 그는 로하(Loja) 주에서 살던 시절에 만난 피그메이토를 떠올렸다. 가끔은 진료실에 피그메이토들이 찾아오는 일이 있었는데, 그들에게 다른 소인증을 지닌 사람들에게는 없는 일련의 형질이 있다는 사실을 발견했다. 예를 들면 눈 흰자위에 푸른 빛이 돌았고 팔꿈치 뻗기를 어려워했고 목소리는 고음이었다. 모든 피그메이토가 같은 질환을 겪었는데, 게바라아기레가 혈액 검사로 내린 진단은 라론 증후군(Laron syndrome)이었다.

게바라아기레 연구진이 1990년에 자신들이 발견한 내용을 논문으로 발표하기 전까지 지구의 다른 지역에서 라론 증후군으로 진단된 사람은 거의 없었다. 희귀 열성 돌연변이로 유발되는 이 유전 질환은 몇몇 가족을 통해 전파되었다. 에스파냐에서 예전에 라론 증후군 사례가 몇 번 보고된 적 있었는데, 게바라아기레는 에스파냐 이민자가 이 돌연변이를 로하로 들여온 것이 아닐까 추측했다. 로하 주의 오지 마을에서 이 돌연변이는 이례적으로 흔해졌고, 일부 보인자들이 혼인해 자녀를 얻으면서 피그메이토 군락이 형성된 것이다. 게바라아기레는 로하 주의 마을을 하나하나 방문하면서 이 질환 관련 조사를 수행했다. 조사 작업이 끝났을 때 100명이 라론 증후군인 것으로 밝혀졌다.

게바라아기레는 키토에 있던 의원에서 피그메이토들에게 장기 진료 프로그램을 제공하면서 어떻게 해서 그렇게 단신이 되었는지를 연구했다. 그는 그들도 성장 호르몬을 생성하지만 어떤 경로에서인지 정상 키로 성장하지 못한다는 것을 발견했다. 게바라아기레는 굉장히 놀라운 사실도 발견했다. 피그메이토들은 암이나 당뇨병에 거의 걸리지 않았다. 성장을 가로막는 그 무언가가 우리 몸이 늙어 갈 때 생기는 질병으로부터 그들을 막아 준 것이다.

게바라아기레 연구진은 로하 주 주민들에 대한 보고서를 낸 뒤 이 질환의 유전적 기초를 밝혀내기 위한 연구에 착수했다. 그들은 에콰도르의 피그메이토 38명의 혈액 표본과 피그메이토 가족 중에서 키가 정상인 구성원들의 혈액 표본을 스탠퍼드 대학교로 보냈다. 스탠퍼드의 유전학자 우타 프랑케(Uta Francke, 1942년~)가 이끄는 연구진이 그들의 혈액에서 면역 세포를 뽑고 DNA를 추출했다.

프랑케의 연구진은 피그메이토와 키 큰 가족의 DNA를 비교해 결정적 차이를 발견했다. 피그메이토 38명 가운데 37명이 같은 유전자의 같은 돌연변이를 공유하고 있었는데, 다른 피검자들에게는 이 돌연변이가 없었다. 1992년에 과학자들은 GHR(growth hormone receptor)라는 유전자에 돌연변이가 발생한 결과라고 발표했다. GHR 유전자는 세포 표면에서 단백질을 합성하는데, 이 표면에서 성장 호르몬 분자를 가로채기도 한다. GHR 단백질에 성장 호르몬 분자가 걸릴 때마다 세포 내부로 신호를 보내 성장 유전자 연결망이 작동하게 만든다.

'아일랜드 거인' 찰스 번은 우리에게 유전이 어떻게 사람을 피그메이토의 정반대 극단으로 밀어내는가와 관련해 몇 가지 단서를 보여 주었다.[48] 물론 번이 바랐던 일은 아니다. 죽음을 앞둔 번은 당시 "부활 업자(resurrectionist)"라고 불리던 사체 절도범들이 자신을 혹시나 땅에서 파내지는 않을까 점점 더 두려워졌다.[49] 그는 친구들에게 바다에 묻어 달라고 애원했다. 번이 죽은 뒤 친구들은 그를 거대한 강철 관에 넣어 영국 해협에 던졌다. 하지만 나중에 그 관 속에는 돌멩이밖에 없었다는 사실이 드러났다. 번의 유해는 여하튼 간에(장의사에게 뇌물을 썼다는 설이 있다.) 스코틀랜드 외과의 존 헌터(John Hunter, 1728~1793년)의 손에 들어갔다. 번이 사망한 직후에 그려진 헌터의 초상화가 있는데, 종 모양 유리 진공관과 해부학 책이 몇 권 놓인 책상 앞에서 자세를 취했다. 이 초상화 오른쪽 상단으로 아일랜드 거인의 발뼈가 보인다.

하지만 헌터는 번의 유골을 상세히 연구하지는 않은 듯하다. 그 대신 헌터리언 박물관(Hunterian Museum)에 소장되어 박물관이 제2차 세계 대전 때 폭격당할 때까지 그곳에 남아 있었다. 오늘날 번의 유골은 런던의 왕립 외과 의사회(Royal College of Surgeon)에 진열돼 있다. 그의 머리 위에 헌터의 흉상이 놓여 있어 이 외과의가 죽고 나서도 오랫동안 계속 거인 번을 놓지 않고 따라다니는 듯하다.

1909년 미국 신경의 하비 윌리엄 쿠싱(Harvey William Cushing, 1869~1939년)과 스코틀랜드 해부학자 아서 키스(Arthur Keith, 1866~1955년)가 처음으로 번의 유골을 면밀하게 조사했다.[50] 1900년대 초에 이르러서는 내분비학자들이 우리 몸에 명령을 내리는 호르몬의 언어를 해독하기 시작했다. 뇌 아래쪽에 위치한 뇌하수체는 성장 호르몬을 분비하는데, 이것은 뼈와 다른 세포 조직의 성장을 자극하는 호르몬이다. 쿠싱과 키스가 번의 두개골을 열어 보니 뇌하수체가 있던 자리에 커다란 구덩이가 보였다. 그들은 번의 뇌하수체에 종양이 생겨서 성장 호르몬이 과도하게 분비되었으며 보통 사람이라면 성장이 멈췄을 시기가 지나고도 계속 분비되었다는 가설을 세웠다. 수십 년이 지나 다른 과학자들이 번의 유골을 엑스선으로 촬영해 쿠싱과 키스의 가설을 증명했다.[51] 번이 사망한 22세에도 그의 뼈는 17세 소년의 성장 속도로 자라고 있었다.

번에게 나타났던 이상은 말단 비대증(acromegaly)이라고 불린다. 100만 명 중 60명 정도가 이 이상을 겪는다. 호르몬을 생성하는 종양 자체는 치명적이지 않지만, 성장 속도에 박차를 가함으로써 때 이른 사망을 야기할 수 있다. 현재 말단 비대증은 외과 수술로 종양을 제거하거나 방사선을 쪼여 제거하며, 과잉 분비되는 성장 호르몬이 혈관으로 순환하지 못하게 하는 약물 요법으로 완치된다. 말단 비대증을 연구한 유전학자들은 이 질환이 유전학적 회색 지대에 들어간다고 보았다. PKU나 헌팅턴병처럼 극명하게 가족 안에서 유전되는 질환은 아니지만, 때로 말단 비대증이 있는 사람의 친척 중에도 같은 병이 있는 사람이 발견되기도 한다.

2008년에 런던 윌리엄 하비 연구소(William Harvey Research Institute)의 마르타 코보니츠(Márta Korbonits)가 이끄는 연구진이 말단 비대증이 있는 가족에게 보편적으로 나타나는 돌연변이를 찾아냈다.[52] 이 돌연변이는 AIP라는 유전자에 영향을 미치는데, 이 유전자가 암호화하는 단백질의 역할은 아직 제대로 밝혀지지 않았다. AIP 돌연변이가 유전된 사람 5명 중 1명 정도가 종양이 생기고 나아가 엄청난 장신으로 성장할 수 있다. 이 돌연변이는 다른 유전자 돌연변이를 가진 사람들에게만 극적인 영향을 미치는 것으로 보이는데, 그 다른 돌연변이가 무엇인지는 아직 밝혀지지 않았다.

코보니츠의 연구진은 AIP의 다른 돌연변이도 말단 비대증을 유발할 수 있다는 것을 발견했다. 하지만 더욱 놀라웠던 사실은 동일한 AIP 돌연변이가 북아일랜드의 네 가족에게서도 발견되었다는 점이었는데, 번의 고향에서 멀지 않은 마을 사람들이었다. 그 돌연변이가 한 마을에 모여 있다는 것은 이들이 오래전에 공통 조상 한 사람에게서 이것을 물려받았을 가능성을 시사한다.

코보니츠 연구진은 헌터리언 박물관과 협의해 번의 치아 2개에 구멍을 뚫는 작업을 진행했다. 번이 죽은 지 220년 만에 DNA를 추출할 수 있게 된 것이다. 이 연구진이 연구한 현존 아일랜드 가족의 AIP 유전자 돌연변이와 같은 돌연변이가 번에게도 있었다. 또 AIP 유전자 측면에 위치한 DNA도 동일하다는 사실을 확인했다. 그들은 이 돌연변이가 아일랜드에서 약 2,500년 전에 나타났을 것으로 추정했다.[53] 거인이 많이 나오는 것을 보면 "아일랜드에 분명 무언가가 있을 것"이라고 추측했던 프리처드가 엄청난 업적을 세웠을 수도 있는 일이다. 이 돌연변이는 번의 고향 마을 일부 주민의 DNA 속에 둥지를 틀고 살아남아 100세대 뒤 후손에게까지 전달된 것으로 보인다.

*
**

라론 증후군과 말단 비대증에 관계된 유전자들은 사람의 키에 관한 몇 가지 중요한 단서를 전해 주었다. 과학자들은 이 유전 질환이 있는 사람들을 연구해 성장 호르몬이 막혔을 때, 빙하가 녹은 강처럼 급증할 때 어떤 일이 일어나는지를 관찰할 수 있었다. 하지만 이런 돌연변이는 아일랜드와 에콰도르의 몇 군데 마을로만 국한된 까닭에 허시혼이 만나는 환자들의 키에 대해서 이해하는 데에는 도움이 되지 않았다. 그는 수십 억 인구의 키 유전을 설명해 줄 변이를 찾고 싶었다.

허시혼은 많은 유전자가 관련되었을 것이라고 생각했지만 얼마나 많은지는 알 수 없었다. 그는 연구할 사람들을 찾기 위해 당뇨병이나 심장병 같은 다른 질환의 유전에 대해 이미 연구를 진행하던 연구자들과 협업 연구진을 꾸렸다. 그들에게는 생정 통계(vital statistics, 출생과 사망, 질병과 관련한 모든 통계. — 옮긴이)의 한 항목으로 측정해 놓은 키 기록이 이미 있었다. 말하자면 데이터는 준비가 되어 있었고 허시혼처럼 꼼꼼하게 들여다볼 사람만 있으면 되었다.

허시혼은 캐나다, 핀란드, 스웨덴의 483가족 2,327명의 기록을 모았다.[54] 연구자들은 각 피험자의 DNA 염기 서열을 해독하고, 수백만 염기쌍으로 구분되는 유전체들에 분산된 유전자 표지 수백 개를 분석했다. 허시혼의 연구진은 각국의 가족들에게 다른 사람들보다 키가 크거나 더 작게 만드는 유전자 표지자를 물려받은 자녀가 있는지 비교했다. 유전체에서 이것과 강한 관련성을 보이는 부위가 네 곳 발견되었다.

허시혼의 연구진은 2001년에 이 연구 결과를 발표했는데, 키에 영향을 미치는 보편적인 유전자 변이의 단서를 발견한 최초의 연구 가운데 하나였다. 하지만 아직은 초기 단계였다. 허시혼은 유전자 변이가 잠복해 있는 것으로 보이는 기다란 DNA 조각의 위치를 찾아냈을 뿐이다. 그 부위에 있는 수백 개 유전자 중에서 해당 변이가 있는 유전자 하나를 찾아내야 했다. 허시혼의 결과가 키와는 아무 상관도 없는 요행으로 판명될 수도 있는 상황이었다. 장신 몇 사람에게서 일정한 형태의 특정 유전자 표지가 나왔지만 순전히 우연한 결과일 수도 있었다.

이런 좌절감은 허시혼 한 사람만의 것은 아니었다. 많은 과학자가 어떤 형질, 특히 일부 질환의 유전적 원인과 관련된 구체적인 유전자를 추적해 왔다. 처음에는 당뇨병과 양극성 장애 등의 질환에서 혁혁한 성과를 얻었다. 하지만 다른 과학자들이 더 큰 규모의 인구 집단을 대상으로 살펴보았을 때 그 연관성이 사라져 버리는 사례가 빈번했다.[55] 과학자들은 더는 출로가 보이지 않는다고 느꼈다. "복잡 질환의 유전 연구는 한계에 다다른 것인가?" 1996년에 두 과학자가 이 물음을 담은 논문을 과학 학술지《사이언스》에 게재했다.[56]

이 물음을 던진 두 과학자, 스탠퍼드 대학교의 닐 리시(Neil Risch)와 예일 대학교의 캐슬린 메리캔거스(Kathleen Merikangas)는 '아니오.'라고 답한다. 하지만 흔한 질환의 발병 위험을 높이는 변이를 찾아내려면 새로운 도구를 개발해야 했다. 라론 증후군과 말단 비대증이 보여 주었듯이, 대부분의 유전자 변이는 강력하지 않을 것이라고 리시와 메리캔거스는 예측했다. 그것보다는 많은 질환과 관련된 변이들이 힘은 약하면서 수적으로 많을 것이라고 보았다.

리시와 메리캔거스는 새로운 유전자 변이 탐색 방법을 이렇게 개괄했다. 유전학자들은 그동안 애용해 온 가계도를 이제 그만 내려놓아야 한다. 그 대신 가족이나 혈통과 무관한 개인 수백 명의 DNA를 보아야 한다. 어떤 병이 있는 사람들에게 유달리 많이 있는 변이를 찾고, 이것을 그 병이 없는 사람들의 DNA와 비교해야 한다. 리시와 메리캔거스는 이 가설적 방법을 전장 유전체 관련 분석(genome-wide association study)이라고 불렀다.[57]

전장 유전체 관련 분석은 2005년이 되어서야 첫 성과를 냈다. 예일 대학교의 유전학자 조지핀 호(Josephine Hoh)는 망막의 중심부를 파괴해 실명을 일으키는 질환, 노인성 황반 변성과 관련된 유전자를 찾고 싶었다.[58] 친척 중에 노인성 황반 변성이 있는 사람들이 이 질환이 생길 위험성이 높다는 것을 그는 알고 있었다. 하지만 그간 노인성 황반 변성이 있는 가족 연구는 이 병과 관련된 유전자를 찾아내는 데 실패했다.

호와 동료들은 노인성 황반 변성 환자 96명의 DNA와 이 병이 없는 사람 50명의 DNA를 수집했다. 이들의 유전자 표지를 훑어보다가 노인성 황반 변성 환자들의 1번 염색체에서 하나의 표지가 유독 많이 보이는 것을 발견했다. 이 부위를 꼼꼼하게 검사하니 면역 기능에 중요한 보체 인자 H(complement factor H, CFH)에서 변이가 일어난 것이 보였다. 그들은 이 변이가 2개 있을 때 노인성 황반 변성이 발병할 확률이 급격히 상승한다는 것을 알아냈다.

보체 인자 H가 하는 일은 감염원 표면에 붙어서 염증 물질 분비를 활성화해 감염원을 제거하는 것이다. 호의 연구는 이 단백질의 돌연변이가 감염원이 아닌 망막 세포에 붙음으로써 면역계가 눈을 공격하게 만든다는 것을 시사했다. 호의 연구 결과는 다른 여러 연구를 통해 검증되었다.[59] 하지만 피검자 규모가 작았기 때문에 보체 인자 H 돌연변이의 효력이 조금만 약했어도 보지 못하고 지나쳤을지 모른다. 호의 발견은 옳았지만, 이것은 운이 좋아서 가능했던 결과이기도 하다.

과학자들은 힘이 약한 변이를 전장 유전체 관련 분석법으로 연구하려면 환자군이 수천 명에서 나아가 수백만 명이 되어야 한다는 것을 깨달았다. 2007년에 잉글랜드의 웰컴 트러스트(Wellcome Trust, 사람과 동물의 건강을 개선하기 위한 의학 연구 분야의 자선 재단. —옮긴이)가 주재한 연구실 컨소시엄이 최초의 대규모 연구 논문을 발표했다. 그들은 1만 4000명을 검사해 당뇨병이나 관절염 등의 발병 위험을 높이는 유전자 변이 24종을 찾아냈다.[60]

가족의 키를 연구하면서 좌절했던 허시혼도 전장 유전체 관련 분석법으로 전환했다. 그의 연구진은 웰컴 트러스트의 연구에서 나온 데이터 일부와 스웨덴의 한 당뇨병 연구에 참여했던 사람들의 데이터를 합쳐 총 5,000명에 근접한 규모의 연구를 수행했다. 허시혼이 키 연구를 시작하던 당시에 비하면 유전자 표지 분석 기술도 크게 발전해 이제는 수백 개가 아닌 수십만 개 단위로 검사할 수 있었다. 또 유전자 표지자의 밀도가 높아지면서 유전자 수가 적은, 더 작은 부위를 타깃으로 분석하는 작업도 가능해졌다.

이번에는 확실한 한 방을 찾아낼 수 있었다. HMGA2라는 유전자의 한 변이가 단신보다 장신에게 현저하게 자주 나타났다.[61] 요행일 리가 없을 정도로 흔했다. 허시혼 연구진은 피험자 2만 9000명 이상을 더 확보해 HMGA2 연관성을 테스트했다. 더 큰 규모의 실험을 통해 키 큰 사람에게 같은 HMGA2 변이가 더 많이 나타난다는 것이 재확인되었다.

하지만 허시혼은 HMGA2가 정확히 어떤 경로로 사람의 키에 영향을 미치는지는 알 수 없었다. 몇 년에 걸친 여러 실험을 수행해 몇 가지 단서를 얻을 수는 있었다. 생쥐 실험에서는 HMGA2의 어떤 돌연변이로 생쥐가 작아졌다. 어떤 HMGA2 돌연변이는 생쥐를 거대하게 만들었다.

사람에게서는 HMGA2의 기능에 관한 근거를 찾기가 더 어려웠다. 2005년에 하버드 의과 대학 유전학 연구진이 HMGA2 유전자가 짧게 잘린 돌연변이가 있는 8세 소년의 사례 보고서를 발표했다.[62] 이 소년은 태어날 때에는 정상으로 보였으나, 생후 3개월에 첫 치아가 나왔다. 8세가 되자 키가 168센티미터가 넘었는데, 이것은 15세 청소년의 평균 키였다. 다리와 손가락이 굽은 채 자랐고 신체 여러 곳에 지방종과 정맥류가 생겼다.

이 연구들은 HMGA2가 정상일 때에는 일종의 브레이크로 기능해 폭주하는 성장을 진정시키는 유전자임을 시사한다. HMGA2를 완전히 폐쇄하는 돌연변이는 과도한 성장을 유발할 수 있다. 키를 키우는 가장 흔한 HMGA2 돌연변이는 이 유전자 브레이크에서 발을 살짝 떼어 키를 조금 더 크게, 그러나 기형이나 종양으로 발전하지는 않게 만들 수 있다.

HMGA2의 발견은 흡사 0.25캐럿짜리 사파이어 같았다. 견고하고 반짝이지만 너무 작은. 이 연구는 과학계 최초로 키와 강하게 연관된 흔한 변이를 밝혀내는 성과를 거두었다. 다른 과학자들이 더 큰 규모의 연구를 통해 이 연관성을 입증했다. 하지만 HMGA2 변이가 사람의 키 변화에 관여하는 정도는 너무나 미미하다. 내 유전체를 분석했을 때 나에게도 저 키를 키우는 버전의 사본이 하나가 있다는 것을 알게 됐다. 평균적으로 이 사본이 하나 있는 사람은 없는 사람보다 약 2센티미터 더 크다. 이것은 따뜻한 털양말 한 켤레 신은 정도의 차이에 해당한다. 이 사본이 2개면 털양말 두 켤레이다. 과학자들은 HMGA2 유전자에서 이 변이가 키의 평균 차이에 미치는 영향이 매우 작다는 것을 발견했다. 겨우 0.2퍼센트 정도였다.

허시혼의 2007년 연구도 키와 연관성이 있는 여러 다른 유전자에 대해 단서를 일부 찾았으나 감질나는 선에서 끝났다. 거기에는 키가 작은 사람보다 큰 사람에게 더 흔히 나타나는 변이가 있었고 그 반대되는 변이도 있었다. 하지만 그 차이가 HMGA2만큼 명확하지 않아서 우연한 결과일 가능성도 배제할 수 없었다. 우연이 아니려면 더 많은 사람의 키를 측정해야 했다.

허시혼 연구진은 전 세계 수백 개 연구자 그룹을 아우르는 새로운 협력망을 조직했다. 이 조직의 명칭은 체형 형질 관련 유전자 연구(Genetic Investigation of ANthropometric Traits), 줄여서 GIANT이다. GIANT 연구진은 수만 명의 키를 측정하고 다음으로 수십만 명을 측정했다.[63] 측정 인원수가 증가할수록 유전자 변이도 많이 나와서, 처음에는 10여 종이던 것이 수백 종으로 증가했다. 그들이 발견한 대부분의 유전자는 HMGA2보다 키에 미치는 영향이 작았다. 하지만 훨씬 큰 힘을 발휘하는 유전자도 다수 찾아냈다. 예를 들어 STC2라는 유전자 변이가 2개 있으면 3.8센티미터가량 더 클 수 있다. 이 강력한 유전자를 초기 연구자들이 보지 못했던 이유는 전체 인구의 5퍼센트 미만으로 너무 희귀했기 때문이다. 2017년에 키에 대한 첫 전장 유전체 관련 분석이 이루어진 지 10년 만에 GIANT가 70만 명이 넘는 피험자 규모의 연구를 수행해 키에 영향을 미치는 유전자가 800종에 육박한다는 결과를 얻어 냈다.[64]

***

하지만 이 결과에 크게 실망한 사람들도 있었다. GIANT의 800여 종이 다 합쳐서 만들어 내는 효과가 키 유전력의 27퍼센트를 약간 넘는 정도였기 때문이다. 그 나머지는 여전히 규명되지 않았다.

이런 형질이 키만 있는 것은 아니다. 수천 명 단위로 조사하고 분석해도 유전력의 전모가 설명되지 않는 형질이나 질환은 많다.[65] (설명되지 않는 유전력(missing heritability). 하나의 유전자 변이로 질환이나 형질이 다 설명이 되지 않는 문제를 가리킨다. — 옮긴이) 전장 유전체 관련 분석을 가능하게 만들기 위해 들어간 막대한 액수의 지원을 생각하면 설명 안 되는 유전력 문제는 더욱

뼈저리다. "그렇게 큰돈을 쏟아부은 이유는 유전력의 상당 부분이 밝혀지리라고 기대했기 때문이죠." 유전학자 조지프 나도(Joseph Nadeau)는 한 언론에 이렇게 말했다.[66]

이 미진한 연구 성과에 짜증과 불만으로 그쳐서는 안 된다고 보는 시각도 존재한다. 그들이 볼 때 이것은 과학계에 도사린 병폐의 한 증상이다. 2015년에 프랑스 과학자 에마뉘엘 제냉(Emmanuelle Génin)과 프랑수아즈 클레르제다르푸(Françoise Clerget-Darpoux)는 이 설명되지 않는 유전력 문제가 전장 유전체 관련 분석의 무가치함을 드러낸다고 주장했다. 제냉과 클레르제다르푸는 이 연구를 "쓰레기 넣으니 쓰레기 나오는 증후군"이라고 묘사했다.[67] 이 연구를 수행한 과학자들은 생물학의 가장 심오한 비밀을 발견하기 위해서 브루트 포스(brute force, 가능한 모든 경우의 수를 탐색해 요구 조건에 충족되는 결과만 가져오는 알고리듬 방법론. — 옮긴이) 기법을 사용했다. 하지만 반복되는 실패에 똑같은 시대를 계속해야 했고 또 학술지 편집자들은 그들이 내놓는 논문을 계속해서 게재했다. 제냉과 클레르제다르푸는 유전학자들이 멈출 줄 모르는 게임 안에 갇혀 버렸다고 보았다. "애석하지만, 명백한 패자는 유전학이다."

혹자는 설명되지 않는 유전력 문제가 유전력 자체에 대한 심각한 무지를 드러낸다고 비판한다. 어떤 과학자들은 쌍둥이 연구가 제시한 유전력이 과도하게 높게 추산되었다고 비판했다. 유전력 연구가 어떤 돌연변이가 다른 돌연변이의 효과를 강화하는 현상을 놓쳤다고 주장하는 과학자도 있었다. 유전의 세계에서는 1 더하기 1이 2 이상이 될 수도 있다는 이야기이다.[68] 심지어 설명되지 않는 유전력은 어쩌면 유전자가 아니라 과학자들이 아직 이해하지 못한 다른 형태의 유전 속에 숨어 있다고 주장하는 사람들도 있다.[69]

*
**

내가 허시혼에게 설명되지 않는 유전력 문제로 실존적 회의감이 들었는지 물었을 때, 그는 가볍게 넘어갔다. "저는 많은 부분이 그저 숨어 있을 거라고 봅니다. 이 지구에 유전학이 연구해야 할 사람이 60억이 있다고 해 봅시다. 유전력은 대부분이 잡힐 겁니다." 그는 이렇게 대꾸했다.

허시혼의 자신감은 어느 정도, 지난 20년의 경험에서 온 것이다. 그의 연구진은 측정한 사람이 늘어날수록 더 많은 유전력을 설명할 수 있었다. 그들이 발견한 유전자 중에 흔하지만 약한 것이 있는가 하면 강하면서 희귀한 것도 있었다. 따라서 그는 앞으로 더 많은 사람을 연구할 수 있다면 양쪽에 해당하는 더 많은 유전자를 찾아낼 것이라고 믿는다.

허시혼은 유전학에 새로운 유전력 연구 방법을 제시한 피스허르의 연구에서도 자신감을 얻었다. 피스허르는 몇 년간 가축을 연구한 뒤에 사람 연구로 전환했다. 가축 육종가들은 더 많은 우유를 얻어 내기 위해, 더 많은 돼지 고기를 얻어 내기 위해 소와 돼지를 연구한다.[70] 1900년대의 육종가들은 가축종의 형질에 유전자가 미치는 영향을 추적해 품종을 개량했다. 하지만 20세기 말 육종가들은 가축의 유전자 표지자 해독 기술을 손에 넣었다.

처음에는 형질 변화에 큰 효과를 내는 유전자 후보군을 탐색했다. 머잖아 우유 생산량 같은 형질은 많은 유전자에 의해 조절되지만, 그 각각의 유전자가 발휘하는 효과는 작다는 것이 분명해졌다. 가축 육종가들은 많은 개체의 유전자 표지자들을 비교해 품종을 개량할 수 있다는 것을 발견했다. 전반적인 유전자 유사성을 보이는 개체들은 형질도 유사한 경향이 있었다. 육종가들은 이른바 이 유전체 예측이라는 방법을 토대로 어떤 개체를 번식시킬지 선택할 수 있었다.

2000년대 초, 피스허르는 가축에서 사람으로 전환할 때 유전자 예측을 사람에게도 적용할 수 있다는 것을 깨달았다. 피스허르의 연구진은 외양간에서 사용하던 이 방법을 인간 유전학에 적용하면서 '전장 유전체 복합 형질 분석'이라는 명칭을 붙였다. 그들은 이 방법이 얼마나 잘 통하는지 보기 위해 모든 복합 형질 가운데 가장 연구가 많이 된 형질, 즉 사람 키에 적용해 보았다.

피스허르 연구진은 이전의 전장 유전체 관련 분석의 데이터를 파고들어 수천 명의 유전자 표지자를 살펴보았다. 여기에서 유전적 유사성을 보이는 사람들끼리 묶어 그룹 간 유전적 유사성 계수를 계산했다. 유전이 닭에게만이 아니라 사람에게도 다양한 작용을 하는 것이 분명해졌다. 계수가 높은 그룹 사람들은 키가 비슷한 경향이 있었다. 이 경향은 한 형질의 유전력을 반영한다. 이 경향이 강할수록 유전력도 크다.

피스허르 연구진이 유전적 유사도 계수를 이용한 사람 키의 유전력을 추산해 보니 예전에 가족과 쌍둥이 연구에서 추산했던 것과 비슷한 수치가 나왔다. 2015년에 이 결과를 《네이처 제네틱스(*Nature Genetics*)》에 발표하면서 키에서 설명되지 않는 유전력은 "없는 것이나 다름없다."라고 주장했다.[71]

허시혼과의 만남이 끝나 갈 때 그의 시선이 책상 전화기에 붙어 있는 시계로 향하는 것이 느껴졌다. 공동 연구자들과의 전화 회의 시간이 가까웠다는 뜻이었다. 그들의 연구가 80만 명에서 200만 명으로, 또 한 차례 도약하려는 순간이었다. 하지만 내가 방을 나서기 직전, 허시혼은 키의 유전에 긴 세월을 바친 것은 그저 유전자 목록표를 만들기 위해서만은 아니었다고 말했다. 그는 이 목록을 이용해 풀리지 않은 키의 유전을 이해할 수 있기를 바랐다. 키가 자란다는 것이 무엇을 의미하는지 잠시 하던 일을 멈추고 생각해 보면, 실로 놀라운 과정이다. 신체 각 부위의 형태와 크기에 변화가 일어나는데 또 그 부위들끼리 서로 맞아야 한다. 인간 성인의 신체 구조에는 청사진 같은 것이 없다. 화학 신호며 유전자와 RNA 분자, 단백질의 연결망만 가지고 각각의 세포가 저 알아서 결정해야 한다.

유전자 항목이 점점 늘어나면서 허시혼의 연구진은 그 안에서 패턴을 찾았는데, 질서 없이 그저 한데 들어가 있는 것이 아니었다. "대부분의 작동이 성장판(growth plate)에 맞춰져 있었다."

성장판은 팔다리 말단 부근에 자리한 얇은 세포층이다. 어린이 몸에서는 성장판의 세포 일부가 신호를 보내 그것과 인접한 연골 세포가 증식하게 한다. 그러면 연골 세포가 분열을 일으켜 뼈가 길어진다. 마침내 연골 세포가 변화하고 뼈가 생성된다. 끝으로, 세포들이 스스로를 찢어 주위의 뼈를 더 단단하게 만드는 화학 물질을 내다 버리는, 세포 자살이 일어난다.

허시혼의 연구진은 목록에 올린 유전자 다수가 성장판 세포 속에서 이례적으로 활성화된다는 것을 발견했다. 물론 키가 자라려면 신체 다른 부위도 성장해야 한다. 하지만 이 성장의 행진을 이끄는 것은 성장판일 수 있다. 성장판에 이용된 유전자의 돌연변이가 팔다리뼈의 성장 속도를 높이거나 낮춘다. 나머지 성장의 행진은 지휘자 성장판의 속도에 맞추어 이루어진다.

하지만 허시혼은 키의 유전에 관한 이야기가 이것으로 다가 아님을 알았다. 허시혼의 연구진이 키의 성장에 영향을 미치는 유전자로 처음 발견한 HMGA2는 흔한 변이 가운데 가장 힘센 유전자의 지위를 지키고 있다. HMGA2는 어린이의 성장판이 아니라 배아 줄기 세포에서 활동한다. 허시혼과 그의 대학원생 제자들은 많은 연구를 했는데도 이 유전자가 왜 그렇게 중요한지는 여전히 알아내지 못했다. "그 문제가 여전히 저를 괴롭히고 있습니다." 허시혼은 속마음을 털어놓았다.

우리가 물려받는 유전자가 키에 어떤 영향을 미치는지 모든 이야기를 들려주려면 허시혼이 유전체의 셰에라자드가 되어야 할지도 모르겠다. STRUCTURE 프로그램을 개발한 프리처드는 2017년에 과학자들이 최종적으로 키와 연관된 유전자를 몇 개까지 찾아낼지 예측을 시도했다. 허시혼이 1,000종의 유전자를 찾아내면 이제 가게 문을 닫아도 되는가? 프리처드는 결코 아니라고 생각한다.

프리처드와 동료들은 허시혼이 2014년에 발표한 전장 유전체 관련 분석 논문을 꼼꼼하게 읽었다. 이 연구에서 허시혼의 팀은 25만 명의 유전자 표지자 240만 개를 스캔해 각 표지자 안에서 키와 매우 강한 연관성을 보이는 변이를 탐색했다. 여기서 매우 강한 연관성이란, 그것이 우연일 가능성을 자신 있게 부정할 수 있을 만큼 확실하다는 뜻이다.

이 연구로 허시혼의 팀은 강한 연관 관계를 보이는 유전자 약 700종을 찾았다. 하지만 이 엄격한 기준에 부합하지 않는 모호한 변이도 다수 발견되었다. 이 변이들은 키의 성장에 대한 효과가 약하거나 그저 우연히 여기에서 발견된 변이일 것이다. 프리처드는 이 모호한 변이들도 유의미한 것과 아닌 것으로 분류가 되는지 보기 위해 새로운 통계 기법을 적용해 보았다.

프리처드의 연구진은 각 변이 유전자의 사본을 2개 보유한 사람들만 선별해 키를 측정했다. 그다음 사본 1개 보유자, 그리고 무보유자의 키를 측정했다. 각 그룹 간에 작지만 측정되는 효과 크기가 나타났다. 변이 유전자 사본 2개로 키가 평균보다 작은 경우가 있었고 사본 1개로 평균보다 약간 더 커진 경우도 있었지만 변이 무보유자가 평균보다 큰 경우도 있었다. 프리처드 연구진은 이 결과를 검증하기 위해 새 그룹 2만 명을 모집했다. 이들에게도 동일 변이는 동일 효과를 나타냈다.

이 연구의 놀라운 점은, 프리처드의 연구진이 찾아낸 엄청난 변이의 수량이다. 이 팀이 연구한 표지자의 77퍼센트, 다시 말해서 사람의 DNA에서 약 200만 개 지점에서 키에 영향을 미치는 변이가 포착된 것이다. 이 변이들은 전체 염색체에 두루 분포하며 인간 유전체 전장을 포위하고 있었다.

이 변이들은 많은 유전자의 배열을 수정해 단백질의 구조를 바꾸는 것으로 보인다. 그러나 유전자의 작용을 켜고 끄는 스위치로 기능하는 DNA 부위도 바꿔 놓을 것이다. 저 200만 개 변이 하나하나가, 평균적으로, 키의 변화에 미치는 효과(사람의 머리카락 한 가닥의 너비만큼 크거나 작은 정도)는 극히 미미했다. 하지만 그 효과 미미한 변이들을 전체적으로 보면 허시혼의 연구진이 목록에 올린 강력한 유전자들보다 키에 대해 훨씬 더 많은 것을 설명해 준다.

전통적으로 유전학자들은 키를 다유전자(polygenic, '많은 유전자') 형질로 불렀다. 그런데 프리처드가 키에 대한 새로운 개념을 제시했다. **전유전자(omnigenic)** 형질이다.[72] (복잡한 형질에는 거의 모든 유전자가 영향을 미친다는 개념이다. — 옮긴이)

키가 정말로 프리처드의 생각처럼 전유전자 형질이라면, 우리의 세포가 작동하는 방식에 대해 다시 생각해야 할지도 모른다. 키가 어디까지 자랄지 결정하는 성장판 안에 핵심 유전자 그룹이 잠복하고 있을지도 모른다. 하지만 그 유전자 일부는 다른 역할도 수행한다. 그들은 다른 세포 속의 다른 유전자들과 협력하며 일한다.

성장판 세포 안에 협력해서 일하는 유전자의 연결망이 있는 것이다. 그리고 그 가운데 일부가 다른 유전자 연결망과 이어져 있다. 사람의 유전체 안에서 이 연결망들은 유전자들이 멀리 돌지 않고 어떤 유전자와도 연결될 수 있도록 조직되어 있다. 이렇게 효율적인 연결망 덕분에 한 유전자의 돌연변이가 광범위한 효과를 만들어 낼 수 있는 것이다. 이 돌연변이가 키와는 직접적인 관계가 전혀 없는 유전자를 수정하더라도, 그 영향은 키와 직접 연관된 유전자들의 연결망에 영향을 미칠 수 있다. 키가 어떻게 유전되는지 그 답을 탐구하는 과학자들의 노력은 유전체 전체로 범위를 확장해야 할지도 모른다.

10장

에드와 프레드

1864년 42세의 프랜시스 골턴은 독사진을 촬영했다. 이제 중년에 들어선 그는 턱수염을 길렀고, 머리카락 없는 정수리가 높이 솟아 있다. 책꽂이를 짚은 왼손 옆에는 지구본이 놓여 있다. 지리학자의 상징이다. 오른쪽으로 의자에 중절모가 뒤집힌 채 놓여 있어 뚜껑 열린 냄비 같다. 소용돌이 문양의 의자 등받이 상단이 골턴의 엉덩이 높이에 닿아 있어서 우연히 그의 큰 키를 보여 주는 줄자 역할을 한다. 다시 말해 이 사진은 빅토리아 여왕 시대의 전형적인 장신 신사의 초상을 보여 준다. 19세기 영국 부유층 가정에서 성장한, 약 37조 개 세포 덩어리로 이루어진 사내.[1]

골턴은 집안의 부를 상속받았지만, 유전자를 통해서는 아니었다.[2] 1700년대 초 고조부 조지프 파머(Joseph Farmer, ?~1741년)가 버밍엄에 작은 대장간을 열어 검날과 총 부속품을 제작하면서 자그마한 부를 일구었다. 1717년에 파머는 큰 모험을 감행하는데, 이것이 후손들에게 대대로 큰 보상으로 돌아온다. 그는 아메리카 식민지로 건너가 인근 광산에서 나오는 철광을 제련하기 위한 용광로를 메릴랜드에 세웠다. 이렇게 제조된 철강을 버밍엄 공장으로 실어 보내면 공장에서 노동자들이 세공해 고가의 제품을 만들었다. 파머 같은 사업가들의 노력으로 메릴랜드는 18세기 세계의 주요 강철 생산지로 떠올랐다. 파머는 사람들에게 자신의 "식민지" 강철(메릴랜드의 철공소들이 아프리카 노예 노동에 크게 의존하는 실상을 반영한 단순하면

서도 잇속을 숨기지 않은 호칭)에 대해 자랑하고는 했다.[3]

1741년에 파머가 죽자 아들 제임스 파머(James Farmer)가 사업을 이어받았는데, 이 시기 버밍엄 공장은 방아쇠 용수철과 소총 총열 제조를 전문으로 했다. 그의 가족이 리스본의 한 노예 무역 회사에 투자한 수익의 일부가 더 큰 부를 벌어들였다. 5년 뒤, 제임스의 여동생이 프랜시스 골턴의 증조부인 새뮤얼 골턴(Samuel Galton, 1720~1799년)과 결혼했다. 새뮤얼 골턴도 포목상으로 준수한 자산가였으나 새 처남은 그를 조수로 고용했다. 머지않아 새뮤얼은 제임스 파머의 동업자가 되었다.

무기와 노예는 골턴 집안의 재산 형성에 점점 밀접한 요소가 되어 갔다.[4] 1750년대에 골턴 집안은 연간 2만 5000정 이상의 총을 유럽 무역상들에게 인도했는데, 그들은 이 무기를 아프리카에서 내전을 겪고 있는 국가에 판매했다. 교전 국가들은 전투 중에 잡은 포로를 유럽 노예 무역상에게 팔았다. 그들은 점차 노예 값으로 금 대신 더 많은 무기를 요구했다.

새뮤얼은 단독으로 회사를 맡으면서 영국 정부에 무기를 납품하기 시작했다. 영국 정부는 이 소총을 미국의 폭도를 제압하는 데 사용했다. 새뮤얼의 아들 새뮤얼 존 골턴 2세(Samuel John Galton Jr., 1753~1832년)가 성년이 되면서 회사 일을 시작했고 두 새뮤얼은 향후 수십 년 동안 회사를 키운다. 아버지 새뮤얼이 죽을 때 모인 재산이 13만 9000파운드였다. 훗날 새뮤얼의 손녀는 말했다. "할아버지의 재산은 하느님이 할아버지의 사업에 축복을 내리신 결실이었다."[5]

골턴 가문은 독실한 퀘이커교도였지만, 1700년대 말에 전쟁과 노예를 이용해 재산을 축적했다는 이유로 퀘이커교 친우회와 관계가 틀어졌다. 1790년에 한 퀘이커 분파가 골턴 가 사람들의 월례 회합 참석을 금지하려고 하자 부유층 퀘이커 대표단이 다른 사업으로 전환하라고 설득했다. 아버지 새뮤얼은 더는 무기 사업으로 이익을 취하지 않겠다고 했으나, 아들 새뮤얼이 거부했다. 그는 무기 사업이 문제라는 말조차 인정하지 않았다. 1796년에 열린 버밍엄 월례 회합 때 송독한 편지에서 그는 자신을 "상속 제도에 희생된 무력한 포로"로 그렸다.

"무기 사업은 유전되는 질병처럼 물려받은 것일 뿐"이라면서 그는 호소했다. "이 사업을 하게 된 것은 제가 선택하고 말고의 문제가 아니었습니다."[6]

퀘이커 교단은 이 변명을 받아 주지 않고 새뮤얼에게 종신 회합 참여 금지를 명했다. 8년 뒤, 아마도 뒤늦은 뉘우침으로, 새뮤얼은 무기 사업을 아들, 즉 프랜시스 골턴의 아버지에게 넘기고 은행 사업에 매달렸다. 1815년 새뮤얼 터셔스 골턴(Samuel Tertius Galton, 1783~1844년)은 무기 공장을 영구 폐쇄했다. 버밍엄에도 산업 혁명이 찾아왔고, 공장과 수로에 투자한 골턴 가는 수익을 올렸다. 프랜시스 골턴이 태어난 1822년 무렵, 이 집안의 재산은 30만 파운드로 늘었다.

어릴 때 골턴은 셰익스피어의 구절을 암송하고 『일리아스』의 숭고한 주제를 논하는 문과 신동이었다. 부족함 없는 가족이었으나 골턴은 늘 자신이 겉돈다고 느꼈다. 집안에 대학 교육을 마친 사람이 아무도 없다는 점도 그런 이유의 하나였다. 그들은 어린 골턴의 어깨를 명가로 거듭날 기회라는 기대감으로 짓눌렀다. 그가 4세 때 아버지가 가장 바라는 것이 무엇이냐고 묻자 이렇게 대답했다. "그야 물론 대학 우등 학위죠."[7]

그 희망은 실현되지 않았다. 18세에 케임브리지 대학교에 입학한 골턴을 위해 아버지는 은수저에서 지속적인 포도주 공급까지, 젊은이가 대학에서 필요로 할 모든 것을 방 안에 구비해 주었다. 벽난로 위는 십자로 교차시킨 펜싱 검과 권총으로 장식했다. 그의 침실 옆 작은 방에는 하인 3명이 살았다. 새 환경 단장이 끝나자 우등 졸업 시험에서 우등을 잡는다는 목표로 수학 공부를 시작했다. 집중력을 높이기 위해 '검션-리바이버(Gumption-Reviver, 용기 부흥기)'라는 물건도 구입했다. 머리에 일정한 간격으로 물방울을 떨어뜨리는 기묘한 장치인데, 하인이 15분마다 물을 채워 주어야 했다. 또 총명하기로 명성 자자한 수학 가정 교사를 고용했다.

모든 다짐과 투자에도 골턴의 첫해 시험 성적은 신사의 C(gentlemen's C, 학업이 아닌 인맥 쌓기 등의 이유로 대학에 진학한 학생의 평균 등급으로, 대개 상류층, 부유층 자제들에게 주어지는 점수였다. — 옮긴이)라고 불린 3등급이었다. 골턴은 성적을 올리기 위해 더 좋은 수학 과외 선생을 고용했고, 그 선생은 그와 다른 학생 4명을 모아 레이크 디스트릭트에서 "독서당(reading party)"을 조직하기도 했다. '리틀고(Little-Go)'라는 별명으로 불리는 학사 학위 1차 시험에서 골턴은 겨우 2등급을 받았다.

골턴은 아버지에게 보내는 편지에 시험 성적에 대해 가볍게 여기는 투로 쓰면서 이렇게 거들먹거렸다. "시험 과목 절반도 못 보고 들어갔는데 망하지는 않았습니다." 실상은, 친구들(같은 독서당에서 같은 과외 교사에게 배운 학생들)이 1등급을 받은 것을 보고 비참하리만치 실망스러웠다. 과외 교사 1명은 골턴에게 어린 시절에 품은 꿈일랑 이제 그만 접으라고 다그쳤다. 케임브리지를 마치는 보통 학생들처럼 그저 보통 학위를 받으라고.

골턴은 거부했다. 보통 학위는 이류나 받는 것이라고. 그 대신 다시 새 수학 과외 교사를 구하고 다른 독서 클럽에 들어가기 위해 스코틀랜드로 갔다. 이번에는 학업 부담으로 신경 쇠약에 걸렸다. "머릿속에서 제분기가 돌아가는 것 같았다." 그는 훗날 이렇게 회고했다. 1842년 가을에 겪은 위기를 돌아보면서 골턴은 자기가 뇌를 너무 혹사했다고 결론 내렸다. "증기 기관을 설계 용량 이상으로 돌려댔던 것이 아닌가 싶다."[8]

골턴은 우등 학생이 되리라는 환상을 몇 달 동안은 버리지 않았다.

과외 교사 1명과 언쟁 끝에 '강등 증명서'를 받아 내 우등 졸업 시험을 1년간 연기할 수 있었다. 그 1년 동안 골턴은 두근거림과 숙취에 시달리고 시와 하키에 한눈을 팔았다. 전부가 핑계였을 뿐이다. 아버지의 갑작스러운 죽음과 함께 무너진 골턴은 보통 학위로 케임브리지를 떠났고 아버지의 재산을 물려받았다. 그는 이류였지만 누구와도 비교할 수 없는 부자였다.

하지만 케임브리지의 실패로 그는 학계에서의 입지에 대한 불안감을 영원히 극복하지 못한 채 늘 다른 뛰어난 사람들에게 인정받기를 갈구했다. 훗날 그는 "당대 최고의 지성인들"[9]과 함께 지낼 수 있었던 케임브리지 시절을 감사한 마음으로 회고했다.

그들의 높은 지성이 골턴에게 유전 강박을 키웠는지도 모른다.[10] 그는 자신과 거의 같은 시기에 함께 공부한 "많은 케임브리지 학생에게서 보았던 명백한 유전 사례"에서 깊은 인상을 받았다. 케임브리지에서 최고점으로 우등 학위를 받은 학생은 소수였지만, 그 소수의 학생 대다수가 아버지나 형제 혹은 집안 친척 중에도 우등 학위를 받은 사람이 있는 것 같았다. 골턴은 이런 일이 우연일 리 없다고 생각했다.

골턴의 이런 생각은 무럭무럭 자라서 강렬한 확신으로 자리 잡았다. 1869년에 저서 『유전된 천재』에서 인간의 지능은 "모든 생물 종의 형태와 특성과 동일하게 일정한 조건하에 유전되는 능력"이라고 주장했다.[11]

골턴은 키와 마찬가지로 지능이 생리적 메커니즘에 깊이 뿌리를 두고 있다고, 그러니까 유전될 정도로 뿌리가 깊다고 믿었다. 독자를 설득하려면 친척 간에 지능을 비교해서 측정할 방법이 필요했다.[12] 하지만 1860년대에는 그런 방법을 아는 사람이 없었다. 골턴은 대략 근사치라도 얻고 싶어서 샌드허스트의 영국 육군 사관 학교에 응시한 소년 73명의 입학 시험 점수를 입수했다.

기쁘게도, 이들의 점수 분포가 키 측정 때와 비슷하게 거의 종형 곡선 형태로 나타났다. 학생 대다수는 평균에 근접했고 곡선이 양쪽 끝으로 가면서 가늘어졌다. 골턴은 이 양쪽을 각각 둔재와 천재로 정의했다. 그는 또 케임브리지에 대한 애착을 버리지 않고 수학에서 우등 학위를 받았던 학생들의 점수로 표를 만들었는데, 고점으로 갈수록 학생 수가 줄었다. 그럼에도 그는 케임브리지의 최하점 우등 졸업 학생들이 잉글랜드 국민 다수에 비하면 총명하다고 보았다. "이른바 교양 있다는 소리 듣는 사람들을 엄밀하게 테스트해 보면 이들의 평균 문해 능력이 말도 안 되게 낮다는 것을 알게 될 것이다." 그는 저 케임브리지의 연장선상에서 자신이 속하는 지점이 어디인지는 언급하지 않았다.

이어서 골턴은 유전의 근거를 찾기 시작했다. 케임브리지의 총명한 동창에 대한 직관을 믿고 그들의 혈통을 조사해 지능의 가계도를 구성했다. 그는 자신의 데이터가 고득점 학생에게는 고득점 친척이 있음을 보여 준다고 주장했다. 또 역사에서 다른 사례를 찾고자 대통령과 과학자, 작곡가 등 총 1,000명 이상의 인재를 조사했다. (그의 이 주장에 여성은 포함되지 않았다.)

키와 지능은 골턴의 연구에서 쌍둥이 지침으로 자리 잡았다. 그는 인체 계측 연구소(Anthropometric Laboratory)를 세우고 이곳을 방문한 수천 명의 키를 기록했을 뿐만 아니라 반응 속도를 측정하고 머리 둘레도 기록했다. 반응 속도와 머리 둘레는 골턴이 지능과 관련 있다고 생각한 두 형질이었다.

하지만 우생학의 기반을 세울 때 그의 생각 속에서 키와 지능의 역할은 아주 달랐다. 유전적 유토피아를 꿈꿀 때 골턴이 키우고 싶어 한 것은 지능이었다. 그가 마음에 그린 것은 천재국이지 거인국이 아니었다.

*
**

골턴의 제자 피어슨은 키를 연구하면서 지능도 조사했다. 그는 런던의 초등 교사 수백 명에게 학생에 대한 설명을 요청하면서 '느리다.'와 '빠르다.' 등의 형용사 목록을 주고 거기에서 적합한 어휘를 고르라고 했다. 피어슨이 교사들의 답변을 합산해 표를 만드니 종형 곡선이 나왔다.

학생들의 지능에 유전의 역할이 있었는지 보기 위해 피어슨은 형제자매를 비교했다. 형제자매의 지능도 상관 관계가 있다는 결론이 나왔다. 점수가 낮은 학생들은 그 형제자매도 점수가 낮은 경향이 있었고, 민첩한 학생들은 형제자매도 더 민첩한 경향을 보였다. 피어슨은 지능의 상관 관계가 신체적 형질의 상관 관계와 매우 비슷하다는 점에 주목했다. 우리의 지적 능력은 부모에게서 유전되는 것이라고 피어슨은 주장했다. "키, 팔뚝, 손뼘이 유전되는 것과 마찬가지이다."[13]

하지만 지능이 유전된다는 피어슨의 주장에는 근본적 결함이 있었다. 지능 측정의 도구라고는 교사들의 직감이 전부였다. 1910년대에 고다드를 비롯한 미국 심리학자들은 이런 주관적인 점수 대신 비네의 지능 검사 결과를 이용했다. 피검자 수도 수백 명이 아닌 수백만 명이었다.

고다드의 공동 연구자 루이스 터먼(Lewis Terman, 1877~1956년)은 육군 병사 지능 검사가 지능이 대체로 유전의 결과임을 입증한다고 보았다.[14] 육군 신병 가운데 이민자들의 점수가 본국 태생 병사들의 평균보다 낮았다. 터먼은 이렇게 결론 내렸다. "최근 유럽 남부와 남동부에서 미국으로 건너온 방대한 수의 이민자들은 스칸디나비아, 독일, 대영 제국, 프랑스에서 온 노르딕 혈통이나 알프스 혈통보다 지적으로 뚜렷하게 열등하다." 검사 결과가 분명히 보여 주듯이, 지능은 "주로 선천적 재능의 문제"이며, 따라서 "이 격차는 최고 수준의 교육으로도 상쇄할 수 없다."[15]

터먼은 지능이 유전된다는 믿음이 확고한 나머지 자신의 데이터를 무시했다. 그의 검사 결과는 미국에서 산 기간이 오랠수록 지능 검사 점수도 높아진다는 것을 보여 주었다. 터먼과 동료들이 개발한 검사는 미국인의 일상이 깊이 스며든 문항으로 구성되어 있어서 지능만이 아니라 미국 생활의 면면을 잘 알아야 풀 수 있는 문항이 많았다. 예를 들면 신병들에게 테니스 경기 사진을 보여 주고 네트가 없는 것을 알아보는지 테스트했고, 사파이어가 무슨 색인지 물었다. "페르슈롱(Percheron)은 …… 의 한 종류다."와 같은 문장을 완성해야 하는 문제도 있었다. (정답은 '말'이다.)

지능 검사 점수가 그 사람의 문화적 배경으로부터 영향을 받을 수 있다는 점이 분명해지면서 그 배경을 완전히 제거한 검사 문항을 고민하는 학자도 생겼다. 심리학자 스탠리 데이비드 포티어스(Stanley David Porteus, 1883~1972년)는 언어를 피할 방법을 궁리하다가 미로로 검사해 보기로 했다. 그는 복잡함의 단계를 구분한 미로를 설계해 인쇄했다. 그리고 서구 문화를 거의 경험하지 않은 인구 집단에게 검사를 시행하기 위해 오스트레일리아, 아시아, 아프리카를 두루 여행했다. 포티어스의 검사로 칼라하리 사막 지역의 '부시맨(Bushman)'이라고 불리는 사람들의 정신 연령은 7세로 나왔다.[16] 하지만 그의 피검자들은 포티어스의 문제지에 제시된 미로에서는 길을 찾느라 이리저리 헤맸지만 아득하게 넓은 사막에서 지도 한 장 없이 필요한 식량과 보금자리를 척척 찾아냈다.

1937년에 연구 결과를 발표한 포티어스는 언어 없는 미로조차 문화를 통해 왜곡될 수 있음을 인정했다. "미로 그 자체는 훌륭한 지능 측정 도구가 되지 못한다." 그는 오히려 이 검사가 무엇을 측정하기 위한 것인가 하는 의문만 남겼다면서 이렇게 마무리했다. "우리가 말할 수 있는 것은, 이 연구를 수행하기 위해 필요로 했던 복합적인 요소들이 우리가 살아가는 사회를 개선하는 데에도 중요하게 작용하리라고 추정할 수 있다는 것이다."

사람이 한 사회에서 살아남기 위해 필요한 것은 지능만이 아님을 강조한 과학자들도 있었다. 그들은 지능이 사람의 뇌 깊숙이 자리 잡은 하나의 기능이라고 주장한다.[17] 예를 들어 신경 과학자 리처드 헤이어(Richard J. Haier)는 지능이란 "일상에서 우리가 겪는 각종 문제에 대응하고 주어진 환경에서 방향을 찾아 나가는 것과 관련한 정신 능력을 의미하는 포괄적 어휘"라고 정의했다.[18]

이런 능력들은 서로 무관한 기술을 마구잡이로 모아 놓은 것이 아님을 각종 검사가 보여 준다. 사람들에게 여러 다양한 능력을 검사해 보면 점수는 상관 관계를 보인다. 예를 들어 이야기를 듣고 정보를 취합하는 데 뛰어난 사람들은 목록에 제시된 단어를 기억하는 검사에서도 높은 점수를 받는 경향이 있다. 논리적 사고 능력을 보기 위한 여러 유형의 검사 결과도 상관 관계를 보인다. 추론, 기억, 공간 지각 능력, 정보 처리 속도, 어휘 등 광범위한 능력들은 서로 관련이 있다. 심리학에서는 그 능력들의 기저 상관 관계를 하나의 인자로 측정할 수 있는데, 이것을 일반 지능(general intelligence), 'g 인자'라고 부른다.

사람들이 단추를 재빠르게 누르는 능력을 가지고 'defenestrate(창밖으로 내던지다.)' 같은 어휘를 아는지 모르는지 예측할 수 있다는 말이 이상하게 들릴지도 모르겠다.[19] 하지만 지능 연구에서 밝혀진 뇌 기능 사이의 상관 관계는 심리학 전 분야를 통틀어 가장 높은 확률로 재현되는 연구 결과로 꼽힌다.[20]

지능은 놀랍게도 내구성 강한 형질이기도 하다. 1932년 6월 1일 스코틀랜드 정부가 전국의 모든 11세 아동 총 8만 7498명을 대상으로 71문항으로 이루어진 검사를 실시했다.[21] 학생들은 암호를 풀고 유추 문제를 풀고 산수 문제를 풀었다. 스코틀랜드 교육 연구 협회(Scottish Council for

Research in Education, SCRE)는 검사 점수를 매기고 결과를 분석해 스코틀랜드 아동의 지능을 보여 주는 객관적 지표를 만들었다. 스코틀랜드는 1947년에 다시 전국 단위 검사를 실시했다. 협회가 20년에 걸쳐 데이터를 분석해 논문을 발표했지만 이러한 노력은 사람들의 기억 속에서 잊혔다.

1997년에 지능 전문가 이언 존 디어리(Ian John Deary, 1954년~)가 책을 읽다가 우연히 이 '스코틀랜드 정신 건강 조사'가 언급된 것을 보았다. 자신의 연구 분야와 에든버러 대학교에서 가르치는 분야를 볼 때 이것을 처음 들어 본다는 것이 어이없었다. 디어리가 읽던 책에서는 이 조사에 대해 지나가는 말로 언급했을 뿐이다. 지능 검사가 원체 시간이 많이 드는 일이어서 많은 수의 피검자를 다루기가 어려운데 전국 인구를 검사했다니. 당시 검사를 받았던 11세 아동 중에 현재 살아 있는 사람은 전부 67세일 터였다. 당시 심리학자들은 어린 시절에 받은 지능 검사가 사람들의 이후 삶에 대해 얼마나 말해 줄 수 있는지를 두고 여전히 논쟁 중이었다. 반세기 전 SCRE의 검사를 받은 사람들을 찾아서 다시 검사를 실시한다면, 지금껏 측정된 적 없던 그 영향을 측정할 수 있을 터였다.

디어리의 동료 로런스 윌리(Lawrence J. Whalley, 1946년~)가 스코틀랜드 정신 건강 조사 보고서의 조사를 맡았다. 조사를 진행하던 윌리는 검사 원본 파일과 상자가 쌓여 있는 지하실에 마침내 들어가게 되었다. 그는 디어리에게 이 소식을 알렸다. 그러자 디어리는 이렇게 답했다. "이게 우리 인생을 바꿔 놓을 겁니다."[22]

디어리와 윌리는 동료들과 함께 8만 7498건의 검사지 원본을 컴퓨터로 옮겼다. 다음으로 당시에 검사받은 사람들의 현황을 조사했다. 제2차 세계 대전 중에 전사한 군인들, 버스 기사 1명, 토마토 재배 농부 1명, 유리병에 상표 붙이는 일을 하는 사람 1명, 열대어 상점 매니저 1명, 남극

탐험대 대원 1명, 심장 전문의 1명, 식당 주인 1명, 인형 병원 조수 1명 등 다양한 직군이 망라되어 있었다.

디어리와 월리 연구진은 피검자 중 현재 한 도시, 애버딘에 거주하는 생존자를 전부 찾기로 했다. 성명 표기 오류나 잘못 기재된 생년월일 때문에 작업이 순조롭지는 않았다. 애버딘 거주 피검자 다수가 1990년대 말에 사망했고, 또 많은 사람이 다른 곳으로 이주했다. 그저 연락이 닿지 않는 사람들도 많았다. 하지만 1998년 6월 1일, 노인 101명이 애버딘 음악당에 모였다. 11세 아동으로 검사받은 지 정확히 66년 만의 소집이었다. 디어리는 마침 자전거 사고로 양쪽 팔 골절상을 입었지만 그까짓 일로 이 역사적 현장을 놓칠 수는 없었다. 그는 에든버러에서 열차로 193킬로미터를 달려 애버딘에 도착해 양팔 깁스 상태로 2차 검사를 지켜보았다.

디어리 팀은 에든버러로 돌아와 채점을 진행했다. 디어리가 두 연령대의 지능 지수 상관 관계를 연산해 줄 프로그램에 11세 때 점수와 고령자 점수를 입력하고 엔터키를 눌렀다. 컴퓨터가 뱉어 낸 결과치는 73퍼센트였다. 다시 말해 1932년에 상대적으로 낮은 점수를 받은 사람들은 1998년에도 상대적으로 낮은 점수를 받는 경향이 있고, 어릴 때 고점을 받은 사람들은 고령에도 고점을 받는 경향이 있다는 뜻이었다. 1933년에 그 11세 아동 중 1명의 점수를 보았다면, 70년 뒤 그 사람의 점수가 얼마일지 꽤나 정확하게 예측할 수 있었다.

디어리의 연구에 자극받은 많은 과학자가 아동기 지능 검사 점수로 또 다른 무엇을 예측할 수 있는지 실험했다. 학교를 도중에 그만두지 않고 얼마나 오래 다닐 수 있는가, 직장에서 얼마나 높은 평가를 받는가 등은 상당히 정확히 예측할 수 있었다. 미국 공군에서는 조종사들의 'g 인자' 검사 점수 분포도로 사실상 모든 직무의 수행 평가 검사 분포도가 예측된다는 결과가 나왔다. 지능 검사 점수로 사람들이 흡연할 확률은 예측하지 못하지만 금연할 확률은 예측할 수 있었다. 스웨덴의 과학자들은 피검자 100만 명 규모의 연구를 통해 지능 검사에서 낮은 점수를 받은 사람들이 사고를 더 많이 당한다는 결과를 얻었다.

지능 검사 결과로 많은 영역의 예측이 가능하다는 것은 지능이 생리적 메커니즘과 깊이 관련되어 있을 수 있음을 시사한다. 어떤 과학자는 지능 검사의 유형은 다양하지만 전부가 어떤 식으로든 우리의 뇌가 정보를 얼마나 효율적으로 처리하는지를 규명한다고 주장했다.[23] 이 가설을 뒷받침하는 가장 강력한 근거는 도형 플래시 테스트로 얻을 수 있다.[24] 두 줄의 수직선 위에 수평선 한 줄이 놓인 그림인데, 스톤헨지 돌기둥을 떠올리면 될 것이다. 도형이 화면에 나타날 때마다 수직선 한 줄이 나머지 줄보다 짧아진다. 피검자는 어느 선의 길이가 더 긴지 가리켜야 한다.

도형이 너무 빨리 깜박거리면 사람들은 그냥 둘 중에서 하나를 찍는다. 화면에 도형이 충분히 오래 떠 있으면 대다수가 답을 맞힐 수 있다. 도형을 볼 수 있는 시간이 평균적으로 0.1초일 때 사람들은 답을 맞혔다. 하지만 이 시간은 개인에 따라 약간씩 달랐다. 한 연구에서는 단 0.02초면 답을 맞히는 사람에서 0.136초가 필요했던 사람까지, 개인 편차가 크게 나타났다.[25]

연구자들은 실험을 거듭하면서 계속해서 지능과 탐색 시간 사이에 상관 관계가 있다는 결론을 얻었다. 지능 점수가 낮을수록 도형을 인식하는 데 더 많은 시간이 필요한 경향이 나타났다. 이것이 철칙은 아니나 (상관 관계는 약 50퍼센트였다.) 이 정도의 연관성이면 탐색 시간과 지능의 기저에 공통된 무언가가 깔려 있지 않은가 하는 의문을 제기해 볼 만큼은 되었다.

아무리 단순한 정신 작용이라도 우리의 뇌 속에 산재한 복잡한 신경망의 뉴런에 전기를 발생시킨다. 뇌의 중간과 뒤쪽 부위에서 지각 정보를 수집하고 정비한다. 이렇게 받아들인 정보가 기다란 섬유인 백질 신경로를 통해 신호를 뇌 앞쪽으로 보낸다. 이곳에 문제 해결과 결정에 특화된 부위가 있다. 그러면 이 앞쪽 부위가 다른 부위에 알려서 수집한 지각 정보를 조정한다.

하지만 디어리의 연구는 지능의 뿌리가 더 깊을 수도 있음을 시사한다. 그의 연구진이 2차 검사를 실시하던 1990년대 말은 많은 1차 검사자가 사망한 뒤였다. 그들은 학생 2,230명의 기록을 조사하면서 1997년까지 사망한 사람들이 현재까지 생존한 사람들보다 평균적으로 지능 점수가 낮았다는 사실을 발견했다. 지능 검사 점수가 상위 25퍼센트였던 여성 약 70퍼센트가 그때까지 생존했지만, 하위 25퍼센트에 속했던 여성은 45퍼센트만이 생존했다. 남성도 비슷한 차이를 보였다.

다시 말해 아동기에 높은 점수를 받은 사람들이 더 오래 사는 경향을 보였다. 연구자들은 이것을 IQ가 15점 높아질 때마다 사망률 24퍼센트 하락으로 번역된다고 보았다.

2017년에 디어리와 동료들은 이 효과를 한층 더 깊이 파고드는 연구를 실시했다. 이번 연구에는 스코틀랜드 정부가 1947년에 2차로 실시한 11세 아동의 정신 건강 검사를 이용했다. 이 연령 집단은 제2차 세계 대전에 참여하기에는 너무 어렸기 때문에 더 많은 인원이 고령까지 생존할 수 있었다. 디어리의 연구진은 피검자 6만 5000명의 기록을 조사하면서 사망 여부만이 아니라 사망 **원인**까지 살펴보았다.

이전의 연구와 마찬가지로 지능 점수가 낮을수록 사망률이 높아졌다. 하지만 사망자들을 주요 사인별로 분류했을 때에도 이 법칙은 전반적으로 유효했다. 지능 점수 상위 10퍼센트인 사람들이 하위 10퍼센트

인 사람들보다 호흡기 질환으로 사망할 확률이 3분 2 낮았다. 심장 질환, 뇌졸중, 소화기 질환으로 인한 사망률은 상위 10퍼센트가 하위 10퍼센트의 절반이었다.[26]

지능 검사 점수는 사람들이 자기 관리를 얼마나 잘하는지를 측정하는 것일 수도 있다. 성인이 되었을 때 그들이 돈을 더 많이 벌고 그 돈으로 건강에 더 투자할 수도 있다. 아니면 의사가 주는 정보를 더 잘 이해하는 것일 수도 있다. 하지만 디어리는 지능이 장수에 미치는 영향은 너무 포괄적이고 광범위하기 때문에 그것보다 더 심오한 상관 관계를 찾아보자고 제안했다. 체온계나 혈압계가 체온과 혈압 이상의 것을 나타낼 수 있듯이, 지능 검사에서도 더 많은 생물학적 특성을 파악할 수 있을 터였다. 뇌의 효율적인 작용은 다른 신체 부위들이 얼마나 원활하게 돌아가는지를 보여 주는 척도일 수도 있다. 디어리가 말하는 이 "시스템 무결성(system integrity)"이 우리 몸의 전체 시스템이 얼마나 오래 돌아가다가 망가질지 결정하는 한 요소가 될 수 있다.[27]

초기의 지능 연구자들은 유전이 지능에 압도적 영향을 미친다고 확신했다. 잉글랜드의 심리학자 찰스 에드워드 스피어먼(Charles Edward Spearman, 1863~1945년)은 "사람의 키가 훈련으로 더 자랄 수 없는 것과 매한가지로 지능도 훈련으로 더 높아질 수 없다."라고 말하기도 했다.[28] 하지만 그들이 이러한 주장의 근거라고 내놓은 것이 얼마나 빈약한지 차라리 반숙 달걀이 단단할 지경이었다. 잉글랜드 위인들의 연대기를 훑는 것만으로는 골턴이 갈구하는 증거를 구할 수 없었다. 1900년대 초에는 계급 편견이 팽배해서 『칼리카크 가족』 같은 과장된 허구마저 다년

간 진지하게 받아들여졌다.

하지만 1920년대에 이르면 유전학도 성숙에 도달했고, 의미 있는 지능 연구 방법이 나오기 시작했다. 이 시기에는 쌍둥이가 유전 연구에서 하나의 도구로 부상하면서 지능 연구자들은 키 연구의 선례를 따를 수 있었다. 시카고의 세 과학자 프랭크 뉴전트 프리먼(Frank Nugent Freeman, 1880~1961년), 칼 존 홀징어(Karl John Holzinger, 1892~1954년), 호레이쇼 해킷 뉴먼(Horatio Hackett Newman, 1875~1957년)이 일란성 쌍둥이 50쌍과 이란성 쌍둥이 50쌍에게 지능 검사를 실시했다.[29] 일란성 쌍둥이의 점수가 이란성 쌍둥이의 점수보다 비슷하게 나왔다. 이것은 지능이 유전된다는 것을 시사하는 결과였다.

이 시카고 연구자들은 쌍둥이를 이용한 또 다른 지능 연구가 가능하다는 것을 깨달았다. 함께 성장한 쌍둥이를 비교하지 말고 따로 떨어져서 자란 쌍둥이들에게 자연이 미친 영향이 얼마나 강력한지를 보자는 것이었다. 그들은 어릴 때 헤어진 성인 쌍둥이를 찾는다는 광고를 냈다. 각각 다른 가족으로 입양된 경우가 가장 많았는데, 총 19쌍의 쌍둥이로부터 연락이 왔다.

연구자들이 에드(Ed)와 프레드(Fred)라는 이름으로 부른 한 쌍둥이 형제의 경우, 각기 다른 주에서 성장했다.[30] 어느 날 누군가가 에드에게 다가와 말했다. "안녕, 프레드, 어떻게 지내?" 에드는 오래전에 헤어진 형제가 있다는 기억이 있어서 이 미지의 프레드를 찾아보자고 마음먹었다. 마침내 재회한 쌍둥이는 둘 다 고등 학교를 중퇴하고 둘 다 전기 기술자가 되었다는 것을 알고 깜짝 놀랐다. 시카고 연구진은 이 쌍둥이 형제에게 IQ 검사를 실시했고, 에드는 91, 프레드는 90이 나왔다.

헤어져서 성장한 다른 쌍둥이들에게서도 서로 비슷한 점수가 나왔다. 하지만 프리먼과 동료들은 이 연구에서 도출한 결론에 매우 삼가는 태도를 취했다. "우리가 인간이라고 부르는 유기체를 구성하는 그 뒤엉킨 거미줄에서 단 몇 가닥의 실을 찾아낸 것이라고 해도 우리는 기쁠 것이다."[31] 프리먼이 1937년에 출간한 저서 『쌍둥이: 유전과 환경 연구(*Twins: A Study of Heredity and the Environment*)』를 맺으며 남긴 말이다. 에드와 프레드의 지능이 높은 유사도를 보인 것은 사실이지만, 그럼에도 그들은 다음 명제에 동의했다. "유전이 할 수 있는 일은 환경도 할 수 있다."

비슷한 시기, 런던에서 영국 심리학자 시릴 로도윅 버트(Cyril Lodowic Burt, 1883~1971년)도 쌍둥이의 지능을 연구하고 있었다.[32] 버트는 일찍이 심리학을 진로로 삼았다. 그는 의사인 아버지가 왕진할 때 따라가고는 했는데, 어느 날 왕진에서 골턴을 만났다. 골턴과 이야기를 나눈 뒤 버트는 골턴의 저서를 샀고, 그것으로 그의 운명은 결정되었다. 버트는 옥스퍼드에서 공부한 뒤 교사가 되었고 부업으로 심리학 연구를 수행했다. 1912년에는 런던 시의회의 초임 심리학자로서 특수 교육이 필요한 낮은 지능의 아동을 파악하기 위한 지능 검사를 실시했다.

버트는 지능에서 어느 정도까지가 "선천적인 부분이고, 어느 정도가 학습되는 부분"인지 알고 싶었다.[33] 골턴의 가설에 고무된 버트는 자신이 가르치는 학생 중에 어려서 헤어진 쌍둥이가 있는지 찾아보았다. 1955년에 버트는 21쌍의 쌍둥이 연구를 발표했다. 그들의 지능 검사 점수는 같은 집에서 자란 형제자매의 점수보다 유사도가 높았다.

11년 뒤, 버트는 더 규모가 커진 53쌍의 쌍둥이 연구 결과를 발표했다. 결과는 같았다. 버트는 지능 검사 점수를 이용해 지능의 유전성을 80퍼센트로 추산했다. 프리먼의 연구진이 본성이냐, 양육이냐를 놓고 신중에 신중을 기하고 있을 때 버트가 나서서 심리학 의사봉을 쾅 내려친 셈이다. 그는 유전이 사람들의 지능 검사 점수 차이를 대체로 다 설명해 준다고 단언했다.

버트가 1966년에 작성한 논문을 읽은 사람 중에 프린스턴 대학교의 심리학자 리언 카민(Leon J. Kamin, 1927~2017년)이 있었다. 그는 "버트의 논문을 읽기 시작한 지 10분 만에 가짜일 수밖에 없는 수상한 점이 있음을 본능적으로 알았다."[34]

결과들이 너무 딱딱 맞았다. 카민의 표현을 옮기자면, "이 지저분하고 골치 아픈 진짜 세계"하고는 아무 상관도 없는 이야기 같았다. 카민은 버트의 연구를 꼼꼼히 살펴보고 조작의 근거를 발견했다. 버트의 1955년 논문과 1966년 논문에서 20개의 상관 계수가 동일했다. 헤어져서 자란 일란성 쌍둥이의 상관 계수가 0.771인데, 두 논문에서 똑같은 수치가 나온 것이다. 세 자릿수가 우연히 일치하는 것만 해도 가능성이 낮아 보이는데 20개가 우연히 일치했다? 천문학적으로 불가능한 일이었다. 버트의 논문 다른 곳에서도 쌍둥이 연구 결과의 많은 부분이 조작임을 말해 주는 단서를 찾아냈다. 버트는 심지어 거짓 이름으로 논문을 발표해 다른 과학자들이 그의 연구 결과를 입증해 준다고 착각하게 만들기도 했다.

2007년에 럿거스 대학교의 심리학자 윌리엄 터커(William H. Tucker, 1940~2022년)가 버트의 오랜 사기극에 종지부를 찍었다.[35] 버트는 처음부터 끝까지 우생학자였다고. 1909년에 버트는 상류층 학생들이 하류층 학생들보다 지능 검사 점수가 높음을 보여 주는 논문을 발표했다. 버트는 이 점수 차에서 두 계급의 서로 다른 양육 환경이 하는 역할은 아주 미미하다고 주장했다. "우월한 혈통의 아이들이 지능 검사에서 보인 우월한 능력은 선천적이었다."[36]

버트 사건으로 모든 쌍둥이 연구가 해로운 과학이라는 오명을 입었고, 많은 연구 프로젝트가 취소되었다. 어떤 분야에 사기꾼이 꼬였다고 해서 그 분야의 모든 연구 결과가 틀린 것이 되지는 않는다. 잘 설계된 수백 건의 연구가 일란성 쌍둥이의 지능 검사 점수가 이란성 쌍둥이의 점수보다 더 높은 유사도를 보인다는 같은 결론에 도달했다.[37] 일란성 쌍둥이는 헤어져서 자란 경우에도 함께 자란 형제자매보다 높은 유사도를 보였다. 이 연구들을 통해 과학자들은 지능 검사 점수의 유전력을 약 50퍼센트로 추산했다. 이것은 버트가 주장했던 80퍼센트보다는 크게 낮지만, 그럼에도 유전이 지능에서 중요한 역할을 수행한다는 결론 자체를 부정해서는 안 될 것이다.

이처럼 엄격하고 철저하게 수행된 연구 결과가 쌓이면서 내부에서 비판이 나왔다.[38] 일부 과학자들은 이 연구가 이란성 쌍둥이와 일란성 쌍둥이의 유일한 차이가 유전자라는 가정에 의존한다고 비판했다. 또 일부에서는 중요한 것은 유전자 차이가 아니라고 주장했다. 일란성 쌍둥이는 겉모습이 같아서 같은 사람처럼 키워지고는 한다. 반면에 이란성 쌍둥이는 외모가 같지 않기 때문에 성장기의 경험이 일반 형제자매와 비슷한 경우가 많다. 2015년의 한 연구는 따돌림, 성적 학대, 그 밖의 트라우마를 경험한 쌍둥이를 조사했다.[39] 일란성 쌍둥이가 이란성 쌍둥이보다 비슷한 경험을 한 경우가 더 많았다. 쌍둥이 1명이 학대를 당했다면 다른 1명도 학대를 당한 경우가 많았다는 뜻이다.

하지만 쌍둥이들의 성장기 경험을 면밀하게 조사한 과학자들은 일란성 쌍둥이와 이란성 쌍둥이의 경험 차이는 그 효과가 미약하거나 없다고 결론 내렸다.[40] 한 연구는 심지어 쌍둥이 연구에 회의적인 과학자가 수행했다. 바로 프린스턴 대학교의 사회학자 돌턴 클라크 콘리(Dalton Clark Conley, 1969년~)였다.[41] 콘리는 잘못 분류된 쌍둥이 수를 조사해서 쌍둥이들의 경험을 연구해 볼 수 있겠다고 생각했다.

출생 때 일란성 쌍둥이가 이란성으로 기록되는 경우가 있고, 이란성이 일란성으로 기록되는 경우가 있다. 유전자 검사 한 번이면 쉽게 확인될 텐데도 의사들은 그다지 개의치 않는 듯하다. 2004년에 일본의 한 연구는 병원에서 잘못 분류되는 쌍둥이가 30퍼센트에 달한다는 사실을 밝혀냈다. 네덜란드에서는 한 연구진이 쌍둥이 327쌍의 DNA를 검사한 뒤, 부모들에게 자녀가 일란성 쌍둥이인지 이란성 쌍둥이인지 물었다. 부모의 19퍼센트가 잘못 알고 있었다.

유전자 차이가 중요하지 않다면 일란성으로 잘못 분류된 이란성 쌍둥이는 더 비슷해져야 할 것이다. 또 이란성으로 잘못 분류된 일란성 쌍둥이는 부모와 교사를 비롯해 주변 모든 이가 이란성 쌍둥이로 대했을 테니 일란성 쌍둥이가 겪는 강렬한 경험을 하지 못했을 것이라고 추측할 것이다. 그러나 콘리의 연구진은 그런 일은 없음을 발견했다. 잘못 분류된 정체성은 쌍둥이의 성장에 아무런 효과를 발휘하지 못했다. 일란성은 자기네가 일란성인지 몰랐던 경우에도 형질 면에서 더 닮게 성장했다. 키도 더 비슷했고, 우울증 발병률도 더 비슷했고, 고등 학교 성적도 더 비슷했다. 이러한 유사도를 설명해 줄 수 있는 것은 유전뿐이다.

***

과학자들이 연구한 모든 행동이 부분적으로는 유전성이었다. 흡연과 이혼율에서 텔레비전 시청 습관까지.[42] 이쯤 되면 지능이 유전되지 **않는다고** 하는 것이 더 충격일 듯하다. 하지만 지능과 관련한 쌍둥이 연구로는 정확히 무엇이 유전되는지 알 수 없었다. 다시 말해 어떤 유전자 변이가 사람들의 지능 검사 점수에 영향을 미치는지 말이다.

그 변이를 찾기 위해 과학자들은 키를 연구한 과학자들이 개척한 길을 따라갔다. 처음 유전자와 키를 연관 지어 연구한 과학자들은 라론 증후군 같은 성장 장애를 연구했다. 처음으로 지능과 연결 지어 연구된 유전자도 PKU 같은 지적 장애 연구에서 등장했다.[43] 이러한 초기의 발견은 어린이들에게 크나큰 도움이 되었다. 이러한 발견을 통해 장애 검사를 점점 더 늘리고 그 치료법을 모색할 수 있었다. 그럼으로써 어떤 경우에는 특수 식단이, 또 어떤 경우에는 특별한 학교 교육 프로그램이 필요해졌다.

하지만 지능의 유전력에서는 그런 유전자가 사실상 무의미했다. 심각한 돌연변이가 지적 발달 장애를 유발하는 경우는 매우 드물다. 예를 들어 PKU를 겪는 사람은 1만 명 가운데 1명뿐이다. 인구 전체를 볼 때 어째서 지능 지수가 사람마다 다른지 그런 변이로는 아무것도 설명하지 못한다.

21세기 초에 행동 과학자들은 DNA 염기 서열 분석 기술과 인간 유전체 지도로 지능에 영향을 미치는 유전자를 더 많이, 그리고 더 빠르게 찾아낼 수 있으리라는 희망에 부풀어 있었다. 2000년에 로버트 조지프 플로민(Robert Joseph Plomin, 1948년~)과 존 크래브 2세(John C. Crabbe Jr.)는 이렇게 예견했다. "몇 년 안에 많은 심리학 분야가 사람의 행동에 광범위한 영향을 미치는 그 특정 유전자들 속으로 가라앉을 것이다."[44]

처음에는 대홍수가 임박한 듯했다. 과학자들이 지능에 영향을 미치는 것으로 보이는 유력한 후보 유전자들을 찾아냈고 보통 사람들을 대상으로 연구를 수행했다. 그중 하나가 뇌에서 효소 단백질을 암호화하는 COMT(Catechol-O-methyltransferase) 유전자였다. 이 효소는 신경 전달 물질인 도파민 억제 역할을 하는데, 이것을 위해서 도파민 분자를 잘게 분해한다. COMT의 한 변이는 이 분해를 더디게 하는 효소를 생성하는데, 그럼으로써 뇌의 도파민 수치가 상승할 수 있다. 이 COMT 대사를 느리게 만드는 변이는 흔한 편이다. (나의 유전체를 확인해 보니 나에게도 이 변이 유전자 사본이 1개 있었다.) 많은 과학자가 어떤 COMT 변이를 가졌느냐가 지능 지수에 영향을 미치지 않을까 추측했다. 도파민이 기억, 의사 결정

등 정신적 과제를 수행하는 데 쓰이는 중요한 물질이니 말이다. 따라서 도파민 분해를 느리게 만드는 변이가 뇌에 도파민이 더 많이 쌓이게 해서 이러한 과제 수행 능력을 향상시킨다는 가설이 성립한다.

2001년에 미국 국립 정신 건강 연구소(National Institute of Mental Health, NIMH) 연구원 마이클 이건(Michael Egan)이 이 가설을 검증하는 연구를 이끌었다.[45] 그의 연구진은 참가자 449명에게 위스콘신 카드 분류 검사(Wisconsin Card Sorting Test)를 실시했다. 이 검사는 아주 간단한 게임이다. 피검자들에게 동그라미, 네모, 십자, 별이 그려진 카드를 보여 준다. 카드마다 각 무늬의 개수와 색이 다르다. 이 검사의 목적은 한 가지 규칙에 따라 서로 짝이 맞는 조합을 만드는 것인데 피검자들에게는 그 규칙을 알려 주지 않는다. 피검자들은 시행착오를 거쳐 그 규칙이 무엇인지 알아낸다. 그러면 이건은 규칙을 변경해 피검자들이 새 규칙을 알아내게 했다. 연구자들은 이 변경된 규칙을 알아내는 데 걸리는 시간을 측정했다.

도파민 분해 속도를 늦추는 COMT 변이가 있는 피검자들이 이 게임에서 약간 더 높은 점수를 받았다. 이 연구가 성공을 거두자 많은 과학자가 COMT 변이의 효과를 직접 검증하기 위한 연구를 수행했다. 다수가 이 변이와 지능의 연관성을 발견했다.

흥분되는 발견이었다. 하지만 얼마 안 가서 흥분은 실망으로 식어 갔다. 실험군의 규모를 키운 이후의 연구에서는 도파민 분해 속도를 늦추는 COMT 변이 유전자에서 어떠한 효과도 발견되지 않았기 때문이다.[46] 지능에 영향을 미치는 다른 후보 유전자를 찾기 위한 연구도 이루어졌으나 기대가 무너지는 것을 지켜보는 수밖에 없었다.[47]

돌이켜 보면, 후보 유전자를 탐색한다는 발상부터가 실패가 보장된 전략이 아니었나 싶다. 우리의 뇌는 2만여 종의 단백질 암호화 유전자를 84퍼센트까지 사용한다.[48] 뉴런은 유형에 따라 저 중에서 각기 다른 유전자 조합을 사용하는 데다 뇌를 구성하는 세포형만 수백 종이다. 아마도 이 목록을 완성하는 일만 해도 오랜 세월이 걸릴 것이다. 이 방대한 잡동사니 속에서 지능에 어떤 명확한 역할을 하는 유전자 하나를 딱 뽑을 수 있다고 생각했다면, 우리가 지금까지 뇌에 대해서 알아낸 것을 과대 평가했다고 봐야 할 것이다.

후보 유전자들 중에서 지능과 연관된 유전자를 찾아내지 못하자 과학자들은 전장 유전체 관련 분석으로 전환했다. 유전체 전체에 걸쳐 유전자 표지자들을 살펴보면서 유전자 스스로 말하게 하자는 생각이었다.

디어리가 지능의 첫 전장 유전체 관련 분석을 이끌었다. 디어리의 연구진은 스코틀랜드 정신 건강 조사 프로젝트의 일환으로 일부 피검자의 DNA 염기 서열을 분석했다. 다른 연구에 자원한 사람들의 DNA까지 추가해 총 3,511명의 DNA 염기 서열을 분석했다. 연구원들은 약 50만 개의 유전자 표지자를 스캔해서 높은 지능 혹은 낮은 지능과 상관 관계가 있는 표지자가 있는지 살펴보았다. 이 정도 규모로 분석이 이루어진 것은 처음이었다. 그럼에도 디어리의 연구진은 2011년 보고서에서 사람의 지능 검사 점수에 명확한 효과를 보이는 유전자는 단 하나도 찾아내지 못했다고 밝혔다.[49]

허시혼의 연구진의 키 연구가 어떻게 되었는지 아는 디어리는 이런 결과에 크게 실망하지는 않았다. 복합 형질은 수백 종, 심지어 수천 종 유전자의 영향을 받을 수 있다. 사람들에게 흔한 변이는 효과가 미약해 작은 규모의 연구로는 발견되지 않을 수 있다. 게다가 지능은 줄자 같은 간단한 도구로 정확히 측정되는 뻔한 형질이 아니다. 심리학자들은 연구 대상이 어떤 사람이냐에 따라서, 지능의 어떤 측면을 연구하느냐에 따라서, 한 사람당 얼마 동안 검사할 수 있느냐에 따라서 사용하는 검사법이 달라질 것이다. 연구에 필요한 데이터를 대규모로 모으려면 각기 다른 지능 검사법을 사용했던 작은 단위의 연구 결과를 통합하는 경우도 적지 않다. 성격이 다른 여러 검사 결과들이 오히려 유전자의 영향을 파악하는 데 자욱한 안개를 펼쳐 놓을 수도 있는 법이다.

숨은 자리가 어디가 되었건, 이러한 난관 앞에서도 유전자는 아무튼 계속해서 신호를 내보내고 있다. 피스허르가 키의 유전을 연구할 때 사용했던 유전자 유사도 검사 결과에서도 지능 검사 점수가 유전성임이 확인되었다. 나아가 피스허르는 지능에 대해 설명되지 않던 유전력의 많은 부분을 설명할 수 있었다. 피스허르의 연구진은 연구 대상의 연령에 따른 유전력 차이를 정확한 수치로 밝혀냈는데, 12세 아동을 검사했을 때에는 지능의 유전력이 자그마치 94퍼센트임을 설명할 수 있었다.[50]

지능과 관련한 유전자가 처음 밝혀진 것은 간접적 경로를 통해서였다. 의료 설문 조사에는 학교에 다닌 기간을 묻는 문항이 포함되는 경우가 많은데, 교육 정도가 약간은 유전성 형질임이 밝혀졌다.[51] 교육 정도와의 상관 관계를 보면 일란성 쌍둥이가 이란성 쌍둥이보다 강했으며, 함께 자란 친형제자매의 교육 정도가 의붓 형제자매의 교육 정도보다 더 비슷했다. 학교에 다닌 기간의 개인차 약 20퍼센트가 유전적 차이에서 비롯되었다고 추산한 연구 결과도 있다.

2013년에 네덜란드 로테르담에 있는 에라스뮈스 대학교의 한 연구진이 의학 연구 10여 건의 데이터를 취합해 10만 명 이상의 DNA에서 교육 정도와 상관 관계가 있는 변이를 탐색했다.[52] 그들은 학교를 일찍 떠난 사람들보다 교육 정도가 더 높은 사람들에게 더 흔히 나타나는 유전자 변이 10여 종을 찾아냈다.

사람들이 학교에 얼마나 오래 다니느냐에는 동기와 흥미 등 많은 요인이 작용한다. 하지만 지능의 영향도 있다. 개개인 간에 생기는 학교에서 보낸 기간의 작은 차이는 지능 검사 점수로 설명된다. 로테르담의 연구진은 교육 정도에 영향을 미치는 몇 종의 유전자 변이가 지능에도 영향을 미치지 않을까 하는 물음을 던졌다. 그들은 교육 정도 연구 결과에서 69종의 변이를 추린 뒤, 자원자 2만 5000명의 DNA를 분석하고 지능 검사를 실시했다. 그리고 이 결과에서 그 69종의 유전자 변이와의 연관성을 찾을 수 있는지 조사했다.[53] 2015년에 그들은 3종의 변이를 발표했다. 세 변이 각각이 한 개인의 IQ 점수를 0.3점 높일 수 있었다. 불꽃처럼 폭발적인 효과는 아니었다. 보글거리는 샴페인 거품 정도랄까.

로테르담의 연구진의 성공적 결과에 더 큰 규모의 인구 집단에서 더 많은 변이를 발견하고자 데이터 병합 연구가 다수 추진되었다. 2017년에 한 다국적 연구진은 거의 8만 명을 분석해 52종의 유전자를 발견했고, 또 다른 인구 집단을 분석해 그 결과를 확증할 수 있었다.[54] 하지만 이 유전자들이 지능 검사 점수의 개인차를 설명해 주는 부분은 여전히 몇 퍼센트 안 된다. 과학자들이 각 유전자의 기능을 살펴보았으나 대단한 생물학적 사연 같은 것은 나오지 않았다. 몇몇 유전자는 신체 전체의 세포 발달을 제어한다. 몇몇은 뉴런 내에서 다양한 과제 수행을 관장한다. 또 일부는 어떤 숨은 경로에서 작동하는 듯한데, 앞으로 과학이 밝혀내야 할 부분이다.

지능이 키처럼 전유전적 형질로 밝혀진다면, 이 52종의 유전자는 출발점일 뿐, 그 목록은 앞으로도 오랫동안 늘어날 것이다. 어쩌면 뇌 안에 지능 검사 점수에 영향을 미치는 방향으로 작용하는 핵심 유전자들이 있을지도 모른다. 하지만 그것을 탐색하려면 무수한 유전자들의 연결망을 찾아 더 깊이 들어가야 할 것이다. 과학자들이 언젠가 이 지식을 전부 획득한다고 해도 지능을 완전히 이해하기까지는 여전히 머나먼 여정이 기다리고 있을 것이다.

⁂

골턴과 피어슨을 위시한 골수 유전 만능론자들에게 지능은 자연이 환경을 혼쭐내는 사례였다. 고다드는 심지어 모든 정신 박약은 멘델 돌연변이(Mendelian mutation, 단일 유전자 돌연변이)로 설명된다고 굳게 믿었다. 이런 극단적 관점에서 보면 지능은 혈액형과 같은 것이었다. 혈액형은 어릴 때 부모님이 텔레비전을 껐든 말았든 영향을 받지 않으며, 하루 세 끼 건강하게 먹었든 말았든, 아니면 초등 학교 때 수두에 걸렸든 아니든 아무 상관도 없다. 혈액형은 부모의 유전자가 합해져서 새 유전체가 만들어진 순간에 정해진 것이니까.

지능은 혈액형과는 거리가 멀다. 지능 검사 점수가 유전의 영향을 받는다는 점에는 의문의 여지가 없으나, 그 유전력은 100퍼센트가 아니다. 그 위치는 가능성의 영역 중간 어디쯤일 것이다. 일란성 쌍둥이는 지능 검사에서 비슷한 점수를 받는 경우가 많지만, 가끔은 그렇지 않은 경우도 있다. 지능 검사에서 평균 점수를 받은 사람이라면, 그 자녀가 천재로 밝혀지는 일도 당연히 있을 수 있다. 천재인 사람은 자녀가 자신의 전례를 반드시 따르지 않을 수도 있다는 것을 인식할 정도로 총명할 것이다. 지능은 왕위처럼 후손에게 유언으로 상속할 수 있는 것이 아니다.

지능에 관여하는 유전자를 캐내는 것이 과학자들에게 힘겨운 일이라면 환경의 영향을 규명하기는 한층 더 어렵다. 이 과제를 수행하려면 전장 유전체 관련 분석이 토해 내는 냉정한 통계 수치의 바다 너머의 위압적인 황야로 헤치고 들어갈 용기가 필요하다.[55] 환경이 지능에 기여하는 바를 알고자 하는 심리학자는 다정함과 트라우마, 자궁의 생화학 작용, 스트레스가 뇌에 미치는 영향 따위를 다 고려해야 한다. 환경의 영향은 유전자 변이처럼 역할과 기능에 따라 한 묶음씩 구분되지 않는다. 개

개인의 갖가지 경험이 서로 맞물리며 균사체처럼 큰 덩어리를 형성해 간다.[56]

환경의 영향이 이렇게 복잡한 한 가지 이유는, 키와 마찬가지로 지능이 발달하는 형질이기 때문이다. 태아에게는 지능이 존재하지 않는다. 영, 유아기 몇 년에 걸쳐 성장하고 삶을 경험하면서 비로소 지능 검사에서 예측 가능한 유의미한 점수를 받을 수 있다. 이 과정에서 경험이 지능의 발달에 영향을 미치는데, 어떤 경험이 쌓이느냐에 따라 지능 검사 점수도 달라질 수 있다. 환경은 포착하기 어려운 다양한 형태로 지능에 영향을 미치겠지만, 과학자들이 이해하는 영향은 효과가 강한 몇 가지 요소일 것이다.

어머니가 임신 기간에 술을 많이 마실 경우, 알코올이 신경 세포 발달을 방해해 태아 알코올 증후군(fetal alcohol syndrome)을 유발할 수 있다.[57] 아기는 태어남과 동시에 뇌가 지속적으로 빠르게 성장하는데, 이 시기의 뇌는 납 성분 페인트 같은 독성 물질에 취약하다.[58] 지능에 적대적인 요소들이 뭉쳐서 뇌를 강타하는 경우도 있다. 1999년에 UC 버클리의 공중 보건학자 브렌다 에스케나지(Brenda Eskenazi)의 연구진이 살충제가 지능에 미치는 영향을 조사하기 위해 샐리너스 밸리(Salinas Valley, 존 언스트 스타인벡 2세(John Ernst Steinbeck Jr., 1902~1968년)의 고향이자 소설 『분노의 포도』의 배경이 된 농업 중심 소도시. — 옮긴이) 농촌 사회를 방문했다.[59] 혈중 살충제 농도가 가장 높은 어머니의 자녀들이 7세 때 지능 검사에서 낮은 점수를 받았다. 에스케나지는 또 가난과 학대, 그 밖의 불우한 사건들이 살충제의 효과를 더 높인다는 사실을 발견했다.

이처럼 환경의 영향은 지능 지수를 낮추는 것으로 끝나지 않는다. 어떤 상황에서는 환경이 지능 지수를 높일 수 있다. 가장 간단한 방법으로 사람들에게 아이오딘(요오드)를 공급하는 방법이 있다.[60]

아이오딘은 갑상샘에서 호르몬을 생성하는 데 필수적인 무기질이다. 아이오딘 결핍은 목이나 후두 부위가 부풀어 오르는 갑상샘종 등 많은 질환을 유발할 수 있다. 크레틴병도 아이오딘 결핍으로 발생할 수 있는 병으로, 왜소증과 지적 장애를 유발할 수 있다.[61] 일반적으로는 임신한 여성의 갑상샘 호르몬이 태아의 뇌로 전달되어 태아의 신경 세포가 뇌의 각 부분으로 이동할 수 있게 한다.[62] 이 여성에게 아이오딘이 결핍되면 갑상샘 호르몬 수치가 떨어져 태아의 뇌가 정상적으로 발달하지 못한다.

아이오딘 수치를 높게 유지하려면 음식에 신경 써야 한다. 아이오딘은 바다에 풍부하니 해산물이 아이오딘의 훌륭한 공급원이 된다. 육류와 채소류, 우유도 좋은 아이오딘 공급원이 될 수 있지만, 아이오딘이 풍부한 토양에서 자란 것이어야 한다. 세계 인구 3분의 1이 아이오딘 결핍 위험에 처할 수 있는 곳에서 살아가고 있다.[63] 아이오딘을 식염에 첨가하는 것만으로도 건강한 아이오딘 수치를 유지할 수 있다. 미국 등 여러 국가에서 1900년대 초에 이를 정책으로 수립하자 갑상샘종과 크레틴병이 사라지기 시작했다.

하지만 한 세기가 지나서야 과학자들이 아이오딘 결핍이 지능에 훨씬 광범위한 영향을 미칠 수 있다는 근거를 발견하기 시작했다. 영국 서리 대학교의 새러 배스(Sarah Bath)의 연구진이 잉글랜드 남서부에서 성장한 어린이 조사에서 나타난 이 효과를 기록했다.[64] 잉글랜드는 우유만 마시면 충분하다는 믿음에서 식염에 아이오딘을 첨가해야 한다는 규정을 두지 않았다. 잘못된 믿음이었다. 배스의 연구진은 조사 대상 가운데 임신한 여성의 3분의 2에게서 약한 아이오딘 결핍이 있음을 확인했다. 이 여성들의 자녀들은 8세 때 구두 IQ 검사에서, 그리고 9세 때 읽기 정확성 및 이해도 검사에서 현저하게 낮은 점수를 받았다.

지능에서 아이오딘의 중요성에 대한 인식이 높아지자 다트머스 대학교 경제학자 제임스 도널드 파이러(James Donald Feyrer, 1968년~)가 그 역사를 다시 살펴보았다.[65] 파이러는 미국에서 아이오딘이 도입된 시기가 정확히 양차 대전 사이였다는 사실에 주목했다. 제1차 세계 대전 때 복무했던 미국의 젊은이 수백만 명이 아이오딘 첨가 식염의 혜택을 보지 못했다. 아이오딘 결핍 덕분에 갑상샘종이 생긴 신병 1만 2000명 중 3분의 1이 군복 상의 목 단추를 잠글 수 없어서 군 복무 부적합 판정을 받았다. 하지만 미국이 제2차 세계 대전 신병 신체 검사를 실시할 때는 갑상샘종 발병률이 60퍼센트가 감소했다.[66]

파이러는 이 변화가 신병들의 지능에도 영향을 미쳤을지 궁금했다. 개별 병사의 IQ 점수는 열람이 허락되지 않았지만 그의 연구진은 요령 좋게 결론을 이끌어 낼 수 있었다. 고득점자들이 지상군이 아닌 공군에 배치되었기 때문이다. 파이러의 연구진은 200만 신병의 기록을 살펴보면서 그들 고향의 자연 내 아이오딘 함유량도 확인했다. 이 조사 결과, 아이오딘 도입 이후 전국의 IQ 평균이 3.5점 상승한 것으로 추산되었다. 자연 아이오딘 함유량이 가장 낮은 지역에서는 점수가 15점 뛰어올랐다.

간단한 식단 변화가 지능에 그렇게 엄청난 효과를 낼 수 있다는 것이 믿기 어려울지도 모르겠다. 하지만 공중 보건 종사자들이 아이오딘 캠페인을 전 세계 다른 나라들로 이어 가자 곳곳에서 같은 도약이 일어났다. 1990년에 듀크 대학교의 아이오딘 전문가 조지 로버트 들롱(George Robert DeLong, 1936~2019년)이 중국 서부 타클라마칸 사막을 찾았다.[67] 이 지역의 토양은 아이오딘 함량이 극도로 낮았을뿐더러 지역 주민들은 아이오딘 첨가 식염의 도입을 거부했다. 이곳이 베이징 정부를 불신하는 위구르 족 자치 지역인 점도 요인으로 작용했다. 중국 정부가 지급하는 아이오딘화 식염에 위구르 족 지역 사회를 없애기 위해 피임약을 넣었다는 소문마저 돌았으니까.

들롱과 중국인 의학 동료들은 지역 관료에게 다른 방법을 제안했다. 관개 용수로에 아이오딘을 넣자는 아이디어였다. 농작물이 그 물을 흡수할 것이고, 타클라마칸 지역 주민들은 여기에서 나오는 음식을 먹을 테니까. 관료들은 이 제안에 동의했고, 나중에 들롱이 이 지역 어린이들에게 IQ 검사를 실시해 보니 평균 점수가 16점 상승했다. 사람의 뇌를 화학적으로 개선하는 것이 지능 지수를 올리는 유일한 방법은 아니다. 뉴질랜드 오타고 대학교의 사회 과학자 제임스 로버트 플린(James Robert Flynn, 1934~2020년)은 전 세계적으로 IQ 검사 점수가 서서히 상승한다는 것을 발견했다. 플린이 이 변화를 처음 감지한 때는 1984년이다. 그는 네덜란드 동료에게 네덜란드의 18세 청소년에게 실시한 IQ 검사 결과를 보내 달라고 청했다. 우편으로 점수가 도착하자 자리 잡고 앉아서 찬찬히 살폈다. 영문을 알 수 없는 격차가 눈에 띄었다. 1980년대의 네덜란드 학생들이 1950년대 학생들보다 상당히 높은 점수를 받은 것이다.

플린은 선진국 거의 30개 국가에서도 유사한 경향을 발견했다. 예를 들어 영국과 미국에서는 IQ 검사 점수가 매년 0.3점씩 상승했다. 2000년의 평균 점수가 100이었다면 1900년에는 70이었다는 말이다. "우리는 조상 다수가 지능 발달 지체 상태였다는 황당한 결론에 도달했다."[68] 플린은 저서 『지능이란 무엇인가?(*What Is Intelligence?*)』에서 이렇게 말했다.

하지만 이 경향, 즉 지금은 '플린 효과(Flynn effect)'라고 불리는 현상은 거듭해서 확증되고 있다. 우리는 키가 자라면서 머리도 똑똑해졌다. 이제 무엇이 이 상승을 이끌어 냈는지 알아내는 것이 숙제로 남아 있다.

키의 경우가 그랬듯이 플린 효과도 어떤 유전자가 바뀌었는지를 찾아내기에는 변화의 규모가 너무 크고 너무 빨랐다. 이런 경우가 성립되려면 지능 검사에서 높은 점수를 받은 사람들이 다른 사람들에 비해 엄청나게 가족 수가 많아야 이들의 유전자가 전파될 수 있는데, 그런 일은 일어나지 않았다. 지능 검사 점수에서 일어난 일도 키 변화에서 일어났던 일과 비슷할 가능성이 있다. 전 세계적으로 평균 키가 급성장하는 데에는 부분적으로 개선된 식생활, 위생 상태, 의약의 발전, 그리고 어떤 나라에서는 경제적 평등이 기여했다. 이 가운데 몇몇 요인이 플린 효과에서도 작용했을 수 있다. 성장기의 건강 상태와 영양이 개선되어 몸이 빨리 자랐고 뇌도 잘 발달했다는 뜻이다.

정부 정책도 한몫했다. 파이러는 아이오딘 공급을 밀어붙인 것이 전 세계적 플린 효과에 큰 몫을 해냈다고 주장한다. 납은 뇌에 매우 해로운 성분인데, 1970년대까지 미국의 어린이들은 페인트와 휘발유 때문에 고농도의 납에 노출되었다. 2014년에 예일 대학교 지능 전문가 앨런 카우프먼(Alan S. Kaufman, 1944년~) 연구진이 1970년대 이전 고농도의 납에 노출된 미국인 수백 명과 그 후에 출생한 미국인 수백 명에게 실시한 지능 검사 연구 결과를 발표했다.[69] 어린이들에게 노출되는 납 농도가 감소하자 IQ 점수가 4점에서 5점이 상승했다.

그러나 과학자들은 지능에 영향을 미치는 것이 뇌 속에서 돌아다니는 분자 물질만이 아니라는 사실을 예민하게 인지하기 때문에 다른 가능한 원인도 조사하고 있다. 우리의 행동은 경험을 통해 형성되는데, 특히 다른 사람들과의 경험이 큰 비중을 차지한다.[70] 부모와 이야기하면서 우리의 어휘가 쌓이는 것이 한 예이다. 전 세계 출생률이 20세기를 거치면서 급격히 감소해 1950년에는 여성 1명당 자녀가 5명이었는데 현재는 2.5명이 되었다. 가족 규모가 작아지면서 어린이들에게는 부모와 대화할 기회가 늘었다.

학교 교육도 지능 검사 점수를 높인다. 학교 교육의 효과를 측정하기 위해 통계학자 크리스티안 브린크(Christian Brinch)와 타린 앤 갤러웨이

(Taryn Ann Galloway)는 노르웨이에서 1950년대에 시행한 개혁을 이용했다.[71] 노르웨이는 학교 제도를 정비하기 위해 의무 교육 기간을 7년에서 9년으로 늘렸다. 도시마다 시점은 달랐지만 1955년과 1977년 사이에 모든 학교가 이 규정으로 변경했다. 브린크와 갤러웨이는 이 늘어난 교육 기간이 노르웨이 19세 징집병들의 IQ 검사에 어떤 영향을 미쳤는지 살펴보았다. 2012년, 1년간 추가된 교육으로 IQ 점수 3.7점이 상승했다고 그들은 보고했다.

이 자연 실험은 교육 기간이 이전 세기보다 얼마나 길어졌는지를 보면 더 중요해진다. 미국의 경우 1900년대에 50퍼센트였던 진학률이 1960년에 90퍼센트가 되었다.[72] 미국인의 평균 학교 교육 이수 기간은 6.5년에서 12년으로 늘었다.

플린에게 플린 효과는 19세기 사람들이 지적으로 장애가 있었다거나 오늘날 사람들의 신경 세포가 신호를 전달하는 방식이 근본적으로 달라졌다는 것을 의미하지 않았다. 전 세대 사람들은 그들 시대가 요구하는 방식으로 사고했을 뿐이다. 1900년대의 지능 검사에는 "개와 토끼의 공통점은 무엇인가?" 같은 문항이 들어갔다. 문항 출제자들이 원한 정답은 "둘 다 포유류."였다. 하지만 "우리는 개를 이용해서 토끼를 사냥한다."와 같은 답안도 나오고는 했다. 생물 분류학 전공자가 아니라 사냥을 많이 하는 사람들에게는 이 사실이 더 중요했기 때문이다.

20세기에 들어와 학교 교육에서는 분류, 논리, 가정과 관계된 사고 능력이 더 중시되기 시작했다. 전에 사람들은 취직을 하려면 기계를 구동하는 기술을 이해해야 했는데 나중에는 컴퓨터를 알아야 했다. 개로 토끼를 사냥하지 않는 오늘날의 어린이들은 스마트폰에 더 많은 여가를 쓸 것이다. 플린의 주장은 플린 효과가 세계로 퍼지는 양상으로도 입증된다. 시작은 미국과 유럽이었지만 개발 도상국들이 점차 현대화하면서 이들의 지능 검사 점수도 상승세를 보였다.

키 연구에서 그랬듯이 지능도 두 가지 충돌하는 생각을 떠올리지 않을 수 없다. 지난 세기에 세계는 더 크고 더 똑똑해졌지만 이 향상은 유전자 변이가 가져온 변화가 아니었다. 변화가 너무나 급격히 이루어져서 유전자가 어떤 식으로 영향을 미쳤는지 파악하기가 어렵다. 그렇지만 유전자의 역할이 중단된 적은 없다. 1900년대 초에 과학자들이 처음 키 연구를 시작했을 때, 키는 유전력이 매우 강한 형질이었다. 오늘날에는 키와 지능 모두 여전히 유전되는 형질로 인식된다. 비슷한 조건에서도 사람들이 각기 다른 키로 성장하고 각기 다른 지능 검사 점수를 받는 이유는 어느 정도는 물려받은 유전자가 각기 다르기 때문이다.

유전자와 환경을 따로따로 작용하는 별개의 요소로 보아서는 안 된다는 점 역시 명확해지고 있다. 유전자와 환경은 서로 영향을 미친다. 2003년 버지니아 대학교의 에릭 네이선 터크하이머(Eric Nathan Turkheimer)가 이끄는 연구진이 표준적인 방법을 살짝 비튼 쌍둥이 연구를 수행했다.[73] 이 연구진은 지능의 유전력을 측정할 때 이전의 연구와 달리 피검자를 중산층 가족으로만 국한하지 않고 빈곤층의 쌍둥이도 조사하기로 했다. 터크하이머의 연구진은 사회 계급도 지능의 유전력에 영향을 미친다는 것을 발견했다. 부유한 가정에서 성장한 어린이의 유전력은 약 60퍼센트였다. 더 빈곤한 가정에서 자란 쌍둥이의 유전력은 일반 형제자매의 상관 관계와 다를 바 없었다. 그들의 유전력은 제로에 가까웠다.

환경으로 인해 유전력이 바뀌는 것이 이상해 보일 수도 있다. 우리는 유전자를 정해진 운명 조달자, 피할 도리 없는 유전의 동인(動因)으로 생각하는 경향이 있다. 하지만 생물학자들은 이 둘이 밀접하게 얽혀 있음을 잘 안다. 옥수수를 고르게 건강한 토양에서 동일하게 풍부한 일조량과 강수량으로 재배한다면, 옥수수 개체들의 키 차이는 유전자 차이에서 비롯된 결과물이다. 하지만 필수 영양소를 충분히 공급받지 못할 수도 있는 나쁜 토양에서 재배했을 경우, 옥수수 개체들 사이의 키 차이는 환경적 원인이 더 크다고 봐야 한다.

터크하이머의 연구는 지능에서도 이것과 비슷한 일이 일어난다는 것을 시사한다. 지능을 연구할 때 부유한 가족, 혹은 노르웨이처럼 전 국민을 지원하는 의료 보장 제도를 실시하는 국가에 초점을 두면 유전의 역할을 과도하게 높이 평가하게 된다. 가난은 DNA 변이의 영향을 무력하게 만들 만큼 강력한 인자가 될 수 있다.

터크하이머의 연구 이후로 일부 연구에서 같은 결과를 얻었다. 하지만 그렇지 않은 경우도 있었다.[74] 환경의 효과가 사람들의 생각보다 약할 수도 있다는 뜻이다. 2016년의 한 연구는 또 다른 가능성을 제기했다. 이 연구는 미국에서는 빈곤이 지능의 유전력을 감소시켰지만 유럽에서는 그렇지 않았음을 보여 주었다. 어쩌면 유럽은 어린이를 길러 내는 토양이 환경의 영향을 받을 만큼 빈곤하지 않았을 수도 있다.

유전자와 환경의 관계에는 또 다른 역설이 있다. 시간이 흐르면서 우리의 유전자가 환경을 지능 발달에 유리한 조건으로 만들 수 있다는 점이다. 2010년에 플로민이 4개국의 쌍둥이 1만 1000쌍을 대상으로 연령대별 지능 유전력을 측정했다.[75] 9세의 지능 유전력은 42퍼센트였다. 12세에는 54퍼센트로, 17세에는 68퍼센트로 상승했다. 다시 말해서 나이가 들수록 우리가 물려받는 유전자 변이의 역할이 커진다는 뜻이다.

플로민은 각기 다른 변이 보유자가 각기 다른 환경과 만나면서 이러한 변화가 일어난다고 주장했다. 물려받은 유전자 변이의 특성 때문에 어릴 때 책 읽기를 힘들어했던 사람은 책을 멀리할 것이고, 책을 읽었을 때 얻을 수 있는 이익을 누리지 못할 것이다. 수학을 빠르게 배우는 어린이는 교사들에게 격려를 받아 수학을 더 열심히 할 것이다. 어린이가 성장하면 환경을 선택할 힘이 생기며, 그 환경이 지능에 더욱더 영향을 미칠 수 있다. 우리는 환경을 우리를 둘러싼 물리적 세계, 즉 추위도 있고 더위도 있고 화학 물질도 있고 음식도 있는 세계로 생각한다. 하지만 언어와 수로 이루어진 세계도 우리의 환경이다.

⁂

골턴과 피어슨이 키의 유전을 조사해 결과를 발표할 때에는 통계 수치가 사실을 보여 줄 수 있도록 건조한 산문체를 썼다. 하지만 주의를 지능으로 돌리자 강연과 논문은 설교체가 되었다. 골턴은 우생학이 우리에게 천재들의 은하를 가져다줄 것이라고 장담했다. 1904년 저서에서 피어슨은 다소 어두운 상황을 언급한다. "지난 40년 동안 이 나라의 지식층은 부를 축적하느라 혹은 쾌락에 탐닉하느라 혹은 잘못된 생활 수준을 추구하느라 무기력해져서, 갈수록 과중해지는 우리 제국의 과업을 이끌고 가는 데 필요한 정도로 인재를 만들어 내지 못하고 있다."[76]

미국의 우생학자들은 키와 지능에 대해서도 마찬가지로 대조적인 태도를 보였다. 그들은 국가의 평균 키 성장 사업을 촉구할 필요를 느끼지 않았다. 그러나 미국인의 지능을 정신 박약자들로부터 보호하기 위한 불임 수술과 시설 수용에 적극적으로 찬성했고 이민 금지 정책을 옹호했다.

나치도 지능을 높이 평가해 유전 건강 법정(Erbgesundheitsgericht, 나치 독일에서 강제 불임 수술 집행 여부를 판결하던 법정.—옮긴이)에서는 피고의 지능 검사 점수를 토대로 판결을 내렸다.

독일 정신과 의사들은 아무리 미약한 수준의 정신 박약자라도 단종시켜야 한다고 주장했는데, 이들의 제안은 비난을 받았다. 히틀러의 어린 돌격대원 다수가 그 범주에 들어갈 것이라는 게 이유였다.[77] 독일군 병력의 10퍼센트가 그렇다는 사실은 말할 것도 없었고. 독일 제국 의사 연맹 의장 프리드리히 게오르크 크리스티안 바르텔스(Friedrich Georg Christian Bartels, 1892~1968년)는 지능 검사가 멀쩡한 젊은 농민들까지 자격 미달로 만들 수 있다면서 반대했다. 그는 나치당원의 가치를 콜럼버스의 출생 연도 같은 잡다한 상식을 얼마나 아느냐로 판정하는 것은 잘못된 일이라고 말했다. 그런 젊은이들이야말로 학교에 앉아서 수업을 받기보다는 논밭에서 일하며 살아갈 사람들이라고. "그들에게 아직까지 이런 것을 배울 기회가 없었을 가능성도 농후하다."[78] 바르텔스는 이렇게 불평했다.

1920년대에 이미 어떤 심리학자들은 골턴과 피어슨 같은 사람들의 숙명론에 반기를 들었다. 시카고 대학교의 헬렌 배럿(Helen E. Barrett)과 헬렌 로이스 코크(Helen Lois Koch, 1895~1977년)는 보육 시설에서 살다가 탁아 프로그램에 들어간 뒤 더는 무시당하지 않고 살게 된 한 어린이 그룹을 연구했다.[79] 이들은 6개월 후에 그 아이들의 지능 검사 점수가 보육 시설에 그대로 남아 있는 아이들보다 크게 상승했다고 보고했다. 그들은 지능은 오로지 유전만의 결과가 아니며 가정과 학교 교육의 질도 중대한 영향을 미친다고 주장했다.

1930년대에는 아이오와 주의 심리학자들이 더 큰 규모의 연구를 수행해 비슷한 결론을 얻었다. 1938년에 그중 한 연구자인 조지 딘스모어 스토더드(George Dinsmore Stoddard, 1897~1981년)가 뉴욕 시에서 열린 한 학회에 참석해 결과를 발표하자 《타임》 기자가 이 놀라운 사실을 기사로 알렸다. "정통 심리학자들이 떠받드는 하나의 신조가 사람은 일정한 지능을 지니고 태어나 평생을 그 IQ로 살아가게 되어 있다는 믿음"인데

("둥그스름한 얼굴형의 열정 넘치는") 스토더드가 "개인의 IQ는 바뀔 수 있다는 것"을 증명했다.[80]

스토더드의 연구진은 탁아 프로그램에 맡겨진 어린이 275명을 추적 조사했다. 그 아이들의 부모는 가난하고 교육을 거의 받지 못했고 지능 검사에서 평균 이하의 점수를 받았다. 그 어린이들은 "평균 가정보다 나은" 곳에서 살게 된 뒤, 평균 IQ 116("대학 교수 자녀들과 같은 평균 점수")을 기록했다고《타임》은 보도했다.

이 결과를 얻은 스토더드는 유전이 모든 것을 이긴다는 우생학자들의 주장을 반박했다. "둔한 부모도 똑똑한 부모와 마찬가지로 똑똑한 아이를 낳을 수 있다. 안정된 환경을 마련해 주고, 직접 해 보고 질문하고 설명하고 상징화하는 습관을 들이도록 격려하면 어린이의 지능은 향상된다."

유전 신봉자들은 통계에 약점이 많다는 점을 들어 스토더드의 연구를 공격했다. 그들은 지능 검사는 정해진 자질을 측정하는 것이라고 주장하면서 전국 차원의 탁아 프로그램 네트워크가 필요하다는 스토더드의 호소를 도외시하고 넘어갔다. 제2차 세계 대전이 발발하자 대중의 이목은 해외로 쏠렸고, 국가적 번영을 누리던 1950년대의 미국인들은 자기와는 다른 계층이 겪는 빈곤 문제에는 무지했다.[81]

제2차 세계 대전이 끝난 뒤, 대다수 미국인은 남유럽 인과 동유럽 인은 유전적으로 지능이 낮은 사람들이라는 터먼의 주장을 더는 받아들이지 않았다. 하지만 백인과 흑인의 격차는 유전 탓이라고 주장하는 사람들이 여전히 있었다. 칼리카크 가족의 사례를 자신의 교재에 그대로 남겨 둔 저명한 심리학자 개럿은 흑인의 평균 지능이 전두엽 절제술을 마친 백인 정도라고 주장했다.[82]

개럿은 열렬한 인종 분리 정책 지지자로서 미국 심리 학회 회장 및 컬럼비아 대학교 교수를 역임했다는 자신의 화려한 이력을 인종 평등에 맞서 싸우는 데 이용했다.[83] 그는 또 브라운 대 토피카 교육 위원회 재판(백인과 유색 인종이 같은 공립 학교에 다닐 수 없도록 규정한 캔자스 주 주법은 위헌이라는 판결을 내린 재판으로, 인종 분리 정책 철폐 운동의 도화선이 되었다. 1952년부터 1954년까지 3년간 진행되었다. — 옮긴이)에서 주요 증인으로 활약했고 FBI 제보자로서 동료 컬럼비아 대학교 교수들이 퍼뜨리는 인종 평등 사상이 "공산주의 이론"이라고 보고했다.[84]

1955년에 개럿은 컬럼비아 대학교에서 퇴직한 뒤 인종주의에 헌신하기 위해 남부로 돌아갔다. 1967년에는 민권 법안 의결 반대 증인으로 의회에 출석해 의원들 앞에서 흑인의 진화적 "미발달" 상태에 대해 일장 연설을 펼쳤고, 1937년에 "최고의 인종 보존"을 촉구하기 위해 조직된 우생학 연구 재단 파이오니어 기금(Pioneer Fund)의 이사장이 되었다. 개럿은 선전 책자 쓰는 일에도 열심이었다. 인종 분리주의자 그룹들이 미국 공립 학교 교사들에게 무료로 배포한 그의 소책자가 50만 부가 넘는다. 오늘날에는 네오 나치 그룹들이 그 일을 이어 가고 있다.

개럿은 소책자 집필을 통해 흑인과 학교에서든 결혼으로든 백인의 혼합에 극력 반대하면서 그런 재앙이 서구 문명을 끌어내릴 것이라고 경고했다. 그는 미국 백인과 흑인의 IQ 점수 차가 15점에서 20점이 나온 연구 결과를 짚어, 이 차이는 유전으로 결정되었다고 주장했다. 흑인과 백인이 평등하다는 생각은 "세기의 지적 사기"라는 말도 했는데, 개럿이 지목한 이 사기의 주범은, 아니나 다를까, 유태인이었다.[85]

개럿은 많은 동료 심리학자들의 강경한 반대에 부딪혔다. 그들은 빈곤이 어린이의 지능에 막대한 영향을 미친다고 주장했다. 많은 동물 실험으로 경험이 뇌 발달 초기에 얼마나 결정적인지가 증명되었다. 새끼 고양이의 눈을 생후 결정적 시기 며칠 동안 봉합해 놓으면 그 고양이는 평생 시력을 잃는다. 인간 어린이의 발달에도 결정적 기간이 있다고 주장하는 심리학자가 갈수록 늘어났다. 유년기에 궁핍을 겪으면 신체 발육에 부진을 겪듯이 지능 발달에도 피해가 발생한다는 주장이다. 1965년에 린든 존슨(Lyndon Johnson, 1908~1973년) 대통령이 아이오와의 심리학자들이 30년 전에 호소했던 탁아 프로그램 네트워크 사업을 시작했다. 이 사업, 구체적으로 헤드 스타트 프로그램(Head Start Program, 미국 연방 정부가 운영하는 사업으로, 저소득층 학령 전 아동, 즉 신생아부터 유아 학교 입학 전 만 5세까지의 아동 교육을 지원한다. — 옮긴이)이 출범하자 빈곤층 어린이 수십만 명이 등록했다.

존스 홉킨스 대학교의 소아과 전문의이자 헤드 스타트 프로그램 기획 위원회 위원장을 맡았던 로버트 쿡(Robert E. Cooke, 1920~2014년)은 나중에 이 사업을 두고 유전의 힘을 거부하고자 하는 노력으로 묘사했다. "헤드 스타트 사업을 준비하는 데 가장 기본이 되었던 이론적 토대는, 지능은 상당 부분 유전이 아니라 경험의 산물이라는 생각이었다."[86] 그는 이렇게 말했다.

사회 과학자들은 연구를 통해 헤드 스타트 프로그램의 많은 장점을 증명했다.[87] 예를 들면 이 프로그램에 참여한 어린이들의 고등 학교 졸업률이 5퍼센트 이상 상승했으며, 고등 학교를 졸업하지 않은 어머니를 둔 어린이들의 경우에는 10퍼센트 이상 상승했다. 하지만 장기적으로 어린이의 지능 검사 점수에는 도움이 되지 않았다. 3세부터 4세까지는 점수가 상승했지만, 초등 학교 1학년 때 도로 떨어졌다.[88]

이 프로그램을 비판하는 사람들은 보란 듯이 이 결과가 바로 흑인 학생들의 지능 검사 점수가 백인 학생들보다 낮은 것이 유전자 탓임을 보여 주는 증거라고 주장했다. 1967년에 교육 심리학자 아서 로버트 젠슨(Arthur Robert Jensen, 1923~2012년)은 흑인들이 지능 검사에서 받는 낮은 평균 점수가 "실로 지능이 선천적이며 유전적으로 결정된 능력"임을 반영한다고 주장했다.[89] 그 뒤로 수십 년 동안 이따금 비슷한 주장을 하는 사람이 나왔다. 하지만 심리학자나 유전학자 대다수가 이들의 주장을 거부해 왔다.[90] 지능 검사 점수가 유전의 영향이 있음은 분명하다. 그러나 두 집단의 어떤 유전 형질이 다르다고 해서 그 두 집단의 차이가 유전적 차이가 되지는 않는다.

키 연구는 이 규칙이 명백히 논쟁의 여지가 없음을 보여 준다. 남한 사람들의 평균 키는 북한 사람들보다 2.54센티미터 크다. 키는 지능보다 유전력이 훨씬 강한 형질이다. 하지만 이 두 사실로 남한 사람들에게 북한 사람들에게는 없는 키 크는 대립 형질이 있다는 결론이 나오는 것은 아니다. 아니, 우리는 그렇지 않다고 꽤나 확신한다. 한국인이 두 인구 집단으로 나뉜 것은 겨우 1950년대의 일이다. 그 뒤로 남한은 번영했고 북한은 독재의 어스름 속에 빠지면서 키 차이가 벌어진 것이다.

마찬가지로, 헤드 스타트 사업의 실패가 1960년대 지능 검사 점수 차가 유전에서 기인한 불변의 사실이라는 증거가 될 수는 없다. 예를 들면 플린 효과는 미국 흑인을 소외시키지 않았다.[91] 오히려 흑인의 지능 검사 점수는 획기적으로 상승했고 미국 백인들은 약간 상승했다. 한 조사에서는 1980년과 2012년 사이에 이 두 집단의 점수 차가 40퍼센트 이상 좁혀진 것으로 나왔다.

연구 결과가 이렇게 나오자 일부에서는 지능을 통한 유전 연구가 기껏해야 무의미하고 최악의 경우에는 해롭다고 주장한다. 우리의 목적이 어린이의 지능을 향상시키는 것이라면 찾기 쉬운(그러나 하기는 힘든) 할 일도 얼마든지 있다고. 학교 운영이 어설픈 관료주의적 문제를 해결해야 하고, 성과 없는 프로그램은 중단하고 효과적인 프로그램은 잘 살리고 교육 불평등을 바로잡고 등등. 또 학교 밖으로 시야를 넓혀, 가난이 불러일으키는 독성 스트레스 문제나 어린이의 건강에 여전히 위협이 되는 식수의 납 농도 문제와도 싸워야 한다. 펜실베이니아 대학교의 법학 교수 도로시 로버츠(Dorothy E. Roberts, 1956년~)는 이렇게 지적한다. "그런 노력에는 유전에 대한 지식이 필요치 않으며 지능을 유전의 문제로 보려는 접근법이 오히려 훼방꾼이 될 수 있다."[92]

유전학자들은 이러한 비판을 오늘날의 지능 연구를 우습게 만드는 처사라고 반격해 왔다. 그들은 근거 박약한 과학을 이용해 현상태를 정당화하려 하거나 어떤 인종이 다른 인종보다 우월하다고 주장하려는 것이 아니라고 말한다. 어떤 형질이 유전성이라는 것이 곧 개입이 무의미하다는 주장은 아니라는 말이다. 어떤 이는 시력에 비유해 반박을 시도했다. 시력은 유전력이 매우 강한 형질이지만, 안경을 씀으로써 어린이가 부모로부터 물려받은 나쁜 시력을 극복할 수 있다. 나쁜 시력이 유전이니 개선하려고 노력하는 것이 무의미하다고 말한다면, 그 얼마나 어리석은 말인가.

사실 일부 유전학자들은 유전이 지능에 어떤 방식으로 영향을 미치는지 이해함으로써 어린이의 발전에 더 도움이 되는 정책을 수립할 수 있다고 주장한다. 교육 연구자들이 새 프로그램을 테스트할 때 학생들에게 이 정책을 포함한 경우와 그렇지 않은 경우, 어떤 효과가 나타나는지 비교하는 것이다.[93] 이러한 연구들이 신뢰할 만한 결과를 내려면 두 학생 그룹을 무작위로 구성하는 것이 중요하다. 한 그룹이 우연히 지능 또는 교육 정도에 영향을 미치는 것으로 알려진 유전자 변이 보유자가 많은 경우, 연구자가 그 결과에 속아 프로그램의 효과가 강력하다고 믿어 버리면 결국에는 시간과 돈 낭비로 끝나고 말 수 있다는 것이다.

한발 더 나아가 DNA 판독으로 학생 개개인 맞춤형 프로그램을 설계할 수 있다고 예측한 연구자도 있다.[94] 유전자 검사로 이미 신생아 단계에서 심각한 형태의 지적 장애를 밝혀낼 수 있었는데, 실로 '아는 게 힘'이 되는 경우도 있다는 말이다. 오늘날 PKU 진단을 받은 어린이는 캐럴 벅의 운명을 겪지 않아도 된다. 어린이의 DNA 염기 배열에서 지능과 관련된 수천 개 지점을 면밀히 검사해 학교에서 어떤 성적을 낼지 예측할 수도 있다. g 인자, 즉 지능 전반에 영향을 미친다고 밝혀진 변이도 있고, 일부 정신 능력에만 영향을 미치는 변이도 있다. 요크 대학교의 강사 캐스린 애즈버리(Kathryn Asbury)는 이러한 유전자 검사로 조기에 가령 난독증 같은 장애를 찾아낸다면 부모가 적기에 대응할 수 있다고 주장한다. "출생했을 때 간단한 혈액 검사로 정신 능력 가운데 어떤 영역에서 문제를 겪을지 찾아낼 수 있다. 상상해 보라. 개인 맞춤형 교육 프로그램이 그 문제가 시작되기 전에 싹을 잘라 낼 수 있을 테고, 적어도 그런 장애가 미칠 영향을 감소시킬 수 있을 것이다."[95]

"정밀 교육(precision education)"이라고 불리는 이 접근법에는 매끈하게 잘 빠진 첨단 미래 세계의 느낌이 있다. 하지만 지금으로서는, 어쩌면 수십 년 정도는, 앞으로의 방향을 살짝 보여 주는 하나의 아이디어일 뿐이다.[96] 당분간은 학교 급수관에서 납을 제거한다든지 교과서를 충분히 공급한다든지 하는 덜 화끈한 업무가 아이들에게 더 도움이 될 것이다. 유전 연구는 구체적인 도움을 주지 못하고 지능의 본질에 대한 그릇된 논의에 기름만 붓고 끝날 수도 있다. 불행히도 심리학자들은 이런 문제에 관해서는 우리의 이성이 취약하다는 것을 잘 알았다.[97] 『칼리카크 가족』처럼 유전과 사회에 대한 이해가 지나치게 단면적이고 파괴적이었던 책이 아무 이유 없이 그렇게 잘 팔렸던 것은 아니다.

2011년에 심리학자 일란 다르님로드(Ilan Dar-Nimrod)와 스티븐 하이너(Steven Heine)는 이런 유형의 생각을 "유전자 본질주의(genetic essentialism)"라고 불렀다.[98] 이들은 유전자 본질주의는 우리가 세계를 이해하는 방식에서 기인한 사고라고 말한다. 수십 년 동안 이루어진 심리학 연구는 우리의 머리가 본능적으로 사물을 분류한다는 것을 증명해 왔다.[99] 우리는 같은 범주에 있는 모든 것을 본질적으로 같다고 여긴다는 뜻이다. 조류에게는 전부 새다움이 있으며, 어류에게는 전부 물고기다움이 있다. 심리학자들이 사람들에게 이 본질이 어떤 것인지 물으면 대개 말로는 설명하지 못한다. 깃털은 새다움의 표상이다. 하지만 새에게 병이 생겨 깃털이 빠져도 우리는 새라고 생각한다. 본질주의적 관점에서 새를 이해하는 것이다. 우리는 사람도 본질주의 관점으로 이해한다. 우리는 아주 어려서부터 모든 사람에게는 그 사람만의 본질적 특성이 있다고 생각하는데, 그 본질은 그 사람이 갖고 태어나 죽을 때까지 가지고 가는 무엇이다.

이처럼 일찍이 장착된 본질주의 탓에 유전도 쉽게 오해한다. 우리는 유전자가 우리를 구성하는 본질로 여긴다. 부모로부터 물려받아 태어나서 죽을 때까지 가지고 가는 무엇이라고. 우리가 살면서 하는 그 무엇도 유전자가 만들어 놓은 것을 바꿀 수 없다고 결론 내리고 싶은 마음도 들법하다.[100] 그러면 우리가 성공한 것은 성공 유전자가 있기 때문이 될 것이고, 인종들이 서로 다른 것은 인종별로 공유하는 유전자가 다르기 때문이 될 것이다.

유전자 본질주의를 특히 더 강력하게 받아들이는 사람들이 있다. 한 연구에서 심리학자들이 자녀가 흑인 상대와 결혼하는 것을 승인하겠는가, 흑인이 잘살지 못하는 경우에 오로지 흑인들 책임이라고 생각하는가 등의 문항으로 사람들의 인종주의를 측정했다. 결과는, 인종 간의 차이를 유전자 차이로 인식하는 사람들이 인종주의 점수가 더 높았다.

유전자 본질주의를 사람들에게 주입하는 것도 가능하다.[101] 2014년 다르님로드의 연구진이 대학생 162명에게 좋아하는 음식과 식습관에 관한 설문 조사를 실시했다. 그런 뒤 참가 학생들에게 신문 기사를 읽게 했는데, 진짜 기사가 아니라 연구진에서 작성한 글이었다. 한 그룹은 비만의 원인이 나쁜 유전자임을 설명하는 기사를 읽었다. 다른 그룹은 주변의 친구들이 많이 먹을 때 비만이 될 수 있다고 설명하는 기사를 읽었다. 또 다른 그룹이 읽은 글은 음식에 관한 기사지만 비만에 대한 언급은 없었다. 마지막으로 모든 학생을 다른 방으로 옮기게 했는데, 그 방에는 조각 낸 초코칩 쿠키가 한 바구니 놓여 있었다.

연구진은 학생들에게 이 쿠키는 다른 실험에 사용할 예정이지만 어떤 맛인지 알고 싶다며 맛보고 의견을 달라고 했다. 사실 그 쿠키도 이 실험의 일부였다. 학생들이 떠난 뒤 연구원들이 학생들이 얼마나 먹었는지 확인했다. 유전자 기사를 읽은 학생들은 거의 52그램을 먹었다. 사회적 관계 기사를 읽은 학생들은 33그램밖에 먹지 않았고, 비만을 언급하지 않은 기사를 읽은 학생들은 37그램을 먹었다.

유전자 개념이 입맛을 부추겨 학생들이 자제력을 약간 잃은 것이다. 사실 DNA를 숭배한다고 할 수 있는 우리 사회는 거대한 규모의 실험실인 셈이다.

3부

내면의 가계도

11장

만물은 알로부터

마음의 눈을 분할 화면처럼 나눠 보자. 왼쪽으로는 세균 하나를 그린다. 오른쪽에는 사람의 수정된 난자(egg)가 있다.

세균은 성장해서 DNA를 복제하고 세포가 둘로, 다음에는 넷으로, 그다음에는 여덟으로 분열된다. 이 8개의 세균은 저 최초의 미생물과 유전이라는 끈으로 묶인 친족이다. 그들은 최초 세균의 염색체 복사본을 물려받았다. 매 세대의 세균은 단백질 RNA 분자, 모세포에 있던 그 밖의 분자 물질로 이루어진다. 세균 가계도에서 가지 하나를 따라가면 이 유전자의 계보를 추적할 수 있다.

수정된 난자가 하는 일도 거의 같다. 수정란이 성장하면 DNA를 복제하고, 그런 뒤 둘로, 넷으로, 여덟으로 분열된다. 사람의 세포는 세균의 세포보다 몇백 배 크기 때문에 훨씬 느린 속도로 분열할 것이다. 하지만 발달 중인 태아의 세포들도 하나의 유전 가계도를 공유한다. 모든 딸세포 쌍은 모세포의 DNA 복사본과 모세포의 나머지 분자 물질 절반을 물려받는다.

우리 몸에서 일어나는 일에 유전의 언어를 쓰면 이상하게 들릴지도 모르겠다. 우리는 유전을 우리의 생물학적 과거나 미래하고만 연결 지어 생각하는 경향이 있다. 하지만 유전은 새 생명이 시작되었다고 해서 멈추지 않는다. 우리 몸속 37조 개 세포 하나하나가 우리의 혈통이 잉태

되던 그 순간으로 이어지는 유전자 가계도의 어느 가지 위에 존재한다.

저 분할 화면은 조만간 가지가 갈라지기 시작한다. 세균은 세포 분열을 일으키면서 동일한 세포들로 뒤범벅된 집단으로 커진다. 반면에 난자의 후손들은 머리와 얼굴, 손가락에 발가락까지 완성되면서 사람의 형태로 발달한다. 이 과정에서 신생 태아를 구성하는 세포들이 다른 종류의 세포들을 만들어 낸다. 이제 세포 안에서 이루어지는 이 내면의 유전은 새로운 단계로 들어간다. 위벽의 세포들이 각각 2개의 세포를 만들어 낸다. 이제 뼈가 지방 덩어리가 되지 않고 안정적으로 더 많은 뼈를 생성하도록 뼈세포의 분열이 이루어진다.

교과서는 인체의 세포형이 약 200종이라고 말하지만 최근의 연구에 따르면 이것은 말도 안 되게 과소 평가된 수치였다. 현재는 세포형이 몇 종인지 아무도 말할 수 없다.[1] 과학자들이 들여다볼 때마다 새로운 세포형이 발견되기 때문이다. 면역 세포는 온갖 병원균과 암으로부터 우리를 구한다는 사명을 수행하는데, 이들은 수백 개 사단으로 이루어진 군대이다. 모든 세포형은 우리 몸의 유전자 가계도 각각의 가지를 맡고 있다. 이것은 하나의 시조에서 후대로 내려가면서 서로서로 경쟁하는 왕조들이 탄생하는 것과 같은 이치이다.

이 전환은 발달 생물학자들이 수 세기 동안 그리고 지금까지도 계속 묻고 있는 중대한 물음을 제기하게 했다. 한 조합의 유전자로 이루어진 세포가 어떻게 복잡한 인체를 만들어 내는가? 답은 유전이지만, 유전의 형태는 다양하다. 다시 말해서 유전은 하나 이상의 것이다.

아리스토텔레스도 같은 의문을 품었다.[2] 그러나 그 답을 구하기 위해

할 수 있는 일은 달걀을 깨 보는 것뿐이었다. 암탉이 알을 낳은 바로 그 날 깨뜨리면 흰자와 노른자밖에 보이지 않았다. 이튿날이나 사흘째 날에도 그 이상의 다른 것은 보이지 않았다. 하지만 나흘째 되는 날 빨간 점이 보였다. 아리스토텔레스는 이것을 심장이라고 생각하며 이런 말을 남겼다. "이 점이 고동치고 움직이는 모습이 마치 생명을 부여받은 듯했다."[3]

그다음 며칠 동안 알 안에서 다른 것들이 보이기 시작했다. 피로 채워진 관에서 가지가 뻗어 나왔고, 어떤 불투명한 덩어리가 나타났다. 아리스토텔레스는 마침내 머리를 볼 수 있었는데, 볼록 튀어나온 1쌍의 눈이 달려 있었다. 이 단계에서 닭의 배아는 아리스토텔레스가 연구한 다른 동물의 배아와 흡사했다. 하지만 며칠 더 지나자 닮은 면은 희미해지고 닭 고유의 특성인 부리, 깃털, 날개, 갈고리발톱이 두드러졌다. 아리스토텔레스는 이렇게 기록했다. "20일째쯤 되었을 때 알을 깨고 병아리를 건드려 보면 그 안에서 꿈틀거리고 지저귄다."

아리스토텔레스 시대의 일부 철학자는 닭이든 다른 어떤 동물이든 이 발달 단계 이전부터 이미 몸의 각 부위가 축소판으로 존재한다고 믿었다. 아리스토텔레스는 그런 사람들은 상대하지 않았다. 그는 배아의 발달이 치즈 만드는 것과 비슷하다고 생각했다. 치즈 만드는 사람이 우유에 무화과 즙을 넣으면 이전까지는 존재하지 않던 무언가가 창조되는 변화가 시작되는데, 닭이 짝짓기를 할 때 수탉의 정액이 암탉의 체내에서 유동성 액체를 자극해 이것과 비슷한 변화가 시작 된다고 여긴 것이다. 여러 조직이 일정한 배열로 응고되면서 기관들이 생겨난다. 정액 속의 정기가 심장을 만들고, 그다음으로 심장이 다른 기관들을 만들고, 그다음으로 다른 부위들이 만들어지면서 닭의 몸이 완성된다는 것이 아리스토텔레스의 생각이었다.

서구의 학자들과 의사들은 2,000년 동안 아리스토텔레스의 생각을 따랐지만, 과학 혁명(1543년 코페르니쿠스의 지동설로 시작되어 16세기부터 17세기까지 서유럽에서 근대 과학의 기반을 닦은 일련의 사건. —옮긴이)으로 그 생각에 무언가 잘못이 있다는 깨달음에 이르렀다. 제임스 1세(James I, 1566~1625년)와 찰스 1세(Charles I, 1600~1649년) 시기 왕실 의사였던 윌리엄 하비(William Harvey, 1578~1657년)가 닭 암컷 몸속에서 아리스토텔레스가 말한 유동성 액체의 응고 현상이 나타나는지 관찰했다. 아무것도 찾을 수 없었다. 하비는 아리스토텔레스가 했던 대로 닭의 배아를 살펴보았다. 그는 심장이 가장 먼저 형성되는 것이 아님을 알아냈다. 혈관이 먼저 형성되었다. 이 차이를 설명하기 위해 하비는 생명의 기원을 다른 시각으로 생각해 보았는데, 모든 동물은 알에서 나와 자란다는 가설이었다. 1651년에 책을 출판하면서 그는 이 생각을 근사한 라틴 어 문구로 표현했다. "*Ex Ovo Omnia.*" "만물은 알로부터."

하비의 저서는 지금도 구할 수 있는데, 처음부터 끝까지 다 읽어 보아도 대체 '알'을 무슨 뜻으로 썼는지 당혹스럽기만 하다. 하비는 포유류에게도 알이 있다고 확신했지만 그 근거는 찾지 못했다. 그리하여 이 가설적 알은, 마음이 생각을 만들어 내듯이, 여성의 몸이 만들어 내는 물질일 것이라고 추측했다.[4] 정액이 이 알에 어떤 작용을 해 태아로 발달하기 시작한다고.

이런 면에서 하비는 여전히 자신의 영웅 아리스토텔레스의 충직한 사도였다. 그들은 신체의 모든 부위가 하나의 동질적인 기원에서 발생한다고 믿었다. 하비는 이 발생론을 **후성설**(epigenesis)이라고 불렀다.

17세기의 다른 학자들이 새로운 세대가 출현하는 방식에 대해 근본적으로 다른 가설을 제시했는데, 모든 동물의 모든 신체 부위가 수정되기 전부터 이미 존재한다는 주장이었다. 1670년대에 네덜란드 박물학자

니콜라스 하르추커르(Nicolaas Hartsoeker, 1656~1725년)가 새로운 발명품인 현미경을 이용해 정자를 발견했다. 그는 정자의 머리 부분에 작은 사람이 들어 있는 모습을 그렸다.[5]

전성설(preformationism)은 한동안 지배적인 생명 기원설로 유지되다가 1700년대 중반에 그 오류를 드러내는 새로운 발견이 이루어졌다. 독일의 의학생 카스파르 프리드리히 볼프(Caspar Friedrich Wolff, 1733~1794년)가 닭 배아를 이전의 누구보다 상세히 연구했지만 발생 초기의 미니어처 닭은 흔적도 찾을 수 없었다.[6] 그 대신 어떤 얼기설기한 조직 덩어리가 점차 새로운 구조가 되어 가는 모습을 볼 수 있었다. 이 구조는 나중에야 식별 가능한 닭의 각 신체 부위가 되었다.

1800년대에 더 강력한 현미경이 나오자 과학자들은 이것을 이용해 발생과 발달에 대해 새로운 사실을 발견할 수 있었다. 그런 뒤에야 비로소 예를 들면 하비가 200년 전에 상상했던 포유류의 '알'을 발견할 수 있었는데, 처음 발견한 것은 개의 난자였고 그다음에는 사람 여성의 것이었다. 신형 현미경으로 들여다본 동물의 몸은 미세한 단위로 분해되어 있었다. 이 단위들은 어떤 부위의 조직이냐에 따라 다르게 보였다. 피는 덩어리였고, 근육은 긴 섬유 형태, 피부는 벽돌담 같은 형태였다. 하지만 연구자들은 이 모든 것이 한 주제의 변형임을 인식했다.[7] 1839년 독일 동물학자 테오도어 슈반(Theodor Schwann, 1810~1882년)은 이렇게 말했다. "생명체의 신체 기관이 발생하는 데에는 하나의 보편적 원리가 있다. 그리고 이 원리가 세포가 형성되는 원리이다."[8]

이 새로운 세포 학설이 등장하자 세포는 어떻게 생겨났는가 등 세포 자체에 대한 물음이 다수 제기되었다. 일부 생물학자는 무정형의 화학 물질을 가열해 결정 구조의 수정을 만들 수 있는 것처럼 세포는 유기체의 체액에서 자연적으로 생겨난다고 주장했다. 하지만 독일의 한 생물학자 연구진이 새로운 세포는 원래 세포가 있어야만 나온다는 것을 증명했다. 콩 심어야 콩 나는 원리의 미시형 이론이라고 할 수 있을 것이다. 생물학자 루돌프 루트비히 카를 피르호(Rudolf Ludwig Carl Virchow, 1821~1902년)는 하비의 경구를 업데이트할 때가 되었다고 생각했다. '*Exo ovo omnia*.'는 가고 이제 '*Omnis cellula e cellula*.'가 왔다. 즉 모든 세포는 기존 세포에서 생겨난다. 조상의 형질을 물려받아서.

세포는 동물에게만 있는 것이 아님이 밝혀졌다. 식물도 세포로 만들어졌고 진균도 그렇다. 세균과 원생 동물의 몸은 단세포로 만들어졌다. 생명체는 형태에 따라 다른 방식으로 세포를 만들었다. 예를 들어 세균의 세포는 단순히 둘로 분열되었다. 효모 같은 종의 세포 분열은 그 주기가 상당히 다르다. 모세포는 둘로 분열되는데 딸세포는 둘이 딱 붙어서 떨어지지 않는다. 분열이 진행되면서 효모는 하나의 매트 같은 형태가 된다. 우리 같은 형태의 몸은 아니지만 따로따로 떨어진 유기체들 무리도 아니다. 반면에 동물과 식물의 세포는 거대한 세포 집합체가 되며, 이 집합체는 다시 새로운 집합체를 만들어서 번식한다.

산호나 해면 같은 수생 동물은 아체(芽體, 동물 발생 초기에 미분화 세포가 증식해서 생기는 돌기. — 옮긴이)라는 세포 꾸러미가 떨어져 나가는 방식으로 번식한다. 아체는 바닷속을 돌아다니다가 해저에서 좋은 자리가 보이면 정착해서 성체 크기로 자란다. 출아법으로 번식하는 동물은 조상과 후손을 확실하게 구분하기가 어렵다. 그들 모두가 분리되지 않은 하나의 세포 분열 계보에 속한다. 분리된 몸으로 태어난 후손의 경우에는 그냥 무성해진 조상의 일부로 보아도 무방하다.[9]

사람을 포함해 대다수 동물 종은 출아법으로 번식하지 못한다. 팔을 잘라 낸다고 제2의 우리로 자라나지는 않는다. 우리나 대다수 동물 종은 접합체(zygote)라는 수정란에서 발생한다. 접합체는 다른 세포와 마찬가지로 무에서 튀어나와 존재하는 것이 아니다. 각 접합체는 기존의 두 세포가 결합해서 생긴 세포이다. 접합체가 앞 세대에서 이어진다는 점에서 자녀는 부모의 과성장물이라고 주장한 과학자도 있었다.

과성장이라고 하니 잡초 우거진 무질서한 생명의 폭발처럼 들린다. 하지만 동물 배아의 발달은 이런 것이 아니다. 대다수 동물의 배아는 특성 없는 덩어리로부터 하나의 껍질이 된 것이며, 그 껍질의 내벽은 세포 덩어리로 이루어진다. 이 껍질을 구성하는 세포들은 태반이 되며, 세포 덩어리들은 배아가 된다. 세포 덩어리는 펼쳐져서 외배엽, 내배엽, 중배엽의 세 겹으로 이루어진 한 장의 판이 된다. 인간의 발생은 이 세 겹에서 출발하며, 메뚜기도 촌충도 그렇게 발생한다. 이 세 겹이 점차 우리 몸 각 부위의 조직을 형성한다.

생물학자들은 배아 발생의 후반 단계를 관찰하면서 새로 형성되는 조직을 이해할 수 있었다. 조직들은 유형별로 고유한 세포 집합으로 구성되었다. 하지만 외적으로는 각기 구분되는 특징을 띠더라도 내적으로는 여전히 비슷한 형태였다. 팔다리가 마구 뻗어 나가는 신경 세포와 판 형태의 상피 세포 둘 다 중앙에 세포핵이 있으며, 그 세포핵 안에 염색체가 있다.

생쥐의 꼬리를 잘라 라마르크의 획득 형질 유전설을 부정하고 다윈에게 승리를 안겨 주었던 진화 생물학자 바이스만에게는 이 분화가 전개되는 과정을 알아내기가 쉽지 않았다. "이렇게 세포 하나에서 부모를 초상화처럼 빼닮은 '완전한 닮은꼴(tout ensemble)'이 재생산되다니, 어떻게 된 일인가?"[10]

바이스만은 다년간 동물 배아를 들여다보고 답을 찾았다. 수정란은 분열되면서 그 핵을 후손에게 물려준다. 그런데 그 핵 속에 바이스만이 "유전 경향"이라고 칭한 어떤 신비로운 물질이 들어 있다.[11] 후손에게 물려준 그 세포들도 분열될 때 같은 경향을 전달한다. 바이스만은 배아 속의 세포들에게 다양한 정체성이 나타날 수 있는 것은 그 세포들이 다른 유전 경향을 물려받는 경우에만 그렇다고 추론했다.

다시 말해 하나의 세포가 분열될 때 어느 딸세포가 어느 경향을 물려받을지 이미 결정되어 있어야 한다. 발생 초기에 내배엽이 될 경향을 한 세포에게 물려주고, 중배엽이 될 경향은 다른 세포에게 물려주는 식이다. 그러면 각 세포는 자기의 경향을 그 딸세포에게 물려줄 것이다. 그 후에 내배엽 세포가 분열될 때 그 유전 경향은 다시 한번 다양하게 전달될 것이다. 그러면 그 후손 세포 일부는 피부 세포가 될 경향만을 물려주고, 또 다른 후손 세포는 신경이 될 경향만을 물려준다.

바이스만이 볼 때 배아의 발생 과정은 상실의 서사였다. 위나 갑상샘 같은 기관이 출현할 때가 되면 이 세포들에게는 수정란 단계에 있던 원래의 유전 경향은 대부분이 사라지고 없다. 이 세포들은 오로지 위 세포로만 혹은 갑상샘 세포로만 분열될 수 있다. 그들은 결코 새 생명을, 말하자면 "완전한 닮은꼴"의 새 개체를 만들어 내지 못한다.

발생을 이런 접근법으로 생각하면서 바이스만은 배아가 어떻게 난자나 정자를 생성하는지에 주의를 돌렸다. 이 과정을 직접 관찰하던 바이스만은 이 발생이 아주 초기에 일어난다는 사실, 그런 뒤에는 배아가 발달하는 나머지 과정 내내 옆으로 물러나 있는 점에 놀랐다. 그는 이 아주 초반의 고립이 대단히 중요하다고 확신했다. 왜냐하면 난자와 정자가 일찍 빠지지 않았다가는 도중에 유전 경향을 너무 많이 상실할 테니 말이다. 난자와 정자는 다른 세포들과 심오한 차이가 있다고 본 바이스만은 이들을 생식 세포라고 칭하고 나머지 세포들은 체세포라고 칭했다.

바이스만은 유전을 두 형태로 나누었다. 한 형태는 부모와 자녀 사이에서 일어나는 유전이다. 바이스만에 따르면, 부모는 생식질의 보관자이다. 한 인간 전체를 만들어 낼 수 있는 신비한 유전 물질인 생식질은 세대가 바뀌어도 새 생명을 탄생시킬 수 있는 고유한 능력을 결코 잃지 않는다.

생식질 유전은 유전학자들이 멘델의 실험을 이해하는 데, 유전 인자들이 마치 돌멩이가 수면 위로 물수제비를 일으키듯 다음 세대로 깡총깡총 전달되는 것이라고 말하는 데 필요한 개념이었다. 유전학자들에게는 발생 과정에서 무슨 일이 일어나는지는 그다지 중요하지 않았다. 그저 버려도 되는 살로 이루어진 하나의 종점이었을 뿐이다.

하지만 바이스만은 우리 안에서 일어나는 또 다른 형태의 유전을 알아보았다.[12] 그는 이 내면의 유전을 그림으로 설명했다. 저서 『생식질: 하나의 유전 이론(*The Germ-Plasm: A Theory of Heredity*)』에서 바이스만은 한 선충의 발달 과정을 가계도, 즉 배(胚)의 가계도로 보여 주었다. 가계도 맨 아래에는 동그라미를 하나 그려 1개의 수정란을 보여 주었다. 이 동그라미에서 1쌍의 가지가 뻗어 나오는데, 접합체가 두 딸세포로 분열되는 단계를 의미한다. 한쪽 가지는 흰 점으로 이어지고, 이 점에서 다른 많은 흰 점이 갈라져 나온다. 이것이 외배엽이다. 다른 가지에서는 다른 계보가 이어지는데, 내배엽, 중배엽, 생식 세포이다. 이것이 선충을 설명한 그림인 줄 몰랐다면 아마 합스부르크 왕조의 가계도라고 생각할 수도 있다.

이 가계도는 "가설적 삽화"일 뿐이라고, 바이스만은 신중한 태도를 견지했다.[13] 다만 생식 세포와 체세포의 중대한 차이에 대한 자신의 생각을 전달하기 위해 그린 그림일 뿐이라고. 하지만 이 그림을 접한 생물학자들이 배의 발달 과정을 관찰해 직접 가계도를 그렸다.[14]

이 세포 가계도를 그린 생물학자 가운데 에드윈 그랜트 콘클린(Edwin Grant Conklin, 1863~1952년)이라는 젊은 미국 대학원생이 있었다.[15] 콘클린은 1890년 여름에 박사 과정에서 공부할 주제를 찾기 위해 매사추세츠

주 우즈홀이라는 바닷가 마을로 여행 갔을 때 이 그림을 그리기 시작했다. 그는 게 껍데기에서 바다달팽이(slipper limpet)를 긁어 낸 뒤 알을 채취했다. 이 바다달팽이 알은 크고 투명해서 현미경으로 잘 보였다. 그는 알의 세포핵과 그 안의 구조까지 세밀하게 그렸다. 또 다른 알이 둘로 분열되는 모습도 그렸다. 그는 배가 분열할 때마다 연필로 새 알을 그려 조상과 연결되는 새 세포를 식별할 수 있게 했다. 그의 세밀화는 작은 세포 묶음에서 시작되어 점점 큰 공으로, 또 점점 더 복잡한 형태로 변화했다.

"나는 각각의 세포가 발달하는 과정을 추적했다. 계속하다가 사람들의 비웃음을 샀다. 사람들은 그걸 보고 세포 장부라며 놀렸다."[16] 콘클린은 이때 일을 이렇게 회고했다.

콘클린이 현미경을 들여다보면서 보낸 시간이 실험실 사람들에게는 조롱거리였다. 하루는 동료 대학원생 로스 그랜빌 해리슨(Ross Granville Harrison, 1870~1959년)이 "몰래 내 등 뒤로 와서, 현미경으로 무언가 분열되는 장면을 초조하게 지켜보던 내 왼쪽 귀에다 게를 매단" 일을 이야기했다.[17] 그때 "게가 귓불을 뚫는 바람에 떼어 낼 수가 없었는데 안됐다고 생각한 몇 사람이 와서 떼어 주었다."

해리슨은 달아났고, 콘클린은 급히 쫓아갔지만 "500~600미터를 쫓아갔는데도 잡지 못했다."

이런 식의 훼방에도 콘클린은 막대한 양의 그림을 그렸다. 볼티모어로 돌아온 뒤에는 각 세포에 번호를 붙여 독자들이 세포 분열을 단계별로 볼 수 있게 했다. 그는 바다달팽이의 발생 과정에 관한 논문을 쓴 뒤, 지도 교수 윌리엄 키스 브룩스(William Keith Brooks, 1848~1908년)에게 검토를 청했다. 브룩스는 며칠 뒤 논문을 돌려주었다.

브룩스는 실험실의 다른 학생들 들으라는 듯이 큰소리로 말했다. "콘클린, 이 학교에선 어휘 수 세는 걸로 박사 학위를 주기도 하더군. 세포 수 세는 걸로 학위 하나 못 줄 게 뭔가."

학생들이 폭소를 터뜨렸다. "나는 쥐구멍에라도 들어가고 싶은 심정이었다." 콘클린은 말했다.

이듬해 여름, 콘클린은 우즈홀을 다시 찾아가 바다달팽이를 잡았다. 어느 날 에드먼드 비처 윌슨(Edmund Beecher Wilson, 1856~1939년)이라는 교수가 그의 실험실로 찾아와 자신도 거머리 알로 비슷한 연구를 하고 있다고 말했다. 콘클린과 윌슨은 자리에 앉아 서로의 그림을 비교했다. 두 종의 배가 놀라울 정도로 닮았는데, 발달이 막 시작된 초기 단계부터 그랬다. 윌슨은 콘클린의 스승이 되어 그를 다른 과학자들에게 소개하고 그의 연구를 과학 학술지에 발표하도록 도와주었다. 콘클린은 계속해서 다른 종들의 배를 공들여 상세히 그리면서 세포의 계보를 그 어느 과학자보다 집요하게 파고들었다.

콘클린은 세포 계보를 연구하면서 어떻게 알 하나가 복잡한 유기체의 몸을 만드느냐를 놓고 벌어진 수백 년 묵은 논쟁에 도전할 새로운 접근법을 찾았다. 조직과 기관이 생성되는 과정에서 일어나는 세포 분열 과정을 추적하자는 발상이었다. 그는 세포들이 각자의 길로 흩어져 혹은 근육이 되고 혹은 신경이 되고 혹은 다른 조직이 되는 과정을 거듭되는 세대를 통해 관찰했다. 세포의 가계도가 출발 단계에 고정되는 경우가 있었고, 세포들이 다양한 영역의 최종판이 될 가능성을 끝까지 지키는 것으로 보이는 경우도 있었다.

콘클린의 세포 가계도는 발생학의 필수 요소가 되었다.[18] 세포가 최종 형태에 도달하는 과정, 그리고 이 정체성이 평생 고정되는 **경로**를 이해하고자 하는 과학자들은 이 발달 초기 가계도를 먼저 공부한다.

유전학이 큰 인기를 얻고 있었지만 발생학자들은 유전학이 이 의문을 풀 수 있으리라고는 생각하지 않았다. 그들은 유전자가 무엇으로 이루어졌는지조차 아직 증명하지 못한 유전학자들이 아리스토텔레스의 의문을 자신들이 해결할 수 있다고 생각한다는 것 자체가 얼토당토않은 오만이라고 생각했다. 1937년에 해리슨이 발생학자로 이루어진 청중 앞에서 이렇게 말했다. "유전학자들의 '방랑벽'이 이번에는 우리 쪽을 노리는 모양입니다."[19] 콘클린에게 게를 메단 그 해리슨이다. 그는 이 "침공 예고"가 어차피 헛소리로 끝날 것이라고 보았다. 유전자와 유전자 변이에만 의존하는 단순한 접근법으로는 저 웅대한 발생 과정을 설명할 수 없을 것이라고. 해리슨은 유전학자들이 파리 눈 색깔을 바꾸는 돌연변이가 무엇인지 찾겠다고 분주하지만 발생학자들이 보는 것은 훨씬 큰 그림(눈은 어떻게 생겨나는가?)이라고 말했다.

해리슨의 말은 틀리지 않았다. 1937년에 유전학자들은 배를 설명할 만큼 연구가 되어 있지 않았다. 하지만 해리슨이 발생학자 동료들을 규합해 학계에 방벽을 치는 동안, 영국의 발생학자 콘래드 핼 워딩턴(Conrad Hal Waddington, 1905~1975년)은 어떻게 하면 적을 끌어들일 수 있을지 궁리하고 있었다.[20] 워딩턴은 케임브리지 대학교에서 닭의 배아 주변 조직을 조금 움직여 발생 과정을 교란시킬 수 있는지 보기 위한 실험을 수행했다. 하지만 실험에 임하는 그의 태도는 철학자처럼 초연했다. 그리하여 외배엽과 내배엽의 복잡한 세계는 건너뛰고 유전자가 어떻게 발생을 이끄는지 추상적으로 설명할 수 있었다.

워딩턴은 배아 내의 세포는 하나하나가 작은 공장이라는 가설을 세웠다. 이 세포들은 많은 유전자를 이용해 많은 단백질을 합성하는데, 그 일부는 다른 세포로 전달될 것이다.[21] 세포마다 다른 단백질을 합성해 배아 내 위치에 따라 각기 다른 성분의 복잡한 화합물을 만들어 낸다는 것이다. 세포가 어떤 화합물에 노출되느냐가 앞으로 이 세포가 지닐 새 정체성을 결정할 것이다.

워딩턴도 바이스만처럼 그림으로 설명하기를 좋아했다. 그는 배아의 발생을 설명하기 위해 비탈길에서 뻗어 나온 여러 줄기의 계곡을 그렸다.[22] 그는 한 세포 계보가 공처럼 이 지형을 굴러 내려가는 모습을 상상했다. 이 표면의 경사가 세포를 이 계곡 또는 다른 계곡으로 이끌면 그 세포는 특정 유형의 세포가 된다. 워딩턴에게 화가 친구가 있어서 이 지형을 두 가지 시점으로 그려 주었는데, 하나는 위에서 내려다보는 그림이고 다른 하나는 아래에서 올려다보는 그림이었다. 지형 밑바닥에 부착된 철삿줄이 계곡을 팽팽하게 당기고 있는데 세포의 최종 단계가 이 계곡이다.

워딩턴은 이 이상한 지형을, 하비와 아리스토텔레스의 언어를 빌려, "후성 유전학적 풍경(epigenetic landscape)"이라고 부르고는 했다. 워딩턴은 1956년에 쓴 교재에서 이 용어가 "발생은 여러 다양한 부위 사이에 인과 관계가 있는 일련의 상호 작용을 통해서 일어난다는 이론"을 설명하는 개념이라고 설명했다. 워딩턴은 후성 유전학적 풍경이 그저 하나의 가설임을 솔직하게 인정하며 주로 생각을 정리하는 데 유용하게 사용한다고 말했다. "후성 유전학적 풍경이 배아 발달의 대강만을 보여 주는 그림이니 엄밀하게 해석해서는 안 될 것"이라면서도 "나처럼 생각하는 바를 머릿속에 그림으로 그려 봐야 마음이 편한 사람들에게는 확실히 쓸모가 있다."라고 했다.

바이스만, 콘클린, 워딩턴이 그린 그림들은 미래에서 바라본 광경 같았다.[23] 생명의 발생 전반에 대해서 어느 정도는 통찰을 보여 주었으나 구체적으로 파고들지는 못했다. 이 세 생물학자에게도 오류는 있었으나 허용될 만한 사항이었다. 바이스만이 유전 경향이 딸세포들 사이에 분배된다고 한 것은 오류로 밝혀졌다. 유전자를 암호화하는 DNA는 세포 분열이 일어날 때마다 전체가 복제된다. 가령 땀샘 세포와 미뢰 세포의 차이를 만드는 것은 각 세포 안에서 활성화되는 유전자 조합과 비활성 상태로 유지되는 유전자 조합, 두 인자이다. 그리고 이 차이는 모세포에서 딸세포에게 전달될 수 있다.

이것도 하나의 유전이지만, 돌연변이가 후손에게 전달되는 그런 유형의 유전은 아니다. 이것은 어떤 상태의 유전, 생명 활동의 네트워크를 구성하는 유전이다. 그 네트워크가 구성되는 경로를 최초로 알아차린 사람은 대재앙에 대비하는 것이 일상 업무였던 한 여성이었다.

⁂

1950년대는 연이은 수소 폭탄 실험으로 세계가 여기서 번쩍, 저기서 번쩍 하던 시기였다. 핵전쟁이 멀지 않은 듯했다. 대중의 심리 속 불안을 포착한 영화가 극장 화면을 채웠다. 일본 영화 「고지라(Godzilla)」(1954년)에서는 방사능 노출로 만들어진 괴물이 도쿄를 짓밟는다. 「뎀!(Them!)」(1954년)에서는 거대 개미가 포름산으로 마구잡이 살육을 벌인다. 「지구가 불타는 날(The Day the Earth Caught Fire)」(1961년)은 핵폭탄으로 태양 공전 궤도에서 벗어날 뻔한 지구를 상상한다.

핵폭발의 악몽은 세계가 잿더미가 되는 것만이 아니었다. 끔찍한 기형의 유전도 있었다. 폭발로 사라지지 않고 살아남은 사람들은 방사능에 피폭될 것이다. 방사능은 온몸의 세포를 손상시켜 각종 방사능 병과 암을 유발할 수 있다. 알파 입자가 난자 세포나 정자 세포를 뚫고 들어간다면 DNA에 변형을 일으켜 핵전쟁의 참화는 미래 세대로 넘어간다. 살아남은 사람들이 돌연변이 유전자와 그것이 유발하는 병까지 후손들에게 물려주는 것이다.

영국 정부는 이러한 피해상을 연구할 실험실과 메리 프랜시스 라이언(Mary Frances Lyon, 1925~2014년) 같은 과학자가 필요하다고 판단했다.[24] 조용한 성격에 딴눈 파는 일 없는 30세의 유전학자 라이언은 1955년에 영국 의료 연구 위원회(Medical Research Council, MRC) 산하 방사 생물학 연구소(Radiobiological Research Unit)에 고용되었다.

여성이 그런 직업을 갖는 일이 드문 시대였다. 라이언은 케임브리지 대학교에서 동물학 전공으로 남자 동창들만큼 열심히 했어도 '명목상' 학위밖에 받지 못했다. 그런데도 라이언은 지도 교수들에게 강한 인상을 남겨 1920년대에 멘델과 골턴의 유전 개념을 결합해 새로운 방법론을 제시한 로널드 에일머 피셔(Ronald Aylmer Fisher, 1890~1962년)의 학생으로 대학원에 진학할 수 있었다.

겪어 보니 피셔는 툭하면 고함을 질러 대고 대학원생을 연구실에서 내쫓는 성미 급하고 신경질적인 사람이었다. 하지만 라이언은 존중해서 자신이 연구하는 돌연변이 생쥐 실험의 책임을 맡겼다. 라이언은 훌륭한 실험으로 하나의 돌연변이가 얼룩털이나 균형 감각 상실 같은 다른 형질을 만들어 내는 기제를 밝혀냈다.[25] 하지만 피셔의 격노로 숨 막히는 연구실 분위기가 자신이 과학자로서 성장하는 데 너무 해롭다고 판단한 라이언은 워딩턴의 새로운 유전학 가설의 팬이 되어 워딩턴이 생물학과장으로 있는 에든버러 대학교로 옮겨 박사 과정을 마쳤다.

라이언의 과학 공부는 에든버러에서 크게 성장해 학위 논문을 다 쓴 뒤에도 남아서 연구를 이어 갔다. 워딩턴은 동료 과학자들에게 최신 기술을 소개했고, 유전과 발생에 대한 최신 가설을 다루는 토론을 이끌었다. 라이언은 생각이 진지하고 자신을 내세울 줄 모르는 성격이었지만 에든버러의 과학자들 사이에서 과학적 문제를 꿰뚫어 보는 능력을 높이 인정받았다. 라이언은 남성 연장자들의 추론에 오류가 있을 때면 정중하게 문제를 제기하고는 했다. 에든버러의 친구들은 라이언이 다음에

할 말을 정리하느라 길어지는 침묵에 익숙해졌다. 라이언은 과학자로서 승승장구했으나 그의 부모는 여전히 여자가 괴이하게 생쥐나 붙들고 세월을 허비하는지 이해하지 못했다.

"부모님은 내가 언젠가는 결혼하길 바라셨어요." 라이언은 한 인터뷰에서 회고했다.[26]

"결혼에 대해 어떻게 생각하셨어요?" 질문자가 물었다.

"마음에 들지 않았죠."

성 차별은 라이언의 연구에서 중요한 주제가 되었다. 에든버러에서 라이언은 최초로 X 염색체 돌연변이를 추출한 생쥐 연구에 참여할 기회를 얻었다. 그는 이 생쥐로 X와 Y 성염색체의 형질이 후대로 전달되는 경로를 탐구했다. 영국 정부가 에든버러의 생물학자들을 옥스퍼드 인근의 방사 생물학 연구소로 전근시킬 때 라이언은 이 생쥐들을 데려갔다. 방사 생물학 연구소는 이 과학자들이 핵전쟁이 야기할 유전적 위험을 밝혀내기를 바랐다. 에든버러에서 5년 동안 지적으로 무르익은 라이언은 이 연구소의 관료적 풍토가 사람을 무기력하게 만든다고 느끼고 할 수 있는 한 최선을 다해 "생쥐 연구에 집중하려고 노력했다."라고 말했다.[27]

라이언이 연구한 얼룩점 생쥐들에게 한 가지 특이한 유전 형태가 나타났다. 암컷 얼룩점 생쥐는 전신에 색색 얼룩점이 생겼다. 수컷들에게는 상반된 두 운명이 주어져, 단색 털로 자라거나 아니면 태어나기 전에 죽거나, 둘 중 하나였다.

라이언은 이 현상을 얼룩점형 생쥐의 X 염색체에 어떤 치명적 돌연변이가 잠복해 있는 단서로 보았다. 이 돌연변이가 유전된 수컷이 죽는 것은 X 염색체가 하나뿐이기 때문이다. 암컷에게는 X 염색체가 2개여서 생존 확률이 높다. X 염색체 중 하나가 돌연변이가 없다면 정상적으로 발달한다는 것이다.

라이언은 얼룩점형 생쥐의 털 형태를 결정하는 것도 이 돌연변이가 아닐까 생각했다. 수컷에게 있는 1개의 X 염색체가 정상이면 단색 털이 발달한다. X 염색체가 2개인 암컷은 어떤 경로에서인지 얼룩털이 되었다. 그뿐만 아니라 암컷의 얼룩점 패턴도 세대마다 달랐다.

라이언은 이 이상한 결과를 설명해 줄 근거를 찾기 위해 X 염색체를 다룬 기존 연구 논문들을 차분히 살펴보았다. 라이언의 의문은 얼룩점형 생쥐에서 X 염색체와 Y 염색체라는 훨씬 심오한 문제로 방향이 전환되었다.

한 X 염색체의 두 복사본을 보유한 암컷은 유전자가 만들어 내는 단백질도 수컷보다 2배 많아야 한다. 그렇다면 그 모든 여분의 단백질이 암컷의 몸에 더 치명적 혼돈을 안겨야 한다. X 염색체에 관련된 가장 큰 수수께끼는, 수컷은 이 X 염색체가 하나인데 암컷은 어떻게 이런 X 염색체 2개를 가졌는데도 건강할 수 있느냐다.

라이언은 캐나다 연구자들이 1940년대에 암컷 고양이 세포를 검사했을 때 한 가지 답을 발견했다는 것을 알아냈다. 그들이 관찰한 모든 세포에서 두 X 염색체 중 하나가 검은 덩어리로 뭉쳐 있었다. 나머지 X 염색체는 다른 모든 염색체처럼 열려 있었다. 라이언은 어쩌면 암컷의 모든 세포에서 X 염색체 하나가 닫혀 그 유전자를 비활성화할지 모른다고 생각했다. 그 결과 염색체 1개 분량의 단백질만 합성했을 것이다. 수컷들과 똑같이.

암컷 얼룩점 생쥐가 X 염색체 하나를 닫아걸었다면, 수컷들에게 주어진 그 상반된 두 운명을 만나는 것이 맞다. 정상 X 염색체를 닫아걸었다가는 태어나기 전에 죽을 것이요, 돌연변이 X 염색체를 닫아걸었다면 단색 털이 될 것이다. 그런데 암컷은 무슨 수를 썼는지 이 두 운명을 다

피했다.

라이언은 이런 식으로 사실을 하나하나 뒤집어 보면서 이 모든 것이 설명될 하나의 가설에 도달했다. 그러고는 앉아서 일곱 단락의 글을 타이핑해서 학술지《네이처》에 보냈다.[28]

라이언은 암컷의 배아가 발생할 때 세포들이 두 X 염색체 중 하나를 비활성화한다는 가설을 제시했다. 하지만 세포가 둘 중 어느 X 염색체를 고르느냐는 무작위이다. 이 선택을 하고 나면 세포 분열이 일어나고, 그 딸세포들도 똑같이 1개의 X 염색체를 비활성화한다. 이 선택은 후손들에게도 대대로 전달된다. 암컷 생쥐의 몸은 여러 계보의 세포로 구성되는데, 그 계보의 절반은 비활성 X 염색체로, 나머지 절반은 활성 X 염색체로 구성된다.

이런 형태의 내면 유전으로 얼룩점 생쥐가 설명된다. 라이언은 얼룩점 암컷의 한 X 염색체에 피부 발달을 교란시키는 돌연변이가 있을 것으로 추측했다. 암컷 얼룩점 생쥐의 피부는 세포 다발로 이루어졌는데, 이 다발 속의 모든 세포가 그 돌연변이가 있는 X 염색체를 비활성화했다. 그 결과 어떤 세포 다발에서는 정상 털이 나오고, 나머지 세포 다발에서는 변색된 털이 나온 것이다.

1961년에《네이처》에 라이언의 짧은 보고 논문이 발표되었다. 생물학자들은 이 논문을 읽고 자기네는 왜 진작 그 생각을 하지 못했을까 통탄했다. 라이언은 이미 자신의 가설을 뒷받침할 다른 근거를 찾는 중이었다. 그는 고양이 털을 조사하다가 얼룩 고양이(tortoiseshell cat)와 삼색털 고양이(calico cat)의 털 패턴이 자신의 가설에 부합한다는 것을 발견했다. 사람의 질병도 다수의 경우 이 가설을 뒷받침하는 듯했다.

라이언이 새로 발견한 근거를 그 뒤에 보고 논문으로 발표하자 과학자들은 전반적으로 더는 공박의 여지가 없다고 생각해 이 가설을 '라이언 가설(Lyon hypothesis)' 혹은 줄여서 'L. H.'로 불렸다. X 염색체가 무작위 비활성화되는 현상은 '라이언화(lyonization)'로 통하게 되었다. 라이언은 이 용어를 못마땅하게 여겼지만 말이다.

1963년에 라이언이 한 학술 대회에서 강연하기 위해 뉴욕에 가자 많은 신문과 잡지에 라이언을 칭송하는 기사가 실렸다. 《타임》은 이 대회의 스타 강연자가 "논문은 발표하지 않고, 무엇보다도, 반년간 소식지 《마우스 뉴스 레터(*Mouse News Letter*)》(1949년에 창간된 생쥐 유전학 연구 관련 정보를 소개하는 회보로, 1998년에 논문 심사 학술지 《포유류 유전체(*Mammalian Genome*)》와 합병했다. — 옮긴이)의 편집자로 일하는 조용한 잉글랜드 여성"이라는 사실을 신기하게 여겼다.

하지만 라이언에게 노한 위협적인 인물도 있었는데, 독일 태생 유전학자 한스 그뤼네베르크(Hans Grüneberg, 1907~1982년)였다. 그뤼네베르크는 1933년에 나치를 피해 잉글랜드로 건너와 유니버시티 칼리지 런던의 교수가 되었다. 1900년대 중반에 그는 사람의 유전 모형을 찾기 위해 누구보다도 많은 생쥐를 실험했고, 심지어 생쥐 연구의 결정판이라고 할 저서 『생쥐의 유전학(*The Genetics of the Mouse*)』까지 낸 연구자였다.

그뤼네베르크는 1950년에 라이언의 학위 논문 심사 위원이었다. 그로부터 10년 뒤 《네이처》에서 라이언의 보고 논문을 읽고는 어이없어한 옛 스승에 대해 라이언은 훗날 이렇게 말했다. "내가 더는 박사 학위생이 아니라는 것을 생각하지 못하셨나 봅니다. 이제는 당신에게 허락을 구할 필요가 없다는 걸요."[29]

다른 과학자들이 라이언의 연구를 칭송하는 가운데 그뤼네베르크는 일종의 십자군 전쟁을 개시했다. 그는 치아 결함을 만들어 내는 X 염색체 돌연변이 연구를 수행했다. 라이언 가설에 따르자면 암컷의 이빨은 건강한 X 염색체와 돌연변이 X 염색체가 섞인 누더기 세포로 구성되어야 한다. 하지만 그뤼네베르크가 들여다본 생쥐의 입속에는 전부 똑같아 보이는 이빨뿐이었다.

그뤼네베르크는 사람의 질병 연구도 조사했지만 마찬가지로 라이언 가설을 입증할 강력한 근거는 찾지 못했다. 그뤼네베르크는 심사 위원다운 엄숙한 태도로 선언했다. "결론은 나왔다."[30] 그 결론이란, "사람의 경우에는 (다른 포유류와 마찬가지로) 성 연관 유전자의 반응 패턴이 라이언 가설을 전혀 입증하지 못한다."라는 것이었다.

다른 과학자들은 그뤼네베르크의 모진 성정에 경악했다. 해가 가고 논문이 쌓이고 학회가 거듭되어도 그뤼네베르크의 공격은 멈출 줄을 몰랐다. 동료들도 라이언화를 지지하는 근거가 계속 쌓이고 있다는 사실을 거부하는 그뤼네베르크를 부끄러워했다. L. H.를 뒷받침하는 가장 중요한 연구는 1963년에 나왔다. 존스 홉킨스 대학교의 유전학자 로널드 개리 데이비드슨(Ronald Garry Davidson)이 G6PD 결핍증이라는 혈액 질환을 연구했다.[31] 이 병은 G6PD(Glucose-6-phosphate dehydrogenase deficiency, 포도당-6-인산탈수소 효소)라는 단백질 결핍 때문에 적혈구를 파괴하는 X 염색체 돌연변이로 유발된다. 남자에게 G6PD 돌연변이가 유전되면 반드시 이 결핍증이 생긴다. 반면에 여자는 나머지 X 염색체가 정상 G6PD 유전자를 갖고 있으면 이 결핍증이 나타나지 않을 수 있다.

데이비드슨은 이 돌연변이가 유전된 여성들의 피부 세포를 하나하나 따로 검사했다. 이 세포들 절반에서 결함 있는 유전자의 X 염색체가 비활성화되었고, 나머지 절반에서는 정상 X 염색체가 비활성화되었다. 전체를 통틀어 보면 이 여성들의 세포는 건강을 유지하기에 충분한 양의 G6PD를 만들어 냈다.

그뤼네베르크는 데이브드슨의 근거도 인정하지 않았다. 오히려 라이언을 지지하는 과학자들까지 공격하기 시작했다. 라이언은 그뤼네베르크의 공격으로 10년 동안 힘들고 우울하게 지냈다고 나중에 말했다. 1970년대가 되면 과학자들은 라이언화가 진짜인지 더는 묻지 않았다. 그들은 오로지 그 작동 경로를 밝혀내고 싶어 했을 뿐이다.

⁂

그 답은 DNA를 무리 지어 둘러싼 다량의 분자 물질 속에 있었다.[32] 이 분자 물질, 즉 단백질과 RNA 분자의 조합이 어느 유전자가 작동하고 어느 유전자가 비활성화될지를 제어한다. 어떤 것은 DNA 조각을 단단히 휘감아 유전자를 비활성화하고, 어떤 것은 DNA의 나선을 풀어서 유전자를 판독하는 분자 물질이 이 해체된 DNA에 들어갈 수 있게 만든다. 어떤 단백질은 유전자가 꼼짝 못 하도록 꽁꽁 조인다. 세포는 저마다 어떤 비활성화 단백질의 사본을 다량 만들어 낼 수 있으니, 다른 세포가 빠르게 그 자리를 차지할 것이다. 세포는 또한 내구성 있는 분자 방패로 코팅해서 유전자를 비활성화하기도 한다. 이 방패 코팅(이것을 메틸화(methylation)라고 한다.)은 한 세포의 수명보다 오래간다. 세포가 분열될 때 딸세포도 모세포의 패턴과 일치하는 새 방패를 만들기 때문이다.

많은 과학자가 X 염색체를 비활성화하는 분자를 찾는 데 연구를 바쳤다. 그들의 노력으로 X 염색체의 한 DNA 구간을 찾아냈는데, 이 중대한 유전자 몇 개가 사는 이 X 염색체 비활성화 구간을 Xic(지크, X-inactivation center)라고 명명했다. 암컷 배아 발생 초기에 각 세포의 두 X 염색체는 서로에게 길잡이가 되어 Xic 지점에 깔끔하게 정렬한다. 그러면 분자 한 무리가 이 Xic가 정렬한 지점으로 내려와 떠다니면서 분자판 '어느 것을 고를까요, 알아맞혀 보세요.' 시간이 펼쳐진다. 마침내 분자들은 이 두 Xic 지점 중 한 곳을 선택해 정착하고, 여기에서 X 염색체를 완전히 비활성화할 유전자 스위치를 켠다.

X 염색체 비활성화 스위치를 켜는 유전자를 Xist(지스트, X-inactivation specific transcript) 유전자라고 부른다. 세포는 Xist 유전자를 이용해 뱀처럼 기다란 활주형 RNA 분자를 만든다. Xist는 X 염색체를 타고 미끄러지듯 나아가며 근거지로 삼을 지점을 물색한다. Xist 유전자의 한쪽 끝은 X 염색체를 단단히 잡고, 이것을 돕기 위해 다른 쪽 끝으로는 지나가는 단백질을 재빨리 붙잡는다. 이렇게 Xist는 X 염색체를 코일처럼 휘감아 DNA가 작고 단단한 덩어리가 되도록 만든다. 나머지 X 염색체는 자기 쪽의 Xist 유전자를 비활성화 상태로 묶어 둔 채로 활성 상태를 유지한다.

암컷 배아 발생 초기의 세포들은 이런 식으로 어느 X 염색체를 비활성화할지 고르기 위한 유전적 주사위를 굴린다.[33] 한번 선택하면 물릴 수 없다. 세포 분열을 할 때에는 비활성 X 염색체를 공들여 풀어서 사본을 만든다. 딸세포가 2개 나오면 같은 X 염색체는 도로 비활성 상태로 접힌다. 이 염색체는 이 집 저 집 이사할 때마다 주방 한편에 고이 보관하면서도 한 번도 꺼내 쓰지 않는 식기류 같은 존재가 된다.

지금은 X 염색체 비활성화를 분자 단위에서만이 아니라 유기체 전체를 통해서 볼 수 있다. 2014년에 존스 홉킨스 대학교의 제러미 네이선스(Jeremy Nathans, 1958년~)의 연구진이 활성 X 염색체에 불을 밝히는 방법을 찾아냈다.[34] 그들은 생쥐의 X 염색체에 특정 화학 물질과 접촉하며 붉게 반짝이는 단백질을 합성하는 유전자를 삽입했다. 다음으로는 붉은색 말고 초록색으로 반짝이는 단백질을 합성하는 계보의 생쥐를 배양했다. 연구원들은 정교하게 짝짓기를 제어해 부모 한쪽으로부터는 초록 염색체를, 다른 쪽으로부터는 붉은 염색체를 물려받게 했다. 생쥐의 몸 여러 곳에 두 화학 물질을 묻히자 생쥐의 세포들이 크리스마스 조명처럼 불이 들어왔다. 각각의 세포는 어느 염색체가 비활성화되느냐에 따라 붉은 불이 들어오거나 초록 불이 들어왔다.

보통은 서로 이웃한 세포들끼리 다른 색 불이 들어왔다. 하지만 네이선스가 몇 발 떨어져서 바라보니 새로운 패턴이 형성되었다. 순전히 우연이었는데, 어떤 큼직한 세포 무더기는 아버지 X 염색체의 불을 켜고 또 어떤 세포 무더기는 어머니 X 염색체의 불을 켜는 것 같았다. 이 불균형이 전체 신체 기관에 영향을 미쳤다. 어떤 생쥐는 뇌 한쪽 반구는 주로 붉은색, 나머지 반구는 주로 초록색이었다. 보기는 양쪽 눈으로 보는데 왼쪽 눈의 망막 세포는 주로 아버지의 X 염색체로 이루어지고, 오른쪽 눈은 어머니의 X 염색체로 이루어진 생쥐도 있었다. 이 불균형이 한 개체 안에서 통째로 발현되는 경우도 있었다. 어떤 생쥐는 부모 한쪽으로부터 받은 X 염색체가 거의 전신을 관통했다. 그 반대 경우도 있었고.

X 염색체 연구는 대부분 특정 질환을 유발하는 능력에 초점을 맞추어 이루어졌다. 남성에게 X 염색체 복사본이 단 1개라는 것은 백업 복사본으로 돌연변이가 구제되기를 바랄 수 없다는 뜻이다. 그 결과, 대부분의 X 염색체 연관 유전 질환은 남성에게서만 나타난다. 예를 들어 근육을 제대로 사용하기 위해서는 디스트로핀(dystrophin)이라는 단백질이 필요한데, 이 단백질 유전자가 하필 X 염색체에 있다. 신체 많은 부위의 근육에 괴사를 유발하는 질환인 뒤셴 근위축증(Duchenne muscular dystrophy)은 거의 남자에게서만 나타난다. 이 X 염색체를 어느 어머니로부터 물려받았는지는 알 수 없다. 왜냐하면 어머니들은 이 질환을 앓지 않으니까. 여성의 경우에는 일부 근육 세포가 디스트로핀 단백질을 충분히 만들어 근력을 지켜 주기 때문에 이 병이 생기지 않는다. 하지만 여성도 비활성 X 염색체가 활성화될 경우에는 단백질 합성 능력을 상실하므로 문제가 생긴다.

네이선스의 연구진은 라이언화에 큰 이점도 있을 것이라고 보았다. 즉 라이언화가 여성의 유전적 다양성을 크게 확장할 수도 있다는 생각이었다. 뇌에서 일부 신경 세포에 활성 X 염색체가 유전된다면 한 패턴의 가지가 뻗어 나갈 것이고 다른 신경 세포에서는 다른 패턴의 가지가 뻗어 나갈 것이다. 사람의 뇌는 이 다양성 속에서, 즉 다양한 종류의 신경 세포가 다양한 종류의 신경 회로를 통해 다양한 화학 물질로 신호를 주고받을 때 매우 강력해진다. 이렇듯 라이언화는 여성의 뇌를 선천적으로 더 다양하게 만드는 데 기여할 수 있다.

2014년 크리스마스, 라이언은 명절 점심을 먹고 셰리주를 한잔 마신 뒤 낮잠을 잤다. 큰 영예를 안고 은퇴한 지 오래인 때였다. 1998년에 케임브리지 대학교는 예전의 명목상 학위 대신 공식 학위를 수여하는 특별한 의식을 열었다. 의료 연구 위원회는 라이언의 공헌을 기려 한 건물에 라이언이라는 이름을 헌정했다. 미국 유전 학회(The Genetics Society of America)는 매년 그해를 빛낸 유전학자를 표창하는 메리 라이언 상을 제정했다. 생물학자 제임스 오피츠(James Opitz)는 이렇게 불평했다. "라이언은 내가 아는 많은 이가 노벨상을 받아야 마땅하다고 믿는 인물이었는데, 명예라고 하기에도 낯부끄러운 인색한 대접만 받았다." 라이언은 크리스마스에 낮잠을 자다가 세상을 떠났다. 오피츠는 그 순간 라이언화의 현신인 라이언의 얼룩 고양이 신디가 무릎에서 그의 마지막을 지켜 주었기만을 빌었다.

*
**

라이언의 발견은 여성의 두 X 염색체가 어떻게 생명에 기여하는지를 보여 주는 데 그치지 않는다. 라이언은 우리 몸의 세포들 내부에서 이루어지는 내적인 유전을 다시 생각하게 만들었다. 그의 가설은 세포들이 어떤 규칙을 따라 분화하는지, 그 후손들이 어떤 유전자는 이용하고 어떤 유전자는 이용하지 않는지를 설명해 준다. 배아 발생 초기의 세포들이 다른 조직과 기관으로 분화하는 데에도 이것과 비슷한 규칙을 따른다는 것이 밝혀졌다. 라이언의 선구적 연구가 나온 지 수십 년이 흐른 뒤, 다른 과학자들이 이 여정의 과정을 더 많이 입증했다.[35] 이 여정은 수정으로 시작되어 발생의 모든 단계마다 이어져 여생 내내 지속된다.

수정의 순간, 정자 세포가 난자 세포와 결합해 염색체와 다른 분자 물질을 풀어놓을 때 한 유전자 조합의 스위치가 켜진다. 이 특별한 조합이 접합체를 못할 것이 없는 전지전능한 상태로 만들어 준다. 하나의 접합체 세포는 몸에서 어떤 유형의 세포도 될 수 있다. 심지어 태반의 세포도 될 수 있다. 접합체 세포가 분열될 때 2개의 새 전능한 세포가 만들어지고 그런 뒤에 세포가 4개 더 만들어진다. 의사가 이 전능성 세포 중 하나를 뽑아 배양 접시에서 키우면, 세포 분열을 거쳐 배아와 유사한 구조를 형성할 수 있다.

다시 말해 이 세포들은 모세포의 DNA만이 아니라 모세포의 전능성까지 물려받는다. 이 전능한 상태는 세포의 한 세대에서 바로 다음 세대까지 간다. 분자 물질들이 세포가 어느 유전자를 활성화하고 어느 유전자를 비활성화할지 결정하는 동안 DNA 주위를 맴도는 덕분이다. 몇 개의 마스터 유전자(master gene)가 강력한 단백질을 합성하며, 그 각각은 수백 개 다른 유전자의 스위치를 켰다 껐다 한다. 이 마스터 유전자들은 되먹임 고리를 통해 서로를 받쳐 주기도 한다.[36] 한 마스터 유전자가 다른 마스터 유전자를 활성화하고, 그러면 이어서 또 다른 마스터 유전자를 활성화하고, 다시 첫 번째 마스터 유전자를 활성화하고……, 이런 방식이다. 하나의 전능한 세포가 분열해서 만들어진 딸세포들은 균형 잡힌 동일한 단백질 네트워크를 물려받는다. 분자 물질들은 곧장 새로 만들어진 두 세포의 DNA를 제어하는 역할로 복귀해 새 세포가 조상의 전능성을 물려받을 수 있게 한다.[37]

전능한 접합체 세포들은 몇 번의 분열을 거치는 동안 이 균형을 정교하게 유지한다. 그러다가 전능성을 하나씩 상실해 가면서 미래의 가능성도 하나하나 닫혀 나간다. 외배엽의 세포들은 태반이 되고, 나머지 배엽 세포들은 외배엽 안에서 응집한 세포 덩어리가 되어 태아의 일부가 될 뿐이다. 세포는 전능성을 상실하는 대신 '다능성(pluripotential)'을 가지게 되는데, 여전히 몇 가지 운명을 스스로 개척할 능력이 있다는 뜻이다.

세포가 새로운 정체성으로 분화할 수 있는 것은 유전자와 단백질 네트워크가 알아서 재정비를 하기 때문이다. 전능한 접합체 세포가 마스터 유전자로부터 단백질을 합성할 때에는 매끄럽게 돌아가는 조립 공정 속에서 만들어지는 것이 아니다. 때로는 분자 기계가 멎어서 단백질 공급이 저조해지고 또 때로는 광포하게 돌진해 분자 물질을 폭발적으로 쏟아 낸다.

이러한 불안정한 상황이 세포의 되먹임 고리를 무너뜨릴 수 있다.[38] 전능 세포의 마스터 유전자 중에는 나노그(Nanog)라는 유전자가 있는데, 이것이 다량의 유전자를 비활성 상태로 억제한다. 어떤 세포가 나노그 단백질을 충분히 만들어 내지 못하면 비활성 유전자들이 살아나 활동을 개시할 수 있다. 그러면서 나노그 유전자를 잠재운다. 이렇게 유전자 네트워크가 한번 뒤집히면 다시는 돌이킬 수 없으며, 세포는 전능성에서 다능성으로 강등된다.

강등된 다능성 세포는 워딩턴의 풍경에서 멀리 밀려나 가능성의 영역이 더 좁아진 깊은 골짜기에서 분화의 규칙을 지키며 발달 과정을 밟는다. 하지만 무작위적으로 일어나는 단백질 폭발과 이웃한 세포들로부터 받는 신호가 이 다능성 세포들의 전진을 도와주는데, 이들의 종착지는 세 층의 배엽 중 하나이다. 그 가운데 중배엽 세포가 되면 나머지 두 층이 될 기회는 포기하고 눈이나 폐의 발달을 지원한다. 매번 새로이 분화가 일어나 새 기능을 부여받을 때마다 유전자 메틸화, 즉 장기적인 DNA 방패는 널리 확산된다. 세포들은 자기 안의 많은 유전자가 다시 깨어나지 못하도록 확고하게 비활성화한다. 이렇게 해서 뼈나 근육 혹은 내장의 정체성을 획득한 유전자들의 네트워크는 더 강해져 무작위로 발생하는 단백질 폭발도 견디고 이겨 낼 수 있다. 계속되는 세포 분열을 통해 그들은 같은 종류의 세포를 더 많이 만들어 내고 같은 메틸화로 무장하며 같은 코일로 자기네 DNA를 휘감는다.

*
**

세포가 분열할 때 딸세포들이 물려받는 가장 눈에 띄는 특성은 형태다. 태아의 신경계 내 많은 신경 세포가 길고 가늘어지고 DNA를 보유한 작은 체세포에서 날씬한 가지가 두 가닥 뻗어 나온다. 이 딸세포들이 분열하면 그 딸세포들도 길고 가늘어진다.

이 세포들은 감각 신경 세포로, 우리 몸이 외부의 자극을 느낄 수 있도록 해 준다. 예를 들면 우리 엄지의 피부 밑으로 깃털 같은 신경 종말이 감각 신경 세포에 연결돼 있는데, 이 신경 세포는 엄지에서 손바닥으로 해서 팔꿈치 부위에서 구부러져 어깨로 올라갔다가 끝으로 척수 주위의 신경 세포 돌기까지 이어진다. 엄지가 가시에 찔렸을 때 느끼는 고통은 척수의 두 가닥 돌기로 전달되어 여기에서 뇌로 이어지는 다른 신경 세포로 전해진다.

리옹 대학교의 신경학자 렐라 부바카르(Leila Boubakar)의 연구진은 감각 신경 세포의 두 가닥 가지(가지 돌기) 형태가 어떻게 신경 능선 세포라는 앞 세대의 두 가닥 가지를 물려받는지를 탐구했다.[39] 그들은 현미경으로 신경 능선 세포의 세포 분열 과정을 관찰하면서 놀라운 광경을 목격했다. 신경 능선 세포는 분열하기 전에 두 가지가 떨어져 나가 둥그스름한 형태의 체세포만 남았다. 하지만 세포 분열이 일어나자마자 딸세포에게서 두 가지가 뻗어 나오는데, 모세포에서 두 가지가 있던 바로 그 위치였다.

어떻게 이런 일이 일어나는지 알아내기 위해 연구원들은 신경 능선 세포 안의 일부 단백질에 불이 켜지는 꼬리표를 부착했다. 부바카르 연구진은 그 세포들이 두 가지 형태의 기억을 저장한다는 것을 알아냈다. 연구진은 여기에 "분자 기억(molecular memory)"이라는 이름을 붙였는데, 딸세포에게 유전될 수 있는 기억이다. 신경 능선 세포는 분열을 시작하기 전에 셉틴(septin)이라는 단백질을 두 가지가 시작되는 부분으로 옮긴다. 가지가 제거된 뒤에도 셉틴 단백질 다발은 남아서 두 가지가 있던 자리를 표시한다.

신경 능선 세포는 분열되어 두 감각 신경 기관이 되는데, 각각 하나의 셉틴 표시를 물려받는다. 새로 형성된 신경 세포의 이 물려받은 셉틴 표시 자리에서 새 가지가 뻗어 나온다. 부바카르의 실험은, 그다음으로 셉틴 단백질이 새 감각 신경 세포의 반대편으로 이동한다는 것을 시사한다. 여기에서 셉틴 단백질이 새 다발을 형성해 다음 신경 세포에서 가지가 뻗어 나올 부분을 표시하는 것이다.

부바카르의 연구는 후대에 유전되는 것이 유전자만이 아님을 보여준다. 세포가 분열될 때 세포 안의 모든 것이 일종의 살아 있는 유산으로서 후손에게 전달되는 것이다. 감각 신경 세포가 모세포로부터 물려받은 유전자를 후대에 전달하는 것은 의문의 여지 없는 사실이다. 하지만 그 유전자만으로는 우리 신경계 안에서 같은 형태가 또다시 같은 형태를 만들어 내는 이유가 무엇인지 설명해 주지는 못한다. 감각 신경 세포가 모세포의 형태를 물려받을 때에는 단순히 셉틴 단백질을 합성할 유전자와 기타 분자 물질을 물려받는 것이 아니다. 모세포의 단백질이 자기한테 있던 두 가지가 후손에게도 생겨나도록 용의주도하게 모든 과정을 제어하는 것이다.

***

내 딸들은 태어날 무렵 감각 신경 세포가 전신에 걸쳐 발달한 상태였다. 거의 모든 세포형도 이 무렵이면 다 발달했다. 적색 골격근 세포, 백색 골격근 세포, 백색 지방 세포, 갈색 지방 세포, 간 백혈구, 내장의 파네트 세포 등등. 그렇지만 발달이 완전히 끝난 채 태어난 것은 아니다. 다 자라려면 아직도 갈 길이 멀었다.

아이들의 성장기 내내 많은 세포형은 계속해서 증식한다. 워딩턴의 협곡 깊숙이 들어온 단계에서 세포 간에 이루어지는 내적 유전은 획득한 정체성에서 변통의 여지 없이 엄격하게 진행된다. 나는 후성 유전의 이 엄격함에 감사한다. 아이들의 눈동자가 신장으로 돌변한다거나 이가 나올 자리에서 손톱이라도 나온다면 어쩔 뻔했는가. 이 책을 쓰는 동안 샬럿과 베로니카는 성인 키로 성장했는데, 이 최종 신장은 그레이스와 나에게서 물려받은 수십만 가지 유전자 변이와 더불어 햇빛과 피자가 풍부한 21세기 미국 환경의 영향으로 결정된 사항이다. 최종 키에 근접하면서 아이들의 모든 세포 계보가 조화롭게 제동이 걸리면서 속도를 늦춘다. 다 자란 아이들의 폐는 적절한 크기로 자란 흉곽에 아늑하게 맞는다. 그리고 아이들의 귓불은 바닥에 끌리지 않는다.

하지만 어떤 세포는 계속해서 새 유형을 만들어 내는데, 이 창조의 불꽃은 살아가는 내내 명멸할 것이다. 인체에서 어떤 부분은 영구 갱신되어 늙은 세포가 죽으면 그 자리를 새 세포가 채운다. 30대의 평균 지방 세포 수명은 8년이다.[40] 적혈구 세포는 8개월밖에 살지 못한다. 피부세포는 단 1개월, 미뢰는 10일, 위벽은 겨우 2일이다.

인체에는 이 단명하는 세포들을 다시 채울 수 있는 줄기 세포의 은신처가 곳곳에 흩어져 있다.[41] 긴뼈, 골반뼈, 가슴뼈에는 골수로 채워진 공동(空洞)이 있다. 그 안에 있는 줄기 세포는 분열해서 골수 세포와 림프구세포를 생산할 수 있다. 골수 세포는 자체의 계보가 형성될 수 있는데, 적혈구와 혈소판, 병원균을 먹어치우는 면역 세포인 대식 세포 등이 있다. 림프구 세포는 다른 계보를 갖는데, 감염된 세포에게 자살을 명령하는 T 세포, 항체가 일정한 병원균을 정밀하게 공격하게 만드는 B 세포등이 여기에 속한다. 줄기 세포는 위 점막에 잠복하고 있다가 늙은 세포가 떨어져 나가면 빠르게 분열해 새 세포를 채워 넣는다. 우리의 피부에서도 같은 재생 활동이 일어난다.

일부 줄기 세포는 긴급할 때만 새 조직을 재생한다. 우리의 근육에는 위성 세포(satellite cell)라는 작은 세포가 손상된 근육 부위에서 새 세포를 재생한다.[42] 손이 베이면 모낭에 잠복하던 줄기 세포가 새 피부 세포를 만들어 상처 속으로 기어 들어가 치료한다.

줄기 세포는 고유의 기능을 발휘하려면 은신처에 숨어 있어야 한다.[43] 그들은 은신처 내부 화학 신호의 웅덩이 속을 헤엄쳐 다니면서 유전자들의 네트워크가 제대로 작동하게 만들고, 필요할 때마다 나서서 같은 마법을 이행하고는 한다. 줄기 세포는 세포 분열 때 유전 정보를 단순히 50 대 50으로 나누는 것이 아니다. 세포 분열로 둘이 되었을 때, 하나는 분열을 통해 증식하면서 다른 세포로 분화한 뒤 사라지지만 다른 딸세포는 또 다른 줄기 세포로 만들어야 한다. 이 묘기를 성공적으로 수행하려면 이 딸세포에게 자신의 유전 정보가 확실하게 전달되게끔 경로를 제어해야 한다.[44] 그러기 위해서 줄기 세포가 될 수 있는 특정한 단백질과 RNA 분자 물질을 한쪽 딸세포에게 몰아 준다. 다른 딸세포는 새 배선을 타고 새로운 정체성을 획득한다.

새 세포가 발달하는 가장 중요한 장소는 가장 늦게 발견된 장소이기도 한데, 바로 뇌이다.[45] 사실 신경 과학자들은 여러 해 동안 뇌의 신경 세포는 태어난 직후에 완전히 세포 분열을 멈춘다고 믿었다. 우리가 무언가를 학습하려면 뇌의 신경 세포가 새로운 연결망을 키워야 하고 오래된 연결망은 가지를 쳐내야 한다. 1928년에 노벨상을 받은 신경 조직학자 산티아고 라몬 이 카할(Santiago Ramon y Cajal, 1852~1934년)이 이 20세기의 '정설'을 한마디로 정리했다. "만물은 언젠가 사멸할 것이며, 재생되는 것은 아무것도 없을지 모른다."[46]

1900년대 후반에 들어서야 이 정설에 금이 가기 시작했다. 성체 뇌신경 생성(adult neurogenesis)을 입증하는 정교한 증거가 나올 수 있었던 것은 지구 상 모든 사람의 몸에 약간의 방사성 낙진이 쌓인 덕분이다.

1950년대 중반에 시작된 지상 핵실험은 1963년에 부분적 핵실험 금지 조약이 조인될 때까지 계속되었다. 핵실험으로 폭발이 일어날 때마다 중성자가 대기권을 질주했는데, 때로는 대기에서 중성자가 질소 원자와 부딪쳐 탄소 14가 생성되었다. 1963년에 이르자 탄소 14의 농도가 핵실험 시작 전의 2배가 되었다. 식물들이 공기 속 이산화탄소를 흡수해 잎과 줄기, 뿌리에 높은 농도의 탄소 14를 비축했다. 이 식물을 먹은 동물들의 체내 조직에 고농도의 동위 원소가 축적되었다. 그 동물에는 당시 살아 있던 인간도 포함된다. 인체에서는 탄소 14를 이용한 새로운 분자가 많이 생성되었다. RNA 분자와 단백질은 조만간 조각났다가 재생되었다. 그러나 DNA는 변함없이 유지되었다. 1963년 조약 체결 이후로는 대기권의 탄소 14 농도가 원자 시대(인류 최초의 핵실험이 실시된 1945년부터 현재까지를 일컫는다. — 옮긴이) 이전 수준으로 꾸준히 감소했다.

2000년대 초에 스웨덴 스톡홀름의 카롤린스카 의과 대학(Karolinska Institute)의 세포 생물학자 요나스 프리센(Jonas Frisén, 1966년~)은 뇌세포의 탄소 14 농도를 측정해 이 세포들의 2~3년 전 연령을 추산할 수 있다는 것을 발견했다. 그는 동료들과 함께 과학을 위해 시신을 기증한 사람들의 연령 연구를 시작했다. 그들은 이 시신들 뇌의 여러 부위 조직을 조금씩 잘라 내 탄소 14의 농도를 측정했다. 연구진은 기증자의 출생 연도를 확인해 신경 세포가 형성된 연령을 알아낼 수 있었다.

처음에는 20세기의 정설을 입증하는 결과가 나왔다. 프리센의 연구진은 대뇌 피질도 살펴보았다. 대뇌 피질은 대뇌의 가장 바깥쪽 표면에 위치한 두툼한 층으로, 고등한 사고 기능에 중요한 역할을 하는 부위이다. 대뇌 피질 신경 세포의 나이는 출생 시점으로 거슬러 올라간다. 하지만 다음으로는 뇌 하단에 숨어 있는 작은 부위, 해마회에 기대를 걸었다. 이 부위가 궁금했던 것은 오래전부터 해마가 학습과 장기 기억을 저장하는 데 결정적 역할을 담당한다고 알려져 있었기 때문이다.

해마는 워낙 작아서 첫 테스트의 세밀하지 못한 설계로는 탄소 14 농도를 정확하게 측정할 수 없었다. 프리센의 연구진은 2013년에 가서야 다시 측정할 수 있었다. 해마의 신경 세포 일부는 나이가 어린 것으로 밝혀졌다. 심지어 해마에 매일 700개의 새로운 신경 세포가 추가된다는 계산이 나왔다.

성인의 뇌에 있는 신경 세포가 800억 개인데 거기에 700개를 더해 봤자 올림픽 대회 규격 수영장에 물 한 숟가락 보태는 격일 것이다. 그럼에도 일부 과학자는 이 소량의 추가분이 우리의 뇌 작용에 중대한 차이를 만들어 낼 수 있다고 보았다.[47] 생쥐의 해마에서 새 신경 세포가 형성되지 못하게 막으면 미로를 빠져나가는 길을 새로 학습하지 못하며 먹이를 얻기 위해 화면을 누르는 법도 배우지 못한다. 어쩌면 새로 생성된 신경 세포가 오래된 불완전한 기억을 지우고 새 기억을 저장할 수 있게 하는 역할을 하는지도 모른다. 그렇다면 내적 유전을 그린 바이스만의 가계도는 우리가 수태된 순간에서 우리 생의 마지막 수업의 순간까지로 연장해야 할지도 모르겠다.

12장

마녀 빗자루

중세 유럽 여행자들은 숲을 지나다가 무시무시한 나무를 만나고는 했다. 몸통에서 뻗어 나와 자란 가지 하나가 아예 다른 나무처럼 보이는 형상의 나무. 이 나무는 잔가지가 빽빽하게 자라 사람들이 빗자루를 만들 때 소재로 쓰는 종이다. 독일인들은 이 나무를 '헥센베젠(Hexenbesen)'이라고 불렀는데, 나중에 영어로는 'witches'-broom(마녀 빗자루)'로 번역되었다.[1] 사람들은 마녀가 밤하늘 날아다닐 때 쓸 빗자루를 만들려고 이런 나무에 주문을 걸었다고 믿었다. 다른 가지는 잠자리용 보금자리로 삼았고. 난쟁이 요정과 도깨비도 이 보금자리를 사용하고는 했다. 악령들은 이 나무 주위를 맴돌다가 사람들 가슴 위에 앉아 악몽을 꾸게 했다.

19세기 들어와 이런 공포는 사라지고, 식물 육종가들이 이런 기이한 희귀종을 신품종으로 개량하는 데 사용하기 시작했다. 무시무시하게 생긴 가지를 베어 땅에 심으면 뿌리를 내리고 나무로 자랐고 종자가 맺혔다. 이 종자를 다시 심으면 새로운 세대가 시작되어 기이한 형상의 품종이 되었다. 오늘날 가장 인기 있는 몇몇 조경 식물은 '마녀 빗자루'에서 탄생한 품종이다.

키가 3미터까지 자라는 글라우카가문비(Dwarf Alberta spruce)는 교외 지역에서 흔히 보이는 품종이다. 하지만 원래는 캐나다 북부에서 10층짜리 건물 높이로 자라던 백색 가문비였다. 1904년에 보스턴의 원예가 두 사람이 스코틀랜드 라간(Laggan) 호를 방문했다가 한 가문비나무에서 마녀 빗자루가 한 그루 뻗어 나온 것을 발견했다.[2] 괴물같이 생긴 가지에서 종자가 하나 떨어져 웅크려 앉은 듯한 관목으로 자란 것이다. 보스턴 원예가는 이 관목 몇 그루를 집으로 가져왔고, 코니카가문비(*Picea glauca* 'Conica') 혹은 난쟁이앨버타가문비(dwarf Alberta spruce)라는 이름을 붙였다. 이 관목의 한 가지 문제점은 이 주인들에게 자기네 조상들이 누렸던 영광을 요구할 때가 있다는 것이었다. 가끔 이 난쟁이앨버타가문비의 몸통에서 가지 하나가 위로 솟구쳐 과거 라간 호를 호령하던 귀골(貴骨)을 과시했다.

하지만 마녀 빗자루를 찾기 위해 북부의 숲까지 갈 것도 없었다. 과수원이나 정원만 둘러보아도 특이한 가지는 얼마든지 찾을 수 있었다. 육종가들은 이런 가지를 '변이지(變異枝, bud sport)'라고 불렀다.[3] 1900년대 초 플로리다의 한 농부가 월터스 품종 자몽나무 숲을 살펴보다가 눈에 띄는 변이지를 발견했다. 그 나무에서 분홍색 과실이 잔뜩 열려 밑으로 처진 가지가 보였다. 오늘날 우리가 먹는 핑크색 자몽은 그 가지 하나가 낳은 후손들이다.[4]

과학자들이 마녀 빗자루나 변이지 현상을 이해하기 위해서는 식물의 생장을 연구해야 했다. 식물이 세포 분열을 하면 딸세포는 모세포에 있던 같은 유전 인자를 물려받는다. 세포 하나에 변화가 일어나면 그 후손들도 그 특이 사항을 물려받을 것이다. 그 세포에서 새로운 모양의 가지가 나오고 잎과 열매, 씨앗까지 새로운 품종이 생겨나는 경우도 있다. 하지만 변이지가 완전히 다른 변화를 가져오는 경우도 있다. 멕시코 해바라기는 빨간 꽃을 피우는데, 꽃이 필 때 잎의 절반이 노랗게 변할 수 있다. 옥수수는 한 이삭의 일부가 짙은 색 낟알이 나오는 경우가 있다. 빨간 사과가 한쪽은 초록색 줄무늬가, 그 옆에는 황갈색 줄무늬가 섞여서 자라는 경우도 있을 것이다.

찰스 다윈은 변이지에 관한 보고서가 새로 나온 것이 없는지 찾기 위해 《가드너스 크로니클(*Gardeners' Chronicle*)》(다윈이나 조지프 후커(Jesoph Hooker, 1817~1911년) 같은 유수의 생물학자들이 기고했던 원예 전문지로, 1841년에 창간되어 지금까지 출간되고 있다. — 옮긴이)를 뒤적거리고는 했다. 벚나무에 다른 가지들보다 2주 뒤에 열매가 열리는 가지 이야기는 특이하게 느껴졌다. 원래는 살굿빛 꽃을 피우는 종인데 한 가지에서만 진분홍 꽃을 피운 프랑스 장미 이야기를 읽자 호기심이 동했다.

다윈은 유전을 이해하려고 애쓰면서 이런 변종에 관한 이야기를 읽으면 뭔가 도움이 되리라고 생각했다. 씨앗이나 알 속에 유전과 똑같은 신비한 창조의 힘이 있는 듯했다. 변이지는 그저 한바탕 한파나 어떤 질병으로 기형이 된 괴물이 아니었다. 무언가가 마치 "어떤 가연성 물질 덩어리를 점화하는 불꽃처럼" 그들 안에서 어떤 급격한 변화를 일으킨 것이라고 다윈은 단언했다.[5]

반세기 뒤, 이 점화성 물질이 식물의 염색체 안에 들어 있음이 분명해졌다. 식물은 세포 분열을 할 때 보통 자기 안의 유전 물질과 동일한 복사본을 만든다. 하지만 드물게 새로 생성된 어떤 세포에서 돌연변이가 일어나는데, 그러면 그 식물의 후손들에게 그 돌연변이가 유전된다.

"세포의 유전적 특성의 변화는 체세포, 그러니까 몸에서 일어나는 것으로 보인다."라고 1917년 생물학자 시어도어 드루 앨리슨 코크럴(Theodore Dru Alison Cockrell, 1866~1948년)은 말했다.[6] 그리고 이 변화는 "생식 과정과는 아무 관계 없이 일어난다." 코크럴은 이 변화를 체세포 돌연변이(somatic mutation)라고 불렀다. 이것이 생식 세포 돌연변이(germ line mutation), 즉 생식 세포가 다음 세대에게 물려주는 돌연변이와 구분되는 개념임을 보여 주는 용어였다.

코크럴이 체세포 돌연변이를 연구할 때는 유전자에 대해서 아는 과학자가 드물었기에 정확히 어떤 식으로 돌연변이가 일어난다고 설명하기가 어려웠다. 하나는, 새로 복제된 염색체 쌍들이 얽혀서 서로가 일부를 맞바꾼다는 가설이었다. 사과 껍질에 특이한 줄무늬(쌍둥이 반점이라고 불리는 돌연변이)가 생긴 것은 세포 하나의 색 관련 유전자가 2개이기 때문일 수 있다. 이 경우, 한 복사본은 옅은 색 변이, 나머지 복사본은 짙은 색 변이일 수 있다. 이 두 세포가 다시 분열하면 그 딸세포들은 이 새로운 유전자 조합을 물려받을 것이다. 그런데 이 세포들이 나란히 자리 잡고 있으므로 그 결과는 짙은 색과 옅은 색 줄무늬가 될 것이다.

유전학자들은 이 특이한 식물을 깊이 연구하면서 새로운 이름을 붙여 주었다. 모자이크병(mosaics)이라는 이 이름은 수천 조각의 작은 색 타일을 조합한 고대의 예술 작품을 상기시킨다. 자연이 타일 대신 색색의 유전자 정보를 지닌 세포로 모자이크를 창조한 것이다.

모자이크병에 처음 주목하게 만든 대상은 식물이었지만, 1900년대 초 과학자들은 동물에게도 모자이크병이 있다는 사실을 인지하기 시작했다.[7] 처음 그들이 주목한 것은 한쪽 날개에 검은색 얼룩무늬가 있는 사랑앵무나 털에 특이한 하얀 얼룩이 있는 토끼가 아니었을까.

하지만 현대 과학이 사람도 모자이크병이 있다는 것을 아는 데에는 시간이 오래 걸렸다. 마치 사람 모자이크는 눈에 띄지 않는다는 듯이. 도저히 못 보고 넘어갈 리가 없는 사례도 있었는데 말이다. 사람 모자이크병으로는 선천성 화염상 모반(port-wine stain)이나 목판화가가 바둑판 모양으로 줄을 그은 것 같은 피부 질환(1901년에 이 질환을 처음 기술한 독일 피부과 의사 알프레트 블라슈코(Alfred Blaschko, 1858~1952년)의 이름을 따서 '블라슈코 선(Blaschko line)'이라고 불린다.[8])을 꼽을 수 있을 것이다. 모자이크병으로 빅토리아 여왕 시대에 유명 인사가 된 인물도 있다. 그는 스스로를 '코끼리 인간(Elephant Man)'이라고 불렀다.

조지프 케리 메릭(Joseph Carey Merrick, 1862~1890년)은 1862년에 건강하고 정상적인 아기로 태어났다. 하지만 몇 년 지나지 않아서 이마가 뱃머리처럼 부풀기 시작했다. 발은 악몽처럼 커졌고 피부는 거칠어지고 작은 혹이 넓게 퍼져 우둘투둘한 모습이 마치 코끼리 같았다. 외모가 변하자 부모는 어머니가 그를 가졌을 때 어떤 박람회에 갔다가 코끼리와 부딪쳐 넘어진 것이 이 기형의 원인이라고 믿었다.

메릭은 학교에 다니다가 13세에 공장에 취직해 담배 마는 일을 했다. 기형은 갈수록 심해져서 머리둘레가 92센티미터까지 자랐다. 오른팔이 노처럼 넓적하게 변해 공장 일을 그만둬야 했다. 사공으로 일하려고 했지만 당국이 생김새가 너무 기괴하다는 이유로 바로 면허를 취소해 버렸다.

메릭은 아일랜드 거인 찰스 번의 선례를 따랐다. 자청해서 괴물 쇼의 구경거리가 된 그는 '코끼리 인간'으로 잉글랜드 전역을 순회했다. 그의 매니저 톰 노먼(Tom Norman, 1860~1930년)은 이제 곧 보게 될 장면에 대해 경고문으로 분위기를 띄웠다. "정신들 단단히 묶어 매십쇼. 이제 곧 이 지구에 살았던 그 누구도 범접하지 못할 진기한 인간상을 목격하실 겁니다."[9]

런던에서는 왕립 런던 병원(Royal London Hospital) 건너편의 한 상점 진열장에서 전시되기도 했다. 의학생들이 와서 넋을 놓고 보고 있는데 이 병원 의사 프레더릭 트레브스(Frederick Treves, 1853~1923년)가 뒤따라왔다. 그는 "난생처음 보는 징그러운 인간 표본"에 소스라치게 놀랐다고 그날의 경험을 이야기했다.[10] 그는 메릭에게 병원에 와서 의사들에게 검사를 받아 보라고 설득했다. 메릭은 몇 번 검사를 받아 보고는 자신이 "가축

시장에 나온 짐승"이 된 것 같다며 그만두었다.[11]

일거리가 줄어들자 메릭은 노먼과 대륙에서 다시 시작해 보자고 제안했다. 하지만 사정이 크게 다르지 않자 노먼은 메릭을 버렸고, 메릭은 강도를 만나 모든 것을 잃었다. 1886년에 빈털터리 거지꼴로 간신히 영국으로 돌아온 그에게 트레브스가 병원에 묵을 방을 차려 주었다.

메릭을 처음 만났을 때 트레브스는 코끼리 인간은 지적 장애가 있겠거니 생각했다. 하지만 집이 생기고 마음에 편해지자 메릭은 인생이 피었다. 시를 쓰고 마분지로 디오라마를 만들고 귀족들의 방문도 받았다. 덴마크의 알렉산드라 왕녀(Alexandra of Denmark, 1844~1925년, 에드워드 7세의 왕비이자 인도 황후. — 옮긴이)는 그에게 자필 서명한 자신의 사진을 선물했고 매년 크리스마스 카드를 보내왔다. 메릭은 4년을 이렇게 행복하게 살다가 27세에 자신의 침상에서 눈을 감았다. 사망 당시 무거운 머리가 갑자기 뒤로 꺾이면서 척추를 크게 다쳤던 것으로 보인다.

트레브스는 최선을 다했으나 메릭의 병에 대해서 아무것도 알아내지 못했다. 각 분과 전문의를 데려왔는데, 그들은 메릭이 신경계 질환을 앓았을지도 모른다고 추측했다. 메릭의 죽음이 트레브스의 호기심을 잠재우지는 못했다. 그는 메릭의 신체 거의 모든 부분을 석고 모형으로 제작하고, 뼈는 표백 살균 처리했다. 뼈에서 거대하게 자라난 부분들을 살펴보았지만 종양은 아니었다. 메릭의 가족 중에 그런 질환이 있는 사람이 없으므로 유전병일 가능성은 작았다. 무엇보다도 의아한 것은, 몸 여기저기가 변칙적으로 기형이 되었다는 점이었다. 기형이 되지 않은 부위는 완전히 정상이었다.

메릭의 경우는 블라슈코선, 화염상 모반과 더불어 모자이크병의 극단적 사례였지만, 이 병의 전모가 밝혀지기까지는 수십 년이 걸렸다. 과학적 도구가 없었다는 것도 이 병이 간과된 한 가지 이유였지만, 이렇게 지체된 데에는 다른 이유도 있었다. 과학자들은 사람들 사이에서 생기는 유전자 변이를 연구하면서도 한 사람 **안에서** 생기는 변이에 대해서는 거의 생각하지 않았다.

1902년에 암이 모자이크병의 한 형태라고 생각했던 과학자가 있었는데 그의 생각이 옳았다는 것이 그가 죽은 지 몇십 년 뒤에야 밝혀진 다른 이유가 또 있겠는가.

***

1800년대 말, 테오도어 하인리히 보베리(Theodor Heinrich Boveri, 1862~1915년)가 수행한 일련의 염색체 연구는 과학사에 뚜렷한 족적을 남겼다.[12] 예를 들면 그의 실험은 염색체 안에 유전 인자가 있다는 것을 분명히 보여 주었다. 보베리의 이 연구는 나폴리에 있는 한 해양 생물 배양소에서 성게 실험을 중심으로 진행되었다. 그는 성게 알에 정자를 조심스럽게 주입한 뒤 발생 과정, 즉 염색체가 복제되고 핵이 분리되는 과정을 관찰했다. 보베리는 아내 마르첼라 보베리(Marcella Boveri, 1863~1950년)와 함께 몇 년간 연구를 수행하다가 한 가지 실험 구상을 얻었다. 성게 알에 정자를 1개가 아닌 2개를 주입해 보면 어떨까? 결과는 혼돈이었다.

두 정자에서 전달된 흘러넘치는 DNA를 감당하지 못한 수정란은 염색체를 균등한 집합으로 분배하지 못했다. 그런 상태로 난자가 세포 분열을 하니 어떤 딸세포는 염색체가 많고 어떤 딸세포는 염색체가 적었고, 심지어 염색체가 하나도 없는 딸세포도 있었다. 이런 비정상 상태에서 세포들의 염색체 복제와 분열이 계속되었다. 마침내 난할이 일어나고 세포들은 배엽으로 들어가고, 일부는 계속해서 발달 단계를 이행했다. 일부는 건강한 성게 유생이 되었지만, 형태가 망가진 세포 조직으로 끝나기도 했다.

보베리는 이 혼돈을 관찰하면서 이것이 아무래도 암과 비슷하다고 생각했다. 1800년대 말, 종양 세포를 현미경으로 관찰한 과학자들은 염색체의 모양이 이상하게 변했다는 것을 발견했다. 염색체를 더는 세밀하게 볼 수 없어서 이것이 의미하는 바가 무엇인지 정확한 이해하기는 어려웠다. 하지만 그 정도로도 염색체가 암과 어떠한 관계가 있다는 점은 추정할 수 있었다.

보베리는 미쳐 날뛰는 성게 세포를 지켜보다가 놀라운 통찰을 얻는다. 그는 이렇게 추론했다. 세포가 정상적으로 자라려면 조상과 동일한 염색체 조합을 물려받아야 한다. 만약에 어떤 방해 요소가 나타나 이 과정이 망가지면 세포에는 염색체 수가 너무 많아지거나 너무 적어질 것이다. 이런 돌연변이 세포는 다수가 죽을 것이다. 하지만 이 돌연변이 세포가 비정상적인 속도로 증식하는 경우도 나온다. 그 딸세포들은 같은 비정상 염색체를 물려받을 테고 그렇게 계속해서 증식할 것이다. 그 결과가 종양이다.

보베리는 이 가설에 쏟아진 강력한 반발에 대해 이렇게 회고했다. "내 생각을 설명하자 과학 연구자들이 불신과 의심을 쏟아 내면서 마치 이 분야의 재판장인 양 굴어서 다 집어치우고 싶은 마음이 굴뚝같았다."[13] 보베리는 이 가설을 12년 동안 접어 놓았다가 1914년이 되어서야 저서 『악성 종양의 기원에 관하여(*Zur Frage der Entstehung maligner Tumoren*)』로 발표했다. 불신과 의심 어린 반응은 달라지지 않았다. 보베리는 자신이 옳았음을 알지 못한 채 이듬해에 세상을 떠났다.

1960년이 되어서야 보베리의 가설을 증명할 만큼 염색체를 주의 깊게 관찰한 과학자가 나왔다. 데이비드 헝거퍼드(David A. Hungerford, 1927~1993년)와 피터 캐리 노웰(Peter Carey Nowell, 1928~2016년)이 암의 일종인 만성 골수성 백혈병 환자들의 염색체 22번에서 상당 부분이 사라진 것을 발견했다. 어떤 돌연변이가 이 부분을 염색체 9번과 바꾼 것이다. 이렇게 변이된 염색체가 정상 세포를 암세포로 만들었다.[14]

보베리와 마찬가지로 헝거퍼드와 노웰이 관찰한 것은 염색체에서 일어난 대규모 변화뿐이었다. 암세포 DNA를 더 세밀하게 관찰하고 종양 세포의 유전체 전체의 염기 서열을 분석하기 위해 필요한 기술은 다음 세대를 기다려야 했다.[15] 그리고 그다음 세대에 더 세밀한 관찰이 가능한 기술이 나오면서 헝거퍼드와 노웰이 보았던 것보다 훨씬 작은 변화도 정상 세포를 암세포로 바꿀 수 있음이 발견됐다.

건강한 세포는 단백질을 다량 생성해 암세포가 되지 못하게 방어한다. 어느 DNA의 작은 조각을 잘라 내거나 유전자의 염기 하나만 잘못 읽어도 이 방어 능력이 무너져 세포들이 미쳐 날뛴다. 예를 들면 일부 유전자는 세포의 성장과 분열 속도를 제어하는 단백질을 합성한다. 이 유전자 하나만 막혀도 차가 내리막길로 돌진하는데 브레이크를 걸지 못하는 상태가 될 수 있다. 어떤 돌연변이 세포가 분열을 거듭하면 정상 세포의 후손들을 암 쪽으로 더 바짝 밀어붙일 수 있다. 돌연변이 세포가 이 단계에서 면역계에는 포착되지 않는 전암성(precancerous) 세포를 만들 수 있으며, 이들은 쉴 새 없이 새 종양을 찾아다닐 것이다. 돌연변이 세포는 또 혈관을 향해 자기네 쪽으로 끌어들이는 신호를 보냄으로써 폭발적인 성장의 양식으로 삼을 수 있다.

암세포는 세대를 거듭하면서 지속적으로 이런 위험한 돌연변이를 물려받을 것이고, 종양 하나를 다 키웠을 즈음에는 건강한 세포에는 없는 새로운 돌연변이가 수천 종 잠복하고 있을 것이다. 이 돌연변이들은 암세포에 숙주를 희생시켜서 번성할 능력을 부여하지만, 그러다가 도리어 피해를 입기도 한다. 미토콘드리아의 DNA에 돌연변이를 일으키면, 세포가 활동하는 데 필요한 에너지를 생성하는 미토콘드리아가 더는 에너지를 공급하지 않으니 이들도 성장하기 어려워지는 것이다. 암세포는 과감한 DNA 교환으로 이 딜레마를 해결하는데, 건강한 세포의 미토콘드리아 유전자를 훔쳐다가 자기네 망가진 유전자와 바꿔치기한다.[16]

⁂

암과 핑크색 자몽이 무슨 관계가 있다는 것인가? 둘 다 모자이크병의 산물이다. 즉 암도 핑크색 자몽도 모세포로부터 받은 돌연변이로 시작되어 몸의 다른 부위에 형성된 살아 있는 세포의 계보 가운데 하나인 것이다. 암이 치명적 형태의 모자이크병이라는 사실이 밝혀지자 과학자들은 여기에 속하는 질환이 얼마나 더 있는지 알고 싶어 했다.

과학자들은 몸속에서 일어나는 세포 분열을 더 세밀하게 들여다보면서 간단한 산수만으로도 모자이크병이 도처에 널려 있으리라고 추정할 수 있었다.[17] 한 사람이 수정란 상태일 때부터 성인이 될 때까지 증식하는 세포의 수는 대략 37조 개이다. 이 세포들이 분열할 때마다 30억 개의 DNA 염기 서열 조합이 생성된다. 대부분의 경우에 우리의 세포는 이 증식을 놀랍도록 정확하게 이행한다. 그런데 한 번의 실수로 딸세포 하나가 수정란일 때에는 없었던 돌연변이를 하나 획득했다고 치자. 이 딸세포가 새로운 계보를 하나 완성한다면 막대한 양의 세포가 그 돌연변이를 물려받을 것이다. 일부 연구자가 체세포 돌연변이율을 토대로 연구해 우리 한 사람 한 사람의 몸속에 흩어져 있는 새로운 돌연변이는 1경 개가 넘을 것으로 추산했다.

하지만 간단한 산수만으로는 모자이크병의 정확한 메커니즘을 규명할 수 없었다. 한 세포에 돌연변이가 하나 생기면 세포가 그냥 죽일 수도 있다. 우리 몸속에서 일종의 개체 내 자연 선택이 일어날 수 있는데, 우리 몸이 수정란일 때부터 있던 유전체를 보유한 세포를 선호하는 경우에 그러하다. 또 우리 몸에 좋든 나쁘든 아무 효과도 축적하지 않는 무해한 돌연변이도 있다. 면밀한 DNA 검사 기술이 없으면 어느 쪽 가능성이 맞는지 알아내기 어렵다. 그럼에도 인간 모자이크병의 새로운 사례가 발견되고는 하는데, 아직은 무시하고 넘어가기가 불가능할 정도로 특이한 사례에 국한된다.

1959년 8월 5일, 뉴욕 대학교 의과 대학에서 음경과 질이 하나씩 있지만 고환은 없는 아기가 태어났다.[18] 의사들이 아기의 골수에서 세포를 추출해 성염색체를 검사했다. 의사들이 검사한 세포 20개 중 8개가 남아의 염색체 유형, X 염색체 하나와 Y 염색체 하나의 조합이었다. 하지만 나머지 세포 12개는 X 염색체 하나뿐이었다.

이 아기가 수정되었을 때는 X 염색체 하나와 Y 염색체 하나의 접합체로 시작한 것이 맞았다. 하지만 임신 기간의 어느 시점에 태아 내 세포가 분열하는 과정에서 딸세포에게 Y 염색체를 전달하지 못하는 실수가 발생한 것이다. Y 염색체 하나가 결핍된 이 세포는 남성의 신체 발달에 관여하는 단백질 일부를 합성할 수 없었다. 이 세포가 분열하면서 후손 세포들에게 Y가 없는 염색체를 물려주었고, 그리하여 여성 신체 부위 일부가 생겨났다. 이 아기는 XY 세포와 X 세포의 모자이크가 되었다.

과학자들은 발생을 미세한 단위로 연구하면서 모자이크병에 속하는 다른 질환도 발견했다. 예를 들어 블라슈코선은 아기가 태어날 때 이미 몸속에 있다. 이것은 이 병이 유전 질환임을 시사한다. 하지만 블라슈코선의 가족력 사례는 나오지 않았다는 점은 부모로부터 자녀에게 전달된 돌연변이가 아님을 시사했다.

1983년에 이스라엘의 유전학 연구진이 우반신에 블라슈코선이 있는 소년의 염색체를 검사했다.[19] 검사 표본은 소년의 소변에서 나온 상피 세포, 오른팔의 피부 세포, 백혈구 세포였다. 오른팔 피부 세포들은 염색체 18번이 하나 많았고, 백혈구 세포는 절반이 그랬다. 나머지는 정상이었다. 유전학자들은 소년의 발생 초기 단계에 염색체 오류가 있었던 것으로 결론 내렸다. 이것은 이 소년에게 모든 세포에게 동일한 배열의 염색체 18번이 하나씩 더 있는, 새로운 세포 계보가 형성되었음을 의미했다. 이 세포 계보는 면역 세포와 피부 세포를 포함해 여러 세포 조직에서도 차이가 나타났다. 하지만 가시적 변화가 나타난 것은 피부 세포뿐이었다.

메릭도 모자이크병의 사례로 밝혀졌지만, 이 경우는 입증하기가 특히 더 어려웠다. 메릭이 죽은 뒤로 의학계 전반의 진단은 신경 세포에 양성 종양이 발생하는 경향이 있는 유전병인 신경 섬유종이었다. 신경 섬유종의 증상 일부가 있었던 것은 맞지만, 이 진단에 부합하지 않는 증상도 있다는 점을 지적한 연구자들도 있었다. 예를 들면 모카신처럼 과성장한 발은 신경 섬유종으로 유발되는 증상이 아니었다.

1983년에 연구자들은 메릭과 동일한 증상 조합을 보이는 몇 가지 사례를 확인하고서 프로테우스 증후군(Proteus syndrome)이라는 이름을 붙였는데 100만 명당 1명 미만에게 나타나는 질환이다.[20] 메릭이 겪은 상태에 이름은 생겼지만, 아직도 이 질환의 원인은 밝혀내지 못했다. 2000년초에 미국 메릴랜드 주 베데스다에 위치한 국립 인간 유전체 연구소의 유전학자 레슬리 비세커(Leslie G. Biesecker)가 이 증후군의 유전적 기반을 밝히기 위한 연구를 이끌었다.[21] 우선 프로테우스 증후군이 있는 사람 6명의 검사 표본으로 죽은 피부, 건강한 조직과 혈액을 수집했다.

비세커의 연구진은 염색체에서 눈에 띄는 변화를 찾기보다는 새로운 기술인 엑솜 염기 서열 분석법(exome sequencing, DNA 중에서 실제로 단백질을 구성하는 아미노산을 합성하는 부분인 엑손(exon) 부위만 추출해 염기 서열을 분석하는 방법. — 옮긴이)을 시도했다. 그들은 이 방법으로 유전체에서 단백질 합성 영역(세포당 3700만 개의 DNA 염기) 전체를 해독했다. 분석 결과, 피검자 6명 전원에게서 같은 돌연변이가 나왔다. 세포 성장을 제어하는 데 중요한 역할을 담당하는 것으로 알려진 AKT1 유전자의 돌연변이였다. 하지만 이 돌연변이는 어떤 세포에는 있고 어떤 세포에는 없었다. 이 뒤섞인 결과는 프로테우스 증후군이 모자이크병의 한 사례임을 시사했다.

비세커의 연구진은 프로테우스 증후군이 있는 사람 29명을 더 찾아서 여러 세포 조직에서 AKT1 유전자의 염기 서열을 판독했다. 피검자 26명의 손상된 피부 조직에서 같은 돌연변이가 발견되었다. 하지만 검사한 백혈구 세포 중에서는 어디에서도 돌연변이가 발견되지 않았다.

이번에는 그 세포 일부를 플라스크에서 배양해 돌연변이가 어떤 효과를 내는지 관찰했다. 돌연변이는 AKT1 유전자를 억제하지 않았다. 그 반대였다. 돌연변이는 이 유전자를 더욱 활성화해 피부와 뼈가 더 자라게 만들었다. 저렇게 하면 코끼리 인간이 만들어지겠구나 싶은 바로 그런 효과였다. 이것은 엑솜 분석법을 이용해 모자이크병의 원인을 찾아낸 최초의 연구 사례였다. 프로테우스 증후군의 요인이 된 유전자를 찾아낸 비세커 팀은 이 병을 공격할 약도 탐색했다. 그들은 하나를 찾아냈고 테스트에 돌입해 희망적인 결과를 내고 있다. 이제 메릭의 병이 모자이크병의 사례라는 것은 밝혀졌다. 언젠가는 그 치료법이 나올 수도 있을 것이다.[22]

*
**

과학자들이 더 많은 모자이크병의 유전적 원인을 찾아내면서 우리 몸 내면의 유전 연대기를 구성하고 있다.[23] 돌연변이는 수정 직후 접합체가 둘로 나뉘는 시점부터 임종 직전의 유사 분열이 일어나는 순간까지 생애 주기 어느 단계에서도 일어날 수 있다.[24] 병이 몇 개의 세포를 공격하느냐는 그 시기가 언제인지에 달려 있다. CHILD라는 피부 질환의 돌연변이는 발생 초기, 배아의 세포가 우리 몸을 오른쪽과 왼쪽으로 분리하는 시기에 시작된다. 이 돌연변이로 신체가 절반은 짙은 색, 절반은 옅은 색이 된다. 블라슈코선은 이것보다 훨씬 뒤, 태아의 피부가 발달하기 시작할 때 생긴다. 이 시기에는 상피 세포가 몸의 중심선에서 표면 쪽으로 강물처럼 흘러나오는데,[25] 이때 색소 세포에 돌연변이가 생기면 피부를 따라 줄이 형성된다.

같은 돌연변이라도 언제 생겼느냐에 따라 다른 종류의 모자이크병이 될 정도로 발생 시기는 중대한 역할을 한다. 스터지웨버 증후군(Sturge-Weber syndrome)이라는 질환은 머리에 여러 심각한 변화를 유발할 수 있다. 다량의 미세 혈관을 뇌 쪽으로 위험하게 밀어붙일 수 있는데, 혈관이 압박되는 부위에 따라 간질 발작을 유발할 수도 있고, 반신 마비를 일으킬 수도 있고, 지적 장애를 유발할 수도 있다. 혈관이 눈 쪽을 압박하면 녹내장을 유발할 수 있다. 스터지웨버 증후군은 분홍색 모반을 만들기도 하는데, 얼굴 절반을 덮을 정도로 큰 경우도 있어 확장판 화염상 모반처럼 보인다.

화염상 모반과 몹시 닮아서 이 두 질환이 동족이 아닐까 생각한 과학자도 있었다. 2013년에 케네디 크리거 연구소(Kennedy Krieger Institute)의 조너선 페프스너(Jonathan Pevsner)가 이 관계를 알아내기 위한 연구를 이끌었다.[26] 페프스너의 연구진은 스터지웨버 증후군을 겪는 세 사람의 모반 부위 피부 조직을 떼어 표본을 만들고 모반 없는 피부 조직과 혈액 표본도 만들었다. 그리고 각 조직의 DNA를 추출해 전장 유전체 염기 서열 해독을 했다. 세 환자 모두의 모반 피부 세포에 같은 GNAQ 유전자의 같은 돌연변이가 있는 것으로 확인되었다. 이 연구진은 후속 연구로 스터지웨버 증후군 환자 26명을 검사했는데, 이 가운데 23명이 모반 피부에 동일한 돌연변이가 있었다.

스터지웨버 증후군의 유전적 기반을 찾아낸 페프스너는 화염상 모반 연구를 시작했다. 그들은 13명의 화염상 모반 피부 조직을 검사해 12명에게서 동일한 GNAQ 돌연변이를 찾아냈다. 이들의 연구는 이 두 질환이 동일한 돌연변이에서 유발되지만, 발생 과정의 어느 시기에 돌연변이가 나타나느냐에 따라 다른 형태를 취한다는 것을 시사한다. 돌연변이가 발생 초기에 나타나면 스터지웨버 증후군이 유발된다. 돌연변이 세포가 분열하면서 피부와 혈관, 그 밖의 조직의 세포에도 돌연변이가 생길 수 있다. 발생 후반에 GNAQ 돌연변이가 생긴다면, 돌연변이 범위는 피부로만 국한되어 화염상 모반만 유발한다. 이 두 질환의 차이는 오로지 돌연변이가 생긴 시기였다.

*
**

화염상 모반이나 프로테우스 증후군은 모자이크병을 신체 표면에 일으켜 눈에 보이게 만들었다. 그 후의 과학자들은 보이지 않게 숨어서 나타나는 모자이크병을 탐색해 왔다. 하버드의 소아 신경 전문의 아나푸르나 포두리(Annapurna Poduri)가 반구 거뇌증(hemimegalencephaly)이라는 뇌 장애를 연구했다.[27] 이 질환이 있는 사람은 뇌의 한쪽 반구가 거대하게 부풀어 수시로 심한 발작을 겪는다. 이 질환은 뇌의 절반에만 영향을 미친다는 특성을 볼 때 모자이크병의 한 사례일 수 있다는 가능성이 제기되었다.

개연성 있는 생각이기는 하지만 테스트하기는 어려울 터였다. 반구 거뇌증은 환자의 혈액 표본을 추출하거나 피부 조직을 살짝 떼어 낸다고 알아낼 수 있는 질환이 아니었다. 이 모자이크성 돌연변이는 뇌 속에 숨어 있을 테니까.

포두리와 동료들은 반구 거뇌증 치료를 위한 절제술을 활용했다. 이 절제술은 뇌의 반구에서 과도하게 자란 부위를 절제하거나 아니면 전체를 제거하는 수술이다. 연구원들은 8명에게서 절제한 뇌 조직을 검사할 수 있었다.[28] 첫 표본에서 일부 세포에 DNA가 과다한 점이 눈에 띄었다. DNA가 과다한 세포들을 살펴보니 1번 염색체 중에 상당히 긴 부분이 중복돼 있었다.[29] 같은 환자의 다른 세포들은 1번 염색체가 정상이었다. 두 번째 환자에게서도 1번 염색체의 같은 부위에서 DNA가 중복된 점이 확인되었다.

이 중복된 부위에는 AKT3라는 흥미로운 유전자가 있다. 이 유전자에 대한 기존의 연구를 살펴보던 포두리의 연구진은 AKT3 유전자가 없을 때 태아의 소뇌가 비정상적으로 발달할 수 있다는 보고서를 발견했다. 포두리의 연구진은 이 유전자의 잉여 복사본 하나가 뇌를 반대 방향으로 밀고 나갔는지도 모른다는 가정을 하고 다른 반구 거뇌증 환자 6명의 뇌 조직 AKT3 유전자 염기 서열을 분석했다. 1명에게 AKT3 돌연변이가 있기는 했는데, 뇌세포의 3분의 1에만 나타났다.

그렇다면 반구 거뇌증은 십중팔구 태아 발달 초기에 신경 세포가 줄기 세포를 타고 올라가 뇌를 형성하는 시기에 시작된다고 봐야 할 것이다. 신경 세포가 이렇게 위로 올라가면서 세포 분열을 할 때 AKT3 유전자 혹은 어쩌면 분열을 돕는 또 다른 유전자에 돌연변이가 발생한 것이다. 다른 신경 세포들은 어느 시점에 이르면 분열을 멈추지만 이 돌연변이 신경 세포 계보는 멈추지 않는다. 그런데 이렇게 증식한 돌연변이가 급격히 성장해 종양이 되는 대신 뇌의 한쪽 반구에 넓게 퍼져서 정상 세포에 둥지를 튼다. 이처럼 AKT3 변이는 전체 신경 세포에서 차지하는 부분은 아주 작아도 반구 전체에 손상을 유발하는 위험한 돌연변이이다.

⁂

한 사람의 정상 세포와 모자이크병이 만들어 내는 돌연변이 세포의 유전적 차이는 두 사람 사이의 유전적 차이보다 훨씬 작다. 내 오른손의 세포와 왼손의 세포를 비교할 수 있다면 유전적으로 동일하지 않을 것이다. 하지만 이 차이는 내 동생 벤의 어느 세포와 비교해도 훨씬 작을 것이다. 하지만 체세포 돌연변이로 염기가 단 1개 바뀐다면 최고 수준의 의료 검진에서는 잡히지 않겠지만 우리의 건강에는 중대한 영향을 미칠 수 있다. 표준적 유전병, 즉 접합체 단계부터 있던 유전병을 진단하려면 부모 어느 한쪽의 아무 세포나 DNA를 검사하면 된다. 하지만 모자이크병에서는 세포 하나가 다른 세포들을 대신할 수 없다.

2013년에 캘리포니아 팰로 앨토의 루실 패커드 어린이 병원 스탠퍼드(Lucile Packard Children's Hospital Stanford) 의사들은 시시 초이(Sici Tsoi)라는 여성이 셋째 아이 아스트리아(Astrea)를 출산할 때 모자이크병이 얼마나 골치 아픈 사례가 될 수 있는지 깨달았다.[30] 아스트리아에게 문제가 있다는 첫 단서를 얻은 때는 임신 13주차였다. 초이의 산과 의사가 아기의 심장 박동에 뭔가 특이한 점이 있다고 느꼈다. "박동이 길었다 짧았다, 길었다 짧았다 했어요." 초이가 나에게 그렇게 설명했다.

초이의 담당의는 아스트리아에게 QT 간격 연장 증후군(long QT syndrome)이라는 유전병이 있는 게 아닐까 걱정했다. 정상이라면 심근에서 규칙적으로 전기 신호를 발생시켜 심방이 수축하고 박동이 일어난다. 한 번 박동할 때마다 심장은 전하를 띤 원자(이온)를 세포막의 통로를 통해 세포로 보냄으로써 다음 번 충전을 준비한다. 태어나는 아기 2,000명에 1명 꼴로 이 이온 통로에 이상이 발생하는 것으로 알려졌다. 이 통로가 충분히 발달하지 않은 경우가 있고, 통로 기형으로 이온의 흐름이 막히는 경우가 있다. 이 이상으로 심장 세포의 재충전 속도가 떨어져 심장 박동 간격이 멀어질 수 있고, 그러면 심전도 그래프가 엉망이 될 것이다. QT 간격 연장 증후군을 방치해서 이런 혼돈을 초래한다면 생명이 위태로울 수 있다.

QT 간격 연장 증후군이라는 최종 진단을 받으려면 아스트리아가 태어난 후 가슴에 바로 전극을 꽂아야 한다. 그때까지는 초이의 담당의가 주 2회 초음파 심전도 검사를 실시해 아스트리아의 심장 박동을 모니터를 통해 간접적으로 측정하면서 태아 발달 상태를 확인했다. 초이의 뱃속에 있는 기간이 길어질수록 아스트리아가 건강하게 태어날 수 있다고 했다.

임신 36주째 담당의가 아스트리아의 심장 주위로 미심쩍은 유동체가 형성되는 것을 발견했다. 심장 마비를 겪고 있다는 신호일 수도 있었다. 의료진은 응급 제왕 절개 수술이 필요한 상황이라고 판단했다.

분만이 끝난 뒤 병실에서 깨어난 초이는 간호사가 아스트리아를 침대 맡에 데려다 줄 줄 알았다. 몇 시간이 지나도록 딸은 그림자도 보이지 않았다. 초이는 남편 에디슨 리(Edison Li)에게 신생아 집중 치료실로 가보라고 했다. 남편은 의사들이 아스트리아를 산처럼 에워싸고 있어서 보이지도 않더라고 했다.

이튿날 초이의 담당의가 서명할 서류를 들고 찾아왔다. "그때서야 심각한 상황이라는 걸 알았어요." 초이가 말했다. 담당의가 설명하기를, 아스트리아가 중증 QT 간격 연장 증후군이라고, 태어난 직후에 심정지가 왔다고 했다. 의학 전문 용어는 전혀 알아듣지 못했지만 아스트리아의 생명을 구하려면 의사들이 그 생후 하루가 된 아기의 심장을 수술해야 한다는 것은 알 수 있었다.

초이와 리가 서류에 서명하자 수술의들이 아스트리아의 심장에 삽입형 제세동기를 심었다. 아스트리아의 심장 박동이 중단되면 이 제세동기가 심장에 전기 충격을 주어서 심장 리듬을 정상으로 돌릴 것이다.

아스트리아의 의료진 중에 스탠퍼드 유전성 심혈관계 질환 메디슨 센터(Stanford Medicine's Center for Inherited Cardiovascular Disease)의 소아 심장 전문의 제임스 프리스트(James Priest)가 있었다. 프리스트가 QT 간격 연장 증후군의 원인을 찾을 수 있는지 보기 위해 아스트리아의 혈액 표본 몇 개를 유전자 테스트 회사로 보냈다. 프리스트는 단일 돌연변이를 찾기보다는 QT 간격 연장 증후군과 밀접한 연관이 있는 다량의 유전자를 하나의 패널로 구성해 분석해서 돌연변이를 찾을 수 있는 이른바 패널 검사(panel test)를 주문했다. 프리스트는 패널 검사 결과로 아스트리아의 심장에서 변이를 일으킨 것이 어떤 종류의 통로인지 찾아낼 수 있을 것이다. 어떤 통로는 소듐(나트륨) 원자를 밀어낼 것이고 어떤 통로는 포타슘(칼륨)을 밀어낼 것이다. 통로의 종류에 따라 다른 약을 써야 QT 간격 연장 증후군에 더 좋은 효과를 낼 수 있다.

하지만 프리스트는 패널 검사의 한계도 분명하게 인지한 터였다. 하나는, 더디다는 문제였다. 2~3개월을 기다려야 결과가 나올 수 있었다. 이것은 아스트리아에게 맞는 약을 써서 더 좋은 효과를 보려면 중차대한 시기였다. 프리스트는 QT 간격 연장 증후군 환자의 30퍼센트가량은 패널 검사로 유전 소인을 전혀 밝혀내지 못했다는 사실도 알고 있었다. 당시는 QT 간격 연장 증후군을 유발할 수 있는 유전자 변이를 모두 찾아내기에는 기술이 태부족한 단계였다. 그런 탓에 환자의 3분의 1이 의사들이 "유전적 연옥"이라고 부르는 상태에 머물러야 했다.[31]

2013년에 프리스트의 연구진은 일부 환자의 병을 더 깊이 이해하기 위해 전장 유전체 서열 분석법을 처음 시도했다. 한 번에 유전자 하나씩 검사하는 방법 대신 유전자 전체를 한꺼번에 보기 위한 방법이었다. 프리스트가 동료 과학자들에게 아스트리아의 사례를 이야기하자 표준 패널 검사보다 이 유전체 분석법이 더 빠를 뿐만 아니라 더 철저할 것 같다는 의견을 주었다. 하지만 그들은 이 실험이 반드시 성공한다는 보장은 없다는 것도 알고 있었다.

프리스트가 초이와 리 부부에게 무엇을 하려고 하는지 설명했다. "사람의 유전체는 23장으로 이루어진 책 한 권과 같습니다." 프리스트는 이렇게 시작했다. "장마다 복사본이 2부씩 있습니다. 하나는 아버지로부터, 다른 하나는 어머니로부터 받은 겁니다. 전장 유전체 염기 서열 분석은 모든 것을 찾는 방법입니다. 빠진 장, 빠진 단락, 오탈자 하나도 놓치지 않고요."

초이와 리는 동의했고, 프리스트는 이제 겨우 생후 3일 된 아스트리아에게서 약간의 혈액을 채취했다. 프리스트는 혈액 표본을 일루미나로 보냈고, 일루미나는 서둘러 임무를 완수했다. 6일 뒤, 모든 원본 데이터가 도착했다. 그는 짧은 리드(read, 분석을 위해서 잘라 낸 염기 서열의 단편. — 옮긴이)를 아스트리아의 전장 유전체와 맞추는 프로그램을 설치하고 아스트리아의 QT 간격 연장 증후군의 원인이 될 유전자를 탐색했다.

물론 아스트리아에게서는 수백만 개의 변이가 나왔지만 프리스트는 빠르게 한 변이를 특정했다. SCN5A라는 유전자의 희귀 돌연변이였다. SCN5A는 심장 박동을 유지하는 데 중요한 소듐 원자 충전 명령을 내리는데, 이 돌연변이가 그 통로에 변화를 일으켜 소듐의 유입을 방해한다. 프리스트는 또 다른 환자에게서도 이 돌연변이가 정확히 같은 위치에서 QT 간격 연장 증후군을 유발한다는 것을 발견했다. "머리를 한 대 얻어 맞은 것 같았습니다. 이보다 더 좋은 걸 찾을 수는 없었을 겁니다." 프리스트는 그렇게 말했다.

이튿날 프리스트는 초이와 리에게 이 발견을 알렸다. 이제 생후 10일 된 아스트리아에게 소듐 통로 치료를 위한 투약을 시작했다. 프리스트는 아스트리아의 유전체 연구를 마무리하고 진단을 재확인한 뒤, 결과 보고서를 작성했다.

그런데 여기에서 이야기가 어그러진다.

일루미나의 전문가들이 유전체를 분석하는 방법은 아스트리아의 유전체나 내 유전체나 다른 수천 명의 유전체나 동일하다. 혈액 표본에서 백혈구 세포를 추출해 그 안의 DNA를 조각낸다. 그런 뒤 그 리드를 다량 복사해서 일일이 염기 서열을 분석한다. 프리스트는 컴퓨터로 각 리드가 아스트리아의 유전체에서 어느 위치에 들어가는지 찾아냈다. 하지만 DNA 리드 복사본을 너무 많이 만들다 보니 아스트리아의 DNA 각 부위당 복사본이 대략 40개씩 늘어선 것이다. 평균적으로 한 유전자에 해당하는 리드 절반은 유전자의 한 복사본에서 나오고, 나머지 절반은 나머지 한 유전자 복사본에서 나온다. 그런데 리드 34개 중 SCN5A 돌연변이가 나온 리드가 8개밖에 되지 않았다. 정확한 50 대 50은 아니었지만 프리스트는 그 정도면 충분히 근접했다고 판단하고 아스트리아의 SCN5A 유전자 1개 복사본에 QT 간격 연장 증후군을 유발하는 돌연변이가 있었으리라고 추정했다.

프리스트는 후속 연구로 아스트리아의 DNA에서 특정 부위 중심으로 정밀 분석을 수행했다. 그러기 위해서 더 많은 백혈구 세포에서 SCN5A 유전자를 추출한 뒤 수백만 개 복사본을 만들었다. 그는 정상 유전자와 변이 유전자가 50 대 50으로 나오리라고 예측했지만, 돌연변이가 전혀 발견되지 않았다. 마치 다른 두 아기, 치명적인 돌연변이가 있는 아기와 그것이 없는 아기를 검사하는 것 같았다면서 그는 이렇게 말했다. "그야말로 당황했습니다."

프리스트는 아스트리아의 가족에게 어떤 특이한 유전 형질이 있어서 거기에 자기가 속은 것은 아닐까 하는 생각도 했다. 초이나 리에게서는 QT 간격 연장 증후군의 징후가 전혀 보이지 않았다. 심장에도 아무런 문제가 없었고, 두 사람 다 심전도도 정상이었다. 둘 중 한 사람이 잉여 SCN5A 변이 보인자일 가능성은 있었다. 가끔은 한 돌연변이가 우발적으로 유전자 중복을 유발하는 경우가 있다. 하지만 그런 유전자는 단백질을 합성하지 못한다. 어쩌면 아스트리아가 SCN5A의 슈도진(pseudogene, 유전자 돌연변이가 누적되다가 우발적으로 발생하는 유전자의 중복 혹은 누락 현상으로, 단백질 합성 기능을 상실한 가짜 유전자를 의미한다. — 옮긴이)을 물려받았는데 프리스트가 진짜 돌연변이로 착각한 것일 수도 있었다. 이 경우라면 SCN5A 유전자는 아스트리아의 심장 문제와 아무 관계도 없고 프리스트가 단단히 헛짚었다는 이야기가 된다. 따라서 아스트리아의 QT 간격 연장 증후군의 원인이 무엇인지 원점에서부터 다시 찾기 시작해야 할 판이었다.

프리스트는 슈도진을 찾기 위해 초이와 리의 DNA 염기 서열을 분석했다. 하지만 전장 유전체 분석이 아닌 단백질 합성 유전자만 골라서 분석했다. 이번에도 허탕이었다. 아스트리아의 부모 어느 쪽에도 SCN5A의 슈도진은 없었다.

끝으로, 프리스트는 가장 극단적인 가능성을 가정했다. 모자이크병 말이다. SCN5A 돌연변이가 아스트리아의 세포 일부에만 있고 다른 세포에는 없는 게 아닐까? 이 가능성을 조사하기 위해 프리스트는 아스트리아의 혈액 표본을 스탠퍼드의 과학자 스티븐 퀘이크(Stephen Quake, 1969년~)에게 보냈다. 퀘이크는 스탠퍼드 대학교에서 단일 유전자를 이용한 유전체 염기 서열 분석법을 개발한 과학자였다. 이 분석법으로 하면 아스트리아의 세포에서 수백 개의 DNA를 한데 모아 놓고 뒤지는 것이 아니라 한 번에 하나씩 살펴볼 수 있었다.

퀘이크의 연구진은 아스트리아의 혈액 세포 36개를 검사했다. 그 가운데 3개의 세포에서, SCN5A 유전자 한쪽 복사본에서 돌연변이 하나를 발견했다. 나머지 33개 세포에서는 SCN5A 유전자의 두 복사본이 다 정상이었다.

퀘이크의 검사로 아스트리아의 혈액이 모자이크성임이 확증되었다. 프리스트 연구진은 아스트리아의 모자이크 범위를 알아내기 위해 침과 소변의 세포도 추출했다. 삼배엽에서 발생한 세포 표본을 검사하려는 것이었다. (혈액 세포는 중배엽에서, 구강 내벽 세포는 외배엽에서, 요로 상피 세포는 내배엽에서 형성된다.)

프리스트 연구진은 아스트리아의 세 세포 7.9퍼센트에서 14.8퍼센트 범위 내에서 SCN5A 돌연변이를 발견했다. 다시 말해 아스트리아는 영락없는 모자이크였다. 그것도 삼배엽이 발생하기 전, 그저 한 뭉치의 세포이던 시절에 모자이크가 된 것이다. 그 배아 세포 뭉치 중에서 한 세포에 변이가 일어났고, 이것이 분열하면서 그 후손들에게 그 돌연변이를 물려주었다. 그 괘씸한 SCN5A 돌연변이 유전자를 물려받은 세포들이 삼배엽에 다 섞여서 들어간 것이다.

프리스트와 동료들이 그 모자이크에 얽힌 수수께끼를 푸는 동안 아스트리아는 수술에서 충분히 회복해 엄마, 아빠와 함께 집으로 갈 수 있었다. 프리스트가 처방해 준 약으로 QT 간격 연장 증후군은 잘 관리되었고, 아스트리아는 행복한 영아기를 보냈다. 그렇게 생후 7개월이 된 어느 날 초이의 전화기가 울렸다.

"의사의 전화였어요. 아스트리아가 잘 지내는지 묻더라고요." 초이는 아스트리아는 바로 앞에서 장난감을 가지고 놀고 있다고 대답했다.

제세동기가 방금 아스트리아의 심장에 충격을 줬다는 이야기였다. 제세동기가 작동하면 의사들에게 무선 메시지가 갔다. 아스트리아를 한시바삐 병원으로 데려와야겠다고 했다. "그게 무슨 뜻인지 바로 이해하지 못했어요." 초이가 말했다.

스탠퍼드의 의사들이 아스트리아를 진찰해 심장이 위험하게 커진 상태라는 것을 알아냈다. 이것은 SCN5A 돌연변이가 유발하는 또 하나의 위험한 증상이었다. 생명을 구하려면 새 심장이 필요한 상황이었다. 병원에 들어온 지 얼마 지나지 않아 아스트리아의 심장이 멈추었다. 의사들은 아스트리아의 심장을 되살리기 위해 기계 펌프를 부착하고 백방으로 노력했다.

"그날 밤, 아스트리아가 더는 버틸 수 없을 것 같았어요. 전 속으로 말했죠. '이게 너무 힘들거나 너무 아픈 거라면, 나는 괜찮으니 떠나렴.'"

아스트리아의 심장은 되살아났고 힘을 회복했다. 몇 주 뒤에는 심장을 이식할 수 있었다. 아스트리아는 수술을 받고 며칠 뒤 다시 집으로 돌아갔다. 구토가 멈추지 않아 처음 몇 개월은 가족 모두가 힘들어했지만 서서히 회복되었다. 하루 3회 거부 반응 억제제를 복용해야 하는 것만 제외하면 아스트리아는 여느 아이들처럼 성장했다. 「겨울 왕국」 삽입곡을 무한 반복해서 들었고, 언니와 재주넘기를 하고 놀았다.

프리스트에게는 아스트리아의 이식 수술이 모자이크가 QT 간격 연장 증후군의 원인이었는지 최종적으로 확인할 기회였다. 프리스트의 연구진은 수술할 때 절제한 아스트리아의 심장에서 근육 몇 조각을 떼어냈다. 심장 오른쪽의 세포 5.4퍼센트에 SCN5A 유전자 돌연변이가 있었다. 왼쪽은 11.8퍼센트였다. 돌연변이 세포의 미세한 알갱이들이 보통 세포 조직에 섞여 있었다. 프리스트의 연구진은 컴퓨터 시뮬레이션 프로그램에 아스트리아의 심장과 돌연변이 비중을 설정해 뛰게 했다. 시뮬레이션 심장은 아스트리아의 심장이 그랬던 것과 거의 비슷하게 불규칙하게 박동했다.

아스트리아는 모자이크 심장은 잃었지만, 나머지 몸은 유전적 모자이크 상태로 남아 있다. 하지만 SCN5A 돌연변이가 더는 아스트리아의 생명을 위협하지 못한다. 프리스트에게는 여전히 풀리지 않은 의문이 있다. QT 간격 연장 증후군이 아스트리아처럼 모자이크병의 결과인 사례는 얼마나 더 많을까? "내 평생 그렇게 흥미로운 사례를 접할 기회가 또 올지 모르겠습니다." 프리스트가 말했다.

⁂

병인을 찾는 과정에서 많은 모자이크병 사례가 밝혀졌지만, 과학자들은 모자이크병이 치료된 사례도 발견할 수 있었다.[32]

네덜란드의 피부과 전문의와 유전학자로 구성된 연구진이 1997년에 최초의 모자이크 치료 사례를 기술했다. 피부가 너무 약해서 살짝만 문질러도 물집이 생기는 28세 여성의 사례였다. 이 고통스러운 피부 질환의 원인은 COL17A1이라는 유전자의 변이였다. 보통은 피부 세포가 피부를 늘어나게 하는 유형의 콜라겐을 합성하는 데 사용되는 유전자이다.

이 여성의 부모 모두 보인자였다. 부모 모두 COL17A1 유전자의 한쪽 사본에 돌연변이가 있었다. (그들에게는 다른 위치에 다른 돌연변이들도 있었다. 얼마 지나지 않아 이 돌연변이의 작용 메커니즘이 엄청나게 중요하다는 것이 밝혀졌다.) 부모는 두 사람 다 COL17A1 유전자의 다른 쪽 사본이 정상이어서, 이 정상 유전자가 피부를 건강하게 유지하기 위해 필요한 콜라겐을 충분히 합성할 수 있었다.

부모 양쪽으로부터 유전자의 나쁜 복사본만 물려받은 것이 이 여성의 불운이었다. 이 결손 유전자는 여성이 수정란일 때부터 이미 있었다. 그런 후 접합체에서 만들어지는 모든 세포에 유전되었다. 피부 발달 단계에서는 피부 세포가 콜라겐을 합성하기 위해 COL17A1 유전자를 활성화해야 한다. 그런데 결손 유전자가 이 일을 하지 못해 늘어나지 못하는 피부를 갖게 된 것이다.

하지만 의사들이 팔과 손에 몇 군데 피부 조직이 정상인 곳을 발견했다. 문질러 보니 물집이 생기지 않았다. 그 여성도 그 부위를 인지하고 있었다. 원래부터 그랬다고. 하지만 최근에 나타난 부위도 있는데, 점점 넓어지고 있었다. 의료진이 건강한 피부 부위의 분자 구성을 검사했더니 건강한 콜라겐이 자리 잡고 있었다.

그 부위의 세포 속 DNA를 면밀하게 검사한 유전학자들은 그 부위가 어떻게 형성되었는지 알아낼 수 있었다. 전부가 단 하나의 불완전한 피부 세포에서 일어난 일이었다. 세포가 분열되기 전에 DNA가 중복 복제되었는데, 중복 부위에서 기묘한 돌연변이가 생겨났다. 염색체들 사이에서 COL17A1 유전자의 한 부분이 교환된 것이다.

두 딸세포가 각자 자기 길로 떠날 때, 한쪽 딸세포에는 그 여성이 어머니에게 물려받았던 돌연변이가 없었다. 아버지의 건강한 COL17A1 유전자로 바뀌어 있었기 때문이다. 이렇게 형질이 변경된 세포는 콜라겐을 합성할 수 있었다. 그리고 이 세포가 분열될 때 그 딸세포들도 건강한 유전자를 물려받았다. 이 여성의 모자이크가 결손 유전자를 치료한 것이다.

모자이크 치료의 첫 사례 이래로 과학자들은 모자이크에 의해 부분적으로 치료된 다른 유전 질환 사례도 찾아내고 있다. 현재 그 목록에는 다른 유전성 피부 질환뿐만 아니라 빈혈, 간 질환, 근위축증 등이 추가

되고 있다. 모자이크 현상 목록, 즉 병을 유발하는 모자이크와 병을 치료하는 모자이크 모두 포함하는 목록이 길어지면서 인간은 일반적으로 어느 정도로 모자이크적인가 하는 물음이 제기되었다. 결정적인 답이 나오려면 인체의 세포 37조 개의 모든 DNA 염기 서열을 해독하고 분석해야 할 것이다. 현재의 과학자들이 할 수 있는 것은 개괄적인 조사 수준이다. 하지만 이런 초보적인 연구로도 하나는 분명하게 말할 수 있다. 우리는 모두 모자이크적인 존재이며, 사실 우리의 실존이 시작된 순간부터 그런 존재였다.

배아가 발생한 며칠 만에 그 세포 절반 이상이 실수로 중복되거나 누락되면서 염색체 수에 이상이 생기는 경우가 있다.[33] 불균형한 세포 중 다수가 분열하지 못하거나 분열이 너무 느려진다. 그래서 처음에는 흘러넘치게 많던 수가 점차 쪼그라들지만, 정상 세포는 가계도를 이어 나간다. 염색체 개수 이상, 즉 이수성(aneuploidy)이 심해지면 어머니의 몸이 문제를 느끼고 아예 배아를 거부하기도 한다.[34]

하지만 갖가지 염색체 이상에도 살아남는 배아는 놀라울 정도로 많다.[35] 오리건 건강 과학 대학교(Oregon Health & Science University)의 생물학 교수 마커스 그럼프(Markus Grompe)와 동료들이 간 질환이 없으면서 익사, 뇌졸중, 총상 등으로 급사한 아동과 성인의 간 세포를 검사했다.[36] 간 세포들의 25~50퍼센트가 이수성이었는데, 대부분 한 염색체의 한 복사본이 없는 경우였다.

숙련된 전문가라면 이수성 세포 정도는 현미경으로도 찾아낼 수 있다. 하지만 짧은 부위 누락이나 복제, 혹은 단일 염기 변화 따위의 더 작은 돌연변이는 훨씬 더 고도의 기술이 필요하다. 예를 들어 2017년에 잉글랜드 웰컴 트러스트 생어 연구소(Wellcome Trust Sanger Institute)의 연구원들이 여성 247명의 면역 세포 전장 유전체 염기 서열을 분석했는데, 자원자마다 세포 상당 부분에 약 160개의 체세포 돌연변이가 있었다.

연구원들은 이 체세포 돌연변이가 그렇게 흔하게 나타나는 것은 발달 초기에 형성되었기 때문이리라 추정했다. 이 생각을 테스트하기 위해 이 여성들의 신체 다른 부위 조직의 세포로 유전체 염기 서열을 분석했다. 이 세포들도 상당 부분 같은 체세포 돌연변이가 있었다. 이 연구를 토대로 생어 연구소 연구원들은 세포가 2배 될 때마다 배아는 새로운 돌연변이 2~3개를 얻는다고 추산했다. 새로 만들어진 돌연변이는 배아 세포들이 일종의 모자이크 유산으로 후손들에게 물려준다.[37]

뇌의 모자이크 현상을 연구하는 하버드의 유전학자 크리스토퍼 월시(Christopher A. Walsh, 1944년~)는 우리의 신경 세포에 모자이크 현상이 얼마나 광범위하게 존재하는지 궁금했다. 월시는 동료들과 함께 이것을 알아내기 위해 뇌 수술을 받은 세 사람의 조직 세포 표본을 구성했다. 각 표본에서 10여 개의 신경 세포를 추출한 뒤 각 유전체의 염기 서열을 분석했다. 다음으로, 각 신경 세포에는 있고 뇌 안의 다른 세포들, 체내 다른 부위 세포들에는 없는 체세포 돌연변이가 있는지 찾아보았다.

모든 신경 세포가 하나의 모자이크이다. 이것이 월시 연구진이 내린 결론이었다. 신경 세포마다 약 1,500개의 단일 염기 서열 변이(single nucleotide variant, SNV)가 있었다. 신체 다른 부위의 세포들과 차별화되는 각 신경 세포 고유의 유전자 특성인 단일 염기 서열 변이는 신경 세포가 분열을 통해 세대를 거듭하면서 점차 축적된다. 따라서 나중에 만들어진 돌연변이일수록 공유하는 신경 세포의 개수가 적으며, 오래된 것일수록 많은 신경 세포에서 나타난다.

월시는 이 돌연변이를 이용해 뇌의 세포 가계도를 구성할 수 있겠다고 생각했다.[38] 월시가 생각한 것은 발생의 시간대를 따라가는 콘클린의 가계도 방식이 아니라, 계보학자들이 하듯이 거꾸로 거슬러 올라가 자궁에서 완결되는 가계도였다.

월시의 연구진은 이 여행을 떠나기 위해 자동차 사고로 사망한 17세 소년을 연구했다. 소년의 유족은 과학 연구를 위해 아들의 시신을 기증했다. 월시의 연구진은 냉동된 소년의 뇌 조직 세포에서 신경 세포 136개를 추출했다. 그런 뒤 각 세포의 전장 유전체 염기 서열을 분석했다. 대조군으로 소년의 심장, 간, 폐 등 다른 장기의 DNA 염기 서열도 분석했다.

서열 분석을 끝낸 염기 수조 개를 스캔해 각 신경 세포에서 수백 개의 체세포 돌연변이를 찾아냈다. 많은 돌연변이가 몇 개 신경 세포에서 공통적으로 나타났지만, 전부는 아니었다. 일부는 몇 개의 신경 세포에만 있었고, 단 1개의 세포에만 있는 돌연변이도 몇 개 있었다. 연구원들은 이것을 바탕으로 신경 세포마다 가까운 친척과 먼 친척을 계보로 묶어 뇌의 신경 세포 가계도를 구성했다. 모든 세포가 다섯 계보로 분류되었는데, 즉 한 계보에 속하는 세포들은 다른 계보와는 구분되는 고유의 모자이크 특성을 공유했다.

공유된 돌연변이들은 전부 그 소년이 배아일 때, 그러니까 뇌의 신경 세포들이 여전히 증식 작업에 분주하던 시기에 생겨난 듯했다. 하지만 소년의 뇌 신경 세포와 다른 장기의 세포들을 비교해 보니 소년의 뇌 발달에 대해 더 깊은 통찰을 얻을 수 있었다. 한 신경 세포의 계보에는 심장의 세포가 포함되어 있었다. 다른 계보에는 또 다른 장기의 세포들이 포함되어 있었다.

이 결과를 토대로 월시의 연구진은 소년의 뇌의 일대기를 구성할 수 있었다. 소년이 배아 세포 뭉치일 때 세포 계보 5개가 출현했으며, 계보마다 고유한 체세포 돌연변이 조합이 형성되었다. 이 다섯 계보의 세포들은 각기 다른 방향으로 이주해 뇌까지 포함해 각기 다른 장기가 되었다.

한데 모여 뇌를 구성한 세포들은 신경 세포로 변신했다. 그리고 이 새로운 신경 세포들은 뇌 안을 돌아다니다가 정착해서 몇 세대 더 세포 분열을 수행했다. 이것이 월시의 연구진이 다른 계보에 속하면서도 가까이에 자리 잡은 신경 세포를 찾아낼 수 있었던 이유였다. 소년의 뇌에서는 수백만 개의 작은 세포 친척 무리가 형성되었다.

모자이크는 한때 미신의 대상이었다가 나중에는 괴물 쇼의 구경거리가 되었다. 그런 뒤에는 질병으로서 인정되었다. 희귀병으로 혹은 흔한 현상으로. 지금은 도처에서 볼 수 있다. 이제 유전체 하나로는 우리를 정의하지 못한다. 내면의 유전이 우리의 DNA를 끊임없이 만지작거리면서 우리가 물려받은 거의 모든 유전 물질을 바꿔 놓고 있기 때문이다. 우리의 두개골 안에서 어떤 마녀 빗자루가 자라고 있을지 모를 일이다.

13장

키메라

1779년에 스코틀랜드의 외과의이자 해부학자 헌터는 왕립 협회에 서신을 보냈다. 특이한 젖소에 대해 알려 주고 싶어서였다. 헌터는 어미가 암수 쌍둥이를 낳았는데, "수송아지는 수소다운 수소로 자랍니다."라고 썼다.[1] 하지만 암송아지는 턱없이 모자란 암소가 되어 "새끼를 낳지 못하는 것으로 알려졌습니다. 수소에게 조금도 관심을 보이지 않을뿐더러 수소도 이 녀석들에게는 눈길 한번 주지 않습니다."

그는 이렇게 부연했다. "이런 암송아지를 우리 동네에서는 '프리 마틴(free martin, 모자란 마틴)'이라고 부릅니다. 농부들 사이에서는 흔한 일인지 이런 이상한 암소를 보고 '암놈이든 숫놈이든'이라고들 합니다."

1779년이면 프리마틴(freemartin, 불임 암소)의 역사는 이미 오래된 때였다. 고대 로마에는 '타우라(taura)'라는 명칭이 있었다. 농부들은 프리마틴은 새끼도 우유도 생산하지 못하니 돈벌이가 되지 못한다고 생각했다. 그렇다고 가치가 없다는 뜻은 아니었다. 프리마틴은 수소만큼이나 힘을 썼고 고깃값을 높게 쳐 주었으니까. 1776년 책 『가축에 관한 모든 것(*A Treatise on Cattle*)』(소, 양, 염소, 돼지의 번식법, 사육법, 다양한 용도, 평가 방법, 각종 전염병 예방법과 질병 처치법 등을 소개한 일종의 축산 백과. — 옮긴이)에 따르면, "기름진 프리마틴의 살코기는 근당 반 페니로 웬만한 소고기보다 비쌌다."[2]

헌터는 아일랜드 거인 찰스 번의 해부로 유명해지기 몇 해 전에 프리마틴을 연구했다. 프리마틴 송아지를 해부한 그는 겉보기에는 정상 암소와 똑같다고 생각했다. 하지만 기회가 생겨서 갓 도살된 성체 프리마틴을 살펴보니 기이한 변화가 눈에 띄었다. 외형적으로는 여전히 일반 암소와 다를 바가 없었다. 하지만 안에 난소가 있어야 할 자리에 헌터 눈에 고환으로 보이는 것이 자라나 있었다. 그는 프리마틴은 "비정상 암수한몸"이라고 결론 내렸다.

후대의 해부학자들도 프리마틴을 무엇으로 봐야 할지 알 수 없었다. 어떤 사람은 그들도 한배 형제와 같은 수정란에서 발생했다고 주장했다. 어떤 사람들은 프리마틴과 한배 형제는 난자 하나가 아니라 2개에서 생긴 이란성 쌍둥이라고 생각했다. 프리마틴은 암소로 태어나 수놈처럼 되었거나, 수놈으로 태어나 암놈처럼 된 것이라고 주장한 전문가도 있었다.

프리마틴의 진짜 정체는 그들이 상상한 것보다 훨씬 더 이상했지만, 이는 20세기가 되어서야 밝혀질 것이다. 이 발견은 무엇보다도 유전자는 부모에게서 자녀에게 전달된다는 유전에 대한 우리의 통념을 반박할 것이다.

프리마틴의 수수께끼를 푸는 첫걸음은 1900년대 초에 시카고 대학교의 발생학자 프랭크 래터리 릴리(Frank Rattray Lillie, 1870~1947년)가 몇 킬로미터 떨어진 유니언 도축장에서 암소 태아를 공급받아 해부하면서 시작되었다.[3] 릴리는 이란성 쌍둥이 송아지를 살펴보다가 배에서 이상한 점을 발견했다. 쌍둥이는 2개의 수정란에서 만들어졌고 수정란은 어미의 자궁벽 두 지점에 붙어 있었다. 그 자리에 2개의 태반이 만들어졌고, 태반은 마치 손가락 같은 형태로 어미의 혈관 속으로 밀고 들어갔다. 그런데 두 태반 혈관이 이어진 부분이 눈에 들어왔다. 어미의 혈액이 한쪽 송아지에게 흘러 들어갔다가 다시 태반 혈관을 타고 흘러나와 다른 쪽 송아지에게로 흘러 들어가는 것이었다. 릴리가 한쪽 쌍둥이의 탯줄에 검정 잉크를 주입해 보니 두 송아지의 태반 다 검게 변했다.

1916년에 릴리는 이 이어져 있던 혈관이 프리마틴이 만들어진 원인일 것으로 추측했다. 수소 태아는 수컷 호르몬을 분비한다. 이란성 쌍둥이가 암컷이라면, 그 연결된 태반을 통해 수컷 호르몬을 받을 것이다. 그러면 그 호르몬이 암컷 생식기를 적시면서 수컷화할 것이다. 릴리는 이렇게 결론 내렸다. “자연이 상상을 초월하는 흥미로운 실험을 수행했다.”

혈관이 프리마틴 수수께끼의 해답이라는 릴리의 생각은 맞았다. 하지만 암송아지를 수컷화한 것은 호르몬이 아니었다. 사실 프리마틴이 받은 것은 쌍둥이 형제의 세포였다. 수컷의 세포가 몸에 정착하고 생장해 이들을 한 몸 속 암수 두 존재로 만든 것이다.

이 사실을 알아내기까지는 다시 30년을 기다려야 했다. 이 기이한 현상에 주목한 또 다른 인물은 미국 중서부의 생물학자 레이 데이비드 오언(Ray David Owen, 1915~2014년)이었다. 오언은 다시 프리마틴을 살펴보고 프리마틴이 세포 흡수 합병의 결과물임을 알아냈다.

⁂

오언에게 암소는 인생이었다.[4] 오언의 아버지는 웨일스에서 순혈 건지종 젖소를 수송하는 가축 선박을 타고 미국에 건너와 위스콘신에 낙농장을 세웠다. 오언은 농장에서 장시간 일하며 암소가 태어나고 죽는 모습을 일상으로 접하면서 성장했다. 학교는 어디까지나 부업이었다. 오언은 8학년까지 교사 2명이 총괄하고 방 2개짜리 사택이 있는 학교에 다녔다. 고학년 어린이들이 수업을 듣는 동안 오언은 바느질 연습을 하면서 시간을 때우고는 했다.

고등 학생 때에는 가장 가까운 소도시에 있는 학교로 통학했는데, 교사들은 그를 졸업하면 농장으로 돌아가 소 키우며 살 학생이라고 여겼다. 영어 교사 그럽(Grubb)만이 오언에게 무언가 다른 잠재력이 있다고 믿었다. 그럽이 오언에게 프랑스 어 수업을 권했을 때 농업 직업 훈련반 교사는 콧방귀를 뀌었다. "대체 쟤한테 뭘 기대하시는 겁니까? 젖소한테 프랑스 어로 욕하라고요?"

오언은 인근 작은 단과 대학에서 전 학년 장학금을 받아 학업을 이어갈 수 있었지만, 여전히 매일 강의가 끝나면 집으로 돌아와 농장 일을 거들었다. 가족은 오언이 초등 학교 교사가 되기를 기대했다. 하지만 졸업이 가까워졌을 때 오언은 생물학자가 되겠다고 결심했다.

그는 위스콘신 대학교에 들어가 닭 머리를 광주리에 가득 채워 놓고 홍채를 관찰했고, 깃털을 빼앗는 유전자를 찾아내기 위해 털 없는 비둘기 인공 수정 실험을 수행하기도 했다. 또 조류의 생식 세포가 어떻게 배아 깊이 파고들어서 필요한 위치를 찾아가는지 연구했다. 이 연구를 통해 오언은 발생이 그저 세포의 증식만이 아니며, 이주가 일어나는 시기이기도 하다는 사실을 뚜렷이 인지하게 되었다.

박사 학위를 받은 오언은 1941년에 암소의 친부(親父) 감정 테스트로 재정을 충당하는 유전학 연구소에 들어갔다. 그는 그 일이 "일종의 바이오 사업"이라고 기억했다.[5] 당시는 전국적으로 농가에서 1등급 황소의 정자로 암소 인공 수정을 하기 시작한 시기였다. 농부들은 자기네 송아지가 암소가 어느 날 길에서 마주친 아무 수소와 짝짓기해서 나온 놈이 아니라 비싼 돈을 치른 순혈종의 씨가 맞는지 확인하고자 했다.

연구소는 이 사업으로 큰돈을 벌어들였을 뿐만 아니라 소의 피도 흘러넘쳤다. "소들이 떼로 와서 출혈하던 현장이었다." 오언은 그때 상황을 이렇게 전했다.

오언이나 그의 동료 생물학자들에게 소의 피는 과학의 신이 내린 선물이었다. 모든 표본에 그 소가 어느 혈통인지, 친척의 계보는 어떻게 되는지 등 온갖 정보가 담겨 있었다. 그들은 혈액을 구성하는 각종 단백질, 즉 ABO 혈액형을 만드는 단백질은 물론 그 밖의 다양한 유형의 단백질을 분류할 수 있었고, 암소가 후손에게 유전자를 어떻게 전달하는지도 배울 수 있었다. 복합 형질을 암호화하는 것이 다수의 단일 유전자인지 아니면 어떤 식으로든 연관된 유전자들인지와 같은 기본적인 문제도 탐색할 수 있었다. 모든 물음에 답을 찾을 수 있었고, 과학자로서 이력도 탄탄하게 쌓여 갔다.

딱 하나가 풀리지 않았다. "쌍둥이 송아지한테 뭔가 이상한 게 있었다."

좀 더 구체적으로는, 프리마틴에게 뭔가 이상한 점이 있었다. 오언은 프리마틴의 혈액 내 단백질을 한배 형제들과 비교해 보았다. 이들은 이란성 쌍둥이이니 이들의 단백질이 보통 형제자매의 단백질처럼 다를 것이라고 예상했다. 그런데 프리마틴과 이 쌍둥이 형제들의 단백질은 똑같았다. 성별로는 암수 이란성이지만, 생화학적으로는 일란성 쌍둥이였다.

오언은 이 결과를 어떻게 설명해야 할지 알 수 없었다. 풀리지 않는 의문으로 골머리를 앓고 있을 때, 메릴랜드의 한 목축 농부가 오언에게 도움을 구한다며 연락을 했다.[6] 건지 암소와 순혈 건지 황소를 짝짓기 시켰는데, 같은 날 얼굴 허연 헤리퍼드 종 황소가 울타리를 뚫고 들어와 같은 건지 암소와 또 짝짓기를 했다. 9개월 뒤 이 암소가 쌍둥이를 낳았다.

"놀라운 1쌍이었다. 1마리는 전형적인 건지 종 외모의 암컷인데, 다른 1마리는 수컷에다가 누가 봐도 헤리퍼드가 확실한 하얀 얼굴이었기 때문이다. 눈으로만 보아서는 두 아비한테서 온 쌍둥이가 분명한 듯했다." 오언의 회고이다.

농부는 오언에게 친부를 알아내 달라고 청하며 두 송아지와 어미, 두 수소의 혈액을 보내왔다. 오언은 각 혈액의 단백질을 검사했다.[7] 생전 처음 보는 것이 나왔다. 송아지 2마리 모두 양쪽 수소와 일치하는 단백질을 가지고 있었다.

오언은 릴리의 연구를 다시 짚어 보면서 두 송아지가 각각 다른 아버지에게서 왔지만 연결된 태반을 통해 혈액이 섞였을 것으로 추측했다. 그렇다면 얼마나 섞인 것인가? 적혈구 세포는 몇 달밖에 가지 않으므로 골수 세포로 교체했다. 오언은 이 메릴랜드 쌍둥이를 추적, 관찰해 둘이 정상적인 성체로 자라는지 지켜보기로 했다.

오언은 송아지들이 생후 6개월이 되면 다시 혈액을 받기로 했다. 6개월 후에도 둘의 혈액은 섞여 있었다. 놀랍게 첫 생일에도 둘의 혈액 단백질은 두 수소의 것이 섞여 있었다. 오언은 이 쌍둥이가 서로에게 해 준 것이 수혈이 아니라는 것을 깨달았다. 그들은 서로의 골수에 서로의 줄기 세포를 이식했던 것이다.

이 발견으로 오언은 우리의 유전 개념이 정말로 얼마나 빈약한지 증명했다. 우리는 우리가 부모의 난자 하나와 정자 하나가 만나 만들어진 접합체를 통해 부모의 유전자를 물려받은, 하나의 유전체로 정의되는 존재라고 생각한다. 그런데 오언의 발견은, 서로 다른 계보에 속하는 세포들로도 생명체가 탄생한다는 것을 보여 주었다.

순혈종 건지 송아지의 세포를 추적하면 그 기원이 된 세포를 찾을 수 있을 것이다. 줄기 세포의 계보를 거꾸로 추적해서 기원을 찾는 방법도 있다. 발생학자가 이들의 세포 가계도를 그린다면 나무 두 그루가 나올 것이다. 다른 두 뿌리에서 나온 가지들이 한 몸으로 섞여 있는. 그 세포들의 앞 세대를 추적한다면 일부는 건지 수소로 갈 것이고 나머지는 헤리퍼드 수소로 갈 것이다. 유전 법칙은 어겼으나, 이 송아지들은 매우 건강했다. 각각 다른 부모에게서 각각 다른 세포를 물려받아 여러 갈래의 유전 형질이 섞인 혼종이어도 어엿한 생명체였다.

오언은 이것이 어쩌다 한 번 일어난 일은 아니지 않을까 자문했다. 그럴 가능성을 확인하기 위해 다른 쌍둥이 송아지 수백 쌍의 혈액을 검사했다. 혈액 표본 90퍼센트가 혼혈이었다. 오언의 발견에서 무엇보다 놀라운 사실은, 이들의 면역계가 이런 이질적 섞임에 개의치 않는 것으로 보였다는 점이다. 1940년대에는 수혈이 치료 방법으로 널리 사용되었지만, 그럼에도 의사들은 환자와 맞지 않는 혈액형이 주입되어 치명적인 면역 반응을 유발하지 않도록 극도로 주의해야 했다. 오언은 어쩌면 발생 초반에 이질적인 세포에 노출됨으로써 면역 내성이 형성되었을 수도 있겠다고 추측했다.

오언은 1945년 10월에 프리마틴 연구 결과를 발표했고, 그의 논문에 깊은 인상을 받은 캘리포니아 공과 대학이 일자리를 제안했다. 그는 위스콘신의 겨울을 뒤로하고 아내와 함께 캘리포니아 남부로 떠났다. 이곳에서 오언은 프리마틴 연구는 접고 전통적인 실험실 분위기에 적응하면서 쥐 연구로 전환했다. 그는 쥐 2마리의 혈관을 봉합해 이 연결 통로로 줄기 세포가 교환되는지 관찰했다.

오언의 프리마틴 연구는 몇 해 뒤 영국의 생물학자 피터 브라이언 메더워(Peter Brian Medawar, 1915~1987년)가 주목하지 않았더라면 망각 속으로 사라졌을지도 모른다.[8] 당시 메더워는 선구적인 이식 실험을 수행하고 있었다. 이 연구는 제2차 세계 대전 때 화상을 입은 영국 공군 조종사들을 치료할 방법을 모색하는 과정에서 시작되었다. 메더워는 환자의 몸에서 건강한 피부 조직을 잘라 내 배양한 뒤 상처에 이식하면 치료가 된다는 사실을 발견했다. 하지만 다른 사람의 조직을 이식하면 대개 피부가 죽어 버렸다.

메더워는 같은 기증자의 조직을 다시 잘라서 같은 질병이 있는 환자에게 이식해 보았다. 이번에는 거부 반응이 훨씬 빨리 나타났다. 환자의 면역계가 이식된 조직을 마치 적군이 침입했을 때처럼 공격했다. 그래서 두 번째로 이식했을 때 그 이질적인 조직을 금세 알아보고 더 빨리 공격을 개시한 것이다.

이것을 발견한 메더워는 면역 세포가 어떻게 자기 조직(self)과 이질적 조직(nonself)을 구분하는가를 궁리했다. 배아가 발생할 때 면역계가 세포에 유전적으로 암호화된 단백질을 하나의 신분 표지로 인식하는 것은 아닐까? 그래서 나중에 그 표지가 없는 세포를 만나면 호전적으로 돌변하는 것이 아닐까? 이런 추측이 맞는다면, 메더워는 간단한 방법으로 이것을 알아볼 수 있다고 생각했다. 일란성 쌍둥이는 같은 유전자를 갖고 있으니 서로 간에 이식 조직을 받아들여야 한다. 이란성 쌍둥이나 일반 형제자매는 거부할 가능성이 크다.

메더워는 이 가설을 소에게 실험해 보기 위해 동료들과 함께 스태퍼드셔의 연구 농장으로 갔다. 그들은 소의 귀를 펀치로 뚫어 피부 조각을 떼어 낸 뒤 다른 소의 상처 부위에 삽입했다.[9] 실험은 성공인 동시에 실패였다. 형제자매들은 이식 조직을 받아들이지 않았지만 일란성 쌍둥이는 받아들였다. 여기까지는 좋았다. 하지만 놀랍게도 프리마틴까지 포함해 이란성 쌍둥이도 이식 조직을 받아들였다.

메더워는 이 결과가 혼란스러웠다. 오언과 달리 메더워는 소를 잘 알지 못했기 때문이다. 오언의 연구를 발견하면서 이 혼란은 해결되었다. 오언은 이 연구로 이란성 쌍둥이 송아지가 배아 시절에 서로 이어진 혈관을 통해 세포를 교환한다는 것을 증명했다. 메더워는 면역계가 발달할 때 이란성 쌍둥이가 두 종류의 세포 모두를 자기 것으로 받아들인다는 사실을 깨달았다. 메더워는 한 성체 프리마틴에게 형제의 피부 조직을 이식해 보았다. 면역계 세포들의 반응은 심드렁했다.

메더워는 오언의 통찰을 토대로 면역계와 관련해 더욱 심오한 발견을 성취했다. 그의 연구는 현대 의학의 조직 이식 치료에 첫길을 열었다. 그는 1960년에 노벨상을 받았지만 나중에 오언에게 편지를 보내 이 영광은 자기 혼자 누려서는 안 되는 일이었다고 탄식했다.

피부 이식 실험으로 메더워는 면역계에 관한 중대한 사실을 발견했을 뿐만 아니라 유전에 대해서도 큰 깨달음을 얻었다. 프리마틴이나 다른 이란성 쌍둥이 소는 이전까지 기록된 적 없는 유형의 유전, 그러니까 한 개체의 세포가 하나 이상의 세포 계보로 이루어지는 유전 방식이 있음을 보여 준다. 메더워는 이것이 자체의 이름을 가질 만한 현상이라고 생각하고 '키메라(chimera)'라고 명명했다.

이 이름은 고대 그리스 신화에서 가져온 것인데, 아마도 그 기이한 발생에 착안해서 붙인 듯하다. 키메라는 사자 머리를 하고 꼬리에는 뱀이 붙어 있고 몸뚱이는 염소인 괴물의 이름이다. 메더워는 이 이름에 좀 더 현대적인 함의도 있다고 보았다. 육종가 버뱅크는 한 식물의 줄기에 다른 식물을 이어 붙여 이른바 접목 잡종(graft-hybrid)을 창조하고는 했다. 1903년에 독일 식물학자 한스 카를 알베르트 빙클러(Hans Karl Albert Winkler, 1877~1945년)가 한쪽에는 토마토가 열리고 다른 쪽에는 까마중이 열리는 특이한 접목 잡종을 만들었다. 그는 자신의 피조물에 키메라라는 이름을 붙였다. 빙클러의 이 새 이름은 식물학자들 사이에서 친숙해졌지만, 그들의 실험에만 사용되었다.

메더워는 빙클러가 식물 키메라를 창조했다면 오언은 자연이 창조한 동물판 "유전자 키메라"를 발견했다고 말했다.

*
**

메더워가 피부 이식 실험 결과를 발표한 1951년에는 키메라가 (이례적인 태반 구조 덕분에) 소에게만 일어난 일인지, 아니면 다른 동물에게도 일어날 수 있는 현상인지 깊이 생각하지 않았다. 하지만 2년 뒤, 런던의 과학자 로버트 러셀 레이스(Robert Russell Race, 1907~1984년)에게서 최초의 인간 키메라를 발견한 것 같다는 편지를 받았다.

이 최초의 인간 키메라는 오늘날 그저 '맥 부인(Mrs. McK)'으로만 통한다.[10] 1953년 봄, 당시 23세였던 맥 부인은 헌혈을 하려고 잉글랜드 북부의 셰필드 수혈 센터를 찾았다. 센터는 맥 부인의 혈액을 보관하기 전에 혈액형 검사를 실시했다. 혈액 안에 A형 혈액 세포가 엉겨 붙는 항체를 넣었는데, 일부 세포는 엉겨 붙고 일부는 엉겨 붙지 않았다. 맥 부인의 혈액은 A형과 O형 혈액을 섞어 놓은 것 같았다.

수혈 센터 소속 의사 아이버 던스퍼드(Ivor Dunsford)는 뭔가 혼선이 있었던 것 같다고 생각했다. 맥 부인이 최근에 수혈을 했을지도 모른다. 맥 부인이 O형인데 누군가 실수로 A형을 잘못 주입했는지도. 하지만 조사해 보니 맥 부인은 평생 수혈을 한 적이 없었다.

던스퍼드는 런던에 있는 의료 연구 위원회 산하 혈액형 연구소에 연락해서 도움을 청했다. 혈액형 전문가인 이 연구소 소장 레이스에게는 맥 부인 같은 특이한 사례가 반가울 따름이었다. 던스퍼드가 맥 부인의 혈액을 보냈고 레이스가 분석을 다시 시도했는데, 결과는 같았다. 이번에도 맥 부인의 혈액은 O형과 A형으로 분리되었다.

레이스는 다년간 혈액형을 연구하면서 이런 경우는 처음 만났다. 혈액 세포를 교환하는 소를 발견했을 때 오언의 반응이 생각났다. 오언이 최초의 유전적 키메라를 기술한 지 8년이 지났지만 사람에게도 같은 일이 일어날 수 있음을 보여 준 연구는 없었다. 레이스는 던스퍼드에게 다시 편지를 보내 맥 부인에게 쌍둥이 형제자매가 있는지 물어 보라고 했다.

던스퍼드에게 이 질문을 받은 맥 부인은 화들짝 놀랐다. 아닌 게 아니라 쌍둥이 남동생이 있었다. 하지만 생후 3개월에 폐렴으로 죽었다.

레이스는 이 이야기를 듣고 궁금해졌다. "맥 부인이 프리마틴이 아닌 것은 확실하군요." 그리고 물었다. "맥 부인이 임신한 적 있습니까?"

레이스는 수송아지가 프리마틴 자매를 불임이 되게 만든 것처럼 쌍둥이 남동생의 세포가 맥 부인의 생식기 발달을 방해하지 않았을까 추측한 것이다. 맥 부인에게는 아들이 있었고, 따라서 난소는 문제 없이 잘 기능하는 것이 분명했다.

레이스는 이 소식에 물러서지 않고 동료들과 함께 맥 부인이 키메라일 가능성을 탐구하기로 했다. 그들은 맥 부인의 혈액을 다시 세밀하게 분석한 결과, 두 부분은 O형, 한 부분은 A형이라고 결론 내렸다.

그러고는 메더워에게 이 사례를 편지로 알렸다. 메더워는 관심을 보이며 키메라 소를 연구하면서 얻은 지식과 정보를 나누겠다고 했다. 그는 맥 부인도 키메라가 아닐까 생각한다면서 이 생각을 검증할 방법을 고안했다.

메더워는 혈액형 유전자, 즉 ABO 유전자는 적혈구 세포에서만이 아니라 침샘에서도 활성화한다는 것을 알았는데, 그 이유는 아직 밝혀지지 않았다. 그는 레이스에게 맥 부인의 침을 수집해 ABO 단백질을 검사해 볼 것을 제안했다. 어떤 단백질이 맥 부인에게서 시작되었고 어떤 단백질을 쌍둥이 남동생에게서 획득했는지 거기서 단서가 나올 수도 있다고 했다.

레이스 연구진은 맥 부인의 침이 O형(혈액형의 약 3분의 2를 구성했던 그 O형)이라는 것을 알아냈다. 레이스는 한 가지 답을 구했다. 맥 부인은 부모로부터 O형 유전자를 물려받았고, 자궁에 있을 때 남동생의 A형 줄기 세포 일부를 획득한 것이다. 남동생의 세포가 맥 부인의 골수에 자리 잡은 뒤 지금까지 혈액을 공급한 것이다.

1953년 7월 11일, 레이스의 연구진은 《브리티시 메디컬 저널(*British Medical Journal*)》에 논문 「인간 혈액형 키메라(A Human Blood-Group Chimera)」를 발표했다. 그들은 논문을 다음 문장으로 마무리했다. "1916년 릴리가 '프리마틴의 경우, 자연이 상상을 초월하는 흥미로운 실험을 수행'했다고 썼다. 이 사례가 의미하는 바를 이해한다면, 같은 문장을 자연이 맥 부인에게 수행한 실험에 쓰지 못할 이유가 없다."

던스퍼드는 계속해서 레이스에게 맥 부인의 근황을 보고했다. 맥 부인이 동생으로부터 받은 혈액 세포의 비중은 서서히 감소했다. 훗날 레이스는 이 사례를 생각할 때면 25년 전에 죽은 소년의 혈액형을 알아낼 수 있었다는 사실이 신기했다. 누군가가 죽었다고 할 때에는 말할 필요도 없이 그 사람의 세포도 함께 죽은 것이다. 그렇게 보면 부모는 자신의 세포 일부를 이용해 자녀라는 새로운 세포 계보를 만들어 냄으로써 죽음에서 벗어난다고 볼 수 있다. 그렇다면 맥 부인의 남동생은 어떻게 봐야 할까? 그의 아기 때 심장은 한 차례 폐렴을 앓은 뒤 맥박을 멈추었다. 하지만 그의 줄기 세포가 몇 달 전에 누나의 골수에 둥지를 틀었고 몇십 년이 지나서도 여전히 새로운 혈액 세포를 생성했다.

메더워는 「그 개인의 특별함(The Uniqueness of the Individual)」이라는 에세이를 써서 그 유령 소년에게 바쳤다.[11]

> 맥 부인의 상태가 얼마나 더 오래 지속될지는 알 수 없으나, 지금까지 28년 동안은 키메라로 살아왔다. 장기적으로 보면, 쌍둥이 동생의 적혈구 세포는 서서히 사라질 것이며, 아직까지 남아 있는 불멸성의 채무는 그것으로 완제할 것이다.

*
**

맥 부인의 수수께끼를 해결한 지 3년 뒤 레이스는 또 다른 인간 키메라 사례를 기쁘게 맞이했다. 그는 충분한 사례를 찾을 수 있다면 "이 현상을 '괴물' 범주에서 해제할" 수 있을지도 모르겠다고 말했다.[12]

해가 가면서 레이스는 더 많은 키메라 사례들을 만났고, 저서 『인간의 혈액형(*Blood Groups in Man*)』 개정판에 1970년대까지 그들의 이야기를 기록했다. 1983년에 혈액형 연구소의 또 다른 연구원 패트리샤 티펫(Patricia Tippett)이 목록을 작성해 연구를 이어 갔다.[13] 티펫이 수록한 인간 키메라 사례는 총 75건이었다. 티펫과 다른 연구원들은 더 많은 사례가 발견되기를 기다리고 있을 것이라고 생각했다. 당시에는 인간 키메라의 가장 명확한 단서는 그 사람이 두 혈액형을 보유했느냐 여부였다. 하지만 1980년대에는 혈액형 검사가 여전히 불완전해서 한 혈액형이 전체 혈액의 몇 퍼센트 이하면 음성 판정이 나왔다.

1990년대에 네덜란드 연구자들이 더 효율적인 검사 방법을 고안했는데, 특정한 혈액형 세포에 형광 꼬리표를 붙이는 것이었다. 한 혈액형이 세포 1만 개 중 하나만 나올 정도로 희소한 경우에도 꼬리표가 형광으로 빛나기 때문에 바로 눈에 띄었다. 그들은 이 검사법을 키메라 연구에 사용했다. 그들은 쌍둥이 부모 수백 명에게 혈액 표본을 보내 달라고 청했다. 새 검사법으로 그 쌍둥이 가운데 8퍼센트가 키메라라는 것을 밝혀냈다.[14] 세쌍둥이의 경우에는 21퍼센트가 키메라였다.

하지만 이 혈액형 검사법도 한계는 있었다. 쌍둥이 1쌍이 모두 O형인 경우에는 두 사람의 세포가 섞였는지 아닌지 알아낼 수 없었다. 2000년대의 키메라 연구는 혈액형 검사에서 DNA 검사로 넘어갔다.

2001년 독일의 한 30세 여성이 임신을 시도하는 과정에 자신이 키메라임을 알게 된 일이 있었다.[15] 남편과 5년 동안 아이를 갖기 위해 노력한 여성이었다. 부부는 문제가 아내 쪽은 아닐 것이라고 확신했는데, 아내가 17세에 이미 임신한 적이 있었고 그 뒤로 월경 주기가 늘 규칙적이었기 때문이다. 불임 검사 결과 남편 정자의 운동성이 낮게 나와 체외 수정 시술을 위한 준비 단계에 있었다.

그 절차로 의사들이 여성과 남편의 혈액을 채취해 세포 속 염색체를 검사했다. 두 사람 중 어느 쪽에도 체외 수정 시술을 무의미하게 만들 이상이 없는지 확인하는 절차였다. 여성의 염색체는 정상으로 보였다. 그 여성이 남자였다면 말이다. 검사한 모든 백혈구 세포에서 Y 염색체가 하나씩 발견된 것이다.

출산 경험이 있는 점을 고려하면, 기이한 결과였다. 게다가 정밀 검사를 해 보니 생식 계통도 정상으로 나왔다. 더 넓은 범위로 세포 구성을 분석하기 위해 여성의 근육, 난소, 피부 세포 조직을 채취했다. 면역 세포와 달리 이 조직들의 어떤 세포에서도 Y 염색체는 나오지 않았다. 이번에는 이 여성의 현미 부수체(microsatellite), 즉 어떤 사람 유전체에서 염기 서열이 반복되는 것을 찾기 위해 여러 부위 조직을 대상으로 DNA 유전자 검사를 실시했다. 그 결과, 여성의 면역 세포가 다른 세포 조직들과는 다른 사람의 것으로 밝혀졌다.

알고 보니 여성에게는 생후 4일 만에 죽은 쌍둥이 남자 형제가 있었다. 자신은 살아남을 수 없었으나 그의 세포가 혈액을 통해서 쌍둥이 누이 안에서 살아온 것이다.

키메라에 대해 많은 정보가 밝혀지면서 과학자들은 키메라가 되는 방법은 하나가 아님을 알게 되었다. 1960년에 시애틀의 한 병원에서 한 여아가 음경처럼 큰 음핵을 달고 태어났다.[16] 이 아이가 2세까지 정상적으로 성장하자 음핵 축소 수술을 받았다. 당시 의학계는 호르몬이 태아의 발생에 약물처럼 작용해 암수한몸이 되게 만들 수 있다는 사실을 차츰 알아 가는 중이었다. 하지만 워싱턴 대학교의 유전학자들이 이 여아를 검사해 보니 그 사례가 아니었다.

처음에는 몇 가지 단서가 눈에 띄었다. 여아의 한쪽 눈은 적갈색, 다른 쪽 눈은 갈색이었다. 오른쪽 난소는 정상인데 왼쪽 난소는 고환과 비슷한 형태였다.

시애틀의 과학자들은 여아의 피부, 난소, 음핵의 조직을 채취했다. 그런 뒤 각 부위의 세포를 세밀하게 검사하면서 염색체의 수를 계산했다. 어떤 세포는 X 염색체가 2개이고, 어떤 세포는 X 염색체가 1개, Y 염색체가 1개였다. 난소의 세포는 전부가 XX였다. 하지만 그 나머지 부위는 모든 세포가 XX와 XY가 섞여 있었다. 이 대학의 혈액형 전문가 엘로이스 기블릿(Eloise R. Giblett, 1921~2009년)이 이 아이의 혈액을 검사해 두 혈액형이 섞여 있다는 사실을 밝혀냈다. 이 두 혈액형의 유전자는 전부 아버지에게서 왔고 어머니의 유전자는 없었다.

기블릿과 동료들은 이것이 아버지의 정자 세포 2개와 어머니의 난자가 수정된 결과임을 깨달았다. 그런데 그 정자 세포 둘 중 하나는 Y 염색체가 1개였고 나머지 하나는 X 염색체가 1개였다. 여기에는 혈액형 변이 유전자도 여러 개 있었다. 정자 2개가 어머니의 난자를 수정해 어머니가 이란성 쌍둥이를 임신한 것이다. 대부분의 경우, 이 쌍둥이는 남매가 된다. 하지만 이 경우에는 발생 초기에 두 배아가 결합해 하나의 세포 덩어리가 되었다. 이 단계에서는 쌍둥이 양쪽의 세포가 여전히 전능성이어서 받는 신호에 따라 어떤 조직으로도 발달할 수 있었다. 그 결과, 1명의 건강한 아이를 만들어 낸 것이다.

지금이라면 이 여아는 테트라가메틱 키메라(tetragametic chimera, 일반적인 정자 1개와 난자 1개 두 생식 세포의 접합이 아닌 4개의 생식 세포가 접합한 배우자(gamete)에서 만들어졌다는 뜻이다.)로 불렸을 것이다.[17] 전통적인 유전 개념으로 볼 때 테트라가메틱 키메라는 맥 부인의 경우보다도 한층 더 어려운 문제가 된다. 맥 부인의 경우는 세포의 일부가 다른 사람에게서 왔음을 말해 준다. 테트라가메틱 쌍둥이는 각각 다른 유전체 조합을 지닌 두 배아에서 발생했다가 완전히 하나로 결합한 경우, 즉 한 아이만 태어나고 다른 존재는 없는 것이다.[18] 이 경우에서 우리가 할 수 있는 일은 한데 섞인 이들의 세포 계보를 추적해 그 각각의 기원을 찾아가는 것뿐이다.

동성의 두 배아가 테트라가메틱 키메라를 만들어 낸다면 정체를 숨기기가 훨씬 쉽다. 두 쌍둥이의 세포들이 경계 없이 한데 섞여 보통의 생식기가 달린 여아나 남아를 만들어 내기 때문이다. 아주 세밀한 DNA 검사만이 이들의 유전자 계보를 밝혀낼 수 있다. 하지만 명쾌한 결과가 나와도 사람들은 여전히 믿지 않으려 들 수도 있다.

*
**

2003년 워싱턴 주에서 리디아 페어차일드(Lydia Fairchild)라는 여성이 DNA 검사를 받았다.[19] 리디아는 당시 27세에 실직 상태로 넷째를 임신한 싱글이었다. 주법에 따라, 사회 보장 급여를 받으려면 아이들이 리디아 그리고 아이들의 아버지인 제이미(Jamie)와 유전적으로 관계가 있다는 것을 증명해야 했다.

어느 날 리디아에게 복지국으로 곧장 오라는 전화가 걸려왔다. DNA 검사 결과, 제이미는 세 아이의 아버지가 맞았다. 하지만 리디아는 아이들의 어머니가 아니었다.

복지국 직원들이 리디아가 어떤 범죄를 저지른 것이 아닌지 질문을 퍼부었다. 아이들을 훔치지 않았는가? 일종의 대리모 사기에 연루되었는가? 어떤 경우가 되었건 사회 보장 급여 관련 범죄를 저지른 것이니, 세 자녀는 빼앗기고 감옥에 가게 될 것이라고 말했다.

리디아는 그 아이들이 자신의 아이가 맞다는 것을 증명하기 위해 필사적으로 노력했다. 지역 병원에서 출산했음을 입증하는 출생 증명서를 챙겼고, 산과 의사에게 연락해 증언을 요청했다. 리디아의 어머니는 「ABC 뉴스」에서 이렇게 말했다. "제가 아이들 나오는 걸 봤어요." 60년 전 찰리 채플린은 법정에서 DNA 증거로 친부 판결을 받을 수 없었다. 하지만 지금은 DNA가 법정이 채택하는 유일한 근거이다. 그 근거가 리디아에게 사실일 수가 없는 것을 사실이라고 말하고 있었다. 리디아의 아버지는 자신은 딸을 믿지만 테스트 결과가 사람을 의심하게 만든다고 고백했다. "나는 평생 DNA를 신뢰한 사람이란 말입니다." 나중에 그는 이렇게 말했다.

변호사들도 마찬가지여서, 리디아는 기나긴 노력 끝에 겨우 테스트 결과를 무시하고 의뢰를 받아 주겠다고 하는 변호사를 찾을 수 있었다. 그는 판사를 설득해 리디아에게 DNA 검사를 2회 더 받게 했다. 새 검사 결과에도 리디아가 아이들의 어머니일 가능성은 나오지 않았다. 리디아가 넷째를 분만하기 위해 황급히 병원으로 갔을 때 법원 집행관이 출산 과정을 지켜보았다. 집행관은 DNA 검사를 위한 채혈 과정도 감독했다. 결과는 2주 뒤에 나왔다. 이번에도 리디아의 DNA는 아기와 일치하지 않았다. 집행관이 출산 과정을 직접 지켜보았음에도 법원은 끝내 DNA 이외의 근거는 고려하지 않았다.

더는 할 수 있는 일이 없어 보였다. 주 정부는 리디아의 아이들 입양 절차를 준비하고 리디아를 사기죄로 기소했다. 그때 리디아의 변호사가 자녀의 어머니가 아니라는 통보를 받은 다른 어머니에 관한 기사를 읽었다. 보스턴에 사는 캐런 키건(Karen Keegan)이라는 여성이 신장병이 악화되어 이식을 받아야 했다.[20] 남편이나 세 아들이 이식에 적합한지 보기 위해 의사들이 모든 가족의 혈액을 채취했다. 이 혈액으로 면역계 유전자 HLA 조합을 검사한다.

간호사가 전화로 캐런에게 결과를 알려 주었다. 세 아들이 신장 공여자로 부적합할 뿐만 아니라 두 아들의 HLA 유전자가 캐런의 유전자와 전혀 일치하지 않는다고 했다. 두 아들이 캐런의 아들일 수가 없다는 이야기였다. 병원 측은 캐런이 두 아들을 아기 때 훔쳤을 가능성까지 제기했다.

캐런의 아들들은 이제 성인이어서 리디아처럼 아이를 잃을까 봐 걱정 할 필요는 없었다. 하지만 캐런의 의사들은 무슨 일이 있었는지 알아야겠다고 했다. 검사 결과 남편은 세 아들의 아버지임이 확인되었다. 의사들은 캐런의 어머니와 친정 형제들의 혈액을 채취했고, 머리카락과 피부 등 캐런의 다른 부위의 조직 샘플을 채취했다. 몇 해 전 캐런이 갑상샘 결절 제거술을 받았는데, 병원에서 그 조직을 아직까지 보관하고 있었다. 의사들은 방광 생검도 시술했다.

모든 조직의 검사를 마친 의사들은 캐런의 세포가 두 그룹으로 이루어져 있다는 것을 알아냈다. 그들은 세포의 두 계보를 추적해 기원을 찾아냈다. 바로 단일한 조상 세포가 아닌 1쌍의 세포였다. 캐런은 테트라가메틱 키메라, 즉 여아 둘인 이란성 쌍둥이의 산물이었다.

캐런의 혈액 전부가 한 여성 쌍둥이의 세포에서 만들어졌다. 다른 부위 조직들, 그리고 난자 일부도 이 세포에서 나온 것이었다. 캐런의 세 아들 중 한 아이가 이 혈액과 같은 세포 계보의 난자로 수정되었다. 다른 두 아들은 다른 쌍둥이의 세포 계보에 속하는 난자로 수정되었다.

변호사는 키건 사례를 읽자마자 리디아에게 같은 검사를 받으라고 했다. 처음에는 다시 리디아에게 불리하게 돌아가는 듯했다. 피부, 머리카락, 침의 DNA가 자녀의 DNA와 일치하지 않았다. 하지만 몇 년 전 자궁경부 검사 때 채취했던 표본을 검사하니 세 자녀의 DNA와 일치했다. 결국 리디아도 키메라였던 것이다. 리디아는 아이들을 지킬 수 있었다.

리디아와 캐런의 이야기 둘 다 행복한 결말로 끝났다. 하지만 이 일은 두 여성에게, 가족에 대해서만이 아니라 자신에 대해서까지, 떨쳐지지 않는 의문을 남겼다. 리디아의 난자, 자궁 경부 그리고 일부 신체 조직은 전부 자녀들과 유전적으로 직접 연결돼 있었다. 하지만 나머지 신체는 어떤가? 부분적으로 아이들의 이모가 되는 것인가? 캐런의 경우, 세 아들은 서로 절반씩만 형제인가? 두 세포 어머니들에게는 자매이고? 우리는 자매나 이모 같은 말을 마치 흔들림 없는 생물학적 법칙을 설명해 주는 어휘인 양 사용한다. 그러나 유전자 본질주의가 아무리 강고한들 이런 법칙은 경험 법칙일 뿐이다. 조건만 조성되면 언제든 깨질 수 있는.

몇 년이 지나, 미국의 공영 방송 중 하나인 내셔널 퍼블릭 라디오(National Public Radio, NPR)의 인터뷰에서 캐런은 세 아들에게 검사 결과에 대해 말하기가 평생에 가장 힘든 경험이었다고 말했다. "내 일부를 아이들에게 물려주지 못한 것 같은 느낌이었어요." 캐런은 이렇게 말했다. "속으로는 이랬어요. '아이들이 정말로 내가 진짜 엄마가 아니라고 느껴도 할 말 없지. 마땅히 줬어야 하는 유전자를 주지 않았으니까.'"[21]

*
**

세 아들도 십중팔구는 키메라일 것이라는 사실을 알았다면 캐런에게 다소라도 위안이 되었을지 모르겠다. 그들에게는 캐런 자신의 세포도 어느 정도 있었을 것이다. 그렇게 되면 캐런은 아들들의 세포도 일부 보유한, 이중 키메라이다.

태반은 모체로부터 영양분을 빨아들일 때 어머니의 혈액 세포가 따라 들어오지 못하도록 촘촘한 필터로 막는다. 하지만 완벽하지는 않아서 어머니의 세포가 태반 속으로 들어가는 경우도 있다. 또 어떤 경우에는 역방향의 이동도 이루어진다.

1889년에 한 의사가 이 이동 현상을 처음으로 발견했다.[22] 독일 병리학자 크리스티안 게오르크 슈모를(Christian Georg Schmorl, 1861~1932년)은 임신 중에 뇌전증으로 사망한 여성 17명의 시신를 검시했다.[23] 이들의 간에서 "아주 이상한" 세포가 눈에 띄었는데, 크기와 형태로 볼 때 태어나지 않은 뱃속 아기의 태반에서 왔을 것으로 짐작됐다.

어떤 의사라도 여성에게 있던 어떤 병으로 인해 떨어져 나온 세포로 여기고 넘어가기 쉬웠을 것이다. 하지만 1963년에 스탠퍼드의 의사 라젠드라 데사이(Rajendra G. Desai)와 윌리엄 필립 크리거(William Phillip Creger, 1922~2013년)는 이 세포의 이동(traffic)이 임신기에 보편적으로 일어나는 현상일 수도 있음을 발견했다.[24] 그들은 임신한 여성 9명의 혈액을 채취해 아타브린(Atabrine)이라는 약을 투입했다. 아타브린은 원래 말라리아 예방약이지만 세포를 추적하는 연구자들에게도 유용하다는 것이 입증되었다. 일정한 유형의 세포가 아타브린을 흡수하면 형광 불빛에 비추었을 때 초록으로 빛난다.

데사이와 크레거는 아타브린을 넣은 혈액을 다시 본래 여성들에게 주입한 뒤 출산할 때까지 기다렸다. 그런 뒤 태어난 아기의 탯줄을 검사했다. 탯줄의 피를 슬라이드에 문지르니 빛이 나왔다. 아홉 아기 중 여섯 아기의 피가 초록으로 빛났다. 산모들의 백혈구 세포가 아기의 혈류를 타고 헤엄쳐 다닌 것이다.

3년 뒤, 데사이는 보스턴의 동료들과 역방향 실험을 수행했다.[25] 자궁 속의 태아에게 빈혈이 생기면 수혈을 하는 경우가 있는데, 그들은 이 방법을 이용했다. 데사이는 일곱 태아에게 주입될 혈액에 아타브린을 탔다. 몇 시간 뒤 그 어머니들의 혈액을 채취했다. 거의 모든 어머니의 백혈구 세포와 혈소판에서 태아에게 주입했던 초록 물질이 빛나고 있었다. 태아의 피가 흘러 들어와 어머니들이 키메라로 변하고 있었던 것이다.

*
**

데사이의 실험은 태반이 과학자들이 생각하던 것보다 더 잘 새는 장벽임을 증명했다. 하지만 그 이동하는 세포들이 새로 찾은 집에 어떤 영향을 미치는지는 알기 어려웠다. 어쩌면 횡단에 성공한 지 얼마 안 돼서 그냥 죽을 수도 있다. 과학자들이 이 세포들이 오래 살아갈 수 있다는 것을, 어머니들이 임신하면서 영구적으로 키메라가 될 수 있다는 것을 증명하기까지는 30년이 더 걸린다.

그 증거는 일찍이 다운 증후군 검사에서 나왔지만, 그때는 과학자들이 알아차리지 못하고 넘어갔다. 1970년대에는 다운 증후군 여부를 검사할 수 있는 유일한 방법이 태아를 둘러싼 양막을 바늘로 찔러 약간의 액체를 뽑아 내는 것뿐이었다. 이 액체에 태아에게서 떨어져 나온 세포가 약간 들어 있어서, 유전학자들이 이것으로 염색체 이상이 있는지 여부를 검사했다. 하지만 양수 진단이라고 불린 이 검사는 단점이 많았다. 태아에게 다운 증후군이 있다는 잘못된 신호를 보이는 경우도 있었고, 실제로 다운 증후군이 있는데 찾지 못하는 경우도 있었다. 최악은, 자궁을 바늘로 찌르는 것 자체가 유산 위험을 높인다는 점이었다.

스탠퍼드의 면역학자 레너드 아서 허젠버그(Leonard Arthur Herzenberg, 1931~2013년)는 양수 진단을 대체할 혈액 검사법을 고안해야겠다고 결심했다. 그는 임신한 여성의 혈액을 채취했다. 데사이가 증명했듯이, 여기에는 태아의 세포가 들어 있었다. 그는 임신한 여성을 괴롭히지 않고도 이것으로 태아의 세포를 검사할 수 있었다.

허젠버그 프로젝트에서 가장 어려운 문제는 어머니의 세포와 태아의 세포를 빠르고도 정확하게 분리할 방법을 찾는 것이었다. 허젠버그는 제자들과 함께 HLA 단백질 세포 표면에 형광 꼬리표를 부착할 방법을 찾아냈다. 그들은 어머니에게는 없고 아버지에게서 온 HLA 단백질에만 꼬리표를 부착했다. 이렇게 하면 아기의 세포만 빛나게 할 수 있었다.

1979년에 허젠버그와 제자들은 이 새 방법으로 어머니의 혈류에서 태아의 세포만 추려 내는 과정을 보여 주었다.[26] 허젠버그의 제자 다이애나 비앙키(Diana W. Bianchi)는 이 방법을 한층 더 개선하기 위해 터프츠 대학교에서 연구를 이어 갔다.[27] 자신이 운영하는 실험실에서 비앙키는 새 전략을 짰다. 허젠버그의 검사법으로는 다양한 유형의 태아 세포에 꼬리표를 부착했는데, 비앙키는 적혈구와 백혈구 세포를 생성하는 줄기 세포만 표시하는 꼬리표를 개발했다. 성인이 되면 이 줄기 세포는 골수에 고정되어 절대로 빠져나오지 않는다. 따라서 임신한 여성의 혈액 속 줄기 세포는 태아의 것이라고 보아도 거의 틀림이 없을 것이다.

비앙키는 새 분자 꼬리표 집합을 고안했고, 이것을 이용해 태아의 줄기 세포를 성공적으로 찾아냈으며, 이 성공에 크게 기뻐했다. 비앙키가 연구하는 여성들이 출산을 시작하기 전까지는.

일부 산모에게서 채취한 줄기 세포에서 Y 염색체가 나왔다. 남아를 임신한 여성이라면 있을 수 있는 일이었다. 문제는 그중 몇몇 산모가 낳은 아기가 딸이라는 사실이었다.

더욱 당황스러운 것은, 임신하지 않은 여성들에게 수행한 대조 실험 결과였다. 이 여성 중 일부에게서도 Y 염색체가 나왔다. 비앙키가 알아보니 전원이 과거에 아들을 출산한 경험이 있었다.

혈액 검사법을 찾기 위한 연구로는 쓰디쓴 실패였다. 임신 중인 여성에게서 태아 세포만을 안정적으로 분리하는 데 실패했으니까. 그러나 비앙키에게는 멋진 보상이 있었다. 태아 세포가 여성의 몸속에서 오래오래 살아남을 수 있다는 사실을 발견한 것이다.

비앙키는 아들을 출산한 어머니를 더 많이 찾아 이 연구를 이어 가기로 했다. 수혈이나 장기 이식을 받은 적 없는 여성으로 국한해 실험한 결과, 8명 중 6명에게서 Y 염색체가 있는 태아 세포가 발견되었다. Y 염색체가 있는 한 여성은 아들이 27세였다. 따라서 그 아들의 세포가 어머니의 몸속에서 25년 이상을 살았다는 뜻이었다.

비앙키는 이 결과를 논문으로 썼지만 세 학술지에서 퇴짜를 맞았다. 심사자들은 태아 세포가 다른 사람의 몸속에서 그렇게 오래 살 수 있다는 게 말이 안 된다고 평했다. 마침내 1996년에 《미국 국립 과학원 회보(*Proceedings of the National Academy of Sciences, PNAS*)》가 이 결과를 발표하기로 했다. 비앙키와 동료들의 논문은 이렇게 끝맺는다. "이렇듯 임신은 여성에게 장기간에 걸쳐 낮은 정도의 키메라 상태를 형성하는 기간이 될 수 있다."

***

비앙키는 이 새로운 형태의 키메라를 다른 키메라와 구분하는 새로운 용어를 만들었다. **미세 키메라 현상(microchimerism)**. 그의 논문이 나온 이래로 다른 과학자들이 대부분의 어머니가 미세 키메라 현상을 경험한다는 것을 증명했다. Y 염색체가 이 현상을 가장 쉽게 찾아낼 수 있는 표지자였다. 하지만 일부 과학자들은 어머니에게 자녀의 DNA 다른 부분이 또 있는지 찾기 시작했다. 이 연구로 임신한 모든 여성의 혈류에 36주 동안 태아 세포가 존재한다는 것이 밝혀졌다. 출산 이후로 태아의 세포는 감소하지만, 어머니의 절반 정도는 아기를 낳은 뒤로도 몇십 년 동안 태아 세포를 보유하는 것으로 나타났다.[28]

이 미세 키메라 세포는 유전의 흐름을 거꾸로 타고 올라가는, 역방향 유산이다.[29] 다른 형태의 키메라 현상은 유전에서 다른 역할을 한다. 어머니의 세포가 자녀의 몸에 침투하는 경우도 아주 많은데, 이 세포들은 자녀 몸속에서 오래 살아남을 수 있으며 어머니가 죽은 뒤로도 오랫동안 늘어날 수 있다. 한 연구에서는 자녀의 42퍼센트가 어머니의 세포를 보유하는 것으로 나타났다.[30]

키메라는 유전에서 옆 줄기를 만들어 내기도 한다. 코펜하겐 대학교 과학자들이 10~15세 소녀 154명의 혈액 표본을 채취했다.[31] 그들은 혈액에서 세포를 추출해 Y 염색체를 찾았다. 2016년에는 그 가운데 21명, 즉 13퍼센트 이상에게 Y 염색체가 있었다는 결과를 발표했다. 코펜하겐 연구진은 이 소녀들에게는 아들이 없으므로 이들의 Y 염색체 보유 세포는 오빠들에게서 왔을 것이라고, 즉 아들을 출산한 어머니의 몸에 남아 있다가 태아인 여동생들의 몸속으로 들어갔을 것으로 결론지었다. 어머니가 유산하거나 낙태한 아들의 태아에게서 온 세포일 가능성도 있었다.

미세 키메라 현상을 샅샅이 찾아내기는 쉽지 않다. 키메라 세포는 놀라운 능력으로 인체 구석구석으로 찾아 들어가 생존하기 때문이다. 키메라 세포가 현재 혈액 속에 존재하지 않는다고 해도 어딘가 찾아내기 어려운 기관 속에 숨어 있지 말라는 법은 없다. 키메라를 찾는 가장 좋은 방법은 부검이다.

2015년 네덜란드 레이던 대학교의 연구진이 이 실험을 수행했다.[32] 그들은 네덜란드의 병원에서 사망 당시 아들을 임신하고 있었거나, 아들을 출산한 지 1개월 안에 사망한 여성들의 시신을 검사해 보기로 했다. 연구진은 그런 여성 26명을 찾아 신장, 간, 비장, 폐, 심장, 뇌의 조직 표본을 채취했다. 적어도 몇 명은 모든 장기에 아들의 세포가 있었다. 검사한 17개의 심장 가운데 5개가 키메라였다. 폐는 19개 중 19개 전부가 키메라였다. 아들의 세포는 뇌에서도 나왔는데, 5개 중 5개였다.

연령대가 더 높은 여성의 시신 부검에서도 태아의 세포가 어머니의 몸속에서 얼마나 오래 살아남을 수 있는지가 드러났다. 프레드 허친슨 암 연구소(Fred Hutchinson Cancer Research Center)의 리 넬슨(Lee Nelson)과 동료들은 평균 70대에 사망한 여성 59명의 시신을 검사했다.[33] 이 여성들의 63퍼센트가 뇌에 Y 염색체가 있는 것으로 나타났다.

태아 세포는 단순히 어머니의 몸속으로 들어가는 것이 아니다. 그들은 주변 부위의 조직을 감지해 동형 세포로 발달한다. 2010년에 싱가포르의 생물학자 제럴드 우돌프(Gerald Udolph)와 동료들이 배양 생쥐 실험으로 이 변신 과정을 기록했다.[34] 그들은 수컷 생쥐의 Y 염색체를 변형해 화학 물질을 첨가하면 빛이 나게 만들었다. 우돌프의 연구진은 그 생쥐들을 교배해서 키운 뒤, 어미 생쥐들의 뇌를 해부했다. 아들 생쥐의 태아 세포가 어미의 뇌로 들어가 신경 가지를 형성하고 신경 전달 물질을 뿜어 냈다는 것이 확인되었다. 어미의 사고 형성에 아들들이 한몫하고 있었던 셈이다.

***

키메라는 모자이크와 거의 같은 과학적 경로를 취했다. 괴물에서 요행수에서 고정으로. 한 사람의 상당 부분이 여러 다른 개인에게서 온 세포들의 혼합물임이 밝혀지면서 과학자들은 이런 여러 갈래의 유전이 사람에게 어떤 효과를 남길지 의문을 품었다.[35]

1996년에 넬슨은 미세 키메라가 어머니를 병들게 할 수 있다는 가설을 제기했다. 유전 물질의 절반을 아버지에게서 받은 태아 세포는 어머니의 몸에서 볼 때 이질적인 것과 익숙한 것이 뒤섞여 혼란스러운 복합물일 수 있다. 넬슨은 다년간 태아 세포에 노출된 어머니의 면역계가 자기 몸의 조직을 공격할 수도 있다고 보았다. 이 혼란이 여성들이 관절염이나 피부 경화증 같은 자가 면역 질환에 취약한 이유가 될 수 있다고.[36]

이 가능성을 테스트하기 위해 넬슨과 비앙키가 협업 실험을 수행했다. 그들이 조사한, 아들 낳은 어머니 33명 중 16명이 건강했고 17명은 피부 경화증으로 고생하고 있었다. 넬슨과 비앙키는 피부 경화증이 있는 여성들이 건강한 여성보다 아들의 태아 세포가 훨씬 많다는 것을 발견했다. 다수의 다른 질환으로 진행한 비슷한 연구에서도 결과는 같았다. 하지만 연구 결과가 미세 키메라 현상이 여성의 몸에 질병을 유발한다는 결정적 근거는 아니다. 이 병이 먼저 생겼고, 태아 세포가 나중에 환부 조직으로 모여 증식했을 가능성도 있다.

하지만 키메라 현상이 건강에 이롭게 작용할 가능성도 있다.[37] 키메라 현상이 어머니에게 이로울 수도 있다는 첫 단서는 비앙키가 1990년대 말 다양한 장기에서 태아 세포를 찾는 과정에서 발견했다. 비앙키의 피험자인 한 어머니의 갑상샘이 Y 염색체를 보유한 태아 세포로 가득했다. 이 어머니의 갑상샘은 갑상샘종으로 심하게 부풀어 오른 상태인데도 갑상샘 호르몬이 정상 농도로 분비되고 있었다. 놀라운 결론이었다. 이것은 아들의 태아 세포가 어머니의 병든 갑상샘으로 방향을 틀었음을 시사했다. 그 부위에서 이상을 감지하고 새 세포를 증식시켜 갑상샘을 되살린 것이다.

비앙키의 또 다른 여성 피험자는 간엽 전체가 Y 염색체를 보유한 세포로 이루어져 있었다. 비앙키는 계보를 추적해 이 세포들이 여성의 남자 친구에게서 왔다는 것까지 알아냈다. 몇 해 전에 임신 중절을 했지만 그 태아의 세포 일부가 여전히 몸속에 살아 있었던 것이다. 비앙키의 연구는 C형 간염으로 망가진 피험자의 간을 아들의 세포가 재건했음을 시사했다.

태아 세포가 암과 싸우는 어머니를 도울 가능성도 제기되었다. 2013년에 터프츠 대학교의 피터 게크(Peter Geck)와 동료들은 유방암으로 사망한 여성 114명과 다른 원인으로 사망한 여성 68명의 유방 조직에서 Y 염색체 보유 세포가 있는지 찾아보았다.[38] 건강한 유방 조직 표본의 56퍼센트에 남성 태아 세포가 있었다. 암 조직 표본은 20퍼센트만이 남성 태아 세포가 있었다. 게크는 태아 세포가 유방 조직에서 세포를 증식하기에 유리한 부위를 차지한 것으로 추정했다. 그는 그 부위가 암세포가 종양을 키우기 위해 필요했던 지점일 수 있다고 보았다.

키메라 현상이 '괴물' 범주에서 해제되자 예상치 못했던 윤리적 문제가 부상했다. 미국에서만 한 해에 약 1,000명의 아기가 대리모를 통해서 태어난다. 컬럼비아 대학교의 생명 윤리학자 루스 피시바크(Ruth Fischbach)와 존 로이크(John Loike)는 대리모 제도가 임신에 대한 시대 착오적 사고에 바탕을 두고 있다고 보았다.[39] 이 개념은 사람을 유전자 다발로 취급한다. 현재 우리 사회는 한 여성이 자기 몸에서 다른 부부의 태아를 키워 준 뒤 떠나보내는 일을 아무렇지도 않게 받아들이고 있다. 왜냐하면 대리모는 생물학적 어머니와 달리 태아와 유전적으로 아무 관계가 없기 때문이다. 대리모는 그저 수정에서 출산까지 순탄하게 마무리되면 아무 일도 없었다는 듯 일상으로 돌아가는 존재인 것이다.

하지만 피시바크와 로이크는 대리모와 아기가 서로 깊이 연결된 관계일 수 있다고 말한다. 태아의 세포는 대리모의 온몸에 스며들어 있으며, 어쩌면 평생을 함께할 수도 있다. 대리모도 자신의 세포 일부를 아기에게 나눠 줬을 수 있다. 이것은 단순한 사고 실험이 아니다. 2009년에 하버드의 연구자들이, 아들을 출산했지만 자신의 아들은 낳은 적 없는 대리모 11명을 연구했다. 출산 후 혈액 표본을 검사한 결과, 5명의 혈류에

Y 염색체가 존재했다.

피시바크와 로이크는 키메라 현상 때문에 대리 출산을 금지해야 한다고 주장하는 것이 아니다. 하지만 그들은 대리모가 될 사람들에게 그들이 알아야 할 사실을 정확하게 알린 뒤 동의를 구하는 절차가 필요하다고 생각한다. 자신의 DNA가 자기와는 상관 없는 아기의 건강에 장기적으로 영향을 미칠 수 있으며, 어쩌면 그 아기의 세포와 평생 함께할 수도 있다는 사실이 그들에게 아무렇지도 않게 받아들여지지는 않을 것이다. 이 여성들도 유전의 덩굴손이 우리가 생각하는 것처럼 쉽게 쳐낼 수 있는 것이 아님을 알 필요가 있다.

저 주머니곰(Tasmanian devil, 태즈메이니안 데빌 또는 태즈메이니아주머니너구리로도 불린다. — 옮긴이), 죽은 지 얼마 안 됐다.[40]

싸늘하고 습한 협곡에 들어간 엘리자베스 머치슨(Elizabeth Murchison)은 차에서 내렸다. 2006년 여름이었다. 태즈메이니아 중앙 공원에서 일주일 동안 하이킹을 마치고 돌아오는 길이었다. 더위를 피해 그늘에서 쉬던 참인데 파리 떼가 잭 러셀 테리어 몸집만 한 검은 짐승 위에서 맴돌고 있는 것이 보였다. 목에 난 상처에서 아직까지 피가 흐르고 있었다. 조금 전에 달리던 차에 친 듯했다. 머치슨은 뭔가 보이기를 바라며 몸을 뒤집어 보았다. 있었다. 얼굴에 부어오른 콩만 한 크기의 핑크색 혹.

머치슨은 태즈메이니아에서 밤마다 주머니곰 울음소리를 들으며 자랐다. 대학은 오스트레일리아 본토로 진학해 유전학을 전공했고 2002년에 박사 학위를 받기 위해 뉴욕 콜드스프링 하버에 갔다. 머치슨의 연구 주제는 필요할 때 유전자를 비활성화하는 분자, 마이크로 RNA였다. 놀랄 일은 아니지만, 콜드 스프링 하버에서 유일한 태즈메이니아 사람인지라 주머니곰에 대한 질문에 답하느라 바빴다. 진짜 주머니곰은 미국에서 선풍적인 인기를 누리며 텔레비전을 장악했던 「루니 툰스(Looney Tunes)」(미국에서 1930년부터 1969년까지 방영한 단편 시리즈 애니메이션. — 옮긴이)의 침 질질 흘리는 그 주머니곰하고 얼마나 다른지 설명하고는 했다. 주머니곰은 사실 현존 유대류(有袋類) 가운데 가장 덩치 큰 포식자이고, 그 점에서 사납다면 사납다고 할 수도 있겠다. 이들은 먹이를 차지하겠다고 싸울 때나 구애할 때나 서로 얼굴을 물어뜯는 습성이 있다.

사나운 종이라고 해도 그들은 곤경에 처해 있었다.[41] 어떤 수의사도 본 적 없는 이상한 유행병이 이 섬을 휩쓸었다. 주머니곰들이 입 주위에 종양이 생겨서 몇 주 뒤에는 풍선처럼 부풀어 오르고 몇 달 뒤면 굶어 죽거나 질식해서 죽었다.

이 종양은 1996년에 태즈메이니아 북동부 자락에서 처음 발견된 이래 몇 년 사이에 섬 전체로 퍼져 주머니곰 수만 마리를 죽였다. 2000년대 초에 이르면 몇십 년 안에 멸종이 예상되는 상황이었으나, 과학자들은 그것이 무슨 병인지도 알아내지 못하고 있었다. 몇 년이 걸려서야 이 주머니곰들이 키메라였으며 이 암은 오래전에 죽은 한 개체의 세포에서 시작되었다는 점이 밝혀진다.

***

머치슨과 동료 대학원생들은 주머니곰이 무슨 병에 걸렸는지 여러 가지로 추측해 보았다. 이 병에 걸린 주머니곰의 얼굴을 보면 종양처럼 보였다. (그래서 붙은 이름이 주머니곰 안면 종양(devil facial tumor disease)이었다.) 하지만 보베리가 밝혀냈듯이, 일반적으로 종양은 모자이크병이다. 즉 한 개체의 몸에서 발생해 그 몸 안에서 세포 계보를 타고 돌연변이를 거듭하면서 진행되는 병이다. 그런데 이 신종 질병은 파도 같은 패턴으로 퍼져나가는 모양새가 흡사 전염병 같았다.

바이러스가 원인일 것 같다고 추측한 동료도 있었다. 물론 세포를 감염시키고 세포의 생화학 메커니즘을 교란시켜 암을 유발하는 바이러스도 있다. 하지만 바이러스가 숙주를 감염시키면 몇 년이 지나야 암이 된다. 주머니곰 안면 종양은 훨씬 빠르게 움직였다. 종양을 세밀하게 검사하자 바이러스 가설의 한계가 더 명확해졌다. 종양이 주머니곰 자체의 접합체에서 시작되는 모자이크성이 아니었다. 염색체에서 완전히 다른 패턴의 무리가 형성되었는데, 이것은 아예 다른 개체에서 시작된 병이라는 뜻이었다. 이 주머니곰들은 키메라였다.

얼마 뒤 오스트레일리아 유전학자 캐시 벨로프(Kathy Belov)가 이 병에 대한 더 정교한 연구를 이끌었다. 벨로프의 연구진은 현미 부수체를 찾기 위해 주머니곰 여러 마리의 종양 조직과 건강한 조직 유전자 염기 서열을 분석했다. 종양 세포의 DNA 지문이 같은 개체에게서 채취한 건강한 세포의 DNA 지문과 일치하지 않았다. 오히려 수십 킬로미터 떨어진 곳에서 죽은 주머니곰의 암세포와 일치했다. 암에 걸린 주머니곰 모두가 어떤 하나의 종양으로 암을 이식한 것이 아닌가 싶을 정도였다.

머치슨은 태즈메이니아의 산림에서 차에 치여 죽은 주머니곰을 만난 그 순간 바로 종양을 연구해야겠다고 마음먹었다. 마침 유전체를 분석하는 강력한 신기술이 많이 저렴해져서 작은 그룹의 과학자들도 이용할 수 있었다. 머치슨은 2009년 차 사고로 죽은 주머니곰의 조직 표본을 영국의 웰컴 트러스트 생어 연구소로 보냈다. 이 종양의 DNA를 다른 어떤 곳보다 미세한 단위로 읽을 수 있는 곳이었다.

*
**

이 종양의 유전체에는 많은 변이가 일어난 것으로 나타났다.[42] 하지만 머치슨은 앞 세대의 세포 계보를 추적할 수 있었다. 세포에서 X 염색체 1쌍을 찾았지만 Y 염색체는 흔적도 보이지 않았다. 따라서 암은 암컷 주머니곰에서 시작되었음이 분명했다. 그다음으로는 암이 어떤 유형의 세포에서 시작되었는지 알아낼 단서를 찾아야 했다. 머치슨은 종양 세포의 마이크로 RNA 염기 서열을 분석했다. 여기에서 나온 분자 조합은 전형적으로 한 종류의 세포에서만 발견되는 유형으로, 슈반 세포(Schwann cell)라고 하는 신경 조직의 세포이다.[43] 이것은 보통은 신경 돌기를 감싸 신경 세포가 신호 전달하는 것을 돕는 역할을 한다.

1990년대 초에 머치슨은 이 섬의 북동부 변두리에서 주머니곰 한 개체가 암에 걸렸음을 알아냈다. 머치슨은 이 돌연변이가 처음 나타난 곳이 슈반 세포였을 것이고 그 최초 암세포의 후손들이 종양으로 자라났을 것으로 추정했다. 이 주머니곰과 싸우던 다른 개체가 이 종양을 물어뜯었는데, 암세포가 위로 내려가 소화된 것이 아니라 입속에 남아서 구강 벽으로 파고들어 정착했다가 머리의 다른 조직으로 전이된 것으로 보였다.

암세포는 계속해서 분열하고 변이를 일으키며 성장하다가 다음 주머니곰의 피부를 뚫고 들어갔다. 이 주머니곰도 언젠가 다른 주머니곰에게 물렸고, 이 공격자가 다시 최초 암세포를 가져갔다. 아주 공격적인 개체라면 1마리가 여러 마리에게 암을 전파할 수 있었을 것이며, 그것이 전파에 가속도를 붙였을 것이다. 이 숙주에서 저 숙주로 갈아타면서 종양 세포는 약 2,000개의 새 돌연변이를 획득했다.

주머니곰의 전염성 암은 별난 병이기는 하지만 유전의 계보에서 벗어나지 않았다. 수천 마리 주머니곰에게서 자란 모든 종양이 암컷 슈반 세포 조상의 계보로 결속해 있었다. 하지만 우리가 유전에 대해 사용하는 전통적인 언어로는 태즈메이니아에서 일어난 일을 기술하지는 못한다.

바이스만은 생식 세포에 불멸성의 기회를 부여함으로써 우리의 유전 개념을 구체화했다. 이제 한 포유류의 체세포 한 묶음이 원래의 몸에서 빠져나와 새 몸으로 들어가 스스로 불멸성을 획득했다. 최초의 슈반 암세포는 수십 년 전 주머니곰의 몸속에서 죽었으며, 뒤이어 희생된 개체들의 암세포도 마찬가지이다. 그러나 종양은 살아남았다. 다른 주머니곰이 적기에 이것을 한 뭉치 물어뜯어 새 터전에서 살아가게 해 준 덕분이다.

머치슨의 연구는 유전이란 것이 얼마나 울퉁불퉁한 자갈길인지를 잘 보여 준다. 유전은 어떤 불변하는 우주의 섭리가 아니라 생물학적 성분에서 발생해 새로운 형태로 수정되어 가는 하나의 과정이다. 그럼에도 주머니곰의 종양은 일련의 철학적 호기심 이상의 무언가를 의미할 수도 있다. 그저 어디 머나먼 세계 한구석에서 서식하는 어떤 이상한 동물에게 일어난 일로 여기고 넘길 수도 있다. 하지만 전염성 암은 지구에 널리 퍼진 상당히 빈도 높은 현상이었다.

⁂

머치슨은 다른 형태의 전염성 암이 최소한 한 가지 더 있다는 사실을 알고 있었다. 개에게 발생하는 개 전염성 생식기 종양(canine transmissible venereal tumor, CTVT)이라는 암인데, 종양이 생식기 주위로 불거져 나오기 때문에 특히 더 흉측한 병이다. 많은 나라에서 발견되며 길거리 개들에게 훨씬 흔하다. 왜냐하면 역겨운 증상이 쉽게 눈에 띄기 때문에 주인이 있는 개라면 바로 수의사를 찾아가 치료를 받게 하기 때문이다.

주머니곰 안면 종양은 1990년대에 주목을 받았지만 CTVT 증상은 1810년에 이미 알려졌다. 영국 수의사인 델라비어 프리체트 블레인(Delabere Pritchett Blaine, 1768~1845년)은 저서 『말과 개의 질병에 관한 가정용 전문서(*A Domestic Treatise on the Diseases of Horses and Dogs*)』에서 이 병을 개의 생식기 주위에 형성되는 "세균성 이상 생성물"이라고 기술했다.[44] 당시 의사들은 나쁜 체질이 이 종양의 원인이라고 믿었지만, 전염병처럼 퍼진다고 생각한 의사도 있었다.

1876년에 러시아 수의사인 므스티슬라프 노빈스키(Mstislav Novinski, 1841~1914년)가 최초로 이 암의 이식 실험에 성공했다.[45] 그는 아픈 개의 전염성 성기 육종 일부 조직을 잘라 내서 두 강아지의 피부에 삽입했다. 한 달 뒤, 두 강아지에게도 종양이 생겼는데, 노빈스키는 이 새로 발생한 종양의 일부 조직을 잘라 또 다른 개에게 이식했다. 2세대 종양도 잘 자랐다.

후대 과학자들이 노빈스키의 실험을 더 정교하게 수행했다. 1934년에 한 수의사와 한 병리사가 개 11마리에게 암을 옮기는 실험을 발표했다.[46] 이 실험은 살아 있는 암세포를 이용할 때만 성공할 수 있었다. 죽은 암세포는 통하지 않았고, 종양의 고름도 마찬가지였다. 몇 마리의 경우에는 암이 전이되어 죽었지만, 대부분은 몇 달 진행되다가 사라졌다. "이 종양을 형성하는 세포의 기원은 알 수 없다."라고 이 보고서는 말한다. 그들은 암이 자발적으로 발생해 짝짓기를 통해서 다른 개에게 전파되는 것으로 추측했다.

암 생물학자들은 CTVT에 별다른 관심을 보이지 않았다. 무작위적인 돌연변이로 유발되거나 일정한 바이러스로 유발되는 표준적인 암과 그 작용 방식이 달랐기 때문이다. 하지만 태즈메이니아의 주머니곰에게서 전염성 암이 발견된 뒤로 많은 과학자가 이 암을 다시 주목했다.

2006년에 영국 생물학자 로빈 앤서니 와이스(Robin Anthony Weiss, 1940년~)와 동료들이 다섯 대륙에서 개 40마리의 CTVT 종양을 채취했다.[47] 그들은 각각의 DNA 짧은 조각의 염기 서열을 분석하고, 같은 개의 다른 부위에 있는 건강한 세포도 함께 분석했다. 분석 결과, 이 개들도 모자이크가 아닌 키메라임이 확인되었다. 모든 암세포에는 공통된 유전자 변이 조합이 있었다. 하지만 어떤 개의 건강한 세포에서도 이 조합은 발견되지 않았다. 와이스 연구진은 이 암이 여러 다른 개에게 따로따로 생긴 것이 아니라 단 한 번 발생했음을 알아냈다.

⁂

와이스의 연구 결과를 접한 머치슨은 자체적으로 같은 암의 후속 연구를 수행했다. 머치슨의 연구진은 DNA 조각 대신 두 암세포의 전장 유전체 서열 분석을 시도했다. 하나는 브라질의 한 코커스패니얼의 암세포, 다른 하나는 오스트레일리아 원주민 부락에 사는 개의 암세포였다. 두 암세포 사이에 공유되지 않는 돌연변이 수는 각각 10만 개를 약간 웃돌았다. 하지만 두 암세포가 공유하는 190만 개의 돌여변이는 어떤 보통 개의 DNA에서도 나오지 않았다.

암세포에서는 암이 어디에서 시작되었는지를 말해 주는 단서도 발견되었다. 머치슨은 활성화 유전자와 비활성화 유전자를 토대로 분석해 암이 어떤 유형의 면역 세포에서 시작되었으리라고 추정했다. 이 특성은 CTVT의 기원이 아주 먼 과거일 수도 있음을 시사한다. 즉 어떤 고대 개의 면역 세포가 암으로 변이되었고, 이 암이 다른 개들에게 전파될 방법을 찾은 것이라고.

머치슨의 연구진은 CTVT가 주머니곰 안면 종양보다 훨씬, 훨씬 더 오래되었다는 것도 발견했다. 암세포 안에 돌연변이가 쌓이는 속도는 거의 시계처럼 정확하고 규칙적이다. 여러 CTVT 세포 내 돌연변이를 토대로, 머치슨의 연구진은 이 암이 빙하기 말 약 1만 1000년 전에 어떤 개 1마리에서 시작된 것으로 추산했다.

CTVT가 일반적인 종양이었다면 몇 년 지속되다가 숙주와 함께 죽었을 것이다. 하지만 이 암은 유한성의 덫에서 빠져나와 일반적인 개보다 1,000배 장수했다. 이 종양 세포는 세계 각지에서 새로운 돌연변이를 획득해 후손들에게 물려주었다. 이 흐름이 종양의 여행 지도가 되었는데, 구대륙 어딘가에서 시작되어 유럽 인들이 배에 개를 싣고 오스트레일리아나 북아메리카 등지의 신대륙으로 갈 때 CTVT도 함께 데려갔다. 주머니곰 안면 종양은 작은 한 지역에서 벗어나지 않았지만 CTVT는 사람이 개를 데려간 모든 지역으로 퍼져 나갔다.[48]

*
**

두 전염성 암 연구만으로도 대단한 일인데 머치슨은 개와 주머니곰을 연구하다가 또 다른 사례를 발견했다. 그것도 육지 말고 바다에서.[49]

1960년대에 해양 생물학자들이 일부 조개 종에서 백혈병 같은 암을 발견했다. 이들의 면역 세포는 폭발적으로 증식하면서 이 개체의 모든 조직에 침투했다. 이 암은 단 몇 주 만에 조개의 생명을 앗아갔다.

이들은 처음 보는 형태의 암이었다. 무엇보다 당황스러운 점은 새로운 사례가 발생하는 속도였다. 어떤 개체군의 한 조개가 암에 걸리면 개체군 거의 전체가 죽는 데 얼마 걸리지 않았다. 이 암이 2000년대 미국 동부 연안을 휩쓸어 뉴욕에서 캐나다 프린스 에드워드 섬에 이르는 해안가의 우럭이 희생되었다.

컬럼비아 대학교의 생물학자 스티븐 고프(Stephen P. Goff)와 마이클 메츠거(Michael Metzger)가 바이러스가 조개에게 암을 유발하는 것이 아닌가 하는 가정하에 연구를 진행했다. 발암성 바이러스의 징후는 발견되지 않았다. 메츠거의 연구진은 암세포 DNA를 분석하다가 하나의 공통된 유전자 표지자 집합을 발견하고 깜짝 놀랐다. 아무래도 이것이 세 번째 전염성 암인 듯싶었다.

이것을 테스트하기 위해 메츠거는 조개를 고프의 실험실로 가져가 수조에 넣었다. 암에 걸린 조개가 있는 수조에 건강한 조개를 넣으면 이 조개도 암에 걸렸다.

메츠거는 북아메리카 동부 해안의 암세포를 조사했고, 일부에게는 있고 일부에게는 없는 돌연변이를 찾아 하나의 유전자 가계도를 구성할 수 있었다. 메츠거와 고프는 어떤 오래전의 조개가 백혈병에 걸렸고, 그 암세포 일부가 방출되어 해류에 섞여 들었을 것이라고 결론 내렸다. 그 일대에 서식하는 조개들이 먹이를 섭취하면서 해수를 정화하는데 그러다가 암에 걸렸을 것이라는 추정이었다. 그리고 시간이 누적되면서 최초의 지점으로부터 수백 킬로미터 떨어진 곳까지 암이 퍼진 것이다.

메츠거와 동료들은 해양 생물학자들이 그동안 다른 종 조개 일부와 기타 쌍각류에서 빠르게 전파되는 암을 찾았다는 것을 알고 있었다. 모든 사례가 발암성 바이러스를 찾기 위한 연구였으나 매번 허사였다. 메츠거는 전 세계 과학자 동료들의 도움으로 암이 나타난 홍합, 새조개, 황금융단조개, 이렇게 세 종을 확보할 수 있었다. 세 종의 암 모두 전염성으로 밝혀졌다.

새조개의 경우는 한 종류가 아니라 두 종류의 전염성 암이었다. 황금융단조개는 암세포의 DNA가 아주 이상했다. 기원이 황금융단조개가 아니라 병아리껍질조개였다. 이 종은 에스파냐 연안 조간대에 서식하는

데, 이곳은 황금융단조개와 같은 서식지이다. 이것을 발견한 메츠거의 연구진은 병아리껍질조개를 분석했으나 이들에게서는 암세포를 찾지 못했다. 그들은 이 전염성 암은 병아리껍질조개에서 시작되었다가 종을 건너뛰어 황금융단조개를 감염시켰다고 결론 내렸다. 이 암으로 약한 병아리껍질조개는 전멸하고 견뎌 낸 소수만 남았다.

한편 태즈메이니아에서는 주머니곰의 멸종을 막기 위해 생물학자들이 분주하게 움직였다. 그들은 동물원에 서식지를 만들어 건강한 개체들을 수용하고 태즈메이니아 연안에서 가까운 작은 섬을 보호 지구로 조성했다. 하지만 2014년에 태즈메이니아 대학교 대학원생 루스 파이(Ruth Pye)가 불길한 것을 발견했다. 호바트 시에서 포획한 주머니곰의 암세포를 분석했는데, 거기서 있어서는 안 될 것이 나왔다. 1개의 Y 염색체였다. 머치슨의 연구진이 이 암의 조상이 암컷 주머니곰이라는 가설을 제기했는데, 파이가 발견한 새 암은 수컷에서 시작된 것으로 보였다.

이 암세포의 전장 유전체를 세밀하게 검사하니 다른 종양에서는 발견되지 않는 특유의 돌연변이가 다량 발견되었다. 이 데이터는 피할 수 없는 결론을 가리켰다. 파이가 발견한 것이 제2의 주머니곰 종양이라는 사실이었다.[50] 파이는 그 후로 동료들과 함께 이 지역에서 같은 형태의 종양이 있는 주머니곰 7마리를 더 찾아냈다. 그들은 이 두 계열의 전염성 암을 DFT1과 DFT2로 명명했다.

DFT1은 1990년경에 발생했다. DFT2의 돌연변이 수가 더 적은 것은 이것이 더 최근에 발생했음을 시사했다. 그렇다면 주머니곰에게 전염성 암이 생기는 방식이 전에 생각했던 것보다 훨씬 더 일반적이라는 우려스러운 상황이었다. 보존 생물학자들이 어떻게든 주머니곰을 DFT1과 DFT2로부터 보호한다고 해도 금세 DFT3가 나오지 않으리라고 장담할 수 있는가?

지금까지 이루어진 연구를 토대로 과학자들은 전염성 암이 어떻게 발생하며 어떻게 유전 법칙을 무너뜨리는가에 관한 가설을 세울 수 있을 것이다. 이 암들은 특정 유형의 세포에 구애되지 않고 유전성 암이 될 수 있는 것으로 보인다. 암으로 발전하기만 하면 되는 것이다. 종양이 진행되는 과정의 가장 큰 걸림돌은 면역계이다. 면역계가 몸에 수상해 보이는 세포가 나타나는지 쉬지 않고 감시하기 때문이다. 암세포에서 이 감시망을 뚫고 나갈 속임수가 다양하게 진화할 수 있다. 예를 들면 면역 세포가 좋은 세포인지 나쁜 세포인지 분별할 때 인식하는 HLA 같은 표면 단백질을 잘라 내 버릴 수 있다.

하지만 암세포가 한 숙주에서 다른 숙주로 처음 이주할 때 살아남기 위해 필요한 것이 어떤 유형의 적응인지는 아직 아무도 밝혀내지 못했다.[51] 어쩌면 숙주의 몸 밖으로 나왔을 때 공기 속에서 말라 죽지 않게 하는 돌연변이가 한번 우연히 발생한다면 해결될 문제일 것이다. 이 첫 점프에 성공하고 나면 이들의 면역 회피 능력은 더욱 취약해질 것이다. 이제는 내부의 배신자가 아니라 명백한 외부자가 되었기 때문이다. 하지만 전염성 암세포가 일단 새 숙주로 옮겨 가는 데 성공하고 나면 종양일 때 획득한 적응 능력이 다시 한번 도움이 되는데, 주변 조직에 신호를 보내 최면을 걸어 놓고 이들에게서 영양을 섭취할 수 있다.

전염성 암은 한 장기에서 다른 장기로 전이되고 전파된다는 점에서는 일반 종양과 크게 다를 바가 없다. 새 개체가 사실상 새 장기인 셈이다. 하지만 일반 종양과 달리 전염성 암은 죽음이라는 숙명에 직면할 일이 없다. 그들은 기껏해야 몇 년 가는 돌연변이 대신 수백 년에서 수천 년의 수명을 얻을 수 있다. 예를 들면 CTVT는 1만 1000년 동안 개를 통해 전염되면서 면역계의 감시 체계와 연관된 유전자에 돌연변이를 일으키는 강력한 무기를 획득했다.[52] 그뿐만 아니라 CTVT 세포는 일반 암세포처럼 미토콘드리아를 훔쳐 그 자리를 차지했다.[53] 유일한 차이라면 다양한 개의 미토콘드리아를 훔친다는 점이다. 지난 2,000년 동안 최소한 다섯 계통의 개를 건드렸다. 로마 제국 이래로 CTVT는 희생된 개의 젊음을 흡혈귀처럼 빨아들여 영생을 누렸다.

⁂

전염성 암은 200년 동안이나 훤히 보이는 곳에 있었으나 과학자들이 보지 못했던 비밀이다. 이런 것이 있었다는 것이 알려진 뒤로 과학자들은 다른 것도 있을지 탐색했고 더 많은 것이 나오기 시작했다. 지금까지 여덟 사례가 확인되었지만 여기가 끝은 아닐 것이다.[54] 얼마나 더 많이 나올지는 아무도 모른다. 특히 전염에 더 약한 종이 있을 수 있다. 주머니곰은 개체군이 작아서 더 취약할 수 있다. 유전적 다양성이 그만큼 부족하기 때문이다. 이런 종에게는 전염성 암이 그다지 수상스러운 외부자로 보이지 않기 때문에 새 숙주 안에 숨기가 더 쉽다. 전염성 암에게는 한 숙주에서 다음 숙주로 더 쉽게 옮겨 갈 수 있는 경로도 필요하다. 개는 교미 시간이 30분에 이를 정도로 길어서 생식기 부위 피부에 상처가 나고는 한다. 이런 조건이 종양이 생식기 주변에서 자라도록 적응하기에 유망한 경로가 되었을 것이다. 하지만 전염성 암세포가 새 숙주 안으로 들어가기 위해서 가는 거리도 과소 평가해서는 안 될 것이다.[55] 어쨌거나 우리는 그들이 헤엄칠 수 있다는 것도 지금은 안다.

과학자들이 더 많은 전염성 암 사례를 발견한다고 해도 실상은 그것보다 훨씬 더 많을 것이다. 유전자 드라이브가 그렇듯이, 전염성 암도 꾸준히 나타나지만 결국에는 사라진다. 숙주의 면역계가 강력한 방어 체제로 진화해서일 수도 있고 아니면 숙주를 멸종시켜서일 수도 있다.

이 모든 이야기가 이 심란한 의문을 남긴다. 우리 인간도 어떤 전염성 암에 당할 것인가? 여기서 말하는 것은 자궁 경부암을 유발하는 HPV 같은 발암성 바이러스의 유행이 아니다. 내가 말하는 것은, 인간의 세포가 다른 사람의 몸을 숙주로 삼을 수 있느냐이다. 이 사회적 행성을 두루 돌아다니는 종양 말이다.

많은 과학 문헌이 사람에서 사람으로 옮겨 다니는 흥미로운 암세포 사례를 소개한다. 이식된 신장에 종양이 있었던 것으로 밝혀진 사례가 있는가 하면, 실수로 손을 베인 수술의의 몸속에 환자의 피부암 세포가 침투한 사례도 있다. 백혈병이 있는 임신부의 암에 걸린 면역 세포 일부가 태아에게로 전파된 사례도 몇 건 있다.[56] 가장 기이한 것은 콜롬비아 메데인의 한 남성이 촌충에 감염된 사례인데, 촌충 세포가 종양 같은 덩어리로 자라는 돌연변이를 일으킨 경우였다.[57]

하지만 앞의 사례들에서는 전부 암세포가 단 한 번만 이동했다. 같은 암세포가 계보를 이루어 세 번째 희생자로 이주했다는 근거는 나오지 않았다. 어쩌면 우리의 면역계가 강력해서 암이 이 숙주 저 숙주로 옮겨 다니는 기생충으로 진화할 기회를 주지 않았는지도 모른다.

우리의 면역계가 이질적 조직에 그렇게 격렬하게 반응하는 이유는 알 수 없다. 우리의 면역계는 대부분 특정한 위협에 탁월한 적응 능력을 갖추고 있다. 우리의 세포는 침입하는 바이러스를 감지하면 자살함으로써 감염을 막고는 한다. 우리 몸은 나쁜 세균의 균주를 파괴하는 항체를 만들어 내면서도 이로운 벌레는 살려 둔다. 이 능력은 우리의 조상들에게 생존과 번식에 우세한 지위를 부여한, 진화의 산물이다. 하지만 우리의 조상들은 끊임없이 남의 폐와 비장을 이식하며 살지 않았다.

그렇다면 우리의 면역계는 어떻게 해서 그렇게 외부의 침입에 잘 대처할 수 있게 되었을까? 전염성 암 발병률이 이 수수께끼에 대한 한 가지 단서가 될 것이다. 7억 년 전 동물이었던 우리의 초기 조상들은 다른 동물의 기생충으로부터 쉴 새 없이 공격을 받았을 것이다. 그 외부자들의 유전을 막지 못했다가는 자기네가 죽어 유전의 기회를 잃고 말았을 것이다.

4부

유전의 별난 경로들

14장

이상한 나라의 칼

달 없는 캄캄한 밤이 찾아오면 원핀플래시라이트피시(one-fin flashlight fish)가 은신처에서 나온다.[1]

이 물고기(학명은 *Photoblepharon palpe bratus*이다.)는 인도네시아의 반다 제도 앞바다에 서식한다. 낮에는 수심 300미터 이상의 심해 동굴에서 쉬다가 바다가 검게 변하면 동굴에서 나와 해수면까지 올라와 작은 무척추 동물을 사냥하는데, 이때 몸에서 크림색 빛을 방출한다.

원핀플래시라이트피시는 여느 동물과 마찬가지로 여러 장기로 이루어져 있다. 피부는 바다로부터 몸을 지켜 주는 일종의 보호 장벽 역할을 한다. 아가미는 산소를 빨아들인다. 위장은 먹이를 소화한다. 각 장기는 각기 다른 분자 구조로 이루어져서 각기 다른 유전자 연결망으로 작동하는 각각의 기관이다. 빛은 양쪽 눈 밑에 있는 강낭콩 모양 구조에서 만들어진다. 빛을 내기 위해서 이 강낭콩 속의 세포들이 발광하는 단백질을 합성한다.

천적들이 바다 가득 헤엄쳐 다니는 환경에서 저렇게 작은 물고기가 빛을 방출하는 것이 영리한 행동으로는 보이지 않는다. 하지만 원핀플래시라이트피시는 오히려 이것을 적으로부터 달아나는 데 이용한다. 달아날 때 이들은 일렬 종대를 지어 얼마간 급속으로 직진한다. 일직선으로 빛이 생겨나면 발광 기관을 머릿속의 주머니로 말아 넣는다. 순식간에 어두워진 원핀플래시라이트피시는 일렬 종대를 해체한다. 결국 천적들이 돌진해 온 곳은 텅 빈 물속이다.

이처럼 발광 기관의 도움으로 원핀플래시라이트피시는 오랫동안 생존하고 번식해 왔다. 수컷은 정자를 물에 뿌려 난자를 수정한다. 수정된 난자는 유생을 거쳐 성체가 된다. **콩 심은 데 콩 나는** 유전 법칙은 원핀플래시라이트피시에게도 똑같이 적용된다. 태어나는 모든 세대의 지느러미는 조상에게 물려받은 것이며, 눈과 턱과 아가미도 그렇다. 그리고 발광 기관도.

1971년에 요코스카(横須賀) 시립 박물관의 야타 하네다(羽根田弥太, 1907~1995년)와 피츠버그 대학교의 프레더릭 이치로 쓰지(Frederick Ichiro Tsuji, 1923년~)가 원핀플래시라이트피시를 조사하기 위해 반다 제도로 갔다. 그들은 밤이 오면 원핀플래시라이트피시가 나올 지점으로 마상이를 저어 갔다. 원하던 위치에 도달하면 불을 끄고 원핀플래시라이트피시가 방출하는 빛을 찾아 물속을 응시했다. 하네다와 쓰지는 그물로 원핀플래시라이트피시 몇 마리를 잡아 해수를 담은 단지 안에 넣었다가 나중에 해부해서 발광 기관을 떼어 냈다. 본체에서 도려낸 뒤에도 이 발광 기관은 빛을 발산했다. (반다의 어부들은 이 발광 기관을 미끼로 이용하는데, 갈고리에 끼워 놓으면 몇 시간 동안 계속 빛을 낸다.)

하네다와 쓰지는 발광 기관이 어떤 식으로 작동하는지 알아보고자 현미경으로 세포를 관찰했다. 원핀플래시라이트피시의 발광은 반딧불이와 같은 방식일 가능성이 있었다. 반딧불이는 DNA에 루시페린(luciferin)이라는 단백질을 합성하는 유전자가 있다. 이들은 꼬리 세포에 루시페린을 저장한다. 동료 반딧불이들에게 신호를 보내고 싶을 때 다른 단백질을 루시페린으로 바꾸어 저장된 빛을 방출한다. 반딧불이의 루시페린 유전자는 다른 유전자와 마찬가지로 부모에게서 물려받은 것이다.

하지만 하네다와 쓰지는 원핀플래시라이트피시에게는 발광 유전자가 없다는 것을 발견했다. 발광 기관에서 빛을 내는 것은 원핀플래시라이트피시의 세포가 아니었다. 세균이었다.

하지만 그냥 아무 세균은 아니었다. 어떤 원핀플래시라이트피시가 되었건 발광 기관의 미생물은 모두 동일한 종류로, 칸디다투스 포토데스무스 블레파루스(*Candidatus* Photodesmus blepharus)라는 세균이다. 칸디다투스 포토데스무스 블레파루스를 찾고 싶다면, 그것을 가능하게 해 주는 지구 상의 유일한 생물 종이 원핀플래시라이트피시이다. 반다 제도 일대 바다에 원핀플래시라이트피시와 거의 동일한 종, 투핀플래시라이트피시(two-fin flashlight fish)의 서식지가 있다. 투핀플래시라이트피시도 세균으로 채워진 발광 기관이 있지만, 이들은 다른 세균이다. 플래시라이트피시에게는 종에 따라서 각기 다른 희귀 미생물 파트너가 유전된다.

*
**

모든 동식물 종에게는 미생물이 장전되며, 우리 종도 마찬가지이다. 한 연구는 한 사람의 세포 수가 약 37조 개인데 한 사람 안에 살고 있는 미생물도 그것과 거의 같은 수로 추산한다.[2] 우리가 몸의 일부인 세균의 존재를 쉽게 무시하는 것은 세포가 세균보다 몇백 배 더 크기 때문이다. 하지만 그들을 무시할 근거는 없다. 우리의 몸속에는 수천 종의 세균이 살고 있으며, 그 한 종 한 종이 저마다 근본적으로 다른 고유한 유전자 수천 개를 보유하고 있다. 이런 면에서 우리는 다른 동물 종들과 전혀 다를 바가 없다.[3] 작은부레관해파리나 사막전갈이나 코끼리물범과도, 심지어 설탕단풍나무나 달맞이꽃과도.

우리에게 가장 친숙한 세균은 피부를 갉아 먹고 내장에서 날뛰는 따위의 질병을 유발하는 부류일 것이다. 하지만 최상의 건강 상태에서도 우리 몸속에는 영구 세입자들이 득시글거린다. 아무 해를 끼치지 않고 숙주에게 붙어서 분자 찌꺼기를 먹고사는 세균이 있는가 하면, 잘 보이지 않아도 중요한 임무를 수행하는 세균도 있다. 이들은 비타민을 합성하고 면역계가 잘 조절되도록 영양을 보급하며 살아 움직이는 장벽을 형성해 위험한 병원균으로부터 우리를 지켜 준다. 이 미생물군유전체(microbiome, 마이크로바이옴) 집단은 단독으로 존재하는 개인이 의미하는 바가 무엇인지 다시 생각하게 만든다. 우리가 몸을 철저하게 살균해서 진정한 의미의 개인이 된다면, 병에 걸리는 것은 물론이고 그대로 죽는다고 해도 놀라운 일이 아니다.

모든 종은 세대마다 하나의 미생물군유전체를 획득한다. 어떤 면에서 이 갱신 주기는 유전과도 많이 닮았다.[4] 새로 태어난 개체가 혼자 힘으로 이것저것 모아서 자기 유전자를 구성하는 것이 아니다. 그의 유전자는 조상들의 세포 안에서 거듭해서 복제되면서 엄청난 여정을 거쳐 매 세대 새 생명에게 전달된 것이다. 예를 들면 사람은 유전자로 가득 채워진 하나의 수정란에서 발생하는데, 이 유전자들은 수정란이 세포 분열할 때마다 복제된다. 이들은 처음에는 전능성 세포가 되고 그런 다음에는 다능성 세포가 되었다가 신체 내 여러 조직으로 흩어진다. 그중 일부는 생식 세포가 된다. 세포들이 체내 조직으로 이주할 때 이들은 나중에 고환이 될 부위로 유전자를 데려간다. 훗날 세월이 흘러 이 세포의 후손들이 남성의 유전자 복사본을 하나씩 보유한 꼬리 긴 정자로 발달할 수 있다. 남자는 평생 동안 수십억 개의 정자를 만들어 내지만 잘해야 그 가운데 아주 작은 일부만이 주인의 몸을 떠나 여성의 생식 계열에 진입할 것이며, 그것보다 더 소수만이 유전자를 난자에 전달할 것이다.

숙주가 세대 교체될 때마다 따라다니는 세균의 유전자도 놀랍도록 비슷한 경로를 따른다.[5] 그중에서도 가장 인상적인 것은 수심 수천 미터의 심해저 열수공(해저 지하에서 뜨거운 물이 스며 나오는 구멍. — 옮긴이)에서 빼곡하게 서식하는 앵무조개의 여행이다.[6] 앵무조개는 열수공에서 나오는 황화수소(썩은 달걀의 지독한 냄새를 만드는 그 독한 화학 물질)를 빨아들인다. 근육으로 흡수한 황화수소를 순환기가 아가미로 보내는데, 아가미 속의 특별한 세포(다른 조개 종에는 존재하지 않는 세포)가 이 물질에서 유황 원소를 분리하며 뼈 속에 저장된 에너지를 방출한다. 그러고는 이 에너지로 탄소, 수소, 산소를 결합해 당 분자를 만든다. 이 작용은 나무의 광합성과 비슷하다. 앵무조개가 해저의 화학 에너지를 이용하고 나무가 빛 에너지를 이용한다는 점을 제외하면.

정확히 말하면 앵무조개가 직접 해저의 에너지를 포집하는 것이 아니다. 이들의 아가미 속에 있는 그 특별한 세포가 사실은 세균이다. 이 세균이 황화수소를 분해할 효소를 만드는 유전자를 갖고 있다. 이 일을 해 주는 대신 앵무조개는 설비 좋은 집을 제공한다. 이 세균이 없으면 앵무조개는 굶어 죽을 것이요, 앵무조개 없이 이 세균들은 연명하기가 어렵다.

이 관계는 여러모로 놀랍지만, 어느 것 못지않게 중요한 것이 생태 지리학적 요소이다. 앵무조개는 해저에서도 황화수소가 뿜어져 나오는 곳에서만 살 수 있기 때문에 이들의 군락은 몇 킬로미터씩 떨어져서 형성된다. 이들은 생식 세포를 물속에 흩뿌리는 방식으로 번식하는데, 수정란에서 유생이 되면 바닷속을 표류하다가 대다수는 해양 황무지에 떨어져 죽는다. 소수만이 살 수 있는 환경에 도착하는데, 생존에 필요한 세균도 함께 데려온다. 조상들이 그랬듯이.

앵무조개가 이 세균 파트너와 어떻게 관계를 유지하는지 우리가 알아내기는 어렵다. 심해 생물을 실험실의 아늑한 환경에서 배양한다는 것은 불가능에 가깝기 때문이다. 그 대신 과학자들은 해저에서 조개를 데려와 죽은 몸을 해부해서 단서를 찾는다. 1993년에 오리건 주립 대학교의 스티븐 크레이그 캐리(Stephen Craig Cary)와 스티븐 조반노니(Stephen Giovannoni)가 앵무조개 속 세균의 DNA 지도를 작성했다.[7] 그들은 아가미 세포에 서식하던 미생물을 발견했고, 조개 알이 만들어지는 난소 같은 기관에서도 일부 세균의 DNA를 발견했다. 세균들은 아가미에서 알까지 앵무조개 몸속 곳곳을 돌아다닌다. 다음 세대로 이어지기 위해서는 알에 침입해야 한다. 이렇게 세균에 감염된 앵무조개는 복합적인 유전자, 다시 말해 앵무조개 조상의 유전자와 세균의 유전자 조합을 갖게 된다.

다윈이 이 앵무조개를 봤다면 어떻게 생각했을까? 다윈이 생각한 유전은, 생물의 온몸에 퍼져 있는 제뮬이라는 유전 입자가 생식 세포를 통해 결합해 몸의 특질을 다음 세대로 전달하는 과정이었다. 그의 범생설은 틀린 것으로 밝혀졌고, 생물학자들은 이 가설을 다윈이 범한 예외적 오류의 하나로 제쳐 두었다. 그 대신 그들은 생식 세포 계열과 체세포 계열을 엄밀히 구분한 바이스만의 가설에 의지했다. 그런데 지금 과학자들이 해저에 서식하는 조개가 제뮬 같은 성격의 유전자를 이용해 부모의 형질을 미래 세대로 전달한다는 사실을 발견한 것이다.

이 심해 조개가 지구 상에서 이런 방식으로 필수적인 형질을 유전하는 유일한 종이라면 별종으로 취급하고 넘어갈 수도 있었을 것이다. 한때 전염성 암을 태즈메이니아에서 우연히 발생한 사건으로 치부하는 것이 가능했던 것처럼. 하지만 앵무조개는 혼자가 아니다. 많은 동물 종이 난자의 필수 세균을 유지하기 위해 노력한다. 개중에는 해저 조개보다 연구하기가 훨씬 용이한 종도 있는데, 대표적인 종이 바퀴벌레이다.[8]

바퀴벌레의 몸속에 사는 세균 가운데 하나가 블라타박테리움(*Blattabacterium*)이다. 앵무조개의 경우와 마찬가지로, 바퀴벌레에게는 블라타박테리움이 서식할 수 있는 특별한 세포가 발달한다. 바퀴벌레는 화학 물질이 풍부한 해수 대신 지상의 유기 물질을 뜯어먹고 사는데, 산림이 되었건 뉴욕의 아파트가 되었건, 바닥에 떨어진 아무것이나 먹고도 생존할 수 있다. 블라타박테리움은 이들이 지구를 정복하는 데 필수 요건이다. 바퀴벌레는 먹이를 먹을 때 지방체라는 복부 조직에 질소를 비축하는데, 지방체의 세포 일부가 블라타박테리움에 감염된다. 이 세균이 이 질소를 아미노산을 비롯해 바퀴벌레가 성장하는 데 필요한 양분으로 변환한다.

블라타박테리움이 서식하는 세포는 여행을 떠날 때가 있다. 지방체에서 기어 나와 바퀴벌레 알을 찾아가는 것이다. 그들은 바퀴벌레 알에 며칠간 붙어 있다가 자기 몸을 찢는다. 몸속 입주민 세균이 흘러나오면 바퀴벌레 알에 흡수되고, 이런 식으로 다음 세대 바퀴벌레는 계속해서 세계를 정복한다.

*
**

이렇게 숙주의 몸을 절대로 떠나지 않는 세균을 내공생세균(endosymbiont)이라 하는데 이들이 항상 이렇게 살아오지는 않았다. 이들의 조상은 숙주의 몸 밖에서 살았다. 자유롭게 살아가는 내공생세균의 사촌을 통해 과학자들은 일부 세균이 숙주와 절친한 공생 관계로 발전한 과정을 연구할 수 있었다. 여러 사례를 보면, 미생물은 점진적으로 유기체의 삶 속으로 밀고 들어갔다.[9]

이 연구는 내공생세균의 조상인 부유(free-living) 세균이 숙주와 접촉했을 때 (바퀴벌레가 되었건 조개가 되었건 혹은 수백만 다른 종이 되었건) 숙주를 이용해 성장하거나 심지어 그 안으로 들어가 살 수 있었던 것은 운이었음을 보여 준다. 순전히 우연히 숙주에게 무언가 유익한 것을 제공할 수 있었던 것이다. 아니면 배설물 속에 유익한 아미노산 부스러기가 있었다거나. 그 결과 숙주에게 좋은 점이 있었다면 그 세균은 그 안에서 번식할 기회를 더 얻을 수 있었다. 자연 선택은 숙주에게 혜택을 더 많이 제공하는 세균을 선호했다. 물론 세균에게는 숙주와 함께 가는 것이 이익이었기에 혜택을 제공하는 것이지만. 마찬가지로 숙주도 세균에게 영양을 공급하도록 진화했다. 세균의 서비스를 계속 받기 위해 그들의 은신처가 될 특별한 세포를 만들어 준 것이다.

세균의 숙주 속 입지가 탄탄해지자 바깥 세상에서 살 때 필수였던 유전자들이 쓸모가 없어졌다. 이제 과잉이 된 유전자를 파괴한 돌연변이는 더는 멸종을 걱정할 필요가 없어졌다. 그러면서 세균은 유전적으로 간결해져서 유전체의 규모가 90퍼센트 이상 감소했다. 일부 내공생세균은 숙주에게 서비스하는 한 가지 역할 이외의 능력은 전부 상실하기도 했다.

세균과 동물 숙주 쌍방이 출구 없는 유전적 개미 지옥에 갇힌 것이다. 공생 관계 안에 한번 묶이고 나면 진화적으로도 같은 길을 간다. 어떤 곤충 종이 둘로 갈라지면 이들의 내공생세균도 둘로 갈라진다. 이들의 진화 가계도는 서로에게서 시작되어 수천만 년 동안 동일한 가지를 뻗는 거울상이 되었다.

원핀플래시라이트피시 이야기도 앵무조개나 바퀴벌레 이야기와 상당히 비슷하다. 이 물고기도 세균이 잘살 수 있는 특별한 은신처인 발광기관을 지었다. 원핀플래시라이트피시는 매 세대 조상과 동일한 종의 세균을 동량으로 물려받는다. 이들의 유전체는 발광 유전자가 포함되면서 확장되었다. 하지만 발광 유전자는 다른 종의 것이었다. 발광 기관 세균은 이 물고기 안에서 서식하도록 적응하면서 본래 유전체의 80퍼센트를 잃었다.[10]

하지만 한 가지 중요한 차이가 있다. 암컷 원핀플래시라이트피시는 조심성 있게, 세균을 몸속으로 이주시키지 않는 대신 발광 기관에서 난자로 이전시킨다. 따라서 그들의 후손이 부화하는 난자에는 발광에 필요한 세균이 없다. 발광 기능을 획득하려면 세균에 직접 감염되어야 한다.

성체 원핀플래시라이트피시는 날마다 동굴 속에서 웅크린 채 세균을 떨어 낸다. 발광 세균 칸디다투스 포토데무스 블레파루스는 숙주 몸 밖에서 사는 데 필요한 유전자 대부분을 상실했지만 아직 몇 개는 남아 있다. 그중 일부 유전자가 꼬리를 만들어 다시 바다로 헤엄쳐 나갈 수 있게 해 준다. 이들은 화학 물질을 감지하는 단백질 합성에 필요한 유전자도 보유하고 있어 킁킁거리면서 침투할 만한 치어를 찾아다닌다. 그래도 이 세균을 발광 기관에 들여보내느냐 마느냐는 전적으로 치어의 의사에 달렸다. 이들에게는 엄격한 수용 원칙이 있다. 투핀플래시라이트피시에게 발광 기능을 부여하는 세균도 같은 바다에서 서식하는데, 이 세균은 받아 주지 않는다.

이 유전 패턴은 앵무조개나 바퀴벌레의 엄격한 세균 유전 법칙보다는 느슨하다.[11] 그럼에도 유전의 기본 법칙 몇 가지는 지켜지고 있다. 한 세대에서 다음 세대로 이주할 때 세균과 세균의 유전자가 숙주의 난자 속 유전자와 나란히 손잡고 움직이지는 않는다. 하지만 결과는 같다. 결합한 두 종의 유전체는 수백만 년 동안 그래 왔던 것처럼 계속해서 반다해에서 크림색 빛을 방출한다.

우리 종의 미생물군유전체는 표준적인 유전에서 그것보다 더 떨어져 있다. 우리에게는 한 종의 세균만 입장할 수 있는 특별한 주머니 같은 것이 없다. 앵무조개에게 항생제를 주입한다면 황화수소 세균이 죽을 것이고 결국 앵무조개도 죽을 것이다. 하지만 우리는 어느 한 종의 세균에게 목숨을 걸지 않는다. 그렇기는커녕 사람은 단 한 종의 세균도 다른 사람들과 공유하지 않는다. 우리 몸은 개인 맞춤형 동물원이다.

몇 해 전에 한 과학 학술 대회에 참석했다가 우리 몸의 다양성에 대해 개인적으로 감사한 일이 있었다. 참석자들 사이에 이런저런 대화가 오가던 중인데 생물학자 롭 던(Rob Dunn, 1975년~)이 면봉을 흔들며 내 앞에 섰다. 지금 진행하는 조사에 필요한데, 내 배꼽 표본을 하나 구할 수 있겠는지? 나는 그런 요청이라면 일말의 망설임도 없이 응하는 사람인지라 바로 근처 남자 화장실에 가서 배꼽 속 먼지를 제거한 뒤 면봉을 문질러 플라스틱 알코올 병에 떨궜다.

던 연구진은 배꼽 표본 수백 병을 수집해 DNA 조각을 추출했다. 그 조각 대부분은 당연히 사람의 것이었다. 하지만 일부는 세균의 것이었다. 던의 연구진은 온라인 데이터베이스에서 일치하는 염기 서열을 검색해 그 세균이 무슨 종인지 알아냈다. 내 배꼽에서는 53종의 세균이 발견되었다. 던은 내 배꼽 세균 명세서를 보내면서 이런 메시지를 붙였다. "이상한 나라의 칼 선생님께."[12]

배꼽 하나에 세균 53종이면 그다지 대단한 것이 아님을 밝혀 둔다. 던의 연구진은 그 2배인 사람도 몇 명 발견했으니까. 이 다양성을 큰 그림 안에서 보기 위해 연구진은 60명의 결과를 분석했다. 총 2,368종의 세균이 파악되었다. 모두에게 공통된 세균은 단 한 종도 없었다. 8종이 던의 피검자 중 적어도 70퍼센트에게 있었다. 하지만 세균의 92퍼센트는 피검자 10퍼센트 이하에게서만 발견되었다. 다수의 세균은 단 한 사람에게서만 발견되었다. 내 명세서를 살펴보니 17종이 나에게만 있는 세균이었다. 그중 한 종 마리모나스(*Marimonas*)는 지구에서 가장 깊은 북태평양 마리아나 해구에서만 발견되는 세균이었다. 또 한 종인 게오르게니아(*Georgenia*)는 흙 속에서 사는 세균이다. 일본의 흙 속에.

이것을 알고 일본에 가 본 적이 없다고 던에게 이메일로 알려 줬다.

"아무래도 그 녀석이 선생께 가 본 것 같습니다." 던의 답신이었다.

내 명세서를 보면서 느꼈던 놀라움은 미생물 세계에 대한 심각한 무지에서 비롯된 반응이다. 미생물은 우리의 상상을 초월할 정도로 다양해서 흙 한 숟가락이면 그 속에 수천 종이 있다고 보면 된다. 미생물학자들이 세균에 종명을 붙이기 시작한 것이 1세기는 족히 넘어가지만 지구에 서식하는 이 단세포 생물의 다양성에 근접하려면 멀어도 한참 멀었다. 마리모나스는 심해 미생물의 이름이지만 이들의 가계도에는 완전히 다른 환경에 적응한 많은 종이 포함될 것이다. 사람의 피부도 포함해서.

사람 미생물군유전체의 어마어마한 복잡성 속에서도 유전이 보내는 신호는 들을 수 있다. 이 신호는 어머니가 자녀에게 미생물군유전체를 뿌리는 순간 시작된다. 하지만 그 시작이 언제인지는 아직 분명하지 않다.[13] 과학자들은 오랫동안 태아는 균 없는 양막에서 무균 상태로 시작된다고 믿어 왔지만, 몇몇 연구에서 모체의 세균 가운데 적어도 일부는 태아의 성소로 흘러 들어갈 수 있다는 단서가 나온 바 있다. 하지만 태아가 산도를 타고 내려가는 순간, 오염된다는 근거는 하고많다. 산도 내벽에서 자라는 세균이 아기에게 미생물을 듬뿍 발라 준다. 그 세균 일부는 태아의 피부에서 자라고 일부는 입속으로 들어가 내장까지 간다.

수유도 아기에게 더 많은 세균에 대한 예방 접종이 될 수 있다. 유방에서 자라는 세균은 젖에 섞일 수 있다.[14] 일련의 소규모 연구는 엄마의 젖을 통해 가장 성공적으로 아기에게 가는 세균들이 젖당을 분해하고 젖의 성분을 아기에게 필요한 비타민으로 전환하는 데 특히 유익하다는 것을 시사한다.[15] 여기에는 어머니의 편애가 작용하는데, 아기에게 좋은 세균 종은 촉진하고 그렇지 않은 세균 종은 걸러 낸다. 산모의 젖은 아기가 흡수할 수 있는 영양을 다양하게 함유하는데, 올리고당처럼 소화가 안 되는 당분도 있다. 정확히 말하자면, 사람에게 소화가 안 된다. 그런데 일부 장내 세균은 올리고당에 환장해 젖 먹는 아기의 장 속에서 신나게 증식한다. 이렇듯 어머니는 유전과 같은 방식으로 미생물을 미래 세대에게 보낸다.[16]

미생물이 대대로 우리를 얼마나 따라다녔는지를 알아내기 위해 텍사스 대학교 미생물학자 하워드 오크먼(Howard Ochman)의 연구진이 진화 연대기를 추적해 보았다.[17] 그들은 인간의 미생물 군집을 우리와 가장 가까운 영장류 친척인 고릴라, 침팬지, 보노보의 미생물 군집과 비교했다. (보노보는 약 200만 년 전 침팬지와 공통 조상으로부터 갈라져 나온 영장류이다.) 현재 사람 안에서 살고 있는 많은 계보의 세균이 우리 친척 영장류의 장에는 존재하지 않는다고 밝혀졌다. 이 영장류 친척들에게는 각자 고유의 세균 계보가 형성돼 있었다.

오크먼의 연구진은 숙주와 세균의 진화 계보를 비교하면서 동일한 패턴의 가지끼리 묶었다. 침팬지 미생물 군집이 고릴라 미생물 군집보다 사람 미생물 군집과 더 가까운 경향을 보였다. 침팬지가 우리와 가장 가까운 친척이듯이. 오크먼의 연구는 우리의 조상들이 1500만 년 이상을 미생물 군집과 밀접하게 공진화(共進化)의 발을 맞추어 왔음을 시사한다.

사람족이 다른 영장류와 갈라져 나오면서 새로운 식단에 적응했고 그들의 미생물군도 적응했다. 우리의 조상들은 우리에게만 속하고 다른 어떤 종과도 겹치지 않는 세균 종만 키울 수 있도록 진화했다. 사람 젖 속의 올리고당은 다른 포유류의 젖에 들어 있는 것과 다르다.[18] 아마도 우리 조상들이 다른 종의 장 속에서 자랄 수 있는 세균류는 차단하고 우리 종에게만 봉사하는 세균류를 키우도록 적응한 결과인 것으로 보인다.

사람 부모로부터 자녀에게로 세대가 바뀔 때마다 너무나 충직하게 동행해 와서 그들의 존재 자체가 사람의 대략적인 유전자 가계도 기록이 되는 세균도 있다. 헬리코박테르 필로리(*Helicobacter pylori*, 위나선균)라는 종은 아주 오래전에 사람의 위장 속에서 살도록 적응했다.[19] 위액이 침투하지 못하는 이 세균은 우리가 먹는 음식 속의 포도당을 게걸스럽게 먹어치운다. 이 미생물이 어떻게 한 사람의 위장에서 다른 사람의 위장으로 옮겨 가는지는 밝혀지지 않았지만, 유행병 연구에 따르면 헬리코박테르 필로리 감염은 아주 어렸을 때부터 시작된다고 한다. 이 균이 사람의 치석에서 발견되는 경우는 위장에서 역류해 입속으로 올라온 것이다. 어머니나 다른 가족들의 이 입속 헬리코박테르 필로리 세균이 어린 자녀에게 옮겨져 전염시켰을 가능성이 있다.

어떤 경로로 전파되었든 헬리코박테르 필로리는 대단히 성공한 세균이다. 일부 연구에서는 이 세균이 지구에 사는 인구 절반의 위장 속에서 살고 있을 것으로 추산된다. 항생제가 나오기 전에는 그 수치가 100퍼센트에 가까웠을 것이다. 헬리코박테르 필로리의 보유자 중 소수는 위궤양과 위암을 일으키기도 한다. 하지만 주로 어린이에게 면역계를 키우라는 신호를 보냄으로써 세균의 침입에 과잉 반응해서 오히려 건강을 해치지 않게 주의 깊게 대응할 수 있도록 하는, 우리의 우방이라고 할 수 있다. 과학자들은 이 미생물이 수십억 인구의 위 속에서 자라고 증식하는 과정에서 쌓인 돌연변이를 추적해 이 종의 진화 과정을 보여 주는 계통수를 그렸다.

이 나무의 가지에 기록된 역사는 우리 종의 역사와 놀랍도록 닮았다.[20] 헬리코박테르 필로리는 10만 년 이상 전 아프리카에서 최초로 사람 몸속에 정착했고, 사람은 이들과 함께 전 세계 각지로 이주했다. 자신의 조상이 궁금한 사람은 자신의 유전자를 살펴보면 된다. 하지만 우리가 조상으로부터 물려받은 이 헬리코박테르 필로리에게서도 단서를 얻을 수 있을 것이다.

어린이에게 온갖 미생물을 물려주는 것은 어머니만이 아니며, 심지어 가족만도 아니다. 입에 넣은 친구의 장난감을 통해, 뺨에 묻은 지저분한 것을 닦아 주는 선생님에게서 옮아 올 수 있으며, 그냥 숨 쉬는 공기를 통해서도 옮는다. 하지만 모르는 사람들 사이를 자유롭게 옮겨 다니는 세균조차 우리의 유전자와 밀접하게 엉켜 있다.[21]

얼마나 엉켜 있는지 알고 싶다면, 우리 몸의 미생물 군집을 하나의 유전 형질로 생각해야 한다. 키나 지능 혹은 심근 경색이 발병할 위험성처럼 말이다. 연구도 이렇게 접근해야 한다. 코넬 대학교 미생물학자 줄리아 구드리치(Julia Goodrich)와 동료들이 바로 이 접근법을 적용했다. 그들은 쌍둥이의 미생물 군집을 분석함으로써 유전적 유사성과 보유 세균종에 어떤 관계가 있는지를 살펴보았다.

이들은 쌍둥이 1,126쌍의 분변 표본을 수집해 보유 미생물의 목록을 작성했다. 세균 1,000종 가운데 이란성 쌍둥이보다 일란성 쌍둥이에게 더 강한 연관성을 보이는 세균 20종을 찾아냈다. 다시 말해서 일란성 쌍둥이 1명에게 어떤 세균이 있으면 다른 1명에게도 같은 세균이 있을 가능성이 컸다. 유전력이 더 높은 세균 종이 있다는 것도 밝혀냈는데, 가장 유전력이 높은 세균은 크리스텐세넬라(*Christensenella*)였다. 구드리치와 동료들은 이 세균의 유전력을 약 40퍼센트로 추산했다. 이 점수는 불안처럼 유전력이 높지도 낮지도 않은 형질과 막상막하다.

이 결과는 우리가 부모로부터 물려받는 유전자가 우리 몸에 저장되는 미생물의 종류에 영향을 미친다는 것을 시사한다. 이 가능성을 더 깊이 조사하기 위해 구드리치와 동료들은 다른 접근법을 시도했다. 그들은 사람들의 유전체를 스캔해 유전자 변이와 보유 세균 종이 공통되는 사람들을 탐색했다. 한 유전자 변이를 지닌 사람들에게 유독 많은 한 미생물 종의 개체군이 발견되었다.[22] 비피도박테리아(Bifidobacteria)였다.

그 유전자 변이의 특성을 살펴보면 그 변이가 왜 비피도박테리아를 선호했는지 단서를 찾을 수 있다. 이 변이는 젖당(lactose, 락토스)이라는 당분 분해 단백질을 만드는 유전자를 제어한다. 아기는 이 단백질, 즉 젖당 분해 효소인 락타아제(lactase)를 많이 만들어 엄마 젖 속의 젖당을 분해한다. 대다수 어린이는 단단한 음식을 먹기 시작하면 더는 젖당 분해 효소를 만들지 않는다. 하지만 계속해서 젖당 분해 효소를 만들게 하는 유전자 변이가 있으면 성인이 되어서도 젖당을 소화할 수 있다.

비피도박테리아는 대장에 도달할 때까지 소화되지 않은 젖당을 먹고 산다. 젖당 분해 효소가 생성되는 사람은 비피도박테리아가 적은 경향을 보인다. 하지만 젖당 분해 효소가 차단된 사람의 몸속에는 더 큰 미생물 개체군이 살게 된다.

구드리치의 연구에서 가장 유전력 높은 세균으로 나온 크리스텐세넬라가 유전력이 높은 이유는 분명하지 않다. 이것이 수수께끼로 남은 이유는 이 미생물이 2012년에야 발견되었다는 사실과 관계가 있을지도 모르겠다. 과학자들은 크리스텐세넬라가 다양한 당분을 분해하며, 다른 종의 세균들이 그 부산물을 먹고산다는 것을 밝혀냈다.

크리스텐세넬라가 일종의 문지기로, 우리가 섭취하는 음식의 열량 중 미생물 군집으로 가지 않고 실제로 우리 몸으로 가는 분량을 제어하는 데 도움을 준다는 단서가 있다. 한 가지 단서는, 누가 크리스텐세넬라가 있고 누가 없는지를 보는 것이다. 마른 사람이 과체중인보다 크리스텐세넬라를 더 많이 보유하는 경향이 있다. 또 하나의 단서는 구드리치 연구진의 생쥐 실험에서 나타났다. 연구진은 새끼 생쥐에게 크리스텐세넬라를 감염시킨 뒤 일반 식단으로 성체가 될 때까지 키웠다. 이 세균은 생쥐를 날씬하게 만들었다. 크리스텐세넬라가 없는 생쥐는 몸무게가 15퍼센트 증가했고 체지방이 25퍼센트에 달했다. 크리스텐세넬라가 있는 생쥐는 몸무게가 10퍼센트 증가하고 체지방은 21퍼센트였다.

이 연구 결과는 몸무게 같은 형질이 유전력이 높은 이유를 설명할 때 미생물 군집도 고려해야 할 조건임을 시사한다. 몸무게의 유전력과 연관된 다른 유전자 변이들은 우리의 세포가 지방을 저장하는 방식에 직접적으로 영향을 미치지 않을지도 모른다.[23] 그것보다는 우리가 장 속에 크리스텐세넬라를 키우는 변이를 물려받는지도 모른다. 그다음은 이 세균에 달려 있다.

***

우리 몸으로 들어와 포근하게 살아가는 세균이 한 종 있다. 원핀플래시라이트피시에게 불을 밝혀 주는 미생물보다도 훨씬 더 포근하게. 이 미생물은 사실 우리의 유전자와 합병되어 우리 존재 깊숙이 들어와 있다. 수십 년 동안 과학자들은 이 미생물이 부유 유기체에서 시작되었다고 믿었다. 내가 말하는 것은 미토콘드리아이다.[24] 우리 세포 안에서 연료를 생산하는 그 작은 주머니 말이다.

미토콘드리아가 처음 생물학자들의 주목을 받은 것은 1800년대 말 세포 내부 염색을 위한 화학 물질이 개발되면서였다. 이 염색 얼룩으로 동물의 세포에 미지의 미립자가 가득하다는 사실이 드러났다. 독일 생물학자 리하르트 알트만(Richard Altmann, 1852~1900년)이 이 이상한 물질을 설명하는 데 책 한 권을 통째로 할애했고, 정성 들인 정밀한 삽화도 수록했다. 알트만은 이 미립자가 세균과 너무나 닮았다는 사실에 주목했다. 모양만 닮은 것이 아니었다. 염색 얼룩에 이 미립자가 세균처럼 둘로 분열하는 모습이 나타날 때도 있었다. 이 미립자가 살아 있는 생명이라는 확신으로 알트만에게는 강박증까지 생겼다. 그는 이 미립자를 "기초 유기체(Elementary organisms)"라고 불렀는데, 이 미립자들이 결합해 군체를 형성하고 이 군체를 감싸는 원형질 같은 은신처를 만들면서 세포가 된다고 믿었다.

이것은 다른 생물학자들이 볼 때 기이한 생각에 불과했다. 생물학자들이 이 가설을 철저하게 기각하자 알트만은 괴팍한 외톨이가 되어 갔다. 실험실도 남몰래 뒷문으로 드나들고 누구와도 접촉하지 않으려 드는 알트만을 동료들은 '유령'이라고 불렀다. 1900년에 알트만은 모종의 상황에서 48세로 사망했다.

"상황은 악화 일로로 치달았다." 1953년 생물학자 에드먼드 빈센트 카우드리(Edmund Vincent Cowdry, 1888~1975년)가 미토콘드리아 연구사를 쓰면서 알트만에 대해 이렇게 아리송하게 적었다. "최후는 비극적이었고, 어느 정도는 예상된 일이었다."[25]

카우드리는 알트만이 미토콘드리아를 오해했던 것은 미토콘드리아와 "세균의 유사성이 정말로 놀라울 정도"이기 때문이라고 말했다. 결국 카우드리와 대다수 연구자들은 이 유사성이 피상적인 차원일 뿐이라고 판단했다. 미토콘드리아는 단순히 세포의 한 부분이고, 세포의 유전자에 의해 암호화되어 만들어지는 것뿐이라고.

그 후에 이루어진 연구를 통해 미토콘드리아가 아주 중요한 역할을 수행한다는 사실이 밝혀졌다. 미토콘드리아는 당과 산소를 이용해 세포에 공급할 에너지를 합성한다. 과학자들은 미토콘드리아가 동물에게만 있는 것이 아니라 식물과 진균, 원생 동물에게도 있음을 발견했다. 다시 말해 모든 진핵 생물에게 있다는 것이다. 이 계보를 추적해 구성한 계통수를 통해 미토콘드리아는 약 18억 년 전 진핵 생물의 공통 조상에게서 진화되었음이 밝혀졌다.

1960년대 초에 미토콘드리아에 관한 놀라운 한 가지 사실이 밝혀진다. 미토콘드리아를 구성하는 물질이 단백질만이 아니었다. 과학자들은 이들이 자신만의 DNA를 저장한다는 사실도 밝혀냈다. 다만 수적으로 적었을 뿐이다. 세포핵에 단백질을 암호화하는 유전자가 약 2만 개 있는데, 사람의 미토콘드리아 유전자는 37개뿐이다. 그럼에도 미토콘드리아 DNA가 발견되자 과학자들은 당황했다. 우리의 세포는 많은 기관으로 이루어진다. 예를 들면 단백질을 분해하는 리소좀, 단백질을 세포 곳곳으로 전달하는 소포체가 있다. 하지만 모든 기관 중에 자체의 계보로 이루어진 유전자가 있는 것은 미토콘드리아뿐이다.

매사추세츠 대학교 생물학자 린 마굴리스(Lynn Margulis, 1938~2011년)는 이 발견이 의미하는 바를 이해하기 위한 방법은 하나뿐이라고 주장했다. 알트만과 다른 초기 세포 생물학자들의 가설을 다시 봐야 할 때가 되었다고. 지금까지 발견된 근거는 미토콘드리아가 부유 세균에서 시작되었으며, 최초의 유전자 몇 개를 여전히 보유하고 있음을 시사한다.

마굴리스의 주장이 옳았음이 밝혀진다. 1970년대부터 과학자들은 미토콘드리아 DNA의 염기 서열을 분석하기 시작했다. 그들은 다른 종에서 가장 유사한 유전자를 찾다가 미토콘드리아와 가장 닮은 것은 세균임을 알게 되었다. 심지어 유전적 유사도의 범위를 하나의 계보로까지 좁혔는데, 알파프로테오박테리아(Alphaproteobacteria) 강에 속하는 세균들이었다.[26]

현재까지 나온 근거는 우리의 조상들이 미토콘드리아를 획득하기 전까지는 주변의 분자 부스러기를 주워 먹고사는 미생물이었음을 시사한다. 약 18억 년 전 한 작은 세균 종, 구체적으로는 알파프로테오박테리아 강에 속하는 한 종이 숙주 안에 영구히 정착한다. 과학자들은 현존하는 알파프로테오박테리아 세균 종으로부터 이 합병이 발생한 과정의 힌트를 얻었다.[27] 일부 과학자는 알파프로테오박테리아 세균이 기생충이 되어 더 큰 세포 속으로 들어갔다고 주장한다. 숙주들은 최선을 다해 이 침략자들을 파괴하려 했으나 알파프로테오박테리아가 방어 무기를 진화시켜 살아남았고, 숙주에게 세포 분열이 진행될 때 알파프로테오박테리아가 양쪽 딸세포에 안착했을 것으로 본다.

그런가 하면 처음에는 두 미생물이 나란히 살았다고 주장하는 과학자들도 있다. 나란히 살면서 필수 영양소를 교환해 서로의 생존과 발전을 도왔다는 것이다. 상대방과 가까이 있을수록 안정적으로 선물을 교환할 수 있었고, 마침내 완전히 합병하게 되었다는 것이다.

어느 쪽이 되었건, 미토콘드리아의 획득은 생명의 진화에서 가장 중대한 도약이 된 사건의 하나이다. 이제 세포는 이 신입 하숙자가 만드는 연료를 쓸 수 있게 된다. 세포는 미토콘드리아를 많이 받을수록 더 많은 에너지를 사용할 수 있었다. 이 공생 관계가 급상승하면서 진핵 생물의 세포들은 이전의 다른 어떤 세포보다 크고 복잡한 조직이 되었다. 진핵 생물은 이제 분자 부스러기를 주워 먹을 필요 없이 충분한 연료를 공급받아 세균을 사냥하고 포획할 수 있었다. 그 이후 이 단세포 포식자들이 뭉쳐서 다세포 생물로 진화했다.

새집에 자리 잡은 미토콘드리아는 내공생 세균이 즐겨 가던 같은 경로를 따라 자유롭게 부유하던 시절에 필요로 했던 많은 유전자는 내버렸다. 하지만 본래의 유전 형태는 절대 버리지 않았다. 알트만이 잘못 생각한 부분이 있다면, 미토콘드리아가 독립적인 생명체라고 생각한 대목이었을 것이다. 하지만 미토콘드리아가 분열하는 것을 보고 세균이라고 생각한 것은 옳았다. 미토콘드리아는 세포 안에서 때로 둘로 분열하며, 딸 미토콘드리아는 엄마 미토콘드리아 DNA의 복사본을 물려받는다.

200만 년 전 부유 세균 시절의 조상이 했던 그대로이다.

우리의 세포가 분열할 때에는 그 딸세포들이 모세포 안에 있던 미토콘드리아도 물려받으며, 그들 또한 우리가 살아가는 동안 계속해서 분열한다. 그럼에도 미토콘드리아가 우리 몸을 장악하지 못하는 것은 우리의 세포가 때때로 그들을 파괴해 수를 일정하게 유지하기 때문이다. 우리 몸이 죽으면 우리 안의 미토콘드리아 계보도 끝난다. 미래로 달아날 기회가 주어지는 것은 여성의 난자 속에 사는 미토콘드리아뿐이다. 남성의 미토콘드리아에게는 미래가 없다. 정자가 난자와 수정할 때 이들을 파괴하기 때문이다.

미토콘드리아가 모계로만 유전되는 특성 탓에 이들의 DNA는 유전자 가계도를 그리는 데 강력한 도구가 된다. 과학자들은 미토콘드리아 DNA 계보로 차르 니콜라이 2세의 가족들을 다시 만나게 해 주었다. 또 일부 연구자들이 우리의 미토콘드리아 DNA가 15만 년 전 아프리카의 한 여성에게서 온 것임을 추적해 냄으로써 현존하는 모든 인류의 재결합이 이루어졌다. 하지만 미토콘드리아의 고유한 유전 패턴은 심오한 혼란도 불러일으켰다.[28]

미토콘드리아가 DNA를 복제할 때 실수를 범해 돌연변이가 일어날 수 있다. 이러한 돌연변이가 에너지를 합성하는 조립 라인을 중단시킬 수 있으며, 시력을 상실하거나 청각을 상실하거나 근육을 퇴행시키는 등 파괴적인 유전 질환을 야기할 수도 있다. 유전학자들은 수십 년 동안 이러한 미토콘드리아 유전 질환을 간과했다. 멘델의 법칙에 따르지 않는 것으로 보였기 때문이다. 한 질환이 수 세대 동안 한 집안에서 산발적으로만 나타나는 경우가 있는가 하면, 어떤 집안에서는 돌연변이 보인자 어머니의 모든 자녀에게 같은 질환이 나타나는 경우가 있었다.

1980년대 말에 이르러서야 과학자들은 미토콘드리아 유전 질환의 유전적 기반을 찾기 시작했다.[29] 그 뒤로 수백 종의 질환을 찾아냈는데, 미토콘드리아 유전 질환을 겪는 사람이 총 4,000명에 1명 꼴로 확인되었다. 이상하게도 이 사람들의 친척 중에 같은 미토콘드리아 돌연변이 보인자가 적지 않은데도 그들에게는 같은 질환이 나타나지 않는다.

미토콘드리아가 우리 몸속에 거주하는 세균으로서 자기들만의 유전 규칙을 따르는 존재라는 점을 상기한다면 이 혼란은 해결될 것이다. 한 미토콘드리아가 돌연변이를 일으킬 경우, 그 돌연변이를 보유한 세포는 계속해서 정상적으로 기능할 것이다. 그것 말고도 건강한 세포가 수백 개가 있기 때문이다. 세포가 분열하면 딸세포 하나가 그 미토콘드리아 돌연변이를 물려받는다. 그 돌연변이 미토콘드리아가 분열하면 그때는 세포에 부담이 커진다. 그러다가 이 돌연변이 미토콘드리아 수가 일정치를 넘어서면 그때부터 세포는 고장 나기 시작할 것이다.

돌연변이 미토콘드리아는 세대가 거듭되면서 점점 더 늘어날 수 있다. 돌연변이 미토콘드리아가 적은 여성이 낳은 자녀에게서 돌연변이 역치가 넘어가면서 미토콘드리아 유전 질환이 성숙할 수도 있다. 그럼에도 어떤 자녀는 병에 걸릴 수 있고 어떤 자녀는 그대로 건강하게 살아갈 수 있는데, 이것은 운에 달린 일이다.

미토콘드리아 유전 질환을 더 연구한다면 이들의 유전과 관련된 가장 큰 의문에 답을 구할 수 있을지도 모르겠다. 왜 미토콘드리아는 모계로만 유전되는가? 남성이건 여성이건, 살아 있기 위해서는 미토콘드리아가 필요하다. 정자는 수정하러 갈 때 헤엄칠 힘을 내려면 미토콘드리아가 필요하다. 과학자들은 부모 양쪽이 후손에게 미토콘드리아를 물려주는 몇 종을 발견했다. 먹물버섯이 그 하나이고,[30] 또 제라늄이 있다. 홍합의 경우, 아들은 부모 양쪽으로부터 미토콘드리아를 물려받지만 딸은 어머니로부터만 물려받는다. 하지만 대다수 종의 아버지가 미토콘드리아를 후손에게 물려주지 못한다.

여기에서 우리는 미토콘드리아를 모계로만 제한하는 데 어떤 강력한 이점이 있으리라는 단서를 읽어 낼 수 있다.[31] 미토콘드리아의 유전이 이런 형태로 진화한 이유는 부모 양쪽의 미토콘드리아를 섞는 것이 자녀에게 재앙이 될 수 있기 때문일 가능성이 있다. 2012년 펜실베이니아 대학교의 미토콘드리아 유전 질환 전문가 더글러스 세실 월러스(Douglas Cecil Wallace, 1946년~)와 동료들이 건강한 계보의 생쥐에게서 추출한 미토콘드리아를 다른 유전자 계보의 세포에 주입했다.[32] 그런 뒤 이 혼합 세포를 이용해 생쥐 태아를 만들었다. 이 생쥐들이 성체가 되자 다양한 장애를 겪었는데, 특히 행동 방면에서 많은 문제가 나타났다. 스트레스로 지치고 입맛을 상실했고, 미로 빠져나가기 학습 능력이 형편없었다.

미토콘드리아 유전을 부모 한쪽으로만 제한하는 것이 유기체가 진화 경주에서 앞서가는 데 유리하게 작용했을 수 있다. 미토콘드리아를 난자로만 제한하고 난 후 모체에서 난자를 면밀하게 검사하는 방법이 진화하면서 돌연변이가 너무 많은 난자는 제거했을 것이다.[33] 때때로 우리의 조상을 감염시켰던 세균이 지금은 새 생명이 태어날 수 있을지 그 여부를 가르는 기준이 될 정도로 우리의 유전에서 큰 자리를 차지하기에 이른 것이다.

15장

꽃피는 괴물

"여기 팀한테 린네의 그 원조 꽃이 있어요."

나는 다시 콜드 스프링 하버로 가야 했다. 이번에는 식물이었다. 미국에 이주한 영국인 로버트 마티엔센(Robert Martienssen, 1960년~)이 연구소 앞에서 나를 맞았고, 우리는 오전 시간을 그가 키운 좀개구리밥 모판과 키 큰 실험용 옥수수를 보고 감탄하며 보냈다. 우리는 연구소의 한 온실로 가서 농장 관리자 팀 멀리건(Tim Mulligan)을 만났다. 그는 꽃 한 송이가 피어 있는 검은 플라스틱 화분을 들고 왔다.

멀리건이 화분을 판자에 얹어서 가져왔기에 나는 몸을 수그리고 살펴보았다. 화분에는 꽃식물 하나만 담겨 있는데, 환한 노란 꽃 10여 송이가 피어 있었다. 내 눈에는 축소판 팡파레 트럼펫처럼 보였다. 꽃잎들이 포개져 위가 막힌 기다란 튜브가 생겨나 있었다. 튜브는 끝이 동그랗게 말려, 뿔 달린 오각형 모양이었다.

예쁜 식물이었지만 초원을 걷다가 마주쳤다면 그냥 밟고 지나쳤을 것 같았다. 하지만 마티엔센에게 이것은 세상에서 가장 흥미로운 생명체의 하나, 유전과 유전이 취할 수 있는 형태에 관해 오랜 세월 풀리지 않던 수수께끼의 상징과 같은 존재였다.

내가 찾고 있던 꽃은 혈통이 명확한 식물로, 1742년에 스웨덴의 대학생 망누스 시오베리(Magnus Zioberg)가 발견한 식물의 직계 조상이다.[1] 시오베리는 스톡홀름 근처의 섬에서 등산하다가 나팔 모양 꽃식물을 발견했는데, (꽃 모양을 제외하면) 친숙했던 식물인 좁은잎해란초처럼 보였다. 보통 좁은잎해란초는 거울 같은 좌우 대칭으로 꽃이 핀다. 작은 노란 꽃잎이 좌우로 마주 보는 작은 꽃송이에, 꽃받침에서는 땅 쪽을 향해 가시가 난다. 그런데 시오베리가 발견한 식물의 꽃은 원형 대칭이었다.

시오베리는 이 식물을 땅에서 뽑아 책갈피에 끼운 뒤 웁살라 대학교로 돌아와 지도 교수 올로프 셀시우스(Olof Celsius, 1670~1756년)에게 보여주었다. 셀시우스는 놀라 까무러칠 뻔했다. 그는 곧장 동료이자 자연사에서 가장 중요한 인물인 린네에게 그 꽃을 가져갔다.

린네는 당시에 식물과 동물 분류법을 고안하고 있었다. 오늘날 우리가 사용하는 그 분류법이다. 린네는 식물 분류에서는 꽃 모양을 중시했다. 그는 시오베리가 발견한 식물을 보면서 셀시우스가 장난친다고 생각했다. 좁은잎해란초 꽃에다가 다른 꽃잎을 붙여서 자기를 놀리려는 것이라고. 셀시우스는 아니라고, 진짜라고 했다.

시오베리가 발견한 것은 괴물이다. 린네는 이렇게 결론 내렸다. 하지만 그런 괴물 꽃이라면 마땅히 불임성이어야 하는데 린네가 살펴보니 시오베리의 표본은 생육할 수 있는 씨앗을 맺기 위해 필요한 구조가 자란 임성화(稔性花, fertile)였다. 이 꽃의 구조를 자세히 보면 볼수록 더 놀랄 수밖에 없었다. 린네로서는 여태 그런 것을 한 번도 본 적이 없었다. 아니, 어떤 식물학자라도 본 적 없었을 것이다. 그는 시오베리에게 그 섬으로 다시 가서 살아 있는 상태로 몇 그루 더 가져와 달라고 부탁했다.

시오베리는 부탁대로 뿌리와 줄기가 다치지 않게 조심해서 살아 있는 상태로 한 그루를 웁살라로 가져왔다. 그리고 대학 식물원에 심었지만 시들시들하더니 죽고 말았다. 린네는 그것이 살아 있는 짧은 시간 동안 최대한 상세하게 관찰하고 기록했다. 그는 이 식물에 대한 장편의 보고서를 작성했다. 수미일관 놀라움을 금치 못하는 감정이 뿜어져 나오는 보고서였다.

"암소가 늑대 머리 송아지를 낳았대도 이것보다 더 놀랍지 않을 것이다." 린네는 자신의 심정을 이렇게 전했다. 그는 이 나팔 모양 꽃식물이 별개로 하나의 종이라고 판단하고 펠로리아(*Peloria*)라는 이름을 붙였다. 그리스 어로 '괴물'을 뜻하는 어휘이다.

린네가 "놀라운 자연의 피조물"이라고 부른 이 식물의 존재가 이치에 닿으려면 보통 좁은잎해란초의 후손이어야 했다. 그는 어떤 다른 종의 꽃가루가 어쩌다가 좁은잎해란초에 붙어서 수정되었고, 어떤 식으로든 거기에서 새로운 형태로 비약했을 것으로 추측했다. 멘델과 다윈의 연구가 나오기 1세기 전인 1740년대에 그런 말은 이단 선언이나 다름없었다. 종이란 신이 창조하신 그대로 불변하는 것이어야 했다. 유전이 난데없이 그 과정을 수정해 새로운 종을 만들어 내는 것은 있을 수 없는 일이었다.

"당신의 그 펠로리아 때문에 모두가 당황하고 있소." 한 주교가 린네에게 성난 편지를 보냈다. "최소한 조심이라도 할 줄 아는 사람이라면 이 종이 천지 창조 이후에 생겨났다는 위험한 문장 같은 것은 쓰지 않았을 거요."

그 후 린네는 다른 표본을 관찰하면서 그 식물이 정말로 무엇인지 확신을 잃었다. 같은 펠로리아에서 나팔 모양의 괴물 꽃과 보통의 거울 대칭 꽃이 섞여서 필 때가 있었다. 이런 식물을 별개의 종으로 봐야 할지 아니면 식물의 유전 법칙을 거스르는 기이한 변종으로 봐야 할지 알 수가 없었다.

펠로리아는 후대의 식물학자들에게도 호기심의 대상이었다. 이들은 유럽의 많은 식물원에서 재배되면서 계속해서 나팔 모양 꽃을 후손에게 물려주었다. 시만큼이나 꽃에도 관심이 컸던 요한 볼프강 폰 괴테(Johann Wolfgang von Goethe, 1749~1832년)는 펠로리아와 좁은잎해란초를 나란히 놓고 소묘로 그린 바 있다. 더 프리스는 한동안 자신이 펠로리아의 돌연변이 가설을 입증하는 근거를 발견했다고 생각했다. 그는 이 괴물 꽃이 보통 좁은잎해란초의 돌연변이를 통해 단번에 새 종으로 비약했음이 분명하다고 믿었다.

펠로리아는 그런 안이한 설명에 자기를 맡길 만큼 호락호락하지 않았다. 한 번의 돌연변이로 나팔 모양 꽃을 만들어 낸 것이 맞는다면 좁은잎해란초의 DNA를 고쳐 썼을 것이다. 하지만 그 최초 펠로리아의 후손들은 어떤 때는 보통 거울 대칭 꽃을 피우고 어떤 때는 나팔 모양 괴물 꽃을 피웠다. 멘델이 알아보았을 뚜렷한 유전 패턴 같은 것은 나타나지 않았다.

1990년대 말, 영국의 과학자들이 펠로리아에 흥미를 느끼고 분자생물학의 방법을 적용해 보기로 한다. 영국 존 이네스 센터(John Innes Centre)의 엔리코 코언(Enrico Coen, 1957년~)과 동료들이 개화에 관여하는 유전자 L-CYC를 분석했다.[2] 보통 좁은잎해란초가 꽃을 피우기 위해서는 줄기 끝에 있는 L-CYC 유전자가 활성화돼야 한다. 코언은 펠로리아의 L-CYC가 잠잠하다는 것을 발견했다.

이 차이는 펠로리아의 L-CYC 유전자를 바꿔 놓은 돌연변이에서 비롯된 것이 아니었다. 코언과 동료들은 좁은잎해란초와 펠로리아의 L-CYC유전자가 동일하다는 것을 알아냈다. 이 둘의 차이는 DNA **안**이 아니라 그 **주변**에서 나왔다.

코언은 펠로리아와 보통 좁은잎해란초의 L-CYC 유전자 주변에서 다른 메틸화 패턴을 발견했다. 펠로리아의 L-CYC 유전자는 묵중한 메틸 그룹으로 코팅되어 있어 꽃의 유전자를 판독하는 분자가 활동하지 못했다. 코언과 동료들은 새 펠로리아가 수정될 때 이따금 보통 좁은잎해란초와 더 닮은 꽃을 피우는 것을 관찰했다. 이 역행이 나타난 펠로리아의 L-CYC 유전자를 검사해 보니 메틸 그룹 일부를 상실해 유전자 판독 분자가 다시 활성화되고 있었다.

펠로리아의 유전은 두 경로로 이루어지는 것으로 보였다. 후손에게 전달된 유전자 복사본이 좁은잎해란초 형태의 발달을 인도한다. 하지만 유전자에 암호화되지 않는 메틸화 패턴이 유전되는 경우도 있었다. 1742년에 시오베리가 우연히 이 식물을 발견하기 전 어느 시점에 좁은잎해란초의 L-CYC 유전자에 우연히 메틸 그룹이 추가되었을 것이다. 이 메틸화가 유전자를 비활성화함으로써 새로 피는 꽃이 새로운 형태로 발달한 것이다. 이 변화된 꽃에서 씨가 열렸을 것이고 이 씨가 같은 후성 유전 표지자를 물려받았을 것이다. 이 씨가 땅에 떨어져 싹이 트고, 같은 예쁜 괴물 꽃이 피었을 것이다. 그 뒤로 몇백 년 동안 가끔 이 후성 유전 표지자를 잃어버린 후손이 다시 보통 좁은잎해란초 같은 꽃을 피웠을 것이다. 하지만 다른 펠로리아에게는 계속해서 이 식물판 늑대 머리가 유전되었다.

내가 마티엔센을 방문했을 때 그는 펠로리아 실험을 하려는 참이었다. 이 식물에게 어떻게 계속해서 그렇게 많은 세대에 걸쳐서 그 괴물 꽃 표지자가 유전되었는지는 아무도 모른다. 마티엔센이 이것을 알아낼 방법을 찾아냈는데, 하마터면 실험도 못 하고 끝날 뻔했다. 마티엔센은 코언에게 펠로리아를 어디에서 구할 수 있는지 물었다. 이 식물은 이제 없어졌다는 대답이 돌아왔다. 코언이 아는 한 이 세상 어디에도 펠로리아를 키우는 사람이 없다는 것이었다.

"왕립 식물원이 잃었고, 옥스퍼드 식물원도 잃었습니다. 거기선 200년이나 살았는데 말입니다." 마티엔센이 내게 말했다.

몇 개월을 탐색한 끝에 코언은 마침내 이 역사적으로 중대한 식물의 은닉처를 찾아냈다. 식물원이나 과학 연구소가 아니었다. 캘리포니아에 펠로리아 구매 주문을 받는 묘목장이 있었다. 마티엔센이 이 묘목장에 대량 주문을 넣었고, 콜드 스프링 하버에 도착하자 앞으로는 자급자족할 수 있도록 멀리건과 함께 묘목장을 짓기 시작했다.

"대가 끊기지 않게 하려고 최선을 다하고 있습니다." 멀리건이 말했다.

*
**

처음으로 유전을 과학이 풀어야 할 문제로 가져온 이들은 1800년대 말 다윈과 골턴이었다. 더 프리스, 베이트슨 같은 과학자들은 유전자에서 답을 찾았다고 믿었다. 그들은 오늘날 살아 있는 생명체가 자신의 생물학적 과거와 어떤 식으로 연관되는지 알아냈다. 그러나 이 과정에서 그들은 유전자를 유력한 유전 수단으로 볼 근거를 찾는 동시에 대안이 될 만한 여타 수단을 논박했다.

바이스만은 생식 계열이 체세포와는 분리되어 유전을 수행한다는 가설을 제시할 때 논파할 상대로 라마르크를 지목했다. 생쥐 꼬리를 자르는 실험은 획득 형질이 유전될 수 있다는 라마르크의 주장을 논박하는 그의 방법이었다. "획득 형질이 유전되지 못할 경우, 라마르크의 가설은 완전히 허물어지며, 우리는 라마르크 혼자 종의 진화를 설명해 주는 법칙이라고 주장하는 바를 완전하게 폐기하지 않으면 안 된다."[3] 1889년에 바이스만은 이렇게 말했다.

바이스만은 과학의 길을 하나 닦았고, 1900년대 초에 유전학자들이 그 길을 따랐다. 그들은 바이스만이 그랬듯이 라마르크와 이 시대의 소위 라마르크주의자들을 무너뜨릴 적수를 자처했다. 1925년에 모건은 유전 연구가, "내 생각으로는, 빈약하고 모호한 라마르크의 주장에 대한 설득력 있는 반증을 마련해 줄 것"이라고 말했다.[4] 모든 근거를 보면서도 저 빈약하고 모호한 주장을 버리지 못한 라마르크주의자는 그저 과학과 희망적 사고를 혼동하는 것이라는 생각이었다. "획득 형질이 유전된다는 근거가 될 만한 새로운 이야기가 나올 때마다 귀를 쫑긋거리는 습성도 우리의 육체가 획득하고 정신이 쌓은 결실을 후손에게 전달하고자 하는 일종의 인간적 갈망에서 비롯되었으리라." 모건은 이렇게 콧방귀 뀌었다.

라마르크는 유전에 대한 비과학적 사고의 상징적 존재라는 지위를 지켜 왔다. 이것은 라마르크에게나 역사에나 공정하지 못한 역할이다.[5] 획득 형질 유전은 라마르크가 태어나기 전부터 수천 년 동안 널리 받아들여진 생각이었다. 중세에서 계몽주의 시대에 이르기까지 유럽 학자들은 이것을 사실로 취급했다. 라마르크가 획득 형질 유전으로 진화 가설을 세울 때에는 이것이 옳다고 주장할 필요조차 느끼지 않았다. 이미 오래전에 사실로 정립되었으니까. 라마르크는 "부모가 살면서 형성하고 획득한 모든 것을 새로 태어난 개체가 물려받는 자연의 법칙은 너무나 옳고 너무나 강력하며 너무나 많은 사실로 증명되었다. 이것이 사실임을 수긍하지 못하는 사람은 한 번도 본 적 없다."라고 말하기도 했다.[6]

이 생각에 누구의 이름을 붙여야 하든, 20세기를 지나면서 이 생각은 계속해서 신임을 잃었다. DNA 구조의 발견, 수많은 실험이 기록한 미세한 단위의 유전 요소 등으로 유전학이 생명을 설명하면 할수록, 다른 형태의 유전을 뒷받침하는 사례들, 말하자면 별난 개구리나 장신 밀처럼 획득된 형질을 후손에게 물려주는 것으로 보이던 근거들은 허약해졌다. 하지만 유전의 형태는 단일한 것이 아니라 여러 경로로 이루어질 수 있다는 가설을 살리기 위해 노력한 과학자들도 있었다. 그들은 유전

을 유전학으로 재정의한다면 다른 경로는 가능성조차 거들떠보지도 않게 될 것이라고 주장했다.[7]

***

20세기 말에 이르면서 획득 형질 유전이 아닐 리가 없어 보이는 몇 가지 사례가 나타났다.[8]

1984년에 스웨덴의 영양학자 라르스 올로브 뷔그렌(Lars Olov Bygren)은 자신이 성장기를 보낸 스웨덴의 소도시 외베르칼릭스(Överkalix) 시 주민을 상대로 연구를 시작했다.[9] 뷔그렌 집안사람들은 여러 세기에 걸쳐 칼릭스 강가에서 연어를 잡고 가축을 치고 보리와 호밀 농사를 지으면서 근근이 살아왔다. 몇 년에 한 번은 흉작이 들어 변변한 양식 없이 반년이나 되는 긴 겨울을 나야 했고, 또 날씨가 좋은 해에는 대풍작이 되고는 했다.

뷔그렌은 이런 급격한 생활상의 변화가 외베르칼릭스 주민들에게 장기적으로 어떤 영향을 미쳤을지 궁금했다. 그는 남성 주민 94명을 피검자로 구성했다. 교회 기록을 참고하면서 피검자들의 계보도를 그려 보니 피검자의 건강 상태와 그 조부의 경험 사이에 어떤 상관 관계가 나타났다. 사춘기 직전에 풍년을 누렸던 친조부를 둔 사람들이 같은 시기에 기근을 견뎠던 조부를 둔 사람들보다 몇 년 일찍 사망했다. 뷔그렌의 후속 연구에서는 여성도 친조모의 경험이 여러 세대에 영향을 미치는 것으로 나타났다. 어떤 여성의 친조모가 흉년이나 흉년 직후에 태어났다면, 이 여성은 심장 질환으로 사망할 위험이 크게 증가했다. 임신했을 때 여성의 건강이 태아에게 영향을 미친다는 것은 익히 알려져 있었지만, 뷔그렌의 연구는 그 영향이 훨씬 더 길어서 손녀 또는 손자 혹은 그다음 세대까지 갈 수 있음을 시사했다.

동물 실험에서도 비슷한 결과가 나왔다. 2000년대 초 워싱턴 주립 대학교 생물학자 마이클 스키너(Michael Skinner, 1956년~)와 동료들은 빈클로졸린(Vinclozolin)이라는 살균제의 화학 성분을 조사하다가 우연히 한 사례를 발견했다.[10] 과일과 채소 농가가 곰팡이로 인한 작물 피해를 막기 위해 이 살균제를 사용하는데, 이것의 성분이 성 호르몬의 작용을 교란한다는 증거가 있었다.

스키너 연구진이 빈클로졸린을 임신한 쥐에게 주입했더니 새끼들에게서 정자 기형을 비롯한 여러 성적 이상 증상이 나타났다. 스키너의 박사 후 연구원 1명이 실수로 이 새끼 쥐들을 사육해 새 세대 쥐가 태어났다. 이 실수로 스키너는 예상하지 못한 것을 발견할 수 있었다. 살균제 중독 쥐의 손자들이 빈클로졸린에 직접 노출된 적이 없는데도 정자 기형을 보인 것이다.

스키너의 연구진은 이 효과가 몇 세대에 걸쳐 미치는지 보기 위한 새 연구에 착수했다. 그들은 암컷 쥐들을 빈클로졸린에 노출시킨 뒤 몇 세대에 걸쳐 후손을 번식시켰다. 4세대가 지난 뒤에도 수컷들은 계속해서 손상된 정자를 생산했다. DEET(디에틸톨루아미드(diethyltoluamide), 벌레 퇴치제로 사용된 물질. ― 옮긴이)나 제트 연료 같은 화학 물질에 노출되는 것도 여러 세대에 걸쳐 쥐에게 변형을 가져올 수 있다.

스키너의 연구 이후로 많은 과학자가 후대에 유전될 수 있는 다른 변화를 탐색했다. 에머리 대학교의 박사 후 연구원 브라이언 디어스(Brian Dias)는 생쥐가 기억도 유전할 수 있는지 보기 위한 실험을 수행했다.[11]

디어스는 상자 속의 어린 수컷에게 매일 주기적으로 아세토페논(acetophenone, 식품이나 향수의 향료로 사용하는 유기 화합물. ― 옮긴이)이라는 액체 화학 물질을 분사했다. 이 물질에서 아몬드 향이 난다고 하는 사람도 있고 체리 향이 난다고 하는 사람도 있다. 생쥐가 아세토페논을 흡입하는 10초 동안 디어스는 생쥐 발에 약한 전기 충격을 주었다.

1일 5회씩 3일간 훈련으로 생쥐에게는 아몬드 향과 전기 충격의 연상 관계가 형성되었다. 디어스가 아세토페논을 분사하면 훈련된 생쥐는 트랙에서 꼼짝하지 않고 몸이 굳는 경향을 보였다. 또 아세토페논을 분사했을 때 생쥐가 큰 소음에 더 깜짝 놀라는 경향을 보인다는 것도 확인되었다. 다른 실험에서 디어스는 상자 속 생쥐에게 전기 충격 없이 프로판올(Propanol)이라는 알코올 향 액체만 분사했다. 이 생쥐들은 이 냄새에 대한 두려움 반응이 학습되지 않았다.

훈련이 끝난 지 10일 뒤, 에머리의 동물 자원과 연구원들이 디어스의 실험실을 찾아와 훈련된 생쥐의 정액을 채취해 갔다. 그들은 이 정액을 생쥐 난자에게 주입한 뒤, 그것을 다시 암컷에게 주입했다. 여기에서 태어난 새끼들이 성체가 되었을 때 디어스가 행동 검사를 실시했다. 이 세대 생쥐들도 아버지 생쥐와 마찬가지로 아세토페논에 반응했다. 그들은 연상 훈련을 받지 않았지만 이 냄새만 맡고도 큰 소음에 더 깜짝 놀라는 반응을 보였다. 디어스는 이 세대 생쥐들에게 짝짓기를 시켰다. 1세대 겁먹은 수컷의 손자들도 아세토페논에 반응하는 것으로 나타났다.

디어스는 그 연상 관계가 물리적 흔적을 남겼는지 보기 위해 이 생쥐들의 신경계를 검사했다. 아세토페논 냄새를 맡은 생쥐의 신경계에서는 구체적으로 한 가지 경로로 신호가 전달되었다. 신경 전달 분자는 생쥐의 코에서 단 한 유형의 신경 종말에만 붙는다. 그러면 여기에서 생쥐의 뇌 앞쪽의 한 작은 신경 세포 구역으로 자극이 전달된다. 이전의 여러 연구는 생쥐가 두려움-아세토페논이라는 연상 관계를 학습할 때 이 구역이 확대된다는 것을 보여 주었다.

훈련된 생쥐의 뇌 조직에서 확대된 그 구역이 후손 생쥐들의 뇌에서도 동일하게 확대되었다. 하지만 겁먹은 아버지와 자녀 세대, 손자 세대의 유일한 연결 고리는 정자뿐이었다. 어떤 방법을 통해서였건 이들의 정자 세포가 유전자 이상의 것을 후손들에게 전달한 것이다. 그리고 어떤 방법을 통해서였건 유전자 속에 새겨져 있지 않았으나 경험을 통해 획득한 정보를 후손들에게 전달한 것이다.

디어스의 연구로 행동이 습득된 뒤 유전될 수 있다는 가능성이 제기되었다.[12] 다른 과학자들도 생쥐 실험으로 비슷한 결론을 얻었다. 생쥐가 어릴 때 스트레스 상황을 경험하면 성체가 되었을 때 스트레스에 대응하는 방식이 바뀔 수 있다는 결론이었다. 가령 어린 생쥐를 엄마에게서 몇 시간 연속으로 떼어 놓으면 우울증을 겪는 사람과 아주 흡사한 행동을 보인다. 그들을 물속에 넣으면 바로 헤엄치기를 포기하고 그냥 무력하게 떠 있다. 수컷 생쥐의 이 무력함은 자식 세대에게, 그리고 손자 세대에게까지 유전될 수 있다.

암컷만이 아니라 수컷도 미래 세대에 영향을 미칠 수 있다는 사실이 특히 흥미로운데, 암컷과 달리 수컷은 태아 발생에 직접적으로 관련이 없기 때문이다. 실제로 체외 수정만으로도 수컷의 행동 형질이 유전될 수 있는 것으로 보인다.[13] 이런 실험들이 유효하다면, 정자 안에 (그리고 추정컨대 난자 안에도) 미지의 표지자를 후대에 전달하는 무언가가 있어야 할 것이다.

***

이 범상치 않은 방식의 유전을 설명하기 위해, 유전자를 감싸 유전 정보를 제어하는 분자 조합, 즉 후성 유전체(epigenome)를 생각한 과학자들이 있었다. 1900년대 말에 이르면 후성 유전체가 난자가 발달 과정을 거쳐 성체가 되는 과정에 필수 요소라는 점이 명확해졌다. 우리 몸의 세포는 DNA를 휘감으면서 메틸 그룹을 조절한다. 세포가 근육, 피부, 그 밖의 신체 부위로 발달할 때는 각기 다른 유전자 조합이 활성화된다. 이 패턴은 놀라운 내구성을 보이며 세포 분열이 거듭되는 동안에도 유지된다. 이 패턴의 내구성 덕분에 작은 심장이 도중에 신장으로 바뀌지 않고 큰 심장으로 성장할 수 있다.

하지만 후성 유전체는 그저 태아의 발달 과정에서 유전자 조합을 켜고 끄는 역할만 수행하는 유연성 없는 프로그램이 아니라, 외부 세계에도 민감하게 반응한다. 예를 들면 하루를 보내는 동안 후성 유전체가 우리 몸이 졸음이 오고 깨어나고, 체온이 오르고 내리고, 신진 대사의 불꽃이 타오르고 잠잠해지는 등 생체 주기를 규칙적으로 유지하도록 돕는다. 우리의 몸은 지구가 자전하는 24시간 주기를 따르는데, 눈에 햇빛이 들어오는 정도에 따라 규칙적인 변화가 일어난다. 낮 동안에는 깨어 있는 생활에 중요한 단백질을 합성하는 유전자가 활성화된다. 어둠이 내리면서 점점 많은 단백질이 유전자 둘레에 붙어 DNA를 휘감으면서 메틸화 변형이 일어난다. 이 유전자들은 밤새 내내 비활성화되어 아침의 분자 부대가 다시 깨울 때까지 무기력한 채로 있다.[14]

후성 유전체는 해가 뜨고 지는 주기적인 신호만이 아니라 예측할 수 없는 신호에도 반응해 유전자의 작용을 변경할 수 있다. 우리 몸에서 감염이 발생하면 면역 세포가 병원균과 충돌하면서 전투 태세에 돌입한다.[15] 면역 세포는 강력한 화학 물질을 분출하거나 감염 부위의 혈관에 신호를 보내 염증으로 부어오르게 할 수 있다. 이런 변화가 일어날 때 세포는 단백질을 합성하는 유전자는 활성화하면서 다른 유전자는 비활성화하는 등 DNA를 재정비한다. 면역 세포가 증식할 때는 이 전투 태세의 후성 유전체를 일종의 세포 기억 형태로 후손 세포에게 전달한다.[16]

우리 뇌에 저장되는 기억이 보존될 수 있는 것도 어느 정도는 후성 유전체에 일어나는 변화의 작용일 수 있다.[17] 1900년대 중반부터 신경 과학자들은 신경 세포들의 연결망이 새로운 기억의 형태로 각인된다는 것을 발견했다. 이 연결망 중에는 가지치기가 되는 것도 있고 강화되는 것도 있으며, 이 패턴은 몇 년 동안 유지될 수 있다. 그 후 과학자들은 새 기억이 형성될 때 일부 후성 유전체의 변화가 수반된다는 것을 발견했다. 예를 들면 신경 세포의 DNA를 감싼 코일이 재배열되면서 새로운 메틸화 패턴이 만들어진다. 이러한 내구성 있는 변화는 장기 기억을 저장한 신경 세포가 이 연결망을 공고하게 하기 위해 필요한 단백질을 계속해서 만들어 내도록 할 것이다.

식물에게는 뇌가 없지만 그들 고유의 기억 메커니즘이 있다. 기억이 전염병, 위험한 농도의 염분, 가뭄 등에 반응할 수 있게 한다. 이런 시련이 식물에게 다음에는 더 잘 대응하도록 준비시키는 기폭제로 작용할 수 있다. 식물이 가뭄 피해를 입고 나면 한바탕 소나기를 맞아도 물의 결핍을 기억할 것이다. 한 주가 지나도 이 식물은 그런 시련에 생명의 위협을 느껴 본 적 없는 식물보다 가뭄에 더 강인하게 버틸 것이다.[18] 과학자들은 이런 지속력 있는 반응을 공고하게 만들기 위해서는 식물의 후성 유전체가 반드시 장기적 변화를 겪어야 한다는 사실을 알아냈다.

후성 유전체의 유연성은 순정 완성품이 아니다. 일부 연구는 스트레스를 비롯한 부정적 영향이 세포에 후성적 패턴을 만들어 장기적으로 손상을 남길 수 있음을 시사한다. 이 연관 관계를 입증하는 가장 강력한 근거는 맥길 대학교 마이클 미니(Michael Meaney, 1951년~)의 연구에서 나왔다.[19] 1990년대에 미니의 연구진이 쥐가 스트레스를 경험할 때 어떻게 반응하는지 보기 위한 실험을 시작했다. 쥐를 작은 플라스틱 상자에 넣으면 불안해하면서 호르몬이 분비되어 맥박이 상승했다. 쥐에 따라서 더 민감하게 반응하는 경우와 덜한 경우가 있었다. 이 차이가 어디에서 오는지 조사해 보니, 새끼 때 어미가 덜 핥아 준 쥐들이 스트레스 호르몬을 더 많이 분비하는 것으로 나타났다.

미니는 맥길 대학교의 유전학자 모셰 스지프(Moshe Szyf, 1955년~)와의 협업 연구로 동물을 그 어미가 더 핥아 주었을 때, 혹은 덜 핥아 주었을 때 신체적 차이가 나타나는지를 살펴보는 실험을 수행했다. 포유류는 평생에 걸쳐 새로운 신경 세포를 만들어 가면서 기억을 형성하는 부위인 해마의 도움을 받아 스트레스 반응을 제어한다. 스트레스 호르몬이 이 부위의 신경 세포에 부착되면 세포가 단백질을 뽑아 올린다. 이 단백질들은 뇌를 떠나 아드레날린 샘으로 향하고, 여기에서 스트레스 호르몬 분비에 제동을 건다.

미니와 스지프는 해마의 신경 세포를 살펴보면서 이 부위의 메틸화 구조를 집중적으로 관찰했다. 어미가 많이 핥아 준 쥐는 스트레스 호르몬 수용체 유전자 부위의 메틸화가 상대적으로 작았다. 어미가 조금밖에 핥아 주지 않은 쥐의 메틸화 구조는 훨씬 컸다. 미니와 스지프는 어미가 핥아 줄 때 새끼의 해마 신경 구조에 변화가 생긴다는 가설을 세웠다. 즉 이 부위 스트레스 호르몬 수용체 둘레의 메틸화 방패 일부가 떨어져 나간다고 생각한 것이다. 메틸화로부터 자유로워진 유전자가 더욱 활성화되고 신경 세포는 더 많은 수용체를 만들어 낸다. 어미가 많이 핥아 준 새끼의 이 부위 신경 세포가 스트레스에 더 민감하게 반응해 더 효과적으로 억제할 수 있다. 어미가 많이 핥아 주지 않은 쥐는 수용체가 적게 만들어지고, 결국 스트레스에 지쳐 버린다.

쥐와 사람 모두 포유류임을 고려할 때, 사람의 어린이도 성장기에 겪는 스트레스의 수위에 따라 장기적 변화를 겪을 가능성이 있다. 미니와 그의 동료들은 규모는 작으나 도발적인 연구를 수행했다. 그들은 사람의 뇌 조직을 검사하기로 했는데, 자연사한 시신 12구, 자살한 시신 12구, 어릴 때 학대받은 경험이 있으면서 자살한 시신 12구를 선택했다. 미니의 연구진은 아동 학대 경험이 있는 사람들의 뇌에서 수용체 유전자 둘레에 메틸화 그룹이 상대적으로 더 큰 것을 발견했다. 어미가 덜 핥아 준 쥐의 사례와 같은 결과였다. 스트레스 호르몬 수용체를 적게 만들었던 쥐들과 마찬가지로, 아동 학대 희생자들의 신경 세포에도 수용체가 적었다. 아동 학대가 후성 유전체에 변화를 가져왔고, 정서적으로 약한 성인으로 성장해 자살 성향에 가속도가 붙었을 것으로 추측할 수 있을 것이다.

미니와 스지프의 연구로 많은 과학자가 후성 유전이 어떻게 환경을 만성 질환과 연결하는지를 연구했다. 하지만 트라우마나 빈곤 같은 환경이 작용하지 않더라도 우리가 살아가면서 후성 유전체는 변화를 겪는다. 유전학자 스티브 호바스(Steve Horvath, 1967년~)는 우리의 후성 유전체의 변화가 똑딱거리는 생체 시계처럼 규칙적이고 안정적인 속도로 일어난다는 가설을 제시했다.

2011년에 호바스는 침을 연구하다가 후성 유전 시계라는 개념을 떠올렸다.[20] 호바스의 연구진은 68명의 타액에서 구강 내벽에서 떨어져 나간 세포를 추출했다. 원래는 이성애자와 동성애자의 메틸화 구조에 차이가 있는지 알아보기 위한 실험이었지만, 뚜렷한 패턴이 나타나지 않았다. 어떻게든 연구를 살려 보기 위해 그는 피검자들을 연령대에 따라 비교해 보기로 했다.

호바스의 연구진은 DNA 두 지점에서 같은 연령대 사람들에게 동일한 메틸화 패턴이 나타난다는 사실을 발견했다. 다른 종류의 세포를 검사해 보니 DNA의 다른 지점에서는 연령대가 높아질수록 메틸화 구조 변화가 더 확실하게 두드러지는 것이 확인되었다. 2012년에 이르러 9개 유형의 세포 16개 DNA 지점의 메틸화 구조를 분석할 수 있었다. 호바스는 이 패턴을 이용해 사람의 나이를 96퍼센트의 정확성으로 예측할 수 있었다.

호바스는 이 연구 결과를 논문으로 기술한 뒤 투고했지만 두 학술지가 거절했다. 거절 이유는 실험 결과가 너무 빈약해서가 아니라 너무 좋았기 때문이다.[21] 세 번째로 거절됐을 때 호바스는 맥주 세 병을 한숨에 들이킨 뒤 편집자에게 심사 의견을 반박하는 편지를 썼다. 반론은 통했고, 논문은 2013년 10월호《지놈 바이올로지(*Genome Biology*)》에 게재되었다. 네덜란드의 한 연구진이 이 논문을 읽고 네덜란드 군인들에게서 수집한 혈액 표본으로 후성 유전 시계를 테스트했다. 그들은 몇 달 안에 군인들의 나이를 정확하게 추측할 수 있었다.

이런 연구가 도발적이기는 하지만 후성 유전 시계가 얼마나 유의미한지는 분명하지 않다. 부정적 경험이 뇌와 몸에 어떻게 후성 유전적 변화를 유발하는지 알아내기 위한 연구도 불확실하기는 매한가지이다. 이러한 연구들은 작은 규모로 이루어지는 편이며, 다른 연구진이 반복 실험을 수행하면 같은 결과를 얻지 못하는 경우가 다반사이다. 후성 유전적 변화를 연구하는 방식에 따라서 존재하지 않는 변화가 보이는 것처럼 착각을 일으킬 가능성도 배제할 수 없다. 예를 들면 후성 유전 시계는 세포에서 후성 유전적 표지자가 변화해서 만들어지는 것이 아니다. 아마도 세포 유형 중에서 나이가 들수록 많아지는 것이 있는데, 이런 세포를 어린 사람에게 더 많은 세포와 구분되는 후성 유전적 표지자로 볼 수는 있을 것이다.

과학자들은 후성 유전 연구를 멈추지 않고 있다. 다만 불확실성이 높아서 위험 부담이 크다. 그들은 후성 유전체 암호를 해독할 수 있다면 양육과 유전의 관계를 밝혀낼 수 있을 것이라고, 그 암호를 고쳐 쓸 수 있다면 우리의 유전자가 작동하는 방식을 수정함으로써 많은 질병을 치료할 수 있을 것이라고 믿는다.

⁂

이런 연구를 통해 디어스를 비롯한 과학자들이 목격한 불가사의한 형태의 유전이 한 세대에서 다음 세대로 전달된 후성 유전적 변화의 결과일 가능성이 제기되었다. 세포가 분열될 때 딸세포가 그 변화를 물려받는다는 점에서 우리 몸 안에서 세포가 후성 유전적 패턴의 변화를 경험하는 것은 분명하다. 만약 그 딸세포가 생식 세포라면, 그 획득된 형질이 후대에 유전될 수도 있다.

이 새로운 유전 형태의 가능성에 많은 과학자가 들떴다. 그들은 빠져 있는 유전력의 수수께끼가 풀렸다고 주장했다. 왜냐하면 유전은 유전자를 후대에 전달하는 것이 전부가 아니기 때문이다. 후성 유전도 유전일 수 있기 때문이다. "20세기가 찰스 다윈의 시대였다면, 최근 후성 유전학이 내놓는 폭발적 성과를 볼 때, 21세기는 장바티스트 라마르크에게 반환될 것으로 보인다."[22] 2014년에 유행병 학자 제이 스콧 카우프먼(Jay Scott Kaufman, 1963년~)은 이렇게 논평한 바 있다.

많은 사람 사이에서 다시 회자되기 시작한 라마르크는 유연한 형태의 유전을 상징하는 인물로 부상했다. 《네이처 뉴로사이언스(*Nature Neuroscience*)》는 디어스의 냄새 기억 연구를 게재할 때 표지에 흰 머리와 목 전체를 감싸는 크라바트 타이가 인상적인 라마르크의 사진을 실었다. 《뉴 사이언티스트(*New Scientist*)》는 이 연구를 같은 논조로 다루면서, 「생쥐의 기억 유전이 라마르크주의를 되살리다」라는 제목의 논설을 실었다.

세대 간 후성 유전(Transgenerational epigenetic inheritance)이라는 이름을 얻

은 이 최신 라마르크주의에 흥분한 것은 과학 학술계만이 아니었다. 이 가설은 우리의 건강과 심지어는 정신까지 또 다른 형태의 유전으로 형성될 수 있음을 시사한다. 이 가능성으로 상상의 나래를 펼치다 보면 제자리로 돌아오기가 어려워진다.[23] 빈클로졸린과 DEET가 후대에까지 영향을 미칠 수 있다면, 플라스틱의 화학 성분을 포함해 다른 많은 화학 물질은 충분히 우려스러운 사항이 된다.[24] 2012년에 전 세계를 통틀어 2억 8000만 톤의 플라스틱이 생산되었고 그 대부분이 우리의 환경 속으로 들어왔다. 이것이 사람과 동물의 내분비계를 교란할 수 있다는 상상만으로도 무서운데, 이 오염의 유산이 세대에 세대를 거듭하며 유전될 수 있다면 생각만으로도 끔찍하다.

이제 가난과 학대, 부모가 행하는 그 밖의 다른 폭력성도 자녀들에게 후성 유전적으로 새겨진다고 상상해 보자. 그리고 이 형질들은 이 자녀들이 낳은 자녀들에게 다시 유전된다는 것을. 온갖 사회적 병폐를 라마르크주의로 설명한다고 생각해 보자. 2014년에 저널리스트 스콧 존슨(Scott C. Johnson, 1973년~)의 글 「미국의 범죄와 폭력을 설명해 줄 새 가설(The New Theory That Could Explain Crime and Violence in America)」이 이 문제 의식을 표명한다.[25] 그는 가난과 약물 중독, 범죄에 시달리는 캘리포니아 오클랜드의 한 흑인 가족 이야기에서 시작해 최근의 생쥐 실험으로 이어지는 후성 유전학의 과학사를 들려준다. 물론 라마르크에서 시작되는 이야기이다. 존슨은 이렇게 말한다. "총과 약물에 대해 지금까지 알고 있던 이야기는 잊어라. 과학자들은 이제 범죄가 우리의 생물학적 배경 속에 깊이 뿌리 내리고 있을지도 모른다고 믿는다."

반면에 불안에 시달리는 중·상류층에게는 후성 유전학이 새로운 요가가 될 수 있다. 최면 요법사 마크 월린(Mark Wolynn)은 미국에서 남모르는 후성 유전적 문제를 겪는 고객들의 계보를 뒤져서 워크숍을 운영하기 시작했다. 그는 웹 사이트에서 "후성 유전학의 최신 연구 결과는 우리가 부모나 조부모가 겪은 트라우마 탓에 변화된 유전자를 물려받을 수 있음"을 보여 준다고 말하면서, "뇌에 새로운 신경 경로"를 건설하고 "몸에는 새로운 경험을, 자신과 타인과의 관계에는 새로운 생명을 불어넣어서" 그 변화된 유전자를 극복할 수 있다고 약속한다.[26] 이 모든 것을 워크숍 1회에 350달러의 비용으로 해낼 수 있다고.

후성 유전 워크숍을 마치고 재건된 신경 경로로 한껏 새로워진 사람이라면 과학계에 세대 간 후성 유전에 대한 회의적 시각이 팽배하다는 사실이 충격으로 다가올 수도 있겠다.[27] 실제로 많은 과학자가 후성 유전에 대해서 지금까지 제기된 근거에서 중대한 교훈을 얻어야 할 이유가 없다고 비판한다. 그들은 선풍적인 반응을 일으킨 연구의 실험군이 대부분 소규모라는 점을 미심쩍게 여긴다. 세대 간 후성 유전을 입증하는 근거로 보이는 결과가 무작위 요행으로 판명되는 경우도 적지 않다. 결과는 거짓 없이 충실했으나 그 원인이 후성 유전의 표지자와는 무관했던 경우도 여러 건 있었다.[28]

하지만 세대 간 후성 유전에 대한 가장 강력한 비판은 분자 구조와 작용의 분석에서 나왔다.[29] 부모의 경험이 후손의 유전자에 정확히 어떻게 새겨지는지 알기는 어렵다. 사람이 살아가는 과정에서 세포의 메틸화 패턴에 변화가 일어나는 것은 맞지만, 그 변화가 유전되는지는 확실하지 않다.

이 가설의 문제점은 생물의 수정 과정에 대해서 알려진 바와 맞지 않는다는 것이다. 정자에는 자기 몫의 DNA가 탑재되며, 이 DNA에는 자기 고유의 후성 유전자도 들어 있다. 예를 들면 작은 정자 안에 잘 들어가기 위해 메틸화 구조가 DNA를 단단히 휘감는다. 정자의 유전자가 난자로 들어가 수정되는 동안 난자의 단백질이 아버지의 후성 유전체를 공격한다. 배아가 발달하기 시작하면서 후성 유전의 드라마는 계속된다. 전능성 줄기 세포가 DNA를 휘감고 있는 나머지 메틸 구조 대부분을 떼어 낸다. 그러고 나면 역코스로 다시 메틸화가 새로 이루어진다.

이 새 메틸화 구조는 태아 속 세포들이 새 정체성을 획득하도록 지원한다. 일부 세포는 태반을 전담하고, 일부 세포는 삼배엽을 만들어 내기 시작한다. 배아 3주 무렵이면 세포의 아주 작은 부분에 불멸의 임무에 선택되었다는 신호가 간다. 이들이 생식 세포가 될 것이다. 새로 형성된 원시 생식 세포(primordial germ cell)는 다시 후성 유전적 변화를 겪는다.[30] 이들의 DNA를 휘감은 메틸화 구조 대부분을 떼어 내는 것이다.

많은 과학자가 유전된 후성 유전 표지자가 이 지난한 제거와 재형성 과정을 견디고 살아남을 수 있을지 의문을 제기한다. 유전을 기억이라고 한다면, 메틸화 구조는 단계별로 급격한 기억 상실증을 겪어야 하니 말이다.[31]

이런 근거에서 다수의 과학자가 생쥐의 기억이 유전될 수 있다는 디어스의 주장에 의문을 제기했다. 더블린 트리니티 칼리지의 신경 과학자 케빈 미첼(Kevin Mitchell)은 세대 간 후성 유전에 대한 회의적 시각을 트위터에 표현했는데, 바이스만 못지않은 반박이었다.[32]

"포유류에게 행동의 세대 간 후성 유전이 나타나려면 다음과 같은 일이 일어나야 한다." 미첼은 이렇게 말하며 그 과정을 열거했다.

> 경험 → 뇌 단계 → 특정 신경 세포에서 유전자 표현형 변화(모든 과정이 정상적으로 작동한다면, 지금까지는 다 좋다.) → 유전 정보가 생식 계열로 전달됨(어떻게? 무슨 신호로?) → 배우자에서 후성 유전 상태 사례 생성(어떻게?) → 유전체의 후성 유전적 '재시동'을 통한 유전, 배아 발생, 뒤이은 뇌 발달(흠…….) → 유전자 표현형 변화가 특정 신경 세포로 번역됨(아, 점점.) → 특정 신경 회로

의 감도 변화, 마치 이 포유류 후손이 직접 경험한 것처럼 느끼게 되었다는 이야기 → 이제 행동이 부모의 경험이 반영된 행동으로 변화하는데, 이는 이 개체의 행동과 관련된 동일 신경 회로의 가소성과 후성 유전적 반응성을 무효로 만든다. (애초에 이 모든 과정을 개시한 것이 이 가소성과 반응성이어야 하는데?)

미첼 같은 과학자들에게는 후성 유전 형태의 유전의 문제점이 생리학적 빈틈만이 아니라고 본다. 이 가설이 성립되려면 익히 정립된 과학 분야를 완전히 새로 써야 한다는 것이다.

***

2014년에 마티엔센은 공저로 신흥 라마르크주의에 결정적 냉수욕이 될 논문을 발표했다. 그는 파리 퀴리 연구소의 생물학자 이디스 허드(Edith Heard, 1965년~)와 함께 당시까지 나온 모든 연구를 검토한 뒤, 「세대 간 후성 유전: 신화와 기제(Transgenerational Epigenetic Inheritance: Myths and Mechanisms)」라는 리뷰 논문을 《셀(*Cell*)》에 발표했다.[33]

"우리가 먹는 것, 우리가 숨 쉬는 공기, 우리가 느끼는 감정이 우리의 유전자만이 아니라 후손에게까지 영향을 미칠 수 있을까?" 허드와 마티엔센은 물었다. 이 질문에 과학계와 여타 분야의 관심이 쏠려 있는 가운데, 그들은 그렇다고 답할 근거를 찾을 수 없었다. "지금까지는 뒷받침해 주는 근거가 나오지 않았다."

내가 2017년에 마티엔센을 만나러 콜드 스프링 하버를 찾았을 때 그는 이 판단을 재고할 이유를 찾지 못한 상황이었다. 동물, 그중에서도 특히 사람에 대한 연구가 여전히 불충분한 상태여서 어떤 결과에도 흥분할 단계가 아니었다. 마티엔센은 동물의 후성 형질을 여러 세대에 걸쳐 전달할 수 있는 메커니즘이 존재한다고 볼 강력한 근거를 찾지 못했다.

하지만 자신이 비판론자라는 평판을 얻은 것은 이상한 일이라고 했다. 그는 동물계에서는 근거가 허약하다고 보지만, 자신의 주된 연구 대상인 식물계에서는 세대 간 후성 유전의 근거가 압도적이다. "자연에서는 이런 일이 항상적으로 일어납니다." 마티엔센이 말했다.

과학자들이 식물에게 또 하나의 유전 경로가 있다는 단서를 처음 발견한 것은 1900년대 중반이었다. 옥수수 알에 새로운 색이 나타났지만 그 자손들은 멘델의 법칙을 따르지 않았고, 몇 세대가 지나면 다시 그 조상의 색이 돌아오는 경우가 있었다. 옥수수 DNA를 세밀하게 관찰해 보니 이 색 변화는 유전자 변이의 결과가 아니었다. 변화가 발생한 곳은 메틸화 패턴이었다. 식물 세포가 분열할 때마다 새 복사본 DNA에 같은 메틸화 패턴을 재형성한다. 하지만 가끔씩 세포가 이 패턴에 변형을 가져온다. 전에 없던 곳에 메틸 그룹이 추가되거나 어떤 메틸 그룹이 떨어져 나간 뒤 복원되지 않는 식이다. 이런 변화가 식물의 어떤 유전자를 비활성화하거나 다시 활성화할 수 있다. 그중 하나가 옥수수 색에 변화를 유발한다.

이 이상한 유전은 다른 작물에서도 나타났고 야생 식물, 가령 좁은잎해란초 등에서도 나타났다. 코언과 동료들은 펠로리아가 나팔 모양 꽃을 안정적으로 만들어 낸 것은 L-CYC 유전자 특유의 메틸화 구조가 후대에 유전되었기 때문임을 발견했다. 다른 과학자들은 다른 야생 식물을 채집해서 관찰했고, 일부 종이 크기, 모양, 가혹한 환경에 견디는 힘에 영향을 미치는 후성 유전 패턴을 유전한다는 것을 발견했다. 그들은 식물의 DNA에서 특정한 부위의 메틸화 그룹을 벗겨 내 이들을 교배하는 실험을 수행했다. 그 식물들은 이 새로운 후성 유전 패턴을 20세대 이상 안정적으로 유전했다.

식물은 동물보다 세대 간 후성 유전이 나타나기 쉬운 듯하다. 식물에게는 동물과 달리 발생 초기에 생식 세포를 분리해 메틸화를 재설정하는 과정이 없다. 루브라참나무는 도토리가 쪼개질 것이고, 세포에서 뿌리와 줄기가 형성될 것이고, 해를 거듭하면서 세포는 계속 증식해 나무로 성장할 것이다. 25년 정도 자란 뒤에는 가지 끝 부분의 일부 세포가 식물판 줄기 세포로 리프로그래밍(reprogramming, DNA 메틸화 등 후성 유전학적 표지자가 변화하는 과정. — 옮긴이)되면서 번식을 준비할 것이다.

이 세포들은 빠르게 분열해 꽃을 만들어 내는데, 일부는 꽃가루(식물의 정자)가 있고 일부는 밑씨(식물의 난자)가 있을 것이다. 이 나무의 밑씨가 다른 나무의 꽃가루에 수정되어 도토리로 발달하는 경우가 있었을 것이다. 꽃피우는 해에 같은 참나무에서 가지 끝에 새로운 줄기 세포 묶음을 만들어 낼 것이고 여기에서 꽃과 성세포가 만들어질 것이다. 이 나무는 이렇게 수백 년을 계속 자랄 것이다. 다시 말해 루브라참나무에게는 (많은 세포 분열과) 후성 유전 패턴에 변화를 겪을 시간이 넘치도록 많으며, 이런 변화를 겪어 체세포가 생식 세포로 발달하는 것이다. 식물은 동물처럼 생식 세포에서 후성 유전 표지자를 재설정하지 않기 때문에 새 루브라참나무는 부모로부터 새로운 후성 유전 표지자를 물려받을 기회가 있다.

동물과 식물의 후성 유전에는 또 하나의 중요한 차이가 있다. 식물도 동물처럼 같은 메틸화 그룹으로 유전자를 감싸지만, 이들은 다른 분자를 이용한다. 마티엔센과 다른 연구자들은 식물이 메틸화에 작은 RNA 분자를 이용하며, 그 분자 하나하나가 특정 DNA 부위의 집이 되어 준다는 사실을 발견했다. RNA 분자들은 목표에 도달하는 순간 둘레의 단백질을 당겨 이것을 메틸화 그룹에 덧붙여 DNA를 감싼다. 이 세포들이 분열하면 딸세포들이 이 RNA 분자를 물려받으며, 이것이 앞으로 전개되는 유전자 작용을 제어한다.

펠로리아에게도 이런 일이 일어났을 수 있다. 마티엔센은 지구 상에 마지막으로 남은 펠로리아를 철저하게 검사한 끝에 자신의 직감이 적중했다는 것을 알 수 있었다. 그는 이 이상한 꽃의 RNA 분자를 추출해서 분석한다는 계획을 잡고 있었다. "저희는 이번 장만 종료하면 드디어 이 괴물을 설명할 수 있지 않을까 기대합니다."

***

동물은 생물학적 작용에서 식물보다 세대 간 후성 유전의 기회가 더 적을 수 있다. 그렇다고 해서 가능성의 문이 완전히 닫힌 것은 아니다. 많은 과학자가 동물에게도 여전히 후성 유전의 문은 열려 있다고 본다.

후성 유전에 대한 이해는 그것을 얼마나 잘 볼 수 있느냐에 달렸다. 과학자들이 DNA를 감싸는 메틸화 지도를 그리기 시작했을 때는 직접 눈으로 보기가 어려운 시기였다. 1990년대에 코언이 유전자 하나를 잘라 내 그 안에서 메틸화를 관찰한 이래로 세포 내 모든 DNA의 메틸화 지도를 그릴 수 있는 도구가 개발되기 시작했다. 하지만 그러기 위해서는 세포 수백만 개의 DNA를 추출해야 했다. 미세하게 다른 유형의 세포들이 섞여 있으면 메틸화 패턴도 저마다 미세하게 다르므로 과학자들은 잡음 섞인 상태의 후성 유전을 봐야 했다. 2010년에 이르면 컨베이어 벨트 현미경이라고 부름직한 기술이 나와 모든 세포의 메틸화 구조를 세포별로 하나씩 따로 검사할 수 있게 되었다.

후성 유전체를 검사할 수 있는 장비의 해상도가 높아지자 이전의 가설들이 틀렸음이 증명되었다. 예를 들면 2015년에 영국 웰컴 연구소의 생물학자 아짐 수라니(Azim Surani, 1945년~)가 최초로 사람 배아 세포의 후성 유전 연구를 이끌었다.[34] 그의 연구진은 특히 세포가 난자 또는 정자가 되는 과정을 집중적으로 지켜보았다. 그들은 원시 생식 세포라는 세포가 메틸화 구조 거의 대부분을 떼어 낸 뒤 새 메틸화 구조로 다시 방패를 두르는 현상을 관찰할 수 있었다. 하지만 원래의 메틸화 그룹 가운데 작은 일부는 DNA에 끝까지 붙어 있었다.

많은 세포의 DNA에서 동일한 부위가 이 탈메틸화를 버티고 남아서 기존의 후성 유전 패턴을 고수했다. 이 부위에는 레트로트랜스포손(retrotransposon)이라는 바이러스 같은 인자가 들어 있었다. 이들은 세포에게 복제를 유도해 새 복사본을 세포의 DNA 어딘가에 삽입한다. 메틸화 구조가 이 유전자 기생충을 비활성화할 수 있다.

레트로트랜스포손은 보통 단백질을 암호화하는 유전자 근처에 있는데, 그 유전자들도 같이 비활성화될 가능성이 있다. 수라니의 연구진은 메틸화를 고수하는 부위 근처의 유전자 일부가 비만에서 다발 경화증, 조현병에 이르기까지 다양한 질환과 연관된다는 것을 발견했다. 이 연구진은 실험 결과를 토대로 유전자들이 세대 간 후성 유전의 유력 후보라고 결론 내렸다.

또한 세대 간 후성 유전을 수행하는 다른 분자들도 있을 가능성이 있다. 하지만 이 역시 아직 증명되지 않았다. 예를 들어 정자 세포는 염색체와 더불어 RNA 분자를 수정할 난자에 전달한다. 이 RNA 분자 일부가 배아 발달의 초기 단계 조직을 돕는다. 펜실베이니아 대학교 생물학자 트레이시 베일(Tracy Bale)이 정자 안의 RNA 분자가 아버지의 경험을 후손에게도 그대로 전달하는지 보기 위한 실험을 수행했다.[35]

베일의 연구진은 수컷 생쥐가 생애 초기에 경험하는 스트레스의 효과에 특히 주목했다.[36] 스트레스 받은 생쥐가 성체가 되어 만들어 내는 정자에 독특한 RNA 분자가 섞여 있는 것을 발견했다. 연구진은 이런

RNA 분자가 후대에 어떤 효과를 내는지 보기 위해 한 혼합 RNA를 스트레스 경험이 없는 생쥐의 정자에 주입한 뒤 난자와 수정시켰다. 이 수정란에서 태어난 새끼 생쥐는 스트레스에 잘 대처하지 못했다. 베일의 연구는 스트레스를 받은 아버지의 정자에 있는 RNA가 후손의 세포 내 일련의 유전자를 비활성화할 수 있음을 시사한다. 또 이 유전자를 비활성화함으로써 아버지는 후손의 행동에 영구적 변화를 가져올 수 있음을 시사한다.

일부 연구에서 동물의 RNA가 유전에 남기는 효과를 감질나게 보여 주는 단서가 나오기도 했다. 메릴랜드 대학교의 생물학자 안토니 호세(Antony M. Jose)는 RNA 분자가 몸 안에서 예쁜꼬마선충(*Caenorhabditis elegans*)이라는 작은 선형 동물을 만들어 내는 과정을 추적했다.[37] RNA 분자는 이 선충의 뇌에서 만들어져 정자 속으로 들어간 뒤, 그 안에서 유전자 하나를 비활성화한다. 다른 연구에서는 예쁜꼬마선충 안의 RNA 분자가 다음 세대에서도 같은 유전자를 비활성화하며, 그다음 몇 세대 동안 같은 활동을 하는 것을 발견했다.[38] RNA 분자는 어린 선충에게 자신을 더 많이 복제시켜 세대를 이어 가는 것으로 보인다.

우리는 물론 선충이 아니다. 하지만 많은 실험을 통해 사람의 세포들이 RNA 분자를 통해 정기적으로 상호 소통한다는 것이 증명되었다. 이 상호 소통이 일어날 때에는 엑소솜(exosome, 세포바깥소포체)이라는 작은 거품에 싸여 전달된다.[39]

과학자들은 엑소솜을 방출하는 다양한 세포 종류를 발견했으며, 그 세포의 종류는 갈수록 늘어났다. 어떤 종은 배아 단계에 각 기관이 서로 조화롭게 발달하는지 점검하기 위해 엑소솜을 이용해 신호를 전달한다.[40] 심장 발작이 일어난 경우, 심장 세포가 엑소솜을 보내 심장의 치료를 유도할 수 있다.[41] 암세포는 특히나 엑소솜을 마구 쏟아 낸다. 주변의 건강한 세포를 종으로 부리기 위한 행동으로 보인다. 2014년에 이탈리아 생물학자 크리스티나 코세티(Cristina Cossetti)가 수컷 생쥐의 암세포가 방출한 엑소솜이 RNA를 정자 세포로 전달하는 것을 관찰했다.[42]

결론이 나오려면 아직도 멀었지만 과학자들은 이러한 연구에 자극을 받아 다윈의 『가축화에 따른 식물과 동물의 변종』을 다시 읽기 시작했다. 다윈이 생각한 제뮬은 온몸에 있는 유전자를 모은 것이 아니었다. 하지만 어쩌면(어디까지나 '어쩌면'이지만), 제뮬이 현대에 엑소솜으로 되살아나 RNA 분자를 통해 한 세대의 경험을 다음 세대로 전달하는 것일 수도 있다.

*
**

하지만 체세포와 생식 세포가 연결되어 미래 세대로 이어진다고 해도 라마르크를 부활시키기에는 충분하지 않을 것이다. 라마르크의 가설이 19세기 과학자들에게 그토록 매력적이었던 것은 획득된 형질이 **적응적**(adaptive)이라는 주장 때문이었다. 다시 말해 동물과 식물이 환경에 적응하게 해 주어 생존에 기여한다는 것이다. 라마르크는 자신의 진화 가설이 종들이 주변 환경에 그토록 잘 맞는 이유를 설명해 준다고 믿었다. 라마르크의 세계에서는 기린이 목을 길게 뻗다가 먹이를 얻기 위해 필요한 긴 목을 갖게 된 것이다.

세대 간 후성 유전이 라마르크가 의도한 의미의 적응력 있는 유전 방식이라는 확실한 근거는 없다. 그나마 가장 가까운 근거를 얻어 낸 소수의 실험은 식물을 대상으로 한 것이다. 그 가운데 하나가 코넬 대학교 연구진의 실험이다.[43] 그들은 애기장대(*Arabidopsis thaliana*)라는 작은 꽃식물(속씨 식물)에 애벌레를 놓았다. 애기장대는 그 대응으로 애벌레의 맹공격을 늦출 독성 화학 물질을 분비했다. 연구진은 이 애기장대를 2세대 수정시킨 뒤 3세대차 후손에게 애벌레를 다시 풀어 놓았다. 이 애기장대는 고농도 독성 물질을 분비해 애벌레의 성장을 제어했다.

마티엔센은 이런 실험이 흥미롭기는 하지만 라마르크주의를 확고하게 뒷받침하는 근거가 되지는 못한다고 본다. 가령 애기장대는 연구자들이 애벌레 없는 환경에서 많은 세대를 재배해 온 식물계의 실험실 쥐이다. 그런 식물이 포식자 곤충의 공격에 대응하는 방식을 벌레가 우글거리는 실제 세계에서 일어나는 현상이라고 보기는 어렵다.

"그럼에도 이 정도면 후성 유전학계의 성배라 할 만한 발견입니다. 정말이지 많은 보고서가 나오고 있어요. 하지만 정말로 '바로 이거야.' 하는 건 없거든요." 마티엔센은 이렇게 말했다.

식물에게 이로운 후성 유전적 변화가 있을 가능성은 분명히 있다. 하지만 해로운 것이 있을 가능성도 있으며, 아무 상관도 없는 변화도 있을 수 있다. 펠로리아의 꽃은 린네의 관심을 끌었지만, 이 꽃이 보통 좁은잎해란초 꽃보다 이 식물에게 이롭게 작용했다는 것을 증명한 사람은 없다. 어떤 후성 유전적 변화가 그저 한 꽃에서 다른 꽃으로 옮겨 갔을 뿐이다.

과학자들은 민들레의 경우 후성 유전 패턴이 후대에서 싹을 더 일찍 틔우거나 늦게 틔우는 변화를 만들어 낼 수 있다는 것을 발견했다.[44] 야생 애기장대 개체군에게는 뿌리를 더 깊게 내리거나 더 얕게 내리는 후성 유전 패턴이 유전된다. 이러한 유전적 다양성이 식물 종에게 이로울 수도 있다. 아직은 증명되지 않았지만. 초원에 가뭄이 덮친다면, 후성 유전 뽑기에서 운이 좋았던, 뿌리 깊은 일부 개체 덕분에 그 꽃 식물 종은 멸종을 피할 수 있을 것이다.

세대 간 후성 유전이 식물에 어떻게 작용하든, 마티엔센은 이것도 식물의 정통한 유전 형태라고 본다고 말했다.

대화 도중에 마티엔센이 버뱅크라는 사람에 대해 들어 본 적 있는지 물어서 나는 놀라면서 대답했다. 아닌 게 아니라 바로 몇 주 전 그의 샌타로자 식물원 순례를 다녀왔다고. 하지만 현대 유전학의 성지인 여기 콜드 스프링 하버에서 그의 이름을 들으리라고는 생각도 하지 못했다고. 버뱅크가 엄밀한 의미의 과학자는 아니었을지 몰라도 그가 패턴으로 인지했던 현상은 오늘날까지도 과학에서 중요한 발견으로 남아 있다. 마티엔센은 버뱅크의 어록 가운데 한 문장을 인용하면서 이 말은 강의나 논문 아무 데나 집어넣어도 진리라고 했다.

버뱅크는 이렇게 단언했다. "유전은 과거 모든 환경의 총합에 지나지 않는다."[45]

16장

학습 능력 있는 유인원

어느 날 오후 큰딸 샬럿을 데리러 유아 학교에 갔다.[1] 사물함에서 도시락과 겉옷을 꺼내는데 어떤 양식 같은 종이가 있었다. 잠깐 서서 읽었다. 어린이의 학습에 대해 연구하는 예일의 대학원생이 보낸 안내문으로, 자녀를 연구에 보내 줄 부모를 찾고 있다는 내용이었다.

집에 도착하자마자 데릭 라이언스(Derek Lyons)라는 대학원생에게 어떤 연구를 하는지 이메일로 질문했다. 같은 날 답신이 왔다. 라이언스는 사람의 정신이 다른 동물들과 다르다는 단서를 찾는 것이 목표라면서 어쩌면 이 연구로 우리 종이 어떻게 진화했는지도 알아낼 수 있지 않을까 기대한다고 설명했다.

이 대목에서 많은 부모가 주춤했으려니 생각하면서 나는 바로 신청했다.

라이언스가 샬럿의 유아 학교를 방문해 선별 검사를 실시했고, 며칠 뒤 몇 가지 검사를 더 받기 위해 내가 샬럿을 태우고 뉴헤이븐으로 갔다. 나는 샬럿의 손을 잡고 셰필드-스털링-스트래스코나 홀의 지하층 실험실로 낡은 층계를 밟아 내려갔다. 마른 몸에 갸름한 얼굴형의 라이언스가 샬럿을 보고 오랜만에 만난 친구처럼 반갑게 인사했다. 샬럿도 미소로 답하고 라이언스를 따라 다른 방으로 갔다. 검사가 진행되는 동안 나는 책을 읽으며 기다렸다. 두 사람이 돌아왔을 때 샬럿은 작은 플라스틱 동물을 들고 있었다.

건물을 나서면서 샬럿에게 어땠는지 물었다. 샬럿은 어깨를 으쓱하면서 재미있었다고 말했다. 차를 타고 오는 동안 공주들이나 원자에 대해서 많은 이야기를 나누었는데, 샬럿은 집으로 가는 동안 그 이야기를 계속하고 싶어 했다. 샬럿이 어떤 비밀을 푸는 데 도움을 주었든지 간에 당분간은 그것을 비밀에 부칠 모양이었다.

라이언스는 어린 침팬지 연구의 후속 연구로 샬럿 같은 어린이를 연구하고 있었다. 스코틀랜드의 한 연구진이 침팬지에게 과일이 든 투명 플라스틱 상자를 보여 주었다. 이 상자는 여러 칸으로 나뉘어 있었는데, 각 칸은 빗장을 빼서 여닫는 미닫이 문이 부착되어 있었다. 연구원들은 침팬지에게 빗장을 옆으로 밀어서 빼고 문을 열면 보상받는다는 것을 시범으로 보여 주었다. 연구진은 침팬지에게 시범할 때 어떤 때는 최소한의 동작으로 문을 열었고, 어떤 때는 문을 열었다 닫았다 하는 동작을 반복한다거나 빗장으로 상자 옆면을 두드린다거나 하는 불필요한 동작을 추가해서 문을 열었다.

침팬지들은 연구원이 시범 보일 때에는 참을성 있게 지켜보았지만 순서가 되자마자 상자를 집어 들고는 불필요한 단계는 다 빼 버리고 최대한 빠르게 문을 열고 과일을 받았다. 물리 법칙에 대한 그들의 감이 사람의 행동을 따라 하려는 모방 욕구를 압도한 경우이다.

라이언스의 실험 의도는 물리 법칙 대 모방 욕구의 싸움에서 어린이의 정신이 어떻게 작용하는지를 관찰하는 것이었다. 샬럿이 검사받고 2주가 지난 뒤, 라이언스가 나에게 실험실로 와서 촬영한 영상을 보라고 했다. 뉴헤이븐으로 운전해 가는 내내 샬럿이 종 대결 수능을 본 것이구나 하는 생각이 떠나지 않았다. 샬럿이 호모 사피엔스의 점수를 받았기나 바랄밖에.

컴퓨터 화면 앞에 앉으니 라이언스가 영상을 재생했다. 샬럿이 유아 학교 카펫에 다리를 한쪽으로 모으고 앉아 있었다. 영상 속에서 라이언스가 샬롯에게 안에 상이 들어 있는 상자를 줄 것이라고 말했다. 벨크로로 고정한 투명 플라스틱 상자였다. 상자 위에는 막대가 있고 정면에는 작은 투명 문이 있었다. 상자 안에는 초록색 플라스틱 거북이 놓여 있었다.

샬럿은 문을 열 생각도 없이 빠르고 과감한 해답을 찾아냈다. 벨크로를 뜯고 거북을 잡은 것이다. "잡았다!"

"이건 아주 예외적인 전략입니다." 외교적인 해설이었다. "중요한 것은 샬럿이 상단의 막대를 완전히 무시했다는 점입니다."

침팬지보다는 잘했겠지. 나는 그렇게 생각했다.

다음 장면은 샬럿이 실험실에서 검사받는 모습이었다. 이번에는 대학원생 제니퍼 반스(Jennifer Barnes)가 샬럿에게 다른 상자를 내주었는데, 문과 빗장이 조합된 투명한 상자였다. 앞의 실험과 달리 샬럿은 반스가 빗장 여는 것을 먼저 잘 봐야 했다. 반스는 이 과정에서 불필요한 동작을 몇 가지 추가했다. 먼저 상단의 막대를 앞뒤로 굴렸고, 다음으로 빗장을 집어 세 번 조심스럽게 두드렸다. 그런 뒤에 문고리를 돌려서 연 뒤 장난감을 꺼냈다.

앞선 검사에서 샬럿은 방법을 생각해서 알아낼 필요 없이 라이언스의 상자를 열 정도로 물리 법칙을 잘 이해하고 있음을 보여 주었다. 하지만 반스가 시범을 끝내고 샬럿에게 막대를 건넸을 때에는 아까 그 상자를 북북 뜯어 내던 사람은 어디로 가고 반스가 가르쳐 준 아무 상관도 없는 동작을 세심하게 따라 하려는 어린이가 앉아 있었다.

침팬지의 야유가 들리는 듯했다. 반스가 샬럿에게 상자 4개를 더 내주었는데, 샬럿은 그 쓸모없는 모든 과정을 하나하나 곧이곧대로 따라

했다.

영상이 끝났을 때 나는 뭐라고 말해야 할지 알 수 없었다. "그러면…… 샬럿, 어땠나요?"

"제 연령대에 맞는 반응입니다." 라이언스가 말했다. 지금까지 어린이 10여 명을 검사했는데, 배운 동작을 모두 그대로 수행하지 않은 1명이 희귀한 사례였다고 했다. 가끔은 어린이에게 느닷없이 당장 방을 나가야 한다고 말하는 식으로 변화를 주는데, 그런 경우에도 어린이들은 동작을 건너뛰지 않고 그저 행동이 더 빨라진다고 했다.

샬럿이 배운 대로 상자 위를 두드린 것은 어린이라서 뭘 모르고 한 행동이 아니었다. 그 행동은 사실 사람의 본성에 관한 심오한 무언가를 보여 주는 작은 창이었다. 우리는 문화를 이어받는 데 잘 적응한 종이다. 우리가 다음 세대에게 물려주는 것은 유전자만이 아니다.[2] 조리법, 노래, 지식, 의례도 물려준다. 우리가 물려받은 유전자는 먼길을 걸을 수 있는 발에서 문제를 해결하고 미래를 계획할 때 사용하는 뇌까지 우리가 살아가는 데 절대적으로 중요한 많은 것을 만들어 준다. 하지만 유전자만 물려받는다면 이 세계에서 오래가지 못할 것이다. 아무리 뇌를 활용한들 혼자 힘으로는 수천 년에 걸쳐 축적된 기술과 문화를 재발명하지 못한다.

문화가 우리 삶에서 중요한 부분을 차지한다고 한다면, 완전히 맞는 말이 아니다. 우리는 문화의 일부분이다. 라이언스의 실험은 우리 인간이 문화에 몰두하는 데 얼마나 적응한 종인지를 깨닫게 했다. 하버드의 인류학자 조지프 헨리크(Joseph Henrich, 1968년~)는 인간이 문화 바깥에서 생존을 시도하는 것이 얼마나 위험한 일인지를 보여 주는, 의도하지 않은 실험이 된 사례를 역사 속에서 찾아냈다. 그 가운데 가장 인상적인 실험은 1861년에 오스트레일리아 동부, 오스트레일리아 원주민 부족 얀

드루완다(Yandruwandha) 인들이 집이라고 부르는 사막, 산지, 습지 일대에서 수행되었다.[3]

얀드루완다 족의 조상은 6만 5000년 전 무렵에 오스트레일리아에 들어가 이후로 1,000년에 걸쳐서 내륙으로 이주한 것으로 보인다.[4] 수백 세대를 거치면서 얀드루완다 족은 이 대륙에 대한 정보를 축적하고 자녀들에게 그 지식을 전수했다. 그들은 마실 물을 구하고 낚시할 수 있는 냇물 찾는 법을 배웠고, 화톳불을 피워 밤을 나거나 오지의 겨울 추위 견디는 법을 배웠다. 그들은 점차 이 지역 계곡과 습지에서 서식하는 네잎클로버를 닮은 네가래(nardoo)라는 양치류 식물로 빵과 죽을 조리하는 방법도 개발했다.

네가래로 음식을 만드는 것은 실로 아슬아슬한 묘기에 가까운 일이었다. 네가래는 세포벽이 얼마나 견고한지 하루 종일 씹어도 영양가를 눈곱만큼도 뽑아 내지 못한다. 포만감이 들고 배가 빵빵해져도 굶주리는 상태에 그칠 뿐이다. 거기에다가 티아미나아제(thiaminase)라는 독성 효소까지 들어 있다. 이 효소가 혈류로 들어가면 체내 티아민(비타민 B1으로도 불린다.)을 파괴한다. 티아민이 심하게 부족하면 각기병이 생기는데, 근육을 약화시켜 극도의 피로와 저체온증에 시달리게 만드는 질환이다.

하지만 얀드루완다 인들이 그런 네가래를 주식으로 삼을 수 있었던 것은 안전하게 먹는 법을 찾아냈기 때문이다. 그들은 아침에 이 식물의 포자낭을 채집해 잔불에 굽기 시작했다. 이 열기로 티아미나아제가 어느 정도 파괴되고, 남은 티아미나아제는 재가 네가래의 수소 이온 농도(pH)를 중화해 제거되는 것으로 보인다. 그러면 얀드루완다 여성들이 그 포자낭을 두 짝의 넓적한 맷돌 사이에 놓고 틈틈이 물을 넣으면서 갈아준다. 이 과정에서 티아미나아제가 더 파괴되고 질긴 세포벽도 깨져서 네가래가 식용 가루로 바뀐다. 여성들은 이 가루로 빵 반죽이나 죽을 만들었다. 홍합 조가비를 숟가락 삼아서 네가래 죽 먹는 것이 이 부족의 관습이다. 조가비는 또 하나의 안전 장치가 되었을 것이다. 이파리로 뜨거운 죽을 먹다가는 네가래와 이파리 사이에 화학 작용이 일어나 독성이 다시 살아날 수도 있기 때문이다.

1861년 여름, 누더기 차림의 유럽 사람 셋이 병든 낙타 1마리를 끌고 얀드루완다 인들의 지역으로 들어왔다. 이 세 남자, 로버트 버크(Robert Burke, 1821~1861년), 존 킹(John King, 1838~1872년), 윌리엄 윌스(William Wills, 1834~1861년)는 거의 1년 전에 수천 군중의 환호를 받으며 멜버른을 출발했다. 이들은 어떤 유럽 인도 해내지 못했던 사명, 오스트레일리나 남부 해안에서 시작해 내륙을 종단해 이 대륙 북단 카펀테리아 만까지 완주하는 것을 목표로 결성된 18인 탐험대의 대원이었다. 탐험대는 낙타 26마리, 말 23마리, 식량 2년치, 그리고 빅토리아 시대 신사가 갖추어야 할 필수 장비 일습을 갖추고 출발했다. 심지어 식당에 놓을 참나무 가구까지 가져갔다.

탐험대는 건조한 황무지와 변덕스러운 습지를 통과해야 했다. 버크와 킹과 윌스, 그리고 네 번째 대원 찰리 그레이(Charlie Gray)가 나머지 대원들을 이끌고 가다가 절반 지점에 해당하는 쿠퍼 강 어귀에서 멈추어 낙오된 대원들이 오기를 기다렸다. 1개월이 지났지만 아무도 나타나지 않았다. 대장인 버크는 이대로 강행하기로 결정하고 낙오 대원들에게는 자기네가 돌아올 때까지 여기서 기다리라는 지시를 남겼다.

4명은 계속해서 북진했으나 속도는 갈수록 떨어졌다. 일행은 짠물이 그득 고인 어느 삼각주에 이르렀다. 카펀테리아 만 가까이에 온 것이 분명한 듯한데 바다는 보이지 않고 가도 가도 온통 습지대뿐이었다. 지칠 대로 지친 그들은 결국 목표 지점을 눈으로 확인하지도 못한 채 그대로 돌아서야 했다.

남쪽으로 내려가는 여행은 더 험난했다. 식량이 바닥나기 시작했고, 영국인 탐험가들은 오스트레일리아에서는 무엇을 어떻게 사냥해야 하는지 아는 바가 없었다. 그레이가 비단뱀을 1마리 총으로 잡아서 먹었으나 이질을 앓다가 사망했다. 버크, 킹, 윌스는 몇 개월을 힘겹게 걸어 겨우 쿠퍼 강에 도착했다. 캠프에 들어가 보니 사람들이 모든 것을 버리고 떠난 뒤였다. 탐험대의 나머지 사람들은 쿠퍼 강에 도착해서 3개월을 기다렸지만 선발대가 돌아오지 않자 집으로 돌아가기로 결정하고 남은 식량을 모두 챙겨서 떠난 것이다. 버크, 윌스, 킹은 남쪽으로 돌아간 탐험대의 나머지 사람들과 합류하기 위해 출발했다가는 굶어 죽으리라고 판단했다. 될 수 있는 한 조속히 도움받을 곳을 찾아야 했다. 서부 쪽에 가축 사육장 한 곳이 있다는 것은 알았는데, 거기로 가려면 광활한 습지를 건너고 다음으로는 기나긴 사막을 건너야 했다. 그러고 나면 그 사육장이 나올 것이다. '희망 없는 산' 기슭에.

버크, 윌스, 킹은 이 위험한 계획 변경에 합의하고 서부로 향했다. 가 보니 습지는 작은 시내들이 얽히고설킨 미로여서 간신히 그곳을 빠져나오기는 했지만 갈수록 힘이 떨어졌다. 낙타들에는 더 큰 고통이어서 하나씩 죽어 갔고 결국 1마리만 남았다. 이제 사막 횡단은 가망 없는 상황이었다. 혼자 남은 낙타는 마실 물조차 짊어질 수 없는 상태였다. 절망의 나락에 빠져 있던 그때, 얀드루완다 족이 나타났다.

얀드루완다 인들에게 이 지역은 신조차 버린 황무지가 아니라 수천 년 동안 집으로 여기며 살아온 터전이었다. 유럽 인들이 이 영토에 비틀거리며 들어오자 얀드루완다 인들은 정처 없는 떠돌이 저주에 걸려서 떠나온 곳으로 돌아갈 수 없는 사람들인가 보다고 생각했다. 그럼에도 얀드루완다 족은 버크, 킹, 윌스를 환영하며 자신들의 시냇가에 천막을 치게 하고 자기네가 먹을 생선과 네가래 빵을 나눠 주었다.

몇 주 동안 그렇게 지내면서 세 사람은 기운을 좀 차렸다. 윌스는 얀드루완다 인 몇 사람과 친해졌다. 하지만 버크는 야만인들에게 적선을 받아야 하는 처지에 수모를 느꼈다. 열등한 인종에게 도움 따위 받을 수 없다고, 자기네 우월한 지능 하나면 충분하다고. 이런 반감이 나그네와 주인 사이에 갈등을 야기했고 결국 얀드루완다 인들은 천막을 접고 빠져나갔다.

버크, 킹, 윌스는 다시 자신들의 지능에 의존해야 했다. 시냇가에서 낚시를 해 봤지만 아무것도 잡히지 않았다. 얀드루완다 인들은 그렇게 잘 잡던 곳에서 그들은 왜 실패했는지는 알 수 없다. 얀드루완다 인들처럼 그물을 써야 한다는 것을 그들이 미처 생각하지 못했을 가능성도 있다. 설령 그물을 쓰고 싶어도 토착 식물로 그물 삼는 방법도 몰랐을 테지만 말이다.

생선을 충분히 구하지 못한 탐험가 일행은 네가래에 의존해야 했다. 그들은 네가래를 삶아서 매일 400~500그램씩 먹었다. 하지만 아무리 먹어도 몸은 야위어만 갔다. "식욕도 좋고 네가래 맛도 무척 좋아하는데 몸이 갈수록 약해지고 있다. 아무래도 영양가가 전혀 없는 음식인 듯하다."[5] 윌스는 일기에 이렇게 적었다.

얀드루완다 족과 헤어진 지 1개월도 안 되어서 윌스가 사망했다. 버크와 킹은 시신을 매장하고 그 미로 같은 습지를 빠져나갈 길을 찾았다. 얼마 못 가서 버크가 쓰러져 죽었고, 이제 킹 혼자 남았다. 그는 약해질 대로 약해진 몸으로 습지를 헤매다가 또 다른 얀드루완다 족 무리를 만났다. 그들도 킹을 받아 주었다. 얀드루완다 인들이 마련해 준 보금자리에서 킹은 건강을 회복했다.

킹은 그들 무리와 함께 1개월을 살다가 멜버른에서 온 구조대에게 발견되었다. 집으로 돌아온 킹은 기자들에게 그간 겪은 재난을 들려주었다. 탐험대 뉴스가 순식간에 전 세계로 퍼졌고, 그 후로도 오랜 세월 사람들 사이에서 회자되면서 점차 오스트레일리아 인들에게 애국심을 고취시키는 영웅담으로 바뀌어 갔다. 버크와 윌스를 추앙하는 동상이 세워지고 동전과 우표가 발행되었다. 하지만 수천 년 동안 그곳을 지키며 행복하게 살아온 이들의 성취는 사라져야 했다. 그 영광 속에 얀드루완다 인들의 몫은 없었다.

⁂

버크와 윌스 탐험대 이후로 유럽의 인류학자들이 오스트레일리아 원주민 부족 문화를 과학적으로 연구하기 시작했다. 다른 대륙들과 오지 섬 지역의 원주민 문화 연구도 아울러 이루어졌다. 그들은 문명과 접촉하지 않은 부족을 찾아가 몇 년을 함께 지내면서 그들의 언어, 창조 설화, 혼인 풍습 따위를 체계적으로 기록했다. 인류학자들은 다양한 지역에서 보편적으로 나타나는 원형적 패턴을 찾고자 했다. 동굴에서 고인류의 화석이 발굴되자 그들은 현존하는 문화권을 수천 년 전 인류 역사의 범주에 넣었다. 빅토리아 시대 인류학자들은 응당 서유럽 문화로 귀결되는 단순한 역사를 구성하고는 했다. 하지만 1900년대 초 인류학이 성숙하면서 선형적 역사는 시대별 문화의 다원화를 나타내는 일종의 계보도로 대체되었다.

이 문화의 나무(tree of culture)는 생명의 나무(tree of life)와 놀랍도록 흡사했다. 많은 인류학자가 진화 생물학의 가설과 방법론을 빌려 과학적으로 엄정한 이론을 구축하고자 했다. 그들은 문화를 수학의 방정식으로 정제해 장차 어떻게 변화할지 예측하고자 했다. 진화론에서 영감을 받은 인류학자들의 작업은 20세기 거의 내내 학계 너머로는 관심을 받지 못했다. 하지만 1976년에 영국의 진화 생물학자 클리턴 리처드 도킨스(Cliton Richard Dawkins, 1941년~)가 문화에 관해서 하나의 개념을 제시하는데, 그 자체로 강력한 문화적 현상이 된 밈(meme)이다.

도킨스는 밈 이론을 첫 저서 『이기적 유전자(*The Selfish Gene*)』에서 처음 소개했다. 이 책은 주로 유전자와 생물의 진화에 대해 이야기한다. 도킨스는 유전자의 가장 중요한 속성은 분자의 생화학적 메커니즘 속에 있는 것이 아니라, 유전되는 점이라고 주장한다. 부모가 자녀를 낳으면 부모의 유전자 복사본이 새로 만들어지며, 성공한 유전자들은 세대를 거듭하면서 점점 더 널리 퍼진다는 것이다. 어떤 면에서 우리의 존재는 그저 유전자를 미래 세대에 전달하는 임무를 맡은 기계라고 도킨스는 주장한다.

『이기적 유전자』(초판) 마지막 대목에서 도킨스는 도발적인 결말을 덧붙였다. 그는 자기 복제자가 꼭 DNA로 만들어지는 것만은 아니라고 말한다. 우주 비행사가 다른 행성에 갔다가 어떤 다른 분자로 만들어진 생명체를 발견할 수도 있다. 그런데 우주까지 가지 않아도 다른 자기 복제자를 찾을 수 있다.

"내 생각에, 신종의 자기 복제자가 최근 바로 이 행성에 등장했다."[6] 도킨스는 이렇게 말한다. 인류의 출현으로 지구는 "곡조, 사상, 선언적 문구, 의복 유행, 도자기 빚는 법, 아치 건축법" 등 문화적 자기 복제품이 흘러넘치고 있다고. 그는 이러한 새로운 자기 복제자에게는 자기 이름을 가질 자격이 있으며, 그 이름이 **유전자**만큼 화끈한 것이면 좋겠다고 생각했다. 그리하여 모방의 의미를 담은 그리스 어 'mimeme'를 줄여 '밈(meme)'이라는 이름을 붙여 주었다.

"우리는 죽을 때 두 가지를 남길 수 있다. 유전자와 밈이다." 도킨스는 이렇게 말했다.

도킨스가 쓴 밈에 대한 설명이 얼마나 매혹적이었는지 이 개념은 수많은 독자들의 뇌리에 박혔다.[7] 일부 과학자들은 밈을 하나의 학문으로 수립하고자 《저널 오브 미메틱스(*Journal of Memetics*)》라는 학술지까지 창간했다. 그들은 밈으로 종교를 설명했고, 밈이 우리가 큰 뇌로 진화한 요인이었다고 주장했다. 밈의 호소력은 학술계를 훌쩍 넘어 방대한 분야로 뻗어 나갔다. 온갖 유행과 구호에 밈이라는 단어가 붙었고, 광고 종사자들은 스스로를 밈 디자이너로 여겼다. 때마침 생겨난 인터넷은 마치 밈을 위해 만들어진 환경 같았다. 1996년에 《파이낸셜 타임스(*Financial Times*)》는 "인터넷은 사실상 밈 생산 공장이 되었다."라고 선언하기도 했다.[8]

1996년에는 인터넷 사용자가 전 세계 인구의 2퍼센트밖에 안 되었다. 사람들은 찌지직대는 모뎀 연결음에 신경을 곤두세우고 버벅거리는 데스크톱 컴퓨터와 씨름해야 했다. 인터넷은 이내 빠르게 확산되어 전화에 자동차, 냉장고에까지 침투했다. 2016년이면 세계의 거의 절반이 인터넷과 연결되고, 초창기 리스트서브며 인터넷 포럼 들은 거대 소셜 미디어 플랫폼에 자리를 내주었다. 이 신생 문화 생태계에서는 재미난 자막을 넣은 고양이 이미지(LOLcats), '사나운 꿀통 벌꿀오소리(Crazy Nastyass Honey Badger, 내셔널 지오그래픽 채널의 벌꿀오소리 생태 다큐멘터리 영상에 본래 해설 대신 개인 사용자가 개성 넘치는 해설을 넣어 폭발적 반응을 얻은 유튜브 동영상.—옮긴이)'가 선풍을 일으키며 전 세계로 퍼져 나갔다. 각종 인터넷 밈을 모아 놓은 웹사이트인 'Know Your Meme'은 수천 종의 디지털 자가복제자를 분류해 뭐가 뭔지 몰라서 어리둥절한 사람들에게 새로 나온 밈을 알려 주고, 예전에 유행했던 밈이 떠오르지 않아서 애태우는 사람들에게 기억을 환기하도록 도움을 준다. 2016년 미국 대통령 선거는 정치적 메시지를 전파할 만한 (진짜든 조작이든) 이야깃거리와 사진이 난무하는 한판의 밈 전쟁터가 되었다.

밈은 인터넷이라는 공간의 속성 자체 때문에 한층 더 정통한 개념으로 자리 잡을 수 있었다. 도킨스는 유전자가 디지털 같다고 느낄 때가 많았다. 유전자는 단백질 혹은 RNA 분자를 각각의 위치에 단 4개만 들어갈 수 있는 한 줄의 염기로 암호화한다. 유전자는 디지털이기 때문에 정확하게 복제될 수 있다. 0과 1이 연속되는 수열로 구성되는 컴퓨터 파일도 마찬가지로 정확하게 복제될 수 있다.

물론 두 형태의 디지털 모두 항상 완벽하게 복제되지는 않아서 칠칠치 못한 효소와 연결이 끊어지는 서버 때문에 오류가 생기고는 한다. 하지만 분자 교정(proofreading)과 오류 정정 소프트웨어로 대부분은 고칠 수 있다. 소셜 미디어 플랫폼들은 이 자가 복제를 완벽할 뿐만 아니라 사용하기 쉽게 만드는 데 공력을 기울여 왔다. 지금은 HTML 코드를 파지 않아도 마음에 드는 정치 구호나 정신 나간 러시아 인의 운전 영상을 원하는 곳에 삽입할 수 있다. 공유 단추나 리트윗 단추 한 번 누르면 그만이다. 밈을 퍼뜨리는 것만 쉬워진 게 아니라 추적하는 것도 쉬워졌다. 데이터 과학자들이 최적화된 수치 정밀도를 유지하며 밈을 추적하는 과정은 유전학자가 배양 접시에서 항생제 저항성 유전자를 찾는 일과 다르지 않다.

도킨스는 『이기적 유전자』 출간 40주년 기념판에 「에필로그」를 쓰면서 자신이 제시했던 밈 개념에 만족을 표했다. "밈이라는 어휘가 꽤나 좋은 밈이었던 모양이다."[9]

어쩌면 '사나운 꼴통 벌꿀오소리'를 들어 본 적 없는 독자도 있을 것이다. 인터넷 밈의 성공은 웃겨서든 끔찍해서든 어쨌거나 사람들이 흥미를 느끼고 다른 사람들한테 전파하고 싶어 할 때까지만이다. 밈은 사람들의 생각 속에 그렇게 오래 남지 않으며, 다른 개념이나 가치와 결합해서 보다 복합적인 문화로 발전하지 않는다. 인터넷 밈은 다음 흥밋거리나 다음 놀랄거리가 주목받을 때 퇴장당한다. '사나운 꿀통 벌꿀오소리'는 누군가에게 네가래 먹는 법을 가르쳐 주지 못한다.

도킨스의 밈은 야심 찬 개념이었다. 그는 이것이 기술에서 종교까지 모든 것을 설명해 줄 수 있기를 바랐지만, 그런 야심에는 부응하지 못했다.《저널 오브 미메틱스》는 2005년에 폐간되었고, 이것을 대체할 학술지는 나오지 않았다. 문화를 연구하는 많은 학자들은 밈이 너무 피상적이어서 깊게 파고들 무언가를 제시하지 못한다고 보았다. 2003년 스탠퍼드 대학교의 생물학자 폴 랠프 얼리크(Paul Ralph Ehrlich, 1932년~)와 수학자 마커스 윌리엄 펠드먼(Marcus William Feldman, 1942년~)은 심지어 밈에게 과학적 고별식을 예고했다. "우리의 문화가 진화하는 기본 메커니즘을 알아내기란 어려운 일이며, '밈' 접근법으로 이것을 밝히고자 한 최근의 시도는 막다른 골목에 다다른 것으로 보인다."[10]

***

많은 학자가 밈을 해부하고 분석하기보다는 처음부터 인류에게 문화를 가능하게 해 준 생물학적 구성 요소를 탐색했다.[11] 가장 근본이 되는 성분은 학습으로 보인다.

하지만 아무 학습이나 다 되는 것은 아니다. 윌스와 버크가 스스로 추리해서 네가래 조리법을 깨칠 수 있었다면 무사히 멜버른으로 돌아갔을 것이다. 그러나 그들은 충분히 명석하지 못했다. 적어도 얀드루완다 인들이 수백 세대에 걸쳐 축적한 집단적 경험만큼 명석하지 못했던 것은 분명하다. 문화는 사회적 학습, 사람들이 서로에게 배울 수 있는 능력으로 굴러간다. 하지만 사회적 학습이 인류 문화보다 훨씬 오래전부터 진화해 왔음이 밝혀지고 있다. 사회적 학습은 우리 종의 독점 기술이 아니다. 2016년에 한 과학자 팀이 호박벌도 서로를 통해서 문화적 관습을 학습할 수 있다는 것을 알아냈다.

런던 대학교 퀸메리 대학교 생물학자 라르스 치트카(Lars Chittka, 1963년~)의 연구진이 호박벌에게 조화에서 꿀을 채집하게 만드는 실험을 설계했다.[12] 꽃 가운데에 소량의 글루코스가 담긴 파란색 작은 플라스틱 접시를 부착한 방식이었다.

치트카의 연구진은 꽃송이에 줄을 달아 투명 아크릴로 제작한 작은 투명 테이블을 끼워 넣었다. 그런 뒤 호박벌을 이 꽃 상자에 넣고 관찰했다. 벌들은 투명 테이블 너머의 꽃이 보이지만 직접 닿을 수는 없다. 꿀을 빨기 위해서는 줄을 당겨 테이블 밑에 있는 꽃을 끌어내야 한다. 치트카의 연구진은 이 실험에 호박벌 291마리를 투입했는데, 1마리도 꿀 얻는 법을 알아내지 못했다.

연구진은 호박벌들이 문제를 더 쉽게 해결할 수 있도록 과제를 단순하게 조정했다. 우선은 호박벌이 바로 꽃에 앉아서 꿀을 빨 수 있게 했다. 꽃에서 양식을 얻을 수 있다는 것이 학습되면 다음 과제를 제시했다. 이번에는 꽃송이마다 줄을 달았는데, 투명 아크릴 테이블을 중간까지만 당기는 길이로 했다. 이제 벌들은 꽃까지 바로 날아가도록 훈련되었다. 하지만 꿀을 빨기 위해서는 투명 테이블 가장자리까지 머리를 밀어서 혀를 뻗어야 한다. 벌들이 이 새로운 기술을 학습하자 연구원들은 꽃을 테이블 아래 맨 끝까지 밀었다. 이제 줄을 당겨서 꽃을 끌어내야 꿀을 빨 수 있었다.

과제를 여러 단계로 나누어 설정하자 호박벌 일부가 줄을 당겨 꿀 빠는 법을 학습했다. 이 과제를 완전히 수행한 것은 40마리 중 23마리뿐이었지만, 이들이 학습에 필요한 시간은 단 5시간이었다. 하지만 고되고도 까다로운 실험으로 호박벌 23마리를 훈련시킬 수 있었다. 이제 다른 호박벌이 이들을 통해 학습할 수 있는지 관찰할 것이다.

그들은 훈련된 호박벌이 꽃을 당겨 꿀 채집하는 모습을 훈련되지 않은 호박벌이 앉아서 지켜볼 수 있는 작은 관찰 상자를 제작했다. 훈련되지 않은 호박벌은 다른 호박벌 10마리가 과제를 수행하는 전 과정을 지켜보았다. 그런 다음 관찰을 끝낸 호박벌을 꽃 상자 안에 넣었더니 60퍼센트, 즉 25마리 중 15마리가 아크릴 테이블을 향하더니 줄을 당겨 꽃을 끌어냈다.

이 실험은 호박벌이 다른 호박벌을 관찰함으로써 학습할 수 있다는 것을 보여 주었다. 치트카는 이 연구의 마지막 단계로, 호박벌 군체 안에서 줄 당기는 기술이 밈처럼 전파될 수 있는지 보기 위한 실험을 수행했다. 치트카는 10여 마리로 이루어진 호박벌 무리 여럿을 실험실 안에 두었다. 연구진은 그 가운데 1마리씩 대표로 선발해 훈련시켰다. 훈련이 끝난 대표를 자기 무리로 돌려보낸 뒤, 연구진은 꽃 상자로 연결되는 터널을 설치했다. 호박벌들은 언제든 원할 때 이 터널을 지나 꽃으로 갈 수 있었다.

연구원들이 이번에는 문지기가 되어 선착순으로 2마리씩 터널을 통과하게 해 주었다. 이 과정을 무리당 150회씩 반복한 뒤, 몇 마리가 줄을 당겨 꿀을 얻는 방법을 학습했는지 관찰했다. 무리마다 개체의 절반 정도가 이 훈련을 학습한 것으로 관찰되었다.

일부만이 대표 호박벌에게 직접 배웠고, 나머지는 2차, 3차, 4차까지 간접적으로 학습했다. 무리 가운데 한 곳의 대표 호박벌이 실험 도중에 죽었지만, 줄 당기기 기술은 계속해서 전파되었다. 이 호박벌의 지적 유산은 죽음을 초월해 확장되었다.

이 실험에서 특히 인상적인 부분은 야생 호박벌들에게서는 이들이 서로서로 학습한다는 단서가 발견되지 않았다는 점이다. 호박벌의 사회적 학습 능력은 휴면 상태인지도 모른다. 그러다가 비자연적인 환경을 만났을 때만 깨어나는지도 모른다.

반면에 척추 동물은 과학자의 도움 없이도 사회적 능력을 보여 준다. 그들은 야생에서 일상적으로 서로를 통해 학습하며, 이들의 문화적 관습은 여러 해 동안(어쩌면 훨씬 장기간) 지속될 수 있다.

동물의 문화적 관습에 관한 최초의 기록은 1921년 잉글랜드의 작은 도시 스웨이들링(Swaythling)의 사례이다.[13] 스웨이들링에서 문 앞에 배달된 우유병 뚜껑을 누군가 번번이 망가뜨려 놓는 일이 발생했다. 병 주둥이에 씌운 금박 뚜껑이 뚫리거나 찢어져 있었고 가끔은 아예 뜯겨서 없어진 채로 있었다.

알고 보니 새들이 한 짓이었다. 그중에서도 박새과의 한 종인 푸른박새였다. 이 새들은 병에 앉아 금박을 떼어 내고 우유 상단의 크림층을 홀짝홀짝 먹었다. 조류 관찰자들은 이 신기술에 사로잡혀 다른 마을에서도 이런 일이 있는지 몇 해를 찾아다녔다. 1949년에 동물학자 제임스 피셔(James Fisher, 1912~1970년)와 로버트 오브리 하인드(Robert Aubrey Hinde, 1923~2016년)가 조류 관찰자들의 도움으로 잉글랜드의 많은 지역에서 이들이 기록한 30년을 지도로 구성했다.

이 지도로 푸른박새 몇 마리가 우유병 금박 뚜껑 벗겨 내기를 시작했음이 드러났다. 이 종의 다른 개체들도 이 기술을 받아들였는데, 동료의 행동을 지켜보거나 다른 새가 벗겨 놓은 뚜껑을 보고 따라한 것이다. 이 금박 벗기기는 새들이 여러 도시로 이동하면서, 이 기술의 발명자들이 죽은 뒤로도 오랫동안 지속되었다. 이 전통은 수십 년 동안 영국 거의 전역에 걸쳐 전파되다가 사람들이 더는 아침 우유 배달을 하지 않으면서 사라졌다.

하지만 새들이 먹이를 구하는 새로운 기술을 고안하는 능력이나 다른 새들에게 전파하는 능력은 사라지지 않았다. 2015년에 옥스퍼드 대학교 벤저민 콘래드 셸던(Benjamin Conrad Sheldon, 1967년~)의 연구진이 푸른박새와 가까운 친척인 박새에 관한 강의를 했다.[14] 그들은 야생에서 잡은 박새를 실험실에 데려와 갈색 거저리의 애벌레가 가득 찬 상자 여는 법을 가르쳤다. 새마다 둘 중 한 가지 방법을 가르쳤는데, 빨간 문을 왼쪽으로 밀어 열거나 파란 문을 오른쪽으로 밀어 여는 방법이었다. 연구원들은 야생에 상자를 설치한 뒤 훈련된 새들을 풀어 주었다.

숲으로 돌아간 박새들은 계속해서 실험실에서 배운 방법으로 빨간 문이나 파란 문을 밀어서 상자를 열었다. 주변에 있던 야생 박새들은 이들이 하는 행동을 지켜보았다. 이 숲의 서식군 4분의 3이 상자에서 갈색 거저리를 꺼내 먹는 법을 학습했다. 이 전통은 새의 사회 연결망을 따라 주로 친척 종이나 함께 사는 친한 새들 사이에서 널리 퍼졌다. 그리고 이 새들은 다른 새들에게서 본 기술을 또 다른 새들에게 확실히 전파했다. 일부는 빨간 문을 열었고 일부는 파란 문을 열었다.

셸던의 연구진은 조류의 기억력도 이 전통이 널리 퍼지는 데 기여했음을 발견했다. 연구진은 상자를 숲에 3주 동안 놔두었다가 거둬들였다. 그 후 이어진 9개월 동안 훈련된 새의 절반 이상이 죽었다. 연구진은 숲에 다시 상자를 가져다 놓고 무슨 일이 일어나는지 관찰했다. 연장자 새들이 다시 상자를 열기 시작했고, 새 세대 새들이 연장자들의 기술을 다시 학습했다.

많은 과학자들이 동물의 문화적 전통 연구를 지속해 바다에서 밀림에 이르기까지 다양한 서식지에서 사례를 찾아냈다.[15] 1978년에 로드아일랜드 대학교 생물학자 제임스 하인(James Hain)의 연구진은 메인 만에서 혹등고래의 놀라운 사례를 발견했다.[16] 혹등고래는 사냥할 때 보통

18미터가량 잠수해서 분수공으로 거품을 일으켜 물고기 떼를 둥그렇게 에워싼다. 물고기들이 뒤로 물러나면서 똘똘 뭉치면 혹등고래는 입을 크게 벌리고 돌진해서 한입에 꿀꺽 삼킨다. 1978년에 메인 만에서 혹등고래를 관찰하던 하인은 한 혹등고래가 신기술을 구사하는 광경을 목격했다.

이 혹등고래는 거품 망을 뿜어 내기 전에 먼저 꼬리 아래쪽으로 수면을 찰싹 때렸다. 그로부터 몇 해 뒤 고래 관찰자들이 이 일대의 다른 혹등고래들도 꼬리로 물을 내려치는 모습을 발견했다. 이 '꼬리 치기 사냥법(lobtail feeding)'이라는 기술을 구사하는 혹등고래의 비중은 수십 년에 걸쳐 단속적으로 증가했다.

2013년에 스코틀랜드의 세인트 앤드루스 대학교의 루크 렌델(Luke Rendell)이 이끄는 연구진이 '꼬리 치기 사냥법' 기록과 혹등고래의 사회 연결망을 지도로 구성했다.[17] 혹등고래는 느슨한 사회 연결망을 유지하다가 사냥과 짝짓기 시기에 한데 모였다. 렌델은 혹등고래의 꼬리 치기 사냥법이 어느 개체가 우발적으로 시작한 것이 아님을 밝혀냈다. 이 기술을 특히 효율적으로 구사하는 혹등고래와 어울렸던 개체들이 이 기술을 시도하는 경우가 훨씬 많았다.

렌델은 이 새로운 전통이 메인 만 일대로 파고든 일의 배경이 푸른박새가 우유 크림을 먹기 시작한 이유와 같다고 주장했다. 다시 말해 사람이 그들의 먹이 자원를 바꿔 놓았기 때문이라는 이야기였다. 혹등고래는 청어를 먹고살았는데 인간의 남획으로 청어가 줄어들자 까나리로 주먹이를 바꾸었다. 혹등고래가 수면을 내리치자 까나리 떼가 기절해서 달아나지 못한다는 사실을 발견했을 가능성도 있다.

야생에서 새로운 전통이 형성되는 것은 대부분이 이런 경우인데, 이것을 찾을 수 없을 때에는 역사적 자료에서 한 종에 속하는 다수 개체군을 비교해 단서를 찾아내기도 한다. 예를 들어 우간다 키발레(Kibale) 숲에 서식하는 침팬지는 막대기를 이용해 통나무 속의 꿀을 채집한다. 부동고(Budongo) 숲의 침팬지들은 또 다른 방식으로 꿀을 채집한다. 이들은 잎을 씹어 이것을 스펀지처럼 이용해 꿀을 모은다. 이런 기술은 모든 침팬지의 본성에 심어진 것이 아니라 어떤 창의적인 침팬지가 고안한 뒤에 개체군의 전통으로 자리 잡은 듯하다.

침팬지의 전통이 인간의 문화를 이해하는 데 특히 더 중요한 이유는 그들이 우리와 가장 가까운 친척이기 때문이다. 영장류 학자들은 이 영장류에게서 발견되는 전통 10여 가지를 기록했는데, 그 다수가 종 전체가 아닌 일부 개체군에만 있는 것으로 밝혀졌다. 어떤 개체군이든 그들 고유의 전통 조합을 지닌 듯하다. 이 조합은 먹이를 구하는 방법, 식물의 약효 정보, 털 다듬는 방법, 다른 침팬지를 부르는 방법, 구애 의례 등 다양한 전통으로 구성된다. 세인트 앤드루스 대학교의 동물 전통 전문가 앤드루 화이튼(Andrew Whiten)은 이러한 전통 조합을 문화로 분류해야 한다고 주장했다. 화이튼의 주장이 맞는다면, 인류의 문화가 적어도 700만 년 전, 우리와 침팬지의 공통 조상에게서 시작되었다는 뜻이 된다.

*
**

인류의 문화는 다른 영장류에서 갈라져 나온 뒤에야 출현했다. 그 출현을 연구하는 한 가지 방법이 인간과 다른 종에게 같은 과제를 제시해 어떻게 다른 방식으로 수행하는지 지켜보는 실험이다.

세인트 앤드루스 대학교의 대학원생 루이스 딘(Lewis Dean)이 그런 실험을 설계했다.[18] 그는 과제를 맞게 풀었을 때 보상을 주는 '수수께끼 상자'를 고안했다. 원숭이와 침팬지는 답을 풀면 과일을 받고 3, 4세 사람

영아는 반짝이 스티커를 받는다.

피험자는 보상을 받기 위해 숨은 길 3개를 찾아내야 한다. 첫째 길은 문을 옆으로 열면 나온다. 이 방법을 학습한 뒤, 상자의 단추를 눌러 그 문을 더 멀리 밀어내면 둘째 길이 나온다는 것을 학습한다. 마지막으로 다이얼을 맞는 방향으로 돌리면 그 문이 더 많이 열려서 셋째 길이 나온다.

딘은 꼬리감는원숭이 두 무리에게 수수께끼 상자를 보여 주었다. 그는 문을 옆으로 열어 첫 번째 보상을 받는 시범을 보인 다음, 나머지는 알아서 하게 놔두고 나왔다. 두 무리는 각각 53시간씩 수수께끼 상자를 갖고 놀았는데, 이렇게 놀고 나서도 2마리만 두 번째 보상을 얻는 방법을 학습했다. 세 번째 보상은 아무도 얻지 못했다. 침팬지의 수행 점수도 크게 다르지 않았다. 30시간 경과 후, 4마리가 두 번째 보상을 얻었고 1마리만 세 번째 보상을 얻었다.

3, 4세 인간 영아는 훨씬 잘했다. 딘은 영아 5명씩 8개 조를 구성했다. 한 조 안의 5명 중 적어도 2명이 세 번째 길까지 여는 방법을 알아냈다. 나머지 영아 다수는 두 번째 길까지 열었다. 그뿐만 아니라 인간 영아가 소모한 시간은 단 2시간 30분이었다.

인간 영아들이 다른 영장류 종들과 달리 그렇게 잘 해낸 것은 단순히 문제를 따로따로 푸는 수준을 넘어선 덕분이었다. 그들은 지식을 축적할 줄 알았는데, 그것도 다 같이 해냈다. 몇 명이 첫 번째 길 찾는 법을 알아내자 나머지 아이들이 그 방법을 배웠다. 그런 뒤 이 방법을 토대로 스스로 생각해 내서 다른 단계를 추가함으로써 두 번째 숨은 길을 찾아냈다.

많은 인류학자가 이 '문화 누적(cumulative culture)'이 우리 종 고유의 특징이라고 주장한다.[19] 침팬지가 가진 문화적 전통은 단순해서, 단 몇 단계면 끝난다. 그들은 한 전통을 학습한 뒤, 그 위에 무언가를 쌓아 나가는 능력을 보여 준 적이 없다. 대조적으로 인간은 학습한 전통 위에 끊임없이 새로운 것을 추가해 새로운 문화 형태를 창조한다. 인간은 네가래 조리법을 정교하게 발전시켰고, 마상이 건조 기술을 끊임없이 수정해 태평양을 건널 수 있는 수준으로 발전시켰고, 나무 기타를 전자 기타로 발전시켰다.

딘의 실험은 문화 누적을 가능하게 하는 결정적 특질 몇 가지를 보여 준다. 그 하나는 친화력이다. 딘이 다른 영장류 피험자들에게 수수께끼 상자를 주었을 때 그들은 협력하기보다는 경쟁했다. 숨은 길에서 과일 찾는 법을 알아내면 다른 개체들과 나누지 않고 바로 급하게 꿀꺽 삼켰다. 반면에 인간 영아들은 다른 영아들과 함께할 때 더 편안해했다. 몇몇 영아는 상자에서 스티커를 얻으면 얻지 못한 아이들에게 자발적으로 나누어 주기도 했다. 딘은 이 실험에서 친화력이 높은 아이일수록 수행 점수가 더 높다는 것을 발견했다.

다수의 다른 연구에서도 비슷한 결론이 나왔다. 인간은 다른 종보다 서로를 더 관용적으로 대하도록 진화했다. 그럼으로써 우리는 서로를 통해 학습할 기회를 더 많이 얻을 수 있다. 바로 이 여분의 사회적 학습 기회가 문화 누적을 가능케 한 결정적 요소일 수 있다.

딘의 실험 속 영아들이 침팬지나 원숭이와 다른 점은 또 있다. 영아들은 때로 서로에게 가르친다는 점이다. 첫길을 여는 방법을 알아낸 영아들이 때로는 다른 영아들에게 시범으로 그 방법을 가르쳐 주었다. 딘은 침팬지나 꼬리감는원숭이가 누군가를 가르치는 모습을 단 한 번도 보지 못했다.

인류학자들은 가르치는 행동이 우리 종의 진화에 얼마나 중요한 요소였는지 빠르게 받아들이지 못했다. 1900년대 중반, 마거릿 미드(Margaret Mead, 1901~1978년)를 비롯한 전문가들은 가르치기가 서구 문화에만 있는 특징이라고 주장했다.[20] 아이들을 학교에 모아 놓기를 좋아하는 서구권 문화의 경향일 뿐, 다른 문화권에서는 어린이의 자율에 맡겨 스스로 학습하게 한다는 주장이었다. 하지만 최근 들어 타인에게 무언가를 가르치는 행동이 의미하는 바를 다시 생각하게 되면서 많은 인류학자가 생각을 바꾸고 있다. 가르치기는 강의 시간표에 맞추어 강의실 안에서만 일어나는 일이 아니다. 가르치는 행동의 본질은 한 사람이 다른 사람에게 어떤 기술을 학습하거나 정보를 획득하도록 도움을 주는 것이다. 이 점에서 가르치기는 인간 사회에 두루 존재하는 특성이다.

예를 들어 브리티시 컬럼비아 대학교 인류학자 배리 스티븐 휼릿(Barry Steven Hewlett, 1950년~)은 중앙아프리카의 열대림에서 수렵 채집 생활을 하는 피그미족의 아카(Aka) 부족에서 가르치기가 행해진다는 단서를 발견했다. 아카 부족민들은 학교를 운영하지 않고 '가르치다.'에 해당하는 어휘도 없다. 하지만 휼릿은 성인 아카 부족민들이 아이들을 끊임없이 가르친다는 것을 알 수 있었다. 짧게 몇 초 만에 끝나는 수업도 있고 말 한마디 없이 이루어지는 수업도 있으나, 그들은 어린이들에게 불 피우는 법, 벌채용 칼 쓰는 법, 마가 자라는 곳을 찾고 땅속에서 캐내는 법 등 생존에 절대적으로 중요한 사항을 가르쳤다.

가르치기를 다시 정의하고 나자, 인류학자들은 다른 종에도 **가르치기**가 있는지 궁금했다. 그렇다고 답할 수 있는 사례는 얼마 되지 않았다. 그중 하나가 미어캣이다.[21] 아프리카 남부 사막 지역에서 서식하는 미어캣은 다양한 종을 잡아먹고 사는데, 그들의 먹이에는 전갈처럼 위험한 종도 있다. 전갈의 치명적인 독침에 찔리지 않으면서 잡아먹는 것은 학습하기 어려운 기술이다. 어른 미어캣은 새끼들에게 안전한 연습을 통해 이 기술을 학습시킨다. 처음에는 죽은 전갈을 새끼에게 가져다준다. 새끼가 조금 자라면 전갈에게 상처만 입혀서 주는데, 침은 반드시 제거해서 준다. 새끼가 살아 있는 전갈을 다루는 기술을 약간 익히고 나면 전갈에게 상처를 약간 내서 준다. 이 수업이 다 끝나면 새끼는 혼자 힘으로 산 전갈을 죽일 수 있게 된다.

이 가르치기 행동이 인상적이기는 하지만, 동물계에서 미어캣은 예외적 사례로 보인다. 우리와 가까운 친척 종 중에도 교사는 매우 드물어 보인다. 2016년에 워싱턴 주립 대학교의 연구진이 콩고 공화국 야생의 침팬지 교사 사례를 보고한 바 있다.[22] 이 서식지의 어른 침팬지들에게는 막대기로 흰개미 낚싯대를 만드는 문화 전통이 있었다. 어른 침팬지가 이따금 어린 침팬지에게 이 도구를 건네 직접 해 보게 하는 경우가 있었다. 과학자들이 수십 년 동안 야생과 동물원에서 침팬지를 관찰했는데 워싱턴 주립 대학교의 연구진이 처음으로 **가르치기**라고 부를 만한 행동을 목격했다는 사실은 많은 것을 말해 준다. 침팬지에게 가르치기 문화가 존재했다면 이들의 삶은 크게 달라졌을 것이다. 어린 침팬지에게 돌멩이로 단단한 열매 깨기는 4년이 걸려야 완성되는 어려운 기술이다.[23] 하지만 그 4년 동안 어른 침팬지가 가르침을 주는 모습은 어디에서도 관찰된 바 없다.

반면에 사람에게는 가르치기가 쉽게 일어난다. 어느 정도로 쉬우냐면 영아들도 놀이나 장난감 사용법에 대해 서로서로 자발적으로 가르쳐 준다. 이 경향(**자연 교육법(natural pedagogy)**이라는 전문 용어로 통한다.)이 동물계에서 희귀한 이유는 가르침이 교사나 학생에게 마찬가지로 많은 것이 요구되는 행동이기 때문일 것이다. 성공적인 교사가 되기 위해서는 학생이 아는 것과 모르는 것이 무엇인지 판단할 수 있어야 하는데, 그러려면 학생의 머릿속에 들어가는 능력이 요구된다. 또 교사에게는 정보를 명확하게 전달하는 능력이 요구된다. 그래야만 학생이 무언가 새로운 것을 학습할 테니 말이다. 교사에게 이러한 능력 중 한 가지만 부족해도

모든 노력이 허사로 돌아간다.[24]

그뿐만 아니라 세계 최고의 교사라고 해도 수업을 받아들일 수 없는 학생은 가르칠 수가 없다. 사람은 특히나 좋은 학생이 되도록 진화한 것으로 보인다. 우리 종의 진화에서 가장 중요하고도 가장 이상한 적응 능력은 라이언스가 샬럿에게 검사한 바로 그 능력, 즉 극단적 모방 능력(extreme imitation)이다.

어린이는 이미 알고 있는 것조차 교사를 모방하고 싶어 한다. 교사가 중요한 교훈을 전달하는 우리 같은 종에게 극단적 모방은 영리한 전략이다.[25] 어린이는 인류 문화의 모든 것을 처음부터 혼자서 재발명하느라고 애쓰지 않아도 된다. 딘의 실험은 모방의 가치가 무엇인지 보여 준다. 수수께끼 상자 과제를 수행한 영아들은 서로의 행동을 상당 부분 모방했고, 모방을 가장 많이 한 영아들이 가장 많은 보상을 얻었다.

단계마다 혼자서 궁리하지 않고 누군가를 모방하는 데에는 분명 위험도 존재한다. 모르면서 행동하는 영아의 행동을 모방했다가 과제에 실패할 수도 있기 때문이다. 하지만 인류는 이러한 실수를 어느 정도 예방하도록 진화한 것으로 보인다. 어린이는 누구에게 주의를 집중해야 할지 선택권이 주어졌을 때, 신뢰할 만한 전문가로 보이는 성인에게 집중하는 경향이 있다.[26] 영국 심리학자 세실리아 헤이스(Cecilia Heyes, 1960년~)는 "자연 교육법 가설에서는 맹목적 신뢰가 영리한 사고 이상은 아니더라도 적어도 같은 정도로 중요하다고 주장한다."라고 설명한다.[27]

이러한 문화 누적의 요소들은 약 700만 년 전 우리 조상이 침팬지와의 공통 조상으로부터 갈라져 나온 뒤에 출현했음이 분명하다. 하지만 근거는 많지 않아서 우리가 이미 알고 있는 것까지 따라 하는 극단적 모방을 비롯해 가르치기 행동을 처음 시작한 정확한 시기를 못 박아 말하기는 어렵다. 현재로서는 문화 누적의 물리적 결과물에 의존할 수밖에 없다.

현생 인류의 문화 누적은 그 집단의 물건이 보여 준다. 아카 부족 천막의 모든 수공품을 한데 모아서 본다면, 그린란드의 이누이트 정착촌에서 가져온 물건이나 네브래스카의 어느 중산층 가정에서 가져온 물건과 다르다는 점이 한눈에 들어올 것이다. 또 어느 한 장소에서 수천 년 동안 만들어 온 물건, 가령 이집트의 도기를 한곳에 모아서 본다면 어떤 유형의 물건이 새로운 형태로 변신하는 과정이 보일 것이다. 하지만 수백만 년 전의 문화를 보고자 할 때에는 남아 있는 증거가 희박하다.

현생 인류와 그 조상들이 사용한 기술에 관한 기록은 330만 년 전으로 거슬러 올라간다. 2015년에 한 연구진이 케냐에서 썰고 자르고 두드리는 데 사용했을 것으로 보이는 작은 뗀석기를 발굴했다. 사람족 조상들이 죽은 짐승 몸에서 살점을 떼어 낼 때 이 도구를 사용했을 가능성이 있다. 그로부터 100만 년 뒤, 탄자니아의 사람족은 여전히 같은 도구를 제작했다. 하지만 이 일대에서 발굴된 돌의 형태(올도완(Oldowan) 문화[28])는 사고의 변화를 보여 준다. 이 도구를 만든 사람족은 큰 돌에서 날카로운 부분을 떼어 내면서도 나머지 부분은 다치지 않게 해 또 다른 뗀석기 만드는 방법을 알았다. 그들은 이 발전을 통해 돌 하나에서 같은 크기와 형태의 도구를 여러 점 만들 수 있었다. 이 기술은 십중팔구 가르침을 통해 전수된 것으로 보인다. 사람족 어린이에게는 큰 돌을 두드려서 도구 만드는 방법을 가르쳐 주고 자기 생각을 소통하고 기술이 향상되도록 도와줄 교사가 필요했을 것이다.

이 새로운 기술이 등장한 것은 약 180만 년 전이다. 이 신세대가 제작한 가장 인상적인 도구는 물방울 모양의 큼직한 손도끼이다. 이 종, 호모 에렉투스는 이 손도끼를 들고 100만 년 이상 아시아와 유럽으로 이주했다. 그들의 손도끼 재료는 수석, 현무암, 흑요암, 석영 등 다양했지만, 전체적인 모양에는 큰 변화가 없었다.

이들의 손도끼는 호모 에렉투스의 문화적 역량이 우리 수준에 접근했음을 시사한다. 현대적 시각에서는 조잡해 보일지 몰라도, 아마 21세기 사람이 처음부터 혼자서 만들어 보려고 하면 결코 쉽게 만들기 어려울 도구이다. 우선 적합한 소재가 될 돌멩이가 나올 만한 장소를 찾아야 한다. (가장 가까운 흑요석 광맥을 어디로 가야 찾을 수 있는지 아는 사람이라도 있을까 모르겠다.) 그런 다음 돌멩이를 수없이 내리쳐서 적합한 모양으로 만들어야 한다. 고인류학자들은 때로 손도끼 만드는 데 어느 정도의 솜씨가 필요한지 보기 위한 실험을 수행한다. 참가자에게 완성품과 제작이 가능한 돌멩이 몇 점을 내주고 손도끼를 만들어 보라고 주면, 백이면 백이 실패한다.[29] 구석기 애호가조차 괜찮은 손도끼 제작법을 배우는 데에는 몇 년이 걸린다.

이것이 획득하기 어려운 기술이라는 점에서 엑세터 대학교의 고인류학자 알렉스 메수디(Alex Mesoudi)의 연구진은 호모 에렉투스의 손도끼 제작에는 극도로 세심한 모방 과정이 있었을 것이라고 결론 내렸다.[30] 손도끼를 만들 때 조심하지 않으면 날아오는 파편에 눈이 멀거나 잘못 내리쳐 손을 못쓰게 될 수 있다. 초심자는 기술 좋은 제작자를 세심하게 관찰함으로써 그런 부상을 피하는 데 꼭 필요한 지식을 얻을 수 있었을 것이다. 세심한 모방은 또 손도끼가 100만 년 이상 그렇게 비슷한 모양을 유지한 이유도 설명해 준다. 호모 에렉투스가 기존의 손도끼를 대충 훑어보고 어떻게 하면 될지 짐작해서 만들었다면 형태에 어떻게든 약간씩 변화가 생겼을 것이다. 그리고 수천 년 그런 식의 변화를 겪고 나면 최초의 모양과는 크게 달라졌을 것이다.

약 30만 년 전 아프리카에서 우리 종이 출현하기 전까지는 본격적인 문화 누적이 발생했다는 근거가 나오지 않았다.[31] 호모 사피엔스가 아프리카 대륙 전역으로 이주하면서 석기는 새로운 양식과 형태로 발전했다. 모로코에서 발굴된 석기는 케냐와 남아프리카의 석기와 확연하게 구분되었다. 초기 인류는 이 석기를 이용해 짐승 뿔이나 난각(卵殼) 같은 소재로 도구를 제작하기 시작했다. 새로운 소재의 조합은 새로운 기술로 발전해 사냥에 투창기나 그물을 사용하기에 이른다. 난각에 새긴 기하학적 무늬 장식에서 사람 조각상까지 다양한 예술 작품도 출현했다.

네안데르탈 인과 데니소바 인은 이 문턱을 넘지 못했던 것으로 보인다. 언어가 이 차이의 한 가지 원인이었을 것이다. 우리의 직계 조상은 성숙한 언어 능력을 획득해 덩치 큰 짐승을 사냥하거나 덩이줄기를 찾을 때 협력하기가 훨씬 수월했던 듯하다. 언어 능력의 발달은 가르침에도 효과적이어서 더 정확하고 깊이 있는 정보를 전달할 수 있었을 것이다.

언어의 이점은 우리 조상이 네안데르탈 인이나 데니소바 인보다 더 높은 인구 밀도에 도달한 이유도 설명해 준다. (고인류 DNA 표본에서 나타나는 유전적 다양성으로 그 차이를 추산할 수 있다.) 한편으로는 우리의 인구 자체도 문화 누적 발생에 기여했을 것이다.[32] 인구가 늘면서 우리 조상들은 새로운 사람을 만나고 새로운 생각을 접할 기회를 더 많이 얻을 수 있었을 것이다.

이 인류 초기의 사회 연결망이 어떤 모습이었을지 대략 그려 보기 위해 애리조나 주립 대학교 인류학자 킴 힐(Kim Hill) 연구진이 수렵 채집 생활을 하는 두 부족인 파라과이의 아체(Ache) 족과 탄자니아의 하드자(Hadza) 족 수백 명을 인터뷰했다. 두 부족 모두 소규모로 무리를 이루어 살았다. 힐 연구진은 아체 족과 하드자 족 각 부족에서 몇 개 무리의 구성원 명단을 작성한 뒤, 피험자들에게 그 명단 속에 직접 만난 사람이 있는지 물었다. 연구진은 각 피험자가 약 1,000명의 사회망 속에서 살아간다고 결론 내렸다. 이것은 다른 어떤 영장류 동물보다 큰 규모이다. 수컷 침팬지가 평생에 걸쳐 만나는 다른 수컷 수는 20마리 남짓이다.

이 모든 조각이 한데 맞춰지자 즉각적으로 문화 누적이 폭발적으로 증가했다. 인류는 복합적인 문화 전통을 물려받아 수정할 수 있었고, 혹은 정확히 그대로 미래 세대에게 물려줄 수 있었다. 여기가 새로운 유전 형태의 시발점인데, 이것은 초창기 지구에 존재했던 생명체의 최초 유전 형태의 시발점과 놀라울 정도로 닮았다.[33] 초창기 생명체의 유전체는 복제 오류가 자주 발생해서 커질 수가 없었다. 하지만 안정적인 유전 형태를 획득하자 바로 다세포로 비약할 수 있었다. 인류의 문화도 마찬가지로 일정한 한계점을 넘어서자 곧장 새로운 단계의 복합 문화의 세계로 던져졌을 것이다.

⁂

5만 년 전 오스트레일리아의 원주민 소녀는 조상으로부터 많은 것을 물려받았다. 거기에는 부모의 유전자가 있고, 후성 유전적 표지자도 일부 있을 것이다. 어머니의 미생물 군집 일부와 수십억 년 전에는 독립 생명체였던 세균에서 온 미토콘드리아도 물려받았다. 아기 때에는 무리가 사용하는 언어를 들으면서 배우기 시작했다. 가족 안에서 적용되는 규칙과 타인에게 적용되는 규칙을 포함해 사람들과 어울려 살면서 지켜야 하는 관습도 물려받았다. 어머니와 자매들은 끼니 준비하는 법, 아기 낳는 법, 약초로 병자 치료하는 법 등 이 소녀에게 많은 세대에 걸쳐 쌓인 방대한 지식을 가르쳤을 것이다. 소녀는 부족으로부터 물려받은 우주관을 통해 소녀 자신과 소녀가 아는 모든 사람을 이 세계에서 의미 있는 존재로 바라보게 될 것이다.

소녀에게는 또 다른 것도 유전되었다. 인간이 개조한 환경이 그것이

었다.[34]

모든 종은 서식하는 환경에 의해 만들어진다. 생존을 위한 고투 속에서 생물 종들은 환경에 적응하며 진화한다. 북극해의 어류는 부동 단백질을 획득했으며, 안데스 산맥을 넘어야 하는 벌새는 산소 농도가 희박한 혈액을 갖게 되었다. 하지만 어떤 종은 이 방정식을 뒤집어 환경의 영향을 받으면서도 스스로 환경을 만든다. 예를 들어 코끼리는 나무의 가지를 꺾고 몸통을 두 동강 내서 쓰러뜨린다. 그러면 도마뱀이며 각종 곤충, 그 밖의 많은 동물이 이전까지는 출입 금지 구역이던 이 쓰러진 나무에 침입해 살아간다. 코끼리의 난폭한 행동으로 열린 밀림에서는 작은 식물 종들이 자라날 수 있어 고릴라와 강멧돼지 같은 동물 종에게 양식을 공급할 수 있게 된다. 코끼리가 소림지를 더 듬성한 사바나로 바꾸고 똥으로 토양을 비옥하게 만들어 주기 때문이다. 이렇듯 코끼리는 직접 개척한 서식지에서 살아간다.

우리 조상이 처음부터 환경에 영향을 미친 것은 아니었다. 그들은 두 발로 걸으며 열매며 씨앗이며 덩굴줄기를 찾아다녔고, 어쩌다가 독수리나 하이에나처럼 죽은 짐승의 살을 뜯어 먹는 여느 유인원이나 다를 바 없었다. 하지만 그러다가 어느 순간 환경을 바꾸기 시작했는데, 최초의 환경 개척 도구는 불이었을 것으로 추정된다.

불의 사용을 보여 주는 가장 오래된 흔적은 남아프리카 동굴에서 나왔다. 과학자들이 이 동굴에서 약 100만 년 전 것으로 보이는 뼈와 식물 태운 재를 발견했다. 사람족은 수십 년 동안 화로에서만 불을 사용한 것으로 보이는데, 아마도 여기에다 음식을 조리했을 것이다. 하지만 호모 사피엔스가 불의 다른 용도를 발견했다. 16만 4000년 전 남아프리카에 살았던 사람들이 흙을 굽기 위해 불을 피웠는데, 구워서 돌처럼 단단해진 것을 새기고 깎아서 도구를 만들었다.[35] 7만 5000년에 이르면 남아

프리카 지역에서 초원에 불을 놓기 시작했는데, 시야를 넓혀 사냥 시기를 앞당기기 위한 과정이었을 것으로 보인다. 불길은 지상의 초목을 없앴을 뿐만 아니라, 땅속에도 촉진제 역할을 해 덩이줄기 식물이 훨씬 더 촘촘하게 자라게 했다.

인류가 오스트레일리아에 정착할 무렵에는 불을 사용해 새로운 지형을 만들기 시작했다.[36] 오스트레일리아 원주민들은 횃불로 앞을 밝히며 초원을 건너다녔다.[37] 이 대륙에는 초기 횃불 사용 기록이 지금까지 남아 있는데, 땅속 몇 미터 깊이에 얇은 층을 형성한 숯이 그 흔적이다. 오스트레일리아 원주민들의 삶에서는 불이 우주관을 관통할 만큼 중요한 요소였다. 한 창조 설화는 사람과 동물이 지금과는 아주 다른 형상으로 출발했는데 한 정령이 횃불로 온 세상에 불을 붙이자 모든 생명체가 비로소 오늘날의 모습을 하게 되었다고 전한다. 유럽 인이 최초로 이 대륙에 들어와서 목격한 것도 불이었다. "어디를 가나 낮이면 연기로 뒤덮이고 밤이면 불빛이 밝았다."라고 1770년에 제임스 쿡(James Cook, 1728~1779년) 선장은 일기에 적었다.

오스트레일리아 원주민들은 불을 사냥 무기로도 사용했다. 그들은 초원에 불을 질러 캥거루, 도마뱀, 뱀 등의 사냥감을 몰았다. 이런 불은 며칠씩 꺼지지 않고 지속되었기에 농사를 짓거나 사냥하고 싶은 짐승이 있는 숲이 나타나면 이런 식으로 태웠다. 그러면서도 불을 정교하게 사용해 신성한 나무는 불에 타지 않게 했다. 그들은 불 사용 규칙과 더불어 다양한 문화를 후손에게 물려주었으며, 불로 일군 풍경도 그 유산의 일부였다.

인류는 불뿐만 아니라 창, 덫, 그물, 미늘 등 많은 다른 사냥 도구도 발명했다. 또 자식들에게 새로운 도구 만드는 법과 사용하는 법을 가르치기도 했다. 인류는 문화의 지원으로 무적의 사냥꾼으로 도약했으며, 그 능력으로 매머드와 땅늘보 같은 덩치 큰 동물을 멸종에 이르게 했다. 이들 덩치 큰 포유류는 생태계 관리자 같은 존재였다. 일부 수목 종은 거대한 열매가 열렸고, 이들의 거대한 덩치에서 나오는 거대한 배설물을 통해 씨앗이 널리 퍼질 수 있었다. 그들이 사라지자 환경에 심대한 변화가 일어나 수목 종의 씨앗은 발치에서 멀리 벗어나지 못했다. 일부 생태학자는 한때는 초원이었던 시베리아가 매머드를 비롯해 거대한 포유 동물을 잃자 그 자리를 이끼가 차지하면서 오늘날의 척박한 툰드라가 되었다고 주장한다.

하지만 사람은 식물을 식용으로 만든 문화 전통을 통해 식물 생태계에 영향을 미쳤다.[38] 열대 우림 지역에서 살던 사람들은 야생 숲에서 열매를 채집해 천막으로 가져와 조리해서 먹었다. 그들은 다른 지역으로 이동했다가 남은 씨앗으로 야생 과수원이 형성된 몇 해 뒤에 다시 돌아왔다. 고대 이란 지역에서 수렵 채집으로 살아가던 사람들은 고원 지대 야생에서 자라는 콩을 수확하기 쉬운 강가로 가져와 재배했다. 다음 농사철을 위해 씨앗을 모으는 수렵 채집인들은 무의식적으로 새 환경에서 더 빨리 자랄 수 있는 변종을 찾아냈다. 이렇게 해서 사람의 손에 의한 식물종의 진화가 시작되었다.

마지막 빙기(제4기 빙하기. —옮긴이)가 끝나 가는 약 1만 년 전부터 이런 식물 종을 통해 사람의 손길 아래 재배 작물의 진화가 시작되었다. 비옥한 초승달 지대에서는 밀, 기장, 콩을 비롯한 다양한 식물 종이 재배 종이 되었다. 중국에서는 쌀, 아프리카에서는 수수가 재배 종이 되었다. 멕시코에서는 테오신트(teosinte)라는 잡초가 재배 종 옥수수로 거듭났다. 이 지역들 일부에서는 젖소, 염소, 양 등의 동물을 야생 종에서 가축으로 길들였다.

사람을 남극을 제외한 모든 대륙에 정착해 살게 만든 그 문화 누적 능력으로 인류는 주변의 황무지를 작물 재배할 전답이며 가축에게 꼴 먹일 목축지로 개간하게 만들었다. 이 농경 사회의 어린이들은 경작에 관련된 전통을 물려받았으며 그들이 태어나기 한참 전에 황야에서 전환된 토지도 물려받았다. 농업 혁명으로 전례 없이 인구가 폭증하면서 땅이 없어 농사를 지을 수 없는 사람들이 생겨났다. 그들은 수렵 채집인들이 거주하던 영토로 이주하면서 농사에 필요한 모든 것, 즉 새로 뿌릴 종자만이 아니라 가축과 마구, 농기구, 작물 수확과 맥주 양조, 가죽 신 꿰매는 법 등 이 모든 것에 관련한 전래 지식과 모든 문화 전통을 통째로 들고 들어갔다. 그리고 이 농경인들은 새로운 과정과 공정을 기존의 전통에 계속해서 덧붙여 나갔다. 그들은 낫날을 벼리거나 편자를 두드리는 등 금속 다루는 법도 익혔다. 이제 인류가 탄생하는 환경에서 농지는 물론 주택과 도로, 마을에서 도시에 이르기까지 이미 개척된 풍경이 주요한 부분을 차지한다.

⁂

농업 혁명을 낳은 것은 문화적 유산이었으며, 유산이라는 이름을 붙이게 만든 관습을 육성한 것이 이 혁명이다. 농업 혁명 이후로 조상은 후손에게 자신이 일군 큰 재산을 유산으로 상속하기 시작했다.

부모가 소중한 것을 후손에게 물려주는 데에 새로운 점은 없었다. 3억 년 전 파충류 조상 시대에도 하던 일이라고 주장해도 된다. 암컷은 자기 몸의 자원 일부를 바쳐 가며 난자를 단백질 풍부한 난황으로 채워 새끼에게 물려주었다. 난자 속의 이 양식을 섭취하면서 더 강한 새끼로 부화해 성체까지 생존할 확률을 높이고자 했다. 약 2억 년 전 우리 조상이 포유류로 진화했을 때 어미들은 젖을 물렸다. 우리 조상이 여우원숭이 같은 유인원으로 진화했을 때에는 부모에게 먹이와 보호를 동시에 받아야 했다. 수백만 년에 걸쳐 우리 조상은 점점 뇌가 커지면서 부모에 대한 의존도가 갈수록 높아졌다.

뇌는 동일 무게의 근육보다 20배 이상의 에너지가 소모된다. 인간 영아는 매일 섭취하는 열량의 거의 절반을 신경 세포의 연료로 보내야 한다. 인간의 뇌 크기는 10세까지 자라지만, 크기가 다 자란 뒤에도 발달은 끝나지 않는다. 10대의 뇌는 신경 세포 사이에 격렬하게 가지를 뻗어나가면서 멀리 있는 부위 간에 장거리 관계를 형성한다. 인간 뇌의 독특한 구조는 인간 특유의 문화 누적 능력에 없어서는 안 될 요소이다. 하지만 뇌가 발달하는 동안 필요한 연료를 얻기 위해서 사람은 부모의 도움을 받아야 한다.

5만 년 전의 어린이는 배가 고플 때마다 냉장고를 털 수가 없었다. 누군가는 직접 짐승을 잡아서 먹어야 했고 누군가는 불에다 식물을 조리해야 했다. 수렵과 채집으로 오늘날까지 살아남은 소수의 사회에서 모두가 그렇게 살던 시절에 우리가 어떤 모습이었을지 단서를 찾을 수 있다. 수렵 채집인 어린이는 이른 나이에 양식을 찾고 조리하는 일을 거들어야 했다. 그렇기는 해도 자기가 가져오는 것보다는 많은 열량을 섭취할 수 있었다. 나이를 조금씩 먹으며 더 힘든 일을 해서 이 격차는 줄어들지만 10대 후반이 되어서야 확실한 흑자가 된다.[39] 그때까지는 자녀만이 아니라 손녀, 손자까지 어린아이 때문에 발생하는 부족분은 가족이 힘을 합해 채워야 했다.

개중에는, 가령 효과 뛰어난 화살을 만들어 더 많은 짐승을 사냥할 수 있다면 남보다 훨씬 사정이 좋은 가족이 있었다. 수렵 채집 사회에는 이러한 불평등을 억제하는 도덕률이 있었다. 아무리 대단한 사냥꾼이라도 고기를 다른 가족과 나눠 먹지 않으면 평판에 타격을 입는 식이었다. 하지만 이러한 규율은 불평등을 어느 정도 억제할 뿐, 완전히 없애지는 못했다.[40] 수렵 채집 사회에서 잘나가는 집안의 자녀들은 그렇지 못한 집안 아이들보다 더 많은 음식을 먹어 더 건강하게 자랄 수 있었다. 이런 집안들은 가뭄이나 여타 천재지변이 발생했을 때 도움을 줄 수 있는 더 힘 있는 세력과 관계를 맺었다. 조건이 맞아떨어지면 수렵 채집 사회의 불평등은 세대를 거듭하면서 더 강화되기도 했다.

인류학자들은 밴쿠버 섬에서 특히 인상적인 불평등 사례를 발견했다. 이 섬에 적어도 4,000년 전에 들어온 아메리카 원주민 누트카(Nootka) 족은 강을 거슬러 헤엄쳐 올라와 산란하는 연어를 잡으며 살아왔다. 그들은 훈제 연어를 주식으로 삼고 잉여분은 섬 안의 다른 부족들과 교환하며 사는데, 이렇게 벌어들이는 수익으로 대형 목조 주택을 짓고 조상을 기리는 토템 폴(totem pole)을 세울 정도로 윤택한 삶을 살았다. 하지만 누트카 족은 이상적인 평등 사회와는 거리가 멀었다.

누트카 족의 족장은 대가족을 거느리고 강에서 연어가 가장 잘 잡히는 자리를 지배한다. 그에게는 권세를 연장하며 정당화해 주는 상속제가 있는데, 족장들은 모두 보이지 않는 조상의 영령으로부터 권세를 물려받는다. 그는 자식들이 열어 베푸는 성대한 잔치로 이 권세가 상속되었음을 알린다. 누트카 족의 세도가들은 갈수록 힘이 더 강해진 반면, 다른 부족민들은 빚에 허덕였다. 심지어 부채를 갚을 길이 보이지 않아 가족과 함께 주인집으로 들어가 노예로 사는 부족민도 있었다.

누트카 족 마을은 이런 불평등 상황이 발생해도 몇 세기는 지속되다가 무너졌는데, 그것도 가뭄 등의 천재지변이 세도가가 누리던 이점까지 싹 쓸어간 결과였다. 수렵 채집 사회에서도 불평등은 다른 곳이나 매한가지로 어쩔 수 없는 문제였던 듯하다. 농경의 출현으로 불평등은 급증하고 확장되었다. 예를 들어 고대 근동의 수렵 채집인들은 야생 식물을 모아다가 공동 곡창에 저장했다. 채집에서 농경으로 전환되면서 그들은 작물을 재배할 토지 소유권을 주장했고 개인용 곡창을 지어 수확한 농작물을 저장했다. 수확이 좋은 곡물을 심은 농부는 상품으로 교환할 잉여 양식이 생겼다. 그들은 그 땅과 상품을 자식에게 물려주었고, 그 자식들은 압도적으로 유리한 조건에서 농사를 시작할 수 있었다.

*
* *

부모로부터 PKU를 물려받는 것이나 네가래 빵 조리법 같은 지식을 물려받는 것이나 물려받는 것은 같지만 이것이 같은 유전이 아니라는 것은 말할 필요도 없다. 전자는 유전 정보의 복사본이 배아를 통해 전달되는 유전이다. 후자는 행동과 언어의 표현 양식이 오랜 시간의 가르침을 통해서 전달되는 유전이다. 두 유전 모두 사람에 따라, 인구 집단에 따라 다양한 변형이 존재한다. 그리고 두 유전 모두 그 변형이 여러 세대에 걸쳐 유지될 수 있다.

20세기 초, 과학자들에게 유전은 유전자에 의한 것뿐이었다. 이 협의의 **유전** 개념은 빠르게 유전학 실험실 벽을 넘어 다방면으로 전파되었다. 우리가 삶에서 경험하는 유전에는 이 개념이 도사리고 있지만 우리는 자기도 모르게 유전의 오랜 전통을 새로운 유전자의 언어 속에 심고는 한다.

우리는 유전 질환을 가문의 저주라고 부른다. 고가의 저택을 소유한 남작 가문은 그 부가 불가사의한 유전자의 힘이라고 합리화한다. 혈통 연구는 계보를 따져 적출을 합법화하던 낡은 관습에서 시작되었지만, 우리는 여전히 이 관습에 의존해 출신을 설명한다. 출생 증명서와 이민 기록으로 증명되지 않으면 DNA 정보를 들고 갈라져 나온 가지를 끝도 없이 추적해 간다. 그러다가 역사 속 유명 인물이라도 발견하면 뛸 듯이 기뻐한다. 그들의 대립 형질을 보유함으로써 자신이 특별한 존재가 된다는 듯이. 몇 세대만 지나면 우리와 조상 사이에 공통된 DNA는 거의 혹은 전혀 없다는 사실은 외면하고서 말이다. 우리는 경주마 소개할 때나 사용하는 16세기식 표현을 써 가면서, 게다가 이런 식으로 사람을 분류하는 일에는 아무런 근거도 없는데도, 자신이 순혈 아일랜드 인인지 혹은 순혈 체로키인지 혹은 순혈 이집트 인인지 알고 싶은 마음에 DNA 검사를 받는다. DNA 근거라는 것이 흰개미의 습격을 받은 장벽처럼 군데군데 구멍이 뚫린 것이 사실임에도 불구하고. 우리의 유전 물질은 덩어리마다 하나의 역사를 담고 있다. 하지만 그 하나하나는 인류의 역사 속에서 사방팔방으로, 대륙과 대륙 사이로 이리 튀고 저리 튄다. 인간의 유전체는 현생 인류에서 지금은 멸종한 원인(猿人) 친척들까지 그들이 지녔던 DNA가 조각조각 뒤섞여 있는 표본인 셈이다.

우리는 유전이 보통 가족의 테두리 안에서만 일어나는 일로 생각한다. 부모 양쪽의 DNA가 절반씩 결합해 새 후손을 만들고, 그들의 유전자는 멘델의 법칙을 준수하는 것으로. 하지만 유전은 수태의 문 앞에서 멈추는 것이 아니다. 세포는 계속해서 분열하며 그 딸세포들은 모세포 안의 모든 것, 구체적으로는 미토콘드리아, 단백질, 염색체 그리고 각 세포에 역할을 부여하는 후성 유전 연결망을 물려받는다. 우리 몸은 걸어 다니는 가계도이다. 이 가계도에서 뻗어 나간 가지들은 유전자와 모자이크 돌연변이(심지어 여러 다른 사람의 계보로 이루어진 키메라 돌연변이까지)가 공유되는 관계를 보여 준다. 생식 세포가 이 유전 계보를 새 생명으로 연장해 줄 수 있지만, 바이스만의 장벽(유전은 배우자를 생성하는 생식 세포를 통해서만 일어나며 따라서 '불멸성' 생식 세포와 '일회성' 체세포는 엄밀히 구분해야 한다는 주장.—옮긴이)은 결코 절대적이지 않다. 셀 수 없이 많은 생명체가 육지와 수상에서 자신의 종양을 새로운 숙주에게 보내 수천 년 동안 은신시킴으로써 불멸성을 획득하지 않았던가.

바이스만이 깡그리 틀렸다고 말하려는 것이 아니다. 그는 유전을 보는 새로운 관점을 제시했으며, 이것은 멘델의 가설이 재발견되는 기반 작업이 되었다. 1900년대 초, 유전학자들은 멘델의 법칙을 통해 인간의 유전을 이해하기 시작했다. 이 법칙 덕분에 숨바꼭질하듯 어떤 세대에는 보였다가 다음 세대에는 또 안 보였다가 해서 다윈마저 당황하게 만든 유전 형질의 특성을 이해할 수 있었다. 이 법칙으로 답을 찾은 가장 쉬운 수수께끼는 단일 우성 형질 혹은 1쌍의 열성 형질로 유발되는 PKU 같은 유전 질환이었다. 하지만 키처럼 단순해 보이는 것을 비롯해 다른 형질에 대해서는 설명이 구만리로 길어지고 있다. 우리의 생물학적 과거가 키에 미치는 영향이 수천 가닥으로 흩어져 있기 때문이다.

멘델의 법칙은 쉽게 허물어지기도 한다고 판명되었다. 유전자는 왕왕 멘델의 법칙을 가뿐히 넘어서서 개체군 속에 널리 퍼지며, 때로는 자기 종을 멸종시킬 위험을 감수하면서까지 몰아치기도 한다. 많은 동물종과 식물 종, 세균 종이 멘델의 법칙에 복종하지만 때로는 그 길을 벗어나 다른 방식으로 미래 세대에 자신을 전달하기도 한다. 어떤 종은 아비인 동시에 어미가 된다. 자기 정자로 자기 난자를 수정한다. 그런가 하면 단일 세포 안에서 염색체들이 재조합되어 후손으로 발달하기도 한다. 배우자를 아예 버리고 스스로 복제하는 종도 있다. 이들은 어쩌다 나타나는 희귀 사례가 아니라 우리 주위에 존재하는 종들이다. 그들은 성장해 숲이 되고 산호초가 되며 우리의 빵이 되고 맥주가 된다.

세계를 인간 중심주의로 바라보다 보면 멘델의 법칙이 미숙한 것이라는 사실을 잊기 쉽다. 우주가 탄생하면서 빛의 속도는 초속 30만 킬로미터로 고정됐다. 전자의 질량은 불변이다. 그런데 멘델의 법칙은 우주

어디에서도 발견되지 않았다. 우리가 아는 한, 아주 늦게 한 행성에서만 진화했다. 하지만 멘델의 법칙이 진화하기 수십억 년 전부터 그 축축한 바윗덩어리 위에서 유전의 실타래가 풀리고 있었다. 생명의 역사 절반이 넘는 시간 동안 지구를 독점했던 주민, 미생물과 바이러스는 생식 세포 결합으로 증식하지 않았다. 오늘날에도 그렇다. 그들은 자신의 DNA를 거의 동일하게 복제할 줄 안다. 하지만 그 DNA는 미생물 사이를 옮겨 다니면서 유전이 수직적으로만 이루어졌다면 결코 진화하지 못했을 누더기 생명체를 발생시킬 수 있다. 미생물은 그들만의 새로운 유전 방식을 진화시켰다. 우리는 2000년대 초에 비로소 많은 생물 종이 유전자 가위 CRISPR를 이용해 바이러스에 대한 방어 수단(후손에게 물려줄 수 있는 방어 수단)을 획득한다는 것을 발견했다.

유전자 유전이라는 단면적 개념에만 의존한다면 우리는 자연 세계를 이해할 수 없다. 그런데 과학자들 사이에서 **유전**의 정의를 다시 확장해 다른 경로들, 즉 문화든, 후성 유전 표지자든, 숙주에게 편승하는 미생물이든, 혹은 우리가 아직 알지 못하는 다른 어떤 통로들도 고려해야 한다는 목소리가 나오고 있다. 1980년대에 펠드먼과 다수의 연구자가 문화와 유전자를 아우를 수 있는 유전 가설을 논의하기 시작했다. 그 뒤로 이 가설을 한층 더 확대하려는 노력이 이루어졌다. 오스트레일리아 뉴 사우스 웨일스 대학교의 러셀 본두리안스키(Russell Bonduriansky)와 캐나다 온타리오 퀸스 대학교의 트로이 데이(Troy Day)는 유전자 형태의 유전과 비유전자 형태의 유전을 하나로 기술할 수 있는 방정식을 수립할 때가 되었다고 생각했다. 그들은 이 생각을 2018년 저서 『유전자가 다가 아니다(*Not Only Genes*)』에 펼쳐 놓았다.[41]

본두리안스키와 데이는 20세기의 유전 연구는 오류를 바탕으로 진행됐다고 주장한다. 유전학자들은 단순히 근거를 제시함으로써 유전자를 옹호한 것이 아니었다. 그들은 유전자 아닌 다른 것이 유전을 수행할 수 있다는 가능성 자체를 거부했다. 하지만 한 통로가 존재한다는 사실이 곧 다른 가능성을 배제해야 한다는 뜻은 아니다. "유전자만이 유전의 통로라는 개념은 근거로도 논리로도 확고하게 뒷받침되지 않는다." 본두리안스키와 데이는 그렇게 말한다.

유전자 유전 개념이 확립되면서 비유전자 유전 형태 연구는 퇴조했다. 비유전자 유전을 입증하는 일부 실험 결과가 부실하거나 심지어 부정이 있었던 것으로 밝혀지면서 이 학파에 대한 평판도 불명예로 얼룩졌다. 신중했던 연구자까지도 불리한 처지에 놓였다. 유전자 효과는 그 인과성을 높은 정밀도의 수치로 제시할 수 있다. 완두콩이나 초파리는 교배만 시켜도 유전자가 어떻게 후손에 유전되는지 사실 그대로 보여줄 수 있다. 하지만 비유전자 형태의 유전은 환경의 영향과 구분하기 어려울 뿐만 아니라, 남아 있지 않고 사라지는 경향이 있다. 비유전자 유전을 기록하려는 과학자들은 흔적 따라잡기 장기전에 돌입해야 한다. 린네가 펠로리아의 괴물 꽃에 주목한 때가 1740년대였다. 170년이 흘러 찾아간 마티엔센은 여전히 그 많은 세대를 거치고도 펠로리아에게 괴물 꽃을 피우게 만드는 것이 무엇인지 알아내지 못해 애를 태우고 있었다.

이 유전 가설 논쟁은 다른 단계에 접어들었다. 양쪽 모두 상대방의 주장을 받아들였다. 비유전자 유전 가설을 주장하는 과학자들은 유전자의 영향을 부정하지 않는다. 내가 만난 유전자 유전학자 가운데 아무도 유전자 아닌 요소가 유전에 영향을 미칠 수 있다는 주장을 노골적으로 부정하지는 않는다. 이제 싸움은 무의미하다. 일부 유전학자는 비유전자 유전을 연구해서 얻을 것이 많지 않다고 본다. 일부 유전학자는 유기체에서 발견되는 유전 형질을 이해할 수 있는 유일한 방법은 그것이 전달되는 메커니즘을 이해하는 것뿐이라고 믿는다. 때로는 그 과정에서 유전자 이외의 요소까지 탐구하게 될 것이다.

유전자 유전에 우호적이고 비유전자 유전에는 불리한 한 가지 근거가 있다. 유전자에는 점착성이 있다는 점이다. 우리의 세포에서는 단백질과 RNA 분자가 결합해 유전자를 원본과 거의 동일하게 복제하기 위한 작업이 헌신적으로 이루어진다. DNA 돌연변이율이 낮아야 대립 형질이 오랫동안 여러 세대를 거치며 지속될 수 있다. 따라서 점착성 높은 형질이 다른 대립 형질보다 자연 선택이 선호할 시간을 더 오래 유지할 수 있으므로 진화적 변화를 만들어 낼 수 있다.

비유전자 유전은 유전자 유전에 비해 금세 일어나고 금세 사라진다. 연못과 개울에 서식하는 작은 무척추 동물인 물벼룩은 비유전자 유전 형태를 이용해 천적으로부터 도망친다. 그들은 포식자 물고기 냄새를 맡으면 머리와 꼬리에서 침이 나오는데, 물고기가 삼키지 않고 뱉어 버리게 만드는 장치이다. 그런 다음 암컷 물벼룩이 낳은 후손은 천적의 냄새 없이도 발달 초반에 침이 나온다. 이 전환은 몇 세대 지속되다가 사라진다. 그다음 세대 물벼룩은 침 없이 태어난다. 이런 유형의 유전은 진화적 변화를 만들어 내지 못한다. 침 있는 형질이 침 없는 형질보다 오래 지속되지 못해 자연 선택될 기회를 얻지 못하기 때문이다.

하지만 본두리안스키와 데이는 이 근거가 비유전자 유전의 중요성에 반한다는 주장을 반박했다. 분명 일부 사례는 상당한 내구력을 보인다. 린네의 좁은잎해란초 괴물 꽃이 지금도 괴물 꽃을 피우고 있다는 사실은 후성 유전적 통로로도 수백 년 동안 유전이 지속될 수 있음을 보여준다. 적어도 좁은잎해란초가 이것을 증명했다. 수만 년 전으로 거슬러 올라가는 역사를 추적할 수 있는 문화 역시 유전의 한 형태로 받아들일 수 있다. 짧은 시간만 나타났다 사라지는 비유전자 유전이라도 어떤 종에 중대한 영향을 남길 수 있다. 많은 동물 종과 식물 종이 후손에게 뱄

족한 침 같은 방어 수단을 프로그래밍해 놓음으로써 환경이 바뀌어도 장기간 진화적 성공을 누릴 수 있다. 이 성공은 먹이 사슬에 연쇄 작용을 일으키기도 한다. 물벼룩은 뾰족한 침을 이용해 천적은 굶기면서 자신들은 개체수를 증식할 수 있었다.

비유전자 유전은 진화의 방향을 조종할 수 있는 잠재력 때문에도 중요하다. 예를 들면 일련의 조건에서 자연 선택이 키 작은 식물보다 키 큰 식물을 선호할 수 있다. 여기에 부합하는 대립 형질이 유전된 개체가 가장 큰 키로 성장할 것이다. 하지만 비유전적 요인도 개체의 키에 영향을 미칠 수 있다. 어떤 비유전적 요인이 추가되어 키 큰 식물을 더 크게 만들 수 있다면 이 개체는 더 많은 후손을 얻을 것이다. 하지만 비유전자 유전이 유전자에 불리하게 작용해 진화가 정체를 겪을 수도 있다.

『유전자가 다가 아니다』에서 본두리안스키와 데이는 비유전자 유전이 얼마나 중요한 요인이 될지에 대해 불가지론적 태도를 견지한다. 그들은 후성 유전적 기억에 대한 과학계의 흥분을 부추기지 않는다. 그저 이 문제가 중요하며 아울러 답이 필요하다고 생각한다. 그들은 두 형태의 유전을 통합한다면, 우리는 왜 늙는가, 공작은 어떻게 화려한 꼬리와 현란한 구애 행동을 가지게 진화했는가, 새로운 종은 어떻게 탄생하는가 등 생명의 역사와 관련해 과학이 아직까지 풀지 못한 가장 큰 물음을 해명하는 데 도움이 될 것이라고 믿는다. 유전에 대한 통합적 관점은 인류의 역사에도 도움이 될 것이라는 뜻이다.

최근에 가령 아이스크림 콘이나 브리 치즈를 맛있게 먹었다면 농업혁명이 가져온 가장 기이한 결과물을 경험한 것이라고 생각하면 된다. 일반적으로 포유류는 젖을 뗀 뒤에는 어떤 형태로든 우유를 먹지 않는다. 젖을 뗀 포유류는 젖당을 분해하는 데 필수 효소인 락타아제를 더는 분비하지 않는다. 전 세계 인구의 약 3분의 2가 그러하다. 그들에게는 우유를 마시는 것이 부종이나 설사 등 다양한 증상을 유발하는 불편한 경험이다. 하지만 그 나머지 20억여 명의 인구는 성인이 되어서도 계속 우유를 마시고 유제품을 섭취한다. 그들은 락타아제를 계속 분비하게 만드는 돌연변이를 물려받은 사람들이다.

과학자들은 유전체의 동일 부위에서 이 돌연변이를 많이 발견했다. 이 돌연변이는 락타아제 유전자인 LCT를 제어하는 유전자 스위치를 바꾸어 젖을 뗀 뒤에 락타아제가 차단되는 것을 막는다. 지난 몇천 년 동안 자연 선택이 선호한 단서를 보여 주는 이 돌연변이는 아프리카 동부, 근동, 유럽 북서부 등 오랜 목축의 역사를 지닌 지역에서 살았던 조상을 둔 사람들에게서 발견된다.

모든 단서가 잘 맞아떨어지는데, 이것은 가축화가 이루어진 뒤 사람들에게 우유를 섭취할 수 있게 해 주는 돌연변이가 널리 퍼졌음을 시사한다. 이쯤 해서 이 가설은 입증되었다고 선언해도 될 법했다. 그러나 본두리안스키와 데이는 이 이야기에 내재한 역설을 지적한다. 동물 가축화 전에는 아주 소수에게만 LCT 돌연변이가 유전되었다. 다시 말해 초기의 목축 인구 집단 사람들 대다수가 젖당 불내증이 있었다. 만약 이 대다수가 배탈이 났다면 어떻게 우유 마시는 관습이 자리 잡았는지 설명되지 않는다. 그런데 그런 이유로 우유를 마시지 않았다면, 젖당 내성 있는 사람들이 우유를 마시고 종족 번식에 성공해 이 대립 형질을 널리 퍼뜨릴 기회는 없었을 것이다.

이 역설에서 빠져나오는 방법은 초기 목축 인구 사이에서 두 형태의 유전, 그러니까 LCT 돌연변이의 유전자 유전과 우유 마시는 문화적 전통의 유전이 동시에 일어났음을 받아들이는 것이다. 소, 양, 염소를 키우는 문화적 전통은 주로 고기를 얻기 위한 방법으로 시작되었을 것이다. 그러다가 이 목축 인구가 창의력을 발휘해 이 가축들에게서 다른 종류의 양식을 얻을 수 있다는 사실을 발견한다. 그들은 이 동물의 젖을 짜기 시작한다. 초기에 젖당 내성이 없는 사람들은 소 젖이나 양 젖, 염소 젖을 조금만 마셨을 것이다. 그러다가 사람들은 쉰 가축 젖을 요구르트나 치즈(이것들은 일반 우유보다 젖당이 훨씬 적다.)로 만들면 소화가 더 잘된다는 것을 알게 됐을 것이다. 폴란드에서 7,200년 된 체가 발견되었는데, 그 안에 유지방이 남아 있었다. 그 시기에 치즈를 만들었음을 말해 주는 단서이다.[42]

이 관습이 자리 잡자 자연 선택이 LCT 돌연변이가 있는 사람에게 유리하게 작용했을 것이다. 기근이 닥쳤을 때 다른 사람들은 굶어 죽는데 이 돌연변이가 있는 사람들은 우유에 의지해 단백질과 탄수화물을 섭취할 수 있었을 것이다. 그들의 후손이 LCT 돌연변이를 물려받아 젖당 지속성이 흔해지자 우유 마시는 문화가 널리 확산되었을 것이다. 다시 말해 처음에는 유전자 유전과 문화적 유전이 상호 장애로 작용했으나 후대에 이르러 같은 방향으로 진화에 이바지한 것이다.

본두리안스키와 데이는 유전에 대한 넓은 시각이 필요한 또 한 가지 이유를 제시한다. 시야를 차단하고 오로지 유전자만 본다면 생물학 분야에서 이루어지는 중요한 새로운 발견을 지나칠 위험이 있다는 것이다.

예를 들어 19세기에 의사들은 술을 과도하게 마시면 정신 박약을 비롯한 정신 질환이 자녀에게 유전된다고 믿었다. 하지만 과학적 근거를 바탕으로 한 것이 아니라 성경에 나오는 약속, "아버지의 죄악을 자식에게 갚아 삼사 대까지 이르게 하리라."에 대한 믿음이었다.

초기 멘델주의자들에게 한물간 라마르크주의에 지나지 않는 소리였다. 부모 한쪽의 알코올 중독이 미래 세대에 피해를 남긴다니, 그들에게는 있을 수 없는 일이었다. 그것은 원인으로 작용할 수 없으며, 하나의 효과에 불과했다. 그들은 어떤 결함 있는 유전자가 뇌에서 변형을 일으켜 유전성 정신 박약을 유발한다고 보았다. 정신 박약이 유전된 사람들은 지능 검사에서 낮은 점수를 받을 뿐만 아니라 술과 같은 위험한 쾌락에 저항할 능력을 지니지 못하는 것이라고 말이다.

"모든 정신 박약자가 잠재적 술꾼이라고 말해도 무방하다." 고다드는 1914년에 이렇게 말한 바 있다.[43]

고다드는 정신 박약이 유전 형질임을 증명하기 위해 에마 울버턴의 가계도를 조사할 때 알코올 의존증 관련 기록이 있는지 꼼꼼히 뒤졌다. 그는 이것이 자신의 생각을 강력하게 지지해 주는 근거가 될 것이라고 믿었다. 『칼리카크 가족』을 통해 정신 박약과 알코올 의존증의 관계에 대한 설명이 대중에게도 널리 보급되었다. 하지만 칼리카크 집안사람들이 세상을 놀라게 하는 동안 완전히 다른 방향을 가리키는 실험을 수행한 과학자들이 있었다.

뉴욕 코넬 대학교 의과 대학의 찰스 루퍼트 스토커드(Charles Rupert Stockard, 1879~1939년)와 게오르요스 파파니콜라우(Georgios Papanicolaou, 1883~1962년)는 짝짓기 직전의 기니피그 코에 알코올 증기를 쏘였다. 알코올은 이들의 후손에 많은 문제를 유발했다. 일부 기니피그 새끼는 기형으로 태어났고 일부는 저체중이었으며, 유아기에 죽는 경향을 보였고 생존한 경우에는 번식력이 약했다. 스토커드와 파파니콜라우는 심지어 같은 문제가 4세대 이상 지속된다는 사실을 확인했다. 그들은 알코올이 바이스만의 장벽 가설을 어기고 생식 세포까지 침범했다는 결론과 함께 이렇게 예측했다. "마찬가지로 이 수정된 생식 세포질에서 태어나는 모든 미래 세대가 그 영향을 입을 것이다."

고다드나 다른 멘델주의자들은 이 새 실험 결과에 동요하지 않았다. 1920년에 금주령이 발효하면서 알코올에 관한 의학 연구는 정체기에 들어갔다. 1933년 금주령이 해제될 무렵에는 유전학이 발전하면서 스토커드와 파파니콜라우의 연구 결과를 재고하기를 거부하는 분위기가 형성되었다. "알코올이 나쁜 혈통을 만들지는 않지만, 많은 알코올 의존증 환자가 나쁜 혈통에서 나온다." 1942년에 『알코올 탐구(*Alcohol Explored*)』의 저자 하워드 윌콕스 해거드(Howard Wilcox Haggard, 1891~1959년)와 엘빈 모턴 젤리네크(Elvin Morton Jellinek, 1890~1963년)의 설명이다. "급성 알코올 의존증이 사람의 생식 세포에 영향을 미친다거나 유전 형질 변화에 어떠한 영향을 미친다는 것을 증명할 신뢰할 만한 근거가 전혀 제시된 바 없음은 분명하다."[44]

1970년대에 들어와서야 의사들이 해거드와 젤리네크의 주장이 얼마나 잘못되었는지 깨닫기 시작했다. 워싱턴 대학교의 소아과 전문의 데이비드 스미스(David Smith)와 케네스 존스(Kenneth Jones)가 같은 증후군을 보이는 네 어린이 환자에게 주목했다. 모두 머리가 작고 단신에 지능 발달이 느렸다. 거기에 한 가지 공통점이 더 있었다. 네 어린이의 어머니 모두가 알코올 의존증 환자였다. 스미스와 존스는 새 질환을 제안했다. 태아 알코올 증후군. 임신 기간에 과도한 음주를 하면 뇌 손상에서 활동 항진, 판단력 장애 등 다양한 증상을 유발할 수 있다. 미국 질병 통제 예방 센터에서는 초등 학생 20명 중 1명에게 태아 알코올 증후군이나 관련 장애가 있는 것으로 추산한다.

이 증후군의 생화학적 메커니즘을 이해하기 위해 근년 들어 과학자들이 임신한 쥐가 알코올을 섭취했을 때 어떤 일이 일어나는지 연구하고 있다. 이 연구들은 태아 알코올 증후군이 후성 유전 질환임을 시사한다. 술의 에탄올이 태아의 DNA 주변의 메틸 그룹이나 그 밖의 분자 구조를 변화시킨다. 그 결과 어떤 유전자는 비활성화되고 어떤 유전자는 더욱 활성화된다. 근거는 아직 부족하지만, 수정 전 아버지가 술 마시는 것도 이 질환의 유발에 영향을 미칠 가능성도 있다.[45] 에탄올이 정자의 후성 유전 패턴에 변화를 가져올 수 있으며, 이 변화가 자손에게까지 전달될 가능성도 있다. 근거는 미미한 단계이나, 수컷 쥐의 같은 후성 유전적 변화가 2세대 이상 전달된 실험 결과도 있다.

태아 알코올 증후군에서 발생하는 분자 구조 변화에 대해서는 아직 상당히 모호한 상황이다.[46] 하지만 이 증후군 자체가 밝혀지기까지는 오래 걸리지 않았다. 과학자들이 이 가능성을 진작에 고려했더라면 얼마나 더 빨리 밝혀낼 수 있었을까, 그렇게 짐작해 볼 따름이다. 고다드가 1900년대 초에 심리학자로 훈련받을 때 이 증후군에 대해 알았더라면 역사는 달라졌을지도 모르겠다. 1995년 브루클린 아동 병원(Children's Medical Center of Brooklyn)의 의사 로버트 카프(Robert Karp)가 고다드가 『칼리카크 가족』을 쓸 때 수집한 자료 일부를 살펴보았다.[47] 알코올 의존증이 있는 부모를 둔 어린이들의 사진을 보다가 몇 아이의 얼굴에서 공통점을 발견했는데, 칼날처럼 얇은 윗입술과 짧은 인중이 눈에 띄었다. 태아 알코올 증후군의 특징이었다.[48] 고다드의 기록 중에 예를 들어 에마의 일부 친척의 단신을 보면 볼수록 이 추측이 맞는다는 생각이 강해졌다. 하지만 고다드는 이런 징후를 알아보지 못했다. 그에게는 불가능한 일이었다. 유전에 대한 시각이 경직돼 있었으니까. 현재 우리는 그 잃어버린 시간을 메우고 있다.

5부

태양의 불수레

17장

그 도전은 숭고했노라

파에톤이 어느 날 아버지인 태양신 헬리오스를 만나러 갔다.[1] 이 그리스 신화에서 파에톤은 아버지에게 친부 확인을 요구했다.

헬리오스가 그의 친아버지가 아니라는 저자의 풍문을 잠재우기 위함이었다. "제가 아버지의 진짜 아들임을 모두가 알 수 있는 증거를 보여 주십시오."[2]

헬리오스는 왕좌에서 내려와 파에톤을 끌어안으면서 무엇이든 친부임을 증명할 수 있는 것을 해 주겠노라 약속했다. 그러자 파에톤이 아버지에게 청했다. 헬리오스로서는 할 수만 있다면 거부하고 싶은 청이었다. 파에톤은 태양의 불수레를 타고 하늘을 달리고 싶다고 했다.

헬리오스는 파에톤에게 뭐든 좋으니 다른 것을 요구하면 안 되겠느냐고 애원했다. 너무나 힘센 말들이라 파에톤이 다루기가 쉽지 않을 것이며 길은 너무나 험난하다고. 하지만 자신의 기술과 힘에 자신만만하던 파에톤은 고집을 꺾지 않았다. 헬리오스는 자승자박임을 알면서도 아들에게 황금 바퀴 수레를 내주었다.

파에톤이 수레에 오르는 순간 말이 하늘로 솟아올랐다. 파에톤은 겁에 질려서 앞이 보이지 않았다. 신의 아들이기는 하나 그것이 곧 아버지의 우월한 기술까지 물려받았다는 뜻은 아니었다. 마차는 궤도를 이탈해 태양을 끌고 지상을 향해 오르락내리락 질주했다. 마차가 바짝 붙었던 지점은 태양에 그을려 사막이 되었다. 마차가 높이 치솟은 지점은 얼어붙어 불모의 땅으로 변했다.

파에톤의 광포한 질주는 지형만 영구적으로 바꾸어 놓은 것이 아니었다. 인류에게도 영구 표지를 남겼다. 마차가 요동치며 아프리카 대륙을 지날 때 태양이 지상에 너무 가까이 붙는 바람에 거기에 살던 사람들을 태웠다. 사람들은 피가 피부를 뚫고 나올 듯이 솟구쳤고 피부는 검은색으로 변했다. 그 검은 피부는 자손들에게 유전되었고, 미래 세대도 전부 마찬가지로 검은 피부를 갖게 되었다.

곧이어 대지가 제우스 신에게 도와 달라고 울부짖었다. 그러자 제우스가 불수레에 번개를 내리꽂았다. 태양신의 아들은 별똥별처럼 이글거리며 지구로 떨어졌다. 연기가 피어오르는 그의 시신을 요정들이 거두어 분묘를 세워 주고 묘석에 비문을 새겼다. "아버지의 불수레를 몰았던 파에톤, 이곳에 잠들다. 처참히 실패했으나, 그 도전은 숭고했노라."

주로 푸블리우스 나소 오비디우스(Publius Naso Ovidius, 기원전 43~기원후 17년)의 『변신 이야기(*Metamorphoses*)』를 통해 오늘날까지 전해지는 파에톤 이야기에는 많은 주제가 담겨 있다. 이 이야기는 유전에 대해서도 다루는데, 파에톤의 광포한 질주에는 사람들 사이의 유전적 차이에 대한 한 가지 가설을 설명한다. 고대 철학자나 시인은 자녀가 부모를 닮는 이유며 일부 질환이 유전되는 이유에 대해서 여러 가지 방식으로 설명했다. 하지만 그들의 저술에는 한 가지 중요한 점이 빠져 있었다. 우리가 아는 한 아리스토텔레스를 비롯한 고대 학자 가운데 유전 형질을 어떻게 바꿀 수 있는지, 다시 말해 유전 질환을 어떻게 근절할 수 있는지 혹은 인류의 생존이 달린 동식물 종을 어떻게 개량할 수 있는지 따위의 이야기를 한 사람은 없었다. 어쩌면 고대 학자들은 유전 형질을 바꾸는 것이 태양의 운동을 바꾸는 것만큼이나 불가능한 일이라고 생각했을지도 모른다. 어쩌면 감히 그런 권한을 거머쥐려고 했다가는 파멸에 이르러 죽음을 면치 못할 것이라고 생각했을지도 모른다.

하지만 파에톤의 이야기 속에는 또 다른 이야기가 숨어 있다. 생각해 보면 이상한 일이다. 헬리오스 같은 신이 하늘의 불수레를 끄는 데 굳이 말을 부릴 필요가 있었을까 말이다. 그들에게는 분명 하늘을 누빈다 싶을 정도로 훌륭한 말이 있었겠지만 그럼에도 말발굽이 있고 꼬리가 있고 갈기가 있는 말이 꼭 필요했을까. 지상의 그리스에서 경주와 전투에서 수레를 끌었던 것과 똑같은 말 말이다.

하지만 고대 그리스 인들이나 동료 인류는 그 짐승을 위엄 있는 종으로 변신시켰다. 야생에 살던 조상 말의 DNA 염기 서열을 바꾸어 가축으로 삼았다는 이야기이다.[3] 그들은 부모를 대신해 경주에서 뛸 망아지를 키웠을 것이다. 새 세대가 태어날 때마다 강한 심장, 강한 다리 골격, 두 발로 걷는 영장류의 명령을 고분고분 이행할 기질 등 경주 임무에 높은 적응력을 보인 부모의 형질이 유전되었을 것이다.

이 유전 형질의 조합이 처음 나타난 것은 약 5,500년 전 중앙아시아의 유목 인구 집단이 야생마를 길들이기 시작한 시기였던 것으로 보인다. 알고 한 것은 아니지만 그들은 번식에 적합한 특정 유전자를 선별했다. 그리고 다음 1,000년 동안 가축화된 말은 아시아, 유럽, 아프리카 북부 등지로 널리 퍼져 나갔다. 따라서 고대 그리스의 말은 5,000년에 걸친 유전자 개량의 산물이었으며, 그 뒤로도 사람들은 계속해서 새 품종을 개발했다. 클라이즈데일 같은 덩치 큰 짐수레 말은 무거운 짐을 운반했고, 서러브레드는 경마장을 질주했다. 모든 말은 품종에 따라 덩치에서 체격, 심지어 걸음걸이까지 모든 형질에서 각기 다른 유전자 조합을 갖게 되었다.

다시 말하면, 그리스 인을 비롯한 고대인들이 유전과 유전자를 다루는 능력이 파에톤이 아버지 수레 다루는 능력보다 우월했다는 뜻이다. 하지만 그들이 의도한 결과물은 아니었다. 특정 수요에 맞추어 수정한 말의 유전자 변화는 영구적으로 미래 세대에까지 이어지지 못했다. 그들이 주먹구구식으로 취사선택한 유전자 변이가 DNA에 자리 잡을 때 해로운 변이가 끼어드는 경우도 있었다. 현대의 말은 조상보다 상처 치유 능력이 떨어지거나 뇌전증 발병 위험이 높아지는 등 고대인들이 행한 무분별한 선택의 대가를 치르고 있다.

1800년대에는 유전의 불수레에 도전하는 과학자가 늘어났다. 그들은 유전 법칙을 찾아내기 위한 실험을 수행했다. 하지만 1900년대 초까지도 유전을 다루는 일은 마치 마법을 부리는 것처럼 여겨졌다. 경이로운 점에서도 위험하다는 점에서도. 버뱅크가 "샌터로자의 마법사"[4]라는 별명을 얻은 것도 결코 우연은 아니었다.

식물학자 조지 셜은 보고서를 쓰기 위해 버뱅크와 함께 지내면서 이 마법사에게 흥미로운 꽃과 열매를 찾아내는 명민한 눈 말고 다른 마법은 없다는 것을 깨달았다. 근대 식물 육종의 진정한 개척자가 된 사람은 버뱅크가 아닌 셜이다. 콜드 스프링 하버로 돌아온 셜은 실험실 말 사료에서 챙겨 둔 경립종 옥수수(Flint corn)로 실험을 시작했다.[5] 그는 낟알을 심은 뒤, 그 그루에서 나온 꽃가루로 한 그루, 한 그루 정성 들여 수정시켰다. 시간이 지나면서 그는 다른 것이 섞이지 않은 옥수수를 키워 낼 수 있었다.

이 순종 옥수수 각 개체의 모든 유전자 복사본 2쌍이 동일했다. 셜은 마음에 드는 형질을 보이는 한 줄, 가령 낟알이 더 많이 맺히는 옥수수 줄을 선택한 뒤, 원하는 형질을 지닌 또 다른 줄의 옥수수와 교배했다. 이 교잡종의 후손은 부모 각각의 유전자 사본을 하나씩 물려받았다. 놀랍게도 이 교잡종 옥수수는 셜이 순종 옥수수 가운데서 선택했던 형질

다수를 보유하면서도 키도 더 크고 더 건강한 열매가 맺혔다.

셜은 순종 옥수수 개량에 공을 들였고, 여러 순종을 교배해 더 개선된 교잡종을 얻어 낼 수 있었다. 과학자들은 그의 방법이 효과적이었던 이유를 가지고 여전히 논쟁 중이다. 원하는 형질을 잃지 않으면서 해로운 열성 돌연변이를 제거한 덕분이라는 주장도 있고, 단백질을 한 유형만 사용하지 않고 여러 유형을 사용해서 더 좋은 결과물을 얻어 냈을 것이라는 주장도 있다. 셜이 실험 결과를 공개하면서 즉각적으로 분명해진 사실은, 그의 방법으로 농민들이 더 많은 작물을 수확할 수 있었다는 것이다. 버뱅크가 인생을 건 사명이라고 말했던 그 일을 셜이 해낸 것이다.

1920년대에 들어와 식물학자들은 셜의 방식을 따랐고, 미국 중서부 농가들이 교잡종 옥수수를 재배했다. 이로써 면적당 수확량이 증가했을 뿐만 아니라 기존 품종보다 황진(Dust Bowl, 1930년대 미국 중서부 농업 지대에서 고질적인 가뭄과 건조 농법의 실패로 발생한 극심한 모래 폭풍. — 옮긴이)에도 더 강했다. 20세기 말, 셜의 방법을 도입한 육종가들은 수확량을 5배 높일 수 있었다. 그 뒤로도 옥수수는 유전자 변이를 통해 더 우수한 개량 품종이 계속해서 만들어졌다.

*
**

셜의 교잡종은 멘델의 법칙으로 가능했다. 하지만 셜은 그 내용을 대체로 모르는 상태에서 그 일을 해냈다. 자신이 어떤 유전자를 골랐는지, 그것이 어떻게 더 우수한 품종이 되었는지 전혀 알지 못했다. 그저 존재하는 여러 변이를 한데 섞어 새로운 조합을 만들어 냈을 뿐이다.

다음 세기에 과학자들은 차츰 유전을 제어할 수 있게 되었다. 일부에서는 엑스선 촬영 장비를 옥수수 밭으로 끌고 와 수꽃 수염에 광선을 발사했다. 이 광선이 새로운 돌연변이를 유발해 후손에서는 수정된 옥수수가 만들어졌다. 식물 돌연변이 생성(plant mutagenesis)이라는 이 농법으로 배, 페퍼민트, 해바라기, 쌀, 목화, 밀의 새 변종이 다수 만들어졌다.[6] 엑스선을 투사해 생성된 보리 품종은 새로운 맥주와 위스키를 탄생시켰다. 과학자들은 곰팡이에 엑스선을 쏘아 탁월한 항균 능력의 페니실린을 생산하는 품종을 만들기도 했다.[7]

이러한 성공조차 여전히 행운에 의존해야 하는 경우가 많았다. 아직까지는 유전이 일종의 슬롯 머신이어서 식물 돌연변이 생성 기술도 과학자들에게 그저 게임 몇 판 더 할 동전이 주어진 것에 지나지 않았다. 레버를 많이 당기다 보면 승률도 올라가 어느 시점에는 같은 무늬 3개가 나란히 나타나기도 했다. 1960년대 들어와 미생물학자들이 분자 생물학적 기법을 발견하면서 더 정밀하게 유전을 제어할 수 있게 되었다.[8]

많은 세균 종이 제한 효소라는 단백질을 합성하는데, 이 효소는 특정한 짧은 DNA 염기 배열을 인식해 그 위치의 DNA를 절단한다. 이런 세균 종은 이 제한 효소를 이용해 외부자(특히 바이러스)의 침입으로부터 자신을 방어한다. 미생물학자들은 이 단백질을 만지작거리다가 이것으로 다른 DNA 조각, 심지어 사람의 세포 속 유전자까지 절단할 수 있다는 것을 발견했다. 그들은 이런 유전자를 플라스미드(plasmid, 세균의 세포 속에 복제되어 독자적으로 증식하는 고리 모양의 DNA. — 옮긴이)에 삽입해 미생물의 몸속으로 들여보낼 수 있었다.

1970년대 말, 사람의 DNA에서 인슐린을 만드는 유전자를 운반하는 세균 종(대장균)을 만드는 데 성공했다. 과학자들은 이 세균을 발효 탱크에서 키우면서 생체 공장처럼 인슐린을 대량으로 생산할 수 있게 되었다. 비슷한 방법으로 과학자들은 농작물의 바이러스 저항력을 높이거나 생쥐에게 사람의 유전 질환을 이식하는 등 다양한 실험을 하고 있다.

하지만 이러한 성공 뒤에는 무수한 도전과 실패가 있다. 과학자들은 기나긴 세월이 걸려서야 한 종에서 다른 종으로 옮길 가치가 있는 유전자를 찾아냈다. 그런 다음, 그 유전자를 종의 경계를 넘어 운반할 수 있는 매개체에 삽입하는 데 또 긴 시간이 걸렸다. 유전자를 어떤 종으로 운반하는 방법을 찾아냈다고 해서 다른 종에도 같은 방법을 쓸 수 있는 것은 아니다. 해파리의 유전자를 쥐에게 옮기는 방법은 수선화 유전자를 생쥐에게 옮기는 데에는 쓸모가 없는 식이었다.

게다가 유전자를 어느 종에 삽입하는 데 성공했다고 해서 끝이 아니다. 그 유전자가 삽입될 DNA 부위는 과학자가 제어하지 못한다. 원활하게 작동될 부위에 삽입될 수도 있고 엉뚱한 유전자 한복판에 떨어져 숙주를 죽여 버릴 수도 있다. 유전 공학이 이러한 문제를 해결하지 못하는 것은 아니지만 아직까지는 힘겹게 이 방법을 개발해 낸 과학자들의 실험실에서만 수행할 수 있는 고비용 기술이었다.

조지 셜이 교잡종 옥수수를 발견한 지 1세기가 지난 2013년, 종에 상관없이 유전을 제어할 수 있는 저렴한 다목적 기술이 발표되었다. 이 기술은 과학자들이 고안한 것이 아니었다. 제한 효소가 그랬듯이, 세균들이 수십억 년 동안 자기네 유전 형질을 바꾸는 데 사용한 분자 작동 방식이었다.

***

2006년, 제니퍼 앤 다우드나(Jennifer Anne Doudna, 1964년~)가 UC 버클리 연구실에 있는데 불쑥 전화기가 울렸다.[9] 같은 대학의 미생물학자 질리언 피오나 밴필드(Jillian Fiona Banfield)가 무언가에 대해서 이야기를 나누고 싶다는데, **크리스퍼 어쩌고 하는** 이름이었던 것 같다.

다우드나는 밴필드가 무슨 소리를 하는지, 왜 자기한테 전화를 했는지 언뜻 이해가 되지 않았다. 하지만 밴필드가 산 꼭대기와 해저에서 새로운 세균 종을 찾기 위해 연구하는 과학자이니 대화를 나눈다고 손해날 것은 없을 것 같았다. 당시 다우드나는 세균과 사람, 그 밖의 종이 만들어 내는 RNA 분자를 연구하고 있어서 조용한 시험관을 벗어날 일이 좀체 없었다. 밴필드에게 시험관 너머의 세계에 대한 이야기를 듣고 싶은 마음도 있었다.

그다음 주에 다우드나와 밴필드는 한 카페에서 만났다. 밴필드가 다우드나에게 CRISPR에 대해 적어도 2006년 당시까지 알려진 수준에서 소개했다. 밴필드는 공책에 다이어그램을 그려 가며 일부 세균 종의 DNA에 들어 있는 반복 서열과 그 사이사이에 낀 여러 형태의 DNA 조각을 설명했다.

당시 밴필드는 여러 미생물 종의 DNA에서 CRISPR 부위를 찾고 있었다. 이 과정에서 이 DNA 조각 중에 바이러스에서 온 것이 섞여 있음을 발견했다. 다른 과학자들은 CRISPR가 세균이 바이러스와 싸우는 데 사용하는 무기로 후손들에게 유전되는 방어 체계일 가능성을 탐구하기 시작했다. 하지만 그 작동 원리는 아무도 알아내지 못했다. 한 가지 가능성이 세균이 바이러스를 찾기 위한 RNA 분자를 생성할 수 있다는 점인데, 다우드나가 세균의 RNA 전문가이니 이 연구에 도움을 줄 수 있을까 하는 것이 밴필드의 용건이었다.

다우드나는 밴필드의 제안을 받아들여 박사 후 연구생 블레이크 위든헤프트(Blake Wiedenheft)를 고용해 CRISPR 연구를 전담하게 한 뒤, 점차 실험실의 다른 연구원들도 이 연구로 전환하게 했다. CRISPR 연구를 진행하는 다른 연구진도 있었다. 2011년, 다우드나는 프랑스 생물학자 에마뉘엘 마리 샤르팡티에(Emmanuelle Marie Charpentier, 1968년~)와 협업 연구로 제한 효소와 마찬가지로 CRISPR가 바이러스의 DNA를 파괴한다는 사실을 알아냈다.

하지만 이 둘의 방어 체계에는 근본적 차이가 있다. 제한 효소는 형태상 짧은 단일 DNA 부위밖에 인식하지 못하는데, 이 부위는 한 유전자에서 여러 위치에 나타날 수 있다. 미생물은 메틸화를 통해 염기 서열을 메틸화해 DNA를 외부의 공격으로부터 보호한다. 자신의 유전자를 메틸화하지 못하는 바이러스는 공격에 약점을 드러냈다.

CRISPR 면역 체계가 생성하는 카스(Cas9) 효소 단백질은 훨씬 정교하다. 세균은 이 효소를 하나, 오직 하나의 DNA 위치로 이끌어 주는 가이드 RNA(guide RNA)를 만든다. 세균은 DNA에 많은 가이드 RNA를 저장함으로써 다양한 바이러스 종을 정확하게 인식할 수 있다.

다우드나는 분자 생물학자답게 제한 효소가 생명 공학 산업을 창출하는 데 얼마나 큰 역할을 했는지 잘 알았다. 그는 CRISPR의 잠재력도 그만큼 될지 궁금했다. CRISPR가 바이러스 내 어떤 DNA 부위를 인식할 수 있다면, 어쩌면 다우드나의 연구진이 카스 효소를 DNA의 특정한 지점에 결합시켜 줄 가이드 RNA를 만들 수도 있겠다고 생각했다. 오이의 DNA가 될 수도 있고 불가사리의 것이 될 수도 있고, 어쩌면 사람의 DNA도 가능할 것이다.

다우드나의 연구진은 이 가설을 시험하기 위해 우선 불가사리의 한 유전자에서 DNA 조각을 절단해 보기로 했다. (이 유전자는 미세한 호박등처럼 세포에 불을 밝혀 줄 발광 단백질을 합성하기 때문에 분자 생물학자들이 널리 사용한다.) 다우드나의 연구진은 20개 염기로 이루어진 한 DNA 구간을 절단 표적으로 선택했다. 이 표적과 결합할 RNA 분자를 합성한 뒤, 모든 RNA를 시험관 안에서 혼합했다. 가이드 RNA와 카스 효소가 결합했고, 원하는 불가사리의 유전자를 찾아 나섰다. 연구진이 얼마 뒤에 그 DNA를 살펴보니 표적으로 잡았던 부위가 정확하게 절단되어 있었다. 이들은 가이드 RNA를 이용해 유전자 내 각기 다른 표적을 찾는 실험을 4회 더 수행해 모두 성공적인 결과를 얻어 냈다.

"우리가 개발한 것은 생명의 암호를 수정하는 도구였다." 다우드나는 후일 이렇게 회상했다.[10]

2012년에 다우드나의 연구진이 이 실험을 상세히 다룬 논문을 발표한 뒤, CRISPR 경쟁이 시작되었다. 다우드나의 연구진을 비롯한 많은 연구진이 생체 세포에서 CRISPR 분자의 작용을 실험하고자 했다. 과학자들은 그 세포에서 DNA 조각을 절단하는 방법만이 아니라 그것을 다시 복구하는 방법도 알아냈다.

매사추세츠 케임브리지의 브로드 연구소(Broad Institute)에서 장펑(张锋, 1981년~)의 연구진이 1쌍의 CRISPR 시스템을 사람의 세포 속에 삽입했다. 이 분자들은 한 유전자 내의 두 인접 표적에 착지한 뒤, 둘 사이의 짧은 부위를 절단해 표적 DNA 조각을 오려 냈다. 그러자 이 세포의 복구 효소가 절단된 부위의 양 끝을 잡아 다시 봉합했다. 다시 말해 DNA 조각 제거 수술을 흉터 하나 남기지 않고 성공리에 마친 셈이었다. 이 세포가 분열되어 만들어진 후손들에게도 이 같은 삭제가 유전되었다.

과학자들은 곧이어 CRISPR를 이용해 유전자 내 일부 부위를 새 염기 배열로 교체하기 시작했다. 방식은 다음과 같았다. 카스 효소와 가이드 RNA로 작은 DNA 조각을 세포에 삽입한다. 카스 효소가 DNA의 한 조각을 잘라 내면 세포들이 빈 곳을 새 조각을 대고 기워 준다.

CRISPR는 엑스선을 이용한 돌연변이 생성과 제한 효소, 이 두 기술이 모두 강력하게 개선된 버전의 기술이었다. CRISPR는 돌연변이 생성처럼 무작위적으로 돌연변이를 만들어 내지 않으며, 기존 유전자를 한 종에서 또 다른 종으로만 삽입해야 하는 제한도 없었다. 작은 DNA 조각을 합성할 수 있게 되면서 CRISPR를 이용해 어떤 종이 되었건 원하는 유전자를 골라 바꾸는 단계로 발전했다.

1970년대에 MIT의 생물학자 루돌프 재니시(Rudolf Jaenisch, 1942년~)가 최초로 제한 효소를 이용해 생쥐의 유전자를 변형했다.[11] CRISPR가 출현하자 그는 이 도구로도 생쥐의 새 계보를 만들 수 있을지 궁금했다. 그는 장펑과 협업해 대학원생과 박사 후 연구생으로 구성한 연구진과 함께 CRISPR로 다양한 실험을 수행해 생쥐의 수정란에 DNA 조각을 주입하기 위한 생화학적 처방을 개발했다. 이 연구진은 가이드 RNA 5개를 이용해 유전자 5개를 동시에 수정할 수 있었다. 재니시의 연구진은 이 수정된 난자를 암컷 생쥐에게 이식했고, 여기에서 건강한 새끼 생쥐가 나왔다. 재니시 연구진의 유전자 변형 실험은 80퍼센트가 의도대로 정확하게 변형된 결과를 얻었다.

새로 들어온 대학원생들은 매일 속으로 앞선 재니시 연구진의 성취에 감사했을 것이다. 박사 과정 프로젝트 대부분은 우선 한 유전자나 한 질환을 연구하기 위한 생쥐 모델을 만들어 내는 작업이 1단계이다. 한 생쥐 계보를 만드는 데 걸리는 기간은 대략 18개월인데, 목적에 맞는 생쥐를 얻기 위해서는 계보를 하나 이상 만들어야 하는 경우가 적지 않았다. 그러던 것을 CRISPR 기술 덕분에 5개월이면 이 작업을 완수할 수 있게 된 것이다.

***

CRISPR 기술에 세상이 열광하던 시기에 기자로 일하던 나는 이 기술의 경과와 관련 소식을 되도록 빠르게 전달하기 위해 노력했지만, 새로운 CRISPR 동물이 봇물 터지듯 쏟아져나왔다.[12] 과학자들은 제브라피시와 나비의 DNA를 변형하고, 비글과 돼지의 DNA를 변형했다. 2014년에 나는 거대한 무언가의 시작을 목격하고 있다는 생각이 들었다. 생물학자들은 CRISPR 이전과 이후의 삶을 이야기하기 시작했다. 하지만 어느 이른 봄 콜드 스프링 하버를 다시 방문해 지붕이 성당처럼 생긴 거대한 유리 온실에서 오후를 보내며 비로소 CRISPR가 무엇을 의미하는지 제대로 이해할 수 있었다.

식물학자 재커리 리프먼(Zachary Lippman)이 온실 속 좁은 통로로 앞서 걸었다. 양옆에 줄지어 놓인 화분마다 식물이 기다란 버팀대를 타고 올라가고 있었다. 리프먼은 젊은 나이인데도 검은 턱수염 중에 두 군데가 하얗게 쇠어 있었다. 그것이 아내와 함께 여섯 자녀 키우는 일과 상관이 있을지 물었다. 리프먼은 이렇게 답했다. "사람들이 저보고 그래요, 출근해서 유전학을 하고 퇴근해서 또 유전학을 한다고요."[13]

리프먼의 식물 자랑은 역사가 오랜 일이었다. 코네티컷에서 성장한 그는 농장에서 일하면서 서양호박 재배법을 배웠다. 등숙기에 들어서면 무게가 하루에 5킬로그램에서 7킬로그램씩 붙었다. "이놈들은 대체 어떻게 해서 이렇게 클 수 있을까, 어떻게 하면 이놈들을 더 크게 만들 수 있을까, 이게 제 관심사였습니다." 리프먼이 말했다.

코넬 대학교에 진학한 리프먼은 육종과 유전학을 전공으로 선택했다. 이곳에서 과학자들이 오래전부터 자기가 어린 시절에 품었던 의문을 탐구해 왔다는 것을 알게 되었다. 호박만이 아니라 온갖 열매와 푸성귀에 대해서도. 농업 혁명 시기에 작물에 일어난 변화의 핵심은 더 크게 만들기였다. 몽땅한 테오신트를 길쭉한 옥수수로, 가늘고 희끄무레한 홍당무 뿌리를 주황색 굵직한 덩이줄기로.

과학자들은 전통적인 방법으로 유전자를 연구하면서 이런 변화를 가능하게 만든 몇 가지 돌연변이를 찾아냈다. 리프먼은 과학자들이 이 연구에 많이 이용한 작물이 토마토였다는 것을 발견했는데, 토마토의 생태적 특성이 유전자 실험에 좋은 결과를 냈기 때문이다. 리프먼도 선배 과학자들의 발자취를 따라 토마토를 연구했다.

"이 깨알만 한 열매를 보세요." 리프먼이 내게 말하면서 우리보다 크게 자란 토마토 앞에 서서 줄기를 흔들었다. "여기 이 녀석들이 인류가 최초로 재배한 토마토와 가장 가까운 것으로 압니다."

페루의 원주민 농경 부족이 블루베리만 하던 토마토를 재배하면서 오늘날 마트나 농가의 청과 매대에서 만나는 실한 크기의 토마토로 바뀌었다. 리프먼은 연구를 통해 그 초창기 육종가들이 토마토의 열매 크기를 어떻게 키웠는지 알아낼 수 있었는데, 그들은 먼저 토마토의 꽃 모양을 바꿔야 했다.

토마토의 봉오리가 개화하기 시작할 때 먼저 꽃눈이 분화되어 씨방이 만들어진다. 이 씨방에서 토마토 꽃의 이파리가 나온다. 이 꽃의 중심부에 자리 잡은 같은 씨방에서 토마토 열매가 될 부위도 자라난다. 한 유전자가 한 개체에서 만들어지는 씨방 수를 조절한다. 이 유전자를 변이시키면 더 많은 씨방이 만들어진다. 그리고 씨방이 많을수록 열매는 크게 자란다.

토마토를 처음 작물로 재배하던 시기에 변이가 필요했던 것은 씨방 제어 유전자만이 아니었다. 리프먼은 토마토가 다양한 기후대로 전파되면서 일조 시간에 적응해야 했다는 사실도 발견했다.

리프먼의 연구진은 남아메리카 적도 지대에 서식하던 야생 토마토는 연중 내내 12시간의 햇빛 길이에 적응했다는 것을 알아냈다. 갈라파고스 제도의 야생종 토마토를 북녘 콜드 스프링 하버로 옮겨 와 재배해 보니 성적이 좋지 않았다. 여름철 뉴욕 주의 긴 일조 시간 때문이었다. 길어진 일조 시간에 대한 반응으로 개화 억제 단백질이 만들어져서 열매의 성장을 연말까지 지연시킨 것이다. 하지만 유럽과 북아메리카의 재배종 토마토는 여름에 개화 억제 단백질을 적게 만드는 변이를 획득한 것으로 밝혀졌다.

2013년에 리프먼은 최초로 CRISPR를 이용한 식물에 유전자 편집 기술이 시도되었다는 소식을 접했다. 그는 이 기술이 토마토에도 통하는지 보기 위해 CRISPR 서열을 추출해 토마토에 삽입해 보았다. 그동안 사용했던 유전자 도구들은 근처에도 오지 못할 결과가 나왔다. "천지차이였어요. 우리는 곧장 앉아서 브레인 스토밍에 들어갔습니다. 내내 '우리 뭐 해 볼까?' 이러면서요."

처음 후보 명단에 오른 항목 중 하나가 낮이 긴 여름에 토마토에서 개화 억제 단백질이 생성되지 못하게 하자는 것이었다. 그들은 CRISPR로 재배종 토마토에서 이 기능을 활성화하는 스위치 유전자를 잘라 냈다. 그런 다음 수정된 개체의 씨앗을 심고 기다렸다. 꽃이 피고 토마토가 열렸다.[14] 예정보다 2주 빨리. 이렇게 해서 여름이 훨씬 짧은 지역에서도 잘 자라날 토마토가 되었다. "우리는 최상의 품종이 나왔구나, 하고 생각했습니다. 위도가 훨씬 높은 곳, 캐나다 같은 지역에서도 수확이 잘될 토마토를 갖게 된 겁니다." 리프먼이 말했다.

하나의 신품종이 사실상 단 한걸음에 만들어진 것이다. 수천, 수만 그루 속에서 1년에 한 그루씩 유망한 돌연변이를 찾아냈던 버뱅크의 명민한 눈도 필요 없었다. 유전자를 이 종에서 저 종으로 옮기는 유전자 변형 공정도 필요 없었다. 리프먼이 토마토를 키우면서 터득한 생장 원리를 이용해 직접 유전자를 수정함으로써 얻어 낸 성과였다.

이 성공으로 리프먼의 브레인 스토밍에는 더 야심 찬 항목들이 등장했다. 그는 한 야생종을 재배 작물로 만들고 싶었다. 이 새로운 실험에

리프먼이 선택한 것은 금땅꽈리(ground cherry)였다.

그걸로 뭘 어쩌겠다는 건지 나는 아마 이해하지 못할 것이라고 리프먼은 장담했다. 금땅꽈리를 우선 먹어 봐야 알 수 있을 것이라고. 그는 플라스틱 바구니 가득 구슬 크기에 생김새도 구슬 같은 황금빛 열매를 가져왔다. 깨물어 보니 파인애플과 오렌지 중간쯤 되는 진한 맛이 났다. 이렇게 맛있고 이렇게 독특한 과일을 어째서 한 번도 본 적이 없는지 이상했다. 야생 열매라서 그렇다고 리프먼이 설명했다.

금땅꽈리(꽈리속(*Physalis*)으로 분류된다.)는 남아메리카와 북아메리카에 두루 서식한다. 덤불로 자라며 호롱 모양의 깍지 속에 열매가 열린다. 아메리카 원주민들은 금땅꽈리를 채집해 소스로 만들었는데, 유럽에서 온 정착민들도 그것을 보고 따라 했다. 씨를 모아 마당에 심은 사람도 있었다. 오늘날에는 시중에서 금땅꽈리 씨앗을 구입할 수 있고, 열매는 농산물 직판장이나 고급 식품점에서 구할 수 있다. 하지만 야생종이기 때문에 정해진 철에 수확하는 농작물이 아니라 어쩌다 만나는 진품이다. 열매는 긴 성숙기를 거쳐 하나씩 익으며, 정원에서 키우는 사람들은 땅에 떨어질 때까지 기다려 하나씩 줍는다. 그래서 이름이 금'땅'꽈리다.

금땅꽈리는 토마토와 같은 가지과 식물이어서 리프먼에게 이 식물은 오래전부터 과학적 호기심의 대상이었다. 이 둘이 진화적으로 가까운 친척이라는 것은 생태적 특성에 공통점이 많다는 뜻이다. 예를 들면 금땅꽈리와 토마토 둘 다 꽃을 피우고 둘 다 씨방에서 열매가 생기며, 유전자도 같은 계열로 구성된다. 리프먼은 토마토는 사람 손으로 재배되었는데 사촌인 금땅꽈리는 그렇지 않은 이유가 궁금했다.

이런 차이가 왜 있는지 한 가지 가능한 추측은 금땅꽈리의 DNA가 길들이기가 용이하지 않을 수 있다는 것이다. 토마토는 사람과 마찬가지로 염색체마다 2개의 사본이 있다. 하지만 금땅꽈리는 사본이 4개이다. 금땅꽈리의 한 형질을 특화하고 싶으면 한 유전자의 사본 4개 모두가 동일한 돌연변이를 일으킨 개체를 찾아야 한다. 리프먼은 CRISPR를 이용해 직접 금땅꽈리에 돌연변이 유전자를 편집해 넣으면 어떨까 하는 생각을 떠올렸다.

리프먼이 이파리를 어깨에 스치며 빠르게 통로를 걸었다. CRISPR로 편집한 금땅꽈리 덤불이 나왔다. 며칠 전 꽃을 피웠는데, 벌써 꽃잎이 떨어져 있었다. 꽃받침 위로 종이 같은 질감의 호롱이 자라나 있었다. 지금쯤 그 안에서 열매가 자라고 있을 것이다.

보통 금땅꽈리라면 호롱 밑의 꽃받침은 다섯 갈래가 될 것이다. 리프먼이 이 편집본의 꽃받침을 하나씩 벗기면서 수를 셌다. "하나, 둘, 셋, 넷, 다섯, 여섯, 일곱."

꽃받침을 다 벗겨 내자 작고 여린 금땅꽈리 열매가 나왔다. 5개가 아닌 7개의 씨방이 맺혀 있었다.

"전통적인 육종법으로는 한 번도 이렇게 된 적이 없습니다." 리프먼이 말했다. "그런데 이걸" (여기에서 손가락을 딱 튕기며) "한 세대 만에 해냈습니다. 유전자 사본 4개 전부가 변이에 성공했습니다."

리프먼은 바로 다른 편집 테스트에 들어갔다. 이번에는 수확할 때 농부가 땅을 뒤지고 다닐 필요가 없도록 열매가 덤불에서 떨어지는 형태를 제어하는 유전자 편집을 시도했다. 한 번에 몇 알씩 익는 식이 아니라 묶음으로 익게 만드는 변이를 유도한 것이다. 그는 성숙기 초반에 열매를 만들어 내도록 햇빛 반응도 조절했다. 또 기계 수확이 가능하도록 덤불이 큰 키와 작은 키가 일정하게 섞여서 자라도록 만들었다.

리프먼은 먼저 한 번에 한 형질씩 편집한다는 계획을 세웠다. 이 실험이 성공하면 모든 형질의 유전자와 결합하는 가이드 RNA 조합을 만들어 그것을 한 개체에 한꺼번에 다 넣어서 편집하자는 생각이었다. 그렇게 만들어진 금땅꽈리의 후손들은 야생종이 아니라 재배종으로서 필수 요건을 모두 갖춘 유전적 장치를 물려받을 것이다.

"웃기는 소리로 들리겠지만, 저는 이것이 차세대 장과류 대표 농작물이 될 거라고 생각해요." 리프먼이 말했다. 그의 계획을 생각하면, 전혀 웃기는 소리가 아니었다. 그저 겸손한 말이었다. 리프먼은 농업 혁명을 빨리 감기로 재생하고 있었다. 신석기 시대 농업 혁명이 1,000년 걸렸다면, 리프먼의 농업 혁명은 한 철이면 될 일이었다.

⁂

CRISPR에 관한 한, 금땅꽈리나 사람이나 크게 다를 바 없었다. 둘 다 DNA가 쉽게 절단된다.

과학자들은 그동안 답이 나오지 않을 것 같았던 많은 물음에 답을 구하기 위해 CRISPR를 이용한 사람 세포의 유전자 편집에 도전했다. 사람에게는 약 2만 개의 단백질 암호화 유전자와 중요한 RNA 분자를 암호화하는 유전자 수천 개가 있다. 하지만 그중에서 우리에게 정말로 필요한 것은 몇 개일까? 일부 유전자에 돌연변이가 일어나 기능을 멈춘다면 치명적인 유전 질환을 유발할 수 있다. 하지만 우리 대다수는 유전자 몇 개가 망가진 상태로 유전되어도 건강하게 살아간다. 과학자들은 인간 유전체에서 생존에 절대적으로 중요한 유전자는 몇 개나 되는지 오랫동안 탐구해 왔다. 그러나 알아낸 것은 그 목록을 실제로 완성하기가 불가능하다는 사실뿐이었다.

그것을 CRISPR가 가능하게 했다. 2015년에 세 연구진이 CRISPR를 이용해 인간의 세포에서 모든 단백질 합성 유전자를, 한 번에 하나씩 비활성화하는 실험을 수행했다. 이 유전자 없이도 세포가 생존할 수 있을까? 인간 유전체의 모든 단백질 암호화 유전자 가운데 10퍼센트 정도 되는 약 2,000개만이 생존에 절대적으로 필요한 유전자로 증명되었다.[15] 이 실험은 다수의 유전자가 소모되어도 백업 사본이 있기 때문에 생존에는 문제가 없음을 보여 주었다. 이 유전자들이 망가지면 다른 유전자가 그 일을 대신 수행하기 때문이다.

신약 개발을 목적으로 인간 세포 유전자를 편집하는 CRISPR 실험도 있었다. 2013년 12월, 네덜란드의 한 연구진이 크리스퍼 약이 작용하는 원리를 보여 주었다. 그들은 낭포성 섬유증이 있는 사람의 세포 표본을 채취해 배양 접시에서 군체를 배양했다.[16] 배양된 모든 세포가 CFTR라는 유전자에 동일한 결함이 있는 돌연변이를 보유하고 있었다. 연구진이 이 돌연변이를 절단할 CRISPR 분자를 구성해 삽입하자, 돌연변이를 잘라 내고 바로 그 자리에 기능하는 DNA를 접합해 냈다.

얼마 지나지 않아 CRISPR의 능력이 체세포에 국한하지 않는다는 사실도 밝혀졌다. CRISPR는 생식 세포의 DNA도 교정할 수 있었다. 2013년에 중국 상하이 생명 과기 연구소(上海生命科技研究所, Shanghai Institutes for Biological Sciencies) 연구진이 유전성 백내장을 앓는 생쥐를 대상으로 한 실험 결과를 발표했다.[17] 연구진이 CRISPR 분자를 생쥐 배우자에게 주입했더니 백내장 돌연변이 유전자가 복구되었다. 이 유전자 변형 생쥐는 번식력 있는 성체로 자랐고, 그 후손들은 맑은 눈으로 볼 수 있었다.

이제 다우드나의 기쁨이 우려에 잠식되기 시작했다. CRISPR는 다우드나가 기대했던 것보다 훨씬 더 위력적인 도구였다. 중국 난징 대학교의 모식 동물 연구소(模式动物研究所, Model Animal Research Center of Nanjing University)의 유전학자 황싱쉬(黄行许) 연구진이 CRISPR를 이용해 원숭이 배아의 접합체에서 유전자 3개를 편집했다. 그들은 암컷 원숭이에게 이 배아를 이식했고, 원숭이는 건강한 쌍둥이를 낳았다. 이 암컷이 이식 없이 자신의 후손을 낳으면 그들도 CRISPR 편집 유전자를 물려받을 것이다.

한 기자가 다우드나에게 2014년 1월에 이 원숭이 실험을 다룬 논문 가제본을 보내면서 논평을 청했다. 논문을 다 읽은 다우드나는 최초의 인간 배아 실험이 곧 시작되는 것이 아닐까 하는 생각을 멈출 수 없었다.[18] 그때부터였다. 다우드나는 악몽을 꾸기 시작했다.[19]

다우드나는 가끔은 어린 시절에 살았던 하와이로 돌아가는 꿈을 꾸었다. 홀로 해변에 서서 멀리서 밀려오는 야트막한 물결을 바라본다. 조금 지나서야 그것이 해일임을 깨닫는다. 처음에는 두려움에 떨지만 서핑 보드를 발견해 몸을 싣고 파도를 향해 나아간다.

이 꿈도 자주 꾼다. 동료 과학자가 아주 힘 있는 누군가를 만나 보라고 한다. 어떤 방에 들어간다. 그 힘 있는 사람이 알고 보니 히틀러이다. 다우드나의 꿈속에서 히틀러는 얼굴이 돼지이다. 그는 다우드나를 등지고 앉아 수첩에 뭔가를 계속 적는다.

"이 놀라운 기술의 용도와 의미를 알고 싶소." 돼지 얼굴의 히틀러가 말한다.

꿈에서 깨면 가슴이 두근두근 뛰었다. 다우드나는 자문했다. 우리가 무슨 짓을 한 것인가?

*
**

다우드나가 히틀러의 방문을 받는 유일한 사람은 아니었다. 2015년에 한 기자가 일론 리브 머스크(Elon Reeve Musk, 1971년~)에게 DNA 리프로그래밍 사업에 뛰어들 생각은 없는지 질문했다. 머스크는 전 세계의 가솔린차 산업을 태평하게 전기차 산업으로 바꾸면서 한편으로는 최초의 재활용 가능한 로켓을 제작하는 사업가이다. 그런 머스크지만 유전자 편집 앞에서는 멈칫했다.

"히틀러 문제는 어떻게 피할 겁니까?" 머스크가 기자의 질문에 답 대신 물었다. "나는 모릅니다."[20]

히틀러의 종족 학살 이데올로기를 망각해서는 안 된다. 사실은 사실로 기억해야지 그 사람이 죽고 70년이 지나서 일어난 과학 기술의 발전으로 포장하려 들어서는 안 될 일이다. 히틀러는 독일 과학자들에게 미래 세계를 정복할 과학 기술을 요구했다. 세계 최초의 원자 폭탄을 제작하고 세계 최초의 컴퓨터를 개발하라고. 하지만 생물학에 이르면, 나치 과학자들에게 요구한 것은 신화적 과거의 부활이었다. 새로운 유전자도 필요 없었다. 인류가 바랄 수 있는 모든 우월한 유전자를 다 갖춘 민족이 아리아 인이었으니까.

나치의 우월한 유전자 향수는 종을 가리지 않을 정도였다. 히틀러의 권력 이인자 헤르만 괴링(Hermann Göing, 1893~1946년)은 한 가축의 야생종 조상 복원 프로젝트를 후원했다. 오록스(Aurochs)라고 불리는 이 거대한 동물은 중세에 멸종했다. 괴링의 지휘 아래 동물학자들은 나치 점령국에서 오록스의 흔적이 남아 있는 것으로 보이는 젖소를 수집했다.[21] 그들은 이 소를 교배하면서 더 먼 과거에 속하는 것으로 보이는 송아지를 선별했다.

괴링의 목표는 복원한 오록스를 폴란드에 남아 있는 유럽 최후의 원시림에 방사하는 것이었다. 괴링은 바그너의 오페라 「니벨룽의 반지(Der Ring des Nibelungen)」의 현대판 지크프리트가 되어 아리아 족 조상들이 했던 대로 그 기품 있는 야수를 사냥하는 자신의 모습을 마음속에 그렸다. 이 낭만 가도를 건설하기 위해 괴링은 유태인, 폴란드 레지스탕스 전사, 소비에트 빨치산 등 폴란드 원시림에 얼쩡거리는 존재들을 말끔히 청소했다.

나치의 인류 프로젝트도 같은 노선으로 추진되었다. 아리아 족 혈통은 보호되고 재건되고 정화되어야 했다. 집단 학살은 미래 세대의 아리아 족을 열등한 유전자로부터 보호해 줄 수단이었다. 계획 임신은, 교배를 통해 젖소를 조상 오록스로 돌려놓으려는 것처럼, 미래 세대에서 아리아 족 혈통의 순도를 높일 수단이었다. 심지어 나치는 순혈 2세 생산으로 아리아 인종 복원을 실행하기 위한 단체 레벤스보른(Lebensborn, '생명의 원천'이라는 뜻의 독일어. ― 옮긴이)을 설립해 금발과 파란 눈을 가진 사람들을 강제로 가입시켰다.

히틀러가 실패한 뒤로도 나치즘을 비롯한 각양의 백인 우월주의는 사라지지 않았다. 신흥 나치들은 발전하는 과학 기술을 뒤틀어 우월한 유전자 향수를 고양시켰다. 그들은 자신이 순수 백인임을 인증하고자 유전자 조상 검사를 받았다. 백인 우월주의 인터넷 포럼 사이트 스톰프런트(Stormfront)의 한 회원은 자기가 "기막힌 순혈"[22]이었다며 검사 결과를 자랑했다. 백인 순혈성이라는 통념은 고인류 DNA 연구로 유럽 인들이 수만 년의 시간에 걸쳐 거듭된 이주의 물결 속에서 이합집산한 다양한 사람들의 유전자를 물려받았다는 사실, 즉 그들의 유전자가 뒤섞여 있다는 사실이 증명된 뒤로도 지속되었다. 상당수의 신흥 나치는 무섭게도 자신의 조상 중에 유태인이나 아프리카 인이 있다는 것을 알게 되었다. 그들은 검사 결과를 통계 오류로 치부하거나 자신의 과거를 말해주는 것은 거울 속에 비친 모습뿐이라는 주장으로 현실을 외면했다. 개인판 '대머리수리 판결'이랄까.

모든 우생학에 히틀러 딱지를 붙이는 것도 잘못된 해석이다. 제2차 세계 대전과 홀로코스트의 참상을 겪은 뒤 히틀러식 우생학은 중단되었다. 미국과 영국을 위시해 많은 국가에서 일어나던 보수적 형태의 우생학도 후퇴했다. 하지만 골턴이 이 이름을 만든 이래 우생학은 정치적 상황에 따라, 혹은 신봉자들의 문화에 따라 다양한 형태로 전개되었다.[23] 제2차 세계 대전 이후로 진보적 형태의 우생학은 살아남았을 뿐 아니라 두드러졌다.

개혁 우생학(reform eugenics)이라고 불린 이 운동을 이끈 주자는 모건의 제자인 미국 유전학자 허먼 조지프 멀러(Hermann Joseph Muller, 1890~1967년)였다.[24]

멀러는 모건의 컬럼비아 실험실에서 초파리 교배법을 배운 뒤, 1920년대에 텍사스 대학교 교수로 재직하면서 엑스선 실험으로 초파리에 인위적 돌연변이를 일으킬 수 있음을 증명했다. 그는 은퇴자를 위한 사회 보장 제도, 여성의 기회 평등, 미국 흑인 인권 등 불온한 목표를 지지하는 좌파 학생 신문에 도움을 준다는 혐의로 FBI의 감시를 받았다. 1920년대 미국 우생학 운동의 조악한 과학적 토대와 이민자 배척, 약자에게 행해진 강제 불임술 집행에 갈수록 역겨움을 느낀 멀러는 이 운동에 반대하며 기탄없이 비판하는 인물이 되었다.

1932년에 멀러는 뉴욕 시의 미국 자연사 박물관에서 열리는 제3차 국제 우생학 학회에 연사로 초빙되었다. 대븐포트를 비롯해 학회 주최측 인사들은 멀러가 강연에서 초파리 돌연변이 연구만 이야기하리라고 생각했을지도 모른다. 하지만 멀러는 이 강연을 미국의 우생학 운동을 재 한 톨 남기지 않고 태워 없앨 기회로 삼았다. 대경한 대븐포트가 1시간으로 예정된 멀러의 강연을 15분으로 단축시키려고 했다. 그러더니 다시 10분으로 줄이라고 했다. 멀러는 다른 의견을 묵살하려는 행태라고 비난하며 연설을 끝까지 마쳤다.

8월 23일에 한 그 강연에서 멀러가 미국에서 발생하는 빈곤과 범죄의 원인이 유전이라는 생각을 비난하자 청중은 충격 받았다. 우생학으로 인류를 개선한다는 것은 사람의 욕구가 충족되는 사회, 즉 모든 계층의 어린이가 같은 환경에서 성장할 수 있는 사회에서나 바랄 수 있는 일이었다. 미국처럼 불평등이 만연한 국가에서는 우생학이 그런 일을 절대로 해낼 수 없었다. 멀러는 그렇기는커녕 "경제적으로 우세한 계급, 인종, 개인이 유전적으로 우월하다는 천진한 생각"을 조장할 뿐이라고 말했다.[25]

미국의 환경에 환멸을 느끼던 멀러는 독일의 연구 초대에 응했다. 하지만 도착하자마자 그것이 아주 나쁜 선택이었음을 깨달았다. 히틀러가 총통이 된 뒤, 멀러가 일하던 연구소를 나치가 습격한 것이다. 그는 자신의 사회주의 성향이나 유태인 뿌리가 목숨을 위태롭게 만들 것 같아 두려웠다. 또 다른 초대가 탈출구로 느껴졌다. 그는 레닌그라드에 유전학 연구소를 설립해 달라는 요청을 받고 (구)소련으로 떠났다.

처음에는 (구)소련 학생들과 획기적인 연구를 함께하는 생활이 즐거웠다. 하지만 이번에도 때가 좋지 않았다. 식물학자 트로핌 데니소비치 리센코(Trofim Denisovich Lysenko, 1898~1976년)가 유전학은 사기요 유전 형질은 진흙처럼 유연하다는 주장으로 두각을 나타내며 유명세를 얻고 있었다. 멀러는 공개 토론에서 리센코와 맞붙었으나 청중석의 과학자와 농민 3,000명이 고함으로 그를 주저앉혔다. 이오시프 비사리오노비치 스탈린(Iosif Vissarionovich Stalin, 1879~1953년)이 과학자를 체포하고 처형하기 시작하자 멀러는 (구)소련을 떠났다.

이번에는 내전 중인 에스파냐로 가서 의사로 봉사한 뒤 스코틀랜드로 떠나 에든버러 대학교에서 가르치다가 1940년에 마침내 미국으로 돌아와 인디애나 대학교 교수로 지내며 삶의 안정을 찾았다. 그의 돌연변이 연구가 현대 생물학에서 가장 중요한 성취의 하나로 입증되었고,

1946년에 노벨상을 받았다. 얼마 뒤 미국 인간 유전 학회(American Society of Human Genetics) 초대 회장으로 선출되었다. 전후 미국에서 가장 유명한 과학자의 한 사람이 된 멀러는 이 유명세를 최대한 활용해 인류의 진보에 대한 자신의 생각을 펼쳐 나갔다.

독일 나치 정권의 몰락을 보며 멀러는 나치 우생학의 허상이 드러났다고 생각했다. 그럼에도 그는 동료 과학자들에게 이렇게 경고했다. "그 이념은 결코 죽어서 땅에 묻힌 것이 아니네. 그 잔재가 호시탐탐 인류를 노리고 있어. 인간 유전학에 진지하게 임하는 모든 이가 경계를 늦추어서는 안 되네."[26] 멀러는 그 낡은 이념을 전후 유전학에 몰래 심어 넣으려고 하는 미국 우생학자들의 시도에 맞서 싸워야 한다고 강조했다.

멀러의 메가폰은 우생학의 또 다른 의미를 환기하는 데에도 사용되었다. "그 의미를 바르게 이해한다면, 우생학은 '인류의 진화를 위해 사회가 나아가야 할 방향'을 찾기 위한 가장 심오하고도 중요한 학문이다." 멀러는 이렇게 말했다.

멀러는 돌연변이를 연구하면서 한 가지 중요한 사실을 발견했다. 세대가 거듭될수록 쌓여 가는 돌연변이가 종에 부하로 작용할 수 있다는 것이었다. 새로 태어나는 개체가 태어날 때마다 자연스럽게 새 돌연변이를 획득할 수 있으며, 대다수는 해롭지 않을 것이다. 하지만 해롭지 않은 돌연변이가 누적되어 질환이나 생식 능력 저하를 유발할 수 있다. 야생에서는 자연 선택을 통해 새로 획득된 돌연변이 다수가 제거된다. 멀러는 우리 종의 돌연변이 부하가 위험할 정도로 커지고 있음을 우려했다. 의학과 기타 분야의 발전으로 인간에게는 자연 선택의 영향이 차츰 약해져서 유전자군에 쌓인 많은 위험한 돌연변이를 제거하지 못한 것이다.

멀러는 인간에게 돌연변이 부하 같은 것이 있을 리 없다는 생각도 몽매하지만, 그 원인을 다른 인종에게서 찾는다거나, 혹은 어떤 형태의 지적 장애를 지닌 사람들 탓으로 몰아가는 것은 더욱더 몽매하다고 말했다. "우리 가운데 돌을 던질 수 있는 사람은 없다. 왜냐하면 우리 모두가 돌연변이 종 동포이기 때문이다."[27]

그럼에도 무언가 조치는 필요했다. "주어진 대로 최선을 다해 살아가면서 그 부하가 우리에게 주어진 유한한 시간의 척도로는 감지되지 않을 만큼 느린 속도로 알아서 유전적 퇴로를 빠져나가기를 바라며 미래에 어떤 기적이 일어나 주리라고 기대하는 것" 이상의 무언가를 해야 한다고 멀러는 말했다.[28]

그래서 준비했던 계획이 "생식 세포 선택(Germinal Choice)"이다.

자녀는 부모 양쪽의 유전자를 물려받는다는 것이 오랜 상식이었다. 하지만 1900년대 중반 무성 생식이 서서히 나타나기 시작했다. 동물 육종가들이 인공 수정 기술을 완성하면서 길을 열었다.[29] 품평회에서 입상한 황소는 축사에서 나가지 않고도 무수한 송아지의 아버지가 될 수 있었다. 안전한 정액 동결 기술이 나오자 죽은 지 오래된 황소가 송아지의 아버지가 될 수도 있었다.

의사들이 조용히 수의사를 따라 하기 시작해 기증된 정자로 남편이 불임인 부부의 수정을 도왔다. 이 시술 관행이 세상에 알려지자 비난이 쏟아졌다. 교황은 정자 기증을 통한 인공 수정은 간음이라고 공표했다. 1954년에 한 이혼 재판에서 일리노이 주의 판사는 기증된 정자로 낳은 자녀는 사생아라고 판결했다. 하지만 인공 수정 시술은 널리 퍼졌고 논란도 사그라졌다. 1960년에 이르면 미국에서만 기증 정자 출생아 수가 5만 명에 달했다.

멀러의 생식 세포 선택 계획은 인공 수정 시술을 돌연변이 부하 해결을 위한 전국적(심지어 전 세계적) 캠페인으로 만든다. 그는 우수한 남성의 정자 표본을 채취해 지하 냉동고에 저장해서 이들의 DNA가 방사선을 포함해 각종 우주선으로 인해 손상되는 것을 막는다는 구상을 제시했다. 이론적으로는 남자 1명의 정자로 수백, 수천 명의 자녀가 태어날 수 있다. 1950년대에는 난자가 정자보다 훨씬 다루기 까다로웠지만, 멀러는 그 지하 생식 세포 냉동 창고에 우수한 여성의 난자 표본도 저장될 날이 올 것이라고 낙관했다.

멀러는 대중을 대상으로 도래할 돌연변이 재앙의 위험에 대한 교육이 필요하며 우월한 난자와 정자를 이용한 가족 설계를 권장해야 한다고 보았다. 미래를 생각할 줄 아는 부부라면 이 문제의 심각성을 이해하고 누구보다 먼저 행동을 취해야 마땅했다. 멀러는 생물학적 부모와 마주치는 어색한 경험을 피할 수 있도록 사망한 지 20년 된 제공자의 정자 또는 난자를 사용한다는 규정을 제시했다.

자원자들은 무지한 대중의 놀림이나 비난을 견딜 각오가 되어 있어야 할 것이다. 하지만 이들의 자녀가 누가 보아도 빛나는 인재(멀러는 그 자녀들이 "레닌, 뉴턴, 베토벤, 마르크스의 능력과 자질을 타고난 인재"가 될 것이라고 장담했다.)로 성장하면 다른 부모들도 뒤따를 것이다. "그들은 선구자로서 날이 갈수록 자녀들이 이루어 내는 탄탄한 성취에 보상 이상의 보람을 느낄 뿐만 아니라 자신의 선택으로 가능했던 이 봉사의 가치를 마음 깊이 깨달을 것이다."[30]

멀러의 생식 세포 선택 계획에 많은 이가 수긍하고 더 알고 싶어 했다. 유수의 과학 학술지가 이 계획에 대해 기고해 달라고 요청했고, 많은 학회에서 강연 요청이 쇄도했다. 신문과 잡지는 인터뷰를 실었다. 멀러의 동료 노벨 수상자들은 생식 세포 선택의 올바른 방향성을 지지했다.

과학 소설이 환영할 소재 같아 보여도 사실 멀러의 생식 세포 선택은 상당히 전통적인 우생학 개념이다. 19세기에 골턴이 이미 존재하는 다양한 유전적 변이를 결합해 더 나은 조합으로 배열해서 후손에게 유전될 수 있도록 하자는 구상을 제시한 바 있는데, 동식물 육종가들이 수백 년 동안 실행해 온 기술을 본뜬 것이었다. 생식 세포 선택에서 유전자 다시 쓰기는 언급되지 않는다. 멀러가 진보적이기는 했어도 그 정도의 진보까지 상상하기는 어려웠으리라.

***

멀러의 생식 세포 선택은 전국 단위의 공공 캠페인으로는 채택되지 않았지만 민간 차원에서는 실행되었다. 정자 은행이 은밀히 생겨나 이성애 부부만이 아니라 비혼 여성이나 동성애 여성 커플을 고객으로 받았다. 2000년대 초에 이르면 미국 내 기증 정자 출생아가 100만 명을 넘어섰다. 정자 은행은 기증자의 신원은 밝히지 않지만 고객에게 기증자의 조건을 명시해 선호하는 특성의 남성을 선택할 수 있게 한다. 밝혀 두건대, 고객들이 선호하는 특성들은 십중팔구 정자 세포 속 화학 물질로는 전달되지 않을 것이다.

버지니아 주에 위치한 페어팩스 극저온 저장고(Fairfax Cryobank, 정자 은행) 고객은 기증자의 별자리, 좋아하는 과목(미술, 역사, 언어, 수학, 자연 과학 등), 종교, 좋아하는 반려 동물(새, 고양이, 개, 어류, 파충류, 작은 동물 등), 인생의 목적(지역 사회 봉사, 명예, 재정적 안정도, 고등 교육 여부, 신/종교 등), 취미(뮤지컬, 단체 스포츠, 개인 스포츠, 요리, 공예 등)를 검색할 수 있다.[31] 이 목록을 보면 자녀를 목공소에 들여보내고 앉아서 예쁘게 깎은 커피 탁자를 기다리는 부모의 모습이 그려진다.

정자 기증자가 되기 위해서는 FDA 규정에 준하는 성병 검사를 받아야 한다. 하지만 DNA 검사 규정은 없기 때문에 유전자 검사는 개별 클리닉의 재량이다.[32] 클리닉의 많은 곳이 기증자의 가족력으로 유전 질환

여부를 판단한다. 낭성 섬유증 같은 유전 질환 보인자일 경우에는 클리닉에서 몇 가지 유전자 검사를 진행하기도 한다. 하지만 유전자 검사가 위험한 변이를 걸러 내지 못하는 경우도 있다.[33] 예를 들면 2009년 미네소타 주의 한 심장 전문의가 한 어린이 환자의 심장 질환이 정자 기증의 결과라는 사실을 밝혀냈다. 기증자의 기록을 추적해 그가 위험한 유전자 돌연변이 보유자임을 알아냈다.[34] 이 남성이 증정한 정자로 출생한 어린이 22명 중 9명이 이 변이 유전자를 물려받았으며, 그중 1명이 2세에 심장 발작으로 사망했다.

DNA 염기 서열 분석 비용이 크게 낮아지면서 이런 사고는 거의 예방할 수 있을 것으로 보인다. 현재는 흔한 질환 관련 변이를 찾지 않고 잠재 정자 기증자의 모든 단백질 암호화 유전자를 검사하는 것도 가능하다.[35] 우성 유전 질환 돌연변이를 보유한 남자는 정자 기증 자체를 금지하고 있다. 열성 유전 질환을 피하려면 위험한 돌연변이 2개가 결합하지 않도록 정자와 난자를 분리할 수 있다.

생식 세포 선택에 난자를 이용하기가 훨씬 더 까다로우리라는 멀러의 예상은 옳았다. 1930년대에 과학자들은 배양 접시로 토끼의 난자와 정자를 수정시킨 뒤 배아의 분열을 유도할 수 있었다. 하지만 1960년대에 들어와서야 두 과학자, 케임브리지 대학교 생리학자 로버트 제프리 에드워즈(Robert Geoffrey Edwards, 1925~2013년)와 여성 의학 전문의 패트릭 크리스토퍼 스텝토(Patrick Christopher Steptoe, 1913~1988년)가 여성에게서 생육 가능한 난자 채취법을 개발했다. 다음 단계로 주어진 어려운 숙제는, 난자가 배양 접시에서 수정될 때까지 살아 있게 해 줄, 에드워즈가 "마법의 용액"이라고 부른 화학 물질 혼합물을 찾아내야 한다는 것이었다.[36] 1970년에 에드워즈와 스텝토가 드디어 난자 채취에 성공했다고 발표했다.[37] 이들은 수정한 난자를 이틀 동안 생존 상태로 유지했고, 이 기간에 난자는 16개의 난자 세포로 증식했다.

에드워즈는 1971년에 워싱턴 D. C.에서 열린 한 학회에서 이 기념비적 성공에 대해 강연했다. 학회 토론자 가운데 종교학 교수 폴 램지(Paul Ramsey, 1913~1988년)가 있었다. 에드워즈의 강연이 끝난 뒤 램지는 이 채취법은 몹시 혐오스러우니 금지해야 한다고 주장했다. 그는 이 기술이 "사람의 생식 물질에 대한 무제한적 유전적 변화를 유도하는" 세계를 만들 것이라고 보았다.[38] 다시 말해서 유전이란 사람이 감히 발을 들여놓아서는 안 되는 성소였다.

에드워즈와 스텝토는 램지의 경고에 겁먹지 않았다. 오히려 난임 부부들을 불러서 도움을 주겠다고 했다. 이들은 1978년에 첫 결실을 거두었다. 건강한 여아 루이스 조이 브라운(Louise Joy Brown)이 태어났다. 루이스의 출생으로 사람들은 시험관을 이용한 체외 수정을 최초의 인간 유전자 조작으로 보지 않고 불임 처방으로 여기게 되었다. 1980년대에는 난임 부부들의 설움을 등에 업고 세계 곳곳에서 체외 수정 클리닉이 생겨났다. 하지만 시술 결과는 여전히 장담하기 어려운 수준이어서 많은 배아 이식이 실패로 끝났다. 확률을 높이기 위해 불임 전문의들은 다수의 난자를 한 번에 채취해 가장 건강한 것을 고르는 기법을 사용했다.

그 뒤로는 배아의 DNA 검사도 가능해졌다. 과학자들은 수정된 지 며칠 안 된 배아에서 세포 1개를 채취해 분석하고 그 유전자를 분석한다. (이 단계에서는 세포 1개를 제거해도 남은 세포들이 증식해서 건강한 태아를 만들 수 있다.) 불임 전문의는 이 방법으로 부모의 유전 질환이 자녀에게 유전될 확률을 낮출 수 있었다.

이 기술의 초창기 실험으로 영국의 한 의료팀이 한 X 염색체에 질환을 유발하는 돌연변이를 지닌 여성들을 치료했다. 이 여성들 자신은 돌연변이 없이 건강한 나머지 X 염색체 덕분에 건강에 아무 문제가 없었지만, 이들이 아들을 낳는다면 이 질환이 생길 확률이 50퍼센트였다.

이 문제를 단번에 해결할 한 가지 방법이 있다. 이런 여성들이 딸만 낳게 하면 된다. 1990년에 영국 의사들이 X 염색체 연관 돌연변이 보인자 여성 2명을 검사했다.[39] 1명에게는 지능 발달 지체를 유발하는 돌연변이가 있었고 다른 1명에게는 치명적인 신경 장애를 유발할 수 있는 돌연변이가 있었다. 두 여성이 시험관 수정 시술을 받은 뒤 의사들이 각 여성의 배아에서 세포를 1개씩 추출해 검사했다. 여기에서는 Y 염색체, 오직 Y 염색체에서만 자주 보이는 특이한 DNA 서열 구조를 추적하는 분자 탐침자(molecular probe) 기술이 사용되었다. 의사들은 이 분석에서 양성으로 나온 배아들을 다 제거하고 나머지만 이식에 사용했다. 아기들의 X 염색체는 아버지에게서 온 정상 염색체여서 모두 건강했다.

2000년대 초에는 배아의 다른 염색체 돌연변이 검사도 가능해졌다. 잉글랜드 더비에 사는 캐런 멀치노크(Karen Mulchinock)는 집안에 헌팅턴병이 있다는 것을 알면서 자랐다. 조모가 이 병으로 사망했고, 아버지가 50대에 이 병으로 쇠약해지다가 66세에 사망하는 것을 지켜보았다. 그 자신도 22세에 검사를 받아 HTT 유전자의 한 사본에 결함이 있다는 사실을 알았다. 그는 남편과 의논해 다음 세대로 이 병이 유전되는 것을 막기 위해 시험관 수정을 하기로 결정했다. 2006년에 배란 유도로 난자를 채취한 뒤 배아에 헌팅턴병 돌연변이가 있는지 검사했다. 5회 체외 인공 수정을 거쳐 두 자녀를 낳았는데, 둘 다 이 병 걱정 없이 살 수 있었다. "마침내 저주가 풀렸습니다." 멀치노크의 말이다.[40]

다른 유전 질환을 우려하는 부부들도 불임 전문의를 찾아왔다. 의사들은 헌팅턴병 대신 그들이 우려하는 돌연변이를 찾도록 설계된 검사를 수행했다. 잉글랜드의 한 부부는 첫아이에게 PKU가 있다는 것을 알고 깜짝 놀랐다. 펄 벅 부부와 마찬가지로 부모 두 사람 다 자신들이

PAH 유전자 결함 사본 보인자라는 것을 알지 못했다. 그들은 앞으로 아이를 더 낳기로 결정하고 다른 자녀들에게 이 변이가 유전되는 것을 막기 위해 착상 전 유전자 진단(preimplantation genetic diagnosis)을 받았다.

불임 전문의가 부모의 생식 세포로 한 세트의 배아를 생성해 배아마다 PAH 유전자를 검사했다. 일부 배아에게서 돌연변이를 찾아내는 데 성공해 돌연변이 없는 유전자를 엄마에게 이식했다.[41] 그 불임 전문의는 2013년에 이 여성이 건강한 아들을 낳았다고 보고했다. 이 아들은 PKU가 없을 뿐만 아니라 나중에 자녀에게 PAH 유전자 돌연변이를 물려줄 걱정도 덜게 되었다.

착상 전 유전자 진단은 미국과 유럽만이 아니라 중국 같은 개발 도상국에서도 널리 대중화되고 있다. 하지만 시술 사례는 아직 드물다. 캐런 멀치노크 부부의 사연은 흥미롭지만 헌팅턴병 환자(전 세계에 약 20만 명) 가운데 소수만이 이 시술을 이용한다. 무엇보다 비용 문제가 크다. 시술에 국가 보험이 적용되는 유럽에서조차 멀치노크의 전례를 따른 헌팅턴병 환자는 소수에 불과했다. 2002년과 2012년 사이에 이 시술로 헌팅턴병을 예방한 사례는 1,000명에 1명 꼴로 추산된다.[42]

헌팅턴병이 있는 어린이는 검사를 받지 않는다. 양성으로 나와도 치료법이 없기 때문이다. 50세가 넘은 사람에게는 헌팅턴병이 아무런 영향을 미치지 않기 때문에 보통은 모르는 상태로 가족을 만들었다가 나중에 가서 이 형질이 유전되었다는 것을 발견한다. 보인자의 헌팅턴병 발생 확률이 50퍼센트라면 그 자녀는 25퍼센트로 떨어진다. 병든 부모 돌보는 일만 해도 벅찬데 시간과 비용에다가 마음 고생까지 감수해야 하는 시험관 수정은 신경 쓰고 싶지 않을지도 모르겠다.

다시 말해 우리가 살아가는 곳은 멀러가 계획했던 우생학적 낙원이 아니다. 그렇다고 올더스 레너드 헉슬리(Aldous Leonard Huxley, 1894~1963년)

가 1932년 소설 『멋진 신세계(*Brave New World*)』에서 상상했던 악몽 같은 세계도 아니다. 시험관 수정을 시도하는 사람은 소수인데, 그중에서도 자녀의 유전자를 제어하는 데 이 시술을 시도하는 사람은 더 소수이다. 현재 우리에게는 헌팅턴병을 비롯해 많은 유전 질환을 효과적으로 근절할 기술이 있다. 하지만 우리가 살아가는 번잡한 현실(경제, 감정, 정치 등등의 문제들)이 기술적 가능성을 짓누른다.

***

1963년 4월, 미생물학자인 롤린 더글러스 호치키스(Rollin Douglas Hotchkiss, 1911~2004년)가 어느 학회의 초대를 받아 뉴욕 시에서 오하이오 주의 델라웨어로 갔다. 그 학회의 주제는 당시 사람들에게는 분명 헛소리로 느껴졌을 것이다. 호치키스는 자신을 포함해 생물학자 10명이 오하이오 주의 웨슬리언 대학교에서 하루 종일 앉아서 "사람에게 자기 유전자를 바꿀 능력과 의지가 있는지를 주제로" 떠들었다고 당시 일을 회고했다.[43]

동료 발표자 중에 멀러가 있었다. 멀러는 이 자리에서 정자 은행과 생식 세포 선택 구상에 대해 설명했다. 멀러가 이미 30년 넘게 개혁 우생학을 이야기해 온 터라 참석자들은 이 내용이 새삼스럽지 않았을 것이다. 하지만 순서가 된 호치키스의 발표는 멀러의 생식 세포 선택과 근본적으로 다른 무엇, 지난 세기 동안 잡음이 심했던 우생학 계열의 종자 개량과도 완전히 다른 무엇이었다.

호치키스는 인간의 DNA를 직접 수정하는 기술의 가능성을 제기했다. 그는 이 학회 참석자들이 이 구상을 머릿속에 그리고 논의할 수 있도록 새로운 용어를 사용했는데, 바로 **유전 공학(genetic engineering)**이

다.[44]

미생물학자가 인간의 유전자 개량에 대해 이야기하는 것이 이상하게 느껴질지도 모르겠다. 하지만 1963년에 지구 상에서 유전자 조작 기술에 가장 근접한 사람을 꼽는다면 호치키스이다. 그는 1950년대에 오즈월드 시어도어 에이버리(Oswald Theodore Avery, 1877~ 1955년)와 함께 일하면서 무해한 세균을 치명적인 세균으로 변신시킨 '변형의 동인'을 알아내기 위한 첫 실험의 후속 연구를 진행했다. 호치키스의 연구진은 에이버리의 첫 실험을 훨씬 더 정교한 설계로 수행해 이 변형의 동인이 DNA임을 한 점 의심의 여지 없이 증명했다.

델라웨어 학회에서 호치키스는 같은 기술을 인간에게 사용하게 될 것으로 예측했다. "분명히 사용되리라고 봅니다. 적어도 시도는 나올 겁니다."

뭐니 뭐니 해도 우리 종은 늘 개선과 발전을 추구한 존재였음을 호치키스는 지적했다. 더 좋은 의식주 찾기에서 시작된 그 추구가 오늘날 현대 의학으로 진화했다. 1963년에 호치키스가 유전 공학 기술을 발표할 때 의학계에서는 신생아에게서 유전 질환을 찾아내고 뇌를 보호할 수 있는 식단을 개발해 PKU를 정복한 최근의 성취에 환호하고 있었다. "페닐케톤뇨증이 있는 영아를 보면 참지 못하고 적기에 티로신을 공급해서 이 유전 형질을 고치려 드는 게 우리 종입니다."[45] 호치키스는 말했다. 그는 만약 과학자들이 PKU를 유발하는 결손 유전자를 교정할 방법을 알아냈다면 그 방법을 사람에게 써 보자는 유혹에 저항하기는 힘들 것이라고, "기회가 오면 투항하지 않고는 배기지 못할 것"이라고 예견했다.

호치키스는 델라웨어 학회를 떠날 때, 세계는 그 기회를 맞이할 준비를 하고 있어야 하리라고 확신했다. 그 기회가 가져올 혜택과 문제를 미리 생각하고 대비하지 않으면 안 된다고. 호치키스는 강연과 저술을 통해 자신의 과학적 예언을 세상에 알렸다. 그는 유전 공학은 정부의 명령에 의해 주도되는 전통 우생학의 전략을 따르지 않을 것이라고, 이 기술을 주도하는 주체는 소비자가 될 것이라고 보았다. 호치키스는 사람들이 "유전자 교체"[46]로 자신의 DNA를 바꿀 수 있다고 소비자를 부추기는 최신 광고에 설득될 것이라고 믿었다.

유전 공학 기술은 초반에는 PKU 같은 유전 질환 치료에 사용될 것이며, 호치키스가 세균 실험에서 했던 것처럼 유전자의 성질을 바꾸는 기술이 될 것으로 예측했다. 호치키스는 이 기술은 성인과 어린이 모두에게 사용될 것으로 보면서 이렇게 말했다. "가능한 한 조기에 사용하려 할 것이며, 심지어는 자궁 내 시술까지도 시도할 것이다."

호치키스는 배아 단계에서 유전자를 바꾼다는 발상이 누구를 자극할지도 내다보았다. 작은 세포 한 덩어리를 의도한 대로 정확히 조작할 수 있게 되면 우리 몸에서 수정되지 못할 결함은 거의 없을 것이다. 그러나 이 과정에서 우발적으로 생식 세포에 변형이 일어났다고 해 보자. 그 태아가 태어나 성장해서 자녀를 낳으면 교체된 유전자를 물려받을 것이다. 그리고 그 교체된 유전자는 또 다음 세대로 전달될 것이다.

"자, 이제 인종 전체의 유전자군을 조작하는 그림이 그려지는가?" 호치키스는 이렇게 경고했다.

유전자 교체가 잘못되어 한 환자가 고통 받는다면 그 자체로도 끔찍한 일이다. 그런데 그 유전자가 생식 계통의 유전자였다면, 그 고통은 미래 세대에까지 유전될 것이다. 호치키스는 아직 태어나지 않은 사람의 유전자 조작을 결정하는 것이 개인의 권리 침해라고 보았다. 그 누구라도 형제의 운명을 마음대로 결정할 권리를 부여받을 수는 없다. 증손자의 권리라고 다를 수는 없다.

*
**

호치키스는 무척 용한 예언가였다. 1964년에 미래의 유전 공학을 내다보기 위해 호치키스가 의존했던 것은 당시에 존재했던 빈약한 근거뿐이었다. 그리고 그 대부분이 호치키스 자신이 수행했던 초보적 수준의 세균 실험에서 나왔다. 그의 예언 일부는 10년 이내에 벌써 실현되었다. 재니시가 수정한 DNA로 생쥐를 번식시켰고, 에드워즈와 스텝토는 배양 접시에서 인간 배아를 배양했다. 1970년대 중반이면 인간의 유전 질환 치료를 시도하는 과학자까지 나왔다. 호치키스가 말한 유전자 교체 기술로 말이다. 그들은 이 치료법을 "유전자 요법(gene therapy)"이라고 불렀다.

유전자 요법의 개척자로는 UCLA의 혈액학자 마틴 클라인(Martin Cline, 1934년~)이 꼽힐 것이다.[47] 그는 생쥐의 세포를 전류로 진동시켜 세포막에 잠시 작은 구멍이 열릴 때 유전자를 삽입하는 방법을 고안했다. 혈액학자인 클라인은 즉각적으로 혈액 질환을 떠올렸다. 혈액 세포는 골수에 자리 잡은 줄기 세포 계통에서 온다. 만약 환자의 줄기 세포에 결손을 수정한 건강한 유전자를 삽입한다면 그 딸세포들은 건강한 유전자를 물려받을 것이다. 클라인은 이 방법으로 건강한 혈액 계통을 만들어 낼 수 있었다.

클라인은 이 방법을 먼저 생쥐로 실험했다. 그는 수정한 줄기 세포를 골수에 주입한 뒤 골수 세포가 증식하도록 2개월을 기다렸다. 그런 뒤 생쥐 몸속에서 순환하는 혈액을 채취해 해당 세포를 추출했다. 이 세포들 절반이 클라인이 수정한 유전자를 물려받았음이 확인되었다.

이것으로 충분했다. 클라인은 곧장 유전자 요법을 사람 치료에 적용하기로 하고 베타형 지중해 빈혈(beta-thalassemia)을 선택했다. 이 유전 질환은 HBB 유전자를 무력화해 혈액 세포에서 헤모글로빈이 생성되지 못하게 만든다. 베타형 지중해 빈혈 환자는 혈액이 신체에 산소를 충분히 전달하지 못해 사망에 이를 수 있는 위험한 병이다. 클라인은 치료법이 필요하다는 것이 사람에게 이 새로운 유전자 요법을 적용할 근거가 된다고 보았다. 하지만 UCLA는 클라인의 제안이 신중하지 못하다고 판단해 승인해 주지 않았다. 클라인은 여기서 멈추지 않고 외국으로 나가 이스라엘에서 1명, 이탈리아에서 1명, 스스로 환자를 모집했다.

1980년에 클라인은 두 환자에게 유전자 요법을 수행했다. 골수에서 세포를 추출한 뒤 여기에 건강한 HBB 유전자를 붙였다. 그런 뒤 변형된 세포를 다시 환자의 골수에 주입하면 골수 세포가 증식할 것이다. 새로 생성된 골수 세포에는 수정된 HBB 유전자가 유전되었을 것이고 향후 건강한 혈액 세포를 생성할 것이다.

적어도 계획은 그랬다. 시술은 끝났지만 환자들의 증상이 호전되지 않았다. 실험에 대한 이런저런 말이 나오자 과학계는 클라인을 강력히 비난했다. 생쥐 연구에서 정도를 벗어났을 뿐만 아니라 사람에게 요법을 실험하는 도중에 아무에게도 다시 말해 연구자 동료들과 연구를 감독하는 위원들에게는 물론 환자 당사자에게도 알리지 않고 마음대로 프로토콜을 변경했기 때문이다.

의혹이 일자 미국 국립 보건원(National Institute of Health, NIH)은 클라인에게 지급하던 보조금을 끊었고 UCLA는 학과장 보직을 해임했다. 《뉴욕 타임스》는 「과학적 열정이 낳은 범죄(The Crime of Scientific Zeal)」라는 제목의 사설에서 클라인을 실명으로 비난하면서 "그에 대한 처벌은 정당했다."라고 논평했다.[48]

클라인의 무모한 실험을 다룬 기사가 쏟아지면서 시험관 아기, 인간 세균 키메라, 유전 공학에 대한 경계심이 확산되기 시작했다. 1980년에 지미 카터(Jimmy Carter, 1924년~) 미국 대통령이 위원회를 파견해 인간 유전자 조작의 윤리적 문제점을 조사하도록 했고, 얼마 뒤 의회도 기술 평가원(Office of Technology Assessment, OTA)에 해당 문제 조사를 명했다. 그들은 15년 전 호치키스의 지도에 따랐다. 그들은 바이스만이 제시했던 두 기본 범주, 체세포와 생식 세포 계통을 기준으로 유전 공학의 윤리적 문제를 분석했다.

체세포 유전 공학(또 다른 이름은 유전자 요법)은 허가 도장을 받았다. 정치인과 과학자 모두 이 치료법이 수천 종의 유전 질환을 치료할 수 있으리라는 데 동의했다. 연구가 지침과 규정에 따라 신중하게 이루어지는 한, 치료가 환자들에게 안전한 한, 여기에 심각한 윤리적 문제는 없다고 보았다.

체세포 유전 공학 기술이 허가되자 1980년대 과학계에 유전자 요법 연구 열풍이 일어났다. 우선 세포에 유전자를 주입할 새 방법을 찾아야 했다. 클라인의 방법은 환자에게서 추출해 배양 접시에서 수정한 뒤 다시 주입할 수 있는 유형의 세포에만 통했다. 뇌 질환을 유전자 요법으로 치료할 경우, 누가 감히 뇌에서 회색질 덩어리를 꺼낼 수 있겠는가.

바이러스가 유망한 해법으로 보였다. 과학자들은 인간의 유전자를 바이러스에 결합시키는 방법을 찾아냈다. 이 바이러스가 세포를 감염시키기 위해 침투할 때 그 유전자를 전달할 것이다. 1990년대에 생쥐에게 바이러스 실험을 수행해 희망적인 결과를 얻었고, 일부 과학자는 사람에게도 시도했다. 하지만 바이러스는 기대했던 만큼 안전한 도구가 아니었다. 1999년에 한 신진 대사 장애에 유전자 요법을 시도했다가 불운한 결과가 나오면서 유전자 요법 연구가 몇 년간 중단되었다. 자원자 중 19세 남성 제시 겔싱어(Jesse Gelsinger)가 바이러스에 강한 면역 반응을 일으켰는데, 극심한 염증으로 며칠 만에 사망한 일이 벌어졌던 것이다.

젤싱어가 죽은 뒤 유전자 요법 임상이 중단되었다. 연구자 몇 사람은 몇 걸음 후퇴해 더 안전한 바이러스를 모색했다. 몇 년 뒤 새로운 임상 실험이 시작되었고, 그 뒤로 몇 년 더 지난 뒤 희망적인 결과가 나오기 시작했다. 파리 제4대학교의 필리프 르불슈(Philippe Leboulch)가 이끄는 연구진이 클라인이 30년 전에 실패했던 질환인 베타형 지중해 빈혈에 도전했다.[49] 그들은 한 소년의 골수 세포를 추출해 HBB 유전자를 보유한 바이러스로 감염시킨 뒤 다시 골수에 주입했다. 2010년 연구진은 소년의 세포에서 정상 헤모글로빈이 생성되기 시작했다고 보고했고, 소년은 더는 생명을 지탱하기 위해 매달 수혈할 필요가 없어졌다.

퇴행성 근위축, 혈우병 같은 질환을 겪는 사람들은 유전자 요법으로 자신들도 도움 받을 수 있기를 고대했다.[50] 까다로운 식단으로 고생하는 많은 PKU 환자들도 유전자 요법으로 치료다운 치료를 받을 수 있기를 희망했다.

1980년대의 유전 공학 논쟁 때는 거의 모든 사람이 체세포는 가능성 높은 표적이지만 생식 세포는 도를 벗어난 문제라는 데 동의했다. "태아나 신생아의 삶에 근본적 변화를 가져올 유전자 변형을 시도해도 되는지를 판단하는 것부터가 어려운 문제"라는 것이 1982년 카터 대통령의 위원회 보고서 결론이었다. "그 변화가 유전되는 성질의 것이라면 그 책임은 실로 막중할 것이다."[51]

기술 평가원도 조사를 마친 뒤, 이 결론에 동의했다. 인간의 유전 형질이 바뀔 수도 있는 기술인데 조사 과정부터 의학적으로도 윤리적으로도 불확실성이 너무 컸다. 그들은 "생식 세포 유전자 요법을 시작할 것이냐, 또 한다면 언제 할 것이냐는, 따라서 공론을 통해 결정해야 한다."라고 결론 내렸다. 1986년에 유전자 조작의 어느 분야 연구에 재정을 지원할지 결정하는 미국 DNA 재조합 자문 위원회(Recombinant DNA

Advisory Committee)는 예산을 삭감하면서 "현재로서는 생식 계열 유전자 변형 연구 제안서를 고려하지 않는다."라고 딱 잘라 말했다.[52]

그리고 다음 30년 동안 별로 달라진 것은 없었다. 몇몇 과학자가 생식 계열 유전 공학은 인류에게 위협이 아니라 혜택이 될 것이라고 주장하며 규제의 창살을 흔들어 보기는 했다. 1997년에 미국 과학 진흥 협회(American Association for the Advancement of Science, AAAS)가 생식 계열 개입에 관한 포럼을 개최해 이 사안을 재검토했다.[53] 토론회에 모인 과학자와 철학자 들은 생식 계열을 만지작거리는 것이 이로운 변화를 가져올 수도 있다는 점은 인정했다. 그러나 이 제안을 과감하게 승인하지는 못했다. 그들은 유전 공학이 "현재로서는 가능하지 않으나, 우리가 생각할 수 있는 범위 이상으로 우리의 자녀와 그 후 세대에 작용해 우리의 인간다움을 구성하는 생리적 및 행동적 특성을 제어할 수 있게 될 수도 있음"을 경고했다.

AAAS의 포럼은 1997년 이후 미래를 논의하기 위한 공간이었으나, 그 미래는 이미 와 있었다. 아무도 상상하지 못한 방식으로, 승인 절차는 무시하고, 먼저 치고 나간 의사들이 있었다.

*
* *

1996년에 모런 오트(Mauren Ott)라는 여성이 아이를 갖기 위해 뉴저지 주 리빙스턴의 세인트 바나버스 의료 센터(Saint Barnabas Medical Center)를 찾았다.[54] 7년 동안 시험관 수정을 시도했으나 실패한 뒤였다. 난자는 건강한 것으로 보였으나 배아를 자궁에 이식하기만 하면 난할이 중단되었다. 이제 39세가 된 모런은 자신에게 주어진 생물학적 시계가 저물어 가는 것을 지켜만 보고 있었다. 그러다가 이 병원에서 난자 재생(egg rejuvenation) 기술을 발견했다는 정보를 접하고 찾아온 것이다.

프랑스 태생 의사 자크 코앙(Jacques Cohen, 1951년~)이 이끄는 세인트 바너버스의 의료진은 생쥐 실험으로 상당히 고무적인 결과를 얻었다.[55] 그들은 난자 1개에서 젤리 같은 물질인 난형질을 약간 떼어 낸 뒤 결함 있는 다른 난자에 주입했다. 이 미세 주입 방식은 결함 있는 난자가 건강한 생쥐 배아로 발생할 확률을 높였다. 연구진은 이 방법으로 기증자의 난자 세포가 주입된 난자의 알 수 없는 결함을 원상으로 돌리는 효과가 있을 것이라고 보았다.

이 기술이 생쥐에게 효과를 보인다면 사람에게도 통할 수 있었다. 코앙의 의료진은 건강하고 젊은 여성 자원자로부터 연구를 위한 난자를 기증받았다. 그들은 기증 난자에서 난형질을 추출해 난임으로 고생하는 모런 같은 여성의 난자에 주입했다.

모런의 의사는 시술 결과는 장담하지 못한다고 말했다. 난형질에는 여러 종류의 분자 물질이 섞여 있다. 개중에는 배아 재생 기능을 수행하는 것도 있겠지만 해를 입히는 물질이 있을 수도 있다. 기증자의 난자에서 염색체가 추출되어 환자의 난자에 주입될 수도 있다. 그런 일이 발생한다면, 이 시술을 통해 출생하는 아기는 기증자의 미토콘드리아 DNA를 물려받을 것이다. 다시 말해 그 아기의 유전 형질은 두 부모가 아닌 세 부모에게서 오는 것이다.

모런에게는 아기가 누군가 다른 사람의 유전자를 물려받을 수도 있다는 가능성 때문에 그만둘 계제가 아니었다. 미토콘드리아가 하는 일이라고 해 봐야 세포에 연료 공급과 기타 기본적인 업무 몇 가지뿐이지, 한 사람을 정의하는 형질을 만들어 내는 것은 아니지 않은가. "내가 원하는 것이, 가령 내 딸이 꼭 금발이기를 바란다면, 그런 거라면 비윤리적이라고 느꼈을 겁니다."[56] 모런은 한 기자에게 이렇게 말했다.

코앙의 의료진은 모런의 난자 14개에 난형질을 주입했다. 이 난자와 남편의 정자를 수정해서 총 9개의 배아가 난할을 시작했다. 9개월 뒤인 1997년 5월, 모런은 건강한 딸 에마를 출산했다. 형식상 필요한 세포 검사를 수행했고, 기증자의 미토콘드리아가 유전되었다는 단서는 발견되지 않았다.

에마 생후 2개월 차에 코앙 의료팀은 의학 저널 《랜싯》에 모런의 놀라운 사례를 발표했다.[57] 쇠퇴해 가던 난자의 소생 소식에 놀라움을 표하는 언론 기사가 쏟아졌다.[58] 난임으로 힘들어하는 많은 부부가 코앙의 의료진에게 몰려들었다. 미국과 외국의 불임 전문의들도 《랜싯》에 실린 이 논문 내용을 요리법 삼아 난형질 이식을 시술했다.

하지만 열광이 의혹으로 바뀌는 데에는 얼마 걸리지 않았다. 1998년 6월 《선데이 타임스(*Sunday Times*)》의 기자 로이스 로저스(Lois Rogers)가 캘리포니아 주에서 이루어지는 난형질 시술에 대한 기사를 썼다.[59] 로저스의 기사에서는 이 시술이 부모가 되고 싶어 하는 환자들을 돕기 위한 노력이 아닌 위험한 유전 실험으로 그려졌다.

로저스는 발생학자들이나 정치인들이 "아이에게 두 어머니의 유전자를 물려준다는 것이 생물학적으로 윤리적으로 무엇을 의미하는지 충분한 논의도 없이 시술이 이루어지고 있다는 사실"에 당황하고 있다고 주장했다. 그 의사들이 하는 일은 사실상 "세 부모 아기"를 만들어 내는 것이라는 것이 로저스의 표현이었다.

이 문구는 대중의 뇌리에 깊이 박혀 지워지지 않았다. 캐나다의 칼럼니스트 나오미 라크리츠(Naomi Lakritz)는 "세 부모 아기" 관행을 비판하면서 과학 기술 말고는 돌아볼 줄 모르는 의사들을 공격했다.[60] "과학 같은 소리" 말라고 라크리츠는 단언한다. "두 어머니의 유전 물질을 몸에 지니고 살아갈 불행한 아이를 만들어 낼 인간 오믈렛 요리의 윤리적 함의는 생각하지 못하는가?"

2001년 세 부모 아기에 대한 공포는 코앙의 의료팀이 그간의 시술에 대한 논문을 발표하면서 더 심해졌다. 그들은 재생된 난자로 태어난 아기 일부의 DNA를 정밀하게 검사했다. 코앙의 의료진은 두 아기의 DNA에 어머니와 난형질 기증자의 미토콘드리아가 혼재하는 것을 발견했다.

"이 보고서는 인간 생식 계열 유전자 변형으로 건강한 정상아가 태어난 첫 사례"였다고 코앙의 의료진은 발표했다.[61]

이때까지 난형질 이식을 통해 태어난 아기는 12명이었다. 그 가운데 몇 명은 유전자 변형 시술도 거쳤다. 20년 동안 정부가 유전 공학을 제재했으나 불임 전문의들은 바이스만의 장벽을 손쉽게 넘나들었다. 규제는 정부 보조금을 지원받는 연구에만 적용되었기에 민간 클리닉을 운영하던 코앙의 의료진은 자유롭게 시술을 행할 수 있었다.

이 자유는 오래가지 못했다. 코앙의 의료진은 논문 발표 1개월 뒤 FDA에서 공문을 받았다. 미국 내 난형질 이식 시술을 행하던 다른 불임 클리닉도 마찬가지였다. FDA는 이 시술에 대한 관할권을 행사해, 앞으로 난형질 이식술을 공식 시험용 신약으로 다루겠다고 공표했다. 이것은 곧 이 시술을 행하기 위해서는 먼저 산더미 같은 양식을 작성하고 기나긴 절차를 밟아 안전성 승인을 받아야 한다는 뜻이었다. 대형 제약회사들은 이런 요구를 다룰 수 있지만 소규모 불임 클리닉에게는 실천하기 어려운 일이었다. 코앙을 비롯해 미국 내 난형질 이식술 개업의들은 시술을 중단했다.

하지만 뉴욕 대학교 의과 대학의 제이미 그리포(Jamie Grifo)와 존 진 장(John Jin Zhang, 张进)은 중단하기를 거부했다. FDA가 공문을 보낸 2001년에 그리포와 장은 새로운 난형질 이식술을 연구하고 있었다. 그들은 기증 난자의 일부가 아닌 전체를 이용할 방법을 찾고자 했다.[62] 한 여성 난자의 세포핵을 기증자의 세포핵 없는 난자에 이식하는 방법이었다.

미국에서는 작업할 수 없게 된 그리포와 장은 중국으로 갔다. 그들은 연구에 자원할 난임 부부를 찾아 광둥 성의 중산 대학교 의료진과 공동으로 연구를 진행했다.

그들은 기증된 각각의 난자에서 세포핵 전체를 추출했다. 환자의 난자에서도 세포핵을 추출했다. 그런 뒤 기증 난자에서 추출한 세포핵을 환자의 미수정란에 주입한 뒤 이 난자를 환자 남편의 정자와 수정시켰다. 수정란은 정상적으로 난할을 시작했다.

한 지역 병원의 중국 의사들은 이 시술에서 나온 배아를 30세 여성에게 이식했다. 배아 3개가 정상적으로 발달하면서 심장 박동이 시작되었다. 그리포와 장과 동료 의료진이 이 환자 부부에게 더 나은 의료 서비스를 받을 수 있는 미국으로 가라고 권유했지만 이 부부는 지역 병원에서 받겠다고 했다. 1개월 뒤, 지역 병원 의사들이 중산 대학교 의료진의 반대를 무릅쓰고 수정란의 생존 확률을 높이기 위해 3개 중 1개를 제거하기로 했다. 두 수정란이 쌍둥이 4개월 태아가 되었을 때 한 태아의 양막낭이 터졌고, 조산하는 도중에 사망했다. 이 산모에게 감염이 발생했고(첫째 분만 과정에서 생긴 감염일 수 있다.) 둘째 쌍둥이도 죽었다.

실험은 부모가 되기를 희망하던 부부에게는 가슴 찢어지는 결말로 끝났으나 그리포와 장은 여기에서 이 시술의 가능성을 보았다. 건강한 난형질이 이식된 배아는 정상적으로 발달했으며, 태아 단계에서 더 나은 의료 서비스를 받았다면 생존했을 수도 있다. 2003년, 의사들은 이 시술의 결과를 학회에서 발표하고 《월 스트리트 저널(*Wall Street Journal*)》 기자들에게 공유하기로 결정했다.

13년 후 《인디펜던트(*The Independent*)》와의 인터뷰에서 장은 이 결정을 후회했다. "동료 일부가 이름을 알리는 데 급급했습니다. 전 세계가 알아주기를 바랐죠."[63]

이 기사를 접한 세계의 반응은 그들이 바랐던 환호가 아닌 경악이었다. 비판적인 사람들은 장과 동료 의사들이 앞뒤 가리지 않고 복제 인간 생산으로 방향을 틀었다고 비난했다. 중국 정부는 이 시술을 금지했고 모든 난형질 연구는 사실상 중단되었다. 장과 동료들이 이 사례에 관한 상세한 내용을 2016년까지 발표할 수 없을 정도로 상황이 심각했다. "비난이 너무 격렬해서 어쩔 수 없었습니다." 장은 이렇게 말했다.[64]

이 분야의 연구는 완전히 막힐 뻔했지만 잉글랜드와 미국에서 소수의 과학자가 조용히 계속해서 생쥐 실험을 수행했다. 그들은 불임 부부의 수정을 돕기 위한 개입이 아닌 미토콘드리아 유전 질환을 멈추게 하기 위한 방법으로 접근하고자 했다.

미토콘드리아 유전 질환을 유발하는 돌연변이를 발견함으로써 알 수 없는 병의 원인을 찾아내고 이상한 유전 양상을 이해할 수 있을 듯했다. 그러나 직접적인 치료법은 나오지 않았다. 1997년에 영국 생물학자 레슬리 오겔(Leslie Orgel, 1927~2007년)이 다른 접근법을 제안했다.[65] 병을 치료하기보다는 유전되는 것을 막는 방법을 찾자는 것이었다. 학술지 《케미스트리 앤드 바이올로지(*Chemistry & Biology*)》에 오겔은 난자의 세포핵을 제거하고 그 자리에 수정란의 세포핵을 주입하는 방법을 보여 주는 다이어그램을 게재했다. 이상 있는 미토콘드리아의 부담이 없어진 난자는 건강한 아이를 만들어 낼 수 있었다. 오겔은 이 가설적 시술의 명칭을 '미토콘드리아 대체 요법(mitochondrial replacement)'으로 제안했다.

2000년대 중반 미토콘드리아에 대한 이해와 세포 변형 기술이 발전하자 오겔의 가설을 실제 의술에 적용할 수 있었다. 미국 오리건 보건 과학 대학교(Oregon Health & Science University)의 슈흐라트 미탈리포프

(Shoukhrat Mitalipov, 1961년~)가 일련의 연구를 개시했다.[66] 미토콘드리아 대체 요법으로 병든 생쥐를 치료한 미탈리포프는 원숭이에게도 같은 실험을 수행해 성공했다. 그 원숭이들은 이상 징후 없이 성체로 자랐다. 잉글랜드에서는 뉴캐슬 대학교의 더글러스 매슈 턴불(Douglass Matthew Turnbull)이 다른 방법을 시도해 희망적인 결과를 이끌어 냈다. 두 연구진 모두 다음 단계로 인간 배아 세포 실험을 통해 미토콘드리아 대체 요법이 우리 종에도 통한다는 결론을 냈다. 이 결론을 토대로 미탈리포프와 턴불은 자국 정부에 미토콘드리아 대체 요법 임상 시험 허가를 신청했다.

이 신청으로 인간 유전 공학에 대한 논쟁이 다시 시작되었다. 논쟁은 주로 미토콘드리아 대체 요법이 안전하면서 효과가 있을 것인가 하는 의학적 문제를 중심으로 전개되었다.

의학계는 1990년대의 난형질 이식술로 몇 가지 단서를 얻을 수 있었다. 이 시술을 통해 태어난 아이들이 2010년대 초에는 유전자 변형 10대로 성장해 있었다.[67] 코앙의 의료진은 시술로 출생한 10대 14명의 현황을 조사했는데, 학교에 다니면서 응원단 입단 테스트를 받고, 치열 보정기를 끼우고, 피아노 교습을 받는 등 보통 10대들처럼 생활하고 있었다. 몇 명은 비만이나 알레르기 등 일부 건강상 문제가 있었지만 보통 10대에게 나타날 수 있는 의학적 범주에서 벗어나지는 않았다. 희망적인 조사 결과이기는 했지만 안전에 대한 우려를 접기에는 표본 크기가 너무 작았다. 게다가 현재는 10대 청소년이지만 나중에 어떤 질환이 나타날지 어떨지 아무도 장담할 수 없었다.

혹자는 미토콘드리아 대체 요법에 효과가 있다고 볼 수 있는지 의문을 제기했다. 난자에서 핵을 추출하는 과정에서 핵이 깔끔하게 떨어지지 않고 미토콘드리아가 계속 붙어 있는 경우가 있다.[68] 그런 경우에는 기증 난자에 이 핵을 삽입해 수정된 배아가 원래 있던 미토콘드리아와 이

식된 미토콘드리아의 혼합물이 되기도 했다. 배아의 미토콘드리아 99센트가 기증 난자에서 왔더라도 산모의 미토콘드리아 1퍼센트로 인해 여전히 자녀가 위험해질 수 있었다. 더 큰 문제는 배아 세포가 분열할 때 그 위험한 1퍼센트가 증식할 수 있다는 점이었다.

세포핵에서 기존 미토콘드리아를 완전히 떼어 낼 수 있다 하더라도 미토콘드리아 대체 요법에는 여전히 위험 요소가 있을 수 있다. 미토콘드리아 안에서 연료를 생산하는 단백질 다수가 세포핵 속 유전자에 암호화되어 있다. 이 세포들이 단백질을 합성하고 나면 미토콘드리아 속으로 운반해야 하고, 그 안에서 미토콘드리아 자체에서 생산된 단백질과 협력해야 한다. 일부 과학자는 미토콘드리아 대체 요법으로 단백질 간에 불일치가 발생해 미토콘드리아 기능 이상을 유발할지도 모른다는 의문을 제기했다.

이런 불일치가 있는지 테스트하고자 과학자들이 생쥐를 이용해 미토콘드리아 대체 요법을 실험했다.[69] 그들은 생쥐 몇 마리에게 유전적으로 동일한 기증자의 미토콘드리아를 이식하고, 다른 몇 마리에게는 유전적으로 일치하지 않는 기증자의 미토콘드리아를 이식했다. 몇몇 실험에서 유전적 불일치가 문제를 야기하는 결과를 보였다. 생쥐 몇 마리는 비만이 되었고, 일부는 학습 장애가 나타났다. 일부 생쥐의 경우에는 만년이 되어서야 이상(심장과 간의 지방 축적 등)이 나타났다. 생쥐는 수명이 짧아서 몇 달만 기다리면 이상 증상이 나타나는지 확인할 수 있다. 하지만 인간은 수십 년이 지나야 그 효과가 발견될 것이다. 그래서 일부 과학자는 이식에는 유전적으로 유사한 기증자의 미토콘드리아만 사용해야 한다고 강조했다.

미토콘드리아 대체 요법을 주제로 하는 많은 논쟁을 이끌어 간 주된 동력은 안전에 대한 우려보다 더 뿌리 깊은 정서였다. 결국 사람들이 이야기하는 것은 세 부모 아기였다. 유전에 손대는 것이 여전히 사람들에게는 크나큰 두려움으로 다가왔다. 2014년 의회 청문회에서 네브래스카 주 하원 의원 제프 포텐베리(Jeff Fortenberry, 1960년~)는 미토콘드리아 대체 요법이 "미국의 미래 세대에 알지도 못하고 예상도 할 수 없는 영구적 영향을 남길 잠재력이 있는 기술을 개발하고 활성화할 것"이라고 규탄했다.[70] 포텐베리는 자기가 하는 말이 무슨 악몽처럼 들리더라도 상관없다고 했다. 그는 "이런 시나리오는 사람을 공포로 몰아넣는다. 사람들이 이 시나리오에서 공포를 느끼지 않는다면 그것이야말로 대단히 우려스러운 일"이라고 말했다.

포텐베리는 유전 공학을 일종의 유전 전염병처럼 묘사했다. 그는 조작된 유전자가 한 아이의 DNA 속으로 들어가는 순간, 악성 독감처럼 온 나라를 휩쓸어 버릴 것이라고 말했다. 하지만 유전은 그렇게 작동하는 것이 아니다. 미국 인구 중 미토콘드리아 유전 질환을 자녀에게 물려줄 위험성이 있는 여성은 불과 1만 2423명으로 추산된다.[71] 이 여성 전원이 자녀를 낳기 전에 미토콘드리아 대체 요법 시술을 받는다면 그 결과를 탐지하기는 어려울 것이다. 기증자의 미토콘드리아 DNA가 미국 인구 안에서 약간 더 늘어나겠지만, 그다음 세대에서는 더 확산되지 않을 것이다. 따라서 미국 인구(와, 굳이 말하자면, 그 나머지 세계 인구)의 유전자군에 잔물결조차 일으키지 못할 것이다.

포텐베리 같은 반대자에게 미토콘드리아 대체 요법은 미래에 대한 위협이자 과거에 대한 모독이었다. 이 시술을 통해 태어난 모든 아이는 1997년 이전에 태어난 어떤 아이와도 다른 방식으로 유전자가 전달되었다. 유전자를 물려준 사람이면 누구라도 부모가 된다. 난형질 이식자에게 붙었던 '세 부모'라는 딱지가 이제는 미토콘드리아 대체 요법에 붙게 되었다. 포텐베리는 이렇게 경고했다. "세 부모 배아는 무해한 의료 기술이 아니라 섬뜩한 우생학적 복제 인간이다."

난형질 이식을 통해 미토콘드리아를 물려받은 10대에게 섬뜩할 것은 없으며, 난자 기증자에게 부모라는 말을 붙여 봐야 아무 의미도 없다. 의회에서 의원들이 아무리 힘주어 말하고 언론이 아무리 자극적인 제목을 붙인들 달라질 것은 없다. 그렇게 중요한 호칭을 경솔하게 아무렇게나 붙여서는 안 될 일이다. 여성이 기증받은 난자(다른 여성의 세포핵 DNA까지 포함해서)로 아기를 낳으면 어머니라고 불려야 할 사람은 여전히 그 여성이다.

미토콘드리아 대체 요법의 반대자들은 사람들의 공포심에 호소한 반면에 지지자들은 스스로 논리적 모순에 빠지고는 했다. 하나의 흔한 전략이 미토콘드리아 DNA의 중요성을 경시하는 것이었다. 1997년에 모린은 자신의 결정이 딸의 머리칼 색깔 같은 중요한 형질을 고르는 것이 아니므로, 도덕적으로 선을 넘지 않는다고 믿었다. 17년이 지난 2014년, 영국 공중 보건부는 같은 논거로 미토콘드리아 대체 요법에 호의적인 보고서를 발표했다.[72]

"미토콘드리아 대체 요법은 개인의 특성과 유전 형질을 변화시키지 않는다." 이 보고서는 말한다. "유전적으로는 그 아기가 세 개인의 DNA를 지니는 것은 맞지만 현재까지 나와 있는 모든 과학적 근거는 한 개인의 특성과 형질을 형성하는 유전자는 오로지 세포핵 DNA에서 오는 것임을 시사하는데, 세포핵 DNA는 오로지 아기의 양친에게서만 물려받을 것이다."

나는 이 보고서를 읽다가 **개인의 특성과 형질**의 정의를 찾아보았다. 아무것도 나오지 않았다. 내가 이해한 바로는, 보고서의 저자들은 미토콘드리아의 역할이라고는 연료를 만드는 것 말고는 없다고 일축했다. 하지만 나는 세포핵 속의 유전자가 정말로 중요한 요소인 우리의 모발을 다룬다는 결론을 얻을 수 있었다.

유전자에 이런 식으로 급을 매긴다는 것은 터무니없는 발상이다. 미토콘드리아 대체 요법의 궁극적 목적이 한 사람에게 근본적으로 중요한 어떤 것에 변화를 가져오는 것, 즉 미토콘드리아가 유발하는 유전 질환을 없애자는 것인데 말이다. 미토콘드리아 돌연변이가 유전될 경우 단신에서 근육 장애, 시력 장애 등 그 사람의 일상과 정체성에 심대한 영향을 미치는 형질을 갖게 된다. 아닌 게 아니라, 미토콘드리아 돌연변이가 유발하는 증상의 방대한 범위는 우리 삶의 얼마나 많은 부분이 우리 몸의 세포에 필요한 연료를 만들어 내는 경로에 의해 영향 받는지를 보여준다.

그런데 우리 몸에서 뇌만큼 연료의 충분한 공급이 중요한 부위는 없다. 신경 세포가 신호를 내보낼 때 엄청난 연료를 태워야 하기 때문이다. 미토콘드리아 돌연변이 중에는 일부 뇌 부위의 기능 방식에 영향을 미치는 것이 있고, 또 뇌가 발달하는 과정에서 신경 세포의 이주 속도를 떨어뜨려 목적지에 도달하지 못하게 만드는 것도 있다. 뇌에 일어나는 이런 변화가 "개인의 특성과 형질"에 영향을 미치지 않는다면 무엇이 영향을 미친다는 말인지, 나는 모르겠다.

미토콘드리아는 연료 생산 이외의 기능에도 중요한 역할을 하는 것으로 밝혀졌다. 미토콘드리아가 만들어 내는 일부 단백질은 세포핵으로 들어가 수천 개의 유전자에 신호를 전달한다. 이렇듯 미토콘드리아의 유전적 변화는 희귀 유전 질환을 유발하는 것 말고도 많은 역할을 수행할 수 있다.[73] 몇 가지만 추려 보아도, 우리가 몇 살까지 살지, 얼마나 빨리 달릴 수 있는지, 산소 희박한 고도에서 무리 없이 호흡할 수 있는지 등에 영향을 미칠 수 있다.[74] 미토콘드리아 DNA의 유전적 변화는 기억 능력에도 영향을 미친다. 일부 돌연변이는 조현병 같은 정신 장애와 관

련된 것으로 알려져 있다.[75]

영국의 보고서는 의회에서 미토콘드리아 대체 요법을 의안으로 다루는 데 기여했다. 공중 보건부 장관 제인 엘리자베스 엘리슨(Jane Elizabeth Ellison, 1964년~)은 의회에서 이 요법은 그저 세포의 배터리 팩을 교체하는 시술일 뿐이라는 발언으로 의원들을 안심시켰다.[76] 2015년에 영국 의회는 미토콘드리아 대체 요법 승인안을 표결했고, 2017년 3월에 뉴캐슬의 한 불임 전문 병원이 최초로 시술 허가증을 받았다.

미국에서는 논의가 다른 방향으로 흘렀다.[77] 미토콘드리아 돌연변이 보인자를 대상으로 한 어느 조사에서는 압도적 다수가 미토콘드리아 대체 요법 연구가 가치 있다고 답했다.[78] 미국 국립 과학원(National Academy of Sciences, NAS)은 그 근거를 연구해 2016년에 신중하게 승인 입장을 표명했다. 그들은 이 요법은 먼저 아들에게만 시술하는 것이 현명할 것 같다는 의견을 제시하면서, 그렇게 하면 바뀐 미토콘드리아가 자손에게 전달되지 않을 것이기 때문이라고 했다. 그들은 또 미토콘드리아 대체 요법을 받은 여성들에게서 태어난 아기들을 예의 주시해 성장한 뒤에 예기치 못한 문제를 겪지 않도록 관리할 필요가 있다고 지적했다.

하지만 이 모든 논의는 결국 논의로 끝나고 말았다. 의회에서 (정확히 누구였는지 끝내 밝혀지지 않았지만) 누군가가 막대한 2016년도 예산안에서 FDA의 미토콘드리아 대체 요법 평가 사업 예산 집행을 금하는 10행짜리 규제 조항을 끼워 넣은 것이다.[79] 이 규제 조항은 의회에서 어떠한 토의도 거치지 않고 발효되었다.

하지만 같은 해에 존 장(그는 연구를 계속하기 위해 2003년에 중국으로 돌아갔다.)의 의료진이 미국 외부에서 세계 최초로 인간 미토콘드리아 대체 요법을 시술했음을 발표했다.[80]

현재 뉴욕 시의 새 희망 출산 센터(New Hope Fertility Center)에서 일하는 장은 한 요르단 인 부부에게서 두 자녀가 리 증후군(Leigh syndrome)을 앓고 있다며 도와 달라는 요청을 받았다. 리 증후군은 근육에 힘이 없어지고 뇌 손상을 일으키며 유아기 사망으로 이어지는 희귀 미토콘드리아 질환이다. 부부의 첫 아이는 6세에 사망했고, 둘째는 당시 생후 8개월이었다.

어머니는 아이를 낳기 전까지 자신이 리 증후군 보인자라는 사실을 알지 못했다. 세포 중에서 미토콘드리아의 4분의 1만 돌연변이가 있고 나머지는 정상적으로 기능했기 때문이다. 하지만 두 자녀는 어머니의 미토콘드리아 돌연변이가 더 증가해 위험 임계점을 넘어선 단계였다.

이 요르단 인 부부가 장을 찾아온 이유는 리 증후군의 위험 없이 셋째를 낳고 싶어서였다. 장은 미국 내에서는 미토콘드리아 대체 요법을 사용할 수 없지만 멕시코에는 이것을 막을 법규가 없다는 것을 알고 있었다. 그리하여 부부와 함께 국경을 넘어 새 희망 출산 센터 분원에서 대체 요법을 시술했다. 장의 의료진은 요르단 여성 환자의 난자에서 추출한 핵세포 5개를 기증 난자에 주입한 뒤, 남편의 정자로 수정을 시켰다. 그중 한 수정란을 그 여성의 자궁에 이식해 정상적인 발달 단계를 거쳐 2016년 4월에 남아를 출산했다.

검사 결과 아기의 건강은 좋아 보였다.[81] 하지만 의사들은 어머니의 결함 있는 미토콘드리아가 완전하게 교체되지 않았음을 발견했다. 아기의 소변 샘플에서 미토콘드리아의 2퍼센트가 어머니에게서 온 것으로 나타났다. 포피의 세포에서는 그 비중이 9퍼센트로 증가했다. 심장이나 뇌에서는 그 비중이 얼마나 되는지 알 수 없다. 그것을 알아낼 방법이 있을지도 회의적이다. 요르단 인 부부는 응급 의료 처치가 필요한 상황이 아니라면 더는 검사를 받지 않겠다고 했다. 유전자 변형으로 태어난 또 한 아기가 그렇게 과학의 시계에서 빠져나갔다.

18장

고아로 잉태된

다우드나에게는 미토콘드리아 대체 요법이 CRISPR로 무엇을 할 수 있는지를 가늠하게 해 주는 예시였다. 이 요법은 배아의 결손 유전자를 건강한 유전자로 바꿔 주는 기술이다. CRISPR를 사용하면 배아의 염색체에 자리 잡은 2,000여 개의 단백질 암호화 유전자 중에서 어떤 것이든 교정할 수 있다. 그리고 이 변화는 후손들에게 유전될 것이다.

다우드나는 미토콘드리아 대체 요법의 꼴사나운 역사가 되풀이되는 것만큼은 피하고 싶었다. 이 요법은 윤리적 문제에 대한 공론화 없이 암암리에 의료 행위에 들어간 데다 겨우 논의가 시작되려는 시점에 막바로 무시무시한 프랑켄슈타인 이미지와 '세 부모 아기'라는 언어로 인해 모든 것이 꼬여 버렸다. 2014년에 다우드나는 자충수가 될 공론화를 피해야겠다고 판단했다.

공론화는 다우드나가 즐길 수 있는 역할도 아니었다. 그는 인간 배아 조작 기술에 잠재된 위험 같은 주제보다는 세균의 생화학적 작용에 대해 이야기하는 것이 편안한 사람이었다. 그런 다우드나에게 새로 부여된 역할은 불편했다. "이질적이다 못해 내 일이 아니라고까지 느껴졌다." 그는 이렇게 회고했다.

다우드나는 작게 시작했다. 2015년 1월, 버클리에서 1시간 거리인 내파 밸리의 한 아늑한 호텔에서 모임을 주최했다. 이 포도주 산지에 모인

18명 가운데 걸출한 생물학자 데이비드 볼티모어(David Baltimore, 1938년~)와 폴 버그(Paul Berg, 1926년~)가 있었는데, 이 두 사람은 1970년대에 DNA 재조합에 관한 논의를 위해 비슷한 모임을 이끌었던 인물이다. 그때와 마찬가지로 모임은 체세포와 생식 세포를 어떻게 다룰 것인가를 주제로 이루어졌다.

그들은 유전자 요법으로서 CRISPR가 바이러스보다 효과적인 도구가 될 수 있다고 보았다. 의사들이 이것을 이용해 체세포를 훨씬 더 정교하게 수정할 수 있기 때문이다. 생식 계열에 관해서는, 참석자 일부는 CRISPR로 생식 계열을 수정한다는 발상에 크게 개의치 않았다. 하지만 일부는 바이스만의 장벽은 절대로 넘어서는 안 되는 선이라고 생각했다.

이처럼 입장 차이는 분명히 존재했지만, 서로 다른 입장만 확인하고 가만있을 때가 아니라는 데는 참석자 모두가 동의했다. 그러고 앉아만 있을 시간이 없었다. 중국 과학자들이 이미 CRISPR를 인간 배아에 사용했다는 소문이 돌고 있었다. 그들의 논문 한 편이 학술지 심사 결과를 기다리고 있을 것이고, 언제라도 기사가 뜰 것이다 하는. 내파 모임 참석자 다수가 공동 논평을 작성해 학술지에 게재하자는 데 동의했다. 3월 19일에 다우드나와 동료 과학자 17인이 공저자로 《사이언스》에 「유전체 공학과 생식 계열 유전자 변형 기술이 나아가야 할 길을 신중하게 모색한다(A Prudent Path Forward for Genomic Engineering and Germline Gene Modification)」라는 제목으로 그 결과물을 발표했다.[1]

이 저자들은 사람 생식 계열 유전자 변형을 당장 금지해야 한다고 주장하지 않았다. 다만 현 시점에 이것을 현실화하는 데 강한 우려를 표명했다. 또한 전 세계 전문가들이 한자리에서 이 신기술의 위험성과 유익성을 심도 있게 검토하기 위한 공개 토론의 장을 열자고 제안했다. 다우드나와 공저자들은 그런 큰 규모의 토론으로도 이렇게 중대한 사안을 해결하는 데에는 역부족이라고 경고했다. "현재로서는 이 기술을 사용함으로써 발생할 수 있는 안정성과 효능성 문제를 철저하게 조사하는 것이 우선시되어야 하며, 이것을 통해 제반 사안을 모두 고려한 다음에 유전자 변형 임상 실험에 대한 허가를 고려해야 한다."라는 것이 그들의 입장이었다.

이 《사이언스》 논평이 널리 주목받자 미국의 국립 과학원은 바로 몇 달 뒤 국제 토론회를 개최하기로 결정했고, 영국 왕립 협회와 중국 과학원(Chinese Academy of Sciences)이 참석하기로 서명했다. 상황은 다우드나가 희망한 대로 전개되었다. 적어도 몇 주 동안은.

4월에 다우드나는 자신이 들은 소문이 사실이었음을 알게 되었다. 중산 대학교의 생물학자 황쥔주(黄军就)의 연구진이 그 선을 넘었다고 보고했다.[2] CRISPR를 이용해 사람 배아 유전체 편집을 실험한 것이다.

황쥔주의 실험은 어떻게 보느냐에 따라 역사적 성취가 될 수도 있고 일그러진 비사가 될 수도 있었다. 황쥔주 연구진이 학술지 《프로틴 앤드 셀(*Protein & Cell*)》에 게재한 논문에서 설명했듯이, 이것은 베타형 지중해 빈혈을 유발할 수 있는 돌연변이가 있는 HBB 유전자를 수정하기 위한 실험이었다. 그들은 생존 가능한 배아를 조작한다는 윤리적 우려를 비껴가기 위한 실험을 설계했다. 불임 전문 병원이 난자를 수정하는 과정에서 실수를 범해 두 정자가 난자 하나와 결합하는 경우가 가끔씩 나온다. 그 배아에는 염색체가 3쌍(그래서 삼배체라고 부른다.)이 되어 결국 몇 회 세포 분열을 하다가 더는 발달하지 못하고 끝난다. 황쥔주 연구진은 이런 삼배체 배아 10여 개를 구해 연구에 착수했다. 그들은 이 배아들은 결코 임신에 사용할 수 없다는, 하고 싶어도 할 수 없다는 확신이 있었다.

황쥔주 연구진은 HBB 유전자의 일부를 잘라 낸 뒤 새 DNA 조각으로 교체하기 위한 CRISPR 분자를 구성했다. 그들은 CRISPR 분자 혼합물을 삼배체 배아에 주입하고 세포가 8개로 분열할 때까지 기다렸다. 이 연구진은 54개 배아를 분석해 CRISPR 분자가 얼마나 효과적으로 작동했는지 확인했다. 돌연변이 HBB 유전자가 잘린 것은 28개밖에 안 되었다. 이 성공한 배아 중에서도 돌연변이 DNA가 새 DNA로 교체된 것은 소량뿐이었다. 나머지 배아에서는 비슷한 유전자가 다른 부위의 DNA에 복제되어 있었다.

다수의 배아가 모자이크가 되어 있었다. 이런 배아의 세포 중에서 일부는 수정된 HBB 유전자가 정착했고, 일부는 아니었다. 결국 CRISPR 분자가 사람 DNA에서 목표점을 찾는 데에는 많은 시간이 필요하다는 것이 밝혀졌다. 이들이 HBB 유전자를 찾았을 때에는 단일 세포 접합체가 이미 몇 개의 새 세포로 증식한 상태였는데, 그중 일부 세포에는 CRISPR 분자가 들어 있지 않았다.

황쥔주 연구진의 논문이 게재됐다는 뉴스가 떴을 때 나는 다우드나에게 어떻게 생각하는지 물었다. 다우드나는 이렇게 답했다. "오히려 이 기술이 사람 생식 계열에 임상적으로 적용할 준비가 되지 않았다는 사실만 더 부각시킨 셈입니다."

다우드나는 어휘 선택에 신중했다. 내파 밸리 모임 이후로 다우드나는 CRISPR에 부정적 여론이 형성되지 않도록 세심하게 신경 썼다. 동료 과학자들은 호기심을 억제하고 괴기스럽거나 무분별하게 보일 여하한 실험도 수행하지 않았다. 그러나 다우드나는 생식 계열 유전 공학의 가능성을 완전히 배제하려는 것은 아니었다. 어쩌면 언젠가는 고려할 가치가 있을 것이라고 보았다.

아무리 신중한 구문으로도 이 이야기가 걷잡을 수 없는 소용돌이를 일으키는 것은 막을 수 없었다. 이 소식으로 전 세계가 격렬하게 동요하자, 미국 국립 보건원 원장 프랜시스 셀러스 콜린스(Francis Sellers Collins, 1950년~)는 며칠 뒤 1980년대에 나왔던 정책을 상기시키는 성명을 발표했다. "임상 목적으로 사람 배아의 생식 계열 유전자를 변형한다는 생각에 대해서는 이미 오랜 기간 다양한 관점에서 논의가 이루어졌고, 이것은 넘어서는 안 될 선이라는 것이 거의 공통된 결론"이었다고 콜린스는 미사여구 없이 단언했다.[3] 미국 국립 보건원은 체세포 유전자 변형 기술이 각종 난치병 치료의 길이 열리기를 희망하며 유전자 요법 연구에 매년 2억 5000만 달러의 예산을 쏟아붓고 있었다.[4] 그러나 생식 계열로 넘어가는 과학자가 나오면 누가 되었건 예산 집행을 즉각 중단하겠다고 선언했다.

콜린스 같은 과학자는 생식 계열은 절대로 넘어서는 안 될 선임을 해석의 여지 없이 명백한 언어로 말했다. 하지만 연구 현장에서는 그 선을 구분하기가 쉽지 않았다. 예를 들면 콜린스는 "임상 목적"의 배아 변형 실험에 대해 말했지만, 황쥔주 연구진이 사용한 삼배체는 태아로 발달할 수 없으니 무엇이 되었건 임상 목적이란 있을 수 없는 실험이었다는 주장도 성립할 수 있다. 아니면, 황쥔주 연구진이 HBB 유전자 변형으로 베타형 지중해 빈혈을 후손들의 혈통 계보에서 없애기 위해 배아의 유전자를 사용한 것이니, 어쨌건 선을 넘은 것인가?

2015년 9월, 이 선은 한층 더 식별하기가 어려워졌다. 런던에 있는 프랜시스 크릭 연구소의 과학자 캐시 나이아컨(Kathy Niakan, 1977년~)이 영국 정부에 사람 배아에 대한 CRISPR 가위 사용 승인을 신청했다.[5] 나이아컨은 CRISPR를 사용해 배아 발생 초기에 중요한 역할을 하는 유전자를 잘라 낸다는 계획이었다. 그런 다음 배아가 어떻게 발달하는지 관찰하면 이 유전자들이 어떤 기능을 수행하는지 알아낼 수 있다고 생각했다. 다시 말해서 배아가 발생한 후 일주일 동안만 연구한 다음 파괴할 계획이었다. 하지만 황쥔주의 실험과 달리 이것은 생존 가능한 배아에 대한 실험이 될 것이다. 나이아컨의 실험이 아무리 미세한 유전자 덩어리를 파괴한다고 해도, 그것은 생존 가능한 배아이므로 생명의 존엄성에 대한 모독이 아닐까?

나이아컨과 황쥔주의 실험 소식은 2015년 12월 1일에 개최된 '인간 유전자 교정 정상 회담(International Summit on Human Editing)'에 강한 경각심을 일으켰다. 워싱턴 D. C.의 미국 국립 과학원에서 볼티모어는 50년 전 호치키스의 발언과 맥을 같이하는 도발적 개회사로 500명의 참석자를 환영했다.

"현재 우리는 사람의 유전자를 변형할 수 있는 날이 임박했음을 압니다. 우리는 이제 쏟아지는 물음에 직면하게 될 겁니다. 맨 먼저 나올 질문은 이게 될 겁니다. 유전자 편집 기술을 사람의 유전자에 쓸 것인가? 쓴다면 언제가 될 것인가?"[6]

***

회담은 볼티모어의 도발에 미치지 못했다. 기자 샤론 베글리(Sharon Begley, 1956년~)는 회담 분위기를 이렇게 전했다. "몹시 맥 빠진 토론이었다. 갈수록 빈자리가 늘어 갔다."[7]

일부 과학자는 그 신중한 어조가 의도적 전략으로 느껴졌다고 생각했다. 그들은 전문 용어 빼곡한 발언을 준비했고 준비한 글만 발표했다. 자칫 잘못해서 윤리적 지뢰선을 밟는 실수를 피하기 위한 노력이었다. 회담이 끝난 뒤 볼티모어와 다우드나, 나머지 조직위 위원들이 무대에 올라와 공동 성명을 발표했다. 11개월 전에 이루어진 내파 밸리 합의에서 크게 달라지지 않은 내용이었다. 조직위는 일부 유전자에 대한

CRISPR 사용, 달리 말하면 유전자 요법과 CRISPR를 기반으로 한 발생 초기 사람 배아 연구에 지지 의견을 표명했다. 하지만 임신 안정을 위한 배아의 생식 계열 유전자 변형에는 반대했다. 그렇다고 문을 완전히 닫지는 않고 "생식 계열 유전자 편집의 임상 목적 사용 문제는 꾸준히 재검토해야 한다."라고 했다.[8]

회의에 참석한 과학자들 가운데 일부는 생식 계열 유전자 편집과 관련해 우리가 정말로 물어야 하는 것은 이 기술이 시도할 가치가 있느냐 하는 것이라고 여겼다. "이 기술이 정말로 자녀에게 유전 질환을 물려줄까 봐 걱정하는 부모를 돕고 싶어 하는 것이 맞는가?" 매사추세츠 주 케임브리지에 위치한 브로드 연구소 소장 에릭 스티븐 랜더(Eric Steven Lander, 1957년~)는 물었다. "생식 계열 유전자 편집은 우리가 고려해야 할 첫 단계도 둘째 단계도 셋째 단계도 넷째 단계도 아니다."

랜더는 착상 전 유전자 진단만으로도 거의 모든 경우에 도움을 받을 수 있다고 주장했다.[9] 자녀에게 어떤 유전병을 물려줄 위험성이 있다면, 배아(혹은 난자나 정자) 단계에서 검사를 통해 이런 병을 안고 태어나지 않게 하는 방법도 있다. 이런 방법을 다 써 보고도 유전 질환 예방에 성공하지 못한다면 비로소 생식 계열 유전자 편집 기술을 사용하는 것이 말이 된다.

발언자 몇 명은 CRISPR 기술을 이렇게 신중하게 접근하는 것조차 강력하게 반대했다. 유전학과 사회 연구 센터(Center for Genetics and Society) 대표 마시 다르노브스키(Marcy Darnovsky, 1951년~)는 랜더의 입장과도 사뭇 다른, 어두운 미래를 그렸다. 그는 생식 계열 유전자 편집이 횡행하는 무질서한 시장을 상상하면서 "이로써 우리는 인류의 오랜 관습과 근본적으로 단절될 것"이라고 경고했다.

다르노브스키는 가령 CRISPR가 표적을 놓쳐 엉뚱한 유전자를 편집할 위험성이 너무나 높다는 문제를 가지고 있다고 말했다. 아기의 DNA를 바꾼다는 것은 위험할 뿐만 아니라 잘못된 일이다. 배아는 이 일에 동의할 수 없다. 아기의 유전자를 편집하는 것은 요컨대 아기의 인격을 모욕하는 것이다. CRISPR 기술이 멋진 결과를 가져온다고 해도, 그 성공 자체가 사회에 전례 없는 재앙을 가져올 수도 있다. 다르노브스키는 부잣집 자녀들은 유전자 편집을 통해 유전 질환의 부담을 피하는데 가난한 집의 자녀들은 그럴 수 없는 세계를 이야기했다. 부모가 자녀에게 원하지 않는 형질을 제거하기 시작한다면, 어디쯤 가면 그만두겠는가?

예를 들어 청력 장애는 생명을 위협하는 질병은 아니지만 1922년에 우생학 기록 사무국의 해리 해밀턴 로플린(Harry Hamilton Laughlin, 1880~1943년)은 『단종법의 우생학 모형(*Model Eugenical Sterilization*)』을 출간하면서 이것을 항목에 포함시켰다. 불임 전문 의사가 청력 장애 돌연변이 제거 시술을 하게 될 것인가? 왜소증 등 각종 유전 질환도 질병 부담이 과도한 질환으로 판정될까? 장애인 사회가 느낄 고립감과 위기감은 생각해 보았는가? 유전 질환을 예방하기 위한 유전자 편집 시술이 널리 행해진다면, 사람들은 머잖아 자녀의 형질을 향상시키기 위한 유전자 변형도 시도할 것이라고 다르노브스키는 예견했다.

"미래 세대의 형질을 향상시킨다는 발상은 심각하게 위험한 유혹이 될 것"이라고 다르노브스키는 경고했다. "더 나은 2세를 위한 최신 업그레이드 옵션으로 고객을 끌어들이려는 불임 전문 병원들의 경쟁을 한번쯤 생각해 볼 것을 제안한다. 시장이 어떤 식으로 작동해 왔는지를 생각해 보라."

참석한 과학자 대다수가 '향상'에 대한 언급 자체를 꺼리는 분위기 속에서 단 한 사람의 과학자가 예외였는데, 텁수염 덥수룩한 장신의 하버드 유전학자 조지 처치(George Church, 1954년~)였다. 유전적 향상은 이미

오고 있다고, 처치는 그것이 배아가 아닌 노인으로 시작될 것이라고 말했다.

이것이 한 가지 시나리오이다. 노령 인구 9퍼센트가 골다공증으로 인한 골절을 경험한다. 뼈 조직의 세포가 주위 뼈를 부스러뜨려 뼈의 무기질이 혈류로 흘러든다. 약을 써서 뼈가 부스러지는 속도를 늦출 수 있는데, 세포에 달라붙어서 세포가 뼈와 접촉하지 못하게 만드는 약이다. 하지만 더 좋은 치료법이 있을 수 있다.

세포가 뼈를 부스러뜨리는 한 가지 이유는 노령이 되면 TERT라는 단백질을 충분히 만들어 내지 못한다는 것이다. 2012년에 에스파냐 국립 암 연구 센터에서 노령 생쥐에게 TERT 유전자 사본을 하나 더 삽입해 TERT 단백질 합성을 유도하는 실험에 성공했다. 생쥐의 뼈가 강해져 골다공증이 완화된 것이다. 따라서 CRISPR 유전자 요법으로 사람의 골다공증도 치료할 수 있겠다고 충분히 생각해 볼 수 있다. CRISPR 분자가 뼈 세포의 TERT 유전자로 들어가 편집을 하는 것이다. 이 유전자는 환자가 젊어서 뼈가 건강했던 시절처럼 활동할 것이다.

하지만 TERT 유전자 요법은 다른 방면으로도 널리 활용할 수 있을 것이다. 생쥐에게 이 요법을 썼던 에스파냐 과학자들은 생쥐의 근육과 뇌, 혈액의 노령화도 되돌린다는 것을 발견했다. 이 요법으로 노령 생쥐의 수명이 13퍼센트 증가했다. 더 어린 생쥐에게 TERT 유전자 요법을 시술했을 때에는 수명이 24퍼센트 증가했다.

CRISPR 기반 유전자 요법이 골다공증 치료법으로 승인된다면, 더 건강하게 더 오래 살기 위해 이를 시술하겠다는 사람들이 장사진을 이룰 것이다. 연령이 낮을수록 효과가 더 크다는 것이 입증된다면, 자녀에게 처음부터 이 혜택을 누리게 하고 싶은 부모도 나오지 않겠는가? 좋은 TERT 유전자로 인생을 시작할 수 있는데 무엇 하러 말년까지 기다리느냐고.

처치는 TERT 유전자는 CRISPR 기술로 향상시킬 수 있는 후보군의 하나일 뿐임을 강조했다. 유전자 편집으로 쇠약해진 근육을 치료해 체력이 향상될 수 있다는 이야기이다. 과학자들이 알츠하이머병에 수반되는 기억력 저하와 학습 능력 상실을 치료할 방법을 연구하고 있는데, 유전자 요법이 같은 결과를 이끌어 낼 수 있다고 충분히 생각해 볼 수 있다. 또 건강한 사람에게 유전자 요법을 사용한다면 인지 기능이 한층 더 향상될 것이다. 부모들이라면 자녀에게 같은 유전자 요법으로 우수한 학업 능력을 만들어 주고 싶어 할 것이다.

"유전적 향상은 문을 넘어 들어올 겁니다." 처치는 청중에게 말했다.

*
**

어떻게 보면 다우드나의 캠페인은 성공했다. 본격적인 공론화가 시작된 것이다. 2016년에 이르자 CRISPR는 고치를 열고 나오자마자 화려한 나비로 변신해 날이면 날마다 텔레비전과 신문 지면을 장식하는 주제가 되어 있었다. 다우드나는 이 도시, 저 도시로 분주하게 뛰어다니면서 자신이 개발에 참여한 이 근사한 도구를 설명하고 광범위한 활용에 대한 토론을 촉구했다.

그 토론의 무게 중심은 급격하게 전환되었다. 미국 국립 과학원이 사람 유전체 편집의 과학적 토대와 윤리적 쟁점, 민관 협력 등의 문제를 해결하기 위해 생물학자, 생명 윤리학자, 사회 과학자가 참여한 22인의 전문가 위원회를 조직했다.[10] 2017년 2월, 위원회는 그 논의의 결과를 260쪽짜리 보고서로 발표했다. 그들은 생식 계열 유전자 편집에 대한 찬반 양론은 건너뛰었고 깜짝 놀랄 합의점을 찾아냈는데, 그 이외 다른 치료법이 없는 난치병에 대한 유전자 편집 임상 시험을 지지한 것이다.

위원회는 보고서에서 독자들에게 헌팅턴병 사례를 생각해 보자고 한다. 캐런 멀치노크는 착상 전 유전자 진단으로 이 병이 후대에 유전되는 것을 예방할 수 있었다. 캐런은 결손 HTT 유전자 복사본을 하나만 보유했기에 건강한 복사본이 전달된 배아를 선택할 수 있었다. 하지만 부모 양쪽 모두가 헌팅턴병이 있는 경우에는 자녀가 부모 양쪽으로부터 이 병을 유발하는 복사본을 물려받을 확률이 25센트이다. 희귀한 사례이기는 하나, 이 경우에는 착상 전 유전자 진단으로 도움을 받을 수 없다. 유전체 편집은 도움이 될 수 있다. "이런 상황에 처한 사람이 수적으로는 적을지 몰라도, 이런 어려운 선택에 직면하는 삶이 그들이 처한 현실이다." 위원회는 이렇게 진술했다.

유전체 편집 위원회가 보고서를 발표한 직후, 미탈리포프가 이 임상 시험이 성공할 수 있음을 시사하는 실험 보고서를 발표했다.[11] 미탈리포프는 황권주의 전례를 따라 유전 질환에 대한 사람 배아 유전자 편집을 시도했다. 하지만 황권주의 실험과 달리, 미탈리포프 연구진은 생존 불가능한 배아가 아닌 정상 태아로 발달할 수 있는 배아의 유전자를 편집했고, 이 배아를 살리기 위해 할 수 있는 모든 조치를 취했다. 황권주의 연구진이 상대적으로 조잡한 CRISPR 가위를 사용했다면, 미탈리포프의 연구진은 훨씬 정밀한 최신형 기술을 쓸 수 있었다.

미탈리포프는 이 실험에 비후성 심근병증이라는 유전성 심장 질환을 선택했다. MYBPC3 유전자 돌연변이가 있으면 심실의 벽이 비후해지고 심장 기능이 불안정해질 수 있다. 전조 증상 없이 갑작스러운 심장 마비로 사망할 수 있는 비후성 심근병증은 우성 유전 질환이다. 즉 자녀가 결손 유전자 사본 하나만 물려받아도 이 병이 생길 수 있다는 뜻이다.

미탈리포프의 연구진은 비후성 심근병증을 겪는 남자의 정자를 기증받아 건강한 난자에 수정시켰다. 그들은 또한 MYBPC3 유전자에서 돌연변이를 찾도록 설계된 CRISPR 분자 가위를 사용했다. 이 시술로 처치한 54개 배아 가운데 36개가 건강한 유전자 사본 2개를 물려받았다. 나머지 13개는 모자이크가 되었다.

미탈리포프의 CRISPR 분자 가위가 수정란에 도달했을 때는 이미 새 DNA 복사본을 만든 뒤였다. CRISPR 분자 가위가 한 복사본을 편집해 이 배아가 세포 2개로 분열됐을 때 한쪽 세포는 결손 MYBPC3 유전자가 있었고 나머지 한쪽에는 없었다. 배아가 계속해서 자라면서 새로운 세포들에는 결손 유전자나 정상 유전자가 전달되었다.

미탈리포프의 연구진은 모자이크를 만들지 않기 위해 새로운 방법을 시도했다. 유전자 보유 정자를 편집한 뒤, 이것으로 난자를 수정하는 방법이었다. 이 실험에서 배아의 72퍼센트에서 돌연변이가 사라졌다. 이 연구진은 편집된 배아가 8일 동안 정상적으로 발생 과정을 밟아 가는 것을 확인했다. 그 배아를 여성의 자궁에 이식했다면, 건강한 심장을 가진 아기로 발달했을 것이다.

미탈리포프의 실험 소식이 나온 2017년 8월에 나는 잉글랜드의 작은 마을에서 휴가를 보내고 있었다. CRISPR는 잠시 접어 두고 오솔길을 따라 걷고 성곽을 방문하며 쉬고 싶은 마음이었다. 그렇게 지내던 어느 날, 동네 식료품점에 들어갔는데 한 신문 전면에서 "4세포기 인간 배아"가 보였다.

기사는 "유전병을 끝낼 세포"[12]라며 흥분하는 분위기였다. 그날 저녁, 우리가 묵던 시골집에서 텔레비전을 켰더니 미탈리포프가 그 실험에 대해 말하는 모습이 나왔다. CRISPR는 피할 수 없는 현실이 되고 있었다.

*
**

미탈리포프의 연구에 세계의 이목이 집중되었으나, 그는 많은 것을 약속하지 않았다. 비후성 심근병증 돌연변이 보인자 부모들에게는 이미 방법이 있어서 착상 전 유전자 진단으로 이 병이 나타나지 않을 배아를 찾아낼 수 있었다. CRISPR 기술은 멘델의 법칙에 근거한 간단한 도움은 줄 수 있을 것이다. 하지만 그러면 이식할 수 있는 배아가 전체의 50퍼센트밖에 되지 않아 임신에 성공할 확률이 낮아진다.

미탈리포프 연구진의 논문은 다음과 같이 설명한다. "유전자 교정 기술은 돌연변이 배아를 구제할 것이며 이로써 이식할 수 있는 배아 수가 증가해 임신 성공률을 높일 수 있다."

미탈리포프는 실험의 목표를 좁게 설정함으로써 CRISPR 기술이 극복해야 할 윤리적 쟁점에 대비했다. 그는 부모가 건강한 자녀를 얻을 수 있는 확률을 높이고자 했다. 마찬가지로, 생식 계열 유전자 편집을 고려하는 과학자들도 체세포로 분화될 때까지 기다리기보다 배아 단계에서 유전 질환을 치료하고자 했다.

목표를 좁히자 CRISPR에 대해 제기되었던 많은 윤리적 우려 사항이 더는 디스토피아적 악몽으로 느껴지지 않고 전통 의학이 이미 일상적으로 겪고 있는 여타 난제처럼 보였다. CRISPR가 안정적 결과를 가져오는 것으로 입증된다면, 유전 질환이 빈곤층에게는 더욱더 큰 타격이 되는 세상이 될 수도 있다. 의료비 문제는 이미 오래전부터 가계에 막중한 부담으로 작용해 왔지만, 최신 의학계에서 이루어진 기술적 발전은 불평등을 더 큰 불행으로 만들어 왔다. 유전자 요법의 현실화가 가까워지면서 기업들이 이 치료에 무시무시한 가격표를 붙이기 시작했다. 유전자 요법에 쓰이는 유전자 운반 바이러스 주사 한 대에 100만 달러가 넘어갈 수도 있다. 하지만 어느 누구도 가격 때문에 유전자 요법을 막아야 한다고 주장하지 않는다. 유전자 요법이 문제가 아니라 누군가는 받을 수 있고 다수는 받을 수 없는 것이 문제이다. 이것은 정치의 문제, 경제의 문제, 법규가 필요한 문제이다. 누군가는 CRISPR 치료를 받을 수 없을 상황이 걱정된다면, 답은 나와 있다. 모두를 위한 CRISPR가 해법이다.

시술에 대한 동의 문제가 생식 계열 유전자 변형 기술에서 처음 제기된 것도 아니다. 어린이에게 백신을 접종하거나 항생제를 투약할 때 당사자 어린이의 동의를 구해야 한다는 규정은 없다. 그 동의는 부모의 몫이다. 전통 의학으로 아픈 자녀를 치료하지 못할 경우, 실험적 치료가 실패로 끝날 수도 있고 심지어 더 나빠질 수도 있다는 사실을 인지하고도 많은 부모가 동의서에 서명한다. 유전자 요법 연구가 시작된 초창기 실험적 치료에 많은 부모가 자녀를 등록시켰다. 부모들은 자녀가 난치병으로 받을 고통과 부작용이 나타날 가능성을 놓고 신중히 고려해 결정을 내려야 했다. 유전자 요법의 실험적 치료는 자녀가 그 결과물, 즉 변형된 유전자를 평생 몸속에 지니고 살아가야 하므로 부모들의 고민이 더 깊을 수밖에 없었다. 하지만 어느 누구도 부모에게 이처럼 어려운 윤리적 선택이 주어지니 모든 유전자 요법을 금지해야 한다고 주장하지는 않는다.

'향상'의 윤리적 측면을 생각해 보자면, 우리는 이미 부모가 자녀의 가능성을 향상시키기 위해서 많은 것을 시도하는 세계에서 살고 있다. 그리고 다방면으로 향상은 이루어지고 있다. 불평등하게. 2010년 기준으로 미국인 소득 상위 10퍼센트 부모는 어린 자녀에게 서적, 컴퓨터, 악기 등에 7,000달러 이상을 지출했다.[13] 하위 10퍼센트의 부모가 지출한 액수는 1,000달러가 안 된다.

부유한 소수에게 향상이 독점되지 않도록 제도적 장치가 작동하는 분야도 일부 있다. 백신은 우리 몸의 면역 체계를 향상시켜 홍역 같은 전염병과 싸울 수 있도록 대비시켜 준다. 세계는 최대한 많은 아동에게 백신을 접종하기 위해 노력하고 있다. 이는 값진 성취다. 그러나 하나의 사회로서 우리는 아직도 많은 면에서 부끄러울 정도로 부족하다.

공평성 문제가 해결되어야 하는 향상이 있는가 하면, 아주 엉뚱한 방향으로 튄 향상도 있다. 부모가 키 작은 자녀에게 성장 호르몬 요법을 받으라고 시키는 경우가 있다. 병을 치료하려는 것이 아니라 장신이면 얻게 될 유리한 사회적 지위를 자녀가 누리기를 바라서이다. 이런 향상의 강요는 오히려 자녀를 더 위축시킬 수 있다. 더할 수 없이 건강한 자녀가 부모 눈에 자기가 부족한가 보다고 느끼면서 자신감을 잃는다.

배아 유전자 편집을 이런 식으로 접근한다면, 유전자 요법이 처음 나왔을 때 그랬듯이, 혼란 속에서 얼떨결에 새 표준으로 정착하게 될 것이다. 시험관 수정처럼 허용될 것이며, CRISPR 가위를 여기 혹은 저기에 사용하는 것을 허용할 수 있느냐 하는 논쟁이 벌어질 것이다. 어떤 것은 금지하고 어떤 것은 승인할 것이다. 어떤 유전자는 변형 결과 위험한 부작용을 야기한다는 점이 입증될 것이고, 어린이의 안전을 지키기 위한 일련의 법규가 만들어질 것이다. 법망을 피해 슬그머니 위험한 시술을 시도하는 사람이 나올 테고, 그러면 또 그런 사람이 다시는 나오지 않게 하기 위한 조치가 취해질 것이다. 그리고 조만간 CRISPR는 신뢰할 수 있는 형태의 의술로 자리 잡을 것이다.

하지만 배아 유전자 편집은 그저 또 다른 형태의 의학이 아니다. 볼티모어가 2015년에 국제 회담 개회사에서 분명하게 밝혔듯이, CRISPR가 께름칙한 것은 이것이 우리 종 유전자의 미래를 바꿔 놓을 수 있는 기술이기 때문이다. 우리는 지금 스스로에게 이것을 다룰 능력이 있는지 알지도 못한 채로 태양의 불수레에 올라타고 있다.

*
**

가장 중요한 것은 유전이다. 그런데 이것이 왜 그렇게 중요한지, 우리의 행동이 그것을 어떻게 바꿔 놓을지에 대해 고민하는 사람은 놀랍게도 찾기 어렵다.

드물게도 유전자 변형의 윤리적 문제를 깊이 성찰했던 사람이 신학자 에마누엘 아지우스(Emmanuel Agius, 1954년~)이다.[14] CRISPR라는 명칭이 생기기도 전인 1990년에 아지우스는 생식 계열 유전자 편집이 미래 세대의 유전자를 강탈하는 행위라고 주장했다.

"인류의 유전자군은 국적도 국경선도 없지만 우리 종 전체의 생물학적 유산이다. 따라서 어떤 세대에게도 생식 세포 유전자 요법으로 우리 종 전체의 유전자 구성을 바꿀 독점권은 없다."

어떤 종의 유전자 구성을 바꾸는 것이 정말로 의미하는 바는 무엇인가? 사람들은 갖가지 시나리오를 그려 본다. 혹자는 질병 없는 유토피아를 상상한다. 혹자는 부자는 유전자 요법으로 향상된 지능과 건강을 누리고, 빈자는 자연이 주는 비참을 그대로 견뎌야 하는 디스토피아를 그린다. 심지어 호모 사피엔스가 완전히 다른 종으로 바뀔 것이라고 주장하는 사람도 있다.

이런 생각은 꿈이다. 어떤 꿈은 미래를 예견한다. 어떤 꿈은 공상으로 끝난다. 멀러가 꿈꾸었던 생식 세포 선택의 어떤 부분은 미래에 실현되었고 일부는 틀렸던 것으로 판가름 났다. 그는 사회주의 정부가 인류 유전자군의 미래를 지켜 주리라고 생각했다. 만약 멀러가 오래 살아서 정자 은행과 시험관 수정과 착상 전 유전자 진단이 자본주의 덕분에 확립되는 모습을 보았다면 큰 충격을 받았을 것이다. 부모들은 그가 상상했던 것처럼 의무감에서 자원하지 않았고, 그 대신 소비자가 되었다.

우리의 미래가 어떤 형태가 되든, 그 길은 오늘 우리가 서 있는 곳에서 시작한다. 착상 전 유전자 진단은 아기가 태어나는 방식의 중대 전환점이 되었을 것이다. 최초의 시험관 아기가 태어난 지 36년 만인 2014년에 미국에서 시험관 수정으로 출생한 아기는 6만 5175명밖에 안 되었다. 그해 미국에서 태어난 아기의 약 1.6퍼센트에 불과한 수치였다. 그중에서도 소수만이 착상 전 유전자 진단을 거쳤다. 전 세계에서 착상 전 유전자 진단을 거친 아기는 1만 명가량으로, 매년 전 세계에서 태어나는 아기 1억 3000만 명 가운데 구우일모에 지나지 않는다. 하지만 해가 갈수록 많은 부모가 이 진단을 선택하고 있다. 심지어 정부가 권장하는 경우도 있다. 2010년 한 연구는 부부가 낭포성 섬유증이 유전된 아기를 갖지 않기 위해 착상 전 유전자 진단을 받았다면 비용을 얼마나 절약할 수 있는지를 조사했다. 이 연구는 5만 7500달러의 진단 비용으로 평생에 걸쳐 발생할 의료비 약 230만 달러를 아꼈을 것으로 추산했다.[15]

현재는 대개 자녀에게 특정 유전 질환이 나타날 위험이 있다는 것을 알고 있는 부모들이 착상 전 유전자 진단을 이용한다. DNA 염기 서열 분석 속도가 빨라지면서 의사가 배아의 모든 유전자를 살펴서 부모가 보인자임을 몰랐던 유전 질환까지 찾아내는 것이 가능해질 것이다. 이런 말을 듣고 흔들리지 않을 부모가 있을까. 내 유전체를 보면서 이 진단 기술이 어떻게 쓰일지 생각해 본다. 예를 들면 나의 PIGU 유전자 중 하나에 피부암 발병 위험을 높이는 돌연변이가 있는 것으로 나타났다. 만약 나에게 선택권이 있다면, 내 아이들에게 유전자 사본 1쌍 중에서 나쁜 것보다는 좋은 사본을 물려주는 쪽을 택할 것이다. 어느 것을 물려받더라도 내 DNA이니까.

하지만 거기서 멈추기는 쉽지 않을 것이다. 나는 또 IL23R라는 유전자 돌연변이를 가진 것으로 확인되었는데, 만성 장 염증 질환인 크론병,

척추에 염증이 생겨 만성 통증으로 고통 받고 상체가 앞으로 굳어지게 만드는 강직성 척추염 등의 장애나 질환이 발병할 위험을 매우 **낮추는** 변이이다. 이 돌연변이가 유발하는 질환은 공통적으로 면역 체계가 고장 나 자기 몸의 조직을 공격하게 만든다. 무엇이 이 공격을 촉발하는지 정확히 알려진 바는 없지만 나에게 있는 IL23R 변이(유럽 인 조상을 둔 인구의 8퍼센트에게서만 발견되는 변이)가 면역 체계의 신호 전달망을 봉쇄하는 것으로 보인다. 이 변이는 제약 회사가 자가 면역 장애 치료제를 만들 때 그 분자 생물학적 메커니즘을 사용할 정도로 강력하다. 부모로서 나는 내 아이들이 평생 장 때문에 고통 받을 병에 걸릴 위험을 조금이라도 낮출 수 있다면 무슨 짓이든 할 것이다.

정부가 허용한다면 자녀에게 영향을 미칠 수 있는 다른 변이도 고르게 해 달라고 청할 부모도 있을 것이다. 착상 전 유전자 진단 자체로는 대개 엄청난 결과를 만들어 내지는 못한다. 하지만 예외는 있을 수 있다. 과학자들은 우리 몸에서 만들어 내는 스타니오칼킨(stanniocalcin, 체내 칼슘 항상성을 조절하는 호르몬. — 옮긴이)이라는 호르몬에 영향을 미치는 STC2라는 유전자의 돌연변이를 찾아냈다. 이 돌연변이가 하나 있으면 키가 2센티미터가량 더 자랄 수 있다. 하지만 이 돌연변이 보인자는 1,000명 중 1명밖에 안 된다.

변이 선택권이 주어진다면, 부모들이 어디까지 원할지 예측하기는 어렵다. 미시간 주립 대학교 물리학자 쉬다오후이(徐道輝, Stephen Dao Hui Hsu, 1966년~)는 부모들이 배아 선택으로 자녀의 지능을 높이려 들 것이라고 주장했다. 의사가 배아를 하나하나 검사해서 어떤 버전의 유전자가 지능에 영향을 미치는지 확인할 수 있다. 그중에서 가장 높은 점수를 받은 배아를 이식하는 것이다. 쉬다오후이는 이 선택으로 자녀의 IQ가 평균 5점에서 10점까지 향상될 수 있다고 추산한다.

유전학자들은 쉬다오후이의 주장을 비웃는다. 우리는 아직까지 지능에 영향을 미치는 유전자에 대해서는 거의 알아낸 것이 없다. 과학자들은 지능에 어떤 역할을 수행할 것으로 보이는 몇몇 유전자를 주시하고 있지만, 진짜 선수는 근처에 있는 유전자나 유전자 스위치일 가능성도 있다. 지능 관련 유전자가 환경과 어떤 상호 작용을 하는지 거의 알아낸 것이 없는 마당에 어떤 대립 형질을 골라 배아에 이식했다가 아무 소용도 없이 끝날 수도 있다.

이런 회의론에도 쉬다오후이는 흔들리지 않았다. 2011년에 그는 BGI(Beijing Genomics Institute)라는 중국의 DNA 염기 서열 연구소의 연구원들과 손잡고 인지 유전체학 연구소(Cognitive Genomics Lab)를 설립했다. 그들은 세계에서 가장 머리 좋은 사람 2,000명의 DNA에서 공통 변이를 찾는 작업에 착수했다. 2013년에 기자들이 이 프로젝트의 낌새를 눈치채고 숨넘어갈 것 같은 어조의 기사를 내보냈다. "왜 어떤 사람들은 그렇게 머리가 좋은가? 그 대답이 슈퍼 베이비 세대를 낳을 것이다."[16] 《와이어드(*Wired*)》가 실은 기사의 표제였다. 캐나다 잡지 《바이스(*Vice*)》는 "중국이 천재 아기를 설계하고 있다."라고 알렸다.[17]

《바이스》는 BGI 연구진이 지능의 대립 유전자 발견을 앞두고 있으며 중국이 "정부가 지원하는 유전 공학 프로젝트를 전개하고 있다."라고 주장했다. 《와이어드》의 존 보해넌(John Bohannon)은 싱가포르 같은 나라에서 정부가 부모들에게 착상 전 유전자 진단을 통해 지능 유전자 점수가 높게 나온 배아를 선택할 것을 장려하는 정책을 편다면 슈퍼 베이비 세대가 탄생할 수 있다고 주장했다. 쉬다오후이는 이 기사에 격분했다. 저널리스트 에드 용(Ed Yong, 1981년~)과의 인터뷰에서 그는 한마디로 일축했다. "미친 소립니다."[18]

하지만 쉬다오후이에게는 멀러 못지않은 포부가 있었다. 어떤 나라에서 지능 유전자를 선택하기 위한 착상 전 유전자 진단이 널리 행해진다고 상상해 보자. 자, 이제 그 선택으로 만들어진 어린이들이 자라서 똑같은 시술로 또 자녀를 낳는다. 2014년에 과학 저널 《노틸러스(*Nautilus*)》에 기고한 에세이에서 그는 이것이 가축 육종가들이 크기나 산유량으로 개체를 선택하는 과정과 전혀 다를 바 없다고 주장했다.[19] 지능에 영향을 미치는 변이가 다양하기 때문에 세대를 거듭하면서 지능 검사 점수가 향상되어 오늘날의 검사법으로는 지능을 측정할 수 없을 수도 있다. 그는 "이 지능은 오늘날까지 지상에 존재했던 모든 개인 약 1000억 명 중 최고점의 지능마저 훌쩍 능가하는 수준"이 될 것이라고 장담했다.

2017년에 나는 쉬다오후이에게 이메일을 보내, 현재 그 꿈이 어떻게 진행되고 있는지 물었다. 중국의 지능 유전자 프로젝트가 출범한 지 6년째인데 여지껏 구체적인 결과를 들은 바 없었기 때문이다. 그는 BGI가 그 연구에서 2,000명 중 절반의 염기 서열을 분석했다고 말했다. 그러던 중 그는 DNA 서열 분석 장비를 공급하는 업체와 분쟁에 휘말렸다.

"어떤 지엽적인 일의 결과로 몇 년 전에 프로젝트는 중단됐습니다. 따라서 지금까지 표본 전량 분석을 끝내지 못하고 있습니다." 그의 설명이다.

1세대 슈퍼 베이비는 더 기다려야 할 모양이다.

*
**

착상 전 유전자 진단은 이미 부모가 자녀에게 어떤 변이를 물려줄지를 선택할 수 있는 단계에 도달했다. 미탈리포프가 제안했던 대로, 이 기술이 CRISPR의 문을 열어 줄지도 모른다. 그렇게 된다면 CRISPR 가위의 유전자 편집은 병인 돌연변이가 미래 세대로 내려가는 것을 막는 현재의 방법 이상을 시도하지는 않을 것이다. 적어도 초반에는 그럴 것이다.

CRISPR가 불임 전문 병원의 표준적인 도구가 되면 이 기술에 대해 품었던 꺼림칙함은 사라질 것이다. 1980년대에 시험관 수정에 대해 품었던 꺼림칙함이 사라졌던 것처럼. 그리고 사람들은 머잖아서 CRISPR에 어떤 다른 쓰임새는 없을지 생각할 것이다. 의사들은 유익한 변화를 배아에 편집해 넣을 것이다. 가령 아기를 크론병으로부터 보호하기 위한 IL23R 유전자 교정을 시도할 것이다. 알츠하이머병, 다양한 종류의 암, 결핵 같은 감염 질환 등을 막아 준다는 단서를 보이는 희귀 돌연변이 편집도 시도될 것이다.

이런 것은 인공 변이가 아니다. 전부가 사람의 DNA에서 발견되는 것이다. 부모들은 과학자들이 우리 종의 유전 변이에서 발견한 모든 유리한 것을 전부 다 자녀에게 넣어 줄 수도 있을 것이다. 하지만 계속되는 연구를 통해 더 많은 변이가 발견되고 있다. 이런 의료 관행이 유행하면 부모들이 아이 갖기를 미룰 수도 있다고 오스트레일리아 철학자 로버트 스패로(Robert Sparrow)는 예측한다. 소비자들이 새 모델이 나올 때까지 스마트 폰 구입을 미루는 것과 같은 이치이다. 스패로는 이러다가 미래 세대가 "증폭된 무한 경쟁"[20]에 갇혀 버리는 것은 아닐까 묻는다.

배아 편집에 관해서 부모가 한 선택이 바로 자녀에게 영향을 미치지는 않을 것이다. 그 변화는 자녀의 자녀에게 유전될 것이다. 헌팅턴병이 있는 부모라면, 후손들만큼은 HTT 유전자 결손으로 고통 받지 않으리라는 것을 알면 크게 안도할 것이다. 물론 또 1명의 조상에게서 물려받은 것이 아닐 경우의 이야기이다.

하지만 좀 더 멀리 생각해 보자면, 많은 세대를 거치는 과정에서 유전이 반드시 우리가 상상하는 방식대로만 흘러가지는 않을 것이다. 인간 유전자군에 들어간 편집된 유전자 하나가, 아지우스가 장담했던 것처럼 사람을 다른 종으로 바꿔 놓으리라는 보장은 없다. 집단 유전학은 오히려 새로 나타났던 변이가 얼마 뒤 사라지는 경우가 훨씬 더 많다는 사실을 밝혀냈다. 항알츠하이머 변이를 자녀에게 물려줄 수 있다면 그보다 멋진 선물은 없을 것 같다. 그러나 이 선물은 안정적으로 대대손손 유전되지 않는다. 이 변이 1쌍을 물려받은 딸이 이 변이가 전혀 없는 남자와 결혼했다고 가정해 보자. 그들의 자녀는 변이를 1개밖에 물려받지 못한다. 그 자녀가 또 변이가 전혀 없는 상대와 결혼한다면, 4대째 후손에 이르면 더는 그 항체 변이는 남아 있지 않을 공산이 크다.

자연 선택이 이 대립 유전자의 생존 확률을 높여 주지도 않을 것이다. 모든 사람이 알츠하이머병을 피하고 싶어 하지만, 진화는 우리가 바라는 것을 채워 주는 방식으로 작동하지 않는다. 대립 유전자가 대대로 퍼져나가는 것은 그것이 후손을 늘리는 데 도움이 되었기 때문이다. 70세에 치매에 걸릴 확률을 낮추는 대립 유전자는 번식에 전혀 도움이 되지 않는다. 자녀에게 물려주기 위해 막대한 비용을 들였던 그 변이는 몇 세대를 넘기지 못하고 완전히 사라질 수도 있다.

사람들은 유전 공학이 인간 유전자군에 어떤 영향을 미칠지를 생각할 때 이것이 사실 유전자의 풀장이 아닌 대양에 가깝다는 것을 잊고는 한다. 과학 소설적 상상력을 최대한 발동해 지구 상의 모든 부모를 CRISPR에게 복종시키고 모든 아기에게 동일한 변이를 주입하는 독재자의 세계를 상상해 보자. 하지만 이런 상상을 한다고 해서 그렇게 될 것이라고 생각한다는 뜻은 아니다.

유전자군 주장은 또 한 가지 이유에서 오류이다. 그들은 우리 종의 집단 DNA를 석판에 새겨진 그대로 토씨 하나 바뀌지 않고 오랜 세월 전해져 내려온 것처럼 취급한다. 하지만 사람의 유전자군은 항상 변화해 왔으며, 우리가 거기에 무엇을 하든 말든 계속해서 변화할 것이다. 매년 태어나는 아기 1억 3000만 명 하나하나가 10여 종의 새로운 돌연변이를 획득한다. 어떤 돌연변이는 그 아기가 커서 자녀를 낳을 수 없을 정도로 해롭지만, 어떤 아기는 성장해서 자녀를 낳지 않기로 선택할 것이다. 그 나머지는 자신이 획득한 새로운 돌연변이 일부를 미래 세대에 물려줄 것이다. 그 가운데 일부 돌연변이는 평균적으로 약간 더 큰 가족을 구성할 것이며, 그러면 그 돌연변이는 사람 유전자군에서 좀 더 많아질 것이다. 시간이 흐르면서 다른 돌연변이는 사라져 갈 것이다. 지역에 따라 번성하는 돌연변이는 다르다. 어떤 변이가 높은 고도에서 유리하다면 낮은 고도에서는 불리할 것이다. 또 어떤 변이는 말라리아가 빈발하는 지역에서 널리 퍼지는 반면에 기생충이 없는 지역에서는 번성하지 못하는 경향을 보인다.

이렇게 어지러운 변화를 겪는 와중에 우리 종은 또한 형태의 변화를 겪어 왔다. 멀러가 걱정했던 대로 사람 유전자군에는 실로 해로운 돌연변이가 부담스럽게 쌓이고 있다. 멀러는 돌연변이 부하라는 개념을 제안했는데, 아직은 과학자들이 돌연변이의 생화학적 메커니즘에 대해 거의 아무것도 알지 못하던 시기였다.[21] 멀러의 개념은 주로 수학에 의지했다. 1967년에 멀러가 사망하고 얼마 지나지 않아 생물학자들이 사람의 DNA 조사를 통해 돌연변이 부하를 정확하게 측정하기 시작했다. 우리 종은 유해한 유전변이를 상당량 보유하고 있는 것으로 밝혀졌다. 극단적인 돌연변이는 희귀한 편이지만 약간 유해한 돌연변이는 많았다. 이런 돌연변이가 우리의 DNA 안에 축적되고 있지만 동시에 우리는 고통과 죽음으로부터 우리를 보호하기 위한 갖가지 방법을 찾고 있다.

2017년에 미시간 대학교 유전학자 알렉세이 시모노비치 콘드라쇼프(Alexey Simonovich Kondrashov)는 돌연변이 부하 연구 결과를 보고 걱정하다가 『산산조각 나는 유전체(*Crumbling Genome*)』라는 제목으로 책 한 권 분량의 경고를 발표했다. 콘드라쇼프는 우리는 매 세대가 앞 세대보다 더 많은 유전자군을 물려받는 것으로 보인다고 말한다. 돌연변이의 증가 속도가 빨라진다면 언젠가 우리 종 전체의 건강 상태를 끌어내릴 수도 있다.

멀러의 생식 세포 선택 계획이 이상한 말로 들렸을지 몰라도 콘드라쇼프는 돌연변이 부하가 우리가 도외시해서는 안 되는 위협이라고 믿었다. 그는 돌연변이 부하를 막기 위해 현재 우리가 윤리적 선을 넘지 않는 범위 내에서 할 수 있는 일을 해야 한다고 주장했다. 사람은 고령이 되면서 정자에 더 많은 돌연변이가 축적된다. 젊었을 때 정자를 냉동시키면 부하가 덜한 유전자를 미래 세대에 물려줄 수 있다. 이러한 조치에도 돌연변이 부하가 더 악화된다면 높아지는 위험의 파고를 막기 위해 우리 종은 CRISPR나 혹은 다른 유전자 편집 도구를 사용해야 할 수도 있을 것이다.

"조만간 '돌연변이를 향한 전쟁'을 선포하기를 희망한다." 콘드라쇼프는 말했다.[22]

*
**

미래가 우리가 상상하는 극한의 형태로까지는 가지 않을 것이다. 그러나 미래는 충분히 혼란스러울 것이다. 우리가 생각해 온 유전을 잡아 늘려서 이상한 형태로 만들 테니까. 사실 혼란은 이미 시작됐다.

2000년대 초, 불임 전문의들이 이른바 구세주 아기(savior sibling)를 제조하기 시작했다.[23] 아기가 골수 이식이 필요한 백혈병 같은 병에 걸리면 HLA 대립 유전자 조합을 갖춘 아기가 나올 때까지 시험관 수정을 시도하는 가족들이 있었다.

2011년에 17세의 이스라엘 여성 첸 아이다 아야시(Chen Aida Ayash)가 자동차 사고로 사망했다.[24] 부모는 의사들에게 딸의 시신에서 난자를 채취해 달라고 했다. 그들은 법원에서 판사에게 첸의 난자를 수정해 첸의 이모가 낳게 하고 싶다고 설명하며 승인을 요청했다. 첸은 죽었지만 손자는 줄 수 있지 않느냐고.

이런 사례가 우리를 오랜 관습과 규칙이 이리저리 튀고 실패하는 영역으로 데려간다. 우리가 유전에 대해 사용하던 언어는 기존의 의미를 잃거나 다른 의미를 띠게 된다. 사람들이 그 의미를 두고 싸울 때 판사들은 어느 쪽 말이 맞는지 알지 못해 고심한다. 2012년에 캐런 카파토(Karen Capato)라는 플로리다 주 여성이 제기한 소송 청문회에서 미국 대법원이 그런 곤경에 처했다.[25] 남편 로버트가 1999년에 식도암 진단을 받자 이 부부는 곧바로 정자 은행에 그의 정자를 맡겼다. 항암 치료로 불임이 될 경우 시험관 수정으로 임신하기 위해서였다. 치료는 실패했고 로버트는 2002년에 사망했다.

캐런은 남편이 죽은 뒤 냉동 정자를 없애지 않고 9개월 뒤에 그 일부로 자신의 난자와 수정시켜 쌍둥이를 낳았다. 캐런은 쌍둥이 앞으로 유족 연금을 신청했다. 하지만 플로리다 주 정부는 그 신청을 받아들이지 않았다. 그들은 아버지가 죽은 뒤 임신된 아이는 아버지의 재산을 상속할 수 없다는 주법을 제시했다.

캐런의 호소를 들은 뒤, 대법원은 캐런에게 패소 판결을 내렸다. 그들은 9인 만장일치 평결을 내렸지만, 이 결론이 나오기까지 대법관들은 장시간 맹렬한 언쟁을 벌여야 했다. 판사들과 변호사들은 자녀의 정의를 놓고 격렬히 논쟁했다. 1939년에 사회 보장법의 상속 관련 조항을 발의했던 의원들은 아버지가 사망하고 몇 개월 뒤에 아기가 임신되는 현실은 상상도 하지 못했을 것이다. “그때 사람들이 이번 사건에서 발생한 상황을 짐작이라도" 할 수 있었겠느냐고 연방 대법관 새뮤얼 앤서니 알리토 2세(Samuel Anthony Alito Jr., 1950년~)는 투덜거렸다.

유전 공학이 널리 활용된다면, 대법원은 더 곤혹스러운 상황을 만날 것이다. 낡은 법이 내리는 어떠한 명령도 유전자를 조작하는 새로운 기술에 적합한 지침이 되기 어렵기 때문이다.

자녀가 선천성 질환을 갖고 태어나게 했다는 이유로 부모를 고소한 사례도 몇 건 있었다. 이 "원하지 않은 출생(wrongful birth)" 소송은 출산 전 태아 검사를 무시하고 그냥 낳기로 한 부모의 과실을 주장한다. 윤리학자들은 이러다가 장차 자녀들이 미토콘드리아 대체 요법으로 리 증후군이나 여타 고통스러운 미토콘드리아 유전 질환을 치료하지 않은 부모를 고소하는 상황이 닥치지 않을까 우려한다. 부모가 배아 유전체 염기서열 분석을 받고도 치매 발병 위험을 높이는 변이를 제거하겠다고 선택하지 않은 책임을 묻지 않겠는가 말이다.

이 소송에서 자녀가 승소할 수 있을지는 모르겠다. 미토콘드리아 대체 요법은 미수정란의 세포핵을 추출해 다른 난자에 이식한다. 그것을 의사가 정자와 결합시켜 수정한다. 이 경우에 자녀가 자신들이 태어남으로써 해를 입었다고 주장하기 위해서는 이 시술의 결과로 자신들의 상태가 더 나빠졌다는 것을 증명해야 한다. 하지만 이 요법을 시술하지 않았다면 다른 자녀, 즉 부모로부터 다른 유전자 변이 조합을 물려받은 배아가 태어났을 것이다.

우리 사회가 이런 윤리적 딜레마에 대처할 준비가 되어 있는가? 아닐 것이다. 이것보다 더 중대한 유전 개념에 대한 도전이 빠르게 수면 위로 올라오고 있다. 아버지 사망하고 몇 개월 뒤에 난자를 수정하는 것이 기이하게 느껴지는 것은 한 세대가 다음 세대를 만드는 시기를 잡아 늘리기 때문이다. 하지만 이때 일어나는 유전의 과정은 완전히 전통적인 유전이다. 예를 들어 캐런과 로버트 카파토는 자신들의 몸에서 생성된 계보의 생식 세포를 이용했다. 그 생식 세포는 수십억 년 동안 세포들이 해 왔던 그 감수 분열을 통해 염색체를 섞었다. 그리고 두 사람의 생식 세포가 결합하면서 유전자가 한데 섞이고 배아가 발생했다. 그 배아가 분열과 분화를 거쳐서 자신들 또한 생식 세포를 갖춘 쌍둥이가 되었다.

CRISPR 유전자 편집도 이 일련의 과정을 바꾸지 않는다. 과학자들이 CRISPR 기술을 금땅꽈리와 생쥐에게 이용하기 시작했을 때에도 그 후손들에게는 여전히 DNA가 유전되었다. 다른 것이 있다면, 본래 방식으로 돌연변이 유전자가 전달되지 않고 사람이 편집해서 집어넣은 돌연변이가 전달되었다는 점 하나뿐이다. 과학자들은 강의 물줄기를 바꿔 놓은 것으로 보면 될 것이다. 형상은 달라졌으나 강물은 여전히 흐른다.

하지만 최근에는 유전 과정 자체를 훨씬 더 뿌리 깊게, 그것도 당혹스럽게 바꿔 놓을 수 있는 연구들이 나오고 있다. 그 가운데 과학자들이 우연히 바이스만의 장벽을 뚫고 나가 버린 실험도 있었다.

*
**

1999년에 일본 생물학자 야마나카 신야(山中伸弥, 1962년~)가 인재가 가득한 이 분야에서 하나의 자취를 남길 수 있기를 희망하며 나라 첨단 과학 기술 대학원 대학(奈良先端科学技術大学院大学)에 새 연구소를 설립했다.[26] 야마나카는 나라에 오기 전에 생쥐의 배아 초기에 활성화되는 일부 유전자를 발견했다. 다른 과학자들도 배아 세포들이 각기 다른 정체성을 갖는 메커니즘을 이해하기 위해 생쥐 배아를 연구하고 있었다. 그들은 이러한 연구를 통해 어떤 단백질이 줄기 세포 계열을 근육 조직이나 신경 세포나 다른 조직으로 분화시키는지 찾아냈다. 1990년대의 배아 세포 연구로 세계는 새로운 질병 치료법을 찾아낼 수 있으리라는 희망을 품었다. 과학자들은 불임 병원에서 수정한 배아에서 단일 세포를 추출해 이것으로 배양 접시에서 배아 세포 군체를 만들었다. 배아 세포들은 조건에 맞는 화학 신호를 받으면 6개월 동안 새 배아 세포로 계속 분열할 수 있다. 많은 과학자가 이 방법으로 맞춤형 조직을 배양할 수 있으리라고 생각하기 시작했다. 파킨슨병이 있는 사람들은 건강한 신경 세포를 이식할 수 있을 것이다. 심장 마비를 일으킨 환자에게는 의사가 손상된 심근을 새 세포로 치료해 줄 수 있다.

야마나카는 이 대열에 합류해 봤자 가루가 되어 사라져 버리겠다고 생각했다. 그리하여 반대 방향으로 가자고 마음먹었다. 그는 배아 세포가 어떻게 성체 줄기 세포로 분화하는지 알아내는 대신 성체 줄기 세포를 배아 세포로 거꾸로 돌려 보기로 했다.

이런 묘기를 시도한 과학자가 아무도 없는 것은 다 그럴 만한 이유가 있었기 때문이다. 세포의 발달 단계를 거꾸로 돌린다는 것은 불가능한 일로 보였다. 사람 몸에서 어떤 세포를 수정란 단계에서 성체 줄기 세포 단계까지 추적하려고 해도 길고 굽이진 험한 길을 가야 한다. 하나의 세포가 둘로 분열되기까지는 수백, 수천 갈래 길을 거칠 것이다. 하나의 세포에서는 매 세대 세포 분열로 딸세포를 만들어 낼 때마다 생화학적 질풍노도가 일어날 것이다. 그런데 피부 성체 줄기 세포를 미분화된 배아 세포로 되돌리려면 그 생화학적 질풍노도의 역사를 거꾸로 밟아 시초로 돌아가야 한다.

하지만 야마나카는 세포 내 유전의 발달 과정을 번복하는 것이 어쨌거나 그렇게 어려운 일은 아닐 것이라고 생각했다. 과거에 수행된 몇 건의 실험에서 그는 희망을 보았다. 예를 들면 1960년에 영국 생물학자 제임스 거든(James Gurdon, 1933년~)이 개구리 난자의 핵을 제거한 뒤 다른 개구리의 내장 핵을 주입했다. 이 난자는 분열을 시작했고 최종적으로는 새로운 성체가 자라났다. 이 실험으로 거든은 최초의 복제 개구리를 탄생시켰다. 이 실험은 또한 성체 세포의 유전자를 재설계해 다시 배아 상태로 되돌리는 것이 가능함을 증명했다. 1966년에 스코틀랜드 생물학자 이언 윌머트(Ian Wilmut, 1944년~)가 이끄는 연구진이 양으로 거의 같은 실험에 성공해 복제양 돌리를 탄생시켰다.

야마나카는 성체 세포를 더 간단한 방법으로 재설계해 다시 배아 상태로 되돌릴 수 없을지 궁리했다. 무엇이 배아 세포를 배아로 만드는지 알아내기 위해 그는 발생 초기에만 활성화되고 그 뒤로는 비활성화되는 유전자를 찾았다. 야마나카는 일부 단백질 합성 유전자가 중심 스위치처럼 작동해 세포의 유전자 다수를 껐다 켰다 한다는 사실을 발견했다. 야마나카는 체세포에 이런 단백질을 범람하게 해 보면 어떨까 생각했다. 이 단백질 유전자들이 스위치가 되어 성체 세포들을 다시 배아 단계로 되돌릴 수 있을 것 같았다.

확률이 매우 낮다는 것을 야마나카도 알고 있었다. 배아 세포에서 활성화되는 단백질 몇 가지는 알고 있었지만 나머지는 몇 개를 조작해야 하는지 전혀 아는 바 없었다. 수십 개일 수도 있고 수백 개일 수도 있었다. "당시에는 이 프로젝트가 완성되려면 10년, 20년, 30년, 아니 어쩌면 더 오래 걸릴 수도 있겠다."라고 생각했다고 야마나카는 말했다.[27]

야마나카는 연구소에서 생쥐 배아에서 이 단백질 찾기 프로젝트에 착수했다. 5년에 걸친 탐색으로 20여 개를 찾아냈다. 과학자들은 이 유전자들이 성체 세포를 재설계할 수 있는지 하나하나 테스트했다. 그런 뒤 해당 유전자 사본을 성체 생쥐의 피부 세포에 추가로 주입했다. 추가된 유전자가 피부 세포에서 단백질을 흘러넘치게 만들 것으로 예측했다. 그러나 성체 세포는 고집스럽게 성체 상태를 유지했다.

실망스러운 결과가 거듭되자 대학원생 다카하시 가즈토시(高橋和利)가 단백질을 한 번에 하나씩 테스트하는 것은 그만하고 24개 단백질을 한꺼번에 주입해 보자고 제안했다. 어쩌면 이 모든 단백질의 조합이 세포에 약간이라도 자극을 전달할 수 있을지도 모르지 않느냐는 생각이었다. 자그마한 단서라도 찾을 수 있다면 그동안의 연구가 헛되지 않을 것이라고.

야마나카는 다카하시에게 가호를 빌어 주었지만 이 실험은 실패할 것이라고 확신했다. 다카하시는 24개 유전자를 전부 피부 세포에 주입한 뒤 어떻게 되는지 기다렸다. 4주 뒤, 다카하시가 야마나카에게 결과를 가져왔다. 성체 피부 세포가 완전한 배아 세포로 보이는 형태로 바뀌었다는 소식이었다.

"뭔가 착각이 있다고 생각했다." 야마나카가 말했다. 그는 다카하시에게 이 실험을 여러 번 반복하도록 지시했다. 할 때마다 세포는 배아로 바뀌었다.

세포가 배아 세포로 보이고 주요 배아 세포 단백질을 합성하는 것만으로도 충분히 인상적인 결과였다. 하지만 야마나카는 이 세포들이 배아 세포처럼 작용하는지도 알고 싶었다. 그의 연구진은 재설계된 세포 몇 개를 생쥐의 초기 배아에 주입하고 지켜보았다.

배아는 건강한 성체로 발달했고, 과학자들은 재설계된 세포에서 정상 성체 세포가 만들어져 온몸에 흩어져 정착했다는 것을 발견했다.

이 실험이 성공한 뒤 야마나카는 24개 단백질을 모두 주입한 것이 과잉이었을지 생각해 보았다. 그는 단백질 24개 중 일부만 사용해 혼합물을 만들어 새 실험을 시작했다. 실험 결과, 단백질 4개만 있으면 된다는 것을 알아냈다. 그는 위스콘신 대학교 매디슨 캠퍼스의 제임스 톰슨(James Thomson)과 협업해 사람의 세포도 마찬가지의 단순한 방법으로 배아로 역분화할 수 있다는 것을 증명했다.

야마나카는 이 실험에 대해 논문에 기술하면서 재설계한 세포를 인공 다능성 줄기 세포(induced pluripotent stem cell, 유도 만능 줄기 세포라고도 한다.—옮긴이)라고 불렀다. 다른 과학자들도 이 인공 다능성 줄기 세포가 질병 치료에 배아 세포보다 훨씬 더 효과가 큰지 검증하는 실험을 시작했다. 의사들이 환자의 피부 세포를 재설계해 이 인공 다능성 줄기 세포를 치료에 필요한 유형의 성체 세포로 만드는 것을 상상하기는 어렵지 않다. 세포가 환자 자신의 것이기 때문에 이종 조직에 대한 거부 반응을 걱정할 필요가 없었다.

2012년에 야마나카는 노벨상을 받았다. 인공 다능성 줄기 세포의 현실적 가능성을 인정한 것이며, 또한 시간이 흐르는 방향에 대한 새로운 관점을 발견한 업적을 기리는 의미의 상이었다. 바이스만은 시간이 흐름을 따라 하나씩 가지가 뻗어 나오는 세포의 가계도를 그렸다. 이 가계도는 1일째, 수정, 2일째, 2개의 전능성 세포 등등 생명의 달력을 따라 우리가 발생하는 과정의 이정표를 보여 준다. 각 이정표는 반드시 바로 앞 과정이 진행된 다음에 나와야 하는데, 앞 과정에 의존해야 하기 때문이다. 심장은 삼배엽보다 먼저 나타날 수 없다. 왜냐하면 심장이 삼배엽 중 한 배엽에서 발생하는 것이기 때문이다. 시간이 흐름에 따라 계보별로 각각 평생 하나의 역할을 전담하면서 세포 내 유전은 서서히 굳어진다.

야마나카는 시간이 배아 세포와 담낭 속의 세포 혹은 귓속의 유모 세포의 차이를 만드는 본질적 요소가 아님을 보여 주었다. 우리의 조상은 시간의 흐름을 따라 계보 내 세포들 사이에서 서로 생화학적 신호를 주고받으며 발달하는 방식으로 진화했다. 하지만 우리는 한 단계의 세포를 다른 단계로 밀어 넣을 수 있다.

야마나카의 연구는 시간의 권능만 무너뜨린 것이 아니었다. 생식 계열에 대한 오랜 믿음도 일부 허물었다. 생식 계열은 유전에서 가장 중요한 조직으로, 한 세대를 다음 세대와 이어 주는 유일한 연결 고리로 간주되어 왔다. 그러나 이것은 편의상 만들어 낸 개념이었던 셈이다. 정자와 난자가 결합하면 하나의 배아가 만들어지며, 여기에는 생식 세포로 구분되는 그 무엇도 없다. 배아에 있는 어떤 세포라도 새 생식 세포(혹은 다른 계열의 세포)를 만들어 낼 수 있다. 다시 말해서 배아 시기 후반이 되어야 생식 계열이 깨지고 재조합이 이루어진다. 야마나카는 체세포를 생식 세포로 되돌림으로써 바이스만의 장벽을 넘나들 수 있었다.

인공 다능성 줄기 세포의 활동은 생식 계열이 다시 나타나기 전 초기 배아의 세포가 하는 활동과 아주 흡사하다. 발달 단계에 맞는 생화학적 신호를 받아 생식 세포로 분화되거나 다른 유형의 세포가 될 수도 있다. 2007년에 야마나카의 연구진은 인공 다능성 줄기 세포를 수컷 생쥐의 배아에 주입했고, 이 주입된 세포 일부가 정자로 발달한다는 것을 알아냈다. 이 키메라 생쥐의 정자로 심지어 새끼 생쥐가 태어났는데, 그 정자는 다른 생쥐의 것이었다.

인공 다능성 줄기 세포가 정자가 되기 위해서는 생쥐의 몸이 이 정자에게 발달을 유도하는 일련의 생화학적 신호를 보내야 한다. 야마나카의 실험 이후로, 다른 과학자들은 생쥐가 아닌 배양 접시에 담긴 세포로도 같은 신호를 보낼 수 있을지 궁리했다. 2012년에 일본 생물학자 하야시 가쓰히코(林克彥)가 인공 다능성 줄기 세포를 난모 세포로 변환하는 데 성공했다.[28] 이 세포를 암컷 생쥐의 난소에 이식하면 발달 과정을 이어 가 수정 가능한 난자로 성숙했다. 하야시는 여러 해에 걸쳐 실험을 반복해 배양 접시에서 생쥐의 피부 세포를 난자로 변환하는 기술을 완성했다.[29] 그는 이 난자를 수정했고, 일부에서 건강한 새끼 생쥐가 태어났다. 다른 과학자들은 성체 생쥐에서 추출한 피부 세포에서 정자를 만들어 내는 방법을 알아냈다.

하지만 이런 실험 결과를 사람의 세포에 적용하기란 쉽지 않았다. 성인 남자의 피부 세포를 정자의 전 단계인 정세포로 변환하는 데 성공한 과학자들이 있었다. 그러나 이 변환된 정세포에서는 DNA를 섞어서 2개의 사본을 뽑아내는 감수 분열이 쉽사리 진행되지 않았다.[30]

그럼에도 야마나카를 비롯한 과학자들의 생쥐 실험 성공은 이 기술의 미래를 낙관하는 근거가 되었다. 이 기술의 사용을 어떻게 바라보느냐에 따라 낙관 아닌 우려의 근거가 되기도 했지만. 과학자들이 사람의 구강 점막에서 채취한 상피 세포를 정자나 난자로 변환시키는 기술을 개발해 시험관 수정에 사용하게 될 날도 멀지 않은 듯하다.

과학자들이 이 기술, 그러니까 '시험관 배우자 형성(in-vitro gametogenesis, IVG)'을 완성한다면 불임 전문의들이 덥석 잡아챌 것이다. 여성의 몸에서 성숙한 난자를 채취하기는 여전히 어렵고도 고통스러운 작업이다. 그래서 여성에게는 피부 세포를 난자로 재설계하는 것이 훨씬 더 수월할 것이다. 이것은 또한 성세포를 만들어 내지 못하는 여성과 남성이 기증자 없이도 아기를 낳을 수 있다는 뜻이 된다. 예를 들어 화학 요법으로 불임이 된 남성이라면 피부 세포로 정자를 만들 수도 있을 것이다.

일부 과학자는 시험관 배우자 형성 기술이 시험관 아기 사업의 폭발적 증가를 촉발할 것으로 내다본다. 스탠퍼드 대학교 로스쿨의 생명 윤리학자 헨리 그릴리(Henry Greely, 1952년~)는 2016년 저서 『섹스의 종말과 인류 재생산의 미래(*The End of Sex and the Future of Human Reproduction*)』에서 이 가능성을 탐구했다.[31] 그릴리는 미래가 "조건 좋은 보험 상품에 가입한 사람들 사이에서 임신은 대부분이 침대가 아닌 시험관에서 시작되며 아기는 몇 개의 배아 후보 중에서 선택하는" 세계가 될 것으로 예측한다.[32]

오늘날 시험관 수정을 시술하는 부모는 5~6개의 배아 가운데 하나를 선택할 수 있다. 시험관 배우자 형성 시술은 100개 이상의 배아 중에서 선택할 수 있을 것이다. 훨씬 많은 유전자 조합을 훨씬 여러 번 섞는다는 것은 부모에게 선택의 폭이 그만큼 커진다는 뜻이다.

병인 돌연변이가 있는 배아를 제외하고 나서도 선택할 수 있는 배아는 아직 많다. 부모는 그중에서 가령 눈동자 색에 영향을 끼치는 돌연변이를 지닌 배아를 선택하거나, 혹은 쉬다오후이의 주장처럼 높은 지능 점수와 연관된 돌연변이 조합을 갖춘 배아를 선택할 수도 있다.

하지만 시험관 배우자 형성 기술은 이렇게 익숙한 시나리오의 범주를 훌쩍 넘어설 것이다. 아마 멀러로서는 상상도 하지 못했을 조건을 선택할 것이다. 이제 막 연구가 시작된 인공 다능성 줄기 세포는 방대한 가능성을 지닌 기술이다. 예를 들면 남자가 난자를 만들 수도 있다. 동성애 커플이 배우자 형성을 통해 두 사람의 DNA를 물려받은 자녀를 낳을 수 있는 날이 올 수도 있다. 남자 1명이 난자와 정자, 둘 다 만들어서 이들을 결합시켜 가족(전부가 똑같은 복제 아기들로 이루어진 가족이 아니라, 자녀마다 각기 다른 대립 유전자 조합으로 선별해 구색을 잘 갖춘 가족)을 이루는 날이 올 수도 있다. 그러면 **한부모 가정**이란 어휘는 완전히 다른 의미가 될 것이다.

이처럼 가능성은 무한하다. 세 부모 아기도 아닌 네 부모 아기도 계획할 수 있다. 네 사람의 구강 점막 상피 세포로 인공 다능성 줄기 세포를 배양하는 날이 올 수도 있다. 이렇게 배양된 줄기 세포를 정자나 난자로 변환해 이것으로 배아를 만드는 것이다. 두 사람이 배아 한 세트를 만들고, 다른 두 사람이 또 한 세트를 만들어 네 부모 아기가 되는 것이다.

발생이 막 시작된 배아는 그저 세포 덩어리에 불과하다. 과학자들이 각 배아에서 세포를 추출해 배양 접시에서 더 많은 난자와 정자로 분화시킬 것이다. 분화가 끝난 정자와 난자로 새 배아를 만들 수 있다. 이 배아를 대리모에게 이식해 자라게 하면 그 아기는 기증자 4명의 DNA를 4분의 1씩 물려받을 것이다.

현재 기술은 다부모 아기까지는 가지 않았다. 하지만 철학자들이 그것이 무엇을 의미할지 진지하게 생각해야 할 만큼은 접근한 상태이다. 이 기술이 완성된다면 미토콘드리아 대체 요법은 윤리적인 아동극으로 보일 것이다. 이렇게 태어난 아이들은 자신의 유전적 정체성에 대한 번민으로 숱한 밤을 지새울 것이다. 사람이 조금만 손을 쓰면 어떤 체세포라도 생식 세포의 불멸성을 획득해 새 생명체를 탄생시킬 수 있으니 말이다.

하야시의 실험으로 우리가 사용하는 혈연이라는 말은 의미를 상실하기 직전이다. 새끼 생쥐에게는 이 의미를 한계점까지 밀어붙였다. 새끼 생쥐에게 어미는 있다. 난자 태생이 아니라 피부 태생이라서 그렇지. 시험관 배우자 형성을 통해 태어난 사람 아기도 같은 상황일 수 있다. 하지만 과학자들이 실험실에서 수정을 여러 차례 시도하므로 아기의 혈통이 정확히 어떻게 되는지 알아내기 어려울 것이다. 8세포 배아가 부모가 되는 것일까? 원래의 배아는 이식되지 않을 테니 영영 사람이 될 길은 없을 것이다. 스패로는 이런 식으로 태어나는 아기는 잉태되는 순간 고아가 된다고 주장했다.[33]

가능해 보이지 않던 이상한 방법들이 요즘은 현실이 되고는 한다. 그런 기술을 이해하고 윤리적 판단을 내리려면 유전이라는 말이 아우를 수 있는 모든 범위를 폭넓게 이해하고 받아들일 필요가 있다. 우리는 멘델의 법칙을 유전자가 조상으로부터 후손에게 이동하는 많은 방법의 하나로 인식해야 하며, 현재 우리가 다루는 방법을 배워 나가는 어떤 것임을 받아들여야 한다. 우리는 우리 몸의 세포들이 그들 사이에 조상에서 후손으로 이어지는 내면의 가계도(모자이크가 될 수도 있고 혹은 전부가 섞여 키메라가 될 수도 있는 계보)가 있음을 인식해야 한다. 우리는 우리가 유전이라고 부르는 것의 경계를 열어 오늘과 어제를 연관시키는 다른 여러 방식을 고려해야 한다. 미래 세대로 미끄러져 들어가는 DNA 이외의 분자들이든, 거기에 편승해 살아가는 미생물이든, 우리의 기술과 문화 전통이든, 혹은 우리의 아이들이 태어나 살아갈 환경이든 말이다. 그럴 때 비로소 유전을 우리에게 이익이 되도록 제어하고 조작할 수 있는 방식, 그리고 그것이 미래에 남길 위험까지도 논할 수 있는 언어를 얻을 수 있을 것이다.

19장

지구의 상속자들

CRISPR 소식을 접한 발렌티노 마테오 간츠(Valentino Matteo Gantz)는 하늘이 내린 선물처럼 느껴졌다. 당시 그는 캘리포니아 대학교 샌디에이고에서 초파리와 다른 친척 종 파리 유전자 연구로 박사 과정을 밟고 있었다. 유전자를 조작해 배아 발생에 영향을 줄 수 있는지 보기 위한 실험을 수행하는데, 아무리 좋은 도구라고 해도 엉성하고 조잡했다. 그러던 중 2013년에 CRISPR를 이용해 손쉽게 초파리 유전자를 정밀하게 변형하는 방법이 나왔다는 소식을 들었다.

"제가 기다려 오던 그것이었습니다." 간츠가 태평양 바닷가 언덕 유칼립투스 빼곡한 산허리에 위치한 그의 연구소를 방문한 나에게 말했다. 기사를 본 간츠는 곧장 CRISPR 분자를 주문해 테스트해 보았다. 그때만 해도 간츠는 자신이 CRISPR를 사용해 다양한 종의 유전자를 변형하는 방법을 발견하게 되리라고는 생각하지 못했다.

간츠는 CRISPR로 **노랑**(yellow)이라고 불리는 초파리 유전자(초파리의 눈에 있는 시각 단위의 광 수용체 유전자. — 옮긴이)의 변형을 실험해 보기로 했다. **노랑** 유전자는 어떤 면에서는 유전된 선택이었다. **노랑** 유전자는 약 1세기 전 바로 이 실험실에서 다름 아닌 모건에 의해 발견되었다. 1911년 어느 날, 모건 연구진의 학생들이 희끄무레한 초파리를 관찰하는데 황금색 초파리 1마리가 보였다. 학생들은 이 초파리를 번식시켜서 한 유전자에 열성 돌연변이가 있음을 밝혀냈고, 이 유전자를 **노랑**이라고 부르기로 했다.

노랑 유전자는 어떤 초파리든 육안으로 이 유전자의 대립 유전자를 확인할 수 있어서 모건의 연구진에 아주 유용했다. 모건의 학생들은 이 **노랑** 초파리를 번식시켜 하나의 계보를 만들었고, 나중에 교수가 된 뒤에는 자신의 학생들에게 이 초파리 번식법을 가르쳐 실험에 사용하게 했다. 또 그 학생들은 각자의 진로 속에서 연구에 임하며 이 **노랑** 초파리 계보를 이어 갔다. 먼 과거 우리의 조상들이 석기 만드는 법이며 보리 경작법을 전수했듯이, 20세기 내내 학생들은 대대로 이 지식을 전수했다. 심지어 이 초파리 계보와 이 계보를 구성하는 과정에 기여했던 연구자들을 연대순으로 기록한 웹사이트 FlyTree까지 있다.[1] (초파리 유전자학자들의 학문적 가계도인 셈이다.)

이 가계도는 당연히 모건에서 시작되어 대학원생 제자들로 가지를 뻗어 내려간다. 여기에는 생명의 수수께끼를 풀기 위해 1937년에 독일에서 미국으로 건너가 캘리포니아 공과 대학에서 모건의 제자가 된 막스 루트비히 헤닝 델브뤼크(Max Ludwig Henning Delbrück, 1906~1981년)도 포함된다. 델브뤼크 자신도 캘리포니아 공과 대학 교수가 되어 대학원생 제자를 양성했다. 그 가운데 델브뤼크처럼 물리학을 전공했다가 생물학으로 진로를 바꾼 릴리 예 잰(Lily Yeh Jan, 葉公杼, 1947년~)은 UC 샌디에이고에서 교수가 되었다. 1980년대에 이선 비어(Ethan Bier, 1955년~)가 박사 후 연구원으로 잰의 연구소에서 **노랑** 초파리를 무수히 번식시키다가 모교에서 교수가 되었다. 20년 뒤 비어의 실험실에 들어와 **노랑** 초파리 기술을 익힌 제자 간츠는 모건의 과학적 고손자가 되었다.

간츠는 CRISPR 테스트용 실험으로, 황금 초파리 돌연변이를 유도하고자 초파리 배아의 **노랑** 유전자를 변형하기 위한 가이드 RNA를 만들었다. 그는 이 분자를 초파리 세포에 주입한 뒤 성체가 되기를 기다렸다가 번식시켰다. CRISPR 가위로 변형된 **노랑** 유전자 사본 2개가 있는 초파리가 나오면 성공이었다. 다행히 희끄무레한 초파리들 사이에 황금빛 초파리가 몇 마리 끼어 있었다. "이 기술은 알려진 대로 대단하더군요. 제가 완전히 홀렸습니다." 간츠가 말했다.

간츠는 CRISPR 분자를 박사 학위를 위한 연구에 사용할 다른 초파리 종 메가셀리아 스칼라리스(*Megaselia scalaris*)에도 사용할 수 있는지 실험을 시작했다.[2] 이 초파리는 가슴 부위가 혹처럼 굽은 외형의 특성 때문에 노랑초파리(*Drosophila melanogaster*)와는 확연히 구분되었고, 그런 생김새 탓에 속명으로는 곱추벼룩파리(humpbacked fly)라고 불린다. 행동도 노랑초파리와는 다른데, 불규칙한 패턴으로 허둥지둥 이리저리 튀는 특성 때문에 붙은 또 다른 속명이 벼룩파리(scuttle fly)이다. 그런가 하면 구더기 시절에는 먹이를 찾아 땅속 깊이 파고드는 습성이 있는데, 그러다가 관이 파묻힌 곳까지 들어가는 경우가 있어 관파리(coffin fly)로도 불린다.

간츠는 **노랑** 유전자를 곱추벼룩파리에게 삽입하기 위해서 초파리 CRISPR 분자 가위를 만들었다. 하지만 벼룩파리 실험은 실패했다. "어떤 돌연변이도 반복적으로 나타나지 않아 너무 실망스러웠습니다." 간츠는 그렇게 설명했다.

그는 무엇이 잘못되었는지 알 수 없었다. **노랑** 유전자 사본 1개를 몇 마리에게 편집해 넣는 일은 해냈다. 하지만 CRISPR 분자 편집 실험은 변형 **노랑** 유전자 사본을 지닌 벼룩파리가 연달아 2마리 나오는 경우는 한 번도 나오지 않을 정도로 성공률이 낮았다.

간츠는 비어에게 실험 결과를 보고했다. 비어는 실망했지만 놀라지는 않았다. 실패는 과학에서 병가지상사였다. 비어는 절실히 필요했던 휴가를 위해 이탈리아로 떠났고 이 실망은 더는 마음에 담아 두지 않았다.

비어가 샌디에이고 연구실로 돌아오자마자 간츠가 뛰어 들어오더니 CRISPR가 되게 할 방법을 찾았다면서 설명하기 시작했다. 발상은 간단했다. 파리가 자기 DNA를 편집하게 만들자는 것이었다.

먼저 CRISPR 분자로 한 유전자에서 조각을 잘라 낸 뒤, DNA의 한 부위에 삽입한다. 그런데 그 부위에 변형 유전자만이 아니라 CRISPR가 복제할 유전자도 함께 삽입한다. 그러면 벼룩파리의 세포에서 나머지 한쪽 사본의 염색체를 찾아 편집할 CRISPR 분자가 만들어질 것이다. 이렇게 해서 같은 유전자 돌연변이의 사본 2개를 지닌 곱추벼룩파리가 나온다. 이것을 이용해서 돌연변이 계보를 만들 수 있을 것이다. 간츠는 이렇게 설명한 뒤, 이 기술을 "돌연변이 생성 연쇄 반응(mutagenic chain reaction)"이라고 명명했다.

비어는 너무 멀리 나간 생각이 아닌가 싶었다. 그는 간츠가 바라는 유전자 변형에 성공할 만큼 안정적인 결과가 나오지 못하리라고 생각했다. 간츠는 되기만 한다면 곱추벼룩파리만이 아니라 많은 다른 종에도 적용할 수 있는 강력한 유전학 연구 도구가 될 것이라고 생각했다. 비어와 간츠는 돌연변이 연쇄 반응 기술에 대해 토론하면서 이것이 간츠가 처음 생각했던 것보다 훨씬 강력한 기술이 되리라고 느꼈다.

"이런 결론이 나오더군요. '와, 이 방법으로 연쇄 반응이 생식 계열까지 밀고 들어가겠다.'"

CRISPR 분자를 보유한 파리와 보통 파리를 번식시키면, 멘델의 법칙을 위반하게 된다. CRISPR를 만들어 낼 유전자를 보유한 염색체 사본 하나와 CRISPR가 복제하도록 설계한 유전자가 함께 다음 세대로 전달될 것이다. 2세대 파리의 배아에서 이 CRISPR 분자는 나머지 사본의 염색체를 편집할 것이다. 그 결과, 2세대 파리는 CRISPR 유전자 사본을 1개씩 보유한 잡종이 되는 것이 아니라 모두가 각각 사본 2개를 보유하게 될 것이다. 그리고 이 결과는 보통 파리와 번식시켜도 동일하게 나올 것이다.

"금발과 흑발 두 사람이 결혼했는데 자녀가 전부 금발이 된다고 상상해 보십시오." 비어가 나에게 말했다. "손자들까지 전부 금발이 되는 겁니다. 증손자도 금발이고, 그렇게 영원히 지속되고. 그 비슷한 것이라고 생각하시면 됩니다."

비어는 간츠에게 잠시 돌연변이 연쇄 반응 기술 테스트를 보류하라고 했다. 먼저 이 기술이 가져올 위험과 이익부터 심사숙고해 보기를 바랐다. 지시받은 대로 하는 동안 간츠는 이런 생각이 들었다. 유전자 변형된 동물 하나가 야생으로 들어간다면 그 종의 다른 개체들과 짝짓기를 할 것이다. 그러면 CRISPR 유전자는 세대를 거듭하며 개체군 속에 더 널리 퍼질 것이다.

상황에 따라서는 좋은 일이 될 수도 있을 것이다. 가령 초파리의 **노랑** 유전자가 아닌 농작물을 파괴하거나 질병을 퍼뜨리는 해충 유전자를 표적으로 잡아 이로운 결과를 얻을 수 있다. 과학자들은 해충과 싸워 이길 유전자 드라이브를 찾느라 긴 세월을 연구해 왔는데, 간츠가 마침내 그 해법을 찾은 것일 수도 있다. 하지만 만약 간츠가 돌연변이 연쇄 반응에 관련한 기본적인 실험을 수행하는 동안 1마리가 실험실에서 빠져나간다면? 계획도 하지 못한 사이에 자신이 어떤 변화를 풀어 놓았을지, 상상도 할 수 없었다.

간츠는 돌연변이 연쇄 반응을 안전하게 테스트할 방법을 고안했다. 초파리의 **노랑** 유전자 편집을 시도한다고 해 보자. 하지만 초파리가 실험실에서 빠져나가는 것을 방지하기 위해 안전 장치를 한 실험실에서 작업할 것이고, 초파리는 분쇄 방지 처리가 된 플라스틱 병에 넣어 마개로 단단히 봉한 뒤 더 큰 튜브에 넣을 것이며, 그다음에 다시 플라스틱 상자 안에 넣어 봉할 것이다.

간츠와 비어는 의견을 듣기 위해 원로 유전학자들을 학교로 초청했다. 두 사람은 돌연변이 연쇄 반응 기술의 개념과 안전한 실험을 위한 계획을 설명했다. 누군가에게는 미친 소리로 들리지 않을까? 그들은 의견을 듣고 싶었다.

"그래, 해봐." 이것이 이구동성으로 나온 의견이었다고 비어는 회상한다. "조심은 해야겠지만 해봐요."

2014년 10월에 간츠는 CRISPR로 초파리 유충의 유전자를 변형했다. 이 CRISPR가 바라는 대로 작동한다면, **노랑** 유전자 사본 1개가 한 DNA 부위에 삽입되었을 것이다. 새로 편집된 부위에는 변형 유전자와 더불어 CRISPR가 복제할 유전자가 들어 있을 것이다. 간츠가 바라는 결과는, 벼룩파리의 세포가 자신의 유전자를 이용해 나머지 **노랑** 유전자 사본을 변형하는 것이었다. 하지만 이 과정이 제대로 이루어졌는지 알 수 있는 유일한 방법은 벼룩파리들을 번식시키는 것뿐이다.

간츠는 벼룩파리가 성충이 되기를 기다려서 보통 벼룩파리와 짝짓기를 시켰다. 암컷 파리가 알을 낳았고, 그 알이 유충이 되자 번데기로 몸을 둘러쌌다. 그러고는 번데기 안에서 성충으로 성장했다. 마침내 성충 파리가 번데기를 깨고 나왔는데, 일부가 황금빛이었다. 게다가 암컷과 수컷 다 있었다.

"이것은 일이 제대로 돌아간다는 첫 신호였습니다." 간츠가 회상했다.

하지만 이제부터가 돌연변이 연쇄 반응의 진짜 테스트였다. 돌연변이가 과연 다음 세대로 전달될 것인가? 간츠는 황금빛 암컷을 골라 냈다. 이들은 X 염색체의 양쪽 사본에 변형 **노랑** 유전자와 CRISPR 패키지를 보유하고 있었다. 간츠는 이들을 보통 수컷과 함께 튜브에 넣고 짝짓기하기를 기다렸다. 전통적인 실험이라면, 황금빛 암컷과 희끄무레한 수컷의 짝짓기 결과는 멘델의 법칙을 확실하게 따를 것이다. 아들은 어미로부터 X 염색체 1개를 물려받으므로 황금빛이 될 것이다. 반면에 딸은 부모 양쪽으로부터 X 염색체를 1개씩 물려받을 것이다. 그런데 **노랑** 유전자는 열성이므로 딸들은 희끄무레한 빛깔이 될 것이다.

돌연변이 연쇄 반응 기법이 제대로 작동한다면, 간츠는 아주 다른 결과를 보게 될 터였다. 다음 세대 파리도 CRISPR 분자를 만들 것이고, 그 분자가 딸들의 2세대 X 염색체를 변형할 테니 몸이 황금빛으로 바뀔 것이다.

암컷이 알을 낳았고, 이제 간츠와 비어는 이들이 성충이 될 때까지 기다리는 것 말고는 달리 할 수 있는 일이 없었다. "그 2주 내내 아내를 얼마나 괴롭혔는지 모릅니다. '**노랑** 나와라, **노랑** 나와라, **노랑** 나와라.' 우리는 이러고 읊으면서 보이는 데마다 세 번 두드리고 빌었죠." 비어가 말했다. 동료들은 실패에 의연할 수 있도록 마음의 준비를 시켰다. "너무 흥분하지 말게." 한 동료가 비어에게 말했다. "내 장담하는데, 그 2세대 거의 모두가 멘델 식의 후손일 거야."

간츠는 **노랑** 돌연변이가 알을 까면 유충이 희미하게 황금빛을 띨 때가 있다는 것을 알았다. 그는 구더기한테서 조금이라도 그 빛깔이 보이기를 빌면서 실눈으로 상자며 튜브 안을 들여다보았다. 하지만 기껏해야 보이는 것은, 아무도 노랗지 않다는 것뿐이었다.

"전 동료들에게 미리 말했어요. '그래, 안 되는 게 맞네.'" 간츠가 말했다. "제가 꽤나 비관적인 사람이거든요."

그래도 끝까지 가 보기는 해야겠기에 유충이 번데기가 되고 날개를 펼칠 때까지 기다렸다. 벼룩파리들이 갓 성충이 되어 나오자 이산화탄소 기체를 뿌려 마취시켰다. 그런 뒤 작업대 벤치에 앉아 잠든 파리들을 패드에 쏟아부었다. 실험의 실패를 공식 선고하려다가 다시 한번 살펴보기로 했다.

패드를 내려다보는데, 웬걸, 황금빛밖에 안 보였다. 벼룩파리 암컷들이 간츠가 바랐던 대로 스스로 유전자 변형을 일으킨 것이다. 간츠는 비어의 연구실로 들어가 소식을 전했다. 비어가 환호성을 지르며 방방 뛰었다. 그동안 **노랑** 돌연변이를 수천 마리 번식시켰지만 번번이 멘델의 법칙밖에 보지 못했는데, 하루아침에 법칙이 바뀐 것이다.

"우리가 방에 들어가면 바닥 위를 걷는 게 정상이죠. 그런데 난데없이 사람이 천장을 걷고 있는 겁니다." 비어가 말했다. "아니, 그러니까, 그 정도로 이상하게 느껴졌다는 이야깁니다."

⁂

비어가 이 실험에 대해서 가장 먼저 알린 사람은 생물학자 앤서니 제임스(Anthony James)였다. "Holy Mackerel." "세상에나 네상에나."라는 뜻의 말이 제임스의 대답이었다.

제임스는 비어와 간츠가 방금 발견한 것을 찾으려고 20년을 쏟아부은 사람이었다. 1980년대에 말라리아와 뎅기열처럼 모기가 옮기는 전염병을 퇴치하기 위한 작업에 돌입한 그는 전쟁에 임하듯 모기 유전자를 연구했다. 제임스는 비어와 간츠의 연구소에서 멀지 않은 캘리포니아 대학교 어바인에 곤충관을 세웠다. 그곳에서 따뜻한 피로 모기를 키우면서 그들의 DNA를 실험했다.

첫 작업은 모기의 유전자 지도 작성이었다. 모기 유전체가 당시에는 미지의 영역이었기 때문이다. 제임스는 동료들과 유전자들의 위치를 하나하나 잡아 가면서 실험을 수행할 수 있었다. 어쩌면 특정 병원균이 모기 안에서 살아남아 모기가 새로운 희생자에게 접근하도록 조종하는 유전자가 존재할지도 몰랐다. 매년 2억 명 이상의 사람들이 말라리아원충(*Plasmodium*)이라는 단세포 기생충이 있는 모기에게 물려서 말라리아에 감염된다. 하지만 모기에 물려 독감에 걸리는 사람은 없다. 제임스는 말라리아를 견디게 해 주는 유전자 변이가 모기에게 있는 것은 아닐까 생각했다.

"그 유전자를 모기 개체군 안에 충분히 퍼뜨릴 방법만 찾아낼 수 있다면, 그냥 게임 끝인 거죠." 제임스는 내가 어바인에 방문했을 때 이렇게 설명했다.

제임스의 연구진은 일부 모기 유전자의 지도를 그리는 데 성공했지만 작업이 너무 더뎌서(흡혈 모기를 키우는 일 자체가 어려운 것도 어느 정도 작용했다.) 모기가 유발하는 질병과 싸울 방법을 찾아낼 길이 있기는 한지 절망감이 들기 시작했다. 그는 지금까지 얻은 지식을 활용해 다른 방법으로 싸울 수 있을지 생각해 보았다.

"그러면서 든 생각이, '그럼, 유전자를 **만들자.**'였습니다." 제임스가 말했다.

필요한 유전자를 어떻게 만들지, 한 가지 생각이 있었다. 1960년대 말, 뉴욕 대학교의 생물학자 루트 존타크 누센츠바이크(Ruth Sonntag Nussenzweig, 1928~2018년)가 생쥐는 인간 말라리아에 걸리지 않는다는 사실을 발견했다. 생쥐에게 있는 면역 세포가 항체를 생성해 모기의 기생충에 달라붙어 질식시킨 것이다. 과학자들은 이후 실험에서 누센츠바이크가 발견한 항체를 모기의 먹이인 피에 섞어서 공급했다. 어떤 경로였는지, 이 항체가 모기 안에서 분해되지 않고 몸속의 기생충을 공격했다. 이 처치 이후로 이 모기들은 말라리아를 전염시키지 못했다.

제임스의 연구진은 모기가 생쥐의 항체를 스스로 생성할 수 있게 하는 유전자 변형 작업에 착수했다. 연구진은 모기의 DNA에 삽입할 수 있는 항체 암호화 유전자를 만들었다. 제임스는 이 유전자를 모기에게 안전하게 만들고 싶었다. 이 유전자가 늘 활성화 상태가 되면 모기가 생쥐 항체를 감당하지 못하고 병들어 버리지 않을까 우려되었기 때문이다. 그래서 제임스의 연구진은 항체 유전자를 유전자 스위치에 연결했다. 이제 유전자는 암컷 모기 몸속에 피가 들어올 때만 활성화될 것이다.[3]

제임스의 연구진은 이 유전자와 스위치 유전자를 모기의 DNA에 삽입했다. 모기는 말라리아 원충을 가미한 피를 먹고 항체가 생성되었고, 자기 몸속의 기생충을 박멸하기 시작했다.

인상적인 성취였으나 전 세계에 만연한 말라리아에 타격을 입히기에는 역부족이었다. 제임스가 아프리카나 인도에 말라리아 내성을 지닌 모기를 풀어 놓는다고 해도 이 방법으로는 멘델의 법칙을 극복할 수 없었다. 유전자 변형 모기가 짝짓기하는 상대는 거의 항상 보통 모기일 테고, 방대한 모기의 유전자군 속에서 말라리아 내성은 얼마 못 가서 희석되고 말 테니까.

말라리아 내성 유전자를 퍼뜨리기 위해서는 멘델의 법칙을 뚫고 나갈 방법이 필요했다. 1960년대 이래로 과학자들은 이 목적으로 유전자 드라이브를 이용할 방법이 없을지 고심해 왔다. 유전자를 유전자 드라이브와 연결하면 세대를 거듭할수록 개체군 안에 그 유전자가 점차 늘어날 것이라는 단순한 발상이었다. 하지만 그때까지는 아무도 이 발상을 실행할 방법을 알아내지 못했다.

제임스가 이 문제를 풀어 보기로 하고 유전자 드라이브로 P 전이 인자(P element)라는 DNA를 선택했다.[4] 초파리에게 있는 P 전이 인자는 초파리의 DNA 다른 부위로 자유롭게 이동해 숙주의 세포가 스스로를 복제하게 만들어 증식한다. P 전이 인자는 1900년대 중반에 처음 과학자들이 주목한 이후로 수십 년 동안 북아메리카 지역 초파리들 사이에서 유전적 들불처럼 확산되었다. 브라운 대학교의 생물학자 마거릿 게일 키드웰(Margaret Gale Kidwell, 1933년~)이 P 전이 인자가 있는 초파리를 이 인자가 없는 초파리들과 한 튜브에 넣어 번식시켰다. 10세대와 20세대 사이에 키드웰이 번식시킨 모든 초파리가 P 전이 인자를 갖게 되었다.

제임스의 연구진은 말라리아 내성 유전자를 P 전이 인자와 연결할 수 있을지 궁리했다. P 전이 인자가 유전자 드라이브로 작동해 말라리아 원충 내성을 모기 개체군 전체로 퍼뜨릴 것이고, 다음 세대로도 계속해서 퍼져 나갈 것이라는 가설이었다. 적어도 구상은 그랬다. 하지만 수없이 조건을 바꿔 보았으나 실험에서는 통하지 않았다.

돌이켜 보면 진화가 이 실험을 방해했다는 것이 제임스의 생각이었다. 다른 모든 종과 마찬가지로 모기는 유구한 종의 역사 속에서 수많은 유전자 드라이브의 공격에 직면했을 것이다. 그런데도 멸종하지 않은 것은 오로지 방어력(제임스로서는 어찌 넘어야 할지 알 길 없는 방어력)도 같이 진화한 덕분이었다. "우린 시작부터 실패할 운명이었던 모양입니다." 제임스는 너털웃음을 터뜨렸다.

제임스는 CRISPR 이야기를 들었을 때 혹시나 그 기술을 말라리아 퇴치에 적용할 수 있을까 생각해 보았다. 하지만 언뜻 스쳐 가는 생각이었을 뿐, 더는 파고들지 않았다. 그러다가 비어에게 전화를 받고서 돌연변이 연쇄 반응이 모기에게 내성 유전자를 퍼뜨릴 방법이 될 수 있음을 깨달았다.

비어와 간츠는 캘리포니아 해안선을 따라 1시간 30분을 달려 제임스를 찾아가 새 실험 계획을 짰다. 초파리 배양은 플라스틱 상자와 분쇄 방지 처리가 된 튜브면 충분했지만, 모기를 키우는 데에는 훨씬 더 정교한 장치가 필요했다. 안전한 실험이 되려면 제임스의 곤충관에서 하는 편이 나을 것 같았다.

제임스는 흥분되었으나 성공 확률은 높지 않다는 것을 잘 알았다. 그는 비어, 간츠와 함께 많은 유전자가 들어간 기다란 DNA 조각을 설계해야 할 것이다. 이 DNA에는 생쥐의 말라리아 항체 유전자는 물론 모기가 혈액 식사를 하는 동안 이 유전자를 활성화할 스위치 유전자도 들어가야 한다. 또 그 DNA를 다른 염색체에 복제할 CRISPR 유전자도 들어가야 한다. 성공 여부를 보기 위해서는 모기의 눈을 빨갛게 만들 유전자도 추가해야 할 것이다.

DNA 한 조각에 다 싣기에는 너무나 짐이 많았다. 아무도 시도한 적 없는 방법으로 모기의 유전자를 변환한다는 점에서 특히 더 그랬다. 제임스는 DNA를 더 작은 조각으로 만들자고, 그렇게 해서 한 조각씩 테스트한 뒤 마지막에 다 합해서 최종 테스트하는 방법을 제안했다. 간츠는 한 번에 전부 테스트하자고 주장했다. 도약할 수 있을 때 굳이 기어갈 필요가 있느냐는 생각이었다. 제임스와 비어도 이 계획에 동의했고, 간츠는 최대한 신속하게 모든 부위를 한 조각의 DNA 속에 배열해 넣은 뒤 결과를 보라고 제임스에게 전달했다.

제임스는 나를 곤충관 지하로 안내했다. 우리는 "A. 제임스 모기 형질 전환 시설"이라는 명패가 붙은 문 앞에서 멈췄다. 플란넬 셔츠 차림의 제임스가 파란색 종이 작업복 소매에 팔을 밀어 넣었다. 제임스는 짧은 백발에 큰 치아가 하얗게 빛나는 중년이었다. 넓은 어깨에 종이 작업복이 쉽사리 들어가지 않아 잠시 낑낑거리다가 상완 부분을 떼어 냈는데, 바람 몰아치는 날 신문지가 날아와 가슴팍에 달라붙은 듯한 모양새였다.

제임스는 내가 종이 작업복을 걸쳐 입는 동안 기다리다가 문을 열었다. 우리가 들어간 곳은 창 없이 밀폐된 방이었다. 모기가 통과하지 못할 만큼 눈이 가는 은백색 모기장이 천장 배기구를 덮고 있었다. 둘 다 전실 안으로 들어서자 제임스가 바깥 문을 닫았고 잠깐 멈춰 서서 안쪽 문을 안전하게 열었다. 그곳이 곤충관이었다. 그곳에는 제임스와 직원들이 모기 1만 마리를 키우는 배양실이 다닥다닥 붙어 있었다.

안에 들어서자 테이블 위에 한 줄로 나란히 놓인 노란색 영화관용 팝콘 버킷이 맨 먼저 눈에 들어왔다. 하나하나 상단에 회색 실린더가 부착되어 있고 전선이 연결되어 있었다. 안을 들여다보니 실린더 벽에 암컷 성체 모기들이 달라붙어 있었다. 전부 배가 통통하게 부풀어 있었다. 실린더 안에는 따스한 송아지 피가 담겨 있었다. 제임스가 아무것도 들어 있지 않은 실린더 마개를 열어 벽에 얇은 막 붙여 둔 것을 보여 주었다. 모기는 이 막을 침처럼 뾰족한 주둥이로 찔러 눈물 모양의 복부가 팽팽해지도록 피를 들이킨다.

모기는 피를 흡족하게 들이키고 나면 몸속에서 수백 개의 알을 키울 것이다. 모기는 어두운 곳에서 산란하는 것을 선호하기에 제임스와 곤충관 직원들이 이들을 팝콘 버킷에서 빛 없는 밀실로 옮겨 준다. 산란이 끝나면 직원들이 알을 모아 종이 띠에 붙인다.

이제 새 세대 모기의 유전자 변환 채비를 마쳤다. 모기 알이 말랑말랑할 때 가느다란 유리 바늘로 DNA를 삽입한다. 몇 시간 뒤면 알이 황갈색으로 변해 단단해지므로 그 전에 이 작업을 끝내야 한다.

"공장 조립 공정 같죠." 제임스가 직원들이 DNA 주입 작업을 하는 현미경을 보여 주었다. "하루에 300, 400개씩 주입하는데, 솜씨 좋은 사람은 500개까지도 합니다."

야생 모기는 물에서 산란하며, 알은 뗏목처럼 물에 떠다니다가 며칠 뒤에 부화한다. 유충들은 생애 첫 단계를 물속에서 헤엄쳐 다니며 보낸다. 제임스는 곤충관에 이 단계를 재현해야 했다. 그는 투명 비닐 커튼을 펼쳐 열고 나를 유충실로 안내했다. 천장 끝까지 닿아 있는 높은 선반의 여러 칸에 물을 절반씩 채운 플라스틱 튜브가 진열돼 있었다. 튜브 하나하나가 호수가 된 듯 유충 수백 마리가 털 달린 미니 뱀처럼 헤엄쳐 다니고 있었다.

우리는 한 유충 튜브 앞에서 발을 멈추고 자세히 들여다보았다. 튜브 테두리에 표지가 붙어 있고, 굵은 마커 글씨로 숫자 29가 적혀 있었다. 유충들이 파닥거리고 꿈틀거렸다. 모든 유충에게는 핀 구멍 크기의 눈이 달려 있었고, 전부 다 눈이 빨갰다.

"여기가 그 유명한 유전자 드라이브를 맡을 놈들입니다." 제임스가 말했다.

29라는 숫자는 제임스가 간츠, 비어와 협업 실험을 시작한 이래 번식시켜 온 모기의 29번째 세대라는 뜻이었다. 간츠가 유전자 드라이브에 들어갈 모든 요소를 넣어 새 DNA 조각을 만들었고, 그것을 제임스의 연구진이 모기의 말랑말랑한 알에 주입했다. 기쁘게도 유충에게서 빨간 눈이 나왔다. 모든 모기가 말라리아 내성 유전자 사본 2개를 갖게 되었다는 뜻이었다. 제임스의 연구진은 이 수컷 유충들을 보통 암컷과 짝짓기를 시켰는데, 다음 세대도 빨간 눈이었다. 지금 내가 보고 있는 것이 그 유전의 고리가 깨지지 않은 끝에 도달한 29번째 세대였다.

2015년 11월, 제임스의 연구진은 유전자 드라이브로 모기의 형질 전환에 성공했다.[5] 몇 달 뒤, 간츠와 비어가 돌연변이 연쇄 반응 논문을 발표했다.[6] "사람들이 '그거 참 빨리 됐네!' 하더군요." 제임스가 빨간 눈 모기를 보면서 말했다. "사실 빨리 된 건 아니었죠. 오랜 세월 작업해 왔으니까요." 비어가 전화할 무렵, 제임스의 연구진은 이 실험에 필요한 모든 도구가 준비된 상태였다. "모기에게 주입할 DNA 한 조각, 딱 그게 필요했던 겁니다." 제임스가 말했다.

*
**

인간 배아 CRISPR 실험에 관해 삐그덕거리는 뉴스가 쏟아지는 가운데 돌연변이 연쇄 반응 기술 소식이 나왔다. 인간의 유전자를 변형하는 유전 공학에 대해서는 50년 이상 긴가민가한 상황이었다. 호치키스는 그 미래를 우려했다. 하지만 유전자 드라이브를 이용해서 유전 법칙을 초월해 질병을 치료한다는 발상은 세상을 놀라게 했다. CRISPR를 연구하던 과학자들도 대부분 기술이 현실이 되리라고는 예상하지 못했다.

이 기술에 대해서 생각해 온 처치와 하버드의 동료 케빈 마이클 에스벨트(Kevin Michael Esvelt)가 소수의 예외였다. 2014년에 두 사람은 동료 몇 명과 함께 두 가지 가능한 방법을 발표했다. 그들은 CRISPR 기반 유전자 드라이브를 다만 "가설적 기술"[7]일 뿐이라고 말했다.

비어와 간츠의 돌연변이 연쇄 반응 실험 결과가 나오면서 이 기술은 가설에 머물지 않게 되었다. 에스벨트와 동료들은 유전자 드라이브로 효모의 유전자도 변형할 수 있다고 보고했다. 아마도 유성 생식을 하는 어떤 종이라도 과학자들이 마음만 먹으면 변형시킬 수 있는 기술이 될 것으로 보인다.

다우드나의 연구진이 CRISPR 기술을 사람에게 사용할 것인지 하는 문제로 씨름하는 동안 비어, 간츠, 에스벨트 등의 과학자들은 유전자 드라이브가 생물 종에 미치는 영향을 직접 시험하기 시작했다. 그들은 학회와 학술지를 통해 이 기술이 삶을 어떻게 개선할 수 있는지 설명했다. 말라리아 내성 모기는 해마다 수천 명에서 어쩌면 수십만 명의 인명을 구할 수 있다. 에스벨트는 매사추세츠 주의 낸터킷 섬을 찾아 주민들에게 이 섬의 생쥐에게 CRISPR 기술을 사용해 라임병(Lyme disease) 항체를 만들 수 있으며, 이것으로 감염 주기를 깨뜨릴 수 있다고 설명했다. 식물 공학자들은 잡초의 제초제 내성 문제를 고민해 왔는데, 유전자 드라이브 기술로 이 내성 유전자를 제거하고 제초제가 효과를 발휘할 수 있는 유전자를 집어넣을 수 있을 것이다.

CRISPR 기술은 한 개체군의 진화를 원하는 방향으로 밀어붙일 수 있을 것이며, 심지어는 멸종에 이르게 할 수도 있을 것이다. 어떤 불쾌한 동물 종에게 가임력을 떨어뜨리는 유전자를 삽입한다고 치자. 이 유전자를 물려받은 개체는 후손을 덜 생산할 것이고, CRISPR에 힘입어 이 유전자가 개체군 사이에 널리 퍼질 것이다. 언젠가 이 개체군은 돌이킬 수 없는 선을 넘을 것이고 결국 무너질 것이다.

보존 생물학자들은 침입해 온 종과 싸워 이길 이런 종류의 무기가 없을지 오랫동안 상상해 왔다. 예를 들어 뱀이나 쥐가 오지 섬에 유입되면 토착종 조류의 알을 먹어치워 종이 통째로 사라지고는 한다. 오스트레일리아의 한 연구진이 CRISPR로 유전자를 변형한 설치류 100마리면 한 섬 지역에서 5만 마리의 개체군을 싹슬이할 수 있으며,[8] 거기에 들어가는 시간은 단 5년이라는 계산을 내놓았다.

하지만 유전자 드라이브는 커다란 재난을 초래할 수도 있다. 야생 생태계에 유전자 드라이브를 적용했다가 계획대로 되지 않는 경우가 발생할 수 있다. 이렇게 해서 해를 입힌다면 되돌리기가 불가능할 수도 있다. 미국 국립 과학원이 발족한 한 위원회는 2016년의 보고서에서 유전자 드라이브가 "생명체와 생태계에 돌이킬 수 없는 결과"를 야기할 수 있다고 경고했다.[9]

인위적 유전자 드라이브는 심오한 윤리적 딜레마에 직면하고 있다. 아마도 CRISPR를 이용한 사람 배아 유전자 변형보다 더 크게 문제가 될 것이다. 이 기술이 영향을 미치는 것은 유전이라는 말의 의미만이 아니다. 우리는 동물 종이나 식물 종의 유전자를 먼 미래 세대까지 바꿔 놓을 수 있다. 우리가 남긴 생태적 유산을 상속한 후손들은 우리를 저주할지도 모른다. 이 도구에 대한 혜안을 얻고자 한다면 우리가 발명해 온 도구들이 지난 1만 년 동안 우리의 생태적 유산을 어떻게 변형했는지 돌아보는 것이 좋을 듯하다.[10]

⁂

인류의 문화 누적 능력 덕분에 수렵 채집인들은 식물을 수확하고 동물을 조종하는 기술과 지식을 대대로 전수했다. 대부분은 의식하지 못하고 진행되었겠지만, 일부 수렵 채집인 무리는 농경이 발생할 수 있는 환경을 일구었다. 그들의 후손은 농경인이 되어 곡물을 기르고 가축을 쳤다. 매 세대가 물려받은 것은 농경에 필요한 지식만이 아니었다. 생태적 유산도 함께 물려받았다.

약 1만 년 전까지 앞의 세대와 그다음 세대가 물려받은 것은 불과 사냥, 채집으로 빚어진 세상이었다. 농경인들이 땅을 더 큰 규모로 개발하기 시작했고, 그 속도는 갈수록 빨라졌다. 땅을 개간해 농사를 지으니 가족을 먹이고도 양식이 남아 내다 팔 수 있었다. 농경 부족은 유목 생활을 그만두고 한 지역에 정착해 견고한 가옥과 잉여 양식을 저장할 창고를 지어 마을을 형성했다. 농사지은 사람은 자식에게 자신이 축적한 재산과 거기에 사용한 땅까지 물려줄 수 있었다.

하지만 이 새로운 형태의 상속은 갈등을 유발했다. 가족의 땅은 자식들에게 나누어서 물려주거나 아니면 1명에게만 몰아서 물려주었는데, 땅을 물려받지 못한 자식들은 다른 일거리를 찾아야 했다. 이런 상황에서 갈등이 일어나 일부 가족 구성원이 다른 땅을 개척하러 나서기도 했다. 이런 상황은 소나 말로 쟁기를 끌게 하는 것처럼 같은 면적에서 수확량을 늘릴 수 있는 새로운 기술의 발견이나 도입의 동력이 되기도 했다.[11] 청동기 시대 무렵 화로가 발명되었다. 화로 속에서 불은 지금껏 경험하지 못한 고온으로 타올랐다. 사람들은 화로를 이용해 광석을 녹였고 달군 금속으로 세공 기술을 연마했다. 그들은 석탄이 나무보다 나은 땔감이라는 사실을 알게 된다. 숲을 개간하는 데 필요한 도끼나 더 많은 곡식을 심을 수 있는 각종 농기구 등 다양한 철기 도구를 고온의 불을 이용해 발명했다.

그러나 이런 기술 발전에도 인류는 문명과 환경의 되먹임 회로에서 자유롭지 못했다. 새로운 농기구는 단기적으로 이익을 가져다주었으나 장기적으로는 토지의 황폐화라는 대가를 치러야 했다. 농지가 노쇠해져 생산성이 떨어지자 사람들은 그동안 쓸데없다고 돌아보지도 않던 땅을 일구었다. 이런 되먹임 회로 속에서 인구가 증가하고 더 많은 문화 혁신이 일어났다. 그리고 이 혁신을 통해 인류는 더 많은 황무지를 농지와 도시로 탈바꿈시켰다.

농업 혁명이 일어나고 약 1만 년 뒤 산업 혁명으로 이 되먹임 회로에 가속도가 붙었다. 농부들은 쟁기질에 마소를 부리는 대신 가솔린 같은 신형 연료로 움직이는 트랙터를 사용하게 되었고, 마소를 부려 거름을 뿌리는 대신 무기질이나 석유를 추출해 만든 비료를 살포하게 되었다. 신대륙에서 노예들이 목화를 키우고 따서 손으로 짜던 옷감은 이제 석탄을 태워 돌아가는 베틀로 짜게 되었다. 대륙을 횡단하는 철도가 건설되자 사람들은 수천, 수만 킬로미터 떨어진 곳에서 키운 소에서 나온 고기를 먹을 수 있게 되었다. 문명의 발전으로 이제 우리가 남기는 생태적 유산은 지구 전역의 후손들이 공동으로 상속하게 되었다.

이 문화의 되먹임 회로가 엄청난 성공을 만들어 낸 것은 사실이다. 농업 혁명이 일어나기 전 수렵 채집 시기에는 땅 1제곱킬로미터가 먹여 살리는 사람이 1,000명을 넘기지 못했다. 오늘날의 집약적 농지라면 같은 면적으로 수천 명을 먹인다. 1800년대 초에는 세계 인구의 90퍼센트 이상이 하루 2달러에 해당하는 소득으로 근근이 살아가는 극빈 상태였다. 오늘날 극빈층은 10퍼센트 미만이다. 1900년에 미국 출생아의 평균 기대 수명은 50세에 못 미쳤다. 2016년에 미국 출생아는 평균 69세까지 살 것이다.

내 딸들이 문화 누적 능력으로 창조된 이 세계를 물려받을 수 있어서 참 다행이다. 하지만 그 세계가 많은 면에서 고통 받는 환경이라는 것도 안다. 농경이 시작된 이래로 생물권 4분의 3이 미개척 자연에서 개척지로 형질 변경되었다. 현재 지구의 생물학적 생산성, 즉 햇빛을 바이오매스(biomass, 생물량)로 전환하는 능력의 4분의 1에서 4분의 3이 인류에게 이용된다. 지난 1만 년 이상 지구를 극적으로 재창조해 온 그 문화적 관습이 똑같이 미래 세대에게 상속된다면, 우리는 우리가 잘 먹고 잘 살기 위해 하는 행위가 많은 생물을 멸종으로 몰아넣을 수도 있다.

우리의 문화 누적 능력은 우리가 마시는 공기까지 바꿔 놓았다. 공기의 화학 성분을 변화시킨 것은 우리만이 아니다. 20억 년 전 광합성 세균이 공기 속으로 산소를 뿜어 내기 시작한 이래 지구에 존재한 모든 생명체가 산소가 풍부한 지구 공기에 적응해야 했다. 하지만 어느 한 동물 종이 자기네가 만든 도구를 사용해 이렇게까지 큰 변화를 만들어 낸 사례는 전무후무하다.

수렵 채집인들이 들판이나 숲에 불을 놓을 때 이산화탄소를 비롯한 여러 분자 물질이 공기 속으로 흡입되었을 것이다. 하지만 당시에는 인구가 적어서 공기의 성분에 어떠한 변화도 일으키지 못했다. 인류가 농경을 시작해 경작지를 얻기 위해 토지를 개간하면서 땅에서 이산화탄소를 분출하는 속도가 더 빨라졌다. 3,000년 전에는 광물 채굴 작업을 하면서 납을 비롯한 각종 오염 물질을 공기 속으로 내뿜었다. 이 오염의 역사는 그린란드의 청동기 시대 빙하층에 기록되어 있다.

지구의 황야 대부분을 파괴한 그 힘이 대기까지 오염시켰다. 산업 혁명으로 도시의 대기 오염이 심해져 수백만 인구의 수명을 단축했다. 인류가 석탄, 석유, 가스를 태우기 시작하자 마찬가지로 과도한 양의 이산화탄소가 대기로 올라가 대기열을 가두기 시작했다. 이것은 지구 전체의 평균 기온을 올리기에 충분한 양이었다. 21세기 초에 이르자 대기의 이산화탄소가 수백만 년 내 최고 농도에 도달했다. 그 결과 지구는 1880년 이래 기온이 섭씨 약 1.1도(화씨 2도) 증가했다.

사람이 대기로 쏘아 올리는 오염 물질 대부분은 빠르게 없앨 수 있다. 예를 들어 휘발유에서 나오는 납 성분 연기는 금지하자 금세 사라졌다. 이산화탄소는 다르다. 대기 속에 수백 년을 남아서 열기를 가두어 지구 온난화에 한몫하고 있다.[12] 내일 이산화탄소 배출량을 제로로 줄여도 지구의 기온은 계속해서 몇 도 더 올라갈 것이다.[13] 미래 세대는 서식지가 파괴된 해안, 증가하는 산불, 가뭄 위협에 노출된 농토를 물려받을 것이다.

300만 년 전, 돌멩이 부수는 법을 서로 가르치던 이족 보행 유인원들은 광대한 생태계의 아주 작은 일부였다. 그러나 획득한 지식을 대대로 전수하는 문화적 유전을 통해 제약 없는 힘을 얻은 인류는 지구를 개조해 생태적 유산으로 삼은 데 이어 대기까지 유산으로 삼았다.

*
**

"현재 우리는 인간의 유전자를 원하는 대로 바꿀 수 있는 시대가 다가오고 있다는 것을 느끼고 있습니다." 볼티모어는 2015년 국제 유전자 편집 학회에서 이렇게 선언했다. 그의 연설은 학회에 모인 청중이 CRISPR를 직관적으로 이해할 수 있는 간단명료한 언어로 이루어졌다. 청중에게 **인간의 유전**이란 인간 부모의 유전자가 인간 자녀에게 전달되는 것이었다. 이 유전을 바꿀 수 있는 시간이 다가온 것은 인류의 역사가 새로운 장으로 들어가는 것으로 보이는 경이롭고도 두려운 무엇이었다.

CRISPR를 인간 배아에 사용하는 문제에 대해서는 분명 집단적 결정이 필요하며, 심각한 위험을 야기하지 않는 선에서 오로지 인간에게 도움이 될 수 있는 곳에만 사용해야 한다. 하지만 이런 축약적 유전에는 분명히 위험이 따른다. 이 변화로 우리가 스스로를 부모로부터 물려받은 유전자의 산물로만 여기며 미래는 그 유전자를 후대로 전달하는 것 이외에 아무런 의미도 없는 것으로 만들 위험이 있다. 유전을 바꿀 수 있다는 생각은 엄청나게 흥분되거나 혹은 공포스러운 일이 되었다. 머잖아 아무도 유전병을 걱정하지 않게 될 것이라고, 이 기술은 약속한다. 머잖아 중국이 슈퍼 천재 아기를 대대적으로 생산할 것이라고, 우리는 확신한다. 이런 축약적 기술은 유전이 무엇인지 명확하게 알기 어렵게 만든다. 우리는 유전자의 메커니즘에 대한 우리의 야심 찬 지식을 과대평가하고 우리의 삶을 만드는 다른 요소들, 세계를 더 나은 곳으로 만들 수 있는 요소들은 무시하게 만든다.

유전의 힘을 무시하자거나 그것을 바꾸는 기술을 회피하자는 이야기가 아니다. 오히려 우리는 간명한 설명보다는 길고 상세한 설명으로 나아갈 수 있다. 예컨대 유전을 더 넓은 의미로 생각한 식물 공학자들이 더 나은 농작물을 만들어 낼 수 있었다. 초창기 식물 육종가들은 더 나은 품종이 될 만한 작물을 선별해 접을 맺어 곡식의 유전자를 개량했다. 최근 수십 년 동안 식물 육종가들은 작물의 유전자를 더 의식적으로 이용했다. 식물의 후성 유전적 특성이 갓 밝혀지기 시작했지만, 일부

식물 육종가는 벌써 이 특성을 활용해 품종을 더 개선할 방법을 실험할 수 있었다.[14]

식물은 자연스럽게 후성 유전적 특성에 변화를 겪는 경우가 있다. 예를 들면 DNA를 감싸고 있는 메틸화 구조에 변화가 일어나거나 메틸 그룹이 유전자에서 떨어져 나가는 경우가 발생한다. 이런 변화가 유전자를 활성화시켜 성장을 촉진하기도 한다. 과학자들은 후대에 유전되면 종의 번식에 기여할 더 많은 후성 유전적 특성을 찾고 있다.

후성 유전적 특성이 후대에 유전되는 것이 식물에게는 실제로 존재하는 현상이지만, 많은 과학자는 이것이 자연계에 미치는 영향이 크지 않을 것이라고 본다. 이것을 라마르크적 현상으로 부르는 것은 잘못이다. 라마르크의 획득 형질은 아주 다른 개념이기 때문이다. 그는 유전을 통해 복합적인 적응성이 생성될 수 있다고 생각했다. 마티엔센 같은 회의론자들은 야생 식물에 그런 적응성이 있다는 근거를 찾을 수 없다고 본다.

하지만 그런 적응성이 있을 수 없다는 뜻은 아니다. 마티엔센은 그 적응 메커니즘의 설계를 실험해 볼 수 있을 만큼 후성 유전에 대한 연구가 진전됐다고 말한다.

유행병이 발발하면 면역 체계를 활성화하고 그 면역 체계 활성화 기능을 수행하는 RNA 분자를 후손에게 전달하는 식물을 마티엔센은 상상한다. 여러 세대를 거쳐 이 병이 사라지면 이 식물은 면역 체계를 비활성화하기에 더는 필요치 않은 단백질을 만드느라 에너지를 쓸 필요가 없어질 것이다.

"후성 유전적 적응 메커니즘이 작동하는 식물을 간단히 설계할 수 있습니다. 라마르크적인 거죠." 마티엔센의 말이다.

*
**

유전의 범위를 실험실 너머의 세계로 확장할 필요가 있다. 미국에서는 가난과 불평등의 원인을 생물학적 차이 탓으로 돌리기가 얼마나 손쉬운 일인지 지난 몇 세기에 걸쳐 증명되었다. 에마 울버턴 같은 여성은 유전적으로 저능아라는 판정을 받고 평생을 시설에 수용되어서 살아야 했다. 심지어 미국의 일부 심리학자는 미국 흑인의 상대적 빈곤을 결함 있는 유전자의 결과물로 치부하기도 했다.

미국의 빈부 격차는 사람이 나고 자란 **환경**의 산물이라는 주장도 있다. 하지만 환경이라는 말로는 이 문제의 심각성을 온전히 설명하지 못한다. 미국의 끈질긴 불평등은 어떤 사람들이 어떤 물리적 환경에서 살아간 결과물이 아니다. 그들의 환경은 사회적 합의에 의해 생겨났다. 그리고 그 합의는 세대를 거치면서 쇄신되어 몇백 년 동안 지속되었다.

흑인은 노예제에서 해방된 뒤에도 여전히 구조적 인종주의는 말할 것도 없고 개인들의 인종주의적 태도와 싸워야 했다. 이 인종주의는 해마다 어떤 진공 상태에서 툭 튀어나온 것이 아니다. 어린이들이 부모나 다른 어른들로부터 암묵적으로든 노골적으로든 학습하고 그것을 또 자신의 자녀들에게 전수하면서 이어져 내려온 것이다. 이런 사회 환경이 물리적 환경을 형성하고 흑인 후손들이 대대로 그 환경에서 태어났다. 주거 차별과 인종 분리 정책은 흑인 어린이들이 좋은 성적을 내기 어려우며 총에 맞을 확률은 높고 일자리 기회는 적은 동네에서 안간힘 쓰며 살아가게 만들었다.

문화 누적으로 우리 종은 비약적인 기술 진보를 이루었으나 한편으로는 불평등 경향을 야기했다. 수렵 채집인들은 이런 차별을 억제하는 경향이 있었다. 하지만 밴쿠버 섬의 원주민 누트카 족 사회 같은 곳에서는 빈곤층 사람들이 부자 주인의 노예로 전락하고는 했다. 인류가 농경을 시작하고 잉여 양식이 쌓이기 시작하자 빈부 격차가 벌어지기 시작했다. 사람들은 평생 농사를 지었을 뿐만 아니라 이제 상속할 재화가 생기자 대대로 가업과 재산을 후대에 물려줄 수 있었다. 처음에는 부모로부터 땅과 곳간에 쌓인 곡물을 물려받았지만 점차 황금과 가옥, 그 밖에 그들을 부유하게 만들어 줄 각종 재화를 물려받았다. 산업 혁명으로 세계 전체가 한층 부유해졌는데 그중에서도 특히 남달리 막대한 부를 축적한 사람들이 생겨났다. 프랜시스 골턴의 조상들은 총포 제조와 금융업으로 부유한 가문을 일구어 골턴에게 필요한 모든 수학 과외 교사를 고용할 수 있을 만큼 큰 재산을 남겼다.

1931년에 역사학자 제임스 트러슬로 애덤스(James Truslow Adams, 1878~1949년)는 미국을 영국 같은 나라와 비교하면서 "미국의 꿈"을 논했다. 애덤스가 말하는 꿈은 "만인에게 풍족하고 충만한 삶을 가져다주고 만인에게 기회가 열린" 나라가 되는 것이었다. 1900년대 미국은 이 꿈에 상당히 부합하는 나라로 성장했다. 이민자들은 떠나온 고국에서보다 더 잘살 수 있었다. 미국이 부유해지면서 부의 상당 부분이 미국 시민의 최하 빈곤층 절반에게 흘러들어 그들도 경제적 사다리에 올라탈 수 있었다. 스탠퍼드의 경제학자 라즈 체티(Raj Chetty, 1979년~)는 1940년에 미국에서 출생한 사람이 30세면 부모보다 더 많이 벌 수 있을 확률이 90퍼센트였을 것으로 추산했다.[15]

하지만 체티와 동료들은 그 확률이 꾸준히 하락해 왔음을 발견했다. 1984년 미국 출생자는 50퍼센트만이 부모보다 더 많이 벌 수 있었다. 이 변화는 미국이 갑자기 돈이 부족해진 결과가 아니었다. 근래 몇십 년 동안 미국 경제가 창출하는 부가 가치 대부분이 부유한 미국인에게 간다는 뜻이었다. 체티의 연구는 미국의 최근 경제 성장분이 더 넓게 배분되었다면 이 연구 과정에서 밝혀진 쇠퇴 현상이 대부분 사라졌으리라는 것을 시사했다. "불평등의 증가와 계층 이동성의 하락은 밀접하게 연관되어 있다."라고 체티의 연구진은 2017년에 보고했다.

재산 상속이 이 격차를 크게 벌리는 데 일조했다. 미국 부모의 소득 격차 약 3분의 2가 다음 세대로 대물림된다.[16] 경제학자들은 미국에서 소득 상위권 10퍼센트 구간에 속하는 부모에게서 태어난 자녀들의 소득이 하위권 90퍼센트 구간에 속하는 부모에게서 태어난 자녀들의 3배까지 성장하는 것을 발견했다.[17]

부의 상속은 부모가 유서로 남기는 재산만이 아니라 자녀들이 성장할 때 지원해 줄 수 있는 범위까지 규정한다. 미국의 부유한 부모들은 좋은 학군에서 주택을 구입할 수 있으며 나아가서는 사립 학교 학비까지 댈 여력이 있다. 그들은 상위권 대학 진학 가능성을 높이기 위해 자녀를 입시 준비반에 보내거나 과외를 시킬 수 있다. 그리고 대학에 진학하면 부모가 등록금까지 부담하는 경우가 많다.

빈곤층 부모는 자녀의 대학 입시를 지원해 줄 방편이 훨씬 부족하다. 자녀가 입학한다고 해도 재정적으로 부족할뿐더러 직장에서 해고되거나 의료 파산에도 취약한 형편이다. 빈곤층의 자녀들은 학자금 채무를 진 채 졸업하거나 학위를 포기하고 자퇴하는 경우가 많다.

부유층 자녀에게 주어지는 지원은 성인이 되어서도 흔히 지속된다. 부모는 로스쿨 학비를 지원해 줄 것이고, 혹은 자녀가 장만한 첫 주택 수리 및 수선에 쓰라고 수표를 쓸 것이다. 은행 계좌를 깡통으로 만들 상황으로부터 보호받는 부유한 가정의 청소년들은 남들보다 조기에 부를 쌓기 시작할 수 있다.

상속은 미국 내 인종 간 빈부 격차까지도 설명해 준다.[18] 2013년에 미국 소득 중위권 백인 가정의 부가 소득 중위권 흑인 가정의 13배, 라틴 계열 가정의 10배에 달하는 것으로 나타났다. 2017년에 브랜다이스 대학교 연구진과 영국의 민간 공공 정책 연구 및 활동 조직인 데모스(Demos)가 이 격차의 원인을 설명해 줄 여러 가설을 검토했다. 대학 진학으로는 이 격차를 메우지 못했다. 오히려 고등 학교를 나오지 않은 소득 중위권 백인이 대학에 진학한 흑인보다도 훨씬 부유했다. 실제로 흑인 가정은 백인 가정보다 저축률이 훨씬 높았다. 그럼에도 소득 중위권 백인 한부모 가정이 소득 중위권 흑인 양부모 가정보다 2.2배 더 부유했다.

연구진이 발견한 가장 큰 차이는 상속이었다. 백인이 일가 친척으로부터 큰 규모의 증여를 5배까지 많이 받았으며, 증여된 자산의 가치도 훨씬 더 컸다. 다른 무엇보다도 이러한 증여 덕분에 백인 대학생이 흑인이나 라틴계보다 훨씬 낮은 채무 상태로 졸업할 수 있는 것으로 나타난다. 백인 가정에 이득이 되는 부의 되먹임 회로에서 흑인과 라틴계 인구는 소외됨으로써 이러한 상속 효과는 세대를 거치면서 더 가중된다.

이러한 문화적 유산은 누구도 손대지 못한 채 굴러갈 것이며, 미래 세대는 경제적으로 불평등한 체제에서 태어날 것이다. 우리가 남기는 환경의 유산도 마찬가지이다. 각 세대가 앞 세대로부터 학습하는 가장 중요한 한 가지가 생존에 필요한 에너지를 얻는 방법이다. 이것은 보통 지구가 공급하는 유기 탄소(organic carbon, 석탄, 석유, 천연 가스 등 토양의 유기물이 주요 공급원에 함유된 탄소.—옮긴이)를 연소시키는 것을 의미하며 그 일부는 대기로 들어간다. 어떤 사람들은 숯을 만들기 위해 수목을 벌채하는 방법을 배웠다. 그런가 하면 화물선은 디젤 엔진이 뿜는 연기 꼬리를 길게 남기며 대양을 누빈다. 이런 식으로 계속 간다면 아직까지 지구에 남아 있는 화석 연료 120억 톤을 2250년까지는 태울 수 있을지도 모른다.[19]

그 과정에서 우리는 대기의 이산화탄소 농도를 지난 2억 년간 보지 못했던 수치로 끌어올릴 것이며, 그럼으로써 지구의 온도는 인류(빙하기의 전환기에 진화한 한 종의 유인원)가 다루지 못할 정도로 상승할 것이다. 그리고 최후의 가스 탱크가 바닥나는 날, 최후의 전등이 깜박이다 꺼지는 날, 지구는 인류의 문화적 유산이 그처럼 거대한 위력을 휘두르기 전으로 즉각적으로 돌아가지는 않을 것이다. 지구의 이산화탄소 농도는 수천 년에 걸쳐 농업 혁명 이전의 수치로 서서히 떨어질 것이다.

지구 온난화 같은 문제를 해결하기 위해 영리한 기술적 해법을 들고 나와서는 안 될 것이다. 우리를 위협하는 것은 지구 깊은 곳에서 이산화탄소를 토해 내는 거대한 화산이 아니다. 문제가 그 정도라면 그저 거대한 마개로 덮으면 그만이다. 지구 온난화는 인류의 문화적 유산이 야기하는 문제이다. 이것을 해결하려면 사회적 CRISPR, 달리 말해 선대에서 후대로 전수되는 관습과 가치를 바꾸어 놓을 도구가 필요하다.

냉소적인 사람은 우리가 스스로 만든 문제에 제동을 걸 수 있는 시스템 같은 것은 있을 수 없다고 말할지도 모르겠다. 그러나 환경 과학자 얼 엘리스(Erle Ellis, 1963년~)는 역사에는 환경을 파괴하지 않으면서도 대대로 번영을 누리게 해 준 관습을 전달한 많은 문화가 기록되어 있다고 말한다.[20] 예를 들어 동아프리카의 마사이(Masai) 족은 수세기 동안 자연에서 소를 쳤지만 그 자연이 코끼리, 얼룩말, 사자, 그 밖의 많은 야생 동물을 먹여 살렸다. 이들의 생태계가 그렇게 장기간 건강하게 유지될 수 있었던 것은 이들이 조상으로부터 물려받은 문화의 직접적 결과였다. 이들의 문화적 유산은 상당 부분이 목축과 연관된다. 야생 동물을 사냥할 필요가 없었다는 뜻이다. 마사이 족에게 소 떼를 잃고 사냥한다는 것은 막심한 지위 하락을 의미했다. 그 결과, 동아프리카는 지구에서 대형 포유류가 가장 다양하게 분포하는 지역이 될 수 있었다.

엘리스는 2017년에 집필한 에세이에서 이렇게 말한다. "이 생태계는 지구에서 살아가는 우리 모두와 미래에 주어진 하나의 선물이다. 거대 동물 종과 이들이 살아가는 지속 가능한 자연이 기자의 거대 피라미드나 뉴욕 시보다도 오래 지속될 수 있다."

마사이 족이 이어 온 문화를 보며 우리는 스스로에게 물어야 한다. 우리는 어떤 세계를 유산으로 남겨야 하는가? 그렇다면 어떻게 해야 하는가? CRISPR가 그 목적을 위해 사용할 수 있는 한 가지 도구가 될 수도 있다. 하지만 우리는 이 도구가 진정으로 필요한 곳에서만 사용된다는 믿음을 가질 수 있어야 한다.

***

2017년에 내가 제임스의 곤충관을 방문했을 무렵, 유전자 드라이브는 이미 '맨해튼 계획(제2차 세계 대전 시기 미국의 핵폭탄 개발 프로그램. — 옮긴이)' 같은 프로젝트가 되어 있었다. 제임스를 비롯한 연구자들은 미국 국방부와 전 세계 주요 기금으로부터 대규모 보조금을 받고 있었다. 하지만 제임스도 그 누구도 CRISPR 관련 결과물을 세상에 내놓지 않았고, 그러려고 서두르는 사람도 없었다. 그들은 환경 문제를 해결하고자 한 시도들이 생태적 재앙으로 끝났던 과거를 너무도 잘 알았다. 새 환경에 인위적으로 유입된 종들은 계속해서 번식했고, 세대가 거듭될수록 생태계는 일그러졌던 과거 말이다.

예를 들면 1800년대 말을 기점으로 오스트레일리아의 농민들이 사탕수수 농장을 세웠지만 사탕수수딱정벌레와의 끝없는 전쟁에 돌입해야 했다. 1930년대 초 오스트레일리아 곤충학자 레지널드 먼고메리(Reginald Mungomery, 1901~1968년)가 이 전쟁에서 승리할 방법을 찾아냈다. 그는 중남미에 서식하는 수수두꺼비 이야기를 들었다. 곤충을 먹어치우는 식성으로 유명한 이 종을 하와이 농민들이 들여와 사탕수수 해충을 제어했다는 이야기였다. 그는 2,400마리의 수수두꺼비를 잡아서 키운 뒤 1935년에 사탕수수 농장에 풀었다.

먼고메리는 수수두꺼비가 식성이 편협하지 않다는 사실은 미처 알지 못했다. 이 거대한 양서류는 사탕수수 농장을 뛰어다니면서 작은 포유류를 잡아먹었다. 뱀을 비롯한 오스트레일리아의 포식자들이 이따금 수수두꺼비를 잡아먹으려고 해도 피부에서 분비하는 맹독 때문에 불가능했다. 운이 좋으면 두꺼비를 내뱉고는 다시는 먹으려 하지 않았다. 최악의 경우에는 그대로 죽었다. 수수두꺼비는 오스트레일리아 전역으로 끝없이 퍼져서 다수의 자생종 동물을 멸종으로 몰아갔다. 오스트레일리아의 과학자들은 이 종의 증식을 막기 위해 수수두꺼비에게 독을 놓거나 자생종 동물들에게 이 두꺼비를 먹지 않도록 훈련시키는 등 모든 방법을 시도해 보았으나 지금까지 아무것도 통하지 않았다.

CRISPR 시대의 먼고메리가 되고 싶은 과학자는 없다. 유전자 드라이브가 우리가 없애려는 종에서 구하려는 친척 종으로 잘못 튀는 일이 일어날 수도 있다. 혹은 모기에게 어떤 질병 항체를 만들어 주려다가 보균자로 만들 수도 있다. 또 어쩌면 모기를 없애는 것이 우리가 상상하지 못한 어떤 방식으로 생태계를 교란할 수도 있다.

노스캐롤라이나 주립 대학교의 법학자 제니퍼 쿠즈마(Jennifer Kuzma)와 린지 롤스(Lindsey Rawls)는 유전자 드라이브의 윤리적 문제를 우리가 후대에 남길 유산의 관점에서 검토하기 시작했다.[21] 보균자 곤충의 유전자를 퍼뜨리는 것이 단기적으로는 그 질병으로 인한 고통을 없애므로 많은 생명을 구할 수 있다는 점에서 엄청나게 가치 있는 일이 될 수 있다. 그러나 우리가 사는 세계는 미래 세대에 물려줄 유산이라는 사실을 직시하고 신중하게 접근해야 한다고 지적한다.

쿠즈마와 롤스는 이를 기준으로 볼 때 유전자 드라이브를 적용할 수 있는 곳이 있고 그렇지 않은 곳이 있다고 주장한다. 그들은 멸종 위기 조류를 구하는 일을 잡초 유전자 변형보다 우선 순위로 두어야 한다고 주장한다. 조류를 우위에 두어야 하는 이유는, 우리가 방관한다면 멸종할 가능성이 매우 높기 때문이다. 조류의 멸종 자체가 우리가 미래 세대에 남기는 영구적 유산이 될 것이기 때문이다.

나는 제임스 연구진을 방문했을 때 이러한 윤리적 쟁점에 대해 질문했다. 그들은 할 말이 많지 않았다. 거기에 신경 쓰지 않아서가 아니었다. 그저 당장 더 급한 문제가 있었기 때문이다. 그들은 CRISPR 기반 유전자 드라이브가 작동하는지조차 확신할 수 없었다.

어쨌거나 자연계에는 죽은 유전자 드라이브의 잔해가 널려 있다. 그 유전자 드라이브는 진화했고, 개체군 사이를 질주했고, 그러다가 멈추었다. 돌연변이에 박살 난 경우도 있었고, 개체군에게 그 유전자를 억제하는 면역 체계가 진화한 경우도 있었다. 모기에게서 CRISPR 유전자 드라이브에 대한 항체가 쉽게 진화할 수 있을 것이라고 주장하는 생물학자들이 있다. 일부 모기 개체에게 CRISPR 가이드 분자가 찾아다니는 DNA 염기 서열을 변형시키는 돌연변이가 생겨날 수도 있다는 것이다. 그 후손들이 그 돌연변이를 물려받을 것이며, 유전자 드라이브를 지닌 개체들보다 더 증식할 수도 있다.[22]

"CRISPR 유전자 드라이브가 깨지기 쉬운 것은 진화를 거쳐 형성된 시스템이 아니기 때문입니다." 비어가 내게 설명했다. "우리의 시스템은 처음부터 끝까지 인위적으로 만들어 낸 합성품입니다. 허약할 수밖에 없죠."

한편 제임스는 CRISPR가 더 확실히 작용하도록 할 방법을 알아내기 위해 곤충관에서 꾸준히 실험에 힘쓰고 있었다. 간츠의 말라리아 내성 유전자 드라이브를 1마리에게 삽입한 실험에서는 모든 후손에게 유전되었다. 하지만 그다음 세대에서는 휘청거렸다. 수컷은 거의 전부가 물려받았으나 암컷은 일부 몇 마리만 물려받았다.

그럼에도 제임스는 이 수컷들을 보통 암컷과 번식시켜 유전자 드라이브를 다음 세대로 전달할 수 있었다. 내가 제임스의 곤충관에서 관찰한 털 달린 유충들은 전부 30세대를 번식시킬 준비가 된 29세대 수컷들이었다. 하지만 제임스는 이 유전자 드라이브에서 암컷 모기들이 약한 고리인 이유를 알아내기 위해 여전히 연구에 매진하고 있다.

그 답은 모기가 하나의 난자에서 발생하는 과정에서 찾아야 할 것이다. 암컷 모기가 발생할 때는 세포는 많은 분열을 거쳐 그 가운데 일부가 새 난세포로 분화한다. 이 과정에서 한 세포의 염색체가 고장 나는 경우가 있다. 세포는 손상되지 않은 염색체의 DNA를 복제해 고장 난 부위를 복구한다. 제임스는 이 수선 과정에서 암컷 모기가 CRISPR 유전자를 삭제하는 것이 아닐까 추측했다. 반면에 수컷 모기가 유전자 드라이브를 상실하지 않는 것은 정자 세포를 발생 초기 단계에 제쳐 놓기 때문일 것이다. 제임스 연구진의 직감이 맞는다면, 이 문제를 해결할 방법은 쉽게 찾아내기 어려울 것이다. 모기의 세포 내 유전은 쉽게 변형되지 않을 것이다.

제임스가 모든 모기를 보여 주고 내 질문에 대한 답변을 마친 뒤, 우리는 곤충관 바깥 방으로 나오고 제임스는 안쪽 문을 쾅 닫았다. 내부에서는 모기 수천 마리가 피를 흡입하고 유충 수천 마리가 튜브 안에서 몸을 꿈틀거리고 파닥이고 있었다. 여기, 고요한 방에는 우리 둘, 인간뿐이었다. 내가 아는 한은 그랬다.

제임스는 곤충관의 중간문 쪽으로 돌아서서 멍하니 응시했다. 파란 작업복이 그의 팔에 걸려 있었다.

"여기 잠시 서 있는 것이 이곳 수칙입니다. 누가 우리를 따라 나오지 않았는지 확인하는 겁니다." 제임스가 말했다.

제임스가 키우는 모기는 인도에서 왔다. 그들은 인도의 습도 높은 열대 기후에 적응한 종이다. CRISPR가 삽입된 모기가 어쩌다가 제임스의 곤충관에서 빠져나와 복도에서 윙윙거리며 엘리베이터를 타고 올라가 출입구를 돌파해 어바인의 건조한 산비탈로 들어갔다가는 아마도 죽고 말 것이다. 제임스는 각종 안전 장치가 제대로 작동하고 있어도 모기들이 곤충관 안에 잘 갇혀 있는지 확인해야 했다. 우리 둘 다 점차 말수가 줄었다. 저 안쪽에서는 미래 유전의 새 장이 느릿느릿 기어 다니고 헤엄치고 날고 있었다.

제임스는 모기가 1마리도 빠져나오지 않았다는 것을 확인하고서 안심하고 중간문에서 떠나 바깥문을 열고 지하층 복도로 나왔다. 우리는 종이 작업복을 쓰레기통에 버리고 엘리베이터를 타고 저 모기 잡는 캘리포니아 태양이 이글거리는 지상으로 올라왔다. 유전의 다음 장은 지하 실험실에 갇혀 있다. 적어도 당분간은.

용어 해설

상당수 용어는 미국 과학 아카데미(National Academy of Sciences)의 2016년 자료를 참조했다.

감수 분열(meiosis) 배우자가 형성될 때 일어나는 세포 분열. 감수 분열이 일어나면 모세포의 염색체 수가 절반으로 반감해 4개의 생식 세포가 만들어진다. 감수 분열이 일어나는 동안 염색체의 재조합이 이루어질 수 있다.

내공생세균(endosymbiont) 숙주의 몸속에 들어와 함께 살아가며 모체에서 후손에게 전달되는 세균.

다능 세포(pluripotent) 여러(전부는 아님) 유형의 세포로 분화하는 능력을 지닌 배아 세포.

단백질(protein) 유전자 안에 암호화된 아미노산들이 기다랗게 연결된 구조의 분자.

단일 염기 변이(single-nucleotide polymorphism) 염색체의 단일 부위 내 여러 DNA 염기들 가운데 하나에 나타나는 돌연변이.

대립 유전자(allele, 대립 형질) 변형된 형태의 유전자. 어떤 경우에는 다른 대립 유전자들이 유전 형질의 변형을 만들어 낼 수 있다.

돌연변이(mutation) 세포에서 새로 발생해 후손에게 전달될 수 있는 유전 변이.

DNA 유전자를 암호화하는 이중 나선 분자.

메틸화(methylation) DNA 분자의 일정한 위치에 하나의 메틸군($-CH_3$)을 추가해 유전자의 발현을 조절하는, 후성 유전의 생화학적 메커니즘.

멘델 형질(Mendelian) 멘델이 정립한 유전 법칙에 따라 우성과 열성 대립 유전자가 일정하게 3대 1의 비율로 나타나는 형질.

모자이크/모자이크병(mosaicism) 다세포 생물체 한 개체의 체세포와 생식 세포에서 발생하는 유전 변이.

미생물 군집(microbiome) 숙주 몸속에 정착해 공생하는 미생물 개체들의 집단.

미토콘드리아(mitochondria) 소량의 DNA를 지닌 기관으로, 세포의 연료를 만들어 낸다. 모계를 통해서만 물려받는다.

미토콘드리아 대체 요법(mitochondrial replacement therapy) 세포핵을 추출한 난자에 기증자의 건강한 수정란의 세포핵을 주입해 미토콘드리아 유전 질환을 치료하는 방법.

배우자(配偶子, gamete) 정자 또는 난자.

생식 계열(germ line) 유성 생식을 하는 생물체에서 배우자를 만들어 내는 세포의 계열로, 유전 물질을 다음 세대로 전달한다.

생식 계열 유전 공학(germ line engineering) 생식 계열(배우자 혹은 배아)에서 후손에게 전달될 수 있는 DNA 변형을 만들어 내는 것.

생식 세포(germ cell) 배우자를 만들어 내는 계열의 세포. 생물체를 구성하는 나머지 모든 세포(체세포)와 구분된다.

세포 계보(cell lineage) 한 사람의 몸속에서 공통 후손을 공유하는 세포들.

세포핵(nNucleus) 사람을 비롯한 진핵 생물의 세포 중심에 있는 염색체가 있는 낭.

STRUCTURE 불특정 인구 집단 안에서 조상을 추적하는 컴퓨터 프로그램. 조너선 프리처드와 동료들이 처음으로 개발했다.

RNA 단일 가닥의 염기. RNA는 단백질 형성 과정에서 만들어지지만, RNA 분자 자체가 세포의 화학 작용에서 촉매 역할을 수행할 수도 있다.

아미노산(amino acids) 단백질의 기본 구성 단위.

X 염색체, Y 염색체(X and Y chromosomes) 포유류의 성 염색체. 암컷의 체세포에는 2개의 X 염색체가 있으며 수컷은 X 염색체와 Y 염색체 1개씩 있다.

열성 인자(recessive) 유전자 사본 2개가 다 유전되는 경우에만 형질이 발현되는 유전 인자.

염기(base) DNA의 기본 구성 단위(A, C, G, T).

염색체(chromosome) DNA와 단백질로 이루어진 실 같은 구조물. 23쌍이 있다.

우성 인자(dominant) 유전자 사본 둘 중 하나만 유전되어도 형질이 발현되는 유전 인자.

유전력(heritability) 부모로부터 전달된 유전자 변이가 형질 결정에 영향을 미치는 정도로, 0~100퍼센트의 계측 값으로 표현한다.

유전자(gene) 단백질 또는 기능적 RNA 분자를 암호화하는 DNA의 한 분절.

유전자 드라이브(gene drive) 어떤 유전 요소가 부모에서 자손으로 전해지는 능력이 멘델의 법칙이 허용하는 범위 이상으로 증강된 편향적 유전 시스템.

유전자 발현(gene expression) 유전자에서 단백질 또는 기능적 RNA 분자가 합성되는 과정.

유전 공학/유전자 변형/유전자 조작/유전자 편집(genetic engineering) DNA, RNA 또는 인위적으로 합성한 단백질을 도입해 생물체의 유전체 혹은 후성 유전체에 변화를 가져오는 기술.

유전자 요법(gene therapy) 체세포에 정상 유전자를 주입해 유전 질환을 치료하는 방법.

유전자 유입/유전자 이동/유전자 표류/유전자 흐름(gene flow) 한 개체군에서 다른 개체군으로 DNA가 전달되는 현상.

유전체(genome) 한 생물체가 지닌 DNA 염기 서열 전체.

잡종/교잡종(hybrid) 다른 두 종 또는 품종의 동물 또는 식물을 교배해 생긴 후손.

재조합(recombination) 감수 분열 중 염색체 쌍들 사이에 DNA 염기 서열이 섞이는 과정.

전능 세포(totipotent) 배아 초기의 배아 또는 태반에서 어떤 유형의 세포로도 분화할 능력이 있는 세포.

전사 인자(transcription factors) DNA와 결합해 유전자 전사를 조절하는 단백질.

전장 유전체 관련 분석(genome-wide association study) 같은 질환이 있는 사람들에게 매우 보편적으로 나타나는 유전 변이를 찾아내기 위한 유전체군 분석 방법.

접합체(zygot) 난자와 정자가 만나 수정이 이루어진 난자.

제뮬(gemmule) 찰스 다윈이 제안한 가상의 유전 물질. 다윈은 제뮬이 체세포에서 떨어져 나와 생식 기관 속에 축적되어 후손에게 전달되면서 태아를 부모와 닮게 만든다고 믿었다.

줄기 세포(stem cell) 배아 또는 성체에서 여러 종류의 세포로 분화할 수 있는 세포.

진핵 생물(eukaryotes) 약 18억 년 전에 진화한 생물로, 핵막에 둘러싸인 핵이 있다. 동물, 식물, 세균, 원생 동물이 여기에 속한다.

체세포(somatic cell) 생식 세포를 제외한 모든 세포. 다음 세대로 전달되지 않는다.

CRISPR(clustered regularly interspaced short palindromic repeats, 주기적 간격으로 분포하는 짧은 회문 구조의 반복 서열) 세균에게 외부의 바이러스를 기억하고 제거하는 면역 능력을 부여하는 자연 발생적 메커니즘. 외부의 특정 DNA 서열을 파괴하고 잘라 낸다.

페닐케톤뇨증(phenylketonuria, PKU) 효소 이상으로 유발되는 열성 유전 질환.

하플로 그룹(haplogroup) 한 조상을 공유하며 같은 염색체 변이군을 공유하는 인구 집단.

효소(enzyme) 영양소 분해 등 세포 안에서 화학 반응의 촉매 작용을 하는 단백질.

후성 유전(epigenetic) 전사 인자나 메틸화 변형 등 DNA 염기 서열이 아닌 다른 부분의 변화로 유전자 발현이 일어나는 현상.

후성 유전체(epigenome) 유전체의 실제 DNA 염기 서열에 영향을 미치지 않으면서 유전자 발현에 영향을 미치는 물리적 인자.

후주

프롤로그

1. National Human Genome Research Institute 2000.
2. Wade 2002.
3. US National Library of Medicine 2017.

1부 빰을 톡 건드렸을 때

1장 그 하찮고 작은 물질

1. Curtis 2013; Parker 2014; Prescott 1858.
2. Belozerskaya 2005.
3. Prescott 1858, p. 15에서 인용.
4. Du Plessis, Ando, and Tuori 2016.
5. Du Plessis 2016에서 인용.
6. Maybury-Lewis 1960.
7. Müller-Wille and Hans-Jörg Rheinberger 2007.
8. Johnson 2013.
9. Osberg 1986.
10. Klapisch-Zuber 1991.
11. Cobb 2006.
12. from *Eumenides*.
13. Zirkle 1946, p. 94.
14. Eliav-Feldon, Isaac, and Ziegler 2010, p. 40.
15. 앞의 책, p. 197.
16. Carsten 1995.
17. Oggins 2004.
18. Eliav-Feldon, Isaac, and Ziegler 2010.
19. Eliav-Feldon, Isaac, and Ziegler 2010, p. 249에서 인용.
20. 앞의 책, p. 250.
21. Johnson 2013, p. 131.
22. Eliav-Feldon, Isaac, and Ziegler 2010, p. 248에서 인용.
23. Martínez 2011.
24. Pratt 2007.
25. Martínez 2011.
26. Columbus, "Santangel Letter."
27. Pagden 1982.
28. Pagden 1982, p. 42에서 인용.
29. 앞의 책.
30. Sweet 1997.
31. Kendi 2016, p. 20에서 인용.
32. Smedley 2007.
33. Haynes 2007 and Robinson 2016.
34. Haynes 2007, p. 34에서 인용.
35. Peacock et al. 2014.
36. Hodge 1977; Parker 2014 참조.
37. Álvarez, Ceballos, and Quinteiro 2009.
38. Montaigne 1999.
39. Jacob 1993.

40. Mercado and Musto 1961; Müller-Wille and Rheinberger 2012 참조.
41. Mercado and Musto 1961, p. 350.
42. Müller-Wille and Rheinberger 2012.
43. Mercado and Musto 1961, p. 371에서 인용.
44. Langdon-Davies 1963, p. 15에서 인용.
45. 앞의 책, p. 62.
46. Cowans 2003, p. 189에서 인용.
47. Langdon-Davies 1963, p. 256에서 인용.

2장 시간 여행

1. Schwartz 2008.
2. Dare 1905.
3. 버뱅크의 일대기에 대한 자세한 사항은 Beeson 1927; Burbank and Hall 1939; Dare 1905; Dreyer and Howard 1993; Janick 2015; Pandora 2001; Smith 2009; Stansfield 2006; Sweet 1905; Thurtle 2007 참조.
4. de Vries 1905, p. 340.
5. Dare 1905.
6. 앞의 책.
7. Palladino 1994에서 인용.
8. Eames 1896에서 인용.
9. de Vries 1905, p. 334.
10. Burbank 1904, p. 35.
11. Müller-Wille and Rheinberger 2012; Wood and Orel 2001.
12. Pawson 1957.
13. 앞의 책, p. 7.
14. Wykes 2004.
15. Young 1771, p. 111에서 인용.
16. Wood 1973.
17. Wood and Orel 2001.
18. 앞의 책, p. 109.
19. Wood 1973, p. 235에서 인용.
20. Wood and Orel 2001, p. 232에서 인용.
21. 앞의 책, p. 106.
22. Wykes 2004, p. 55에서 인용.
23. Wood and Orel 2001.
24. Poczai, Bell, and Hyvönen 2014.
25. Kingsbury 2011.
26. Knight 1799, p. 196.
27. 앞의 책, p. 196.
28. Kingsbury 2011, p. 81에서 인용.
29. Poczai et al. 2014에서 인용.
30. Allen 2003.
31. Endersby 2009.
32. Orel 1973, p. 315에서 인용.
33. Gliboff 2013.
34. Müller-Wille, Staffan, and Rheinberger 2007, p. 241에서 인용.
35. Gliboff 2013.
36. Van Dijk and Ellis 2016 참조.
37. 앞의 책.
38. Schwartz 2008.
39. Vermont Historical Society.
40. Smith 2009.
41. Burnham 1855.
42. Friese 2010; Kingsbury 2011; Pollan 2001 참조.
43. Beeson 1927.
44. 앞의 책, p. 58.
45. Dreyer and Howard 1993, p. 49에서 인용.
46. Burbank and Hall 1927, p. 9에서 인용.
47. Dreyer and Howard 1993, p. 270.
48. Cutter 1850, p. 242.
49. Beeson 1927, p. 74에서 인용.
50. Darwin 1859, p. 14.
51. Geison 1969; Bartley 1992.

52. Wood 1973.
53. Darwin 1839.
54. Secord 1981, p. 166에서 인용.
55. López-Beltrán 2004; López-Beltrán 1995; Noguera-Solano and Ruiz-Gutiérrez 2009.
56. Porter 2018에서 인용.
57. Discussed in Churchill 1987.
58. Álvarez, Ceballos, and Berra 2015; Hayman et al. 2017 참조.
59. Berra, Álvarez, and Ceballos 2010, p. 376에서 인용.
60. 앞의 책, p. 377.
61. Geison 1969.
62. Müller-Wille 2010.
63. Darwin 1868.
64. Browne 2002.
65. Deichmann 2010, p. 92에서 인용.
66. Browne 2002, p. 286에서 인용.
67. Darwin 1868, p. 299.
68. 앞의 책, p. 3.
69. Burbank and Hall 1927, p. 74.
70. Smith 2009.
71. Burbank and Hall 1927, p. 12.
72. 앞의 책, p. 20.
73. Dreyer and Howard 1993, p. 78에서 인용.
74. 앞의 책, p. 77.
75. 앞의 책, p. 78.
76. Burbank and Hall 1939, p. 121.
77. 앞의 책, p. 95.
78. Dare 1905.
79. 앞의 책.
80. Jordan and Kellogg 1909, p. 79.
81. James 1868, p. 367에서 인용.
82. Galton 1909에서 인용.
83. 앞의 책.
84. Galton 1865, p. 157에서 인용.
85. 앞의 책, p. 166.
86. Galton 1870.
87. Bulmer 2003, p. 118에서 인용.
88. 앞의 책.
89. Galton 1870, p. 404.
90. Darwin 1871.
91. Churchill 2015.
92. Weismann 1889, p. 74.
93. 앞의 책, p. 319.
94. 앞의 책, p. 434.
95. Van der Pas 1970에서 인용.
96. Schwartz 2008, p. 84에서 인용.
97. Comfort 2012.
98. Schwartz 2008, p. 114에서 인용.
99. Pandora 2001, p. 504에서 인용.
100. de Vries 1905, p. 333에서 인용.
101. Schwartz 2008.
102. Dreyer and Howard 1993, p. 132에서 인용.
103. Burbank 1906.
104. Glass 1980.
105. Pandora 2001, p. 496에서 인용.
106. Giese 2001.
107. Clampett 1970에서 인용.

3장 이 집단은 그들에서 끝나야 한다

1. Allen 1983; Doll 2012; Smith 1985; Smith and Wehmeyer 2012a, 2012b; Zenderland 1998 참조.
2. Goddard 1912, p. 2에서 인용.
3. The Vineland Training School 1899, p. 28.
4. 앞의 책.
5. Smith and Wehmeyer 2012b.

6. The Vineland Training School 1898.
7. 앞의 책.
8. The Vineland Training School 1899, p. 12.
9. Goddard 1908에서 인용.
10. Goddard 1908, 1910, 1911 참조.
11. Zenderland 1998, p. 342에서 인용.
12. 앞의 책, p. 20.
13. 앞의 책, p. 23.
14. 앞의 책, p. 52.
15. Goddard 1931, p. 56.
16. Goddard 1910b, p. 275에서 인용.
17. 앞의 책, p. 275.
18. The Vineland Training School 1906, p. 28.
19. The Vineland Training School 1907, p. 39.
20. Zenderland 1998, p. 91에서 인용.
21. Goldstein, Princiotta, and Naglieri 2015.
22. 앞의 책, p. 158.
23. The Vineland Training School 1911, p. 311.
24. The Vineland Training School 1909, p. 41.
25. Goddard 1910a 참조.
26. Zenderland 1998, p. 154에서 인용.
27. Porter 2018.
28. Witkowski 2015.
29. Davenport 1899, p. 39.
30. de Vries 1904, p. 41.
31. Davenport 1908.
32. Porter 2018에서 인용.
33. Falk 2014에서 인용.
34. Goddard 1914, p. 24.
35. The Vineland Training School 1909, p. 42.
36. 앞의 책, p. 43.
37. Goddard 1916, p. 269.
38. Goddard 1912, p. 12.
39. 앞의 책.
40. 앞의 책, p. 69.
41. The Vineland Training School 1910, p. 35.
42. Goddard 1916, p. 270.
43. Galton 1883, p. 24.
44. McKim 1899, p. 188.
45. Davenport 1911, p. 260.
46. Goddard 1911a.
47. 앞의 책, p. 510.
48. Hill and Goddard, 1911.
49. Reilly 1991, 2015.
50. Goddard 1911a, p. 270.
51. Goddard 1912, p. 12.
52. 앞의 책, p. 53.
53. "How One Sin Perpetuates Itself" 1916, p. 6 참조.
54. Zenderland 1998, p. 266에서 인용.
55. Goddard 1917, p. 271.
56. 앞의 책, p. 264.
57. 앞의 책, p. 274.
58. 앞의 책, p. 266.
59. 앞의 책, p. 270.
60. 앞의 책, p. 280.
61. Goddard 1931, p. 59.
62. White 1922.
63. Goddard 1920, p. 99.
64. Smith 1985에서 인용.
65. Smith and Wehmeyer 2012a, p. 205에서 인용.
66. Doll 2012, p. 32에서 인용.
67. Smith 1985, p. 31에서 인용.

68. Allen 1983, p. 79에서 인용.
69. Smith 1985, p. 33에서 인용.
70. Smith and Wehmeyer 2012a, p. 127에서 인용.
71. Gosney and Popenoe 1929, p. viii.
72. Cohen 2016.
73. Moses and Stone 2010에서 인용.
74. Laughlin 1920.
75. Weiss 2010.
76. Poliakov 1974, p. 298에서 인용.
77. Kühl 2002, p. 41에서 인용.
78. Stephen Spielberg Film and Video Archive.
79. Kühl 2002, p. 42에서 인용.
80. Reilly 2015.
81. Proctor 1988.
82. Lifton 2000.
83. Burleigh 2001, p. 370에서 인용.
84. Lippmann 1922.
85. Myerson 1925.
86. 앞의 책, p. 78.
87. 앞의 책, p. 79.
88. Endersby 2009; Schwartz 2008 참조.
89. Morgan 1915.
90. "Mendelism Up to Date" 1916, p. 20 참조.
91. Morgan 1925, p. 201
92. 앞의 책, p. 208.
93. 앞의 책, p. 41.
94. 앞의 책, p. 201.
95. 앞의 책, p. 205.
96. Allen 2011, p. 317에서 인용.
97. Yudell 2014, p. 195에서 인용.
98. Dunlap 1940, p. 225.
99. Scheinfeld 1944.
100. Zenderland 1998, p. 326에서 인용.
101. Goddard 1931, p. 59.
102. Zenderland 1998, p. 323에서 인용.
103. Goddard 1942.
104. Associated Press 1957에서 인용.
105. Garrett 1955에서 인용.
106. Tucker 1994.
107. Smith and Wehmeyer 2012a; Straney 1994.
108. Macdonald and McAdams 2001.
109. Smith and Wehmeyer 2012a.
110. Allen 1983, p. 52에서 인용.
111. Doll 2012.
112. Smith and Wehmeyer 2012a에서 인용.
113. Smith 1985, p. 30에서 인용.
114. Allen 1983, p. 52에서 인용.
115. Zenderland 1998, p. 339에서 인용.

4장 잘했어, 아가

1. Buck 1950; Conn 1996; Finger and Christ 2004; Harris 1969; Paul and Brosco 2013; Spurling 2011 참조.
2. Buck 1950, p. 32.
3. Conn 1996, p. 182에서 인용.
4. Spurling 2011, p. 181에서 인용.
5. Buck 1950, p. 59.
6. 앞의 책, p. 45.
7. Spurling 2011, p. 182에서 인용.
8. Conn 1996, p. 230에서 인용.
9. Finger and Christ 2010, p. 45에서 인용.
10. Conn 1996, p. 132에서 인용.
11. Harris 1969, p. 279에서 인용.
12. Buck 1950, p. 106.
13. 앞의 책, p. 52.
14. 앞의 책, p. 43.
15. PKU의 발견에 대해서는 Centerwall and Centerwall 2000; Harper 2008;

Kaufman 2004; Messner 2012; Paul and Brosco 2013 참조.
16. Comfort 2012; Harper 1992; Harris 1974; Kevles 1995; Laxova 1998; Valles 2012; Wellcome Library 참조.
17. Penrose 1949, p. 22.
18. Penrose 1933.
19. Penrose 1933, p. 146에서 인용.
20. 앞의 책, p. 164.
21. Penrose 1935.
22. Penrose 1946, p. 949에서 인용.
23. Paul and Brosco 2013, p. 15에서 인용.
24. 앞의 책.
25. Penrose 1946 참조.
26. Maddox 2002.
27. Robson et al. 1982; Woo et al. 1983.
28. Bickel 1996, p. S2에서 인용.
29. New England Consortium of Metabolic Programs 2010.
30. Paul and Brosco 2013.
31. Hunter 1961.
32. White House Photographs 1961.
33. "New Way to Detect a Dread Disease" 1962.
34. "U.S. Panel Urges Testing at Birth" 1961.
35. Beck 1998.
36. Paul and Brosco 2013, p. 226에서 인용.
37. Centerwall and Centerwall 2000, p. 89.
38. Buck 1992, p. 97.
39. Conn 1996.
40. Paul and Brosco 2013에서 인용.
41. Collins, Weiss, and Kathy 2001에서 인용.
42. Paul and Brosco 2013에서 인용.
43. Panofsky 2014; Yudell 2014 참조.
44. Rose 1972.
45. Wright 1995에서 인용.
46. Paul and Brosco 2013.

2부 잡힐 듯 잡히지 않는 DNA

5장 어느 날 저녁의 몽상

1. Bateson and Saunders 1902.
2. Adami 2015; Baross and Martin 2015; Joyce 2012; Kun et al. 2015; Pressman, Blanco, and Chen 2015; Sojo et al. 2016; Szostak, Wasik, and Blazewicz 2016 참조.
3. Locey and Lennon 2016.
4. Daubin and Szöllősi 2016.
5. Lester et al. 2006.
6. Zimmer 2015a.
7. Koonin and Wolf 2009.
8. Dacks et al. 2016.
9. Baudat, Imai, and de Massy 2013; Coop et al. 2008; Hunter 2015; Lenormand et al. 2016; Mézard et al. 2015; Sung and Klein 2006; Zickler and Kleckner 2015, 2016 참조.
10. Evans and Robinson 2011.
11. Schmerler and Wessel 2011.
12. Reid and Ross 2011.
13. Hurst 1993.
14. Koszul et al. 2012; Centre of Microbial and Plant Genetics n.d 참조.
15. Janssens 2012, p. 329.
16. Lenormand et al. 2016; Mirzaghaderi and Hörandl 2016; Niklas, Cobb, and Kutschera 2014; Wilkins and Holliday 2009 참조.
17. Casselton 2002; Hodge 2010 참조.

18. McDonald, Rice, and Desai 2016.
19. Visscher et al. 2006.
20. Mirzaghaderi and Hörandl 2016; van Dijk et al. 2016.
21. Koltunow et al. 2011; Bicknell et al. 2016.
22. Gershenson 1928; Wasser 1999 참조.
23. Gershenson 1928, p. 490.
24. Lindholm et al. 2016. On plants: Fishman and Willis 2005. Fungi: Grognet et al. 2014. Mammals: Didion et al. 2016.
25. Huang, Labbe, and Infante-Rivard 2013.
26. Meyer et al. 2012.
27. Liu et al. 2013.
28. Unckless and Clark 2015.

6장 잠자는 가지들

1. Goodspeed 1907.
2. Zerubavel 2012.
3. Weil 2013; Zerubavel 2012 참조.
4. Weil 2013, p. 27에서 인용.
5. Jordan et al. 1899, p. 6에서 인용.
6. Paine 1995.
7. Morgan 2010a, 2010b.
8. Morgan 2010a.
9. Weil 2013, p. 82.
10. Order of the Crown of Charlemagne 참조.
11. Weil 2013, p. 47에서 인용.
12. Warren 2016, p. 7에서 인용.
13. Armistead 1848, p. 510에서 인용.
14. Gatewood 1990.
15. Hughes 1940, p. 208.
16. Hatfield 2015, p. 79에서 인용.
17. Haley 1972; Norrell 2015 참조.
18. Norrell 2015, p. 98에서 인용.
19. Rose 1976.
20. Page 1993.
21. Nobile 1993.
22. Wright 1981.
23. Mills and Mills 1984; Mills and Mills 1981 참조.
24. Page 1993.
25. Mills 1984, p. 41.
26. Falconer 2012.
27. US Holocaust Memorial Museum Photo Archives 1944.
28. Browne-Barbour 2015.
29. Baker 2004, p. 24에서 인용.
30. Shapiro, Reifler, and Psome 1992 참조.
31. Ackroyd 2014; Friedrich 2014; Louvish 2010 참조.
32. Lederer 2013; Zimmer 2014a 참조.
33. Geserick and Wirth 2012; Lederer 2013; Mikanowski 2012; Okroi and McCarthy 2010; Pierce 2014; Starr 1998 참조.
34. Hirschfeld and Hirschfeld 1919, p. 676.
35. "The Case of Carol Ann" 1945 참조.
36. Associated Press 1944.
37. Berry v. Chaplin 1946.
38. Ackroyd 2014, p. 211에서 인용.
39. Benson 1981에서 인용.
40. Ackroyd 2014, p. 211에서 인용.
41. Roewer 2013.
42. Coble et al. 2009.
43. Zhou et al. 2016.
44. Gill et al. 1994.
45. Zhivotovsky 1999.
46. Coble et al. 2009.

47. Hammer et al. 1997.
48. Hammer et al. 2009.
49. "Roots Revisited" 2016 참조.

7장 피검자 Z

1. 혈통에 따른 유전자 일치(identity by descent)에 대해서는 Browning and Browning 2012; Donnelly 1983 참조.
2. Mandel 2014.
3. Coop 2013c 참조.
4. Coop, 개인적인 대화. Coop 2013a and 2013b.
5. Chang 1998.
6. Ralph and Coop 2013.
7. Thomas 2013.
8. Lucotte and Diéterlen 2014.
9. Fu et al. 2013
10. Poznik et al. 2016.
11. Martinez 2001.
12. Jordan 2014.
13. Smedley 2007.
14. Haynes 2007.
15. Robinson 2016.
16. Long 1774.
17. Smedley 2007.
18. Frederickson 2003.
19. Jordan 2014에서 인용.
20. Morris 2004, p. 28에서 인용.
21. Douglass 1855.
22. Barnes 2013.
23. Zimmer 2014a.
24. Galton 1869, p. 349.
25. Yudell 2014.
26. Dorr 2008.
27. Yudell 2014, p. 38에서 인용.
28. Dorr 2008, p. 55에서 인용.
29. Keevak 2011.
30. Davenport and Davenport 1910에서 인용.
31. 앞의 책.
32. Jordan 1913, p. 579에서 인용.
33. Davenport 1917.
34. Dubois 1906, p. 16.
35. Geserick and Wirth 2012; Lederer 2013; Mikanowski 2012; Okroi and McCarthy 2010; Starr 1998 참조.
36. Owen 1919에서 인용.
37. Hirschfeld and Hirschfeld 1919.
38. Hirszfeld and Hirszfeldowa 1918.
39. Adams 2014; Dobzhansky 1941; Ford 1977; Gannett 2013; Mather and Dobzhansky 1939; Sturtevant and Dobzhansky 1936 참조.
40. Yudell 2014, p. 82에서 인용.
41. Yudell 2014에서 인용.
42. Dobzhansky 1941, p. 162.
43. 앞의 책.
44. Gannett 2013.
45. Yudell 2014.
46. Hubby and Lewontin 1966.
47. Lewontin 1972에서 인용.
48. Hunley, Cabana, and Long 2016.
49. Patin et al. 2017.
50. Warren 2016, p. 70에서 인용.
51. Duster 2015.
52. Thomas 1904.
53. Dillingham 1911, p. 74.
54. Tuchman 2011.
55. Tuchman 2011에서 인용.
56. 앞의 책.
57. US Department of Health and Human Services 2017.

58. Lam and Cheung 2012.
59. Cooper 2013.
60. Zhu et al. 2011.
61. Quoted from Rosenberg and Edge (in press)에서 인용.
62. Nielsen et al. 2017.

8장 잡종

1. Pritchard, Stephens, and Donnelly 2000.
2. November 2016.
3. Lander and Schork 1994 참조.
4. Knowler et al. 1988.
5. Williams et al. 1992.
6. Pritchard et al. 2000.
7. Rosenberg et al. 2002.
8. Rosenberg and Edge (in press).
9. Maples et al. 2013.
10. Behar 2013.
11. Xue et al. 2016.
12. Mathias et al. 2016.
13. Pääbo 1985.
14. Der Sarkissian et al. 2015.
15. Pinhasi et al. 2015.
16. Fu et al. 2016.
17. Lazaridis et al. 2016, 2014.
18. Brandt et al. 2015.
19. Jablonski and Chaplin 2017.
20. Crawford et al. 2017.
21. Olalde et al. 2014.
22. Beleza et al. 2013; Martiniano et al. 2017; Mathieson et al. 2015a, 2015b, 2017; Olalde et al. 2017 참조.
23. Hellenthal et al. 2014; Pickrell and Reich 2014; Slatkin and Racimo 2016 참조.
24. Skoglund et al. 2017. also Beltrame, Rubel, and Tishkoff 2016; Kwiatkowski et al. 2016; Nielsen et al. 2017 참조.
25. Brucato et al. 2016.
26. Regal 2002.
27. Barkan 1992, p. 68에서 인용.
28. Grant 1916, p. xi.
29. Osborn 1915, p. 243.
30. 앞의 책, p. 236.
31. 앞의 책, p. 257.
32. 앞의 책, p. 258.
33. 앞의 책, p. 492.
34. Osborn 1926, p. 4.
35. 앞의 책, p. 5.
36. 앞의 책, p. 6.
37. "Dr. Henry F. Osborn Dies in His Study" 1935.
38. Gibbons 2006.
39. Roebroeks and Soressi 2016; Villa and Roebroeks 2014 참조.
40. Pääbo 2014.
41. "Find Your Inner Neanderthal" 2011.
42. Sankararaman et al. 2014.
43. Posth et al. 2017.
44. Vernot et al. 2016.
45. Harris et al. 2016; Juric et al. 2016 참조.
46. Dannemann, Andrés, and Kelso 2016.
47. Reich et al. 2010.
48. Slon et al. 2017.
49. Sankararaman 2016.
50. Huerta-Sánchez and Casey 2015.
51. Huerta-Sánchez et al. 2014.

9장 완벽한 9척 장신

1. Wood 1868.
2. 앞의 책, p.108에서 인용.
3. Bergland 1965; Muinzer 2014; Wood

1868 참조.
4. Wood 1868, p. 157에서 인용.
5. Adelson 2005.
6. Leroi 2003.
7. Prichard 1826.
8. Hippocrates, On Airs, Waters, and Places.
9. Aristotle, On the Generation of Animals.
10. Tanner 2010.
11. Wasse 1724.
12. Hall 2006.
13. Blum 2016.
14. Tanner 2010, p. 548에서 인용.
15. 앞의 책, p. 548.
16. Rose 2015.
17. Hall 2006, p. 229에서 인용.
18. Galton 1889, p. 66.
19. 앞의 책, p. 2.
20. Bulmer 2003.
21. Galton 1889, p. 71에서 인용.
22. Johnson et al. 1985에서 인용.
23. Pearson 1895, 1904.
24. Visscher, McEvoy, and Yang 2010.
25. Khush 1995; Okuno et al. 2014; Peiffer et al. 2014; Teich 1984 참조.
26. Vinkhuyzen et al. 2013.
27. Galton 1883, p. 173에서 인용.
28. Boomsma, Busjahn, and Peltonen 2002; Rende, Plomin, and Vandenberg 1990; Siemens 1924 참조.
29. Silventoinen et al. 2003.
30. Visscher et al. 2007.
31. Tanner 1979, p. 163에서 인용.
32. Grasgruber et al. 2014.
33. Steckel 2009, 2013.
34. Hatton 2014.
35. NCD Risk Factor Collaboration 2017.
36. NCD Risk Factor Collaboration 2016.
37. Gallagher 2013.
38. Stulp and Barrett 2016.
39. Steckel 2016.
40. Danaei et al. 2016.
41. Hübler 2016.
42. Craig 2016.
43. Hatton 2014.
44. Dalgaard and Strulik 2016.
45. Danaei et al. 2016.
46. Hadhazy 2015.
47. Berg et al. 1992; Guevara-Aguirre et al. 2011; Taubes 2013; Rosenbloom et al. 1990 참조.
48. Bergland 1965.
49. Greenfieldboyce 2017.
50. Keith 1911.
51. Landolt and Zachmann, 1980.
52. Leontiou et al. 2008.
53. Chahal et al. 2011; Radian et al. 2016.
54. Hirschhorn et al. 2001.
55. Egeland et al. 1987; Kelsoe et al. 1989; Robertson 1989 참조.
56. Risch and Merikangras 1996.
57. Price, Spencer, and Donnelly 2015; Visscher et al. 2012, 2010 참조.
58. Dennis 2003; Klein et al. 2005 참조.
59. Van Lookeren Campagne, Strauss, and Yaspan 2016.
60. Wellcome Trust Case Control Consortium 2007.
61. Weedon et al. 2007.
62. Ligon et al. 2005.
63. Wood et al. 2014.
64. Marouli et al. 2017.

65. Nolte et al. 2017.
66. Maher 2008.
67. Génin and Clerget-Darpoux 2015 참조.
68. Edwards et al. 2014.
69. 앞의 책.
70. Madrigal 2012; Van Eenennaam 2014 참조.
71. Yang et al. 2015.
72. Pritchard 2017.

10장 에드와 프레드

1. Fancher 1987; Gillham 2001 참조.
2. Pearson 1930; Smith 1967 참조.
3. Lewis 1974; Maryland State Archives 2007 참조.
4. Richards 1980.
5. Pearson 1930, p. 41에서 인용.
6. Smith 1967에서 인용.
7. Fancher 1987, p. 21에서 인용.
8. Galton 1909, p. 79.
9. 앞의 책, p. 80.
10. Browne 2016.
11. Galton 1869.
12. 앞의 책, p. 21.
13. Pearson 1904, p. 156.
14. Fancher 1987.
15. Terman 1922.
16. Goldstein et al. 2015; Porteus 1937.
17. Cooper 2015.
18. Haier 2017, p. 11.
19. Ritchie 2015, p. 26.
20. Ritchie 2015.
21. Deary 2009.
22. 앞의 책, p. x.
23. Haier 2017; Zimmer 2008b.
24. Grudnik and Kranzler 2001; Osmon and Jackson 2002.
25. Stough et al. 1996.
26. Calvin 2017.
27. Deary 2012.
28. Goldstein, Princiotta, and Naglieri 2015에서 인용.
29. Newman, Freeman, and Holzinger 1937.
30. Fancher 1987.
31. Newnan et al. 1937, p. 363.
32. Hearnshaw 1979; Mackintosh 1995 참조.
33. Tucker 2007에서 인용.
34. Fancher 1987, p. 207에서 인용.
35. Tucker 2007.
36. Burt 1909.
37. McGue and Gottesman 2015.
38. Kamin and Goldberger 2002; Panofsky 2014.
39. Fosse, Joseph, and Richardson 2015.
40. Polderman et al. 2015.
41. Conley et al. 2013.
42. Panofsky 2014.
43. Ellison, Rosenfeld, and Shaffer 2013.
44. Plomin and Crabbe 2000에서 인용.
45. Egan et al. 2001.
46. Chabris et al. 2012; Plomin, Kennedy, and Craig 2006.
47. Chabris et al. 2012.
48. Lein and Hawrylycz 2014.
49. Davies et al. 2011.
50. Trzaskowski et al. 2014a.
51. Cesarini and Visscher 2017.
52. Rietveld et al. 2013.
53. Rietveld et al. 2015.
54. Sniekers 2017.

55. Turkheimer 2012.

56. Turkheimer 2012, 2015.

57. Mattson, Corcker, and Nguyen 2011.

58. Skerfving et al. 2015.

59. Bouchard et al. 2011.

60. Feyrer, Politi, and Weil 2013; Zimmermann 2008.

61. Syed 2015.

62. de Escobar, Obregón, and del Rey 2004 참조.

63. Li and Eastman 2012.

64. Bath et al. 2013; Rayman and Bath 2015 참조.

65. Feyrer et al. 2013.

66. Pendergrast, Milmore, and Marcus 1961.

67. DeLong 2010; O'Donnell et al. 2002 참조.

68. Flynn 2009에서 인용.

69. Kaufman et al. 2014.

70. Nisbett 2013.

71. Brinch and Galloway 2012.

72. Baker et al. 2015.

73. Turkheimer et al. 2003.

74. Tucker-Drob and Bates 2016.

75. Haworth et al. 2010.

76. Pearson 1904, p. 160.

77. Burleigh 2001, p. 366.

78. 앞의 책, p. 356.

79. Cravens 1993.

80. "I.Q. Control" 1938.

81. Vinovskis 2008.

82. Tucker 1994.

83. Winston 1998.

84. Jackson 2005.

85. Garrett 1961에서 인용.

86. Castles 2012, p. 114에서 인용.

87. Bauer 2016.

88. Montialoux 2016.

89. Jensen 1967.

90. Colman 2016; deBoer 2017; Lewontin 1970; Nisbett 2013; Nisbett et al. 2012.

91. Nisbett 2013; Rindermann and Pichelmann 2015.

92. Roberts 2015.

93. Cesarini and Visscher 2017.

94. Asbury 2015; Asbury and Plomin 2013 참조.

95. Asbury 2015에서 인용.

96. Hart 2016에서 인용.

97. Panofsky 2015.

98. Dar-Nimrod and Heine 2011.

99. Gelman 2003.

100. Cheung, Dar-Nimrod, and Gonsalkorale 2014.

101. Dar-Nimrod et al. 2014.

3부 내면의 가계도

11장 만물은 알로부터

1. Regev et al. 2017; Yong 2016a 참조.

2. Leroi 2014.

3. Aristotle, The History of Animals.

4. Cobb 2012.

5. Lawrence 2008.

6. Aulie 1961.

7. Harris 1999; Mazzarello 1999 참조.

8. Schwann 1847, p. 166.

9. Amundson 2007; Churchill 2015 참조.

10. Churchill 2015, p. 303에서 인용.

11. Dröscher 2014.

12. Churchill 1987; Griesemer 2005.

13. Weismann 1893, p.103.
14. Maienschein 1978.
15. Clement 1979.
16. Bonner and Bell, 1952, p. 81.
17. Conklin 1968, p. 115.
18. Buckingham and Meilhac 2011; Kretzschmar and Watt 2012; Stern and Fraser 2001 참조.
19. Harrison 1937에서 인용.
20. Baedke 2013; Slack 2002; Stern 2003 참조.
21. Henikoff and Greally 2016.
22. Waddington 1957.
23. Allis and Jenuwein 2016; Felsenfeld 2014 참조.
24. Cooper 2011; Fisher and Peters 2015; Gartler 2015; Gitschier 2010; Harper 2011; Kalantry and Mueller 2015; Nightingale 2015; Opitz 2015; Rastan 2015a, 2015b; Vines 1997 참조.
25. Silvers 1979.
26. Gitschier 2010에서 인용.
27. Genetics and Medicine Historical Network 2004에서 인용.
28. Lyon 1961.
29. Vines 1997, p. 269에서 인용.
30. Grüneberg 1967, p. 255.
31. Davidson, Nitowsky, and Childs 1963.
32. Jegu and Lee 2017; Payer 2016; Vacca et al. 2016; Vallot, Ouimette, and Rougeulle 2016 참조.
33. Galupa and Heard 2015; Xu, Tsai, and Lee 2006 참조.
34. Wu et al. 2014.
35. Henikoff and Greally 2016.
36. Moris, Pina, and Arias 2016; Semrau and Van Oudenaarden 2015.
37. Teves et al. 2016.
38. Goolam 2016.
39. Boubakar et al. 2017.
40. Milo and Phillips 2015.
41. Goodell, Nguyen, and Shroyer 2015.
42. Yablonka-Reuveni 2011.
43. Adam and Fuchs 2016.
44. Knoblich 2008.
45. Bergmann and Frisén 2013; Bergmann et al. 2012; Bergmann, Spalding, and Frisén 2015; Bhardwaj et al. 2006; Spalding et al. 2013, 2005 참조.
46. Rubin 2009, p. 410에서 인용.
47. Anacker and Hen 2017; Bergmann and Frisén 2013 참조.

12장 마녀 빗자루

1. Fordham 1967.
2. "Dwarf Alberta Spruce."
3. Bossinger and Spokevicius 2011; Marcotrigiano 1997.
4. da Graca, Louzada, and Sauls 2004.
5. Darwin 1868에서 인용.
6. Cockerell 1917.
7. Spinner and Conlin 2014.
8. Kouzak, Mendes, and Costa 2013.
9. Howell and Ford 2010, p. 74에서 인용.
10. Treves 1923.
11. Howell and Ford 2010, p. 77에서 인용.
12. Balmain 2001; Boveri 2008; Dietel 2014; Gull 2010; Heim 2014; McKusick 1985; Meijer 2005; Ried 2009; Wright 2014 참조.
13. Boveri 2008.
14. Nowell 1960.

15. Griffith et al. 2015.
16. Tan et al. 2015.
17. Campbell et al. 2014; Forsberg, Gisselsson, and Dumanski 2016 참조.
18. Hirschhorn, Decker, and Cooper 1960.
19. Chemke, Rappaport, and Etrog 1983.
20. Biesecker 2005, 2006; de Souza 2012; Tibbles and Cohen 1986; Wiedeman 1983 참조.
21. Lindhurst et al. 2011.
22. Lindhurst 2015.
23. Campbell et al. 2015; Lupski 2013 참조.
24. Frank 2014.
25. Happle 2002; Kouzak et al. 2013 참조.
26. Freed, Stevens, and Pevsner 2014; Shirley et al. 2013 참조.
27. Flores-Sarnat et al. 2003.
28. Poduri et al. 2013, 2012.
29. D'Gama et al. 2015.
30. Dusheck 2016; Priest et al. 2016.
31. Ackerman 2015.
32. Gajecka 2016; Lai-Cheong, McGrath, and Uitto 2011; Pasmooij, Jonkman, and Uitto 2012 참조.
33. Freed et al. 2014; Oetting et al. 2015; Spinner and Conlin 2014; Vanneste et al. 2009 참조.
34. Freed et al. 2014.
35. Rutledge and Cimini 2016.
36. Duncan et al. 2012.
37. Frank 2014; Ju 2017 참조.
38. Evrony 2016; Linnarsson 2015; Lodato et al. 2015 참조.

13장 키메라

1. Hunter 1779, p. 279.
2. Mills 1776, p. 262.
3. Capel and Coveney 2004.
4. Owen 1983.
5. 앞의 책, p. 11.
6. Owen 1959.
7. Martin 2015.
8. Martin 2007b; Martin 2015.
9. Anderson et al. 1951.
10. Dunsford et al. 1953; Martin 2007a, 2007b 참조.
11. Medawar 1957.
12. Martin 2007a에서 인용.
13. Tippett 1983.
14. Van Dijk, Boomsma, and de Man 1996.
15. Sudik 2001.
16. Gartler, Waxman, and Giblett 1962; Waxman, Gartler, and Kelley 1962.
17. Yunis et al. 2007.
18. Malan et al. 2007.
19. Arcabascio 2007; Martin 2007a; ABC News 2016; Wolinsky 2007 참조.
20. Yu et al. 2002.
21. Baron 2003에서 인용.
22. Jeanty, Derderian, and Mackenzie 2014.
23. Lapaire et al. 2007.
24. Desai and Creger 1963.
25. Desai et al. 1966.
26. Herzenberg et al. 1979.
27. Bianchi 2007; Bianchi et al. 1996; Martin 2010 참조.
28. Forsberg et al. 2016.
29. Khosrotehrani and Bianchi 2005.
30. Jeanty, Derderian, and Mackenzie

2014.

31. Müller et al. 2016.

32. Rijnink et al. 2015.

33. Chan et al. 2012.

34. Zeng et al. 2010.

35. Martin 2010.

36. Nelson et al. 1998.

37. Bianchi 2007; Falick Michaeli, Bergman, and Gielchinsky 2015; Martin 2010.

38. Dhimolea et al. 2013.

39. Fischbach and Loike 2014; Loike and Fischbach 2013.

40. Murchison 2016.

41. Ostrander, Davis, and Ostrander 2016; Ujvari, Gatenby, and Thomas 2016b; Ujvari, Papenfuss, and Belov 2016; Ujvari et al. 2014 참조.

42. Murchison et al. 2012.

43. Murchison et al. 2010.

44. Blaine 1810.

45. Shabad and Ponomarkov 1976; Shimkin 1955.

46. Stubbs and Furth 1934.

47. Murgia et al. 2006.

48. Strakova et al. 2016.

49. Metzger et al. 2015.

50. Pye et al. 2015.

51. Tissot et al. 2016; Ujvari, Gatenby, and Thomas 2016a 참조.

52. Ostrander et al. 2016.

53. Strakova et al. 2016.

54. Riquet 2017.

55. Lazebnik and Parris 2015.

56. Isoda 2009.

57. Muehlenbachs et al. 2015.

4부 유전의 별난 경로들

14장 이상한 나라의 칼

1. Haneda and Tsuji 1971; Haygood, Tebo, and Nealson 1984; Hendry et al. 2016; Hendry, de Wet, and Dunlap 2014; Meyer-Rochow 1976 참조.

2. Sender, Fuchs, and Milo 2016.

3. Yong 2016b.

4. Hurst 2017.

5. Bright and Bulgheresi 2010.

6. Funkhouser and Bordenstein 2013.

7. Cary and Giovannoni 1993.

8. Funkhouser and Bordenstein 2013; Sabree, Kambhampati, and Moran 2009 참조.

9. Bennett and Moran 2015.

10. Hendry et al. 2016.

11. Bordenstein 2015; Gilbert 2014; Theis et al. 2016 참조.

12. Zimmer 2011에서 인용.

13. Blaser and Dominguez-Bello 2016; Rosenberg and Zilber-Rosenberg 2016.

14. McGuire and McGuire 2017.

15. Asnicar et al. 2017.

16. Foster et al. 2017.

17. Moeller et al. 2016.

18. Browne et al. 2017; Urashima et al. 2012.

19. Cellini 2014.

20. Moodley et al. 2012.

21. Goodrich et al. 2016; Van Opstal and Bordenstein 2015 참조.

22. Morotomi 2012.

23. Silventoinen et al. 2016.

24. Archibald 2015; Ball, Bhattacharya,

and Weber 2016; Gray 2012; Martin et al. 2016; McCutcheon 2016; Rogers et al. 2017 참조.
25. Cowdry 1953.
26. Wang and Wu 2015.
27. Martin et al. 2017.
28. Stewart and Chinnery 2015.
29. Holt, Harding, and Morgan-Hughes 1988.
30. Breton and Stewart 2015.
31. Sharpley et al. 2012a.
32. Christie, Schaerf, and Beekman 2015.
33. Haig 2016.

15장 꽃피는 괴물

1. Coen 1999; Gustafsson 1979 참조.
2. Cubas, Vincent, and Coen 1999.
3. Weismann 1889, p. 403.
4. Morgan 1925, p. 177.
5. Burkhardt 2013; Deichmann 2016 참조.
6. Burkhardt 2013, p. 796에서 인용.
7. Bonduriansky and Day 2009; Day and Bonduriansky 2011; Uller and Helanterä 2013 참조.
8. Schaefer and Nadeau 2015.
9. Bygren et al. 2014; Epstein 2013; Lim and Brunet 2013 참조.
10. Nilsson and Skinner 2015; Skinner 2015; Tollefsbol 2014 참조.
11. Dias and Ressler 2014; Hughes 2014 참조.
12. Bale 2014, 2015; Bohacek and Mansuy 2015; Rodgers and Bale 2015 참조.
13. Lim and Brunet 2013.
14. Papazyan et al. 2016.
15. Allis and Jenuwein 2016; Busslinger and Tarakhovsky 2014 참조.
16. Henikoff and Greally 2016.
17. Kim and Kaang 2017.
18. Lämke and Bäurle 2017.
19. Moore 2015; Provençal and Binder 2015; Science News Staff 1997; Zimmer 2010 참조.
20. Chen et al. 2016; Gibbs 2014; Horvath 2013; Horvath and Levine 2015; Walker et al. 2015 참조.
21. Bourrat 2017.
22. Kaufman 2014.
23. Juengst et al. 2014.
24. Schaefer and Nadeau 2015.
25. Johnson 2014.
26. Wolynn, The Family Constellation Institute.
27. Heard and Martienssen 2014; Whitelaw 2015 참조.
28. Greally 2015.
29. Francis 2014.
30. Guo et al. 2015; Tang et al. 2016 참조.
31. Chen, Yan, and Duan 2016.
32. Mitchell 2016.
33. Heard and Martienssen 2014.
34. Tang et al. 2015.
35. Rodgers et al. 2015.
36. Gapp et al. 2014a.
37. Devanapally, Ravikumar, and Jose 2015; Marré, Traver, and Jose 2016 참조.
38. Rechavi and Lev 2017.
39. Bohacek and Mansuy 2015; Eaton et al. 2015; Smythies, Edelstein, and Ramachandran 2014 참조.
40. McGough and Vincent 2016.
41. Sahoo and Losordo 2014.

42. Cossetti et al. 2014.
43. Rasmann et al. 2011.
44. Wilschut et al. 2015.
45. Burbank 1906.

16장 학습 능력 있는 유인원

1. Zimmer 2005에서 처음 쓴 내용이며 실험 결과에 대해서는 Lyons, Young, and Keil 2007 참조.
2. Dean et al. 2014.
3. Henrich 2016. also Boyd 2017; Cathcart 2013.
4. Clarkson 2017.
5. Boyd 2017, p.9에서 인용.
6. Dawkins 2016, p. 248.
7. Aunger 2006.
8. Burman 2012에서 인용.
9. Dawkins 2016, p. 423.
10. Ehrlich and Feldman 2003.
11. Haidle and Conard 2016.
12. Alem et al. 2016.
13. Aplin, Sheldon, and Morand-Ferron 2013; Fisher and Hinde 1949; Laland 2017.
14. Aplin 2015.
15. Whiten, Caldwell, and Mesoudi 2016.
16. Hain et al. 1982.
17. Allen et al. 2013.
18. Dean et al. 2012.
19. Dean et al. 2014.
20. Hewlett and Roulette 2016.
21. Thornton and McAuliffe 2006.
22. Musgrave et al. 2016.
23. Byrne and Rapaport 2011.
24. Laland 2017.
25. Mesoudi 2016; Nielsen et al. 2014.
26. Chudek, Muthukrishna, and Henrich 2015; Ross, Richerson, and Rogers 2014.
27. Heyes 2016.
28. Gärdenfors and Högberg 2017.
29. Chudek, Muthukrishna, and Henrich 2015.
30. Lycett et al. 2015.
31. Mesoudi and Aoki 2015.
32. Hill et al. 2014; Muthukrishna et al. 2014.
33. Andersson 2013.
34. Ellis 2015.
35. Brown et al. 2009.
36. Flannery and Marcus 2012.
37. Pyne and Cronon 1998.
38. Laland 2017; Rowley-Conwy and Layton 2011; Smith 2011 참조.
39. Hooper et al. 2015.
40. Bowles, Smith, and Borgerhoff Mulder 2010; Flannery and Marcus 2012; Shennan 2011; Smith et al. 2010a, 2010b 참조.
41. Bonduriansky and Day 2018.
42. Marciniak and Perry 2017.
43. Goddard 1914, p. 11.
44. Haggard and Jellinek 1942.
45. Sarkar 2016.
46. Armstrong and Abel 2000; Pauly 1996; Warner and Rosett 1975.
47. Karp et al. 1995.
48. Paul 2010.

5부 태양의 불수레

17장 그 도전은 숭고했노라

1. Zirkle 1946.

2. Ovid 2008, p. 26.
3. Librado et al. 2016, 2017.
4. Smith 2009, p. 184에서 인용.
5. Glass 1980; Shull 1909 참조.
6. Broad 2007.
7. Adrio and Demain 2006; Raper 1946.
8. Zimmer 2008a.
9. Doudna and Sternberg 2017; Doudna and Charpentier 2014.
10. Doudna and Sternberg 2017, p. 84.
11. Wang et al. 2013.
12. Ledford 2016.
13. Cold Spring Harbor Lab 2013.
14. Soyk et al. 2016.
15. Boone and Andrews 2015.
16. Schwank et al. 2013.
17. Wu et al. 2013.
18. Doudna 2015.
19. Doudna and Sternberg 2017.
20. Urban 2015에서 인용.
21. Wang 2012.
22. Boodman 2017에서 인용.
23. Bashford and Levine 2010.
24. Carlson 1983, 2009.
25. Muller 1933, p. 46.
26. Muller 1949, p. 2.
27. Muller 1950, p. 169.
28. Muller 1961a.
29. Richards 2008.
30. Muller 1961b.
31. Fairfax Cryobank "Donor Search" 참조.
32. Silver et al. 2016.
33. Mroz 2012.
34. Maron et al. 2009.
35. Silver et al. 2016.
36. Franklin 2013, p. 106에서 인용.
37. Edwards 1970.
38. Henig 2004, p. 72.
39. Handyside et al. 1990.
40. "Derbyshire Sisters Rose and Daisy Picked as Embryos to Beat Killer Disease" 2014 참조.
41. Lavery 2013.
42. Schulman and Stern 2015.
43. Sonneborn 1965, p. 38에서 인용.
44. 앞의 책, p. 40.
45. 앞의 책, p. 38.
46. Hotchkiss 1965, p. 201.
47. Beutler 2001; Wade 1980, 1981a, 1981b 참조.
48. "The Crime of Scientific Zeal" 1981.
49. Cavazzana-Calvo et al. 2010.
50. Harding 2017.
51. President's Commission 1982, p. 65 참조.
52. National Institutes of Health 1990.
53. American Association for the Advancement of the Sciences 1997.
54. Tingley 2014; Weintraub 2013 참조.
55. Pratt and Muggleton-Harris 1988.
56. Tingley 2014에서 인용.
57. Cohen et al. 1997.
58. Galant 1998.
59. Rogers 1998.
60. Lakritz 1998.
61. Barritt et al. 2001.
62. Cohen and Malter 2016; Johnston 2016; Regalado and Legget 2003; Zhang et al. 2016.
63. Johnston 2016에서 인용.
64. 앞의 책.
65. Orgel 1997.

66. Tavernise 2014.
67. Chen et al. 2016; Marchione 2016; Tingley 2014; Weintraub 2013.
68. Neimark 2016; Sharpley et al. 2012 참조.
69. Dunham-Snary and Ballinger 2015; Latorre-Pellicer et al. 2016 참조.
70. Budget Hearing, Food and Drug Administration 2014.
71. Adashi and Cohen 2017.
72. Department of Health, UK. 2014 참조.
73. Latorre-Pellicer et al. 2016; Picard, Wallace, and Burelle 2016 참조.
74. Hamilton 2015.
75. Hjelm et al. 2015.
76. Connor 2015.
77. Adashi and Cohen 2017.
78. Engelstad et al. 2016.
79. Reardon 2015.
80. Hamzelou 2016.
81. Reardon 2016, 2017; Zhang et al. 2017.

18장 고아로 잉태된

1. Baltimore et al. 2015.
2. Liang et al. 2015.
3. Collins 2015.
4. National Institutes of Health 2017.
5. Ball 2016.
6. Olson 2015에서 인용.
7. Begley 2015.
8. Olson 2015, p. 7에서 인용.
9. Quoted passages from Lander, Darnovsky, and Church from meeting video recordings에서 인용.
10. National Academy of Sciences 2017.
11. Ma et al. 2017.
12. Front page of the Independent, August 3, 2017.
13. Kornrich 2016.
14. Agius 1990.
15. Cyranowski 2017.
16. Bohannon 2013.
17. Eror 2013.
18. Yong 2013에서 인용.
19. Hsu 2014.
20. Sparrow 2015.
21. Henn et al. 2015, Kondrashov 2017, Lynch 2016.
22. Kondrashov 2017.
23. Kakourou et al. 2017.
24. Even 2011.
25. Astrue v. Capato 2012.
26. Scudellari 2016.
27. Yamanaka 2012.
28. Hayashi et al. 2012.
29. Hikabe et al. 2016.
30. Hendriks et al. 2015; Imamura et al. 2014; Moreno et al. 2015; Segers et al. 2017.
31. Greely 2016.
32. 앞의 책, p. 191.
33. Sparrow 2012.

19장 지구의 상속자들

1. Academic Family Tree.
2. Disney 2008; Varney and Noor 2010 참조.
3. Isaacs et al. 2011.
4. Kelleher 2016.
5. Grantz et al. 2015.
6. Gantz and Bier 2015.
7. Esvelt et al. 2014.

8. Prowse 2017.

9. National Academy of Sciences 2016.

10. Ellis 2015.

11. Williams 2003.

12. Lewis and Maslin 2015.

13. Mauritsen and Pincus 2017.

14. Springer and Schmitz 2017.

15. Chetty et al. 2016, 2017.

16. Russell Sage Foundation 2016.

17. Pinsker 2015.

18. Coy 2017; Traub et al. 2017.

19. Foster, Royer, and Lunt 2017.

20. Ellis 2017.

21. Kuzma and Rawls 2016.

22. Bull and Malick 2017.

참고 문헌

ABC News. 2016. "She's Her Own Twin." August 15. http://abcnews.go.com/Primetime/shes-twin/story?id=2315693 (accessed October 28, 2016).

Abyzov, Alexej, Jessica Mariani, Dean Palejev, Ying Zhang, Michael Seamus Haney, Livia Tomasini, Anthony F. Ferrandino, and others. 2012. "Somatic Copy Number Mosaicism in Human Skin Revealed by Induced Pluripotent Stem Cells." *Nature* 492:438~42.

Academic Family Tree. FlyTree — The Academic Genealogy of Drosophila Genetics. https://academictree.org/flytree/ (accessed May 10, 2017).

Ackerman, Michael J. 2015. "Genetic Purgatory and the Cardiac Channelopathies: Exposing the Variants of Uncertain/unknown Significance Issue." *Heart Rhythm: The Official Journal of the Heart Rhythm Society* 12:2325~31.

Ackroyd, Peter. 2014. *Charlie Chaplin: A Brief Life*. New York: Doubleday.

Adam, Rene C., and Elaine Fuchs. "The Yin and Yang of Chromatin Dynamics in Stem Cell Fate Selection." *Trends in Genetics* 32:89~100.

Adami, Christoph. 2015. "Information-Theoretic Considerations Concerning the Origin of Life." *Origins of Life and Evolution of Biospheres* 45:309~17.

Adams, Mark B., ed. 2014. *The Evolution of Theodosius Dobzhansky: Essays on His Life and Thought in Russia and America*. Princeton: Princeton University Press.

Adashi, Eli Y., and I. Glenn Cohen. 2017. "Mitochondrial Replacement Therapy: Unmade in the USA." *JAMA* 317:574~75.

Adelson, Betty M. 2005. *The Lives of Dwarfs: Their Journey from Public Curiosity Toward Social Liberation*. New Brunswick, NJ: Rutgers University Press.

Adrio, Jose L., and Arnold L. Demain. 2006. "Genetic Improvement of Processes Yielding Microbial Products." *FEMS Microbiology Reviews* 30:187~214.

Agius, E. 1990. "Germ-line Cells — Our Responsibilities for Future Generations." In *Our Responsibilities towards Future Generations*. Edited by S. Busuttill and others. Valletta, Malta: Foundation for International Studies.

Akbari, Omar S., Hugo J. Bellen, Ethan Bier, Simon L. Bullock, Austin Burt, George M. Church, Kevin R. Cook, and others. 2015. "Safeguarding Gene Drive Experiments in the Laboratory." *Science* 349:972~79.

Alem, Sylvain, Clint J. Perry, Xingfu Zhu, Olli J. Loukola, Thomas Ingraham, Eirik Søvik, and Lars Chittka. 2016. "Associative Mechanisms Allow for Social Learning and Cultural Transmission of String Pulling in an Insect." *PLOS Biology* 14:e100256.

Allen, Elizabeth Cooper. 1983. *Mother, Can You Hear Me?: The Extraordinary True Story of an Adopted Daughter's Reunion with Her Birth Mother After a Separation of Fifty Years*. New York: Dodd, Mead.

Allen, Garland E. 2003. "Mendel and Modern Genetics: The Legacy for Today." *Endeavour* 27:63~68.

Allen, Garland E. 2011. "Eugenics and Modern Biology: Critiques of Eugenics, 1910~1945." *Annals of Human Genetics* 75:314~25.

Allen, Jenny, Mason Weinrich, Will Hoppitt, and Luke Rendell. 2013. "Network-based Diffusion Analysis Reveals Cultural Transmission of Lobtail Feeding in Humpback Whales." *Science* 340:485~88.

Allis, C. David, and Thomas Jenuwein. 2016. "The Molecular Hallmarks of Epigenetic Control." *Nature Reviews Genetics* 17:487.

Allis, C. David, Marie-Laure Caparros, Thomas Jenuwein, and Danny Reinberg. 2015. *Epigenetics*. Cold Spring Harbor, NY: Cold Spring Harbor Laboratory Press.

Álvarez, Gonzalo, Francisco C. Ceballos, and Celsa Quinteiro. 2009. "The Role of Inbreeding in the Extinction of a European Royal Dynasty." *PLOS One* 4:e5174.

Álvarez, Gonzalo, Francisco C. Ceballos, and Tim M. Berra. 2015. "Darwin Was Right: Inbreeding Depression on Male Fertility in the Darwin Family." *Biological Journal of the Linnean Society* 114:474~83.

American Association for the Advancement of the Sciences. 1997. "Guidelines for Human Germ-Line Interventions Topic of AAAS Forum." September 12. https://www.eurekalert.org/pub_releases/1997-09/AAft-GFHG-120997.php (accessed March 28, 2017).

Amundson, Ronald. 2007. *The Changing Role of the Embryo in Evolutionary Thought: Roots of Evo-devo*. New York: Cambridge University Press.

Anacker, Christoph, and René Hen. 2017. "Adult Hippocampal Neurogenesis and Cognitive Flexibility-Linking Memory and Mood." *Nature Reviews Neuroscience*. doi:10.1038/nrn.2017.45.

Anderson, D., Rupert E. Billingham, G. H. Lampkin, and Peter Brian Medawar. 1951. "The Useof Skin Grafting to Distinguish Between Monozygotic and Dizygotic Twins in

Cattle." *Heredity* 5:379~97.

Andersson, Claes. 2013. "Fidelity and the Emergence of Stable and Cumulative Sociotechnical Systems." *PaleoAnthropology* 2013:88~103.

Aplin, Lucy M., Ben C. Sheldon, and Julie Morand-Ferron. 2013. "Milk Bottles Revisited: Social Learning and Individual Variation in the Blue Tit, Cyanistes Caeruleus." *Animal Behaviour* 85:1225~32.

Arcabascio, Catherine. 2007. "Chimeras: Double the DNA — Double the Fun for Crime Scene Investigators, Prosecutors, and Defense Attorneys." *Akron Law Review* 40:435.

Archibald, John M. 2015. "Endosymbiosis and Eukaryotic Cell Evolution." *Current Biology* 25:R911~21.

Aristotle. *The History of Animals*. Translated by D'Arcy Wentworth Thompson. MIT Internet Classics Archive. http://classics.mit.edu/Aristotle/history_anim.6.vi.html (accessed October 2, 2017).

Aristotle. *On the Generation of Animals*, Book I. Translated by Arthur Platt. https://en.wikisource.org/wiki/On_the_Generation_of_Animals/Book_I (accessed August 2, 2017).

Armistead, Wilson. 1848. *A Tribute for the Negro: Being a Vindication of the Moral, Intellectual, and Religious Capabilities of the Coloured Portion of Mankind; with Particular Reference to the African Race*. Manchester, UK: W. Irwin.

Armstrong, Elizabeth M., and Ernest L. Abel. 2000. "Fetal Alcohol Syndrome: The Origins of a Moral Panic." *Alcohol and Alcoholism* 35:276~82.

Asbury, Kathryn. 2015. "Can Genetics Research Benefit Educational Interventions for All?" *Hastings Center Report* 45, Suppl 1, S39~S42.

Asbury, Kathryn, and Robert Plomin. 2013. *G Is for Genes: The Impact of Genetics on Education and Achievement*. New York: Wiley-Blackwell.

Asnicar, Francesco, Serena Manara, Moreno Zolfo, Duy Tin Truong, Matthias Scholz, Federica Armanini, Pamela Ferretti, and others. 2017. "Studying Vertical Microbiome Transmission from Mothers to Infants by Strain-Level Metagenomic Profiling." *mSystems* 2:00164~16.

Associated Press. 1944. "Doctor Backs Chaplin." *New York Times*, December 28, p. 24.

Associated Press. 1957. "Dr. Henry Goddard, Psychologist, Dies; Author of 'The Kallikak Family' Was 90." *New York Times*, June 22, p. 15.

Astrue v. Capato, Ed. 2d 887 (2012).

Aulie, Richard P. 1961. "Caspar Friedrich Wolff and His 'Theoria Generationis,' 1759." *Journal of the History of Medicine and Allied Sciences* 16:124~44.

Aunger, Robert. 2006. "What's the Matter with Memes?" In Richard Dawkins: *How a*

Scientist Changed the Way We Think. Edited by Alan Grafen and Mark Ridley. Oxford: Oxford University Press.

Baedke, Jan. 2013. "The Epigenetic Landscape in the Course of Time: Conrad Hal Waddington's Methodological Impact on the Life Sciences." *Studies in History and Philosophy of Biological and Biomedical Sciences* 44 Pt B, 756~73.

Baker, David P., Paul J. Eslinger, Martin Benavides, Ellen Peters, Nathan F. Dieckmann, and Juan Leon. 2015. "The Cognitive Impact of the Education Revolution: A Possible Cause of the Flynn Effect on Population IQ." *Intelligence* 49:144~58.

Baker, Katharine K. 2004. "Bargaining or Biology — The History and Future of Paternity Law and Parental Status." *Cornell Journal of Law and Public Policy* 14:1. http://scholarship.law.cornell.edu/cjlpp/vol14/iss1/1.

Bale, Tracy L. 2014. "Lifetime Stress Experience: Transgenerational Epigenetics and Germ Cell Programming." *Dialogues in Clinical Neuroscience* 16:297~305.

Bale, Tracy L. 2015. "Epigenetic and Transgenerational Reprogramming of Brain Development." *Nature Reviews Neuroscience* 16:332~44.

Ball, Philip. 2016. "Kathy Niakan: At the Forefront of Gene Editing in Embryos." *Lancet* 387:935.

Ball, Steven G., Debashish Bhattacharya, and Andreas P. M. Weber. 2016. "Pathogen to Powerhouse." *Science* 351:659~60.

Balmain, Allan. 2001. "Cancer Genetics: From Boveri and Mendel to Microarrays." *Nature Reviews Cancer* 1:77~82.

Balmer, Jennifer. 2014. "Smoking Mothers May Alter the DNA of Their Children." *Science*, July 28. http://www.sciencemag.org/news/2014/07/smoking-mothers-may-alter-dna-their-children (accessed August 4, 2017).

Baltimore, David, Paul Berg, Michael Botchan, Dana Carroll, R. Alta Charo, George Church, Jacob E. Corn, and others. 2015. "Biotechnology: A Prudent Path Forward for Genomic Engineering and Germline Gene Modification." *Science* 348:36~38.

Barkan, Elazar. 1992. *The Retreat of Scientific Racism: Changing Concepts of Race in Britain and the United States Between the World Wars*. Cambridge: Cambridge University Press.

Barnes, L. Diane. 2013. *Frederick Douglass: Reformer and Statesman*. New York: Routledge.

Baron, David. 2003. "DNA Tests Shed Light on 'Hybrid Humans.'" National Public Radio, August 11. http://www.npr.org/templates/story/story.php?storyId=1392149 (accessed February 21, 2017).

Baross, John A., and William F. Martin. 2015. "The Ribofilm as a Concept for Life's Origins." *Cell* 162:13~15.

Barritt, J. A., C. A. Brenner, H. E. Malter, and J. Cohen. 2001. "Mitochondria in Human

Offspring Derived from Ooplasmic Transplantation." *Human Reproduction* 16:513~16.
Bartley, Mary M. 1992. "Darwin and Domestication: Studies on Inheritance." *Journal of the History of Biology* 25:307~33.
Bashford, Alison, and Philippa Levine, eds. 2010. *The Oxford Handbook of the History of Eugenics*. Oxford: Oxford University Press.
Bateson, William, and Edith Rebecca Saunders. 1902. "The Facts of Heredity in the Light of Mendel's Discovery." *Reports to the Evolution Committee of the Royal Society* 1:125~60.
Bath, Sarah C., Colin D. Steer, Jean Golding, Pauline Emmett, and Margaret P. Rayman. 2013. "Effect of Inadequate Iodine Status in UK Pregnant Women on Cognitive Outcomes in Their Children: Results from the Avon Longitudinal Study of Parents and Children (ALSPAC)." *Lancet* 382:331~37.
Baudat, Frédéric, Yukiko Imai, and Bernard de Massy. 2013. "Meiotic Recombination in Mammals: Localization and Regulation." *Nature Reviews Genetics* 14:794~806.
Bauer, Lauren, and Diane Whitmore Schanzenbach. 2016. "The Long-term Impact of the Head Start Program." The Hamilton Project of the Brookings Institution. http://www.hamiltonproject.org/papers/the_long_term_impacts_of_head_start (accessed September 11, 2017).
Bauer, Tobias, Saskia Trump, Naveed Ishaque, Loreen Thürmann, Lei Gu, Mario Bauer, Matthias Bieg, and others. 2016. "Environment-induced Epigenetic Reprogramming in Genomic Regulatory Elements in Smoking Mothers and Their Children." *Molecular Systems Biology* 12:861.
Beck, Tracey L. 1998. "My Life with PKU." Article written for *National PKU News*, Spring. http://www.stsci.edu/~tbeck/mystory.html (accessed August 24, 2017).
Beeson, Emma Burbank. 1927. *The Early Life & Letters of Luther Burbank, by His Sister Emma (Burbank) Beeson*. San Francisco: Harr Wagner Publishing Company.
Begley, Sharon. 2015. "Dare We Edit the Human Race? Star Geneticists Wrestle with Their Power." *STAT*, December 2.
Behar, Doron M., Mait Metspalu, Yael Baran, Naama M. Kopelman, Bayazit Yunusbayev, Ariella Gladstein, Shay Tzur, Hovhannes Sahakyan, Ardeshir Bahmanimehr, and Levon Yepiskoposyan. 2013. "No Evidence from Genome-Wide Data of a Khazar Origin for the Ashkenazi Jews." *Human Biology* 85:859~900.
Beleza, Sandra, António M. Santos, Brian McEvoy, Isabel Alves, Cláudia Martinho, Emily Cameron, Mark D. Shriver, Esteban J. Parra, and Jorge Rocha. 2013. "The Timing of Pigmentation Lightening in Europeans." *Molecular Biology and Evolution* 30:24~35.
Belozerskaya, Marina. 2005. *Luxury Arts of the Renaissance*. London: Thames & Hudson.
Beltrame, Marcia Holsbach, Meagan A. Rubel, and Sarah A. Tishkoff. 2016. "Inferences

of African Evolutionary History from Genomic Data." *Current Opinion in Genetics & Development* 41:159~66.

Bennett, Gordon M., and Nancy A. Moran. "Heritable Symbiosis: The Advantages and Perils of an Evolutionary Rabbit Hole." *Proceedings of the National Academy of Sciences of the United States of America* 112:10169~76.

Benson, Fred. 1981. "Blood Tests Showing Nonpaternity-Conclusive or Rebuttable Evidence?: The Chaplin Case Revisited." *American Journal of Forensic Medicine and Pathology* 2:221~24.

Berg, Mary Anne, Jaime Guevara-Aguirre, Arlan L. Rosenbloom, Ron G. Rosenfeld, and Uta Francke. 1992. "Mutation Creating a New Splice Site in the Growth Hormone Receptor Genes of 37 Ecuadorean Patients with Laron Syndrome." *Human Mutation* 1:24~34.

Bergland, Richard M. 1965. "New Information Concerning the Irish Giant." *Journal of Neurosurgery* 23:265~69.

Bergman, Yehudit, and Howard Cedar. 2013. "DNA Methylation Dynamics in Health and Disease." *Nature Structural & Molecular Biology* 20:274~81.

Bergmann, Olaf, and Jonas Frisén. 2013. "Why Adults Need New Brain Cells." *Science* 340:695~96.

Bergmann, Olaf, Jakob Liebl, Samuel Bernard, Kanar Alkass, Maggie S. Yeung, Peter Steier, Walter Kutschera, and others. 2012. "The Age of Olfactory Bulb Neurons in Humans." *Neuron* 74:634~39.

Bergmann, Olaf, Kirsty L. Spalding, and Jonas Frisén. 2015. "Adult Neurogenesis in Humans." *Cold Spring Harbor Perspectives in Biology* 7:a018994.

Bernstein, Joseph. 2016. "This Man Helped Build the Trump Meme Army — Now He Wants to Reform It." *BuzzFeed News*, December 30.

Berra, Tim M., Gonzalo Álvarez, and Francisco C. Ceballos. 2010. "Was the Darwin/Wedgwood Dynasty Adversely Affected by Consanguinity?" *BioScience* 60: 376~83.

Berry v. Chaplin, 74 Cal. App 2d 652 (1946).

Beutler, Ernest. 2001. "The Cline Affair." *Molecular Therapy* 4:396.

Bhardwaj, Ratan D., Maurice A. Curtis, Kirsty L. Spalding, Bruce A. Buchholz, David Fink, Thomas Björk-Eriksson, Claes Nordborg, and others. 2006. "Neocortical Neurogenesis in Humans Is Restricted to Development." *Proceedings of the National Academy of Sciences of the United States of America* 103:12564~68.

Bianchi, D. W., G. K. Zickwolf, G. J. Weil, S. Sylvester, and M. A. DeMaria. 1996. "Male Fetal Progenitor Cells Persist in Maternal Blood for as Long as 27 Years Postpartum." *Proceedings of the National Academy of Sciences of the United States of America* 93:705~08.

Bianchi, Diana W. 2007. "Robert E. Gross Lecture. Fetomaternal Cell Trafficking: A Story That Begins with Prenatal Diagnosis and May End with Stem Cell Therapy." *Journal of Pediatric Surgery* 42:12~18.

Bickel, H. 1996. "The First Treatment of Phenylketonuria." *European Journal of Pediatrics* 155:S2~S3.

Bicknell, Ross, Andrew Catanach, Melanie Hand, and Anna Koltunow. 2016. "Seeds of Doubt: Mendel's Choice of Hieracium to Study Inheritance, a Case of Right Plant, Wrong Trait." *Theoretical and Applied Genetics*.129:2253~66.

Biesecker, Leslie. 2005. "Proteus Syndrome." In *Management of Genetic Syndromes*. Edited by Suzanne B. Cassidy. New York: Wiley-Liss.

Biesecker, Leslie. 2006. "The Challenges of Proteus Syndrome: Diagnosis and Management." *European Journal of Human Genetics* 14:1151~57.

Black, Sandra E., Paul J. Devereux, Petter Lundborg, and Kaveh Majlesi. 2015. "Poor Little Rich Kids? The Determinants of the Intergenerational Transmission of Wealth." *National Bureau of Economic Research Working Paper Series*, working paper 21409. http://www.nber.org /papers/w21409 (accessed September 11, 2017).

Blaine, Delabere. 1810. *A Domestic Treatise on the Diseases of Horses and Dogs: So Conducted as to Enable Persons to Practise with Ease and Success on Their Own Animals*. London: Printed for T. Boosey.

Blaser, Martin J., and Maria G. Dominguez-Bello. 2016. "The Human Microbiome before Birth." *Cell Host and Microbe* 20:558~60.

Blum, Matthias. 2016. "Inequality and Heights." In *The Oxford Handbook of Economics and Human Biology*. Edited by John Komlos and Inas R. Kelly. Oxford: Oxford University Press.

Boddy, Amy M., Angelo Fortunato, Melissa Wilson Sayres, and Athena Aktipis. 2015. "Fetal Microchimerism and Maternal Health: A Review and Evolutionary Analysis of Cooperation and Conflict beyond the Womb." *BioEssays* 37:1106~18.

Bohacek, Johannes, and Isabelle M. Mansuy. 2015. "Molecular Insights into Transgenerational Non-Genetic Inheritance of Acquired Behaviours." *Nature Reviews Genetics* 16:641~52.

Bohannon, John. 2013. "Why Are Some People So Smart? The Answer Could Spawn a Generation of Superbabies." *Wired*, July 16.

Bonduriansky, Russell, and Troy Day. 2009. "Nongenetic Inheritance and Its Evolutionary Implications." *Annual Review of Ecology, Evolultion, and Systematics* 40:103~25.

Bonduriansky, Russell. 2018. *Not Only Genes: Nongenetic Inheritance in Evolution and Human Life*. Princeton: Princeton University Press.

Bonner, J. T., and W. J. Bell Jr. 1984. "'What Is Money For?': An Interview with Edwin Grant Conklin." *Proceedings of the American Philosophical Society* 128:79~84.

Boodman, Eric. 2017. "White Nationalists Are Flocking to Genetic Ancestry Tests. Some Don't Like What They Find." *STAT*, August 16. https://www.statnews.com/2017/08/16/white-nationalists-genetic-ancestry-test/ (accessed September 10, 2017).

Boomsma, Dorret, Andreas Busjahn, and Leena Peltonen. 2002. "Classical Twin Studies and Beyond." *Nature Reviews Genetics* 3:872~82.

Boone, Charles, and Brenda J. Andrews. 2015. "The Indispensable Genome." *Science* 350:1028~29.

Bordenstein, Seth R. 2015. "Rethinking Heritability of the Microbiome." *Science* 349:1172~73.

Bossinger, Gerd, and Antanas Spokevicius. 2011. "Plant Chimaeras and Mosaics." In *Encyclopedia of Life Sciences*. Chichester, UK: Wiley.

Boubakar, Leila, Julien Falk, Hugo Ducuing, Karine Thoinet, Florie Reynaud, Edmund Derrington, and Valérie Castellani. 2017. "Molecular Memory of Morphologies by Septins during Neuron Generation Allows Early Polarity Inheritance." *Neuron* 95:834~51.

Bouchard, Maryse F., Jonathan Chevrier, Kim G. Harley, Katherine Kogut, Michelle Vedar, Norma Calderon, Celina Trujillo, and others. 2011. "Prenatal Exposure to Organophosphate Pesticides and IQ in 7-Year-Old Children." *Environmental Health Perspectives* 119:1189~95.

Bourrat, Pierrick, Qiaoying Lu, and Eva Jablonka. 2017. "Why the Missing Heritability Might Not Be in the DNA." *BioEssays*. doi:10.1002/bies.201700067.

Boveri, Theodor. 2008. "Concerning the Origin of Malignant Tumours by Theodor Boveri." Translated and annotated by Henry Harris. *Journal of Cell Science* 121, Suppl 1, 1~84.

Bowles, Samuel, Eric Alden Smith, and Monique Borgerhoff Mulder. 2010. "The Emergence and Persistence of Inequality in Premodern Societies." *Current Anthropology* 51:7~17.

Boyd, Robert. 2017. *A Different Kind of Animal: How Culture Transformed Our Species*. Princeton: Princeton University Press.

Brandt, Guido, Anna Szécsényi-Nagy, Christina Roth, Kurt Werner Alt, and Wolfgang Haak. 2015. "Human Paleogenetics of Europe — The Known Knowns and the Known Unknowns." *Journal of Human Evolution* 79:73~92.

Breton, Sophie, and Donald T. Stewart. 2015. "Atypical Mitochondrial Inheritance Patterns in Eukaryotes." *Genome* 58:423~31.

Bright, Monika, and Silvia Bulgheresi. 2010. "A Complex Journey: Transmission of Microbial Symbionts." *Nature Reviews Microbiology* 8:218~30.

Brinch, Christian N., and Taryn Ann Galloway. 2012. "Schooling in Adolescence Raises IQ Scores." *Proceedings of the National Academy of Sciences of the United States of America* 109:425~30.

Broad, William J. 2007. "Useful Mutants, Bred with Radiation." *New York Times*, August 28, F1.

Brown, Kyle S., Curtis W. Marean, Andy I. R. Herries, Zenobia Jacobs, Chantal Tribolo, David Braun, David L. Roberts, Michael C. Meyer, and Jocelyn Bernatchez. 2009. "Fire as an Engineering Tool of Early Modern Humans." *Science* 325:859~62.

Browne, E. J. 2002. *Charles Darwin: The Power of Place*. New York: Alfred A. Knopf.

Browne, Hilary P., B. Anne Neville, Samuel C. Forster, and Trevor D. Lawley. 2017. "Transmission of the Gut Microbiota: Spreading of Health." *Nature Reviews Microbiology* 15:531~43.

Browne, Janet. 2016. "Inspiration to Perspiration: Francis Galton's Hereditary Genius in Victorian Context." In *Genealogies of Genius*. Edited by Joyce E. Chaplin and Darrin M. McMahon. New York: Springer.

Browne-Barbour, Vanessa S. 2015. "Mama's Baby, Papa's Maybe: Disestablishment of Paternity." *Akron Law Review* 48:263.

Browning, Sharon R., and Brian L. Browning. 2012. "Identity by Descent between Distant Relatives: Detection and Applications." *Annual Review of Genetics* 46:617~33.

Brucato, Nicolas, Pradiptajati Kusuma, Murray P. Cox, Denis Pierron, Gludhug A. Purnomo, Alexander Adelaar, Toomas Kivisild, Thierry Letellier, Herawati Sudoyo, and François-Xavier Ricaut. 2016. "Malagasy Genetic Ancestry Comes from an Historical Malay Trading Post in Southeast Borneo." *Molecular Biology and Evolution* 33:2396~2400.

Bryc, Katarzyna, Eric Y. Durand, J. Michael Macpherson, David Reich, and Joanna L. Mountain. 2015. "The Genetic Ancestry of African Americans, Latinos, and European Americans across the United States." *American Journal of Human Genetics* 96:37~53.

Buck, Carol. 1992. Introduction to *The Child Who Never Grew*. 2nd ed. Rockville, MD: Woodbine House.

Buck, Pearl. 1950. *The Child Who Never Grew*. New York: J. Day.

Buckingham, Margaret E., and Sigolène M. Meilhac. "Tracing Cells for Tracking Cell Lineage and Clonal Behavior." *Developmental Cell* 21:394~409.

Budget Hearing — Food and Drug Administration | Committee on Appropriations, U.S. House of Representatives. March 27, 2014. http://appropriations.house.gov/calendar/eventsingle.aspx?EventID=373227 (accessed March 29, 2017).

Bull, James J., and Harmit S. Malik. 2017. "The Gene Drive Bubble: New Realities." *PLOS*

Genetics 13:e1006850.

Bulmer, M. G. 2003. *Francis Galton: Pioneer of Heredity and Biometry*. Baltimore: Johns Hopkins University Press.

Burbank, Luther. 1904. "Some Fundamental Principles of Plant Breeding." *Proceedings of the International Conference on Plant Breeding and Hybridization*. New York: Horticultural Society of New York.

Burbank, Luther. 1906. *The Training of the Human Plant*. New York: Century Co.

Burbank, Luther. 1939. *Partner of Nature*. New York: Appleton-Century Co.

Burbank, Luther., and Wilbur Hall. 1927. *The Harvest of the Years*. Boston: Houghton Mifflin.

Burkhardt, Richard W. 2013. "Lamarck, Evolution, and the Inheritance of Acquired Characters." *Genetics* 194:793~805.

Burleigh, Michael. 2001. *The Third Reich: A New History*. New York: Hill and Wang.

Burman, Jeremy Trevelyan. 2012. "The Misunderstanding of Memes: Biography of an Unscientific Object, 1976~1999." *Perspectives on Science* 20:75~104.

Burnham, George Pickering. 1855. *The History of the Hen Fever: A Humorous Record*. New York: James French.

Burt, Austin, and Robert Trivers. 2006. *Genes in Conflict: The Biology of Selfish Genetic Elements*. Cambridge: Belknap Press of Harvard University Press.

Burt, Cyril. 1909. "Experimental Tests of General Intelligence." *British Journal of Psychology* 3:94~177.

Bushman, Diane M., and Jerold Chun. 2013. "The Genomically Mosaic Brain: Aneuploidy and More in Neural Diversity and Disease." *Seminars in Cell & Developmental Biology* 24:357~69.

Busslinger, Meinrad, and Alexander Tarakhovsky. 2014. "Epigenetic Control of Immunity." *Cold Spring Harbor Perspectives in Biology* 6:a019307.

Bygren, Lars O., Petter Tinghög, John Carstensen, Sören Edvinsson, Gunnar Kaati, Marcus E. Pembrey, and Michael Sjöström. 2014. "Change in Paternal Grandmothers' Early Food Supply Influenced Cardiovascular Mortality of the Female Grandchildren." *BMC Genetics* 15:12.

Byrne, Richard W., and Lisa G. Rapaport. 2011. "What Are We Learning from Teaching?" *Animal Behaviour* 82:1207~11.

Calvin, Catherine M., G. David Batty, Geoff Der, Caroline E. Brett, Adele Taylor, Alison Pattie, Iva Čukić, and Ian J. Deary. 2017. "Childhood Intelligence in Relation to Major Causes of Death in 68 Year Follow-up: Prospective Population Study." *BMJ* 357:j2708.

Campbell, Ian M., Bo Yuan, Caroline Robberecht, Rolph Pfundt, Przemyslaw Szafranski,

Meriel E. McEntagart, Sandesh CS Nagamani, Ayelet Erez, Magdalena Bartnik, Barbara Wiśniowiecka-Kowalnik, and others. 2014. "Parental Somatic Mosaicism Is Underrecognized and Influences Recurrence Risk of Genomic Disorders." *American Journal of Human Genetics* 95:173~82.

Campbell, Ian M., Chad A. Shaw, Pawel Stankiewsicz, and James R. Lupski. 2015. "Somatic Mosaicism: Implications for Disease and Transmission Genetics." *Trends in Genetics* 31:382~92.

Capel, Blanche, and Doug Coveney. 2004. "Frank Lillie's Freemartin: Illuminating the Pathway to 21st Century Reproductive Endocrinology." *Journal of Experimental Zoology. Part A, Comparative Experimental Biology* 301:853~56.

Carlson, Elof Axel. 1981. *Genes, Radiation, and Society: The Life and Work of H. J. Muller*. Ithaca: Cornell University Press.

Carlson, Elof Axel. 2009. *Hermann Joseph Muller, 1890~1967*. Washington, DC: National Academy of Sciences.

Carsten, Janet. 1995. "The Substance of Kinship and the Heat of the Hearth: Feeding, Personhood, and Relatedness Among Malays in Pulau Langkawi." *American Ethnologist* 22:223~41.

Cary, S. C., and S. J. Giovannoni. 1993. "Transovarial Inheritance of Endosymbiotic Bacteria in Clams Inhabiting Deep-sea Hydrothermal Vents and Cold Seeps." *Proceedings of the National Academy of Sciences of the United States of America* 90:5695~99.

"Case of Carol Ann, The." 1945. *Life*, January 8, p. 30.

Casselton, L. A. 2002. "Mate Recognition in Fungi." *Heredity* 88:142~47.

Castles, Elaine E. 2012. *Inventing Intelligence: How America Came to Worship IQ*. Santa Barbara: Praeger.

Cathcart, Michael. 2013. *Starvation in a Land of Plenty: Will's Diary of the Fateful Burke and Wills Expedition*. Canberra: National Library of Australia.

Cavazzana-Calvo, Marina, Emmanuel Payen, Olivier Negre, Gary Wang, Kathleen Hehir, Floriane Fusil, Julian Down, and others. 2010. "Transfusion Independence and HMGA2 Activation after Gene Therapy of Human B-Thalassaemia." *Nature* 467:318~22.

Cellini, Luigina. 2014. "Helicobacter pylori: A Chameleon-like Approach to Life." *World Journal of Gastroenterology* 20:5575~82.

Centerwall, Siegried A., and Willard R. Centerwall. 2000. "The Discovery of Phenylketonuria: The Story of a Young Couple, Two Retarded Children, and a Scientist." *Pediatrics* 105:89~103.

Centre of Microbial and Plant Genetics. "Short Biography of F. A. Janssens." KU Leuven, Belgium. https://www.biw.kuleuven.be/m2s/cmpg/About/fajanssens (accessed August

4, 2017).

Cesarini, David, and Peter M. Visscher. 2017. "Genetics and Educational Attainment." *Science of Learning* 2:4.

Chabris, Christopher F., Benjamin M. Hebert, Daniel J. Benjamin, Jonathan Beauchamp, David Cesarini, Matthijs van der Loos, Magnus Johannesson, and others. 2012. "Most Reported Genetic Associations with General Intelligence Are Probably False Positives." *Psychological Science* 23:1314~23.

Chahal, Harvinder S., Karen Stals, Martina Unterländer, David J. Balding, Mark G. Thomas, Ajith V. Kumar, G. Michael Besser, A. Brew Atkinson, Patrick J. Morrison, and Trevor A. Howlett. 2011. "AIP Mutation in Pituitary Adenomas in the 18th Century and Today." *New England Journal of Medicine* 364:43~50.

Chan, William F. N., Cécile Gurnot, Thomas J. Montine, Joshua A. Sonnen, Katherine A. Guthrie, and J. Lee Nelson. 2012. "Male Microchimerism in the Human Female Brain." *PLOS One* 7:e45592.

Chang, Joseph. 1999. "Recent Common Ancestors of All Present-Day Individuals." *Advances in Applied Probability* 31:1002~26.

Chemke, J., S. Rappaport, and R. Etrog. 1983. "Aberrant Melanoblast Migration Associated with Trisomy 18 Mosaicism." *Journal of Medical Genetics* 20:135~37.

Chen, Brian H., Riccardo E. Marioni, Elena Colicino, Marjolein J. Peters, Cavin K. Ward-Caviness, Pei-Chien Tsai, Nicholas S. Roetker, Allan C. Just, Ellen W. Demerath, and Weihua Guan. 2016. "DNA Methylation-Based Measures of Biological Age: Meta-Analysis Predicting Time to Death." *DNA* 8:9.

Chen, Qi, Wei Yan, and Enkui Duan. 2016. "Epigenetic Inheritance of Acquired Traits Through Sperm RNAs and Sperm RNA Modifications." *Nature Reviews Genetics* 17:733~43.

Chen, Serena H., Claudia Pascale, Maria Jackson, Mary Ann Szvetecz, and Jacques Cohen. 2016. "A Limited Survey-based Uncontrolled Follow-up Study of Children Born After Ooplasmic Transplantation in a Single Centre." *Reproductive Biomedicine Online* 33:737~44.

Chetty, Raj, David Grusky, Maximilian Hell, Nathaniel Hendren, Robert Manduca, and Jimmy Narang. 2017. "The Fading American Dream: Trends in Absolute Income Mobility Since 1940." *Science* 356:398~406.

Cheung, Benjamin Y., Ilan Dar-Nimrod, and Karen Gonsalkorale. 2014. "Am I My Genes? Perceived Genetic Etiology, Intrapersonal Processes, and Health." *Social and Personality Psychology Compass* 8:626~37.

Christie, Joshua R., Timothy M. Schaerf, and Madeleine Beekman. 2015. "Selection Against

Heteroplasmy Explains the Evolution of Uniparental Inheritance of Mitochondria." *PLOS Genetics* 11:e1005112.

Chudek, Maciej, Michael Muthukrishna, and Joseph Henrich. 2015. "Cultural Evolution." In *The Handbook of Evolutionary Psychology*. 2nd ed. Edited by David M. Buss. Hoboken, NJ: Wiley.

Churchill, Frederick B. 1987. "From Heredity Theory to Vererbung: The Transmission Problem, 1850~1915." *Isis* 78:337~64.

Churchill, Frederick B. 2015. *August Weismann: Development, Heredity, and Evolution*. Cambridge: Harvard University Press.

Clampett, Frederick W. 1970. *Luther Burbank "Our Beloved Infidel": His Religion of Humanity*. Westport, CT: Greenwood.

Clarkson, Chris, Zenobia Jacobs, Ben Marwick, Richard Fullagar, Lynley Wallis, Mike Smith, Richard G. Roberts, and others. 2017. "Human Occupation of Northern Australia by 65,000 Years Ago." *Nature* 547:306~10.

Claussnitzer, Melina, Simon N. Dankel, Kyoung-Han Kim, Gerald Quon, Wouter Meuleman, Christine Haugen, Viktoria Glunk, and others. 2015. "FTO Obesity Variant Circuitry and Adipocyte Browning in Humans." *New England Journal of Medicine* 373:895~907.

Clement, Anthony C. 1979. "Edwin Grant Conklin." *American Zoologist* 19:1255~59.

Cobb, Matthew. 2006. "Heredity Before Genetics: A History." *Nature Reviews Genetics* 7:953~58.

Cobb, Matthew. 2012. "An Amazing 10 Years: The Discovery of Egg and Sperm in the 17th Century." *Reproduction in Domestic Animals* 47, Suppl 4, 2~6.

Coble, Michael D., Odile M. Loreille, Mark J. Wadhams, Suni M. Edson, Kerry Maynard, Carna E. Meyer, Harald Niederstätter, and others. 2009. "Mystery Solved: The Identification of the Two Missing Romanov Children Using DNA Analysis." *PLOS One* 4:e4838.

Cockerell, Theodore Dru Alison. 1917. "Somatic Mutations in Sunflowers." *Journal of Heredity* 8:467~70.

Coen, Enrico. 1999. *The Art of Genes: How Organisms Make Themselves*. Oxford: Oxford University Press.

Cohen, Adam. 2016. *Imbeciles: The Supreme Court, American Eugenics, and the Sterilization of Carrie Buck*. New York: Penguin Press.

Cohen, Jacques, and Henry Malter. 2016. "The First Clinical Nuclear Transplantation in China: New Information about a Case Reported to ASRM in 2003." *Reproductive Biomedicine Online* 33:433~35.

Cohen, Jacques, Richard Scott, Tim Schimmel, Jacob Levron, and Steen Willadsen. 1997. "Birth of Infant After Transfer of Anucleate Donor Oocyte Cytoplasm into Recipient Eggs." *Lancet* 350:186~87.

Cold Spring Harbor Lab. 2013. "CSHL Associate Professor Zach Lippman at the Secret Science Club, Brooklyn, NY, July 16, 2013." YouTube video, August 2. https://www.youtube.com/watch?v=gY6IrR2FUH4 (accessed May 13, 2017).

Collins, Francis S. 2015. "Statement on NIH Funding of Research Using Gene-Editing Technologies in Human Embryos." *NIH Director*, April 28. https://www.nih.gov/about-nih/who-we-are/nih-director/statements/statement-nih-funding-research-using-gene-editing-technologies-human-embryos (accessed August 24, 2017).

Collins, Francis S. Lowell Weiss, and Hudson Kathy. 2001. "Heredity and Humanity." *New Republic*, June 25. https://newrepublic.com/article/61291/heredity-and-humanity (accessed Septemer 11, 2017).

Colman, Andrew M. 2016. "Race Differences in IQ: Hans Eysenck's Contribution to the Debate in the Light of Subsequent Research." *Personality and Individual Differences* 103:182~89.

Columbus, Christopher. "Santangel Letter." Early Modern Spain website of King's College London. http://www.ems.kcl.ac.uk/content/etext/e022.html (accessed July 23, 2017).

Comfort, Nathaniel C. 2012. *The Science of Human Perfection: How Genes Became the Heart of American Medicine*. New Haven: Yale University Press.

Conklin, Edwin Grant. 1968. "Early Days at Woods Hole." *American Scientist* 56:112 ~20.

Conley, Dalton, Emily Rauscher, Christopher Dawes, Patrik K. E. Magnusson, and Mark L. Siegal. 2013. "Heritability and the Equal Environments Assumption: Evidence from Multiple Samples of Misclassified Twins." *Behavior Genetics* 43:415~26.

Conn, Peter. 1996. *Pearl S. Buck: A Cultural Biography*. Cambridge: Cambridge University Press.

Connor, Steve. 2015. "'Three-Parent Babies': Britain Votes in Favour of Law Change." *Independent*, February 3.

Coop, Graham. 2013a. "How Much of Your Genome Do You Inherit from a Particular Grandparent?" Gcbias blog, October 20. https://gcbias.org/2013/10/20/how-much-of-your-genome-do-you-inherit-from-a-particular-grandparent/ (accessed July 27, 2017).

Coop, Graham. 2013b. "How Much of Your Genome Do You Inherit from a Particular Ancestor?" Gcbias blog, November 4. https://gcbias.org/2013/11/04/how-much-of-your-genome-do-you-inherit-from-a-particular-ancestor/ (accessed July 27, 2017).

Coop, Graham. 2013c. "How Many Genomic Blocks Do You Share with a Cousin?" Gcbias blog, December 2. https://gcbias.org/2013/12/02/how-many-genomic-blocks-do-you-share-with-a-cousin/ (accessed July 27, 2017).

Coop, Graham. Xiaoquan Wen, Carole Ober, Jonathan K. Pritchard, and Molly Przeworski. 2008. "High-Resolution Mapping of Crossovers Reveals Extensive Variation in Fine-Scale Recombination Patterns Among Humans." *Science* 319:1395~98.

Cooper, Colin. 2015. *Intelligence and Human Abilities: Structure, Origins and Applications*. New York: Routledge.

Cooper, David N. 2011. "Lionizing Lyonization 50 Years On." *Human Genetics* 130:167~68.

Cooper, Richard S. 2013. "Race in Biological and Biomedical Research." *Cold Spring Harbor Perspectives in Medicine* 3:a008573.

Cossetti, Cristina, Luana Lugini, Letizia Astrologo, Isabella Saggio, Stefano Fais, and Corrado Spadafora. 2014. "Soma-to-Germline Transmission of RNA in Mice Xenografted with Human Tumour Cells: Possible Transport by Exosomes." *PLOS One* 9:e101629.

Cowans, Jon. 2003. *Early Modern Spain: A Documentary History*. Philadelphia: University of Pennsylvania Press.

Cowdry, E. V. 1953. "Historical Background of Research on Mitochondria." *Journal of Histochemistry & Cytochemistry* 1:183~87.

Coy, Peter. 2017. "The Big Reason Whites Are Richer than Blacks in America." *Bloomberg Business Week*, February 8.

Craig, Lee. 2016. "Antebellum Puzzle: The Decline in Heights at the Onset of Modern Economic Growth." In *The Oxford Handbook of Economics and Human Biology*. Edited by John Komlos and Inas R. Kelly. New York: Oxford University Press.

Cravens, Hamilton. 1993. *Before Head Start: The Iowa Station & America's Children*. Chapel Hill: University of North Carolina Press.

Crawford, Nicholas G., Derek E. Kelly, Matthew E. B. Hansen, Marcia H. Beltrame, Shaohua Fan, Shanna L. Bowman, Ethan Jewett, and others. 2017. "Loci Associated with Skin Pigmentation Identified in African Populations." *Science* doi:10.1126/science.aan8433.

"Crime of Scientific Zeal, The." 1981. *New York Times*, June 5, editorial.

Cubas, P., C. Vincent, and E. Coen. 1999. "An Epigenetic Mutation Responsible for Natural Variation in Floral Symmetry." *Nature* 401:157~61.

Curtis, Benjamin. 2013. *The Habsburgs: The History of a Dynasty*. London: Bloomsbury.

Cutter, Calvin. 1850. *A Treatise on Anatomy, Physiology, and Medicine: Designed for Colleges, Academies, and Families; with One Hundred and Fifty Engravings*. Boston: Benjamin B. Mussey.

Cyranoski, David. 2017. "China's Embrace of Embryo Selection Raises Thorny Questions." *Nature* 548:272.

Dacks, Joel B., Mark C. Field, Roger Buick, Laura Eme, Simonetta Gribaldo, Andrew J. Roger, Céline Brochier-Armanet, and Damien P. Devos. 2016. "The Changing View of Eukaryogenesis — Fossils, Cells, Lineages and How They All Come Together." *Journal of Cell Science* 129:3695~3703.

da Graca, J. V., E. S. Louzada, and J. W. Sauls. 2004. "The Origins of Red Pigmented Grapefruits and the Development of New Varieties." *Proceedings of the International Society of Citriculture* 1:369~74.

Dalgaard, Carl-Johan, and Holger Strulik. 2016. "Physiology and Development: Why the West Is Taller than the Rest." *Economic Journal* 126, no. 598, 1~32.

Danaei, Goodarz, Kathryn G. Andrews, Christopher R. Sudfeld, Günther Fink, Dana Charles McCoy, Evan Peet, Ayesha Sania, Mary C. Smith Fawzi, Majid Ezzati, and Wafaie W. Fawzi. 2016. "Risk Factors for Childhood Stunting in 137 Developing Countries: A Comparative Risk Assessment Analysis at Global, Regional, and Country Levels." *PLOS Medicine* 13:e1002164.

Dannemann, Michael, Aida M. Andrés, and Janet Kelso. 2016. "Introgression of Neandertal-and Denisovan-like Haplotypes Contributes to Adaptive Variation in Human Toll-like Receptors." *American Journal of Human Genetics* 98:22~33.

Dare, Helen. 1905. "Luther Burbank: The Wizard of Horticulture." *San Francisco Sunday Call*, June 25.

Dar-Nimrod, Ilan, and Steven J. Heine. 2011. "Genetic Essentialism: On the Deceptive Determinism of DNA." *Psychological Bulletin* 137:800~18.

Dar-Nimrod, Ilan, Benjamin Y. Cheung, Matthew B. Ruby, and Steven J. Heine. 2014. "Can Merely Learning about Obesity Genes Affect Eating Behavior?" *Appetite* 81:269~76.

Darwin, Charles. 1839. *Questions About the Breeding of Animals*. London: Stewart & Murray. http://darwin-online.org.uk/content/frameset?itemID=F262&viewtype=text&pageseq=1 (accessed July 23, 2017).

Darwin, Charles. 1859. *On the Origin of Species by Means of Natural Selection*. London: John Murray.

Darwin, Charles. 1868. *The Variation of Animals and Plants Under Domestication*. London: John Murray.

Darwin, Charles. 1871. "Pangenesis." *Nature* 3:502~03.

Daubin, Vincent, and Gergely J. Szöllősi. 2016. "Horizontal Gene Transfer and the History of Life." *Cold Spring Harbor Perspectives in Biology*. doi:10.1101/cshperspect.a018036.

Davenport, Charles B. 1899. *Statistical Methods, with Special Reference to Biological Variation*. New York: Wiley.

Davenport, Charles B. 1908. *Inheritance in Canaries*. Carnegie Institution of Washington.

Davenport, Charles B. 1911. *Heredity in Relation to Eugenics*. New York: H. Holt.

Davenport, Charles B. 1917. "The Effects of Race Intermingling." *Proceedings of the American Philosophical Society* 56:364~68.

Davenport, Gertrude C., and Charles B. Davenport. 1910. "Heredity of Skin Pigmentation in Man." *American Naturalist* 44:641~72.

Davidson, R. G., H. M. Nitowsky, and B. Childs. 1963. "Demonstration of Two Populations of Cells in the Human Female Heterozygous for Glucose-6-Phosphate Dehydrogenase Variants." *Proceedings of the National Academy of Sciences of the United States of America* 50:481~85.

Davies, G., A. Tenesa, A. Payton, J. Yang, S. E. Harris, D. Liewald, X. Ke, and others. 2011. "Genome-Wide Association Studies Establish That Human Intelligence Is Highly Heritable and Polygenic." *Molecular Psychiatry* 16:996~1005.

Dawkins, Richard. 1976. *The Selfish Gene*. Oxford: Oxford University Press, 1976.

Dawkins, Richard. 2016. *The Selfish Gene*. 40th Anniversary Edition. Oxford: Oxford University Press.

Day, Troy, and Russell Bonduriansky. 2011. "A Unified Approach to the Evolutionary Consequences of Genetic and Nongenetic Inheritance." *American Naturalist* 178:E18~36.

Dean, Lewis G., Gill L. Vale, Kevin N. Laland, Emma Flynn, and Rachel L. Kendal. 2014. "Human Cumulative Culture: A Comparative Perspective." *Biological Reviews of the Cambridge Philosophical Society* 89:284~301.

Dean, Lewis G., Rachel L. Kendal, Steven J. Schapiro, Bernard Thierry, and Kevin N. Laland. 2012. "Identification of the Social and Cognitive Processes Underlying Human Cumulative Culture." *Science* 335:1114~18.

Deary, Ian J. 2012. "Looking for 'System Integrity' in Cognitive Epidemiology." *Gerontology* 58:545~53.

Deary, Ian J. and Lawrence J. Whalley. 2009. *A Lifetime of Intelligence: Follow-up Studies of the Scottish Mental Surveys of 1932 and 1947*. Washington, DC: American Psychological Association.

deBoer, Fredrik. 2017. "Disentangling Race from Intelligence and Genetics." Blog, April 10. https://fredrikdeboer.com/2017/04/10/disentangling-race-from-intelligence-and-genetics/ (accessed September 11, 2017).

Deichmann, Ute. 2010. "Gemmules and Elements: On Darwin's and Mendel's Concepts and Methods in Heredity." *Journal for General Philosophy of Science* 41:85~112.

Deichmann, Ute. 2016. "Why Epigenetics Is Not a Vindication of Lamarckism — and Why That Matters." *Studies in History and Philosophy of Biological and Biomedical Sciences* 57:80~82.

DeLong, G. Robert. "A Career in Child Neurology: Explorations at the Frontiers." *Journal of Child Neurology* 25:1051~62.

Dennis, Carina. 2003. "Special Section on Human Genetics: The Rough Guide to the Genome." *Nature* 425:758~59.

Department of Health, UK. 2014. "Mitochondrial Donation: Government Response to the Consultation on Draft Regulations to Permit the Use of New Treatment Techniques to Prevent the Transmission of a Serious Mitochondrial Disease from Mother to Child." London: Public Health Directorate/Health Science and Bioethics Division.

"Derbyshire Sisters Rose and Daisy Picked as Embryos to Beat Killer Disease." 2014. *Derby Telegraph*, May 15.

Der Sarkissian, Clio, Morten E. Allentoft, María C. Ávila-Arcos, Ross Barnett, Paula F. Campos, Enrico Cappellini, Luca Ermini, and others. 2015. "Ancient Genomics." *Philosophical Transactions of the Royal Society B* 370:1660, 2013038. doi:10.1098/rstb.2013.0387.

Desai, R. G., and W. P. Creger. 1963. "Maternofetal Passage of Leukocytes and Platelets in Man." *Blood* 21:665~73.

Desai, R. G., E. McCutcheon, B. Little, and S. G. Driscoll. 1966. "Fetomaternal Passage of Leukocytes and Platelets in Erythroblastosis Fetalis." *Blood* 27:858~62.

Devanapally, Sindhuja, Snusha Ravikumar, and Antony M. Jose. 2015. "Double-Stranded RNA Made in C. Elegans Neurons Can Enter the Germline and Cause Transgenerational Gene Silencing." *Proceedings of the National Academy of Sciences of the United States of America* 112:2133~38.

D'Gama, Alissa M., Ying Geng, Javier A. Couto, Beth Martin, Evan A. Boyle, Christopher M. LaCoursiere, Amer Hossain, and others. 2015. "Mammalian Target of Rapamycin Pathway Mutations Cause Hemimegalencephaly and Focal Cortical Dysplasia." *Annals of Neurology* 77:720~25.

Dhimolea, Eugen, Viktoria Denes, Monika Lakk, Sana Al-Bazzaz, Sonya Aziz-Zaman, Monika Pilichowska, and Peter Geck. 2013. "High Male Chimerism in the Female Breast Shows Quantitative Links with Cancer." *International Journal of Cancer* 133:835~42.

Dias, Brian G., and Kerry J. Ressler. 2014. "Parental Olfactory Experience Influences Behavior and Neural Structure in Subsequent Generations." *Nature Neuroscience* 17:89~96.

Didion, John P., Andrew P. Morgan, Liran Yadgary, Timothy A. Bell, Rachel C. McMullan,

Lydia Ortiz de Solorzano, Janice Britton-Davidian, and others. 2016. "R2d2 Drives Selfish Sweeps in the House Mouse." *Molecular Biology and Evolution*. doi:10.1093/molbev/msw036.

Dietel, Manfred. 2014. "Boveri at 100: The Life and Times of Theodor Boveri." *Journal of Pathology* 234:135~37.

Dillingham, William P. 1911. *Dictionary of Races or Peoples*. Washington, DC: US Government Printing Office.

Disney, R. H. 2008. "Natural History of the Scuttle Fly, Megaselia scalaris." *Annual Review of Entomology* 53:39~60.

Dobzhansky, Theodosius. 1941. "The Race Concept in Biology." *Scientific Monthly* 52:161~65.

Doll, Edgar. 2012. "Deborah Kallikak, 1889~1978: A Memorial." *Intellectual and Developmental Disabilities* 50:30~32.

Donnelly, Kevin P. 1983. "The Probability That Related Individuals Share Some Section of Genome Identical by Descent." *Theoretical Population Biology* 23:34~63.

Dorr, Gregory Michael. 2008. *Segregation's Science: Eugenics and Society in Virginia*. Charlottesville: University of Virginia Press.

Doudna, Jennifer A. 2015. "Genome-Editing Revolution: My Whirlwind Year with CRISPR." *Nature* 528:469.

Doudna, Jennifer A. and Emmanuelle Charpentier. 2014. "The New Frontier of Genome Engineering with CRISPR-Cas9." *Science* 346:1258096.

Doudna, Jennifer A. and Samuel H. Sternberg. 2017. *A Crack in Creation: Gene Editing and the Unthinkable Power to Control Evolution*. New York: Houghton Mifflin Harcourt. Douglass, Frederick. 1848. The North Star, September 15.

Doudna, Jennifer A. 1855. *My Bondage and My Freedom*. New York: Auburn.

"Dr. Henry F. Osborn Dies in His Study." 1935. *New York Times*, November 7, p.23.

Dreyer, Peter, and W. L. Howard. 1993. *A Gardener Touched with Genius: The Life of Luther Burbank*. Santa Rosa: L. Burbank Home & Gardens.

Dröscher, Ariane. 2014. "Images of Cell Trees, Cell Lines, and Cell Fates: The Legacy of Ernst Haeckel and August Weismann in Stem Cell Research." *History and Philosophy of the Life Sciences* 36:157~86.

Du Bois, W. E. B. 1906. *The Health and Physique of the Negro American*. Atlanta: Atlanta University Press.

Duncan, Andrew W., Amy E. Hanlon Newell, Leslie Smith, Elizabeth M. Wilson, Susan B. Olson, Matthew J. Thayer, Stephen C. Strom, and Markus Grompe. 2012. "Frequent Aneuploidy Among Normal Human Hepatocytes." *Gastroenterology* 142:25~28.

Dunham-Snary, Kimberly J., and Scott W. Ballinger. 2015. "Mitochondrial-Nuclear DNA Mismatch Matters." *Science* 349:1449~50.

Dunlap, Knight. 1940. "Antidotes for Superstitions Concerning Human Heredity." *Scientific Monthly* 51:221~25.

Dunsford, I., C. C. Bowley, A. M. Hutchison, J. S. Thompson, R. Sanger, and R. R. Race. 1953. "A Human Blood-Group Chimera." *British Medical Journal* 2:81.

Du Plessis, Paul J., Clifford Ando, and Kaius Tuori, eds. 2016. *The Oxford Handbook of Roman Law and Society*. Oxford: Oxford University Press.

Dusheck, Jenny. 2016. "Girl's Deadly Arrhythmia Linked to Mosaic of Mutant Cells." *Stanford Medicine News Center*, September 26.

Duster, Troy. 2015. "A Post-Genomic Surprise. The Molecular Reinscription of Race in Science, Law and Medicine." *British Journal of Sociology* 66:1~27.

"Dwarf Alberta Spruce." Boston: The Arnold Arboretum of Harvard University. http://arboretum.harvard.edu/wp-content/uploads/Picea_glauca.pdf.

Eames, Ninetta. 1896. "California's Great Plant Specialist: Luther Burbank, the Wizard of Horticulture." *San Francisco Call*, March 8.

Eaton, Sally A., Navind Jayasooriah, Michael E. Buckland, David Ik Martin, Jennifer E. Cropley, and Catherine M. Suter. 2015. "Roll Over Weismann: Extracellular Vesicles in the Transgenerational Transmission of Environmental Effects." *Epigenomics*. doi:10.2217/epi.15.58.

Edwards, Matthew D., Anna Symbor-Nagrabska, Lindsey Dollard, David K. Gifford, and Gerald R. Fink. 2014. "Interactions between Chromosomal and Nonchromosomal Elements Reveal Missing Heritability." *Proceedings of the National Academy of Sciences of the United States of America* 111:7719~22.

Edwards, R. G., P. C. Steptoe, and J. M. Purdy. 1970. "Fertilization and Cleavage in Vitro of Preovulator Human Oocytes." *Nature* 227:1307~09.

Egan, Michael F., Terry E. Goldberg, Bhaskar S. Kolachana, Joseph H. Callicott, Chiara M. Mazzanti, Richard E. Straub, David Goldman, and Daniel R. Weinberger. 2001. "Effect of COMT Val108/158 Met Genotype on Frontal Lobe Function and Risk for Schizophrenia." *Proceedings of the National Academy of Sciences of the United States of America* 98:6917~22.

Egeland, Janice A., Daniela S. Gerhard, David L. Pauls, James N. Sussex, Kenneth K. Kidd, Cleona R. Alien, Abram M. Hostetter, and David E. Housman. 1987. "Bipolar Affective Disorders Linked to DNA Markers on Chromosome 11." *Nature* 325:783~89.

Ehrlich, Paul, and Marcus Feldman. 2003. "Genes and Cultures: What Creates Our Behavioral Phenome?" *Current Anthropology* 44:87~101.

Eliav-Feldon, Miriam, Benjamin Isaac, and Joseph Ziegler, eds. 2010. *The Origins of Racism in the West*. Cambridge: Cambridge University Press.

Ellis, Erle C. 2015. "Ecology in an Anthropogenic Biosphere." *Ecological Monographs* 85:287~331.

Ellis, Erle C. 2017. "Nature for the People." *Breakthrough Journal* no. 7, Summer. https://thebreakthrough.org/index.php/journal/issue-7/nature-for-the-people (accessed September 16, 2017).

Ellison, Jay W., Jill A. Rosenfeld, and Lisa G. Shaffer. 2013. "Genetic Basis of Intellectual Disability." *Annual Review of Medicine* 64:441~50.

Endersby, Jim. 2009. *A Guinea Pig's History of Biology*. Cambridge: Harvard University Press.

Engelstad, Kristin, Miriam Sklerov, Joshua Kriger, Alexandra Sanford, Johnston Grier, Daniel Ash, Dieter Egli, and others. 2016. "Attitudes toward Prevention of MtDNA-Related Diseases through Oocyte Mitochondrial Replacement Therapy." *Human Reproduction* 31:1058~65.

Epstein, David. 2013. "How an 1836 Famine Altered the Genes of Children Born Decades Later." *io9*, August 26. http://io9.gizmodo.com/how-an-1836-famine-altered-the-genes-of-children-born-d-1200001177 (accessed July 24, 2017).

Eror, Aleks. 2013. "China Is Engineering Genius Babies." *Vice*, March 15.

Esvelt, Kevin M., Andrea L. Smidler, Flaminia Catteruccia, and George M. Church. 2014. "Concerning RNA-Guided Gene Drives for the Alteration of Wild Populations." *eLife* 3:e1601964.

Evans, Janice P., and Douglas N. Robinson. 2011. "The Spatial and Mechanical Challenges of Female Meiosis." *Molecular Reproduction and Development* 78:769~77.

Even, Dan. 2011. "Dead Woman's Ova Harvested After Court Okays Family Request." *Haaretz*, August 8.

Evrony, Gilad D. 2016. "One Brain, Many Genomes." *Science* 354:557~58.

Fairfax Cryobank. "Donor Search." https://www.fairfaxcryobank.com/search/ (accessed August 24, 2017).

Falconer, Bruce. 2012. "We Are Family — Ancestry.com Can Prove It." *SFGate*, September 21. http://www.sfgate.com/business/article/we-are-family-ancestry-com-can-prove-it-3884980.php (accessed August 6, 2017).

Falick Michaeli, Tal, Yehudit Bergman, and Yuval Gielchinsky. 2015. "Rejuvenating Effect of Pregnancy on the Mother." *Fertility and Sterility* 103:1125~28.

Falk, Raphael. 2014. "A Century of Mendelism: On Johannsen's Genotype Conception." *International Journal of Epidemiology* 43:1002~07.

Fancher, Raymond E. 1987. *The Intelligence Men: Makers of the IQ Controversy*. New York: W. W. Norton.

Felsenfeld, Gary. 2014. "The Evolution of Epigenetics." *Perspectives in Biology and Medicine* 57:132~48.

Feyrer, James, Dimitra Politi, and David N. Weil. 2013. "The Cognitive Effects of Micronutrient Deficiency." *National Bureau of Economic Research Working Paper Series*, working paper 19233. http://www.nber.org/papers/w19233.

"Find Your Inner Neanderthal." 2011. 23andMe blog, December 15. https://blog.23andme.com/ancestry/find-your-inner-neanderthal/ (accessed July 25, 2017).

Finger, Stanley, and Shawn E. Christ. 2004. "Pearl S. Buck and Phenylketonuria (PKU)." *Journal of the History of the Neurosciences* 13:44~57.

Fischbach, Ruth L., and John D. Loike. 2014. "Maternal-Fetal Cell Transfer in Surrogacy: Ties That Bind." *American Journal of Bioethics* 14:35~36.

Fisher, Elizabeth M. C., and Jo Peters. 2015. "Mary Frances Lyon (1925~2014)." *Cell* 160:577~78.

Fisher, James, and Robert A. Hinde. 1949. "The Opening of Milk Bottles by Birds." *British Birds* 42:57.

Fishman, Lila, and John H. Willis. 2005. "A Novel Meiotic Drive Locus Almost Completely Distorts Segregation in Mimulus (Monkeyflower) Hybrids." *Genetics* 169:347~53.

Flannery, Kent V., and Joyce Marcus. 2012. *The Creation of Inequality: How Our Prehistoric Ancestors Set the Stage for Monarchy, Slavery, and Empire*. Cambridge: Harvard University Press.

Flores-Sarnat, Laura, Harvey B. Sarnat, Guillermo Dávila-Gutiérrez, and Antonio Álvarez. 2003. "Hemimegalencephaly: Part 2. Neuropathology Suggests a Disorder of Cellular Lineage." *Journal of Child Neurology* 18:776~85.

Flynn, James Robert. 2009. *What Is Intelligence?: Beyond the Flynn Effect*. Cambridge: Cambridge University Press.

Ford, Edmund Brisco. 1977. "Theodosius Grigorievich Dobzhansky, 25 January 1900~18 December 1975." *Biographical Memoirs of Fellows of the Royal Society* 23:59~89.

Fordham, Alfred J. 1967. "Dwarf Conifers from Witches'-Brooms." *Arnoldia* 27:29~50.

Forsberg, Lars A., David Gisselsson, and Jan P. Dumanski. 2016. "Mosaicism in Health and Disease — Clones Picking Up Speed." *Nature Reviews Genetics* 18:128~42.

Fosse, Roar, Jay Joseph, and Ken Richardson. 2015. "A Critical Assessment of the Equal-Environment Assumption of the Twin Method for Schizophrenia." *Frontiers in Psychiatry* 6:62.

Foster, Gavin L., Dana L. Royer, and Daniel J. Lunt. 2017. "Future Climate Forcing

Potentially without Precedent in the Last 420 Million Years." *Nature Communications* 8. doi:10.1038/ncomms14845.

Foster, Kevin R., Jonas Schluter, Katharine Z. Coyte, and Seth Rakoff-Nahoum. 2017. "The Evolution of the Host Microbiome as an Ecosystem on a Leash." *Nature* 548:43~51.

Francis, Gregory. 2014. "Too Much Success for Recent Groundbreaking Epigenetic Experiments." *Genetics* 198:449~51.

Frank, Steven A. 2014. "Somatic Mosaicism and Disease." *Current Biology* 24:R577~81.

Franklin, Sarah. 2013. *Biological Relatives IVF, Stem Cells, and the Future of Kinship*. Durham and London: Duke University Press.

Freed, Donald, Eric L. Stevens, and Jonathan Pevsner. 2014. "Somatic Mosaicism in the Human Genome." *Genes* 5:1064~94.

Frederickson, George. 2002. *Racism: A Short History*. Princeton, NJ: Princeton University Press.

Friedrich, Otto. 2014. *City of Nets: A Portrait of Hollywood in the 1940s*. New York: Harper Perennial.

Friese, Kurt Michael. 2010. *A Cook's Journey: Slow Food in the Heartland*. Ice Cube Books.

Fu, Qiaomei, Alissa Mittnik, Philip L. F. Johnson, Kirsten Bos, Martina Lari, Ruth Bollongino, Chengkai Sun, and others. 2013. "A Revised Timescale for Human Evolution Based on Ancient Mitochondrial Genomes." *Current Biology* 23:553~59.

Fu, Qiaomei, Cosimo Posth, Mateja Hajdinjak, Martin Petr, Swapan Mallick, Daniel Fernandes, Anja Furtwängler, and others. 2016. "The Genetic History of Ice Age Europe." *Nature* 534:200~05.

Funkhouser, Lisa J., and Seth R. Bordenstein. 2013. "Mom Knows Best: The Universality of Maternal Microbial Transmission." *PLOS Biology* 11:e1001631.

Gajecka, Marzena. 2016. "Unrevealed Mosaicism in the Next-Generation Sequencing Era." *Molecular Genetics and Genomics* 291:513~30.

Galant, Debra. 1998. "The Egg Men." *New York Times*, March 1.

Gallagher, Andrew. 2013. "Stature, Body Mass, and Brain Size: A Two-Million-Year Odyssey." *Economics and Human Biology* 11:551~62.

Galton, Francis. 1865. "Hereditary Talent and Character." *Macmillan's Magazine* 12:157~66.

Galton, Francis. 1869. *Hereditary Genius: An Inquiry into Its Laws and Consequences*. London: Macmillan.

Galton, Francis. 1870. "Experiments in Pangenesis, by Breeding from Rabbits of a Pure Variety, into Whose Circulation Blood Taken from Other Varieties Had Previously Been Largely Transfused." *Proceedings of the Royal Society of London* 19:393~410.

Galton, Francis. 1883. *Inquiries into Human Faculty and Its Development*. London: Macmillan.

Galton, Francis. 1889. *Natural Inheritance*. London: Macmillan.

Galton, Francis. 1909. *Memories of My Life*. London: Methuen.

Galupa, Rafael, and Edith Heard. 2015. "X-Chromosome Inactivation: New Insights into Cis and Trans Regulation." *Current Opinion in Genetics & Development* 31:57~66.

Gannett, Lisa. 2013. "Theodosius Dobzhansky and the Genetic Race Concept." *Studies in History and Philosophy of Biological and Biomedical Sciences* 44:250~61.

Gantz, Valentino M., and Ethan Bier. 2015. "The Mutagenic Chain Reaction: A Method for Converting Heterozygous to Homozygous Mutations." *Science* 348:442~44.

Gantz, Valentino M., Nijole Jasinskiene, Olga Tatarenkova, Aniko Fazekas, Vanessa M. Macias, Ethan Bier, and Anthony A. James. 2015. "Highly Efficient Cas9-mediated Gene Drive for Population Modification of the Malaria Vector Mosquito Anopheles stephensi." *Proceedings of the National Academy of Sciences of the United States of America* 112:E6736~E6743.

Gapp, Katharina, Ali Jawaid, Peter Sarkies, Johannes Bohacek, Pawel Pelczar, Julien Prados, Laurent Farinelli, Eric Miska, and Isabelle M. Mansuy. 2014. "Implication of Sperm RNAs in Transgenerational Inheritance of the Effects of Early Trauma in Mice." *Nature Reviews Neuroscience* 17:667~69.

Gapp, Katharina, Saray Soldado-Magraner, María Alvarez-Sánchez, Johannes Bohacek, Gregoire Vernaz, Huan Shu, Tamara B. Franklin, David Wolfer, and Isabelle M. Mansuy. 2014. "Early Life Stress in Fathers Improves Behavioural Flexibility in Their Offspring." *Nature Communications* 5:5466.

Gärdenfors, Peter, and Anders Högberg. 2017. "The Archaeology of Teaching and the Evolution of Homo docens." *Current Anthropology* 58:188~208.

Garrett, Henry E. 1955. *General Psychology*. New York: American Book Co.

Garrett, Henry E. 1961. "The Equalitarian Dogma." *Perspectives in Biology and Medicine* 4:480~84.

Gartler, Stanley M. 2015. "Mary Lyon's X-Inactivation Studies in the Mouse Laid the Foundation for the Field of Mammalian Dosage Compensation." *Journal of Genetics* 94:563~65.

Gartler, Stanley M., Sorrell H. Waxman, and Eloise Giblett. 1962. "An XX/XY Human Hermaphrodite Resulting from Double Fertilization." *Proceedings of the National Academy of Sciences of the United States of America* 48:332~35.

Gatewood, Willard B. 1990. *Aristocrats of Color: The Black Elite, 1880~1920*. Bloomington: Indiana University Press.

Geison, G. L. 1969. "Darwin and Heredity: The Evolution of His Hypothesis of Pangenesis." *Journal of the History of Medicine and Allied Sciences* 24:375~411.

Gelman, Susan A. 2003. *The Essential Child: Origins of Essentialism in Everyday Thought*. Oxford: Oxford University Press.

Genetics and Medicine Historical Network. "Interview with Dr. Mary Lyon." Interviewed by Peter Harper. Recorded October 11, 2004. https://genmedhist.eshg.org/fileadmin/content/website-layout/interviewees-attachments/Lyon%2C%20Mary.pdf (accessed August 24, 2017).

Génin, Emmanuelle, and Françoise Clerget-Darpoux. 2015. "The Missing Heritability Paradigm: A Dramatic Resurgence of the GIGO Syndrome in Genetics." *Human Heredity* 79:1~4.

Gershenson, S. 1928. "A New Sex-Ratio Abnormality in Drosophila obscura." *Genetics* 13:488~507.

Geserick, Gunther, and Ingo Wirth. 2012. "Genetic Kinship Investigation from Blood Groups to DNA Markers." *Transfusion Medicine and Hemotherapy* 39:163~75.

Gibbons, Ann. 2006. *The First Human: The Race to Discover Our Earliest Ancestors*. New York: Doubleday.

Gibbs, W. Wayt. 2014. "Biomarkers and Ageing: The Clock-Watcher." *Nature* 508:168.

Giese, Lucretia Hoover. 2001. "A Rare Crossing: Frida Kahlo and Luther Burbank." *American Art* 15:52~73.

Gilbert, Scott F. 2014. "A Holobiont Birth Narrative: The Epigenetic Transmission of the Human Microbiome." *Frontiers in Genetics* 5:282.

Gill, Peter, Pavel L. Ivanov, Colin Kimpton, Romelle Piercy, Nicola Benson, Gillian Tully, Ian Evett, Erika Hagelberg, and Kevin Sullivan. 1994. "Identification of the Remains of the Romanov Family by DNA Analysis." *Nature Genetics* 6:130~35.

Gillham, Nicholas W. 2001. *A Life of Sir Francis Galton: From African Exploration to the Birth of Eugenics*. New York: Oxford University Press.

Gitschier, Jane. 2010. "The Gift of Observation: An Interview with Mary Lyon." *PLOS Genetics* 6:e1000813.

Glass, Bentley. 1980. "The Strange Encounter of Luther Burbank and George Harrison Shull." *Proceedings of the American Philosophical Society* 124:133~53.

Gliboff, Sander. 2013. "The Many Sides of Gregor Mendel." In *Outsider Scientists: Routes to Innovation in Biology*. Edited by Oren Harman and Michael R. Dietrich. Chicago: University of Chicago Press.

Goddard, Henry H. 1908. "A Group of Feeble-Minded Children with Special Regard to Their Number Concepts." *Supplement to the Training School* 2:1~16.

Goddard, Henry H. 1910a. "Heredity of Feeble-Mindedness." *American Breeders Magazine* 1:165~78.

Goddard, Henry H. 1910b. "The Institution for Mentally Defective Children: An Unusual Opportunity for Scientific Research." *Training School* 7:275~78.

Goddard, Henry H. 1910c. "A Measuring Scale for Intelligence." *Training School* 6:146~55.

Goddard, Henry H. 1911a. "The Elimination of Feeble-Mindedness." *American Academy of Political and Social Science* 37:261~72.

Goddard, Henry H. 1911b. "A Revision of the Binet Scale." *Training School* 8:56~62.

Goddard, Henry H. 1911c. "Two Thousand Normal Children Tested by the Binet Scale." *Training School* 7: 310~12.

Goddard, Henry H. 1912. *The Kallikak Family. A Study in the Heredity of Feeble-Mindedness.* New York: Macmillan.

Goddard, Henry H. 1914. *Feeble-Mindedness: Its Causes and Consequences.* New York: Macmillan.

Goddard, Henry H. 1916. "The Menace of Mental Deficiency from the Standpoint of Heredity." *Boston Medical and Surgical Journal* 175:269~71.

Goddard, Henry H. 1917. "Mental Tests and the Immigrant." *Journal of Delinquency* 2:243~77.

Goddard, Henry H. 1920. *Human Efficiency and Levels of Intelligence: Lectures Delivered at Princeton University April 7, 8, 10, 11, 1919.* Princeton: Princeton University Press.

Goddard, Henry H. 1931. "Anniversary Address." In *Twenty-Five Years: The Vineland Laboratory 1906~1931.* Edited by Edgard A. Doll. Vineland: Smith Printing House.

Goddard, Henry H. 1942. "In Defense of the Kallikak Study." *Science* 95:574~76.

Goldstein, Sam, Dana Princiotta, and Jack A. Naglieri, eds. 2015. *Handbook of Intelligence: Evolutionary Theory, Historical Perspective, and Current Concepts.* New York: Springer.

Goodell, Margaret A., Hoang Nguyen, and Noah Shroyer. 2015. "Somatic Stem Cell Heterogeneity: Diversity in the Blood, Skin and Intestinal Stem Cell Compartments." *Nature Reviews Molecular Cell Biology* 16:5299~5330.

Goodrich, Julia K., Emily R. Davenport, Michelle Beaumont, Matthew A. Jackson, Rob Knight, Carole Ober, Tim D. Spector, Jordana T. Bell, Andrew G. Clark, and Ruth E. Ley. 2016. "Genetic Determinants of the Gut Microbiome in UK Twins." *Cell Host & Microbe* 19:731~43.

Goodrich, Julia K., Jillian L. Waters, Angela C. Poole, Jessica L. Sutter, Omry Koren, Ran Blekhman, Michelle Beaumont, and others. 2014. "Human Genetics Shape the Gut Microbiome." *Cell* 159:789~99.

Goodspeed, Weston Arthur. 1907. *History of the Goodspeed Family, Profusely Illustrated: Being a Genealogical and Narrative Record Extending from 1380 to 1906, and Embracing Material Concerning the Family Collected during Eighteen Years of Research, Together with Maps, Plats, Charts, Etc.* Chicago: W. A. Goodspeed.

Goolam, Mubeen. 2016. "Heterogeneity in Oct4 and Sox2 Targets Biases Cell Fate in 4-Cell Mouse Embryos." *Cell* 165:61~74.

Gosney, E. S., and Paul Popenoe. 1929. *Sterilization for Human Betterment: A Summary of Results of 6,000 Operations in California, 1909~1929.* New York: Macmillan.

Grant, Madison. 1916. *The Passing of the Great Race: Or, the Racial Basis of European History.* New York: Charles Scribner's Sons.

Grasgruber, P., J. Cacek, T. Kalina, and M. Sebera. 2014. "The Role of Nutrition and Genetics as Key Determinants of the Positive Height Trend." *Economics and Human Biology* 15:81~100.

Gray, Michael W. 2012. "Mitochondrial Evolution." *Cold Spring Harbor Perspectives in Biology* 4:a011403.

Greally, John. 2015. "Over-Interpreted Epigenetics Study of the Week." "Epgntxeinstein" blog, August 23. http://epgntxeinstein.tumblr.com/post/127416455028/over-interpreted-epigenetics-study-of-the-week (accessed July 26, 2017).

Greely, Henry T. 2016. *The End of Sex and the Future of Human Reproduction.* Cambridge: Harvard University Press.

Greenfieldboyce, Nell. 2017. "Fate of Irish Giant's Bones Rekindles Debate over Rights After Death." NPR *All Things Considered*, March 13.

Griesemer, James R. 2005. "The Informational Gene and the Substantial Body: On the Generalization of Evolutionary Theory by Abstraction." In *Idealization XII: Correcting the Model. Idealization and Abstraction in the Sciences.* Edited by Martin R. Jones and Nancy Cartwright. Amsterdam: Rodopi.

Griffith, Malachi, Christopher A. Miller, Obi L. Griffith, Kilannin Krysiak, Zachary L. Skidmore, Avinash Ramu, Jason R. Walker, and others. 2015. "Optimizing Cancer Genome Sequencing and Analysis." *Cell Systems* 1:210~23.

Grognet, Pierre, Hervé Lalucque, Fabienne Malagnac, and Philippe Silar. 2014. "Genes That Bias Mendelian Segregation." *PLOS Genetics* 10:e1004387.

Grudnik, Jennifer L., and John H. Kranzler. 2001. "Meta-Analysis of the Relationship Between Intelligence and Inspection Time." *Intelligence* 29:523~35.

Grüneberg, Hans. 1967. "Sex-linked Genes in Man and the Lyon Hypothesis." *Annals of Human Genetics* 30:239~57.

Guevara-Aguirre, Jaime, Priya Balasubramanian, Marco Guevara-Aguirre, Min Wei, Federica Madia, Chia-Wei Cheng, David Hwang, and others. 2011. "Growth Hormone

Receptor Deficiency Is Associated with a Major Reduction in Pro-Aging Signaling, Cancer, and Diabetes in Humans." *Science Translational Medicine* 3:70ra13.

Gull, Keith. 2010. "Boveri and Cancer: Prescient Views of Molecular Mechanisms." *Notes and Records of the Royal Society* 64:185~87.

Guo, Fan, Liying Yan, Hongshan Guo, Lin Li, Boqiang Hu, Yangyu Zhao, Jun Yong, and others. 2015. "The Transcriptome and DNA Methylome Landscapes of Human Primordial Germ Cells." *Cell* 161:1437~52.

Gustafsson, Å. 1979. "Linnaeus' Peloria: The History of a Monster." *Theoretical and Applied Genetics* 54:241~48.

Guyot, A., and C. C. Felton. 1852. *The Earth and Man: Or, Physical Geography in Its Relation to the History of Mankind*. London: J. W. Parker and Son.

Hadhazy, Adam. 2015. "Will Humans Keep Getting Taller?" BBC *Future*, May 14.

Haggard, Howard Wilcox, and E. M. Jellinek. 1942. *Alcohol Explored*. Garden City, NY: Doubleday, Doran & Company.

Haidle, Miriam N., Nicholas J. Conard, and Michael Bolus, eds. 2016. *The Nature of Culture: Based on an Interdisciplinary Symposium "The Nature of Culture," Tübingen, Germany*. Dordecht: Springer.

Haier, Richard J. 2017. *The Neuroscience of Intelligence*. New York: Cambridge University Press.

Haig, David. 2016. "Intracellular Evolution of Mitochondrial DNA (mtDNA) and the Tragedy of the Cytoplasmic Commons." *BioEssays* 38. doi:10.1002/bies.201600003.

Hains, James H., Gary R. Carter, Scott D. Kraus, Charles A. Mayo, and Howard E. Winn. 1982. "Feeding Behavior of the Humpback Whale, Megaptera novaeangliae, in the Western North Atlantic." *Fishery Bulletin* 80:259~68.

Haley, Alex. 1972. "My Furthest-Back Person-The African." *New York Times Magazine*, July 16.

Hall, Stephen S. 2006. *Size Matters: How Height Affects the Health, Happiness, and Success of Boys-and the Men They Become*. Boston: Houghton Mifflin.

Hamilton, Garry. 2015. "The Hidden Risks for 'Three-Person' Babies." *Nature* 525:444.

Hammer, Michael F., Doron M. Behar, Tatiana M. Karafet, Fernando L. Mendez, Brian Hallmark, Tamar Erez, Lev A. Zhivotovsky, Saharon Rosset, and Karl Skorecki. 2009. "Extended Y Chromosome Haplotypes Resolve Multiple and Unique Lineages of the Jewish Priesthood." *Human Genetics* 126:707~17.

Hammer, Michael F., Karl Skorecki, Sara Selig, Shraga Blazer, Bruce Rappaport, Robert Bradman, Neil Bradman, P. J. Waburton, and Monic Ismajlowicz. 1997. "Y Chromosomes of Jewish Priests." *Nature* 385:3.

Hamzelou, Jessica. 2016. "World's First Baby Born with New '3 Parent' Technique." *New Scientist*, September 27.

Handyside, A. H., E. H. Kontogianni, K. Hardy, and R. M. L. Winston. 1990. "Pregnancies from Biopsied Human Preimplantation Embryos Sexed by Y-Specific DNA Amplification." *Nature* 344:768~70.

Haneda, Yata, and Frederick I. Tsuji. 1971. "Light Production in the Luminous Fishes Photoblepharon and Anomalops from the Banda Islands." *Science* 173:143~45.

Happle, Rudolf. 2002. "New Aspects of Cutaneous Mosaicism." *Journal of Dermatology* 29:681~92.

Harding, Cary O. 2017. "Gene and Cell Therapy for Inborn Errors of Metabolism." In *Inherited Metabolic Diseases*. Edited by G. Hoffmann. Berlin: Springer-Verlag.

Harper, Peter S. 1992. "Eugenics, Human Genetics and Human Failings: The Eugenics Society, Its Sources and Its Critics in Britain." *Journal of Medical Genetics* 29:440.

Harper, Peter S. 2008. *A Short History of Medical Genetics*. Oxford: Oxford University Press.

Harper, Peter S. 2011. "Mary Lyon and the Hypothesis of Random X Chromosome Inactivation." *Human Genetics* 130:169~74.

Harris, Harry. 1974. "Lionel Sharples Penrose (1898~1972)." *Journal of Medical Genetics* 11:1~24.

Harris, Henry. 1999. *The Birth of the Cell*. New Haven: Yale University Press.

Harris, Kelley, and Rasmus Nielsen. 2016. "The Genetic Cost of Neanderthal Introgression." *Genetics* 203:881~91.

Harris, Theodore F. 1969. *Pearl S. Buck: A Biograpahy*. New York: John Day.

Harrison, Ross G. 1937. "Embryology and Its Relations." *Science* 85:369~74.

Hart, Sara A. 2016. "Precision Education Initiative: Moving Toward Personalized Education." *Mind, Brain, and Education* 10:209~11.

Hatfield, A. 2015. "Delineating Cancer Evolution with Single-Cell Sequencing." *Science Translational Medicine* 7:296fs29.

Hatton, T. J. 2014. "How Have Europeans Grown So Tall?" *Oxford Economic Papers* 66:349~72.

Haworth, C. M. A., M. J. Wright, M. Luciano, N. G. Martin, E. J. C. de Geus, C. E. M. van Beijsterveldt, M. Bartels, and others. 2010. "The Heritability of General Cognitive Ability Increases Linearly from Childhood to Young Adulthood." *Molecular Psychiatry* 15:1112~20.

Hayashi, Katsuhiko, Sugako Ogushi, Kazuki Kurimoto, So Shimamoto, Hiroshi Ohta, and Mitinori Saitou. 2012. "Offspring from Oocytes Derived from in Vitro Primordial Germ Cell-like Cells in Mice." *Science* 338:971~97.

Haygood, M. G., B. M. Tebo, and K. H. Nealson. 1984. "Luminous Bacteria of a Monocentrid Fish (*Monocentris japonicus*) and Two Anomalopid Fishes (*Photoblepharon palpebratus* and *Kryptophanaron alfredi*): Population Sizes and Growth within the Light Organs, and Rates of Release into the Seawater." *Marine Biology* 78:249~54.

Hayman, John, Gonzalo Álvarez, Francisco C. Ceballos, and Tim M. Berra. 2017. "The Illnesses of Charles Darwin and His Children: A Lesson in Consanguinity." *Biological Journal of the Linnean Society* 121, no. 2. doi:10.1093/biolinnean/blw041.

Haynes, Stephen R. 2007. *Noah's Curse: The Biblical Justification of American Slavery.* Oxford: Oxford University Press.

Heard, Edith, and Robert A. Martienssen. 2014. "Transgenerational Epigenetic Inheritance: Myths and Mechanisms." *Cell* 157:95~109.

Hearnshaw, L. S. 1979. *Cyril Burt, Psychologist*. Ithaca, NY: Cornell University Press.

Heim, Sverre. 2014. "Boveri at 100: Boveri, Chromosomes and Cancer." *Journal of Pathology* 234:138~41.

Hellenthal, Garrett, George B. J. Busby, Gavin Band, James F. Wilson, Cristian Capelli, Daniel Falush, and Simon Myers. 2014. "A Genetic Atlas of Human Admixture History." *Science* 343:747~51.

Hendriks, Saskia, Eline A. F. Dancet, Ans M. M. van Pelt, Geert Hamer, and Sjoerd Repping. 2015. "Artificial Gametes: A Systematic Review of Biological Progress towards Clinical Application." *Human Reproduction Update* 21:285~96.

Hendry, Tory A., Jeffrey R. de Wet, and Paul V. Dunlap. 2014. "Genomic Signatures of Obligate Host Dependence in the Luminous Bacterial Symbiont of a Vertebrate." *Environmental Microbiology* 16:2611~22.

Hendry, Tory A., Jeffrey R. de Wet, Katherine E. Dougan, and Paul V. Dunlap. 2016. "Genome Evolution in the Obligate but Environmentally Active Luminous Symbionts of Flashlight Fish." *Genome Biology and Evolution* 8:2203~13.

Henig, Robin Marantz. 2004. *Pandora's Baby: How the First Test Tube Babies Sparked the Reproductive Revolution*. Boston: Houghton Mifflin.

Henikoff, Steven, and John M. Greally. "Epigenetics, Cellular Memory and Gene Regulation." *Current Biology* 26:R644~R648.

Henn, Brenna M., Laura R. Botigué, Carlos D. Bustamante, Andrew G. Clark, and Simon Gravel. 2015. "Estimating the Mutation Load in Human Genomes." *Nature Reviews Genetics* 16:333~43.

Henrich, Joseph. 2016. *The Secret of Our Success: How Culture Is Driving Human Evolution, Domesticating Our Species, and Making Us Smarter*. Princeton: Princeton University Press.

Herzenberg, L. A., D. W. Bianchi, J. Schröder, H. M. Cann, and G. M. Iverson. 1979. "Fetal

Cells in the Blood of Pregnant Women: Detection and Enrichment by Fluorescence-Activated Cell Sorting." *Proceedings of the National Academy of Sciences of the United States of America* 76:1453~55.

Hewlett, Barry S., and Casey J. Roulette. 2016. "Teaching in Hunter-Gatherer Infancy." *Royal Society Open Science* 3:150403.

Heyes, Cecilia. 2016. "Born Pupils? Natural Pedagogy and Cultural Pedagogy." *Perspectives on Psychological Science* 11:280~95.

Hikabe, Orie, Nobuhiko Hamazaki, Go Nagamatsu, Yayoi Obata, Yuji Hirao, Norio Hamada, So Shimamoto, and others. 2016. "Reconstitution in Vitro of the Entire Cycle of the Mouse Female Germ Line." *Nature* 539:299~303.

Hill, Helen F., and Henry H. Goddard. 1911. "Delinquent Girls Tested by the Binet Scale." *Training School* 8:50~55.

Hill, Kim R., Brian M. Wood, Jacopo Baggio, A. Magdalena Hurtado, and Robert T. Boyd. 2014. "Hunter-Gatherer Inter-Band Interaction Rates: Implications for Cumulative Culture." *PLOS One* 9:e102806.

Hippocrates. *On Airs, Waters, and Places*. Translated by Francis Adams. MIT Internet Classics Archive. http://classics.mit.edu/Hippocrates/airwatpl.html (accessed August 29, 2016).

Hirschfeld, Ludwik, and Hanka Hirschfeld. 1919. "Serological Differences Between the Blood of Different Races: The Result of Researches on the Macedonian Front." *Lancet* 194:675~79.

Hirschhorn, Joel N., Cecilia M. Lindgren, Mark J. Daly, Andrew Kirby, Stephen F. Schaffner, Noel P. Burtt, David Altshuler, Alex Parker, John D. Rioux, and Jill Platko. 2001. "Genomewide Linkage Analysis of Stature in Multiple Populations Reveals Several Regions with Evidence of Linkage to Adult Height." *American Journal of Human Genetics* 69:106~16.

Hirschhorn, Kurt, Wayne H. Decker, and Herbert L. Cooper. 1960. "Human Intersex with Chromosome Mosaicism of Type XY/XO: Report of a Case." *New England Journal of Medicine* 263:1044~48.

Hirszfeld, Ludwik, and Hanna Hirszfeldowa. 1918. "Essai D'Application des Méthodes Sérologiques au Problème des Races." *L'Anthropologie* 29:505~37.

Hjelm, Brooke E., Brandi Rollins, Firoza Mamdani, Julie C. Lauterborn, George Kirov, Gary Lynch, Christine M. Gall, Adolfo Sequeira, and Marquis P. Vawter. 2015. "Evidence of Mitochondrial Dysfunction within the Complex Genetic Etiology of Schizophrenia." *Molecular Neuropsychiatry* 1:201~19.

Hodge, Gerald P. 1977. "A Medical History of the Spanish Habsburgs: As Traced in

Portraits." *JAMA* 238:1169~74.

Hodge, Kathie T., with Bradford Condon. 2010. "A Fungus Walks into a Singles Bar." "Cornell Mushroom Blog," June 2. https://blog.mycology.cornell.edu/2010/06/02/a-fungus-walks-into-a-singles-bar/ (accessed July 25, 2017).

Holt, I. J., A. E. Harding, and J. A. Morgan-Hughes. 1988. "Deletions of Muscle Mitochondrial DNA in Patients with Mitochondrial Myopathies." *Nature* 331:717~19.

Hooper, Paul L., Michael Gurven, Jeffrey Winking, and Hillard S. Kaplan. 2015. "Inclusive Fitness and Differential Productivity across the Life Course Determine Intergenerational Transfers in a Small-Scale Human Society." *Proceedings of the Royal Society B* 282:20142808.

Horvath, Steve. 2013. "DNA Methylation Age of Human Tissues and Cell Types." *Genome Biology* 14:R115.

Horvath, Steve and Andrew J. Levine. 2015. "HIV-1 Infection Accelerates Age according to the Epigenetic Clock." *Journal of Infectious Diseases*. doi:10.1093/infdis/jiv277.

Hotchkiss, R. D. 1965. "Portents for a Genetic Engineering." *Journal of Heredity* 56:197~202.

Howell, Michael, and Peter Ford. 2010. *The True History of the Elephant Man: The Definitive Account of the Tragic and Extraordinary Life of Joseph Carey Merrick*. New York: Skyhorse Publishing.

"How One Sin Perpetuates Itself." 1916. *Evening Star*, March 12.

Hsu, Stephen. 2016. "Super-Intelligent Humans Are Coming." *Nautilus*, March 3. http://nautil.us/issue/34/adaptation/super_intelligent-humans-are-coming-rp (accessed September 11, 2017).

Huang, Lam Opal, Aurélie Labbe, and Claire Infante-Rivard. 2013. "Transmission Ratio Distortion: Review of Concept and Implications for Genetic Association Studies." *Human Genetics* 132:245~63.

Hubby, J. L., and R. C. Lewontin. 1966. "A Molecular Approach to the Study of Genic Heterozygosity in Natural Populations. I. The Number of Alleles at Different Loci in Drosophila pseudoobscura." *Genetics* 54:577~94.

Hübler, Olaf. 2016. "Height and Wages." In *The Oxford Handbook of Economics and Human Biology*. Edited by John Komlos and Inas R. Kelly and Oxford: Oxford University Press.

Huerta-Sánchez, Emilia, and Fergal P. Casey. 2015. "Archaic Inheritance: Supporting High-Altitude Life in Tibet." *Journal of Applied Physiology* 119:1129~34.

Huerta-Sánchez, Emilia, Xin Jin, Asan, Zhuoma Bianba, Benjamin M. Peter, Nicolas Vinckenbosch, Yu Liang, and others. 2014. "Altitude Adaptation in Tibetans Caused by Introgression of Denisovan-Like DNA." *Nature* 512:194~97.

Hughes, Langston. 1940. *The Big Sea: An Autobiography*. New York: Knopf.

Hughes, Virginia. 2014. "Epigenetics: The Sins of the Father." *Nature* 507:22.

Hunley, Keith L., Graciela S. Cabana, and Jeffrey C. Long. 2016. "The Apportionment of Human Diversity Revisited." *American Journal of Physical Anthropology* 160. doi:10.1002/ajpa.22899.

Hunter, John. 1779. "Account of the Free Martin. By Mr. John Hunter, FRS." *Philosophical Transactions of the Royal Society of London* 69:279~93.

Hunter, Marjorie. 1961. "President Lauds Two Poster Girls." *New York Times*, November 14.

Hunter, Neil. 2015. "Meiotic Recombination: The Essence of Heredity." *Cold Spring Harbor Perspectives in Biology* 7:a016618.

Hurst, Gregory D. 2017. "Extended Genomes: Symbiosis and Evolution." *Interface Focus* 7:5, 20170001.

Hurst, Laurence D. 1993. "Evolutionary Genetics: Drunken Walk of the Diploid." *Nature* 365:206~07.

"I.Q. Control." 1938. *Time*, November 7.

Imamura, Masanori, Orie Hikabe, Zachary Yu-Ching Lin, and Hideyuki Okano. 2014. "Generation of Germ Cells in Vitro in the Era of Induced Pluripotent Stem Cells." *Molecular Reproduction and Development* 81:2~19.

Isaacs, Alison T., Fengwu Li, Nijole Jasinskiene, Xiaoguang Chen, Xavier Nirmala, Osvaldo Marinotti, Joseph M. Vinetz, and Anthony A. James. 2011. "Engineered Resistance to Plasmodium falciparum Development in Transgenic Anopheles stephensi." *PLOS Pathology* 7:e1002017.

Isoda, Takeshi, Anthony M. Ford, Daisuke Tomizawa, Frederik W. van Delft, David Gonzalez de Castro, Norkio Mitsuiki, Joannah Score, and others. 2009. "Immunologically Silent Cancer Clone Transmission from Mother to Offspring." *Proceedings of the National Academy of Sciences of the United States of America* 106:17882~85.

Jablonski, Nina G., and George Chaplin. 2017. "The Colours of Humanity: The Evolution of Pigmentation in the Human Lineage." *Philosophical Transactions of the Royal Society B* 372:1724.

Jackson, John P. 2005. *Science for Segregation: Race, Law and the Case Against Brown v. Board of Education*. New York: New York University Press.

Jacob, François. 1993. *The Logic of Life: A History of Heredity*. Princeton: Princeton University Press.

James, William. 1868. "Review of 'Variation of Animals and Plants under Domestication.'" *North American Review* 107:362~68.

Janick, Jules. 2015. "Luther Burbank: Plant Breeding Artist, Horticulturist, and Legend." *HortScience* 50:153~56.

Janssens, F. A. 2012. "The Chiasmatype Theory: A New Interpretation of the Maturation Divisions, 1909." *Genetics* 191:319~46.

Jeanty, Cerine, S. Christopher Derderian, and Tippi C. Mackenzie. 2014. "Maternal-Fetal Cellular Trafficking: Clinical Implications and Consequences." *Current Opinion in Pediatrics* 26:377~82.

Jégu, Teddy, Eric Aeby, and Jeannie T. Lee. 2017. "The X Chromosome in Space." *Nature Reviews Genetics* 18. doi:10.1038/nrg.2017.17.

Jensen, Arthur R. 1967. "How Much Can We Boost IQ and Scholastic Achievement?" Speech given before the California Advisory Council of Educational Research. San Diego, California.

Johnson, Christopher H. 2013. *Blood & Kinship: Matter for Metaphor from Ancient Rome to the Present*. New York: Berghahn Books.

Johnson, Ronald C., Gerald E. McClearn, Sylvia Yuen, Craig T. Nagoshi, Frank M. Ahern, and Robert E. Cole. 1985. "Galton's Data a Century Later." *American Psychologist* 40:875.

Johnson, Scott C. 2014. "The New Theory That Could Explain Crime and Violence in America." *Matter*, February 17. https://medium.com/matter/the-new-theory-that-could-explain-crime-and-violence-in-america-945462826399#.4jhplsza3 (accessed July 27, 2017).

Johnston, Ian. 2016. "Scientists Break 13-Year Silence to Insist 'Three-Parent Baby' Technique Is Safe." *Independent*, August 11.

Jonkman, Marcel F., Hans Scheffer, Rein Stulp, Hendri H. Pas, Miranda Nijenhuis, Klaas Heeres, Katsushi Owaribe, Leena Pulkkinen, and Jouni Uitto. 1997. "Revertant Mosaicism in Epidermolysis Bullosa Caused by Mitotic Gene Conversion." *Cell* 88:543~51.

Jordan, David Starr, and Vernon Lyman Kellogg. 1909. *The Scientific Aspects of Luther Burbank's Work*. New York: A. M. Robertson.

Jordan, Harvey Ernest. 1913. "The Biological Status and Social Worth of the Mulatto." *Popular Science Monthly*, June.

Jordan, John W., Eyre Whalley, Mary Fisher, Richd. Quinton, Thos. Holme, B. F., Anne Farrow, Hannah Walker, M. Foulger, and Mary Folger, and P. F. 1899. "Franklin as a Genealogist." *Pennsylvania Magazine of History and Biography* 23:1~22.

Jordan, Winthrop D. 2014. "Historical Origins of the One-Drop Racial Rule in the United States." *Journal of Critical Mixed Race Studies* 1:98~132.

Joyce, Gerald F. 2012. "Bit by Bit: The Darwinian Basis of Life." *PLOS Biology* 10:e1001323.

Ju, Young Seok, Inigo Martincorena, Moritz Gerstung, Mia Petljak, Ludmil B. Alexandrov, Raheleh Rahbari, David C. Wedge, and others. 2017. "Somatic Mutations Reveal Asymmetric Cellular Dynamics in the Early Human Embryo." *Nature* 543:714~18.

Juengst, Eric T., Jennifer R. Fishman, Michelle L. McGowan, and Richard A. Settersten. 2014. "Serving Epigenetics Before Its Time." *Trends in Genetics* 30:427~29.

Juric, Ivan, Simon Aeschbacher, and Graham Coop. 2016. "The Strength of Selection Against Neanderthal Introgression." *PLOS Genetics* 12:e1006340.

Kakourou, Georgia, Christina Vrettou, Maria Moutafi, and Joanne Traeger-Synodinos. 2017. "Pre-Implantation HLA Matching: The Production of a Saviour Child." *Best Practice & Research: Clinical Obstetrics & Gynaecology*. doi:10.1016/j.bpobgyn.2017.05.008.

Kalantry, Sundeep, and Jacob L. Mueller. 2015. "Mary Lyon: A Tribute." *American Journal of Human Genetics* 97:507~11.

Kamin, Leon J., and Arthur S. Goldberger. 2002. "Twin Studies in Behavioral Research: A Skeptical View." *Theoretical Population Biology* 61:83~95.

Karp, Robert J., Qutub H. Qazi, Karen A. Moller, Wendy A. Angelo, and Jeffrey M. Davis. 1995. "Fetal Alcohol Syndrome at the Turn of the 20th Century: An Unexpected Explanation of the Kallikak Family." *Archives of Pediatrics & Adolescent Medicine* 149:45~48.

Kaufman, Alan S., Xiaobin Zhou, Matthew R. Reynolds, Nadeen L. Kaufman, Garo P. Green, and Lawrence G. Weiss. 2014. "The Possible Societal Impact of the Decrease in U.S. Blood Lead Levels on Adult IQ." *Environmental Research* 132:413~20.

Kaufman, Jay S. 2014. "Commentary: Race: Ritual, Regression, and Reality." *Epidemiology* 25:485~87.

Kaufman, Seymour. 2004. *Overcoming a Bad Gene: The Story of the Discovery and Successful Treatment of Phenylketonuria, a Genetic Disease That Causes Mental Retardation*. Bloomington, IN: AuthorHouse.

Keevak, Michael. 2001. *Becoming Yellow: A Short History of Racial Thinking*. Princeton: Princeton University Press.

Keith, Arthur. 1911. "An Inquiry into the Nature of the Skeletal Changes in Acromegaly." *Lancet* 177:993~1002.

Kelleher, Erin S. 2016. "Reexamining the P-Element Invasion of Drosophila melanogaster Through the Lens of PiRNA Silencing." *Genetics* 203:1513~31.

Kelsoe, John R., Edward I. Ginns, Janice A. Egeland, Daniela S. Gerhard, Alisa M. Goldstein, Sherri J. Bale, David L. Pauls, Robert T. Long, Kenneth K. Kidd, Giovanni Conte, and others. 1989. "Re-evaluation of the Linkage Relationship between

Chromosome 11p Loci and the Gene for Bipolar Affective Disorder in the Old Order Amish." *Nature* 342:248.

Kendi, Ibram X. 2016. *Stamped from the Beginning: The Definitive History of Racist Ideas in America*. New York: Nation Books.

Kevles, Daniel J. 1995. *In the Name of Eugenics: Genetics and the Uses of Human Heredity*. Cambridge: Harvard University Press.

Khosrotehrani, Kiarash, and Diana W. Bianchi. 2005. "Multi-Lineage Potential of Fetal Cells in Maternal Tissue: A Legacy in Reverse." *Journal of Cell Science* 118:1559~63.

Khush, Gurdev S. 1995. "Breaking the Yield Frontier of Rice." *GeoJournal* 35:329~32.

Kim, Somi, and Bong-Kiun Kaang. 2017. "Epigenetic Regulation and Chromatin Remodeling in Learning and Memory." *Experimental & Molecular Medicine* 49:e281.

Kingsbury, Noel. 2011. *Hybrid: The History and Science of Plant Breeding*. Chicago: University of Chicago Press.

Kingsford, Charles Lethbridge. 1905. *Chronicles of London*. London: Clarendon Press.

Klapisch-Zuber, Christiane. 1991. "The Genesis of the Family Tree." *I Tatti Studies in the Italian Renaissance* 4:105~29.

Klein, Robert J., Caroline Zeiss, Emily Y. Chew, Jen-Yue Tsai, Richard S. Sackler, Chad Haynes, Alice K. Henning, and others. 2005. "Complement Factor H Polymorphism in Age-Related Macular Degeneration." *Science* 308:385~89.

Knight, Thomas Andrew. 1799. "An Account of Some Experiments on the Fecundation of Vegetables. In a Letter from Thomas Andrew Knight, Esq. To the Right Hon. Sir Joseph Banks, K.B.P.R.S." *Philosophical Transactions of the Royal Society of London* 89:195~204.

Knoblich, Juergen A. 2008. "Mechanisms of Asymmetric Stem Cell Division." *Cell* 132: 583~97.

Knowler, W. C., R. C. Williams, D. J. Pettitt, and A. G. Steinberg. 1988. "Gm3;5,13,14 and Type 2 Diabetes Mellitus: An Association in American Indians with Genetic Admixture." *American Journal of Human Genetics* 43:520~26.

Koltunow, Anna M. G., Susan D. Johnson, and Takashi Okada. 2011. "Apomixis in Hawkweed: Mendel's Experimental Nemesis." *Journal of Experimental Botany* 62:1699~707.

Kondrashov, Alexey S. 2017. *Crumbling Genome: The Impact of Deleterious Mutations on Humans*. Hoboken, NJ: Wiley Blackwell.

Koonin, Eugene V., and Yuri I. Wolf. 2009. "Is Evolution Darwinian or/and Lamarckian?" *Biology Direct* 4:42.

Kornrich, Sabino. 2016. "Inequalities in Parental Spending on Young Children." *AERA Open* 2:1~12.

Koszul, Romain, Matthew Meselson, Karine Van Doninck, Jean Vandenhaute, and Denise Zickler. 2012. "The Centenary of Janssens's Chiasmatype Theory." *Genetics* 191:309~17.

Kouzak, Samara Silva, Marcela Sena Teixeira Mendes, and Izelda Maria Carvalho Costa. 2013. "Cutaneous Mosaicisms: Concepts, Patterns and Classifications." *Anais Brasileiros de Dermatologia* 88:507~17.

Kretzschmar, Kai, and Fiona M. Watt. 2012. "Lineage Tracing." *Cell* 148:33~45.

Kühl, Stefan. 2002. *The Nazi Connection: Eugenics, American Racism, and German National Socialism*. New York: Oxford University Press.

Kumar, Akash, Allison Ryan, Jacob O. Kitzman, Nina Wemmer, Matthew W. Snyder, Styrmir Sigurjonsson, Choli Lee, and others. 2015. "Whole Genome Prediction for Preimplantation Genetic Diagnosis." *Genome Medicine* 7:35.

Kun, Ádám, András Szilágyi, Balázs Könnyű, Gergely Boza, István Zachar, and Eörs Szathmáry. 2015. "The Dynamics of the RNA World: Insights and Challenges." *Annals of the New York Academy of Sciences* 1341:75~95.

Kuzma, Jennifer, and Lindsey Rawls. 2016. "Engineering the Wild: Gene Drives and Intergenerational Equity." *Jurimetrics* 56:279~96.

Kwiatkowski, D. P., G. Busby, G. Band, K. Rockett, C. Spencer, Q. S. Le, M. Jallow, E. Bougama, V. Mangana, and L. Amengo-Etego. 2016. "Admixture into and Within Sub-Saharan Africa." *eLife* 5:e15266.

Lai-Cheong, Joey E., John A. McGrath, and Jouni Uitto. 2011. "Revertant Mosaicism in Skin: Natural Gene Therapy." *Trends in Molecular Medicine* 17:140~48.

Lakritz, Naomi. 1998. "What About the Babies Science Cooks Up in the Lab?" *Calgary Herald*, June 16, p. B1.

Laland, Kevin N. 2017. *Darwin's Unfinished Symphony: How Culture Made the Human Mind*. Princeton: Princeton University Press.

Lam, May P. S., and Bernard M. Y. Cheung. 2012. "The Pharmacogenetics of the Response to Warfarin in Chinese." *British Journal of Clinical Pharmacology* 73:340~47.

Lämke, Jörn, and Isabel Bäurle. 2017. "Epigenetic and Chromatin-based Mechanisms in Environmental Stress Adaptation and Stress Memory in Plants." *Genome Biology* 18:124.

Lander, E. S., and N. J. Schork. 1994. "Genetic Dissection of Complex Traits." *Science* 265:2037~48.

Landolt, A. M., and M. Zachmann. 1980. "The Irish Giant: New Observations Concerning the Nature of His Ailment." *Lancet* 315:1311~12.

Langdon-Davies, John. 1963. *Carlos: The King Who Would Not Die*. Englewood Cliffs: Prentice-Hall.

Lapaire, O., W. Holzgreve, J. C. Oosterwijk, R. Brinkhaus, and D. W. Bianchi. 2007. "Georg

Schmorl on Trophoblasts in the Maternal Circulation." *Placenta* 28:1~5.

Laughlin, Harry H. 1920. "Biological Aspects of Immigration." In *Hearings Before the House Committee on Immigration and Naturalization*. Sixty-Sixth Congress, Second Session, April 16~17.

Lavery, Stuart, Dima Abdo, Mara Kotrotsou, Geoff Trew, Michalis Konstantinidis, and Dagan Wells. 2013. "Successful Live Birth Following Preimplantation Genetic Diagnosis for Phenylketonuria in Day 3 Embryos by Specific Mutation Analysis and Elective Single Embryo Transfer." *JIMD Reports* 7:49~54.

Lawrence, Cera R. 2008. "Preformationism in the Enlightenment." *Embryo Project Encyclopedia*. Senior editor Erica O'Neil. https://embryo.asu.edu/pages/preformationism-enlightenment (accessed August 24, 2017).

Laxova, Renata. 1998. "Lionel Sharples Penrose, 1898~1972: A Personal Memoir in Celebration of the Centenary of His Birth." *Genetics* 150:1333~40.

Lazaridis, Iosif, Dani Nadel, Gary Rollefson, Deborah C. Merrett, Nadin Rohland, Swapan Mallick, Daniel Fernandes, and others. 2016. "Genomic Insights into the Origin of Farming in the Ancient Near East." *Nature* 536, no. 7617. doi:10.1038/nature19310.

Lazaridis, Iosif, Nick Patterson, Alissa Mittnik, Gabriel Renaud, Swapan Mallick, Karola Kirsanow, Peter H. Sudmant, and others. 2014. "Ancient Human Genomes Suggest Three Ancestral Populations for Present-Day Europeans." *Nature* 513:409~13.

Lazebnik, Y., and G. E. Parris. 2015. "Comment On: 'Guidelines for the Use of Cell Lines in Biomedical Research': Human-to-Human Cancer Transmission as a Laboratory Safety Concern." *British Journal of Cancer* 112:1976~77.

Lederer, Susan E. 2013. "Bloodlines: Blood Types, Identity, and Association in Twentieth-Century America." In *Blood Will Out: Essays on Liquid Transfers and Flows*. Edited by Janet Carsten. London: John Wiley & Sons.

Ledford, Heidi. 2016. "CRISPR: Gene Editing Is Just the Beginning." *Nature* 531:156.

Lein, Ed, and Mike Hawrylycz. 2014. "The Genetic Geography of the Brain." *Scientific American* 310:70~77.

Lenormand, Thomas, Jan Engelstädter, Susan E. Johnston, Erik Wijnker, and Christoph R. Haag. 2016. "Evolutionary Mysteries in Meiosis." *bioRxiv*. doi:10.1101/050831.

Leontiou, Chrysanthia A., Maria Gueorguiev, Jacqueline van der Spuy, Richard Quinton, Francesca Lolli, Sevda Hassan, Harvinder S. Chahal, and others. 2008. "The Role of the Aryl Hydrocarbon Receptor-Interacting Protein Gene in Familial and Sporadic Pituitary Adenomas." *Journal of Clinical Endocrinology and Metabolism* 93:2390~2401.

Leroi, Armand Marie. 2003. *Mutants: On Genetic Variety and the Human Body*. New York: Viking Penguin.

Leroi, Armand Marie. 2014. *The Lagoon: How Aristotle Invented Science*. New York: Viking Penguin.

Lester, Camilla H., Niels Frimodt-Møller, Thomas Lund Sørensen, Dominique L. Monnet, and Anette M. Hammerum. 2006. "In Vivo Transfer of the vanA Resistance Gene from an Enterococcus faecium Isolate of Animal Origin to an E. faecium Isolate of Human Origin in the Intestines of Human Volunteers." *Antimicrobial Agents and Chemotherapy* 50:596~99.

Lewis, Ronald L. 1974. "Slavery on Chesapeake Iron Plantations Before the American Revolution." *Journal of Negro History* 59:242~54.

Lewis, Simon L., and Mark A. Maslin. 2015. "Defining the Anthropocene." *Nature* 519:171~80.

Lewontin, Richard C. 1970. "Race and Intelligence." *Bulletin of the Atomic Scientists* 26:2~8.

Lewontin, Richard C. 1972. "The Apportionment of Human Diversity." *Evolutionary Biology* 6:381~98.

Li, Mu, and Creswell J. Eastman. 2012. "The Changing Epidemiology of Iodine Deficiency." *Nature Reviews Endocrinology* 8:434~40.

Liang, Puping, Yanwen Xu, Xiya Zhang, Chenhui Ding, Rui Huang, Zhen Zhang, and others. 2015. "CRISPR/Cas9-Mediated Gene Editing in Human Tripronuclear Zygotes." *Protein & Cell* 6:363~72.

Librado, Pablo, Antoine Fages, Charleen Gaunitz, Michela Leonardi, Stefanie Wagner, Naveed Khan, Kristian Hanghøj, and others. 2016. "The Evolutionary Origin and Genetic Makeup of Domestic Horses." *Genetics* 204:423~34.

Librado, Pablo, Cristina Gamba, Charleen Gaunitz, Clio Der Sarkissian, Mélanie Pruvost, Anders Albrechtsen, Antoine Fages, Naveed Khan, Mikkel Schubert, and Vidhya Jagannathan. 2017. "Ancient Genomic Changes Associated with Domestication of the Horse." *Science* 356:442~45.

Lifton, Robert Jay. 2000. *The Nazi Doctors: Medical Killing and the Psychology of Genocide*. New York: Basic Books.

Ligon, Azra H., Steven D. P. Moore, Melissa A. Parisi, Matthew E. Mealiffe, David J. Harris, Heather L. Ferguson, Bradley J. Quade, and Cynthia C. Morton. 2005. "Constitutional Rearrangement of the Architectural Factor HMGA2: A Novel Human Phenotype including Overgrowth and Lipomas." *American Journal of Human Genetics* 76:340~48.

Lim, Jana P., and Anne Brunet. 2013. "Bridging the Transgenerational Gap with Epigenetic Memory." *Trends in Genetics* 29:176~86.

Lindholm, Anna K., Kelly A. Dyer, Renée C. Firman, Lila Fishman, Wolfgang Forstmeier, Luke Holman, Hanna Johannesson, and others. 2016. "The Ecology and Evolutionary

Dynamics of Meiotic Drive." *Trends in Ecology & Evolution* 31, no. 4. doi:10.1016/j.tree.2016.02.001.

Lindhurst, Marjorie J., Julie C. Sapp, Jamie K. Teer, Jennifer J. Johnston, Erin M. Finn, Kathryn Peters, Joyce Turner, Jennifer L. Cannons, David Bick, and Laurel Blakemore. 2011. "A Mosaic Activating Mutation in AKT1 Associated with the Proteus Syndrome." *New England Journal of Medicine* 365:611~19.

Lindhurst, Marjorie J., Miranda R. Yourick, Yi Yu, Ronald E. Savage, Dora Ferrari, and Leslie G. Biesecker. 2015. "Repression of AKT Signaling by ARQ 092 in Cells and Tissues from Patients with Proteus Syndrome." *Scientific Reports* 5. doi:10.1038/srep17162.

Linnarsson, Sten. 2015. "A Tree of the Human Brain." *Science* 350:37.

Lippman, Walter. 1922. "The Mental Age of Americans." *New Republic*, October 25.

Liu, Yang, Liangliang Zhang, Shuhua Xu, Landian Hu, Laurence D. Hurst, and Xiangyin Kong. 2013. "Identification of Two Maternal Transmission Ratio Distortion Loci in Pedigrees of the Framingham Heart Study." *Scientific Reports* 3. doi:10.1038/srep02147.

Locey, Kenneth J., and Jay T. Lennon. 2016. "Scaling Laws Predict Global Microbial Diversity." *Proceedings of the National Academy of Sciences of the United States of America* 113:5970~75.

Lodato, Michael A., Mollie B. Woodworth, Semin Lee, Gilad D. Evrony, Bhaven K. Mehta, Amir Karger, Soohyun Lee, and others. 2015. "Somatic Mutation in Single Human Neurons Tracks Developmental and Transcriptional History." *Science* 350:94~98.

Loike, John D., and Ruth L. Fischbach. 2013. "New Ethical Horizons in Gestational Surrogacy." *Journal of Fertilization: In Vitro-IVF-Worldwide* 1:2. doi:10.4172/jfiv.1000109.

Long, Edward. 1774. *The History of Jamaica: Or, General Survey of the Ancient and Modern State of That Island*. London: T. Lowndes.

López-Beltrán, Carlos. 1995. "Les maladies héréditaires: 18th Century Disputes in France." *Revue d'histoire des sciences* 48:307~50.

López-Beltrán, Carlos. 2004. "In the Cradle of Heredity: French Physicians and L'Hérédité Naturelle in the Early 19th Century." *Journal of the History of Biology* 37:39~72.

Louvish, Simon. 2010. *Chaplin: The Tramp's Odyssey*. London: Faber.

Lucotte, G., and F. Diéterlen. 2014. "Frequencies of M34, the Ultimate Genetic Marker of the Terminal Differenciation of Napoléon the First's Y-Chromosome Haplogroup E1b1b1c1 in Europe, Northern Africa and the Near East." *International Journal of Anthropology* 29:27~41.

Lucotte, Gérard. 2011. "Haplotype of the Y Chromosome of Napoléon the First." *Journal of Molecular Biology Research* 1:12~19.

Lupski, James R. 2013. "Genome Mosaicism — One Human, Multiple Genomes." *Science* 341:358~59.

Lycett, Stephen J., Kerstin Schillinger, Metin I. Eren, Noreen von Cramon-Taubadel, and Alex Mesoudi. 2016. "Factors Affecting Acheulean Handaxe Variation: Experimental Insights, Microevolutionary Processes, and Macroevolutionary Outcomes." *Quaternary International* 411B:386~401.

Lynch, Michael. 2016. "Mutation and Human Exceptionalism: Our Future Genetic Load." *Genetics* 202:869~75.

Lyon, Mary F. 1961. Gene Action in the X-Chromosome of the Mouse (Mus musculus L.). *Nature* 190:372~73.

Lyons, Derek E., Andrew G. Young, and Frank C. Keil. 2007. "The Hidden Structure of Overimitation." *Proceedings of the National Academy of Sciences of the United States of America* 104:19751~56.

Ma, Hong, Nuria Marti-Gutierrez, Sang-Wook Park, Jun Wu, Yeonmi Lee, Keiichiro Suzuki, Amy Koski, and others. 2017. "Correction of a Pathogenic Gene Mutation in Human Embryos." *Nature* 548:413~19.

Macdonald, David A., and Nancy N. McAdams. 2001. *The Woolverton Family, 1693~1850 and Beyond: Woolverton and Wolverton Descendants of Charles Woolverton, New Jersey Immigrant*. Albuquerque: Penobscot Press.

Mackintosh, N. J. 1995. *Cyril Burt: Fraud or Framed?* Oxford: Oxford University Press.

Maddox, Brenda. 2002. *Rosalind Franklin: The Dark Lady of DNA*. New York: HarperCollins.

Madrigal, Alexis. 2012. "The Perfect Milk Machine: How Big Data Transformed the Dairy Industry." *Atlantic*, May 1. http://www.theatlantic.com/technology/archive/2012/05/the-perfect-milk-machine-how-big-data-transformed-the-dairy-industry/256423/ (accessed July 30, 2017).

Maher, Brendan. 2008. "Personal Genomes: The Case of the Missing Heritability." *Nature* 456:18~21.

Mahmood, Uzma, and Keelin O'Donoghue. 2014. "Microchimeric Fetal Cells Play a Role in Maternal Wound Healing After Pregnancy." *Chimerism* 5:40~52.

Maienschein, Jane. 1978. "Cell Lineage, Ancestral Reminiscence, and the Biogenetic Law." *Journal of the History of Biology* 11:129~58.

Malan, Valérie, R. Gesny, N. Morichon-Delvallez, M. C. Aubry, A. Benachi, D. Sanlaville, C. Turleau, J. P. Bonnefont, C. Fekete-Nihoul, and M. Vekemans. 2007. "Prenatal Diagnosis and Normal Outcome of a 46,XX/46,XY Chimera: A Case Report." *Human Reproduction* 22:1037~41.

Mandel, Roi. 2014. "Auschwitz Prisoner No. A7733 Finally Finds His Family." *Ynet News*, September 11. https://www.ynetnews.com/articles/0,7340,L-4589762,00.html (accessed September 11, 2017).

Maples, Brian K., Simon Gravel, Eimear E. Kenny, and Carlos D. Bustamante. 2013. "RFMix: A Discriminative Modeling Approach for Rapid and Robust Local-Ancestry Inference." *American Journal of Human Genetics* 93:278~88.

Marchione, Marilynn. 2016. "Three-Parent Kids Grew Up OK." *NBC News*, October 27. http://www.nbcnews.com/health/health-news/three-parent-kids-grew-ok-n674126 (accessed August 5, 2017).

Marciniak, Stephanie, and George H. Perry. 2017. "Harnessing Ancient Genomes to Study the History of Human Adaptation." *Nature Reviews Genetics* 18:659~74.

Marcotrigiano, Michael. 1997. "Chimeras and Variegation: Patterns of Deceit." *HortScience* 32:773~84.

Maron, Barry J., John R. Lesser, Nelson B. Schiller, Kevin M. Harris, Colleen Brown, and Heidi L. Rehm. 2009. "Implications of Hypertrophic Cardiomyopathy Transmitted by Sperm Donation." *JAMA* 302:1681~84.

Marouli, Eirini, Mariaelisa Graff, Carolina Medina-Gomez, Ken Sin Lo, Andrew R. Wood, Troels R. Kjaer, Rebecca S. Fine, and others. 2017. "Rare and Low-Frequency Coding Variants Alter Human Adult Height." *Nature* 542:186~90.

Marré, Julia, Edward C. Traver, and Antony M. Jose. 2016. "Extracellular RNA Is Transported from One Generation to the Next in Caenorhabditis elegans." *Proceedings of the National Academy of Sciences of the United States of America* 113:12496~501.

Martin, Aryn. 2007a. "The Chimera of Liberal Individualism: How Cells Became Selves in Human Clinical Genetics." *Osiris* 22:205~22.

Martin, Aryn. 2007b. "'Incongruous Juxtapositions': The Chimaera and Mrs McK." *Endeavour* 31:99~103.

Martin, Aryn. 2010. "Microchimerism in the Mother(land): Blurring the Borders of Body and Nation." *Body & Society* 16:23~50.

Martin, Aryn. 2015. "Ray Owen and the History of Naturally Acquired Chimerism." *Chimerism* 6:2~7.

Martin, William F., Aloysius G. M. Tielens, Marek Mentel, Sriram G. Garg, and Sven B. Gould. 2017. "The Physiology of Phagocytosis in the Context of Mitochondrial Origin." *Microbiology and Molecular Biology Reviews* 81. doi:10.1128/MMBR.00008-17.

Martin, William F., Sinje Neukirchen, Verena Zimorski, Sven B. Gould, and Filipa L. Sousa. 2016. "Energy for Two: New Archaeal Lineages and the Origin of Mitochondria." *BioEssays* 38:850~56.

Martínez, María Elena. 2011. *Genealogical Fictions: Limpieza de Sangre, Religion, and Gender in Colonial Mexico*. Stanford: Stanford University Press.

Martiniano, Rui, Lara M. Cassidy, Ros O'Maolduin, Russell McLaughlin, Nuno M. Silva, Licinio Manco, Daniel Fidalgo, and others. 2017. "The Population Genomics of Archaeological Transition in West Iberia." *bioRxiv*. doi:10.1101/134254.

Maryland State Archives. 2007. *A Guide to the History of Slavery in Maryland*. http://msa.maryland.gov/msa/intromsa/pdf/slavery_pamphlet.pdf.

Mather, K., and T. Dobzhansky. 1939. "Morphological Differences Between the 'Races' of Drosophila pseudoobscura." *American Naturalist* 73:5~25.

Mathias, Rasika Ann, Margaret A. Taub, Christopher R. Gignoux, Wenqing Fu, Shaila Musharoff, Timothy D. O'Connor, Candelaria Vergara, and others. 2016. "A Continuum of Admixture in the Western Hemisphere Revealed by the African Diaspora Genome." *Nature Communications* 7:12522.

Mathieson, Iain, Iosif Lazaridis, Nadin Rohland, Swapan Mallick, Bastien Llamas, Joseph Pickrell, Harald Meller, Manuel A. Rojo Guerra, Johannes Krause, and David Anthony. 2015. "Genome-Wide Patterns of Selection in 230 Ancient Eurasians." *Nature* 528:499~503.

Mathieson, Iain, Songül Alpaslan Roodenberg, Cosimo Posth, Anna Szécsényi-Nagy, Nadin Rohland, Swapan Mallick, Iñigo Olalde, and others. 2017. "The Genomic History of Southeastern Europe." *bioRxiv*. doi:10.1101/135616.

Mattson, Sarah N., Nicole Crocker, and Tanya T. Nguyen. 2011. "Fetal Alcohol Spectrum Disorders: Neuropsychological and Behavioral Features." *Neuropsychology Review* 21:81~101.

Mauritsen, Thorsten, and Robert Pincus. 2017. "Committed Warming Inferred from Observations." *Nature Climate Change*. doi:10.1038/nclimate3357.

Maybury-Lewis, David. 1960. "Parallel Descent and the Apinaye Anomaly." *Southwestern Journal of Anthropology* 16:191~216.

Mazumdar, Pauline M. H. 1992. *Eugenics, Human Genetics, and Human Failings: The Eugenics Society, Its Sources and Its Critics in Britain*. London: Routledge.

Mazzarello, Paolo. 1999. "A Unifying Concept: The History of Cell Theory." *Nature Cell Biology* 1:E13~E15.

McCutcheon, John P. 2016. "From Microbiology to Cell Biology: When an Intracellular Bacterium Becomes Part of Its Host Cell." *Current Opinion in Cell Biology* 41:132~36.

McDonald, Michael J., Daniel P. Rice, and Michael M. Desai. 2016. "Sex Speeds Adaptation by Altering the Dynamics of Molecular Evolution." *Nature* 531:233~36.

McGough, Ian John, and Jean-Paul Vincent. 2016. "Exosomes in Developmental

Signalling." *Development* 143:2482~93.

McGue, Matt, and Irving I. Gottesman. 2015. "Classical and Molecular Genetic Research on General Cognitive Ability." *Hastings Center Report* 45, Suppl 1, S25~S31.

McGuire, Michelle K., and Mark A. McGuire. 2017. "Got Bacteria? The Astounding, Yet Not-So-Surprising, Microbiome of Human Milk." *Current Opinion in Biotechnology* 44:63~68.

McKim, W. Duncan. 1899. *Heredity and Human Progress*. New York and London: G. P. Putnam's Sons.

McKusick, Victor A. 1985. "Marcella O'Grady Boveri (1865~1950) and the Chromosome Theory of Cancer." *Journal of Medical Genetics* 22:431~40.

Medawar, Peter. 1957. *The Uniqueness of the Individual*. London: Methuen.

Meijer, Gerrit A. 2005. "Chromosomes and Cancer, Boveri Revisited." *Analytical Cellular Pathology* 27:273~75.

"Mendelism Up to Date." 1916. *Journal of Heredity* 7:17~23.

Mercado, Luis, and David F. Musto. 1961. "The William Osler Medal Essay." *Bulletin of the History of Medicine* 35:346.

Mesoudi, Alex. 2016. "Cultural Evolution: Integrating Psychology, Evolution and Culture." *Current Opinion in Psychology* 7:17~22.

Mesoudi, Alex and Kenichi Aoki, eds. 2015. *Learning Strategies and Cultural Evolution During the Paleolithic. Replacement of Neanderthals by Modern Humans Series*. New York: Springer.

Messner, Donna A. 2012. "On the Scent: The Discovery of PKU." *Distillations*, Spring. Chemical Heritage Foundation. https://www.chemheritage.org/distillations/magazine/on-the-scent-the-discovery-of-pku (accessed September 11, 2017).

Metzger, Michael J., Carol Reinisch, James Sherry, and Stephen P. Goff. 2015. "Horizontal Transmission of Clonal Cancer Cells Causes Leukemia in Soft-Shell Clams." *Cell* 161:255~63.

Meyer, Wynn K., Barbara Arbeithuber, Carole Ober, Thomas Ebner, Irene Tiemann-Boege, Richard R. Hudson, and Molly Przeworski. 2012. "Evaluating the Evidence for Transmission Distortion in Human Pedigrees." *Genetics* 191:215~32.

Meyer-Rochow, V. B. 1976. "Some Observations on Spawning and Fecundity in the Luminescent Fish Photoblepharon palpebratus." *Marine Biology* 37:325~28.

Mézard, Christine, Marina Tagliaro Jahns, and Mathilde Grelon. 2015. "Where to Cross? New Insights into the Location of Meiotic Crossovers." *Trends in Genetics* 31:393~401.

Mikanowski, Jacob. 2012. "Dr. Hirszfeld's War: Tropical Medicine and the Invention of Sero-Anthropology on the Macedonian Front." *Social History of Medicine* 25:103~21.

Mills, Elizabeth Shown, and Gary B. Mills. 1984. "The Genealogist's Assessment of Alex Haley's Roots." *National Genealogical Society Quarterly* 72:35~49.

Mills, Gary B., and Elizabeth Shown Mills. 1981. "Roots and the New 'Faction': A Legitimate Tool for Clio?" *Virginia Magazine of History and Biography* 89:3~26.

Mills, John. 1776. *A Treatise on Cattle*. Dublin: Whitestone, Potts.

Milo, Ron, and Rob Phillips. 2015. *Cell Biology by the Numbers*. New York: Garland Science.

Mirzaghaderi, Ghader, and Elvira Hörandl. 2016. "The Evolution of Meiotic Sex and Its Alternatives." *Proceedings of the Royal Society B* 283:1838.

Mitchell, Kevin. 2016. Twitter post. September 7, 3:07 a.m. https://twitter.com/WiringTheBrain/status/773417464336187392 (accessed August 6, 2017).

Moeller, Andrew H., Alejandro Caro-Quintero, Deus Mjungu, Alexander V. Georgiev, Elizabeth V. Lonsdorf, Martin N. Muller, Anne E. Pusey, Martine Peeters, Beatrice H. Hahn, and Howard Ochman. 2016. "Cospeciation of Gut Microbiota with Hominids." *Science* 353:380~82.

de Montaigne, Michel. 1999. *The Autobiography of Michel de Montaigne*. Edited by Marvin Lowenthal. Boston: David R. Godine, Publisher.

Montialoux, Claire. 2016. "Revisiting the Impact of Head Start." *Institute for Research on Labor and Employment*, University of California, Berkeley. http://irle.berkeley.edu/revisiting-the-impact-of-head-start/ (accessed August 24, 2017).

Moodley, Yoshan, Bodo Linz, Robert P. Bond, Martin Nieuwoudt, Himla Soodyall, Carina M. Schlebusch, Steffi Bernhöft, James Hale, Sebastian Suerbaum, and Lawrence Mugisha. 2012. "Age of the Association Between Helicobacter pylori and Man." *PLOS Pathogens* 8:e1002693.

Moore, David Scott. 2015. *The Developing Genome: An Introduction to Behavioral Epigenetics*. Oxford: Oxford University Press.

Moreno, Inmaculada, Jose Manuel Míguez-Forjan, and Carlos Simón. 2015. "Artificial Gametes from Stem Cells." *Clinical and Experimental Reproductive Medicine* 42:33~44.

Morgan, Francesca. 2010a. "Lineage as Capital: Genealogy in Antebellum New England." *New England Quarterly* 83:250~82.

Morgan, Francesca. 2010b. "A Noble Pursuit? Bourgeois America's Uses of Lineage." In *The American Bourgeoisie: Distinction and Identity in the Nineteenth Century*. Edited by Julia Rosenbaum and Sven Beckert. New York: Palgrave Macmillan.

Morgan, Thomas Hunt. 1915. *The Mechanism of Mendelian Heredity*. New York: H. Holt.

Morgan, Thomas Hunt. 1925. *Evolution and Genetics*. Princeton: Princeton University Press.

Moris, Naomi, Cristina Pina, and Alfonso Martinez Arias. 2016. "Transition States and Cell Fate Decisions in Epigenetic Landscapes." *Nature Reviews Genetics* 17:693~703.

Morotomi, Masami, Fumiko Nagai, and Yohei Watanabe. 2012. "Description of Christensenella minuta Gen. Nov., Sp. Nov., Isolated from Human Faeces, Which Forms a Distinct Branch in the Order Clostridiales, and Proposal of Christensenellaceae Fam. Nov." *International Journal of Systematic and Evolutionary Microbiology* 62:144~49.

Morreale de Escobar, G., María Jesús Obregón, and F. Escobar del Rey. 2004. "Role of Thyroid Hormone During Early Brain Development." *European Journal of Endocrinology* 151, Suppl 3, U25~U37.

Morris, Thomas D. 2004. *Southern Slavery and the Law, 1619~1860*. Chapel Hill and London: University of North Carolina Press.

Moses, A. Dirk, and Dan Stone. 2010. "Eugenics and Genocide." In *The Oxford Handbook of the History of Eugenics*. Edited by Alison Bashford and Philippa Levine. New York: Oxford University Press.

Mroz, Jacqueline. 2012. "In Choosing a Sperm Donor, a Roll of the Genetic Dice." *New York Times*, May 14.

Muehlenbachs, Atis, Julu Bhatnagar, Carlos A. Agudelo, Alicia Hidron, Mark L. Eberhard, Blaine A. Mathison, Michael A. Frace, and others. 2015. "Malignant Transformation of Hymenolepis nana in a Human Host." *New England Journal of Medicine* 373:1845~52.

Muinzer, Thomas Louis. 2014. "Bones of Contention: The Medico-Legal Issues Relating to Charles Byrne, 'The Irish Giant.'" *Queen's Political Review* 2:155~66.

Mulchinock, Karen. N.D. "Breaking Our Family's Curse." *Chat* magazine, pp. 30~31.

Muller, Hermann J. 1933. "The Dominance of Economics over Eugenics." *Scientific Monthly* 37:40~47.

Muller, Hermann J. 1949. "Progress and Prospects in Human Genetics." *American Journal of Human Genetics* 1:1~18.

Muller, Hermann J. 1950. "Our Load of Mutations." *American Journal of Human Genetics* 2:111~76.

Muller, Hermann J. 1961a. "Human Evolution by Voluntary Choice of Germ Plasm." *Science* 134:643~49.

Muller, Hermann J. 1961b. "Should We Weaken or Strengthen Our Genetic Heritage?" *Daedalus* 90:432~50.

Müller, Amanda Cecilie, Marianne Antonius Jakobsen, Torben Barington, Allan Arthur Vaag, Louise Groth Grunnet, Sjurdur Frodi Olsen, and Mads Kamper-Jørgensen. 2016. "Microchimerism of Male Origin in a Cohort of Danish Girls." *Chimerism* 6:1~7.

Müller-Wille, Staffan. 2010. "Cell Theory, Specificity, and Reproduction, 1837~1870." *Studies in History and Philosophy of Biological and Biomedical Sciences* 41:225~31.

Müller-Wille, Staffan and Hans-Jörg Rheinberger. 2012. *A Cultural History of Heredity*.

Chicago: University of Chicago Press.
Müller-Wille, Staffan eds. 2007. *Heredity Produced: At the Crossroads of Biology, Politics, and Culture, 1500~1870*. Cambridge: MIT Press.
Murchison, Elizabeth P. 2016. "Cancer in the Wilderness." *Cell* 166:264~68.
Murchison, Elizabeth P., Cesar Tovar, Arthur Hsu, Hannah S. Bender, Pouya Kheradpour, Clare A. Rebbeck, David Obendorf, Carly Conlan, Melanie Bahlo, and Catherine A. Blizzard. 2010. "The Tasmanian Devil Transcriptome Reveals Schwann Cell Origins of a Clonally Transmissible Cancer." *Science* 327:84~87.
Murchison, Elizabeth P., Ole B. Schulz-Trieglaff, Zemin Ning, Ludmil B. Alexandrov, Markus J. Bauer, Beiyuan Fu, Matthew Hims, and others. 2012. "Genome Sequencing and Analysis of the Tasmanian Devil and Its Transmissible Cancer." *Cell* 148:780~91.
Murgia, Claudio, Jonathan K. Pritchard, Su Yeon Kim, Ariberto Fassati, and Robin A. Weiss. 2006. "Clonal Origin and Evolution of a Transmissible Cancer." *Cell* 126:477~87.
Musgrave, Stephanie, David Morgan, Elizabeth Lonsdorf, Roger Mundry, and Crickette Sanz. 2016. "Tool Transfers Are a Form of Teaching Among Chimpanzees." *Scientific Reports* 6:34783.
Muthukrishna, Michael, Ben W. Shulman, Vlad Vasilescu, and Joseph Henrich. 2014. "Sociality Influences Cultural Complexity." *Proceedings of the Royal Society B* 281:1774, 20132511.
Myerson, Abraham. 1925. *The Inheritance of Mental Diseases*. Baltimore: Williams & Wilkins Company.
National Academy of Sciences. 2016. *Gene Drives on the Horizon: Advancing Science, Navigating Uncertainty, and Aligning Research with Public Values*. Washington, DC: National Academies Press. doi:10.17226/23405.
National Academy of Sciences. 2017. *Human Genome Editing: Science, Ethics, and Governance*. Washington, DC: National Academies Press. doi:10.17226/24623.
National Human Genome Research Institute. 2000. "Remarks Made by the President, Prime Minister Tony Blair of England (via satellite), Dr. Francis Collins, Director of the National Human Genome Research Institute, and Dr. Craig Venter, President and Chief Scientific Officer, Celera Genomics Corporation, on the Completion of the First Survey of the Entire Human Genome Project." https://www.genome.gov/10001356/ (accessed September 10, 2017).
National Institutes of Health. 2017. "Estimates of Funding for Various Research, Condition, and Disease Categories (RCDC)." https://report.nih.gov/categorical_spending.aspx (accessed July 31, 2017).
National Institutes of Health, Human Gene Therapy Subcommittee. 1990. "The Revised

'Points to Consider' Document." *Human Gene Therapy* 1:93~103.

NCD Risk Factor Collaboration. 2016. "A Century of Trends in Adult Human Height." *eLife* 5:e13410.

NCD Risk Factor Collaboration. 2017. "Height: Ranking for People Born from 1896 to 1996." http://www.ncdrisc.org/height-ranking-mean.html (accessed August 12, 2017).

Neimark, Jill. 2016. "The Mitochondrial Minefield of Three-Parent Babies." *Undark*, December 23. https://undark.org/article/three-parent-babies-battle-mitochondria/ (accessed September 11, 2017).

Nelson, J. Lee, Daniel E. Furst, Sean Maloney, Ted Gooley, Paul C. Evans, Anajane Smith, Michael A. Bean, Carole Ober, and Diana W. Bianchi. 1998. "Microchimerism and HLA-Compatible Relationships of Pregnancy in Scleroderma." *Lancet* 351:559~62.

New England Consortium of Metabolic Programs. 2010. "Discovery of the Diet for PKU by Dr. Horst Bickel." YouTube video, January 11. https://www.youtube.com/watch?v=-rs0iZW0Lb0 (accessed August 24, 2017).

Newnan, Horatio H., Frank N. Freeman, and Karl John Holzinger. 1937. *Twins: A Study of Heredity and Environment*. Chicago: University of Chicago Press.

"New Way to Detect a Dread Disease." 1962. *Life*, January 19, p. 45.

Nielsen, Mark, Ilana Mushin, Keyan Tomaselli, and Andrew Whiten. 2014. "Where Culture Takes Hold: 'Overimitation' and Its Flexible Deployment in Western, Aboriginal, and Bushmen Children." *Child Development* 85:2169~84.

Nielsen, Rasmus, Joshua M. Akey, Mattias Jakobsson, Jonathan K. Pritchard, Sarah Tishkoff, and Eske Willerslev. 2017. "Tracing the Peopling of the World Through Genomics." *Nature* 541:302~10.

Nightingale, Katherine. 2015. "Remembering Mary Lyon and Her Impact on Mouse Genetics." *Insight*, February 3. http://www.insight.mrc.ac.uk/2015/02/03/remembering-mary-lyon-and-her-impact-on-mouse-genetics/ (accessed August 3, 2017).

Niklas, Karl J., Edward D. Cobb, and Ulrich Kutschera. 2014. "Did Meiosis Evolve Before Sex and the Evolution of Eukaryotic Life Cycles?" *BioEssays* 36:1091~1101.

Nilsson, Eric E., and Michael K. Skinner. 2015. "Environmentally Induced Epigenetic Transgenerational Inheritance of Reproductive Disease." *Biology of Reproduction* 93:145.

Nisbett, Richard E. 2013. "Schooling Makes You Smarter: What Teachers Need to Know About IQ." *American Educator* 37:10.

Nisbett, Richard E., Joshua Aronson, Clancy Blair, William Dickens, James Flynn, Diane F. Halpern, and Eric Turkheimer. 2012. "Group Differences in IQ Are Best Understood as Environmental in Origin." *American Psychologist* 67:503~04.

Nobile, Philip. 1993. "Uncovering Roots." *Village Voice*, February 23, pp. 31~38.

Noble, Charleston, Jason Olejarz, Kevin M. Esvelt, George M. Church, and Martin A. Nowak. 2017. "Evolutionary Dynamics of CRISPR Gene Drives." *Science Advances* 3:1601964.

Noguera-Solano, Ricardo, and Rosaura Ruiz-Gutiérrez. 2009. "Darwin and Inheritance: The Influence of Prosper Lucas." *Journal of the History of Biology* 42:685~714.

Nolte, Ilja M., Peter J. van der Most, Behrooz Z. Alizadeh, Paul I W de Bakker, H. Marike Boezen, Marcel Bruinenberg, Lude Franke, and others. 2017. "Missing Heritability: Is the Gap Closing? An Analysis of 32 Complex Traits in the Lifelines Cohort Study." *European Journal of Human Genetics* 25. doi:10.1038/ejhg.2017.50.

Norrell, Robert J. 2015. *Alex Haley and the Books That Changed a Nation*. New York: St. Martin's Press.

Novembre, John. 2016. "Pritchard, Stephens, and Donnelly on Population Structure." *Genetics* 204:391~93.

Nowell P., and D. Hungerford. 1960. "Chromosome Studies on Normal and Leukemic Human Leukocytes." *Journal of the National Cancer Institute* 25:85~109.

O'Donnell, Karen J., Murdon Abdul Rakeman, Dou Zhi-Hong, Cao Xue-Yi, Zeng Yong Mei, Nancy DeLong, Gerald Brenner, Ma Tai, Wang Dong, and G. Robert DeLong. 2002. "Effects of Iodine Supplementation During Pregnancy on Child Growth and Development at School Age." *Developmental Medicine & Child Neurology* 44:76~81.

Oetting, William S., Marc S. Greenblatt, Anthony J. Brookes, Rachel Karchin, and Sean D. Mooney. 2015. "Germline & Somatic Mosaicism: The 2014 Annual Scientific Meeting of the Human Genome Variation Society." *Human Mutation* 36:390~93.

Oggins, Robin S. 2004. *The Kings and Their Hawks: Falconry in Medieval England*. New Haven: Yale University Press.

Okroi, Mathias, and Leo J. McCarthy. 2010. "The Original Blood Group Pioneers: The Hirszfelds." *Transfusion Medicine Reviews* 24:244~46.

Okuno, Ayako, Ko Hirano, Kenji Asano, Wakana Takase, Reiko Masuda, Yoichi Morinaka, Miyako Ueguchi-Tanaka, Hidemi Kitano, and Makoto Matsuoka. 2014. "New Approach to Increasing Rice Lodging Resistance and Biomass Yield through the Use of High Gibberellin Producing Varieties." *PLOS One* 9:e86870.

Olalde, Iñigo, Morten E. Allentoft, Federico Sánchez-Quinto, Gabriel Santpere, Charleston W. K. Chiang, Michael DeGiorgio, Javier Prado-Martinez, and others. 2014. "Derived Immune and Ancestral Pigmentation Alleles in a 7,000-Year-Old Mesolithic European." *Nature* 507:225~28.

Olalde, Iñigo, Selina Brace, Morten E. Allentoft, Ian Armit, Kristian Kristiansen, Nadin Rohland, Swapan Mallick, and others. 2017. "The Beaker Phenomenon and the Genomic

Transformation of Northwest Europe." *bioRxiv*. doi:10.1101/135962.

Olson, S. 2015. "International Summit on Human Gene Editing: A Global Discussion." *National Academies of Sciences, Engineering, and Medicine*. doi:10.17226/21913.

Order of the Crown of Charlemagne in the United States of America website. http://www.charlemagne.org/ (accessed August 12, 2017).

Orel, Vítězslav. 1973. "The Scientific Milieu in Brno During the Era of Mendel's Research." *Journal of Heredity* 64:314~18.

Orgel, L. E. 1997. "Preventive Mitochondrial Replacement." *Chemistry & Biology* 4:167~68.

Osberg, Richard. 1986. "The Jesse Tree in the 1432 London Entry of Henry VI: Messianic Kingship and the Rule of Justice." *Journal of Medieval and Renaissance Studies* 16:213~32.

Osborn, Henry Fairfield. 1915. *Men of the Old Stone Age: Their Environment, Life and Art*. New York: Charles Scribner's Sons.

Osborn, Henry Fairfield. 1926. "The Evolution of Human Races." *Natural History* 26:3~13.

Osmon, David C., and Rebecca Jackson. 2002. "Inspection Time and IQ: Fluid or Perceptual Aspects of Intelligence?" *Intelligence* 30:119~27.

Ostrander, Elaine A., Brian W. Davis, and Gary K. Ostrander. 2016. "Transmissible Tumors: Breaking the Cancer Paradigm." *Trends in Genetics* 32:1~15.

Ovid. 2008. *Metamorphoses*. Edited by E. J. Kenney. Translated by A. D. Melville. Oxford: Oxford University Press.

Owen, H. Collinson. 1919. *Salonica and After: The Sideshow That Ended the War*. London: Hodder and Stoughton.

Owen, Ray D. 1959. "Facts for a Friendly Frankenstein." *Engineering and Science* 22:16~20.

Owen, Ray D. 1983. Interview. Oral History Project, California Institute of Technology Archives. http://oralhistories.library.caltech.edu/123/ (accessed July 27, 2017).

Pääbo, Svante. 1985. "Molecular Cloning of Ancient Egyptian Mummy DNA." *Nature* 314:644~45.

Pääbo, Svante. 2014. *Neanderthal Man: In Search of Lost Genomes*. New York: Basic Books.

Pagden, Anthony. 1982. *The Fall of Natural Man: The American Indian and the Origins of Comparative Ethnology*. Cambridge: Cambridge University Press.

Page, Clarence. 1993. "Alex Haley's Facts Can Be Doubted, But Not His Truths." *Chicago Tribune*, March 10.

Paine, Thomas. 1995. "Common Sense." In *Paine: Collected Writings*. Edited by Eric Foner. New York: Library of America.

Palladino, Paolo. 1994. "Wizards and Devotees: On the Mendelian Theory of Inheritance and the Professionalization of Agricultural Science in Great Britain and the United States, 1880~1930." *History of Science* 32:409~44.

Pandora, Katherine. 2001. "Knowledge Held in Common: Tales of Luther Burbank and Science in the American Vernacular." *Isis* 92:484~516.

Panofsky, Aaron. 2014. *Misbehaving Science: Controversy and the Development of Behavior Genetics*. Chicago: University of Chicago Press.

Panofsky, Aaron. 2015. "What Does Behavioral Genetics Offer for Improving Education?" *Hastings Center Report* 45, Suppl 1, S43~S49.

Papazyan, Romeo, Yuxiang Zhang, and Mitchell A. Lazar. 2016. "Genetic and Epigenomic Mechanisms of Mammalian Circadian Transcription." *Nature Structural & Molecular Biology* 23:1045~52.

Parker, Geoffrey. 2014. *Imprudent King: A New Life of Philip II*. New Haven: Yale University Press.

Pasmooij, Anna M. G., Marcel F. Jonkman, and Jouni Uitto. 2012. "Revertant Mosaicism in Heritable Skin Diseases — Mechanisms of Natural Gene Therapy." *Discovery Medicine* 14:167~79.

Patin, Etienne, Marie Lopez, Rebecca Grollemund, Paul Verdu, Christine Harmant, Hélène Quach, Guillaume Laval, and others. 2017. "Dispersals and Genetic Adaptation of Bantu-Speaking Populations in Africa and North America." *Science* 356:543~46.

Paul, Annie Murphy. 2010. *Origins: How the Nine Months before Birth Shape the Rest of Our Lives*. New York: Free Press.

Paul, Diane B., and Jeffrey P. Brosco. 2013. *The PKU Paradox: A Short History of a Genetic Disease*. Baltimore: Johns Hopkins University Press.

Pauly, Philip J. 1996. "How Did the Effects of Alcohol on Reproduction Become Scientifically Uninteresting?" *Journal of the History of Biology* 29:1~28.

Pawson, Henry Cecil. 1957. *Robert Bakewell: Pioneer Livestock Breeder*. London: Lockwood.

Payer, Bernhard. 2016. "Developmental Regulation of X-Chromosome Inactivation." *Seminars in Cell & Developmental Biology* 56:88~99.

Payne, Brendan, and Patrick F. Chinnery. 2015. "Mitochondrial Dysfunction in Aging: Much Progress but Many Unresolved Questions." *Biochimica et Biophysica Acta* 1847:1347~53.

Peacock, Zachary S., Katherine P. Klein, John B. Mulliken, and Leonard B. Kaban. 2014. "The Habsburg Jaw-Re-examined." *American Journal of Medical Genetics Part A* 164:2263~69.

Pearson, Karl. 1895. "Contributions to the Mathematical Theory of Evolution. III. Regression, Heredity, and Panmixia." *Proceedings of the Royal Society of London* 59:69~71.

Pearson, Karl. 1930. *The Life, Letters and Labours of Francis Galton*. Cambridge: Cambridge University Press.

Pearson, Karl, and Alice Lee. 1904. "On the Laws of Inheritance in Man." *Biometrika* 3:131~90.

Peiffer, Jason A., Maria C. Romay, Michael A. Gore, Sherry A. Flint-Garcia, Zhiwu Zhang, Mark J. Millard, Candice A. C. Gardner, and others. 2014. "The Genetic Architecture of Maize Height." *Genetics* 196:1337~56.

Pendergrast, W. J., B. K. Milmore, and S. C. Marcus. 1961. "Thyroid Cancer and Thyrotoxicosis in the United States: Their Relation to Endemic Goiter." *Journal of Chronic Diseases* 13:22~38.

Penrose, Lionel S. 1933. *Mental Defect*. London: Sidgwick and Jackson.

Penrose, Lionel S. 1935. "Two Cases of Phenylpyruvic Amentia." *Lancet* 225:23~24.

Penrose, Lionel S. 1946. "Phenylketonuria: A Problem in Eugenics." *Lancet* 247:949~53.

Peters, Brock A., Bahram G. Kermani, Oleg Alferov, Misha R. Agarwal, Mark A. McElwain, Natali Gulbahce, Daniel M. Hayden, and others. 2015. "Detection and Phasing of Single Base de Novo Mutations in Biopsies from Human in Vitro Fertilized Embryos by Advanced Whole-Genome Sequencing." *Genome Research* 25:426~34.

Picard, Martin, Douglas C. Wallace, and Yan Burelle. 2016. "The Rise of Mitochondria in Medicine." *Mitochondrion* 30:105~16.

Pickrell, Joseph K., and David Reich. 2014. "Toward a New History and Geography of Human Genes Informed by Ancient DNA." *Trends in Genetics* 30:377~89.

Pierce, Benjamin A. 2014. *Genetics: A Conceptual Approach*. New York: W. H. Freeman.

Pinhasi, Ron, Daniel Fernandes, Kendra Sirak, Mario Novak, Sarah Connell, Songül Alpaslan-Roodenberg, Fokke Gerritsen, and others. 2015. "Optimal Ancient DNA Yields from the Inner Ear Part of the Human Petrous Bone." *PLOS One* 10:6 e0129102.

Pinsker, Joe. 2015. "America Is Even Less Socially Mobile Than Economists Thought." *Atlantic*, July 23. https://www.theatlantic.com/business/archive/2015/07/america-social-mobility-parents-income/399311/ (accessed September 11, 2017).

Plomin, R., and J. Crabbe. 2000. "DNA." *Psychological Bulletin* 126:806~28.

Plomin, Robert, Joanna K. J. Kennedy, and Ian W. Craig. 2006. "The Quest for Quantitative Trait Loci Associated with Intelligence." *Intelligence* 34:513~26.

Poczai, Péter, Neil Bell, and Jaakko Hyvönen. 2014. "Imre Festetics and the Sheep Breeders' Society of Moravia: Mendel's Forgotten 'Research Network.'" *PLOS Biology* 12:1 e1001772.

Poduri, Annapurna, Gilad D. Evrony, Xuyu Cai, and Christopher A. Walsh. 2013. "Somatic Mutation, Genomic Variation, and Neurological Disease." *Science* 341:6141, 1237758.

Poduri, Annapurna, Gilad D. Evrony, Xuyu Cai, Princess Christina Elhosary, Rameen Beroukhim, Maria K. Lehtinen, L. Benjamin Hills, and others. 2012. "Somatic

Activation of AKT3 Causes Hemispheric Developmental Brain Malformations." *Neuron* 74:41~48.

Polderman, Tinca J. C., Beben Benyamin, Christiaan A. de Leeuw, Patrick F. Sullivan, Arjen van Bochoven, Peter M. Visscher, and Danielle Posthuma. 2015. "Meta-Analysis of the Heritability of Human Traits Based on Fifty Years of Twin Studies." *Nature Genetics* 47:702~09.

Poliakov, Léon. 1974. *The Aryan Myth: A History of Racist and Nationalist Ideas in Europe.* New York: Basic Books.

Politi, Yoav, Liron Gal, Yossi Kalifa, Liat Ravid, Zvulun Elazar, and Eli Arama. 2014. "Paternal Mitochondrial Destruction after Fertilization Is Mediated by a Common Endocytic and Autophagic Pathway in Drosophila." *Developmental Cell* 29:305~20.

Pollan, Michael. 2001. *The Botany of Desire: A Plant's-Eye View of the World.* New York: Random House.

Porter, Theodore. 2018. *The Unknown History of Human Heredity.* Princeton: Princeton University Press.

Porteus, Stanley. 1937. *Primitive Intelligence and Environment.* New York: Macmillan.

Posth, Cosimo, Christoph Wißing, Keiko Kitagawa, Luca Pagani, Laura van Holstein, Fernando Racimo, Kurt Wehrberger, and others. 2017. "Deeply Divergent Archaic Mitochondrial Genome Provides Lower Time Boundary for African Gene Flow into Neanderthals." *Nature Communications* 8, doi: 10.1038/ncomms16046.

Poznik, G. David, Yali Xue, Fernando L. Mendez, Thomas F. Willems, Andrea Massaia, Melissa A. Wilson Sayres, Qasim Ayub, and others. 2016. "Punctuated Bursts in Human Male Demography Inferred from 1,244 Worldwide Y-Chromosome Sequences." *Nature Genetics* 48:593~99.

Pratt, Catherine. 2007. *Spanish Word Histories and Mysteries: English Words That Come from Spanish.* Boston: Houghton Mifflin.

Pratt, H. P., and A. L. Muggleton-Harris. 1988. "Cycling Cytoplasmic Factors That Promote Mitosis in the Cultured 2-Cell Mouse Embryo." *Development* 104:115~20.

Prescott, William Hickling. 1858. *History of the Reign of Philip the Second, King of Spain.* Boston: Phillips, Sampson and Co.

President's Commission for the Study of Ethical Problems in Medicine and Biomedical and Behavioral Research. 1982. *Splicing Life: A Report on the Social and Ethical Issues of Genetic Engineering with Human Beings.* Washington, DC: President's Commission.

Pressman, Abe, Celia Blanco, and Irene A. Chen. 2015. "The RNA World as a Model System to Study the Origin of Life." *Current Biology* 25:R953~R963.

Price, Alkes L., Chris C. A. Spencer, and Peter Donnelly. 2015. "Progress and Promise in

Understanding the Genetic Basis of Common Diseases." *Proceedings of the Royal Society B* 282:1821. doi:10.1098/rspb.2015.1684.

Prichard, James Cowles. 1826. *Researches into the Physical History of Mankind*. London: John and Arthur Arch.

Priest, James Rush, Charles Gawad, Kristopher M. Kahlig, Joseph K. Yu, Thomas O'Hara, Patrick M. Boyle, Sridharan Rajamani, and others. 2016. "Early Somatic Mosaicism Is a Rare Cause of Long-QT Syndrome." *Proceedings of the National Academy of Sciences of the United States of America* 113. doi:10.1073/pnas.1607187113.

Pritchard, Jonathan K. 2017. "An Expanded View of Complex Traits: From Polygenic to Omnigenic." *Cell* 169. doi:10.1016/j.cell.2017.05.038.

Pritchard, Jonathan K., Matthew Stephens, and Peter Donnelly. 2000. "Inference of Population Structure Using Multilocus Genotype Data." *Genetics* 155:945~59.

Pritchard, Jonathan K., Matthew Stephens, Noah A. Rosenberg, and Peter Donnelly. 2000. "Association Mapping in Structured Populations." *American Journal of Human Genetics* 67:170~81.

Proctor, Robert N. 1988. *Racial Hygiene: Medicine Under the Nazis*. Cambridge: Harvard University Press.

Provençal, Nadine, and Elisabeth B. Binder. 2015. "The Effects of Early Life Stress on the Epigenome: From the Womb to Adulthood and Even Before." *Experimental Neurology* 268:10~20.

Prowse, Thomas A. A., Phillip Cassey, Joshua V. Ross, Chandran Pfitzner, Talia A. Wittmann, and Paul Thomas. 2017. "Dodging Silver Bullets: Good CRISPR Gene-Drive Design Is Critical for Eradicating Exotic Vertebrates." *Proceedings of the Royal Society B* 284. doi:10.1098/rspb.2017.0799.

Pye, Ruth J., David Pemberton, Cesar Tovar, Jose M. C. Tubio, Karen A. Dun, Samantha Fox, Jocelyn Darby, and others. 2015. "A Second Transmissible Cancer in Tasmanian Devils." *Proceedings of the National Academy of Sciences of the United States of America* 113. doi:10.1073/pnas.1519691113.

Pyne, Stephen Joseph, and William Cronon. 1998. *Burning Bush: A Fire History of Australia*. Seattle: University of Washington Press.

Radian, Serban, Yoan Diekmann, Plamena Gabrovska, Brendan Holland, Lisa Bradley, Helen Wallace, Karen Stals, and others. 2016. "Increased Population Risk of AIP-Related Acromegaly and Gigantism in Ireland." *Human Mutation* 38. doi:10.1002/humu.23121.

Ralph, Peter, and Graham Coop. 2013. "The Geography of Recent Genetic Ancestry Across Europe." *PLOS Biology* 11(5):e1001555.

Raper, Kenneth B. 1946. "The Development of Improved Penicillin-Producing Molds."

Annals of the New York Academy of Sciences 48:41~56.

Rasmann, Sergio, Martin De Vos, Clare L. Casteel, Donglan Tian, Rayko Halitschke, Joel Y. Sun, Anurag A. Agrawal, Gary W. Felton, and Georg Jander. 2012. "Herbivory in the Previous Generation Primes Plants for Enhanced Insect Resistance." *Plant Physiology* 158:854~63.

Rastan, Sohaila. 2015a. "Mary F. Lyon (1925~2014)." *Nature* 518:36.

Rastan, Sohaila. 2015b. "Obituary: Mary F Lyon (1925~2014)." *Reproductive BioMedicine Online* 30:6, 566~67.

Rayman, Margaret P., and Sarah C. Bath. 2015. "The New Emergence of Iodine Deficiency in the UK: Consequences for Child Neurodevelopment." *Annals of Clinical Biochemistry* 52:705~08.

Reardon, Sara. 2015. "US Congress Moves to Block Human-Embryo Editing." *Nature*. doi:10.1038/nature.2015.17858.

Reardon, Sara. 2016. "'Three-parent Baby' Claim Raises Hopes — and Ethical Concerns." *Nature*. doi:10.1038/nature.2016.20698.

Reardon, Sara. 2017. "Genetic Details of Controversial 'Three-Parent Baby' Revealed." *Nature* 544:17~18.

Rechavi, Oded, and Itamar Lev. 2017. "Principles of Transgenerational Small RNA Inheritance in Caenorhabditis elegans." *Current Biology*. doi:10.1016/j.cub.2017.05.043.

Regal, Brian. 2002. *Henry Fairfield Osborn: Race, and the Search for the Origins of Man*. Burlington: Ashgate.

Regalado, Antonio, and Karby Legget. 2003. "A Global Journal Report: Fertility Breakthrough Raises Questions About Link to Cloning." *Wall Street Journal*, October 13.

Regev, Aviv, Sarah Teichmann, Eric S. Lander, Ido Amit, Christophe Benoist, Ewan Birney, Bernd Bodenmiller, and others. 2017. "The Human Cell Atlas." *bioRxiv*. doi:10.1101/121202.

Reich, David, Richard E. Green, Martin Kircher, Johannes Krause, Nick Patterson, Eric Y. Durand, Bence Viola, and others. 2010. "Genetic History of an Archaic Hominin Group from Denisova Cave in Siberia." *Nature* 468:1053~60.

Reid, James B., and John J. Ross. 2011. "Mendel's Genes: Toward a Full Molecular Characterization." *Genetics* 189:3~10.

Reilly, Philip R. 1991. *The Surgical Solution: A History of Involuntary Sterilization in the United States*. Baltimore: Johns Hopkins University Press.

Reilly, Philip R. 2015. "Eugenics and Involuntary Sterilization: 1907~2015." *Annual Review of Genomics and Human Genetics* 16:351~68.

Rende, Richard D., Robert Plomin, and Steven G. Vandenberg. 1990. "Who Discovered the

Twin Method?" *Behavior Genetics* 20:277~85.

Richards, Martin. 2008. "Artificial Insemination and Eugenics: Celibate Motherhood, Eutelegenesis and Germinal Choice." *Studies in History and Philosophy of Biological and Biomedical Sciences* 39:211~21.

Richards, W. A. 1980. "The Import of Firearms into West Africa in the Eighteenth Century." *Journal of African History* 21:43~59.

Ried, Thomas. 2009. "Homage to Theodor Boveri (1862~1915): Boveri's Theory of Cancer as a Disease of the Chromosomes, and the Landscape of Genomic Imbalances in Human Carcinomas." *Environmental and Molecular Mutagenesis* 50:593~601.

Rietveld, Cornelius A., Tõnu Esko, Gail Davies, Tune H. Pers, and others. 2014. "Common Genetic Variants Associated with Cognitive Performance Identified Using the Proxy-Phenotype Method." *Proceedings of the National Academy of Sciences of the United States of America* 111:13790~94.

Rietveld, Cornelius A., Sarah E. Medland, Jaime Derringer, Jian Yang, Tõnu Esko, Nicolas W. Martin, Harm-Jan Westra, and others. 2013. "GWAS of 126,559 Individuals Identifies Genetic Variants Associated with Educational Attainment." *Science* 340:1467~71.

Rijnink, Emilie C., Marlies E. Penning, Ron Wolterbeek, Suzanne Wilhelmus, Malu Zandbergen, Sjoerd G. van Duinen, Joke Schutte, Jan A. Bruijn, and Ingeborg M. Bajema. 2015. "Tissue Microchimerism Is Increased During Pregnancy: A Human Autopsy Study." *Molecular Human Reproduction* 21, no. 11. doi:10.1093/molehr/gav047.

Rindermann, Heiner, and Stefan Pichelmann. 2015. "Future Cognitive Ability: US IQ Prediction Until 2060 Based on NAEP." *PLOS One* 10:e0138412.

Riquet, Florentine, Alexis Simon, and Nicolas Bierne. 2017. "Weird Genotypes? Don't Discard Them, Transmissible Cancer Could Be an Explanation." *Evolutionary Applications* 10:140~45.

Risch, Neil, and Kathleen Merikangras. 1996. "The Future of Genetic Studies of Complex Human Diseases." *Science* 273:1516~17.

Ritchie, Stuart. 2015. *Intelligence: All That Matters*. London: Hodder & Stoughton.

Roberts, Dorothy. 2015. "Can Research on the Genetics of Intelligence Be 'Socially Neutral'?" *Hastings Center Report* 45, Suppl 1, S50~S53.

Robinson, Michael F. 2016. *The Lost White Tribe: Explorers, Scientists, and the Theory That Changed a Continent*. Oxford: Oxford University Press.

Robson, K. J., T. Chandra, R. T. MacGillivray, and S. L. Woo. 1982. "Polysome Immunoprecipitation of Phenylalanine Hydroxylase MRNA from Rat Liver and Cloning of Its CDNA." *Proceedings of the National Academy of Sciences of the United States of America*

79:4701~05.

Rodgers, Ali B., and Tracy L. Bale. 2015. "Germ Cell Origins of Posttraumatic Stress Disorder Risk: The Transgenerational Impact of Parental Stress Experience." *Biological Psychiatry* 78:307~14.

Rodgers, Ali B., Christopher P. Morgan, N. Adrian Leu, and Tracy L. Bale. 2015. "Transgenerational Epigenetic Programming Via Sperm MicroRNA Recapitulates Effects of Paternal Stress." *Proceedings of the National Academy of Sciences of the United States of America* 112. doi:10.1073/pnas.1508347112.

Roebroeks, Wil, and Marie Soressi. 2016. "Neandertals Revised." *Proceedings of the National Academy of Sciences of the United States of America* 113:6372~79.

Roewer, Lutz. 2013. "DNA Fingerprinting in Forensics: Past, Present, Future." *Investigative Genetics* 4, no. 1. doi:10.1186/2041-2223-4-22.

Roger, Andrew J., Sergio A. Munoz-Gomez, and Ryoma Kamikawa. 2017. "The Origin and Diversification of Mitochondria." *Current Biology* 27: R1177-R1192.

Rogers, Lois. 1998. "Baby Created from Two Mothers Raises Hopes for Childless." *Sunday Times*, June 14.

"Roots Revisited." 2016. 23andMe blog, May 30. https://blog.23andme.com/ancestry/roots-revisited/ (accessed August 3, 2017).

Rose, Steven. 1972. "Environmental Effects on Brain and Behaviour." In *Race, Culture and Intelligence*. Edited by Ken Richardson, David Spears, and Martin Richards. Harmondsworth, UK: Penguin Books.

Rose, Todd. 2015. *The End of Average: How We Succeed in a World That Values Sameness*. New York: HarperOne.

Rose, Willie Lee. 1976. "An American Family." *New York Review of Books*, November 11.

Rosenberg, Eugene, and Ilana Zilber-Rosenberg. 2016. "Microbes Drive Evolution of Animals and Plants: The Hologenome Concept." *mBio* 7:e01395~15.

Rosenberg, Noah A., and Michael D. Edge. In press. "Genetic Clusters and the Race Debates: A Perspective from Population Genetics." In *Genetic Clusters and the Race Debates: A Perspective from Population Genetics*. Edited by Quayshawn N. Spencer. Oxford: Oxford University Press.

Rosenberg, Noah A., Jonathan K. Pritchard, James L. Weber, Howard M. Cann, Kenneth K. Kidd, Lev A. Zhivotovsky, and Marcus W. Feldman. 2002. "Genetic Structure of Human Populations." *Science* 298:2381~85.

Rosenbloom, Arlan L., Jaime Guevara-Aguirre, Ron G. Rosenfeld, and Paul J. Fielder. 1990. "The Little Women of Loja — Growth Hormone-Receptor Deficiency in an Inbred Population of Southern Ecuador." *New England Journal of Medicine* 323:1367~74.

Ross, Cody T., Peter J. Richerson, and Deborah S. Rogers. 2014. "Mechanisms of Cultural Change and the Transition to Sustainability." In *Global Environmental Change*. Edited by Bill Freedman. Springer Netherlands.

Rowley-Conwy, Peter, and Robert Layton. 2011. "Foraging and Farming as Niche Construction: Stable and Unstable Adaptations." *Philosophical Transactions of the Royal Society B* 366:849~62.

Rubin, Beatrix P. 2009. "Changing Brains: The Emergence of the Field of Adult Neurogenesis." *BioSocieties* 4:407~24.

Russell Sage Foundation. 2016. "What We Know About Economic Inequality and Social Mobility in the United States." Blog, July 12. https://www.russellsage.org/what-we-know-about-economic-inequality-and-social-mobility-united-states (accessed September 11, 2017).

Rutledge, Samuel D., and Daniela Cimini. 2016. "Consequences of Aneuploidy in Sickness and in Health." *Current Opinion in Cell Biology* 40:41~46.

Sabree, Zakee L., Srinivas Kambhampati, and Nancy A. Moran. 2009. "Nitrogen Recycling and Nutritional Provisioning by Blattabacterium, the Cockroach Endosymbiont." *Proceedings of the National Academy of Sciences of the United States of America* 106:19521~26.

Sahoo, Susmita, and Douglas W. Losordo. 2014. "Exosomes and Cardiac Repair After Myocardial Infarction." *Circulation Research* 114:333~44.

Sankararaman, Sriram, Swapan Mallick, Michael Dannemann, Kay Prüfer, Janet Kelso, Svante Pääbo, Nick Patterson, and David Reich. 2014. "The Genomic Landscape of Neanderthal Ancestry in Present-Day Humans." *Nature* 507:354~57.

Sankararaman, Sriram, Swapan Mallick, Nick Patterson, and David Reich. 2016. "The Combined Landscape of Denisovan and Neanderthal Ancestry in Present-Day Humans." *Current Biology* 26:1241~47.

Sawyer, Susanna, Gabriel Renaud, Bence Viola, Jean-Jacques Hublin, Marie-Theres Gansauge, Michael V. Shunkov, Anatoly P. Derevianko, Kay Prüfer, Janet Kelso, and Svante Pääbo. 2015. "Nuclear and Mitochondrial DNA Sequences from Two Denisovan Individuals." *Proceedings of the National Academy of Sciences of the United States of America* 112:15696-700.

Schaefer, Sabine, and Joseph H. Nadeau. 2015. "The Genetics of Epigenetic Inheritance: Modes, Molecules, and Mechanisms." *Quarterly Review of Biology* 90:381~415.

Scheinfeld, Amram. 1944. "The Kallikaks after Thirty Years." *Journal of Heredity* 35:259~64.

Schlebusch, Carina M., Helena Malmström, Torsten Günther, Per Sjödin, Alexandra

Coutinho, Hanna Edlund, Arielle R. Munters, and others. 2017. "Ancient Genomes from Southern Africa Pushes Modern Human Divergence Beyond 260,000 Years Ago." *bioRxiv* .doi:10.1101/145409.

Schmerler, Samuel, and Gary M. Wessel. 2011. "Polar Bodies — More a Lack of Understanding Than a Lack of Respect." *Molecular Reproduction and Development* 78:3~8.

Schulman, J. D., and H. J. Stern. 2015. "Low Utilization of Prenatal and Pre-Implantation Genetic Diagnosis in Huntington Disease — Risk Discounting in Preventive Genetics." *Clinical Genetics* 88:220~23.

Schwank, Gerald, Bon-Kyoung Koo, Valentina Sasselli, Johanna F. Dekkers, Inha Heo, Turan Demircan, Nobuo Sasaki, and others. 2013. "Functional Repair of CFTR by CRISPR/Cas9 in Intestinal Stem Cell Organoids of Cystic Fibrosis Patients." *Cell Stem Cell* 13:653~58.

Schwann, Theodor. 1847. *Microscopical Researches into the Accordance in the Structure and Growth of Animals and Plants*. London: Sydenham Society.

Schwartz, James. 2008. *In Pursuit of the Gene: From Darwin to DNA*. Cambridge: Harvard University Press.

Science News Staff. 1997. "Extra Licking Makes for Relaxed Rats." *Science*, September 11.

Scudellari, Megan. 2016. "How IPS Cells Changed the World." *Nature* 534: 310-12. doi:10.1038/534310a.

Secord, James A. 1981. "Nature's Fancy: Charles Darwin and the Breeding of Pigeons." *Isis* 72:162~86.

Segers, Seppe, Heidi Mertes, Guido de Wert, Wybo Dondorp, and Guido Pennings. 2017. "Balancing Ethical Pros and Cons of Stem Cell Derived Gametes." *Annals of Biomedical Engineering* 45. doi:10.1007/s10439-017-1793-9.

Semrau, Stefan, and Alexander van Oudenaarden. 2015. "Studying Lineage Decision-Making in Vitro: Emerging Concepts and Novel Tools." *Annual Review of Cell and Developmental Biology* 31:317~45.

Sender, Ron, Shai Fuchs, and Ron Milo. 2016. "Revised Estimates for the Number of Human and Bacteria Cells in the Body." *PLOS Biology* 14:8, e1002533.

Shabad, L. M., and V. I. Ponomarkov. 1976. "Mstislav Novinsky, Pioneer of Tumour Transplantation." *Cancer Letters* 2:1~3.

Shapiro, E. Donald, Stewart Reifler, and Claudia L. Psome. 1992. "The DNA Paternity Test: Legislating the Future Paternity Action." *Journal of Law and Health* 7:1~47.

Sharpley, Mark S., Christine Marciniak, Kristin Eckel-Mahan, Meagan McManus, Marco Crimi, Katrina Waymire, Chun Shi Lin, and others. 2012. "Heteroplasmy of Mouse

MtDNA Is Genetically Unstable and Results in Altered Behavior and Cognition." *Cell* 151:333~43.

Shennan, Stephen. 2011. "Property and Wealth Inequality as Cultural Niche Construction." *Philosophical Transactions of the Royal Society B* 366:918~26.

Shimkin, Michael B. 1955. "M. A. Novinsky: A Note on the History of Transplantation of Tumors." *Cancer* 8:653~55.

Shirley, Matthew D., Hao Tang, Carol J. Gallione, Joseph D. Baugher, Laurence P. Frelin, Bernard Cohen, Paula E. North, Douglas A. Marchuk, Anne M. Comi, and Jonathan Pevsner. 2013. "Sturge-Weber Syndrome and Port-Wine Stains Caused by Somatic Mutation in GNAQ." *New England Journal of Medicine* 368:1971~79.

Shull, George Harrison. 1909. "A Pure-Line Method in Corn Breeding." *Journal of Heredity* 1:51~58.

Siemens, Hermann Werner. 1924. *Die Zwillingspathologie: Ihre Bedeutung, Ihre Methodik, Ihre Bisherigen Ergebnisse*. Berlin: J. Springer.

Silventoinen, Karri, Aline Jelenkovic, Reijo Sund, Yoon-Mi Hur, Yoshie Yokoyama, Chika Honda, Jacob V. B. Hjelmborg, Sören Möller, Syuichi Ooki, and Sari Aaltonen. 2016. "Genetic and Environmental Effects on Body Mass Index from Infancy to the Onset of Adulthood: An Individual-Based Pooled Analysis of 45 Twin Cohorts Participating in the Collaborative Project of Development of Anthropometrical Measures in Twins (CODATwins) Study." *American Journal of Clinical Nutrition* 104:371~79.

Silventoinen, Karri, Sampo Sammalisto, Markus Perola, Dorret I. Boomsma, Belinda K. Cornes, Chayna Davis, Leo Dunkel, Marlies de Lange, Jennifer R. Harris, and Jacob V. B. Hjelmborg. 2003. "Heritability of Adult Body Height: A Comparative Study of Twin Cohorts in Eight Countries." *Twin Research* 6:399~408.

Silver, Ari J., Jessica L. Larson, Maxwell J. Silver, Regine M. Lim, Carlos Borroto, Brett Spurrier, Anne Morriss, and Lee M. Silver. 2016. "Carrier Screening Is a Deficient Strategy for Determining Sperm Donor Eligibility and Reducing Risk of Disease in Recipient Children." *Genetic Testing and Molecular Biomarkers* 20:276~84.

Silvers, Willys. 1979. *The Coat Colors of Mice: A Model for Mammalian Gene Action and Interaction*. New York: Springer-Verlag.

Skerfving, Staffan, Lina Löfmark, Thomas Lundh, Zoli Mikoczy, and Ulf Strömberg. 2015. "Late Effects of Low Blood Lead Concentrations in Children on School Performance and Cognitive Functions." *NeuroToxicology* 49:114~20.

Skinner, Michael K. 2015. "Environmental Epigenetics and a Unified Theory of the Molecular Aspects of Evolution: A Neo-Lamarckian Concept That Facilitates Neo-Darwinian Evolution." *Genome Biology and Evolution* 7:1296~302.

Skoglund, Pontus, Jessica Thompson, Mary Prendergast. 2017. "Reconstructing Prehistoric African Population Structure." *Cell* 171:1~13.

Slack, Jonathan M. W. 2002. "Conrad Hal Waddington: The Last Renaissance Biologist?" *Nature Reviews Genetics* 3:889~95.

Slatkin, Montgomery, and Fernando Racimo. 2016. "Ancient DNA and Human History." *Proceedings of the National Academy of Sciences of the United States of America* 113:6380~87.

Slon, Viviane, Bence Viola, Gabriel Renaud, Marie-Theres Gansauge, Stefano Benazzi, Susanna Sawyer, Jean-Jacques Hublin, and others. 2017. "A Fourth Denisovan Individual." *Science Advances* 3:e1700186.

Smedley, Audrey, and Brian D. Smedley. 2007. *Race in North America: Origin and Evolution of a Worldview*. Boulder: Westview Press.

Smith, Barbara M. D. 1967. "The Galtons of Birmingham: Quaker Gun Merchants and Bankers, 1702~1831." *Business History* 9:132~50.

Smith, Bruce D. 2011. "General Patterns of Niche Construction and the Management of 'Wild' Plant and Animal Resources by Small-Scale Pre-Industrial Societies." *Philosophical Transactions of the Royal Society B* 366:836~48.

Smith, Eric Alden, Kim Hill, Frank Marlowe, David Nolin, Polly Wiessner, Michael Gurven, Samuel Bowles, Monique Borgerhoff Mulder, Tom Hertz, and Adrian Bell. 2010. "Wealth Transmission and Inequality Among Hunter-Gatherers." *Current Anthropology* 51:19~34.

Smith, Eric Alden, Monique Borgerhoff Mulder, Samuel Bowles, Michael Gurven, Tom Hertz, and Mary K. Shenk. 2010. "Production Systems, Inheritance, and Inequality in Premodern Societies." *Current Anthropology* 51:85~94.

Smith, Jane S. 2009. *The Garden of Invention: Luther Burbank and the Business of Breeding Plants*. New York: Penguin Press.

Smith, J. David. 1985. *Minds Made Feeble: The Myth and Legacy of the Kallikaks*. Rockville, MD: Aspen Systems Corp.

Smith, J. David., and Michael L. Wehmeyer. 2012a. *Good Blood, Bad Blood: Science, Nature, and the Myth of the Kallikaks*. Washington, DC: American Association on Intellectual and Developmental Disabilities.

Smith, J. David. 2012b. "Who Was Deborah Kallikak?" *Intellectual and Developmental Disabilities* 50, no. 2. doi:10.1352/1934-9556-50.2.169.

Smythies, John, Lawrence Edelstein, and Vilayanur Ramachandran. 2014. "Molecular Mechanisms for the Inheritance of Acquired Characteristics-Exosomes, MicroRNA Shuttling, Fear and Stress: Lamarck Resurrected?" *Frontiers in Genetics* 5:133.

Sniekers, Suzanne. 2017. "Genome-Wide Association Meta-Analysis of 78,308 Individuals

Identifies New Loci and Genes Influencing Human Intelligence." *Nature Genetics* 49:1107~12.

Sojo, Victor, Barry Herschy, Alexandra Whicher, Eloi Camprubí, and Nick Lane. 2016. "The Origin of Life in Alkaline Hydrothermal Vents." *Astrobiology* 16:181~97.

Sonneborn, T. M., ed. 1965. *The Control of Human Heredity and Evolution*. New York: Macmillan.

de Souza, R. A. G. 2012. "Origins of the Elephant Man: Mosaic Somatic Mutations Cause Proteus Syndrome." *Clinical Genetics* 81:123~124.

Soyk, Sebastian, Niels A. Müller, Soon Ju Park, Inga Schmalenbach, Ke Jiang, Ryosuke Hayama, Lei Zhang, Joyce Van Eck, José M. Jiménez-Gómez, and Zachary B. Lippman. 2017. "Variation in the Flowering Gene SELF PRUNING 5G Promotes Day-Neutrality and Early Yield in Tomato." *Nature Genetics* 49:162~68.

Spalding, Kirsty L., Olaf Bergmann, Kanar Alkass, Samuel Bernard, Mehran Salehpour, Hagen B. Huttner, Emil Boström, and others. 2013. "Dynamics of Hippocampal Neurogenesis in Adult Humans." *Cell* 153:1219~27.

Spalding, Kirsty L., Ratan D. Bhardwaj, Bruce A. Buchholz, Henrik Druid, and Jonas Frisén. 2005. "Retrospective Birth Dating of Cells in Humans." *Cell* 122:133~43.

Sparrow, Robert. 2012. "Orphaned at Conception: The Uncanny Offspring of Embryos." *Bioethics* 26:173~81.

Sparrow, Robert. 2015. "Enhancement and Obsolescence: Avoiding an 'Enhanced Rat Race.'" *Kennedy Institute of Ethics Journal* 25:231~60.

Spinner, Nancy B., and Laura K. Conlin. 2014. "Mosaicism and Clinical Genetics." *American Journal of Medical Genetics Part C* 166:397~405.

Springer, Nathan M., and Robert J. Schmitz. 2017. "Exploiting Induced and Natural Epigenetic Variation for Crop Improvement." *Nature Reviews Genetics* 18:563~75.

Spurling, Hilary. 2011. *Pearl Buck in China: Journey to the Good Earth*. New York: Simon & Schuster.

Stansfield, William D. 2006. "Luther Burbank: Honorary Member of the American Breeders' Association." *Journal of Heredity* 97:95~99.

Starr, Douglas P. 1998. *Blood: An Epic History of Medicine and Commerce*. New York: Alfred A. Knopf.

Steckel, Richard H. 2009. "Heights and Human Welfare: Recent Developments and New Directions." *Explorations in Economic History* 46:1~23.

Steckel, Richard H. 2013. "Biological Measures of Economic History." *Annual Review of Economics* 5:401~23.

Steckel, Richard H. 2016. "Slave Heights." In *The Oxford Handbook of Economics and Human*

Biology. Edited by John Komlos and Inas R. Kelly. Oxford: Oxford University Press.
Stephen Spielberg Film and Video Archive. *Das Erbe*. Video produced in 1935. Accessed at US Holocaust Memorial Museum, courtesy of Bundesarchiv. https://www.ushmm.org/online/film/display/detail.php?file_num=3210 (accessed August 24, 2017).
Stern, Claudio D. 2003. "Conrad H. Waddington's Contributions to Avian and Mammalian Development, 1930~1940." *International Journal of Developmental Biology* 44:15~22.
Stern, Claudio D., and Scott E. Fraser. 2001. "Tracing the Lineage of Tracing Cell Lineages." *Nature Cell Biology* 3:E216~E218.
Stewart, James B., and Patrick F. Chinnery. 2015. "The Dynamics of Mitochondrial DNA Heteroplasmy: Implications for Human Health and Disease." *Nature Reviews Genetics* 16:530~42.
Stough, C., J. Brebner, T. Nettelbeck, C. J. Cooper, T. Bates, and G. L. Mangan. 1996. "The Relationship Between Intelligence, Personality and Inspection Time." *British Journal of Psychology* 87:255~68.
Strakova, Andrea, Máire Ní Leathlobhair, Guo-Dong Wang, Ting-Ting Yin, Ilona Airikkala-Otter, Janice L. Allen, Karen M. Allum, Leontine Bansse-Issa, Jocelyn L. Bisson, and Artemio Castillo Domracheva. 2016. "Mitochondrial Genetic Diversity, Selection and Recombination in a Canine Transmissible Cancer." *eLife* 5:e14552.
Straney, Shirley G. 1994. "The Kallikak Family: A Genealogical Examination of a 'Classic in Psychology.'" *American Genealogist* 69:65~80.
Stroud, Laura R., George D. Papandonatos, Amy L. Salisbury, Maureen G. Phipps, Marilyn A. Huestis, Raymond Niaura, James F. Padbury, Carmen J. Marsit, and Barry M. Lester. 2016. "Epigenetic Regulation of Placental NR3C1: Mechanism Underlying Prenatal Programming of Infant Neurobehavior by Maternal Smoking?" *Child Development* 87:49~60.
Stubbs, E. L., and J. Furth. 1934. "Experimental Studies on Venereal Sarcoma of the Dog." *American Journal of Pathology* 10:273~86.
Stulp, Gert, and Louise Barrett. 2016. "Evolutionary Perspectives on Human Height Variation." *Biological Reviews of the Cambridge Philosophical Society* 91:206~34.
Sturtevant, A. H., and T. Dobzhansky. 1936. "Inversions in the Third Chromosome of Wild Races of Drosophila pseudoobscura, and Their Use in the Study of the History of the Species." *Proceedings of the National Academy of Sciences* 22:448~50.
Sudik, R., S. Jakubiczka, F. Nawroth, E. Gilberg, and P. F. Wieacker. 2001. "Chimerism in a Fertile Woman with 46,XY Karyotype and Female Phenotype: Case Report." *Human Reproduction* 16:56~58.
Sung, Patrick, and Hannah Klein. 2006. "Mechanism of Homologous Recombination:

Mediators and Helicases Take on Regulatory Functions." *Nature Reviews Molecular Cell Biology* 7:739~50.

Sweet, James H. 1997. "The Iberian Roots of American Racist Thought." *William and Mary Quarterly* 51:143~66.

Syed, Sana. 2015. "Iodine and the 'Near' Eradication of Cretinism." *Pediatrics* 135:594~96.

Szostak, Natalia, Szymon Wasik, and Jacek Blazewicz. 2016. "Hypercycle." *PLOS Computational Biology* 12:e1004853.

Takatsuka, Hirotomo, and Masaaki Umeda. 2015. "Epigenetic Control of Cell Division and Cell Differentiation in the Root Apex." *Frontiers in Plant Science* 6:1178.

Tan, An S., James W. Baty, Lan-Feng Dong, Ayenachew Bezawork-Geleta, Berwini Endaya, Jacob Goodwin, Martina Bajzikova, and others. 2015. "Mitochondrial Genome Acquisition Restores Respiratory Function and Tumorigenic Potential of Cancer Cells Without Mitochondrial DNA." *Cell Metabolism* 21:81~94.

Tang, Walfred W. C., Toshihiro Kobayashi, Naoko Irie, Sabine Dietmann, and M. Azim Surani. 2016. "Specification and Epigenetic Programming of the Human Germ Line." *Nature Reviews Genetics* 17:585~600.

Tanner, J. M. 1979. "A Concise History of Growth Studies from Buffon to Boas." In *Human Growth*. Edited by Frank Falkner. New York: Plenum Press.

Tanner, J. M. 2010. *A History of the Study of Human Growth*. Cambridge: Cambridge University Press.

Taubes, Gary. 2013. "Rare Form of Dwarfism Protects Against Cancer." *Discover* magazine, March 27. http://discovermagazine.com/2013/april/19-double-edged-genes (accessed August 2, 2017).

Tavernise, Sabrina. 2014. "Shoukhrat Mitalipov's Mitochondrial Manipulations." *New York Times*, March 17.

Teich, A. H. 1984. "Heritability of Grain Yield, Plant Height and Test Weight of a Population of Winter Wheat Adapted to Southwestern Ontario." *Theoretical and Applied Genetics* 68:21~23.

Terman, Lewis Madison. 1922. "Were We Born That Way?" *World's Work* 44:655~60.

Teves, Sheila S., Luye An, Anders S. Hansen, Liangqi Xie, Xavier Darzacq, and Robert Tjian. 2016. "A Dynamic Mode of Mitotic Bookmarking by Transcription Factors." *bioRxiv*. doi:10.1101/066464.

Theis, Kevin R., Nolwenn M. Dheilly, Jonathan L. Klassen, Robert M. Brucker, John F. Baines, Thomas C. G. Bosch, John F. Cryan, and others. 2016. "Getting the Hologenome Concept Right: An Eco-Evolutionary Framework for Hosts and Their Microbiomes." *bioRxiv*. doi:10.1101/038596.

Thomas, Mark. 2013. "To Claim Someone Has Viking Ancestors Is No Better than Astrology." *Guardian*, February 25.

Thomas, W. H. 1904. "Medical Treatment of Diabetes." *Journal of the American Medical Association* 42:1451.

Thornton, Alex, and Katherine McAuliffe. 2006. "Teaching in Wild Meerkats." *Science* 313:227~29.

Thurtle, Phillip. 2007. "The Poetics of Life: Luther Burbank, Horticultural Novelties, and the Spaces of Heredity." *Literature and Medicine* 26:1~24.

Tibbles, J. A., and M. M. Cohen. 1986. "The Proteus Syndrome: The Elephant Man Diagnosed." *British Medical Journal* 293:683~85.

Tingley, Kim. 2014. "The Brave New World of Three-Parent I.V.F." *New York Times*, June 27.

Tippett, Patricia. 1983. "Blood Group Chimeras: A Review." *Vox Sanguinis* 44:333~59.

Tissot, Tazzio, Audrey Arnal, Camille Jacqueline, Robert Poulin, Thierry Lefèvre, Frédéric Mery, François Renaud, and others. 2016. "Host Manipulation by Cancer Cells: Expectations, Facts, and Therapeutic Implications." *BioEssays* 38:276~85.

Tollefsbol, Trygve O., ed. 2014. *Transgenerational Epigenetics Evidence and Debate*. London: Academic Press.

Touati, Sandra A., and Katja Wassmann. 2016. "How Oocytes Try to Get It Right: Spindle Checkpoint Control in Meiosis." *Chromosoma* 125:321~35.

Traub, Amy, Laura Sullivan, Tatiana Meschede, Thomas Shapiro. 2017. *The Asset Value of White Privilege: Understanding the Racial Wealth Gap*. New York: Demos.

Treves, Frederick. 1923. *The Elephant Man and Other Reminiscences*. London: Cassell and Company.

Trzaskowski, M., J. Yang, P. M. Visscher, and R. Plomin. 2014a. "DNA Evidence for Strong Genetic Stability and Increasing Heritability of Intelligence from Age 7 to 12." *Molecular Psychiatry* 19, no. 3. doi:10.1038/mp.2012.191.

Trzaskowski, Maciej, Nicole Harlaar, Rosalind Arden, Eva Krapohl, Kaili Rimfeld, Andrew McMillan, Philip S. Dale, and Robert Plomin. 2014b. "Genetic Influence on Family Socioeconomic Status and Children's Intelligence." *Intelligence* 42. doi:10.1016/j.intell.2013.11.002.

Tuchman, Arleen Marcia. 2011. "Diabetes and Race. A Historical Perspective." *American Journal of Public Health* 101, no. 1. doi:10.2105/AJPH.2010.202564.

Tucker, William H. 1994. *The Science and Politics of Racial Research*. Urbana: University of Illinois Press.

Tucker, William H. 2007. "Burt's Separated Twins: The Larger Picture." *Journal of the History of the Behavioral Sciences* 43:81~86.

Tucker-Drob, Elliot M., and Timothy C. Bates. 2015. "Large Cross-National Differences in Gene × Socioeconomic Status Interaction on Intelligence." *Psychological Science* 27:138~49.

Turkheimer, Eric. 2012. "Genome Wide Association Studies of Behavior Are Social Science." In *Philosophy of Behavioral Biology*. Edited by Kathryn S. Plaisance and Thomas Reydon. Springer Netherlands.

Turkheimer, Eric. 2015. "Genetic Prediction." *Hastings Center Report* 45, Suppl 1, S32~S38.

Turkheimer, Eric, Andreana Haley, Mary Waldron, Brian D'Onofrio, and Irving I. Gottesman. 2003. "Socioeconomic Status Modifies Heritability of IQ in Young Children." *Psychological Science* 14:623~28.

Ujvari, Beata, Anne-Maree Pearse, Kate Swift, Pamela Hodson, Bobby Hua, Stephen Pyecroft, Robyn Taylor, and others. 2014. "Anthropogenic Selection Enhances Cancer Evolution in Tasmanian Devil Tumours." *Evolutionary Applications* 7:260~65.

Ujvari, Beata, Anthony T. Papenfuss, and Katherine Belov. 2016. "Transmissible Cancers in an Evolutionary Context." *BioEssays* 38:S14~S23.

Ujvari, Beata, Robert A. Gatenby, and Frédéric Thomas. 2016a. "The Evolutionary Ecology of Transmissible Cancers." *Infection, Genetics and Evolution* 39:293~303.

Ujvari, Beata. 2016b. "Transmissible Cancers, Are They More Common Than Thought?" *Evolutionary Applications* 9:633~34.

Uller, Tobias, and Heikki Helanterä. 2013. "Non-Genetic Inheritance in Evolutionary Theory: A Primer." *Non-Genetic Inheritance*. doi:10.2478/ngi-2013-0003.

Unckless, Robert, and Andrew Clark. 2015. "Driven to Extinction: On the Probability of Evolutionary Rescue from Sex-Ratio Meiotic Drive." *bioRxiv*. doi:10.1101/018820.

Urashima, Tadasu, Sadaki Asakuma, Fiame Leo, Kenji Fukuda, Michael Messer, and Olav T. Oftedal. 2012. "The Predominance of Type I Oligosaccharides Is a Feature Specific to Human Breast Milk." *Advances in Nutrition* 3:473S~482S.

Urban, Tim. 2015. "My Visit with Elon Musk at SpaceX." Business Insider, May 11. http://www.businessinsider.com/my-visit-with-elon-musk-at-spacex-2015-5 (accessed March 22, 2017).

US Department of Health and Human Services, Office of Minority Health. 2017. "Asthma and Hispanic Americans." http://minorityhealth.hhs.gov/omh/browse.aspx?lvl=4&lvlid=60 (accessed August 24, 2017).

US Holocaust Memorial Museum Photo Archives. 1944. "Soviets Exhume a Mass Grave in Zloczow Shortly After the Liberation." Photograph #86588. Courtesy of Herman Lewinter. http://digitalassets.ushmm.org/photoarchives/detail.aspx?id=16276&search=&index=1 (accessed September 8, 2017).

US National Library of Medicine. 2017. "Tay-Sachs Disease." *Genetics Home* Reference, October 10. http://ghr.nlm.nih.gov/condition/tay-sachs-disease.

"U.S. Panel Urges Testing at Birth." 1961. *New York Times*, December 10, p. 80.

Vacca, Marcella, Floriana Della Ragione, Francesco Scalabrì, and Maurizio D'Esposito. 2016. "X Inactivation and Reactivation in X-Linked Diseases." *Seminars in Cell & Developmental Biology* 56:78~87.

Valles, Sean A. 2012. "Lionel Penrose and the Concept of Normal Variation in Human Intelligence." *Studies in History and Philosophy of Science Part C: Studies in History and Philosophy of Biological and Biomedical Sciences* 43:281~89.

Vallot, Céline, Jean-François Ouimette, and Claire Rougeulle. 2016. "Establishment of X Chromosome Inactivation and Epigenomic Features of the Inactive X Depend on Cellular Contexts." *BioEssays* 38. doi:10.1002/bies.201600121.

Van der Pas, Peter. 1970. "The Correspondence of Hugo de Vries and Charles Darwin." *Janus* 57:173~213.

Van Dijk, Bob A., Dorret I. Boomsma, and Achile J. M. de Man. 1996. "Blood Group Chimerism in Human Multiple Births Is Not Rare." *American Journal of Medical Genetics* 61:264~68.

Van Dijk, Peter J., and T. H. Noel Ellis. 2016. "The Full Breadth of Mendel's Genetics." *Genetics* 204:1327~36.

Van Eenennaam, Alison L., Kent A. Weigel, Amy E. Young, Matthew A. Cleveland, and Jack C. M. Dekkers. 2014. "Applied Animal Genomics: Results from the Field." *Annual Review of Animal Biosciences* 2:105~39.

Van Lookeren Campagne, Menno, Erich C. Strauss, and Brian L. Yaspan. 2016. "Age-Related Macular Degeneration: Complement in Action." *Immunobiology* 221:733~39.

Vanneste, Evelyne, Thierry Voet, Cédric Le Caignec, Michèle Ampe, Peter Konings, Cindy Melotte, Sophie Debrock, and others. 2009. "Chromosome Instability Is Common in Human Cleavage-Stage Embryos." *Nature Medicine* 15:577~83.

Van Opstal, Edward J., and Seth R. Bordenstein. 2015. "Rethinking Heritability of the Microbiome." *Science* 349:1172~73.

Varney, Robin L., and Mohamed A. F. Noor. 2010. "The Scuttle Fly." *Current Biology* 20:R466~R467.

Vermont Historical Society. "William Jarvis & the Merino Sheep Craze." http://vermonthistory.org/educate/online-resources/an-era-of-great-change/work-changing-markets/william-jarvis-s-merino-sheep (accessed August 6, 2017).

Vernot, Benjamin, Serena Tucci, Janet Kelso, Joshua G. Schraiber, Aaron B. Wolf, Rachel M. Gittelman, Michael Dannemann, and others. 2016. "Excavating Neandertal and

Denisovan DNA from the Genomes of Melanesian Individuals." *Science* 352:1172~73.
Villa, Paola, and Wil Roebroeks. 2014. "Neandertal Demise: An Archaeological Analysis of the Modern Human Superiority Complex." *PLOS One* 9:e96424.
The Vineland Training School. 1896. *8th Annual Report*. Vineland, NJ.
The Vineland Training School. 1898. *10th Annual Report*. Vineland, NJ.
The Vineland Training School. 1899. *11th Annual Report*. Vineland, NJ.
The Vineland Training School. 1906. *18th Annual Report*. Vineland, NJ.
The Vineland Training School. 1907. *19th Annual Report*. Vineland, NJ.
The Vineland Training School. 1909. *21st Annual Report*. Vineland, NJ.
The Vineland Training School. 1910. *22nd Annual Report*. Vineland, NJ.
Vines, Gail. 1997. "Mary Lyon: Quiet Battler." *Current Biology* 7:R269.
Vinkhuyzen, Anna A. E., Naomi R. Wray, Jian Yang, Michael E. Goddard, and Peter M. Visscher. 2013. "Estimation and Partition of Heritability in Human Populations Using Whole-Genome Analysis Methods." *Annual Review of Genetics* 47:75~95.
Vinovskis, Maris. 2008. *The Birth of Head Start: Preschool Education Policies in the Kennedy and Johnson Administrations*. Chicago: University of Chicago Press.
Visscher, Peter M., Brian McEvoy, and Jian Yang. 2010. "From Galton to GWAS: Quantitative Genetics of Human Height." *Genetics Research* 92:371~79.
Visscher, Peter M., Matthew A. Brown, Mark I. McCarthy, and Jian Yang. 2012. "Five Years of GWAS Discovery." *American Journal of Human Genetics* 90:7~24.
Visscher, Peter M., Sarah E. Medland, Manuel A. R. Ferreira, Katherine I. Morley, Gu Zhu, Belinda K. Cornes, Grant W. Montgomery, and Nicholas G. Martin. 2006. "Assumption-Free Estimation of Heritability from Genome-Wide Identity-by-Descent Sharing between Full Siblings." *PLOS Genetics* 2:e41.
Visscher, Peter M., Stuart Macgregor, Beben Benyamin, Gu Zhu, Scott Gordon, Sarah Medland, William G. Hill, and others. 2007. "Genome Partitioning of Genetic Variation for Height from 11,214 Sibling Pairs." *American Journal of Human Genetics* 81:1104~10.
de Vries, Hugo. 1904. "The Aim of Experimental Evolution." *Carnegie Institution of Washington Yearbook* 3:39~49.
de Vries, Hugo. 1905. "A Visit to Luther Burbank." *Popular Science Monthly*, August.
Waddington, C. H. 1957. *The Strategy of the Genes: A Discussion of Some Aspects of Theoretical Biology*. London: George Allen & Unwin.
Wade, Nicholas. 1980. "UCLA Gene Therapy Racked by Friendly Fire." *Science* 210:509.
Wade, Nicholas. 1981a. "Gene Therapy Caught in More Entanglements." *Science* 212:24~25.
Wade, Nicholas. 1981b. "Gene Therapy Pioneer Draws Mikadoesque Rap." *Science* 212:1253.
Wade, Nicholas. 2002. "Scientist Reveals Secret of Genome: It's His." *New York Times*, April

27.
Walfred W. C. Tang, Sabine Dietmann, Naoko Irie, Harry Leitch, Vasileios Floros, and others. 2015. "A Unique Gene Regulatory Network Resets the Human Germline Epigenome for Development." *Cell* 161:1453~67.
Walker, Richard F., Jia Sophie Liu, Brock A. Peters, Beate R. Ritz, Timothy Wu, Roel A. Ophoff, and Steve Horvath. 2015. "Epigenetic Age Analysis of Children Who Seem to Evade Aging." *Aging* 7:334~39.
Wang, Haoyi, Hui Yang, Chikdu S. Shivalila, Meelad M. Dawlaty, Albert W. Cheng, Feng Zhang, and Rudolf Jaenisch. 2013. "One-Step Generation of Mice Carrying Mutations in Multiple Genes by CRISPR/Cas-Mediated Genome Engineering." *Cell* 153:910~18.
Wang, Michael. 2012. "Heavy Breeding." *Cabinet* magazine, Issue 45.
Wang, Zhang, and Martin Wu. 2015. "An Integrated Phylogenomic Approach Toward Pinpointing the Origin of Mitochondria." *Scientific Reports* 5:7949.
Warner, Rebecca H., and Henry L. Rosett. 1975. "The Effects of Drinking on Offspring: An Historical Survey of the American and British Literature." *Journal of Studies on Alcohol* 36:1395~1420.
Warren, Wendy. 2016. *New England Bound: Slavery and Colonization in Early America*. New York: Liveright Publishing.
Wasse, Mr. 1724. "Part of a Letter from the Reverend Mr. Wasse, Rector of Aynho in Northamptonshire, to Dr. Mead, Concerning the Difference in the Height of a Human Body." *Philosophical Transactions of the Royal Society* 33:87~88.
Wasser, Solomon P., ed. 1999. *Evolutionary Theory and Processes: Modern Perspectives. Papers in Honour of Eviatar Nevo*. Dordrecht: Kluwer Academic.
Waxman, Sorrell H., Stanley M. Gartler, and Vincent C. Kelley. 1962. "Apparent Masculinization of the Female Fetus Diagnosed as True Hermaphrodism by Chromosomal Studies." *Journal of Pediatrics* 60:540~44.
Weedon, Michael N., Guillaume Lettre, Rachel M. Freathy, Cecilia M. Lindgren, Benjamin F. Voight, John R. B. Perry, Katherine S. Elliott, and others. 2007. "A Common Variant of HMGA2 Is Associated with Adult and Childhood Height in the General Population." *Nature Genetics* 39:1245~50.
Weil, François. 2013. *Family Trees: A History of Genealogy in America*. Cambridge: Harvard University Press.
Weintraub, Karen. 2013. "Three Biological Parents and a Baby." *New York Times*, December 16.
Weismann, August. 1889. *Essays upon Heredity and Kindred Biological Problems*. Edited by Selmar Schönland, Arthur Everett Shipley, and Edward Bagnall Poulton. Oxford:

Clarendon Press.

Weismann, August. 1893. *The Germ-plasm: A Theory of Heredity*. New York: Scribner's.

Weiss, Sheila Faith. 2010. *The Nazi Symbiosis: Human Genetics and Politics in the Third Reich*. Chicago: University of Chicago Press.

Wellcome Library. "The Lionel Penrose Papers." Digital Collections. Codebreakers: Makers of Modern Genetics. https://wellcomelibrary.org/collections/digital-collections/makers-of-modern-genetics/digitised-archives/lionel-penrose/ (accessed August 24, 2017).

Wellcome Trust Case Control Consortium. 2007. "Genome-Wide Association Study of 14,000 Cases of Seven Common Diseases and 3,000 Shared Controls." *Nature* 447:661~78.

White, William Allen. 1922. "What's the Matter with America?" *Collier's*, July 1, pp. 3~4.

White House Photographs. 1961. "John F. Kennedy Meets the McGrath Family." November 14. Kennedy Presidential Library and Museum, Boston. Digital Identifier: JFKWHP-1961-11-14-A.

Whitelaw, Emma. 2015. "Disputing Lamarckian Epigenetic Inheritance in Mammals." *Genome Biology* 16:60.

Whiten, Andrew, Christine A. Caldwell, and Alex Mesoudi. 2016. "Cultural Diffusion in Humans and Other Animals." *Current Opinion in Psychology* 8:15~21.

Wiedemann, H. R., G. R. Burgio, P. Aldenhoff, J. Kunze, H. J. Kaufmann, and E. Schirg. 1983. "The Proteus Syndrome: Partial Gigantism of the Hands and/or Feet, Nevi, Hemihypertrophy, Subcutaneous Tumors, Macrocephaly or Other Skull Anomalies and Possible Accelerated Growth and Visceral Affections". *European Journal of Pediatrics* 140:5~12.

Wilde, Jonathan J., Juliette R. Petersen, and Lee Niswander. 2014. "Genetic, Epigenetic, and Environmental Contributions to Neural Tube Closure." *Annual Review of Genetics* 48:583~611.

Wilkins, Adam S., and Robin Holliday. 2009. "The Evolution of Meiosis from Mitosis." *Genetics* 181:3~12.

Williams, Michael. 2003. *Deforesting the Earth: From Prehistory to Global Crisis*. Chicago: University of Chicago Press.

Williams, R. C., W. C. Knowler, D. J. Pettitt, J. C. Long, D. A. Rokala, H. F. Polesky, R. A. Hackenberg, A. G. Steinberg, and P. H. Bennett. 1992. "The Magnitude and Origin of European-American Admixture in the Gila River Indian Community of Arizona: A Union of Genetics and Demography." *American Journal of Human Genetics* 51:101~10.

Wilschut, Rutger A., Carla Oplaat, L. Basten Snoek, Jan Kirschner, and Koen J. F.

Verhoeven. 2015. "Natural Epigenetic Variation Contributes to Heritable Flowering Divergence in a Widespread Asexual Dandelion Lineage." *Molecular Ecology* 25:1759~68.

Winston, Andrew S. 1998. "Science in the Service of the Far Right: Henry E. Garrett, the IAAEE, and the Liberty Lobby." *Journal of Social Issues* 54:179~210.

Witkowski, Jan. 2015. *The Road to Discovery: A Short History of Cold Spring Harbor Laboratory*. Cold Spring Harbor: Cold Spring Harbor Laboratory Press.

Wolinsky, Howard. 2007. "A Mythical Beast: Increased Attention Highlights the Hidden Wonders of Chimeras." *EMBO Reports* 8:212~14.

Wolynn, Mark. Mark Wolynn, The Family Constellation Institute website. http://www.markwolynn.com/ (accessed August 24, 2017).

Woo, S. L., A. S. Lidsky, F. Güttler, T. Chandra, and K. J. Robson. 1983. "Cloned Human Phenylalanine Hydroxylase Gene Allows Prenatal Diagnosis and Carrier Detection of Classical Phenylketonuria." *Nature* 306:151~55.

Wood, Andrew R., Tonu Esko, Jian Yang, Sailaja Vedantam, Tune H. Pers, Stefan Gustafsson, Audrey Y. Chu, and others. 2014. "Defining the Role of Common Variation in the Genomic and Biological Architecture of Adult Human Height." *Nature Genetics* 46:1173~86.

Wood, Edward J. 1868. *Giants and Dwarfs*. London: R. Bentley.

Wood, Roger J. 1973. "Robert Bakewell (1725~1795), Pioneer Animal Breeder, and His Influence on Charles Darwin." *Folia Mendeliana* 58:231.

Wood, Roger J., and Vítězslav Orel. 2001. *Genetic Prehistory in Selective Breeding: A Prelude to Mendel*. Oxford: Oxford University Press.

Wright, Donald R. 1981. "Uprooting Kunta Kinte: On the Perils of Relying on Encyclopedic Informants." *History in Africa* 8:205~17.

Wright, Nicholas A. 2014. "Boveri at 100: Cancer Evolution, from Preneoplasia to Malignancy." *Journal of Pathology* 234:146~51.

Wright, Robert. 1995. "TRB: Dumb Bell." *New Republic*, January 2.

Wu, Hao, Junjie Luo, Huimin Yu, Amir Rattner, Alisa Mo, Yanshu Wang, Philip M. Smallwood, Bracha Erlanger, Sarah J. Wheelan, and Jeremy Nathans. 2014. "Cellular Resolution Maps of X Chromosome Inactivation: Implications for Neural Development, Function, and Disease." *Neuron* 81:103~19.

Wu, Yuxuan, Dan Liang, Yinghua Wang, Meizhu Bai, Wei Tang, Shiming Bao, Zhiqiang Yan, Dangsheng Li, and Jinsong Li. 2013. "Correction of a Genetic Disease in Mouse Via Use of CRISPR-Cas9." *Cell Stem Cell* 13:659~62.

Wykes, David L. 2004. "Robert Bakewell (1725~1795) of Dishley: Farmer and Livestock Improver." *Agricultural History Review* 52:38~55.

Xu, Na, Chia-Lun Tsai, and Jeannie T. Lee. 2006. "Transient Homologous Chromosome Pairing Marks the Onset of X Inactivation." *Science* 311:377~89.

Xue, James, Todd Lencz, Ariel Darvasi, Itsik Pe'er, and Shai Carmi. 2016. "The Time and Place of European Admixture in the Ashkenazi Jewish History." *PLOS Genetics* 13:336~45.

Yablonka-Reuveni, Zipora. 2011. "The Skeletal Muscle Satellite Cell: Still Young and Fascinating at 50." *Journal of Histochemistry & Cytochemistry* 59:1041~59.

Yamanaka, Shinya. 2012. "The Winding Road to Pluripotency." Nobel Lecture, December 7. https://www.nobelprize.org/nobel_prizes/medicine/laureates/2012/yamanaka-lecture.html (accessed August 3, 2017).

Yang, Jian, Andrew Bakshi, Zhihong Zhu, Gibran Hemani, Anna A. E. Vinkhuyzen, Sang Hong Lee, Matthew R. Robinson, and others. 2015. "Genetic Variance Estimation with Imputed Variants Finds Negligible Missing Heritability for Human Height and Body Mass Index." *Nature Genetics* 41:1114.

Yin, Kangquan, Caixia Gao, and Jin-Long Qiu. 2017. "Progress and Prospects in Plant Genome Editing." *Nature Plants* 3:17107.

Yong, Ed. 2013. "Chinese Project Probes the Genetics of Genius." *Nature* 497:297.

Yong, Ed. 2016a. "A Google Maps for the Human Body." *Atlantic*, October 14. https://www.theatlantic.com/science/archive/2016/10/a-google-maps-for-the-human-body/504002/ (accessed September 10, 2017).

Yong, Ed. 2016b. *I Contain Multitudes: The Microbes Within Us and a Grander View of Life*. New York: Ecco.

Young, Arthur. 1771. *The Farmer's Tour Through the East of England*. London: W. Strahan.

Yu, Neng, Margot S. Kruskall, Juan J. Yunis, Joan H. M. Knoll, Lynne Uhl, Sharon Alosco, Marina Ohashi, Olga Clavijo, Zaheed Husain, and Emilio J. Yunis. 2002. "Disputed Maternity Leading to Identification of Tetragametic Chimerism." *New England Journal of Medicine* 346:1545~52.

Yudell, Michael. 2014. *Race Unmasked: Biology and Race in the Twentieth Century*. New York: Columbia University Press.

Yunis, Edmond J., Joaquin Zuniga, Viviana Romero, and Emilio J. Yunis. 2007. "Chimerism and Tetragametic Chimerism in Humans: Implications in Autoimmunity, Allorecognition and Tolerance." *Immunologic Research* 38:213~36.

Zenderland, Leila. 1998. *Measuring Minds: Henry Herbert Goddard and the Origins of American Intelligence Testing*. Cambridge: Cambridge University Press.

Zeng, Xiao Xia, Kian Hwa Tan, Ailing Yeo, Piriya Sasajala, Xiaowei Tan, Zhi Cheng Xiao, Gavin Dawe, and Gerald Udolph. 2010. "Pregnancy-Associated Progenitor

Cells Differentiate and Mature into Neurons in the Maternal Brain." *Stem Cells and Development* 19:1819~30.

Zerubavel, Eviatar. 2012. *Ancestors and Relatives: Genealogy, Identity and Community*. Oxford: Oxford University Press.

Zhang, John, Guanglun Zhuang, Yong Zeng, Jamie Grifo, Carlo Acosta, Yimin Shu, and Hui Liu. 2016. "Pregnancy Derived from Human Zygote Pronuclear Transfer in a Patient Who Had Arrested Embryos After IVF." *Reproductive BioMedicine Online* 33:529~33.

Zhang, John, Hui Liu, Shiyu Luo, Zhuo Lu, Alejandro Chávez-Badiola, Zitao Liu, Mingxue Yang, and others. 2017. "Live Birth Derived from Oocyte Spindle Transfer to Prevent Mitochondrial Disease." *Reproductive BioMedicine Online* 34:361~68.

Zhivotovsky, L. A. 1999. "Recognition of the Remains of Tsar Nicholas II and His Family: A Case of Premature Identification?" *Annals of Human Biology* 26:569~77.

Zhou, Qinghua, Haimin Li, Hanzeng Li, Akihisa Nakagawa, Jason L. J. Lin, Eui-Seung Lee, Brian L. Harry, Riley Robert Skeen-Gaar, Yuji Suehiro, and Donna William. 2016. "Mitochondrial Endonuclease G Mediates Breakdown of Paternal Mitochondria upon Fertilization." *Science* 353:394~99.

Zhu, Xiaofeng, J. H. Young, Ervin Fox, Brendan J. Keating, Nora Franceschini, Sunjung Kang, Bamidele Tayo, and others. 2011. "Combined Admixture Mapping and Association Analysis Identifies a Novel Blood Pressure Genetic Locus on 5p13: Contributions from the CARe Consortium." *Human Molecular Genetics* 20:2285~95.

Zickler, Denise, and Nancy Kleckner. 2015. "Recombination, Pairing, and Synapsis of Homologs during Meiosis." *Cold Spring Harbor Perspectives in Biology* 7:a016626.

Zickler, Denise. 2016. "A Few of Our Favorite Things: Pairing, the Bouquet, Crossover Interference and Evolution of Meiosis." *Seminars in Cell & Developmental Biology* 54. doi:10.1016/j.semcdb.2016.02.024.

Zimmer, Carl. 2005. "Children Learn by Monkey See, Monkey Do. Chimps Don't." *New York Times*, December 13.

Zimmer, Carl. 2008a. *Microcosm: E. Coli and the New Science of Life*. New York: Pantheon Books.

Zimmer, Carl. 2008b. "The Search for Intelligence." *Scientific American* 299:68~75.

Zimmer, Carl. 2010. *Brain Cuttings: Fifteen Journeys through the Mind*. New York: Scott & Nix.

Zimmer, Carl. 2011. "Discovering My Microbiome: 'You, My Friend, Are a Wonderland.'" *Loom*, June 27. http://phenomena.nationalgeographic.com/2011/06/27/discovering-my-microbiome-you-my-friend-are-a-wonderland/ (accessed August 24, 2017).

Zimmer, Carl. 2014a. "Why Do We Have Blood Types?" *Mosaic*, July 15.

Zimmer, Carl. 2014b. "White? Black? A Murky Distinction Grows Still Murkier." *New York Times*, December 26, A20.

Zimmer, Carl. 2015a. "Breakthrough DNA Editor Born of Bacteria." *Quanta*, February 5.

Zimmer, Carl. 2015b. "The Cords That Aren't Cut." *New York Times*, September 15, D3.

Zimmer, Carl. 2017. "A Speedier Way to Catalog Human Cells (All 37 Trillion of Them)." *New York Times*, August 22, D6.

Zimmermann, Michael B. 2008. "Research on Iodine Deficiency and Goiter in the 19th and Early 20th Centuries." *Journal of Nutrition* 138:2060~63.

Zimmermann, Michael B., Pieter L. Jooste, and Chandrakant S. Pandav. 2008. "Iodine-Deficiency Disorders." *Lancet* 372:1251~62.

Zirkle, Conway. 1946. "The Early History of the Idea of the Inheritance of Acquired Characters and of Pangenesis." *Transactions of the American Philosophical Society* 35:91~151.

감사의 글

유전에 관한 책이니만큼 먼저 가족에게 고마운 마음을 전해야 할 것 같다. 나의 두 딸, 샬럿과 베로니카는 지난 두 해 동안 좋은 성품의 교과서적 모범으로 성장했다. 두 아이는 유전이 이들에게 얼마나 영향을 미쳤는지 혹은 아니었는지 보기 위해 그칠 줄 모르고 물음을 던져대는 아빠를 무던히도 견뎌 주었다. 기나긴 대화를 통해 가족사와 내 기억의 그늘진 구석을 환히 밝혀 준 동생 벤과 부모님, 마피 굿스피드(Marfy Goodspeed)와 리처드 짐머(Richard Zimmer)에게도 감사한다. 누구보다 고마운 사람은 사랑하는 아내 그레이스. 그레이스가 없었더라면 이 책은 존재하지 못했을 것이다. 그레이스는 머릿속에 소용돌이치던 무수한 생각을 가다듬어 한 권의 책으로 구상하는 데 길잡이가 되어 주었으며 작업이 도저히 끝날 것 같지 않게 지지부진하던 시간 내내 내게 힘을 주고 원고를 한 장 한 장 꼼꼼하게 읽으면서 불분명하거나 불필요해 보이는 부분을 짚어 주었다. 또 컴퓨터 모니터 밖에도 우리가 함께하는 삶이 있음을 잊지 않게 해주었다.

『웃음이 닮았다』에 무한한 에너지를 쏟아부으며 작은 것 하나 놓치지 않은 더튼 출판사의 담당 편집인 스티븐 모로(Stephan Morrow)에게 마음 깊이 감사한다. 그는 내가 초창기에 쓴 책 『물가에서(*At the Water's Edge*)』, 『기생충 제국(*Parasite Rex*)』, 『영혼의 해부(*Soul Made Flesh*)』를 편집할 때의 열정이 조금도 사그라지지 않았다. 또한 내 아이디어가 정말 강력하다고 판단되면 열광을 아끼지 않고 책으로 완성하는 데 노력을 기울인 에이전트 에릭 시모노프(Eric Simonoff)에게도 감사한다.

이렇게 광범위한 주제를 다루기 위해 필요한 조사와 연구를 할 수 있도록 기금을 지원한 앨프리드 P. 슬론 재단에 감사한다. 또한 이 책으로 결실을 보게 된 몇 가지 주제를 탐구할 수 있도록 길을 만든 신문과 잡지의 편집인, 《뉴욕 타임스》의 마이클 메이슨(Michael Mason)과 실리아 더거(Celia Dugger), 《콴타(*Quanta*)》의 마이클 모이어(Michael Moyer)와 토머스 린(Thomas Lin)에게도 감사한다. 나의 유전체 염기 서열은 분석하게 된 것은 의학 웹 사이트 STAT에 연재한 시리즈 「유전체 게임(Game of Genomes)」 작업의 일환이었다. 이 미지의 영역으로 들어갈 수 있게 해준 제이슨 어크먼, 제프 델비시오, 릭 버크에게 감사한다.

조사와 검증, 기록을 도와준 헬렌 벨리슨(Helen Bellison), 나케이라 크리스티(Nakeirah Christie), 에이수 어든(Asu Erden), 케빈 황(Kevin Hwang), 예레미야 존스턴(Jeremiah Johnston), 사치 칼시(Saatchi Kalsi), 헤일리 라르손(Haleigh Larson), 로런 맥닐(Lauren McNeel), 닐 라빈드라(Neal Ravindra), 케빈 왕(Kevin Wang), 매디 졸텍(Maddy Zoltek)에게 감사한다. 앨리스 코월과 에리카 리처즈로부터 독일어 번역에 큰 도움을 받았다. 원고 전체를 읽고 과학적 정확성을 검증한 워싱턴 대학교 연구소의 제이 셴듀어(Jay Shendure), 캘리포니아 대학교 데이비스 캠퍼스의 그레이엄 쿠프와 연구원, 도크 에지(Doc Edge), 에린 캘피(Erin Calfee), 빈스 버펄로(Vince Buffalo), 낸시 첸(Nancy Chen), 에밀리 조지프스(Emily Josephs), 시반 야이르(Sivan Yair), 크리스틴 리(Kristin Lee), 애니타 토(Anita To)에게도 깊이 감사한다.

책에 들어간 정보를 구하는 데 많은 분의 도움을 받았다. 특히나 바인랜드 역사 문헌 보존회의 파트리시아 마르티넬리(Patricia Martinelli), 캘리포니아 샌타로자 버뱅크 생가 공원의 직원 여러분께 감사한다.

『웃음이 닮았다』에서 다룬 주제에 대해 많은 분과 직접 만나거나 전화 혹은 이메일을 통해서 교류했다. 몇 분은 내 책을 일부 읽고 의견을 주기도 했다. 귀한 시간과 지식을 관대하게 나눠 준 분들께 고마운 마음 전하고 싶다. 에럴 아카이(Erol Akcay), 조슈아 에이키, 트레이시 베일, 트레이시 벡, 이선 비어, 캐서린 블리스(Catherine Bliss), 러셀 본두리안스키, 크리스틴 브라운(Christine Brown), 토니 카프라(Tony Capra), 프란시스코 세발로스(Francisco Ceballos), 크리스토퍼 차브리스(Christopher Chabris), 조지 처치, 데클런 클라크(Declan Clarke), 너새니얼 컴포트(Nathaniel Comfort), 그레이엄 쿠프, 이언 디어리, 잭 데커스(Jack Dekkers), 브라이언 디어스, 질 도플러(Jill Doerfler), 조지프 에커(Joseph Ecker), 얼 엘리스(Erle Ellis), 야니프 에를리치(Yaniv Erlich), 케빈 에스벨트, 윌리엄 폴크스(William Foulkes), 케올로 폭스(Keolo Fox), 발렌티노 간츠, 마크 거스타인, 사이먼 그래블(Simon Gravel), 존 그릴리(John Greally), 로버트 그린(Robert Green), 행크 그릴리(Hank Greeley), 션 하퍼, 조 헨리크, 조엘 허시혼, 그레그 허스트(Greg Hurst), 현인수(Hyun Insoo), 아미얄 일라니(Amiyaal Ilany), 앤서니 제임스, 앤서니 호세(Anthony Jose), 프레드 카플란(Fred Kaplan), 이머 케니(Eimear Kenny), 요하네스 크라우제(Johannes Krause), 레오니드 크루길리야크(Leo Kruglyak), 수샨트 쿠마르, 아만다 라라쿠엔테(Amanda Larracuente), 이오시프 라자이리디스(Iosif Lazai), 재커리 리프먼, 이저벨 만수이(Isabelle Mansuy), 로버트 마티엔센, 크리스토퍼 메이슨(Christopher Mason), 이언 마티슨(Iain Mathieson), 존 매커천(John McCutcheon), 모리시오 멜로니(Maurizio Meloni), 엘리자베스 머치슨, 알론드라 넬슨(Alondra Nelson), 파란자 파르샨카르(Faranza Parshankar), 다이앤 폴(Diane Paul), 네이선 피어슨, 조지프 피크렐(Joseph Pickrell), 론 핀하시, 다니엘 포스투마(Danielle Posthuma), 제임스 프리스트(James Priest),

조너선 프리처드, 에릭 푸펜베르거(Erik Puffenberger), 제니퍼 래프(Jennifer Raff), 데이비드 라이히, 스튜어트 리치(Stuart Ritchie), 노아 로젠버그(Noah Rosenberg), 베스 샤피로(Beth Shapiro), 애덤 시펠, 로버트 스패로, 케빈 스트로스(Kevin Strauss), 소니아 수티(Sonia Sutti), 킴 톨베어(Kim TallBear), 알리 토르카마니(Ali Torkamani), 시시 초이, 토비어스 얼러(Tobias Uller), 페테르 피스허르, 크리스토퍼 월시, 에스크 윌러슬레브(Eske Willerslev,), 멜린다 제더(Melinda Zeder)에게 감사한다.

찾아보기

나

다

라

마

바

사

아

자

차

카

타

파

하

옮긴이 이민아

이화 여자 대학교에서 중문학을 공부했고, 영문책과 중문책을 번역한다. 옮긴 책으로 『온더무브』, 『색맹의 섬』 등을 비롯해 『다정한 것이 살아남는다』, 『해석에 반대한다』, 『즉흥연기』, 『맹신자들』, 『어셴든』 등 다수가 있다.

사이언스 클래식 39

웃음이 닮았다

1판 1쇄 펴냄 2023년 4월 28일
1판 2쇄 펴냄 2024년 10월 11일

지은이 칼 짐머
옮긴이 이민아
펴낸이 박상준
펴낸곳 (주)사이언스북스

출판등록 1997. 3. 24.(제16-1444호)
(06027) 서울시 강남구 도산대로1길 62
대표전화 515-2000, 팩시밀리 515-2007
편집부 517-4263, 팩시밀리 514-2329
www.sciencebooks.co.kr

ISBN 979-11-92107-30-1 03470